Bisher erschienen:

Karl H. BORCH, Wirtschaftliches Verhalten bei Unsicherheit.
C. West CHURCHMAN - Russel L. ACKOFF - E. Leonard ARNOFF, Operations Research.
Morton D. DAVIS, Spieltheorie für Nichtmathematiker.
Heinz HAAS (Hrsg.), Technikfolgen-Abschätzung.
Richard C. JEFFREY, Logik der Entscheidungen.
Norman MALCOLM, Ludwig Wittgenstein.
Oskar MORGENSTERN, Spieltheorie und Wirtschaftswissenschaft.
Ernest NAGEL - James R. NEWMAN, Der Gödelsche Beweis
John von NEUMANN, Die Rechenmaschine und das Gehirn.
Erhard OESER, Wissenschaft und Information.
Band 1: Wissenschaftstheorie und empirische Wissenschaftsforschung.
Band 2: Erkenntnis als Informationsprozeß.
Band 3: Struktur und Dynamik erfahrungswissenschaftlicher Systeme.
Erhard OESER, Wissenschaftstheorie als Rekonstruktion der Wissenschaftsgeschichte.
Band 1: Metrisierung, Hypothesenbildung, Theoriendynamik.
Howard RAIFFA, Einführung in die Entscheidungstheorie.
Hans SACHSSE (Hrsg.), Möglichkeiten und Maßstäbe für die Planun[illegible] Forschung.
Hubert SCHLEICHERT, Elemente der physikalischen Semantik.
Erwin SCHRÖDINGER, Was ist ein Naturgesetz?
Manfred SCHMUTZER (Hrsg.), Mathematische Methoden in der Po[illegible] senschaft.
Claude E. SHANNON - Warren WEAVER, Mathematische Grun[illegible] Informationstheorie.
Herman WEYL, Philosophie der Mathematik und Natur[illegible]
Dean E. WOOLDRIDGE, Mechanik der Gehirnvorgänge.
Dean E. WOOLDRIDGE, Mechanik der Lebensvorgänge

Bruno de Finetti

# Wahrscheinlichkeitstheorie

## Einführende Synthese mit kritischem Anhang

R. Oldenbourg Verlag Wien München 1981

Übersetzung aus dem Italienischen von Dierk Hildebrandt

*CIP-Kurztitelaufnahme der Deutschen Bibliothek*

**DeFinetti, Bruno:**
Wahrscheinlichkeitstheorie : einführende Synthese mit krit. Anh. / Bruno de Finetti. [Übers. aus d. Ital. von Dierk Hildebrandt]. – Wien ; München : Oldenbourg, 1981.
(Scientia nova)
ISBN 3-486-44701-7



Druck: Tutte Druckerei GmbH, Salzweg-Passau
Bindearbeiten: R. Oldenbourg Graphische Betriebe GmbH, München

ISBN 3-486-44701-7

## Inhaltsverzeichnis

# Vorwort

Wenige Worte werden genügen, da das eigentliche Vorwort – nämlich die Beschreibung des Inhaltes dieses Buches und seiner Ziele – im 1. Kapitel enthalten ist.

Ganz kurz möchte ich lediglich die Auffassungen unterstreichen, in denen meine Theorie sich von anderen Theorien unterscheidet.

Eigentlich ist meine Theorie, paradox und ein wenig herausfordernd ausgedrückt, einfach die folgende:

Es existiert keine objektive Wahrscheinlichkeit.

Das Aufgeben abergläubischer Ideen über die Existenz von Phlogiston, Kosmischem Aether, absolutem Raum sowie absoluter Zeit... von Feen und Hexen bildet einen wesentlichen Schritt auf dem Weg zum wissenschaftlichen Denken. Auch die Wahrscheinlichkeit ist, wenn man ihr etwas wie eine objektive Existenz zuschreiben will, eine nicht minder irreführende Fehlauffassung, ein illusorischer Versuch, unsere wahren probabilistischen Überzeugungen zu extrovertieren oder zu konkretisieren.

Wenn wir unsere Gedankengänge und unser Verhalten im Zustand der Ungewissenheit auf Rationalität prüfen wollen, so zeigt sich, daß alles, was wir brauchen und vernünftigerweise verlangen können, lediglich Kohärenz in unseren Auffassungen und deren rationale Proportion zu jeglicher Art wichtiger objektiver Daten ist (wichtig in dem Sinne, als sie subjektiv für wichtig gehalten werden). Das ist die Wahrscheinlichkeitstheorie. Mathematisch formuliert wird sie durch die Wahrscheinlichkeitsrechnung mit allen ihren Ausläufern und verwandten Theorien wie Statistik, Entscheidungstheorie, Spieltheorie, Operationsresearch usw.

Dieser Standpunkt ist nicht an irgendeine besondere philosophische Einstellung oder Richtung gebunden, er ist auch mit keiner solchen Philosophie unvereinbar. Er ist streng reduktiv im methodologischen Sinn, und vermeidet jede Verwicklung in philosophische Kontroversen.

Probabilistische Schlußfolgerungen – immer als subjektive zu verstehen, – beruhen einfach darauf, daß wir in Bezug auf etwas im Ungewissen sind. Es ist gleichgültig, ob diese Ungewißheit eine unvorhersehbare Zukunft oder etwas Vergangenes betrifft, das unbeachtet, wenig bekannt oder vergessen sein mag. Die Ungewißheit könnte sich auch auf etwas beziehen, wovon wir uns mehr oder weniger leicht überzeugen könnten (durch Schlußfolgerung, Deduktion usw.), wenn wir uns nur entsprechend bemühen wollten.

Die Übersetzung meines Werkes über Wahrscheinlichkeit ins Deutsche bedeutet mir sehr viel, weil meine Eltern und Großeltern Italiener aber österreichische Staatsbürger waren. Mein Vater, Ingenieur Walter Ritter von Finetti hatte in Innsbruck die Stubaitalbahn (Innsbruck-Fulpmes) geplant und gebaut. Ich selbst wurde 1906 in Innsbruck geboren und lebte dort 5 Jahre.

Das erste Buch über Wahrscheinlichkeit, das ich las, war ein deutsches: Czubers „Wahrscheinlichkeitsrechnung". Den Italienern mag ich wegen mancher Neigungen vielleicht gelegentlich zu „deutsch" erscheinen, umgekehrt war ich für Deutsche immer Italiener – und das bin ich auch.
Die hundertjährigen Auseinandersetzungen zwischen beiden Völkern sollen nie vergessen werden, doch die Erinnerung soll nicht bitter sein. Sie soll uns mahnen, daß dergleichen nicht wieder vorkomme, und sie könnte ins Heroische idealisiert werden wie der Trojanische Krieg. Die Protagonisten, Andreas Hofer wie Cesare Battisti, und viele andere nördlich und südlich des Brenners sind nicht umsonst gefallen, um Unabhängigkeit und Recht für alle Völker zu schützen.

In Erinnerung an all dies begrüße und autorisiere ich die deutsche Ausgabe meines Buches mit besonderer Freude.

*Bruno de Finetti*

# Wahrscheinlichkeitstheorie

## Einführende Synthese mit kritischem Anhang

*Ich widme dieses Werk meinem Kollegen Benjamin Segre,*
*der mich vor etwa zwanzig Jahren aufforderte,*
*es als notwendiges Hilfsmittel zur Klärung eines Gesichtspunktes*
*in seiner Gesamtheit zu schreiben*

Erstes Kapitel

# Einführung

## 1.
## *Wozu ein neues Buch über Wahrscheinlichkeit?*

Über das Thema gibt es eine Vielzahl von Abhandlungen, weitere kommen ständig heraus, viele davon ausgezeichnet. Noch eine weitere hinzuzufügen, wäre gewiß anmaßend, wenn ich dächte, etwas Besseres leisten zu können und überflüssig, wenn ich mich damit begnügen wollte, ein Standardwerk zu liefern. Mein Ziel ist jedoch ein anderes: das, welches in der Widmung an Benjamin Segre bereits im wesentlichen enthalten ist, der mich vor fast 20 Jahren aufforderte, eine Gesamtdarstellung des Wahrscheinlichkeitsbegriffes zu schreiben.

Segre war mit mir beim Internationalen Kongreß für Wissenschaftstheorie (Paris 1949) und es war anläßlich der dort über die Wahrscheinlichkeit entwickelten Diskussionen, daß er mir gegenüber in überzeugenden und mahnenden Worten eine Wahrheit ausdrückte, die vielleicht offensichtlich war, mir jedoch erst dann als schwere aber unabweisbare Verpflichtung erschien:

„Nur eine vollständige Abhandlung, die die verschiedenen Einwände und Neuerungen vereinbaren und beweisen würde, wie die gesamte Wahrscheinlichkeitstheorie sich in allen ihren Teilen als kohärent erweist, wenn sie sich auf einen bestimmten Gesichtspunkt gründet, kann überzeugend wirken. Nur so sind die Kritiken zu vermeiden, denen fragmentarische Darstellungen insofern leicht ausgesetzt sind, als sie demjenigen, der darin Vollendung sucht und sie gleichzeitig im Sinne einer anderen Auffassung auslegt, den Eindruck vermitteln können, daß sie unvermeidlich zu Widersprüchen führen".

Dies, zumindest im wesentlichen, die Worte Segres.

Die Aufgabe, vor der die vorliegende Abhandlung somit steht, ist eine doppelte: vor allem, die begrifflichen Grundlagen erschöpfend zu klären und dann eine im wesentlichen vollständige Darstellung der Wahrscheinlichkeitsrechnung und ihrer Anwendung zu liefern, um den Wert der abgeleiteten Darstellungen festzustellen. Wenn ich „im wesentlichen vollständig" sage, so meine ich damit, daß jedes Problem soweit entwickelt werden muß, daß theoretische Mißverständnisse ausgeschlossen sind. Dadurch wird der Leser jedes andere Buch verstehen können, ohne es besonders schwer zu finden, jene Abänderungen vorzunehmen, die erforderlich sind, um es mit dem hier vertretenen Standpunkt zu vereinbaren. Abgesehen von diesen theoretischen Anforderungen wird jedes Problem auch inhaltlich soweit entwickelt werden, daß die Behandlung den Anforderungen eines durchschnittlichen Lesers genügt

## 2.
## *Worin bestehen die mathematischen Unterschiede?*

2.1. Wenn ich nur für Leser schreiben wollte, denen die Begriffe von Wahrscheinlichkeit und Statistik völlig neu sind, so könnte ich die Wahrscheinlichkeitstheorie ohne weiteres so darstellen, wie es mir sinnvoll erscheint; ich hätte nicht einmal Ursache zu sagen, daß die Abhandlung etwas Neues enthält und daß es verschiedene Auffassungen gibt (außer eventuell in Form einer Anmerkung). Die gegenwärtige Lage ist jedoch eine ganz andere und eine rasche Änderung auch nicht zu erwarten.

Vielleicht ist sogar meine Schätzung zu optimistisch, wonach etwa 50 Jahre zur Überwindung der gegenwärtigen Lage genügen werden. Diese Schätzung stützt sich auf die Beobachtung, daß etwa 30 Jahre vergingen, bis in Europa entwickelte Ideen (Ramsey, 1926; de Finetti, 1931) in Amerika Fuß zu fassen begannen (obwohl B.O. Koopman, 1940, in ähnlicher Form zu diesen Ergebnissen gekommen war). Angenommen, es wäre ebensoviel Zeit nötig, bis diese Ideen sich dort festigen und dann ebensoviel für die Rückkehr, so würde man auf das Jahr 2020 kommen.

Es wäre offenbar unmöglich und absurd, im vorhinein Auffassungen und — noch schlimmer — Unterschiede in den Auffassungen darzulegen und zu besprechen, deren Erklärung und Behandlung wir das ganze folgende Werk widmen müssen. Viel weniger wird jedoch schon nützlich sein (und wohl oder übel vorläufig ausreichen müssen): nämlich eine Zusammenfassung von Hinweisen anhand von Beispielen und Erklärungen, die den Leser auf gewisse Unterschiede der Einstellung aufmerksam machen sollen, die ihn desorientieren und unschlüssig machen könnten, ob er weiterlesen soll, ohne etwas zu verstehen oder die Lektüre überhaupt einstellen soll. Es wird notwendig sein zu zeigen, daß es ein „Warum" gibt, eine Idee dieses oder dieser „Warum" zu vermitteln, ohne jedoch dem „Warum" jedes einzelnen Falles vorzugreifen, das nur zu gegebener Zeit und an gegebener Stelle zu sehen und tiefer zu verstehen sein wird.

2.2 In mathematischer Hinsicht wird der Leser sicher den Eindruck gewinnen, daß ich einfache Dinge komplizieren möchte (oder daß mir dies infolge meiner Unfähigkeit passiert); daß ich da ungeheure Schwierigkeiten aufbaue, wo der Fortschritt der modernen Mathematik längst Abhilfe geschaffen hat. Warum bediene ich mich dieser fortschrittlichen Verfahren nicht auch in der Wahrscheinlichkeitsrechnung, obwohl sie hier bereits universell anerkannt sind und grandiose Fortschritte ermöglicht haben? Ist es Unverständnis, Konservatismus oder eine Art Koketterie, im Zeitalter der Automatisierung, die die Serienerzeugung selbst von Elektronengehirnen ermöglicht, Handwerkszeug zu verwenden?

Das „Warum", wie ich es sehe, ist ein anderes. Für mich ist die Mathematik ein Instrument, das sich streng den Anforderungen des Gebietes anpassen muß, in dem es angewandt werden soll. Man kann nicht für die eigene Bequemlichkeit Axiome einführen, die nicht durch wesentliche Motive gefordert werden oder gar im Gegensatz zu diesen stehen.

Ich glaube, man kann auch nicht von „Unverständnis" sprechen, denn ich habe die gewöhnlich wiederholten Motive *pro* gewogen und geschätzt, obwohl ich die gewöhnlich mißachteten Motive *contra* für gültiger und geradezu maßgeblich befunden habe.

Mich hemmt auch nicht der Konservatismus, ich bin im Gegenteil äußerst empfänglich für Neuerungen, aber jeweils aus Überzeugung und nicht, um mich den Launen der Mode zu beugen. Es ist das Verdienst der Mode, durch ständige Neuerungen die Erstarrung zu verhindern. Deshalb ist es weise, auch etwas, was nicht gefällt, wohlwollend zu dulden, jedoch nicht den eigenen Geschmack unterzuordnen oder Werte gegen das eigene bessere Wissen anzuerkennen.

Ich glaube, man kann auch nicht von Koketterie sprechen: wenn überhaupt, würde sie bei mir darin bestehen, alles einfach, intuitiv und nicht formell zu gestalten und wenn ich „subtile" Fragen aufwerfe, dann nur, weil mir dies unerläßlich erscheint.

2.3. Die Gründe für eine dem Leser vielleicht streng erscheinende Auswahl der mathematischen Hilfsmittel liegen in der spezifischen Bedeutung der Wahrscheinlichkeit und ihrer Theorie. Diese Gründe beruhen teilweise auf der Annahme des einen oder anderen Standpunktes in Bezug auf Auffassung und Bedeutung der Wahrscheinlichkeit und der sich daraus ergebenden Möglichkeit, auf Wahrscheinlichkeiten zu schließen und diese Gedankengänge in Rechnungen umzuwandeln. Viele meiner Gründe scheinen mir (wenn auch in anderem Ausmaß und mit anderer Erklärung) auch für die anderen oder mehrere andere Auffassungen gültig. Jedenfalls beruht meine kritische Analyse ganz besonders auf dem Wahrscheinlichkeitsbegriff, der meiner Arbeit zugrunde liegt, und diese wird bei fortschreitender Lektüre nach und nach immer klarer (und — wie ich hoffe — organischer) erscheinen — wenn jemand die Geduld haben wird, bis ans Ende fortzufahren.

## 3.
## *Worin bestehen die theoretischen Unterschiede?*

3.1. Für alle, die es noch nicht wissen, muß gesagt werden, daß es meiner Auffassung nach nur *subjektive* Wahrscheinlichkeiten gibt: Grad des Vertrauens — Englisch: *Degree of belief* — eines bestimmten Subjektes zu einem bestimmten Zeitpunkt auf Grund einer bestimmten Informationsmenge in Bezug auf das Eintreten eines Ereignisses. Dies steht im Gegensatz zu anderen Auffassungen, die sich auf besondere Arten von Fällen beschränken, in denen „objektiven Wahrscheinlichkeiten" ein Sinn zugeschrieben wird (z. B. symmetrische Fälle wie bei Würfeln usw. „statistische" Fälle „wiederholbarer" Ereignisse usw.). Hier muß gleich hinzugefügt werden, daß zumindest jetzt eine Diskussion oder Stellungnahme zu den „philosophischen" Aspekten des Problems nicht interessiert; dies wäre sogar verfrüht und insofern schädlich, als dadurch die Betrachtung jedes konkreten Punktes ein Gewirr metaphysischer Mißverständnisse verursachen könnte.

Dagegen ist es wichtig, klar zu verstehen, was jemand *nach eigener Auffassung und mit eigenen Worten* sagen will, indem man lernt, sich (wenn auch nur vorübergehend, um dann selbst Kritik üben zu können) selbst in diese Auffassung und Ausdrucksweise hineinzudenken. Dies erscheint mir als unbedingte methodologische Voraussetzung.

3.2. Nichts ist irreführender als die Wiederholung von Gemeinplätzen, die als „Kritiken" dargestellt werden und so oberflächlich sind, daß man nicht einmal weiß, ob derjenige, der sie vorbringt, die Erörterungen gelesen hat, um sie zu widerlegen und zu klären, ob er sie gelesen hat, ohne überhaupt etwas zu verstehen, oder ob er sie falsch verstanden hat (der Fehler könnte auch in mangelnder Klarheit des Gelesenen liegen; immerhin wäre aber zur Feststellung und Korrektur eventuell mißverständlicher Punkte eine etwas sinnvollere Reaktion angebracht). Sollte der Fehler in der Unvollständigkeit meiner früheren, mehr oder weniger fragmentarischen Darstellungen (die in ihrer Gesamtheit in gewissem Sinne vielleicht sogar vollständiger, aber schwer gleichzeitig im Auge zu behalten sind) liegen, so müßte das vorliegende Werk Abhilfe schaffen. Leider genügt es nicht, zu schreiben und zu veröffentlichen. Der Erfolg hängt davon ab, daß man auch gelesen wird und zwar mit der Sorgfalt, die später angemessene Kritiken ermöglicht.

Ich möchte hinzufügen, daß ich sehr wohl verstehe, wie schwer es für diejenigen ist, denen die objektivistischen Wahrscheinlichkeitstheorien anerzogen wurden, sich von diesen zu lösen; ich verstehe es, weil ich selbst seinerzeit lange überlegt habe (wobei ich insofern im Vorteil war, als mir nie ein fester Standpunkt aufgezwungen wurde, während ich bei autodiktatischen Studien vielen verschiedenen Auffassungen begegnet war). Erst als ich die objektivistischen Theorien in jeder Hinsicht analysiert und verglichen hatte, um ihren Wert zu erkennen, wobei ich zu dem Schluß kam, daß sie alle unweigerlich illusorisch sind, erst als ich die subjektivistische Theorie genau geprüft und einigermaßen entwickelt und mich versichert hatte, daß sie — und sogar in vollkommener und viel natürlicherer Weise — auch all dem Rechnung trägt, das gewöhnlich auf Grund objektivistischer Auffassungen oberflächlich einfach als gegeben erachtet wird, erst nach dieser harten und mühevollen Arbeit habe ich meine Überzeugung gebildet und alles ist mir klar geworden. Gewiß — ich könnte Unrecht haben — man kann darüber diskutieren — und ich wäre dankbar, wenn darüber diskutiert würde.

Aber ein Gespräch unter Gehörlosen ist keine Diskussion. Ich glaube, selbst mein Möglichstes zu tun, um die Diskussionen anderer zu verstehen und deutlich zu antworten (und selbst dann noch geduldig zu antworten, wenn es darum geht, Gesagtes immer neu zu wiederholen, um banale Mißverständnisse zu entkräften); ich habe nur selten den Eindruck, daß andere sich dieselbe Mühe geben. Aber, wie das Evangelium sagt, wir „sehen den Splitter im Auge des Nächsten und nicht den Balken im eigenen Auge". Wenn mir dies widerfährt, bin ich dem dankbar, der mich aufklärt.

3.3. Noch ein klares (für die, die mich kennen, hoffentlich überflüssiges) Wort: Ich finde es aufklärender, überzeugender und letzten Endes ernsthafter, mit Paradoxen zu argumentieren, Thesen ad absurdum zu führen, selbst scherzhafte, wenn nur sachlich richtige Vergleiche zu bringen, anstatt mich in grauen Manipulationen technischer Art oder in unverdaulicher Fachsprache zu ergehen.

Deshalb liebe ich (und hoffe, daß dies als informativ und ein wenig unterhaltsam empfunden wird) lebhafte, farbenreiche und konkrete Darstellungen, die ich für verständlicher halte als fade, langweilige und schale mit Würde und Dünkel vorgebrachte abstrakte Spitzfindigkeiten. Darum schreibe ich so — darum will ich so schreiben und nicht aus Ungunst oder Nichtachtung anderer oder ihrer Ansichten (auch wenn ich diese für falsch halte). Sollte jemand dieses oder jenes etwas spitz empfinden, so versichere ich ihn des absoluten Fehlens einer bösen Absicht und bitte, meine Entschuldigungen entgegenzunehmen.

## 4.
## *Einleitende Klarstellungen.*

4.1. Zum Verständnis meiner Arbeit ist weniger der philosophische Unterschied zwischen dem „objektiven" und „subjektiven" Begriff der Wahrscheinlichkeit wichtig, als die daraus resultierende Umkehrung von Sinn und Rolle vieler Begriffe und vor allem der Unterschied in dem, was jeweils logisch und mathematisch „zwingend" ist. Paradoxerweise zeichnet sich ja gerade die subjektivistische Auffassung durch eine rigorosere Achtung dessen aus, was wirklich objektiv ist und daher von ihr auch objektiv genannt wird[1]. Wenn man etwa, um einen Begriff zu bestimmen, sich ein Problem vorzustellen oder einen Gedankengang zu rechtfertigen, zwischen einer unbestritten subjektiven (d.h. auf der Meinung und Einstellung eines bestimmten Subjektes gegründeten Annahme) und einer angeblich objektiven (gegründet auf eine konfuse Übertragung dieser Meinung auf den undefinierbaren Komplex objektiver Umstände, die zur Meinungsbildung beigetragen

[1] Eine durch L. J. Savage oft betonte Tatsache (siehe z. B. Kyburg & Smokler, Seite 178).

haben mögen) Interpretation der Wahrscheinlichkeit zu wählen hat, ist nur die Wahl der ersten Alternative möglich. Die subjektive Meinung des Subjektes ist zumindest als dessen Empfindung objektiv gegeben und daher zum Gegenstand einer Studie geeignet. Es ist sicherlich nicht ein Beweis von mehr Realismus und Achtung der Objektivität, wenn man sie durch eine metaphysische Chimere ersetzt, sei es auch in der löblichen Absicht, diese „objektiv" zu nennen, um dann behaupten zu können, man beschäftige sich nur mit objektiven Dingen.

Man wird einwenden können, wir befänden uns in einem circulus vitiosus und unsere Behauptungen entbehrten eines Sinnes, weil wir noch nicht definiert haben, was wir unter objektiv verstehen. Es ist schnell gesagt: „*Objektiv*" sind Aussagen, die man (auf Grund einer bestimmten, wenigstens grundsätzlich möglichen Wahrnehmung) entweder „wahr" oder „falsch" nennen kann. Dieser Definition mag man mehr oder weniger Bedeutungsspielraum geben. Einziges Gebot: nicht *schwindeln!* Schwindeln heißt, soviel Unklares und Ungenaues in diesen Aussagen belassen, daß man nicht mehr — wie es sein sollte — eindeutig und klar feststellen kann, ob sie „wahr" oder „falsch" sind.

4.2. Die Aussagen dieser Art und somit die einzigen „Aussagen", im wahren Sinne des Wortes, sind Gegenstand der *Logik des Gewissen*, der allgemeinen Logik (auch in der Form von mathematischer Logik oder Mathematik); sie sind auch das Objekt, *auf welches* Wahrscheinlichkeitsurteile angewandt werden (solange man nicht weiß, ob sie wahr oder falsch sind). Sie werden *Propositionen* genannt (wenn man mehr an den Ausdruck denkt, durch den sie formuliert werden), oder *Ereignisse* (wenn man an die Situationen und Umstände denkt, denen entsprechend sie wahr oder falsch sind).

Auf Grund der nun entwickelten Betrachtungen ist die bereits erfolgte Aussage, daß der grundlegende Unterschied zwischen subjektivistischer und objektivistischer Theorie nicht philosophisch sondern methodologisch ist, besser verständlich. Es scheint mir, daß die methodologische Strenge der subjektivistischen Darstellung von niemand widerlegt werden könnte. Nicht einmal durch einen Objektivisten: ja, gerade er würde diese unbedingt brauchen, um die Ursachen sinnvoll darstellen zu können, die ihn veranlassen, diese oder jene unter den unendlich vielen möglichen Meinungen in Bezug auf Wahrscheinlichkeitsbewertungen als die „philosophisch richtige" zu betrachten. Eine Ablehnung dieser These bedeutet nur, daß jemand (vielleicht unbewußt) unbegründete Diskussionen mit Hilfe von Zweideutigkeiten und Ungenauigkeiten unendlich ausdehnen will.

Einige einfache Beispiele mögen schon jetzt Sinn und Tragweite dieser „methodologischen Strenge“ im vorhinein klarzustellen beginnen. Vorausgesetzt jedoch, daß dem notwendigerweise summarischen Charakter dieser Vorbemerkungen Rechnung getragen wird: dieser Hinweis muß beachtet werden, sei es, um zu vermeiden, daß diese Bemerkungen als erschöpfend aufgefaßt werden, oder daß sie als solche kritisiert werden, weil erkannt wird, daß sie es nicht sind.

## 5.
## *Einige Implikationen, an die zu erinnern ist.*

5.1. Wir kommen zu den Beispielen. Der Kürze halber bezeichnen wir mit O Aussagen von *Objektivisten* und mit S diejenigen, die ein *Subjektivist* (oder allenfalls der *Autor*) entgegensetzen würde.

O: Zwei Ereignisse derselben Art sind unter für alle wichtigen Umstände identischen Bedingungen „gleich“ und haben daher notwendigerweise dieselbe Wahrscheinlichkeit

S: Zwei Ereignisse, die man von einander unterscheiden kann, sind durch unendlich viele Umstände immer verschieden (denn wie könnte man sie sonst von einander unterscheiden?); sie sind (für ein Individuum), wenn und soweit es sie so beurteilt, gleich wahrscheinlich (eventuell soweit es die Unterschiede als irrelevant beurteilt, in dem Sinne, daß sie auf sein Urteil keinen Einfluß haben).

*Bemerkung:* Man müßte einen noch grundsätzlicheren Einwand hinzufügen: das Urteil über die Wahrscheinlichkeit eines Ereignisses hängt nicht nur von dem Ereignis (und dem Subjekt) ab, sondern auch vom Grad der Information (was viele Objektivisten manchmal bedenken aber häufiger vergessen).

[2] Oft verwenden die Objektivisten das Wort Ereignis sogar im allgemeinen Sinn, indem sie „*Versuche*“ *(oder Wiederholungen) eines selben* „*Ereignisses*“ sagen, und damit *einzelne* „*gleiche*“ Ereignisse oder „*analoge*“ Ereignisse meinen. Wir werden gelegentlich „*Versuche (oder Wiederholungen) eines Phänomens*“ sagen und unter Ereignis immer ein einzelnes Ereignis verstehen. Doch geht es nicht um die Terminologie: wir verwenden das Wort „Phänomen“ und geben ihm keinerlei technische Bedeutung; indem man „Versuche eines Phänomens“ sagt, kann man sich auf eine äußerliche Analogie beziehen, doch ist damit nichts gemeint, was gleiche Wahrscheinlichkeit oder Unabhängigkeit oder irgendetwas anderes, das im Sinne der Wahrscheinlichkeit wichtig wäre, bedeutet.

O: Zwei Ereignisse sind (stochastisch) unabhängig[3], wenn das Eintreten des einen auf die Wahrscheinlichkeit des anderen keinen Einfluß hat.

S: Ich würde dagegen sagen: Der Definition nach sind es zwei Ereignisse (für ein Individuum), wenn die Kenntnis des Ausganges des einen sein Wahrscheinlichkeitsurteil für das andere nicht verändert.

O: Nehmen wir *als Hypothese* an, daß diese beiden Ereignisse gleich wahrscheinlich (z.B. mit der Wahrscheinlichkeit $p = \frac{1}{2}$) und unabhängig usw. seien.

S: Es hat keinen Sinn, etwas, was keine objektive Aussage darstellt, als „Hypothese" zu setzen; eine Aussage über Wahrscheinlichkeiten (die im Beispiel genannte oder irgendeine andere) ist entweder die Wahrscheinlichkeitsbewertung — dessen (der spricht) oder eines anderen — und davon ist lediglich Kenntnis zu nehmen, oder sie ist nicht vorhanden.

O: Diese Ereignisse sind unabhängig und haben alle dieselbe, jedoch „unbekannte", Wahrscheinlichkeit.

S: Diese Formulierung ist unsinnig, ebenso wie die vorherige, doch in größerem Maße. Indem man den (an sich vernünftigen) zugrundeliegenden Gedanken interpretiert, kann man ihn (siehe Kap. XI) in eine vollständig andere Form („Vertauschbarkeit") bringen, in der es keine Unabhängigkeit gibt, die Wahrscheinlichkeiten bekannt sind und gerade und nur nach der jeweils bekannten Zahl der Erfolge und Mißerfolge variieren.

Und so könnte man fortfahren (und fast könnte man sagen, daß alles Folgende mehr oder weniger implizit eine Fortsetzung dieser Ausführungen ist). Trachten wir aber lieber, das gemeinsame Motiv, das wesentliche Element all dieser Gegenüberstellungen zu erfassen.

5.2. Für den Subjektivisten ist alles klar und fest, wenn er etwas bezüglich der Wahrscheinlichkeitsbewertung eines anderen ausdrückt, einer Bewertung, die eben ist, was sie ist. Sie wird für ihn Begründungen haben, die wir kennen oder nicht kennen, teilen oder nicht teilen mögen, die wir (mit einem subjektiven Urteil „zum Quadrat": unser subjektives Urteil in Bezug auf das subjektive Urteil eines anderen) als

[3] Zwischen Ereignissen, oder zufälligen Zahlen oder zufälligen Entitäten im allgemeinen können verschiedene Relationen bestehen, die man (lineare, logische, stochastische) „Unabhängigkeit" nennt; wenn die Gefahr eines Doppelsinnes vorliegt, ist es besser, nähere Angaben zu machen.

mehr oder weniger „rational" betrachten mögen, und die denen weniger, vieler oder aller anderen Personen mehr oder weniger nahe kommen können. All dies mag von Interesse sein, es ändert jedoch nichts: besser gesagt, all das zählt, sofern es das einzige, das zählt, determiniert hat, nämlich die Wahrscheinlichkeitsbewertung, die sich letzten Endes daraus ergibt.

Vom theoretischen, mathematischen Standpunkt ist es auch irrelevant, daß eine Wahrscheinlichkeitsbewertung eine persönliche Meinung ausdrückt: es handelt sich nur darum, sie zu studieren und zu sagen, ob sie kohärent ist oder nicht (d.h. frei von inneren Widersprüchen oder nicht), sowie man in der Aussagenlogik die Richtigkeit der Deduktionen beweist, nicht aber die Richtigkeit der als Prämissen angenommenen Tatsachen.

5.3. Der Objektivist möchte dagegen die (effektiven oder hypothetischen) Bewertungen ignorieren und auf die Umstände zurückgehen, die als Basis für Begründungen dienen können, die wieder zu Bewertungen führen. Da er nicht in der Lage ist, Methoden der Synthese oder Roboter zu erfinden, die der menschlichen Intuition an Fassungskraft und Scharfsinn gleichkommen, begnügt er sich selbstgefällig mit der oberflächlichen Schematisierung einfachster Fälle, wobei er unter Mißachtung der Informationen auf einem einzigen Element derselben aufbaut, das sich gerade am billigsten anbietet.

Eine andere Folge: Der Subjektivist, der weiß, welche Vorsicht geboten ist, um wirklichkeitsnahe zu bleiben, wird sehr besorgt sein, sich nicht von unmittelbar nahen oder direkt interessanten Fällen zu entfernen. Für den Objektivisten, der die veränderliche und entgleitende Wirklichkeit durch die Abstraktion schematisierter Modelle ersetzt, ist die gegenteilige Versuchung unwiderstehlich. Anstatt (wenn auch in Form eines Wahrscheinlichkeitsurteils, dem einzig gültigen) zu dem besonderen, gerade interessierenden Fall eine verbindliche Aussage zu machen, tritt er die „Flucht nach vorne" an und beschäftigt sich mit dem asymptotischen Problem einer Vielzahl von Fällen, oder er vertrödelt sich mit illusorischen Problemen unendlicher Fälle, wobei er seine Ergebnisse ohne Risiko als „sichere Voraussagen" vorlegen kann[4].

[4] Bezüglich des verschiedenen Sinnes, dem wir den Ausdrücken „Erwartung" und „Voraussage" geben, siehe Kap. III (am Anfang und dann an verschiedenen Stellen. Besonders 7.3).

## 6. *Implikationen der mathematischen Darstellung.*

6.1. Aus dieser Gegenüberstellung der Begriffe ergibt sich unter anderem eine Gegenüberstellung der mathematischen Darstellungsweisen. Das subjektivistische System scheint die Bezeichnung „natürlich" zu verdienen: man kann die Wahrscheinlichkeit für eine Menge beliebiger Ereignisse bewerten, diejenigen, für die sie nützlich oder von Interesse ist, und damit genug. Das objektivistische System (das den zeitgenössischen Mathematikern, unabhängig von ihrer Einstellung zur Wahrscheinlichkeitstheorie, mehr zusagt) besteht darin, angeblich notwendigerweise von einer überflüssig aufgeblähten, umfassenden und komplizierten mathematischen Struktur auszugehen, die man sich im allgemeinen vernünftig gar nicht vorstellen kann.

6.2. Von einer für eine Menge beliebiger Ereignisse bekannten Wahrscheinlichkeitsbewertung (als Ansicht eines echten oder hypothetischen Individuums verstanden) können wir nur beurteilen, ob sie *kohärent* ist oder nicht[5]. Ist sie es nicht, so müßte sie das Individuum, nachdem es aufmerksam gemacht wurde, nachprüfen und überarbeiten, um sie kohärent zu machen; wie ja auch jemand, der Seiten und Fläche eines Rechteckes gemessen und die Zahlen 3 m, 5 m und 12 $m^2$ angegeben hat, – selbst wenn niemand nachmißt – darauf hingewiesen werden kann, daß mindestens eine der Zahlen falsch sein muß, weil $3 \times 5$ nicht 12 ist.

Diese Bedingung der Kohärenz wird zunächst *die schwächste* sein müssen, wenn sie in Bezug auf absolute Gültigkeit die stärkste sein soll. In der Tat *muß sie nur die absolut unannehmbaren Bewertungen ausschließen*, d.h. jene, die wir nicht anders als widersprechend beurteilen können (inwiefern, werden wir noch sehen).

Und diese Bedingung reduziert sich (wie wir sehen werden) auf die *einfache* (und *nichtnegative*) *Additivität*. Sie noch weiter einzuschränken (außer dies wäre notwendig, weil man die vorherige Aussage für falsch befunden hätte), ist nicht vertretbar: denn dadurch würden annehmbare Bewertungen irrtümlich ausgeschlossen.

6.3. Das, wofür sich die objektivistische (oder rein formalistische) Theorie im allgemeinen einsetzt, ist dagegen die Gültigkeit der voll-

[5] Siehe Kap. III.

ständigen Additivität (wie für das Borel'sche oder Lebesgue'sche Maß), sowie, daß der Bereich, in dem die Wahrscheinlichkeit definiert wird, eine Boole'sche Algebra sei. Vom subjektivistischen Standpunkt aus ist dies zuviel und zu wenig: je nach Art des behandelten Problems kann man sich auf viel weniger beschränken oder darüber hinausgehen: um sich auf die Analogie von Ereignissen und Wahrscheinlichkeiten mit Mengen und Maß zu beziehen, kann es manchmal genügen, sich nur ein Maß für gewisse einfache Mengen (wie die Intervalle) oder auch für gewisse Mengen, aber nicht für deren Durchschnitte (z.B. für „senkrechte" und „waagrechte" „Streifen" in der Ebene $(x, y)(x' \leqq x < x''$, bzw. $y' \leqq y < y'')$ aber nicht für die Rechtecke) definiert zu denken, in anderen Fällen wird man es sich auf alle Mengen ausgedehnt denken, die die oben erwähnte Konvention ausschließen würde (wie die „nicht meßbaren Mengen" nach Lebesgue).

6.4. Allgemeiner gesagt, es scheint, daß zur Zeit viele die Einführung so mächtiger mathematischer Methoden oder so scharfsinniger Formeln für gut halten, weil sie denken, daß dadurch ein Problem auch dann eindeutig gelöst werden kann, wenn nicht genug Angaben vorhanden sind. In der Geometrie müßte man in diesem Sinne eine Formel für die Berechnung der Fläche eines Dreieckes bei Angabe von nur zwei Seiten finden.

Von Bemühungen dieser Art wimmelt es auf dem Gebiet der statistischen Induktion besonders (siehe etwas weiter, in dieser Einführung, 7.6).

Im vorliegenden Fall ist der Mangel etwas betont und liegt in der folgenden Unterscheidung zwischen den beiden Fällen des *Maßes* und der *Wahrscheinlichkeit*.

Die Ausdehnung eines *mathematischen Begriffes* (Maß) von einem Feld (Jordan-Peano) auf ein anderes (Borel-Lebesgue) ist eine Frage der Konvention. Wenn aber ein Begriff (wie die Wahrscheinlichkeit) für jedes Ereignis, zumindest potentiell, wenn die Bewertung auch noch aussteht) *schon eine Signifikanz hat*, so kann man ihm nicht durch konventionelle Extrapolation der bereits bewerteten Wahrscheinlichkeiten einen Wert zuordnen, *ausgenommen in dem Fall, in dem dieser auf Grund der Kohärenzbedingungen allein* (Bedingungen, die auf dem Wesen der Wahrscheinlichkeit und nicht auf mathematischer Basis beruhen) *der einzige mit diesen vereinbare wäre*. Dasselbe würde eintreten, wenn es sich um eine physikalische Größe wie die Masse handeln würde. Wollte man annehmen, man könnte den Begriff einer „zu einer beliebigen Menge von Punkten eines Körpers gehörigen Masse" (z. B. die mit rationalen Koordinaten) soweit Sinn geben, daß man sich zumindest grundsätzlich vorstellen könnte, daß diese Masse isoliert und gewogen werden kann, so dürfte man über diese alles und nur das aussagen, was man aus mathematischen Eigenschaften, die notwendige physikalische Eigenschaften ausdrücken, ableiten kann. Mehr zu sagen und im besonderen dank der Einführung willkürlicher mathematischer Konventionen einen eindeutigen Wert für diese Masse festzusetzen, wenn die oben erwähnten Eigenschaften sie innerhalb bestimmter Grenzen unbestimmt lassen, wäre ungerechtfertigt und daher nicht annehmbar.

## 7.
## *Eine Richtlinie für die „einführende Synthese“.*

7.1. Nach der „Kneippkur“ einer Gegenüberstellung m. E. sinnvoller und sinnleerer Wahrscheinlichkeitsbegriffe (1.5) und geeigneter und inadäquater mathematischer Formulierungen (1.6) wird eine einfache und geordnete Darstellung der folgenden Argumente vielleicht Entspannung bieten. Sie wird jedoch vielleicht auch wieder zur Kneippkur zurückführen und diese durch bessere Sachkenntnis verständlicher machen.

7.2. In Kapitel II werden wir *nicht* von Wahrscheinlichkeit sprechen. Um den Unterschied zwischen dem subjektiven Charakter dieses Begriffes und dem objektiven Charakter der Elemente (zufällige Ereignisse, irgendwelche zufällige Entitäten), auf die sie sich bezieht, gut darzustellen, wollen wir uns zunächst nur mit diesen Entitäten befassen. D. h. wir befassen uns mit der einführenden Logik des Gewissen, in der es nur folgendes gibt:

WAHR und FALSCH als endgültige Antworten;

SICHER, UNMÖGLICH und MÖGLICH als Alternativen in Bezug auf die momentane Information jedes einzelnen.

So bleibt der Bereich der Ungewißheit, d.h. des nicht Bekannten, abgezeichnet: Bereich, in den sich dann als unerläßliches Instrument zur Orientierung und Entscheidung der (subjektive) Begriff der Wahrscheinlichkeit einfügen wird.

Die zufälligen Ereignisse, zufälligen Zahlen und jede andere zufällige Entität werden aber bereits vor dem Eintreten in den Bereich der Wahrscheinlichkeit bestimmt sein: und sie werden einfach Ereignisse, Zahlen und Entitäten sein, die wohl bestimmt sind und lediglich die besondere Eigenschaft haben, einem bestimmten Subjekt nicht bekannt zu sein. Für jedes Subjekt, das den Wert einer Zahl $X$ nicht kennt, wird es (anstelle *eines einzigen sicheren* Wertes) zwei oder mehr oder unendlich viele mögliche Werte $X$ geben. Sie hängen von dem Grad seiner Unkenntnis ab, stehen also in Relation zu seiner Information, sind jedoch insofern *objektiv*, als sie nicht von seiner Meinung abhängen, sondern eben nur von diesen objektiven Umständen.

7.3. In Kapitel III werden wir sehen, wie natürlich und zweckmäßig die Forderung ist, den negativen Aspekt der „*Nicht-Kenntnis*“, auf den sich bisher die Betrachtung der Ungewißheit beschränkt hat, mit dem positiven (wenn auch schwachen und, bis zur Gewißheit bringenden Information, provisorischen) Aspekt, der in der Bewertung der Wahrscheinlichkeit besteht, zu integrieren. Wir pflegen jedem Ereignis, das uns (womöglich vage und unbewußt) irgendwie interessiert, eine Wahrscheinlichkeit zuzuschreiben und wenn das Interesse groß genug ist, können wir uns bemühen, diese mit Aufmerksamkeit zu bewerten. Dies bedeutet eine gründliche Selbstbefragung, ein Abwägen aller für die Beurteilung maßgeblichen Elemente, die Kontrolle der Kohärenz durch andere, mit gleicher Genauigkeit angestellte Bewertungen. Auf diese Weise wird jedes Ereignis eine Wahrscheinlichkeit haben können, jede zufällige Zahl oder Entität eine Wahrscheinlichkeitsverteilung, als Ausdruck der Einstellung des betrachteten Subjektes.

Beachten wir sofort einige Punkte.

Manche setzen, wenn sie von einer Zufallszahl sprechen, voraus, daß ihr bereits eine Wahrscheinlichkeitsverteilung anhaftet: sich von einem anderen Konzept leiten zu lassen, ist nicht nur eine Folge der subjektivistischen Auffassung (für die die Verteilung je nach Individuum variieren kann), sondern auch der unvermeidlichen Tatsache, daß die Wahrscheinlichkeitsverteilung sich mit der Information verändert (eine Tatsache, die die herkömmliche Terminologie jedenfalls unzweckmäßig macht).

Ein anderer Umstand, dessen Erwähnung schon jetzt nützlich sein kann, ist, daß die Kohärenzbedingungen sich besonders einfach und klar ergeben, wenn man einfach beachtet, wie man zufällige Ereignisse und Zahlen (oder Entitäten irgendeines linearen Raumes) gleichzeitig behandeln kann: indem man die logischen Werte „wahr" und „falsch" den Zahlen 1 und 0 gleichsetzt, ist ein Ereignis eine Zufallszahl, die einen dieser beiden Werte erhalten kann und die Funktion $\mathbf{P}(X)$, die für $X =$ Ereignis dessen Wahrscheinlichkeit angibt, ist für jegliches $X$ die „Erwartung" von $X$ (oder, im gewöhnlichen Sprachgebrauch, die mathematische Hoffnung).

Auch die Verwendung dieser *arithmetischen* Darstellung der Ereignisse (die der Mengendarstellung vorgezogen wird, ohne letztere auszuschließen) hat — wie wir sehen werden — ihren Wert und ihre Begründung. Wesentlich ist, daß die *Linearität* der arithmetischen Darstellung eine grundlegende Rolle spielt (die im allgemeinen ein wenig im Dunkel liegt), während die Struktur der Boole'schen Algebra eher hervorsticht.

7.4. Nachdem wir diese Betrachtungen in Kapitel IV auf den Fall der bedingten Wahrscheinlichkeiten und Erwartungen ausgedehnt haben werden (wobei wir auf die Begriffe stochastischer Unabhängigkeit und Korrelation gestoßen sein werden), wollen wir in Kapitel V die Bewertung der Wahrscheinlichkeit behandeln. Die bereits festgelegten Begriffe werden nicht nur erlauben, die für diese Bewertung erforderlichen Hilfsmittel anzuwenden, sondern auch, sie mit den gewöhnlichen, teilweise auf objektivistischen „Definitionen“ beruhenden Kriterien zu vergleichen. Und es wird sich zeigen, daß die subjektivistische Darstellung — weit davon entfernt das, was an den diesen Kriterien entsprechenden Ideen brauchbar ist, unbrauchbar zu machen, deren bessere und vollständigere Verwendung ermöglicht, da sie Fall für Fall jede einzelne prüft und anpaßt. Entgegen dem üblichen plumpen System gedankenloser und einseitiger Anwendung des einen oder anderen Kriteriums erlaubt die vorgeschlagene Darstellung, sich wie der in 5.3. erwähnte wunderbare Roboter zu verhalten.

7.5. Die Kapitel VI und X sollen ein Gesamtbild des Bereiches der Probleme der Wahrscheinlichkeitsrechnung vermitteln: natürlich handelt es sich um ein Kompromiß zwischen dem Wunsch, ein nicht zu unvollständiges Bild zu vermitteln, und dem, die Aufmerksamkeit auf wenige Begriffe, Probleme und Methoden zu konzentrieren: auf die, welche sowohl für den ersten Kern der zu vermittelnden Kenntnisse als auch und noch vielmehr für sukzessive Entwicklungen, die man höchstens andeuten kann, eine grundlegende Rolle spielen.

Auch in diesem, an sich mehr inhaltsreichen als kritischen Teil fehlt es nicht an begrifflich wichtigen Aspekten (und zeitweise Bemerkungen und Abweichungen). Es wäre nicht am Platz, sie im einzelnen zu nennen; als Beispiel genüge: die genauere Analyse dessen, was die Kenntnis der Verteilungsfunktion (auch im Zusammenhalt mit „möglichen“ Werten) besagt und nicht besagt und die Bedeutung der „stochastischen Unabhängigkeit“ (unter Zufallszahlen), die durch die Verteilungsfunktion ausgedrückt wird.

7.6. Die beiden letzten Kapitel, XI und XII bringen eine kurze Einführung in die Probleme der Induktion (oder Inferenz) mit deren Anwendung in der mathematischen Statistik. Hier stößt man wieder auf begriffliche Fragen im Zusammenhang mit der subjektivistischen Auffassung, die natürlich jede Inferenz auf das Bayes'sche Verhalten stützt (nach Thomas Bayes, 1763). So erhalten Theorie und Anwendungen ein einheitliches und kohärentes Fundament: es handelt sich einfach darum, von den ursprünglichen Wahrscheinlichkeitsbewertungen (die vor Erhalt neuer Informationen durch Beobachtungen, Versuche etc. erfolgt sind) auszugehen und diese anhand dieser neuen Informationen anzupassen und so die endgültigen Bewertungen (auf die man sich nach diesen Informationen stützt) zu erhalten.

Weil die objektivistischen Theorien die Bewertung und Anwendung der „anfänglichen Wahrscheinlichkeiten" ablehnen, fehlt es ihnen an einem für ein sinnvolles Vorgehen unerläßlichem Element. Sie ersetzen es durch eine Vielfalt empirischer Methoden, die oft *ad hoc* für einzelne Fälle erfunden werden. Nach Good, der den Ausdruck „Adhockeries" geprägt hat, werden wir die Methoden, Kriterien und Verfahren, die anstatt logisch vorzugehen, trachten, besondere Fälle in besonderer (und manchmal geradezu dummer Weise) zu lösen, „*Adhockereien*" nennen.

## 8. *Ein Hinweis zum „Kritischen Anhang".*

8.1. Viele begriffliche Fragen sind unglücklicherweise, wenn man sie gründlich untersuchen will, unerschöpflich. Und das Schlimmste ist, daß sie oft auch langweilig sind, sofern nicht jemand ein besonderes Interesse daran hat.

Ein Werk das bestimmt ist, ein gegebenes Begriffsbild zu klären, kann von dieser Art gründlicher Untersuchungen nicht absehen; doch kann wohl vermieden werden, mehr zu bringen, als notwendig ist, um den Anforderungen eines normalen Lesers zu entsprechen, der sich ein Gesamtbild schaffen möchte. Deshalb sind die systematischeren und eingehenderen kritischen Betrachtungen teilweise in den Anhang verlegt worden. Damit soll zur Beruhigung gesagt sein, daß man diesen nicht lesen muß, um den Rest zu verstehen. Es bedeutet aber nicht, daß es sich im Anhang um sophistisches verworrenes Zeug handelt, das wenigen Fachleuten vorbehalten und für andere unlesbar ist. Es handelt sich um weitere Betrachtungen zu verschiedenen Punkten, die dem einzelnen mehr oder weniger interessant oder mehr oder weniger schwer erscheinen mögen, die aber immer, in sinnvoller und nützlicher, wenn auch nicht unerläßlicher Weise das Bewußtsein verschiedener Probleme und Schwierigkeiten und der Ursachen für verschiedene Einstellungen zu ihnen, vertiefen können.

8.2. Jedenfalls ist zu sagen, daß es sich um einen Versuch handelt, einen Komplex von Problemen, die im allgemeinen von Spezialisten der einzelnen Sachgebiete mit wenig oder gar keiner Rücksicht für die anderen, getrennt betrachtet werden, einheitlich zu erfassen. Trotz mancher Lücken und Ungewißheiten und vieler Unvollkommenheiten und vielleicht gerade wegen der Aufmerksamkeit, die dieser Versuch erregen könnte, sollte er sich als nützlich erweisen.

Unter anderem wurde versucht, die in der Quantenphysik aufgetretene Frage der „Komplementarität“ in den Rahmen der Schwierigkeiten einzufügen, die die „Verifizierbarkeit“ von Ereignissen im allgemeinen betreffen. Die Beantwortung ist an anderer Stelle (de Finetti 1959) bereits kurz erfolgt und deckt sich mit der von B.O. Koopman (1957); die Analyse wird jedoch vertieft und mit den Gesichtspunkten verschiedener Autoren in Zusammenhang gebracht (wobei jedoch ein Spielraum von Unsicherheit bei der Auslegung ihrer Gedanken und Zeitmangel eine Rolle spielen).

8.3. Verschiedene andere Fragen, die im Anhang ausführlich behandelt werden, sind gegenwärtig Diskussionsthema an verschiedenen Lehrstühlen. So scheinen die Beziehungen zwischen Möglichkeit und Tautologie die Aufmerksamkeit der Philosophen zu erregen (Hacking bei einem Kongreß in Chicago 1967), während die kritischen Fragen der mathematischen Axiome der Wahrscheinlichkeitsrechnung — mit der Tendenz, daraus eine der Theorie der Maße identische oder nur sinnvoll abgeänderte Theorie zu machen — immer an der Tagesordnung sind.

Abgesehen von den Thesen zu den einzelnen Fragen wird auch der Anhang in erster Linie das Ziel haben, die mathematische Darstellung den praktischen Anforderungen der wesentlichen Auffassung anzupassen und dies mit größter Achtung des „Realismus“ vorzunehmen, den der unvermeidliche Grad der Idealisierung kaum berühren, aber niemals überwuchern oder verzerren darf, weder zur analytischen Vereinfachung noch aus irgendwelchen anderen Gründen.

## 9.
## *Was nachher kommen sollte.*

Der gegenwärtige Band sollte sowohl eine summarische aber genügend vielseitige und begrifflich bestimmte Kenntnis des Problems vermitteln, wie als Grundlage für eine breitere Darstellung dienen, die noch ein bis zwei Bände umfassen könnte. Dieses zur systematischen Entwicklung von Themen, die hier nur in großen Zügen oder in Beispielen erwähnt werden und anderer, die keinen Raum gefunden haben.

Die gegenwärtige Darstellung kann aber als kulturelle Grundlage dienen; sie kann dem eventuellen Leser künftiger Werke Vertrautheit mit der Materie und Verständnis für die Probleme in ihrer Gesamtheit vermitteln; so könnte jener unausgeglichene Zustand überwunden werden, der sich im Verlauf einer systematischen monodimensionalen und unidirektionalen Entwicklung (nach traditionellem Muster) ergibt, wenn man an keinem Punkt weiß, was *nachher* kommt und dies das Verständnis dessen beeinträchtigt, was *zuerst* gesagt wurde und gerade *jetzt* gesagt wird. Die folgenden Bände könnten dagegen sozusagen einen zweiten Zyklus einleiten.

Dies sind jedenfalls zunächst die Absichten. Die Zeit vergeht jedoch immer zu schnell, um sie planmäßig zu verwirklichen und die Zukunft liegt, wie man sagt, im Schoß der Götter.

## 10.
## *Weitere Bemerkungen.*

10.1. Ich möchte noch auf manchen weiteren rein sekundären Aspekt hinweisen, sei es nur wegen der Bedeutung, die „sekundäre" Dinge meiner Ansicht nach haben.

Es ist eine Charakteristik der Wahrscheinlichkeitsrechnung, daß oft mathematische Theoreme insofern automatisch demonstriert werden, als ihre Auslegung im Sinne der Wahrscheinlichkeit offenkundig ist. In allen diesen Fällen halte ich es für klarer und lehrreicher, dieses aus-

[5a] Das hier und weiterhin an einigen Stellen des vorliegenden Buches in Aussicht gestellte umfassendere Werk des Autors liegt derzeit (1979) noch nicht vor (A. d. Übers.).

drückliche Ergebnis als Demonstration zu betrachten und als formelle Probe die Umsetzung in Abschnitte (die auszulassen oder dem Leser zu überlassen sind). Dies ist m. E. die beste Art dem von Chisini in seiner goldenen Regel oft ausgesprochenen Ideal zu entsprechen: „*Mathematik ist die Kunst, die lehrt, Rechnungen zu vermeiden.*"

Es ist unglaublich, wieviele Dinge gewöhnlich so schwerfällig und obskur vorgetragen werden, daß der Weg durch ein Labyrinth von Berechnungen führt, in dem man den eigentlichen Sinn aus dem Auge verliert, während einfache synthetische Betrachtungen genügen würden, um zu beweisen, daß Ergebnis und Sinn für jeden unmittelbar greifbar und offensichtlich sind, der sich nicht verhält, als trüge er Handfesseln und eine Augenbinde.

Wie oft sieht man nicht lange Berechnungen als Demonstration falscher oder auf der Hand liegender Ergebnisse (und der letztere Fall ist der schlimmere, ohne mildernde Umstände, weil man nicht einmal, nachdem man sie erarbeitet hat, erkannt hat, daß die Lösung auf der Hand lag, während man dem, der die Lösung infolge eines zufälligen Fehlers nicht findet, nur vorwerfen kann, ihn nicht gefunden zu haben, ehe er mit der Berechnung begann).

Und dabei genügt es oft, einfach zu bemerken, daß zwei Formeln identisch sein müssen, weil sie einfach in verschiedener Form dasselbe ausdrücken, als Ergebnis eines gleichen Prozesses, nur von verschiedenen Eigenschaften, die ihn bestimmen, ausgehend, oder aus anderen, ähnlich klaren Gründen. Probleme, die mehr oder weniger „erstaunlich" leicht auf synthetische Schlußfolgerungen zurückgeführt werden können, ergeben sich übrigens u. a. häufig bei Verfahren mit zufälligen Prozessen – vom Spiel „Kopf oder Adler" bis zu Fällen, die Eigenschaften charakteristischer Funktionen implizieren, usw.; oft ist es wieder eine geeignete geometrische Darstellung, die die Situation klarstellt und auch die Lösung in Formeln ohne Berechnungen und ohne Zweifel anbietet.

10.2. Aber auch noch sekundärere Dinge haben ihre Bedeutung und ich möchte dies anhand einiger Beispiele erklären, um nicht den Anschein zu erwecken, manche kleine Neuerung in Symbolen und Terminologie sei um ihrer selbst willen und nicht aus der Notwendigkeit, sich von überflüssigen Komplikationen zu befreien, eingeführt worden.

Die beste Vereinfachung, aus der ein Großteil anderer abzuleiten ist, ist die bereits (7.3) erwähnte, ein Ereignis $E$ mit der Zufallszahl (im allgemeinen „Indikator von $E$" genannt) zu identifizieren, die den Wert 1 oder 0 hat, je nachdem, ob $E$ wahr oder falsch ist. Man kann dadurch nicht nur mit den Ereignissen arithmetisch operieren (arithmetische Summe mehrerer Ereignisse = Anzahl der Erfolge; $E-p=$ Gewinn einer Wette für den, der $p$ einzahlt, um 1 zu erhalten, wenn $E$ eintritt; usw.), man operiert auch mit einem einzigen Symbol **P** um sowohl Wahrscheinlichkeit als Erwartung (oder „mathematische Hoffnung") anzugeben und vermeidet Verdoppelung. Das „Theorem" $\mathbf{M}(I_E) = \mathbf{P}(E)$, „die mathematische Erwartung des Indikators eines Ereignisses ist gleich der Wahrscheinlichkeit des Ereignisses selbst" *fällt* (könnte nicht anders ausgedrückt werden, als durch $\mathbf{P}(E) = \mathbf{P}(E)$!).

Ebenso leicht ist es für irgendjemand (Kandidat oder TV-Präsentator) eine Antwort in der Art zu geben, wie „Die Hauptstadt der Provinz Siena ist Siena" (und sagen zu können, daß die Antwort richtig ist, ohne eine Autorität zu fragen). Und damit fällt der massive Kulturaufbau, der sich nach einem anderen System[6] der Bezeichnung entfalten könnte: „Die Hauptstadt der ‚Lingua del Si' ist Siena", „die Hauptstadt von Puy del Domm ist Mailand" usw. für hundert Provinzen. Die Mathematik ist aber bereits nur zu reich und komplex, um noch durch künstliche Komplikationen und Duplikationen bereichert zu werden: im Gegenteil, es scheint jede Bemühung verdienstvoll, keine neuen zu schaffen und vorhandene zu beseitigen.

10.3. Die Identifizierung WAHR = 1, FALSCH = 0, erweist sich übrigens auch als einfache konventionelle Erkenntnis nützlich, um viele mathematische Ausdrücke, die gewöhnlich zusätzliche Bemerkungen in Worten erfordern, einfach und synthetisch schriftlich darzustellen. Indem man dieselbe Identifizierung auf Formeln, die Bedingungen ausdrücken, anwendet, z.B. indem man „$(0 \leqq x \leqq 1)$" als Symbol interpretiert, das den Wert 1 für $x$ zwischen 0 und 1 hat, wo die Ungleichung wahr ist, und außerhalb, wo sie falsch ist, den Wert 0, kann man (auch viel komplizierte) Ausdrücke in der Art wie

$$f(x) = g(x)\,(0 \leqq x \leqq 1)$$

[6] Wie in Frankreich mit den Departements; ich bitte um Verzeihung, wenn ich für meine scherzhaften Nachahmungen auch Namen von Regionen oder Hauptstädten verwendet habe.

ausdrücken, die sonst wörtliche Erklärung wie „die Funktion $f(x)$, die bei $0 \leqq x \leqq 1$ mit $g(x)$ zusammenfällt und sonst gleich 0 ist", verlangen, oder umständliche Schreibweisen wie

$$f(x) = \begin{cases} = 0 & \text{für } x < 0, \\ = g(x) & \text{für } 0 \leqq x \leqq 1, \\ = 0 & \text{für } x > 1. \end{cases}$$

Man kann sich leicht viele Fälle vorstellen, in denen diese Konvention noch viel günstiger ist, man wird sich kaum Rechenschaft geben können, wie viele und wie verschiedenartige Fälle es sind (mir passiert es jedenfalls oft, über neue wichtige Möglichkeiten überrascht zu sein, die ich nicht vorausgesehen habe).

10.4. Andere Vereinfachungen dieser Art (manchmal in Verbindung mit diesen) ergeben sich aus einer parallelen (oder dualen) Ausdehnung der Boole'schen Operationen auf die reellen Zahlen (die für die Werte 0 und 1 mit der gewöhnlichen Bedeutung für Ereignisse zusammenfällt). Auch diese natürliche und signifikante Extension wird sich in vielen Anwendungen[7] als nützlich erweisen (siehe Kap. II, Nr. 5 und 11).

10.5. Eine kleinere Neuerung, die mir nicht nur zur Vermeidung verschiedener Abkürzungen in verschiedenen Sprachen sondern auch zur größeren Klarheit und Ausschaltung typographischer Kompositionen sowie umständlicher oder schlecht leserlicher Siegel zweckmäßig erscheint, ist die Angabe der drei wichtigsten Arten der Konvergenz im Bereich der Wahrscheinlichkeit durch folgende Zeichen (die jedoch auch im Bereich der Funktionen gelten könnten):

| Zeichen: | Art der Konvergenz: | | |
|---|---|---|---|
| $\overset{\ldots}{\rightarrow}$ | schwach | (nach Wahrscheinlichkeit) | (nach Maß) |
| $\rightarrow$ | stark | (fast sicher) | (fast überall) |
| $\dashrightarrow$ | quadratisch | (im quadratischen Mittel) | (im [quadratischen] Mittel) |

[7] Die Vorteile dieser beiden Konventionen (0 und 1 für Wahr-Falsch und $\vee$ und $\wedge$ zwischen Zahlen) werden in einer Anmerkung in dem Band zu Ehren von O. Onicescu (75. Geburtstag) der „Revue roumaine de mathématiques pures et appliquées", Bukarest (1967), t. XII, Nr. 9, S. 1227–33, mit kurzen Beispielen ziemlich systematisch illustriert.

10.6. Einige andere Vereinfachungen der Schreibweise stehen nicht im direkten Zusammenhang mit der Wahrscheinlichkeit; daher bestanden noch mehr Hemmungen, sie einzuführen. Entscheidend war dann jedoch, daß ich nur so einfache und notwendige Dinge in entsprechend einfacher und klarer Form ausdrücken konnte.

Die wesentlichste, Symbole für Funktionen zu erhalten, indem man in einem beliebigen Ausdruck die Variable durch einen „Platzhalter" ersetzt. Dafür scheint ein kleines Quadrat, $\square$, geeignet (das auch die Idee vermittelt, daß es auszufüllen ist). Der Zweck ist derselbe, den Peano mit „$|x$", „$x$ variabel" erreicht hat, was, zum Beispiel auf den Ausdruck $(x \sin x^2 + \sqrt{3-x})/\log(2+\cos x)$ angewandt, die Formel $f = \{[(x \sin x^2 + \sqrt{3-x})/\log(2+\cos x)]\,|\,x\}$ ergibt, wobei $f$ das Symbol der Funktion ist, sodaß $f(x)$ den obigen Ausdruck ergibt und $f(y)$, $f(ax^2+b)$, $f(e^z)$ ... derjenige ist, in welchem an jeder Stelle, wo ein $x$ stand, $y$ oder $ax^2+b$ oder $e^z$, oder irgendetwas einzusetzen ist. Diese Schreibweise eignet sich jedoch nicht für viele Verwendungen, wo man sie brauchen würde, und wo dagegen der „Platzhalter" $\square$ sich bestens an Stelle der Variablen bewährt, die verfügbar bleibt[8]. Im obigen Beispiel würde man

$$f = \frac{\square \sin \square^2 + \sqrt{3-\square}}{\log(2+\cos\square)}$$

schreiben, und um $f(x)$, $f(y)$, $f(ax^2+b)$, $f(e^z)$ zu schreiben, würde es genügen, rechts zwischen () die gewünschte Variable einzusetzen.

Den größten Vorteil hat man vielleicht in den einfachsten Fällen: z. B. den, mit $\square$, $\square^2$, $\square^{-1}$ die identische Funktion, $f(x) = x$ angeben zu können, oder das Quadrat, $f(x) = x^2$, oder den reziproken Wert, $f(x) = 1/x$, wenn $f$ als Argument in einem Funktional angegeben wird. Z. B. können $F(\square)$, $F(\square^2)$ das erste und das zweite Moment (und dann jegliches andere: $F(\square^n)$ und $F(|\square^n|)$ usw.) für eine Verteilung $F$ (nach den Konventionen in Kap. VI) angeben.

10.7. Eine sekundäre Vereinbarung ist schließlich die, gewöhnlich mit $K$ jede beliebige multiplikative Konstante zu bezeichnen — notfalls

[8] Im Falle von mehreren Variablen (z. B. drei) könnte man sich leicht desselben Vorteils bedienen, indem man an ihre Stelle unterschiedliche „Platzhalter" setzt, z. B. $\square_1$, $\square_2$, $\square_3$, unter der Voraussetzung, daß $f(x, y, z)$ oder $f(5, -\frac{1}{2}, 0)$ oder $f(x+y, -\frac{1}{2}x^2, 1-2y)$ usw. das ist, was man erhält, wenn man das erste, zweite oder dritte Element des Tripels an die Stellen setzt, welche durch die drei „Platzhalter" mit den Indices 1, 2, 3 angegeben werden.

kann man den Ausdruck gleich daneben setzen — anstatt sie in den Formeln selbst voll auszuschreiben. Sonst kommt es nämlich oft vor, daß eine Funktion, sagen wir von $x$, sich äußerst kompliziert darstellt und man muß dann sorgfältig jedes Symbol entziffern (auch im kleinen, in den Exponenten usw.), um herauszufinden, wo das $x$ vorkommt. Dann bemerkt man oft, daß die Funktion ganz einfach ist und daß sich die Komplikation nur dadurch ergibt, daß man eine Konstante ganz ausschreiben wollte (womöglich eine Normalisierungskonstante, die man sogar ganz ignorieren könnte, weil sie später automatisch verschwindet und man mit der endgültigen Formel leichter rechnet). In anderen Fällen bleibt sie als „Promemoria" des Vorhandenseins eines ausgelassenen multiplikativen Faktors (der immer mit $K$ bezeichnet wird, auch wenn der Wert sich ständig verändert: diesem Hinweis wird Rechnung zu tragen sein).

## 11.
## *Einige Bemerkungen zur Terminologie.*

Es ist sicher unzweckmäßig und störend, länger auf die Terminologie einzugehen. Anderseits wäre ein Wörterbuch aus zwei Gründen nützlich und lehrreich: einmal als Hilfe für denjenigen, dem die eine oder andere Bezeichnung nicht oder nur mangelhaft in Erinnerung geblieben ist (wobei es etwas besser wäre, als ein normaler alphabetischer Index); ferner (für Interessenten) zur Erklärung der Beweggründe, die zur Wahl oder Schaffung gewisser Termini oder Konventionen geführt haben[9]. Jedenfalls sind die nicht gebräuchlichen Ausdrücke nicht viele und werden jeweils erklärt.

Auch außerhalb der „technischen" Terminologie gäbe es viele passende Abkürzungen und kleine Neuerungen, die m. Wissens noch nicht in den italienischen (auch nicht den mathematischen italienischen) Sprachgebrauch eingeführt worden sind und ich habe mich nicht entschlossen, den Anfang zu machen. Äußerst praktische ist im Englischen *iff* (für *if and only if*). Italienisch könnte man hier m.E. „*Se e soltanto se*" zu *ssse* kondensieren (Bemerkung des Übersetzers: wenn und nur wenn, bzw. dann und nur dann). Analog für das Englische „(*say*)" nach einer erstellten Angabe könnte man „(*sia*)" (Deutsch: „sei", der Übersetzer) schreiben usw. Es wäre jedoch ein Übereinkommen wünschenswert, wenn nicht allgemein, doch wenigstens unter denen, die einige Neuerungen einführen wollen, um ev. verschiedene Konventionen zu vermeiden.

---

[9] Ein ausgezeichnetes Beispiel wäre das des *Dictionnaire* am Ende eines „Livre" von Bourbaki.

11.2. Eher ist die Aufmerksamkeit auf einige generische Hinweise zu lenken, wie auf die Beachtung von Nuancierungen und Divergenzen der Interpretation, die von Unterschieden der Auffassung abhängen. Am wichtigsten, zu bedenken, daß ein *Ereignis* immer ein Einzelfall ist, was bereits (siehe 3.1) unterstrichen wurde; gleicher Hinweis für die *Zufallszahl* (7.2) und für jede Art „zufälliger Entität". Und hier sind zwei Erklärungen der Terminologie angebracht: erstens, zu sagen, warum ich den Ausdruck „Variable" nicht gebrauche, und zweitens, um die unterschiedliche Verwendung von „durch Zufall", „zufällig" und „stochastisch" zu erklären.

„Zufalls-*Variable*" (oder „zufällige" Variable) zu sagen, kann eine Bezugnahme auf die „statistische" Interpretation bedeuten, bei der man an viele „Versuche" denkt, bei welchen diese Zufallszahl *variieren* kann, indem sie von Versuch zu Versuch andere Werte annimmt. Das widerspricht unserer Auffassung des Problems. Man könnte auch denken, daß es sich wohl um einen einzigen wohl bestimmten Wert handelt, daß dieser aber für den, der ihn nicht kennt, in dem Sinne „variabel" ist, daß er jeglichen der für ihn „möglichen" Wert annehmen kann. Diese Formulierung erscheint jedoch nicht günstig, und umso weniger notwendig; ferner wäre es, wenn man sie übernehmen wollte, logisch, immer dabei zu bleiben (und zu sagen: numerische Zufallsvariable, vektoriale Zufallsvariable, Punkt-Zufallsvariable, Matrix-Zufallsvariable, Verteilungs-Zufallsvariable, Funktions-Zufallsvariable ..., Ereignis-Zufallsvariable), und nicht zu sagen: Zufalls-Vektor, Zufalls-Punkt, Zufalls-Matrix, Zufalls-Verteilung, Zufalls-Funktion, Zufalls-Ereignis, und nur im Fall der Zahl nicht mehr von Zahl sondern von Variabler zu sprechen[10].

Was die drei Termini — „*durch Zufall*", „*zufällig*", „*stochastisch*" anbelangt — gibt es keine echten Probleme, es ist nur günstig, einen vermischten Gebrauch zu vermeiden, indem man die Festigung einer Tendenz begünstigt, die mir bereits gegeben scheint (von der mir jedoch

[10] Wollte man diese Form wählen, so wäre es besser (nach dem Beispiel von Bernard ROY) anstatt „zufällige Variable" einfach *Alea* („Zufällige", d. Übersetzer) zu sagen, und daher *numerische Alea, vektoriale Alea* usw. Ich habe überlegt, ob dies zweckmäßig wäre (als Terminologie wirkt es deutlich und sympathisch); doch scheint mir, das Substantiv sollte dem wesentlichen Merkmal gewidmet sein (das, wovon man spricht, *ist eine Zahl, ist ein Vektor, ist eine Funktion)* und das Adjektiv sollte für begleitende Umstände genügen (ob es jemand bekannt ist oder nicht, und daher zufällig ist; daß es für ihn *wichtig* sei; daß er es im Notizblock eingetragen und Titius mitgeteilt habe).

nicht bekannt ist, daß sie bereits ausgedrückt wurde). Genauer: es scheint mir, daß folgende systematische Verwendung vorzuziehen wäre:

„*zufällig*" für das, was *Gegenstand* der Wahrscheinlichkeitstheorie ist (wie in den genannten Fällen; daher auch Zufalls-Prozeß und nicht stochastischer Prozeß).

„*stochastisch*" für das, was „im Sinne der Wahrscheinlichkeitsrechnung" gilt (z. B. stochastische Unabhängigkeit, stochastische Konvergenz, stochastisches Integral; allgemeiner, stochastische Eigenschaften, stochastische Modelle, stochastische Interpretationen, stochastische Gesetze; oder auch stochastische Matrix, stochastische Verteilung[11]; usw.).

„*durch Zufall*" sollte man vielleicht lieber für einen weniger technischen Gebrauch vorbehalten: im üblichen Sinn von „durch Zufall", „nicht aus einer bekannten oder voraussetzbaren Ursache", oder (aber dann, indem man darauf aufmerksam macht!) im Sinne von „mit gleicher Wahrscheinlichkeit", sowie bei einem „zufälligen Zug", einer „zufälligen Unterteilung" und ähnlichen.

11.3. Ein besonderes Wort zu dem vielleicht einzigen wichtigen Terminus, der geändert wurde: *Previsione* (Erwartung, d. Übersetzer) an Stelle von mathematischer Hoffnung oder erhofftem Wert oder erwartetem Wert usw. Alle diese anderen Bezeichnungen haben jedoch, genau genommen, eine eher ungeeignete Bedeutung und oft (mit dem Wort „Hoffnung") etwas Antiquiertes und Komisches und überhaupt ist es ungünstig, wenn die Bezeichnung für einen so grundlegenden Begriff (der so häufig vorkommt), aus zwei Wörtern besteht. Aber es gab noch, und vor allem, eine andere Ursache ...: es war ein Wort mit dem Anfangsbuchstaben *P* zweckmäßig, weil das Symbol **P** (wie gesagt und in Erinnerung gebracht) für den einzigen Begriff dient, den wir im allge-

[11] Der Fall *Matrix* und *Verteilung* zeigt den Unterschied deutlich. Eine Zufalls-Matrix ist eine Matrix, deren Elemente Zufallszahlen sind; die stochastische Matrix (in der Theorie der Markov'schen Ketten) ist die Matrix, deren Elemente die „vorübergehenden Wahrscheinlichkeiten" angeben, nämlich wohl bestimmte Zahlen, die den zufälligen Prozeß definieren. Eine Zufalls-Verteilung ist die (wohl bestimmte aber nicht bekannte) der Bevölkerung in einem künftigen Jahrhundert nach Alter, oder die der Maße, die man in *n* Beobachtungen, die noch durchzuführen sind, erhalten wird; stochastische Verteilung (doch ist dies nicht gebräuchlich und auch nicht dienlich) würde Wahrscheinlichkeitsverteilung bedeuten. Siehe auch Anmerkung 2 in VII, 8.3.

meinen *Previsione* (Erwartung, d. Übersetzer) nennen, und in der Berechnung der Ereignisse, auch *Wahrscheinlichkeit*[12].

## 12.
## *Die Tyrannei der Sprache.*

Alle Vereinbarungen über Bezeichnungen und Terminologie und alle Erklärungen genügen jedoch nicht, um das fundamentale Hindernis für eine einfache, klare und den begrifflichen Anforderungen entsprechende Darstellung zu beseitigen: es wird nur gelindert, es werden nur kleine Fehler ausgeräumt.

Das grundlegende Hindernis liegt in der Schwierigkeit, der Tyrannei der gebräuchlichen Ausdrucksweise zu entfliehen, ihrer Schwerfälligkeit, die oft zwingt, allgemein übliche Redewendungen zu verwenden, statt geeignete, aber weniger leichte Versionen auszuarbeiten. Wir sagen heute noch alle, „die Sonne geht auf", und ich wüßte nicht, was wir sagen müßten, um nicht als anachronistische Anhänger des Ptolomäischen Systems zu gelten. Zum Glück gibt es diesen Verdacht heute nicht mehr und niemand philosophiert über den wörtlichen Sinn dieser Redewendung.

In der vorliegenden Darlegung werden wir oft der Kürze halber eine nicht korrekte Ausdrucksweise verwenden müssen: z. B. sagen, „die Wahrscheinlichkeit von $E$ *sei* $= \frac{1}{2}$", „die Ereignisse $A$ und $B$ *seien* (stochastisch) unabhängig", „die Wahrscheinlichkeitsverteilung der Zufallszahl $X$ *sei* normal" usw. Das ist nicht korrekt, oder — besser gesagt — es ist sinnleer, wenn man nicht voraussetzt, daß es sich — wie der Autor meint — um eine elliptische Form handelt, die mit „nach Meinung des Individuums (z. B. „Du"), mit dem wir uns befassen, und

[12] In fast allen anderen Sprachen paßt der Buchstabe $E$ und oft genügt ein einziges Wort: Expectation (engl.), Erwartung (deutsch), Espérance mathématique (französisch) usw. Die Verwendung von $E$ ist aber insofern ungünstig, weil man auch oft $E$ für Ereignis setzt, und weil der Buchstabe jedenfalls nicht bleiben könnte, wenn man ihn mit $P$ vereinen wollte. Es ist schwer vorauszusehen, ob diese Vereinigung weitgehend wünschenswert erscheinen wird und dazu führen wird, in anderen Sprachen Bezeichnungen mit dem Anfangsbuchstaben $P$ zu suchen, oder andere Lösungen. Dies als Hinweis auf die geringe Schwierigkeit der vorgeschlagenen Änderung in Italien, abgesehen davon, daß der Begriff „Previsione" (deutsch Erwartung, d. Übersetzer) vorhanden und geeignet ist, auch weil in Italien das internationale Zeichen $E$ noch nicht übernommen wurde.

von dem wir annehmen, daß es kohärent bleiben will", zu integrieren ist.

Dies wird ausdrücklich immer wieder gesagt und wiederholt, wo es wegen der Einführung neuer Probleme oder der Prüfung heikler Punkte notwendig erscheint — vielleicht sogar zu nachdrücklich, so daß es dem Leser lästig sein mag. Und doch fürchte ich (trotz dieser Hinweise und selbst wenn sie wirklich gelesen werden), daß der Leser angesichts von Sätzen wie den oben zitierten, anstatt das für eine korrekte Auslegung Notwendige vorauszusetzen, die Illusion haben könnte, er befinde sich in einer Oase — dem Wundergarten der Objektivisten (wie in VII, 5.7., am Ende), wo diese Aussagen „Behauptungen" oder „Hypothesen" im objektivistischen Sinn sein könnten.

In unserem Sachgebiet sind die Fallen, die uns die Sprache stellt, tatsächlich viel gefährlicher, als etwa in dem angeführten Beispiel des Kopernikanischen Systems, wo es sich (abgesehen von starken psychologischen Hemmungen, die auf dem egozentrischen Geozentrismus des Menschen beruhen), lediglich darum handelte, zwischen zwei objektiven Modellen zu wählen die nur nach ihrer Bezugnahme verschieden sind. Viel schwerwiegender ist dagegen der Widerstand, die eingefleischte Tendenz des Wilden aufzugeben, alles zu objektivieren und zu mythisieren[13], eine Tendenz, die bei den Philosophen leider bisher mehr Anklang als Gegner gefunden hat[14].

Harold Jeffreys hat hierauf – und gerade unter Bezugnahme auf die Wahrscheinlichkeit – deutlich hingewiesen[15]:

---

[13] Hauptverantwortlich für die objektivistischen Fesseln, die dem Geist durch den allgemeinen Sprachgebrauch auferlegt werden, ist das Zeitwort „sein" oder „existieren" (das gerade darum in den Beispielen in Kursivschrift eingesetzt wurde). Ihm verdanken wir ein Wimmeln von Pseudoproblemen, vom „to be or not to be" bis „cogito ergo sum", vom „kosmischen Äther" bis zu den „philosophischen Dogmen".

[14] Dadurch unterscheiden sich die scharfsinnigen Geister, die den Gedanken beleben und seinen Fortschritt anregen, von den engstirnigen, die ihn hemmen und mummifizieren wollen; diejenigen, die aus jedem Sieg den Ansporn zu weiteren Eroberungen schöpfen, oder umgekehrt, die Grundlage, um sich anzumaßen, darauf eine endgültige Systematisierung zu gründen.

Für diese beiden Sorten scheint die Beschreibung von R. von Mises (siehe *Selected Papers*, Band II, S. 544) von „great thinkers" (wie Socrates und Hume) und „school philosophers" (wie Plato und Kant) angebracht.

[15] Jeffreys, ein Geophysiker, der sich eingehend mit den Grundlagen der Wahrscheinlichkeit befaßt hat, nimmt eine Haltung ein, die unter vielen Aspekten der subjektivistischen entspricht. Das Zitat ist aus H. JEFFREYS, *Theory of Probability*, Oxford 1939, S. 394.

„Der Realismus hat den Vorteil, daß die Sprache von Realisten geschaffen wurde, und zumeist von sehr primitiven Realisten. Wir haben die größten Möglichkeiten, die den Objekten zuerkannten Eigenschaften zu beschreiben, aber äußerst geringe, diejenigen zu beschreiben, die unmittelbar als Empfindungen bekannt sind."

## 13. *Bibliographische Hinweise.*

13.1. Diese sollen sich auf ein Minimum beschränken. Wer das Problem selbständig studieren will, kann leicht irgendwo zahlreiche Bücher und Angaben über Bücher finden. Hier möchte ich nur geeignete Vorschläge für den Leser machen, der seine Kenntnisse noch vertiefen wollte, ohne sich immer wieder mit Büchern, die andere Bezeichnungen und Formeln sowie andere Schwierigkeitsgrade enthalten, abzumühen.

13.2. Das geeignetste Nachschlagewerk zu diesem Zweck ist m. E. das von Feller:

WILLY FELLER, *An Introduction to Probability Theory and its Applications*, in zwei Bänden: I, 1950 (2. und 3. Ausgabe, immer weiter verbessert und vervollständigt, 1956 und 1968); II, 1966, Verlag Wiley, New York.

Diese, wenn auch durch das Thema selbst hochstehende und schwierige Abhandlung, eignet sich als Lese- und Nachschlagewerk, dank der Sorgfalt, mit der überflüssige Komplikationen vermieden wurden, dank der relativen Unabhängigkeit der einzelnen Kapitel (jedoch mit Hinweisen auf Zusammenhänge), dank der ständigen Verbindung theoretischer Fragen mit Beispielen. Ausführlichere Angaben über dieses Werk enthält eine Rezension in „Statistica", 26,2 (1966), Seiten 526–28.

Der Gesichtspunkt ist nicht der subjektivistische, aber der vorwiegend mathematische Charakter des Werkes macht die unterschiedliche Auffassung im allgemeinen wenig fühlbar.

13.3. Über Probleme, bei denen sich diese Verschiedenheit der Auffassung stärker auswirkt (und die übrigens in Feller nicht ausdrücklich entwickelt werden), nämlich über mathematische Statistik und Inferenz (hier Kap. XI und XII), gibt es ein anderes Werk, das auf der hier vertretenen Auffassung beruht (vor allem der zweite Band):

DENNIS V. LINDLEY, *Introduction to Probability and Statistics from a bayesian viewpoint*, in zwei Bänden: I, *Probability*; II, *Inference*; Cambridge Univ. Press 1965.

Sowohl das Werk von Feller als auch das von Lindley enthält viele interessante Beispiele, die nach Art und Schwierigkeiten verschieden sind.

Zweites Kapitel

# Von Gewißheit und Ungewißheit

## 1.
## *Gewißheit und Ungewißheit.*

1.1. Alle und immer befinden wir uns — gegenüber allen oder fast allen Dingen — in Ungewißheit.

Ungewißheit in jeglichem Sinn.

Ungewißheit in Bezug auf tatsächliche gegenwärtige oder in der Vergangenheit liegende Situationen wegen Fehlens, Unvollständigkeit oder Unzulässigkeit der Kenntnisse und Informationen und Dokumentationen oder unsres oder fremden Erinnerungsvermögens.

Ungewißheit der Erwartungen, die selbst die bedingungslose Übernahme der Grundsätze des (übrigens nicht mehr modernen) Determinismus weder beseitigen noch vermindern könnte, da immer noch die bereits erwähnte unzureichende Kenntnis der Ausgangssituation und der als geltend angenommenen Gesetze übrig bliebe; und selbst bei Annahme des Wegfalles dieser Unzulänglichkeiten verbliebe noch die praktische Unmöglichkeit, Rechnungen ohne Hilfe des Dämons von Laplace durchzuführen.

Ungewißheit bei Entscheidungen: in diesem Falle noch vielfacher, weil Entscheidungen sich auf Kenntnis der tatsächlichen Situation stützen müssen, die ungewiß ist, sich nach der Erwartung unkontrollierbarer Ereignisse orientieren müssen, die ungewiß sind und sich gewisse wünschenswerte Auswirkungen der Entscheidungen selbst zum Ziel setzen müssen, die auch wieder ungewiß sind.

Selbst im Bereich der Tautologie (d.h. dessen, was rein nach Definition wahr oder falsch ist, unabhängig von jedem Begleitumstand) befinden wir uns praktisch immer noch in Ungewißheit, da auch die einfache Verifikation tautologischer Wahrheiten (z.B. welche die siebente oder die milliardste Dezimalzahl von $\pi$ ist, oder welche Bedingungen für eine gewisse Behauptung notwendig und hinreichend sind) sich in einem gegebenen Moment als mehr oder weniger durchführbar oder fehlerhaft ergeben oder nur noch eine zweifelhafte Erinnerung bilden kann.

1.2. Somit würde es natürlich erscheinen, daß die gebräuchlichen Arten zu denken, zu schließen, zu entscheiden, ausdrücklich und systematisch dem Faktor *Ungewißheit als* vordringlichem und bestimmenden Begriffselement Rechnung tragen müßten. Das Gegenteil ist jedoch der Fall. Es fehlt wohl nicht (wie sollte es auch anders sein) an Redewendungen, die sich auf die Ungewißheit beziehen (wie: „ich glaube", „ich nehme an", „vielleicht", „kaum", „mir scheint", „ich halte für möglich", „ich halte für wahrscheinlich", „ich würde wetten", „ich bin fast sicher" etc.), doch scheint es fast, als wollten sie sich auf die Rolle von Randbemerkungen beschränken, während der feste, ernst zu nehmende, tatsächliche, wesentliche Teil der Gedankengänge und Aussagen den auf die Sprache des Gewissen reduzierbaren Kern bilden würde: des gewiß *Wahren* und des gewiß *Falschen*.

Und in diesem Bereich bewegt sich gewöhnlich, intuitiv und vielfach unbewußt, unser Denkvermögen.

Natürlich verfällt man beim Denken (wie in jeder anderen Tätigkeit) leicht in Irrtümer und um diese Gefahr wenigstens etwas einzuschränken, ist es nützlich, die Intuition durch besondere Überstrukturen zu stärken: im gegebenen Fall ist diese Überstruktur die *Logik* (genauer die *Logik des Gewissen*).

Ob es sich nun um die traditionelle verbalistische Logik handelt, oder um die Logistik, oder um die Mathematik in ihrer Gesamtheit, ist gleichgültig, es sei denn in Bezug auf Grad der Extension, Wert und Eleganz. In jedem Fall geht es nämlich darum nachzuprüfen, ob die Aussage oder Annahme oder hypothetische Vorstellung einer gewissen „Wahrheits"-Menge *kohärent* und *folgerichtig* ist. In anderer Form, wenn man sich einen Teil dieser „Wahrheiten" *gegeben* denkt (z.B. wenn man weiß, daß gewisse Tatsachen wahr sind, daß gewisse Größen Werte haben, die gegeben sind oder innerhalb gewisser Grenzen liegen, daß gewisse Figuren oder Körper oder Diagramme gegebener Phänomene gewisse Eigenschaften besitzen usw.), wird man festsetzen können, welche unter allen in Frage kommenden Konklusionen auf Grund der Daten *gewiß* (sicher wahr), bzw. *unmöglich* (sicher falsch) oder *möglich* sein müßten. Diese Bezeichnung „möglich" — eine im Mittel stehende, allgemeine und rein negative Bezeichnung — gilt für alles, was nicht unter die beiden extremen Grenzfälle fällt: sie drückt somit unsere Unkenntnis in dem Sinne aus, daß, was uns anbelangt (nach unserer Information), die besagte Aussage sich ebenso als wahr wie auch als falsch erweisen könnte.

1.3. Diese Definition des „Möglichen“ sündigt jedoch selbst durch übertriebenes und vermessentliches Vertrauen in die Gewißheit. Sie setzt nämlich voraus, daß die Logik allein genügt, um immer genau unterscheiden zu können, was auf Grund gegebener Kenntnisse bestimmt (entweder wahr oder falsch) ist oder nicht. Dagegen wird sich (abgesehen von der Möglichkeit irriger Deduktionen oder solcher, deren Richtigkeit angezweifelt werden könnte) dem Bereich des (oben definierten) *logisch Möglichen* praktisch immer ein (schwer begrenzbarer) Spielraum des *persönlich Möglichen* anschließen (d.h. einer, den man als solchen annehmen muß, weil es einem nicht gelungen ist festzustellen, daß er sich als Folge der Kenntnisse ergibt oder im Gegensatz zu diesen steht).

Wir haben bereits gesagt, daß die Logik *die Gefahr des Irrtums vermindern* aber nicht beseitigen kann und daß nicht einmal die tautologischen Wahrheiten notwendigerweise greifbar sind. Um die Dinge jedoch nicht über das durch die Notwendigkeit, sich vor logischer Leichtgläubigkeit gewissenhaft zu hüten, bedingte Ausmaß hinaus zu komplizieren, werden wir immer den Fall betrachten, indem „möglich“ im Sinne von *logisch möglich*[1] ausgelegt werden kann.

## 2.
## *Von der Wahrscheinlichkeit.*

2.1. Die Unterscheidung dessen, was uns in einem bestimmten Moment unbekannt ist, von dem, was für uns dagegen gewiß oder unmöglich ist, erlaubt uns, den Bereich der *Möglichkeit* zu betrachten, d.h. den, auf den sich unsere Ungewißheit erstreckt. Dies genügt jedoch nicht als Instrument und Richtlinie zur Orientierung, zur Entscheidung, zur Handlung: zu diesem Zwecke — mit dem wir uns befassen wollen — werden wir uns auf einen weiteren Begriff stützen müssen: den der *Wahrscheinlichkeit.*

Von der Wahrscheinlichkeit wollen wir jedoch in diesem ganzen

[1] Eventuell, indem man manche Kenntnisse *eliminiert.* Z.B. scheint es im Falle von $\pi$ (für das betrachtete Problem) vernünftig anzunehmen, daß jemand die Eigenschaften nicht bekannt sind, die die Berechnung von $\pi$ ermöglichen, und daß er es als eine „experimentelle Konstante“ betrachtet, deren Zahlen er nur erfahren kann, wenn jemand sie bestimmt und veröffentlicht hat. Ich meine, daß es auch für einen Mathematiker sinnvoll wäre anzunehmen, daß alles so verläuft, wie wenn er in dieser Unkenntnis wäre.

II. Kapitel nicht sprechen und uns vorbehalten, sie in Kap. III einzuführen. Der Aufschub ist nur scheinbar unzweckmäßig. Nur scheinbar werden nämlich grundlegende Begriffe eingeführt, ohne daß gleichzeitig gezeigt wird, wozu sie dienen (gerade m. E. eine böse Verdrehung: denn dadurch droht langweilig und schwer zu erscheinen, was klar und interessant sein müßte). Es ist jedoch, selbst wenn dies willkürlich und pedantisch erscheinen könnte, eine strenge Trennung notwendig, wenn es darum geht, eine wesentliche Unterscheidung hervorzuheben, die sonst unbemerkt oder unklar bleiben könnte. Und gerade das ist hier der Fall.

2.2. Den Bereich der Möglichkeit studieren — und darauf wollen wir uns zunächst beschränken — heißt, alles das kennen und erkennen lernen, wovon man sagen kann, daß es in Bezug auf Ungewißheit noch in den Bereich der Aussagenlogik fällt, d.h. in den Bereich dessen, was *objektiv* ist. Die Wahrscheinlichkeit wird ein jenseits dieses Bereiches liegender Begriff sein — nämlich ein *subjektiver*. Diese beiden Eigenschaftswörter greifen leider einer Frage vor, über die es entgegengesetzte Ansichten geben mag; ihre Verwendung an dieser Stelle soll jedoch keine Entscheidung präjudizieren. Vorläufig wichtig ist die Klarstellung einer grundlegenden methodologischen Unterscheidung. Über die Auslegung der Bedeutung der beiden Gebiete, die sie abgrenzt, der Bezeichnung, die man ihnen geben will, die Ansichten, denen sie entsprechen, kann später diskutiert werden. Und gerade um *später* klar darüber diskutieren zu können, muß man vermeiden, daß sich dadurch, daß man sofort und gleichzeitig von Möglichkeit und Wahrscheinlichkeit spricht, Unklarheiten bilden, die später schwer zu entwirren sind.

Sowohl die Unterscheidung wie der Zusammenhang zwischen den beiden Gebieten sind leicht klarzustellen. Die Aussagenlogik liefert uns den Bereich der Möglichkeit (und das Mögliche hat keine Stufen oder Grade). Die Wahrscheinlichkeit ist ein zusätzlicher Begriff, der im Bereich der Möglichkeit angewandt wird und jene („mehr oder weniger wahrscheinlichen") Abstufungen einführt, die in der Aussagenlogik keinen Sinn haben.

2.3. Weil sicherlich alle schon genug von Wahrscheinlichkeit verstehen, um diese Erklärungen mehr oder weniger vage einzuordnen, können wir sagen, daß „die Wahrscheinlichkeit etwas ist, das im Bereich der Möglichkeit verteilt werden kann." Bildlich (und später in effektiver Darstellung) kann man sagen, daß die Logik des Gewissen uns einen Raum zeigt, in dem sich der Bereich der Möglichkeit abzeichnet, während die Logik des Wahrscheinlichen diesen leeren Rahmen ausfüllen wird, indem sie eine darauf verteilte Masse betrachtet.

Wenig oder kein Unglück, wenn jeder nach seiner Art den Entwicklungen vorgreifen will, die diese Abhandlung vom nächsten Kapitel an und weiterhin bringen wird, solange er nur aus der Tatsache, daß wir noch nicht davon sprechen, entnimmt, daß diese Dinge nicht zu dem Gebiet gehören, das wir jetzt dringend als streng begrenzt und abgetrennt zeigen wollen.

## 3.
## *Der Bereich der Möglichkeit.*

3.1. *Prolog.* Wir wollen nach der Anregung von Good sofort die Verwendung des DU als terminus technicus einführen (Good verwendet You; Savage zieht das Thou vor). Die Unterscheidung dessen, was *möglich* ist, hängt von der Information eines Individuums (in einem gegebenen Moment) ab; wir können uns auch die Information eines gedachten Individuums vorstellen (was zur Klärung der Ideen günstig sein wird). Dieses echte oder gedachte Individuum, dessen Information – und komplementär dessen *Ungewißheit* – uns interessiert, wollen wir „Du" nennen. Und das, damit Du, Leser, Dich besser mit dieser Persönlichkeit identifizieren kannst. Diese Persönlichkeit, d.h. Du, wird eine noch viel größere Rolle spielen, wenn nach diesem Kapitel die Wahrscheinlichkeit auftreten wird. Zunächst bist Du wenig mehr als ein Zuschauer, weil Du Dich darauf beschränken mußt, passiv zu registrieren, was Du mit Sicherheit weißt oder nicht weißt[2]. Du sollst Dich jedoch gleich daran gewöhnen, daß Du in den Schuhen dieser Persönlichkeit steckst, denn wenn der Moment des Auftrittes auch noch nicht gekommen ist, so betreten wir doch schon die Bühne: nämlich den Bereich der möglichen Alternativen.

[2] Deine Rolle wäre persönlicher, selbständiger, wenn wir Deiner sicherlich vorhandenen Fähigkeit Rechnung trügen, das für „möglich" zu halten, was Du – jedoch nach zu mühevollen Deduktionen – als unmöglich beweisen könntest. Wir haben jedoch (in 1.3) gesagt, daß wir es der Einfachheit halber unterlassen, uns mit dieser Hypothese zu befassen.

Für jede Situation, jedes Problem, über die Du nachzudenken haben wirst, wird es immer eine Vielzahl vorstellbarer Alternativen geben und Deine Informationen und Kenntnisse werden Dir im allgemeinen erlauben, einen Teil davon als unmöglich auszuschließen (d.h. es wird Dir– und das ist als die Funktion der Wissenschaft bezeichnet worden– eine „Begrenzung der Erwartungen" zugestanden). Alle anderen bleiben für Dich *möglich* (d.h. weder sicher wahr noch sicher falsch). Es wird Dir nicht passieren, eine einzige als *sicher* zu isolieren, außer in Sonderfällen, oder wenn Du Dich nur auf eine grobe Analyse beschränken solltest (offenbar genügt es immer, alle möglichen Alternativen global zusammenzufassen, um eine einzige „sichere" Alternative zu erhalten).

Es liegt übrigens an uns, in unserem Ermessen, welche mehr oder weniger gedrängte, detaillierte, ins Einzelne gehende Form wir wählen wollen oder für zweckmäßig halten, um diese Alternativen zu unterscheiden oder zu unterteilen, je nach den Problemen und dem Grad der Verfeinerung, nach dem wir den Wunsch oder das Interesse haben, sie zu betrachten. Wir verfügen auch über verschiedene mögliche Sprachausdrücke; es ist zweckmäßig, diese sofort und alle gemeinsam zu besprechen, um gleichzeitig einerseits deren wesentliche Äquivalenz aufzuzeigen, und anderseits jene Verschiedenheit der Aspekte, durch die ihre Verwendung von Fall zu Fall mehr oder weniger funktionell wird.

3.2. *Zufällige Ereignisse und Entitäten.* Alles kann als *Ereignis* (dem einfachsten Begriff) ausgedrückt werden, alles kann als *zufällige Entitäten* (dem allgemeineren und generischeren Begriff) ausgedrückt werden, usw. Es genügt einer dieser Begriffe (oder andere) als Ausgangspunkt, um alle anderen zu ermitteln. Es wird jedenfalls lehrreich sein, die Aufmerksamkeit auf vier Termini zu lenken, die durch ihre theoretische und praktische Bedeutung unmittelbar ermöglichen, die wichtigsten Arten von Problemen in ein allgemeines Schema einzurahmen.

Wir betrachten also:

- *Zufällige Ereignisse,*
- *zufällige Zahlen,*
- *zufällige Funktionen,*
- *zufällige Entitäten.*

Wir wollen sofort die Bedeutung klären, die wir dem Wort „zufällig" geben: es ist einfach die von „nicht bekannt" (für Dich) und somit „ungewiß" (für Dich, aber in sich selbst *wohl bestimmt*; der Umstand, daß etwas „nicht bekannt" sei, ist ja nicht einmal als feststehend zu betrachten (sowie es bei den Funktionen nicht ausgeschlossen ist, die Konstanten hinzuzuzählen, obwohl man, ohne besonderen Grund, eine Konstante nicht als „Funktion" bezeichnen wird). *Wohl bestimmt* heißt, *ohne Möglichkeit eines Mißverständnisses eindeutig ermittelt*; konkreter ausgedrückt: es muß so klar festgelegt sein, daß eine eventuell darauf gegründete Wette (oder Versicherung) (im gegebenen Augenblick) unbestreitbar entschieden werden könnte.

3.3. Wir werden zuerst die *Zufallszahlen* betrachten: dies ist ein in der Mitte liegender Fall, von dem man leicht zu den anderen übergeht (indem man ins einzelne geht oder verallgemeinert). Wir werden eine Zahl, sofern wir sie als *Zufallszahl* betrachten, mit einem Großbuchstaben bezeichnen, z.B. $X$ oder $Y$ usw.; es wird sich um eine sicher ganze, oder reelle (oder auch zusammengesetzte, doch dies wird dann besonders angegeben) handeln können; der Wert dieser Zahl ist nur ein einziger, wenn Du ihn jedoch (und nicht im pleonastischen Sinn) zufällig nennst, so bedeutet dies, daß Du ihn nicht kennst, daß Du daher in Ungewißheit zwischen mindestens zwei (für Dich) möglichen Werten bist (und im allgemeinen mehr in endlicher oder unendlicher Anzahl, z.B. alle Werte eines Intervalles oder alle reellen Zahlen). Wir werden mit $I(X)$ die Menge der für $X$ möglichen Werte bezeichnen und kurz $Inf\, X$ und $Sup\, X$ für $Inf\, I(X)$ und $Sup\, I(X)$ schreiben; im allgemeinen ist es besonders wichtig, den Fall von (*bilateral*) *begrenzten* Zufallszahlen (Inf $X$ und Sup $X$ endlich) von dem von nur *nach oben und unten begrenzten* oder *unbegrenzten* (mit Inf $X = -\infty$ oder Sup $X = +\infty$ oder beiden) zu unterscheiden.

Um anhand eines Beispieles mit einer Zufallszahl zu zeigen, was *wohl bestimmt* heißt, setzen wir $X$ = Todesjahr von Cesare Battisti an; der wirkliche Wert ist $X = 1916$; solange Battisti lebte, war dieser Wert niemand bekannt und daher waren (für jedermann) alle Jahre von dem laufenden an mögliche Werte; nachher ist der Wert für den zufällig, der ihn nicht kennt (z.B. für den, der nur weiß, es war während der Teilnahme Italiens am ersten Weltkrieg, gibt es die möglichen Werte: 1915, 1916, 1917, 1918).

Jede Funktion einer Zufallszahl, $Y = f(X)$, oder von zweien (oder mehreren), $Z = f(X, Y)$ usw., ist eine Zufallszahl (eventuell „pleonastisch", d.h. gewiß, wenn z.B. $f(x)$ für alle für $X$ möglichen Werte denselben Wert annimmt).

3.4. Für ein *Ereignis* (oder eine *Proposition*) sind nur zwei Werte möglich: WAHR oder FALSCH; es ist zweckmäßig, für diese beiden Wörter die Werte 1 und 0 (1 = WAHR, 0 = FALSCH) einzusetzen, wodurch man einen einfachen, offensichtlichen und klaren Fall erhält. Auf diese Weise identifiziert sich das Ereignis (im Sinne der Konvention) mit dem Gewinn 1, wenn das Ereignis eintritt, und mit 0, wenn es nicht eintritt. Darüber hinaus bietet diese Konvention viele Vereinfachungen für die logische Berechnung von Ereignissen.

Ein Ereignis wird ebenfalls mit Großbuchstaben bezeichnet, vorzugsweise mit $E, H, A, B \ldots$; es ist z.B. klar, daß $1-E$ die *Negation* von $E$ ist (gleich 0, wenn $E = 1$ ist und umgekehrt, d.h. falsch, wenn $E$ wahr ist und umgekehrt), daß $AB$ das logische Produkt von $A$ und $B$ ist (d.h. wahr, wenn und nur wenn $A$ und $B$ beide wahr sind), usw.; dies sei jedoch hier nur als Beispiel angeführt, da wir das Problem später weiter entwickeln müssen (Nr. 5).

Ein Ereignis entspricht einer Frage, die nur die beiden Antworten JA oder NEIN (JA = 1, NEIN = 0) zuläßt; es ist klar, daß man mit einer gewissen Anzahl von Fragen dieser Art die Antwort auf eine Frage ermitteln kann, die irgendeine Anzahl von Alternativantworten beinhaltet. Bei einer *Partition* (ital. Partizione = Teilung, engl. Partition, d. Übersetzer) in $s$ Alternativen (eine und nur eine ist wahr) kann man z.B. die $s$ entsprechenden (unvereinbaren, ausschöpfenden) Ereignisse betrachten; es genügt aber auch weniger. Bei $n$ Ereignissen kann man sich $2^n$ Anordnungen von JA-NEIN-Antworten vorstellen und wir haben daher eine Partition in $s = 2^n$ Alternativen, wenn alle diese Antworten vereinbar sind, oder in geringerer Anzahl $s < 2^n$, wenn einige widersprechend sind. Mehr hierüber in Nr. 7.

Gibt man die Beschränkung der „endlichen Zahl" auf, so ist es klar, daß man mit Hilfe von Ereignissen jeden Fall, auch mit unendlichen Eventualitäten, studieren kann.

3.5. Indem wir von *zufälligen Entitäten* im allgemeinen sprechen, haben wir die Möglichkeit, jede durch ein beliebiges Problem entstandene Situation in synthetischer Form auszudrücken. Es handelt sich darum, sich immer wieder auf das schon für die Zufallszahl eingeführte Bild zu beziehen, das wir nun näher bestimmen und dann erweitern wollen.

Im Falle einer Zufallszahl $X$ können wir die Situation veranschaulichen, indem wir als „*Raum der Alternativen*", $\mathfrak{S}$, eine Gerade, $x$-Achse[3] und darauf die Menge $\mathfrak{Q}$ der einzigen (für Dich) *möglichen* Werte (Punkte) betrachten; auf diese Weise betrachten wir in ihrer Gesamtheit implizit alle Ereignisse, die $X$ betreffen (das zu einer Halbgeraden, $X \leqq x$, oder einem Intervall, $x' \leqq X \leqq x''$ oder einer beliebigen Menge, $X \in I$ gehört)[4].

Dann ist es aber offensichtlich, wie dieselbe Veranschaulichung überall (im natürlich intuitiveren Sinne bis zu 3 Dimensionen) gelten muß. Wenn wir zwei Zufallszahlen $X$ und $Y$ betrachten, können wir uns die kartesische Ebene mit den Koordinaten $x$ und $y$ als Raum $\mathfrak{S}$ denken, in welchem wir eine Menge $\mathfrak{Q}$ von *Punkten* (Paarwerte von $X$ und $Y$) haben werden, die (für Dich) für den *Zufallspunkt* $(X, Y)$ *mögliche* Punkte sind; jedes Ereignis (Proposition, Behauptung), das $X$ und $Y$ betrifft, entspricht einer Menge $I$ in $\mathfrak{Q}$ (natürlich zählt nur der Durchschnitt mit $\mathfrak{Q}$, es ist aber einfacher und unschädlich, an alle $I$ zu denken). Dasselbe ist für drei Zufallszahlen $X, Y, Z$ (gewöhnlicher Raum $\mathfrak{S}$) oder für mehr als drei zu sagen.

Aber auch direkt kann ein Problem sich in der besagten geometrischen Form darstellen, unabhängig von der Bezugnahme auf Koordinaten. Es kann einen *Zufalls-Punkt* auf einer Ebene (z.B. den, der beim Scheibenschießen zu treffen ist) oder im Raum (z.B. den, wo sich zu einem gegebenen Moment ein Satellit, mit dem man den Kontakt verloren hat, befindet) betreffen; im 6-dimensionalen Raum findet die Situation (Position und Geschwindigkeit) eines Partikelchens eine geeignete Darstellung (und der $6n$-dimensionale dient als „Phasenraum" für $n$ Partikelchen).

Unabhängig von deren geometrischer Bedeutung oder einer, die spontan eine geometrische Darstellung anbietet, kann man sich immer für jede *zufällige Entität* einen abstrakten Raum $\mathfrak{S}$ vorstellen, der

[3] Man bezeichnet immer mit $x$ ($y$ usw.) die Achse, auf der $X$ ($Y$ usw.) dargestellt wird.

[4] Wir übergehen hier die kritischen Fragen, ob man zu heikle oder sophistische Aussagen für sinnvoll halten oder sie wenigstens in Betracht ziehen sollte oder nicht (z.B. die Unterscheidung zwischen $<$ und $\leqq$, den Fall eines im einen oder anderen Sinn nicht meßbaren $I$, usw.). Etwas wird hierüber in Kap. VI gesagt werden müssen. Diskussionen kritischer Art werden (außer gelegentlichen vorweggenommenen Hinweisen) nur im Anhang entwickelt.

aus allen möglichen Alternativen besteht (oder, wenn man will, einen weiteren, in dem diese eine Untermenge $\Omega$ bilden). Wir werden z. B. *zufällige Vektoren*, *zufällige Matrizen*, *zufällige Funktionen* (und bis hierher bietet sich die lineare Struktur des Raumes spontan an) betrachten können, aber auch *zufällige Mengen*, z. B. *zufällige Kurven* (Flugbahn einer Mücke, eines Flugzeuges), zufällige Mengen an der Oberfläche (z. B. Teil der Erdoberfläche, der sich in einem gegebenen Moment im Schatten befindet, auf den innerhalb der letzten 24 Stunden Regen gefallen ist usw.) oder wir denken an ganz besondere zufällige Entitäten, die dem Raum jegliche Struktur geben mögen.

Wir können daher diese Darstellung als allgemein akzeptieren (wenn jedoch auch bald Vorbehalte folgen werden, die aber dazu führen, sie lieber „cum grano salis“ anzunehmen, als von ihr abzuraten oder sie abzulehnen).

3.6. Von den *Zufalls-Funktionen* werden wir hier wegen ihrer besonderen Stellung im Sinne der vorausgegangenen Betrachtungen (analog zu den extremen der Ereignisse und beliebiger Entitäten, und zu der dazwischenliegenden aber instrumentell grundlegenden der Zufallszahl) nichts Näheres sagen müssen. Eines ist jedoch sofort nebenbei zu erwähnen, sei es, um bereits jetzt ein Beispiel für immer wichtigere und in Bezug auf den traditionell bekannten Bereich von Problemen weitgehend neue Anwendungen anzuzeigen, sei es weil einige kritische Bemerkungen (der Art, wie sie in der Hauptsache dem Anhang vorbehalten sind) hierbei in einfacher und intuitiver Form gebracht werden können.

Eine *Zufallsfunktion*, wir bezeichnen sie mit $Y(t)$ und setzen der Einfachheit halber voraus, daß die Variable $t$ die Zeit sei[5], ist eine Funktion, deren Verlauf Du nicht kennst. Wenn sie Dir, abgesehen von einigen Parametern, z. B. $Y(t) = A \cos(Bt + C)$ mit $A, B, C$ zufällig (d. h. für Dich nicht bekannt) bekannt ist, ist die Sache banal und auf den Raum der Parameter zurückzuführen. Der Fall, der im allgemeinen gemeint ist, wenn man von Zufallsfunktion spricht (oder von *Zufallsprozeß*, wenn man sich mehr auf das Phänomen als auf dessen

[5] Wenn man gewöhnlich die Bezeichnung $Y(t)$ anstatt $X(t)$ für eine allgemeine Zufalls-Funktion vorzieht, so liegt dies hauptsächlich daran, daß $X$ vielfach als Bestandteil zum Aufbau von $Y(t)$ dient. In anderen Fällen dient $x$ als Variable an Stelle von $t$ und in der graphischen Darstellung als Diagramm ist es überhaupt günstig, sich die senkrechte Achse als $y$ zu denken, während die waagrechte $t$ oder $x$ genannt werden kann.

mathematische Übertragung beziehen will), ist der, in dem (um die vielsagende, wenn auch vage Formulierung von Paul Lévy zu gebrauchen) die Ungewißheit in jedem Augenblick besteht (oder, nach seinem Originalausdruck, „der Fall handelt von Augenblick zu Augenblick“).

Dies kann z.B. bedeuten, daß, wenn die Werte von $Y(t)$ in einer beliebig großen (endlichen) Anzahl von Momenten $t = t_1, t_2, \ldots, t_n$ bekannt sind, der Wert in einem anderen Moment $t$ (im allgemeinen) noch ungewiß sein wird. Wollte man sich der Einfachheit halber oder zur strengen Wahrung des Realismus vorstellen, daß es sinnvoll wäre, $Y$ in einer endlichen (wenn auch beliebig hohen) Anzahl von Augenblicken zu messen, ohne über andere Informationsmittel[6] zu verfügen, so könnte man sich den Raum $\mathfrak{S}$ als jenen vorstellen, in dem jede Funktion einen „Punkt“ darstellt, wo jedoch nur bei Mengen, die durch eine endliche Zahl von Koordinaten bestimmt werden (und die, da man sie beobachten kann, tatsächlich Ereignisse sind), die Möglichkeit besteht, zu unterscheiden, ob die Funktion dazu gehört oder nicht. Die einfachste Form dieser Ereignisse ist die, in der man sich fragt, ob die Werte in bestimmten Momenten in festgesetzte Intervalle $a_h \leqq Y(t_h) \leqq b_h$, $h = 1, 2, \ldots, n$ fallen, oder nicht; bildlich: ob das Diagramm durch eine Folge von *n slalomartigen* Toren führt, oder nicht.

## 4.
## *Kritische Bemerkungen über den „Raum der Alternativen“.*

4.1. Die Bezugnahme auf den „Raum der Alternativen“ liefert zweifellos eine einheitliche Veranschaulichung der Probleme, deren Kenntnis von Nutzen ist. Die systematische und (in gewissem Sinne) vorbehaltlose Verwendung — wie sie bei gewissen Schulen zur Zeit modern ist — führt jedoch zu gewissen Verzerrungen, die man kennen und vermeiden sollte.

Die allgemeinere Art, die (in 3.5.) dargestellten Auffassungen bei der Betrachtung von beliebig komplexen Problemfeldern (in welchen z.B. zufällige Mengen, zufällige Funktionen, zufällige Folgen von Funk-

---

[6] Wie z.B. die Geschwindigkeit $Y'(t)$ in einem Moment (mit einem Taxameter gemessen) oder das Maximum oder Minimum von $Y(t)$ in einem Intervall $(t', t'')$ (mit einer Art Maximal- oder Minimal-Thermometer gemessen).

tionen usw. gleichzeitig auftreten können) auszulegen und anzuwenden, ist immer dieselbe, nämlich folgende:

Man geht auf die kleinst-mögliche Partition, nämlich auf die „atomaren" Ereignisse (die für die in Betracht kommenden Probleme nicht weiter teilbar sind) zurück und diese werden als *Punkte* betrachtet, die die Menge der „möglichen Eventualitäten" bilden; dieser abstrakte Raum oder (wenn einem dies lieber ist, siehe Beispiele in Nr. 3) ein weiterer und „handlicherer" Raum, in dem man sich diesen enthalten denkt, ist der „Raum der Alternativen" (oder der „Eventualitäten").

In dieser schematischen Darstellung reduziert sich jedes Problem (wohlgemerkt: im Bereich der Probleme, die die Alternativen $\mathfrak{Q}$ betreffen) darauf, die „*wahre* Alternative" (oder diejenige, die „erwiesen sein" wird, oder wie man es sonst nennen will), die wir $Q$ nennen wollen, als *Zufallspunkt* in $\mathfrak{S}$ zu betrachten (oder, wenn es genauer ausgedrückt werden soll, in $\mathfrak{Q}$). Dieser Punkt besagt alles. Würde man in $\mathfrak{S}$ alle möglichen Probleme zusammenfassen, so wäre dieser Raum der „Raum aller möglichen Geschichten des Universums" (bis in die kleinsten Einzelheiten ausgearbeitet) und $Q$ wäre der Punkt, der die „wahre Geschichte des Universums" (ebenfalls bis in alle kleinsten Einzelheiten) darstellt.

Offenbar ist in diesem Schema jedes Ereignis wie eine Punktmenge aufzufassen. $E$ ist die Menge aller Punkte $Q$ für die $E$ wahr ist (z. B. ist es die Menge aller einzelnen „Geschichten des Universums", in denen $E$ sich als wahr ergibt). Bei Annahme $1 =$ war $- 0 =$ falsch, kann man auch sagen, daß $E$ die Funktion des Punktes $Q$ ist, die auf den Punkten $Q$ der Menge $E$ den Wert 1 hat und sonst den Wert 0 (Index-Funktion[7] der Menge $E$).

Analog ist jede Zufallszahl als reelle Funktion der Punkte $Q$ zu interpretieren: $X = X(Q)$ ist der Wert, den $X$ erhält, wenn $Q$ der „*wahre*" Punkt ist. Der frühere Fall, $E = E(Q)$ ist einfach der besondere Fall, der eintritt, wenn die Funktion nur die Werte 0 und 1 annehmen kann.

Dasselbe gilt für zufällige Entitäten jeder anderen Art (z. B. zufälliger Vektor = Funktionsvektor des Punktes $Q$).

[7] Die Index-Funktion wird (mit einem anderen Ausdruck) auch charakteristische Funktion genannt; dieser Ausdruck hat viele andere Bedeutungen, im besonderen hat er in der Wahrscheinlichkeitsrechnung eine andere und sehr wichtige Bedeutung, der er vorbehalten ist (siehe Kap. VI).

4.2. Daß all dies sich als nützlich und als geeignete Form der Darstellung erweisen könnte, steht außer Diskussion. Aber alles ist dann und nur dann nützlich, wenn wir uns vorbehalten, es nur anzuwenden, wenn und soweit es nützlich ist. Ein zu starres, zu endgültig übernommenes und zu „ernst genommenes" Schema wird letztlich ohne Prüfung, wieweit es nützlich und sinnvoll ist, angewandt, und läuft Gefahr, ein *Procrustesbett* zu werden.

Es passiert dem, der sich zu systematisch an dieses Schema hält. Wenn man nämlich die Unterteilung bis zu den Punkten durchführt, geht man vielleicht zu weit, bleibt man jedoch dabei stehen, so schafft man eine falsche und irreführende Isolierung zwischen den Problemen, die zu dem im Augenblick in Betracht gezogenen Bereich gehören oder nicht. Die logischen Schwierigkeiten, die dies schon im Bereich der Möglichkeiten schafft, werden noch viel tückischer und schädlicher, wenn die Wahrscheinlichkeiten in dieser Struktur eingeführt werden.

Es gibt eine Analogie bei Ereignissen und Mengen, aber es ist nicht mehr als eine Analogie. Eine Menge wird tatsächlich aus Elementen (oder Punkten) gebildet und ihre Unterteilung hört notwendigerweise auf, wenn man zu den Punkten kommt, die sie bilden. Bei einem Ereignis kann man dagegen die Teilung immer weiter durchführen, obwohl es in der Praxis immer zweckmäßig ist, aufzuhören, sobald die Unterteilung für die gegebene Studie genügt; andernfalls kompliziert man die Dinge unnötig. Wir haben die Elemente der „letzten Unterteilung" als „Punkte" bezeichnet, aber jede Auffassung, die dem relativen, willkürlichen und provisorischen Charakter dieses Innehaltens in der Teilung nicht Rechnung trägt, die diese Punkte für „unteilbar" oder „weniger teilbar" oder für irgendwie anders, als alle anderen Ereignisse hält, ist unbegründet und irreführend. Es wäre zum Beispiel illusorisch, zwischen Ereignissen, die „endlichen" oder „unendlichen" Mengen entsprechen (oder die endlichen oder unendlichen Teilungen angehören) unterscheiden zu wollen, als ob dies im wesentlichen etwas zu bedeuten hätte. Noch unbegründeter wäre es, topologische Eigenschaften, die in $\mathfrak{S}$ Sinn hätten, für notwendig zu erachten (wobei $\mathfrak{S}$, nur um eine ausdrucksvollere Form der Bezeichnung zu wählen, „Raum" und nicht „Menge" genannt wurde. Es gibt ja oft topologische Strukturen, die in bestimmten Räumen aus den unterschiedlichsten speziellen Motiven interessant sind, ohne deswegen vom Standpunkt der Logik oder der Wahrscheinlichkeitstheorie aus erforderlich zu sein.)

4.3. Andere Einwände (die wir im Anhang etwas mehr entwickeln werden), würden dazu führen, die Gültigkeit dieser schematischen Darstellung (und vieler anderer Dinge, die wir bisher und weiterhin gelten lassen wollen) noch radikaler zu erschüttern: z. B., daß von allen Mengen (oder selbst von „Punkten") anzunehmen ist, daß sie dem Sinn nach Ereignisse sind.

Allgemein gesagt, es wird immer zu prüfen sein, ob und in welchem Sinn eine Aussage wirklich ein „Ereignis" darstellt, wodurch es in mehr oder weniger realistischer und annehmbarer Form möglich wird, eindeutig „zu verifizieren", ob sie „wahr" oder „falsch" ist.

Was soll man zu Aussagen sagen, die nur mit Hilfe einer unendlichen Anzahl von Beobachtungen, oder nach endlosem Abwarten oder nach unendlich genauen Untersuchungen als „verifiziert" gelten können? Eine kritische Einstellung zu dieser Frage könnte dazu führen, die Tatsache, daß eine Größe $X$ genau einen Wert $x$ hätte oder einer Null-Menge angehören würde (z. B. rational sei) nicht als Ereignis zu betrachten, sondern nur die Tatsache, daß $X \in I$ sei, für eine Menge $I$ „ausgenommen Null-Mengen" (was, wenn es manche Schwierigkeit ausschaltet, dafür andere bringt), oder „ausgenommen ein Fehler $< \delta$, den man beliebig klein aber nicht gleich 0 annehmen kann" usw. Radikaler sind die Schwierigkeiten der „Komplementarität" (die in der Quantenphysik aufgetreten, jedoch auch in normalen Beispielen zu finden sind): *A* und *B* sind Ereignisse (die man beobachten kann), man kann sie jedoch nicht beide beobachten und daher sagen, daß das „Produkt" *AB* ein Ereignis ist (das man beobachten kann).

All dies setzt (über die hier erwähnten besonderen Motive, die in der nächsten Nummer wieder aufgenommen werden, hinaus) den Wert der Unterteilung in „Punkte" herab. Und es ist bezeichnend, daß von Neumann (gerade im Zusammenhang mit solchen Argumenten) eine „Geometrie ohne Punkte" entwickelt hat (in *Continuous Geometries*' „Proc. Nat. Acad.", 22, 1936, Seiten 92-100 und ebendort Beispiele, Seiten 101-8), wo er sagt: „The point which we wish to stress is that the investigations described above show an unbroken trend away from the notion of the point"; die Studien, auf die er sich bezieht, sind die von K. Menger und G. Bergmann (über lineare Räume), von F. Klein, G. Birkhoff und O. Ore (über Verbände) und Diskussionen mit J. W. Alexander und H. Veblen.

Noch enger im Einklang mit den Betrachtungen dieses Textes erscheinen die von St. Ulam (in der bisher noch nicht veröffentlichten „von Neumann lecture", Princeton 1963), insofern als auch er sich auf Strukturen bezieht, die neuen Entitäten *offen* sind, sowie neue Umstände dies mit sich bringen (während eine „stetige Geometrie" nach von Neumann eine geschlossene, wenn auch sehr reiche Struktur darstellt, die lineare Systeme jeder Dimension *c* enthält, mit *c* als reeller Zahl zwischen 0 und 1, je nach dem leeren oder totalen System). Ulam sagt: "The indications are ... that *there are no atoms of simplicity* and, which is most strange, one would almost be tempted to say that in the physical world the set-theory *axiom of Regularity* — that is to say, that *every set contains a minimal element with the respect to the relation of "belonging to a set" — does not hold!*"[8].

## 5.
## *Logische und arithmetische Operationen.*

5.1. Nachdem wir den Ereignissen eine Darstellung als besondere (zufällige) Zahlen gegeben haben, wird es, dank der Konvention 1 = WAHR und 0 = FALSCH möglich und nützlich sein, diese auch für eine zweckmäßige Vereinheitlichung der ihnen entsprechenden Operationen zu verwenden. Gewöhnlich (wie dies vor dieser Konvention[9] auch unvermeidlich war) unterscheidet man zwei deutlich verschiedene Serien von Operationen: die *logischen* (Boole'schen) *Operationen*,

$\wedge$ *logisches Produkt*; $\vee$ *logische Summe*; $\sim$ *Negation*,

die nur auf *Ereignisse* anwendbar sind, und die *arithmetischen Operationen*

$\cdot$ *Produkt*; $+$ *Summe* (und umgekehrt: / und $-$),

die nur auf *Zahlen* anwendbar sind.

[8] Kursivschrift im Original nur für die letzten 3 Wörter.

[9] Welche, wie ich fand, durch von Neumann schon seit 1932 in seiner Abhandlung über Quantenmechanik übernommen worden war. Siehe Anhang, Nr. 9.

Wir haben bereits kurz auf den Nutzen mancher Anwendung der arithmetischen Operationen auf Ereignisse (die dank der genannten Konvention automatisch möglich ist; siehe 3.4. und auch Hinweise in Kap. I) hingewiesen; wir können diese Ausdehnung nun systematisch entwickeln, aber auch auf eine vollständige Vereinheitlichung kommen, indem wir auch im anderen Sinn die logischen Operationen auf das Gebiet der Zahlen ausdehnen.

In der Tat setzen wir, nach Definition, auf dem Gebiet der (reellen) Zahlen:

$$x \wedge y = \min(x, y), \quad x \vee y = \max(x, y), \quad \sim x = 1 - x (= \tilde{x})^{10};$$

wir werden sofort erkennen, daß diese Definitionen mit den auf dem Gebiet der Ereignisse bekannten übereinstimmen (nämlich der idempotenten Zahlen 0 und 1), während offenbar die gebräuchlichsten Eigenschaften sowohl für Zahlen als auch für Ereignisse immer gelten (und es ist gut, dies für jeden der beiden Fälle darzustellen und zu verstehen und auch Beispiele zu bringen):

$$\left.\begin{aligned} \sim(x \wedge y) &= \tilde{x} \vee \tilde{y} \\ \sim(x \vee y) &= \tilde{x} \wedge \tilde{y} \end{aligned}\right\} \text{(Dualität von } \wedge \text{ und } \vee \text{ in Bezug auf das Komplement)}$$

$$\left.\begin{aligned} x \wedge (y \vee z) &= (x \wedge y) \vee (x \wedge z) \\ x \vee (y \wedge z) &= (x \vee y) \wedge (x \vee z) \end{aligned}\right\} \text{(Distributivität zwischen } \wedge \text{ und } \vee\text{)}$$

$$\left.\begin{aligned} x \wedge x &= x \\ x \vee x &= x \end{aligned}\right\} \text{(Idempotenz für } \wedge \text{ und } \vee\text{)}$$

(außer den offensichtlichen kommutativen und assoziativen Eigenschaften für $\wedge$ und $\vee$).

5.2. *Operationen mit Ereignissen.* Durch das Gesagte sollen nicht neue Definitionen gegeben, sondern nur die allgemeinen Definitionen auf den Fall der Werte 0 und 1 angewandt werden; es bleibt nur, die Übereinstimmung mit der üblichen Bedeutung festzustellen.

Unter *logischem Produkt* von zwei (oder mehr) Ereignissen $A$, $B$ versteht man das Ereignis, das dann und nur dann wahr ist, wenn alle Faktoren es sind (und daher falsch, wenn wenigstens einer falsch ist). Wenn die Faktoren nichts anderes als 0 und 1 sein können, so haben

[10] Wie üblich wollen wir das Zeichen (quer) „Komplement zu 1" darüber und nicht davor setzen, wenn es sich um einen einzelnen Buchstaben handelt.

sowohl das arithmetische Produkt wie die Operation *min*($\wedge$) offenbar die Eigenschaft, daß ihr Resultat dann und nur dann 1 ist, wenn alle Faktoren es sind. Daher koinzidieren *im Ereignisfeld* die beiden Operationen des arithmetischen Produktes und des logischen Produktes. Wir werden daher bei zwei Ereignissen einfach, ohne Gefahr eines Doppelsinnes, Produkt sagen können und $E = AB$ schreiben können. Das Zeichen $\wedge$ kann man zur größeren Klarheit nur in komplizierten Fällen setzen, z.B.

$$E = (X + Y \geqq 54) \wedge (Z \geqq Y + 12),$$

wo die Ereignisse Bedingungen (für die Zufallszahlen $X$, $Y$, $Z$ usw.) sind, die in Klammern gesetzt werden (und man übersehen könnte, daß es Ereignisse und nicht Zahlen sind).

Unter *Negation* eines Ereignisses $A$ versteht man das Ereignis, das dann und nur dann wahr ist, wenn $A$ falsch ist und umgekehrt; offenbar ist es „Non $A$" $= \sim A = \tilde{A} = 1 - A$ (weil $\sim 1 = 1 - 1 = 0, \sim 0 = 1 - 0 = 1$).

Unter *logischer Summe* von zwei (oder mehr) Ereignissen $A$, $B$, versteht man das Ereignis, das wahr ist, wenn es mindestens einer der Summanden ist (und daher falsch dann und nur dann, weil alle falsch sind; dem entspricht die Operation *max*($\vee$), die 1 ergibt, wenn wenigstens ein Faktor 1 vorhanden ist und 0 wenn alle 0 sind. Es ist auch offensichtlich und bekannt, daß es sich um die duale Operation des Produktes (in Bezug auf die Negation) handelt:

$$A \vee B = \sim (\tilde{A} \wedge \tilde{B}),$$

wie dies sich im übrigen auch aus der im allgemeinen durch $\tilde{x} \wedge \tilde{y}$ ausgedrückten Eigenschaft ergibt.

Dies ermöglich es, einen arithmetischen Ausdruck für die logische Summe abzuleiten: mit Hilfe der Komplemente und durch weitere Entwicklung erhält man nämlich:

(1) $$A \vee B = 1 - (1 - A)(1 - B) = A + B - AB;$$

analog

$$A \vee B \vee C = 1 - (1 - A)(1 - B)(1 - C) = A + B + C - AB - AC - BC + ABC,$$

und allgemein für $n$ Summanden $E_1, E_2, \ldots, E_n$,

(2) $$E_1 \vee E_2 \vee \ldots \vee E_n = \sum_i E_i - \sum_{ij} E_i E_j + \sum_{ijh} E_i E_j E_h - \ldots \pm E_1 E_2 \ldots E_n,$$

(wo die Summen auf alle $n$ Ereignisse $E_i$, auf alle $\binom{n}{2}$ Produkte zu je zwei Elementen, auf alle $\binom{n}{3}$ Produkte zu je drei usw. ausgedehnt werden, mit alternierenden Vorzeichen bis zum letzten Ausdruck, der das Produkt aller $n$ mit dem Vorzeichen + ist, wenn $n$ eine ungerade Zahl ist, mit dem Vorzeichen −, wenn $n$ eine gerade Zahl ist).

Die *arithmetische Summe* von zwei (oder mehreren) Ereignissen $A$, $B$ ist (allgemein) nicht ein Ereignis, sondern eine Zufalls-Zahl, die die *Anzahl der Erfolge* darstellt. Im besonderen ist $A+B$ entweder gleich 0 (wenn beide falsch sind) oder gleich 1 (wenn eines wahr und eines falsch ist), oder gleich 2 (wenn beide wahr sind). Im allgemeinen ist, wie in diesem Fall, die Relation zwischen logischer und arithmetischer Summe folgende: *beide haben den Wert 0, wenn keiner der Summanden wahr ist* (kein Erfolg), während andernfalls, wenn wahre Summanden (Erfolge) gegeben und in der Anzahl 1, 2, 3, ... im allgemeinen $m$, vorhanden sind, die arithmetische *Summe* gleich *dieser Zahl* ist, während die *logische Summe* immer den Wert 1 hat (d.h. der Multiplizität nicht Rechnung trägt).

Der Zusammenhang zwischen den beiden Begriffen kann (mit Hilfe der übernommenen Symbole) als

(3) $$\text{(logische Summe)} = 1 \wedge \text{(arithmetische Summe)}$$

oder genauer

(3′) $$E_1 \vee E_2 \vee \ldots \vee E_n = 1 \wedge (E_1 + E_2 + \ldots + E_n)$$

geschrieben werden.

Die Tatsache, daß man zwei verschiedene Begriffe hat, ist daher kein Nachteil, sondern im Gegenteil ein Vorteil, weil beide Begriffe ihre Existenzberechtigung haben. Der Doppelsinn der Bezeichnung wäre (damit man nicht jedesmal „logische Summe“ und „arithmetische Summe“ sagen muß) noch zu beseitigen. Und hierzu genügt die natürliche Konvention, die arithmetische Summe *Summe* und die logische *Summen-Ereignis* zu nennen (denn nur diese ist ein Ereignis).

5.3. Es kann bemerkt werden, daß die eingeführten Operationen dem Feld der reellen Zahlen die Struktur eines *Gitters* (oder Netzes)[11] geben, mit der Operation ~, die (im algebraischen Sinne) viele Eigen-

[11] Der Ausdruck „Gitter“ (ital. traliccio, d. Übersetzer), den z.B. Ricci verwendet, scheint mir ausdrucksvoller und spezifischer; „Netz“ führt zu mehreren eher verschiedenartigen Ideen und Veranschaulichungen.

schaften des Komplementes genießt, aber kein solches ist, außer im Ereignisfeld (Zahlen 0, 1). Dort ist in der Tat $x \vee \tilde{x} = 1$ (weil $x$ oder $\tilde{x}$ den Wert 1 hat und das andere den Wert 0), außer $x + \tilde{x} = 1$, das auch für irgendein $x$ gilt.

Beachten wir noch, daß die Ausdrücke in arithmetischer Form für $\sim x$, $x \wedge y$, $x \vee y$ (im Ereignisfeld) mit denen von Stone koinzidieren, wo jedoch die Summe als „Modul 2" aufgefaßt wird (um einen Boole'schen Ring zu erhalten).

Die hier übernommenen Konventionen führen nicht zu algebraischen Eigenschaften dieser Art, scheinen jedoch am besten geeignet, um viele Dinge einfach und natürlich auszudrücken, die sonst schwer schriftlich zu bringen sind.

Wir werden, um den Faden dieser Abhandlung nicht zu unterbrechen, am Schluß dieses Kapitels (Nr. 11) Beispiele bringen und wir werden oft Gelegenheit haben, uns derartige Vereinfachungen zunutze zu machen. Es wird sich zeigen, daß es sich nicht nur um Ausdrücke handeln wird, die Ereignisse oder Zufallszahlen betreffen. Dieselben Konventionen entsprechen aus identischen Gründen auch in anderen Bereichen gültigen Forderungen.

5.4. Wir haben (in 3) die Mengen-Darstellung gesehen. Es ist klar, daß dort, bei Darstellung der Ereignisse als Mengen, die eingeführten Operationen $\sim$, $\wedge$, $\vee$, den Mengen-Operationen $\sim$, $\cap$, $\cup$ (*Komplement*, *Durchschnitt*, *Vereinigung*) entsprechen. Für die Zufallszahlen (als Funktionen des „Punktes" $Q$) ist $Z = X \vee Y$ die Funktion, die in jedem Punkt $Q$ den höheren der beiden Werte $X(Q)$ und $Y(Q)$ annimmt:

(4) $$Z(Q) = X(Q) \vee Y(Q) \text{ (und analog für } \wedge).$$

Eine (formell identische) geometrische Darstellung ist (besonders zu didaktischen Zwecken) oft auch dann nützlich, wenn eine wirkliche Mengen-Darstellung fehlt: es ist die der sogenannten „Venn-Diagramme". Die Ereignisse, die dargestellt werden sollen, sind Teile eines Rechteckes, welches das sichere Ereignis darstellt (durch eine Linie abgetrennte Teile und, noch besser, durch verschiedene Schraffierungen zu unterscheiden). So kann man die Beziehungen, die man zwischen den einzelnen Ereignissen annimmt, bildlich darstellen (Vorhandensein oder Fehlen eines Durchschnittes, das durch Übereinandergreifen mehrerer Schraffierungen gekennzeichnet ist, Einschluß eines Ereignisses in ein anderes usw.). Natürlich sind klare Figuren mit nicht zu sehr verkrümmten Teilen nur in einfachen Beispielen möglich.

Abb. 1 und 2 stellen den Fall von zwei bzw. drei Ereignissen dar, wo alle 4 (oder 8) Durchschnitte nicht leer sind, d. h. mögliche Ereignisse sind, während in Abbildung 3 zwei der Durchschnitte 2 zu 2 fehlen.

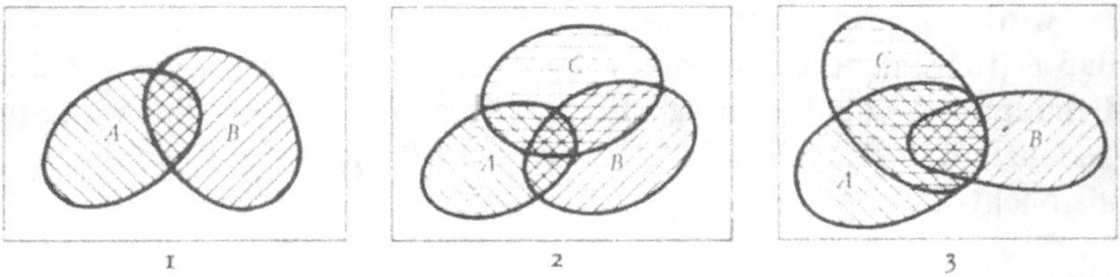

Abb. 1-3.
Venn-Diagramme: Darstellung von Ereignissen und ihren logischen Beziehungen als Mengen. 1-2: Fälle von zwei bzw. drei Ereignissen mit allen (4 und respektive 8) möglichen Konstituenten. 3: Beispiel, in dem nur 6 oder 8 Kombinationen (mögliche) Konstituenten ergeben.

## 6.
## *Behauptungen, Implikationen, Unvereinbarkeit.*

6.1. Wir haben dieses Kapitel begonnen, indem wir sagten, daß für Dich jedes Ereignis oder jede Aussage gewiß, oder unmöglich, oder möglich sein kann. Wir haben dann von Möglichkeit gesprochen. Es ist jedoch der Zeitpunkt gekommen, diese Prämissen in eine klare Rede zu verwandeln. Es ist eine Unterscheidung notwendig, die man nach den von B. O. Koopman[12] vorgeschlagenen Bezeichnungen die zwischen *betrachteten und behaupteten Propositionen* nennen würde. Eine Proposition $E$ (wie bisher gesehen) ist immer eine betrachtete Proposition (von der Du oder sonst jemand wissen kann, ob sie wahr oder falsch ist). Und dies bleibt sie auch, wenn man sie in $E = 1$, oder $\sim E = 0$, oder $(E = 1) = 1$ usw. verwandelt, oder indem man sagt, „$E$ ist wahr", „Nicht-$E$ ist falsch", „es ist wahr, daß $E$ wahr ist" usw.; es ändert sich nichts, denn es handelt sich nur um mehr oder weniger verlängerte Arten, nicht mehr und nicht weniger als $E$ zu sagen.

Um eine *Behauptung* aufzustellen, müssen wir aus dem Circulus vitiosus heraustreten, indem wir etwas Außer-Logisches sagen, wie „ich behaupte, daß $E$ wahr ist", „Du bist sicher, daß $E$ unmöglich ist", „für mich ist $E$ möglich", somit etwas, das eine logische Beziehung nicht unter den Propositionen sondern zwischen der Proposition und dem, *der davon spricht*, ausdrückt.

Als Kurzform dafür hat man das Zeichen $\vdash$ eingeführt, das auch verwendet werden kann. Wenn $E$ eine Proposition, ein Ereignis

[12] *The Bases of Probability*, in Kyburg & Smokler, Seiten 161–72.

ist, wird $\vdash E$, wenn man dieses Zeichen voraussetzt, die Behauptung, daß $E$ (für jemand Bestimmten) sicher ist; entsprechend ist $\vdash \sim E$ die Behauptung, daß $E$ unmöglich ist, während $\sim\vdash E$ die Behauptung bedeutet, daß $E$ möglich ist (d.h. die Nicht-Behauptung sowohl von $E$ als Nicht-$E$).

6.2. Wir werden dieses Zeichen nicht oft verwenden, weil wir im allgemeinen annehmen werden, daß sich die Unterscheidung klar aus dem Zusammenhang ergeben wird (z.B. durch das Wort „sicher"). Es ist jedoch gut, auf die Bedeutung der Unterscheidung hinzuweisen und die Verwendung des Zeichens an irgendeinem Beispiel zu zeigen, damit sich das alles einprägt. Jedenfalls war dies hier einzuführen, um klarzumachen, daß einige Ausdrücke, die wir jetzt bringen werden, *als Behauptungen zu verstehen sind.*

Wenn wir sagen, daß ein Ereignis $A$ das Ereignis $B$ impliziert, oder daß $A$ in $B$ enthalten ist, wollen wir *behaupten*, daß $A$ nicht eintreten kann, wenn nicht auch $B$ eintritt, d.h. daß $A\tilde{B}$ unmöglich ist: in Symbolen, $\vdash \sim A\tilde{B}$. Anstatt $\sim A\tilde{B}$ kann man auch schreiben $\tilde{A} \vee B$, oder $A\tilde{B} = 0$ oder $A \leqq B$ oder $B - A \geqq 0$ (da die Ungleichung nur für $1 \leqq 0$, d.h. $A = 1$ und $B = 0$ falsch ist); es handelt sich immer um verschiedene Arten, $\sim A\tilde{B}$ unabhängig von der Tatsache, daß es sicher oder unmöglich oder möglich sei, auszudrücken und die die Behauptung in dieser Form klarstellen. Um zu schreiben, daß „$A$ $B$ impliziert" (im besagten Sinn der Behauptung) wird man z.B. $\vdash A \leqq B$ schreiben. Wir werden jedoch einige eigene Symbole einführen, die an sich bereits als Behauptungen zu verstehen sind:

| | |
|---|---|
| $A \subseteq B \cdot = \cdot \vdash A \leqq B,$ | $A$ impliziert $B$; |
| $A \equiv B \cdot = \cdot \vdash A = B,$ | $A$ und $B$ sind identisch (d.h. $A \subseteq B \wedge B \subseteq A$) d.h. $A$ und $B$ sind beide wahr oder beide falsch (*sichere*) *Gleichheit von A und B*; |
| $A \subset B \cdot = \cdot A \subseteq B \wedge \sim A \equiv B,$ | $A$ impliziert streng $B$[13]. |

[13] Die *Gleichung* $A = B$ ist das Ereignis, das eingetreten ist, wenn $A$ und $B$ sich beide als wahr oder beide als falsch ergeben, was möglich ist, ganz gleich, welchen Wert $A$ und $B$ haben (ausgenommen der Fall entgegengesetzter Ereignisse: $B = \tilde{A}$). Wir werden jedoch, um die Formulierung nicht schwerfälliger zu machen, weiterhin wie gewöhnlich „gleich" anstatt „sicher gleich" sagen und nicht $\equiv$, sondern $=$ schreiben, sofern sich dadurch kein Doppelsinn ergibt.

6.3. Die (bekanntlich symmetrische, transitive) Implikation verleiht jeder Ereignismenge eine Struktur partieller Ordnung, genauer gesagt, ein Gitter, in dem die Operationen $\wedge$ und $\vee$ (im Sinne des „maximalen“ enthaltenen Elementes und des „minimalen“ die gegebenen enthaltenden) mit den bereits eingeführten des logischen Produktes und der logischen Summe übereinstimmen. Dies wird besonders in der Mengendarstellung evident. $A \subseteq B$ heißt dort, daß $A$ ein Teil von $B$ ist (eventuell mit $B$ zusammenfallend, was man ausschließt, wenn man $A \subset B$ schreibt und aussagt, wenn man $A \equiv B$ schreibt; daher die Ausdrücke „enthält“ und „enthalten in“ die das Gegenteil von „impliziert“ und „impliziert durch“ bedeuten, und nicht gleiche Bedeutung haben, wie man denken könnte, wenn man bei beiden Ausdrücken die für die Mengen-Darstellung gültige Auslegung berücksichtigen wollte[14]. Mit anderen Worten: In dem Venn-Diagramm für zwei Ereignisse, das „im allgemeinen“ (genauer: wenn $A$ und $B$ logisch unabhängig sind) wie Abb. 1 aussieht, muß der in $B$ nicht enthaltene Teil von $A$ fehlen (leer sein), d.h. $A$ muß sich mit dem doppelt schraffierten Teil von $AB$ decken (wie in Abb. 4).

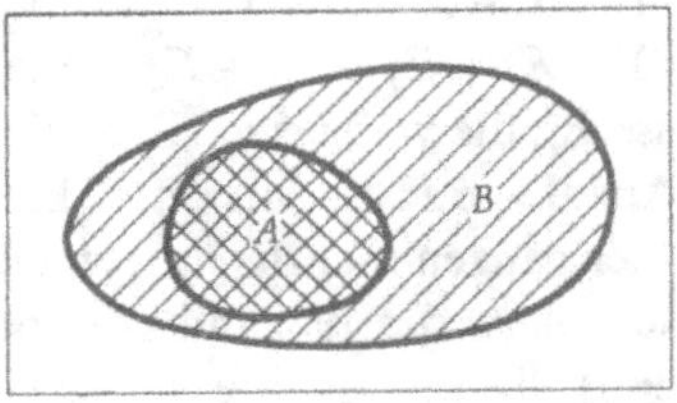


Abb. 4:
Venn-Diagramm: Fall der Implikation (Einschluß).

---

Bezüglich der „*strengen Implikation*“ ist zu beachten, daß sie behauptet, daß sicher $A \leqq B$ ist, daß aber nicht sicher $A = B$ ist (mit anderen Worten: $A > B$ ist unmöglich, nämlich $A$ wahr und $B$ falsch; nicht ausgeschlossen ist $A < B$, d.h. das Gegenteil; über die Möglichkeit oder Unmöglichkeit, daß $A$ und $B$ beide wahr oder beide falsch sein könnten, wird nichts ausgesagt. Man beachte, daß $A \subset B$ bedeutet: $(A \leq B) \wedge \sim (A \equiv B)$, d.h. $(\vdash A \leq B) \wedge (\sim \vdash A = B)$, was etwas ganz anderes ist als $\vdash [(A \leq B) . \sim (A = B)] = \, = \vdash A < B = \vdash \tilde{A}\mathrm{B}$, was die Behauptung bedeuten würde, daß $A$ falsch und $B$ wahr sei.
Die Bedeutung aller dieser Relationen wird nach der Mengendarstellung (6.3) sofort verständlich werden.

[14] Um mögliche daraus folgende mnemonische Unsicherheiten bezüglich der Bedeutung von $\subset$ (und von $\supset$, gegenteilige Bedeutung) zu vermeiden, genügt es zu denken, daß es $\leqq$ (und $\geqq$) (gleiche Bedeutung) entspricht, deren Sinn klar ist, wenn man mit den Zahlen 0 und 1 (Ereignisse, Indexfunktionen von Mengen) operiert.

Fehlen beide einfach schraffierten Zonen, so haben wir den Fall $A \subset B$ und wenn die beiden anderen darin fehlen, $A \equiv \tilde{B}$; zwei andere wichtige Fälle entsprechen dem Fehlen der doppelt schraffierten Zone (Fall der Unvereinbarkeit: $AB \equiv 0$) oder der nicht schraffierten (Fall der Erschöpfbarkeit: $\tilde{A}\tilde{B} \equiv 0$)[15].

6.4. *Unvereinbarkeit.* Wenn wir sagen, daß zwei Ereignisse $A$ und $B$ *unvereinbar* sind, wollen wir damit *behaupten*, daß es unmöglich ist, daß beide eintreten, d.h. daß $AB$ unmöglich ist: in Symbolen: $\vdash \sim AB$. Anstatt $\sim AB$ kann man auch schreiben: $AB = 0$ oder $\tilde{A} \vee \tilde{B}$ oder $A + B = A \vee B$ oder $A + B \leqq 1$ oder $A \leqq B$ oder $B \leqq \tilde{A}$, wobei das Ereignis $\sim AB$ immer unabhängig von der Tatsache, ob es sicher, unmöglich oder möglich ist, ausgedrückt wird; jede dieser Formen drückt die Unvereinbarkeit aus, wenn sie durch die Schreibweise $\vdash A + B \leqq 1$ behauptet wird (oder $A \leqq B$, wobei man auf die Implikation $A \subseteq \tilde{B}$ zurückgeht). Wenn wir sagen, daß $n$ Ereignisse unvereinbar sind, nämlich $E_1, E_2, \ldots, E_n$, so wollen wir behaupten, daß sie es je zu zweien sind ($\vdash E_i E_j = 0$, $i \neq j$), d.h. daß nicht mehr als eines eintreten kann; als direkte Extension von $\vdash A + B \leqq 1$, kann dies mit $\vdash Y \leqq 1$ ausgedrückt werden, wo $Y = E_1 + E_2 + \ldots + E_n$ die Anzahl der „Erfolge" ist, d.h. der Ereignisse $E_i$, die wahr sind. Dieselbe Definition gilt auch für eine unendliche Anzahl von Ereignissen: $Y$ könnte in einem solchen Falle auch anstatt einer ganzen nichtnegativen eine unendliche Kardinalzahl sein (z.B. die Potenz des Abzählbaren oder des Kontinuums, oder irgendein Aleph). Man beachte ferner, daß die Bedingung $E_1 + E_2 + \ldots + E_n \equiv E_1 \vee E_2 \vee \ldots \vee E_n$, d.h. die sichere Übereinstimmung der logischen und der arithmetischen Summe der Ereignisse,[16] immer für den Fall der Unvereinbarkeit charakteristisch ist.

Mit anderen Worten: unvereinbare Ereignisse schließen einander aus: in der Mengendarstellung handelt es sich um *disjunkte* Mengen, d.h. solche, bei denen der *Durchschnitt* (zu je zweien und mit noch größerem Recht die Durchschnitte von drei oder mehr) *leer* ist.

---

[15] Die anderen Fälle sind banal ($A$ oder $B$ oder beide wären determiniert: sicher oder unmöglich).

[16] Auch für irgendwelche nichtnegative (Zufalls-)Zahlen $X_i$ gilt selbstverständlich dieselbe Konklusion: diese Gleichung besteht, wenn und nur wenn höchstens eine davon nicht Null sein kann.

6.5. *Erschöpfbarkeit.* Indem wir sagen, daß zwei Ereignisse, $A$ und $B$, *erschöpfend* sind, wollen wir *behaupten*, daß es unmöglich ist, daß keines davon eintritt, d.h. daß $\tilde{A}\tilde{B}$ unmöglich ist: in Symbolen: $\vdash \sim \tilde{A}\tilde{B}$. Anstatt $\sim \tilde{A}\tilde{B}$ kann man (wie oben) schreiben: $\tilde{A}\tilde{B} = 0$ oder $A \vee B$ oder $\tilde{A} + \tilde{B} = \tilde{A} \vee \tilde{B}$ (d.h. $2-(A+B) = 1-AB, A+B = 1+AB$) oder $A + B \geqq 1$ oder $\tilde{A} \leqq B$ oder $\tilde{B} \leqq A$; eine andere Form für die Erschöpfbarkeit ist daher z.B. $\vdash A + B \geqq 1$. Dies eignet sich für die Ausdehnung der Definition auf den Fall von $n$ (oder auch unendlich vielen) Ereignissen: indem wir sagen, daß sie erschöpfend sind (besser: eine erschöpfende Familie bilden; aber der Satz wird komplizierter), wollen wir behaupten, daß wenigstens eines von ihnen eintreten muß, d.h. mit der obigen Schreibweise $\vdash Y \geqq 1$; dies zeigt die Relation zwischen den beiden Bedingungen. In der Mengendarstellung handelt es sich um eine Familie von Mengen, die (natürlich auch mit eventuellen Überdeckungen) die gesamte Menge $\mathfrak{Q}$ der möglichen Punkte *deckt*, d.h. für die das Komplement der Vereinigung leer ist[17].

## 7.
## *Partitionen; Konstituenten; logische Abhängigkeit und Unabhängigkeit.*

7.1. Als Partitionen werden wir eine Familie *unvereinbarer und erschöpfender* Ereignisse bezeichnen, von denen also sicher ist, daß eines und nur eines eintreten kann: die Koexistenz der Bedingungen $\vdash Y \leqq 1$ und $\vdash Y \geqq 1$ bedeutet in der Tat $\vdash Y = 1$. Eine Partition kann endlich oder unendlich sein. Die Partitionen (und im besonderen die endlichen, für die einfacheren Konklusionen) haben in der Wahrscheinlichkeitsrechnung grundlegende Bedeutung (die, wie bereits angedeutet, darin bestehen wird, die unitäre „Masse" der Wahrscheinlichkeit auf die verschiedenen Ereignisse der Partition zu verteilen).

Wir müssen nun sehen, ob und wie es möglich ist, den allgemeinen Fall, in dem man eine endliche Anzahl beliebiger Ereignisse $E_1, E_2, \ldots, E_n$

---

[17] Wenn man sich nicht auf den Raum $\mathfrak{Q}$ der (für Dich zur Zeit) möglichen Punkte, sondern auf einen größeren Raum $\mathfrak{S}$ bezieht, der auch Punkte umfaßt, von denen Du (z.B. durch neuere Informationen) bereits weißt, daß sie unmöglich sind, so wird in allen früheren Fällen die Behauptung, daß eine Menge *leer* ist, durch einen *Leerraum möglicher Punkte* ersetzt (d.h. leer an Punkten, die zu $\mathfrak{Q}$ gehören); in Abbildungen könnte man sich diesen schwarz gezeichnet denken und den Teil $\mathfrak{S} \sim \mathfrak{Q}$ als „nicht existent" betrachten.

betrachtet, auf den einer Partition zurückzuführen. Wir bemerken vor allem, daß, wenn im besonderen die $E_i$ schon unvereinbar aber nicht erschöpfend sind, es genügt, das weitere Ereignis hinzuzufügen,

$E_0 = 1 - (E_1 + E_2 + \ldots + E_n)$ (d.h. in anderer Form, $E_0 = \tilde{E}_1 \tilde{E}_2 \ldots \tilde{E}_n$).

Im allgemeinen Fall müssen wir die $2^n$ Produkte $E'_1 E'_2 \ldots E'_n$ betrachten, wobei jedes $E'_i$ entweder $E_i$ oder das Gegenteil, $\tilde{E}_i$, sein kann. Formell können wir sie als Ergebnis der Entwicklung $(E_1 + \tilde{E}_1)(E_2 + \tilde{E}_2) \ldots (E_2 + \tilde{E}_2)$ erhalten, das identisch den Wert 1 hat, weil jeder Faktor den Wert 1 hat. Einige dieser $2^n$ Produkte können sich als unmöglich erweisen und werden daher nicht in Betracht gezogen. Diejenigen, die, da sie möglich sind, bleiben, und zwar in der Anzahl $s \leqq 2^n$, nennt man die *Konstituenten* $C_1, C_2, \ldots C_s$ der durch $E_1, E_2, \ldots E_n$ bestimmten Partition.

Die Beobachtung, daß die angegebene Entwicklung den Wert 1 hat, hat bereits gezeigt, daß es sich um eine Partition handelt. Die Tatsache ist übrigens an sich evident, noch mehr in der Mengen-Darstellung. Eine Partition ergibt sich aus einer Familie disjunkter Mengen, die den Raum $\Omega$ bedeckt (oder mit anderen Worten, in die $\Omega$ unterteilt ist). So wie z. B. Italien in Gemeinden unterteilt ist. Führen wir dagegen irgendwelche andere Unterteilungen durch (z. B. Italien östlich und westlich des Meridians von Monte Mario, nördlich und südlich eines Parallelkreises, Zonen von mehr oder weniger als 500 m Seehöhe, Entfernungen zum Meer von mehr oder weniger als 50 km, Provinzen, deren Hauptstadt mit einem Vokal oder Konsonanten beginnt, usw.), so bildet die durch die Konstituenten gegebene Partition jene „Stückchen", die sich aus allen diesen Unterteilungen ergeben[18].

Es wird gelegentlich auch nützlich sein, den (unschönen) Ausdruck „*Plural-Ereignis*" für die Fälle einzuführen, in denen wir (wenn wir uns nicht gebunden hätten, „Ereignis" in dem angegebenen fachtechnischen Sinn zu verstehen) eine Partition gebräuchlich „Ereignis mit mehreren Alternativen" genannt hätten. Das wäre eine Partie — z. B. Fußball — mit den drei Alternativen „Sieg" — „unentschieden" — „Niederlage" und eventuell der vierten „ungültig" wegen Aufschub,

[18] Achtung: man darf getrennte Teile eines einzigen, nicht zusammenhängenden „Stückes" nicht als einzelne „Stücke" betrachten (die Topològie der Darstellung wird ignoriert); das „Stück" Italien nordöstlich von Monte Mario mit Höhen unter 500 m und Entfernungen zum Meer von 50 km und Provinzen, deren Namen mit einem Vokal beginnt, besteht sicher aus getrennten Teilen (z. B. Provinzen Ancona und Udine).

Unterbrechung usw. Oder wie das Ziehen einer Kugel mit 3 oder mehr möglichen Farben, wie weiß, rot, schwarz, oder Würfeln mit einem oder 2 Würfeln mit den möglichen Punkten 1–6 oder 2–12. Ein Plural-Ereignis mit $m$ Alternativen, oder kurz ein „*m-Ereignis*", kann immer als eine Zufallszahl mit $m$ möglichen Werten gedacht werden (z.B. $1, 2, \ldots, m$); bei Würfeln sind die „Punkte" wirklich $1, 2, \ldots, 6$ (während bei zweien die Variante $2, 3, \ldots, 12$ statt $1, 2, \ldots, 11$ irrelevant wäre) und Farben und Resultate könnten in Zahlen kodifiziert werden. Bei der Betrachtung des $m$-Ereignisses beabsichtigt man im wesentlichen, die Aufmerksamkeit auf den „*qualitativen*" Aspekt der Alternativen zu lenken. Dann erweist sich für sie die mathematische Darstellung als unitäre Vektoren $(1,0,\ldots,0)$, $(0,1,0,\ldots,0)$, …, $(0,0,\ldots,0,1)$ eines $m$-dimensionalen Systems als geeignet. In dieser Weise kann ein $m$-Ereignis bei Benennung der Ereignisse, die in der Verwirklichung der $h$-ten Alternative bestehen, mit $E_h (h = 1, 2, \ldots, m)$[19] mit dem Zufalls-Vektor $(E_1, E_2, \ldots, E_m)$ identifiziert werden. Die (arithmetische) Summe von Plural-Ereignissen ergibt daher die Zahl der Verwirklichungen der einzelnen Resultate (z.B. $(W, R, S)$ = Anzahl der gezogenen weißen, roten, schwarzen Kugeln). Auffallend die Analogie mit dem Fall der Ereignisse, der ebenso behandelt werden könnte (mit Einsetzen von $(1, 0)$ für 0 und $(0, 1)$ für 1), wenn der Vorteil der Symmetrie die Überflüssigkeit des Doppels auszugleichen schiene.

7.2. *Logische Abhängigkeit und Unabhängigkeit von Ereignissen.* Wir definieren $n$ (notwendigerweise mögliche) Ereignisse als *logisch unabhängig*, wenn sie $2^n$ mögliche Konstituenten ergeben. Dies bedeutet (und dies erklärt auch die Definition) daß jedes dieser Ereignisse auch dann ungewiß (möglich) bleibt, wenn man den Ausgang aller anderen, gleichviel welcher dieser auch sei, bereits erfahren hat. Tatsächlich nehmen wir an, eines der Produkte sei unmöglich (sei daher keine Konstituente, außer sozusagen formell) und, ohne an Allgemeinheit zu verlieren, sei dies $E_1 E_2 \ldots E_n$; $E_1$ ist möglich. $E_1 E_2$ kann es sein oder auch nicht, und ebenso $E_1 E_2 E_3$, $E_1 E_2 E_3 E_4$ usw. Und wenn eines dieser Produkte unmöglich ist, so sind es offenbar alle folgenden noch vielmehr. Das letzte (das Produkt aller $n$ Ereignisse) ist nach Hypothese unmöglich und daher ist dieses letzte oder eines der vorhergehenden das erste unmögliche Produkt. Wir nehmen an, es sei $E_1 E_2 E_3 E_4$. Dies

[19] Notwendigerweise unvereinbar und ausschöpfend.

bedeutet, daß es möglich ist, daß die Ereignisse $E_1$, $E_2$ und $E_3$ eintreten, und daß wir, wenn wir dies erfahren, in der Lage sein werden auszuschließen, daß auch $E_4$ wahr sein könnte. Die Ereignisse sind daher (in diesem Falle) (d.h. wenn die Zahl der Konstituenten $s < 2^n$ ist) logisch abhängig.

Wenn $n$ Ereignisse logisch unabhängig sind, so sind es mit noch besserer Begründung ihre Unter-Mengen. Aber nicht umgekehrt! $n$ Ereignisse können auch logisch abhängig sein, wenn alle ihre Unter-Mengen logische Unabhängigkeit aufweisen. Einfaches Beispiel: es seien alle Konstituenten möglich, in denen die Gewinn-Zahl gerade sei. Dies bedeutet keinerlei Einschränkung für das Ergebnis $n-1$ beliebiger Ereignisse, jedoch ist für jedes Ereignis, nach Kenntnis des Ergebnisses der anderen, das Ergebnis bestimmt.

7.3. Will man die Abhängigkeit *eines bestimmten* Ereignisses $E$ von den anderen, $E_1, E_2, \ldots, E_n$, genauer betrachten, so muß man mehrere Fälle unterscheiden: es könnte nämlich sein, daß $E$ nach Bekanntwerden des Ergebnisses der $E_i$ (ganz gleich welcher Art dieses sei) ungewiß bleibt, und dann werden wir es *logisch unabhängig* nennen, oder daß es sich immer als bestimmt ergibt (wahr oder falsch), dann nennen wir es *logisch abhängig*; es kann sich aber auch ein dazwischen liegender Fall ergeben, d.h. daß es je nach dem Ergebnis der $E_i$ ungewiß bleibt oder nicht, dann nennen wir es *logisch halb abhängig*. Und dann können wir näher bestimmen: *geringfügig* oder *vorwiegend* oder *bilateral* halb-abhängig, je nachdem, ob zwei Resultate der $E_i$ vorliegen, durch die $E$ gewiß ist, oder *unmöglich*, oder von beiden Arten.

Um die verschiedenartigen Ereignisse (in Bezug auf die festgesetzten $E_i$) zu charakterisieren, genügt es, die durch die $E_i$ bestimmten Konstituenten (für die $C_1 + C_2 + \ldots + C_s = 1$ ist) zu betrachten und zu beobachten, daß man jedes Ereignis $E$ in $E = EC_1 + EC_2 + \ldots + EC_s$ zerlegen kann. Für jeden beliebigen Summanden, sei es $EC_h$, können sich drei Fälle ergeben: entweder $EC_h = C_h$ (wenn $C_h$ in $E$ enthalten ist), oder $EC_h = 0$ (wenn $C_h$ in $\tilde{E}$ enthalten ist), oder schließlich $0 \subset EC_h \subset C_h$ (wenn sowohl $EC_h$ wie $\tilde{E}C_h$ möglich sind). Die möglichen Ergebnisse der $E_i$ entsprechen der Verwirklichung irgendeiner beliebigen der Konstituenten $C_h$; je nachdem, ob $C$ zum $1^0$, $2^0$ oder $3^0$ Typus gehört, ergibt sich $E$ als *gewiß* oder *unmöglich* oder es bleibt *ungewiß*.

Die Folgerungen sind offensichtlich.

$E$ ist *logisch abhängig*, wenn keine Konstituenten des $3^0$ Typus vorhanden sind, d.h. wenn $E$ eine Summe von Konstituenten (Summe der Konstituenten des $1^0$ Typus) ist. Man kann auch sagen, daß $E$ dann und nur dann von dem $E_i$ logisch abhängig ist, wenn es in Funktion derselben mittels der logischen Operationen ausgedrückt werden kann; daß es in diesem Falle Abhängigkeit gibt, ist nach Definition wahr (der wahre oder falsche Wert eines solchen Ausdruckes wird in der Tat durch den der Variablen, die darin auftreten, determiniert) umgekehrt reduziert sich dieser Ausdruck auf eine *kanonische Form* als Summe von Konstituenten, und somit ist die Bedingung auch notwendig. In diesem Falle gibt es notwendigerweise Konstituenten beider Typen, des $1^0$ und des $2^0$ (sonst wäre $E$ von Anfang an, entgegen der Hypothese, sicher oder unmöglich gewesen).

$E$ ist *logisch unabhängig*, wenn alle Konstituenten dem $3^0$ Typus angehören, es ist *logisch halb-abhängig*, wenn Konstituenten des $3^0$ Typus vorhanden sind, aber nicht alle es sind, und in diesem Falle ist es *geringfügig* halb-abhängig, wenn die anderen alle zum $1^0$ Typus gehören, *vorwiegend*, wenn sie alle zum $2^0$ Typus gehören, *bilateral*, wenn von jedem Typus welche vorhanden sind.

Wenn wir die beiden Ereignisse

$$E' = \text{Summe aller Konstituenten des } 1^0 \text{ Typus und}$$
$$E'' = \text{Summe aller Konstituenten des } 1^0 \text{ und des } 3^0 \text{ Typus}$$

betrachten, ergibt sich offenbar in jedem Fall $E' \subseteq E \subseteq E''$, und $E'$ und $E''$ sind respektive das größte sicher in $E$ enthaltene Ereignis und das geringste, das dieses sicher enthält (d.h. die Ereignisse, die in optimaler Weise der schriftlich dargestellten Begrenzung entsprechen).

Wir können dann sagen: $E$ ist logisch abhängig, wenn $E' = E''$ (also $= E$) ist, logisch unabhängig, wenn $E' \equiv 0$ und $E'' \equiv 1$ ist, geringfügig, vorwiegend oder bilateral halbabhängig, wenn respektive

$$0 \subset E' \subset E'' \equiv 1, \quad 0 \equiv E' \subset E'' \subset 1, \quad 0 \subset E' \subset E'' \subset 1$$

ist.

7.4. Diese Begriffe der logischen Abhängigkeit und Unabhängigkeit haben allgemeine Tragweite: sie sind nicht nur auf den (bisher betrachteten) Fall der Ereignisse anzuwenden, sondern auch auf die Fälle von zufälligen Einteilungen, Zahlen oder Entitäten irgendwelcher Art. Wir werden das Problem unter Bezugnahme auf den Fall der Zufallszahlen (dem intuitiv am besten erfaßbaren) darstellen, wobei es genügen wird zu sagen, daß die Idee immer die gleiche ist.

Zufallszahlen (zur Einführung wollen wir hier drei annehmen, $X, Y, Z$) nennt man *logisch unabhängig*, wenn die Kenntnis einiger von ihnen in keinem Falle die Ungewißheit über die anderen verändern kann. Dies bedeutet, daß, wenn $X, Y, Z$, respektive $r$ mögliche Werte $x_i$, $s$ mögliche Werte $y_j$, und $t$ mögliche Werte $z_h$ haben, alle $rst$ Tripel, $(x_i, y_j, z_h)$ für $(X, Y, Z)$ mögliche Tripel sind, d.h. wenn die Menge $\mathfrak{Q}$ der möglichen Punkte $(x, y, z)$ das kartesische Produkt der Mengen $\mathfrak{Q}_x, \mathfrak{Q}_y, \mathfrak{Q}_z$ der für $X$, für $Y$, für $Z$ möglichen Werte ist. In dieser Form ist die Definition allgemein: sie gilt nicht nur für $n = 3$ sondern für jedes beliebige $n$, und auch, wenn die Zufallszahlen unendliche mögliche Werte haben (z.B. alle die eines Intervalls), oder wenn es sich um Zufalls-Entitäten anderer Art handelt, oder generisch, um Partitions[20]. Die Bedingung bedeutet, in anderen Worten, daß nichts (keine bekannte gegenseitige Abhängigkeit) erlaubt, die Menge $\mathfrak{Q}$ der möglichen Punkte weiter einzuschränken, als sich dies bereits aus der Tatsache ergibt, daß die einzelnen Zufallszahlen oder -Entitäten Werte in $\mathfrak{Q}_1, \mathfrak{Q}_2, \ldots, \mathfrak{Q}_n$ annehmen müssen.

7.5. Die *logische Abhängigkeit* einer (Zufalls-)Zahl von anderen, sagen wir, die von $Z$ in Bezug auf $X$ und $Y$, hat genau die Signifikanz, die sie in der Analyse hat: $Z$ ist Funktion (d.h. *eindeutige* Funktion) von $X$ und $Y$, $Z = f(X, Y)$, da die Funktion $z = f(x, y)$ für alle Punkte $(x, y)$, die für $(X, Y)$ möglich sind, definiert ist. Die logische Unabhängigkeit bedeutet, daß die Menge der für $Z$, bedingt durch die Kenntnis der Werte von $X$ und $Y$, möglichen Werte (irgendein Paar $(x, y)$ von für $(X, Y)$ möglichen Werten) immer die Menge $\mathfrak{Q}_z$ aller (bedingungslos) für $Z$ möglichen Werte ist. Die dazwischenliegenden Fälle, die es nicht der Mühe wert ist, mit weiteren Unterscheidungen aufzuzählen, ergeben immer *logische Halbabhängigkeit*.

7.6. Hier ist eine kritische Bemerkung angebracht (sei es, als Vertiefung des gegenwärtigen Problems, sei es als Beispiel zahlreicher Fälle, in denen man prüfen sollte, ob die Logik „cum grano salis" zu nehmen ist. Siehe Anhang).

---

[20] Eine Partition kann auf eine Zufallszahl zurückgeführt werden, wenn man z.B. den Index $i$ von $E_i$ als solche annimmt: $X = i$, wenn $E_i$ wahr ist (sofern es nur höchstens die Potenz des Kontinuums habe, oder des abzählbar Unendlichen, wenn man $i$ ganz annehmen will).

Es genüge ein Beispiel: Wir nehmen an, $X$ und $Y$ hätten als mögliche Werte alle Zahlen zwischen 0 und 1, mit der Bedingung, daß $X + Y$ irrational sein müßte. $\mathfrak{Q}$ ist das Einheitsquadrat mit unzähligen gradlinigen „Strichlein" (parallel zur Diagonale und genau nach den Geraden $x + y =$ rational). In der *genauen* Partition besteht, an *Punkten*, keine logische Unabhängigkeit; sie wäre jedoch in jeder Einteilung in (senkrechten oder waagrechten) beliebig feinen Streifen vorhanden.

Soll man nun sagen, daß logische Unabhängigkeit vorhanden ist oder nicht, wenn sie an derartigen Feinheiten scheitern soll? Offenbar gibt es keine kategorische Antwort; es scheint jedoch klar, daß man derartigen Feinheiten je nach der Art der Probleme und Absichten Rechnung tragen müßte oder auch nicht (wobei man natürlich entsprechende Hinweise geben muß).

7.7. Schließlich eine (da sie in der Definition der „Möglichkeit" selbst liegt) streng genommen überflüssige Bemerkung, die wir aber dennoch machen und unterstreichen wollen. Alle bisher vorgefundenen oder eingeführten Begriffe (von der Unvereinbarkeit bis zur logischen Abhängigkeit oder Unabhängigkeit) sind in Bezug auf einen bestimmten „Informationsgrad" relativ; sie gelten für Dich (für mich, für einen Dritten) in diesem bestimmten Moment, je nach der Kenntnis oder Unkenntnis, die unsere Ungewißheit bestimmt, d.h. die Ausdehnung des Bereiches des *Möglichen*, der (für Dich, für mich, für einen Dritten gegebenen ...) Menge $\mathfrak{Q}$.

Es handelt sich um relative, persönliche und doch insofern objektive Begriffe (als sie von dem abhängen, was jemand weiß oder nicht weiß und nicht von seinen Ansichten über das, was er nicht weiß und das daher für ihn ungewiß ist).

Um Mißverständnisse zu vermeiden, dürfen wir nie vergessen, daß wir von Ungewißheit im einfachen Sinne von Unkenntnis sprechen. Im besonderen wird es sich natürlich um Tatsachen handeln können, die man traditionell dem „Zufall" zuschreibt, wovon im Wort „aleatorio" (zufällig, d. Übersetzer) eine Spur verbleibt — von *alea*, das im Lateinischen *Würfel* bedeutet („alea iacta est" — „der Würfel ist gefallen") — sowie in anderen Redewendungen, die wir verwenden werden. Im allgemeinen wird es sich jedoch um irgendwelche künftige Tatsachen handeln, oder auch um vergangene, die nicht bekannt sind, oder von denen Du nichts erfahren hast, oder auch, an die Du Dich nicht genau erinnern kannst, und sogar um tautologische Tatsachen. Die verschiedenen Fälle sind nach einem wichtigen Aspekt zu unterscheiden, nämlich nach den Möglichkeiten, sich irgendwie weitere Informationen zu beschaffen. Diese Tatsache wird natürlich für das Verhalten bei Entscheidungen, die man eventuell von neuen Informationen abhängig machen wird, von Bedeutung sein. Aber abgesehen davon und grundsätzlich ist es zweckmäßig, jede Unterscheidung dieser Art als unwesentlich zu betrachten. Das einzige bestimmende und wesentliche Element, das den Gegenstand unserer Studie charakterisiert, wird die unvollkommene Information sein, die sich aus irgendwelchen Ursachen ergibt, sowie die Situationen der Ungewißheit, in welche Du dadurch geraten kannst.

Bezüglich des Vorurteils, daß Ungewißheit und Wahrscheinlichkeit sich nur auf zukünftige Tatsachen beziehen können, weil diese (in irgendeinem metaphysischen Sinn, der anstatt der Unkenntnis des Subjekts den Tatsachen selbst zugeschrieben wird) „unbestimmt" sind, sollte man sich an die folgende Bemerkung von E. Borel erinnern: „Man kann Kopf oder Adler wetten, während die bereits aufgeworfene Geldmünze in der Luft und ihre Bewegung bereits vollkommen bestimmt ist; und man kann auch noch wetten, nachdem sie gefallen ist, unter der Bedingung, daß man nicht sieht, auf welcher Seite sie liegt".

7.8. Zur Beachtung: Es ist vielleicht gut zu sagen (oder den, der es schon weiß, daran zu erinnern), daß man in der Wahrscheinlichkeitstheorie mit „Unabhängigkeit" (ohne nähere Erklärung) eine andere Bedingung bezeichnet: die *stochastische Unabhängigkeit*, die wir in Kap. IV einführen werden, und die die Wahrscheinlichkeit betrifft.

Man soll darauf achten, sie nicht mit der *logischen* Unabhängigkeit zu verwechseln (von der wir jetzt gesprochen haben) und auch nicht mit der *linearen* Unabhängigkeit (von der wir in Nr. 8 sprechen). Diese beiden Begriffe haben jeweils einen objektiven Sinn (d.h. einen, der von der Wahrscheinlichkeitsbewertung unabhängig ist).

## 8. *Lineare Darstellungen.*

8.1. *Prämisse.* Als wir von der Menge $\mathfrak{Q}$ der im Falle von zwei Zufallszahlen $X$ und $Y$ möglichen „Punkte" sprachen, hatten wir stillschweigend die Zahlenpaare $(x, y)$ als kartesische Koordinaten in einer Ebene (die spontan als Raum $\mathfrak{S}$ der Alternativen zu betrachten war) ausgelegt. Analog für drei oder mehr Punkte, mit Übergang zum gewöhnlichen Raum oder zu Räumen mit einer beliebigen Anzahl von Dimensionen (immer in kartesischen Koordinaten).

Es war nur eine Frage der Gewohnheit und daher der Bequemlichkeit. Wir hätten an irgendwelche Koordinaten denken können, an eine gewölbte Oberfläche anstatt einer ebenen, oder, um mehr und besseres zu sagen, es genügte zu denken, daß es sich um einen Raum im rein abstrakten Sinne handelte, für den derartige Unterscheidungen geometrischer Natur nicht einmal Sinn hätten. Es genügte (um sich auf das einfachste Beispiel zu beziehen), daß unterschiedlichen Paaren $(x, y)$ unterschiedliche „Punkte“ entsprechen sollten.

Aus weiteren Beweggründen, denen wir nun Rechnung tragen wollen (weil sie, wie wir in Kap. III sehen werden, für die Wahrscheinlichkeitstheorie wesentlich sind), wird es dagegen notwendig, sich $\mathfrak{S}$ als *(affinen) linearen Raum* vorzustellen; wir werden ihn sogar *linearen Bereich* nennen und mit $\mathfrak{A}$ bezeichnen, weil es manchmal zweckmäßig sein wird, als Raum $\mathfrak{S}$ nicht das gesamte $\mathfrak{A}$, sondern eine weniger ausgedehnte Vielfalt, die $\mathfrak{Q}$ enthält, zu betrachten. Z. B., wenn $\mathfrak{A}$ der gewöhnliche Raum ist, und $X, Y, Z$ durch die Gleichung $X^2 + Y^2 + Z^2 = R^2$ gebunden sind, kann es zweckmäßig sein, sich $\mathfrak{S}$ als Oberfläche einer Kugel zu denken auf der sich die möglichen Punkte $\mathfrak{Q}$ befinden (alle Punkte der Oberfläche, oder ein Teil, oder wenige, je nach anderen Beschränkungen, Umständen und Kenntnissen).

Eine Darstellung, die in Bezug auf gewisse Zufallszahlen *linear* wäre (z. B. die anfänglich betrachteten), wäre es auch in Bezug auf weitere, die deren lineare Kombinationen wären (aber nicht für die anderen); sollte dies auch für andere gelten, so muß der lineare Bereich $\mathfrak{A}$ mit neuen Dimensionen (wie wir noch sehen werden) erweitert werden.

Die in einem Bereich $\mathfrak{A}$ linear dargestellten Zufallszahlen bilden ein lineares System, das wir mit $\mathfrak{L}$ bezeichnen, und das zu $\mathfrak{A}$ dual ist. Man kann fragen, ob es nicht zweckmäßig wäre, sich die beiden Systeme $\mathfrak{A}$ und $\mathfrak{L}$ übereinander vorzustellen. Theoretisch nicht; in der Tat haben nur die affinen Begriffe Sinn, und eine verstohlen mittels einer derartigen Überdeckung eingeführte Metrik wäre von der willkürlichen Wahl des Koordinatensystems abhängig, mit dem ihr Dual zu überdecken wäre. Und im allgemeinen ist dies daher aus diesem Grunde nicht einmal in der Praxis zweckmäßig. Die einzige Ausnahme bildet vielleicht der Fall, den wir als ersten betrachten: der, in dem man von den *Ereignissen* ausgeht (und es ist „natürlich“, die Vektoren, die sie darstellen, als Einheits- und orthogonale Vektoren zu betrachten). Jedenfalls, wenn auch diese Freiheit in einem besonderen Fall mehr oder weniger nützlich sein mag, sollte man nie vergessen, daß nur die affinen Eigenschaften Sinn haben.

Auch auf diese Eigenschaften stützen sich Begriffe und Methoden, die in der Wahrscheinlichkeitstheorie grundlegend sind. Es handelt sich sogar um sehr elementare Dinge, die laufend angewandt werden, ohne diese Darstellung und Terminologie vorauszusetzen, die für diese Zwecke äußerst theoretisch und übertrieben erscheinen könnte. Für denjenigen jedoch, der nicht die nicht allzugroße Anstrengung scheut, sich die Frage nach diesem Schema vorzustellen, werden in der Folge Dinge selbstverständlich und zusammenhängend erscheinen, die sonst unzusammenhängend und verworren wirken könnten. Es steht jedenfalls fest, daß die prominente — und man könnte sagen exklusive — Rolle des Linearen für die Wahrscheinlichkeit immer zu sehr im Schatten gestanden ist (vielleicht wegen des Vorranges, den man den Boole'schen Operationen eingeräumt hat und weil die arithmetischen Operationen mit Ereignissen nicht unmittelbar sind, wenn sie nicht mit ihren „Indikatoren" identifiziert werden). Die gegenwärtige Abhandlung soll den Rahmen für eine Rechtfertigung und Klärung dieser Bemerkungen liefern.

8.2. Beginnen wir also damit, daß wir Ereignisse, $E_1, E_2, \ldots, E_n$, betrachten (und häufig werden wir, um an den gewöhnlichen Raum zu denken, drei betrachten, ohne wesentlich an Allgemeingültigkeit zu verlieren).

Der lineare Bereich $\mathfrak{A}$ ist der affine vektorielle $n$-dimensionale Raum mit dem Koordinatensystem $x_1, x_2, \ldots, x_n$, auf welchen die Werte der Zufallszahlen $X_1, X_2, \ldots, X_n$, betrachtet werden sollen; in diesem Falle sind es die Ereignisse $E_1, E_2, \ldots, E_n$, die nur die Werte 0 und 1 haben können, und daher kann die Menge der „möglichen" Punkte höchstens von $2^n$ Punkten (8, wenn $n = 3$) der Koordinaten 0 oder 1 und sonst einem Teil derselben gebildet werden. Man erkennt sofort, daß (wie dies sein mußte) sie den $s(s \leqq 2^n)$ Konstituenten entsprechen.

In Anbetracht der bevorzugten Rolle dieser Punkte ist es günstig, sich das Prisma, dessen Scheitel sie bilden, als Kubus (oder Hyperkubus) vorzustellen und wir denken uns daher das System der kartesischen Koordinaten $x_i$ orthogonal und monometrisch (mit dem Vorbehalt, diese Metrik nicht „zu ernst" zu nehmen).

Das lineare System $\mathfrak{L}$ der linearen Kombinationen von $E_1, E_2, \ldots, E_n$ wird durch die Zufallszahlen $X = u_1 E_1 + u_2 E_2 + \ldots + u_n E_n$[21] gebildet, die als *Gewinn* desjenigen auszulegen sind, der einen Betrag $u_1$ erhalten würde, wenn $E_1$ wahr ist, plus $u_2$, wenn $E_2$ wahr ist usw. (natürlich

[21] Um dieses Beispiel zu vereinfachen, lassen wir die Konstante weg ($u_0$, siehe 8.3).

können die „Gewinne" sowohl positiv als auch negativ sein). Die $X$ können maximal soviel (unterschiedliche) mögliche Werte haben, als Konstituenten ($s$) vorhanden sind, und das, wenn die entsprechenden „möglichen Punkte" auf unterschiedlichen Hyperebenen $\sum_i u_i x_i =$ const. liegen.

Ein wichtiges Beispiel ist $Y$ = *Zahl der Erfolge*; um es zu erhalten genügt es, alle $u_i = 1$ (Gewinn für jedes wahre Ereignis) zu nehmen, sodaß man (wie bereits direkt) $Y = E_1 + E_2 + \ldots + E_n$ erhält. In diesem Fall ist es offenbar nicht wahr, daß sich die möglichen Punkte auf unterschiedlichen Hyperebenen befinden; wenn alle $2^n$ Eckpunkte des Hypercubus möglich sind, verteilen sie sich tatsächlich auf die $n+1$ Hyperebenen $Y = 0, 1, 2, \ldots, n$, entsprechend den Binomialkoeffizienten $(1, n, \frac{1}{2}n(n-1), \ldots, n, 1)$, da $\binom{n}{h}$ die Arten sind, in denen es $h$ Erfolge auf $n$ Ereignisse geben kann.

Für $n = 3$ werden wir (wie üblich) mit $x, y, z$ die kartesischen Koordinaten (des Bereiches $\mathfrak{A}$) bezeichnen, und mit $u, v, w$ die Plückerschen (des dualen Systems $\mathfrak{L}$). Es ist $X = uE_1 + vE_2 + wE_3$ und $ux + vy + wz$ ist der Wert, welchen $X$ annehmen würde, wenn $E_1$ den Wert $x$ annehmen würde, $E_2$ den Wert $y$, $E_3$ den Wert $z$. In Anbetracht der Bedeutung der $E_i$ können diese Werte nur Null oder eins sein, und der Wert (z.B. Gewinn) der Zufallszahl $X$ kann nur einer von denen sein, die den 8 Eckpunkten des Kubus entsprechen (oder einem Teil derselben, wenn sie nicht alle möglich sind).

Hier sind die Koordinaten dieser Eckpunkte $Q$ und die entsprechenden Werte von $X$:

| $Q =$ | $(0,0,0),$ | $(0,0,1),$ | $(0,1,0),$ | $(0,1,1),$ | $(1,0,0),$ | $(1,0,1),$ | $(1,1,0),$ | $(1,1,1).$ |
|---|---|---|---|---|---|---|---|---|
| $X =$ | $0$ | $w$ | $v$ | $v+w$ | $u$ | $u+w$ | $u+v$ | $u+v+w$ |

Im besonderen sieht man, daß, wenn $u = v = w = 1$ ist (selbstverständlich) die Zahl der Erfolge in einem Fall Null, in drei Fällen 1, in drei Fällen 2, in einem Fall 3 ist und (abgesehen von der kombinatorischen Bedeutung $(1+1)^3 = 1 + 3 + 3 + 1 = 8$) zeigt dies an, daß von den Eckpunkten des Kubus, wenn man sie auf eine Diagonale projeziert, zwei auf die Enden fallen und von den anderen sechs drei auf $^1/_3$ und drei auf $^2/_3$ dieser Diagonale.

8.3. Die Summe $\sum_i u_i x_i$ (im besonderen, $ux + vy + wz$), lineare Funktion, sei es von $X$ (d.h. seiner Komponenten $u_i$), sei es von $Q$ (d.h. seiner Koordinaten $x_i$), wird mit $X(Q)$ bezeichnet werden, wenn man sie sich als „Wert eines gegebenen $X$ bei Variieren von $Q$" denkt, oder mit $Q(X)$, wenn man sie sich als „Wert, der durch das Ergebnis $Q$ den verschiedenen $X$ zugeschrieben wird", denkt. Dieselbe Operation wird sich jedoch auch unabhängig von der Tatsache, daß $Q$ ein möglicher Punkt ($Q \in \mathfrak{Q}$) ist, als nützlich erweisen, nämlich auch wenn man an die Stelle von $Q$ irgendeinen Punkt $A$ von $\mathfrak{A}$, setzt, und wieder $X(Y)$ oder $Y(X)$ schreibt:

$$A(X) = X(A) = \sum_i u_i x_i,$$

wobei die $u_i$ die Koordinaten der $X$ sind, die als Punkte von $\mathfrak{L}$ betrachtet werden, oder besser, die Komponenten der $X$, die als Vektoren von $\mathfrak{L}$ betrachtet werden, und analog sind die $x_i$ Koordinaten (oder Komponenten) der $A$, die als Punkte (oder Vektoren) von $\mathfrak{A}$ betrachtet werden[22]. Der Ausdruck $A(X)$ oder $X(A)$ erscheint dann als *Produkt* der Vektoren $A$ und $X$ zweier dualer Räume $\mathfrak{A}$ und $\mathfrak{L}$[23].

Was nun (in 8.3) gesagt wurde, ist unabhängig von der Hypothese, eher von Ereignissen, $X_i = E_i$, als von irgendwelchen Zufallszahlen auszugehen (wie dies in 8.2. geschehen ist, um die Begriffe erst festzulegen). Es bleibt nur hinzuzufügen, daß wir, da es zweckmäßig ist, nicht nur wie bisher die homogenen linearen Kombinationen $X = \sum_i u_i X_i$, zu betrachten, sondern auch die vollständigen (mit zusätzlich einer Konstante, die wir $u_0$ nennen wollen), immer annehmen werden, daß zu den $X_i$ ein $X_0$ hinzugefügt wird, das die (fiktiv) zufällige Zahl $X$ darstellt, die *sicher Eins* ist, $X_0 \equiv 1$. Dann hat der Summand $u_0 X_0$ eben den Wert $u_0$, ohne daß die Formel geändert wird. Es wird nur berücksichtigt, daß eine fiktive Variable $x_0$ zusätzlich vorhanden ist und daß für alle möglichen Punkte (und gewöhnlich auch für jedes in Betracht kommende $A$) immer $x_0 = 1$ sein wird.

8.4. *Lineare Abhängigkeit und Unabhängigkeit.* Wir haben die (homogenen oder vollständigen) Linearkombinationen von $n$ Zufalls-

---

[22] Da der Punkt $O$ (Ursprung) sowohl in $\mathfrak{L}$ wie in $\mathfrak{A}$ eine Signifikanz hat, besteht keinerlei Gefahr eines Mißverständnisses, wenn man Punkte und Vektoren identifiziert.

[23] Wenn man sich die beiden Räume übereinander vorstellen würde (wie bereits gesagt, im allgemeinen nicht ratsam), würde es sich um das Skalarprodukt handeln. Jedenfalls könnte man $AX$ und $XA$ anstatt $A(X)$ und $X(A)$ schreiben, wenn man an das Produkt und nicht an die Angabe einer „Funktion" denken würde; die wichtigste Anwendung ist jedoch die für $A = P$ (Wahrscheinlichkeit, Erwartung), und in diesem Fall scheint das Weglassen der Klammern (obwohl einige Autoren dies tun) der Struktur der Formel und daher ihrem Sinn weniger Nachdruck zu geben.

zahlen $X_i (i = 1, 2, \ldots, n)$, $X = \sum_i u_i X_i (i = 0, 1, 2, \ldots, n)$ betrachtet. $X$ wird als von den $X_i$ linear abhängig bezeichnet; es kann aber sein, daß bereits die gegebenen $X_i$ sich als linear abhängig herausstellen, d.h., daß sich unter ihren Linearkombinationen eine befindet, die identisch Null ist (oder konstant: dank des Einschlusses der $X_0$ sind die beiden Formulierungen äquivalent), falls mindestens eines der $X_i$ Linearkombination der anderen ist und eliminiert werden kann (weil sie bereits als Linearkombination der anderen auftritt). Geometrisch bedeutet dies, daß die Menge der möglichen Punkte $\mathfrak{Q}$ einem linearen Unterraum $\mathfrak{A}'$ von $\mathfrak{A}$ angehört, und dann genügt es, sich auf $\mathfrak{A}'$ zu beschränken (die Ampliation von $\mathfrak{A}'$ auf $\mathfrak{A}$ ist illusorisch: es werden nur sicher unmögliche Punkte hinzugefügt).

Beachten wir, daß der Fall der linearen Unabhängigkeit ein besonderer Fall der logischen Abhängigkeit ist (die lineare Abhängigkeit ist eine restriktivere Bedingung); es versteht sich von selbst, daß umgekehrt, die logische Unabhängigkeit restriktiver ist, als die lineare Unabhängigkeit.

Kehren wir einen Augenblick zum Fall der Ereignisse zurück, weil auch dort die Unterscheidung zwischen linearer Abhängigkeit und logischer Abhängigkeit (für die Wahrscheinlichkeitstheorie) grundlegende Bedeutung hat. Die Negation von $E$ hängt linear von $E$ ab: tatsächlich ist $\tilde{E} = 1 - E$. Dagegen hängen *das logische Produkt* und *die logische Summe*, $E = AB$ und $E = A \vee B$, nicht linear von $A$ und $B$ ab (außer, für die logische Summe, bei Hypothese der Unvereinbarkeit von $A$ und $B$, weil dann $A \vee B = A + B$ ist). Die logische Summe hängt jedoch linear von den beiden Ereignissen und von deren Produkt ab: $A \vee B = A + B - AB$ (und so hängt die logische Summe von drei oder mehr Ereignissen linear von den Ereignissen selbst und von deren Produkten zu zweien, zu dreien ... bis zu dem aller ab:, Siehe 5.2). Aber, abgesehen von diesen Fällen allgemeiner Art, kann es vorkommen, daß ein Ereignis „durch Zufall.. (sagen wir es so) Linearkombination anderer ist: hier kann man ein Beispiel in Kap. III (im Zusammenhang mit einem Wahrscheinlichkeitsproblem) sehen, wo ein Ereignis $E$ linear als Funktion von anderen sechs durch die folgende Formel ausgedrückt wird:

$$E = \tfrac{1}{7}(3 - 2E_1 + E_2 - E_3 + 3E_4 + 5E_5 - 5E_6)$$

Wie sollte man sicher feststellen können, ob eine solche lineare Abhängigkeit besteht oder nicht? Es würde genügen, alle Ereignisse als

Summen von Konstituenten auszudrücken, und zu sehen, ob die Matrix (lauter Null und Eins) Null ist oder nicht.

8.5. Dies bezieht sich auf das System $\mathfrak{L}$, aber die lineare Abhängigkeit ist auch im Bereich $\mathfrak{A}$ signifikant und wichtig. Dies ist insofern von Interesse, als man dort den Schwerpunkt $P$ von zwei Punkten $Q_1$ und $Q_2$ mit der „Masse" $q_1$ und $q_2 (q_1 + q_2 = 1)$ betrachtet. Durch die bekannten Eigenschaften der Mechanik (übrigens unmittelbare Folgesätze der Linearität) nimmt jede lineare Funktion $X$ in $P$ den Wert $X(P) = q_1 X(Q_1) + q_2 X(Q_2)$ an. Und dasselbe gilt für die Schwerpunkte von drei, vier oder (wenn man den gewöhnlichen Raum verläßt) einer beliebigen Anzahl von Punkten. Die Eigenschaft gilt auch, wenn negative Massen vorhanden sind, im allgemeinen interessiert jedoch der Fall nichtnegativer Massen (in der Tat wird es sich gewöhnlich um Wahrscheinlichkeiten handeln).

Der Schwerpunkt kann dann irgendein Punkt sein[24], der der *konvexen Hülle* der betrachteten Punkte $Q_h$ angehört und es wird für die Wahrscheinlichkeitsrechnung von grundlegender Bedeutung sein, die durch die „möglichen Punkte" bestimmte konvexe Hülle zu betrachten, nämlich durch die $Q \in \mathfrak{Q}$, d.h. die konvexe Hülle von $\mathfrak{Q}$. Dual (und auch diese wohlbekannte und intuitiv erfaßbare Eigenschaft wird in den folgenden Anwendungen von Bedeutung sein) ist die konvexe Hülle von $\mathfrak{Q}$ auch der Durchschnitt aller Halbräume, die $\mathfrak{Q}$ enthalten. Mit anderen Worten: wenn ein Punkt $P$ der konvexen Hülle $K(I)$ einer Menge $I$ angehört, befindet er sich in Bezug auf jede Hyperebene, die die Menge $I$ nicht schneidet, auf derselben Seite (d.h. er läßt alles auf einer Seite), während, wenn er ihr nicht angehört, eine Hyperebene vorhanden ist, die ihn von $I$ trennt (schneidet $I$ nicht und läßt ihn in Bezug auf den Punkt ganz auf der anderen Seite). In analytischer Form: jede lineare Funktion, die auf $I$ nicht negativ ist, ist es auch auf dem gesamten $K(I)$ nicht (und umgekehrt: diese Eigenschaft gilt für keinen der Punkte, die nicht zu $K(I)$ gehören).

---

[24] Damit dies immer wahr sei, muß man (wenn die Punkte $Q_h$ unendlich viele sind) auch „Grenzfälle" von Schwerpunkten annehmen (die übrigens auch einer effektiven Forderung der Wahrscheinlichkeitsrechnung entsprechen, zumindest nach unserer Version, die nicht die „vollständige Additivität" vertritt). Jedenfalls bedeutet dies, abgesehen von Fragen der Interpretation, einfach, daß wir unter konvexer Hülle die Menge der Schwerpunkte, ergänzt durch eventuelle adhärente Punkte, verstehen.

8.6. Zum Fall des Kubus (in 8.2) zurückkehrend haben wir bereits ein bezeichnendes, wenn auch etwas zu einfaches Beispiel für das Variieren der konvexen Hülle, wenn man alle 8 Eckpunkte oder einen Teil derselben betrachtet (siehe Kap. III, wo auch die Bedeutung für die Wahrscheinlichkeit in Erscheinung treten wird).

Im Zusammenhang mit diesem Fall können wir nun auch eine hier banale Bemerkung vorbringen, die jedoch geeignet ist, intuitiv zu erklären, was wir gleich später (8.7) in Fällen tun werden, wo sie weniger selbstverständlich und vielleicht sonderbar erscheinen kann.

Im Raum $\mathfrak{A}$ hatten wir mit den Eckpunkten des Kubus 8 Konstituenten darstellen können (wir nehmen an, daß es tatsächlich alle 8 sind; es hat keinen Zweck, sich bei anderen Fällen aufzuhalten). Im dualen Raum hatten wir jedoch nur die linear von den $E_1, E_2, E_3$ abhängigen Zufallszahlen darstellen können; die 8 Konstituenten (sofern Zufallszahlen) nicht, und daher auch nicht die von ihnen ausgehend definierten Zufallszahlen, außer sie hätten sich als von den drei grundlegenden Ereignissen $E_i$ linear abhängig ergeben. Kann also diese Methode eine Diskriminierung zwischen Ereignissen, die als Vektoren in $L$ fungieren dürfen oder nicht, bedeuten? oder kann Abhilfe geschaffen werden?

Nein: die Methode schafft keinerlei Diskriminierung. Tatsache ist, daß sie erlaubt, je nach Bedarf mehr oder weniger Dimensionen zu betrachten. Die Darstellung mit dem Kubus genügt, um die 8 Konstituenten (als Punkte in $\mathfrak{A}$) abzutrennen und um die von den drei $E_h$ linear abhängigen Zufallszahlen zu betrachten. Wir hätten uns gegebenenfalls auch auf eine einzige Dimension beschränken und nur die einzige Zufallszahl $X = 4E_1 + 2E_2 + E_3$ betrachten können (ausreichend, um die 8 Konstituenten durch die Tatsache zu charakterisieren, daß $X$ die Werte $0, 1, 2, 3, 4, 5, 6, 7$ annimmt; zufällig sind sie durch das Lesen des Koordinatentripels als Binärzahl gegeben, z. B. $(1, 0, 1) = 101(\text{bin.}) = 4 + 0 + 1 = 5$). Wäre es für uns von Interesse, uns nur mit diesem $X$ zu befassen (außer linearen Transformationen, in $aX + b$) und die „Konstituenten" zu unterscheiden, so würde dies genügen (und analog könnten wir zu zwei Dimensionen übergehen, wenn für uns außer diesem $X$ z. B. die Anzahl der Erfolge, $Y = E_1 + E_2 + E_3$ von Interesse wäre, und nichts anderes). Wenn man jedoch daran interessiert wäre, in $\mathfrak{L}$, d. h. wegen der Betrachtungen die von ihrer Linienführung abhängen, eine der Konstituenten zu studieren, oder eine Linearkombination von Konstituenten, die nicht auf eine Linearkombination der $E_h$ zurückgeführt werden kann, muß man eine vierte Dimension einführen, und dann, wenn notwendig, weitere ... bis zu sieben. Im allgemeinen braucht man, wenn es $s$ Konstituenten gibt, $s-1$ Dimensionen ($s$ einschließlich der fiktiven, für die Konstante $X_0 \equiv 1$), *damit alles, was in* $\mathfrak{A}$ *geometrisch darstellbar ist, auch in* $\mathfrak{L}$ *linear interpretierbar ist.*

Wenn wir in der Tat in unserem Fall (dem des Ex-Kubus) einen 8-dimensionalen Raum, mit den Koordinaten $x_h$, die den Wert der Konstituente $C_h$ ergeben, betrachten, so sind die möglichen Punkte $Q_h$ die Punkte der Abszisse 1 auf einer der 8 Achsen (weil eine und nur eine der 8 Konstituenten verifiziert werden muß). Sie sind im Raum zu 7 Dimensionen $x_1 + x_2 + \ldots + x_8 = 1$ linear unabhängig; eines der $x_h$ ist überschüssig, es ist aber dasselbe, ob man es eliminiert und eine fiktive Koordinate $x_0 \equiv 1$ hinzufügt, oder es beläßt. Für $\mathfrak{L}$ werden wir daher alle $X$ entweder als Linearkombinationen $\sum u_h C_h$ für $h$ von 1 bis 8 erhalten, oder für $h$ von 0 bis 7 (indem wir $C_8$ ausschließen, aber das fiktive $C_0 \equiv X_0 \equiv 1$ hinzufügen).

Konklusion: Alles kann linear dargestellt werden, wenn man nur genug Dimensionen nimmt: man kann (und dies ist eine Vereinfachung) die Zahl der Dimensionen mittels Projektion auf einen Unterraum reduzieren, wobei man jedoch darauf verzichtet, Dinge zu unterscheiden, die sich in der Projektion überdecken. So kann man z. B. unterschiedliche mögliche Fälle für nur einen halten, oder auch, wenn man aufmerksam gemacht wurde, daß dies zu vermeiden ist, die Schwerpunkte verwechseln, die sich aus verschiedenen Massenverteilungen ergeben (beim Würfel kann z. B. jeder innere Punkt als Schwerpunkt von $\infty^{7-3} = \infty^4$ verschiedenen Massenverteilungen auf den acht Eckpunkten erhalten werden).

8.7. Derselbe Umstand tritt im allgemeinen Fall irgendwelcher Zufallszahlen auf und ist hier von noch größerem Interesse. Wenn wir den linearen Bereich $\mathfrak{A}$, der sich auf $n$ Zufallszahlen $X_i (i = 1, 2, \ldots, n)$ bezieht, betrachten – und wir nehmen der Einfachheit halber an, daß alle reellen Werte für die $X_i$ möglich und vereinbar sind, d. h. daß alle Punkte von $\mathfrak{A}$ möglich sind ($\mathfrak{A} = \mathfrak{Q}$) — so wird jede Zufallszahl $Z = f(X_1, X_2, \ldots, X_n)$ in $\mathfrak{A}$ geometrisch ermittelt sein (jedem Punkt in $\mathfrak{A}$ entspricht in bekannter Form ein Wert von $Z$), in $\mathfrak{L}$ ist sie jedoch nicht vektoriell dargestellt, außer es ist eine lineare Funktion der $X_h$. Wenn aber diese vektorielle Darstellung für $Z$ notwendig ist, genügt es, dafür eine neue Dimension hinzuzufügen, d.h. eine weitere $z$-Achse, oder, wenn man dies vorzieht, $x_{n+1}$, auf der $Z$ darzustellen ist.

Als intuitives Bild: in der Ebene $(x, y)$ ist jede Funktion $z = f(x, y)$ bereits geometrisch dargestellt (visuell mittels der Niveaulinien). Um $z$ hier *linear* darstellen zu können, muß eine neue $z$-Achse eingeführt werden und jede Niveaulinie ist auf die entsprechende Quote zu transportieren, so daß man die Oberfläche $z = f(x, y)$ erhält.

Als praktisches Beispiel (sogar eines, das in der Praxis ständig angewandt wird) soll ein noch einfacherer Fall genügen: Wir haben eine einzige Zufallszahl $X$; wir nehmen als Bereich $\mathfrak{A}$ die $x$-Achse und deren Punkte stellen alle Möglichkeiten (Werte $x$) dar, die, zusammen mit $x$, jede Funktion von $x$, $f(x)$, determinieren. Wenn uns aber die lineare Darstellung eines gewissen $f(x)$ interessiert, müssen wir eine zusätzliche $y$-Achse einführen, und dort $y = f(x)$ darstellen. Der lineare Bereich $\mathfrak{A}$ wird die Ebene $(x, y)$ sein, als Raum $\mathfrak{S}$ können wir jedoch signifikanter die Linie $y = f(x)$ betrachten — hier ist ein Beispiel für die Bemerkung in 8.1. über Nicht-Identifizierung von $\mathfrak{A}$ und $\mathfrak{S}$ — während $\mathfrak{Q}$ eine Punktmenge auf dieser Linie sein kann (wenn nicht alle Werte für $X$ möglich sind). Es wird sozusagen die Menge $\mathfrak{Q}$ sein, die früher auf der $x$-Achse gedacht war, die jetzt auf die Kurve $y = f(x)$ projeziert ist. Das entsprechende Kriterium kann wie folgt erklärt werden: wir begrenzen $\mathfrak{S}$, indem wir den „wesentlichen" Umständen Rechnung tragen (als solche werten wir die Tatsache, daß wir $X$ zusammen mit einem gegebenen $Y = f(X)$ studieren wollen, welches auch immer die Zufallszahl $X$ sei), aber nicht den „Nebenumständen" (und als solche werten wir Besonderheiten oder Kenntnisse, welche uns in gewissen Fällen oder Momenten für $X$ die Möglichkeit ausschließen lassen, gewisse Werte anzunehmen).

Der praktisch wichtigste Fall (auf den wir uns bezogen) ist der einfachst mögliche: der von $X$ und $Y = f(X) = X^2$; die Kurve ist die Parabel $y = x^2$, und das Linearsystem $\mathfrak{L}$ ist das aller Polynome zweiten Grades in $X$: $aX^2 + bX + c$. Wenn man sich für die Schwerpunkte möglicher Punkte $Q_h$ mit gegebenen Massen $q_h$ interessiert, so wird man, wenn man die Punkte auf der Parabel nimmt, einen Punkt $\bar{x}, \bar{y}$ erhalten, der für beide Koordinaten signifikant ist, während, wenn man sie auf der $x$-Achse beläßt, der Schwerpunkt dasselbe $\bar{x}$ ergeben, aber keinerlei Information über $\bar{y}$ liefern wird.

Es ist klar, daß man, wenn man auch an der Betrachtung von $Z = X^3$ (d.h. der Extension von $\mathfrak{L}$ auf die Polynome dritten Grades) interessiert wäre, als Bereich $\mathfrak{A}$ den Raum $(x, y, z)$ nehmen müßte, als Raum $\mathfrak{S}$ die Kurve $y = x^2$, $z = x^3$, worauf man die vorige Menge $\mathfrak{Q}$ projezieren müßte und so fort.

## 9.
## *Mittel; assoziative Mittel.*

9.1. Wir nehmen sofort die Gelegenheit wahr, um anhand dieser Darstellung abstrakt einen Begriff einzuführen, der auf allen Gebieten eine große praktische und theoretische Bedeutung hat und den wir in der Folge vor allem für Darstellungen in Statistik und Wahrscheinlichkeit brauchen werden. Es handelt sich um den Begriff des Mittels, der im allgemeinen rein durch formale Eigenschaften in besonderen Fällen definiert wird, der jedoch, wie Oscar Chisini hervorgehoben hat, als nützliche „Zusammenfassung" oder „synthetische Charakteristik" von etwas Komplexerem eine sehr genaue und wichtige Bedeutung hat.

Ein erstes (schon in den vorigen Seiten betrachtetes) Beispiel ist das des Schwerpunktes, oder arithmetisch, des (im allgemeinen in Betracht gezogenen) arithmetischen Mittels der Koordinaten der Masse-Punkte. Es ist bekannt, daß in der Mechanik, für viele Aspekte und Auswirkungen alles so verläuft, *als ob* die ganze Masse im Schwerpunkt konzentriert wäre. In der in der Statistik gebräuchlichen Sprache würde man (und darauf kommen wir besonders in den Kapiteln VI und XII) sagen, daß die Kenntnis des Schwerpunktes (und der Masse) für bestimmte Zwecke eine *erschöpfende* (d.h. vollständige, ausreichende) *Zusammenfassung* bildet. Zu anderen Zwecken, weiterhin in der Mechanik, ist es notwendig, darüber hinaus die Trägheitsmomente (Trägheitskern) zu kennen, und die *erschöpfende Zusammenfassung* ist dann die Menge dieser Angaben, nämlich der *Momente der 1. und der 2. Ordnung.* Und es ist vorteilhaft, gleich zu sagen, daß die Kenntnis dieser Charakteristiken 2. Ordnung auch in der Statistik und in der Wahrscheinlichkeitstheorie eine wichtige Rolle spielen wird (vor allem liefert sie ein sehr wirksames Hilfsmittel, um die Probleme in oft hinreichend erschöpfender, wenn auch summarischer Weise zu studieren).

9.2. Aber kommen wir zur Definition des Mittels nach Chisini, die sich gerade auf diesen Begriff der erschöpfenden Zusammenfassung stützt und ihm damit den *relativen* und *funktionellen* Wert der *Zweckmäßigkeit* gibt (*zweckmäßig*, wie das deutsche Wort lautet, dessen wahres Äquivalent in anderen Sprachen fehlt). Nach Chisini[25], „*sagt man, daß x das Mittel von n Zahlen* $x_1, x_2, \ldots, x_n$ *ist, im Sinne eines Problems, in dem eine ihrer Funktionen* $f(x_1, x_2, \ldots, x_n)$ *von Interesse ist, wenn diese denselben Wert hat, wie wenn alle* $x_h$ *denselben Wert x hätten*: $f(x_1, x_2, \ldots, x_n) = f(x, x, \ldots, x)$“. (Hier wird auf den einfachsten Fall Bezug genommen, nicht *gewichtet* aber der Begriff ist derselbe, auch im neuen Fall und in dem, welchen wir in Kap. VI sehen werden, dem der *Verteilungen*, und auch der stetigen).

9.3. Die wichtigste Art sind die *assoziativen* Mittel. Die Eigenschaft, die sie definiert, ist, daß sie unverändert bleiben, wenn einige der Größen durch deren Mittel ersetzt werden (sowie man, um den Schwerpunkt zu finden, einen Teil der Massen in ihrem Schwerpunkt konzentrieren kann). Wie (unabhängig und ungefähr gleichzeitig) durch Nagumo und Kolmogorov demonstriert, sind die assoziativen Mittel alle und nur die (wachsenden) Abänderungen des arithmetischen Mittels. Man erhält sie daher, indem man eine wachsende Funktion $\gamma(x)$ nimmt und bei gegebenen Werten $x_h$ mit den entsprechenden Gewichten $p_h (\sum p_h = 1)$ anstatt des Schwerpunktes $\bar{x} = \sum_h p_h x_h$ den der entsprechenden $y_h = \gamma(x_h)$, $\bar{y} = \sum_h p_h y_h$ nimmt und dann mittels der inversen Funktion zur Skala $x$ zurückkehrt: $m_\gamma = \gamma^{-1}(\bar{y})$, so daß man das $\gamma$-Mittel erhält.

Der Vorgang ist in der Darstellung deutlich „zu sehen“. Wenn wir das erwähnte Beispiel $y = \gamma(x) = x^2$ betrachten (und natürlich müssen wir uns auf die positive Halbachse beschränken, damit $\gamma$ wachsend sei),[26] handelt es sich darum, sich die Massen $p_h$ auf der Parabel zu denken. Der Schwerpunkt ist der Punkt der Koordinaten $\bar{x}$ und $\bar{y}$, während $x = m_\gamma$ (erhalten wie in der Abbildung) der Punkt ist, dem

[25] O. CHISINI, *Sul concetto di media*, in „Periodico di Matematiche“ (1929); ein Problem, das in einem Artikel mit gleichen Titel von B. DE FINETTI in „Giorn. Ist. Ital. Attuari“ (1931) wieder aufgenommen wurde. Darin findet man auch die Demonstration des Theorems von Nagumo und Kolmogorov.

[26] Oder auf die negative. Tatsächlich sind (wie man leicht sehen kann) $\gamma_1(x)$ und $\gamma_2(x)$ in Bezug auf das Mittel dann und nur dann äquivalent, wenn $\gamma_1 = a\gamma_2 + b (a \neq 0)$ ist; verändert man das Vorzeichen von $a$ (d.h. von wachsend auf fallend), so ändert sich nichts. Aus der Zeichnung ergibt sich jedenfalls klar, daß eine Veränderung der Skala oder des Vorzeichens in $y$ oder eine Translation des Bogens in vertikaler Richtung sich nicht auswirken.

(auf der Parabel) die Ordinate des Schwerpunktes selbst entspricht: Wurzel des quadratischen Mittels.

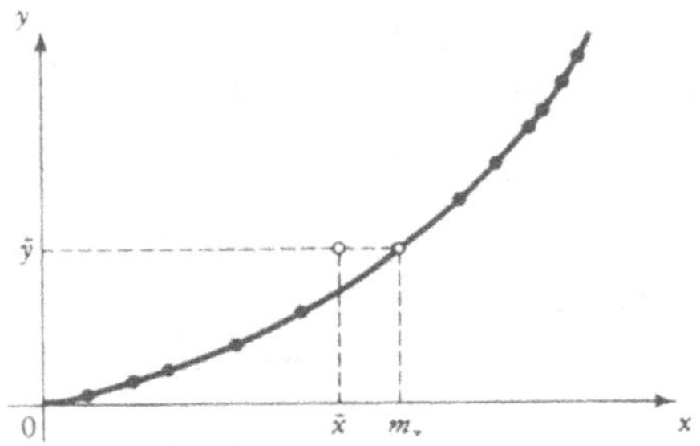


Abb. 5.
Vergleich zwischen assoziativen Mitteln ($\gamma$-Mitteln) auf Grund von Vergleichen der Konvexität zwischen den $\gamma(x)$ Funktionen, mit denen sie konstruiert sind.

Wenn wir die andere Funktion $z = x^3$ (allein, in der Ebene $(x, z)$, oder gemeinsam mit $y = x^2$ im Raum $(x, y, z)$, wie im Hinweis in 8.7.) betrachten, so befindet sich der Schwerpunkt in $\bar{x}$, $\bar{z}$, respektive $x$, $y$, $z$, mit $\bar{z}$ = Mittel der Kuben $= \sum_h p_h x_h^3$, und $\sqrt[3]{\bar{z}}$ = Kubikwurzel des Mittels der Kuben = kubisches Mittel der Werte $x_h$ mit den Gewichten $p_h$. Und so fort; über die wichtigsten assoziativen Mittel soll in Kap. VI etwas gesagt werden: es sind die, welche $\gamma(x)$ = Potenzen (auch mit beliebigen Exponenten, reell positiv oder negativ; wenn Null, Grenzfall des Logarithmus) und Exponenten entsprechen. Hier ist es jedoch auch günstig (auch um einige Fragen zu klären, auf die wir schon in Kap. III stoßen), einige allgemeine Eigenschaften zu betrachten, die mit dem besprochenen Begriff der Konvexität zusammenhängen.

9.4. Der Schwerpunkt liegt immer im Polyeder (oder im allgemeinen in der konvexen Hülle) der durch die Masse-Punkte determiniert wird; in unserem Beispiel sowohl in der Ebene als auch im Raum gedacht. Für die wichtigste Konklusion, die uns interessiert, genügt der Fall in der Ebene. Der Schwerpunkt befindet sich (wenn die Massen sich auf einer Kurve befinden, die immer nach derselben Seite konvex bleibt, oder auf einem Abschnitt, wo dies gilt) immer auf jener Seite. Daher: *das $\gamma$-Mittel ist größer als das arithmetische Mittel, wenn $\gamma$ (wachsend) die Konvexität nach oben entwickelt.* Deshalb ist das quadratische Mittel größer und ebenso das kubische Mittel. Kann man die beiden aber vergleichen? Gewiß: es genügt, auf die Ebene $(x, y)$ die Kurve $y = x^2$, $z = x^3$ (explicit: $z = y^3/2$) zu projezieren: Konkavität nach oben, das kubische Mittel ist größer.

Auch ohne die graphische Gegenüberstellung genügt es zu beachten, daß die „größere relative Konkavität" (im Sinne der Darstellung) lokal einem größeren Wert des Verhältnisses $\gamma''(x)/\gamma'(x)$ (in dem interessierenden Intervall, wenn es sich nicht umkehrt) entspricht. Im Beispiel haben wir $\gamma''/\gamma' = 2/2x = 1/x$, $z''/z' = 6x/3x^2 = 2/x$, immer größer $z''/z'(x > 0)$. Allgemeiner, weil sich für die Potenzen $\gamma(x) = x^c$, $\gamma''/\gamma' = c(c-1)\,x^{c-2}/cx^{c-1} = (c-1)/x$ ergibt, wächst das Mittel mit dem Exponenten. Dies gilt auch für $\log x$ (als Grenzfall für $c \to 0 : \log x \cong (x^c - 1)/c$): tatsächlich ist $\gamma''/\gamma' = -x^{-2}/x^{-1} = -1/x = = (0-1)/x$. Dieses Mittel ($c = 0, \gamma = \log$) ist das geometrische Mittel, das im Falle von zwei oder mehr Werten gleichen Gewichtes („einfaches", nicht gewichtetes Mittel) die bekanntere Form $\sqrt{x_1 x_2}$, $\sqrt[n]{x_1 x_2 \ldots x_n}$ erhält. Durch $c = -1$ erhält man das harmonische Mittel (reziproker Wert des Mittels der reziproken Werte).

Aus der Tatsache, daß $-1 < 0 < 1 < 2 < 3$ ist, ergibt sich z. B. daß man für die genannten Mittel erhält:

harmonisch < geometrisch < arithmetisch < quadratisch < kubisch.

9.5. Bemerkungen. Es wird sonderbar erscheinen, wenn wir abschließend die folgende Bemerkung als wichtig bezeichnen: Der Schwerpunkt von Punkten, die sich auf einer Linie (die keine Gerade ist) befinden, ist nicht ein Punkt dieser Linie (wenn jemals, so kann dies „durch Zufall" so sein). Und so ist im allgemeinen der Schwerpunkt von Punkten, die sich auf einer Oberfläche (die keine Ebene ist) befinden, nicht ein Punkt dieser Oberfläche. Und dies gilt für beliebige Dimensionen. Es wird sonderbar erscheinen, weil es selbstverständlich ist, aber erst selbstverständlich, nachdem es dargestellt wurde. Wer weiß, wie viele dies erkennen werden, ohne aufmerksam gemacht worden zu sein, wobei sie auf effektive Probleme stoßen mögen, in denen dann geschlossen wird, als wäre das sonderbar und sogar absurd, was im Gegenteil richtig ist.

## 10.
## *Beispiele und Erklärungen.*

10.1. Beispiele sind immer nützlich, um Begriffen, die in abstrakter und allgemeiner Form eingeführt wurden, einen konkreten Sinn zu geben; in diesem Falle werden sie jedoch darüber hinaus dazu dienen, Sinn und Bedeutung einiger näherer Ausführungen, die teils bereits gestreift wurden, teils hinzuzufügen sind, zu unterstreichen, sowie, noch ehe wir von der Wahrscheinlichkeit sprechen, einige Arten von Situationen darzustellen, auf die wir bei verschiedenartigen Problemen wiederholt stoßen werden.

Vor allem wollen wir durch die Wahl verschiedenartiger Beispiele jeden eventuell übrigen Zweifel beseitigen, der zu restriktiveren Auslegungen des Bereiches der Ungewißheit, auf den wir uns beziehen, führen könnte: es ist gleichgültig, ob sich die Ungewißheit auf Argumente jeder Art, wie politische oder wirtschaftliche Probleme, meteorologische Phänomene, geschichtliche oder wissenschaftliche Annahmen, rechtliche Untersuchungen, Begebenheiten des persönlichen Lebens oder des Alltages, sportliche Wettbewerbe oder irgendein anderes Gebiet bezieht, in dem Ungewißheit und unvollständige Kenntnis gegeben sind; natürlich einschließlich (jedoch nicht in anderer Art) des traditionellen Bereiches des Glücksspieles. Dieses ist nämlich an sich der am wenigsten bezeichnende Fall, weil er zu einer standardisierten Schematisierung führt, in der alle begrifflichen und wesentlichen Aspekte der Probleme verdrängt werden.

10.2. Beispiele von Ereignissen. Wird es einem bestimmten Kandidaten bei gegebener Gelegenheit gelingen (z. B. als Senator, oder Bürgermeister, oder Mitglied eines Comités, oder Präsident einer Gesellschaft, oder Rektor) gewählt zu werden, (als Student bei einer Prüfung) Erfolg zu haben, oder (in einem Bewerb, einer Lotterie, beim Lotto, bei einem Sportwettkampf, bei einer Karten- oder Schachpartie oder anderem) zu gewinnen usw.? Wird die Abstimmung (z. B. für ein bestimmtes Gesetz, über das Vertrauen in die Regierung usw.) einen günstigen Ausgang finden? Ist der Angeklagte in einem bestimmten Prozeß wirklich der Mörder, und wenn, wird er als solcher verurteilt werden? Ist die Straßenbahn, die eben kommt, die, die ich erwarte? Wird es morgen an einem bestimmten Ort regnen? Wird die nächste Mondlandung gelingen?

In allen Fällen und in verschiedener Weise wird man, wenn man mehr ins Einzelne gehen oder die Fragen erweitern will, oft und nutzbringend Zufallszahlen einsetzen. Wieviele (im Falle von Wahlen und Abstimmungen) günstige Fälle (wieviele Gegenstimmen, ungültige Stimmen, Enthaltungen)? Welche Punktezahl, welche Rangnote (bei Beispielen von Prüfungen, Bewerben, Wettkämpfen)? Wann (in welchem Jahr, Monat und Tag) wird die in Frage kommende Tatsache eintreten (Mondstart, Urteil im Prozeß, Wahl, Geburt dieses Kindes usw.)? Oder, wieviele werden die Prüfung bestehen (für Prüfungen, Bewerbe, Wettkämpfe usw.)? Welche von ihnen werden (nach Inskriptionszahl, Immatrikulierung, Stellung nach Alphabet usw.) an erster oder zweiter Stelle stehen? unter den jüngeren unter einer gegebenen Altersgrenze an bester Stelle? Und wieviele von ihnen werden (in einem Bewerb mit mehreren Einsätzen, oder Wiederholungen) ihre Stellung in Bezug auf die erste Klassifizierung erhalten, verbessern oder verschlechtern?

In anderen Fällen wird man von einem zufälligen Punkt sprechen (z. B. dem Punkt der Mondoberfläche, der zuerst erreicht werden wird), von einer zufälligen Menge (Menge derjenigen, die eine Prüfung bestanden haben usw. Menge der Punkte der Erdoberfläche, die morgen regennaß sein werden, Menge der gegebenen Momente, in denen die Temperatur an einem bestimmten Punkt unter, über oder bei 0 Grad ist); von einer zufälligen Funktion (die Temperatur am besagten Punkt, Punktezahl im Verlauf eines Bewerbes, Anzahl der Vertrauensstimmen zu Anfang einer Legislaturperiode usw., immer in Funktion der Zeit) usw. Will man dagegen eine Bezugnahme auf irrelevante Angaben vermeiden (wie eine Matrikelnummer, die an Stelle eines Individuums zu nennen wäre) so wird man es vorziehen, von Plural-Ereignis zu sprechen (anstatt von einer zufälligen Zahl usw.).

10.3. Es ist klar, daß man in allen Fällen auf noch feinere Einzelheiten eingehen könnte und daß man zu noch feineren Unterteilungen gelangt, wenn man alle erwähnten Fälle gleichzeitig betrachtet, denen man dann immer weitere hinzufügen kann, bis ins Unendliche. Zu einer letzten Unterteilung in nicht mehr teilbare Punkte zu gelangen, würde mindestens bedeuten, den Raum aller möglichen „Geschichten des Universums“ in allen Einzelheiten darzustellen, einschließlich z. B. der genauen Angabe der Lage jedes Atoms, Augenblick für Augenblick und der Gedanken und seelischen Verfassung jedes Individuums (einschließlich eventuell mehr oder weniger ähnlicher Wesen auf anderen Himmelskörpern). Auch bei Beschränkung auf viel engere Probleme würde eine erschöpfende Beschreibung, selbst auf viel kleinerer Stufe, praktisch nicht realistischer ausfallen. Wollten wir beim einfachen Aufwerfen einer Münze mit dieser absoluten Präzision nur eine der möglichen Arten beschreiben, in denen das Individuum den Wurf durchführt und die Luft die Bewegung beeinflußt und jede Eigenheit des Bodens und der Münze in Lage und Stellung beim Auffall weitere

Bewegungen verursachen, und so weiter bis zum Stillstand; so würde man unvorstellbare Fähigkeiten brauchen und selbst das wäre noch nichts, weil wir noch die Gesamtheit aller dieser Arten erfassen und unterscheiden müßten.

Wir sind zum Absurden vorgedrungen, in einer an sich überflüssigen Weise. Vielleicht kann jedoch hierdurch die These illustriert werden, daß es nicht zweckmäßig ist, einer Unterscheidung zwischen Ereignissen die durch „Punkte" oder „Mengen" dargestellt werden, je Gestalt zu geben, indem man sie als etwas Systematisches auffaßt, während sie in Wirklichkeit von momentanen Möglichkeiten der Darstellung abhängt.

10.4. Dies sei zur Bekräftigung der bereits (in 7.7. und anderswo) angestellten Betrachtungen gesagt; noch wichtiger ist es jedoch zu unterstreichen, in welchem Sinne ein Ereignis (eine Zufallszahl etc.) —wie gesagt — etwas „Wohlbestimmtes" sein muß. Das heißt, die Formulierung muß in dem Sinne eindeutig und vollständig sein, daß sie jede Möglichkeit einer Anfechtung ausschließt — z. B. falls eine Wette sich darauf beziehen sollte. Als Beispiel: „Tizio gewinnt im Lotto", ist nur dann ein Ereignis, wenn der besagte Tizio wirklich sicher Tizio ist und auch die Umstände, die die Aussage bestätigen, einwandfrei feststehen (z. B. Gewinn bei der nächsten Ziehung, oder in der ersten Woche, in der er spielen wird, oder in einer beliebigen Woche des Jahres usw.; genauer zu bestimmen oder stillschweigend anzunehmen wäre, ob gemeinsame Gewinne mit anderen einzuschließen sind, sowie jedes andere Element, das irgendwie zweideutig sein könnte). Für ein anderes Individuum oder einen Austausch irgendwelcher Umstände oder Klauseln erhält man ganz andere, unterschiedliche Ereignisse (und wir sagen dies nur, um zu vermeiden, daß jemand, der unförmliche Terminologien kennt, glauben könnte, daß er diese als „gleiche Ereignisse" oder, noch schlimmer, „Versuche" „desselben Ereignisses", die im „Lottosieg" bestehen, nennen müßte).

Umgekehrt sind zwei in vollkommen verschiedener Weise ausgedrückte Ereignisse identisch (d. h., sie sind dasselbe Ereignis), wenn wir wissen, daß das Eintreten des einen auch das Eintreten des anderen impliziert. Wenn wir z. B. sicher wissen, daß Tizio diese Woche im Lotto in Rom die glatte Terne 21-63-82 und nichts anderes spielt, so ist das Ereignis „Tizio gewinnt diese Woche im Lotto" dasselbe wie „Diese Woche gewinnen in Rom die drei Zahlen 21, 63 und 82". Anderseits, um zu zeigen, wie falsch es wäre zu denken, daß es sich um die Identifizierung einer „Tatsache" handeln müßte, bemerken wir, daß „Tizio wird gewinnen, wenn er das nächstemal spielt", und „der Jüngste der nächste Woche spielen wird, wird gewinnen" zwei *unterschiedliche Ereignisse* sind, die sich jedoch als *dieselbe Tatsache* herausstellen könnten (wenn Tizio nächste Woche spielen wird, gewinnen wird und der jüngste Spielende sein wird). Hierdurch soll auch klargestellt werden, daß es nicht wichtig ist, den Namen der Person oder das Datum der Ziehung (und eventuell den Ort) festzustellen, wenn nur irgendwie auf jeden Fall bestimmt ist, ob die *Aussage* wahr oder falsch ist.

10.5. Man könnte mit Recht einwenden, daß diese Forderung praktisch nicht zu verwirklichen ist und nicht einmal in den obigen Ereignissen verwirklicht wurde. Soll man z.B. „Tizio wird im Lotto gewinnen, wenn er das nächstemal spielt" als wahre oder falsche Aussage betrachten, wenn Tizio bis an sein Lebensende nie spielen wird? Man müßte willkürlich nähere Angaben liefern. Es ist jedoch eher wahrscheinlich, daß wir in solchen Fällen die Aussage in dem Sinne auffassen werden, daß sie nicht zu dem Begriff „Ereignis" gehört, sondern zu einer Verallgemeinerung (bedingtes Ereignis) führt, die wir später (Kapitel IV) genauer betrachten werden: außer „*wahr*" (= 1) und „*falsch*" (= 0) wird es noch „*leer*" (= $\emptyset$) geben (für eine Wette bedeutet das, daß sie gewonnen oder verloren, in gewissen Fällen aber auch annulliert werden kann). Dies muß ausdrücklich klargemacht werden. Täte man dies nicht systematisch, so könnte auch die Aussage „Tizio wird nächste Woche im Lotto gewinnen" zweideutig erscheinen, infolge des Zweifels, ob man sie als „*falsch*" oder „*leer*" betrachten sollte, wenn Tizio nicht spielt (wobei man zu unrecht eine nähere Bestimmung in diesem Sinne stillschweigend annehmen würde). Wir gehen hierauf nicht näher ein, um dies auf einen geeigneteren Zeitpunkt zu verschieben, sowie wir auch auf andere Fragen nicht eingehen, die, wie vielleicht auch die obigen, müßig erscheinen mögen (während sich aus ihrer falschen Auffassung unzählige Möglichkeiten des Mißverständnisses und der Irrtümer ergeben) und die, zum Unterschied von den obigen, auch tatsächlich auf später verschoben werden können.

Wir wollen nur (um nicht geheimnisvoll zu wirken) sagen, daß es sich vor allem darum handeln wird, über die praktische Möglichkeit zu diskutieren, innerhalb einer bestimmten Zeit und mit mehr oder weniger Sicherheit und Genauigkeit, die Informationen über Ereignisse und Größen zu erhalten, von denen die Rede ist und die für uns zur Zeit ungewiß sind.

10.6. Nehmen wir lieber die früheren Beispiele wieder auf, um die Aufmerksamkeit auf einige Arten von Problemen zu lenken, auf die wir häufig stoßen werden und anhand deren wir nun die früher eingeführten Begriffe illustrieren können.

Wenn wir fragen, wieviele Teilnehmer an einer Prüfung diese bestehen werden, so haben wir bereits das Beispiel eines Problems, das die *Anzahl der Erfolge* betrifft, $Y = E_1 + E_2 + \ldots + E_n$, mit $E_h$ = „Erfolg des Teilnehmers $h$" (oder die Häufigkeit oder den Prozentsatz der Erfolge $Y/n$). Andere (unter den unendlich vielen möglichen) Darstellungen: Zahl der „weißen Kugeln bei $n$ Zügen", oder der „männlichen Kinder unter den ersten $n$ Geburten, die in Orvieto im kommenden Jahr registriert werden", oder „derjenigen unter $n$ Teilnehmern an einem Wettkampf mit mehreren Bewerbern, die nach einem bestimmten Bewerb die früheren Ränge in der Bewertung halten?"

Offenbar kann $Y$ keine anderen Werte erhalten, als $0, 1, 2, \ldots, n$, welche alle offenbar praktisch möglich sein werden, wenn die Ereignisse $E_h$ logisch unabhängig sind. Das heißt praktisch, daß die Menge der Beförderten eine beliebige der $2^n$ Untermengen der Kandidaten sein kann (einschließlich der ganzen Menge und der leeren), d.h. für jedes $h = 0, 1, 2, \ldots, n$ alle $\binom{n}{h}$ Untermengen von $h$ Individuen, Untermengen, für die $Y = h$ ist. Für die Fälle von Prüfungen, Ziehen von Kugeln, Geburten, ist dies unter den meist üblichen Hypothesen wahr (und wir werden sehen, welche diese sind, sobald wir zu den Gegenbeispielen übergehen). Wir sehen jedoch inzwischen, daß alle $n+1$ Werte auch in den Fällen möglich sind, in denen es keine logische Unabhängigkeit gibt. Wenn z.B. $E_h$ „den $h$-ten Teilnehmer an einem Bewerb bedeutet, der die vorgeschriebene unterste Punktegrenze erreicht hat" (oder z.B. eine Mindestzeit im Wettlauf, Entfernung beim Wurf, Höhe beim Sprung), so mag es sein, daß keiner, oder alle oder eine mittlere, beliebige Zahl $h$ von Bewerbern Erfolg hat, aber offenbar die ersten $h$ und keine anderen. Es besteht keine logische Unabhängigkeit, denn wenn $E_h$ wahr ist, sind es notwendigerweise alle vorhergehenden, und wenn es falsch ist, sind es notwendigerweise alle folgenden.

Im extrem entgegengesetzten Fall könnte es sein, daß $Y$ gewiß ist. Z.B. ist sicher $Y = h$, wenn $E_1, \ldots, E_n$ weiße Kugeln in sukzessiven Ziehungen *ohne Rückgabe* von $n$ Kugeln, von denen $h$ weiße sind, bedeuten (wobei die Zahl $h$ im gegebenen Augenblick sicher bekannt ist). Aber in jedem Fall (Ziehen von Kugeln mit Zurücklegen, Prüfungen, Geschlecht bei den Geburten) befinden wir uns in derselben Situation, wenn uns das gesamte Ergebnis bereits bekannt ist (wenn uns auch die einzelnen Ergebnisse der Züge usw. unbekannt sind). Es ist wichtig zu beachten, daß die $E_h$ in einem solchen Fall nicht nur logisch sondern *linear abhängig* sind ($E_1 + E_2 + \ldots + E_n = Y = h$). Die logische Abhängigkeit konkretisiert sich in der Tatsache, daß, sobald alle weißen Kugeln gezogen sind (oder alle anderen) das Ergebnis der sukessiven Ziehungen sicher ist (auf jeden Fall mindestens für den letzten Zug).

Alle dazwischen liegenden Hypothesen sind möglich, mit mehr oder weniger künstlichen Beispielen. Die effektive Möglichkeit aller $n + 1$ Werte ist auch mit der linearen Abhängigkeit vereinbar (wenn $n \geqq 3$ ist, so kann sicher $E_1 = E_2$ sein, z.B. wenn man denkt, daß die ersten beiden Kugeln aus einer Urne gezogen wurden, die mit paarweise gleichen Kugeln gefüllt war). Begrenzungen für $Y$ kann es im Falle von Prüfungen für Bewerbe mit einer Maximalzahl an Siegern geben, für Ziehungen ohne Zurücklegen von $n$ Kugeln aus einer Urne, die $N$ Kugeln, davon $H$ weiße, enthält (es ist $n-(N-H) \leqq Y \leqq H$; effektive Begrenzung, wenn sich die Grenzen respektive $>0$ und $<n$ ergeben).

Ein wichtiger Fall, auch interessant, weil er weniger offensichtlich ist, ist der, in dem alle Fälle außer $n-1$ möglich sind. Man findet ihn in dem Beispiel: „Bewahrung einer Stellung in der Klassifizierung", was abstrakter darin besteht, die in einer Permutation vereinten Elemente (oder „Übereinstimmungen") zu betrachten. Eine unter vielen bekannten Varianten der Darstellung ist folgende: man legt, mehr oder weniger unaufmerksam, $n$ Briefe in $n$ Umschläge und betrachtet die Zufallszahl $Y$, die besagt, wieviele richtig eingelegt sein werden. Offenbar ist alles möglich, außer, nur einen Fehler zu machen: ein Brief kann nicht falsch liegen, wenn alle anderen richtig liegen, weil ja nur der richtige Umschlag übrig bleibt.

10.7. Im Falle von drei oder mehr Alternativen (für jedes von $n$ Pluralereignissen)[27] werden wir für jede einzelne derselben die Zahl der Erfolge oder Verwirklichungen betrachten müssen: z. B. $X$, $Y$, $Z$ mit $X + Y + Z = n$, wenn $X$, $Y$, $Z$ die Zahl der günstigen Stimmen, Gegenstimmen und Enthaltungen für $n$ Wähler sind, oder der Siege, Unentschieden, Niederlagen für $n$ Spiele, oder von Ledigen, Verheirateten, Witwern auf $n$ getroffenen Personen usw. usw. (und analog für mehr Alternativen: z. B. $X_1 + X_2 + \ldots + X_6 = n$ für das Eintreten des Punktes 1, oder 2, ... oder 6 bei Würfeln mit $n$ Würfeln, oder $n$-maliges Würfeln mit einem Würfel, oder, nach dem obigen Beispiel, Unterscheidung von Zivilstand und Geschlecht).

Probleme dieser Art nennt man solche der *Unterteilung*. Hier handelt es sich um die Unterteilung des ganzen $n$ in eine gegebene Anzahl ganzer (nichtnegativer) Summanden, allgemeiner können jedoch die Unterteilungen einer gegebenen Menge $q$ in beliebige Teile (reelle nichtnegative Werte) $X_1 + \ldots + X_m = q$ betrachtet werden (und oft zieht man es vor, $q = 1$ anzunehmen, das heißt auf Prozentsätze einzugehen; auch im obigen Fall wird man, indem man die Zahl der Verwirklichungen durch $n$ dividiert, in dieser Weise auf Häufigkeiten kommen). Klassisches Beispiel ist die Unterteilung eines Intervalles (in $m$ Teile mit $m-1$ Teilungspunkten); man denke aber auch bei einem Gegenstand mit der Masse $q$ an die Massen von $m$ Teilen, in die dieser Gegenstand im Sturz zerbricht, oder auch an die Masse von $m$ Materialen, aus denen er besteht (z. B. $m$ Metalle, wenn es sich um eine Legierung handelt). Auf derartige Probleme werden wir häufig stoßen.

Es ist von Interesse zu bemerken, daß in einem solchen Fall die $m$ Zufallszahlen linear abhängig sind; andere Größen, die oft im Zusammenhang mit derartigen Fragen betrachtet werden, sind es ebenfalls, weil sie deren Linearkombinationen sind (z. B. die Abweichung zwischen günstigen und Gegenstimmen, oder die Anzahl der „Punkte", wenn man je zwei für jeden Sieg und je 1 für Unentschieden zuteilt), während dies z. B. für Proportionen (wie: günstige Stimmen/Gegenstimmen), wo eine logische aber keine lineare Abhängigkeit besteht, nicht wahr wäre.

---

[27] Nicht, daß dies nicht auch im Falle von nur zwei Alternativen gelten sollte. Es ist nur banal, die Zahl der Verwirklichungen jeder einzelnen zu betrachten, weil ja $Y = n - X$ ist.

10.8. Im obigen Beispiel einer Proportion ($Z = Y/X$) und in anderen, die folgen werden, wird die logische Abhängigkeit eine funktionelle Abhängigkeit sein (im klarsten Fall, mit $f(X_1, X_2, \ldots, X_n) = 0$ so, daß jedes $X_h$ innerhalb des angenommenen Bereiches durch die anderen eindeutig determiniert ist); die gegebene Definition impliziert natürlich nichts derartiges. Es wird nicht nur die Eindeutigkeit wegfallen können, sowie wenn man die Punkte der Kugeloberfläche $X^2 + Y^2 + Z^2 = 1$ betrachtet (sofern nicht nur nichtnegative Punkte angenommen werden), sondern man wird auch alle Punkte der Kugel als möglich betrachten (d.h. $= 1$ durch $\leqq 1$ ersetzen) können, ohne daß die logische Abhängigkeit fällt (sofern, wenn $X = x$ und $Y = y$ gegeben sind, die möglichen Werte für $Z$ die des Segmentes zwischen $\pm\sqrt{1-x^2-y^2}$ sind, das in Funktion von $x$ und $y$ variiert). Da weiterhin feststeht, daß $X$, $Y$ und $Z$ jeden Wert zwischen $\pm 1$ annehmen können, besteht logische Unabhängigkeit nur in dem Fall, in dem alle Punkte des Kubus $-1 \leqq x, y, z \leqq +1$ möglich sind. Es würde genügen, einen Punkt auszuschließen, z. B. den Ursprung, um logische Abhängigkeit zu erhalten (um dies zu vermeiden, müßten wir die Punkte auf den Koordinatenebenen ausschließen, d.h. den Wert 0 für jede einzelne Zufallszahl getrennt). Es besteht auch logische Abhängigkeit, wenn wir vom Kubus z. B. die Punkte ausschließen, für die $X + Y + Z$ (oder $XYZ$, $XY/Z$ etc.) rational, oder transzendent, oder sonst etwas sind (um dies zu vermeiden, müßte man dagegen einzeln, z. B. ausschließen, daß $X$ rational sei, $Y$ transzendent und $Z$ gleich 0).

10.9. Ein praktisch wichtiger und häufiger Fall logischer Abhängigkeit ergibt sich, wenn von mehreren Zufallszahlen z. B. $X$, $Y$, $Z$ nach Definition mit $X$ die kleinste, mit $Y$ die mittlere und mit $Z$ die größte angegeben wird. Dann werden tatsächlich (wenn nicht alle möglichen Werte für $X$ kleiner als alle möglichen Werte für $Y$ und diese kleiner als alle möglichen Werte von $Z$ sind, in welchen Falle $X \leqq Y \leqq Z$ keine Restriktion darstellt) die Punkte ausgeschlossen, die wohl mögliche Koordinaten für $X$, $Y$, $Z$ haben, aber nicht im Dieder $y - x \geqq 0$, $z - y \geqq 0$ enthalten sind. Umstände dieser Art muß man beachten, weil man auch die Notwendigkeit übersehen könnte, sie festzusetzen oder ihnen gebührend Rechnung zu tragen.

Im Beispiel der Unterteilung, das den Gegenstand betrifft, der fällt und, sagen wir in drei Teile, $X$, $Y$, $Z$, zerbricht, ist die Situation verschieden, wenn das Kriterium, nach dem man sie als ersten, zweiten oder dritten betrachtet die Größenordnung oder etwas anderes, davon Unabhängiges ist (z. B. der Winkel den die Halbgerade, die vom Punkt des Auffalles ausgeht und durch den Schwerpunkt des betrachteten Stückes verläuft, zur Richtung Norden im dem Uhrzeiger entgegengesetzten Sinn bildet).

Dasselbe gilt für das Beispiel, mit dem wir uns sofort befassen wollen, wo $X$, $Y$, $Z$ die Seiten eines zufälligen (rechteckigen) Prismas sind; zum Beispiel ein Steinblock, ein Häuserblock, ein Koffer. In jedem Falle werden wir mehr oder weniger „natürliche" Elemente haben können, um in jeden Fall definieren zu können, was wir unter „Länge" ($X$), „Breite" ($Y$) und „Höhe" ($Z$) verstehen. Ohne sich in Analysen zu verlieren, über die jeder für sich nachdenken kann, scheint die Antwort für den Koffer leicht, nicht immer für den Häuserblock (was Länge und Breite anbelangt, wenn besondere Zeichen für die Fassade fehlen) und für den Steinblock unbestimmt (abgesehen von Konventionen, die sich z. B. auf die momentane Lage in Bezug auf Nord, Ost und Zenith gründen). Wenn wir uns einigen, die größte Länge und die kleinste Breite zu nennen, ist dies ein anderer Fall.

Ist nun dieses zufällige Prisma gegeben (und, eben wie man sich das Problem denkt, mit den Seiten $X$, $Y$, $Z$, logisch unabhängig oder nicht), so betrachten wir die Diagonale $U$, die Fläche $V$, das Volumen $W$. Dies sind jedenfalls Zufallsgrößen, die logisch (sogar funktionell, in eindeutiger Weise) von den vorhergehenden abhängen: $U = +\sqrt{X^2 + Y^2 + Z^2}$, $V = 2(XY + XZ + YZ)$, $W = XYZ$. Die Abhängigkeit ist jedoch offenbar nicht *linear*, und dieses Beispiel wird sich, wenn wir es in Kap. III wieder aufnehmen, eignen, um zu erklären, wie und warum gewisse scheinbar selbstverständliche Schlußfolgerungen über die Ungewißheit in gewissen Fällen richtig sind und in anderen nicht (und gerade je nachdem, ob lineare Abhängigkeit vorhanden ist oder nicht).

## 11.
## *Über einige Konventionen der Schreibweise.*

11.1. Wie in 5.3. angekündigt und bereits seit Kap. I (10.3.–4.) erwähnt, beweisen wir anhand von Beispielen den Vorteil, den man in vielen Fällen durch Vereinfachung der Schreibweise unter Verwendung der in diesem Kapitel eingeführten Konventionen erzielen kann.

Genauer durch:

- Identifizierung von WAHR und FALSCH mit 1 und 0;
- „Gitter“-Operationen für Zahlen.

11.2. Die Konvention WAHR = 1 und FALSCH = 0 erweist sich auch außerhalb des Ereignisfeldes als sehr nützlich, nämlich für Propositionen und „Bedingungen“ jeglicher Art.

Beispiele:

$$(x \geqq a) \text{ ist die Funktion } = 0 \text{ für } x \leqq a \text{ und } = 1 \text{ für } x \geqq a;$$

diese Funktion können wir mit $F(x) = (x \geqq a)$ ausdrücken, und allgemeiner,

$F(x) = \sum_h p_h (x \geqq a_h)$, die in Abschnitten konstante Funktion, mit Sprüngen $p_h$ an den Punkten $x = a_h$; dies kann man (wenn man die $a_h$ in wachsender Ordnung annimmt), auch wie folgt schreiben:

$F(x) = \sum_h c_h (a_h \leqq x < a_{h+1})$, was bedeutet, daß im besagten Intervall der Wert $c_h = \sum_i p_i (i \leqq h) = \sum_1^h {}_i p_i$ ist.[28]

Im letzten Beispiel haben wir die Funktion $(a \leqq x < b)$ verwendet, die innerhalb des besagten Intervalles $= 1$ ist und außerhalb desselben gleich $= 0$ und allgemeiner wird durch $(x \in I)$ die Index-Funktion der Menge $I$ angegeben (Funktion $= 1$, wenn $x$ in $I$ liegt und sonst $= 0$).

Verwendet man diese Funktionen als Multiplikatoren, so erhält man unmittelbar die Begrenzung einer Funktion auf ein gegebenes Intervall oder eine gegebene Menge, z. B.

$$x^2 (x \geqq 0) = 0 \text{ für } x \leqq 0 \text{ und } = x^2 \text{ für } x \geqq 0,$$

$f(x) = x(1-x)(-1 \leqq x \leqq 1)$, oder $x(1-x)(|x| \leqq 1)$, $= x(1-x)$ aber $= 0$ außerhalb von $[-1, 1]$ und, allgemeiner für eine Funktion mit anderem Ausdruck in anderen Intervallen, z. B.

$$f(x) = a(x+3)^3(-3 \leqq x < -1) + (b - cx)^2(-1 \leqq x < 1) + \\ + a(3-x)^3(1 \leqq x < 3),$$

[28] Angesichts des rein illustrativen Zweckes der Methoden der Schreibweise unterlassen wir alle genaueren Erklärungen, die in spezifischen Fällen Fall für Fall hinzugefügt würden (z. B. Hypothese der Konvergenz, wenn es sich um Reihen handelt, im entgegengesetzten Fall Konvention $a_{n+1} = \infty$, wenn $a_n$ der letzte Ausdruck ist usw.). Auch das Zeichen $\leqq$ anstatt $<$ usw. wird von Fall zu Fall variieren.

oder auch (für zahlreiche oder unendliche Intervalle)

$$f(x) = \sum_h f_h(x)(h \leqq x < h+1),$$
$$\text{oder } f(x) = \sum_h f_h(x)(a_h \leqq x < a_{h+1}).$$

*Bemerkung*: Die Beispiele, in denen die Funktion mit $F(x)$ angegeben wird, bzw. mit $f(x)$, können – für denjenigen, der diese Begriffe bereits kennt, und jedenfalls ab Kap. VI, wo wir sie einführen werden – als Verteilungsfunktion ($F$) bzw. Verteilungsdichte ($f = F'$) interpretiert werden.

Dies wird einer der häufigsten Fälle sein, um auf unserem Gebiet auf diese Konventionen zurückzukommen. Sie sind aber auch an sich, unabhängig von jeder besonderen Interpretation, gültig und nützlich.

11.3. Bereits in den früheren Summationsfällen fungierte der Ausdruck der Bedingung indifferent, als Multiplikator, um jede einzelne Summandenfunktion zu definieren, oder (nach der anderen äquivalenten Interpretation), um (für ein gegebenes $x$) zu präzisieren, welche Ausdrücke zu addieren wären. Die systematische Verwendung dieser Konvention zu diesem Zweck (auch in Ermangelung einer nützlichen Interpretation im ersteren Sinn) erscheint sehr zweckmäßig, sei es wegen der Klarheit, sei es wegen der typographischen Vorteile, weil dadurch entweder Erklärungen im Text oder komplizierte Angaben unter dem Summationszeichen (oder dem Integral usw.) vorteilhaft ersetzt werden.

Hier einige Beispiele (die für sich selbst sprechen):

$$\sum a_h(h \in H), \quad \sum a_h(b_h \in B), \quad \sum a_h(h \neq 0), \quad \sum a_{hk}(h \neq k), \quad \sum a_{hk}(h \leqq k),$$
$$\int f(x)\,dx(2n \leqq x \leqq 2n+1), \quad \int f(x,y)\,dxdy(x^2 + y^2 \leqq r^2).$$

11.4. *Anwendung der Boole'schen Operationen.* Die Boole'schen Operationen $\vee$ und $\wedge$ dienen oft (auch besser als das frühere System) dazu, „Abschneiden" oder ähnliche Dinge anzuzeigen. So könnte man z.B. die Funktion $F(x)$ „$x$ aber nicht weniger als Null und nicht mehr als eins", auf zwei Arten angeben:

$$F(x) = x(0 \leqq x \leqq 1) + (x > 1) = 0 \vee x \wedge 1,$$

und die zweite Art ist selbstverständlich die einfachere. Im allgemeinen kann man die Funktion $= f(x)$, aber nicht weniger als $m$ und nicht mehr als $M$, als $m \vee f(x) \wedge M$ schreiben, und analog $m(x) \vee f(x) \wedge M(x)$, sofern immer sicher $m(x) < M(x)$ ist (andernfalls wäre nicht $(m \vee f) \wedge M = m \vee (f \wedge M)$ und die Schreibweise wäre unannehmbar).

Diese Formeln werden auf unserem Gebiet in besonderer Weise für Zufallszahlen nützlich sein: hier sind einige Fälle nach den beiden Schreibweisen (und die Boole'sche erscheint immer als die einfachere):

$$X(X \geqq 0) = 0 \vee X, \quad X(X \leqq 0) = 0 \wedge X,$$
$$X = X(X \geqq 0) + X(X \leqq 0) = 0 \vee X + 0 \wedge X,$$
$$|X| = X(X \geqq 0) - X(X \leqq 0) = 0 \vee X - 0 \wedge X;$$
$$\left.\begin{aligned} &X(0 \leqq X \leqq K) + K(X > K) = 0 \vee X \wedge K, \\ &X(|X| \leqq K) + K[(X > K) - (X < -K)] = -K \vee X \wedge K, \end{aligned}\right\} \quad (K > 0)$$

usw.

Drittes Kapitel

# Erwartung und Wahrscheinlichkeit

## 1.
## *Von der Ungewißheit zur Erwartung.*

1.1. Bisher hatten wir uns, auch in den obigen Beispielen, darauf beschränkt, die Situation zu beschreiben und darzustellen, in der Du Dich befindest, wenn Du eine mehr oder weniger große Vielfalt von Alternativen unterscheiden sollst, die nach Deiner momentanen Information für Dich alle möglich erscheinen. Dieses einleitende Argument, das wir in der Folge auch weiter vertiefen müssen, fällt noch in den Bereich der allgemeinen Logik, der Logik des Gewissen. Wir müssen darauf achten, immer klar zu unterscheiden, was in dieses Gebiet fällt und was dem Gebiet der *Wahrscheinlichkeit* angehört, dem der *Logik des Ungewissen*, der Logik der *Erwartung*, mit der wir nun beginnen müssen, uns zu befassen. Gerade um diese Unterscheidung zu verdeutlichen, haben wir Wert darauf gelegt, Auffassungen und Beispiele nach dem gegenwärtigen Stand darzulegen, die Situation zu zeigen, wie sie ist, solange jede Frage bezüglich einer eventuellen Einführung der Wahrscheinlichkeiten und der Art, diese zu erfassen und zu bewerten, noch vorbehaltlos offen ist. Es wäre sicher leichter und scheinbar lehrreicher gewesen, anstatt nur einem, gleich zwei Schritte zu machen und sofort, miteinander verschmolzen, in Beispielen und Definitionen die Wahrscheinlichkeit, die einem Bedürfnis abhilft und die Ungewißheit, aus der das Bedürfnis entsteht, darzustellen, ohne dieses Bedürfnis „fühlbar" zu machen und innezuhalten, um darüber nachzudenken. Aber gerade das wollen wir empfehlen!

Die Lage ist folgende: wenn Du Dich auf die Logik des Gewissen beschränken willst, mußt Du, nachdem es Dir gelungen ist, die möglichen Fälle zu unterscheiden und sie in der Art darzustellen, die Dir die beste erscheint, oder wie immer es Dir gefällt, aufhören und die Frage als abgeschlossen betrachten. Aber *willst* Du es tun und *kannst* Du es tun?

Es passiert jedem häufig, daß er sich damit *nicht zufriedengeben* will (oder nicht zufriedengeben *kann*), und daß er daher weitergeht. Und richtig weitergehen bedeutet, in das einzutreten, was wir als Logik der *Erwartung* bezeichnet haben, in einem Sinne, den wir erklären wollen, um auf den Unterschied zu anderen Auffassungen hinzuweisen, auf deren Mangelhaftigkeit wir aufmerksam machen müssen.

1.2. *Erwartung, nicht Voraussage.* Wenn wir dieses Wort „Erwartung" (ital. Previsione = wörtlich Voraussicht, d. Übersetzer) verwenden wollen, müssen wir betonen und erinnern, welche genaue Bedeutung wir ihm und seinen Ableitungen geben müssen und in der Folge ständig und gewissenhaft geben werden, wobei wir diese Bedeutung von einer anderen unterscheiden und ihr gegenüberstellen, die dem Wort Erwartung im allgemeinen Sprachgebrauch vielleicht allgemeiner zugeschrieben wird, für die wir uns aber das andere Wort „*Voraussage*" vorbehalten.

Eine *Voraussage* machen, würde (bei Verwendung des Wortes in unserem Sinne) bedeuten, unter den möglichen Alternativen diejenige „erraten" zu wollen, die eintreffen wird, wie dies nicht nur sogenannte Zauberer und Propheten vorgeben, sondern auch Experten und andere Personen, die geneigt sind, in der Schmiede ihrer Phantasie der Zukunft vorzugreifen.[1] Eine Voraussage zu machen, würde daher nicht bedeuten, daß man den Bereich der Logik des Gewissen verläßt, sondern einfach, daß man in diesen, neben festgestellten Wahrheiten und erhobenen Angaben, andere Behauptungen und Daten hineindrängt, die man angeblich errät. Auch genügt es nicht, den „prophetischen" Charakter derartiger Verheißungen durch vorsichtige Formulierungen

[1] Jedermann wird festgestellt haben und Gelegenheit haben festzustellen, wie oft und auffallend sich die „Erwartungen von Experten" als von den Tatsachen vollkommen verschieden herausstellen, zumeist gerade weil sie als „Voraussage" aufgefaßt werden, wobei von der angeblichen Selbstverständlichkeit einer ursprünglichen Hypothese mehr oder weniger logisch eine lange Kette von Folgen „abgeleitet" wird, die wieder notwendigerweise als selbstverständlich angenommen wird. Interessante Beispiele des Bruches zwischen Erwartung und Wirklichkeit (auf politischem Gebiet) werden von B. de Jouvenel in „Futuribles" („Bulletin Sedeis", 20. Januar 1962) angegeben und besprochen.
Auch zu beachten, wie irrelevant die Unterscheidung zwischen Vergangenheit und Zukunft für Erwartung oder Voraussage ist: „Voraussagen" derselben Art sind die mehr oder weniger wunderbaren Rekonstruktionen von Verbrechen oder historischen Tatsachen durch Forscher, Studenten oder Romanschriftsteller anhand weniger Daten oder Hypothesen.
Man sollte sich gelegentlich fragen, ob diese „leichte Phantasie" wirklich eine „reiche Phantasie" ist, oder nicht eher eine „arme Phantasie" (soweit es nur Unfähigkeit oder Faulheit ist, die verhindert, die vielen anderen Möglichkeiten zu sehen, die neben der ersten, die einem gerade eingefallen ist, noch bestehen).

(wie „ich glaube", „vielleicht", etc.), die wir auch schon erwähnt haben, abzuschwächen, da sie entweder falsche Zusätze ohne authentischen Wert bleiben oder effektiv in Wahrscheinlichkeitsbegriffe umzusetzen sind, sodaß die Voraussage durch die Erwartung ersetzt wird.

Bleibt man bei der Logik des Gewissen, so haben diese Zusätze nicht nur keinerlei authentische Bedeutung, sie machen streng genommen die ganze Aussage bedeutungslos. Wenn die Aussage behauptet, daß etwas *wahr* ist, und „vielleicht" bedeutet, daß es anstatt wahr auch *falsch* sein könnte, so heißt dies, daß man die frühere Behauptung zurückzieht (löscht oder verleugnet) und sie Null und nichtig erklärt. Sonst ist das „vielleicht" insofern zu streichen, als es den falschen Eindruck eines solchen Zurückziehens vermitteln kann.

Oder — und dies ist der sofort anschließend angegebene Weg, der der subjektivistischen Wahrscheinlichkeitsauffassung entspricht — das „vielleicht" gilt als ein, wenn auch gröbliches, qualitatives Anzeichen eines subjektiven Wahrscheinlichkeitsgrades, der, wenn man wollte, auch quantitativ näher bestimmt werden könnte.

All dies wäre ganz klar, wenn es nicht leider im Bereich der Wahrscheinlichkeit und Statistik selbst Tendenzen geben würde, die die Auswahl vereiteln, indem sie gerade diesen eben hervorgehobenen Doppelsinn einsetzen und ihn verschlimmern. Die Zweideutigkeit dieses „vielleicht" (die schuldlos und einfach durch Nachlässigkeit verursacht sein könnte) wird schmerzlich in höfische Gewänder gekleidet, in fachtechnische Ausdrücke wie „annehmen" und „ablehnen" gefaßt, die weder sicher JA oder NEIN bedeuten, noch im Wahrscheinlichkeitssinn ausgelegt werden wollen, sondern sich nur selbst anmaßen, „angenommen" statt „abgelehnt" zu werden, ohne daß man versucht, diesen Wörtern einen „annehmbaren" Sinn zu geben.

1.3. Die *Erwartung*, in dem Sinne, in dem wir sagten, das Wort gebrauchen zu wollen, sieht überhaupt nicht vor, etwas zu erraten: sie behauptet nicht — wie die Voraussage — irgendetwas, das sich als wahr oder falsch erweisen könnte, um so die Ungewißheit in eine angebliche aber trügerische Gewißheit zu verwandeln. Sie anerkennt (was selbstverständlich sein müßte), daß das Ungewisse ungewiß ist, daß, was Aussagen anbelangt, alles das, was man über das hinaus, was die Logik des Gewissen aussagt, noch sagen kann, nicht legitim ist und daß, wenn man glaubt, noch etwas hinzufügen zu können, oder, wie gesagt, *weiterzugehen*, dies notwendigerweise den Eintritt in ein Gebiet und in eine Ideenordnung bedeutet, die vollständig neu sind und über die Logik des Gewissen hinausgehen, wenn sie dieser auch verbunden und übergeordnet sind.

Wenn wir uns nun mit der Logik des Gewissen nicht begnügen, in welchem Sinne gehen wir weiter? gehst auch Du weiter? Fragen wir uns dies! Frage auch Du Dich! Das, womit wir uns nicht zufriedengeben, womit auch Du Dich nicht zufriedengibst, ist die agnostische und undifferenzierte Haltung gegenüber alledem, das, da es uns nicht mit Sicherheit bekannt ist, ungewiß ist, möglich ist. In der Möglichkeit gibt es keine Abstufungen[2]: es ist möglich, es ist ebenso möglich, daß es an einem Winter- oder Sommertag schneit, daß ein großer Favorit oder ein unbekannter Anfänger einen großen Wettkampf gewinnt, daß ein — vorbereiteter oder nicht vorbereiteter — Student eine Prüfung besteht, daß Du die nächsten Weihnachten irgendwo auf der Welt verbringst. Aber du gibst Dich damit nicht zufrieden, das ist nicht Deine wirkliche Einstellung. Gegenüber dem Ungewissen fühlen wir und fühlst auch Du einen mehr oder weniger starken Trieb zu erwarten, daß gewisse Alternativen sich eher als wahr ergeben als andere, anzunehmen, daß die Antwort auf eine gewisse Frage eher ein JA oder ein NEIN sein wird, zu schätzen, daß der unbekannte Wert einer gewissen Größe eher klein oder eher groß sei.

Diese unsere, Deine, Einstellung führt nicht — wie im Falle dessen, der vorgibt, eine Voraussage zu erraten — zur Behauptung, daß etwas sicher oder unmöglich ist, was nach der Logik des Gewissen möglich aber ungewiß ist, und daß dies so bleibt, ganz gleich, was man später richtig sagen oder denken könnte. Das Ungewisse bleibt ungewiß, doch schreiben wir den verschiedenen ungewissen Ereignissen einen größeren oder kleineren Grad jener neuen, außerlogischen, subjektiven, persönlichen (meiner, Deiner, seiner: jedem nach seiner Art) Sache zu, die diese Einstellung erklärt: jener Sache, die man auch in der Umgangssprache „*Wahrscheinlichkeit*" nennt, und die wir klären und studieren müssen. Die *Erwartung*, in dem Sinne, dem wir dem Wort geben und dem wir zustimmen (wir beurteilen sie zum Unterschied von der Voraussage als etwas Ernstes, Begründetes, Notwendiges) besteht darin, gewogen alle möglichen Alternativen zu betrachten, um darunter in der am besten geeignet erscheinenden Weise die eigenen Erwartungen (hier italienisch „Aspettative", d. Übersetzer), die eigenen Wahrscheinlichkeitsempfindungen zu verteilen.

In diesen Bereich der Erwartung treten wir alle, auch Du, spontan ein: manchmal ohne spezifisches Bedürfnis, allein durch die Tatsache, daß der Gegenstand der Ungewißheit Dich interessiert, daß Du den Wunsch oder die Hoffnung empfindest, daß gewisse Alternativen sich verwirklichen mögen, und daß Du ungünstige Alternativen abwenden

---

[2] In gewissem Sinne gibt es jedoch zum Teil insofern eine Ordnung, als man ein Ereignis, das Folge eines anderen ist, als „nicht weniger möglich" als dieses bezeichnen könnte (sowie man von einer anderen Menge, die es enthält, „nicht weniger ausgedehnt" sagen könnte). In beiden Fällen führt dies jedoch auf dem Wege zu einer Vergleichbarkeit oder Meßbarkeit der „Möglichkeit" oder der „Ausdehnung" keinen Schritt weiter.

möchtest oder befürchtest und weil es Dich drängt, die Stärke dieser Hoffnungen und Befürchtungen zu ermessen. Dann wieder, weil von einer wenn auch oft gröblichen und womöglich unbewußten vergleichenden Bewertung der verschiedenen Risiken und der verschiedenen Objekte Dein ganzes Verhalten abhängen kann. In diesem Sinne und für diese ganze riesige Scala von Fällen bist Du geradezu *gezwungen*, diese Bewertungen zu erwägen und Erwartungen zu formulieren und, in Fällen wichtiger und bewußter Entscheidungen, zu suchen, *Schlußfolgerungen* zu ziehen, in dem Du das *pro* und *contra* jeder Wahl nach einem bestimmten Kriterium *abwägst*.

1.4. *Kohärenz*. Gerade bei der Untersuchung des Zusammenhanges, der zwischen Wahrscheinlichkeitsbewertungen und Entscheidungen im Zustand der Ungewißheit bestehen muß, kann man zu Kriterien gelangen, die dazu dienen, die Wahrscheinlichkeiten zu messen, die Relationen, denen sie untergeordnet werden müssen, festzustellen, zu lernen, in welcher Weise „*Schlußfolgerungen*" zu ziehen sind. Tatsächlich wird sich ergeben, daß einfache (und im Grunde genommen fast selbstverständliche) Bedingungen vorhanden sind, die wir *Kohärenz* nennen, deren Mißachtung zu Entscheidungen mit eindeutig nicht wünschbaren Folgen (sicheren Verlusten) führt.

Das „man muß" ist im Sinne von „man muß, wenn man jene objektiven Folgen vermeiden will" zu verstehen, nicht im Sinne eines Zwanges, den jemand von außen ausüben wollte, noch als Behauptung, daß unsere Bewertungen immer automatisch kohärent seien. Gerade weil, im Gegenteil, dies ein Gebiet ist, in dem man besonders leicht in Inkohärenz verfällt, ist es wichtig, *die Kunst der Erwartung* zu lernen (um damit den Terminus *Ars Conjectandi* zu verwenden, den Jakob Bernoulli als Titel für die erste Abhandlung über Wahrscheinlichkeitsrechnung verwendet hat).

Die Kohärenzbedingungen beschränken im übrigen absolut nicht die Freiheit des Einzelnen, der Wahrscheinlichkeit irgendeines Ereignisses irgendeinen Wert zuzuschreiben. Es ist nur, wenn man mehr als eine bewertet, zu vermeiden, daß ein Widerspruch entsteht. Es ist jedoch zweckmäßig, ohne weiteres dazu überzugehen, die Wahrscheinlichkeitstheorie auf den Entscheidungen aufzubauen; zunächst tun wir dies in äußerst vereinfachter Form als einleitende Erklärung, im nächsten Absatz besprechen wir einige weitere Aspekte und dann gehen wir zur konstruktiven Darstellung über.

Bei dieser Vorgangsweise wird es am sinnvollsten sein, als Ausgangspunkt die Zufallszahlen zu betrachten (vor allem, indem man sie als zufällige Gewinne darstellt). Es wird sich im Grunde genommen darum handeln, im strengsten, durch die Theorie der Entscheidungen angeregten Sinn, jenes Problem der *gerechten Bewertung* oder Schätzung wieder aufzunehmen, das jahrhundertealte Vorläufer zu haben scheint und mit Bezug auf wirtschaftliche Probleme die Anfänge der

Wahrscheinlichkeitsrechnung darstellt. Unter diesem Aspekt bildet der moderne Rahmen der Theorie der Entscheidungen ein wenig eine Rückkehr zu den Anfängen.

Die Definition der Wahrscheinlichkeit eines Ereignisses wird automatisch in dem enthalten sein, was für den Fall der Zufalls-Zahlen gesagt werden wird, nachdem die Ereignisse als besondere Zufallszahlen definiert wurden. Und auch mathematisch wird dies geeignet erscheinen, weil (wie bereits in Kap. II gesehen) die nützlichsten Schlußfolgerungen über Ereignisse, die ganz einfach sind, wenn man sie als einzelne Punkte im Raum der Zufallszahlen betrachtet, äußerst gefährlich werden, wenn man an ihre Menge denkt und dabei von dem Raum absieht, in welchem diese „natürlich" eingebettet ist und in dem man sie eingebettet *sehen* muß.

Treten wir nun direkt in das Argument ein, indem wir von der Betrachtung eines zufälligen Gewinnes $X$ ausgehen (d.h. von einer Zufallsgröße $X$, die — natürlich im algebraischen Sinne — die Bedeutung eines Gewinnes hat: ein Verlust ist ein negativer Gewinn. Die möglichen Werte für $X$ können daher auch zum Teil oder alle negativ sein). Wir werden ein Individuum, z. B. Dich, fragen können, welches der *sichere, X äquivalente Gewinn* ist, den wir (für Dich) Preis von $X$ nennen und mit $\mathbf{P}(X)$[3] bezeichnen können, in dem Sinne, daß nach Deiner Präferenzskala, der Zufallsgewinn $X$ einem sicheren Gewinn $x$ vorzuziehen ist oder nicht, je nachdem, ob $x$ größer oder kleiner als $\mathbf{P}(X)$ ist. Die für jedes Individuum in der gegebenen Situation vorhandene Möglichkeit, den Präferenzgrad eines Zufallsgewinnes in die Skala der sicheren Gewinne einzusetzen, ist selbstverständlich Vorbedingung für jedes Kriterium der Entscheidung. Unter Entscheidungen, die zu verschiedenen zufälligen Gewinnen führen, wird in der Tat die zu wählen sein, die zum zufälligen Gewinn mit höchstem Preis führt; es handelt sich sogar bisher nicht einmal um eine Bedingung, sondern um eine Definition, insofern, als der Preis nur durch die Präferenz selbst, die er messen soll, definiert ist und die sich doch immer im einen oder anderen Sinn manifestieren muß.

Es ist im allgemeinen nicht wahr, daß Du, wenn Du bereit bist, ein Gut $A$ zum Preis $\mathbf{P}(A)$ zu erwerben und ein Gut $B$ zum Preis $\mathbf{P}(B)$,

---

[3] Wir können $\mathbf{P}_i(X)$ schreiben, um zu unterstreichen, daß es sich um die Bewertung eines Individuums $i$ handelt, doch ist dies eine überflüssige Vorsichtsmaßnahme, wenn stillschweigend anzunehmen ist, daß wir uns immer auf die Bewertungen desselben (reellen oder fiktiven) Individuums beziehen.

auch bereit sein mußt, sie beide zum Preis von $\mathbf{P}(A)+\mathbf{P}(B)$ zu erwerben, da der Erwerb des einen auf verschiedene Weise auf die Wünschbarkeit des anderen Einfluß nehmen kann. Auch wenn wir an Stelle von zwei Gütern $A$ und $B$ zwei zufällige Gewinne $X$ und $Y$ betrachten, gelten ähnliche Vorbehalte, die wir im nächsten Abschnitt untersuchen wollen. Jedenfalls ist in beiden Fällen die Additivität nicht eine Eigenschaft, die als vereinfachende Synthese von approximativer Gültigkeit interessant ist, sondern eine, die sich als genau richtig ergeben wird und die Grundlage der gesamten Abhandlung bilden wird, wenn wir auch (wie wir noch sehen werden) die Erklärungen, mit denen wir den Preis $\mathbf{P}(X)$ eingeführt haben, noch einigermaßen erneuern werden.

1.5. *Eigenschaften von* **P**. Setzt man die genannte vereinfachende Hypothese voraus, so ist, wenn es für Dich egal ist, $X$ mit $\mathbf{P}(X)$ und $Y$ mit $\mathbf{P}(Y)$ auszutauschen, auch egal, wenn $X+Y$ mit $\mathbf{P}(X)+\mathbf{P}(Y)$ ausgetauscht wird; der Wert, mit dem man $X+Y$ indifferent austauschen kann, ist aber nach Definition $\mathbf{P}(X+Y)$ und daher folgt der Schluß, daß,

a) *der Preis* **P** *Additivität genießen muß*:

$$\mathbf{P}(X+Y)=\mathbf{P}(X)+\mathbf{P}(Y). \tag{1}$$

Eine zweite, offensichtliche, aber gleich grundlegende Eigenschaft ergibt sich aus der Beobachtung, daß $\mathbf{P}(X)$ nicht unter dem unteren Extremum der Menge der für $X$ möglichen Werte, $\inf X$, und nicht über dem oberen Extremum, $\sup X$, liegen darf (andernfalls würde die Wahl zu einem sicheren Verlust führen).

Daher:

b) *der Preis* **P** *muß Konvexität genießen*:

$$\inf X \leqq \mathbf{P}(X) \leqq \sup X; \tag{2}$$

natürlich ist diese Bedingung nur dann restriktiv, wenn $X$ eine zumindest einseitig *begrenzte* Zufalls-Zahl ist ($\inf X > -\infty$ oder $\sup X < +\infty$). Im allgemeinen (aber nicht immer) werden wir uns nur auf den Fall der Begrenztheit (d.h. beidseitige Begrenzung) beziehen.

Wie wir sehen werden, sobald wir dazu übergehen, diese Darstellung zu formulieren und erschöpfender zu prüfen, sind die beiden einfachsten, nun angegebenen Bedingungen *a)* und *b) nicht nur notwendig sondern auch hinreichend* für die Kohärenz, d.h. dafür, daß man keine nicht wünschbaren Entscheidungen trifft. Dies genügt als Gundlage für die gesamte Wahrscheinlichkeitstheorie: die Definition der Wahrscheinlichkeit geht in der Tat unmittelbar, als Einzelfall, auf die des Preises **P** zurück.

Beachten wir in der Tat, daß sich aus *a)* und *b)* ergibt, daß der Preis **P** auch *linear* sein muß, in dem Sinne, daß sich für jedes reelle $a$

$$\mathbf{P}(aX) = a\mathbf{P}(X)^4 \tag{3}$$

ergibt, und daher allgemeiner

$$\mathbf{P}(aX + bY + cZ + \ldots) = a\mathbf{P}(X) + b\mathbf{P}(Y) + c\mathbf{P}(Z) + \ldots \tag{4}$$

für eine beliebige *endliche* Anzahl von Summanden.

Durch diese Eigenschaft ist es möglich, die Definition von $\mathbf{P}(X)$ auf den Fall auszudehnen, in dem $X$ eine Zufallszahl (oder reine Zahl) oder eine Zufallsgröße ist, die nicht die Bedeutung eines Gewinnes hat (z. B. Zeit, Länge, usw.). Es genügt in der Tat, einen Koeffizienten $a$ mit einer solchen Dimension zu wählen (z. B. in den angegebenen Fällen von Zeit und Längen, Lire/Sek., und \$/cm), daß $aX$ einen Geldwert darstellt, und $\mathbf{P}(X) = (1/a)\mathbf{P}(aX)$ zu definieren; weil dieser Ausdruck in Bezug auf die Wahl von $a$ unveränderlich ist (Ersatz von $a$ durch $\lambda a$, $\lambda$ reine Zahl $\neq 0$), ist die Definition korrekt.

Im allgemeinen Fall (also nicht in dem des Geldwertes) ist die Bezeichnung „Preis" nicht mehr passend und wir ersetzen sie durch „*Erwartung von X*" (italienisch Previsione die $X$), die für jeden Fall gilt[5], und im besonderen durch „*Wahrscheinlichkeit von E*", wenn $X = E$ ein Ereignis ist.

Die Wahrscheinlichkeit $\mathbf{P}(E)$, die Du einem Ereignis $E$ zuschreibst, ist daher der sichere Gewinn $p$, den Du als äquivalent zu dem unitären, durch das Eintreten von $E$ bedingten Gewinn beurteilst (besser, um sich dimensionsmäßig korrekt auszudrücken, $pS$ ist äquivalent dem $S$, bedingt durch $E$, wobei $S$ ein beliebiger Betrag ist; z. B. eine Lira oder eine Million, 20 Dollar oder 75 englische Pfund). Weil die möglichen Werte eines möglichen Ereignisses $E$ inf $E = 0$ und sup $E = 1$ sind, ist

---

[4] Die Eigenschaft ist für ein rationales $a$ offensichtlich und erstreckt sich offenbar auch auf jedes $a$, wenn $X$ sicher positiv ist (weil dann, wenn $a$ zwischen $a'$ und $a''$ liegt, auch $aX$ zwischen $a'X$ und $a''X$ liegt). Aber es ist immer $X = Y - Z$, mit $Y = X(X \geqq 0)$ und $Z = -X(X \leqq 0)$ (sicher nichtnegative Zahlen: $Y = X$, wenn $X > 0$ und sonst gleich Null. Und $Z = X$, wenn $X < 0$ und sonst Null). Daher gilt die Schlußfolgerung für $Y$ und für $Z$ und daher für $X = Y - Z$.

[5] In der klassischen Terminologie entspricht es der „mathematischen Erwartung" und im gebräuchlicheren Sinn dem „Mittelwert".

für ein derartiges Ereignis $0 \leqq \mathbf{P}(E) \leqq 1$, während notwendigerweise für das unmögliche Ereignis $\mathbf{P}(E)=0$ ist und für das sichere Ereignis $\mathbf{P}(E)=1$ ist[6].

## 2.
## *Abschweifung über Entscheidungen und Nutzen.*

2.1. Der im obigen Punkt 1 verfolgte Weg zur Einführung der Begriffe Erwartung und Wahrscheinlichkeit stützt sich auf im wesentlichen in der Wirtschaft gültige Kriterien der Entscheidungstheorie. Die Darstellung erfolgt jedoch in vereinfachter Form.

Hier müssen aber noch einige Hinweise und nähere Angaben bezüglich der Entscheidungen geliefert werden und vor allem bezüglich des *Nutzens*, der, gemeinsam mit der Wahrscheinlichkeit, eine der beiden Hauptstützen eines korrekten Kriteriums der Entscheidung ist. Es wird jedoch aufmerksam gemacht, daß es sich um eine Abschweifung handelt: wer an dem Argument nicht interessiert ist, kann dies ohne viel Schaden überspringen, da ihm die (nicht wirtschaftlichen) näheren Angaben, die in Nr. 3 und später folgen, genügen mögen.

2.2. *Operationale Definition*. Um einem Begriff eine effektive Bedeutung zu geben (und nicht nur den Schein einer metaphysisch-verbalistischen Bedeutung), ist eine operationale Definition erforderlich, d.h. eine, die sich auf ein Kriterium gründet, die erlaubt, den Begriff zu messen[7]. Darum haben wir uns bemüht, der Erwartung der Zufallszahl (und daher der Wahrscheinlichkeit eines Ereignisses) eine operationale Definition zu geben. Das Kriterium, die Handhabe, die erlaubt, sie zu messen, besteht in diesem Falle darin, daß man über die *Entscheidungen* eines Individuums (die man beobachten kann) dessen *Ansichten* (Erwartung, Wahrscheinlichkeit) die man nicht unmittelbar beobachten kann, prüft.

---

[6] Diese sind die einzigen Fälle, in denen die Wahrscheinlichkeitsbewertung determiniert ist (anstatt die Wahl jedes Wertes zwischen 0 und 1 zuzulassen, *einschließlich Extreme*). Die hier auftretende Determination erklärt sich dadurch, daß keine Ungewißheit vorliegt und die Wahrscheinlichkeit nur einen pleonastischen Sinn hat. Dasselbe sei über die Erwartung gesagt: $\mathbf{P}(X)$ hat notwendigerweise einen gegebenen Wert $x$, dann und nur dann, wenn $X$ als einzigen möglichen Wert wieder $x$ hat (d.h. wenn $X$ nicht wirklich zufällig ist). Der vorige Fall ist der besondere, in dem $x=0$ oder $x=1$ ist.

[7] Siehe P. BRIDGMAN, *The Logic of Modern Physics*, New York, 1927.

Jedes Verfahren und jedes Meßgerät (auch in der Physik und ungeachtet des dort erreichbaren Perfektionsgrades) erfordert Vorsichtsmaßnahmen und Korrekturen. Umso natürlicher ist es, daß man auf einem so empfindlichen Gebiet, wie dem unseren, auf analoge und viel tiefgehendere Schwierigkeiten stößt.

Vor allem würde man, wenn Entscheidung und Präferenz, wie man dies aus dem Gesagten schließen könnte, generisch zu identifizieren wären, viele äußere Faktoren außer Acht lassen, die für die Entscheidung eine Rolle spielen: niemand geht auf alle Geschäfte und Wetten ein, die er für günstig hält, und jeder nimmt vielleicht einmal eine Operation an, die er ungünstig beurteilt. Um den Einfluß derartiger Faktoren einzuschränken, ist es zweckmäßig (wie auch für die Konstruktion von Meßinstrumenten) einfache Phänomene in einfachster Form zu beobachten. Mit diesem Ziele werden wir für die formale Behandlung des Problems (im nächsten Absatz) zwei verschiedene Handhaben zeigen, mittels welcher man sich bemüht, das Subjekt zu einer bewußten Wahl zu zwingen, während man es von der Trägheit befreit und vor Launen behütet. Es wird natürlich demonstriert werden müssen, daß sie äquivalent sind und dies wird sich erweisen.

Noch ein Zweifel kann sich ergeben. Sind die Konklusionen zuverlässiger, die sich ergeben, wenn man das effektive Verhalten eines Individuums bei Entscheidungen beobachtet, bei denen sein Interesse unmittelbar und wirklich geweckt wurde, oder die, welche sich auf das Verhalten gründen, die das Individuum als wünschenswerter bezeichnet, wenn man ihm eine rein hypothetische Situation und Entscheidung erklärt. Sowohl das unmittelbare Interesse als der Mangel an Interesse können die Ausgeglichenheit und Genauigkeit des Urteils und damit die Zuverlässigkeit der Bewertungen in gewissem Sinne begünstigen oder auch behindern. Jedenfalls handelt es sich nicht um einen mathematischen Aspekt: es ist gut, diesen im Auge zu behalten, ihn zu vertiefen, ist aber in erster Linie Sache der Psychologen. Wir fügen nur hinzu, daß man zwischen den beiden extremen Hypothesen eine mittlere, vielleicht interessante, betrachten kann: den Fall dessen, der nach einer Entscheidung gefragt würde, an der andere interessiert sind. Dies könnte vielleicht zu Verantwortlichkeit des Urteils ohne Beeinträchtigung der Ausgeglichenheit führen. Analog die informative Kraft einer anderen Anregung (davon in Kap. V, 5.6), wo die genaue Bewertung an den Ehrgeiz bei einem Wettbewerb gebunden ist (mit materiell unbedeutenden Prämien, die jedoch mit der Bedeutung des Bewerbes zusammenhängen).

Hier möchte jemand vielleicht fragen, auf welcher Basis die Individuen ihre Wahrscheinlichkeiten oder Erwartungen bewerten werden. Aber die Frage ist hier nicht am Platz. Wir müssen uns zunächst bemühen, die Meinungen zu kennen und festzusetzen, ob sie kohärent sind oder nicht. Erst in zweiter Linie, wenn wir die notwendigen Kenntnisse bereits erworben haben, können wir sie auswerten, um diese Aspekte zu untersuchen (und erst, wenn die Kenntnisse sehr fortgeschritten sind, wird dies in hinreichend zufriedenstellender Form geschehen können, um auch die eher komplexen Begründungen jener — zu unrecht als einfach betrachteten — Fälle von Bewertungen einzuschließen, die sich auf Häufigkeiten stützen).

2.3. *Rigidität und entsprechende Vorbehalte.* Die wichtigste Frage, der wir in diesen „Bemerkungen" gegenübertreten müssen, ist dagegen die bereits mit den entsprechenden Vorbehalten erwähnte der Hypothese der Additivität für den Preis eines Zufalls-Gewinnes, eine Hypothese, auf die sich die Definition der Erwartung und im besonderen der Wahrscheinlichkeit, gründet.

Es ist wohl bekannt, und übrigens natürlich, daß dies nicht wirklich so sein kann, normalerweise wegen der Aversion gegen das Risiko (manchmal aber auch im entgegengesetzten Sinn, in Fällen, deren Betrachtung nicht der Mühe wert ist). Die Hypothese der Additivität drückt in der Tat, wie dies im wesentlichen schon bei ihrer Einführung gesagt wurde, eine Hypothese der *Rigidität* gegenüber dem Risiko aus; versuchen wir nun, sie zu erklären. Einleitend wird es genügen, sich auf einfache Beispiele zu beziehen, wie wir sie schon jetzt bringen können. Sie werden ausreichen, um zu zeigen, wie es, um eine vom wirtschaftlichen Standpunkt vollständig befriedigende Darstellung zu erhalten, notwendig wäre, diese Starre zu beseitigen, indem man den Begriff des *Nutzens* einführt, und wie es anderseits gerechtfertigt ist, davon abzusehen, es sei denn, man müßte sich ausdrücklich mit Anwendungen auf wirtschaftlichem Gebiet befassen.

Angesichts zweier Eventualitäten, die Du als gleich wahrscheinlich beurteilst (es könnte sich entsprechend dem Standard-Beispiel dieses Falles um Kopf und Adler handeln), müßtest Du es bei Hypothese von Rigidität gegenüber dem Risiko für gleichgültig halten, „einen sicheren Betrag $S$ zu erhalten, oder das Doppelte in einem der beiden Fälle" und so, „einen sicheren Betrag $S$ zu verlieren, oder das Doppelte in einem der beiden Fälle“, und ferner, „eine Wette abzuschließen oder nicht, die Dich in beiden Fällen diesen selben Betrag $S$ gewinnen oder verlieren läßt“. Dies ist offensichtlich; jedenfalls, wenn man die Rechnungen der Übung halber durchführen will, gibt man mit $A$ und $B$ die beiden Ereignisse an ($A + B = 1$, weil eines und nur eines davon eintritt), deren Wahrscheinlichkeiten, da man sie als gleich voraussetzt, den Wert $\frac{1}{2}$ haben müssen (weil $\mathbf{P}(A) = \mathbf{P}(B)$, $\mathbf{P}(A) + \mathbf{P}(B) = \mathbf{P}(A + B) = \mathbf{P}(1) = 1$); daher bedeuten die angeblich indifferenten Fälle einfach, daß gleich sind: $S$ und $(2S)/2$, $-S$ und $-(2S)/2$, $0$ und $S/2 + (-S)/2$ (weil z. B. der Gewinn $2S$, bedingt durch das Ereignis $A$, die Zufalls-Zahl $X = 2SA$, $\mathbf{P}(X) = \mathbf{P}(2SA) = 2S\mathbf{P}(A) = = 2S \cdot (\frac{1}{2})$).

Wenn Du dagegen, wie dies vorausgesetzt werden kann, die Aversion gegen das Risiko (in der Form und dem Ausmaß, die Deinem Wesen entsprechen oder eventuell unter Einfluß des momentanen Geisteszustandes oder irgendeines anderen Umstandes) teilst, wirst Du in allen Fällen die *sichere* Alternative der *unsicheren* vorziehen, d. h., um effektive Indifferenz zu erreichen, würdest Du Dich begnügen, einen sicheren Betrag $S'$, der geringer ist als $S$, anstatt des hypothetischen Gewinnes $2S$ zu erhalten, Du wärst bereit, einen sicheren Betrag $S''$, der größer ist, als $S$, zu bezahlen, um Dich von dem Risiko eines hypothetischen Verlustes $2S$ zu befreien und Du wärest bereit, einen gewissen Zusatzbetrag $K$ zu bezahlen, um aus der Wette auszuscheiden, in der doch Gewinn und Verlust, als Geld ausgedrückt, symmetrisch sind.

Das bedeutet aber, daß infolge, der Aversion gegen das Risiko, in der Skala, auf welche sich Deine Urteile über Indifferenz stützen, einer Skala, die nicht mehr, wie im Falle von Rigidität mit der Geldskala übereinstimmt, Symmetrie vorhanden ist, das heißt derselbe Niveauunterschied im Übergang von 0 zu $S'$ und von $S'$ zu $2S$, oder im Übergang von $-2S$ zu $-S''$ und von $-S''$ nach 0, oder im Übergang von $-S$ nach $-K$ und von $-K$ nach $S$. In unserem Sinne ist es jedenfalls, als ob sukzessive Beträge gleichen Geldwertes für Dich immer weniger subjektiven Wert oder *Nutzen* hätten; dieser Terminus — der in der Wirtschaftswissenschaft häufig in analogem Sinn aber in diskutabler Form verwendet wird — ist rehabilitiert und mit dem spezifischen, mit diesen Betrachtungen über das Risiko in Zusammenhang stehenden Sinn, übernommen worden.

2.4. *Die Nutzen-Skala.* Die nun entwickelten Betrachtungen ermöglichen in der Tat — wenn man z.B. die Unterteilungen eines Intervalls in zwei „indifferente Zuwächse" im Sinne der obigen Beispiele weiter durchführt und so Unterteilungen in 4, 8, 16, ... Teile erhält — die Konstruktion einer Nutzen-Skala, d.h. einer Funktion $U(x)$, Nutzen des Gewinnes $x$, deren Zuwächse $U(x_{i+1}) - U(x_i)$ dann und nur dann gleich sind, wenn die entsprechenden Zuwächse des Geldgewinnes $x_{i+1} - x_i$ indifferent sind. Zweckmäßigerweise müßte man die Variable $x$, die den Gewinn bedeutet, durch ein $f + x$ ersetzen, wobei $f$ das „Vermögen" des Individuums bedeutet (um nicht zu sehr ins Einzelne zu gehen, was hier nicht am Platz wäre, denke man an den Wert des Erbgutes). Jedenfalls wäre es gut, einen weniger provisorischen Ausgangspunkt zu wählen, als ihn die momentane Situation darstellt, um nicht die Möglichkeit von Änderungen der Beurteilung, die sich durch das zwischenzeitliche Auftreten von Veränderungen der Vermögenslage oder Übernahme von Risiken ergeben könnten, zu übersehen und um sich die Möglichkeit offen zu halten, ihnen gegebenenfalls Rechnung zu tragen. Um zu berücksichtigen, daß die Situation immer Risiken enthalten wird, wird es sogar zweckmäßiger sein, das Vermögen selbst mit $F$ zu bezeichnen (und es als Zufallszahl zu betrachten) und nicht mit $f$ (einem sicheren Wert).

Durch das über die Nutzen-Skala Gesagte wird anschaulich (und das genügt vorläufig), daß, wenn man sich, um die „Preise" zu definieren, eher auf sie als auf den Geldwert beziehen würde, die Additivität gültig wäre. Tatsächlich kann man sagen, daß diese Skala nach Definition eine in dem Sinne entstellte Geldskala ist, daß die Verzerrungen in Bezug auf die Rigidität, die durch die Aversion gegen das Risiko verursacht werden, ausgeglichen sind. Die im obigen Abschnitt veranschaulichte Darstellung, die wir im nächsten Abschnitt näher erläutern werden, wäre also vollkommen, wenn man sie, anstatt auf den Geldwert, auf den Nutzen beziehen wollte. Und theoretisch wäre dies zweifellos das Beste, weil man integral eine Entscheidungstheorie (mit kohärenten Entscheidungskriterien im Zustand der Gewißheit oder der Ungewißheit) von einwandfreier wirtschaftlicher Bedeutung konstruieren würde, indem man gleichzeitig und parallel die Eigenschaften der *Wahrscheinlichkeit* und des *Nutzens*, die deren Eckpfeiler sind, festsetzen würde. Das grundlegende Resultat liegt in der Tat in der Erkenntnis, daß *die Kriterien kohärenter Entscheidungen alle die und nur die sind, die in der Wahl irgendeiner Wahrscheinlichkeitsbewertung und irgendeiner Nutzen-Funktion* (mit den notwendigen Eigenschaften) *bestehen und in der Zielsetzung einer maximalen Erwartung des Nutzens*. Natürlich kann sich jemand in seinen Entscheidungen und Präferenzen kohärent verhalten, ohne irgendetwas über Wahrscheinlichkeit und Nutzen zu wissen, Tatsache ist aber, daß er sich in diesem Fall doch immer verhalten müßte, *als würde er* in dieser Weise handeln, *als würde er* einer Wahrscheinlichkeitsbewertung und einer Nutzenskala gehorchen, die (wenn es ihm auch nicht bewußt ist) sein Denken und Handeln leiten. Wovon man wieder zurückschließen könnte, um sie in geeigneter Weise zu studieren.

Dieser unitäre Weg zu einer vollständigen Darstellung der Entscheidungstheorie in ihren beiden Komponenten ist von F. P. Ramsey (1926) gezeichnet und von L. J. Savage (1954) streng entwickelt worden. Es gibt jedoch auch Motive, den entgegengesetzten Weg vorzuziehen, den wir hier zu gehen versuchen und der darin besteht, den Begriff des Nutzens, bis er nicht ausdrücklich gebraucht wird, beiseitezulegen, um das Studium der Wahrscheinlichkeiten leichter zu entwickeln.

2.5. *Ein alternativer Weg*. Das theoretische Informationsziel dieses alternativen Weges besteht darin zu betonen, daß die obige Hypothese der Rigidität praktisch annehmbar ist, auch wenn man sich weiterhin auf Geldwerte bezieht, solange die auf dem Spiele stehenden Beträge nicht „zu groß" werden. Die Restriktion hat natürlich eine relative und approximative Bedeutung: relativ in Bezug auf Dich (Dein Vermögen, Dein Wesen, und genau auf den Grad der Konvexität Deiner Funktion $U$), insofern approximativ, als es sich darum handelt, den Abschnitt der Kurve $U$, der von Interesse ist, durch die Tangente im Ausgangspunkt zu ersetzen (und je kleiner dieser wird, umso befriedigender ist das Ergebnis). In diesem Sinne könnten wir daran denken, die vorige Definition von $\mathbf{P}(X)$ (die wir provisorisch dadurch unterscheiden, daß wir sie mit $\mathbf{P}^*(X)$ bezeichnen) durch eine neue, mit ihr in Zusammenhang stehende Relation $\mathbf{P}(X) = \lim_{a\to 0} (1/a)\mathbf{P}^*(aX)$ zu ersetzen; wir ziehen jedoch die weniger orthodoxe aber natürlichere und handlichere Lösung vor, die darin besteht, nichts zu ändern und nur aufmerksam zu machen, daß man in Beispielen aus der Wirtschaft innerhalb zweckmäßiger Grenzen bleiben muß (die wir einfach Grenzen der „allgemeinen Verwaltung" nennen wollen).

Verschiedene Motive rechtfertigen diese Entscheidung (und mehr im allgemeinen, den Verzicht auf den vereinigten Weg von Wahrscheinlichkeit und Nutzen schon seit den Ansätzen).

Ein erstes Motiv, ein einfaches formelles Bedenken, rät davon ab, diesen Grenzübergang soweit ernst zu nehmen, daß darauf sogar eine Definition gegründet wird. Wenn nämlich $a$ übertrieben klein ist, verliert eine Bewertung praktisch jede Verläßlichkeit; es ist, wenn auch aus anderer Ursache, dasselbe Phänomen, auf das man stößt, wenn man die Dichte dort definieren will, wo es notwendig ist, die Verhältnisse Masse/Volumen für Umgebungen zu betrachten, die klein genug sind, um makroskopische Nicht-Homogenität zu vermeiden, aber nicht so klein, daß sich Diskontinuitäten in der Struktur der Materie nicht auswirken würden. Gewiß, wenn wir in den Bereich mathematischer Idealisierungen eintreten, können wir davon absehen, in harmlosen Einzelheiten wirklichkeitsnahe zu bleiben, doch ist es wohl eine übertriebene Ungezwungenheit, wenn man sich bereits bei jener Definition so verhält, die gerade die Verbindung zur Wirklichkeit darstellen sollte.

Das soll nicht heißen, daß man die Formel des Grenzüberganges nicht als gültig anerkennen sollte (als harmlose und zweckmäßige Annahme, wenn auch nicht als Definition geeignet). Wenn man jedenfalls einmal die Erwartung $\mathbf{P}(X)$ linear eingeführt hat und die Nutzenfunktion $U$ (die wir der Einfachheit halber nun in Funktion des Gewinnes $x$ ausgedrückt annehmen) bekannt ist, kann das ursprüngliche $\mathbf{P}(X)$, wie es sich effektiv ergibt, wenn man die Hypothese der Rigidität als nicht erfüllt voraussetzt (was wir oben mit $\mathbf{P}^*$ angegeben hatten, und jetzt mit $\mathbf{P}_U$ bezeichnen wollen), unmittelbar als Transformation von $\mathbf{P}$ mittels $U$ dargestellt werden.

$$\mathbf{P}_U(X) = U^{-1}\{\mathbf{P}[U(X)]\}. \tag{5}$$

Im normalen Fall ($U$ konvex) ist $\mathbf{P}_U(X) < \mathbf{P}(X)$, wie dies bereits beobachtet wurde und wie sich dies aus dem Gesetz der assoziativen Mittel ergibt (II, 9.3). Um auch in der Terminologie die Bezugnahme auf die beiden verschiedenen Begriffe zu unterscheiden, wollen wir sagen:

| | | | |
|---|---|---|---|
| eine Operation ist | *indifferent*, | *vorteilhaft*, | *nachteilig*, |
| je nachdem, ob $\mathbf{P}_U$ | konstant bleibt, | oder wächst, | oder fällt; |
| eine Operation ist | *gleichwertig*, | *günstig*, | *ungünstig*, |
| je nachdem ob $\mathbf{P}$ | konstant bleibt, | oder wächst, | oder fällt. |

Eine gleichwertige Operation ist für alle die gleichwertig, die dieselben Wahrscheinlichkeitsbewertungen gemeinsam haben, auch wenn einer davon der Wettgegner ist ($\mathbf{P}(-X) = -\mathbf{P}(X)$); eine indifferente Operation ist nicht mehr indifferent, wenn $U$ variiert und kann nicht für beide Teilnehmer indifferent sein (wenn sie konvexe $U$ haben: dann ist nämlich in der Tat $\mathbf{P}_U(-X) < \mathbf{P}(-X) = -\mathbf{P}(X) < -\mathbf{P}_U(X)$).

2.6. *Weitere Bemerkungen.* Wir gehen schließlich zu den übrigen Motiven über, die Motive der Einfachheit sind. Die Trennung von Wahrscheinlichkeit und Nutzen, dessen, das nicht von der Aversion gegen das Risiko abhängt und dessen, das davon abhängt, bietet übrigens im Grunde dieselben Vorteile, wie die Behandlung der Geometrie getrennt von der Mechanik und die der Mechanik der sogenannten starren Körper, indem man von der Elastizität absieht (anstatt von einer einheitlichen Darstellung ausgehen zu wollen).

Das wesentlichste Motiv liegt in dem Vorteil, in natürlicher Weise von Wett-Kombinationen oder irgendwelchen wirtschaftlichen Operationen sprechen zu können, die im Sinne des Geldwertes, der invariant ist, aufzufassen sind. Wenn man sich auf die Nutzenskala beziehen will, wird eine Operation, die zum Gewinn des Betrages $S$ führt, wenn das Ereignis $E$ eintritt, wie eine Mannigfaltigkeit von Operationen erscheinen, die sich nach dem Ergebnis anderer zufälliger Operationen unterscheiden. Diese bewirken nämlich praktisch, daß sich das Vermögen verändert und damit der Zuwachs des Nutzens, der sich durch den eventuellen zusätzlichen Gewinn $S$ ergibt. Umgekehrt, wenn man, um dies zu vermeiden, versuchen würde, Wetten oder wirtschaftliche Operationen, die, sagen wir, in „ut" (Einheit des Nutzens, definierbar als Zuwachs zwischen zwei festgesetzten Situationen) ausgedrückt sind, zu betrachten, so wäre eine Realisierung praktisch unmöglich, weil die reellen Größen, in denen sie ausgedrückt werden (Geldbeträge, Warenmengen usw.) den unaufhörlichen und komplexen Variationen eines Maßes angepaßt werden müßten, das niemand beobachten könnte.

Im wesentlichen besteht also unsere Annahme darin, die Hypothese der Rigidität gegenüber dem Risiko, d.h. die Identität von Geldwert und Nutzen[8] innerhalb der Grenzen der „allgemeinen Anwendung"

[8] Ausgenommen Veränderungen – offensichtlich unwesentlicher Art – des Ursprungs und der Maßeinheit.

als praktisch gültig anzuerkennen. Wir müssen jedoch überlegen, ob diese Annahme innerhalb ziemlich weiter Grenzen genügend realistisch ist; es scheint effektiv tragbar, der „allgemeinen Anwendung" alle Operationen zuzuordnen, deren Ausgang keine bedeutende Auswirkung auf das Vermögen (oder Wesen, usw.) eines Individuums hat, in dem Sinne, daß sie weder besorgniserregende Verschlechterungen noch wesentliche Verbesserungen verursachen.

Hier sollte man nicht weitschweifig werden, doch scheint es angebracht, an eine Analogie aus der Wirtschaft und an eine aus dem Versicherungswesen zu erinnern, die — im Sinne des obigen geometrisch-mechanischen Vergleiches — ausreichen, um die Frage von einem wesentlichen und praktischen Gesichtspunkt aus zu klären. Wenn man die Preise $\mathbf{P}(X)$, wie sie sich bei unserer Hypothese von Rigidität ergeben, verwendet, so ist dies dasselbe, wie wenn man in der Wirtschaft den Gesamtpreis einer Menge gegebener Warenbestände auf Grund der geltenden unitären Preise betrachtet, ohne den Variationen Rechnung zu tragen, die sich durch die Verschiebung von Angebot und Nachfrage nach einer eventuellen Transaktion ergeben könnten. Variationen die übrigens nur fühlbar sind, wenn die entsprechenden Warenmengen relevant sind. Noch bezeichnender, das Beispiel aus der Versicherungsmathematik, die ja sogar ein besonderer Fall der Theorie ist, mit der wir uns befassen. Hier dreht sich der Hauptteil der Abhandlung traditionell um ein *gleichwertiges* Regime (oder, wie man hier sagt, um ein „reines": reine Prämien usw.), während man von Korrekturen nach Nutzen (oder äquivalenten, wenn dieser Begriff nicht explizit eingeführt wird) nur in besonderen Teilen spricht („Theorie des Risikos", Betrachtungen über das Interesse von Gefährdeten, sich zu versichern, usw.). Obgleich dies eher einer Tradition geringen Bewußtseins der Frage als einer erwogenen Entscheidung im beschriebenen Sinne zu verdanken ist, bestätigt die Tatsache, daß sich die „rigide" Approximation für den Hauptteil des klassischsten Anwendungsgebietes der Wahrscheinlichkeitsrechnung auf wirtschaftliche Fragen als befriedigend ergeben hat, die Rationalität der Verwendung der vereinfachten Version, an die wir uns halten wollen[9].

Übrigens werden wir sehen, wie man, auch von der Hypothese der Rigidität ausgehend, mit diesbezüglich neutralen Kriterien zur Bewertung der Wahrscheinlichkeiten gelangen kann (Kap. V). Die Tat-

[9] Über alle diese Probleme, siehe DE FINETTI-EMANUELLI (1967), Teil I.

sache, daß man die signifikantere Auffassung als Grundlage nimmt, und diese mit Hilfe dieser vereinfachenden Hypothese noch verdeutlicht, erfüllt also den Zweck, ohne die Konklusionen zu präjudizieren.

## 3.
### *Grundlegende Definitionen und Kriterien.*

3.1. Wir müssen nun das, was wir einführend gebracht haben, in effektive Definitionen und Demonstrationen umsetzen, indem wir die erforderlichen näheren Bestimmungen hinzufügen und die Entwicklungen in die Wege leiten.

Wir haben eine Idee dessen vermittelt, was eine *Erwartungsfunktion* **P** darstellen soll und wie sie beschaffen sein muß, um *kohärent* zu sein. Das **P** stellt die Ansichten eines Individuums angesichts ungewisser Tatsachen dar, wobei jeder Zufallsgröße *X* die Bewertung entspricht, die er selbst **P**(*X*), der *Erwartung* von *X*, gibt, deren Bedeutung operativ auf die des (gleichwertigen) *Preises X*, als Gewinn ausgedrückt, zurückzuführen ist und die im besonderen die *Wahrscheinlichkeit* enthält (denn dies ist der spezifischere Name, den man der Erwartung gibt, wenn *X* ein Ereignis ist). Eine Funktion der Erwartung **P** ist *kohärent*, wenn es, wenn man sich ihr entsprechend verhält, ausgeschlossen ist, zu untragbaren Entscheidungen zu gelangen (d.h. zu solchen, daß eine andere mögliche Entscheidung sicher bessere Ergebnisse gebracht hätte, ganz gleich, was geschehen wäre). Wir haben bereits gesagt, daß sich die Kohärenz auf Linearität und Konvexität reduziert.

3.2. Zur genauen Konkretisierung der Darstellung bringen wir nun zwei *Kriterien* (im Sinne von *Handhaben* oder *Hilfsmitteln*, um ein Maß zu erhalten), von denen jedes eine *operationale Definition* der Wahrscheinlichkeit oder Erwartung **P** bringt und, verbunden mit der entsprechenden Kohärenzbedingung, als Grundlage für die gesamte Wahrscheinlichkeitstheorie genommen werden kann.

Wir wiederholen, daß jene Definitionen „operational" genannt werden, die es erlauben, einen Begriff nicht auf Phrasen zurückzuführen, die nur scheinbar eine Bedeutung haben können, sondern auf effektive, zumindest theoretisch mögliche Erfahrungen. Man denke an die Einstein'sche Definition der „Gleichzeitigkeit" mittels Signalen: bis dahin war nicht einmal ein Verdacht aufgetreten, daß der Begriff keine absolute Bedeutung haben könnte. Diese ist jedoch für die Operationalität der Definitionen eine der wesentlichen Forderungen der Wissenschaft, die mit Begriffen von festgelegter Gültigkeit, im pragmatischen Sinne, arbeiten muß und nicht Gefahr laufen kann, illusorische Kombinationen von Wörtern mit metaphysischem Beigeschmack für Begriffe zu halten.

In unserem Falle handelt es sich darum, für die Definition von **P**($X$) genau die „Spielregeln" anzugeben: zu sagen, welche bei Anwendung eines gegebenen Kriteriums, die Folgen sind, mit denen Du bewußt rechnen mußt und auch rechnest, wenn Du Deine Bewertung von **P**($X$) bekannt gibst (deren Bedeutung als „Preis" schon im wesentlichen konkret ist). Auch für die Kohärenz sind die in (1.5) gegebenen Angaben schon begriffbestimmend, sie jedoch in beschränkter Form für einzelne Kriterien näher zu erklären, liefert ein einschneidenderes Schema der Theorie, indem sie sie auf einen wirklich minimalen Kern anfänglicher Annahmen zurückführt.

3.3. Was die Extension des Definitionsfeldes einer Erwartungsfunktion **P** anbelangt, nehmen wir (zum Unterschied von anderen Theorien: und darum soll es gesagt werden) an, daß im Prinzip **P** (durch Dich, durch jedermann) für *jedes* Ereignis $E$ oder Zufallszahl $X$ bewertet werden könnte: es würde genügen, daß Du Dich nach einem der Kriterien richtest, die wir bald erklären werden und da Du antworten mußt, d.h. zwischen den dir zugestandenen und gebotenen Alternativen wählen mußt, wirst Du Deine Bewertung von **P**($X$) aussprechen (oder im besonderen von **P**($E$)). Dies gilt, wie gesagt, *im Prinzip*: d.h. wir wollen jede Unterscheidung leugnen, wonach es bei gewissen Ereignissen Sinn hätte, von Wahrscheinlichkeit zu sprechen und bei anderen nicht[10], womit wir aber nicht behaupten, daß man sich **P** effektiv durch jedes beliebige Individuum für alle Ereignisse determiniert vorstellen könnte (worunter jene, welche seit Bestehen der Menschheit genannt oder gedacht wurden, einen unendlich kleinen Bruchteil bilden, obwohl sie eine unendliche Vielzahl darstellen). Im Gegensatz dazu können wir in jedem Augenblick und in jedem Fall das **P** definiert oder bekannt voraussetzen, das für alle und nur die Zufallszahlen (oder im besonderen Ereignisse) gilt, die einer gewissen, rein willkürlichen Menge $\mathfrak{X}$ angehören[11]: z.B. jener, für welche uns die durch das in

---

[10] Z.B. die beiden folgenden, ziemlich gebräuchlichen: ja für „wiederholbare" Ereignisse, und nein für „einzelne" Fälle; ja, wenn $X$ zu einer Menge $I$ gehört, wenn diese meßbar ist, und sonst nein. Siehe Anhang.

[11] Und nicht notwendigerweise zu etwas, das auf einen Ring von Ereignissen (oder auf einen $\sigma$-Ring) reduzierbar ist. Siehe weiterhin Anhang.

Betracht kommende Individuum ausdrücklich ausgesprochene Bewertung bekannt ist.

Ohne über diese Menge hinauszugehen, wie immer sie auch sei, werden wir erkennen können, ob **P** Inkohärenzen enthält (und das Individuum müßte, nachdem es aufmerksam gemacht wurde, diese beseitigen, indem es seine Bewertungen überdenkt und berichtigt), oder nicht. Dann ist die Bewertung kohärent und wird für jegliche ausgedehntere Menge verlängert werden können; die Verlängerung wird bis zu dem Punkt, bis zu dem dies durch die Kohärenz bedingt ist, eindeutig determiniert sein und darüber hinaus in mehr oder weniger willkürlicher Form. Deshalb wird man nicht fortfahren können, ohne das Individuum zu befragen und es aufmerksam zu machen, wenn es die Kohärenz in Bezug auf die vorherigen Bewertungen verletzt.

Unter den Antworten sind die folgenden ohne Sinn und daher nicht anzuerkennen: „Ich weiß nicht", „ich weiß nicht, welche die Wahrscheinlichkeit ist", oder „meiner Ansicht nach gibt es keine Wahrscheinlichkeit". Die Wahrscheinlichkeit (oder die Erwartung) an sich ist nicht etwas, das man kennen oder nicht kennen kann; sie existiert insofern, als sie dazu dient, seitens jedes Einzelnen gerade das auszudrücken, wofür er sich in seinem gegebenen Zustand der Unkenntnis entscheidet; an einen höheren Grad der Unwissenheit zu denken, der die Verweigerung einer Antwort rechtfertigen würde, wäre dasselbe, wie in einer Statistik außer den Individuen, deren Geschlecht unbekannt ist, auch jene anzugeben, „von denen man nicht einmal weiß, ob das Geschlecht bekannt oder unbekannt ist".

Andere Betrachtungen und Begrenzungen können stattfinden, wenn man Wahrscheinlichkeitsfunktionen betrachtet, die anders definiert sind, als die, welche die Meinung eines gegebenen Individuums ausdrücken. Wenn wir z.B. nach Betrachtung und Befragung mehrerer Individuen „deren gemeinsame Meinung", **P**, studieren wollen, so wird diese nur im Felde jener $X$ existieren, für welche alle $\mathbf{P}_i(X)$ koinzidieren (und damit $\mathbf{P}(X)$ definieren) und sonst nicht existieren. Wir können uns auch (niemand verbietet das) auf Bewertungen beschränken, die restriktiveren Kriterien entsprechen, auf die jemand eben sein Studium einschränken will, und so die Ereignisse ausschließen, von denen er sagen würde, daß die Wahrscheinlichkeit „nicht existiert" oder „nicht bekannt ist", wobei jedoch weiterhin feststeht, daß derartige Motivierungen nach der gegenwärtigen Auffassung sinnleer bleiben. Ich kann einem Freund die Gefälligkeit erweisen, ihn nicht gemeinsam mit einer Person einzuladen, die er als Unglück bringend betrachtet, ohne deshalb selbst an das Unheilbringende zu glauben oder auch nur zu verstehen, wie man daran glauben kann.

Was die *Kohärenz* anbelangt, wollen wir hier nur noch unterstreichen, in welchem Sinne der Begriff *objektiv* ist und es sein muß: die Kohärenzbedingungen müssen die Möglichkeit gewisser Folgen ausschließen, deren Untragbarkeit durch jedermann ausgedrückt und erkannt werden kann, unabhängig von allen seinen Ansichten und allen seinen mehr oder weniger „rationalen" Urteilen über die Meinungen anderer. Dies sei gesagt um festzustellen, daß diese Bedingungen, wenn auch *normativ*, nicht (wie einige Kritiker meinen) kostenfrei durch ein Kriterium auferlegt werden, das dessen Verfechter für „rational" halten; sie sagen nur: „Du mußt dies vermeiden, wenn Du nicht willst, daß ..." (und es folgt die nähere Angabe von etwas selbstverständlich Unerwünschtem). Wir werden dies sofort bei den beiden Kriterien sehen, die wir nun darlegen wollen (und man beachte es!).

3.4. *Kriterien für die Bewertungen.* Wir bringen nun Einzelheiten über die beiden angekündigten Kriterien: jedes besteht aus:

— einem *Entscheidungs-Schema*, dem ein Individuum, sagen wir Du, unterworfen werden kann, um — mit einem operativen Verfahren — jenen Wert mitzuteilen, der *nach Definition* seine *Erwartung* von $X$ heißen wird, oder im besonderen seine *Wahrscheinlichkeit* von $E$,

— und einer *Kohärenzbedingung*, die (mit der objektiven Bedeutung der Unterscheidung) zu unterscheiden erlaubt, ob die Menge der Erwartungen eines Individuums kohärent, annehmbar oder umgekehrt in sich widersprüchlich ist.

In beiden Fällen wird die Erwartung von $X$ ein Wert $x$ sein, der als „Schätzung" von $X$ frei gewählt werden kann; jedoch werden die Verpflichtungen, die sich nach dem Schema durch diese Auswahl ergeben, den sonst völlig unbestimmten[12] Sinn dieses Wortes „Schätzung" präzisieren. Beide Kriterien gehen, um den Sinn gleich wörtlich zu erklären, von der Betrachtung der Zufallsgröße aus, die sich aus der Differenz, oder Abweichung, $X-\bar{x}$, zwischen dem effektiven Wert $X$ und dem von Dir gewählten Wert ergibt. Beide führen zum selben $\bar{x}$, wenn sie kohärent angewandt werden.

Das erste Kriterium sieht vor, daß Du eine in jeglichem Sinne zu

[12] Oder noch schlimmer, was als „Voraussage" aufgefaßt werden könnte!

$X-\overline{x}$ proportionale Wette (d.h. positiv proportional zu $X-\overline{x}$ oder $\overline{x}-X$) nach Wahl eines Bewerbers annehmen mußt, so daß es für Dich nicht vorteilhaft ist, in der einen oder anderen Richtung von dem Wert abzuweichen, der die beiden Alternativen für Dich indifferent macht, denn sonst würdest Du die eine oder andere für Dich ungünstig machen, und der Gegner könnte dies ausnützen, indem er sie wählt[13].

Das zweite Kriterium sieht vor, daß Du eine Strafe, (positiv) proportional zum Quadrat der Abweichung $(X-\overline{x})^2$, erhältst und sie wächst, wenn Du in der einen oder anderen Richtung von diesem selben Wert abweichst.

Die Sache wird offensichtlich, wenn man sich an die Eigenschaften des Schwerpunktes (indifferentes Gleichgewicht, Minimum des Trägheitsmoments) erinnert, die eine Analogie und sogar eine vollkommene Interpretation liefern. Wer von Wahrscheinlichkeit und Statistik schon etwas versteht, weiß auch, daß diese Eigenschaften notorisch $\mathbf{P}(X)$ charakterisieren (das gewöhnlich „mathematische Erwartung“ oder „Mittelwert“ genannt und mit $\mathbf{M}(X)$ bezeichnet wird). Die Neuheit liegt nur darin, daß man sie für eine operational und direkte Definition von $\mathbf{P}(X)$ und im besonderen der Wahrscheinlichkeit verwendet. Sind die Wahrscheinlichkeiten der möglichen Werte (wenn in endlicher Zahl) gegeben, so ist es klar, daß $\mathbf{P}(X)$ in Funktion derselben ausgedrückt wird und die Extension des Ergebnisses auf den allgemeinen Fall wird unmittelbar, sobald wir den Begriff der „Wahrscheinlichkeitsverteilung“ (siehe Kap. VI) eingeführt haben. Auf diese Weise führt man jedoch den einfacheren Begriff (der „Erwartung“) mittels des komplexeren (der „Verteilung“) ein, der eine Voraussetzung desselben wird, und zur Einführung von mathematischen Hilfsmitteln führt, die über dem Notwendigen liegen (Integrale von Stieltjes). Dasselbe ist übrigens bei einem Körper der Fall. Der Schwerpunkt ist leicht zu bestimmen und ist — sozusagen — immer nützlich. Die genaue Verteilung der Massen ist dagegen praktisch nie zu ermitteln und relativ wenig interessant.

Noch zwei Hinweise: Wir erinnern hier an die „Hypothese von Rigidität in Bezug auf das Risiko“, die wir auch im folgenden voraussetzen (nicht ohne die Implikationen dieser Hypothese an den Punkten, wo sie unsere Aufmerksamkeit verdienen, in Form von „Bemerkungen“ im Sinne eines zweckmäßigen Kommentars hervorzuheben). Außerdem werden wir uns, sei es, um die folgende Forderung der „gemäßigten Entität“ bei Spieleinsätzen leicht zu realisieren, sei es um heikle Punkte beiseite zu lassen, auf die wir besser später (in Nr. 11 usw.) zurückkommen, vorläufig auf begrenzte Zufallsgrößen beschränken (d.h. deren mögliche Werte in einem Intervall enthalten sind, nämlich mit $-\infty < \inf X, \quad \sup X < +\infty$).

Was den Vorzug anbelangt, der dem einen oder anderen der beiden Kriterien einzuräumen ist, so besteht keinerlei Bedenken dagegen, daß

[13] Es ist dasselbe Kriterium wie „teile die Torte in zwei Teile und ich werde den größeren wählen“, um damit zu erreichen, daß jemand in Stücke teilt, die er für gleich hält.

jeder sich nach eigenem Geschmack entscheidet, da ja — wie gesagt wurde und nachgewiesen werden soll — die beiden Definitionen (zusammen mit den entsprechenden Kohärenzbedingungen) äquivalent sind. Die erste Definition hat im Sinne einer ersten Intuition eine etwas unmittelbarere Signifikanz; im Sinne effektiver Deduktionen ist die zweite Definition aber signifikanter und fügt sich besser in die Ideenordnung der Entscheidungstheorie ein. Später werden wir (in Kap. V) ein drittes Kriterium ableiten, das Vorteile der Anwendung liefert, jedoch keine autonome Darstellung gestattet.

3.5. *Erstes Kriterium.* Gegeben ist eine Zufallszahl (oder Zufallsgröße) $X$ und Du mußt einen Wert $\bar{x}$ wählen, wobei feststeht, daß Du nach dieser Wahl jede Wette mit dem Gewinn $c(X-\bar{x})$ annehmen mußt, wobei $c$ (positiv oder negativ) durch einen Gegner frei gewählt werden kann.

*Definition*: $\mathbf{P}(X)$, Erwartung von $X$ nach Deiner Ansicht, ist nach Definition der Wert $\bar{x}$, den Du in diesem Sinne gewählt hast.

*Kohärenz*: Es wird vorausgesetzt, daß Du nicht den Wunsch hast, Wetten abzuschließen, die für Dich einen *sicheren* Verlust bedeuten[14]; daher ist eine Menge Deiner Erwartungen *kohärent*, wenn unter den Wettkombinationen, zu deren Annahme Du Dich verpflichtet hast, keine sind, welche Gewinne ergeben, die *all uniform negativ* sind[15].

*Analytische Bedingungen*: In Formeln bedeutet dies, daß die für die $\bar{x}_i = \mathbf{P}(X_i)$ im voraus gewählten Werte derart sein müssen, daß sich für keine Linearkombination

$$Y = c_1(X_1 - \bar{x}_1) + c_2(X_2 - \bar{x}_2) + \ldots + c_n(X_n - \bar{x}_n)$$

ergibt, daß $\sup Y$ negativ ist (es wird nicht einmal $\inf Y$ positiv sein können, denn dann wäre $\sup(-Y) = -\inf Y$ negativ).

*Bemerkung*: Man beachte den objektiven Charakter der Bedingung, der weiter durch die Tatsache bewiesen wird, daß nur von „möglichen Werten" die Rede ist.

---

[14] Das verursachen, was man im Englischen „Dutch Book" nennt.

[15] Weshalb es nicht genügt „alle negativ" (d.h. $<0$) zu sagen, sondern „uniform" hinzuzufügen ist (d.h. $<-\varepsilon$, mit $\varepsilon$ positiv), wird später zu sehen sein; vorläufig ist es nicht angebracht, auf Feinheiten einzugehen. Unter „Kombinationen" sind immer die Linearkombinationen *einer endlichen Anzahl* jener Wetten zu verstehen (auch wenn es unendlich viele wären).

3.6. *Zweites Kriterium.* Du zahlst eine Strafe $L$[16] proportional zum Quadrat der Differenz (oder Abweichung) zwischen $X$ und einem Wert $\bar{x}$, den Du zu diesem Zweck nach Belieben auswählen kannst:

$$L = \left(\frac{X - \bar{x}}{k}\right)^2$$

(wobei $k$ willkürlich im voraus bestimmt ist und auch von Fall zu Fall verschieden[17]).

*Definition*: $\mathbf{P}(X)$, Erwartung von $X$ nach Deiner Meinung, ist der Wert $\bar{x}$, den Du zu diesem Zweck gewählt hast.

*Kohärenz*: Man nimmt an, daß Du eine gegebene Strafe nicht annehmen möchtest, wenn Du eine andere wählen kannst, die *sicher* kleiner ist. Daher ist die Menge Deiner Erwartungen *kohärent*, wenn Du nicht so wählen konntest, daß damit Deine Strafe sicher und einheitlich kleiner geworden wäre.

*Analytische Bedingungen*: Die Kohärenzbedingung bedeutet, daß es keine Werte $x_i^*$ gibt, die, wenn man sie an Stelle der gewählten $\bar{x}_i = \mathbf{P}(X_i)$ setzen würde, bewirken könnten, daß *für alle möglichen Punkte* $(X_1, X_2, \ldots, X_n)$ (d.h. die, die zur Menge $\mathfrak{Q}$ gehören) die Strafe

$$L^* = \sum_i \left(\frac{X_i - x_i^*}{k_i}\right)^2$$

einheitlich kleiner ausfallen würde als

$$L = \sum_i \left(\frac{X_i - \bar{x}_i}{k_i}\right)^2.$$

*Bemerkung*: Dieselbe wie für das erste Kriterium.

3.7. *Äquivalenz der beiden Kriterien.* Man erkennt sofort die Identität der Erwartung nach dem 1. und nach dem 2. Kriterium.

Es sei nun $\bar{x}$ die Erwartung von $X$, definiert auf Grund des 1. Kriteriums und $\bar{\bar{x}}$ die nach dem 2. Kriterium. Das bedeutet, daß:

1.) Der zufällige Gewinn $X$ als äquivalent mit dem sicheren Gewinn $\bar{x}$

[16] Von Loss (= Verlust, Englisch), einem durch A. Wald eingeführten Ausdruck.

[17] Es ist zweckmäßig, sich $k$ homogen mit $X$ vorzustellen, sodaß der Ausdruck eine reine Zahl ergibt und dabei stillschweigend die Multiplikation mit einer Geldeinheit $u$ anzunehmen, damit $L$ die Dimensionen eines Geldwertes hat (und die Komplikation zu vermeiden, es mit $k$ zu bezeichnen oder es in $k$ eingeschlossen anzunehmen, sodaß sich darin ein extravaganter Faktor mit der Dimension $u^{-1/2}$ ergibt).

beurteilt wird (daher jedem $x < \bar{x}$ und nicht einem $x > \bar{x}$ vorzuziehen);

2.) Der Gewinn (negativ, nämlich Strafe!) $-(X - \bar{\bar{x}})^2$ wird so beurteilt, daß er jedem anderen $-(X - x)^2$ mit $x \neq \bar{\bar{x}}$ vorzuziehen ist, d.h. der Gewinn

$$G = (X - x)^2 - (X - \bar{\bar{x}})^2$$

wird Null vorgezogen (für jedes $x \neq \bar{\bar{x}}$).

Vergleichen wir allgemeiner, welcher von den Strafbeträgen, die zwei beliebigen Werte von $x$, sagen wir $x = a$ und $x = b$, entsprechen, vorzuziehen ist und bezeichnen wir mit $c = \frac{1}{2}(a + b)$ den Zentralwert des Intervalls $[a, b]$.

Die Wahl von $a$ ist der von $b$ vorzuziehen, wenn der Gewinn $G = (X - b)^2 - (X - a)^2$ günstiger ist als 0, d.h. wenn man weiter entwickelt, wenn

$$G = (X^2 - 2bX + b^2) - (X^2 - 2aX + a^2) = 2(a - b)X - (a^2 - b^2) = \\ = 2(a - b)(X - c)$$

günstiger ist als Null.

$G$ wünschbarer als 0 bedeutet $\mathbf{P}(G) > 0$; auf Grund des 1. Kriteriums ergibt sich $\mathbf{P}(G) = 2(a - b)(\bar{x} - c)$, ein Ausdruck, der positiv ist, wenn $a > b$ und $\bar{x} > c$, oder umgekehrt, $a < b$ und $\bar{x} < c$, d.h. (in beiden Unterfällen) wenn $\bar{x}$ in das Semi-Intervall zwischen $c$ und $a$ fällt, d.h. schließlich, wenn *a näher bei* $\bar{x}$ ist als bei $b$.

Unsere Behauptung ist ein offensichtlicher Folgesatz dieses Ergebnisses (das wir in dieser allgemeinen Form darstellen wollten, weil dies nützlich schien): die beste Wahl, $x = \bar{\bar{x}}$. hat man bei $\bar{\bar{x}} = \bar{x}$.

Auch die Äquivalenz der beiden Kohärenzbedingungen kann formal durch Entwicklungen dieser Art bewiesen werden (und wir werden dies tun und ausführlich ausschreiben, falls jemand es unmittelbar kontrollieren und anwenden wollte). Aber als Begriff wird alles unvergleichlich intuitiv leichter und signifikanter, wenn man die geometrische Darstellung betrachtet.

## 4.

## *Geometrische Interpretation: die Menge $\mathfrak{P}$ der kohärenten Erwartungen.*

4.1. Jede Erwartung im linearen Bereich $\mathfrak{A}$ der $n$ Zufallszahlen $X_1, X_2, \ldots, X_n$ besteht darin, im $n$-dimensionalen Raum der Koordinaten $x_1, x_2, \ldots, x_n$ (linearer Bereich $\mathfrak{A}$) die $n$ Werte $\bar{x}_1, \bar{x}_2, \ldots, \bar{x}_n$, zu fixieren, wobei $\bar{x}_i = \mathbf{P}(X_i)$ und daher einem Punkt dieses Raumes entspricht. Die Kohärenzbedingungen besagen — wie wir gleich feststellen werden — daß die Menge $\mathfrak{P}$ der kohärenten Erwartungen $\mathbf{P}$ die geschlossene konvexe Hülle der Menge $\mathfrak{Q}$ der möglichen Punkte $Q$ ist.

*Für das 1. Kriterium*: In einer für den gegenwärtigen Zweck unmittelbarer geeigneten Form kann die notwendige und hinreichende Bedingung für die Kohärenz dadurch ausgedrückt werden, daß man sagt, *jede lineare Gleichung (oder Ungleichung) von Zufallszahlen* $X_i$

$$c_1 X_1 + c_2 X_2 + \ldots + c_n X_n = c \quad (\text{oder} \geqq c)$$

*muß für die entsprechenden Erwartungen* $\mathbf{P}(X_i)$ *geachtet werden:*

$$c_1 \mathbf{P}(X_1) + c_2 \mathbf{P}(X_2) + \ldots + c_n \mathbf{P}(X_n) = c \quad (\text{oder} \geqq c).$$

Geometrisch: ein Punkt $P$ stellt dann und nur dann eine kohärente Erwartung dar, *wenn ihn keine Hyperebene von der Menge $\mathfrak{Q}$ der möglichen Punkte trennt*, und das charakterisiert die Punkte der konvexen Hülle.

*Für das 2. Kriterium*: In diesem wird in den *(affinen!)* linearen Bereich $\mathfrak{A}$ eine Metrik der Type $\rho^2 = \sum_i (x_i/k_i)^2$ eingeführt, wobei man

„Strafe" = $L = (P-Q)^2$ setzt, =
= „Quadrat der Entfernung zwischen dem Erwartungs-Punkt $P$ und dem Ergebnis-Punkt $Q$ entsprechend der besagten Metrik".

Die notwendige und hinreichende Bedingung für die Kohärenz forderte geometrisch, *daß $P$ nicht in einer Weise versetzt werden könnte, die die Entfernung zu allen Punkten $Q$ verringern würde*: auch dies charakterisiert die Punkte der konvexen Hülle[18]. Siehe in (V. 4) Erklärungen und Abbildungen für einfache Fälle.

4.2. *Eine andere Interpretation*: Jeder für die Kohärenz annehmbare Erwartungs-Punkt $P$ ist ein Schwerpunkt möglicher Punkte $Q_i$ mit zweckmäßigen Gewichten (oder Grenzfall[19]). Die möglichen Punkte sind übrigens besondere Erwartungen (Grenzfall, in dem die gesamte Wahrscheinlichkeit sich im einzigen Punkt $Q_i$ konzentriert). In Worten kann man nach dieser Darstellung sagen, daß *eine Erwartung sich als eine Mischung von Möglichkeiten ergibt*.

Natürlich kann man unter verschiedenen kohärenten Erwartungen auch Linearkombinationen (mit nichtnegativen „Gewichten" mit der Summe = 1) herstellen, und so wieder kohärente Erwartungen erhalten. Allgemeiner, wenn $\mathfrak{P}_0$ irgendeine Menge kohärenter Erwartungen ist, ist dessen geschlossene konvexe Hülle wieder eine Menge kohärenter Erwartungen, nennen wir sie $\mathfrak{P}_1$, welche *Mischungen* derer von $\mathfrak{P}_0$ genannt werden.

## 5. *Extension der Bezeichnungen*

Es ist nicht nur natürlich, sondern zweckmäßig (und wegen der Genauigkeit der Bezeichnungen auch bequem), die Linearität von **P** auszunützen, um die Verwendung dieses Symbols auf irgendwelche zufälligen Elemente eines linearen Systems (Vektoren, Matrizen, $n$-Tupel von Zahlen oder Größen, Funktionen usw.) auszudehnen, oder auch

[18] Wenn man den Punkt $P$ in die andere Position $P^*$ verschiebt, so wird seine Entfernung von einem generischen Punkt $A$ zunehmen oder abnehmen, je nachdem, ob $A$ in Bezug auf die Hyperebene, die das Segment $PP^*$ orthogonal in zwei Teile teilt, auf der Seite von $P$ oder von $P^*$ liegt.
Wenn $P$ außerhalb der konvexen Hülle von $\mathfrak{Q}$ liegt, so ist eine Hyperebene vorhanden, die es von $\mathfrak{Q}$ trennt; versetzt man $P$ nach $P^*$, seine orthogonale Projektion auf diese Hyperebene, so verringert sich seine Entfernung zu allen Punkten $Q$ in $\mathfrak{Q}$, welche auf der entgegengesetzten Seite liegen. Genauer: die Verringerung der Strafe $L-L^*$, d. h. des Quadrates der Entfernung, ist immer mindestens $(P-P^*)^2$; tatsächlich ist $(Q-P)^2-(Q-P^*)^2=[(Q-P^*)-(P-P^*)]^2-(Q-P^*)^2=(P-P^*)^2-2(Q-P^*)\times(P-P^*)$ und dieses skalare Produkt ist negativ, weil die Komponente des ersten zum zweiten parallelen Vektor die entgegengesetzte Richtung hat.
Wenn dagegen $P$ der konvexen Hülle von $\mathfrak{Q}$ angehört, so ergibt sich, egal in welche andere Position $P^*$ man $P$ versetzt, immer, daß die Entfernung für den einen oder anderen Punkt $Q$ wächst: wenn sie in Bezug auf die übliche Hyperebene alle auf der Seite von $P^*$ wären, so wäre der Punkt $P$ abgetrennt, anstatt zur konvexen Hülle von $\mathfrak{Q}$ zu gehören, im Gegensatz zur Hypothese.

[19] Genauer: entweder man kann sie als Schwerpunkt von maximal $n+1$ Punkten $Q_i$ (im $n$-dimensionalen Raum) erhalten, oder sind sie alle *adhärent* zu $\mathfrak{Q}$ (aber nicht zu $\mathfrak{Q}$ gehörig). Man stelle sich z. B. vor, $\mathfrak{Q}$ sei die Menge der Punkte eines Umfanges, die von einem ihrer Punkte eine rationalwinkelige Entfernung hätten (in Bezug auf den Drehwinkel). Wir befinden uns in der Ebene, $n=2$, und jeder Punkt innerhalb des Umkreises liegt innerhalb von Dreiecken mit Scheiteln auf $\mathfrak{Q}$ und daher Schwerpunkt von $3=n+1$ Punkten (und es werden zwei genügen, wenn der Punkt auf den Sehnen liegt, die rationale Punkte verbinden, und einer bei Koinzidenz mit einem dieser Punkte); die Punkte auf dem Umfang, die aber nicht rational sind, sind notwendig, um die geschlossene konvexe Hülle zu vervollständigen und sind alle zu $\mathfrak{Q}$ adhärent (in jeder ihrer Umgebungen sind Punkte von $\mathfrak{Q}$ vorhanden).

nur auf einen linearen Raum (lineare Untermenge eines linearen Systems, auch eines, das nicht Null enthält: z.B. alle Punkte eines Raumes, in dem die Differenzen der Punkte ein lineares System von Vektoren bilden, $\mathbf{u} = A - B$).

Als Definition genügt es formal zu sagen, daß **P** immer *linear* aufzufassen ist, sodaß, wenn $f$ irgendeine Linearfunktion ist ($f(A)$ = skalare Linearfunktion des Punktes oder Elementes $A$ unseres Raumes oder Linearsystems), $f(\mathbf{P}(A)) = \mathbf{P}(f(A))$ sein wird. Als praktische Regel genügt es zu sagen, daß **P** auf den Komponenten oder Koordinaten operiert, sodaß, wenn

$$A = O + X\mathbf{i} + Y\mathbf{j} + Z\mathbf{k}$$

(oder, nach konventioneller Schreibweise, $A = (X, Y, Z)$) ist, man

$$\mathbf{P}(A) = 0 + \mathbf{P}(X)\mathbf{i} + \mathbf{P}(Y)\mathbf{j} + \mathbf{P}(Z)\mathbf{k} = O + \bar{x}\mathbf{i} + \bar{y}\mathbf{j} + \bar{z}\mathbf{k}$$

schreiben wird (d.h. $\mathbf{P}(X, Y, Z) = (\mathbf{P}(X), \mathbf{P}(Y), \mathbf{P}(Z)) = (\bar{x}, \bar{y}, \bar{z})$).

Ein besonders wichtiger Fall: wenn $Z$ eine *komplexe* Zufallszahl ist und besagte $X$ und $Y$ ihr reeller Teil und Koeffizient des imaginären Teils, sodaß $Z = X + iY$ ist, wird deren Erwartung

$$\mathbf{P}(Z) = \mathbf{P}(X + iY) = \mathbf{P}(X) + i\mathbf{P}(Y) = \bar{x} + i\bar{y}$$

sein. Als allgemeine Regel genügt es, die Zufallskomponenten $X$ durch die entsprechenden Erwartungen $\bar{x}$ zu ersetzen, z.B.

$$\mathbf{P}(X_1, X_2, \ldots, X_n) = (\bar{x}_1, \bar{x}_2, \ldots, \bar{x}_n), \quad \mathbf{P}(\|X_{rs}\|) = \|\bar{x}_{rs}\|, \quad \text{usw.}$$

Im Falle einer Zufallsfunktion, $X(t)$ ($t$ = unabhängige Variable, z.B. Zeit), erscheint es fast wie eine überflüssige Feinheit (die es jedoch nicht ist) zu sagen, daß man $f = \mathbf{P}(X)$ (oder etwas expliziter, $f(.) = \mathbf{P}(X(.))$, um anzuzeigen, daß es sich um den Operator auf Variable handelt, dessen Platz durch einen Punkt bezeichnet wird) schreiben kann, um damit auszudrücken, daß $f$ eine Funktion ist, durch die sich für jedes $t$ dann $f(t) = \mathbf{P}[X(t)]$ ergibt. Hier würde man jedoch (wollte man sich nicht darauf beschränken, simultan nicht mehr als eine endliche Anzahl von $t_h$ zu betrachten) über den Rahmen dessen hinausgehen, woran wir uns vorläufig halten wollen.

## 6.
## *Bemerkungen und Beispiele.*

6.1. Man kann sagen, daß die Eigenschaften, die wir in Nr. 4 festgesetzt haben, die ganze Wahrscheinlichkeitsrechnung enthalten, obwohl bisher noch gar nicht von Wahrscheinlichkeit gesprochen wurde, außer um zu sagen, daß sie für die Ereignisse $E$ einen besonderen Fall innerhalb der Erwartung bildet. Diesem besonderen Fall der Ereignisse werden die Nummern 8 und 9 gewidmet sein, mit der ganzen Aufmerksamkeit, die er verdient. Unseres Erachtens wird seine Darstellung und Erklärung jedoch besser sein, wenn wir ihn in den allgemeinen Fall einrahmen, in dem die grundlegenden Eigenschaften sich klar, einfach und „praktisch" zeigen. Und eben aus diesem Grunde (und nicht aus einer fragwürdigen Sucht, allenfalls mit billigem Schwung von einem Maximum an Verallgemeinerung und Abstraktion auszugehen) haben wir noch nicht begonnen, den Fall der Ereignisse zu behandeln und tun dies auch jetzt noch nicht. Sonst hätten wir nämlich in diesem Moment $\mathbf{P}(E)$ und nicht $\mathbf{P}(X)$ definiert, mit mehr Schwierigkeiten als bei Vereinheitlichung des Begriffes, und mit dem unverbesserlichen Nachteil, $\mathbf{P}(X)$ dann wie etwas nicht ebenso Unmittelbares erscheinen zu lassen, sondern wie das kombinierte Ergebnis von $\mathbf{P}(E)$ und wer weiß welcher mathematischen Definition eines Integrals.

6.2. *Bemerkungen zu den beiden Kriterien.* Jede operationale Definition trägt, wenn man sie als effektive Methode eines Maßes zu ernst nehmen will, den Nachteil in sich, in die prinzipielle Diskussion alle Zweifel hineinzuziehen, die sich aus den unvermeidlichen praktischen (aber oft auch von sehr tiefen Motiven stammenden) Unvollkommenheiten jedes Hilfsmittels und jedes Verfahrens ergeben. Hat man diesen Mangel als unvermeidlich angenommen und ihn nicht tragisch genommen, weil die Definition einen Idealfall oder Grenzfall theoretisch möglicher Erfahrungen betrachtet und überlegt, daß dies immer noch unendlich besser ist, als irgendein Versuch einer leer „philosophischen" verbalen Definition, so bleibt doch Gelegenheit, sich über die schwachen Punkte Rechenschaft zu geben, und die geeigneten Vorsichtsmaßnahmen zu treffen.

Von „Rigidität gegenüber dem Risiko", d.h. der provisorischen Identifizierung von Nutzen und Geldwert, wurde bereits in Nr. 2 gesprochen. Hier genüge nun ein Hinweis mit spezifischer Bezugnahme auf die beiden dargestellten Kriterien. Beide setzen implicit die Rigidität durch die Tatsache voraus, daß die verschiedenen, als „test" verwendeten Wetten als summierbar gedacht sind (sonst würde, streng genommen, der Abschluß der einen von ihnen die Bedingungen für den Abschluß der anderen ein wenig verändern) und durch die Tatsache, daß sie in dem Sinne homogen sind, daß das Verfahren selbst $\mathbf{P}(aX) = a\mathbf{P}(X)$ voraussetzt (ohne damit andere Restriktionen hinzuzufügen: es ist die Rigidität selbst). Dies ist von Nutzen, wenn man sich bemüht, die Wetten auf eine gemäßigte Entität zurückzuführen, schädlich bei indiskriminierter Verwendung. Nach dem ersten Kriterium muß man denken, daß der Gegner praktisch Wetten von außerordentlicher Entität nicht erzwingen kann, obwohl die explizite Einführung derartiger Normen in die Definition die Aussage weitschweifig und zwitterhaft machen würde.

6.3. Ein Mangel des ersten Kriteriums ist jedenfalls das Auftreten eines „Gegners": hierbei kann die Gefahr oder zumindest der Verdacht störender Faktoren, wie die Möglichkeit, sich durch eine unterschiedliche Information oder Fachwissen oder Umsicht Vorteile zu verschaffen, schwer vermieden werden. Diese Möglichkeit wirkt sich in größerem Maße zugunsten von „ihm" aus (dessen, der entscheidet, in welchem Sinne und wie hoch zu wetten ist, besonders wenn es derselbe ist, der die Bewertung der Wahrscheinlichkeiten von Ereignissen verlangt, die er selbst ausgesucht hat), manchmal aber auch zu Deinen Gunsten (z. B., wenn Du, weil Du beim Gegner eine sehr verzerrte Meinung vermutest, eine Bewertung aussprichst, die ihn veranlaßt, eine Wette in einem Sinne abzuschließen, den Du als günstig beurteilst[20]).

6.4. Beim zweiten Kriterium verschwinden diese negativen Faktoren, abgesehen von dem natürlichen, der darin liegt, daß die verschiedenen Wetten als summierbar gedacht sind; da man jedoch durch die Wahl der Koeffizienten $k_i$ die Strafbeträge in der als zweckmäßig erachteten

---

[20] Am Vorabend eines Fußballspieles schreibst Du dem Sieg der Mannschaft $A$ eine Wahrscheinlichkeit von 40% zu, denkst aber, daß der sportbegeisterte Gegner ihr 70% geben wird. Dann kannst Du eine Wahrscheinlichkeit von 65% angeben, im Vertrauen darauf, daß er sich beeilen wird, mit 65 das zu bezahlen, was für Dich den Wert 40 und für ihn den Wert 70 hat. Aber, Achtung! Wenn er dagegen die Wahrscheinlichkeit mit 50% bewertet, und festsetzt, entgegengesetzt zu wetten, so wird er 35 für das geben, was für Dich 60 wert ist und für ihn 50 an Stelle von 30, wie Du dies fälschlich angenommen hattest.

Weise dimensionieren kann, wird auch diese Auswirkung der „Rigidität" praktisch unschädlich. Man beachte ferner, daß die (freie) Wahl dieser Koeffizienten, d. h. der *Metrik*, die Ergebnisse des Kriteriums in keiner Weise beeinflußt, das sich immer auf nur *affine* Begriffe stützt: der Begriff des Schwerpunktes und damit seine Eigenschaft des Minimums für die Momente, bleiben unverändert, egal welche Metrik man zu Hilfszwecken einführt und sich in der Definition des Momentes auswirken mag.

Ein weiterer Zweifel: Man könnte fragen, ob es begründet war, eher von einer möglichst geringen Strafe $L$ als von einer möglichst hohen Prämie $K-L$ zu sprechen. Formal gibt es keinen Unterschied: wenn man jedoch $K$ als größer als alle möglichen Werte von $L$ festsetzen will (damit die Prämie immer positiv sei), so ergibt sich eine lästige (und, wenn $X$ nicht begrenzt wäre, auch unmögliche) Begrenzung. Dann gibt es den historischen Grund, weil Wald, indem er ähnliche Darstellungen in statistische Anwendungen brachte, es natürlich fand, im Fall einer „falschen Entscheidung" einen Verlust (Loss) vorzusehen (und Null für die exakte Entscheidung). Schließlich mag es zweckmäßiger erscheinen, einen Verlust (der jedenfalls Ärger und Unbehagen verursacht) vorsichtig auf ein Minimum zu setzen, als sich rational das beste Niveau eines Gewinnes zu sichern (was häufig spontan zum Hasardieren verleitet; jedenfalls handelt es sich um ein „mehr").

6.5. Noch eine Bemerkung, die eigentlich überflüssig sein müßte, so sehr liegt sie in der Natur dessen, was über die subjektive Bedeutung der Wahrscheinlichkeit gesagt und wiederholt wurde. Die beiden Kriterien sind in dem Sinne operational, daß durch sie die Meinungen, die jemand im Innern hat, äußerlich erkennbar werden sollten, egal welche sie auch sind. Es gibt keinerlei Zusammenhang mit Fragen wie „welches der *wahre* Wert der Wahrscheinlichkeit ist" (eine Frage, die in dieser Darlegung keinen Platz findet und die uns in den Versuchen, ihr in anderen Theorien irgendeinen Sinn zu geben, entgleitet), und auch nicht mit Fragen wie „welchen Grad von Begründung und Rationalität gewisse Bewertungen und deren eventuelle Motivierungen haben könnten".

An diese letzte Frage können wir in gewissem Sinne herantreten, indem wir über verschiedene Fragen nachdenken, die nach und nach auftreten werden, sowie das Studium der Wahrscheinlichkeit fortschreiten wird und die Prüfung der verschiedenen Auffassungen bezüglich konkreter Anwendungen und theoretischer Fragen. Es wird sich jedoch um Argumente eher psychologischer Natur handeln, bezüglich der Wahl eines **P** unter den unendlich vielen kohärenten Erwartungen $\mathfrak{P}$, die als solche, vom mathematischen Standpunkt, alle gleich annehmbar sind. Die Frage betrifft die Mathematik nur insofern, als diese einen immer reicheren Rahmen der verschiedenen Aspekte jeder Wahl liefern kann, sodaß diese immer absolut freie Wahl durch jedermann nach einer unbeschwerlichen und genauen Prüfung all dessen erfolgen kann, was nach seinem persönlichen Urteil für die Wahl von Bedeutung scheint.

## 7.
## *Erwartung im Falle von linearer und nicht-linearer Abhängigkeit.*

7.1. Kommen wir auf zwei Beispiele zurück, die schon (Kap. II, 10) unter dem Aspekt der Logik des Gewissen eingeführt wurden. Sie eignen sich nicht nur zur praktischen Illustration der beiden Kriterien und der sich durch die festgestellten Eigenschaften ergebenden Konklusionen, sondern vor allem zur Entwicklung notwendiger und lehrreicher Betrachtungen allgemeiner Natur. Vor allem wird die wesentliche Verbindung der *Linearität* mit der *Erwartung* festgestellt werden (und in welcher Weise hierdurch Schlußfogerungen, die für eine Vorhersage gültig wären, auf die Erwartung nicht angewandt werden können). In diesem Zusammenhang wird sich deutlicher zeigen, wie und warum eine Ampliation des Bereiches $\mathfrak{A}$ in Bezug auf die zu prüfenden Fragen zweckmäßig ist (siehe bereits frühere Hinweise in Kapitel II, 8).

Im Falle einer Abstimmung mit $n$ Wählern hatten wir mit $X$, $Y$, $Z$ respektive die Zahl der günstigen, Gegenstimmen und Enthaltungen angegeben und überdies die Abweichung und das Verhältnis zwischen günstigen und Gegenstimmen betrachtet, die wir mit $U = X - Y$ und $V = X/Y$ bezeichnen werden.

Wenn Du aufgefordert wirst — auf Grund des 1º oder 2º der beiden besprochenen Kriterien — eine Erwartung aufzustellen, wirst Du (auf Grund Deiner Kenntnisse und Informationen oder Deiner Eindrücke oder Vermutungen bezüglich der Tendenzen und Stimmungen der Wähler) Werte $\bar{x}, \bar{y}, \bar{z}, \bar{u}, \bar{v}$ angeben. Wenn dies eine Vorhersage wäre, d.h. wenn Du diese Werte als sicher darstellen wolltest, müßtest Du notwendigerweise Ganze angeben, und so, daß $\overline{x}+\overline{y}+\overline{z}=n$, $\overline{u}=\overline{x}-\overline{y}$, $\overline{v}=\overline{x}/\overline{y}$ wäre. Bei einer Erwartung müssen es aber nicht Ganze sein. Aber werden die drei Proportionen gelten? Ist es richtig, die Schlußfolgerungen unter der Voraussetzung zu ziehen, daß sie gelten, weil sie für die wahren Werte gültig sein müssen? In der Tat mag es ganz selbstverständlich erscheinen, daß, wenn die günstigen und Gegenstimmen $x$ und $y$ *sind* (sei es in Wirklichkeit oder nach Erwartung, Schätzung oder Vorhersage), ihre Differenz $x-y$ ist, das Verhältnis $x/y$ und die Enthaltungen $n-x-y$. Für die beiden linearen Relationen ist dies, wegen der Linearität von **P**, ohne weiteres wahr und wenn man den Bereich $\mathfrak{A}$ der $(x,y,u)$ bzw. der $(x,y,z)$ betrachtet, ist diese Tatsache insofern leicht zu interpretieren, als $\mathfrak{Q}$ die Menge der Punkte der ganzen nicht negativen Koordinaten $x$ und $y$ mit Summe $\leqq n$, auf der Ebene $u=x-y$ (bzw. Ebene $z=n-x-y$) ist und ein Schwerpunkt dieser Punkte (mit beliebigen Gewichten) nur (irgendein) Punkt der besagten Ebene in dem durch $x\geqq 0$, $y\geqq 0$, $x+y\leqq n$ begrenzten Dreieck sein kann. Wenn wir jedoch das $\mathfrak{A}$ der $(x,y,v)$ betrachten, sind die Punkte $\mathfrak{Q}$ die, welche dieselben $x,y$ haben, aber auf der Oberfläche (hyperbolisches Paraboloid) $v=x/y$, und die Konklusion gilt nicht mehr[21].

Im Fall des Zufalls-Prismas mit den Seiten $X$, $Y$, $Z$ hatten wir mit $U$ die Diagonale, mit $V$ die Fläche und mit $W$ das Volumen angegeben. Da sie nicht lineare Funktionen der Seiten sind, werden wir, wenn wir in $x,y,z$ die Erwartungen der drei Seiten bewertet haben, nicht denken können, daß die $u,v,w$ der anderen Elemente den Bedingungen unter den wahren Größen genügen müssen, d.h., daß im linearen Bereich $\mathfrak{A}$ (zu sechs Dimensionen) der $(x, y, z, u, v, w)$, in dem $\mathfrak{Q}$ die dreidimensionale Mannigfaltigkeit der Gleichungen $u^2=x^2+y^2+z^2$, $v=2(xy+xz+yz)$, $w=xyz$ (Stück mit $x$, $y$, $z$, $u$ positiv) ist, ein Schwerpunkt von Punkten $\mathfrak{Q}$ sich notwendigerweise auf dieser Mannigfaltigkeit befindet. Dieser wird irgendein Punkt **P** von $\mathfrak{P}$, konvexer Hülle des genannten $\mathfrak{Q}$ sein können; wenn $\overline{x},\overline{y},\overline{z}$ einmal bewertet sind, können die Erwartungen $\overline{u},\overline{v},\overline{w}$ nur auf (irgendeinen) Punkt des Durchschnittes von $\mathfrak{P}$ mit $x=\overline{x}$, $y=\overline{y}$, $z=\overline{z}$ fallen.

Würde eine vollständige Antwort auf dieses Problem interessieren,

[21] In diesem Beispiel ist sogar $\overline{v}=\mathbf{P}(V)=+\infty$, außer man würde die Wahrscheinlichkeit, daß $Y=0$, genau in *Null* bewerten. Hiermit kann man eher darauf hinweisen, wie man spontan auf Fälle stoßen kann, in denen die Hypothese der Begrenztheit nicht besteht, als die Annahme illustrieren, die sich im folgenden Beispiel deutlicher zeigt.

so müßte man $\mathfrak{P}$ bestimmen, oder dessen entsprechende Durchschnitte. Allgemeiner müßte man dasselbe Problem mit eventuellen Restriktionen für $\mathfrak{Q}$ betrachten (z. B., wenn Beschränkungen wie $a' \leqq X \leqq a''$, $b' \leqq Y \leqq b''$, $c' \leqq Z \leqq c''$ bekannt wären, oder $d' \leqq X + Y + Z \leqq d''$, $X \leqq Y \leqq 2X$, $Y \leqq Z \leqq 2Y$, oder, wenn für $X$, $Y$, $Z$ nur ganze Werte annehmbar wären, oder nur eine endliche Zahl von Tripeln $(x_i, y_i, z_i)$, usw.). Unserem momentanen illustrativen Zweck genügt eine einfachere Version: Wir nehmen an, $Z$ sei bekannt, $Z = a$, und wir beschäftigen uns mit den Begrenzungen, die sich, wenn $\bar{x}$ und $\bar{y}$ gegeben sind, *getrennt* (anstatt gemeinsam) für $\bar{u}$, für $\bar{v}$ und für $\bar{w}$ ergeben. Auf diese Weise wird alles jedesmal in einem Bereich $\mathfrak{A}$ mit drei Dimensionen direkt „sichtbar".

Im Bereich von $(X, Y, U)$ liegen die möglichen Punkte $\mathfrak{Q}$ auf dem runden Hyperboloid $u^2 = a^2 + x^2 + y^2$, und genauer gesagt, sind es alle jene auf dem „Viertel" $x \geqq 0$, $y \geqq 0$ der Schicht $u \geqq 0$, wenn nicht andere Restriktionen und sonst eine Untermenge vorhanden sind. Der Schwerpunkt der Massen, die sich auf dieser Oberfläche befinden, fällt notwendigerweise in das konvexe Gebiet, das diese begrenzt (außer dem banalen Fall, in dem sich die Masse in nur einem Punkt konzentriert und in dem überhaupt nichts mehr zufällig ist). Für eine kohärente Erwartung muß daher die Diagonale *notwendigerweise* länger geschätzt werden, als sie wäre, wenn die Längen der Seiten genau mit den entsprechenden Erwartungen zusammenfallen würden. In Ermangelung anderer Einschränkungen können, da $\bar{x}$ und $\bar{y}$ gegeben sind, für $\bar{u}$ alle Werte zwischen diesem Minimum und $a + \bar{x} + \bar{y}$ angenommen werden (dem man sich asymptotisch nähert, indem man zwei kleine Massen $\bar{x}/k$ und $\bar{y}/k$ in die Punkte $(k, 0)$ und $(0, k)$ verlegt und den Rest in den Ursprung, sodaß $k$ indefinit wächst).

Im Bereich von $(X, Y, W)$ sind dagegen die möglichen Punkte $\mathfrak{Q}$ auf dem hyperbolischen Paraboloid $w = axy$ (auf dem „Viertel" $x \geqq 0$, $y \geqq 0$); die Hülle $\mathfrak{P}$ ist (in Ermangelung weiterer Restriktionen) der ganze positive Oktant, in dem sich der Schwerpunkt überall befinden kann. D.h. (wenn $\bar{x}$ und $\bar{y}$) gegeben sind, kann $\bar{w}$ mit $w = a\bar{x}\bar{y}$ koinzidieren, oder (bis auf ganz wenig über Null) kleiner oder (ohne jede Begrenzung) größer sein. Um sich den beiden Grenzfällen zu nähern, genügt es, die ganze Masse im Ursprung zu sammeln, außer, im ersten Fall, zwei Massen $\bar{x}/k$ und $\bar{y}/k$ in den Punkten $(k, 0)$ und $(0, k)$, bzw. im zweiten eine Masse $1/k$ im Punkt $(k\bar{x}, k\bar{y})$; der Fall $\bar{w} = a\bar{x}\bar{y}$ tritt (unter anderem) bei einer sehr wichtigen Hypothese ein, von der wir aber zur Zeit noch nicht sprechen können. Der Fall von $V$ geht unmittelbar (da man $Z = a$ gesetzt hat) auf den von $W$ zurück (tatsächlich ist $V = 2(XY + aX + aY) = 2W/a + 2a(X+Y)$).

Der Unterschied des Verlaufes der beiden untersuchten Fälle beruht auf der Tatsache, daß die erste Oberfläche nach elliptischen Punkten verlief, sodaß die Konkavität immer nach derselben Seite verlief und damit deren konvexe Hülle abgegrenzt wurde, während für die zweite Oberfläche mit hyperbolischen Punkten die konvexe Hülle jedes Stückes derselben notwendigerweise aus zwei Teilen besteht, die zu den beiden Flächen adhärent sind.

7.2. *Funktionelle und lineare Abhängigkeit.* Hier erweist sich die bereits in (Kap. II, 8) mittels der dualen Räume $\mathfrak{A}$ und $\mathfrak{L}$ eingeführte Darstellung als geeignet und aufklärend: $A(X)$ war der Wert, den $X = f(X_1, X_1, \ldots, X_n)$ ($X$ zu $\mathfrak{L}$ gehörig) annehmen würde, wenn die $X_h$ die Werte $x_h$ annehmen würden (Koordinaten des Punktes $A$ in $\mathfrak{A}$), d.h. $A(X) = f(x_1, x_2, \ldots, x_n)$. Diese Bedeutung ist nur dann effektiv gegeben, wenn $A$ ein Punkt $Q$ von $\mathfrak{Q}$ ist (ein möglicher: d.h., wenn die Werte $x_h$ für die $X_h$ nicht unverträglich sind); wir wissen nun aber, daß andere Punkte von $\mathfrak{A}$, d.h. die Punkte $P$ von $\mathfrak{P}$, konvexer Hülle von $\mathfrak{Q}$ als Erwartungen[22] Sinn haben und man kann sich fragen, ob $P(X)$ (wie oben mit $P = A$ angenommen) effektiv die Erwartung von $X$ ist. Wir wissen sehr wohl, daß dies nur besteht, wenn $X$ zu $\mathfrak{L}$ gehört, d.h. lineare Funktion im Bereich $\mathfrak{A}$ ist, oder auch, wenn $X$ nicht durch irgendeine Funktion $f$ der $X_h$ gegeben ist, sondern durch eine lineare Funktion $X = \sum u_h X_h (h = 0, 1, 2, \ldots, n)$; die Extension gilt nur in diesem Fall, auf den wir darum absichtlich — seit jeher — die Verwendung des Symbols $Y(X)$ begrenzt hatten. Dieses (und dessen Interpretation) liefern uns eine weitere Möglichkeit, die Bedeutung und Tragweite der Linearität zu illustrieren. Ein Punkt $P$ (zulässige Erwartung) kann ein $Q$ (möglicher Punkt) des linearen Bereiches $\mathfrak{A}$ sein, oder auch ein Schwerpunkt von möglichen Punkten. Die Kenntnis des Schwerpunktes genügt jedoch nur, um das zu bestimmen, was unverändert bleibt, ganz gleich, wie man die Punkte $Q$ auswählen mag und egal wie sich die ihnen zugeschriebenen „Massen" verändern mögen, sofern nur der Schwerpunkt fix bleibt.

Mit anderen Worten: Man muß sich immer vor Augen halten, daß ein **P**, das nach irgendeiner Menge zufälliger Zahlen $\mathfrak{X}$ (oder im beson-

[22] Man sieht überdies, wie signifikant es sein kann, auch ein $A(X)$ mit $A$, das nicht $\mathfrak{Q}$ und nicht einmal $\mathfrak{P}$ angehört, zu betrachten: es kann z.B. die Differenz zwischen zwei **P**, $A(X) = \mathbf{P}_1(X) - \mathbf{P}_2(X)$ interessieren und $A = \mathbf{P}_1 - \mathbf{P}_2$ gehört sicher nicht zu $\mathfrak{P}$, da $A(1) = 0$ ist und nicht $A(1) = 1$.

deren von Ereignissen $\mathfrak{E}$) definiert ist, eindeutig verlängert werden kann und daher nur auf dem linearen System $\mathfrak{L}$ der linearen Kombinationen von $\mathfrak{X}$ (in endlicher Zahl) definiert ist, d.h. (dual) auf dem entsprechenden linearen Bereich $\mathfrak{A}$. Bei Erweiterung von $\mathfrak{L}$ (oder $\mathfrak{A}$) kann man **P** (mit mehr oder weniger willkürlicheren Verlängerungen) besser definieren. Solange man in einem gegebenen Bereich $\mathfrak{A}$ bleibt, stellt jeder Punkt **P**, wenn man dies so sagen will, alle Punkte **P*** irgendeines weiteren Bereiches dar, die **P** als Projektion auf $\mathfrak{A}$ haben. Dies gilt auch für den Fall unendlicher Dimensionen (wovon wir jedoch im Anhang ausdrücklich sprechen wollen). Um die einfacheren Fälle zu erklären (die, mit zwei oder drei Dimensionen), genüge es, an die bereits angegebenen Beispiele aus (7.1) zu erinnern (und sich auf diese weiteren Aspekte zu beziehen).

7.3. *Konklusion.* Wir folgern also abschließend, daß, während die lineare Abhängigkeit, wie wir wußten, in den kohärenten Erwartungen *erhalten bleibt*, dies *nur für sie* gilt. In jedem anderen Fall ist dies nicht so (außer zufällig oder unter besonderen weiteren Hypothesen), weil der Schwerpunkt von Massen, die auf einer gegebenen Mannigfaltigkeit liegen, nicht der Mannigfaltigkeit selbst angehören muß (außer im banalen Fall der Linearität) und sogar manchmal dieser garnicht angehören kann (wenn $\mathfrak{Q}$ der Rand eines konvexen Körpers ist)[23].

Es ist wichtig, sich derartige Tatsachen immer vor Augen zu halten und darüber nachzudenken, nicht nur und nicht so sehr wegen ihrer, wenn auch beachtlichen, Bedeutung selbst, sondern weil man daraus lernen soll, sich von der Verwechslung von *Erwartung und Vorhersage* zu befreien. In einer Vorhersage müßte offenbar jede Abhängigkeit erhalten bleiben (denn sie reduziert sich auf die Wahl *eines Punktes* von $\mathfrak{Q}$, nicht eines Schwerpunktes von auf $\mathfrak{Q}$ verteilten Massen). Die anhand dieser Beispiele bei Anwendung auf die Erwartung als irrig erklärte Schlußfolgerung, wäre dagegen für eine Vorhersage gültig. Und es könnte vorkommen, daß jemand (auch Du, auch ich), obwohl er gelernt hätte und sich erinnern könnte, daß dies für die Erwartungen nicht gilt, unversehens in einen Irrtum verfällt, weil er es ohne hin-

[23] Genau genommen müßte man die Randpunkte ausschließen, wo keine strenge Konvexität vorhanden ist (d.h. die, die Schwerpunkte anderer Punkte sind, bzw. die, durch welche keine Hyperebene verläuft, die *alle* anderen Punkte von $\mathfrak{Q}$ auf einer Seite lassen würde).

reichende Überlegung auf irgendein besonderes Problem oder in irgendeinem Winkelchen desselben anwendet.

Es wird viele und häufige Anlässe geben, um vor Irrtümern, Mißverständnissen, Unklarheiten, Widersprüchen und Unheil ohne Ende zu warnen, denen man, wenn man sich mit Wahrscheinlichkeit befaßt, schwer entgehen kann, und die im Grunde genommen immer wieder auf die Mißachtung der Warnung zurückzuführen sind: *Erwartung ist nicht Vorhersage!* Es wäre nicht schlecht, Euch vorzustellen, daß Ihr immer eine Warntafel — wie sie bei einer bekannten Organisation verwendet wird — vor Augen habt, mit der Inschrift: „Achtung", jedoch mit einem Zusatz für die Wahrscheinlichkeitstheorie und deren Anwendung:

| „*Überlegt*: *Erwartung ist nicht Vorhersage!*" |
|---|

Und eine Anekdote, die eine andere Inschrift betrifft, kann diese Empfehlung vielleicht lebhafter machen, da sie zeigt, wie eitel es ist, zur Selbsttäuschung Zuflucht zu nehmen, und die Alternative, auf Grund deren sich jemand entschließt, zu handeln, mit „als richtig angenommen" zu bezeichnen, und damit eine vernünftige probabilistische Schlußfolgerung durch deren unmögliche Umsetzung in die ungeeignete Logik des Gewissen zu ersetzen. Die Anekdote stammt von Grayson (Seite 52 eines Buches, von dem wir ausführlich in Kap. V, 5.3. sprechen werden) und lautet:

| *Holes that are going to be dry shouldn't be drilled* |
|---|

(d.h. „man bohre nicht nach Erdöl, wo es keines gibt"): „Diese Inschrift ist auf ein Schild gedruckt, das im Büro eines Erdölunternehmers hängt. Und es wäre sicher eine goldene Regel, wenn eine Erdölfirma sie auch befolgen könnte. Unglücklicherweise kann es keine: nicht einmal jener besondere Unternehmer, der vor wenigen Jahren nacheinander gut 30 trockene Löcher gebohrt hat".

## 8.
## *Wahrscheinlichkeit von Ereignissen.*

8.1. Die Eigenschaften der Wahrscheinlichkeiten von Ereignissen sind nur besondere Fälle der Eigenschaften der Erwartungen von Zufallszahlen: es wird genügen, sie rasch festzusetzen und ihre Bedeutung anhand der eingeführten Darstellungsformen zu illustrieren.

*Theoreme der „totalen Wahrscheinlichkeiten“.*

So nennt man die Theoreme, welche die additive Eigenschaft der Erwartung in das Feld der Wahrscheinlichkeiten der Ereignisse übertragen.

*Fall der Unvereinbarkeit.* Wenn zwei Ereignisse $A$ und $B$ unvereinbar sind, so koinzidieren (wie bereits betont), ihre logische Summe und ihre arithmetische Summe: $E = A \vee B = A + B$, sodaß, durch die Additivität von $\mathbf{P}$, $\mathbf{P}(E) = \mathbf{P}(A) + \mathbf{P}(B)$; dasselbe gilt für die (logische und arithmetische) Summe irgendeiner endlichen Anzahl unvereinbarer Ereignisse: $E = E_1 \vee E_2 \vee \ldots \vee E_2 = E_1 + E_1 + \ldots + E_n$ und daher

$$\mathbf{P}(E) = \mathbf{P}(E_1) + \mathbf{P}(E_2) + \ldots + \mathbf{P}(E_n).$$

In Form eines THEOREMS: *Im Falle unvereinbarer Ereignisse muß die Wahrscheinlichkeit des Summen-Ereignisses mit der Summe der Wahrscheinlichkeiten koinzidieren.*

*Fall der (endlichen) Einteilungen.* Im besonderen gilt im Falle einer Einteilung, in der man außerdem die Summe $E = 1$ hat, und daher $\mathbf{P}(E) = 1$, das

THEOREM: *In einer (endlichen) Einteilung müssen die Wahrscheinlichkeiten die Summe 1 ergeben.*

Im besonderen ergibt sich für zwei entgegengesetzte Ereignisse $E$ und $\tilde{E}$ (Einteilung mit $n = 2$) $\mathbf{P}(E) + \mathbf{P}(\tilde{E}) = 1$, d.h. $\mathbf{P}(\tilde{E}) = 1 - \mathbf{P}(E) = \sim \mathbf{P}(E)$, oder, wieder in anderer Form, wenn $\mathbf{P}(E) = p$, $\mathbf{P}(\tilde{E}) = \tilde{p}$.

In Worten, THEOREM: *Die Wahrscheinlichkeiten entgegengesetzter Ereignisse müssen komplementär sein.*

Wenn man die Eigenschaften der Konstituenten bedenkt, kann man sofort den

Folgesatz bringen: *Damit die Wahrscheinlichkeiten aller Ereignisse $E$, die logisch von $E_1 \ldots E_n$ abhängig sind, determiniert seien, ist es notwendig und hinreichend, allen Konstituenten $C_1 \ldots C_s$ Wahrscheinlichkeiten zuzuschreiben. Ihre Summe muß $= 1$ sein. Dann sind die $\mathbf{P}(E)$ linear von ihnen abhängig.*

8.2. *Hinreichende Bedingungen.* Die obigen Aussagen geben an, wie man die Wahrscheinlichkeiten bewerten soll, wie „Du“ es sollst. Das heißt, sie schreiben für die Kohärenz notwendige Bedingungen vor. Sie sind aber auch in dem Sinne ausreichend (mit der offensichtlichen Restriktion, daß die Wahrscheinlichkeiten nichtnegativ sein müssen), daß eine Bewertung, die ihnen genügt, gleichviel wie Du sie auswählst, kohärent ist. Im allgemeinen haben wir dies bereits in Nr. 4 gesehen. Es kann zweckmäßig sein, diese Schlußfolgerung für diesen Fall zu wiederholen, in dem sie sehr einfach und klar ist.

Nehmen wir an, Du hättest den Ereignissen $E_1 \ldots E_n$ einer endlichen Partition nichtnegative Wahrscheinlichkeiten $p_1 \ldots p_n$ mit der Summe $= 1$ zugeschrieben, und ich (man denke an das „erste Kriterium" in Nr. 3) wollte Dich zu einer Wette zwingen, die ich sicher gewinnen müßte. Ich müßte wichtige $c_i$ für die Wetten auf die einzelnen $E_i$ festsetzen, damit die resultierende Wette

$$X = c_1(E_1 - p_1) + c_2(E_2 - p_2) + \ldots + c_n(E_n - p_n)$$

sicher positiv wäre, d.h.

$$c_1 E_1 + c_2 E_2 + \ldots + c_n E_n > c_1 p_1 + c_2 p_2 + \ldots + c_n p_n$$

ergeben würde, egal welches $E_i$ eintreten würde. Wenn aber $E_i$ eintritt, hat das erste Glied den Wert $c_i$ und es ist unmöglich, daß alle $c_i$ größer seien als das zweite Glied, das ein gewichtetes Mittel der $c_i$ selbst darstellt.

8.3. *Fall der Vereinbarkeit. Ungleichung.* Für beliebige Ereignisse erhalten wir, wenn wir von der Hypothese der Unvereinbarkeit absehen,

$$E = E_1 \vee E_2 \vee \ldots \vee E_n = 1 \wedge (E_1 + E_2 + \ldots E_n) \leqq E_1 + E_2 + \ldots + E_n$$

und daher

$$\mathbf{P}(E) \leqq \mathbf{P}(E_1) + \mathbf{P}(E_2) + \ldots + \mathbf{P}(E_n). \tag{6}$$

In Form eines THEOREMS: *Die Wahrscheinlichkeit des Summen-Ereignississes muß kleiner als oder gleich der Summe der Wahrscheinlichkeiten sein.*

Das wird noch deutlicher, wenn man sagt, daß $\mathbf{P}(E) \leqq \mathbf{P}(E_1 + E_2 + \ldots + E_n)$, nämlich, daß die Wahrscheinlichkeit des Summenereignisses kleiner oder gleich der Erwartung der Anzahl der Erfolge sein muß (es genügt zu denken, daß diese der Multiplizität der Erfolge Rechnung trägt und jene nicht).

*Ausdruck mittels der Produkte.* Im Falle von vereinbaren Ereignissen kann man über $\mathbf{P}(E)$ nichts weiter aussagen als die obige Ungleichung, allein von den $\mathbf{P}(E_i)$ ausgehend. Wenn man andere Elemente einführt und bewertet, ist die Sache natürlich anders. Mittels der Konstituenten genügt allein der Konstituent

$$C = \tilde{E}_1 \tilde{E}_2 \dots \tilde{E}_n \quad \text{weil} \quad E = \tilde{C}, \quad \mathbf{P}(E) = 1 - \mathbf{P}(C).$$

Mittels der Produkte der $E_i$ (zwei zu zwei, drei zu drei usw.) ergibt sich, dank der Entwicklung

$$(7) \qquad E = \sum_i E_i - \sum_{ij} E_i E_j + \sum_{ijh} E_i E_j E_h - \dots \pm E_1 E_2 \dots E_n,$$

ohne weiteres das folgende

THEOREM: Für die Wahrscheinlichkeit des Summenereignisses gilt immer

$$(8) \quad \mathbf{P}(E) = \sum_i \mathbf{P}(E_i) - \sum_{ij} \mathbf{P}(E_i E_j) + \sum_{ijh} \mathbf{P}(E_i E_j E_h) - \dots \pm \mathbf{P}(E_1 E_2 \dots E_n).$$

Man beachte, daß der Ausdruck in den Wahrscheinlichkeiten der Produkte linear ist. Und man halte die besonderen Fälle mit zwei oder drei Ereignissen gegenwärig:

$$\mathbf{P}(A \vee B) = \mathbf{P}(A) + \mathbf{P}(B) - \mathbf{P}(AB),$$
$$\mathbf{P}(A \vee B \vee C) =$$
$$= \mathbf{P}(A) + \mathbf{P}(B) + \mathbf{P}(C) - \mathbf{P}(AB) - \mathbf{P}(AC) - \mathbf{P}(BC) + \mathbf{P}(ABC).$$

8.4. *Extension.* Dieselbe Formel dient dazu, die Wahrscheinlichkeit auszudrücken, daß von den Ereignissen $h$ gegebene eintreten und kein anderes, und daher die, daß genau $h$ eintreten, egal welche. Das Eintreten von $E_1 E_2 \dots E_h$ und keinem anderen Ereignis ist:

$$(9) \qquad \begin{aligned} & E_1 E_2 \dots E_h (1 - E_{h+1})(1 - E_{h+2}) \dots (1 - E_n) = \\ & = E_1 E_2 \dots E_h - \sum_i E_1 E_2 \dots E_h E_{h+i} + \\ & + \sum_{ij} E_1 E_2 \dots E_h E_{h+i} E_{h+j} - \dots \pm E_1 E_2 \dots E_n \end{aligned}$$

(wo, wie man bemerken wird, die Summe mit $k$ Indices die Summe der Produkte von $h+k$ Ereignissen ist: die behaupteten $h+k$ der anderen). Das Ereignis $Y = h$, Anzahl der Erfolge $= h$, ist die Summe von $\binom{n}{h}$ Ereignissen des angegebenen Typus, d.h. die Summe aller entsprechenden Ausdrücke. In dieser Summe treten die Produkte $h$ zu $h$ nur einmal auf, die $h+1$ zu $h+1$ treten $h+1$ mal auf (einmal für jede Kombination $h$ zu $h$ ihrer $h+1$ Faktoren) und so treten im allgemeinen die Produkte $h+k$ zu $h+k$ $\binom{h+k}{n}$ mal auf. Daher erhält man, wenn man der Kürze halber die Summe der Produkte $r$ zu $r$ nur mit $\sum^{(r)}$ bezeichnet,

$$(10)\ (Y=h)=\sum^{(h)}-\binom{h+1}{h}\sum^{(h+1)}+\binom{h+2}{h}\sum^{(h+2)}-\ldots\pm\binom{n}{h}\sum^{(n)}=\sum_{h}^{n}{}_{r}\binom{r}{h}\sum^{(r)}$$

und dieselbe Formel ergibt die Wahrscheinlichkeit $\mathbf{P}(Y=h)$, wenn die $\sum^{(r)}$ durch die Summe *der Wahrscheinlichkeiten* der Produkte, $\mathbf{P}(E_{i_1}E_{i_2}\ldots E_{i_r})=p_{i_1 i_2\ldots i_r}$, ersetzt werden, wofür wir kurz $S_r$ schreiben werden,

$$\mathbf{P}(Y=h)=\sum_{h}^{n}{}_{r}\binom{r}{h}\sum p_{i_1 i_2\ldots i_r}=\sum_{h}^{n}{}_{r}\binom{r}{h}S_r.$$

Im besonderen zu beachten:

$$\begin{aligned}
\mathbf{P}(Y=0) &= 1 - S_1 + S_2 - S_3 + \ldots \mp S_{n-1} \pm S_n\\
\mathbf{P}(Y=1) &= S_1 - 2S_2 + 3S_3 - 4S_4 + \ldots \mp (n-1)S_{n-1} \pm nS_n\\
\mathbf{P}(Y=2) &= S_2 - 3S_3 + 6S_4 - 40S_5 + \ldots \mp \binom{n-1}{2}S_{n-1} \pm \binom{n}{2}S_n\\
&\ldots\ldots\ldots\ldots\ldots\ldots\ldots\ldots\\
\mathbf{P}(Y=n-1) &= S_{n-1} - nS_n\\
\mathbf{P}(Y=n) &= S_n
\end{aligned}$$

(wo $\pm$ für $(-1)^n$ steht und $\mp$ für $-(-1)^n$).

*Beispiel.* Ein klassisches und lehrreiches Beispiel ist das der *Übereinstimmungen*, das unterhaltende Formulierungen ermöglicht: wenn man $n$ Briefe und die entsprechenden Umschläge hat, wie hoch ist die Wahrscheinlichkeit, daß, wenn man sie *wahllos einlegt*, keine, oder eine, oder zwei ..., oder $n$ „Übereinstimmungen" herauskommen, d.h. Briefe im eigenen Umschlag? es ist dasselbe, wie wenn man wahllos rechte und linke Schuhe von $n$ Paaren zusammenlegt, oder Ehemänner und Ehefrauen von $n$ Paaren, oder Jacken und Hosen von $n$ Anzügen usw., oder wenn man $n$ Personen wahllos die Pässe zurückgibt, oder die Zimmerschlüssel in einem Hotel, oder Hüte aus der Garderobe usw. Mehr Standardversionen sind die Übereinstimmungen der Position unter Spielkarten aus 2 Paketen (z. B. wahllos in zwei Reihen aufgelegt), oder der Ordnungszahl des Platzes (oder des Zuges) und Nummer einer Kugel (z.B. bei einer „Tombola").

Die Wahrscheinlichkeit der Übereinstimmung an einer bestimmten Stelle ist offenbar $1/n$, die von zwei Konkordanzen an zwei bestimmten Stellen ist $1[n(n-1)]$ und im allgemeinen ist die von $r$ Übereinstimmungen in $r$ bestimmten Stellen

$$1/[n(n-1)\ldots(n-r+1)]=(n-r)!/n!$$

(tatsächlich: nur einer von $n$ Gegenständen, oder von $n(n-1)$ Paaren... der $n!/(n-r)!$ Dispositionen $r$ zu $r$ ist günstig).

Die $S_r$ sind daher die Summen von $\binom{n}{2}$ Summanden, die gleich $(n-r)!/n$ sind, sodaß $S_r = 1/r!$ (unabhängig von $n$), und daher (wenn man mit $Y$ die Anzahl der Übereinstimmungen bezeichnet)

$$\mathbf{P}(Y=0) = \{1-1+1/2!-1/3!+\ldots\pm 1/n!\} \qquad = e^{-1}-R_n \doteq e^{-1}\text{ [24]}$$
$$\mathbf{P}(Y=h) = \{1-1+1/2!-1/3!+\ldots\mp 1(n-h)!\}/h! = (e^{-1}-R_{n-h})/h! \doteq e^{-1}/h!$$
(im besonderen: $\mathbf{P}(Y=n-1)=0$, $\mathbf{P}(Y=n)=1/n!$). In Zahlen ist $e^{-1}=0{,}367879$.

Am Limes tendiert die Verteilung bei Wachsen von $n$ zu der, in welcher

$$\mathbf{P}(Y=h) = e^{-1}/h!$$

(Poisson-Verteilung mit der Erwartung $\mathbf{P}(Y)=1$, was wir in der Folge in Kap. VI, 11.2, sehen werden).

Man beachte, wie man für das Problem der Übereinstimmungen sofort festlegen konnte, daß $\mathbf{P}(Y)=1$ ist (d.h. daß es nach Erwartung eine Übereinstimmung gibt, egal wie groß $n$ ist), und zwar auf Grund einer direkten Schlußfolgerung: es genügt hervorzuheben, daß $\mathbf{P}(Y)=n.(1/n)$ ist, da $1/n$ die Erwartung (Wahrscheinlichkeit) der Übereinstimmung in jedem der $n$ Punkte ist.

Ferner beachte man, wie die Tatsache, daß $\mathbf{P}(Y=n-1)=0$ selbstverständlich ist ($n-1$ ist sogar für $Y$ nicht möglich), denn wenn an $n-1$ Stellen Übereinstimmung besteht, muß diese auch an der letzten Stelle gegeben sein (es ist jedoch angebracht, die Aufmerksamkeit darauf zu lenken, weil man dies leicht übersehen kann!)

8.5. *Entropie.* Als Entropie einer Einteilung in Ereignisse mit den Wahrscheinlichkeiten $p_1, p_2, \ldots, p_n$ bezeichnet man die Zahl

$$\sum_h p_h |\log_2 p_h| \qquad (\log_2 p_h = (\log p_h)/(\log 2)),$$

welche die Erwartung der Anzahl der JA-NEIN-Fragen darstellt, die erforderlich sind, um das wahre Ereignis zu ermitteln.

Im Falle von $n=2^m$ gleich wahrscheinlichen Ereignissen ist es klar: es sind sicher $m$ JA-NEIN-Fragen notwendig und hinreichend, um zu wissen, welcher Hälfte, welchem Viertel, Achtel, …, das wahre Ereignis angehört und welches es schließlich ist. Wenn wir 9 Ereignisse mit den Wahrscheinlichkeiten $^1/_2$, $^1/_8$, $^1/_8$, $^1/_8$, $^1/_{32}$, $^1/_{32}$, $^1/_{32}$, $^1/_{64}$, $^1/_{64}$ haben, so genügt eine Frage, wenn das erste wahr ist, wenn nicht (mit Wahrscheinlichkeit $^1/_2$), so genügen zwei weitere Fragen, um zu ermitteln, welches der drei folgenden wahr ist, oder ob eines der fünf letzten wahr ist; dann braucht man (bei Wahrscheinlichkeit $= {}^1/_8$) weitere 2 Fragen und bei Wahrscheinlichkeit $= {}^1/_{32}$ noch eine, um unter den beiden letzten zu entscheiden. Und die Entropie in diesem Beispiel ist in der Tat $1+2(^1/_2)+2(^1/_8)+{}^1/_{32} = 2^9/_{32} = 2{,}28$. Wenn es nicht möglich ist, mit sukzessiven Halbierungen vorzugehen, sind

---

[24] $R_n$ ist der Rest der Reihe $\sum \pm 1/k!$ vom Ausdruck $\pm 1/(n+1)!$ weiter, und ist ungefähr gleich diesem ersten ausgelassenen Ausdruck (im absoluten Wert nach oben abgerundet). In Bezug auf $e^{-1}$ ist es praktisch unbeachtlich, außer, wenn $n$ (bzw. $n-h$) sehr klein ist (schon bei $n=10$, oder $n-h=10$ berührt die Korrektur nicht die oben für $e^{-1}$ angeführten Dezimalstellen).

einige Brüche vergeudet (außer Auswegen; hier sollen jedoch diese Hinweise genügen).

Die Einheit der Entropie heißt *bit* (Abkürzung von „*binary digit*", Binärzahl): im obigen Beispiel war die Entropie 2,28 bit; im Falle von $1024 = 2^{10}$ gleich wahrscheinlichen Fällen ist sie 10 bit. Wenn $n$ gegeben ist, ist sie am höchsten im Falle der Gleichteilung ($p_h = 1/n$) (durch Beispiel nachzuprüfen).

Eine Information (die einige der Wahrscheinlichkeiten ausschließt) verringert die Entropie; die durch eine Information verursachte Verminderung der Entropie nennt man *Informationsquantität*. Auch die Informationsquantität wird wie die Entropie in bit gemessen (es ist nämlich dasselbe nur mit anderem Vorzeichen; manche nennen sie sogar auch *Negentropie*). Dies sei nebenbei gesagt (die Aussage, daß eine Information die Entropie verringert, kann zur Zeit noch nicht erschöpfend ausgedrückt werden).

8.6. *Die Wahrscheinlichkeit als Maß oder als Masse.* In der Mengendarstellung der Ereignisse erscheint es natürlich, die Wahrscheinlichkeit (additive, nichtnegative Funktion mit dem Wert $= 1$ im totalen Raum) als ein *Maß* oder als eine *Masse* zu betrachten.

Die zur Zeit beliebteste Tendenz besteht darin, systematisch Ereignisse als Mengen und Wahrscheinlichkeiten als Maß anzunehmen (mit allen Vorteilen — und Gefahren! — die sich aus einer mechanischen Übertragung aller Begriffe, Vorgänge und Resultate der Theorie des Maßes auf die Wahrscheinlichkeitsrechnung ergeben). Zu der bisher schon wiederholt ausgedrückten Zurückhaltung gegenüber der systematischen Übernahme der Mengen-Darstellung der Ereignisse kommen (unseres Erachtens) weitere Bedenken gegen die Erstarrung, die eine Identifizierung von Wahrscheinlichkeit und Maß bringen würde. Dies führt nämlich tatsächlich zu dem Gedanken, daß die Darstellung auf einem mit Maßen versehenen Raum Ereignisse und zufällige Entitäten untrennbar an eine wohlbestimmte Wahrscheinlichkeitsbewertung binden müßte. Im elementarsten Fall, dem der Verwendung des Venn-Diagramms, müßte man die Figuren so zeichnen, daß die Fläche jedes Teil-Stückes gleich seiner Wahrscheinlichkeit wäre (wobei als Einheit die Fläche des Grundrechteckes angenommen würde). Dies steht übrigens im Einklang mit den Ansichten derer, für die jedem Ereignis (Menge) eine objektiv (oder jedenfalls eindeutig) bestimmte Wahrscheinlichkeit entspricht.

Will man dagegen die Darstellung der logischen Situation einerseits und die Einführung irgendeiner kohärenten Wahrscheinlichkeitsbewertung seitens irgendeiner Person trennen, so ist es günstiger, an die Wahrscheinlichkeit als Masse zu denken: die *Masse* kann praktisch beliebig verteilt werden, ohne die geometrische Stütze und das „Maß", das hier am geeignetsten erscheinen mag, zu ändern[25]. Im Venn-Diagramm wird man sich ohne jede Schwierigkeit und unter Beibehaltung der Zeichnung alle möglichen Arten denken können, die unitäre Masse dort auf die verschiedenen Teilstücke zu verteilen (und es macht nichts, wenn große Massen in kleinen Stücken untergebracht werden), und alles das, was verschiedene echte oder hypothetische Individuen als ihre Meinung gewählt haben mögen, oder wovon wir annehmen, sie könnten es wählen.

Weiterer Vorteil: Wenn man dem darstellenden Raum die Struktur des linearen Bereiches $\mathfrak{A}$ gibt, so wird durch den konkreten Charakter der mechanischen Bedeutung von *Masse* jede probabilistische Eigenschaft evident, die durch die Bestimmung des Schwerpunktes einer Verteilung (wie wir dies schon sehen konnten) oder von Beharrungsmomenten usw. ausgedrückt werden kann[26].

Wir werden gleich besonders ausdrucksvolle Anwendungen dieser Auffassung in dem linearen Bereich sehen, das durch $n$ Ereignisse bestimmt wird, in dem Sinne, den wir in Kap. II. 8 erklärt haben, wo die „möglichen Punkte" in endlicher Zahl (den Konstituenten entsprechend) vorhanden sind. Inzwischen ist es, ehe wir die Hinweise auf die Mengen-Darstellung abschließen, vielleicht lehrreich, auf die (einfache aber nicht selbstverständliche) Bedeutung aufmerksam zu machen, die der Ausdruck der Wahrscheinlichkeit des Summen-Ereignisses dort hat. Wir werden uns auf den Fall von drei Ereignissen beziehen, wo $E = A \vee B \vee C = A + B + C - AB - AC - BC + ABC$. Auf dem

[25] Nicht, daß man die verschiedenen Verteilungen der „Masse" nicht mit gleichem Recht auch „Maße" nennen dürfte; es ist jedoch eine Tatsache, daß, wer von Maß spricht, dazu neigt, daraus etwas Fixes und Privilegiertes zu machen, während man, wenn man von Masse spricht, das physikalische Empfinden hat, sie beliebig verschieben zu können.

[26] Es ist angeregt worden, immer und nur an das Bild der Masse (oder des Maßes, oder der Fläche) zu denken und nicht an die ursprüngliche Bedeutung der Wahrscheinlichkeit, um die Fragen und Zweifel theoretischer Natur zu vermeiden, zu denen der Wahrscheinlichkeitsbegriff Anlaß geben kann. Gemeinsam mit den Zweifeln verschwindet im allgemeinen jedoch auch die Daseinsberechtigung der Probleme, sofern sie nicht Aspekte betreffen, die formell aus dem Zusammenhang herausgenommen werden können, der ihnen Signifikanz und Inhalt gibt.

Venn-Diagramm wird die Fläche der Vereinigung der Stücke $A$, $B$, $C$ (Kap. II, Abb. 2), oder die darin enthaltene Masse, berechnet, indem man zuerst die von $A$ und $B$ und $C$ addiert; auf diese Weise werden jedoch die von $AB\tilde{C}$, $A\tilde{B}C$, $\tilde{A}BC$ (doppelt schraffiert) zweimal gezählt und die von $ABC$ (dreifach schraffiert) dreimal. Zieht man die von $AB$, $AC$, $BC$ ab, so wird bei den zweimal gezählten Stücken der Normalzustand wieder hergestellt, da sie nur noch einmal gerechnet werden. $ABC$ wird jedoch dreimal weniger gerechnet (da es $AB$ und $AC$ und $BC$ angehört) und daher ignoriert. Fügt man es hinzu, so ist alles in Ordnung.

## 9. *Die lineare Abhängigkeit im allgemeinen.*

9.1. Die leichten Theoreme über die „totalen Wahrscheinlichkeiten", die zu Beginn des vorigen Abschnittes festgelegt wurden, würden gewiß keine weiteren Erklärungen erfordern. Es ist jedoch opportun, an einfachen Fällen mit der Verwendung der Darstellungen mit den Räumen $\mathfrak{A}$ und $\mathfrak{L}$ zu beginnen, ehe man zu neuen und weniger banalen übergeht.

Wir werden uns im allgemeinen auf die Fälle mit drei Dimensionen beschränken, die einen offensichtlicheren intuitiven Wert haben. Die (manchmal erwähnte) Extension auf $n$ Dimensionen bedeutet für den Leser, der damit vertraut ist, keine Schwierigkeiten, während es für den, dem diese Vertrautheit fehlt, besser ist, den einfachen Fall klar zu sehen, als in einem weniger zugänglichen Bereich wirre und formale Kenntnisse zu erwerben.

Es seien $E_1, E_2, E_3$ drei Ereignisse (vorläufig nehmen wir sie als logisch unabhängig an; später werden wir nach und nach verschiedene Hypothesen stellen) und $(x, y, z)$ das kartesische Bezugssystem, über das wir den linearen Bereich $\mathfrak{A}$ und das lineare System $\mathfrak{L}$ setzen. Die acht Eckpunkte des unitären Kubus

$$(0,0,0)\ (1,0,0)\ (0,1,0)\ (0,0,1)\ (0,1,1)\ (1,0,1)\ (1,1,0)\ (1,1,1)$$

stellen, als Punkte von $\mathfrak{L}$ gedacht, die Konstituenten $Q_i$ dar, die $\mathfrak{Q}$ bilden:

$$Q_0 = \tilde{E}_1\tilde{E}_2\tilde{E}_3 \quad Q_1 = E_1\tilde{E}_2\tilde{E}_3 \quad Q_2 = \tilde{E}_1E_2\tilde{E}_3 \quad Q_3 = \tilde{E}_1\tilde{E}_2E_3 \quad Q'_1 = \tilde{E}_1E_2E_3 \quad Q'_2 = E_1\tilde{E}_2E_3 \quad Q'_3 = E_1E_2\tilde{E}_3 \quad Q'_0 = E_1E_2E_3$$

(wo den *Nullen* die Negationen entsprechen und den *Eins* positive Aussagen); als Punkte (oder Vektoren) von $\mathfrak{L}$ gedacht, stellen sie die Zufallszahlen

$$0 \quad E_1 \quad E_2 \quad E_3 \quad E_2+E_3 \quad E_1+E_3 \quad E_1+E_2 \quad E_1+E_2+E_3 \quad \text{dar}$$

(wo die Summanden, die den *Eins* entsprechen, aufscheinen).

Der generische Punkt $(x, y, z)$, als Punkt von $\mathfrak{A}$ gedacht, würde die Tatsache bedeuten, daß $E_1$ den Wert $x$ annimmt, und somit $E_2 = y$ und $E_3 = z$ (fiktiv, weil die $E_i$ Zufallszahlen sind, die keine anderen Werte als 0, 1 annehmen können); dies kann jedoch in dem Sinn als *Erwartung* gelten, daß $\mathbf{P}(E_1) = x$, $\mathbf{P}(E_2) = y$, $\mathbf{P}(E_3) = z$ ist, d.h. $(x, y, z)$ stellt die Erwartung $\mathbf{P}$ dar, die $E_1, E_2, E_3$ die Wahrscheinlichkeiten $(p_1, p_2, p_3) = (x, y, z)$ zuschreibt und die auch als Schwerpunkt der Punkte $Q_i$ mit opportunen Gewichten (Masse) $q_i$ ausgedrückt werden kann. Als Punkt (oder Vektor) von $\mathfrak{L}$ gedacht, stellt $(x, y, z)$ die Zufallszahl $X = uE_1 + vE_2 + wE_3$ mit den Koeffizienten $(u, v, w) = (x, y, z)$ dar. Weil $\mathbf{P}(X) = up_1 + vp_2 + wp_3 = ux + vy + wz$ ist, kann $\mathbf{P}(X)$ als internes Produkt der (dualen) Vektoren $\mathbf{P}$ (oder $P - O$) von $\mathfrak{A}$ und $X$ (oder $X - O$) von $\mathfrak{L}$, interpretiert werden, oder auch $\mathbf{P}(X) = (P - O) \times (X - O)$ in dem metrischen Raum, der von $\mathfrak{A}$ und $\mathfrak{L}$ überdeckt wird.

All dies bleibt im Allgemeinen stecken (und ist, mit einigen weiteren Einzelheiten, Wiederholung bekannter Dinge), solange man nicht die Hypothesen über die $E_i$ präzisiert, bzw. man noch nicht festsetzt, welche unter den 8 Produkten effektiv mögliche Konstituenten sind.

9.2. *Fall der Partition.* Wenn die $E_i$ eine Partition bilden, so sind die Konstituenten drei: $Q_1 = (1, 0, 0)$, $Q_2 = (0, 1, 0)$, $Q_3 = (0, 0, 1)$; wir wissen, daß die $p_i$ irgendwelche drei nicht negative Zahlen mit der Summe $= 1$ sein können, d.h. die zulässigen $P = (x, y, z)$ gehören zur Ebene $x + y + z = 1$, und genauer zu dem Dreieck, welches als Eckpunkte die drei möglichen Punkte $Q_1, Q_2, Q_3$ hat und die eindeutig als Schwerpunkt $P = q_1 Q_1 + q_2 Q_2 + q_3 Q_3$ dieser Punkte mit den Gewichten $q_1 = x$, $q_2 = y$, $q_3 = z$ ausgedrückt werden können. Dieses Dreieck bildet den Raum $\mathfrak{P}$ der annehmbaren Erwartungen, und ist gerade die konvexe Hülle der Menge $\mathfrak{Q}$ der möglichen Eventualitäten, die sich auf die drei besagten Eckpunkte reduziert. Wenn man das Dreieck in der Ebene der Zeichnung darstellt, sieht man, daß sich die

Wahrscheinlichkeiten $x, y, z$ als Schwerpunkt-Koordinaten des Punktes $P$ in Bezug auf die $Q$ ergeben. Da das Dreieck gleichseitig ist, erhält man das gewohnte „Tripel-Diagramm" (wie es z.B. für die Angabe von Zusammensetzungen von Dreierverbänden verwendet wird), in welchem $x, y, z$ auch die unmittelbarere Bedeutung von *Entfernungen des Punktes P von den Seiten* haben, wobei man als Einheit die Höhe nimmt (die Summe der drei Entfernungen bleibt immer die gleiche). Es ist auch klar, daß ein Punkt außerhalb des Dreieckes (außerhalb der Ebene, oder in der Ebene, aber außerhalb des Dreiecks) sich allen drei Eckpunkten (d.h. allen Punkten von $\mathfrak{Q}$) nähern kann, wenn man ihn in das Dreieck transportiert (mittels Projektion auf die Ebene und dann, wenn die Projektion außerhalb fällt, mittels Transport in den Punkt des nächsten Randes), was in Relation zum „zweiten Kriterium" steht (wenn man sich die Strafe gleich dem Quadrat der in dieser Darstellung konventionellen Entfernung denkt).

Wenn wir an $\mathfrak{P}$ denken, können wir dagegen sagen, daß der Punkt $(1, 1, 1)$ die Zufallszahl darstellt, die sicher $= 1$ ist, da $E_1 + E_2 + E_3 = 1$; die Tatsache, daß man durch die Koordinaten von $P$ $x + y + z = 1$ erhalten muß, ergibt sich dann als durch das Skalarprodukt interpretiert: $\mathbf{P}(1) = x \cdot 1 + y \cdot 1 + z \cdot 1 = 1$.

9.3. *Fall der Unvereinbarkeit.* Wenn die $E_i$ unvereinbar (aber nicht ausschöpfend) sind, sind die Konstituenten vier: die drei vorhergehenden und $Q_0 = (0, 0, 0)$, d.h. $Q_0, Q_1, Q_2, Q_3$. Es gilt das obige, außer, daß die Relation $x + y + z \leqq 1$ (anstatt $= 1$) ist. $P$ kann weiterhin als Schwerpunkt $P = q_0 Q_0 + q_1 Q_1 + q_2 Q_2 + q_3 Q_3$ der $Q$ mit den Gewichten $q_0 = 1 - x - y - z$, $q_1 = x$, $q_2 = y$, $q_3 = z$ eindeutig ausgedrückt werden; der Raum $\mathfrak{P}$ (und nicht das Dreieck mit den Eckpunkten $Q_1, Q_2, Q_3$) ist der Tetraeder mit dem zusätzlichen Eckpunkt $Q_0$.

9.4. *Fall des Produktes.* $E_1$ und $E_2$ seien logisch unabhängig und $E_3$ sei deren Produkt: $E_3 = E_1 E_2$; dann sind die Konstituenten die vier folgenden: $Q_0 = (0, 0, 0)$, $Q_1 = (1, 0, 0)$, $Q_2 = (0, 1, 0)$ und $Q_0' = (1, 1, 1)$. Die drei ersten sind auf der Ebene $z = 0$, die drei letzten auf $z = x + y - 1$, die anderen beiden Gruppen von dreien auf $z = y$ und auf $z = x$; der Raum $\mathfrak{P}$ ist daher der Tetraeder $z \geqq 0$, $z \geqq x + y - 1$, $z \leqq x$, $z \leqq y$, d.h., wenn man unter Verwendung von $\wedge$ und $\vee$ abkürzt,

$$[\max(0, x + y - 1) = 1) = ] \quad 0 \vee (x + y - 1) \leqq z \leqq x \wedge y \quad [= \min(x, y)]:$$

*dies sind die Begrenzungen, innerhalb welcher man die Wahrscheinlichkeiten zweier logisch unabhängiger Ereignisse und die ihres Produktes frei wählen kann.* Auch hier kann $P$ eindeutig als Schwerpunkt

$$P = q_0 Q_0 + q_1 Q_1 + q_2 Q_2 + q_0' Q_0'$$

der $Q$ mit den Gewichten $q_0 = 1 - x - y + z$, $q_1 = x - z$, $q_2 = y - z$, $q_0' = z$ ausgedrückt werden.

9.5. *Fall des Summen-Ereignisses.* Wie oben, außer $E_3 = E_1 \vee E_2$ (anstatt $E_1 E_2$); weil das Summenereignis $E_1 + E_2 - E_1 E_2$ ist, ist dieser Fall unmittelbar auf den vorigen zurückzuführen. Die Konstituenten sind $Q_0, Q_1', Q_2', Q_0'$; die Ungleichungen des Tetraeders $\mathfrak{P}$ mit diesen Eckpunkten sind

$$[\max(x, y) = ] \quad x \vee y \leqq z \leqq 1 \wedge (x + y) \quad [= \min(1, x + y)];$$

die Gewichte, um $P = (x, y, z)$ als Schwerpunkt der $Q$ zu erhalten, sind

$$q_0 = 1 - z, \quad q_1' = z - y, \quad q_2' = z - x, \quad q_0' = x + y - z.$$

*Bemerkung.* In den vorigen Fällen ergab sich jedes $P$ als Schwerpunkt auf den $Q$ mit eindeutig determinierten Gewichten $q$; es ist wichtig zu bemerken (und wir kommen noch darauf zurück), daß dies eine Ausnahme ist. Dies tritt nämlich dann und nur dann ein, wenn die $Q$ *linear unabhängig* sind (in den obigen Beispielen waren in der Tat 3 nicht kollinear und 4 nicht komplanar), oder wenn sie (sofern Ereignisse) *linear mittels der gegebenen Ereignisse ausgedrückt werden können* (und in der Tat koinzidierten sie im 1º Fall mit $E_1, E_2, E_3$, im 2º Fall mit $1 - E_1 - E_2 - E_3$, $E_1, E_2, E_3$ im 3º Fall mit $1 - E_1 - E_2 + E_3$, $E_1 - E_3, E_2 - E_3, E_3$, im 4º Fall mit $1 - E_3, E_3 - E_2, E_3 - E_1, E_1 + E_2 - E_3$). Mit anderen Worten, die $Q$ (sofern Ereignisse) gehörten in diesen Fällen zu $\mathfrak{L}$; man beachte, daß die Ausdrücke von $Q$ mittels $E$ dieselben sind, wie die der Gewichte $q$ mittels $x, y, z$. *In den folgenden Beispielen wird dies nicht mehr der Fall sein.*

9.6. *Fall der Ausschöpfbarkeit.* Wenn wir *nur* behaupten, daß $E_1, E_2, E_3$ ausschöpfend sind, sind die Konstituenten sieben: alle 8, ausgenommen $Q_0 = (0, 0, 0)$, das ausgeschlossen ist. Da dieser Eckpunkt des Kubus fehlt, ist die konvexe Hülle $\mathfrak{P}$ der Kubus selbst, aus dem der Tetraeder entnommen wurde, der durch diesen Eckpunkt und durch die drei anliegenden determiniert ist, d.h. der Teil des Kubus $0 \leqq x, y, z \leqq 1$, der der Ungleichung $x + y + z \geqq 1$ genügt. Jeder seiner Punkte $P$ kann, *aber auf unendlich viele Arten* (sofern er nicht mit einem Eckpunkt koinzidiert, oder einer Kante oder einer dreieckigen Oberfläche angehört), als Schwerpunkt von Punkten $Q$ ausgedrückt werden: es genügt in der Tat, nichtnegative Gewichte $q$ mit der Summe $= 1$ zu nehmen, und derart, daß

$$q_1 + q_2' + q_3' + q_0' = x, \quad q_2 + q_1' + q_3' + q_0' = y, \quad q_3 + q_1' + q_2' + q_0' = z$$

(4 Gleichungen mit 7 Unbekannten).

9.7. *Fall der Ausschöpfbarkeit auch für die Negationen.* Wenn wir die beiden extremen Konstituenten ausschließen, d.h. außer $Q_0 = (0, 0, 0)$ auch $Q_0' = (1, 1, 1)$, so bleiben 6 übrig. Aus dem Kubus werden zwei entgegengesetzte Tetraeder entnommen, und es bleibt der Teil $\mathfrak{P}$, der durch die doppelte Ungleichung $1 \leqq x + q + z \leqq 2$ begrenzt wird[27]. Betrachtungen wie oben.

Ein bezeichnendes Beispiel liefert uns die Gegenüberstellung von 3 Zufallszahlen $X, Y, Z$ und daher die Betrachtung der 3 Ereignisse $E_1 = (X > Y)$, $E_2 = (Y > Z)$, $E_3 = (Z > X)$ (wir setzen den Fall von Gleichheit als ausgeschlossen, oder zumindest als praktisch unbeachtlich, voraus). Durch die Transitivität können sich die drei Ereignisse nicht alle als wahr und auch nicht alle als falsch ergeben; es bleiben die 6 Konstituenten, die den $6 = 3!$ Permutationen entsprechen. Als Interpretation denke man z.B. an Vergleiche von Gewichten (oder Temperaturen usw.) unter 3 Gegenständen.

*Andere Fälle.* Analog (und nützlich als Übung und zur Überlegung) die Fälle $E_3 \subset E_1 E_2$ (5 Konstituenten), $E_1$ und $E_2$ unvereinbar, $E_3 \subset (E_1 = E_2)$ (6 Konstituenten) usw. Ein neues Beispiel mit 4 (unabhängigen!) Konstituenten erhält man bei $E_3 \equiv (E_1 = E_2)$.

9.8. *Fall der logischen Unabhängigkeit.* Alle 8 Konstituenten sind vorhanden; $\mathfrak{P}$ ist der ganze Würfel. Es ist der vollständigste, aber „normale" Fall und es ist darüber wenig zu sagen notwendig, außer, daß man darüber auf Grund von Beobachtungen in schwierigeren Fällen nachdenken möge.

---

[27] Der Fall $x + y + z = 2$ (Konstituenten $Q_1'$, $Q_2'$, $Q_3'$) ist analog dem der Partition $(x + y + z = 1)$ und ergibt sich, wenn $\tilde{E}_1, \tilde{E}_2, \tilde{E}_3$ eine Partition bilden.

*Dasselbe, mit beliebiger Anzahl der Dimensionen.* Wenn $E_1, E_2, \ldots, E_n$ logisch unabhängige Ereignisse sind, haben wir $2^n$ Konstituenten $Q_i$, Eckpunkte des unitären Hyperkubus, d.h. Punkte des linearen Bereiches $\mathfrak{A}(x_1, x_2, \ldots, x_n)$, mit den $x_i = 0$ oder 1. Die annehmbaren Erwartungen **P** sind die des Würfels $\mathfrak{P}$, $(0 \leqq x_i \leqq 1)$, konvexe Hülle der Menge $\mathfrak{Q}$, die durch die Eckpunkte gebildet wird. Das lineare System $\mathfrak{L}$ wird durch die Zufallszahlen $X = u_1 E_1 + u_2 E_2 + \ldots + u_n E_n$ gebildet, die von den Ereignissen $E_i$ linear abhängig sind (homogen: doch kann man eine additive Konstante leicht nebenbei berücksichtigen). Theoretisch gilt, was für $n = 2$ und $n = 3$ gesagt wurde, für jedes beliebige $n$ (ohne die Darstellung durch Wiederholung mit schwierigeren Formeln zu erschweren).

9.9. *Allgemeine Hinweise*: Jeder einzelne Fall unterscheidet sich von dem vorherigen dadurch, daß ein Teil der Konstituenten ausgeschlossen wird. Anstatt $2^n$ werden wir $s < 2^n$ haben. Diese werden einen linearen Raum mit den Dimensionen $d (d \leqq n, \log_2 s \leqq d \leqq s - 1)$ determinieren. Wenn $d < n$ ist, sind die $n$ Ereignisse $E_i$ linear abhängig (tatsächlich: wenn alle $Q$ einer linearen Relation $\sum_i x_i = \text{const.}$ genügen, besteht dieselbe unter den $E_i$. Z.B. in den gesehenen Beispielen $x + y + z = 1$, $x + y + z = 2$, ist $E_1 + E_2 + E_3 = 1$ (oder $= 2$), sodaß man sich auf zwei Ereignisse beschränken kann, z.B. $E_1$ und $E_2$, wobei man dann $E_3 = 1 - E_1 - E_2$ bzw. $E_3 = 2 - E_1 - E_2$ setzt. Und dies gilt im allgemeinen. Stellt man sich die überflüssigen $E_i$ (die von anderen linear abhängig sind) als beseitigt vor, kann man immer auf $d = n$ zurückgehen. Jedenfalls ist $\mathfrak{P}$ die konvexe Hülle (Polyeder mit $d$ Dimensionen) mit den $Q$, die $\mathfrak{Q}$ bilden, als Eckpunkten.

Wenn ein **P** (in $\mathfrak{A}$) gegeben ist, d.h., *wenn die Wahrscheinlichkeiten* $\mathbf{P}(E_i)$ *der gegebenen Ereignisse bewertet sind*, so ergibt sich **P** für alle und nur die Zufallszahlen $X$ determiniert, die linear von den $E_i$ abhängen, d.h. zu $\mathfrak{L}$ gehören; im besonderen ist die Wahrscheinlichkeit eines Ereignisses $E$ dann und nur dann determiniert, wenn $E$ ein solches $X$ ist[28]. Diese Aussage umfaßt selbstverständliche Fälle: z.B.

[28] Es wird nicht ausgeschlossen, daß bei gewissen Bewertungen (Grenzfälle, in denen eine Ungleichung sich auf eine Gleichung reduziert) $\mathbf{P}(E)$ durch ein $E$ bestimmt werden

wird die Wahrscheinlichkeit von $A \vee B$ nicht durch $\mathbf{P}(A)$ und $\mathbf{P}(B)$ determiniert (außer bei Behauptung von Unvereinbarkeit), sondern durch Hinzufügen von $\mathbf{P}(AB)$, infolge der linearen Relation $A+B=$ $=AB+A \vee B$). Es ist nützlich, an einem Beispiel zu sehen, wie sich unter den $X$ von $\mathfrak{L}$ (außerhalb ähnlicher banaler Fälle) irgendein Ereignis befinden kann (d.h. ein $X$ mit nur zwei möglichen Werten, die immer in 0, 1 umgewandelt werden können); wir werden dann sehen, daß, wenn $E$ von den $E_i$ nicht linear abhängig ist, man nur sagen kann, daß $p' \leqq \mathbf{P}(E) \leqq p''$ mit $p' = \sup \mathbf{P}(X)$ für die $X$ von $\mathfrak{L}$, die sicher $\leqq E$ sind, und $p'' = \inf \mathbf{P}(X)$ für die $X$ von $\mathfrak{L}$, die sicher $\geqq E$ sind.

## 9.10. *Ein Beispiel nicht offensichtlicher linearer Abhängigkeit**

Sechs Individuen dürfen unter den acht Teilnehmern an einem Bewerb (*A, B, C, D, E, F, G, H, I*) drei Favoriten angeben (wobei z.B. jeder, der unter seinen Favoriten den Sieger genannt hat. Anspruch auf einen Preis hat). Sie setzen nun, wie folgt, der erste auf *B, F, G*; der zweite auf *A, D, I*; der dritte auf *B, D, G*; der vierte auf *B, G, H*; der fünfte auf *D, F, H*; der sechste auf *C, G, I*.

In Tabellenform sieht ihre Wahl so aus:

$$\begin{array}{lllllllll}
1 & = A & + B & + C & + D & + F & + G & + H & + J \\
E_1 = & & B & & & + F & + G & & \\
E_2 = & A & & & + D & & & & + J \\
E_3 = & & B & & + D & & + G & & \\
E_4 = & & B & & & & + G & + H & \\
E_5 = & & & & D & + F & & + H & \\
E_6 = & & & C & & & + G & & + J \\
E & = A & + B & + C & & & & &
\end{array}$$

---

kann, das von den ursprünglichen $E_i$ linear (und vielleicht sogar logisch) nicht abhängig wäre; z.B. sind $A$ und $B$ von $A \vee B$ nicht einmal logisch abhängig und es genügt nicht, $\mathbf{P}(A \vee B)$ zu kennen, um $\mathbf{P}(A)$ und $\mathbf{P}(B)$ zu bestimmen. Wenn jedoch $\mathbf{P}(A \vee B) = 0$ ist, ergibt sich daraus notwendigerweise, daß auch $\mathbf{P}(A)$ und $\mathbf{P}(B)$ Null sind.

* Das Beispiel wurde in der hier vorliegenden Form von meinem Kollegen Prof. Lucio Crisma ausgearbeitet und ersetzt das ursprünglich an dieser Stelle in der italienischen und englischen Ausgabe meiner Arbeit enthaltene, das, wie Crisma bemerkt hat, die gewünschten Bedingungen nicht zu erfüllen vermag. Ich danke ihm an dieser Stelle herzlich dafür, daß er mich auf diesen Fehler aufmerksam gemacht und sich die Mühe gemacht hat, ein korrektes Beispiel auszuarbeiten.

Woraus folgt:

- die entsprechenden Ereignisse $E_1, E_2, \ldots E_6$ sind linear unabhängig;
- das Ereignis $E$ (Wahl des Tripels $A$, $B$, $C$) ist derart, daß

$$2E_1 + 3E_2 - E_3 + 2E_4 + 4E_5 + 3E_6 + 3E = 6(A + B + \ldots + I) = 6$$

infolgedessen

$$E = \tfrac{1}{3}(6 - 2E_1 - 3E_2 + E_3 - 2E_4 - 4E_5 - 3E_6).$$

## 10.
## *Grundlegendes Theorem für die Wahrscheinlichkeiten.*

10.1. Wir gehen nun dazu über, die angekündigte allgemeine Konklusion zu demonstrieren und zu illustrieren, die in vollständigerer und genauerer Form das

THEOREM bildet: *Wenn die Wahrscheinlichkeiten* $\mathbf{P}(E_i)$ $(i = 1, 2, \ldots, n)$ *einer endlichen Anzahl von Ereignissen gegeben sind, so wird die Wahrscheinlichkeit eines anderen Ereignisses* $E$, $\mathbf{P}(E)$:

*a) sich (egal wie groß* $\mathbf{P}$ *ist) als determiniert ergeben, wenn* $E$ *von den* $E_i$ (wie wir bereits wissen) *linear abhängig ist*;

*b) andernfalls kann ihm kohärent irgendein Wert eines geschlossenen Intervalls,* $p' \leqq \mathbf{P}(E) \leqq p''$ *zugeschrieben werden (was oft eine illusorische Begrenzung ergeben kann, wenn* $p' = 0$ *und* $p'' = 1$ *ist, oder auch, in Grenzfällen für besondere* $\mathbf{P}$ *ein determiniertes Ergebnis* $p = p' = p''$ *).*

*Tatsächlich ist* $p'$ *das obere Extremum,* $\sup \mathbf{P}(X)$ *der abgerundeten Bewertungen* $\mathbf{P}(X)$, *die sich aus den Zufallszahlen* $X$ *von* $\mathfrak{L}$ *ergeben (d.h. linear von den* $E_i$ *abhängig), sodaß sicher* $X \leqq E$ *ist. Wenn* $E$ *von den* $E_i$ *nicht logisch abhängig ist, ist zu beachten, daß* $X \leqq E$ *ausdrucksvoller durch* $X \leqq E'$ *ersetzt werden kann, wobei* $E'$ *das größte von den* $E_i$ *abhängige und in* $E$ *enthaltene Ereignis ist (siehe II, 7.3). Dasselbe sei für* $p''$ *gesagt (wobei man* sup *durch* inf *ersetzt und, wo immer, im Sinne der Ungleichungen, Maximum durch Minimum,* $E'$ *durch* $E''$ *usw.).*

*Beweis.* Wenn man die zu $E_1 \ldots E_n$ relativen Konstituenten $Q_1 \ldots Q_s$ nennt und $E$ logisch (aber nicht linear) von den $E_i$ abhängig ist, so hat der lineare Bereich $\mathfrak{A}'$, der durch Anfügen von $E$ (d.h. einer neuen Koordinate $x$ zu den vorigen $x_1 \ldots x_n$) gebildet wurde, dieselben Konstituenten $Q_h$, aber auf den Eckpunkten eines Hyperkubus mit $n+1$ anstatt $n$ Dimensionen verteilt: jedes $Q=(x_1, x_2, \ldots, x_n)$ bleibt an seinem Platz (auf $x=0$) oder wird auf das parallele $S_n$ verschoben ($x=1$), sodaß es $(x_1, x_2, \ldots, x_n, 0)$ oder $(x_1, x_2, \ldots, x_n, 1)$ wird, je nachdem, ob $Q$ in $\tilde{E}$ oder in $E$ enthalten ist. Die konvexe Hülle $\mathfrak{P}'$ in $S_{n+1}$ (in $\mathfrak{A}'$) hat als Projektion auf das frühere $S_n$ (in $\mathfrak{A}$) das frühere $\mathfrak{P}$: für jedes dort zulässige $\mathbf{P}$ (mit Koordinaten $p_i = \mathbf{P}(E_i)$) sind die zulässigen Extensionen in $\mathfrak{A}'$ die Punkte $\mathbf{P}'$, die auf $\mathbf{P}$ projeziert werden und $\mathfrak{P}'$ angehören, bzw. dem Segment $p' \leqq x \leqq p''$, Durchschnitt der Geraden $(p_1, p_2, \ldots, p_n, x)$ mit $\mathfrak{P}'$ angehören. Die extremen Punkte ($x=p'$, $x=p''$) liegen auf dem Mantel von $\mathfrak{P}'$, d.h. auf einer der Hyperebenen (zu $n$ Dimensionen), die dessen Oberflächen bilden (oder eventuell auch auf: Eckpunkten, Kanten, usw. aber das schadet nicht); dieser sei $\sum u_i x_i + ux = c$, d.h. es sei darauf der Relation $\sum u_i E_i + uE = c$ genügt, d.h. $E = (c - \sum u_i E_i)/u$: $X \in \mathfrak{L}$, je nach welchem Glied, genügt der behaupteten Bedingung und liefert $p' = \mathbf{P}(X)$. Ebenso für $p''$.

10.2. *Anwendungen.* Wir verallgemeinern einige der in $S_3$ betrachteten Beispiele: die über die Anzahl der Erfolge $Y = E_1 + E_2 + E_3$ werden nur $Y = E_1 + E_2 + \ldots + E_n$ betreffen, und wir werden mehrere Unterfälle betrachten können: $Y$ als bekannt annehmen, $Y = y (0 \leqq y \leqq n)$ (wie früher $Y=1$ und $Y=2$), oder sicher enthalten zwischen den gegebenen extremen Werten $y'$ und $y''$ $(0 \leqq y' < y'' \leqq n)$ (wie früher $1 \leqq Y \leqq 2$); die in (9.7) gelieferte Interpretation dieses letzten Beispieles wird nun (anders) auf Vergleiche unter $n$ Gegenständen ausgedehnt werden. Der Fall des Summen-Ereignisses wird schließlich alle Produkte erfordern.

10.3. *Kenntnisse über die Häufigkeit.* Dieses erste Beispiel ist insofern beachtlich, als es den ersten und einfachsten Ring der langen Kette von Konklusionen bildet, die nach und nach das Bild der Beziehungen zwischen *Wahrscheinlichkeit* und *Häufigkeit* näher bestimmen und bereichern werden. Dies ist wichtig, durch den Inhalt dessen, was die Konklusionen besagen und vielleicht noch mehr um sich (zumindest in der entsprechenden Situation) anzugewöhnen, sie auch so auszulegen, wie sie wirklich gemeint sind.

Der einfachste Fall ist der, in dem die Zahl der Erfolge, $Y = E_1 + E_2 + \ldots + E_n$, bekannt (sicher) ist, d.h. in dem die *Häufigkeit* $Y/n$ bekannt (sicher) ist. Es sei $Y = y$, d.h. $Y/n = y/n$. Wir wissen z.B., daß in einer Abstimmung unter $n$ Kandidaten $y$ gewählt werden müssen. Oder, daß bei einer Prüfung, unter $n$ Kandidaten, $y$ bestanden haben (wir wissen jedoch noch nicht, welche). Oder, daß bei einer Lottoziehung, von 90 Nummern $y = 5$ gezogen werden. Oder, daß bei den $n = 90$ sukzessiven Ziehungen aller Nummern der Tombola alle $y = 15$ Nummern Deiner Karte sein werden.

Eine Extension ist der Fall, in dem uns Grenzen bekannt sind, innerhalb welcher $Y$ bleiben muß, $y' \leqq Y \leqq y''$, und daher die Häufigkeit zwischen $y'/n$ und $y''/n$ bleiben muß. In den obigen Beispielen könnte es sein, daß das Wahlsystem eine zwischen $y'$ und $y''$ variable Zahl von Gewählten zuläßt. Daß man auf Grund von Teilnachrichten weiß, daß mindestens $y'$ die Prüfung bestanden haben und mindestens $n - y''$ nicht. Wenn man beim Lotto 10 Ziehungen anstatt einer betrachtet (z.B. die 10 an einem Tage), so können unter den $n = 90$ Zahlen die gezogenen zwischen $y' = 5$ (10 identische Fünferzahlen) und $y'' = 50$ (keine Wiederholung einer Zahl) variieren.

Es ist klar, daß, wie im Falle $n = 3$, die Summe der $\mathbf{P}(E_i)$, d.h. $\mathbf{P}(Y)$, im ersten Falle $y$ ergeben muß und im zweiten einen Wert $y' \leqq \mathbf{P}(Y) \leqq y''$. deutlicher gesagt, wenn man durch $n$ dividiert, *müssen die Wahrscheinlichkeiten* $\mathbf{P}(E_i)$ *derart sein, daß ihr arithmetisches Mittel mit der bekannten Häufigkeit* $y/n$ *zusammenfällt, oder zwischen die Extreme fällt, die diese annehmen kann,* $y'/n$ *und* $y''/n$ (Extreme eingeschlossen). Dies ist alles, was man auf Grund der angegebenen Kenntnisse sagen kann (im allgemeinen wird man mehr sagen, z.B. daß jede Zahl im Lotto die Wahrscheinlichkeit 5/90 hat, bei einer Ziehung herauszukommen, und nicht andere Wahrscheinlichkeiten mit einem Mittel 5/90. Doch auf Grund weiterer Kenntnisse und Betrachtungen, die getrennt bleiben müssen).

10.4. *Linearer Bereich für die Ereignisse, die von n gegebenen logisch abhängig sind.* Zu diesem Zwecke genügt es offenbar, den linearen Bereich zu betrachten, den wir $\mathfrak{A}^*$ nennen wollen, und der sich aus

$s$ Konstituenten $Q_h$ ergibt (die eine Partition bilden: daher sind effektiv die Dimensionen $s-1$, da die Identität $Q_1 + Q_2 + \ldots + Q_s = 1$ gegeben ist). Wir können ihn aber auch durch die $E_i$ und ihre Produkte (zu zweien, zu dreien, ..., alle) schaffen; auf diese Weise haben wir (8.3) gesehen, daß man das Summen-Ereignis linear ausdrücken kann, jetzt werden wir jedoch sehen, daß man alle Konstituenten und daher alle von den $E_i$ logisch abhängigen Ereignisse linear ausdrücken kann. Wir werden die $E_i$ logisch unabhängig annehmen und daher $s = 2^n$; im anderen Fall ist die Abhandlung ebenfalls gültig, nur daß die Konstituenten ausgeschaltet werden und die Produkte, die sich als unmöglich ergeben.

Wir wollen die Situation illustrieren, indem wir uns auf drei logisch unabhängige Ereignisse und deren Produkte beziehen: der Kürze halber bezeichnen wir die drei Ereignisse, von denen wir ausgehen, mit $A$, $B$, $C$ (anstatt $E_1$, $E_2$, $E_3$) und ihre Produkte mit $F = AB$, $G = AC$, $H = BC$ und $E = ABC$. Wir haben 7 Ereignisse, die linear unabhängig sind, da zwischen den $2^3 = 8$ Konstituenten nur eine lineare Beziehung (Summe $= 1$) besteht; es bestehen unter ihnen jedoch Ungleichungen (Implikationen), z.B. $A \geqq AB \geqq ABC$, sodaß $A \geqq F \geqq E$, was klar ist, wenn man bedenkt, daß von den $2^7 = 128$ Eckpunkten des 7-dimensionalen Kubus nur die 8 möglich sind, die den zu $A$, $B$, $C$, relativen Konstituenten entsprechen.

Wir zählen nun die Konstituenten auf und geben deren Koordinaten im Bereich $\mathfrak{A}^*$ und die lineare Darstellung im dualen Raum $\mathfrak{L}^*$ an:

$$ABCFGHE = (1,1,1,1,1,1,1) = E$$
$$AB\tilde{C}F\tilde{G}\tilde{H}\tilde{E} = (1,1,0,1,0,0,0) = F - E$$
$$A\tilde{B}C\tilde{F}G\tilde{H}\tilde{E} = (1,0,1,0,1,0,0) = G - E$$
$$\tilde{A}BC\tilde{F}\tilde{G}H\tilde{E} = (0,1,1,0,0,1,0) = H - E$$

$$A\tilde{B}\tilde{C}\tilde{F}\tilde{G}\tilde{H}\tilde{E} = (1,0,0,0,0,0,0) = A - F - G + E$$
$$\tilde{A}B\tilde{C}\tilde{F}\tilde{G}\tilde{H}\tilde{E} = (0,1,0,0,0,0,0) = B - F - H + E$$
$$\tilde{A}\tilde{B}C\tilde{F}\tilde{G}\tilde{H}\tilde{E} = (0,0,1,0,0,0,0) = C - G - H + E$$
$$\tilde{A}\tilde{B}\tilde{C}\tilde{F}\tilde{G}\tilde{H}\tilde{E} = (0,0,0,0,0,0,0) = 1 - A - B - C + F + G + H - E.$$

Diese Ausdrücke und die analogen für jedes von $A$, $B$, $C$ logisch abhängige Ereignis erhält man, wie das Beispiel zeigt:

$$\tilde{A}B\tilde{C} = (1-A)B(1-C) = B - AB - BC + ABC = B - F - H + E.$$

Für die Kohärenz ist es notwendig und hinreichend, daß die Wahrscheinlichkeiten der Konstituenten nichtnegativ seien (die Summe ergibt sich automatisch $=1$), und daher sind die folgenden Ungleichungen notwendig und hinreichend (in denen wir der Einfachheit halber die Wahrscheinlichkeiten mit Kleinbuchstaben derselben Buchstaben angeben):

$$e \geqq 0, \quad f, g, h \geqq e, \quad a \geqq f+g-e, \quad b \geqq f+h-e, \quad c \geqq g+h-e,$$
$$(a+b+c)-(f+g+h)+e \leqq 1.$$

10.5. *Kanonischer Ausdruck für Zufallszahlen.* In Analogie zeigen wir hier, wie, in derselben Ideenordnung, jede Zufallszahl $X = c_0 + c_1 E_1 + c_2 E_2 \ldots + c_n E_n$, die linear mittels Ereignissen $E_i$ ausgedrückt werden kann, eine sinnvolle kanonische Form erhält, wenn man sie auf die Linearkombination $X = x_1 C_1 + x_2 C_2 + \cdots x_s C_s$ der Konstituenten $C_h$ reduziert: die $x_h$ sind die möglichen Werte von $X$, die entsprechend dem Eintreten der $C_h$ angenommen werden. Beispiel: wenn man mit $A$ und $B$ zwei logisch unabhängige Ereignisse bezeichnet, und mit $Q_1 = AB$, $Q_2 = A\tilde{B}$, $Q_3 = \tilde{A}B$, $Q_4 = \tilde{A}\tilde{B}$ die Konstituenten, so erhält man, da $1 = Q_1 + Q_2 + Q_3 + Q_4$, $A = Q_1 + Q_2$, $B = Q_1 + Q_3$, zum Beispiel für $X = 3 - 4A + B$:

$$X = 3(Q_1 + Q_2 + Q_3 + Q_4) - 4(Q_1 + Q_2) + (Q_1 + Q_3) =$$
$$= 0 . Q_1 + (-1) . Q_2 + 4 . Q_3 + 3 . Q_4 :$$

$X$ nimmt die möglichen Werte $-1, 0, 3, 4$ geordnet für $Q_2, Q_1, Q_4, Q_3$ an.

10.6. *Kommentar.* Die obigen Betrachtungen und Beispiele sollen (am Fall der Ereignisse) mit der Idee der vordringlichen Bedeutung der Relationen von Linearität und Konvexität vertraut machen und eine *Tatsache* und ein *Kriterium* hervorheben, die in der Folge und im allgemeineren Bereich Richtlinie sein werden.

Die *Tatsache* ist die *Möglichkeit*, alles was man mit Recht sagen kann, auszudrücken, indem man ausschließlich anhand der Ereignisse (und Zufalls-Zahlen), deren Erwartung bekannt ist, Schlußfolgerungen zieht (ohne aus dem von ihnen bestimmten linearen Bereich $\mathfrak{A}$ herauszutreten, d.h. ohne sich das Vorhandensein einer Wahrscheinlichkeitsverteilung in weiteren Bereichen vorzustellen, in welchen allein, jedoch auf unendlich viele Arten, die Verlängerung möglich ist).

Das *Kriterium* liegt in der *Bemühung*, diese Tatsache systematisch auszunutzen, als Ausdruck einer fundamentalen methodologischen

Forderung der Wahrscheinlichkeitstheorie (zumindest nach der hier vertretenen Auffassung). All dies wird gewöhnlich nicht deutlich klargestellt.

Diese Umstände sollten die Länge dieser Darstellung entschuldigen, die sicherlich übertrieben ist im Vergleich zu dem, was wünschenswert wäre, wenn das Problem allgemein soweit bekannt wäre, daß man sich mit wenigen Hinweisen begnügen könnte.

10.7. *Fall von unendlich vielen Ereignissen (oder Zufallszahlen).* Das fundamentale Theorem für die Wahrscheinlichkeiten (und für die Erwartungen) (10.1) erlaubt uns, fortschreitend (auch in unendlicher und transfiniter Weise; wohlgemerkt, mit unendlichen Unterscheidungen), allen wünschbaren Ereignissen und Zufalls-Zahlen nacheinander Wahrscheinlichkeiten und Erwartungen zuzuschreiben, die mit den vorhergehenden kohärent sind. Eine getroffene Schlußfolgerung leidet nicht durch den Übergang ins Transfinite, weil die Kohärenzbedingungen immer nur endliche Mengen betreffen (siehe Anhang, Nr. 15).

Das demonstriert das Theorem von der bedingungslosen Existenz und Verlängerungsmöglichkeit kohärenter Erwartung in jeglichem (offenen) Feld[29] von aleatorischen Ereignissen und Zahlen. Das heißt:

*Wenn die Ereignisse, nicht schon innerhalb des Feldes, in dem sie entstanden sind, zu Inkohärenzen führen, so tritt keine Inkohärenz auf, die die Existenz kohärenter Erwartungen, die mit den früheren, egal wo sie entstanden sind, koinzidieren, in irgendeinem Feld verhindern könnte.*

## 11.
## *Nullwahrscheinlichkeiten: kritische Fragen.*

11.1. In beiden Kriterien, die wir zur Definition der Wahrscheinlichkeit dargestellt hatten, gab es einen (denselben) Punkt, dessen Klärung wir uns noch vorbehalten hatten: den Grund der Vorsichtsmaßnahme, die Möglichkeit von Gewinnen auszuschließen, die *alle uniform negativ* sind, aber nicht die, die alle (ohne „uniform") negativ sind. Eine andere, damit in Zusammenhang stehende Sache, war die Beseitigung

[29] Wir meinen „offen" im Sinne von nicht bereits festgesetzt, nicht gebunden, kein „Procrustesbett", kein Borel'scher Körper, nicht aus Ereignissen mit gegebener Bedeutung oder gegebener Struktur bestehend, sondern ein Feld, in das wir in jedem Moment alles setzen können, was uns einfällt.

der Vorbehalte bezüglich der Erwartung von unbegrenzten Zufallszahlen.

Hier handelt es sich um kritische Fragen und, wollte man sich nur mit den Aspekten der Anwendung befassen, so könnte man sie auch übergehen oder auf den Anhang beschränken. Das ist jedoch unmöglich. Da wir in Kap. VI die Verteilungen studieren und die theoretischen Unterschiede, die wir auf Grund unseres Standpunktes eingeführt haben, sowie deren Begründung beleuchten müssen, ist es zweckmäßig, die Aufmerksamkeit sofort auf Aspekte zu lenken, die eine wesentliche Rolle spielen werden.

Tatsache ist, daß eine logische Konstruktion nur soweit eine solche ist, als sie ein Ganzes bildet, in dem „tout se tient", oder sie ist gar keine. Die scheinbar müßigsten und unbedeutendsten Fragen können mit allem anderen Zusammenhänge haben, die unerläßlich sind, um es zu verstehen. Sie zu verschweigen oder nur flüchtig anzudeuten, ist gefährlich, besonders, wenn sie sich auf empfindliche und widersprechende Dinge auswirken. Zuviele Ideen bleiben im Unklaren und verursachen eine Vervielfältigung von Zweifeln.

Darum halten wir uns nun, zu Ende des III. Kapitels bei den angedeuteten kritischen Fragen auf und dasselbe werden wir am Ende von Kap. IV tun, indem wir diese kritischen Fragen unter neuen Aspekten wieder aufnehmen, dann wieder zu Ende des V. Kapitels für Probleme, die weniger technisch und generischer sind, aber zur selben Ordnung von Betrachtungen gehören. Wir werden uns bemühen, uns auf ein Minimum zu beschränken und es so einfach wie möglich auszudrücken. Zusätzliche Erklärungen und Beispiele werden dank des Kleindruckes „auf den ersten Blick" zu unterscheiden sein.

11.2. Es wäre unrichtig zu behaupten, daß alle Fragen auf die Gegebenheit der Null-Wahrscheinlichkeiten zurückzuführen sind: man soll jedoch zweifellos an sie denken, um dem Leitfaden zu folgen, so wie es auch nicht nur sinnvoll, sondern angemessen erschienen ist, sie in der Überschrift zu erwähnen.

Scheinbar ist es unmöglich, über Null-Wahrscheinlichkeiten mehr als Null zu sagen. Hier sind jedoch die hauptsächlichen Fragen:

I) kann ein mögliches Ereignis die Wahrscheinlichkeit Null haben?
Und wenn ja:

II) kann man Null-Wahrscheinlichkeiten möglicher Ereignisse mit einander vergleichen (sagen, ob sie gleich sind, welches ihr Verhältnis ist, usw.)?

III) kann eine Vereinigung von Ereignissen mit Null-Wahrscheinlichkeit positive Wahrscheinlichkeit haben (im besonderen, das sichere Ereignis sein?)?

IV) gibt es Zusammenhänge mit Problemen bezüglich Zufalls-Zahlen, und im besonderen mit dem der Erwartung unbegrenzter Zufallszahlen?

Die Frage (II) gehört in Kap. IV. Sie wurde hier erwähnt, um sie als „Frage" richtig einzureihen, auch um im voraus aufmerksam zu machen, daß gewisse gelegentliche Hinweise, die hier der Bequemlichkeit halber erfolgen mögen, zu gegebener Zeit geklärt werden, und wir werden dann das Zeichen „(II!)" einsetzen).

Die Fragen (I) und (III) können sofort für eine gemeinsame Diskussion vereinigt werden; dann gehen wir zu (IV) über. Es gab jedoch einen Grund, die beiden Fragen (I) und (III) getrennt zu formulieren: Frage (III), die offensichtlich die Möglichkeit einer Bezugnahme auf unendliche Einteilungen verlangt, könnte dazu führen, zu denken und zu sagen, daß es mögliche Ereignisse mit Nullwahrscheinlichkeit geben kann, *wenn sie unendlichen Einteilungen (!) angehören*. Etwas Ungeheuerliches: wenn $E$ die Wahrscheinlichkeit $= p$ hat (im besonderen $= 0$), so ist es ein Ereignis mit der Wahrscheinlichkeit $p$ (im besonderen mit Nullwahrscheinlichkeit), ob man es nun an sich betrachtet, oder in der dichotomischen Einteilung in $E$ und $\tilde{E}$, oder in irgendeiner anderen Einteilung in viele, wenige oder unendlich viele Ereignisse, die man erhält, indem man $\tilde{E}$ in irgendeiner gewünschten Weise zersplittert. Leider schafft diese Tendenz, jedes Ereignis in einem Schema gemeinsam mit anderen, die gewöhnlich gemeinsam studiert werden, eingekapselt zu sehen (sowie hier), schwere theoretische, wie auch praktische (wie in den Beispielen in Kap. V, 8.7) Irrtümer.

Nach dieser opportunen Belehrung können wir die Frage (III) erneut stellen, indem wir überlegen, *ob man in einer unendlichen Einteilung allen Ereignissen Nullwahrscheinlichkeit zuschreiben kann*. So wird diese Frage im wesentlichen gleichwertig mit der über die verschiedenen Arten der Additivität (*einfach*: nur für Summen in endlicher Zahl; *vollständig*: auch im abzählbar unendlichen Fall; *vollkommen*: immer).

Und die Antworten sind drei, entsprechend dieser Dreiteilung (mit einer Variante in Bezug auf (I)):

$A$ = bejahend, $N$ = negativ ($N'$ und $N''$), $C$ = bedingt

(und auch in der Folge werden wir sie und die entsprechenden Gesichtspunkte mit den Anfangsbuchstaben, $A$, $N$, $C$, oder, im Bedarfsfall, mit $A$, $N'$, $N''$, $C$ bezeichnen).

*A: Ja. Die Wahrscheinlichkeit ist einfach additiv. Die Vereinigung einer unendlichen Anzahl unverträglicher Ereignisse mit Nullwahrscheinlichkeit kann immer positive Wahrscheinlichkeit haben und auch das sichere Ereignis sein.*

*N: Nein. Die Wahrscheinlichkeit ist vollkommen additiv. In jeder Partition gibt es eine endliche Anzahl, oder eine abzählbar unendliche Anzahl von Ereignissen mit positiven Wahrscheinlichkeiten mit der Summe = 1; die anderen haben sowohl einzeln als in ihrer Gesamtheit Nullwahrscheinlichkeit.*

*C. Es kommt darauf an. Die Antwort ist* NEIN, *wenn es sich um eine abzählbare Partition handelt, weil die Wahrscheinlichkeit vollständig additiv ist. Die Summe einer abzählbar unendlichen Zahl von Nullen ist Null. Die Antwort ist* JA, *wenn es sich um eine nicht abzählbar unendliche*[30] *Zahl handelt, weil die Wahrscheinlichkeit nicht vollkommen additiv ist. Die Summe einer nicht abzählbar unendlichen Zahl von Nullen kann positiv sein.*

Im Falle der Antwort $N$ sind jedoch in Bezug auf Frage (I) zwei Varianten zu unterscheiden (wonach in den Fällen $A$ und $C$ die Antwort $A$ ausgeschlossen ist).

*N': Null-Wahrscheinlichkeit bedeutet Unmöglichkeit. Das obige ist eine Folge dieser Identifizierung.*

*N'': Null-Wahrscheinlichkeit bedeutet nicht Unmöglichkeit. Aber das Verhalten ist identisch: auch wenn man sie alle vereint, bilden die Ereignisse mit Null-Wahrscheinlichkeit nur ein Ereignis mit Null-Wahrscheinlichkeit.*

11.3. Ich will gleich sagen, daß die hier vertretene These die von $A$ ist, der *einfachen Additivität*. Ausdrücklich: *eine Vereinigung unverein-*

[30] Ich weiß nicht, ob dies genau der Auffassung der Verfechter dieser These entspricht (oft spricht man nur von dem Fall des Kontinuums).

*barer Ereignisse hat die gleiche oder eine größere Wahrscheinlichkeit als das obere Extremum der Summen der Wahrscheinlichkeiten einer endlichen Zahl derselben.* Außer durch den Autor scheint mir diese These nur durch B.O. Koopman (1940) systematisch entwickelt und übernommen worden zu sein. Andere, wie Good (1965) nehmen an, daß nur die einfache Additivität ein Axiom ist, ohne dieser Bemerkung weiter Folge zu geben. Andere, wie Dubins und Savage (1965) verwenden die einfache Additivität für besondere Ziele und Probleme.

Die These *N* vertreten meines Wissens nur einige Logiker, wie Carnap, Shimony und Kemeny (als Folge einer Definition „strenger Kohärenz")[31].

Die These *C* ist die, die zur Zeit allgemein angenommen wird. Sie wurde, wenn sie darin nicht gerade ihren Ursprung hatte, in der Axiomatik von Kolmogorov (1933) kodifiziert, und war, besonders durch die mathematische Annehmlichkeit, aus der Wahrscheinlichkeitsrechnung eine einfache Übersetzung der modernen Maßtheorie zu machen, recht erfolgreich (hierüber wird in Kap. VI viel hinzuzufügen und zu beachten sein). Viele Autoren beschäftigen sich sogar mit Fällen, in denen sie nicht gilt, aber nebenbei, indem sie sie nicht als absurd aber doch als „pathologisch", außerhalb der „normalen" Theorie, betrachten.

11.4. Betrachten wir kurz die wichtigsten Einwände gegen die verschiedenen Thesen (wir wollen sie nummerieren: *A*1, *A*2, ...; *N*1, *N*2, ...; *C*1, *C*2, ...); unser Standpunkt wird natürlich durch die Einwände gegen die *N* und *C* dargestellt, und durch die Antworten (*A*1*a*, *A*1*b*, ...; *A*2*a*, *A*2*b*, ...) auf die gegen *A*. Wir werden Beispiele einfügen (*E*1, *E*2, ...).

*A*1 Es ist ein Einwand vom Standpunkt *N* (ja sogar *N'*): *es genügt nicht, die Wetten mit dem sicher negativen Gewinn* $X$ ($\vdash X < 0$): *schwache Kohärenz) als unannehmbar auszuschließen. Man muß sie ausschließen, wenn der Gewinn sicher nicht positiv ist* ($\vdash X \leq 0$: *strenge Kohärenz). Das bedeutet, daß „Wahrscheinlichkeit Null" gleich „Unmöglichkeit" ist.*

---

[31] Es ist nutzlos, gemeinsam mit ernst zu nehmenden Autoren die vielen zu nennen, die von der Null-Wahrscheinlichkeit als Unmöglichkeit sprechen, sei es als sogenannte Vereinfachung in elementaren Darstellungen, sei es infolge Verwechslung oder metaphysischer Vorurteile.

Die entscheidendste Antwort wird der Einwand $N2$ sein, man soll jedoch einer klärenden Antwort in Bezug auf die (vielleicht überzeugenden) Aspekte, die in $A1$ dargelegt werden, nicht ausweichen, was eine erste Widerlegung von $N(N1)$ bilden wird.

$A1a$ Es sollte überflüssig sein, darauf hinzuweisen, daß die Unannehmbarkeit einer Wette immer relativ zur Menge der durch ein gegebenes Schema gebotenen Auswahl ist. Wäre unter den möglichen Alternativen die, „keine Wette abzuschließen", so ist es klar, daß niemand eine andere wählen würde, die nur zu Verlusten führen kann (aber dies besagt nichts).

$A1b$ Einfachstes Schema, es sei $X = -E$ (Verlust $=1$, wenn $E$ eintritt, z.B. ein Risiko, dem wir ausgesetzt sind), und man betrachte die Zweckmäßigkeit, sich durch Zahlung einer Prämie $p$ zu versichern. Nehmen wir an, jemand wäre bereit, $(\frac{1}{2})^n$ (und nicht mehr) zu bezahlen, wenn $p = (\frac{1}{2})^n$ ist, z.B. $E=$ immer Kopf auf $n$ Würfe; wenn $E=$ immer Kopf auf unendlich viele Würfe ist, werde ich nicht bereit sein, mehr als Null zu bezahlen (jedes $\varepsilon > 0$ ist $> (\frac{1}{2})^n$ für ein genügend großes $n$, und es wäre schon bei einem unendlich höherem Risiko zuviel). Daher ist das geringste Übel, sich nicht zu versichern, d.h. (in diesem Falle, *nicht in anderen*) sich so zu verhalten, als ob $E$ unmöglich wäre.

$A1c$ Aber es liegt noch mehr darin: die Kohärenzbedingung ist und muß (wir waren besorgt, dies in 3.5. und 3.6. festzulegen) *noch schwächer* sein, als die in $A1$ kritisierte, in der auch Wetten genannt wurden, in denen man *nur verlieren* kann! Nehmen wir an, jemand würde sicher einen Verlust in Höhe von $1/N$ erleiden ($N$ „zufällig gewähltes Ganzes", gleiche Wahrscheinlichkeit, und daher Null für jeden Wert und somit für jedes endliche Segment $N \leqq n$ (II !)). Es ist nicht zweckmäßig, einen Einsatz $\varepsilon$ (so klein er auch gewählt werden mag) zu zahlen, um diesen sicheren Verlust zu vermeiden, weil praktisch der vermiedene Verlust unendlich viel kleiner wäre.

$N1 = A1d$ Wir fassen zusammen und schließen: Die Varianten (von der schwächsten bis zur stärksten) bestehen darin, $X$ auszuschließen, wenn

$$\operatorname{Sup} X < 0, \quad \operatorname{Sup} X \leqq 0 \text{ aber unmöglich } X = 0, \quad \operatorname{Sup} X \leqq 0;$$

Der Einwand *A*1 beanstandet die mittlere und vertritt die letzte Variante. In *A*1*c* haben wir erklärt, warum wir, umgekehrt, es für notwendig erachten, die erste Variante zu vertreten.

*N*2 *Die Variante N′ ist logisch absurd, wenn man nicht die Möglichkeit ausschließt, an eine Einteilung mit einer abzählbar unendlichen Anzahl von möglichen Fällen zu denken* (z.B. im Kontinuum). Im abzählbaren Fall ergeben sich Einwände, die *C* (*C*3 = *N*4 und ff.) gemeinsam sind.

*N*3 Die Variante *N″* hebt *N*2 auf. Jedoch ist die *Bedeutung von Nullwahrscheinlichkeit weiterhin außerordentlich eng* (enorm enger als in *C*, wo sie auch schon eng ist, siehe *C*4).

Tatsächlich müßte man $E^*$ = Vereinigung aller Ereignisse mit Nullwahrscheinlichkeit = maximales Ereignis mit Nullwahrscheinlichkeit (sagen wir, „die Katastrophe") definieren: bei Hypothese (der Wahrscheinlichkeit = 1) der Nicht-Katastrophe, kommt man wieder auf *N′*, nur sind im entgegengesetzten Fall die Ereignisse mit Nullwahrscheinlichkeit nicht mehr unmöglich (und können, dadurch bedingt (II!), jegliche Wahrscheinlichkeit haben).

11.5. *C*1 *C erscheint logisch weniger plausibel* (und es besteht der Verdacht der „Adhockery for mathematical convenience") *als A und N*, weil die Unterscheidung zwischen endlich und unendlich eine unzweifelhafte logische und philosophische Bedeutung hat, während es eigenartig erscheinen würde, die ganz wesentliche Unterscheidung an die Grenze zwischen endlich und abzählbar einerseits und nicht abzählbar anderseits zu setzen.

*C*2 Eine Schwierigkeit, die sich daraus ergibt, ist die folgende. Was geschieht, *wenn wir eine Partition (z.B. der Mächtigkeit des Kontinuums) in Ereignisse mit Nullwahrscheinlichkeit haben*, wenn wir uns vorstellen, daß infolge einer späteren Information *nur noch eine abzählbar unendliche Anzahl möglich sind* (im besonderen nehmen wir an gleich wahrscheinlich (II!)? oder in der allgemeineren Hypothese?).

*E*1 Anfänglich: *X* hat eine uniforme Verteilung auf die reellen Zahlen von [0, 1] (alle Punkte gleich wahrscheinlich (II!)). Sukzessive Information: *X* ist rational.

*E*2 Es scheint selbstverständlich, in diesem Falle (aber (II!)) von *E*1 nach der „sukzessiven Information" zu sagen, *daß die möglich geblie-*

*benen Werte, d.h. alle rationalen Werte (von* $[0,1]$*) (noch) gleich wahrscheinlich sind* (daß sie eine „zufällige Auswahl" in dieser Menge definieren).

Wollte man das Problem effektiv anhand des geometrischen Schemas interpretieren, so könnte man vielleicht daran zweifeln, ob man alle rationalen Werte gleich wahrscheinlich betrachten sollte, da man die Lage der extremen Punkte, der im Zentrum, die von Brüchen mit kleinem Nenner, von Dezimalbrüchen mit wenigen Stellen usw. als „privilegiert" erachten könnte.

Dieser Effekt wird abgeschwächt, wenn man sich vorstellt, die „Entfernung von zwei zufällig ausgewählten Punkten" zu nehmen (1. minus 2., wenn negativ, 1 hinzufügen, Resultat Mod. 1).

Er verschwindet, wenn man an einen Kreis denkt, den man durch Aufrollen eines Segmentes erhalten und nicht bekannt gegeben hat, welches der „Null"-Punkt ist.

$C3 = N4$ $C2$ kann auch im abzählbaren Fall wieder auftreten (und dann betrifft er auch $N$). *Man hätte eine abzählbar unendliche Anzahl möglicher Fälle, einer mit* $p=1$ *(und die anderen daher mit* $p=0$*)*; wir setzen voraus, wir hätten die Information erhalten, *daß der erste nicht eingetreten ist.*

$E3$ $N$ sei die Zahl der Durchgänge durch den Ursprung in einem Irrflug, für den $\mathbf{P}(N=\infty)=1$ (ein Beispiel ist Kopf und Adler); Information: $N \neq \infty$[32].

$E4$ Es ist plausibel, in derartigen Fällen — aber wir beschränken uns darauf, es anzunehmen, um uns auf dieses Beispiel beziehen zu können, ohne dessen Prüfung zu vertiefen — zu sagen, daß die $p_h = \mathbf{P}(N=h|N \neq \infty)$ alle Null sind und (II!) jedes von ihnen unendlich mehr als die vorhergehenden.

[32] Die Information könnte uns nur jemand geben, der die Welt nach Ende der Zeiten erforscht hätte ... Einwände von „Nichtrealismus" wären jedoch hier nicht am Platze, da es sich nur um logische Vereinbarkeit handelt. Wo sie angebracht (und gewöhnlich wenig gepflegt) sind, werden die Forderungen von Realismus hier (besonders im Anhang) vielleicht mehr geprüft werden, als dies bisher geschehen ist, und vielleicht sogar mehr als vernünftig ist. Man kann die Richtigkeit einer Konklusion, die sich auf die Prüfung einer „pathologischen" Kurve (z. B. die von Helge van Koch) stützt, nicht unter dem Vorwand ablehnen, daß es weder Bleistifte, noch Papier, noch Hände gibt, um sie zu zeichnen.

*C*4 *Der Sinn von $p = 0$ ist auch in C zu eng* (wenn auch viel weniger als in *N*; siehe *N*3). Dies ist „die Essenz" (in vager aber den Gegebenheiten genau entsprechender Form) der Betrachtungen und Beispiele, die wir bereits gesehen haben (*C*2, *C*3, *E*1, *E*2) und derjenigen, die wir noch sehen werden. Als „Symptom", das diese „Enge" pathologisch erscheinen läßt, mag die Tatsache gelten, daß, während man für jegliches endliche $n$ uniforme Einteilungen (alle $p = 1/n$) annimmt, im abzählbaren Fall (in *C* und *N*) nur äußerst ungleichgewichtete Einteilungen angenommen werden.

Wir werden einerseits sehen, wieweit sie ungleichgewichtet sind und anderseits die Einwände, die sich dadurch vom wesentlichen Standpunkt aus ergeben. Natürlich werden letztere je nach der Theorie, von der aus sie gestellt werden, verschieden sein.

*C*5 = *N*5 Wenn man Wahrscheinlichkeiten mit der Summe = 1 übernimmt (und wir bezeichnen sie mit $p_1, p_2, \ldots, p_i, \ldots$ in fallender Ordnung), schafft man notwendigerweise eine derartige Ungleichung, daß, so klein man ein $\varepsilon > 0$ auch annimmt, eine endliche Anzahl von Ereignissen (die ersten $n_\varepsilon$) gemeinsam die Wahrscheinlichkeit $> 1 - \varepsilon$ haben und alle unendlich vielen anderen gemeinsam die Wahrscheinlichkeit $< \varepsilon$ (Unter diesen Umständen hätte ich Lust zu sagen, daß die Ereignisse „nicht eine abzählbare Unendlichkeit" sind, sondern „eine endliche Anzahl, ausgenommen Kinkerlitzchen".).

*E*5 Das in *C*5 = *N*5 Hervorgehobene erscheint umso sonderbarer, wenn man als Beispiel folgende Bemerkung bringt:

Wenn man, anstatt aller unendlichen Ereignisse, nur die ersten $N = n/\varepsilon$ gehabt hätte ($\varepsilon$ und $n = n_\varepsilon$ des vorigen Falles), so hätte nichts daran gehindert, sie entsprechend angenommenen Gründen oder Ansichten alle gleich (oder fast) gleich wahrscheinlich zu beurteilen; dann hätten die ersten $n$ Ereignisse in ihrer Gesamtheit die Wahrscheinlichkeit $\varepsilon$ anstatt $1 - \varepsilon$ gehabt. Gewiß konnte man auch die unendlich vielen Wahrscheinlichkeiten alle $< 1/N$ annehmen, das Enorme der Ungleichung würde jedoch wieder hervortreten, wenn man neuerlich ein $n' = n'_\varepsilon$ und $N' = n'/\varepsilon$ betrachten würde.

Mathematisch ist dies selbstverständlich; eigenartig ist nur die Tatsache, daß ein formales Axiom, anstatt bezüglich der Bewertungen *neutral* zu sein (oder, für den, der daran glaubt, gegenüber den objektiven Motiven) und nur formale Kohärenzverpflichtungen aufzuerlegen, statt dessen derartige Verpflichtungen fordert, ohne sich auch nur darum zu bekümmern, die Eventualität gegenteiliger Motive zu prüfen.

11.6. Versuchen wir jedoch, uns die Reaktionen von Individuen mit anderer Orientierung besser vorzustellen.

$C5 = N5$ Es sei eine abzählbare Einteilung in mögliche Ereignisse $E_i$ gegeben und wir stellen uns auf den subjektivistischen Standpunkt. Ein Individuum will die $p_i = \mathbf{P}(E_i)$ bewerten; er kann entsprechend seiner Meinung frei wählen (ausser, daß er, um kohärent zu sein, darauf achten muß, die Kohärenzbedingungen nicht unwillkürlich zu verletzen).

Man sagt ihm, daß er wegen der Kohärenz die $p_i$ beliebig wählen kann, aber mit der Summe $= 1$ (also, dasselbe, wie im endlichen Fall... !).

Dasselbe?!!! Du sollst mich nicht auslachen, wird der andere antworten! Im endlichen Fall erlaubte mir diese Bedingung, lauter Wahrscheinlichkeiten zu wählen, die gleich, oder wenig verschieden oder sehr verschieden waren; kurz, ich konnte jegliche Meinung ausdrücken. Hier dagegen wirkt sie einschneidend *auf* meine Beurteilungen: ich darf sie nur vorbringen, wenn sie bis zum in $C5-N5-E5$ illustrierten Punkt ungleichgewichtet sind, und andernfalls bin ich, wenn ich sie für gleich wahrscheinlich halte (wozu ich im Falle $E2$ geneigt wäre) gezwungen, „zufällig" eine konvergente Reihe zu nehmen, die, egal wie ich sie auswähle, im absoluten Gegensatz zu meiner Auffassung steht. Und andernfalls nennst Du mich inkohärent! Bei Verlassen des endlichen Feldes, bin ich nun derjenige, der nichts mehr versteht, oder bist Du wahnsinnig geworden?

$C6 = N6$ In derselben Situation befindet sich angesichts des Falles $E2$ ein Objektivist des klassischen Typus (für den „im Falle der Symmetrie alle Fälle gleich möglich sind").

Es ist offensichtlich: die unendlichen Fälle sind gleich wahrscheinlich und haben daher alle die Wahrscheinlichkeit $1/\infty = 0$ (vielleicht – wird er denken – habe ich mich nicht orthodox ausgedrückt, aber die Konklusion ist diese). Und auf den Einwand des Lehrers, der eine Reihe mit der Summe $= 1$ verlangt, und bei der Frage nicht erschrickt, ob er allen Ernstes zu einer so ungleichgewichteten Meinung steht, daß die Erwägungen von $E5$ gelten, wird auch er ausrufen: „Bin ich es, der nichts mehr versteht, oder bist Du verrückt geworden?" Und er wird erklären: „Ich schwöre, daß ich mich im Idealzustand vollständiger Unwissenheit befinde, des Fehlens jeder Ursache, um zu bezweifeln, daß ein Punkt eine größere objektive Wahrscheinlichkeit haben könnte, als ein anderer; in keinem anderen Fall war ich jemals so sicher, mit Genauigkeit behaupten zu können, daß die objektiven Wahrscheinlichkeiten gleich sind, denn nur hier, wo ich die rationalen Punkte weder sehen noch unterscheiden kann, habe ich den erhabenen Höhepunkt der totalen und unübertrefflichen Unwissenheit erreicht. Und nun, was fange ich an? Welche sind nun die objektiven Wahrscheinlichkeiten, die ich jedem Punkt geben soll, und wie soll ich wissen, welcher eine große, oder kleine oder minimale hat?"

$C7 = N7$ Für den Häufigkeitsfachmann ist die Sache noch einfacher. Wenn er an eine Folge von Versuchen denkt (ein ideales Roulette, mit einer punkteförmigen Kugel, die auf jeglichem rationalen Punkt des Kreises von $E2$ stehen bleiben kann), wird er im Zweifel sein, ob er annehmen soll, daß ein bestimmter Punkt nie auftreten könnte, oder selten, oder oft, oder auch unendlich oft; er wird jedoch schwer zögern zu denken, daß mancher Punkt (und weniger als je, ein schon von Anfang an feststellbarer Punkt) so oft auftreten könnte, daß er eine andere Grenzhäufigkeit als Null haben könnte.

$C8 = N8$ Und dies ist ein neuer, wahrer und echter mathematischer Einwand gegen die vollständige Additivität: für den, der die Wahrscheinlichkeit als Grenz-Häufigkeit (auf einer Folge, oder einem „Kollektiv" nach Mises) auffaßt, müßte die Tatsache entscheidend sein, daß *die Grenzhäufigkeiten der einfachen Additivität genügen müssen, aber nicht der vollständigen.*

(Es ist mir jedoch nicht bekannt, daß einer von ihnen diese Bemerkung berücksichtigt oder widerlegt hätte; offenbar ist sie der Aufmerksamkeit entgangen, obwohl ich sie mehrmals wiederholt habe).

11.7. $C9$ Eine vollständig (aber nicht vollkommen) additive Wahrscheinlichkeit kann auf der Menge aller Teile der betrachteten Unendlichkeit von Ereignissen nicht definiert werden.

Daher ist es notwendig:

a) entweder Begrenzungen einzuführen, indem man voraussetzt, nur von Ereignissen zu sprechen, die durch besondere „Teile" gegeben sind und die anderen auszuschließen (und hierfür sieht man keine logischen Begründungen, während die mathematischen, die die Schaffung privilegierter Ereignisse und Ausrüstung des „Raumes" mit topologischen Eigenschaften erfordern, keinen anderen Wert zu haben scheinen, als den von „Athockeries for mathematical convenience").

b) Oder die vollkommene Additivität anzuerkennen, d.h. $N$, das deshalb, wie schon für $C1$, *logischer* erscheint als $C$ (aber gegen $N2$ verstößt, und man verzichtet auf jede Behandlung im Kontinuum, auch nach dem Modell der Maß-Theorie, dem wahren Wunschbild von $C$).

c) Oder die einfache Additivität anzuerkennen, nämlich $A$.

11.8. Gibt es Einwände gegen $A$ (nachdem $A1$ bereits geprüft wurde?).

Ehrlich gesagt (und ich werde dies gern zurücknehmen, wenn man mir irgendeine Tatsache anzeigt, die diesen Eindruck widerlegt), scheint mir, man sollte nicht von Einwänden sondern im allgemeinen von Vorurteilen und Gewohnheiten sprechen. Durch sie erscheint, unabhängig von der Diskussion spezifischer Aspekte des wahren Problems, die immer vernachlässigt werden, „natürlich" oder „absurd", was mehr oder weniger gewohnt, mehr oder weniger modern, und vor allem auf anderen Gebieten der Mathematik mehr oder weniger „bequem" ist: in jenen Gebieten, in welchen man sich in Ermangelung einer eigenen, gegebenen und von außen geforderten Signifikanz für mögliche Übertragungen in mathematische Definitionen und Axiome die bequemsten Theorien oder Hypothesen „for mathematical convenience" aussuchen kann.

Über derartige Aspekte und Einstellungen (die oft wegen ihres mehr psychologischen als mathematischen Charakters und weil sie oft eher aus gelegentlichen Hinweisen als aus expliziten und systematischen Erklärungen zu entnehmen sind, schwer zu analysieren sind), wird Kap. VI und der Anhang einiges bringen. Um hier ein genügend konkretes und gültiges[33] Beispiel zu bringen, könnte ich nur das folgende nennen:

*A*2 Viele glauben, daß eine nicht ungleichgewichtete abzählbare Einteilung (die sich nicht — wie in *C*5 scherzhaft gesagt — auf Fälle „in endlicher Anzahl, außer Kinkerlitzchen" reduziert) „undurchführbar" sei. Ein ganzes positives $N$, das nicht bekannt (aleatorisch) ist und alle Werte (von 0 bis $\infty$ ausgeschlossen) annehmen kann, ist, in jedem praktisch oder theoretisch denkbaren Beispiel, immer fast sicher nicht zu groß (und nur um nicht eine mehr oder weniger willkürlich hohe obere Grenze zu setzen, unterläßt man dies). Eine Einteilung einer kontinuierlichen Menge, z. B. ein Intervall in einer abzählbar unendlichen Anzahl ($L-$) meßbarer Mengen ist notwendigerweise so, daß das ganze Maß (abgesehen von einem beliebig kleinen Rest) durch eine endliche Anzahl derselben gegeben ist. Sie können (wie im Beispiel von Vitali) überdeckbar sein, doch sind sie dann nicht meßbar, und somit nicht einmal „benennbar" und es ist auch keine konstruktive, vom Axiom der Wahl unabhängige Beschreibung möglich.

Die Antwort muß nach verschiedenen unabhängigen Gesichtspunkten erfolgen.

---

[33] Ich hoffe, jeder Leser ist von sich aus in der Lage, die häufigen Versuche, die vollständige Additivität zu „demonstrieren", indem man irgendeine äquivalente Eigenschaft stillschweigend als gültig annimmt, zu beurteilen.

*A2a* Vom subjektivistischen Standpunkt kann man — weil man frei ist, die Wahrscheinlichkeiten nach Belieben zu bewerten, wobei nur die Kohärenzbedingungen zu beachten sind — sehr wohl einer Menge von nur einem Punkt mehr Wahrscheinlichkeit zuschreiben als einer anderen mit enormem Maß oder einer nicht meßbaren; kann diese Schlußfolgerung umgekehrt rechtfertigen, daß jemand einer Menge von nur einem Punkt und kleinem Maß große Wahrscheinlichkeiten zuschreibt, und unter Ausschluß des dazwischenliegenden Falles den großen Mengen eine unbeachtliche Wahrscheinlichkeit?

*A2b* Bedeuten diese Beispiele nicht an sich (wenn auch in etwas raffinierter Form) das Vorurteil, als universales Modell das des Maßes anzunehmen?

*A3* Ein weiterer plausibler Einwand: alle diese Beispiele und Gegenbeispiele sind künstlich, ohne praktisches Interesse. Es besteht keine Ursache, eine weniger bequeme Theorie vorzuziehen, nur weil man sie in diese einfügen kann.

*A3a* Die Beispiele haben ein kritisches Ziel, das der Prüfung des wahren logischen Wertes der verschiedenen Gesichtspunkte. Den Standpunkt, den sie (wie ich hoffe) als den logisch richtigen beweisen, anzuerkennen, bedeutet nicht, daß man sich mit derartigen Dingen befassen müßte[34], sondern es heißt nur vermeiden, sich in einer Weise auszudrücken, die (wenn auch unter Bezugnahme auf „pathologische" Beispiele) nicht richtig erscheint.

*A3b* In der Praxis wird es sich sogar wahrscheinlich als ratsam ergeben, sich auf *noch einfachere Dinge* zu beschränken und darauf zu verzichten, vom elementarsten Bereich (Jordan-Peano-Maß, Riemann-Integral), wo die Konklusionen einwandfrei sind, zu dem „moderneren" (Borel- oder Lebesgue-Maß, Lebesgue-Integral) überzugehen, da die angewandte Verlängerung sich auf eine Konvention stützt, die als allgemeines Axiom nicht annehmbar und in realistischer Form schwer als besondere Hypothese für einzelne praktische Fälle zu recht-

[34] Wir erinnern daran, daß die kritischen Beispiele, mit denen Peano in den Vorlesungstexten von Genocchi bewies, daß gewisse „Theoreme" in „pathologischen" Fällen nicht richtig waren, ebenso tadelnd und verständnislos aufgenommen wurden.

fertigen ist. Und es scheint mir nicht nur schwer, die Gültigkeit zu rechtfertigen, sondern sogar das Nicht-Illusorische eventueller Interpretationen und Anwendungen auf effektive, praktische Probleme.

*AC*3 Um zu sagen, welche Theorie „weniger bequem" sei, muß man erst wissen, in welchem Sinne „bequem" gemeint ist. Die Theorie Type *C* ist im allgemeinen bequemer im Sinne von handlicher und insofern, als sie in vielen Fällen, in denen *A* eine Begrenzung setzt, eine bestimmte Antwort gibt. Nach dem Standpunkt *A* ist es jedoch falsch, diese Begrenzungen durch eine genaue und falsche Antwort zu ersetzen (und auf jeden Fall darum nicht bequem, weil man damit alle Beispiele ausschließen muß, die künstlich, aber nicht absurd erscheinen mögen). In gewissem Sinne ist *A* auch leichter zu handhaben (z.B. ist jeder Limes einer Wahrscheinlichkeitsverteilung in *A* eine, notfalls uneigentliche Wahrscheinlichkeitsverteilung in *A*, jedoch nicht in *C*). Und es handelt sich um logisch wichtige Fälle und nicht um mathematische Annehmlichkeit.

*A*4 Noch etwas (im Hinblick auf die Anwendungen, die es betrifft, etwas verfrüht, nicht aber bezüglich der formalen Bedeutung oder für das Verständnis des Beispieles *E*6).

Demonstrationen, die im Sinne *A* gemacht wurden, um die Darstellung (unbestrittener) *asymptotischer Ergebnisse* als *Limes-Ergebnisse* (die nach der Auffassung *C* abgeleitet wurden) zu beweisen, verwenden oft das künstliche Hilfsmittel, „zufällig" eine Zufallszahl $N$ (Wahrscheinlichkeit Null für jedes einzelne $n$ und endliche Segment $N \leqq n$) einzuführen und dabei vorauszusetzen, daß ab $N$ ein gewisser Prozeß sich anders entwickeln wird, als dies im beschreibenden Schema vorgesehen war.

Der Einwand gegen diese Annahme ist: *Hier werden die Karten auf dem Tisch vertauscht. Wenn das Schema geändert wird, wenn eine Umwälzung stattfindet, so fallen selbstverständlich damit die Konklusionen, die unter der Hypothese festgesetzt wurden, daß das Schema sich nicht verändert und die keine Möglichkeit von Umwälzungen vorsieht.*

*A*4*a* Diese Sätze liefern kein getreues Spiegelbild der Situation. Das „Schema", wie es im allgemeinen beschrieben wird, sieht weder explizit die Möglichkeit einer „Umwälzung" vor, noch schließt es sie aus: es handelt sich nur um eine „Umwälzung", wenn man das mathematische

Schema mit etwas Zusätzlichem interpretativer Art integriert, das man schwer ausdrücken könnte (und das jedenfalls, wenn ausgedrückt, das Resultat banal wahr machen würde, das schön und gut ist, solange man voraussetzt, daß die vollständige Additivität weniger limitativ ist, als sich dies aus Beispielen in der Art wie das folgende ergibt).

*E*6 Analog wie in *E*2 können wir die „zufällige Auswahl" einer rationalen Zahl von [0, 1] mit einer endlichen Anzahl von Dezimalstellen (alle mit gleicher Wahrscheinlichkeit (II!)) annehmen[35]. Wenn wir an eine Extraktion der sukzessiven Dezimalstellen denken (oder an deren sukzessive Entzifferung oder Berechnung, wenn sie „en Block gezogen" und nach und nach determinierbar sind, wie $\pi$), so ist der Prozeß identisch mit dem, der sich durch die Extraktion irgendeiner reellen Zahl ergeben würde. Bei jedem Zug haben alle 10 Ziffern dieselbe Wahrscheinlichkeit $^1/_{10}$, unabhängig von den vorhergehenden Ergebnissen[36].

Wenn man unter „Katastrophe" das Überschreiten der letzten Nicht-Null-Ziffer versteht, so ist es sicher, daß sie früher oder später eintreten wird. Aber *es wird keine Katastrophe* sein; wir werden sie niemals bemerken können. Es wird sich am beschriebenen Schema nichts ändern. Auch nach 100 oder 1000000 oder $10^{1000}$ aufeinanderfolgenden Nullen ist, wenn wir keine Wahrsager sind, die Wahrscheinlichkeit, daß die nächste Ziffer eine Null sei, $^1/_{10}$, wie für jede andere Ziffer; die Wahrscheinlichkeit, daß die nächsten 100 Ziffern alle Null seien, ist $10^{-100}$ wie für jede andere der 10 Ziffern; die Wahrscheinlichkeit, daß für immer nur noch Nullen kommen, ist Null, nicht mehr und nicht weniger als in jedem anderen Augenblick und egal nach welcher Folge von Ziffern.

---

[35] Man könnte auch, anstatt an die direkte Wahl in dieser Menge zu denken, an die Wahl irgendeiner rationalen Zahl wie *E*2 denken. Die rationalen können in „Äquivalenzklassen" vereinigt werden (in denen zwei Zahlen durch einen begrenzten Dezimalbruch differieren, bzw. von einer gewissen Stelle an koinzidieren), und in jeder derselben *kann man einen „identifizierbaren Vertreter" wählen: den von Anfang an periodischen.* Jede rationale Zahl $r$ determiniert eindeutig die Komponenten $r = p + d$ ($p$ periodisch, $d$ dezimal-) und die Mengen $I_d$ (der $r$ mit demselben $d$) verwirklichen eine Zerlegung der rationalen in eine abzählbar unendliche Anzahl von durch Translationen überdeckbaren Mengen (Mod. 1). $r$ wählen, ist somit eine Art, $d$ zu wählen.
Die Zerlegung ist ähnlich der von Vitali für die reellen, doch haben wir hier den glücklichen Umstand, daß keine unendlichen Auswahlen gefordert werden.

[36] Man müßte von stochastischer Unabhängigkeit sprechen, bis wir jedoch im nächsten IV. Kapitel dazu kommen, kann dieser Satz den Sinn ersetzen.

In diesem Beispiel sind alle für den Prozeß explizit ausgedrückten probabilistischen Hypothesen exakt verwirklicht und sie führen zu der Konklusion, daß mit der Wahrscheinlichkeit $= 1$ die 10 Ziffern jeweils mit der Grenzhäufigkeit $= {}^1/_{10}$ auftreten werden (während die Grenzhäufigkeit für die Ziffer Null hier gleich 1 ist und für die anderen gleich Null). Die einzige Hypothese, die nicht besteht, ist die vollständige Additivität. Ist aber jemand, der sie als Axiom anstatt als eine besondere (in unserem Beispiel nicht gültige) Restriktion betrachtet, berechtigt (?), ihre Darlegung wegzulassen oder ihr Bestehen zu kontrollieren?

11.9. *(Vorläufige) Konklusion.* Ich weiß nicht, bis zu welchem Punkt die hier entwickelten Argumentationen überzeugend wirken. Im übrigen wäre es verfrüht, sie anzunehmen oder abzulehnen, ehe noch die anderen Aspekte und ihre Implikationen bekannt sind (hier folgend in Nr. 12, zu Ende von Kapitel IV und in VI, und an anderen Stellen mehr oder weniger gelegentlich). Ich hätte jedoch gern von einem überzeugt: es handelt sich um einen Komplex mit einander in Zusammenhang stehender und signifikanter Probleme, über die unter verschiedenen Aspekten viel zu diskutieren ist (theoretisch, mathematisch, bezüglich der Anwendung). Und nicht, wie man zunächst logischerweise annehmen könnte, um willkürliche Konventionen über Feinheiten, die in effektive Fragen nicht eingreifen.

## 12.
## *Zufallszahlen mit unendlichen möglichen Werten.*

12.1. Die obigen Betrachtungen betreffen selbstverständlich auch den Fall, in dem die möglichen Werte für eine Zufallszahl $X$ unendlich sind, wobei sich sogar neue Implikationen ergeben. Mit dem allgemeinen Fall werden wir uns nicht früher als in Kap. VI befassen können; inzwischen sind aber zumindest einige nähere Angaben erforderlich, wenn auch unter Beschränkung auf den (zumindest in gewissem Sinne) elementarsten Fall einer abzählbaren Unendlichkeit möglicher Werte $x_h (h = 1, 2, \ldots)$. Ihnen entsprechen (oder besser, können von dem, der die Bewertungen durchführt) positive Wahrscheinlichkeiten $p_h$ oder Nullwahrscheinlichkeiten (auch lauter Nullwahrscheinlichkeiten) mit

$$\textstyle\sum_h p_h = 1 - p^* \leqq 1, \quad (0 \leqq p^* \leqq 1)$$

zugeschrieben werden.

Für jedes Intervall oder Menge $I$ wird man (wenn man nur die $x_h$ und $p_h$ kennt) sagen können, daß $\mathbf{P}(X\in I)=\sum_h p_h(x_h\in I)$ ist, wenn darin eine endliche Anzahl von Punkten enthalten ist, aber nur daß

$$\sum_h p_h(x_h\in I)\leqq \mathbf{P}(X\in I)\leqq \sum_h p_h(x_h\in I)+p^*,$$

wenn es unendlich viele sind (da man immer annehmen kann, daß die Wahrscheinlichkeit $p^*$ ausschließlich von ihnen abzuleiten ist).

12.2. Im besonderen können wir, wenn $x$ ein Häufungspunkt für die $x_h$ ist (es ist gleichgültig, ob es selbst einer davon ist oder nicht), dort adhärente Wahrscheinlichkeiten haben (wenn man sie unterscheiden will: links adhärente und rechts adhärente), die nicht Null sind, indem wir so den Limes von $\mathbf{P}(x-\varepsilon<X<x)$ oder von $\mathbf{P}(x<X<x+\varepsilon)$ für $\varepsilon\to 0\ (\varepsilon>0)$ und ihre Summe bezeichnen. Die adhärenten Wahrscheinlichkeiten (oder Massen) können nicht größer sein als $p^*$ (auch nicht zusammen und auch nicht, wenn sie die eventuell zu (links von) $+\infty$ und zu (rechts von) $-\infty$ adhärenten umfassen[37]. Aber die adhärenten Wahrscheinlichkeiten könnten nicht nur die gemeinsame Gesamtwahrscheinlichkeit $<p^*$ haben, sondern auch Nullwahrscheinlichkeit (d.h.: nicht existieren), obwohl $p^*$ positiv oder sogar $p^*=1$ wäre. Beispiel: $X=$ rational zwischen 0 und 1, mit einer Wahrscheinlichkeit für jedes darin enthaltene Intervall gleich der Länge (uniforme Verteilung).

12.3. Neuer und spezifisch ist das Argument betreffend die Erwartung $\mathbf{P}(X)$ (und es ist überflüssig zu bemerken, daß alles, was für $\mathbf{P}(X)$ gesagt wird, für jegliches $\mathbf{P}\{\gamma(X)\}$ gilt: wenn $Y=\gamma(X)$ irgendeine

[37] Man kann annehmen, oder auch nicht, daß unter den möglichen Werten auch $+\infty$ und $-\infty$ auftreten können. Dies würde bedeuten, daß man sich $X$ als Zufallspunkt auf der realen Geraden denkt, die durch Hinzufügen der „Extreme" $+\infty$ und $-\infty$ vervollständigt (und kompakt) wurde; darin liegt nichts Absurdes, obwohl es nicht gebräuchlich ist und auch nicht der Mühe wert, darauf zu bestehen. Wir werden hier und da auf diese Eventualität hinweisen, ohne uns zu verpflichten, Fall für Fall hervorzuheben, ob das, was gesagt wird, auch dann gilt.
Es ist eher ein Kontrast der Forderungen zu betrachten. Im Sinne der Erwartung (für die die Ungleichungen wesentlich sind) sind die Werte $+\infty$ und $-\infty$ unterschiedlich und sehr weit entfernt, ja entgegengesetzt; analytisch wäre es dagegen natürlicher, sie als einen einzigen Wert zu betrachten (nur mit dem Unterschied, daß man ihn sieht, indem man sich von links oder rechts nähert), wenn man z. B. an die komplexe Kugel (und dort an den Kreis der reellen Werte) denkt, und an dort „stetige" Funktionen wie $y=1/x$ für $x=0$ (siehe *Matematica logico-intuitiva*, 3. Ausgb. S. 124–33).

Funktion von $X$ ist, werden die möglichen Werte $y_h = \gamma(x_h)$ mit Wahrscheinlichkeit $p_h$ sein, nur daß, wenn einer dieser Werte unendlich vielen $x_h$ entspricht, seine Wahrscheinlichkeit anstatt gleich der Summe der $p_h$ auch größer sein kann, wenn $p^* > 0$).

Was können wir auf Grund der Kenntnis der möglichen Werte $x_h$ und ihrer Wahrscheinlichkeiten $p_h$ bezüglich $\mathbf{P}(X)$ behaupten? Oder besser, um uns entsprechend der Bedeutung der Frage im (subjektiven) probabilistischen Sinn auszudrücken, welche Fesseln legt und die Kenntnis der $x_h$ und eine bereits durchgeführte Bewertung der $p_h$, zu der wir kohärent bleiben wollen, im Augenblick der Bewertung der Erwartung von $X$ auf?

Es ist zweckmäßig, mit dem Fall einer *begrenzten* Zufallszahl $X$ zu beginnen und sofort das Minimum und das Maximum der Häufungspunkte der $x_h$, die wir mit $x'$ und $x''$ bezeichnen wollen, zu betrachten; wir haben daher

$$-\infty < \inf X \leqq x' \leqq x'' \leqq \sup X < +\infty .$$

Wir beweisen, daß eindeutig $\mathbf{P}(X) = \sum_h p_h x_h$ (wie im endlichen Fall) sein muß, wenn $p^* = 0$ (wenn $\sum_h p_h = 1$ wäre, wie falls die vollständige Additivität gelten würde); außerhalb dieses besonderen Falles kann man nur sagen, daß

$$\sum_h p_h x_h + p^* x' \leqq \mathbf{P}(X) \leqq \sum_h p_h x_h + p^* x''$$

ist; und $\mathbf{P}(X)$ ergibt sich als eindeutig determiniert, abgesehen davon, daß im vorigen Fall dann und nur dann $p^* = 0$ ist, wenn $x' = x''$, d.h. wenn die $x_h$ einen einzigen Häufungspunkt haben, der daher ein Limes ist, nach dem sie konvergieren.

*Beweis:* Nachdem wir $\varepsilon < 0$ festgesetzt haben, nehmen wir $N$ groß genug, damit $\sum p_h (h \geqq N) < \varepsilon$ sei, und setzen $X = X_1 + X_2 + X_3$ mit

$X_1 = X = x_h$ wenn $h < N$, und sonst ist es 0,
$X_2 = X = x_h$ wenn $h \geqq N$ und $x_h < x' - \varepsilon$ oder $x_h > x'' + \varepsilon$ und sonst $= 0$,
$X_3 = X = x_h$ wenn $h \geqq N$ und $x' - \varepsilon \leqq x_h \leqq x'' + \varepsilon$ und sonst $= 0$.

Wir haben

$$\mathbf{P}(X_1) = \sum_h p_h x_h (h < N) \to \sum_h p_h x_h \,(x_h \text{ begrenzt!});$$
$$\inf X \leqq \mathbf{P}(X_2) \leqq \varepsilon \sup X,$$

weil die Werte zwischen $\inf X$ und $x' - \varepsilon$ höchstens eine endliche Zahl sind, und ebenso die zwischen $x'' + \varepsilon$ und $\sup X$, und die Gesamtwahrscheinlichkeit derjenigen von ihnen mit $h \geqq N$ ist die Summe einer endlichen Anzahl der $p_h$, für welche die Summe der Reihe $< \varepsilon$ ist; und schließlich

$$p^*(x' - \varepsilon) \leqq \mathbf{P}(X_3) \leqq p^*(x'' + \varepsilon).$$

All dies gilt für jedes $\varepsilon$ und daher erhält man bei $\varepsilon \to 0$ die angegebene Begrenzung.

*Bemerkung*: Es kann lehrreich und wichtig sein zu beachten, daß *eine Restriktion dieser Begrenzung nicht möglich* ist, d.h. daß es effektiv richtig ist, $\mathbf{P}(X)$ zu bewerten, indem man ihm irgendeinen Wert innerhalb der beiden (eingeschlossenen) Extreme zuschreibt. Das resultierende $p^*$ mit unendlichen Nullwahrscheinlichkeiten (verteilt auf die möglichen $x_h$, egal ob sie bereits eine positive Wahrscheinlichkeit $p_h > 0$ oder $p_h = 0$ haben), könnte sehr wohl als Ableitung einer unendlichen Zahl von $x_h$, die nach $x'$, oder nach $x''$, oder in irgendeiner dazwischen liegenden Art, konvergieren, angenommen werden.

(Man wird ferner bemerken, daß dieser Beweis die vollständige Additivität weder voraussetzt noch nachweist: sie gilt hier (wie sie auch anderswo gelten kann) auf Grund zusätzlicher, in der Definition der besonderen Fälle impliziter Hypothesen.)

12.4. Vom Fall des begrenzten $X$ gehen wir zu dem des *unbegrenzten* $X$ über: zu beachten ist der Unterschied im Fall der einseitigen Begrenzung und daher betrachten wir zuerst den Fall eines nach oben unbegrenzten $X$ (was selbstverständlich auch für den symmetrischen Fall gilt); der allgemeine Fall wird sich als Folgesatz ergeben.

Nehmen wir direkt $X \geqq 0$ als sicher an (d.h. $\inf X \geqq 0$), auch weil es im allgemeinen Fall genügen wird, $X = X_1 - X_2$, $X_1 = 0 \vee X$, $X_2 = |0 \wedge X|$ zu setzen, um auf den Fall sicher nichtnegativer Zufallszahlen zurückzukommen.

Ferner werden wir (um die Darstellung nicht wieder durch Umstände zu komplizieren, die wir bereits im endlichen Fall gesehen haben) annehmen, daß keine endlichen Häufungspunkte vorhanden sind; daher werden wir die $x$ in wachsender Ordnung und bei Divergieren von $h$[38] nach $+\infty$ tendierend annehmen können.

Unter diesen Bedingungen haben wir, wenn

$$P_n = \sum_1^n {}_h p_h, \quad P = \lim P_n, \quad p^* = 1 - P, \quad S_n = \sum_1^n {}_h p_h x_h, \quad S = \lim S_n,$$

$$P_n = \mathbf{P}(X \leqq x_n), \quad 1 - P_n = \mathbf{P}(X > x_n),$$

$p^*$ = adhärente Masse links von $+\infty$, oder gesammelt in $x = +\infty$, oder teilweise hier, teilweise dort.

$$S_n = \mathbf{P}\{X(X \leqq x_n)\}, \quad S_n + x_n(1 - P_n) = \mathbf{P}(X \wedge x_n)$$

(Erwartungen von $X$ „amputiert" oder „abgeschnitten" von $x_n$, d.h. ersetzt respektive durch 0 und durch $x_h$, wenn $X$ größer als $x_n$).

Weil jedes „abgeschnittene $X$" immer $\leqq X$ ist, ergibt sich notwendigerweise

$$\mathbf{P}(X) \geqq S_n + x_n(1 - P_n) \text{ für jegliches } n \text{ und daher}$$
$$\mathbf{P}(X) \geqq S + x_n(1 - P) = S + x_n p^* \text{ für jegliches } n$$

(weil, wenn man $n$ in $S_n$ und $P_n$ wachsen läßt, aber $x_n$ fix hält, der Ausdruck wächst, jedoch weniger, als wenn man $x_n$ variiert, und er zum angegebenen Limes tendiert).

Daraus ergibt sich sogleich, daß $\mathbf{P}(X) = \infty$, notwendigerweise, wenn $S = \infty$ ist (die Reihe $\sum_h p_h x_h$ divergiert) oder (oder auch) wenn $p^* \neq 0$ (eine in $+\infty$ gesammelte oder adhärente Wahrscheinlichkeit vorhanden ist).

Im entgegengesetzten Fall, $p^* = 0$ und $S$ endlich (Reihe der $p_h$ mit der Summe $=1$ und Reihe der $p_h x_h$ konvergent), ist für $\mathbf{P}(X)$ die Bewertung

$$\mathbf{P}(X) = S = \sum_0^\infty {}_h p_h x_h \quad \text{oder irgendein höherer Wert, einschließlich } +\infty,$$

gestattet.

[38] Daß die Konklusionen dieses besonderen Falles im wesentlichen Allgemeingültigkeit haben, ergibt sich klar, wenn man bedenkt, daß $X' \leqq X \leqq X''$ ist, wo man $X'$ = (ganzes Minimum $\leqq X$), $X'' = X + 1$ setzt (und man kann die Maßeinheit beliebig klein nehmen); und $X'$ und $X''$ sind automatisch von dem betrachteten Typus (dies würde jedoch bereits Dinge einführen, die wir uns für die Abhandlung über den kontinuierlichen Fall vorbehalten).
Sofern dann, unter den möglichen Werten, $x_\infty = +\infty$ existiert, ist es nicht erforderlich, daß die endlichen möglichen Werte unbegrenzt seien (und auch nicht, daß sie in unendlicher Anzahl seien), um sich im unbegrenzten Fall zu befinden.

Dies ist *durch Kontinuität* zu beweisen (und wir werden im nächsten Abschnitt (n. 13) kurz die Eigenschaft der Kontinuität illustrieren, die wir verwenden wollen).

Wir setzen zuerst $X'_n = X(X \leqq x_n)$ ($X$ amputiert), mit $p'_h = p_h$ für $h \leqq n$, mit $p'_h = 0$ für $h > n$ und mit $p'_0 = \sum p_h(h > n) = \mathbf{P}(X'_n = 0)$; bei Wachsen von $n$ tendieren alle $p_h = \sqrt{\mathbf{P}(X'_n = h)}$ nach $p_h$; aber $\mathbf{P}(X'_n) = S_n \to S$.

Wir setzen dann $X''_n = X'_n + a_n(X > n)$, d. h. $X''_n$ (wie $X'_n$) koinzidiert bis $x_n$ mit $X$, wird aber, nach dessen Überschreiten, nicht durch 0 sondern durch $a_n$ ersetzt; und mit $a_n$ bezeichnen wir das erste der $x_h$, für welches $x_h p_0 \geqq n$ ist[39]. Bereits der Wert $a_h$ liefert einen Beitrag $\geqq n$, daher ohne weiteres: $\mathbf{P}(X''_n) \geqq n \to \infty$.

Wir wiederholen die Konklusion in schematischer Form:

$$\text{im Falle} \begin{cases} p^* > 0, & \mathbf{P}(X) = +\infty; \\ p^* = 0 \begin{cases} S = +\infty & \mathbf{P}(X) = +\infty; \\ S < +\infty & S \leqq \mathbf{P}(X) \leqq +\infty. \end{cases} \end{cases}$$

12.5. Wenn $X$ bilateral unbegrenzt ist, ist $\mathbf{P}(X)$ vollständig indeterminiert. Das ergibt sich schon aus der Tatsache, daß es immer „$\infty - \infty$“ sein kann; besser nachzuprüfen ist es mit Grenzübergängen wie in den obigen Fällen (indem man die positiven und negativen Termini zweckmäßig abwägt).

Man kann jedoch die Bewertung als bevorzugt betrachten, die darin besteht, sowohl für den positiven Teil $0 \vee X$ wie für den negativen $0 \wedge X$ die geringste annehmbare Erwartung (im absoluten Wert) anzunehmen — wir bezeichnen sie mit $\hat{\mathbf{P}}$ — und im allgemeinen zu schreiben:

$$\hat{\mathbf{P}}(X) = \hat{\mathbf{P}}(0 \vee X) - \hat{\mathbf{P}}(|0 \wedge X|) \quad (\text{oder kurz, } \hat{S} = S^+ + S^-).$$

*Nicht im allgemeinen Sinne* „bevorzugt“, aber wenn und sofern man voraussetzen kann, daß in einem solchen Fall das begrenzte $X$ eine theoretische Schematisierung ist, die der Einfachheit halber an die Stelle des effektiven $X$ gesetzt wurde, das in Wirklichkeit begrenzt ist, aber mit sehr hohen und schwer näher bestimmbaren Grenzen.

---

[39] Die Schlußfolgerung gilt mit leichter Anpassung auch in dem Fall, in dem alle möglichen Werte $x_h$ von einem gewissen $h = N$ weiter $p_h = 0$ hätten, sodaß $p_0 = 0$. Man könnte z. B. $p_0 = (\frac{1}{2})^n$ setzen, indem man diese Wahrscheinlichkeit von einer oder mehreren der $p_h$ abzieht (z. B. von $p_1$, wenn $p_1 \neq 0$, angefangen von dem $n$, für welches $(\frac{1}{2})^n < p_1$ ist).

Diese (wie wir sie darum nennen wollen) asymptotische Erwartung ergibt:

$$\hat{S} = S^+ + S^- \begin{cases} \textit{endlich}, \text{ wenn } S^+ \text{ und } S^- \text{ es sind;} \\ \textit{unendlich}, \text{ wenn eines es ist: } +\infty, \text{ wenn } S^+ = +\infty; \\ -\infty, \text{ wenn } S^- = -\infty; \\ \textit{nicht definiert}, \text{ wenn beide unendlich sind.} \end{cases}$$

13.
*Die Eigenschaft der Kontinuität.*

Die Eigenschaft besagt (in dem Sinne, den wir noch näher bestimmen und beweisen werden), *daß die Kohärenz in einem Grenzübergang bewahrt bleibt.* Die Eigenschaft gilt nicht (ohne weitere Restriktionen), wenn man die vollständige Additivität fordert. Sie erweist sich als sehr nützlich als Hilfsmittel für Demonstrationen der Zulässigkeit, wie die obigen (12.4).

THEOREM: Es seien $\mathbf{P}_n(E)$ (kohärente) Wahrscheinlichkeitsbewertungen, die für dasselbe Ereignisfeld $\mathfrak{E}$ (oder für verschiedene Felder, die $\mathfrak{E}$ gemeinsam haben) definiert sind, und wir setzen $\mathbf{P}(E) = \lim \mathbf{P}_n(E)$, wenn dieser vorhanden ist (und es sei $\mathfrak{E}' \subseteq \mathfrak{E}$ die Menge der $E$, für welche der Limes existiert). In diesem Feld bildet auch $\mathbf{P}(E)$ eine (kohärente) Wahrscheinlichkeitsbewertung.

*Bemerkung*: Der obigen (vertrauteren) Formulierung wäre (mathematisch) die vorzuziehen, in der man von Erwartungen von Zufallszahlen anstatt von Wahrscheinlichkeiten von Ereignissen sprechen würde, und somit von linearen Systemen (der Definition, der Konvergenz) anstelle von „Feldern".

*Beweis:* Die Kohärenzbedingungen werden durch lineare Gleichungen (oder Ungleichungen) ausgedrückt, die eine endliche Anzahl von Elementen (Ereignissen, oder Zufallszahlen) implizieren; sie gelten auch im Grenzübergang.

*Bemerkung*: Ausdrucksvoller formuliert (und genauer, sofern man bedenkt, daß der Sinn von „Konvergenz" der besagte ist): eine Wahrscheinlichkeitsbewertung **P**, die zu einer Menge $\mathfrak{P}$ kohärenter Bewertungen adhärent ist, ist kohärent.

Viertes Kapitel

# Bedingte Erwartungen und Wahrscheinlichkeiten

## 1. *Erwartungen und Informationsgrad.*

Wir haben immer sehr dringend darauf hingewiesen, daß jede Erwartung, insbesondere jedes Wahrscheinlichkeitsurteil, nicht nur von der Mentalität und vom seelischen Zustand des Individuums, in dem Augenblick, in dem es sein Urteil abgibt, sondern auch und besonders von seinem Informationsgrad in diesem Augenblick abhängig ist.

Wer die unterschiedliche Mentalität durch die Verschiedenheit der vorausgegangenen persönlichen Erfahrungen erklären will, d.h. – im weiteren Sinne – durch die Verschiedenheit des „Informationsgrades", kann auch den ersten Faktor übergehen und alles dem zweiten zuschreiben. Eine derartige Aussage ist jedoch nicht eine, die ein Dementi zu befürchten braucht, sondern (unseres Erachtens) eine, die jeder Grundlage entbehrt, da sie unkontrollierbar, leer und metaphysisch ist. Da zwei verschiedene Individuen (selbst eineiige Zwillinge) nicht Augenblick für Augenblick dieselben Eindrücke gehabt haben können, setzt jeder Versuch eines Beweises oder einer Widerlegung eine absurde Hypothese voraus. Es ist, als wollte man fragen, ob es wahr oder falsch ist, daß ich, wenn ich zur Zeit Napoleons gelebt, bei Teilnahme an der Schlacht von Austerlitz eine Armverletzung erlitten hätte.

Solange man sich immer auf Bewertungen eines bestimmten Individuums mit einem bestimmten Informationsstand bezieht, besteht keine Ursache, dies ausdrücklich zu erwähnen, indem man statt einfach $\mathbf{P}(E)$ etwas wie $\mathbf{P}(E|H_0)$ schreibt, wo $H_0$ „alles das bedeutet, was Teil der Kenntnisse dieses Individuums in diesem gegebenen Augenblick ist". Eine an sich so selbstverständliche und dabei so kompliziert und schwer auszudrückende Sache ist nämlich klarer, wenn man sie stillschweigend annimmt und nicht in einem Symbol wie $H_0$ kondensiert.

Das ändert sich natürlich, wenn man – und dies wird sich nicht vermeiden lassen – Erwartungen betrachten will, die auf verschiedenen Informationsgraden beruhen. Wir werden gerade mit $\mathbf{P}(E|H)$ *die Wahrscheinlichkeit „des Ereignisses E, bedingt durch das Ereignis H"* bezeichnen, oder auch die *Wahrscheinlichkeit „des bedingten Ereignisses $E|H$"*, welche die Wahrscheinlichkeit ist, die Du $E$ zuschreibst, wenn Du denkst, daß *Dir* (zusätzlichen zur gegenwärtigen Information, d.h. zu dem stillschweigend angenommenen $H_0$) *bekannt wird, daß das Ereignis H wahr ist (und nicht mehr als das)*. Wobei dieses $H$ übrigens (es ist selbstverständlich, jedoch gut zu vermerken) das Produkt einer beliebigen Anzahl einfacherer Ereignisse sein kann; das heißt, es kann in kondensierter Form einen beliebig weiten Komplex neuer Informationen bedeuten (der jedoch immer wohl abgegrenzt sein muß).

Die obigen Erklärungen mögen als einleitende Orientierung in Bezug auf die Bedeutung des Begriffes der *bedingten Wahrscheinlichkeit* $\mathbf{P}(E|H)$ – und allgemeiner der *bedingten Erwartung* $\mathbf{P}(X|H)$ – die wir einführen müssen, dienen. Es ist jedoch vor einer zu oberflächlichen Auffassung dieser ersten Erklärungen zu warnen, die notwendigerweise wichtige Feinheiten übergehen, auf die hinzuweisen es noch zu früh wäre (siehe XI; 2.2. Bemerkungen). Dagegen überlege man die Definition, die wir bald bringen werden.

Die Definition gründet sich auf die identischen Theorien und Kriterien (Kap. III), außer der Annahme, daß *jede Vereinbarung* – d.h. jede *Wette oder Strafe* – *ohne Auswirkung* bleibt, *wenn H sich nicht als wahr erweist*: d.h. alles ist *durch die „Hypothese“ H bedingt*. (Über den Ausdruck Hypothese, siehe Bemerkung 4.2.)

Das „Erste Kriterium“ liefert uns eine intuitive Erklärung, die wir nur verwerten, um die Bedeutung des „Theorems der zusammengesetzten Wahrscheinlichkeiten“ vorwegzunehmen; wenn ich den Preis $\mathbf{P}(HE)$ bezahle, kann ich mir eine Lira sichern, wenn $HE$ eintritt; ich kann aber dasselbe erreichen, wenn ich $\mathbf{P}(E|H)$ erst bezahle, wenn ich weiß, daß $H$ wahr ist, und ich werde über diesen Betrag $S = \mathbf{P}(E|H)$ verfügen können, wenn $H$ eintritt, indem ich jetzt $S.\mathbf{P}(H)$ zahle. Daher:

$$\mathbf{P}(HE) = \mathbf{P}(H).\mathbf{P}(E|H). \tag{1}$$

Dasselbe gilt, wenn ich anstatt eines Ereignisses $E$ eine beliebige Zufallszahl $X$ betrachte. Es genügt zu beachten, daß $HX$, je nachdem, ob $H$ wahr oder falsch ist, mit $X$ koinzidiert oder Null ist. Und damit wird die Extension des obigen Gedankenganges auf diesen Fall offensichtlich.

## 2.
## *Definition der bedingten Erwartung (und Wahrscheinlichkeit).*

Für die Definition der *bedingten Wahrscheinlichkeit und Erwartung* und als Grundlage entsprechender wahrer und echter Experimente werden wir uns dagegen des „Zweiten Kriteriums" bedienen.

*Definition*: Eine Zufallszahl $X$ und ein *mögliches* Ereignis $H$ sind gegeben und es wird festgesetzt, daß Du eine Strafe

$$L = H.\left(\frac{X-\bar{x}}{k}\right)^2$$

($k$ willkürlich vorausbestimmt) zahlen mußt, wobei $x$ ein Wert ist, dessen Auswahl Dir überlassen bleibt.

(Man beachte: $L = 0$, wenn $H = 0 =$ *falsch*; $L = [(X-\bar{x})/k]^2$ wenn $H = 1 =$ *wahr*).

$\mathbf{P}(X|H)$, (nach Deiner Meinung die) *Erwartung von X, bedingt durch H*, ist der Wert $\bar{x}$, den Du zu diesem Zweck gewählt haben wirst.

Im besonderen nennt man, wenn $X$ ein Ereignis $E$ ist, das so definierte $\mathbf{P}(E|H)$ *Wahrscheinlichkeit von E bedingt durch H* (entsprechend Deiner Meinung).

*Kohärenz*: Es wird (gewöhnlich) angenommen, daß Du eine gewisse Strafe nicht vorziehst, wenn Du eine andere, *sicher* kleinere, wählen kannst.

*Notwendige und hinreichende Bedingung* für die Kohärenz bei der Bewertung von $\mathbf{P}(X|H)$, $\mathbf{P}(H)$ und $\mathbf{P}(HX)$ ist die Achtung der Relation

$$\mathbf{P}(HX) = \mathbf{P}(H).\mathbf{P}(X|H), \tag{2}$$

außer den Ungleichungen $\inf(X|H) \leqq \mathbf{P}(X|H) \leqq \sup(X|H)$ und $0 \leqq \mathbf{P}(H) \leqq 1$; im Falle eines Ereignisses, $X = E$, nennt man die (bereits gesehene) Relation (1)

$$\mathbf{P}(HE) = \mathbf{P}.(H).\mathbf{P}(E|H)$$

*das Theorem der zusammengesetzten Wahrscheinlichkeiten* und die Ungleichung für $\mathbf{P}(X|H)$ reduziert sich auf $0 \leqq \mathbf{P}(E|H \leqq 1)$ (bzw. $= 0$ oder $= 1$ wenn $EH$ oder $\tilde{E}H$ unmöglich ist).

Mit $\inf(X|H)$ und $\sup(X|H)$ bezeichnen wir das untere und obere Extremum der für $X$ möglichen und mit $H$ *vereinbaren* Werte; diese Werte sind nichts anderes, als die möglichen Werte für $XH$, abgesehen von dem Hinweis, daß der Wert Null nur einzuschließen ist, wenn $X=0$ mit $H$ vereinbar ist (d.h. wenn $HX=0$ sich aus $H=1$, $X=0$ ergeben kann, und nicht nur, wie dies notwendigerweise vorkommt, aus $H=0$ und $X$ beliebig).

## 3.
## *Demonstration des Theorems der zusammengesetzten Wahrscheinlichkeiten.*

Wir betrachten zuerst den Fall der Ereignisse und bezeichnen mit $x, y, z$ die Werte, von denen wir uns vorstellen, daß sie im voraus im Sinne der Kriterien als Bewertungen von $\mathbf{P}(E|H)$, $\mathbf{P}(H)$, $\mathbf{P}(HE)$ gewählt wurden. In diesem Falle wird das Theorem durch (1) ausgedrückt und besagt, mit den vereinbarten Buchstaben, daß $z=xy$.

Die Strafe ergibt sich (wenn man den Koeffizienten $k=1$ nimmt) als

$$L=H.(E-x)^2+(H-y)^2+(HE-z)^2,$$

d.h. in den drei zu unterscheideneden Fällen,

$$HE(H=E=HE=1),\quad H\tilde{E}(H=1, E=HE=0)\quad \text{und}\quad \tilde{H}(H=HE=0)$$

erhalten wir

$$\begin{array}{lllll} HE\colon & L=u= & (1-x)^2 & +(1-y)^2 & +(1-z)^2 \\ H\tilde{E}\colon & L=v= & x^2 & +(1-y)^2+ & z^2 \\ \tilde{H}\;: & L=w & & y^2 & +\quad z^2. \end{array}$$

Geometrisch sind (wenn man $x, y, z$ als kartesische Koordinaten interpretiert: siehe Abb. 1 und 2) die Strafen $u, v, w$ der drei Fälle die Quadrate der Entfernungen vom Punkt $(x, y, z)$ bzw.: vom Punkt $(1, 1, 1)$, vom Punkt $(0, 1, 0)$, von der Achse der $x$ (d.h. vom Punkt $(x, 0, 0)$, Projektion des Punktes $(x, y, z)$ auf die Achse). Die vier Punkte sind komplanar, wenn es auch der fünfte Punkt $(x, 1, z/y)$ (Durchschnitt der Geraden, die die beiden letzteren verbindet, mit der Ebene $y=1$) ist, der daher mit $(x, 1, x)$ koinzidieren muß (der auf der Verbindungslinie der beiden ersten liegt). Damit dies der Fall sei, muß $z=xy$ sein, d.h. der Punkt $(x, y, z)$ muß sich auf diesem Paraboloid befinden (und natürlich innerhalb des Einheitskubus): in diesem Falle ist es nicht

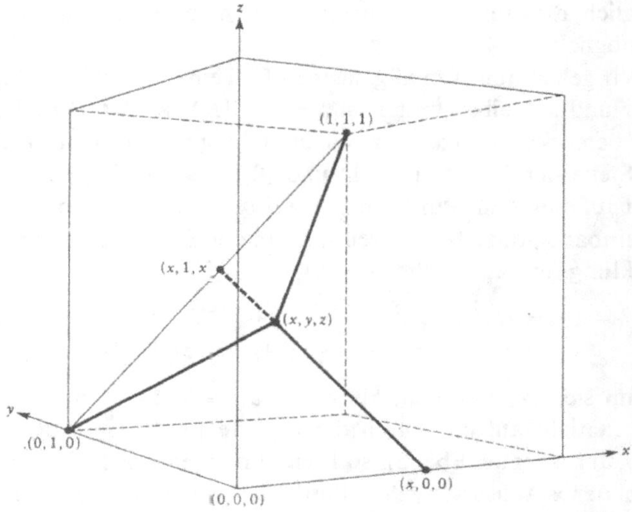


1

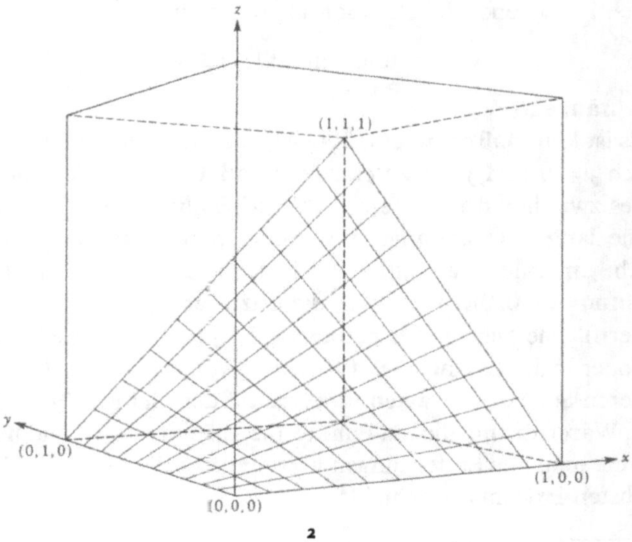


2

Abb. 1-2.

**Die beiden Abbildungen illustrieren in zwei Phasen dieselbe Schlußfolgerung, die im Text (Nr. 3) illustriert wurde. Erstere zeigt, warum sich der Erwartungspunkt $(x, y, z)$ auf einer Erzeugenden des Paraboloids $z = xy$ befinden muß (Veranschaulichung der synthetischen Schlußfolgerung im Text). Die zweite zeigt die Menge aller möglichen Erwartungspunkte (Teil des Paraboloids innerhalb des unitären Kubus).**

möglich, die drei Entfernungen simultan zu verringern: andernfalls ist es möglich[1].

Wir gehen nun zum allgemeinen Fall einer beliebigen Zufallszahl $X$ über und schreiben weiterhin $x = \mathbf{P}(X|H)$, $y = \mathbf{P}(H)$ und $z = \mathbf{P}(\mathbf{HX})$ und bemerken, daß die vorige Darstellung weiterhin gültig ist, nur daß an Stelle der Punkte $(1,1,1)$ und $(0,1,0)$ der Geraden $y=1$, $z=x$, jetzt auf dieser alle Punkte der Abszisse $x$, die für $X$ möglich und mit $H$ vereinbar sind, zu betrachten sind. In der Tat erhalten wir, durch Entwicklung (in kanonischer Form)

$$\begin{aligned} L &= H.(X-x)^2 + (H-y)^2 + (HX-z)^2 = \\ &= H[(X-x)^2 + (1-y)^2 + (X-z)^2] + (1-H)(y^2+z^2). \end{aligned}$$

Wenn sich $(x,y,z)$ nicht auf dem Paraboloid $z = xy$ befinden würde (d.h.: nicht auf der durch die Gerade $y=1$, $z=x$ und den Punkt $(0,0,0)$ erzeugten Ebene), so könnte man es, wie früher, simultan sowohl der $x$-Achse wie jedem Punkt der genannten Geraden annähern; damit dies nicht möglich sei, muß man sich überdies auf die Zone (das durch Erzeugende des Paraboloids begrenzte Viereck)

$$0 \leqq y \leqq 1 \quad \text{und} \quad \inf(X|H) \leqq x \leqq \sup(X|H)$$

beschränken.

Es ist klar, daß es zweckmäßig ist, ein $y<0$ oder ein $y>1$ respektive durch $y=0$ und $y=1$ zu ersetzen; daß $x$ nicht außerhalb des Intervalles zwischen den Extremen von $(X|H)$ liegen darf, ergibt sich klar (ohne lange Berechnungen), wenn man beachtet, daß man mechanisch, um eine Kraft auszugleichen, die auf den Punkt $(x,y,xy)$ in Richtung $(x,0,0)$ wirkt (d.h. die dazu tendiert, ihn der $x$-Achse zu nähern), eine andere in Richtung $(x,1,x)$ (entgegengesetzt) notwendig ist, oder mehr als eine, die in Richtung von Punkten auf der einen und anderen Seite des besagten Punktes auf der Geraden $y=0$, $z=x$ wirken. Wären die möglichen Punkte alle auf einer Seite, und nur dann, so könnte man alle Entfernungen verringern, indem man in Richtung des nächsten Extrems verschiebt[2].

[1] Eine ausführlichere Diskussion findet man in B. DE FINETTI, *Probabilità composte e teoria delle decisioni*. „Rendic. di Matematica", 1964, Seiten 128–34.
N.B. Die Koordinaten $y$ und $z$ werden dort umgekehrt verwendet (im Vergleich zu hier).

[2] Die Konklusion könnte fehlgehen, wenn die möglichen Punkte alle auf einer Seite von $(x,1,x)$ wären und dieser Punkt ihr (unteres oder oberes) Extremum wäre. Nähere Angaben dieser Art werden wir später bringen.

## 4. *Bemerkungen.*

4.1. Beachten wir vor allem, daß, wie wir gesehen haben, ohne uns dabei aufzuhalten, in Fragen, die das bedingte Ereignis $E|H$ betreffen, daß Ereignis $E$ praktisch keine Rolle spielt: die zu unterscheidenden Fälle sind in der Tat $HE$, $H\tilde{E}$, $\tilde{H}$. Weil man $H$ „Hypothese" des bedingten Ereignisses nennt, könnte man $HE$ die „These", $H\tilde{E}$ die „Antithese" und $\tilde{H}$ die „Antihypothese" nennen, und jedes bedingte Ereignis $E|H$ könnte in reduzierter Form als „These"|„Hypothese", $HE|H$ bezeichnet werden (es ist praktisch indifferent, ob man wettet, daß wenn $H$ eintritt, $E$ eintreten wird, oder daß, wenn $H$ eintritt, sowohl $H$ als auch $E$ eintritt). Man könnte $E|H$ als ein Tripelereignis mit den Werten

$$1|1=1, \quad 0|1=0, \quad 0|0=1|0=\emptyset, \quad \text{mit } 1=\textit{wahr}, \quad 0=\textit{falsch}, \quad \emptyset=\textit{leer}$$

betrachten, je nachdem ob dadurch eine eventuelle bedingte Wette *gewonnen*, *verloren* oder *annulliert* wird. Allgemeiner: Unter einer bedingten (Zufalls-)Zahl $X|H$ kann man $X|1=X$, $X|0=\emptyset$ verstehen (wenn man 0 als außerhalb des reellen Feldes betrachtet, erwerben $\inf(X|H)$ und $\sup(X|H)$ automatisch die gewünschte, früher durch Vereinbarung eingeführte Bedeutung). Es scheint nicht, daß die systematische Verwendung von Algorithmen auf Grund dieser Ideenordnung vorteilhaft genug sein könnte, um die Mühsal ihrer Einführung auszugleichen; der gegenwärtige Hinweis mag jedoch einige Erklärungen für ihre praktische Eignung in gewissen Fällen liefern.

4.2. Bezüglich des Ausdruckes „Hypothese" für $H$ sollte es überflüssig sein zu sagen, daß er sich nur auf die Stellung von $H$ in $E|H$ (oder in $X|H$) bezieht, und daß, abgesehen davon, $H$ irgendein Ereignis ist. Wir sagen dies nur, um mögliche Zweifel zu beseitigen, die sich aus Erinnerungen an frühere Terminologien ergeben könnten (wie „Wahrscheinlichkeit der Hypothesen", oder noch schlimmer, „der Ursachen" in einem von metaphysischen Mißverständnissen belasteten Sinn).

4.3. Dies ist so sehr wahr, daß man zusammen mit $E|H$ auch immer $H|E$ betrachten kann (wo $E$ zur „Hypothese" wird). Wenn $EH=HE$ ist, erhält man sogar sofort die Relation zwischen den Wahrscheinlichkeiten dieser beiden bedingten Ereignisse:

$$\mathbf{P}(EH) = \mathbf{P}(E)\mathbf{P}(H|E) = \mathbf{P}(H)\mathbf{P}(E|H),$$

und daher

$$\mathbf{P}(E|H) = \mathbf{P}(E)\frac{\mathbf{P}(H|E)}{\mathbf{P}(H)} \quad \text{(sofern nur } \mathbf{P}(H) \neq 0\text{)}; \tag{3}$$

diese letzte Formel bildet das *Theorem von Bayes*, dessen grundlegende Rolle immer deutlicher in Erscheinung treten wird. Man beachte jedoch, daß es nichts anderes ist, als eine Variante oder ein Folgesatz des Theorems der zusammengesetzten Wahrscheinlichkeiten.

Die Tatsache, daß derartige Relationen (und damit zusammenhängende Auffassungen) von Interesse sind, zeigt auch, warum es (möglicherweise entgegen dem Anschein) nicht zweckmäßig ist, systematisch die reduzierte Formel $HE|H$ (d.h. $E|H$ mit $E\tilde{H} = 0$) zu betrachten, die einfach

$$\mathbf{P}(E|H) = \mathbf{P}(E)/\mathbf{P}(H)$$

ergeben würde.

4.4. Jedenfalls kann man auf Grund des Theorems der zusammengesetzten Wahrscheinlichkeiten (sofern nur $\mathbf{P}(H) \neq 0$) daraus

$$\mathbf{P}(E|H) = \mathbf{P}(HE)/\mathbf{P}(H) \tag{4}$$

ableiten; dies beweist, daß vom formalen Gesichtspunkt aus, und unter Voraussetzung der Kohärenz, die bedingte Wahrscheinlichkeit kein neuer Begriff ist, da man sie mittels des bereits bekannten Wahrscheinlichkeitsbegriffes ausdrücken kann. In der Tat wird in den axiomatischen Abhandlungen so vorgegangen; man erhält zwar den Ausdruck, aber nicht seine Bedeutung. Aus diesem Grunde (abgesehen davon, daß der Fall $\mathbf{P}(H) = 0$, wenn auch Grenzfall, nicht weggelassen werden sollte) haben wir es für unerläßlich gehalten, von der wesentlichen Definition auszugehen und das Theorem der zusammengesetzten Wahrscheinlichkeiten zu demonstrieren (anstatt es auf eine definitorische, scheinbar willkürliche Relation zu reduzieren).

## 5.
### *Wahrscheinlichkeiten und Erwartungen, die durch ein gegebenes Ereignis H bedingt sind.*

5.1. Prüfen wir, in welcher Weise man für alle Ereignisse $E$ (und Zufallszahlen $X$), die von Interesse sind, von der Wahrscheinlichkeit $\mathbf{P}(E)$

(und der Erwartung $\mathbf{P}(X)$) – die wir die *aktuellen* nennen, um sie zu unterscheiden – zu denen übergeht, die durch ein gegebenes Ereignis $H$ bedingt sind. Wir wissen bereits, daß $\mathbf{P}(E|H) = \mathbf{P}(HE)/\mathbf{P}(H)$ ist (wir setzen $\mathbf{P}(H) \neq 0$ voraus) und im allgemeinen $\mathbf{P}(X|H) = \mathbf{P}(HX)\mathbf{P}(H)$, doch ist es gut, die Sache zu illustrieren, darüber nachzudenken und inzwischen zu beachten, daß auch $\mathbf{P}(.|H)$ additiv ist usw., d.h. ein annehmbares $\mathbf{P}$ ist (ein Element von $\mathfrak{P}$ im linearen Ausgangsbereich). In der Tat ist

$$\mathbf{P}(X+Y|H) = \mathbf{P}(HX+HY)/\mathbf{P}(H) = \mathbf{P}(HX)/\mathbf{P}(H) + \mathbf{P}(HY)/\mathbf{P}(H);$$

im besonderen für Ereignisse $A$ und $B$, $\mathbf{P}(A+B|H) = \mathbf{P}(A|H) + \mathbf{P}(B|H)$, und im Falle der Unvereinbarkeit gilt dasselbe für $\mathbf{P}(A \vee B|H)$; daher

$$\mathbf{P}(\tilde{E}|H) = 1 - \mathbf{P}(E|H), \quad \text{usw.}$$

5.2. Wenn man $E$ in $EH + E\tilde{H}$ zerlegt (unvereinbare Teile, die in $H$ bzw. in $\tilde{H}$ enthalten sind), so sieht man sogleich, daß ersteres zum Wert $\mathbf{P}(E|H) = \mathbf{P}(EH)/\mathbf{P}(H)$ führt (im selben Verhältnis wächst, wie $\mathbf{P}(H)$ zu 1, sowie die Wahrscheinlichkeit von $H$, die von $\mathbf{P}(H)$ zu $\mathbf{P}(H|H) = 1$ wird), während der Beitrag des letzteren Null ist,

$$(\mathbf{P}(E\tilde{H}|H) = \mathbf{P}(EH\tilde{H}|H) = \mathbf{P}(0|H) = 0).$$

Das wirksamste und lehrreichste Bild für diesen Fall erhält man, wenn man die Ereignisse als Mengen und die Wahrscheinlichkeit als Masse darstellt: die durch $H$ bedingten Wahrscheinlichkeiten betrachten, bedeutet,

– alle Massen außerhalb der Menge $H$ („Hypothese“) verschwinden zu lassen,

– die übrig gebliebenen Massen zu normieren (d.h. sie proportional so zu ändern, daß die totale Masse wieder „eins“ sei).

Dieselbe Regel gilt für $\mathbf{P}(X|H)$ und man könnte sie auch anhand derselben Darstellung interpretieren (jedoch in weniger offensichtlicher Form und jedenfalls, für jetzt, noch verfrüht).

5.3. Dies im Auge zu behalten, ist nicht nur günstig, um die Rechenregel leicht gegenwärtig zu haben, es ist, wie gesagt, auch in Bezug auf das Theoretische lehrreich. Wenn man diese selbstverständlichen Betrachtungen gut verstanden hat, können dadurch oft unverbesserliche Irrtümer vermieden werden. Der Erwerb einer weiteren Information $H$

– d.h. die Erfahrung, denn Erfahrung ist nichts weiter als der Erwerb weiterer Informationen – wirkt sich immer nur in der beschriebenen Art und Weise aus: *als Beseitigung von Alternativen, die sich als nicht mehr möglich erwiesen haben* (d.h. es ergibt sich eine strengere Begrenzung des zu Erwartenden). Die Wahrscheinlichkeiten werden infolgedessen $\mathbf{P}(E|H)$ anstatt $\mathbf{P}(E)$ sein, *aber nicht, weil die Erfahrung uns gezwungen hätte, sie zu modifizieren oder zu korrigieren oder uns gelehrt hätte, sie besser zu bewerten* (wenn auch Aussagen dieser Art auf dem Niveau einer groben Erklärung erträglich erscheinen mögen): *die Wahrscheinlichkeiten sind dieselben wie früher*, – auch wenn dies in komplexen Fällen weniger offensichtlich und auf Anhieb vielleicht nicht einmal glaubhaft ist – *ausgenommen das Verschwinden der wegfallenden und der daraus folgenden Normalisierung der übrig gebliebenen.*

## 6.
## *Die Mutmaßlichkeit.*

6.1. Das *Bayes'sche Theorem* erlaubt uns, $\mathbf{P}(.H)$ (begrenzt für die Ereignisse $E$, nicht Zufallszahlen $X$) in der bereits gesehenen und oft ausdrucksvolleren und praktischeren folgenden Form zu schreiben:

$$(5) \qquad \mathbf{P}(E|H) = \mathbf{P}(E)\mathbf{P}(H|E)/\mathbf{P}(H) = K \cdot \mathbf{P}(E)\mathbf{P}(H|E),$$

wo der Normierungsfaktor $1/\mathbf{P}(H)$, einfach mit $K$ angegeben werden kann, umsomehr, als man ihn oft mehr oder weniger automatisch erhält, ohne $\mathbf{P}(H)$ zu berechnen; aus diesem Grund ist es oft zweckmäßig, sich einfach in Termini der *Proportionalität* auszudrücken (d.h. indem man $\mathbf{P}(.H)$ betrachtet, außer man hat eine beliebige multiplikative Konstante, ungleich Null, die man im Notfall durch Normierung determinieren wird).

Man wird dann sagen können, daß $\mathbf{P}(.|H)$ proportional zu $\mathbf{P}(.)$ und zu $\mathbf{P}(H|.)$ ist (wo der Punkt an Stelle von $E$ steht, das man sich als Variable in der Menge aller interessierenden Ereignisse denkt). Genauer kann man dies auch wie folgt ausdrücken:

„Endgültige Wahrscheinlichkeit“ =
= $K$ „anfängliche Wahrscheinlichkeit“ × „Mutmaßlichkeit“,

wo $=K$ Proportionalität ausdrückt und man vereinbaren kann, zu sagen:

*anfängliche* und *endgültige* Wahrscheinlichkeiten sind die, die durch $H$ bedingt oder nicht bedingt sind (d.h. die Bewertung erfolgt vor oder nach Erwerb der in Frage stehenden zusätzlichen Kenntnis $H$) und

*Mutmaßlichkeit* für $H$ von $E$ ist $\mathbf{P}(H|E)$ als Funktion von $E$ gedacht (eventuell mal irgendeinem unabhängigen Faktor von $E$, z.B. $1/\mathbf{P}(H)$, durch den man „$=$" für „$= K$" setzen könnte, oder in der Art, die sich ergibt, wenn man mehr oder weniger umständliche gemeinsame Faktoren wegläßt, die konstant oder von $H$ abhängig sind).

Der Ausdruck „Mutmaßlichkeit" (englisch „Likelihood") ist in dem Sinne zu verstehen, daß ein mehr oder weniger großes $\mathbf{P}(E|H)$ bedeutet, daß die Kenntnis von $E$ das $H$ mehr oder weniger wahrscheinlich machen kann (besser gesagt wäre, „Mutmaßlichkeit" von $H$ wegen $E$).

6.2. Diese Darlegung zeigt, wie man über dazwischenliegende Etappen von den anfänglichen zu den endgültigen Wahrscheinlichkeiten gelangen kann, unter der Hypothese, sukzessive zu zusätzlichen Kenntnissen $H_1, H_2, \ldots, H_n$ (in der Gesamtheit, $H = H_1 H_2 \ldots H_n$) zu gelangen. Auch analytisch kann man in der Tat feststellen:

$$\begin{aligned}\mathbf{P}(E|H_1H_2) &= \mathbf{P}(EH_1H_2)/\mathbf{P}(H_1H_2) = \\ &= [\mathbf{P}(E)\mathbf{P}(H_1|E)\mathbf{P}(H_2|EH_1)]/[\mathbf{P}(H_1)\mathbf{P}(H_2|H_1)] = \\ &= K\mathbf{P}(E).\mathbf{P}(H_1|E)\mathbf{P}(H_2|EH_1) = \\ &= (\text{Wahrscheinlichkeit von } E) \\ &\quad \text{mal (Likelihood wegen } H_1 \text{ für } E) \\ &\quad \text{mal (Likelihood wegen } H_2 \text{ für } EH_1).\end{aligned}$$

Und so im allgemeinen

$$\mathbf{P}(E|H) = \mathbf{P}(E|H_1H_2H_3\ldots H_n) =$$
$$= K\mathbf{P}(E).\mathbf{P}(H_1|E).\mathbf{P}(H_2|EH_1).\mathbf{P}(H_3|EH_1H_2)\ldots .\mathbf{P}(H_n|EH_1\ldots H_{n-1}).$$

Obwohl man durch Einführung der „Mutmaßlichkeit" nichts anderes tut, als einem Faktor der Bayes'schen Formel einen Namen zu geben, der dessen Rolle erwähnt (außer dem Namen bedingte Wahrscheinlichkeit, den er bereits hatte und abgesehen von der Indeterminiertheit, die den multiplikativen Faktoren vereinbarungsgemäß belassen bleibt), hat man so den Vorteil, ein Element herauszuheben, das in verschiedenen Formen für nach und nach komplexere Probleme wieder auftreten wird.

## 7. *Die durch die Partition $\mathfrak{H}$ bedingten Wahrscheinlichkeiten.*

Wir betrachten eine (endliche[3]) Partition $\mathfrak{H} = (H_1, H_2, \ldots, H_s)$ und die Wahrscheinlichkeiten irgendeines Ereignisses $E$, bedingt durch jedes der $H_j$, also $\mathbf{P}(E|H_j)$. Weil $EH_1 + EH_2 + \ldots + EH_s = E(H_1 + H_2 + \ldots + H_s) = E.1 = E$ ist und $\mathbf{P}(EH_j) = \mathbf{P}(H_j)\mathbf{P}(E|H_j)$, erhält man

$$\mathbf{P}(E) = \sum_j \mathbf{P}(H_j)\mathbf{P}(E|H_j): \tag{6}$$

in Worten: es ist das gewichtete Mittel, mit den Gewichten $\mathbf{P}(H_j)$ der Wahrscheinlichkeiten von $E$, bedingt durch die verschiedenen $H_j$. Im besonderen ist es daher enthalten zwischen:

$$\min \mathbf{P}(E|H_j) \leqq \mathbf{P}(E) \leqq \max \mathbf{P}(E|H_j) \tag{7}$$

(und noch mehr im besonderen, koinzidiert es mit ihnen, wenn sie alle gleich sind). Wir nennen diese (für unendliche Einteilungen nicht immer gültige) Eigenschaft die *konglomerative Eigenschaft* der bedingten Wahrscheinlichkeiten (und Erwartungen).

Wenn wir die Zahl, die den Wert $\mathbf{P}(E|H_1)$ hat, wenn $H_1$ eintritt, als Zufallszahl betrachten und mit $\mathbf{P}(E|\mathfrak{H})$ angegeben, usw., d.h. in Formeln,

$$\begin{aligned} \mathbf{P}(E|\mathfrak{H}) &= H_1\mathbf{P}(E|H_1) + H_2\mathbf{P}(E|H_2) + \ldots + H_s\mathbf{P}(E|H_s) = \\ &= \sum_{H\in\mathfrak{H}} H.\mathbf{P}(E|H), \end{aligned} \tag{8}$$

können wir die frühere Formel wie folgt schreiben:

$$\mathbf{P}(E) = \mathbf{P}[\mathbf{P}(E|\mathfrak{H})]. \tag{9}$$

Allgemeiner gilt natürlich auch

$$\mathbf{P}(X) = \mathbf{P}[\mathbf{P}(X|\mathfrak{H})]. \tag{10}$$

Das so beleuchtete Verfahren, zu einer Erwartung zu gelangen, indem man sie in die durch die Alternativen einer Einteilung bedingten Erwartungen unterteilt (die man oft derart auswählen kann, daß die Aufgabe mathematisch oder psychologisch leichter wird), ist in vielen Fällen von großem Nutzen, was sich an Beispielen ad hoc und noch mehr durch die häufige Zuhilfenahme dieses Systems in der gesamten Folge zeigen wird.

---

[3] Die Restriktion kann nicht bedingungslos beseitigt werden (siehe weiter vorn: Nr. 19).

## 8. *Bemerkungen.*

Die Tatsache, daß $\mathbf{P}(E|\mathfrak{H})$ als Zufallszahl betrachtet wird, fordert einige Überlegungen.

8.1. Eine Zufallszahl $X$ ist, wie wir sagten, eine objektiv wohl definierte, wenn auch unbekannte Zahl. Heißt es nun, wenn wir $X = \mathbf{P}(E|\mathfrak{H})$, in dem Sinne, daß wenn $H$ eintritt, $X = \mathbf{P}(E|H_j) = x_j$ ist, nehmen, daß wir damit sagen, daß es unter dieser Hypothese objektiv wahr ist, daß der Wert dieser besagten Wahrscheinlichkeit der sichere Wert $x_j$ ist? Gewiß nicht, aber es ist die Möglichkeit eines solchen Verdachtes, die ausgeschaltet wird. Das Problem hat erst Sinn, wenn man eine besondere Bewertung der Wahrscheinlichkeiten $\mathbf{P}(E|H_j)$ in Betracht gezogen hat, eine subjektive Bewertung durch ein bestimmtes Individuum, oder eine hypothetische Bewertung. In dieser ist $\mathbf{P}(E|H_j) = x_j$. Wenn dies festgesetzt ist, unabhängig davon, ob die $x_j$ als Ergebnis dieser effektiven oder hypothetischen subjektiven Bewertungen und nicht durch Messen von Größen oder deren zufällige Auswahl determiniert wurden, sind diese objektiv determinierte Zahlen. Daß sich bei Eintreten von $H_j$ der Wert von $X_j$ als $x_j$ ergibt, ist in dem Sinne wahr, daß $x_j$ der Wert war, der nach Definition mit $H_j$ in Zusammenhang gebracht worden war; die Tatsache, daß $x_j$ als Bewertung von $\mathbf{P}(E|H_j)$ durch ein gewisses Individuum in einem gewissen Moment hinzugekommen ist, mag mehr oder weniger interessieren, ist aber für die Definition irrelevant.

8.2. Wohlgemerkt: um (7.4) (oder 7.5) zu behaupten, muß das $\mathbf{P}$ immer das eines selben Individuums sein (das Mittel der $\mathbf{P}_1(E|H_j)$ eines ersten Individuums gewichtet mit den $\mathbf{P}_2(H_j)$ eines zweiten ergibt für keinen der beiden $\mathbf{P}(E)$: auch nicht $\mathbf{P}_1(E)$ oder $\mathbf{P}_2(E)$).

8.3. Die Tatsache, daß $\mathbf{P}(E|\mathfrak{H})$ als Zufallszahl betrachtet wird, führt oft zu einer Versuchung, vor der gewarnt werden sollte: zu sagen, daß wir vor einer „*unbekannten* Wahrscheinlichkeit" stehen, die entweder $x_1$ oder $x_2$ oder ... $x_s$ ist, deren *wahren* Wert $x_j$ wir aber nicht kennen, solange wir nicht wissen, welche Hypothese $H_j$ die *wahre* ist. Die Wahrscheinlichkeit ist in jedem Augenblick die zu dem Besitz der Information, die jemand hat, relative Wahrscheinlichkeit; sie kann sich, aus Bequemlichkeit, auf verschiedene hypothetische Kenntnisse beziehen, die jemand in unendlich vielen verschiedenen Arten beliebig auswählen kann, so daß er unendlich viele verschiedene bedingte Wahrscheinlichkeiten erhält. Keine von diesen, sowie keine unter den möglichen Hypothesen, ist bevorzugt (mehr oder weniger „wahr"); jede wäre wahr, sobald man die ihr entsprechende Information erhalten hätte, sowie es zur Zeit die ist, die der gegenwärtigen Information entspricht.

8.4. In den Fällen, in denen es sich als *bequem* erweist, sich auf eine Partition zu beziehen (gewöhnlich: „Bequem" in dem Sinne, daß man eine Bewertung dadurch erleichtert, daß man Schritt für Schritt vorgeht und die leichtesten Schritte wählt) – und dies sind die einzigen Fälle, in denen die Versuchung Forderungen entspricht, die im wesentlichen sinnvoll sind –, handelt es sich, wie oben klargestellt, um „durch unbekannte objektive Hypothesen bedingte Wahrscheinlichkeiten".

Die Wahrscheinlichkeit ist das Ergebnis einer Bewertung, sie hat keinen Sinn, solange die Bewertung nicht erfolgt ist, und von da an ist sie dem bekannt, der sie durchführt[4]. Schon auf Grund dieser Binsenweisheit ist die Redewendung „unbekannte Wahrscheinlichkeiten" an sich ungeeignet, schlimmer aber ist die Tatsache, daß das Ungeeignete des Ausdruckes zu einer fundamentalen wesentlichen Verwechslung führt (oder diese als präexistent aufzeigt). Und die Verwechslung besteht darin, daß man denkt, die Wahrscheinlichkeitsbewertung könnte sich nur auf einen gewissen „Idealzustand" der Information beziehen, auf einen *privilegierten* Zustand, als ob, wenn unsere Information (wie dies im allgemeinen sein wird) anders wäre – sagen wir, mehr oder weniger vollständig, oder teilweise mehr oder weniger, oder anderer Art – wir darauf verzichten müßten, probabilistische Schlußfolgerungen zu ziehen (und uns womöglich „Adhockereien" anvertrauen müßten). Die einzige objektive (bedingte) Wahrscheinlichkeit eines Ereignisses $E$ ist der endgültige Wahrheitswert: 1 falls $E$ vorkommt ($\mathbf{P}(E|E) = 1$), und 0 gegenfalls ($\mathbf{P}(E|\tilde{\mathbf{E}}) = 0$).

8.5. Dagegen sind aber die möglichen Einteilungen, die mehr oder weniger bevorzugt erscheinen mögen, zahllos. Um uns nur auf ein Beispiel zu beschränken, nehmen wir an, wir müßten aus einer Urne, die 100 Kugeln enthält, ziehen. Wir wissen nicht, wieviele Kugeln weiß und wieviele schwarz sind. Der Einfachheit halber nehmen wir an, wir geben symmetrischen Kompositionen gleiche Wahrscheinlichkeiten und allen 100 Kugeln gleiche Wahrscheinlichkeiten, sodaß die Wahrscheinlichkeit für das Ziehen einer weißen Kugel $\frac{1}{2}$ ist. Aber, wird man sagen, die *echte* Wahrscheinlichkeit ist nicht $\frac{1}{2}$ sondern $b/100$ (wobei $b$ die unbekannte Zahl der weißen Kugeln ist). Die echte Wahrscheinlichkeit ist unbekannt (außer man erfährt, wieviele Kugeln weiß sind). Aber, könnte ein anderer sagen, aus dieser Urne sind bereits 1000 Ziehungen erfolgt. Wenn man nun erfahren könnte, daß $B$ mal eine weiße Kugel gezogen wurde, so könnte man sagen, die *echte* Wahrscheinlichkeit wäre $B/1000$. Ein dritter könnte sagen, man müßte die beiden obigen Informationen haben, denn die zweite könnte ihn einigermaßen verleiten, sich von der Ansicht gleicher Wahrscheinlichkeiten für alle Kugeln zu entfernen (welche, in Ermangelung faktischer Elemente, als eine von der Zusammensetzung beachtlich abweichende

[4] Es kann die Bewertung *eines anderen für mich* unbekannt sein usw. Aber sie ist für mich eine objektive Tatsache (eine Bewertung), unabhängig von den subjektiven Beweggründen, die für sie bei diesem anderen bestimmend waren.

Häufigkeit angenommen wurde). Ein vierter könnte sagen, als vollständige Information würde er die Kenntnis der Position jeder Kugel in der Urne im Moment des Zuges betrachten (um die Gewohnheiten, weiter oben oder weiter unten zu ziehen, einrechnen zu können), oder wenn es sich um ein automatisches Verfahren des neuerlichen Vermischens und der Aussonderung handelt, die Kenntnis der genauen ursprünglichen Positionen, wonach man das Ergebnis errechnen könnte (wie der Dämon von Laplace)[5].

Und erst dann (vorausgesetzt, daß diese Fähigkeiten vorhanden wären) käme man schließlich zur echten bevorzugten Einteilung, die jene ist, in der man die Wahrscheinlichkeitstheorie nicht mehr braucht, weil man Gewißheit erlangt hat. Die „echte aber unbekannte" Wahrscheinlichkeit des Zuges einer weißen Kugel ist 100% unter der Annahme daß sie weiß sei und 0% bei Hypothese daß sie schwarz sei.

Aber die Ungewißheit ist, was sie ist, die Information ist die, die jemand hat (bis er nicht weitere erwerben und die Ungewißheit reduzieren kann). Wenn man die Wahrscheinlichkeitstheorie verwenden will, muß man sie auf die effektive Situation anwenden. Wer sie zum Gegenstand leeren Geredes machen will, mag Problemchen erfinden, auf welche er die Bezeichnung „objektiv" leicht anbringen zu können glaubt. Aber er soll die beiden Dinge nicht vermengen. Nicht einmal Don Chichotte hat daran gedacht, sich auf einem Steckenpferd in die Welt hinauszuwagen.

## 9.
## *Stochastische Abhängigkeit und Unabhängigkeit; Korrelation.*

9.1. Die durch $H$ bedingte Wahrscheinlichkeit von $E$, $\mathbf{P}(E|H)$, kann gleich $\mathbf{P}(E)$ oder kleiner oder größer sein; das bedeutet respektive, daß die Kenntnis (oder Hypothese), daß $H$ wahr sei, unsere Wahrscheinlichkeitsbewertung für $E$ nicht ändert, oder uns veranlaßt, sie zu vermindern oder zu vergrößern. Im ersten Falle sagt man, $E$ ist von $H$ *stochastisch unabhängig* (es besteht *keine Korrelation*), andernfalls, daß es *stochastisch abhängig* ist und genauer, daß *negative oder positive Korrelation* besteht.

---

[5] In den praktischen Fällen ist die Mannigfaltigkeit von Einteilungen, die als „rational" auftreten können, dann sehr viel größer als in diesem schon an sich einigermaßen „traditionellen" Beispiel.

Beachten wir sogleich, daß die Eigenschaft symmetrisch ist: das Theorem der zusammengesetzten Wahrscheinlichkeiten gestattet, auch zu schreiben (wenn $\mathbf{P}(E)$ und $\mathbf{P}(H)$ nicht Null sind):

(11) $$\frac{\mathbf{P}(E|H)}{\mathbf{P}(E)} = \frac{\mathbf{P}(H|E)}{\mathbf{P}(H)} = \frac{\mathbf{P}(EH)}{\mathbf{P}(E).\mathbf{P}(H)},$$

und somit ergibt sich, daß *das Verhältnis, in dem die Wahrscheinlichkeit von E bedingt durch H wächst oder abnimmt, dasselbe ist, wie für H bedingt durch E, und es ist auch das Verhältnis zwischen der Wahrscheinlichkeit von EH und dem Produkt der Wahrscheinlichkeiten von E und von H*; welches Produkt selbstverständlich $\mathbf{P}(EH)$ ist, wenn stochastische Unabhängigkeit besteht: tatsächlich ist

(12) $$\mathbf{P}(EH) = \mathbf{P}(H).\mathbf{P}(E|H) = \mathbf{P}(H)\mathbf{P}(E),$$
$$\text{vorausgesetzt, daß} \quad \mathbf{P}(E|H) = \mathbf{P}(E).$$

Somit wird also in symmetrischer Form gesagt, daß zwei Ereignisse stochastisch unabhängig sind (nicht korrelieren) oder eine negative oder positive Korrelation (zwischen ihnen) besteht. Es ist klar, daß wenn $E$ und $H$ untereinander eine positive Korrelation haben, dasselbe auch von $\tilde{E}$ und $\tilde{H}$ gilt, während sich für $E$ und $\tilde{H}$ und für $\tilde{E}$ und $H$ das Gegenteil ergibt: Die Nicht-Korrelation oder stochastische Unabhängigkeit, gilt, wenn sie in einem Fall gilt, in allen vier Fällen (zur Übung verifizieren).

*Bemerkung.* Diese Symmetrie des Verhaltens zwischen positiver und negativer Korrelation hört jedoch auf, wenn man mehr als zwei Ereignisse betrachtet. Während positive Korrelationen, egal wie stark sie sein mögen, immer möglich sind, sind negative Korrelationen nicht möglich, wenn sie nicht sehr schwach sind (zumindest im Mittel), umsomehr, je größer die Zahl der Ereignisse ist.

Die Demonstration werden wir (für den allgemeineren Fall der Zufallszahlen) in (17.5) bringen: bisher fehlen uns noch die Kenntnisse, um die Darlegung auszudrücken, außer in der obigen Gesprächsform. Es war jedoch notwendig, hier auf den theoretisch signifikanten Aspekt der Frage hinzuweisen, anstatt diesen in die technische Darstellung zu verlegen (auf die wir verweisen: die Abb. 6 und 7 dort zeigen übrigens schon bei bloßer Ansicht intuitiv das Motiv mittels folgender Analogie: *man kann sich beliebig viele Vektoren vorstellen, die beliebig kleine Winkel bilden, aber nicht solche, die lauter „genügend" stumpfe Winkel bilden*[6].

9.2. Für mehr als zwei Ereignisse, es seien diese $E_1, E_2, \ldots, E_n$, kann man natürlich die stochastische Unabhängigkeit zu je zweien betrachten ($\mathbf{P}(E_i E_j) = \mathbf{P}(E_i)\mathbf{P}(E_j)$, $i \neq j$); man bezeichnet sie als *stochastisch*

[6] Der Satz ist unklar, anstatt ihn aber zu komplizieren, ist es zweckmäßig, ihn einfach als Anspielung auf das, was sich bald zeigen wird, anzunehmen.

*unabhängig*, wenn die (wie wir sehen werden, restriktivere) Bedingung, daß

$$\mathbf{P}(E_{i_1} E_{i_2} \dots E_{i_k}) = \mathbf{P}(E_{i_1})\mathbf{P}(E_{i_2}) \dots \mathbf{P}(E_{i_k}) \tag{13}$$

für Produkte jeglicher Anzahl von Ereignissen $E_i$ gilt. Diese Eigenschaft gilt, wenn sie für die $E_i$ gilt, auch dann, wenn man einige von ihnen durch die Negationen $\tilde{E}_i$ ersetzt (wie dies bereits im Fall von zwei Ereignissen bemerkt wurde); daher erhält man für *Ereignisse $E_i$, die stochastisch unabhängig sind*, und deren Wahrscheinlichkeiten mit $p_i$ bezeichnet wurden, die Wahrscheinlichkeit irgendeines Produktes wie $\tilde{E}_1 \tilde{E}_2 E_3 E_4 \tilde{E}_5$ einfach, indem man $p$ an Stelle von $E$ schreibt: $\tilde{p}_1 \tilde{p}_2 p_3 p_4 \tilde{p}_5$ (d.h.: $(1-p_1)(1-p_2)p_3 p_4(1-p_5)$) und allgemeiner, *für jedes Ereignis E, das von den $E_i$ logisch abhängig ist und durch diese arithmetisch in kanonischer Form (mit +, . und ~) ausgedrückt wird, wird die Wahrscheinlichkeit mittels der $p_i$ mit derselben Formel ausgedrückt*[7]. Z.B. wenn

$$E = (E_1 \vee E_2 E_3)(\tilde{E}_4 \vee E_5 \tilde{E}_6)$$

und man daraus

$$E = (E_1 + E_2 E_3 - E_1 E_2 E_3)(\tilde{E}_4 + E_5 \tilde{E}_6 - \tilde{E}_4 E_5 \tilde{E}_6)$$

entwickelt usw. könnte man am Ende $p$ anstelle von $E$ setzen; man kann dies sogar sofort tun (ohne auf eine einfache Produktensumme zu kommen) und schreiben

$$\mathbf{P}(E) = (p_1 + p_2 p_3 - p_1 p_2 p_3)(\tilde{p}_4 + \tilde{p}_5 p_6 - \tilde{p}_4 p_5 \tilde{p}_6)$$

da in den beiden Klammern keine Wiederholung von $E$ vorkommt.

9.3. Ein beachtlicher und viel studierter besonderer Fall (*Bernoulli-Prozeß*, auch Prozeß der „wiederholten Versuche" genannt), sind die stochastisch unabhängigen und *gleich wahrscheinlichen* Ereignisse

---

[7] Die Reduktion auf die kanonische Form ist nicht notwendig. Es ist nur notwendig, darauf zu achten, daß in der Entwicklung nicht formell Potenzen $E_i^k$ mit $k > 1$ auftreten, denen Wahrscheinlichkeiten $p_i^k$ anstatt $p_i$ entsprechen würden, wie dies für die Idempotenz von $E_i$ der Fall sein muß: $E_i^k = E_i$. Wenn z.B. $E = (E_1 \vee E_2)(E_1 \vee E_3) = (E_1 + E_2 - E_1 E_2)(E_1 + E_3 - E_1 E_3)$, würde ich bei sofortigem Austausch irrtümlich $\mathbf{P}(E) = (p_1 + p_2 - p_1 p_2)(p_1 + p_3 - p_1 p_3) = p_1^2 \tilde{p}_2 \tilde{p}_3 + p_1(\tilde{p}_2 p + p_2 p_3) + p_2 p_3$ erhalten, während ich an Stelle des ersten Faktors $p_1^2$ nun $p_1$ haben müßte. Als allgemeine Regel könnte man sagen, die $E_i$ durch die $p_i$ zu ersetzen, aber letzten Endes die Exponenten wegzulassen. Jedoch wäre diese Art des Verfahrens vielleicht gefährlich, denn wenn z.B. die $p_i$ gleich wären und sofort durch $p$ ersetzt würden, würde man in den gegenteiligen Fehler verfallen.

$p_i = p$. Für jedes $E$, das von $n$ solchen Ereignissen logisch abhängig ist, ergibt sich die Wahrscheinlichkeit $\mathbf{P}(E)$ daher in einem Polynom in $p$ ausgedrückt (höchstens $n$-ten Grades). Z. B. hätte das obige $E$ (das von 6 Ereignissen $E_1 \ldots E_6$ abhängig ist) die Wahrscheinlichkeit

$$\mathbf{P}(E) = (p+p^2-p^3)(\tilde{p}+p\tilde{p}-p\tilde{p}^2) = p(1+p-p^2)(1-p+p^2-p^3) = \\ = p-p^3+p^4-2p^5+p^6.$$

Algebraisch weniger unmittelbar aber signifikanter wäre der analoge Ausdruck als homogenes Polynom $n$-ten Grades in den zwei Variablen $p$ und $\tilde{p} = 1-p$; man erhält ihn offenbar, indem man jeden Ausdruck mit der entsprechenden Potenz von $(p+\tilde{p}) = 1$ multipliziert. Im obigen Beispiel hat man z. B., indem man von Anfang an in dieser Weise mit den beiden Faktoren operiert:[8]

$$\mathbf{P}(E) = p\,[(p+\tilde{p})^2 + p(p+\tilde{p}) - p^2]\,\tilde{p}\,[(p+\tilde{p})^2 + p(p+\tilde{p}) - p\tilde{p}] = \\ = p\tilde{p}^5 + 5p^2\tilde{p}^4 + 9p^3\tilde{p}^3 + 8p^4\tilde{p}^2 + 2p^5\tilde{p}.$$

Die Signifikanz liegt in folgendem: die Koeffizienten geben die Anzahl der Konstituenten von $E$ an, die den verschiedenen Häufigkeiten der $E_i$ entsprechen; genauer: der Koeffizient von $p^h\tilde{p}^{n-h}$ ist gerade die Zahl der Konstituenten, in denen $h$ der $E_i$ bejahend und $n-h$ verneinend enthalten sind, d. h. mit $h$ Faktoren $E_i$ und $n-h$ des Typus $\tilde{E}_i$. Im Beispiel sieht man, daß einer davon eine Bejahung enthält (d. h. $(1 \vee 0.0)$ $(\tilde{0} \vee 0.\tilde{0})$), 5 enthalten zwei, 9 enthalten drei, 8 enthalten vier und 2 enthalten fünf (es ist leicht nachzuprüfen, weil die beiden Faktoren jeweils 5 günstige Konstituenten haben, von denen die, die 0, 1, 2, 3 Bejahungen enthalten, respektive in der Anzahl 0, 1, 3, 1 und 1, 2, 2, 0 vorhanden sind).

9.4. Ein noch besonderer Fall ist der, in dem $p = \frac{1}{2}$ ist; man bezeichnet ihn im allgemeinen als den von *Kopf und Adler* (wobei man jedoch auch an jegliche andere Interpretation und Anwendung denkt, und ohne daß der Fall von Kopf und Adler ein Ausnahmefall wäre, in dem irgendein „objektives" Motiv dazu zwingen würde, diese Wahrscheinlichkeitsbewertung anzunehmen). In diesem Fall hat jede Konstituente die Wahrscheinlichkeit $p^h\tilde{p}^{n-h} = (\frac{1}{2})^n$, und $\mathbf{P}(E) = (\frac{1}{2})^n \times$ Summe der

[8] Indem man das Verhältnis $r = p/\tilde{p}$ (siehe Kap. V) einführt, ist $p^h\tilde{p}^{n-h} = \tilde{p}^n r^h$, und daher kann das Polynom in $p$ und $\tilde{p}$ als $\tilde{p}^n \times$ Polynom in $r$ geschrieben werden. In unserem Beispiel wäre dies $(\mathbf{P}(E)) = \tilde{p}^6(r+5r^2+9r^3+8r^4+2r^5)$. (Verhältnis: ital. Ragione $= r$, d. Übersetzer.)

Koeffizienten des Polynoms in $p$ und $\tilde{p}$ (oder in $r$), was, in anderen Worten, die Proportion zwischen der Zahl der für $E$ günstigen Konstituenten (oder Fälle) ist und der Zahl ($2^n$) aller Konstituenten.

## 10.
## *Stochastische Unabhängigkeit unter (endlichen) Einteilungen.*

10.1. Die Extension des Begriffes der stochastischen Unabhängigkeit vom Fall der Ereignisse auf den der (endlichen) Einteilungen ist selbstverständlich und unmittelbar; d.h., wenn man diesen Ausdruck verwenden will, auf den der Pluralereignisse wie $E' = (E_1', E_2', \ldots, E_{m'}')$ und $E'' = (E_1'', E_2'', \ldots, E_{m''}'')$ und im besonderen den von Zufallszahlen mit einer endlichen Anzahl möglicher Werte. Dies wird einfach bedeuten, daß jedes Ereignis einer Partition von jedem Ereignis der anderen stochastisch unabhängig ist: $\mathbf{P}(E_h' E_k'') = \mathbf{P}(E_h')\mathbf{P}(E_k'')$ $(h = 1, 2, \ldots, m'$; $k = 1, 2, \ldots, m'')$, und im besonderen bedeutet es für die Zufallszahlen $X$ und $Y$, daß

$$(14)\quad \mathbf{P}[(X, Y) = (x_h, y_k)] = \mathbf{P}[(X = x_h).(Y = y_k)] = \mathbf{P}(X = x_h).\mathbf{P}(Y = y_k).$$

Und so für drei oder mehr Einteilungen oder Zufallszahlen (immer im endlichen Fall).

10.2. Wir demonstrieren nun, daß die stochastische Unabhängigkeit zu zweien – wie behauptet – eine notwendige aber nicht hinreichende Bedingung für die stochastische Unabhängigkeit von $n$ Ereignissen (und zu größerem Recht von $n$ Einteilungen) ist; zwei Beispiele mögen genügen.

Es seien $A, B, C, D$ die Ereignisse einer Partition und wir schreiben jedem eine Wahrscheinlichkeit von $\frac{1}{4}$ zu. Die Ereignisse $E_1 = D + A$, $E_2 = D + B$, $E_3 = D + C$ sind zu zweien unabhängig $(E_i E_j = D$, $\mathbf{P}(E_i E_j) = \frac{1}{4} = \mathbf{P}(E_i)\mathbf{P}(E_j) = \frac{1}{2} \cdot \frac{1}{2})$, aber nicht zu dreien, weil $E_1 E_2 E_3 = D$ ist, und die Wahrscheinlichkeit des Produktes aller drei Ereignisse ist wieder $\frac{1}{4}$ und nicht $\frac{1}{8}$.

Analog: wenn man $A + B$, $B + C$, $C + A$ nehmen würde, hätten die Produkte zu zweien die Wahrscheinlichkeit $\frac{1}{4}$, das Produkt zu dreien ist aber unmöglich und hat daher Null-Wahrscheinlichkeit und nicht $\frac{1}{8}$.

Allgemeiner: es kann bis zu einer gewissen Ordnung „$m$ zu $m$“

irgendwelcher Art stochastische Unabhängigkeit vorhanden sein, aber nicht darüber hinaus, was das folgende Beispiel (Verallgemeinerung der vorherigen) beweist. $E_1, E_2, \ldots, E_m$ seien stochastisch unabhängige Ereignisse mit der Wahrscheinlichkeit $\frac{1}{2}$ (jede „Konstituente“ hat daher die Wahrscheinlichkeit $(\frac{1}{2})^m$) und $E$ sei das Ereignis, das in der Tatsache besteht, daß unter den $E_i$ die falschen Ereignisse in ungerader Zahl vorhanden seien: $E = (\tilde{E}_1 + \tilde{E}_2 + \ldots + \tilde{E}_m = \text{ungerade})$; es ist klar, daß $E$ logisch von den $E_i$ abhängig ist (nach Definition, und übrigens ist sicher $EE_1 \ldots E_m = 0$, weil entweder eines der $E_i$ den Wert 0 hat, oder alle $\tilde{E}_i$ sind gleich Null und auch ihre Summe, die daher nicht ungerade ist, sodaß $E = 0$ ist), aber es ist stochastisch unabhängig von $m-1$ Ereignissen (bedingt durch jedes Resultat, durch welches $E$ mit dem ausgelassenen Ereignis oder mit dessen Negation koinzidiert).

10.3. Wenn wir zwei Einteilungen haben, respektive mit $m'$ Ereignissen $E'_1 \ldots E'_{m'}$ und $m''$ Ereignissen $E''_1 \ldots E''_{m''}$, und sagen, daß in jeder der beiden die Wahrscheinlichkeiten der verschiedenen Ereignisse gleich sind, respektive $p' = 1/m'$, und $p'' = 1/m''$) und daß sie stochastisch unabhängig sind, so impliziert dies, daß die $m = m'm''$ Ereignisse $E'_h E''_k$ der Produkt-Partition alle dieselbe Wahrscheinlichkeit, $p = p'p'' = 1/m'm'' = 1/m$ haben. Und umgekehrt impliziert diese Eigenschaft die beiden obigen. Dasselbe gilt offenbar für drei oder mehr Einteilungen. Wir werden auf diese Tatsache zurückkommen, die die Grundlage für viele Anwendungen kombinatorischer Art bildet.

10.4. Wenn wir verschiedene Einteilungen oder Pluralereignisse haben, die stochastisch unabhängig sind und gleich verteilte Wahrscheinlichkeiten haben (z.B. sukzessive Züge aus einer Urne, mit Zurücklegen, mit festen Wahrscheinlichkeiten für Kugeln mit $m$ verschiedenen Farben, $p_1 + p_2 + \ldots + p_m = 1$), so haben wir eine Extension des obigen Bernoulli'schen Schemas („wiederholte Versuche“ für Pluralereignisse). Es ist klar, wie man die für diesen Fall entwickelten Betrachtungen verallgemeinern könnte: für jedes Ereignis $E$, das logisch von $n$ $m$-Ereignissen abhängig ist, kann die Wahrscheinlichkeit $\mathbf{P}(E)$ durch das Polynom $\sum c_{h_1 h_2 \cdots h_m} p_1^{h_1} p_2^{h_2} \ldots p_m^{h_m}$ ausgedrückt werden (Summe über alle $m$-Tupel ganzer nichtnegativer Größen mit der Summe $= n$). Die Koeffizienten $c$ geben die Zahl der günstigen Konstituenten an, die das $i$-te Resultat $h$ mal enthalten ($i = 1, 2, \ldots, m$).

Im Falle gleicher Wahrscheinlichkeiten ($p_1 = p_2 = \ldots = p_m = 1/m$), Verallgemeinerung von Kopf und Adler ($m = 2$) sind dann die Wahrscheinlichkeiten:

(15) $\mathbf{P}(E) = 1/m^n \times$ Summe der Koeffizienten des Polynoms = = Verhältnis zwischen der Zahl der für $E$ günstigen Konstituenten (oder Fälle) und der Zahl ($m^n$) aller Konstituenten (möglichen Fälle).

## 11.
## *Über die Bedeutung der stochastischen Unabhängigkeit.*

11.1. Es ist unerläßlich, nachdrücklich zu betonen, daß der Begriff der stochastischen Unabhängigkeit nicht zu dem Bereich der Logik des Gewissen (ital.: logica del certo, d. Übersetzer) gehört, sondern in den der Erwartung und daß er selbst, wie die Wahrscheinlichkeit und die Erwartung eine *subjektive* Bedeutung hat. Nach den notwendigen abstrakten näheren Erklärungen wird es erforderlich sein, sich bei den verschiedenen Betrachtungen aufzuhalten, die diese praktisch illustrieren. Dies ist umso wichtiger, als im allgemeinen die Meinung vorzuherrschen scheint – oder zumindest, man läßt diese Meinung aufkommen, indem man sich gegenteiliger Hinweise enthält – daß der Sinn der stochastischen Unabhängigkeit offensichtlich und objektiv sei und daß diese Eigenschaft immer gegeben sei, außer in besonderen Fällen gegenseitiger Abhängigkeit. Es ist jedenfalls wahr, daß man bei der Anwendung auf viele praktische Probleme[9] häufig findet, daß Begriffe und Formeln, die bei Hypothese stochastischer Unabhängigkeit Geltung haben, da eingesetzt werden, wo diese Hypothese sich nicht als gerechtfertigt erweist und nicht einmal, wenn nicht stillschweigend und vielleicht unversehens, eingeführt wurde. Die Gepflogenheit, einfach „Unabhängigkeit" zu sagen, als ob es nur eine einzige gäbe, trägt

[9] Wie H. Bühlmann (in einem Bericht beim Convegno ASTIN in Triest, 1963) bemerkt, wird die Bedingung der Unabhängigkeit oft stillschweigend und als gültig angenommen, wenn sie es effektiv nicht ist. Er bezieht sich auf das Versicherungswesen (die Betonung gilt leider jedoch auch für viele andere Gebiete). Manchmal meint man, die Unabhängigkeitsbedingung, anstatt stillschweigend darüber hinwegzugehen oder sie als selbstverständlich zu betrachten, insofern zu rechtfertigen, als „man die gegenseitige Abhängigkeit nicht genau kennt". Ebenso könnten wir, wenn uns der Verlauf einer Funktion nicht wohlbekannt ist, Schlußfolgerungen ziehen, als ob wir wüßten, daß sie eine Konstante ist.

dazu bei, die Besonderheit der stochastischen Unabhängigkeit in den Schatten zu stellen; auch wir werden in der Folge der Kürze halber diese Gepflogenheit einhalten, wenn kein Doppelsinn gegeben ist, oder die Notwendigkeit, die Besonderheit zu unterstreichen, aber nachdem wir hierauf aufmerksam gemacht und auf das Vorhandensein anderer, in gewissem Sinne analoger Begriffe hingewiesen haben: die bereits bekannten Begriffe der *linearen* und *logischen* Unabhängigkeit (mit einer Bedeutung im Bereich der Logik des Gewissen) und den der *Nicht-Korrelation* (im Falle der Ereignisse Synonym der paarweisen stochastischen Unabhängigkeit, im Fall der Zufallszahlen jedoch mit einer Differenzierung, die wir bald erläutern werden).

11.2. Die Definition der stochastischen Unabhängigkeit hängt von der Bewertung der Wahrscheinlichkeiten ab, d.h. von der Wahl eines besonderen $\mathbf{P}$; wenn $A$ und $B$ zwei logisch unabhängige Ereignisse sind, kann jedermann $\mathbf{P}(A)$, $\mathbf{P}(B)$, $\mathbf{P}(AB)$ beliebig bewerten, sofern nur (siehe III, 9.4) $\mathbf{P}(AB)$ nicht kleiner als $\mathbf{P}(A)+\mathbf{P}(B)-1$ und nicht größer als $\mathbf{P}(A)$ oder als $\mathbf{P}(B)$ ausfällt (jedenfalls alle Zahlen zwischen 0 und 1). Somit kann das Verhältnis $\mathbf{P}(AB)/\mathbf{P}(A)\mathbf{P}(B)$ jeden nichtnegativen Wert annehmen, je nach dem Werturteil dessen, der die Bewertung durchführt[10].

Auch wenn man der Kürze halber manchmal sagen wird, daß zwei Ereignisse (oder Einteilungen usw.) stochastisch unabhängig sind, muß man bedenken, daß einfach stillschweigend anzunehmen ist, „in Bezug auf ein gegebenes $\mathbf{P}$“, d.h. „entsprechend der Meinung dessen, der die Bewertung $\mathbf{P}$ gewählt hat“. Im besonderen ist, im Falle von Ereignissen oder Einteilungen, die logisch unabhängig sind, und egal wie immer man auch ihre Wahrscheinlichkeiten bewertet, die auf der Basis der Hypothese der Unabhängigkeit verlängerte Bewertung kohärent. Wenn dagegen keine logische Unabhängigkeit besteht, d.h., wenn irgendein Produkt, wie z.B. $E=E'_i E''_j E'''_h$ (von drei Elementen von drei Einteilungen) unmöglich ist, so ist notwendigerweise $\mathbf{P}(E)=0$; die Relation $\mathbf{P}(E)=\mathbf{P}(E'_i)\mathbf{P}(E''_j)\mathbf{P}(E'''_h)$ kann bestehen, wenn zumindest einer der Faktoren Null ist, die $\mathbf{P}(E|E'_i E''_j)=\mathbf{P}(E'''_h|E'_i E''_j)=\mathbf{P}(E'''_h)$ (und analoge) nur, wenn alle Faktoren Null sind, und somit können die

[10] Nach Bewertung von $\mathbf{P}(A)=a$ und $\mathbf{P}(B)=b$ kann das Verhältnis $\mathbf{P}(AB)/\mathbf{P}(A)\mathbf{P}(B)$ noch alle nichtnegativen Werte annehmen, wenn $a+b\leqq 1$, andernfalls alle Werte, die nicht kleiner sind als $1-(\tilde{a}\tilde{b}/ab)$. Es bleiben jedenfalls die drei Fälle der positiven, Null- und auch negativen Korrelation möglich (da dieses Minimum immer kleiner als 1 ist).

besagten arithmetischen Bedingungen der stochastischen Unabhängigkeit *nicht gelten*, außer in den erwähnten Grenzfällen, die der Definition in Produktform entgleiten und dem extremeren Fall, der auch der Definition in Form der bedingten Wahrscheinlichkeiten entgleitet. Anstatt diese Anomalie anzunehmen, ist es besser, sie zu eliminieren, indem man die logische Unabhängigkeit als erstes Requisit für die Definition der stochastischen Unabhängigkeit einschließt, was berechtigt ist, weil es ebensoviel bedeutet, wie dem Unterschied zwischen dem möglichen Ereignis, dem man Nullwahrscheinlichkeit zuschreibt, und dem unmöglichen Ereignis, Rechnung zu tragen (dasselbe zwischen Leermenge und nicht leerer Menge mit Nullmaß: viel grundlegender als zwischen nicht leeren Mengen mit Null- oder Nicht-Null-Maß).

Mit diesen näheren Angaben über Grenzfälle können wir also sagen (daß im Falle endlicher Einteilungen[11]) die *stochastische Unabhängigkeit* die *logische Unabhängigkeit* voraussetzt (aber nicht umgekehrt). Was die *lineare* Abhängigkeit anbelangt, so erinnern wir daran, daß sie eine besondere Form der logischen Abhängigkeit ist und daher die stochastische Unabhängigkeit ausschließt.

Die Nicht-Korrelation (sagen wir es schon jetzt, um diese „Hierarchie" von Begriffen zu vervollständigen) wird ein subjektiver Begriff sein, der schwächer ist als der der stochastischen Unabhängigkeit (der aber zu dieser führen kann, indem man sie mit nach und nach restriktiveren Modalitäten anwendet).

## 12.
## *Stochastische Abhängigkeit im direkten Sinne.*

Wir kommen nun dazu, Arten von Motiven zu illustrieren, die oft darauf Einfluß nehmen können, ob man Ereignisse stochastisch abhängig oder unabhängig beurteilt. Man muß lernen, über das Vorhandensein dieser Motive genau nachzudenken, um jene zu leichte Annahme der Hypothese stochastischer Unabhängigkeit, die wir beklagt haben, zu vermeiden. Die Angabe einiger Fälle erhebt nicht den Anspruch erschöpfend zu sein, noch einer Klassifizierung von theoreti-

[11] Die Konklusion wird sich *in jedem Fall* als wahr ergeben, wenn man die stochastische Unabhängigkeit im strengen Sinn annimmt (oft ist es jedoch vorteilhafter, sich auf eine schwächere Bedingung zu beschränken).

schem Wert zu entsprechen (im Gegenteil, wollte man die Unterscheidungen, die wir mit dem einzigen Ziel vornehmen, Beispiele zu koordinieren, zu ernst nehmen, so bestünde die Gefahr, daß sie sich in metaphysische Leerheiten verwandeln).

Jedenfalls bezeichnen wir – um das zu verstehen, ohne theoretisieren zu wollen – als stochastische Abhängigkeit *im direkten Sinne* die, welche in der selbstverständlichsten Form und in den offensichtlichsten und gebräuchlichsten Beispielen von Abhandlungen jeder Tendenz auftreten. Es handelt sich um die Fälle, in denen das Eintreten eines Ereignisses die Umstände verändert, unter denen ein anderes eintritt (in einer Form, die für die Wahrscheinlichkeitsbewertung als entscheidend erachtet wird): gewöhnliche Beispiele, Ziehen ohne Zurücklegen (wo das Ziehen einer weißen Kugel den Prozentsatz der weißen Kugeln für den nächsten Zug vermindert), Ansteckung (wo der Krankheitsfall eines Individuums die Möglichkeit der Ansteckung für nahe stehende Personen vergrößert) Maschinenschäden usw. (wo eine Disfunktion andere begünstigt), Ergebnis sukzessiver Prüfungen in einem Bewerb (wenn infolge des Ergebnisses der ersten die objektiven Bedingungen der folgenden geändert werden, z. B. Höhe der Stange bei einem Sprung) usw.

Die Beispiele dieser Art lenken die Aufmerksamkeit auf die Abhängigkeit in „einer Richtung", die chronologische, dessen was nach dem geschieht, was vorher geschehen ist (dessen, was der Interpretation – die effektiv in derartigen Fällen oft vorkommt – entspricht, die sich auf die Idee der „*causa*" gründet). Daß dies irrelevant ist, haben wir bereits gesehen, als wir sahen, wie die Relation der stochastischen Abhängigkeit oder Unabhängigkeit symmetrisch ist; wir bemerken jedenfalls bei dieser Gelegenheit, daß es auch bei „bedingten Wetten" keinerlei Bedeutung hat, ob die „Tatsache" die Zukunft oder die Vergangenheit betrifft, und im besonderen ob sie chronologisch vor oder nach jener anderen „Tatsache" liegt, welche als Hypothese für die Gültigkeit der Wette gegeben ist. Man kann sehr wohl heute auf das Eintreten einer gewissen Tatsache wetten und festsetzen, daß die Wette erst gilt, wenn eine andere Tatsache heute in einem Monat eingetreten sein wird.

Es war uns daran gelegen, von diesem Fall „unmittelbarer" Abhängigkeit zu sprechen, nicht so sehr, um die Aufmerksamkeit auf sie selbst zu lenken, als auf das Gegenteil, damit dann bemerkt wird, wie unzureichend die Erklärungen sind, die sich darauf beschränken, diese einzige Form der Abhängigkeit zu erwähnen und die Meinung aufkommen lassen, daß man außerhalb dieser Fälle keine Ursache hätte, das Schema der stochastischen Unabhängigkeit aufzugeben. Daher wollen wir weitere Beispiele illustrieren.

## 13.
## *Stochastische Abhängigkeit im indirekten Sinne.*

Damit bezeichnen wir – weiterhin „um uns zu verstehen" – die Fälle, in denen ein Einfluß des Ergebnisses eines Ereignisses auf das Eintreten eines anderen nicht besteht, jedoch Umstände vorhanden sind, die auf beide Ereignisse Einfluß haben können (d.h., wenn man von „Ursachen" sprechen will – eine für diese beiden Ereignisse gemeinsame „Ursache" vorhanden ist, aber keine direkte „ursächliche" Relation zwischen ihnen). So wird man beim Sinken zweier Schiffe während einer Fahrt in derselben Zone und am selben Tag (auch ohne an Kollisionen und ähnliche direkte Inferenzen zu denken) zu Recht an eine positive Korrelation denken können, weil beide Wahrscheinlichkeiten im selben Sinne durch gemeinsame Umstände wie Seegang, Windstille oder Sturm, beeinflußt werden. Dasselbe gilt für den Tod von zwei Individuen im Laufe des nächsten Winters, weil, wenn dieser streng ist, die Todeswahrscheinlichkeiten für beide steigen. Und so fragen wir uns bei einem Bewerb, ob zwei Teilnehmer besser abschneiden werden als ein anderer; das Ergebnis dieses anderen wird nämlich auf diese beiden Ereignisse Einfluß nehmen, auch wenn die drei Ereignisse als stochastisch unabhängig beurteilt werden. Dieses letzte Beispiel kann man auch im Bereich eines Hazardspieles interpretieren, in dem der Gewinn von $A$ und $B$ davon abhängt, höhere Punkte als die „Bank" zu erhalten. Beim Würfeln sind die Gewinn-Wahrscheinlichkeiten für $A$ oder $B$ oder beide zusammen, je nachdem welche Punkte die „Bank" würfelt, folgende:

| Punkte der „Bank" $(H)$: | 1 | 2 | 3 | 4 | 5 | 6 |
|---|---|---|---|---|---|---|
| $\mathbf{P}(A\|H) = \mathbf{P}(B\|H) =$ | 5/6 | 4/6 | 3/6 | 2/6 | 1/6 | 0 |
| $\mathbf{P}(AB\|H) =$ | 25/36 | 16/36 | 9/36 | 4/36 | 1/36 | 0 |

Und wenn man das Mittel sucht (mit der Wahrscheinlichkeit der sechs Fälle angenommen = 1/6)

$$\mathbf{P}(A) = \mathbf{P}(B) = 15/36 \;\; = 5/12 \qquad = 41{,}67\%$$
$$\mathbf{P}(A)\mathbf{P}(B) = 25/144 = 75/432 \;\; = 17{,}36\%$$
$$\mathbf{P}(AB) = 55/216 = 110/432 = 25{,}45\% > \mathbf{P}(A)\mathbf{P}(B).$$

Das Beispiel zeigt, wie die beiden Ereignisse untereinander stochastisch unabhängig aber durch jede der möglichen Hypothesen für die Punkte der Bank ($H =$ („Punkte" $= h$) mit $h = 1, 2, \ldots, 6$) bedingt sind, daß aber die Tatsache dieser durch jedes Element einer Partition bedingten Unabhängigkeit *stochastische Unabhängigkeit nicht impliziert*. Auf diesen Begriff und dieses Ergebnis werden wir in Kürze ausdrücklich zurückkommen; darauf ist nämlich im wesentlichen der Fall der indirekten Abhängigkeit zurückzuführen.

Aber es gibt noch einen, der noch weniger auf „objektiven" Umständen beruht.

## 14.
## *Stochastische Abhängigkeit infolge Erweiterung der Information.*

Wenn es wahr ist (und es ist wahr) und wenn es gerechtfertigt ist (und bisher haben wir uns darauf beschränkt, dies anzunehmen), daß die Wahrscheinlichkeit eines Ereignisses oft auf Grund der Häufigkeit, die bei anderen, mehr oder weniger analogen Ereignissen beobachtet wurde, bewertet wird, so impliziert diese Tatsache an sich eine stochastische Abhängigkeit. Tatsächlich liefern die beobachteten Ereignisse ein Erfahrungsmaterial, das geeignet ist, die auf Häufigkeit aufgebauten Wahrscheinlichkeitsbewertungen nach und nach zu verändern. Und gerade die auf die gegenwärtigen Betrachtungen gegründete Analyse wird zur gegebenen Zeit (Kap. XI) zur Erklärung führen, warum und unter welchen Bedingungen dieses Kriterium der Bewertung sich als gerechtfertigt erweist.

Die Situation, auf die wir uns beziehen, ist offenbar im Falle „neuer" Phänomene von Bedeutung, über die es nur spärliche frühere Erfahrungen gibt. Man denke z. B. an die Erfolge oder Mißerfolge der ersten Raumfahrten, der ersten Versuche mit einem neuen Arzneimittel und Ähnliches, an die Sterblichkeit einer bisher nie beobachteten Tiergattung, an Risiken bei Atomexperimenten usw. Bei Wegfall der Hypothese des „Neuen" ändert sich die Situation nicht wesentlich. Sie ändert sich jedoch quantitativ, weil wenige oder auch viele Versuche eine Häufigkeit, die bereits von sehr vielen vergangenen Versuchen abgeleitet wird, nicht fühlbar ändern können. Außer man sieht sich veranlaßt, wie bei einem „neuen" Phänomen vorzugehen, indem man z. B. voraussetzt, daß infolge veränderter Umstände (oder aus irgendwelchen anderen Gründen) die künftige Häufigkeit eines „alten" Phänomens (wie Sterblichkeit, Brand, Hagel oder was man sonst will) mutmaßlich eher die sein wird, die wenigen neuen Erfahrungen entspricht, als die, die sich aus vielen weiter zurückliegenden Erfahrungen ergibt[12].

In gewissem Sinne ist die Situation dieselbe wie beim Ziehen von Kugeln (mit Zurücklegen) aus einer Urne mit unbekannter Zusammenstellung. Die Wahrscheinlichkeiten für eine weiße Kugel bei sukzessiven Zügen sind untereinander abhängig durch die Tatsache, daß nach und nach die erzielten Ergebnisse die Idee von der Zusammenstellung in der Urne konkretisieren (wobei dieser Einfluß größer ist, solange die Erfahrung geringer ist). Dieser Fall könnte wirklich unter die früheren Beispiele indirekter Abhängigkeit (Abhängigkeit von der unbekannten Zusammenstellung in der Urne) eingereiht werden: einziger irrelevanter Unterschied, die Tatsache, daß hier die Zusammensetzung eine unbekannte aber vorhandene Gegebenheit ist, während es sich bei den anderen Beispielen um den Einfluß ungewisser künftiger Tatsachen handelte, die im Augenblick der Fragestellung noch nicht gegeben waren. Dagegen hatten wir bei den angeführten Beispielen „neuer Phänomene" unsere Bereitschaft, die Bewertung nachzuprüfen, nicht auf die Unkenntnis von objektiv spezifisch bestimmten Größen oder Umständen zurückgeführt, sondern generisch auf geringe Vertrautheit mit dem Phänomen. Nun könnte jemand sagen wollen, diese „objektive Größe" ist die „konstante aber unbekannte Wahrscheinlichkeit". Wir haben jedoch wiederholt erklärt, daß diese Formulierung nicht annehmbar ist und wir werden sehen, daß sie auch überflüssig ist; denn man gelangt durch sinnvolle Schlußfolgerungen über sinnvolle Begriffe zu denselben Konklusionen, zu denen man durch sinnleere Schlußfolgerungen käme, wenn man diese sinnleeren Begriffe einführen wollte. Jedenfalls bedeutet dies, daß alle Fälle, ungeachtet ihrer äußerlichen Verschiedenheit, die deren getrennte Be-

---

[12] Es ist das Problem, das von amerikanischen Fachleuten unter der Bezeichnung „Credibility Theory" studiert wurde. Siehe in „Giorn. Ist. Ital. Attuari", 1964, zwei Vorträge von A. L. Mayerson und B. de Finetti mit Notizen und Betrachtungen über das Problem.

trachtung erforderte, um zu enge Veranschaulichungen zu vermeiden, theoretisch und mathematisch im wesentlichen keinen Unterschied aufweisen.

Es ist besser, der Versuchung zu entsagen, diese Betrachtungen weiter zu führen, die hier doch nicht abgeschlossen werden könnten. Bedenken wir, daß ihr Ziel nur das war, zu überzeugen, *daß in gewissem Sinne die stochastische Unabhängigkeit einen eher idealisierten Grenzfall darstellt* und die Abhängigkeit der Normalfall ist und nicht das Gegenteil (entsprechend dem durch Bühlmann angezeigten Mißstand, siehe 11.1, Notiz).

## 15.
## *Bedingte stochastische Unabhängigkeit.*

15.1. Wir sind im Laufe der früheren Beispiele auf den Begriff der bedingten stochastischen Unabhängigkeit gestoßen (durch ein Ereignis, eine Partition bedingt). Hierzu ist etwas Systematischeres hinzuzufügen.

Wir werden sagen, daß $E_1 \dots E_n$ in Bezug auf $H$ (oder in Bezug auf jedes $H = H_j$ einer Einteilung) unabhängig sind, wenn sie es in Bezug auf die (oder im allgemeinen auf die (Mehrzahl)) Funktionen $\mathbf{P}$ des Typus $\mathbf{P}(.) = \mathbf{P}(.H)$ sind,

$$(\text{d.h. } \mathbf{P}(E_1 E_2|H) = \mathbf{P}(E_1|H).\mathbf{P}(E_2|H) \text{ usw.}).$$

In dem Beispiel (höher zu würfeln als die „Bank“) hatten wir gefunden, daß $A$ und $B$, die in Bezug auf eine Einteilung stochastisch unabhängig waren, sich als positiv korreliert ergaben: $\mathbf{P}(AB) > \mathbf{P}(A)\mathbf{P}(B)$; wir wollen die Sache nun im allgemeinen prüfen, indem wir bei einem ganz einfachen Beispiel anfangen (das jedoch weniger ein besonderes ist als das frühere, in dem Sinne, daß die Wahrscheinlichkeiten der beiden Ereignisse nicht gleich angenommen werden). Wir betrachten nur zwei Hypothesen, $H$ und $\tilde{H}$, mit den Wahrscheinlichkeiten $c$ und $\tilde{c}$. Die Ereignisse $A$ und $B$ hätten die Wahrscheinlichkeiten $a'$ und $b'$ bedingt durch $H$ und $a''$ und $b''$ bedingt durch $\tilde{H}$. Die Wahrscheinlichkeit von $AB$ wird

$$\mathbf{P}(AB) = c.\mathbf{P}(AB|H) + \tilde{c}.\mathbf{P}(AB|\tilde{H}) = ca'\,b' + \tilde{c}a''\,b'' \tag{16}$$

sein, während sie, damit $A$ und $B$ unabhängig wären,

$$\mathbf{P}(AB) = \mathbf{P}(A).\mathbf{P}(B) = (ca' + \tilde{c}a'')(cb' + \tilde{c}b'') =$$
$$= c^2 a' b' + c\tilde{c}(a' b'' + a'' b') + \tilde{c}^2 a'' b'';$$

sein müßte. Als Differenz wird sich

$$(17)\quad \mathbf{P}(AB) - \mathbf{P}(A)\mathbf{P}(B) = (c - c^2) a' b' - c\tilde{c}(a' b'' + a'' b') + (\tilde{c} - \tilde{c}^2) a'' b''$$
$$= c\tilde{c}(a' b' + a'' b'' - a' b'' - a'' b') = c\tilde{c}(a' - a'')(b' - b'')$$

ergeben.

Stochastische Unabhängigkeit ist somit nur in den banalen Fällen gegeben: $c = 0$ oder 1, oder $a' = a''$, oder $b' = b''$; und daher, wenn die beiden Hypothesen nicht Null-Wahrscheinlichkeiten haben, nur wenn $A$ (oder $B$) davon stochastisch unabhängig ist:

$$\mathbf{P}(A) = \mathbf{P}(A|H) = \mathbf{P}(A|\tilde{H}).$$

Wenn dies nicht eintritt, hat man positive oder negative Korrelation, je nachdem, ob die Wahrscheinlichkeiten von $A$ und $B$, wenn man sie von $H$ anstelle von $\tilde{H}$ abhängig macht, in gleicher oder entgegengesetzter Richtung variieren. Wie dies vorauszusehen war.

15.2. Dasselbe Problem mit einer Einteilung in $s$ Hypothesen $H_1 \ldots H_s$ anstatt zweien, mit den Wahrscheinlichkeiten $c_1 \ldots c_s$ und mit $\mathbf{P}(A|H_j) = a_j$, $\mathbf{P}(B|H_j) = b_j$, ergibt:

$$\mathbf{P}(A) = a = \sum c_j a_j, \quad \mathbf{P}(B) = b = \sum c_j b_j, \quad \sum c_j = 1,$$
$$\mathbf{P}(AB) = \sum c_j a_j b_j = \sum c_j [a + (a_j - a)][b + (b_j - b)] =$$
$$= ab + \sum c_j (a_j - a)(b_j - b),$$
$$(18)\quad \mathbf{P}(AB) - \mathbf{P}(A)\mathbf{P}(B) = \sum c_j (a_j - a)(b_j - b).$$

Es ist leicht, unmittelbar anhand dieses Ausdruckes festzustellen, daß, wenn bei Wachsen der $a_j$ auch die $b_j$ wachsen, die Differenz positiv ist, d.h. es besteht eine positive Korrelation zwischen $A$ und $B$ (und dagegen eine negative, bei entgegengesetzter Ordnung), wodurch die frühere Konklusion verallgemeinert wird. Im besonderen: wenn $A$ und $B$ gleiche Wahrscheinlichkeiten haben (jeweils bedingt durch jedes $H_j$), $a_j = b_j$, besteht zwischen ihnen positive Korrelation (sodaß das Beispiel vom Würfel und der Bank nicht zufällig sondern notwendig war). Allgemeiner werden wir, wenn wir die Korrelation zwischen Zufallszahlen definiert haben werden, sehen, daß der entwickelte Ausdruck folgendem Lehrsatz entspricht: Zwischen $A$ und $B$ ergibt sich eine positive, eine negative oder keine Korrelation, je nachdem, wie dies sich zwischen den Zufallszahlen $X = \mathbf{P}(A|\mathfrak{H})$ und $Y = \mathbf{P}(B|\mathfrak{H})$ ergibt, und somit je nachdem, ob $\mathbf{P}(XY) \gtreqless \mathbf{P}(X)\mathbf{P}(Y)$.

15.3. Der Fall der bedingten stochastischen Unabhängigkeit führt zu einem besonders interessanten Fall des Induktivschlusses, nämlich zur Bestimmung der Wahrscheinlichkeiten der verschiedenen möglichen Hypothesen, die durch Informationen bedingt sind, die ihrerseits das Ergebnis irgendwelcher Ereignisse betreffen, die, *bedingt durch jede dieser Hypothesen, als untereinander stochastisch unabhängig beurteilt werden.*

Dies ist – um sich auf das übliche klassische Beispiel zu beziehen, der Fall von Ziehen ohne Zurücklegen aus einer Urne mit unbekannter Zusammensetzung: die Hypothesen sind die verschiedenen Zusammenstellungen der Urne (z. B. Prozentsatz der weißen und schwarzen Kugeln), die Ereignisse sind das Ziehen einer weißen Kugel bei gewissen Zügen. Jedoch ist, und dies beweist die effektive Bedeutung der Sache in weniger akademischen Beispielen, häufig dieses Schema der Schlußfolgerung das, wonach die Wahrscheinlichkeit der beiden Hypothesen – der Schuld oder Unschuld eines Angeklagten – auf Grund der Nachprüfung einer gewissen Anzahl von Tatsachen bewertet wird, die die Bedeutung von „Indizien" oder „Beweisen" haben, die möglichst verschiedenartig sind und daher bedingt durch beide Hypothesen als untereinander stochastisch unabhängig beurteilt werden können, deren Wahrscheinlichkeit bedingt durch jede der beiden Hypothesen verschieden ist.

Wohlgemerkt, Juristen und Richter würden erschauern, wenn sie von einem Urteil wie von einer Wahrscheinlichkeitsbewertung sprechen hörten: um sich auf sicherem Boden zu fühlen, halten sie sich für verpflichtet, als „Wahrheit" oder „Gewißheit" das stempeln zu müssen, was nach den vorgesehenen Prozeduren als offizielle und pflichtschuldige Version anerkannt wird (und daher auch dann niemals berichtigt werden dürfte, nicht einmal, wenn ein Individuum, das offiziell seit vielen Jahren ermordet wäre, wieder als Lebewesen auftreten sollte). Es ist – um nichts Schlimmeres zu sagen – betrüblich zu sehen, mit welcher Unbedachtsamkeit eine fast immer fiktive und trügerische „Gewißheit" einem verantwortlichen und genauen Wahrscheinlichkeitsurteil vorgezogen wird. Aber das Traurigste ist der Gedanke, daß die Welt noch lange einer so verzerrten und anmaßenden Mentalität ausgeliefert sein wird, die selbst dann weder zurücktritt noch wankt, wenn sie den groteskesten Absurditäten gegenübergestellt wird[13].

Ein weiteres Beispiel: das Spiel Kopf und Adler mit einem Geldstück, das unseres Erachtens „unvollkommen" sein könnte (d.h. eine Seite mehr als die andere begünstigen könnte). Als verschiedene Hypothesen werden in diesem Fall oft die „Hypothesen einer derartigen Unvollkommenheit betrachtet, die Kopf eine Wahrscheinlichkeit $p$ gibt" (eine andere „Hypothese" für jeden Wert von $p$, oder für eine gewisse Zahl vom Werten $p_h$ z.B. die von 1% in 1%, der Einfachheit halber). Diese Formulierung ist wenig befriedigend, denn Hypothesen auf Grund einer Wahrscheinlichkeitsbewertung zu definieren, ist Unsinn. Immerhin – ehe wir (in Kap. XI) sehen, wie man eine äquivalente korrekte Formel liefern kann (ohne von derartigen „Hypothesen" zu reden), die sich auf den Begriff der „vertauschbaren Ereignisse" gründet – können wir im Moment dieses Bild als „provisorische Formulierung" annehmen, dank dem Vorbehalt, daß sie, wenn auch nicht sinnvoll, in den effektiven Konklusionen der richtigen äquivalent ist.

15.4. Formell reduziert sich der besondere Fall, auf den wir uns beziehen, auf die selbstverständliche Vereinfachung des in (6.2) gegebenen Ausdruckes von $\mathbf{P}(E|H)$, wenn die Informationen $H_i$, die $H$ bilden, untereinander, bedingt durch die Ereignisse $E$, stochastisch unabhängig sind. Dann reduziert sich praktisch $\mathbf{P}(H_2EH_1)$ auf $\mathbf{P}(H_2|E)$, $\mathbf{P}(H_3EH_1H_2)$ reduziert sich auf $\mathbf{P}(H_3|E)$ usw. und letzten Endes ist der Mutmaßlichkeitsfaktor für die Information $H_1H_2\ldots H_n$ (Produkt der $H_i$) nichts anderes als das Produkt der Mutmaßlichkeitsfaktoren, die sich auf die einzelnen $H_i$ beziehen, sodaß:

$$(19)\quad \mathbf{P}(E|H)=\mathbf{P}(E|H_1H_2\ldots H_n)=K\mathbf{P}(E)\mathbf{P}(H_1|E)\mathbf{P}(H_2|E)\ldots\mathbf{P}(H_n|E).$$

In einer manchmal ausdrucksvolleren Form, kann man, wenn zwei der Ereignisse $E$ (sagen wir, $E_h$ und $E_k$) gegeben sind, schreiben:

[13] Manche gehen sogar soweit, die Ansicht zu vertreten, daß der Angeklagte immer freigesprochen werden müßte, „weil er die Tat nicht begangen hat", wenn nicht genug Beweise für eine Verurteilung vorhanden sind. Dabei kann es sehr wohl sein, daß sicher einer der beiden Angezeigten der Schuldige ist, z.B. der eine oder andere oder beide Ehepartner (wie im „Fall Bebawi", Rom 1966). Die juristische Weisheit, die den gesunden Menschenverstand und daher die Wahrscheinlichkeit ignoriert, würde ja feststellen, daß alle Menschen der Welt verdächtig sind, ausgenommen zwei Personen, darunter der Mörder, die offiziell immun und von jeder Verdachtsmöglichkeit ausgeschlossen sind.

$$(19') \quad \frac{\mathbf{P}(E_h|H)}{\mathbf{P}(E_k|H)} = \frac{\mathbf{P}(E_h)}{\mathbf{P}(E_k)} \cdot \frac{\mathbf{P}(H_1|E_h)}{\mathbf{P}(H_1|E_k)} \cdot \frac{\mathbf{P}(H_2|E_h)}{\mathbf{P}(H_2|E_k)} \cdot \ldots \cdot \frac{\mathbf{P}(H_n|E_h)}{\mathbf{P}(H_n|E_k)}$$

d.h.: das Verhältnis zwischen den endgültigen Wahrscheinlichkeiten (zweier beliebiger Ereignisse $E$) ergibt sich aus dem Verhältnis zwischen den anfänglichen Wahrscheinlichkeiten mal den Mutmaßlichkeitsproportionen jeder der Informationen $H_j$. Zu beachten, der besondere Fall, in dem man an die Stelle von $E_k$ die Negation $\tilde{E}_h$ von $E_h$ setzt (in einfacherer Schreibweise $E_h = E$ und $E_k = \tilde{E} = 1 - E$): man hat eine Relation zwischen den anfänglichen und endgültigen Proportionen $\mathbf{P}(E)/\mathbf{P}(\tilde{E})$ und jenen $\mathbf{P}(H_j|E)/\mathbf{P}(H_j|\tilde{E})$, die man als *Gründe der Wahrscheinlichkeit und Mutmaßlichkeit* bezeichnen kann (hiervon sprechen wir ausdrücklicher in Kap. V, 2.4–5).

Dieses Ergebnis drückt – zumindest nach Bayes'scher Version[14] – das „Mutmaßlichkeitsprinzip" („Likelihood-Principle") aus:

„*In Bezug auf die Inferenz auf die Ereignisse E, kann die aus dem Eintreten der $H_j$ erworbene Information durch die Kenntnis der Mutmaßlichkeiten (oder ihrer Gründe)* $\mathbf{P}(E_h|H_j)$ *synthetisch zusammengefaßt werden.*"

Es ist jedoch (zur Vermeidung möglicher Mißverständnisse) zu unterstreichen, daß dies *nur* wahr ist, wenn die hier besonders angegebenen Bedingungen gelten (wir diskutieren darüber gründlicher in Kap. XI).

Inzwischen bringen wir eine qualitative und ausdrucksvolle Formulierung einer besonderen Konklusion, die vielen praktischen Situationen gerecht wird:

„*Wenn eine These (z.B. die Schuld eines Angeklagten) durch mehrere übereinstimmende und verschiedenartige Indizien bestärkt wird, so wird sie, auch wenn jedes einzelne ungenügend ist, um einen entschiedenen Schuldbeweis zu determinieren, durch deren gemeinsamen Effekt entschieden aufgewertet.*"

Diese Aussage ist als „Prinzip von Kardinal Newman" bekannt, weil er sie (von anderen Autoren übernommen und) durch sein Werk „Grammar of Assent" als Grundlage seines Systems der Schlußfolgerung berühmt gemacht hat.

---

[14] Der durch diese Einschaltung ausgedrückte Vorbehalt beruht auf der Tatsache, daß manche meinen, daß andere Autoren als Bayes dieses „Prinzip" anders auffassen, im besonderen Allan Birnbaum, der dies formuliert und vertreten hat. Es ist mir bisher nicht gelungen herauszufinden, welche die angeblichen wesentlichen Unterschiede sind (abgesehen von der mehr oder weniger subjektiven Auffassung).

15.5. *Bemerkung.* Auch in Bezug auf die *Unabhängigkeit* wiederholt sich das in Nr. 8 besprochene Mißverständnis. Dort handelte es sich darum, als „echte" Wahrscheinlichkeit nicht die zu betrachten, die dem Informationsstand entspricht, sondern eine andere, unbekannte, die einer Art idealem Typus der Information, den man nicht besitzt, entsprechen würde; hier wieder werden Ereignisse als „unabhängig" bezeichnet, die es, bedingt durch eine gewisse „ideale" Einteilung sind. Typisches Beispiel wieder das des Ziehens aus einer Urne mit unbekannter Zusammensetzung, wobei die Züge bedingt durch die Kenntnis der (oder jede Hypothese über die) Zusammensetzung der Urne, unabhängig sind, aber nicht für den, der sie nicht kennt[15]. Und gerade dank der gegenseitigen Abhängigkeit infolge der Unkenntnis werden die sukzessiven Informationen über das Ergebnis der Züge dazu beitragen, die Wahrscheinlichkeitsbewertung auf den neueren Stand zu bringen: im Falle der Unabhängigkeit könnte nach Definition keine dieser Informationen irgendeine Auswirkung haben[16].

15.6. Das obige Beispiel erhält einen noch „paradoxeren" Aspekt (für den, der Abhängigkeit nicht von bedingter Abhängigkeit unterscheidet, oder jedenfalls nicht immer bedenkt, daß alles mit Rücksicht auf den Informationsstand relativ ist), wenn das Ziehen ohne Zurücklegen erfolgt.

Es ist der Fall eines „wunderbaren Fischfanges": Verkauft werden $N$ (verschlossene) Lose, von denen sich (beim Öffnen) $n$ als Treffer erweisen (mit Anrecht auf einen Preis). Um andere Aspekte zu vermeiden, nehmen wir an, die Preise wären alle gleich). Bedingt durch die Kenntnis der Anzahl der Preise, $n$, wird bei gleicher Anzahl verkaufter Lose die Wahrscheinlichkeit, bei einem Kauf zu gewinnen, *umso kleiner* werden, je mehr Preise bereits gewonnen wurden. Wenn jemand sich bezüglich des Prozentsatzes gewinnender Lose in großer Ungewißheit befand (d.h. wenn er die Wahrscheinlichkeit für die verschiedenen Hypothesen sehr breit verteilt hatte, z. B. indem er als Grenzfall allen Hypothesen die gleiche Wahrscheinlichkeit zuschrieb, $n = 0, 1, 2, \ldots, N$) so wächst die Wahrscheinlichkeit der noch zu verkaufenden Lose mit der Ausgabe gewinnender Lose. Für die Hypothese des Mittels, die darin besteht, daß man weiß, daß die Zahl $n$ zufällig be-

[15] Noch besser ist es, sie „austauschbar" zu nennen (davon jedoch in Kap. XI).

[16] Lindley hat es (im 2. Band von Pr. & St.), um sich nicht zu sehr vom gültigen Sprachgebrauch zu entfernen, vorgezogen, weiterhin (in derartigen Fällen) *Unabhängigkeit* zu sagen (ohne „*bedingt*" hinzuzufügen). Und er erzählte mir, daß ein Student gerade diesen Einwand erhoben hatte: „*Wie kann eine Erfahrung dann informativ sein*"? Das bedeutet, bemerkte ich, daß Ihr Unterricht so gut ist, daß die Dinge auch bei falscher Ausdrucksweise richtig verstanden werden; es ist jedoch besser, eine korrekte Ausdrucksweise zu verwenden damit niemand irregeführt wird und sich auch nicht geistig besonders anstrengen muß, um Irrtümer zu vermeiden.

stimmt wurde, indem $N$ mal gewürfelt wurde und $n$ = *Anzahl der „6"* gesetzt wurde, wäre die Wahrscheinlichkeit konstant ($= {}^1/_6$), unabhängig von jeglicher Information über verkaufte Lose oder gewonnene Preise. (Es ist klar: es ist dasselbe, wie ein direktes Würfelspiel. Es wird jedoch eine nützliche Übung sein, die Konklusion nachzuprüfen, ohne diese direkte Schlußfolgerung zuhilfe zu nehmen.)

Beispiele dieser Art (Würfel, Ziehen von Kugeln, Roulette) sind bequem, weil sie auf Standard-Schemen beschränkt sind, aber gerade deshalb sind sie wenig bedeutsam und nützlich. Daher ist uns mit einer konkreteren und praktischeren Darstellung desselben Beispiels gedient.

Aus einer Kiste mit 1000 Exemplaren eines gewissen (Scherz-) Artikels sind bisher 100 herausgenommen und in Gebrauch genommen worden. Davon haben 15 Klagen über das Funktionieren gebracht (während es nach dem normalen Standard etwa 5 sein sollten). Soll man nun die anderen Stücke verwenden oder wegwerfen (z. B. unter der Voraussetzung, daß ein höherer Prozentsatz als 10% schadhafter Stücke mehr Schaden verursachen würde, als die Kosten betragen)? Wir beschränken uns auf den grundsätzlichen Aspekt (die genauen Berechnungen nach genaueren Hypothesen könnten wir bereits jetzt machen, behalten sie aber den Kapiteln XI und XII vor).

Diese Daten besagen nichts, wenn nicht etwas in Bezug auf das, was wir bereits über Produktions- und Verpackungsmethoden wissen oder denken. Wenn die Stücke bei der Verpackung in die Kiste wahllos genommen wurden, so besteht kein Grund, in die übrigen Stücke weniger (oder mehr) Vertrauen zu haben. Die Tatsache, daß die sich neben anderen befunden haben, von denen verhältnismäßig mehr oder weniger mangelhaft waren, ist rein causal. Wenn man dagegen annimmt, der Inhalt einer Kiste stamme aus der Produktion einer bestimmten Maschine zu einem bestimmten Zeitpunkt, so kann die Konklusion eine andere sein, jedoch nach beiden Richtungen. Wenn man annimmt, die Mängel hätten ihre Ursache in der Produktion mit einer momentan schlecht eingestellten Maschine, so ist die übliche Auffassung rational, zu befürchten, daß man auch beim übrigen Inhalt der Kiste auf denselben hohen Prozentsatz von Fehlern stoßen wird. Denkt man dagegen an eine periodische Ursache (Grenzfall: jedes 7. Stück in jeder Serie von 20 mangelhaft), so ist fast sicher, daß jede Kiste fast genau 50 fehlerhafte enthalten wird (jedenfalls: mit weniger Ungenauigkeit als nach der ersten Hypothese). Dann ist die Konklusion die entgegengesetzte: da bereits 15 anstatt 5 fehlerhaften Stücke entfernt wurden, ist zu erwarten, daß noch 35 anstatt 45 vorhanden sind (das anfängliche schlechte Ergebnis verbessert die Perspektiven für den Rest, anstatt sie zu verschlechtern).

## 16.
## *Nicht-Korrelation; (positive oder negative) Korrelation.*

16.1. Die Bedingung $\mathbf{P}(AB) = \mathbf{P}(A)\mathbf{P}(B)$ für Ereignisse war sowohl eine der stochastischen Unabhängigkeit als eine der Nicht-Korrelation genannt worden; im Falle von zwei Zufallszahlen $X$ und $Y$ wird dieselbe Bedingung $\mathbf{P}(XY) = \mathbf{P}(X)\mathbf{P}(Y)$ wieder als eine der Nicht-Korrelation bezeichnet (und positiver oder negativer Korrelation, wenn man $=$ durch $>$ oder $<$ ersetzt), während man unter stochastischer

Unabhängigkeit eine restriktivere Bedingung versteht, die vorläufig nur für den Fall von Zufallszahlen mit einer endlichen Anzahl möglicher Werte eingeführt wurde.

Daß die besagte Bedingung restriktiver ist, d.h., daß die stochastische Unabhängigkeit die Nicht-Korrelation impliziert (aber nicht umgekehrt, *außer im Falle von zwei Zufallszahlen mit nur zwei möglichen Werten, und daher im besonderen für Ereignisse*), ist gleich zu verifizieren. Es seien $x_i (i=1,2,\ldots,m')$ die möglichen Werte für $X$ und $p'_i = \mathbf{P}(X=x_i)$ ihre Wahrscheinlichkeiten und so $y_j$ und $p''_j$ die $m''$ Werte und Wahrscheinlichkeiten für $Y$; mit $p_{ij}$ bezeichnen wir die Wahrscheinlichkeit des Zahlenpaares $(x_i y_j)$, d.h. $p_{ij} = \mathbf{P}[(X=x_i)(Y=y_i)]$ und wir bemerken, daß die $p_{ij}$ – wenn die $p'_i$ und $p''_j$ gegeben sind – $m'+m''$ beliebige Werte (von $[0,1]$) sein können, die den $m'+m''-1$ linearen Bedingungen $\sum_j p_{ij} = p'_i$, $\sum_i p_{ij} = p''_j$ genügen (von diesen ist eine überschüssig, weil $\sum p'_i = \sum p''_j = 1$), die daher determiniert bleiben, abgesehen von $m' m'' - (m'+m''-1) = (m'-1)(m''-1)$ Freiheitsgraden (außer Randwerten, wo das eine oder andere $p'_i$ oder $p''_j = 0$ wäre). Die Bedingung der Nicht-Korrelation liefert eine weitere lineare Gleichung der $p_{ij}$:

$$\mathbf{P}(XY) - \mathbf{P}(X)\mathbf{P}(Y) = \sum_{ij} x_i y_j (p_{ij} - p'_i p''_j) = 0,$$

der im Fall der stochastischen Unabhängigkeit eindeutig genügt ist (weiterhin $p_{ij} = p'_i p''_j$), und die noch $(m'-1)(m''-1)$ Freiheitsgrade erlaubt (d.h., sie erlaubt unendlich viele andere Lösungen, d.h. Schemen von Nicht-Korrelation ohne stochastische Unabhängigkeit, sofern nicht $m' m'' = 2$ ist, qed).

16.2. Was die Angabe anbelangt, man könnte durch „Verstärkung" der Nichtkorrelation zu stochastischer Unabhängigkeit gelangen, so war dies ein Hinweis auf die Möglichkeit, außer der Nicht-Korrelation zwischen $X$ und $Y$, dieselbe Relation zwischen beliebigen Funktionen von $X$ und $Y$ zu betrachten, sagen wir $X' = \alpha(X)$ und $Y' = \beta(Y)$: $\mathbf{P}(X'Y') = \mathbf{P}(X')\mathbf{P}(Y')$, d.h. $\mathbf{P}[\alpha(X)\beta(Y)] = \mathbf{P}[\alpha(X)]\mathbf{P}[\beta(Y)]$. Im Fall, in dem $X$ und $Y$ eine endliche Anzahl möglicher Werte haben (der einzige, für den wir bisher die stochastische Unabhängigkeit definiert haben), ist es klar, daß diese Relation besteht, egal welche die Funktionen $\alpha$ und $\beta$ sind, wenn $X$ und $Y$ stochastisch unabhängig sind (es ist $\sum p_{ij}\alpha(x_i)\beta(y_i) = \sum p'_i p''_j \alpha(x_i)\beta(y_i)$, mit den obigen Bezeichnungen, wenn $p_{ij} = p'_i p''_j$), und daß umgekehrt weitere opportune (d.h. linear unabhängige) $(m'-1)(m''-1)-1$ Bedingungen dieser Art genügen werden, um die stochastische Unabhängigkeit zu implizieren. Für den allgemeinen Fall (unendlich viele mögliche Werte) werden analoge Konklusionen gelten, nur daß man das Hinzufügen von unendlich vielen Bedingungen dieser Art fordern wird, und überdies die Signifikanz der Definition mittels geeigneter kritischer Betrachtungen zu unterscheiden sein wird (siehe Kap. VI).

16.3. Man kann natürlich eine *Nichtkorrelation dritter (oder größerer) Ordnung* für $X_1, X_2, \ldots, X_r$ definieren und betrachten, wenn nicht nur

$$\mathbf{P}(X_i X_j) = \mathbf{P}(X_i)\mathbf{P}(X_j),$$

sondern auch

$$\mathbf{P}(X_i X_j X_h) = \mathbf{P}(X_i)\mathbf{P}(X_j)\mathbf{P}(X_h), \quad \text{usw. ist}$$

(für irgendwelche unterscheidbare $X$). Es ist äquivalent (und vielleicht einfacher) zu sagen, daß, wenn $\mathbf{P}(X_i) = 0$ ist, die Nichtkorrelation der Ordnung $k$ für jedes $Z$ als Produkt der unterschiedlichen $h \leqq k$ Faktoren $X_i$ die Bedeutung von $\mathbf{P}(Z) = 0$ hat, und darauf den allgemeinen Fall zurückzuführen, indem man sagt, es bedeutet Nichtkorrelation der Ordnung $k$ der $X_i - \mathbf{P}(X_i)$. Daher werden wir (mit einer Konvention, die der bei der stochastischen Unabhängigkeit entgegengesetzt ist), wenn wir „Nichtkorrelation sagen" immer stillschweigend „zu zweien" annehmen. Sei es, weil dies die Bedingung ist, die am häufigsten interessiert, sei es um, im Fall der Ereignisse, die beiden bequemen und leicht zu unterscheidenden Termini verwenden zu können: „unabhängig (stochastisch)" und „nicht-korreliert", ohne dabei besonders ausführen zu müssen: „unabhängig, d.h. unabhängig *in jeder Ordnung*", bzw. „nicht-korreliert, d.h. nicht-korreliert *zu zweien*".

16.4. Die Nichtkorrelation zu zweien (zum Unterschied von der Unabhängigkeit) hat in der Tat eine autonome und fundamentale Bedeutung auch dann, wenn man egal wieviele Zufallszahlen gemeinsam betrachtet. Und, allgemeiner, interessiert ein *Maß* dieser Korrelation, das durch den *Korrelationskoeffizienten* $\mathbf{r}(X, Y)$ zweier Zufallszahlen gegeben sein wird, weil, sowie die Kenntnis der Erwartungen $\mathbf{P}(X_i)$ genügte, um die Erwartung jeder linearen Funktion der $X_i$ zu kennen, $X = \sum a_i X_i$, so genügt auch die Kenntnis (außer der $\mathbf{P}(X_i^2)$) der Erwartungen der Quadrate, $\mathbf{P}(X_i^2)$ und der Korrelationskoeffizienten $r_{ij} = \mathbf{r}(X_i, X_j)$, um die Erwartung jeder quadratischen Funktion der $X_i$ zu determinieren:

$$X = \{\text{Polynom zweiten Grades der } X_i\} = \\ = \textstyle\sum_{ij} a_{ij} X_i X_j + \sum_i a_i X_i + a_0,^{17}$$

$$\text{(20)} \qquad \mathbf{P}(X) = \textstyle\sum_{ij} a_{ij} \mathbf{P}(X_i X_j) + \sum_i a_i \mathbf{P}(X_i) + a_0.$$

Die Kenntnis der *Erwartungen zweiter Ordnung* ist oft hinreichend, um viele Probleme (wenn nicht vollständig, durch Angabe von Begrenzungen) zu lösen. Und man kann sich leicht darüber klar werden, daß, wenn man an das (noch nicht deutliche, aber intuitiv klare) Bild der *Wahrscheinlichkeit als Verteilung der Masse* denkt, die Kenntnis der Erwartungen der Kenntnis des *Schwerpunktes* gleichkommt, und die der Erwartungen zweiter Ordnung (oder der Charakteristiken zweiter Ordnung der Verteilung) der Kenntnis des *Trägheitskernes*.

Die Gründe für die Wichtigkeit dieser, wenn auch begrenzten Kenntnis der Verteilung sind in der Wahrscheinlichkeitsrechnung (wie in der Statistik) im wesentlichen dieselben, die auch deren Bedeutung in der Mechanik bestimmen (wenn sie auch im allgemeinen nicht so präzis sind, wie dort durch den Zusammenhang mit der Energie usw.).

16.5. *Abweichungen und absolute Abweichungen.* Es ist oft zweckmäßig

$$X = x + (X - x)$$

zu schreiben, mit $x = m = \mathbf{P}(X)$ oder einem anderen besonderen Wert (als *Medianwert* oder *Modalwert*, wovon wir in VI, 6.5 sprechen werden), oder auch mit einem generischen $x$ (irgendeine bestimmte Zahl). Die Differenz $X - x$ nennt man *Abweichung* (von $X$ zu $x$); im Absolutbetrag (wie dies oft dienlich ist) genommen, $|X - x|$, nennt man sie *absolute Abweichung*.

Für die Erwartungen zweiter Ordnung ist es klar, daß es im allgemeinen zweckmäßig ist, sie auf den Schwerpunkt, $x_i = m_i = \mathbf{P}(X_i)$, zu beziehen, den Punkt, in Bezug auf welchen die Momente am kleinsten sind:

$$\begin{aligned} \mathbf{P}(X-x)^2 &= \mathbf{P}\,[(X-m)-(x-m)]^2 = \\ &= \mathbf{P}(X-m)^2 + (x-m)^2 - 2\{(x-m)\mathbf{P}(X-m)\} \end{aligned}$$

der letzte Ausdruck fällt jedoch weg ($\mathbf{P}(X-m) = m - m = 0$) und man hat das aus der Mechanik bekannte Ergebnis: Das Moment in Bezug auf einen Punkt $x$ ist das Schwerpunktmoment (1. Ausdruck) plus dem

[17] Es genügt die erste Summation, wenn man den Index 0, der sich auf die fiktive Zufallszahl $X_0 \equiv 1$ bezieht, einschließt (siehe Kap. II, 8.3); dann wird $a_i$ zu $a_{i0} + a_{0i}$ und $a_0$ wird $a_{00}$.
Es ist dann natürlich indifferent, ob man alle $a_{ij}$ mit $i > j$ als Null annimmt, oder umgekehrt, oder $a_{ij} = a_{ji}$, oder anders, je nach Zweckmäßigkeit; das, worauf es ankommt, ist jedenfalls $a_{ij} + a_{ji}$.

Quadrat der Distanz zum Schwerpunkt (2. Ausdruck: hier ist die Masse = 1) und offenbar ist das Minimum in $x = m$.

$\mathbf{P}(X-m^2)$ nennt man *Varianz* von $X$, und dessen Wurzel (in der Mechanik *Drehmoment*: Entfernung, in der sich die Masse konzentrieren würde, um das Trägheitsmoment[18] unverändert zu erhalten) nennt man *mittlere quadratische absolute Abweichung*, oder kurz, *absolute Standardabweichung* (oder auch *typische absolute Abweichung*). Man schreibt

$$(21) \qquad \sigma(X) = \sqrt{\mathbf{P}}(X-m)^2 = \sqrt{\mathbf{P}}(X^2) - m^2 \qquad (m = \mathbf{P}(X))^{19}$$

oder auch $\sigma_X$, oder einfach $\sigma$, wenn kein Doppelsinn möglich ist. Die Varianz wird man mit $\sigma^2(X)\,\sigma_X^2$, $\sigma^2$ angeben.

Die Abweichung (und die absolute Abweichung) von $m$, dividiert durch die Standardabweichung, nennt man *reduzierte Abweichung* $(X-m)/\sigma$ und *reduzierte absolute Abweichung* $|X-m|/\sigma$.
So können wir die quadratischen Termini (aus 16.1) mittels Erwartungen und Varianzen (d.h. mittels Erwartungen und Standardabweichungen) ausdrücken:

$$(22) \qquad \mathbf{P}(X_i X_i) = \mathbf{P}(X_i^2) = \sigma^2(X_i) + \mathbf{P}^2(X_i) = \sigma_i^2 + m_i^2$$
$$\text{(wobei } \mathbf{P}^2(X) = [\mathbf{P}(X)]^2 \text{ ist),}$$

und analog die rechteckigen Termini, $\mathbf{P}(X_i X_j)$ mit $i \neq j$;

$$(23) \qquad \mathbf{P}(X_i X_j) = m_i m_j + \mathbf{P}\,[(X_i - m_i)(X_j - m_j) = m_i m_j + \sigma_{ij};$$

wo das so definierte $\sigma_{ij}$ *Kovarianz* von $X_i$ und $X_j$[20] genannt wird, und man, indem man $\sigma_{ij} = \sigma_i \sigma_j r_{ij}$ schreibt, zur angekündigten Einführung des Korrelationskoeffizienten gelangt.

16.6. Um den *Korrelationskoeffizienten* zu definieren, bezeichnen wir die beiden Zufallszahlen mit $X$ und $Y$ und nehmen $\mathbf{P}(X) = \mathbf{P}(Y) = 0$ an; wenn wir dann

$$\mathbf{P}(XY) = \boldsymbol{\sigma}(X)\boldsymbol{\sigma}(Y)\mathbf{r}(X, Y)$$

setzen, ergibt sich nach Definition

$$(24) \qquad \mathbf{r}(X, Y) = \frac{\mathbf{P}(XY)}{\boldsymbol{\sigma}(X)\boldsymbol{\sigma}(Y)}.$$

[18] Beispiel des Mittels nach der Definition von Chisini (siehe Kap. II, 9.2)!

[19] $\sigma$ *fettgedruckt*, wenn es Operator ist (und ebenso $r$).

[20] Im besonderen, bei Gleichförmigkeit, $\sigma_{ii} = \sigma_i^2$.

Es war sofort klar, daß der Korrelationskoeffizient Null, positiv oder negativ ist, je nachdem ob zwischen $X$ und $Y$ keine Korrelation, positive Korrelation oder negative Korrelation besteht; ebenso klar ist, daß, wenn $Y=X$ ist, $r=1$ ist und, wenn $Y=-X$ ist, $r=-1$; ebenso ist es klar, daß, wenn man $X$ und/oder $Y$ mit Konstanten multipliziert, $r$ unverändert bleibt, ausgenommen das Vorzeichen:

$$\mathbf{r}(aX, bY) = \pm\mathbf{r}(X, Y),$$

$+$ oder $-$, je nach dem Vorzeichen von $ab$; wenn $a=0$, oder $b=0$, $aX=0$ oder $bY=0$ ist, hat $r$ keinen Sinn. Daher kann man die obige Bemerkung vervollständigen, indem man sagt, daß, wenn $Y=aX$ ist, sich $\mathbf{r}(X, Y) = \pm 1$ (Vorzeichen von $a$) ergibt.

Damit ist bereits erkennbar, was wir sofort demonstrieren: daß $r$ alle und nur die Werte zwischen $\pm 1$ annehmen kann: es genügt, die übliche Schlußfolgerung über die Quadrate zu wiederholen. Es ist immer $(Y-tX)^2 \geqq 0$, daher $t^2X^2-2tXY+Y^2 \geqq 0$, und wenn man die Erwartung davon nimmt, $t^2\mathbf{P}(X^2)-2t\mathbf{P}(XY)+\mathbf{P}(Y^2) \geqq 0$; daher muß die Diskriminante negativ sein, d.h. $|\mathbf{P}(XY)|^2 < \mathbf{P}(X^2)\mathbf{P}(Y^2)$ q.e.d. (oder Null im Grenzfall, in dem für ein gewisses $t=t_0$ identisch $Y=t_0X$ ist).

Für die Extension der Definition auf den Fall, in dem nicht $\mathbf{P}(X)=\mathbf{P}(Y)=0$ ist, genügt es zu sagen, daß man für $X$ und $Y$ die Abweichungen von der Erwartung, $X-m_X$ und $Y-m_Y$ einsetzt, und daher $\mathbf{P}(XY)$ durch

$$\mathbf{P}(X-m_X)(Y-m_Y) = \mathbf{P}(XY)-m_X m_Y \quad \text{ersetzt.}$$

Es ist zu beachten, daß man eine andere Extension erhalten könnte, indem man $\mathbf{P}(XY)$ im Zähler belassen und dafür den Nenner in $\mathbf{P}_Q(X)\mathbf{P}_Q(Y)$ abgeändert hätte, wobei $\mathbf{P}_Q(X)=\sqrt{\mathbf{P}(X^2)}$ = quadratische Erwartung von $X$ ist. Es würden dieselben Eigenschaften (und Demonstrationen), gelten nur wäre die Bedeutung eine andere: wenn wir diesen anderen Koeffizienten provisorisch $\hat{r}$ nennen würden, würde $\hat{r}=0$ nun $\mathbf{P}(XY)=0$ und nicht $=m_X m_Y$ bedeuten, $\hat{r}=\pm 1$ würde $Y=ax$ anstatt $Y-m_Y=a(X-m)$ voraussetzen.

Die Bedeutung all dessen wird jedoch anhand der geometrischen Operation klar, die wir nun einführen.

*Bemerkung*: Man kann (streng genommen) nicht sagen, daß, damit $\mathbf{P}_Q(X)=0$ sei, $X=0$ sein muß, sondern nur, daß die gesamte Wahrscheinlichkeit zumindest zu 0 adhärent sein muß. Damit $\mathbf{P}_Q(X) = 0$ sei, muß selbstverständlich $\mathbf{P}(|X| \geqq \varepsilon) = 0$ sein, für jedes $\varepsilon > 0$ (wenn $p > 0$ gelten würde, wäre in der Tat $\mathbf{P}_Q^2(X) > p\varepsilon^2$), dies schließt aber nicht aus, daß $\mathbf{P}(X \neq 0) > 0$ oder auch $= 1$ sei (z.B. mögliche Werte, jeder mit Nullwahrscheinlichkeit, nur die Werte der Folge $x_n = 1/n$). Jedenfalls sagen wir: wenn $\mathbf{P}_Q(X) = 0$, so *koinzidiert* $X$ mit 0 und wir schreiben $X \doteq 0$, und analog, $X$ und $Y$ koinzidieren, $X \doteq Y$, wenn $X - Y \doteq 0$.

## 17.
## *Geometrische Interpretation.*

17.1. Wir haben bereits (in Kap. II, 8.1) das lineare System $\mathfrak{L}$ der Zufallszahlen $X$ betrachtet: es ist ein affiner vektorieller Raum (Ursprung: die „Zufallszahl" identisch $= 0$), in welchem $X_X$ durch einen Vektor dargestellt wird (und Linearkombinationen durch Linearkombinationen). Wir waren auch übereingekommen, mit $X_0$ die „Zufalls"-Zahl zu bezeichnen, die identisch den Wert 1 hat und mit $x_0$-Achse die, auf der sich die „sicheren" Zahlen (Konstanten) befinden.

Nachdem wir eine Erwartung $\mathbf{P}$ eingeführt haben, wissen wir, daß $\mathbf{P}(X)$ eine lineare Funktion des Vektors $X$ ist, mit $\mathbf{P}(cX_0) = c$ (auf der sicheren Achse, die mit der Abszisse $c$ koinzidiert). $\mathbf{P}$ angeben heißt, die Ebene der gleichwertigen Zufallszahlen angeben (mit $\mathbf{P}(X) = 0$): $\mathbf{P}(X) = m$ finden, heißt in der Tat, ein solches $m$ zu finden, daß $\mathbf{P}(X - m) = 0$ ist, d.h. $X$ in $m + (X - m)$ zerlegen, in die Summe eines sicheren Vektors ($m$ d.h. $mX_0$) und eines gleichwertigen. Wenn man dies vorzieht, ist $x_0 = m$ der Schnittpunkt der sicheren Achse mit der Ebene, welche zur gleichwertigen Ebene, die durch den Punkt $X$ verläuft, parallel ist (indem man kurz „Punkt $X$" für $O + X$, Extremum des Vektors $X$, der in $O$ seinen Ursprung hat, sagt).

Die Funktionen zweiten Grades, d.h. die Linearkombinationen von beliebig vielen Produkten $XY$ (wovon ein besonderer Fall die Quadrate sind, $X^2 = XY$ für $Y = X$) von Zufallszahlen von $\mathfrak{L}$ sind nicht Teil von $\mathfrak{L}$[21], aber wir werden $\mathbf{P}(XY)$ ebenso geometrisch interpretieren

[21] Es könnten auch alle dazugehören, wenn $\mathfrak{L}$ unendlich viele Dimensionen hätte; sonst könnten einige dazugehören. Jedenfalls ist es für das Folgende überflüssig, daß zusammen mit $X$ auch $X^2$ vorkommt (sofern nicht $\mathbf{P}(X^4)$, $\mathbf{P}(X^2Y)$ usw. interessieren).

können, indem wir $\mathfrak{L}$ von einem affinen Raum in einen euklydischen metrischen Raum verwandeln, mit einer durch $\mathbf{P}(XY)$ definierten Metrik, die als *skalares Produkt* der Vektoren $X$ und $Y$ zu interpretieren ist, d. h. durch $\mathbf{P}_Q(X)$ als *Modul* des Vektors $X$ interpretiert (indem man sich auf $\mathfrak{L}^* \subset \mathfrak{L}$ beschränkt, wenn für $X \notin \mathfrak{L}^*$ das $\mathbf{P}_Q(X) = \infty$ gilt).

In der Tat besitzt $\mathbf{P}(XY)$ die notwendigen und hinreichenden Eigenschaften, um als skalares Produkt zu fungieren (und somit eine euklidische Metrik zu erzeugen):

– es ist in $X$ und $Y$ linear, und symmetrisch,

$$(XY = YX, \quad X(Y_1 + Y_2) = XY_1 + XY_2, \quad \mathbf{P} \text{ ist linear});$$

– es ist positiv definiert ($\mathbf{P}(XX) = \mathbf{P}_Q^2(X) > 0$, wenn nicht $X \doteq 0$).

*Bemerkung.* Man beachte, daß es bei der betrachteten Metrik zweckmäßig ist zu denken, daß die koinzidierenden Zufallszahlen durch einen selben Vektor dargestellt werden (wenn man will, kann man sagen, daß er eine „Äquivalenzklasse" in Bezug auf die „Koinzidenz" darstellt). Sonst hätten wir Nicht-Null-Vektoren mit Modul Null.

In dieser Metrik wäre der Modul von $X$, $\mathbf{P}_Q(X) = \sqrt{m^2 + \sigma^2}$, $X$ und $Y$ wären orthogonal, wenn $\mathbf{P}(XY) = 0$, und im allgemeinen wäre der Cosinus ihres Winkels $\hat{r}$. Gleichwertigkeit bedeutet Orthogonalität mit der sicheren Achse. Die Metrik, die (gewöhnlich) verwendet wird, ist eine andere, es war jedoch zweckmäßig, von dieser auszugehen, die den natürlichsten Ausgangspunkt bildet[22].

17.2. Die Metrik, die verwendet wird (die, welche mit der gegebenen Definition der Korrelation usw. im Einklang steht) ist dieselbe wie die frühere (17.1), aber auf die *Abweichungen* $X - \mathbf{P}(X)$ anstatt auf die $X$ angewandt. Die einfachste Illustration (die an die vorherigen Betrachtungen anknüpft) besteht darin, zu sagen, daß man von $X$ nur die Projektion auf die gleichwertige Ebene betrachtet, d. h. die zu der sicheren Achse normale Komponente (d. h. $X - m$, mit $m = \mathbf{P}(X)$, während man die parallele Komponente nicht beachtet, die eben $m$ oder „$mX_0$" ist).

In dieser Metrik ist der Modul von $X$ nun $\sigma(X)$, d. h. der Modul der

[22] In manchen Fällen muß man sich tatsächlich auf die durch $\mathbf{P}(XY)$ gegebene Metrik beziehen. Z. B. wegen *quadratischer Konvergenz* (siehe Kap. VI).

Projektion von $X$ (in der früheren Metrik). Und der Cosinus des Winkels zwischen $X$ und $Y$ (in den Projektionen auf die gleichwertige Ebene) ist $\mathbf{r}(X, Y)$: daher *Nicht-Korrelation* ($r = 0$) entspricht *Orthogonalität* (der Projektionen auf die gleichwertige Hyperebene; *positive* ($0 < r < 1$) oder *negative* ($-1 < r < 0$) *Korrelation* entsprechen dem *spitzen* oder *stumpfen* Winkel (immer zwischen den Projektionen); die extremen Fälle ($r = \pm 1$) entsprechen dem *Parallelismus*, in gleicher oder entgegengesetzter Richtung (immer der Projektionen).

Um nicht immer zu wiederholen, daß es sich um die Projektionen handelt, kann man sich auch denken, daß, in diesem Bereich, wenn man als Norm (oder Modul, oder Entfernung) die Standardabweichung anstatt der quadratischen Erwartung annimmt, alle Zufallszahlen, die durch sichere Konstanten verschieden sind, sich in einem selben Vektor der gleichwertigen Hyperebene identifizieren, der Projektion des ursprünglichen (indem man z.B. $X \doteqdot Y$ schreibt). Man darf nur nicht den Fehler begehen, auch dort, wo dies nicht geht, so zu denken (z.B. muß in Bezug auf die quadratische Konvergenz die Norm $\mathbf{P}_Q(X)$ und nicht $\sigma(X)$ sein).

17.3. Durch die vektoriell-geometrische Interpretation werden alle Eigenschaften im Bereich der Erwartungen zweiter Ordnung deutlich und signifikant. Z.B., wenn man weiterhin alle Zufallszahlen, die wir in der Folge betrachten, als gleichwertig annimmt ($\mathbf{P}(X) = 0$):

– um $X$ in eine zu irgendeinem $Y$ (nicht Null) parallele und eine orthogonale Komponente zu zerlegen, wird erstere $\sigma(X)\mathbf{r}(X, Y)$ (Modul für Cosinus) für den Richtungsvektor von $Y$ (d.h. $Y/\sigma(Y)$) sein – d.h.

$$X' = Y.[\mathbf{r}(X, Y)\sigma(X)/\sigma(Y)] \tag{25}$$

– und die andere (die durch Differenz offenbar $X'' = X - X'$ ist) hat den Modul $\sigma(X)\sqrt{1-r^2}$ (Modul für Sinus), und ist auch durch die Tatsache charakterisiert, den minimalsten Modul unter den Vektoren des Typus $X - aY$ zu haben;

– ebenso, wenn $X'$ in einem gewissen linearen System enthalten und $X''$ dazu orthogonal sein soll (der Einfachheit halber nehmen wir es 2-dimensional an: lineare Kombinationen von $Y$ und $Z$), wird $X' = aY + bZ$ sein, so daß

$$X'' = X - X' = X - aY - bZ$$

sich orthogonal zu $Y$ und zu $Z$ ergibt; daher

$$\mathbf{P}(X''Y) = \mathbf{P}(XY) - a\mathbf{P}(Y^2) - b\mathbf{P}(YZ) = 0,$$
$$\mathbf{P}(X''Z) = \mathbf{P}(XZ) - a\mathbf{P}(YZ) - b\mathbf{P}(Z^2) = 0,$$

Und wenn man günstigerweise $Y$ und $Z$ orthogonal nimmt, $\mathbf{P}(YZ) = 0$ und womöglich unitär, $\mathbf{P}(Y^2) = \mathbf{P}(Z^2) = 1$, erhält man sofort:

$$a = \mathbf{P}(XY) = \sigma(X)\mathbf{r}(X, Y),$$
$$b = \mathbf{P}(XZ) = \sigma(X)\mathbf{r}(X, Z),$$
$$X' = \sigma(X)[Y\mathbf{r}(X, Y) + Z\mathbf{r}(X, Z)];$$

– mit dem üblichen (zu diesem analogen) Verfahren kann man, wenn $X_1, X_2, \ldots, X_n$ als linear unabhängig gegeben sind, die Orthogonalisierung durchführen, indem man sie durch die untereinander orthogonalen (und, wenn man will, unitären) $Y_1, Y_2, \ldots, Y_n$ ersetzt: wenn man in der Ordnung ($i = 1, 2, \ldots, n$) vorgeht, genügt es, zu $X_{i+1}$ eine geeignete Linearkombination von $X_1 \ldots X_i$ hinzuzufügen, damit es zu diesen Vektoren orthogonal wird und eventuell zu normalisieren (indem man durch den Modul dividiert) und man erhält $Y_{i+1}$;
– etc.

17.4. Besondere Bedeutung wird die *Standardabweichung der Summe* von zwei oder mehr Zufallszahlen haben. Für zwei Summanden haben wir

$$\text{(26)} \qquad \begin{aligned}\sigma^2(X+Y) &= \mathbf{P}(X+Y)^2 = \mathbf{P}(X^2) + \mathbf{P}(Y^2) + 2\mathbf{P}(XY) = \\ &= \sigma^2(X) + \sigma^2(Y) + 2\mathbf{r}(X, Y)\sigma(X)\sigma(Y),\end{aligned}$$

und es ist leicht zu erkennen, daß sich, wie dies sein sollte, der Ausdruck des Moduls der Summe zweier Vektoren ergibt, d.h. der Seite eines Dreieckes, wenn die anderen beiden und deren (Außen-)Winkel gegeben sind: $c^2 = a^2 + b^2 + 2ab\cos\theta$ (Theorem von Carnot; für $\cos\theta = 0$ – Orthogonalität – Theorem von Pythagoras; Grenzfälle, $\cos\theta = \pm 1$, d.h. Parallelismus, $c$ = Summe oder Differenz von $a$ und $b$). Man bedenke: im Falle der *Orthogonalität (Nicht-Korrelation)* summieren sich die Varianzen *(die Standardabweichungen folgen dem Theorem von Pythagoras)*; im Falle von *positiver Korrelation*, ergeben sich positive Varianz und Standardabweichung für die Summe als *größer*, und im Falle von *negativer Korrelation* als *kleiner* als im Falle von Nichtkorrelation (während die Standardabweichungen der Summanden unverändert bleiben). Siehe Abb. 3.4.5.

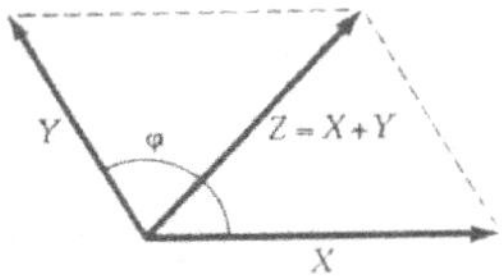


Abbildung 3.
Negative Korrelation

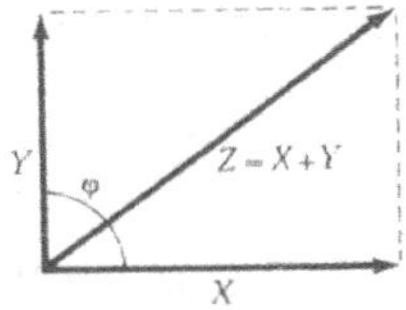


Abbildung 4.
Nicht-Korrelation
(Orthogonalität)

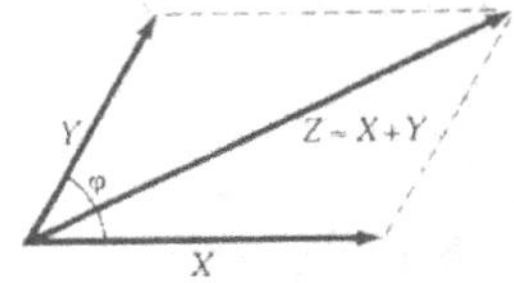


Abbildung 5.
Positive Korrelation

Dies gilt auch für mehrere Summanden; dann kann es natürlich teilweise positive und teilweise negative Korrelation geben, und die Auswirkung der einen oder anderen mag überwiegen. Die allgemeine Formel ist selbstverständlich (und wir schreiben sie als generische lineare Formel aus) (weiterhin $\mathbf{P}(X_i) = 0$):

$$(27)\quad \sigma^2(\textstyle\sum_i a_i X_i) = \mathbf{P}(\sum_{ij} a_i a_j X_i X_j) = \sum_{ij} a_i a_j \mathbf{P}(X_i X_j) = \sum_{ij} a_i a_j \sigma_i \sigma_j r_{ij};$$

die quadratischen Ausdrücke ($r_{ii} = 1$) ergeben $\sum_i a_i^2 \sigma_i^2$; wenn man $i = j$ in der allgemeinen Summe ausschließt, erhält man den Beitrag der Dreiecks-Ausdrücke (Null im Fall von Orthogonalität, positiv oder negativ, wenn positive oder negative Korrelation *zwischen den Summanden* $a_i X_i$ (nicht $X_i$!) vorwiegt, deren Vorzeichen das von $a_i a_j r_{ij}$ (nicht von $r_{ij}$!) ist.

Die *Matrix der Kovarianz*, mit den Elementen $\sigma_{ij}$, die sich auf die Zufallszahlen $X_i$ bezieht (das wir mit Null-Erwartung annehmen), definiert vollständig die Charakteristiken zweiter Ordnung im Raum $\mathfrak{L}$ der Linearkombinationen der $X_i$ (geometrisch ergibt sie in $\mathfrak{L}$ Moduli und Winkel der Vektoren, welche die $X_i$ darstellen). Aus ihr kann man die *Matrix der Korrelation*, mit den Elementen $r_{ij}$ ($r_{ij} = \sigma_{ij}/\sigma_i \sigma_j$; $\sigma_i = \sqrt{\sigma_{ii}}$, $r_{ii} = 1$) ermitteln, welche die Winkel ($r_{ij}$ ist deren Cosinus), aber nicht die Moduli ergibt; man kann sagen, es ist noch die Matrix der Kovarianz, aber für die reduzierten $X_i$, d.h. für die $X_i/\sigma_i$ (geometrisch: man betrachtet die *Richtungsvektoren* und nicht die Vektoren).

17.5. Eine theoretisch und praktisch wichtige Tatsache (die darum auch bereits in 9.1., Bemerkung, für den Fall der Ereignisse angeführt wurde) ist, daß die *negative* Korrelation (im Gegensatz zur positiven) nur *in begrenztem Maße* auftreten kann. Genauer: wenn $n$ Zufallszahlen gegeben sind, kann das arithmetische Mittel ihrer $\binom{n}{2}$ Korrelationskoeffizienten $r_{ij}$ ($i \neq j$) nicht kleiner sein, als $a - 1/(n-1)$; im besonderen können die $r_{ij}$ nicht alle kleiner sein als $-1/(n-1)$; im extremen Fall können sie (wie wir sehen werden) alle gleich diesem Grenzwert sein.

Ohne an Allgemeinheit zu verlieren, können wir die $X_i$ normiert annehmen, $\mathbf{P}(X_i)=0$ und $\mathbf{P}(X_i^2)=1$, so daß $r_{ij}=\mathbf{P}(X_i X_j)$. Wir betrachten nun ihre Summe, $X=X_1+X_2+\ldots+X_n$, und berechnen deren Varianz

$$\sigma^2(X)=\mathbf{P}(X^2)=\mathbf{P}(\sum_{ij} X_i X_j)=\sum_{ij}\mathbf{P}(X_i X_j)=\sum_i \mathbf{P}(X_i^2)+\sum_{i\neq j}\mathbf{P}(X_i X_j)$$
$$=n+\sum_{i\neq j} r_{ij}=n+n(n-1)\bar{r}=n[1+(n-1)\bar{r}],$$

wobei $\bar{r}$ = arithmetisches Mittel der $r_{ij}=\frac{1}{n(n-1)}\sum_{i\neq j} r_{ij}$ gesetzt wurde.

Aber die Varianz ist nichtnegativ, und daher ist $\bar{r}\geqq -1/(n-1)$ q.e.d.; man beachte, daß der extreme Wert dann und nur dann erreicht wird, wenn die Summe identisch $=0$ ist (oder, wenn man auf Feinheiten eingehen will, $\doteqdot 0$, unter Verwendung des Zeichens in 17.2), d.h. wenn die $n$ Richtungsvektoren die Resultierende Null haben[23]. Im besonderen können die $r_{ij}$ den gemeinsamen Wert $r=-1/(n-1)$ nur in dem einzigen Fall haben, in dem die Richtungsvektoren als Verbindungslinien des Zentrums eines regulären Simplex zu $n-1$ Dimensionen zu den Eckpunkten eingesetzt sind. Die Abbildungen 6 und 7 illustrieren den Fall von $n=3$ (gleichseitiges Dreieck) und $n=4$ (reguläres Tetraeder). Hier sind die Daten (auch für $n=5, 6, 7, 8$):

$n=3,\ r=-1/2=\cos 120°$ $\qquad$ $n=6,\ r=-1/5=\cos 101°32'$
$n=4,\ r=-1/3=\cos 108°16'$ $\qquad$ $n=7,\ r=-1/6=\cos 99°36'$
$n=5,\ r=-1/4=\cos 104°29'$ $\qquad$ $n=8,\ r=-1/7=\cos 98°12'$.

Approximativ ist der Winkel ein rechter Winkel plus $1/(n-1)$ (in Radianten), d.h. (auf die vielleicht bequemste Weise) plus $3438/(n-1)$ Minuten; schon bei $n=8$ ist der Fehler in der Größenordnung $1'$. Diese zahlenmäßigen Angaben sollen klarmachen, wie wenig es möglich ist, über die Orthogonalität zwischen Zufallszahlen hinauszugehen, so wenig zahlreich sie auch sein mögen.

17.6. Die bisher entwickelten Betrachtungen (17.2-5) bezogen sich immer auf die konventionelle Darstellung der $X_i$ (und der von ihnen linear abhängigen $X$) im abstrakten Raum $\mathfrak{L}$. Will man dagegen

[23] Man bedenke, daß sie jedoch selbstverständlich linear abhängig sind.

die signifikante Interpretation betrachten, die die Wahrscheinlichkeitsverteilung als Verteilung von Massen betrifft (eine Interpretation, auf deren Bedeutung am Ende von 16.4 hingewiesen wurde), so muß man sich in den linearen Bereich $\mathfrak{A}$ begeben (den Raum $S_r$, der Koordinaten $x_1, x_2, \ldots, x_r$, wo ein Punkt das Ergebnis von $X_1, X_2, \ldots, X_r$ darstellt), weil man dort die Verteilung der Massen hat. Von dieser Verteilung zeigen die $\mathbf{P}(X_i) = x_i$ den Schwerpunkt an (der, um überflüssige kleinliche Komplikationen der Schreibweise zu vermeiden, weiterhin als mit dem Ursprung koinzidierend angenommen wird) und die $\mathbf{P}(X_i X_j) = \sigma_{ij}$ ergeben die Trägheitsmomente, d.h. das *Ellipsoid* (oder den *Kern*) der *Trägheit* (und in unserem Falle kann man sagen, *der Kovarianz*, wie die entsprechende Matrix).

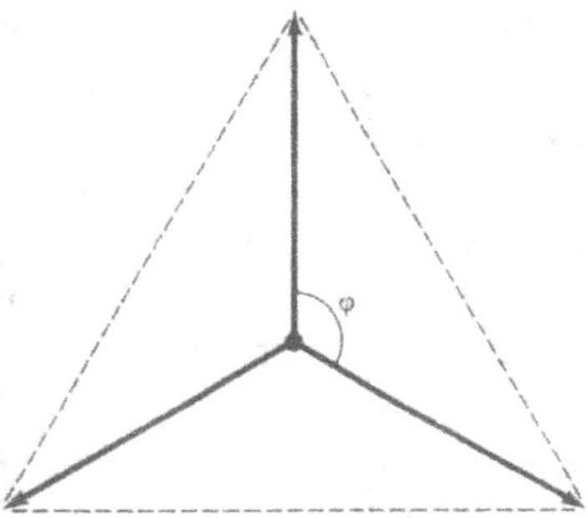


Abb. 6.
Maximale negative Korrelation für 3 Vektoren: $r = \cos\varphi = -\frac{1}{2}$.

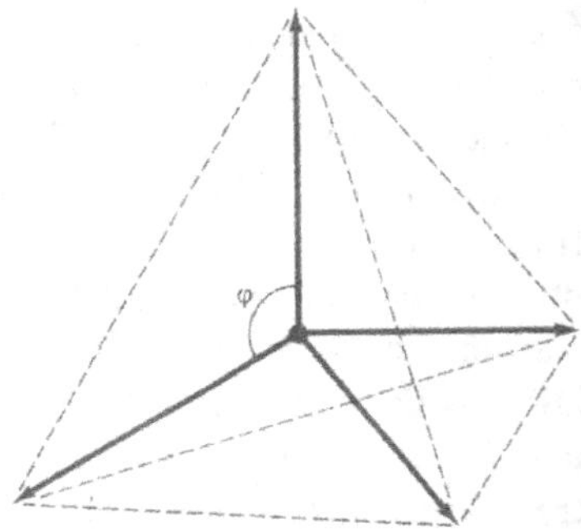


Abb. 7.
Minimale negative Korrelation für 4 Vektoren: $r = \cos\varphi = -\frac{1}{3}$.

Für unsere Zwecke ist es jedoch viel signifikanter und nützlich (wenn die beiden Dinge auch formal äquivalent sind), das zu betrachten, was wir als „*Ellipsoid der Abbildungsmatrix*"[24] bezeichnen werden, und welches das reziproke des anderen ist. Wenn man sich auf die Hauptachsen bezieht (die beide Ellipsoide gemeinsam haben), so messen die Halbachsen die entsprechenden Standardabweichungen, $\sigma_h$, im Ellipsoid der Darstellung, während es für das Ellipsoid der Kovarianz

[24] Natürlich, Ellipsoid in $S_r$: auch $r > 3$, oder $r = 2$ (Ellipse) oder $r = 1$ (Segment). Was die Bezeichnung anbelangt, mir ist aus der Mechanik keine bekannt. Die Statistiker sagen manchmal „Konzentrationsellipsoid".

die reziproken sind, $1/\sigma_h$ (oder $K/\sigma_h$; man kann eine multiplikative Konstante willkürlich nehmen).

In der Mechanik wird letzteres verwendet (Cauchy-Poinsot), obwohl auch ersteres vorgeschlagen wurde (MacCullach). Ein Teil der Gründe, diesem den Vorzug zu geben, dürfte auch in der Mechanik gelten; in unserem Falle bestehen jedoch auch eigenartige und entscheidendere Umstände (z.B. die Tatsache, daß anstatt Momente in Bezug auf Gerade die in Bezug auf Ebenen interessieren – d.h. im allgemeinen, auf Hyperebenen: $S_{r-1}$).

Das Ellipsoid der Darstellung hat eine konkrete Bedeutung: es ist das Modell eines festen Körpers, der dieselben Momente wie die gegebene Verteilung hat (indem man ihn homogen annimmt und ihm eine Masse gibt, die im Verhältnis von 1 zu $\sqrt{r+2}$ vergrößert wird (3 auf der Geraden, 4 in der Ebene, 5 im gewöhnlichen Raum, usw.), oder indem man ihn homothetisch im Verhältnis von 1 zu $\sqrt{r+2}$ vergrößert). Dies ergibt sich klar, wenn man an den Fall der Kugel denkt, auf den man immer zurückgehen kann, indem man dem affinen Raum $\mathfrak{A}$ die opportune Metrik gibt (sofern nicht bereits eine vorhanden ist, sei es durch eine effektive geometrische Signifikanz, sei es, weil man diese Entscheidungsfreiheit bereits ausgenutzt hat, um ein früher aufgetretenes Ellipsoid als Kugel zu bezeichnen). Für die Kugel mit dem unitären Radius (in $S_r$) ist das Moment in Bezug auf das Zentrum $\int_0^1 \rho^2 \rho^{r-1}\, d\rho / \int_0^1 \rho^{r-1}\, d\rho = r(r+2)$, dies ist aber $r$-mal das Moment in Bezug auf eine diametrale Hyperebene, und diese hat daher den Wert $1/(r+2)$. Damit dieser zum Wert 1 werde, genügt es, die Masse oder den Radius in der besagten Weise zu vergrößern.

Aber im statistischen und probabilistischen Fall ist diese Reduktion auf eine homogene Verteilung nicht die gekonnteste Lösung: viel bedeutsamer als Standardbezug, ist die Normalverteilung (mit $r$ Dimensionen), d.h., die, die als „Verteilung der durch Zufall gegebenen Fehler" wohl bekannt ist. Wie wir sehen werden, wenn wir uns später damit befassen (VII, 6.7 und X, 2.4), entspricht dort jeder Verteilung in $S_r$ eine und nur eine Normalverteilung mit denselben Charakteristiken zweiter Ordnung (gleicher Kovarianz-Matrix) und das Ellipsoid der Abbildungsmatrix charakterisiert sie so direkt und ausdrucksvoll wie nur möglich.

Diese kurzen Hinweise deuten an, wieviele interessante Konklusionen – wenn natürlich auch nur teilweise – aus teilweisen Prämissen gezogen werden können (auch sehr teilweise und grob, wie im Fall, der geprüft wurde).

17.7. *Ungleichungen.* Wir müssen nun noch einige Ungleichungen festsetzen, die für dieses Argument erforderlich oder als einfache Beispiele dessen, was man allgemeiner sagen kann, nützlich sind[25].

Die *Ungleichung von Cebyšev** gibt einen oberen Limes, $1/t^2$ für die Wahrscheinlichkeit, daß $|X|$ größer sei als $t\mathbf{P}_Q(X)$; im besonderen: für die Wahrscheinlichkeit, *daß die reduzierte absolute Abweichung größer sei als t.* Z.B. die Wahrscheinlichkeit, daß $|X|$ größer sei, als ein Vielfaches der quadratischen Erwartung $\mathbf{P}_Q(X)$ ist: $<{}^1/_4$ für das Doppelte, $<{}^1/_9$ für das Dreifache, $<{}^1/_{25}$ für das Fünffache, $<{}^1/_{100}$ für das Zehnfache usw. Diese Begrenzung kann (ohne weitere Restriktionen) nicht verbessert werden: normalerweise ist die Begrenzung jedoch eine grobe (die Wahrscheinlichkeit ist noch viel kleiner: man versetzt sich hier unter die weniger günstigen Bedingungen).

Die *Demonstration* ist klar, wenn man an die Massen denkt: wenn sich eine Masse $>1/t^2$ in einer Entfernung $>a$ vom Ursprung verteilt finden würde, hätte sie allein das Trägheitsmoment $>a^2/t^2$; das gesamte wäre $\mathbf{P}_Q^2(X)$, daher $a<t/\mathbf{P}_Q(X)$. Verlegt man zwei Massen $1/2t^2$ in $\pm t\mathbf{P}_Q(X)$, und den Rest nach 0, so hat man den Grenzfall verwirklicht (vorausgesetzt $t \geqq 1$).

Die *Ungleichung von Cantelli* ist analog aber einseitig: $1/(1+t^2)$ ist die obere Grenze für die Wahrscheinlichkeit, daß die Abweichung nach einer *im voraus bestimmten Richtung* $t\sigma$ überschreite ($X>m+t\sigma$, bzw. $X<m-t\sigma$, $t>0$). (Wenn man die Mediane nicht festsetzt, stellt sich die Frage nicht: die Ungleichung wäre dieselbe wie früher). Eine Verbesserung ist nur für ein kleines $t$ fühlbar: $t={}^1/_2$, $p={}^4/_5$ anstatt 1; $t={}^3/_4$, $p={}^{64}/_{100}$ anstatt 1; $t=1$, $p=\frac{1}{2}$ anstatt 1; $t={}^3/_2$, $p={}^4/_{13}$ anstatt ${}^4/_9$; $t=2$, $p={}^1/_5$ anstatt ${}^1/_4$; für $t=3$ ist die Differenz schon sehr wenig fühlbar: $p={}^1/_{10}$ anstatt ${}^1/_9$.

Die Demonstration kann in analoger Form geliefert werden. Um eine Masse $p$ in $m+t\sigma$ ins Gleichgewicht zu bringen, kann man die übrige Masse $1-p$ in $m-t\sigma p/(1-p)$ verlegen, was ein Trägheitsmoment $\sigma^2 t^2\,[p+(1-p)p^2/(1-p)^2]$ ergibt; $t^2\,[\ldots]$ kann nicht größer sein als 1, $[\ldots]=p/(1-p)$, $t^2 \leqq (1-p)/p=-1+1/p$ usw. Verteilt man die gleichgewichtete Masse weiter, so kann die Situation nur schlechter werden.

---

[25] Allgemeinere Fälle als die hier entwickelten (unter Verwendung der geometrischen Darstellung) findet man in den Werken von E. Volpe.

*) Tschebyscheff, d. Übersetzer

Obwohl es über den Rahmen dessen, womit wir uns zur Zeit befassen, hinausgeht (Charakteristiken 2. Ordnung), ist es der Mühe wert hier zu sagen, wie die Schlußfolgerung, die zur Demonstration der Ungleichung von Cebysev* angewandt wurde, ohne jede Schwierigkeit auf allgemeinere Fälle anzuwenden ist. Wenn $\gamma(x)$ eine wachsende Funktion ist $(0 \leqq x \leqq \infty)$, so ist notwendigerweise $\mathbf{P}\{|X-m| \geqq a\} \leqq \mathbf{P}\{\gamma(|X-m|)\}/\gamma(a)$, weil eine Masse $>p$, die in der Entfernung $a$ von $m$ (und schlimmer, wenn die Entfernung größer ist) gelagert ist, von selbst $\mathbf{P}\{\gamma(|X-m|)\}$ einen Zuwachs $>p\gamma(a)$ bringt (der nicht größer als alles sein kann).

Zum Beispiel hat man für (absolute) beliebige Momente der Ordnung $r$ $\mathbf{P}(|X| > a) \leqq \mathbf{P}(|X|^r)a^r$ (Ungleichung von Markov; für $r=2$ der betrachtete Fall von Cebysev*).

## 18.
## *Über die Vergleichbarkeit von Nullwahrscheinlichkeiten.*

Als wir uns (Ende des III. Kapitels) mit vollständiger Additivität und Nullwahrscheinlichkeiten befaßten, war oft die Frage aufgetreten, ob es Sinn hätte, sie zu vergleichen (z.B. zu sagen, daß alle Fälle gleich wahrscheinlich sind, und daß somit die Vereinigung von 12 derselben eine doppelt so hohe Wahrscheinlichkeit hat, wie eine Vereinigung von 6, und eine dreimal so große wie eine Vereinigung von 4, auch wenn alle diese Wahrscheinlichkeiten Null sind, wie in dem Beispiel eines „wahllos herausgegriffenen ganzen $N$"). Wir hatten dies sozusagen angenommen, um das eine oder andere Beispiel deutlicher zu gestalten, und, wie vorgesehen, ist nun der Moment gekommen, die Frage zu prüfen.

Um den Haupteinwand beiseite zu schaffen und den Sinn der Frage besser herauszuheben, soll eine geometrische Analogie genügen: Der Einwand wäre, daß die Null das Nichts bedeutet, und daß dieses Nichts nichts ist. Es ist dies einer der vielen leeren Aussprüche, mit der Philosophen sich oft wagen, über Fragen zu dozieren, von denen sie nichts verstehen[26].

---

[26] Besonders zerstörend (z. Teil immer noch) der Einfluß des „Dominio Crociano", der nicht nur etwa 40 Jahre lang die intellektuellen Fähigkeiten der Italiener verwüstete, sondern auch deren kulturelle Rückständigkeit festigte, indem er sie mit einer Art selbstgefälligem Überguß abdeckte. (Crociano, nach Croce, d. Übersetzer).

*) Tschebyscheff, d. Übersetzer

Eine Menge kann nach Volumen das Maß Null haben ohne leer zu sein. Es kann z.B. ein Stück Oberfläche sein, das nur ein Flächenmaß hat (und zwei Flächen können verglichen werden). Es kann auch ein Maß nach Flächenausdruck Null sein, ohne daß darum die Menge leer sei, denn es kann z.B. der Bogen einer Kurve sein, der nur ein Längenmaß hat. Auch eine lineare Menge kann nach Längenmaß Null sein (im einen oder anderen Sinn: Jordan-Peano, Borel, Lebesgue), ohne leer zu sein, und auch dann noch sind Vergleiche möglich (und wäre es nur, um Mengen zu unterscheiden, die durch einen oder 2 oder 3 oder eine unendliche Anzahl von Punkten gebildet werden).

Diese Betrachtungen wären noch ausdrucksvoller und überzeugender, wenn man sich auf generellere Begriffe des Maßes (auch mittlerer, nicht ganzer Dimension) beziehen würde, wie bei Borchardt, Minkowski, Peano, Hausdorff, usw. Das unserer Thematik entsprechendste Beispiel ist das, in welchem man als „Maß $m$ der Dimension $\alpha$" das einer Menge $I$ definiert, wenn $V(I) \sim m\rho^{3-\alpha}$ ($I\varrho$= Menge der Punkte – des dreidimensionalen Raumes) – in Entfernung $\leqq \rho$ von $I$, $V$ = Volumen, asymptotischer Ausdruck, der für $\rho \to 0$ gilt).

18.2. Jedenfalls existiert im Falle der Wahrscheinlichkeit eine direkte Bedeutung, ohne jegliche Notwendigkeit von Analogien, um sie zu rechtfertigen (diese können, wenn überhaupt etwas, dadurch beruhigen, daß sie beweisen, daß unsere Situation weder einzig noch eigenartig ist, und helfen, indem sie visuell intuitive Modelle liefern).

Wenn zwei Ereignisse $A$ und $B$ gegeben sind, so muß ihre Wahrscheinlichkeit offenbar dann verglichen werden, wenn man sich zwischen den beiden entscheiden muß, d.h. wenn man sich in die Hypothese versetzt, zu wissen, daß eines der beiden wahr ist. In Formeln, wenn wir die durch „Hypothese" $H = A \vee B$ bedingten Wahrscheinlichkeiten betrachten, nämlich $\mathbf{P}(A|H)$ und $\mathbf{P}(B|H)$, so ist deren Summe $\geqq 1$, und der Vergleich ist leicht. Es ist dasselbe, wie wenn man $\mathbf{P}(A)$ und $\mathbf{P}(B)$ vergleicht, wird man sagen! Wenn aber $\mathbf{P}(H)$ (und umsomehr $\mathbf{P}(A)$ und $\mathbf{P}(B)$) klein ist, so ist vielleicht die vorgeschlagene Variante psychologisch naheliegender, die vermutlich dazu führt, die Bewertung genauer zu schätzen, indem man die beiden Fälle getrennt genau betrachtet, während das Verhältnis zwischen zwei ganz kleinen Zahlen, die im Bereich einer globalen Bewertung festgelegt wurden, in der $A$ und $B$ überhaupt nicht hervorgetreten sind, wohl als wenig verläßlich angezweifelt werden kann. Die Variante ist jedoch wesentlich, wenn $A$ und $B$ (und daher $H$) Null-Wahrscheinlichkeit haben: bei einem direkten Vergleich würde das Verhältnis zwischen den beiden Wahrscheinlichkeiten dann die Form 0/0 annehmen, was nicht bedeutet, daß das Verhältnis keinen Sinn hätte, wohl aber, daß die Vergleichsmethode nicht gültig ist[27].

Vom axiomatischen Standpunkt fordert die Extension des Zwanges zur Kohärenz auf den gegenwärtigen Fall eine kleine Verstärkung (hiervon jedoch im Anhang, Nr. 16). Wir nehmen sie als stillschweigend angenommen an.

Dann hat für jedes Ereignis $A$ als Bezugsereignis jedes andere Ereignis $E$ ein bestimmtes Wahrscheinlichkeitsverhältnis zu $A$ (eine positive endliche Zahl, oder Null, oder eine unendliche Zahl); es werden dann unzählige „Schichten" von Ereignissen mit Wahrscheinlichkeiten „gleicher Ordnung" (mit endlichem Verhältnis) aufscheinen, wobei die „Schichten" so angeordnet sind, daß jedes Ereignis einer höheren Schicht eine unendlich größere Wahrscheinlichkeit hat, als jedes Ereignis einer niedrigeren Schicht.

18.3. Ein Beispiel genüge zur Erklärung, sei es der allgemeinen Lage, sei es der impliziten Anwendungen, die in Kap. III angedeutet wurden: „das Beispiel der zufällig gewählten (positiven) ganzen Zahl $N$".

Es ist eine Einteilung in eine unendliche Anzahl von Ereignissen, $E_h = (N = h)$, alle mit Nullwahrscheinlichkeit, $\mathbf{P}(E_h) = 0$ $(h = 1, 2, \ldots)$. Aber dies besagt wenig: das schließt nur einen Fall $(\sum_h p_h > 0)$ aus, der, von diesem Gesichtspunkt aus, „pathologisch" ist (sowie eine Funktion, die auch nur in einem einzigen Punkt stetig wäre, wenn man an die Menge aller Funktionen reeller Variablen, ohne Restriktionen, denken würde). Zu sagen, daß „alle Ereignisse $E_h$ gleich wahrscheinlich sind" ist ein ziemlich wesentlicher Zusatz. Jedoch genügt er nur dazu, daß geschlossen wird, daß, wenn $A$ und $B$ Vereinigungen von $E_h$ in endlicher Anzahl sind, z. B. $m$ und $n$, die Proportion ihrer Wahrscheinlichkeiten $m/n$ ist; daß wenn $A$ komplementär zu einer endlichen Menge ist, sicher $\mathbf{P}(A) = 1$ ist; daß, wenn $A$ und sein Komplementar unendlich sind, $\mathbf{P}(A)$ unendlich größer ist, als die $\mathbf{P}(E_h)$, daß aber auch irgendein $p > 0$ sein kann, auch $p = 1$, oder $= 0$, das ich weiß nicht wo in der Skala der „Schichten" liegt.

Es könnte auf den ersten Blick vielleicht scheinen, daß man etwas

[27] Die Tatsache, daß eine Hausfrau an einem Tag, an dem sie keinen Zucker eingekauft hat, 0 für Zucker ausgegeben hat, erlaubt nicht den Schluß, daß der Zuckerpreis sinnleer ist, weil er 0/0 ist. Es bedeutet nur, daß die erhaltene Information nicht ausreicht, um den Zuckerpreis zu determinieren.

mehr sagen könnte, z.B., daß die Wahrscheinlichkeit, daß $N$ gerade sei, $=\frac{1}{2}$ ist, $N$ als Einzelzahl $=0$, als zusammengesetzte Zahl $=1$, indem man an den ersten $n$ Zahlen zur Häufigkeitsgrenze übergeht. Dies ist aber durchaus nicht eine notwendige Folge der Annahme der Gleichwahrscheinlichkeit: es genügt, nur zu denken, daß diese Grenzen sich bei Änderung der Ordnung verändern und die Gleichwahrscheinlichkeit bleibt; ebensowenig übrigens sind die möglichen Bewertungen der $\mathbf{P}(E)$ nur jene vom Typus Grenz-Häufigkeit, abgesehen von Neuordnungen[28].

Anzunehmen, daß $\mathbf{P}(E) = \lim \mathbf{P}(E|N \leqq n)$ (und eventuell, allgemeiner, $\mathbf{P}(A)/\mathbf{P}(B) = \lim [\mathbf{P}(A|N \leqq n)/\mathbf{P}(B|N \leqq n)]$, d.h. Limes der Proportion zwischen der Anzahl der Fälle, in denen $A$ eintritt und derjenigen, in denen $B$ unter den ersten $n$ Ganzen eintritt), und zwar in allen Fällen ($E$, oder Paare $A, B$), wo der Limes vorhanden ist, ist ebensowenig obligat wie verboten. Man erhält sicherlich eine kohärente Bewertung (durch Kontinuität; siehe Kap. III, 13) in dem Feld, in dem der Limes existiert, und eine die überall (Kap. III, 10.7) verlängert werden kann und automatisch, wie immer man die freie Wahl unendlich vieler Entscheidungen ausnützt, den Bedingungen $\min\lim \mathbf{P}(E|N \leqq n) \leqq \mathbf{P}(E) \leqq \max\lim \mathbf{P}(E|N \leqq n)$ genügt.

Es ist eine vom logischen Standpunkt aus nicht privilegierte Wahl, sie kann es aber vom psychologischen Standpunkt aus sein, wenn die Anordnung eine effektive Bedeutung hat (z.B. chronologisch) und sie ist es ohne weiteres, wenn man sich die Angabe mit einer unendlichen Anzahl möglicher Fälle mehr oder weniger als eine Idealisierung des asymptotischen Studiums des Problems im endlichen, mit einer sehr hohen Zahl $n$ von Fällen, denkt.

An diesem Beispiel kann man bemerken, wie reich (vielleicht reicher, als man es sich auf den ersten Blick vorstellen könnte), die „Skala" der „Schichten" ist. Für jede Funktion $\varphi(n)$, die nach Null tendiert, können wir für $n \to \infty$ ein Ereignis $A$ (eine Folge ganzer Zahlen $a_1, a_2, \ldots, a_n, \ldots$) konstruieren, so daß die Häufigkeit $(n/a_n)$ nach Null tendiert, wie $\varphi(n)$: es genügt, in die Folge als Terminus $a_{n+1}$ die Zahl $m$ einzuführen, wenn sonst $n/m$ unter $\varphi(m)$ sinkt. Wenn wir $\varphi(n) = n^{-\alpha}$,

---

[28] Wenn wir, progressiv vorgehend, den unendlichen Untermengen von Ganzen (wie in Kap. III, 10.7) eine Wahrscheinlichkeit zuschreiben und immer die Wahrscheinlichkeit $=1$ geben (wenn sie nicht wegen der vorherigen Wahlen notwendigerweise gleich Null ist), erhalten wir einen *Ultrafilter* von Ereignissen mit der Wahrscheinlichkeit $=1$, während alle anderen die Wahrscheinlichkeit $=0$ haben.

($\alpha > 0$) betrachten, erhalten wir z.B. ein Ereignis $E_\alpha$, und jedes $E_\alpha$ hat eine unendlich höhere Wahrscheinlichkeit als die mit groß $\alpha$ (und die Skala ist sehr weit davon entfernt, vollständig zu sein, wie dies wohl bekannt ist: man kann die $E_{\alpha,\beta}$, die $\varphi(n) = n^{-\alpha}(\log n)^\beta$ entsprechen, einführen und so fort).

18.4. Die Methode des Grenzüberganges, von endlichen Einteilungen (z.B. $p_h^{(n)} = 1/n$ für $h = 1, 2, \ldots, n$) ausgehend, oder von vollständig additiven (z.B. $p_h^{(n)} = Ka^h$, $a = 1 - 1/n$, $K = n^2/(n-1)$, $h = 1, 2, \ldots$) mit nicht vollständig additivem Limes, bildet jedenfalls das angenehmste Verfahren, um nicht vollständig additive Verteilungen zu konstruieren. Man muß sich nur immer vor Augen halten, daß es sich um ein Verfahren handelt, *um* in dem Feld kohärente Verteilungen zu erhalten, wo sie durch den Grenzübergang definiert sind (weil die *einfache* Additivität weiterbesteht), und nicht um ein Verfahren, daß irgendetwas notwendigerweise Signifikantes ausdrückt.

Im besonderen muß man sich vor den folgenden naheliegenden Ideen hüten:

– daß, angenommen, die $p_h^{(n)}$ wären die durch eine Hypothese $H_n$ bedingten Wahrscheinlichkeiten (z.B. im ersten Beispiel $N \leqq n$), die $p_h = \lim p_h^{(n)}$ (und die Verteilung, die sich darauf auf unendliche Untermengen ergibt), die durch eine Hypothese $H = \lim H_n$ bedingten Wahrscheinlichkeiten ausdrücken (z.B. immer nach dem ersten Beispiel, die sichere Hypothese $H = 1$);

– und umsoweniger umgekehrt;

– oder daß die Ereignisse, für welche die Wahrscheinlichkeit sich auf Grund des Grenzüberganges als definiert ergibt, eine bevorzugte Rolle hätten, oder daß ihre Wahrscheinlichkeiten einen anderen Sinn hätten, als für die anderen Ereignisse (neben der banalen Tatsache, daß die ersteren sich als Folge der Bewertungen ergeben, die ausgesprochen wurden, indem man festsetzte, sich auf diesen Grenzübergang zu stützen, während die letzteren eine gesonderte Bewertung verlangen werden; doch konnte dies, wenn man von einem anderen Verfahren ausging, auch umgekehrt sein).

18.5. Verfahren dieser Art sind oft verwendet worden (wobei man sich mehr oder weniger auf Darstellungen des Typus stützt, der hier nicht anerkannt wird). Meines Wissens sind die systematischsten Abhandlungen die von A. Lomnicki (*Fundamenta Mathematicae*, 1923) und von A. Rényi (mehrere rezente Werke, siehe z.B. *Ann. Inst. Poincaré*, 1964; früher, in Deutsch, 1954).

Die Darlegung von Rényi ist mit dem Ziel konstruiert, die Betrachtung nicht vollständig additiver Einteilungen für die ursprünglichen Wahrscheinlichkeiten in den Bereich der gebräuchlichen Formulierungen einzufügen, wobei die Nichtadditivität durch den Übergang zum Limes versteckt wird. Das System besteht darin, daß man anerkennt, daß die vollständige Additivität in den Einteilungen immer geachtet wird, daß jedoch im Übergang zum Limes die totale Wahrscheinlichkeit anstatt *eins unendlich* werden kann. Dies ist vor allem für den induktiven Schluß von Bedeutung und deshalb werden wir dieses Argument in Kap. VI ausführlicher behandeln.

## 19.
## *Über Nicht-Gültigkeit der konglomerativen Eigenschaft.*

19.1. Wenn, bedingt durch jedes Ereignis $H_j$ einer endlichen Einteilung, die Wahrscheinlichkeit $\mathbf{P}(E|H_j)$ eines gewissen Ereignisses $E$ den Wert $p$ hat (oder, respektive, zwischen $p'$ und $p''$ enthalten ist), so ist auch $\mathbf{P}(E) = p$ (oder, respektive, zwischen $p'$ und $p''$). In der Tat ist

$$(28) \qquad \begin{aligned} \mathbf{P}(E) &= \mathbf{P}(EH_1 + EH_2 + \ldots + EH_n) = \\ &= \textstyle\sum_j \mathbf{P}(E|H_j)\mathbf{P}(H_j) = p \sum_j \mathbf{P}(H_j) = p; \end{aligned}$$

dasselbe gilt auch, wenn die $H_j$ eine unendliche Einteilung bilden, die Summe ihrer Wahrscheinlichkeiten aber $= 1$ ist (tatsächlich ist, wenn man $H_n^* = 1 - (H_1 + H_2 + \ldots + H_n)$ setzt,

$$(29) \qquad \begin{aligned} \mathbf{P}(E) &= \textstyle\sum_j \mathbf{P}(E|H_j)\mathbf{P}(H_j)\,(j \leqq n) + \mathbf{P}(EH_n^*) = \\ &= p\,[1 - \mathbf{P}(H_n^*)] + \mathbf{P}(EH_n^*), \end{aligned}$$

und daher $\mathbf{P}(E) = p$, weil $\mathbf{P}(H_n^*)$ und somit noch vielmehr $\mathbf{P}(EH_n^*)$ bei Wachsen von $n$ nach 0 tendieren).

19.2. Es würde wohl natürlich erscheinen, daß diese Eigenschaft (die konglomerative Eigenschaft) aus logischen Gründen, die sich vor jeder mathematischen Demonstration oder Begründung ergeben, Geltung haben müßte, vor allem, wenn man einen Satz wie „bedingt durch jede der möglichen Hypothesen ist die Wahrscheinlichkeit von $E = p$, und daher ist demonstriert, daß $\mathbf{P}(E) = p$ ist“, dem Buchstaben nach versteht.

Zwei Gegenbeispiele werden jedoch beweisen, daß dies nicht so ist.

Gegeben ist eine unendliche Einteilung der Ganzen in unendlichen Klassen, wobei in $A_h$ ($h$ ungerade) die Zahl $h$ und alle Vielfachen von $2^h$, die nicht Vielfache von $2^{h+2}$ sind, liegen. Bedingt durch jedes $A_h$ ist die Wahrscheinlichkeit, daß $N$ gerade sei, $=1$ (unabhängig von jeder Konvention des Typus einer asymptotischen Bewertung: es gibt nur eine ungerade Zahl gegenüber unendlich vielen geraden, und sie sind alle gleich wahrscheinlich). Natürlich genügt es, $N$ durch $N+1$ zu ersetzen, um die gegenteilige Konklusion zu erhalten: die Wahrscheinlichkeit, daß $N=$ gerade $=$ Null sei, bedingt durch jedes $A_h$.

Ein intuitiv und praktisch bezeichnenderes Beispiel (Längen- und Breitengrad eines „zufällig ausgewählten Punktes" auf der Erdoberfläche) werden wir finden, wenn wir in der Lage sein werden, von Unabhängigkeit und Abhängigkeit zwischen Zufallszahlen im allgemeinen Sinne zu sprechen (Kap. VI, 9.5, siehe auch XII, 4.3).

Fünftes Kapitel

# Die Bewertung der Wahrscheinlichkeit

## 1.
### *Wie soll man die Wahrscheinlichkeit bewerten?*

Um ohne Gefahr eines Mißverständnisses hierüber etwas sagen zu können, muß man erst das extremistische Dilemma verdrängen, das in mathematischen Darstellungen oft auftaucht. Nach dieser Verzerrung kann man nämlich nur alles oder nichts sagen. In diesem Sinne könnte man für die Wahrscheinlichkeitsbewertung dem Dilemma nicht entgehen. Man müßte entweder ein eindeutiges Kriterium aufzwingen, oder, da man es nicht finden kann, zugeben, daß alles insofern sinnlos ist, als es der Willkür vollständig überlassen bleibt.

Das folgende wird jedoch in einem ganz anderen Geiste gesagt: Es handelt sich um Betrachtungen, die die Arten von Gedankengängen beschreiben, die oft anderen Personen bei ihren Wahrscheinlichkeitsurteilen helfen und die voraussichtlich auch Dir helfen könnten. Manchmal führen sie zu Bewertungen, die allgemein anerkannt werden und Du wirst in der Lage sein, die Motive abzuschätzen, die dazu führen, und zu entscheiden, ob sie Dir für die Fälle, an die Du gerade denkst, mehr oder weniger anwendbar erscheinen, ob sie als Grundlage für Deine entsprechende Meinung dienen können. Manchmal werden sie weniger bestimmt, aber dafür nicht weniger lehrreich sein. Aber, wie immer Du Deine Wahrscheinlichkeitsbewertungen festsetzen willst – wofür Du vollkommen *frei* und vollkommen *verantwortlich* bist – Du sollst Dich vor Gefahren hüten, vor Leichtsinn, indem Du denkst, daß die Wahl, weil sie subjektiv und daher freigestellt ist, keine übertriebene Anstrengung erfordert, um eher einen Wert als einen anderen anzugeben, und umgekehrt, indem Du glaubst, daß es gar nicht notwendig ist, nachzudenken, weil man dies vermeiden kann, indem man mechanisch standardisierte Regelchen anwendet.

## 2.
## *Höhe und Grund einer Wette.*

2.1. Eine der Aktivitäten, in denen die zahlenmäßige Bewertung der Wahrscheinlichkeit häufig angewandt wird, ist das Wetten. Gewiß, es handelt sich um eine Aktivität, die im allgemeinen auf wenig ernsten und empfehlenswerten Beweggründen beruht, doch ist dies ein Aspekt, der uns nicht betrifft. Eher ist zu bemerken, daß diese Beweggründe (Spiellust, Impuls, auf die gewünschte Eventualität zu wetten usw.) die Bewertungen einigermaßen verfälschen können. Andere Beweggründe haben übrigens im Fall der Versicherungen, wo dieser Einwand nicht gilt, analoge Auswirkungen.

Jedenfalls verdient der Fall der Wetten, wenn auch mit der gebotenen Zurückhaltung, insofern als erster genannt zu werden, als er zu einigen einfachen und zweckmäßigen Hinweisen Anlaß gibt.

2.2. Ein erster Aspekt (auf den wir mehrfach zurückkommen werden) ist die Notwendigkeit, den „Sinn" für Zahlenwerte „zu erwerben". Es gibt viele Leute, die, um zu sagen, in welcher Zeit man hierhin oder dorthin kommt, antworten „5 Minuten" oder „eine Stunde", je nachdem ob es eher nahe oder eher weit ist, und dazwischenliegende Ausdrücke nicht kennen. Oder jemand kann mit einer bestimmten Skala überhaupt nicht vertraut sein, wie ein Arzt, der, wenn er auch durch Berühren eines Kranken beurteilen kann, ob er Fieber hat und ob er mehr oder weniger hohes Fieber hat, Schwierigkeiten hätte, dies nach einer ihm ungewohnten Skala anzugeben (z.B. Fahrenheit, während er an Hundertstel-Grad gewohnt ist oder umgekehrt). Auch bei den Wahrscheinlichkeitsurteilen gibt es diejenigen, die die Zwischengrade nicht kennen, indem sie alles, als „fast unmöglich" bezeichnen, was ihnen nicht „fast sicher" erscheint, oder sich darauf beschränken, „50-50" (fifty-fifty) oder ähnliche Phrasen hinzuzufügen, wenn ihnen das JA oder NEIN nicht sicher genug erscheint. Um diese Mängel zu beseitigen, muß man sich ihrer bewußt sein und üben.

Die Praxis der Wetten ist unter diesem Aspekt sicherlich ein positiver Erfahrungsfaktor. Um die Bedingungen festzulegen, die nicht anders als genau sein können, muß man ein hinlänglich genaues Gefühl dafür entwickeln, daß die „zahlenmäßige Bewertung" einem „Gefühl" eines *Vertrauensgrades* (degree of belief) entspricht. Wenn Du Dich daran gewöhnst, zu unterscheiden, ob Du, um bei Eintreten eines gewissen

Ereignisses 100 Lire zu erhalten, es für gerechtfertigt hältst, 10 oder 45 oder 64 oder 97 einzuzahlen, wirst Du „fühlen“ lernen, was eine Wahrscheinlichkeit von 10%, 45%, 64%, 97% ist und auch kleine Unterschiede einzuschätzen, indem Du Deinen „Sinn für den Zahlenwert“ verfeinerst, der entwickelt werden muß, aber natürlich im Zusammenhang mit der Analyse der tatsächlichen Situation.

2.3. Der Punkt, in dem die beiden Aspekte in besonders feiner Form verschmolzen werden, liegt in der Genauigkeit sehr kleiner (und komplementär, sehr nahe bei 1 liegender) Wahrscheinlichkeiten, weil die (nach Zielen und Umständen) genügende Annäherung in der Nähe von $p=\frac{1}{2}$ (z.B. $50\% \pm 5\%$, $\pm 1\%$, $\pm 1‰$, ...) ganz etwas anderes ist, als das, was in jenen Fällen notwendig ist, in denen es sich darum handelt, sich einen Begriff der Größenordnung zu machen (wenn z.B. eine kleine Wahrscheinlichkeit eine in der Ordnung $10^{-3}$, oder $10^{-7}$, oder $10^{-20}$, ... wäre). Hier ist daran zu erinnern, wie Borel auf grund geeigneter Betrachtungen zu dem Vorschlag gekommen ist, ein Ereignis mit einer Wahrscheinlichkeit der Ordnung $10^{-6}$, $10^{-15}$, $10^{-50}$ und $10^{-1000}$ in Bezug auf die *menschliche*, *irdische*, *kosmische* und *universale* Skala als „praktisch unmöglich“ zu bezeichnen. Es handelt sich um lehrreiche Betrachtungen, die eine Idee dessen vermitteln sollen, wie klein diese Zahlen und daher diese Wahrscheinlichkeiten sind, die jedoch nicht irreführen und zu einer Verwechslung mit der „Unmöglichkeit“ (dem Worte nach und noch schlimmer dem Begriff nach) führen sollen[1].

2.4. *Über die Verwendung von „Verhältnissen“*. Die gebräuchlichste Form, die zahlenmäßigen Bewertungen im Jargon der Wettenden auszudrücken, ist jedoch eine andere, wenn auch äquivalente: an Stelle der *Wahrscheinlichkeit p*, welche die *Quote der Wette* (im eben gesagten Sinn) ist, verwendet man gewöhnlich den Ausdruck „Verhältnis der Wette“, Englisch: „odds“), nämlich $r=p/(1-p)=p/\tilde{p}$, im allgemeinen als Bruch oder Proportion: $r=h/k=h:k$ (mit $h$ und $k$ ganzen

[1] Diesem Irrtum entgehen nicht einmal Borel und andere gute Autoren, die oft diese Verwechslung (oder Versuch einer erzwungenen Identifizierung) von „kleiner Wahrscheinlichkeit“ (die man nach Vereinbarung „Fast-Unmöglichkeit“ nennen kann) und wahrer und echter „Unmöglichkeit“ zum Prinzip, – „Prinzip von Cournot“ – erheben. Man vergißt, daß „Erwartung“ nicht „Vorhersage“ ist. Borel behandelt das Problem in E. BOREL, *Valeur pratique et philosophie des probabilités* (siehe Seite 4 und Notiz IV) im großen *Traité du Calcul des Probabilités*, dessen Leiter er ist; Gauthier-Villars, Paris 1924 und ff.).

Zahlen, vorzugsweise kleinen), und man sagt, das Ereignis ist „*h gegen k gegeben*". Wenn natürlich $r$ (ital. ragione, d. Übersetzer), der Grund der Wette, oder, wie wir sagen werden, *Verhältnis der Wahrscheinlichkeit*, gegeben ist, so erhält man daraus unmittelbar die Wahrscheinlichkeit, nämlich

(1) $p = r/(r+1)$, d.h. (wenn $r$ als $h/k$ geschrieben wird) $p = h/(h+k)$.

Nun einige Beispiele, wonach Wahrscheinlichkeit und Verhältnis für die Wahrscheinlichkeit einander entsprechen, und umgekehrt:

| $p$ | $p/\tilde{p}$ | $= r$ | $= h/k$ | wörtlich ausgedrückt | (Probe) $h/(h+k) = p$ |
|---|---|---|---|---|---|
| 20% | 20/80 | = 25% | = 1/4 | „1 gegen 4" | 1/(1 + 4) = 20% |
| 2/7 = 28,6% | 28,6/71,4 | = 40% | = 2/5 | „2 gegen 5" | 2/(2 + 5) = 28,6% |
| 50% | 50/50 | = 1 | = 1/1 | „pari" | 1/(1 + 1) = 50% |
| 75% | 75/25 | = 3 | = 3/1 | „3 gegen 1" | 3/(3 + 1) = 75% |

Man beachte, daß der komplementären Wahrscheinlichkeit, $\tilde{p} = 1 - p$, als Verhältnis der reziproke Wert $\tilde{p}/p = 1/(p/\tilde{p}) = 1/r$ entspricht (d.h. dem Ausdruck „$h$ gegen $k$" entspricht die Symmetrik „$k$ gegen $h$")[2].

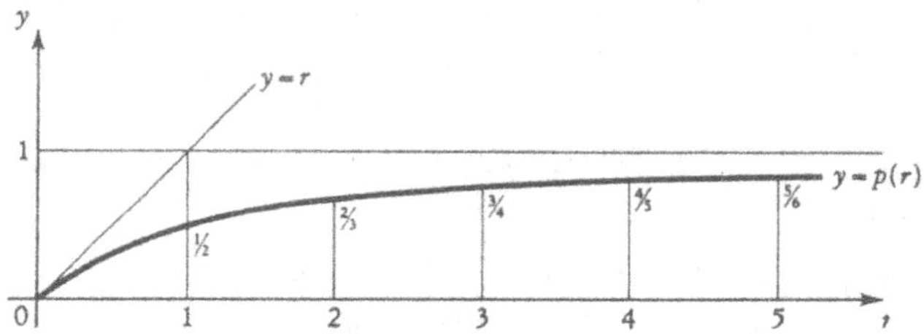


Abb. 1.
Proportion der Wahrscheinlichkeit ($p$) zum Verhältnis der Wette ($r$): $r = \text{rag}\,p = [1/(1-p)] - 1 = p/(1-p)$.

2.5. *Extensionen.* Sicherlich ist die Wahrscheinlichkeit mit dem System einer Zahlenangabe im allgemeinen weitaus vorzuziehen (die

[2] Es könnte vielleicht nützlich sein, ein besonderes Schriftzeichen einzuführen, um zum Grund überzugehen, wie zum „Komplement" ($\tilde{p} = 1 - p$); eine analoge Konvention könnte sein: $\underset{\sim}{p} = p/\tilde{p}$ (und, wenn $p = \underset{\sim}{\mathbf{P}}(E)$, wäre dann zu schreiben $\mathbf{P}(E) = \mathbf{P}(E)/\mathbf{P}(\tilde{E}) = \mathbf{P}(E)/\sim \mathbf{P}(E)$). Ich will lieber hierauf nur hinweisen, um nicht noch mehr Neuheiten einzuführen und auszuprobieren, als schon als fast unentbehrlich eingeführt worden sind. Um Schwierigkeiten und Verwechslungen zu vermeiden werden wir den Grund (ital. Ragione, d. Übersetzer), mit der Abkürzung rag angeben: rag $x = x/1\,(1-x)$ rag $\mathbf{P}(E) = \mathbf{P}(E)/\mathbf{P}(\tilde{E})$.

Additivität ist für jede Größe eine unbezahlbare Eigenschaft!)[3]. Es gibt jedoch Fälle, in denen die Anwendung des Wahrscheinlichkeitsverhältnisses angemessener ist (besonders da, wo die Mutmaßlichkeit auftritt (Kap. IV), die oft zweckmäßigerweise in Form von „Verhältnis der Mutmaßlichkeit" oder „Likelihood Ratio" betrachtet wird), und es wird gut sein, wenn wir gleich einen Weg aufzeigen, dem wir gegebenenfalls folgen wollen, um seine Verwendung zu verallgemeinern, (oder in gewissem Sinne einzusetzen).

Im Einklang mit den für die Verwendung von **P** (Kap. III, 5) eingeführten Konventionen und zu deren Integration, können wir anzeigen, daß $r = h/k$ ist, indem wir schreiben:

$$\begin{aligned}(2)\qquad \mathbf{P}(E, \tilde{E}) &= (h/(h+k), k/(h+k)) = \\ &= (h, k)/(h+k) = K(h, k) = (h:k) = \mathbf{P}(E:\tilde{E});\end{aligned}$$

hier haben wir sukzessive und stillschweigend vereinbart:

– einen gemeinsamen Faktor herausheben zu können (wie $1/(h+k)$), d.h. indem wir voraussetzen, daß $m(a, b) = (ma, mb)$ ist;

– diesen Faktor stillschweigend annehmen zu können, indem wir ihn mit $K$ bezeichnen, um anzuzeigen, daß einfach Proportionalität besteht;

– dasselbe anzeigen zu können, indem wir einfach „die beiden Punkte (:) als Divisionszeichen an Stelle des Kommas verwenden. Das bedeutet, daß zwei $n$-Tupel von Zahlen, die nicht alle Null sind $(a_1, a_2, \ldots, a_n)$ und $(b_1, b_2, \ldots, b_n)$ proportional genannt werden, wenn $b_i = Ka_i$ ist, mit $K$ Konstante, nicht Null; die Proportionalität wird manchmal durch das (wenig glückliche) Zeichen $\propto$ angegeben und kann durch $= K$ ausgedrückt werden (nachdem wir vereinbart hatten – und wir legen dies ein für allemal fest – daß $K$ einen generischen Proportionalitätskoeffizienten angibt, der nicht notwendigerweise denselben Wert behält, nicht einmal im Verlauf derselben Rechnung, da man z.B. schreiben kann $(2, 1, 3) = K(4, 2, 6) = K(6, 3, 9)$). Aber es genügt das Zeichen = sobald ein $n$-Tupel mit „:" als Divisoren „in Ermangelung eines Proportionalitätskoeffizienten" gemeint ist (wie

[3] Eine Zeitung berichtete bezüglich der Kandidaturen für die amerikanischen Präsidentschaftswahlen, daß drei Kandidaten 2 gegen 1, 1 gegen 3 und 1 gegen 5 standen. Das wären Wahrscheinlichkeiten von 2/3, 1/4, 1/6, mit der Summe $(8+3+2)/12 = 13/12 > 1$. Ein derartiges Versehen wäre kaum möglich, wenn man sich in Wahrscheinlichkeitsbegriffen ausdrücken würde. Besonders bei der Verwendung von Prozentsätzen würde auffallen daß $67\% + 25\% + 17\% = 109\%$ nicht möglich sind.

für die homogenen Koordinaten), d.h. als Pluralproportion; dann ist z.B. $(2:1:3)=(4:2:6)=(6:3:9)$.

Manchmal ist das Weglassen des Proportionalitätsfaktors irrelevant, weil dieser sich durch die Forderung der Normierung als determiniert ergibt: z.B. wenn wir wissen, daß $E_1 \ldots E_n$ eine Einteilung bilden, und schreiben

$$(3) \qquad \mathbf{P}(E_1 : E_2 : \ldots : E_n) = (m_1 : m_2 : \ldots : m_n),$$

so ist es klar, daß $\mathbf{P}(E_i) = m_i/m$, $m = m_1 + m_2 + \ldots + m_n$, da die Summe $=1$ sein muß. Andernfalls (für irgendwelche, auch verträgliche $E_i$) kann man den gemeinsamen Divisor $m$ erhalten, indem man auch schreibt: $1 =$ sicheres Ereignis:

$$(4) \qquad \mathbf{P}(E_1 : E_2 : \ldots : E_n : 1) = (m_1 : m_2 : \ldots : m_n : m).$$

Die Annehmlichkeit hat man offenbar besonders in dem Fall, in dem die $m_i$ kleine Ganze sind. Z.B., wenn $A$, $B$, $C$ eine Einteilung bilden ($A+B+C=1$), und man $\mathbf{P}(A:B:C) = (1:5:2)$ schreibt, ergibt sich klar (auch ohne die genauere Angabe

$$\mathbf{P}(A:B:C:1) = (1:5:2:8)),$$

daß

$$\mathbf{P}(A) = 1/8 = 12{,}5\%, \ \mathbf{P}(B) = 5/8 = 62{,}5\%, \ \mathbf{P}(C) = 2/8 = 25\%.$$

Bei dieser Gelegenheit führen wir auch noch die Operation des *Produktes Term zu Term*, die Pluralproportionen, ein, die wir mit $*$ bezeichnen werden:

$$(5) \quad (a_1 : a_2 : \ldots : a_n) * (b_1 : b_2 : \ldots : b_n) = (a_1 b_1 : a_2 b_2 : \ldots : a_n b_n);$$

sie erlaubt oft für eine lange Reihe von Berechnungen das Arbeiten mit kleinen Zahlen oder einfachen Ausdrücken, was sich besonders bei den erwähnten Anwendungen auf die Mutmaßlichkeit günstig auswirken wird.

Doch ist es nun Zeit, die Abschweifung zu Systemen zahlenmäßiger Angaben der Wahrscheinlichkeit abzuschließen, um zu grundsätzlichen Fragen zurückzukehren.

## 3.
## *Wie man nachdenken soll.*

3.1. Indem wir auf das Wesen der Analysen zu sprechen kommen, auf die sich jede Bewertung stützen muß, wären viele selbstverständliche und doch nicht überflüssige Dinge zu sagen und andere wenige hinzuzufügen, die die Wahrscheinlichkeitsrechnung betreffen.

Selbstverständlich und doch nicht überflüssig ist die Empfehlung:

– über jeden Aspekt eines Problems nachzudenken;

– zu versuchen sich vorzustellen, wie die Dinge verlaufen könnten, oder, wenn es sich um die Vergangenheit handelt, wie sie verlaufen sein konnten (ohne wohlgefällig bei einer einzigen Art und Weise zu verharren, die mutmaßlich und wohlgefügt erscheint, was zu einer Vorhersage führen könnte, sondern alle nur vorstellbaren Arten zu vergleichen und noch zu beachten, daß weitere einem entgangen sein könnten);

– die Elemente zu suchen, die gewisse Ergebnisse im Vergleich zu anderen fördern oder behindern könnten;

– seinen Gesichtskreis zu erweitern, indem man eine Situation mit anderen, mehr oder weniger analogen, vergleicht, über die man bereits nachgedacht hat;

– sich zu bemühen, die möglichen Beweggründe für die Bewertungen anderer zu erfassen, von denen man mehr oder weniger klare Kenntnis erhalten hat, um sie zu berücksichtigen oder nicht, usw.

Im besonderen in den Fällen, in denen öffentlich Wetten abgeschlossen werden (z.B. Pferderennen, Boxkämpfe, in manchen Ländern Präsidentenwahlen usw.), kennt man – durch den Grund der geltenden Wette – eine Art von „durchschnittlicher Meinung" der Öffentlichkeit (genauer: diejenige, die einen gewissen „Gleichgewichtsspielraum" zwischen der Frage der Wetten auf die verschiedenen Alternativen festsetzt), und man wird sie prüfen können, um zu sehen, ob sie eventuell zu übernehmen ist, oder irgendwie zu verwerten, oder ob man davon Abstand nehmen soll.

3.2. Um wenigstens ein Beispiel zu liefern, das bereits von Borel besprochen und von Darmois[4] wieder aufgenommen wurde, beziehen wir uns auf ein Tennisspiel, in dem sich zwei Champions, *A* und *B* gegenüberstehen. Du wirst, wenn solche stattgefunden haben, an

[4] In dem kurz zuvor zitierten Werk von Borel (Seite 93, und Notiz VI, von G. Darmois, dort auf Seite 165). – Wie dieses Beispiel zeigt (und andere, z. B. weiter auf Seite 93, über Bewertungen eines Gewichtes wie in unserem Beispiel in III, 9.7), scheint Borel sich im Großteil seiner Schriften durch die subjektivistische Wahrscheinlichkeitstheorie zu inspirieren, zu deren größten Pionieren er gehört. Es bleiben jedoch Zonen (wie z. B. die in 2.3. und Anmerkung hervorgehobenen) in denen unvereinbare Aussagen und Darstellungen zutage treten.

frühere gemeinsame Spiele oder Spiele mit gemeinsamen Gegnern denken (die wenig oder weit zurückliegen mögen, bei ähnlichen oder anderen Bedingungen). Du wirst die Eigenschaften jedes einzelnen Spielers prüfen (Genauigkeit, Geschwindigkeit, Geschicklichkeit, Ausdauer, Kraft, Charakter, nervöses Gleichgewicht, Stil, usw.), deren Veränderungen seit den letzten direkten oder indirekten Bewerben, Du wirst den Gesundheitszustand und die gegenwärtige Form vergleichen usw. Du wirst versuchen, Dir vorzustellen, wie jede Eigenschaft des einen den anderen fördern oder behindern könnte, bezüglich der Anpassung an das Spiel, Fähigkeit, Mißerfolge zu überwinden, Spielmoral usw. Du wirst z.B. denken können, daß *B*, obwohl im allgemeinen überlegen, verlieren wird, weil er nach den ersten Enttäuschunge, infolge, des mörderischen „Service" von *A* die Nerven verlieren wird. Bei dieser ersten und einzigen Annahme stehen zu bleiben, wäre jedoch naiv. Es würde bedeuten, daß man eine Vorhersage ausspricht, anstatt einer Erwartung. Dann wirst Du dazu übergehen zu denken, was geschehen kann, wenn diese anfängliche Schwierigkeit für *B* nicht eintreten oder überwunden werden wird, und nach und nach wirst Du Dir eine allgemeine aber nicht einseitige oder verschobene Meinung der Gesamtlage bilden, und damit werden die Ideen über den Wert, der der Wahrscheinlichkeit des Sieges von *A* oder *B* zuzuschreiben ist, deutlich werden. Du magst Gelegenheit haben, Deine Ideen und Erwartungen mit denen von anderen zu vergleichen, in deren Fachwissen und Information Du mehr oder weniger Vertrauen hast, bei denen Du eventuell eine mehr oder weniger optimistische Tendenz zugunsten des beliebteren Champions vermuten kannst, und auf Grund all dessen kannst Du dann Deine Meinung überdenken und eventuell ändern.

3.3. Die wenigen Bemerkungen, die in Bezug auf die Wahrscheinlichkeitsrechnung noch hinzuzufügen sind, bestehen in der Betonung dessen, daß die Kohärenz-Bedingungen, ohne die Freiheit bei der Bewertung irgendeiner Wahrscheinlichkeit an sich irgendwie einzuschränken, in der Praxis die Möglichkeit „abwegiger" Bewertungen stark begrenzen. Genauer: eine *isolierte* abwegige Bewertung ergibt sich als unmöglich (sowie ein Lügner, um eine Lüge aufrechtzuerhalten, eine ganze Reihe von Lügen aufbauen muß, oder wie bei einer Planung bei Veränderung von Daten der ganze Plan zu ändern ist).

Es ist leicht zu sagen: „Für mich ist die Wahrscheinlichkeit von *E* doppelt so groß als die anderen mehr oder weniger annehmen". Aber, wenn Du das behauptest, kann ich Dich fragen: „Aber, wie bewertest Du die Wahrscheinlichkeiten von $A$, $B$, $C$, ...?“ Und nach Erhalt Deiner Antwort: „Also ist für Dich die Wahrscheinlichkeit von $H$ so klein, $^1/_{10}$ von dem, was allgemein angenommen wird“? usw. Wenn Du Dich in Deiner Kohärenz immer sicher fühlst, wirst Du eine vollständige kohärente Meinung haben, die die anderen wohl als „abwegig“ bezeichnen können (mit demselben Recht, mit dem Du die allgemeine Meinung als abwegig bezeichnen kannst), die sie sonst jedoch nicht tadeln können. Öfter wirst Du jedoch bemerken, daß die anfängliche abwegige Bewertung Dich nicht nur zu den anderen, sondern auch zu Dir selbst in Gegensatz bringt, sobald Du das Problem in seiner Gänze und Vollständigkeit mit allen Verknüpfungen betrachtest.

Wir haben von Wetten und von Wahrscheinlichkeitsbewertungen gesprochen, und nicht von Erwartungen von Zufallszahlen, obwohl dies in der von uns verfolgten Darlegung dasselbe ist. Es geht nur um die Zweckmäßigkeit, die Aufmerksamkeit auf den Fall zu richten, wo der probabilistische Aspekt besser isoliert ist. Es soll jedoch beachtet werden, daß dieselben Betrachtungen auch auf den allgemeinen Fall ausgedehnt werden könnten.

## 4.
## *Das Schema der Strafpunkte.*

Während das Schema der Wetten zum „ersten Kriterium“ (Kap. III, 3.4) gehörte, gründet sich das, welches wir nunmehr besprechen wollen, auf das „zweite Kriterium“, das, wie gesagt und wie wir auch sehen werden, sich als viel brauchbarer erweist.

Es ist aber vor allem zweckmäßig, dieses Schema ex novo darzustellen, weil, da wir uns jetzt auf den einfachsten Fall der Ereignisse beziehen und leichter auf dem bereits eröffneten Weg fortschreiten, indem wir die Situation durch ausdrucksvolle Bilder illustrieren, alles zusammen viel elementarer und reicher an Bedeutung erscheinen wird.

4.1. Anstatt irgendeiner Zufallszahl $X$ wirst Du also ein Ereignis $E$ betrachten und Du wirst immer frei sein, einen Wert $x$ auszusuchen, während Dir bewußt ist, daß Du Strafpunkte erhalten mußt:

$$L = L_x = (E - x)^2. \tag{6}$$

Durch weitere Entwicklung (man erinnere sich, daß $E^2 = E$), erhält man weitere Formeln, die im übrigen an sich selbstverständlich sind (in der letzten ist $p$ eine beliebige Zahl):

$$
(7) \qquad \begin{aligned}
&a)\ L_x = x^2 + (-2x)E,\\
&b)\ \phantom{L_x} = x^2\tilde{E} + (1-x)^2 E,\\
&c)\ \phantom{L_x} = E(1-p) + (p-x)^2 + (E-p)(p-2x).
\end{aligned}
$$

Alle besagen ($b$ am deutlichsten), daß $L_x$ den Wert $x^2$ oder $(1-x)^2$ hat, je nachdem, ob $E = 0 =$ falsch oder $E = 1 =$ wahr ist.

Da wir das Kriterium bereits als Definition verwendet haben, und daher schon wissen, was die Wahrscheinlichkeit $p = \mathbf{P}(E)$ von $E$ ist, können wir nun das Funktionieren des Kriteriums mit der „Weisheit von nachher" prüfen, d.h. indem wir $\mathbf{P}(L_x)$ als Funktion eines Wertes $x$ und einer Wahrscheinlichkeit $p$, die als frei gewählt angenommen werden (und die wir daher mit $L_x(p)$ bezeichnen werden), betrachten. Es genügt, in den drei Ausdrücken $a$, $b$, $c$ (die in $E$ linear sind), $E = p$ zu setzen, um folgendes zu erhalten:

$$
(8) \qquad \begin{aligned}
&\text{a)}\ L_x(p) = x^2 + (1-2x)p\\
&b)\ \phantom{L_x(p)} = x^2\tilde{p} + \tilde{x}^2 p\\
&c)\ \phantom{L_x(p)} = p(1-p) + (p-x)^2 = p\tilde{p} + (p-x)^2.
\end{aligned}
$$

4.2. Beachten wir nun, wie $L_x(p)$, nachdem $x$ beliebig gewählt wurde, bei Variieren von $p$ ebenfalls variiert. Wie dies selbstverständlich war (und $a$) sagt es am deutlichsten) variiert es linear von $L_x(0) = x^2$ zu $L_x(1) = \tilde{x}^2$ (welche die beiden möglichen Werte für $L_x$ bei Eintreten von $\tilde{E}(p=0)$ oder $E(p=1)$ sind). Die Geraden in der Abbildung 2, die diese Extreme verbinden, veranschaulichen indessen, wie sie sich paaren (d.h. wie, um eine Strafe in einem Falle herabzusetzen, diese im entgegengesetzten wächst)[5]. Die Abbildung zeigt auch indirekt, wie $L_x(p)$ variiert, wenn $p$ fix bleibt, aber $x$ variiert: geometrisch sieht man (und ($c$) bestätigt es), daß die Geraden die Tangenten zur Parabel $y = p(1-p) = p\tilde{p}$ (in $[0, 1]$ sind; die anderen entsprechen Werten $x < 0$ und $x > 1$, siehe frühere Anmerkung), wobei es unmöglich ist, unter dieses Bündel zu gehen. Da $p$ gegeben ist, ist das Beste, was man tun kann, die Tangente in $p$ zu wählen, die man (wie man es wußte!)

[5] Dies tritt bei $0 \leqq x \leqq 1$ ein. Wir wissen bereits, und man sieht auch hier, daß in jedem Fall jedes $x < 0$ (oder $x > 1$) weniger zweckmäßig ist, als $x = 0$ (respektive $x = 1$), und daher automatisch ausgeschlossen wird (ohne Notwendigkeit einer Konvention).

durch $x = p$ erhalten hat, welches $L_x(p)$ den geringsten Wert $L_p(p) = p\tilde{p}$ bei Variieren von $x$ gibt. Die Wahl eines anderen $x$ verursacht, nach Erwartung, eine zusätzliche Strafe $(x-p)^2$, d.h. gleich dem Quadrat der Entfernung von $x$ bis $p$; ($c$) zeigt gerade diesen Fall, indem es die lineare Funktion $L_x(p)$ in die Summe von $p(1-p)$ (Parabel) und von $(x-p)^2$ (Abweichung der Parabel der Tangente in $p = x$) zerlegt. Man beachte auch, daß diese Abweichung für alle Tangenten dieselbe ist (wohlgemerkt, indem man vom entsprechenden Kontaktpunkt ausgeht), was das bereits Gesagte bestätigt.

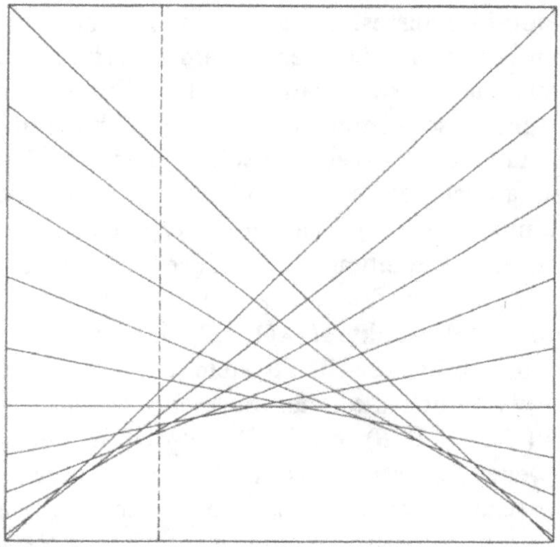

Abbildung 2.
Die Geraden entsprechen den Kombinationen von Strafpunkten, unter denen das System die Wahl erlaubt (man kann die Strafpunkte in einem der beiden Fälle auf Kosten einer Steigerung im anderen herabsetzen: um die Ordinate in einem Extrem zu senken, hebt man sie im anderen). Die Ordinate einer Geraden im Punkt $p$ ist die Erwartung der Strafpunkte für den, der diese Gerade wählt und dem in Frage stehenden Ereignis die Wahrscheinlichkeit $p$ zuschreibt. In diesem Falle ist das Mindestmögliche durch die Ordinate der Parabel gegeben (keine Gerade verläuft darunter!) und die beste Wahl ist die der Geraden, die als Tangente zur Parabel entsprechend der Abszisse $p$ verläuft.

Die höchste Strafe ist 1 und man erhält sie, wenn man dem Fall, der eintritt, Nullwahrscheinlichkeit gibt. Die kleinste Strafe ist 0 und ergibt sich dann, wenn man die gesamte Wahrscheinlichkeit, 1 das heißt 100%, diesem Fall zuschreibt. Für ein gegebenes $x$ variiert sie (wie bereits gesehen) zwischen $x^2$ und $\tilde{x}^2$; für ein gegebenes $p$ ist, wie wir bereits wissen, das Minimum $p\tilde{p}$ (für $x=p$) und man sieht sofort, daß das Maximum $p\vee\tilde{p}$ ist (genau: wenn $p\leqq\frac{1}{2}$, ist es $1-p$ und man erhält es, indem man $x=1$ wählt. Wenn $p\geqq\frac{1}{2}$, ist es $p$ und man erhält es, indem man $x=0$ wählt). Für $p=\frac{1}{2}$ hat man das Maximum der Minima ($p\tilde{p}=\frac{1}{4}$) und das Minimum der Maxima ($p\vee\tilde{p}=\frac{1}{2}$), somit die geringste Exkursion (max − min $=\frac{1}{2}-\frac{1}{4}=\frac{1}{4}$; im allgemeinen ist es $x^2\vee\tilde{x}^2$, das heißt das größere von $x^2$ und $(1-x)^2$, und erreicht das Maximum $=1$ bei $x=0$ und $x=1$)[6].

4.3. *Der Fall mehrerer Alternativen.* Den Fall mehrerer Alternativen (eines Pluralereignisses, einer Einteilung), und ebenso auch den allgemeineren Fall einer beliebigen Anzahl unverträglicher Ereignisse, kann man behandeln, indem man das obige Schema einzeln auf jedes Ereignis anwendet: so kommt man auf die Abhandlung in Kap. III zurück, und auf die dortige geometrische Darstellung. Hier wollen wir sie nur wieder aufnehmen, um sie im Sinne der obigen Betrachtungen darzustellen, und dann einige Varianten besprechen.

Es genüge, eine Einteilung in drei Ereignisse (wie $E_1, E_2, E_3$ in Kap. III, 9.2) zu überprüfen, die wir $A, B, C\,(A+B+C=1)$ nennen wollen und die wir als Punkte $A=(1,0,0)$, $B=(0,1,0)$, $C=(0,0,1)$ in einem orthogonalen kartesischen System darstellen werden. Provisorisch wollen wir jedoch die ihnen zugeschriebenen Wahrscheinlichkeiten, $p=\mathbf{P}(A)$, $q=\mathbf{P}(B)$, $r=\mathbf{P}(C)$ von den Werten $x, y, z$, die im Sinne des zweiten Kriteriums gewählt wurden, unterscheiden (von denen wir wissen, daß sie mit diesen koinzidieren sollten; wir wollen jedoch sehen, was geschehen würde, wenn sie aus Versehen, Laune oder Unwissenheit anders ausgewählt würden).

Wir nennen $P$ den Erwartungspunkt, $P=(p,q,r)$, während der Entscheidungspunkt mit $P''$, $P''=(x,y,z)$ angegeben wird. Siehe Abbildungen 3 und 4.

---

[6] Unter den gebräuchlichen Kriterien der Entscheidung (die auf anderen Auffassungen als den hier vertretenen beruhen) gibt es eines, des sogenannten „Minimax", das darin besteht, die Entscheidung zu treffen, die den größtmöglichen Verlust möglichst gering macht. Man beachte, daß dadurch in einer derartigen Situation immer empfohlen würde, $x=\frac{1}{2}$ zu wählen (weil dann die Strafpunkte sicher $\frac{1}{4}$ wären, während jede andere Wahl in einem der beiden Fällen einen geringeren, im anderen jedoch einen höheren Strafbetrag vorsehen würde). Weil es jedoch inkohärent ist, allen Ereignissen die Wahrscheinlichkeit $\frac{1}{2}$ zuzuschreiben, ist dieses Kriterium absurd (für diese Art der Anwendungen – nicht jedoch in der Theorie der Glücksspiele – s. Kap. XII, wo es Situationen anderer Art entspricht, noch bei einer Hypothese extremer Konvexität für den Nutzen, wo dies nicht mehr bedeuten würde, daß man $p=\frac{1}{2}$ nimmt).

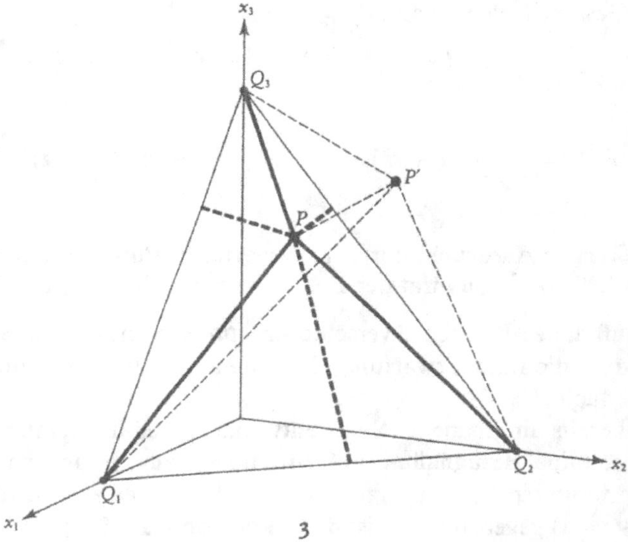


3

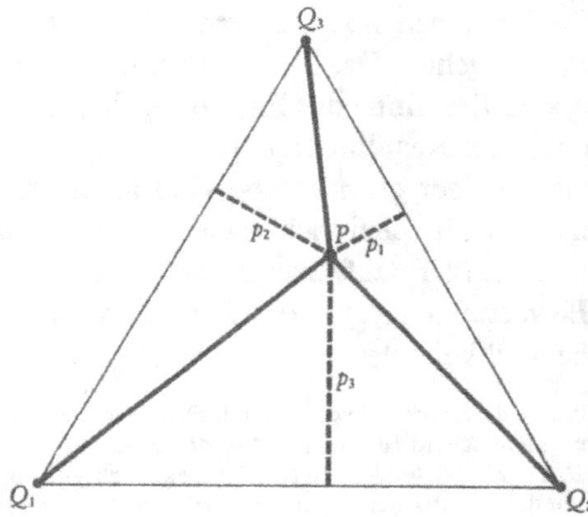


4

Abbildungen 3-4.

Dreieck der Punkte mit $x + y + z = 1$ ($x$, $y$, $z$ nichtnegativ) im Raum (Abb. 3) und in der Ebene (Abb. 4) gesehen. Geometrisch zeigt sich eindeutig, daß die Wahl einer Strafregel entsprechend dem Punkte $(x, y, z)$ unannehmbar ist (im Fall von drei unverträglichen Ereignissen), wenn dieser nicht im besagten Dreieck liegt. Ferner: wer den drei Ereignissen die Wahrscheinlichkeiten $(p, q, r)$ zuschreiben will, kann $x = p$, $y = q$, $z = r$ wählen. D. h.: das System belohnt eine aufrichtige Ausdrucksweise der eigenen Bewertungen.

Die Gesamtstrafe ist dann

$$L = (A-x)^2 + (B-y)^2 + (C-z)^2 \tag{9}$$

und

$$\mathbf{P}(L) = [p\tilde{p} + q\tilde{q} + r\tilde{r}] + [(p-x)^2 + (q-y)^2 + (r-z)^2] \tag{10}$$

d.h.

$$\mathbf{P}(L) = (\text{erster Ausdruck, nur vom Erwartungs-Punkt } P \text{ abhängig}) + (P''-P)^2 \ (\text{Quadrat der Entfernung zwischen } P'' \text{ und } P);$$

man muß daher $P''$ nach $P$ verschieben, um eine zusätzliche Strafe zu vermeiden, die nach Erwartung gleich dem Quadrat der Entfernung von $P''$ nach $P$ ist.

Der bereits an gegebener Stelle entwickelte Gedankengang besagte dasselbe, ohne Bezugnahme auf eine im voraus festgelegte Erwartung **P**: wenn ein $P'' = (x, y, z)$ außerhalb der Ebene $A, B, C$ (d.h. mit $x + y + z = 1$) gegeben ist, so ist dessen orthogonale Projektion $P'$ auf diese Ebene sowohl von $A$, als von $B$ als von $C$ weniger weit entfernt als $P''$, und wenn $P'$ außerhalb des Dreiecks $ABC$ fällt, vermindern sich alle genannten Entfernungen noch, indem sie von $P'$ zum nächsten Punkt $P$ am Rand übergehen. Das zeigt, daß nur die Punkte des Dreieckes annehmbar sind (im Sinne des Pareto-Optimums: es gibt keine, die jedenfalls ein besseres Resultat ergeben würden); die gegenwärtige Schlußfolgerung ist weniger grundlegend aber insofern vollständiger, als sie, wenn man den Wahrscheinlichkeitsbegriff in irgendeiner Weise als bekannt voraussetzt (z.F. auf Grund des Kriteriums 1°) zeigt, wie und warum die Bewertungen $x, y, z$ des 2° so zu wählen sind, daß sie mit den Wahrscheinlichkeiten $p, q, r$ von $A, B, C$ koinzidieren.

4.4. Wir haben uns hier auf den formal spontansten Fall bezogen, den der Anwendung desselben Schemas mit identischem (unitären) Maß der Höchststrafe auf die verschiedenen Ereignisse ($A, B, C$). Wir wissen jedoch (III, 3.6), daß sich – in Bezug auf das, was uns interessiert, d.h. die Bewertung der Wahrscheinlichkeiten – nichts geändert hätte, wenn andere Koeffizienten angenommen worden wären, d.h. wenn

$$L = a^2(A-x)^2 + b^2(B-y)^2 + c^2(C-z)^2$$

mit irgendwelchen $a, b, c$ eingesetzt worden wären. Geometrisch werden die drei orthogonalen „unitären" Vektoren, $A-O$, $B-O$, $C-O$ mit den Längen $a, b, c$ genommen; das bedeutet – und das ist die Bedeutung, die uns interessiert – daß die Strafe, die immer das Quadrat der Entfernung ist, sich als $(A-B)^2 = a^2 + b^2$ ergibt, wenn man in der Erwartung die ganze Wahrscheinlichkeit in $A$ konzentriert und $B$ eintritt (oder umgekehrt) und analog für $(A-C)^2 = a^2 + c^2$ und $(B-C)^2 = b^2 + c^2$. In der Ebene $A$, $B$, $C$ kann das Dreieck $ABC$ irgendein spitzwinkeliges Dreieck sein (Grenzfall: rechtwinkelig, wenn einer der beiden Koeffizienten Null ist): in der Tat ist $a^2 = (B-A) \times (C-A) = AB.AC.$ $\cos \widehat{BAC}$, $\cos \widehat{BAC} > 0$, usw. Das Schema würde aber jedenfalls in derselben Weise funktionieren, wenn man auch für $ABC$ irgendein Dreieck nehmen würde, obgleich dieses, wenn es stumpfwinkelig wäre, nicht wie eben in orthogonalen Koordinaten zu erhalten wäre (indem man nur deren drei Skalen ändert); daß dies wahr ist, ergibt sich offenbar aus der mehrfach bemerkten affinen Natur der Frage. Im allgemeinen Fall ist die einzige Bedingung unter den drei Strafen $\overline{AB}^2$, $\overline{AC}^2$, $\overline{BC}^2$ die Dreiecks-Ungleichung für $\overline{AB}$, $\overline{AC}$, $\overline{BC}$.

4.5. Aber warum sollte man sich um die Möglichkeit bekümmern, die Form des Dreieckes, d.h. die Proportion zwischen den Strafpunkten der verschiedenen Fälle zu verändern? In Bezug auf die Bewertung ist dies irrelevant. Ungeachtet dessen könnte es lediglich zweckmäßig erscheinen, unter mehr oder weniger „schweren Fehlern" zu unterscheiden, die mit mehr oder weniger hohen Strafpunkten zu belegen wären, falls diese auch als Element eines vergleichenden Urteils über die Gesamtergebnisse verschiedener Individuen (wie wir dies auch bald sehen werden) dienen sollten.

Wir wollen uns auf ein ausdrucksvolles Beispiel beschränken (auf das wir auch zurückkommen werden) und verweisen auf ein Fußballspiel (oder an ein anderes Spiel), in dem es drei Ergebnisse geben kann: $A$ = Sieg, $B$ = unentschieden, $C$ = Niederlage. Im üblichen Fall (gleichseitiges Dreieck $ABC$) gilt es als „gleich schwer", wenn man dem Sieg 100% Wahrscheinlichkeit gibt, wenn statt dessen ein Unentschieden oder eine Niederlage erfolgt, usw. Wenn man dagegen die Entfernung zwischen Sieg und Niederlage für größer hält, als die zwischen diesen beiden Resultaten und Unentschieden, können wir ein gleichschenkeliges Dreieck nehmen, das in $B$ einen Winkel von über 60° hat. Wenn wir ihn mit $< 90°$ annehmen, erhalten wir eine Kombination von 3 Strafen für die drei Ergebnisse und die Strafe Sieg–Niederlage wird weniger als das Doppelte von der für Unentschieden–Niederlage (oder –Sieg) betragen. Bei einem rechten Winkel wird dieses Verhältnis das Doppelte sein (Verhältnis der Seiten, $\sqrt{2}$) und das Schema wird nur auf die Ereignisse Sieg und Niederlage anzuwenden sein (dem Unentschieden wird nur als Negation der beiden anderen Rechnung getragen). Bei Winkeln zwischen 90° und 180° gilt die Darstellung als Kombination der Strafpunkte für die drei Ergebnisse nicht (d.h.: für Unentschieden müßte man sie als negativ annehmen, um die Auswirkung abzuschwächen!); der Fall von 180° bedeutet, daß man sich nur mit der Erwartung in „Punkten" befaßt (0 für Niederlage, 1 für Unentschieden, 2 für Sieg), in dem Sinne, daß Erwartungen wie $(0, 1, 0)$ und $(^1/_2, 0, ^1/_2)$ (Sicherheit für unentschieden, oder gleiche Wahrscheinlichkeit – jeweils $^1/_2$ – für Sieg oder Niederlage unter Ausschluß von Unentschieden) als identisch betrachtet werden.

## 5.
## *Anwendung des Schemas der Strafpunkte.*

5.1. Die Verwendung dieser (oder anderer ähnlicher) Methode(n) für die Bewertung der Wahrscheinlichkeit seitens verschiedener Subjekte sollte von großer Bedeutung sein und daher, von verschiedenen Gesichtspunkten aus, große Verbreitung finden.

Manchmal ist es wirklich von Interesse, die Ansicht eines bestimmten Individuums oder verschiedener Individuen über die Wahrscheinlichkeit bestimmter Ereignisse, mit denen wir uns beschäftigen, zu kennen. Ferner könnte die Kenntnis der Art, wie verschiedene Individuen urteilen, der Einfluß von Informationen oder anderer Faktoren, aus Gründen der psychologischen Analyse interessieren. In anderen Fällen könnte es von Interesse sein, die „teilweisen Kenntnisse" von Subjekten, die vor einer Prüfung stehen, besser beurteilen zu können und sie im besonderen vom „Guessing" abzubringen (d.h. davon, „zu ziehen", welche Antwort die richtige ist). Usw.

Für alle diese Fälle sind wiederholte entsprechende Erfahrungen wertvoll, die den „Sinn für Zahlenwerte" zu bilden helfen, durch die der „Vertrauensgrad" auszudrücken ist, der dann wieder zur Entwicklung eines lebendigen und echten Verständnisses für die Probleme der Erwartung und jenes (nicht sterilen und nicht trockenen) Geistes führt, mit denen die Wahrscheinlichkeitstheorie sie einrahmen muß.

5.2. Wenn man derartige Ziele verfolgt, muß man gewiß den Subjekten alle Erklärungen über die Methode liefern, ihnen klarmachen, daß es zweckmäßig ist, die eigenen Bewertungen aufrichtig und genau zu liefern, weil sonst ein Verlust eintritt, der (nach eigener Bewertung) *in der Erwartung* das Quadrat der Entfernung zwischen seiner wahren und echten Bewertung und der durch ihn angegebenen beträgt; daß es absolut zweckmäßig ist, die Kohärenz (in unserem Beispiel: $x, y, z \geqq 0$, $x+y+z=1$) zu achten, weil man dadurch mit Sicherheit einen Teil der Strafpunkte ersparen kann. Dagegen müßte man die Charakterisiken der Methode geheim halten (und nur sagen, welches die Strafpunkte sind), wenn man im Sinne der Entscheidungstheorie experimentieren wollte, welche Fähigkeit ein Individuum hat, die Vorgangsweise zu erfassen, ohne über eine systematische Kenntnis der Lage und der Theorie zu verfügen. Doch ist dies eine andere Frage, weit entfernt von den Zielen, mit denen wir diese Methode eingeführt haben und sie besprechen wollen (um nicht zu sagen, daß es unwahrscheinlich ist, daß jemand – ohne die Wahrscheinlichkeitstheorie zu kennen und – sie mit großer Aufmerksamkeit anzuwenden! – nach einem Kriterium entscheiden könnte)[7].

Betrachten wir nun einige faktische Beispiele der Anwendungen der verschiedenen Typen.

5.3. *Gutachten von Sachverständigen.* Es kommt oft vor, daß man sich wegen Informationen, die in Wirklichkeit nichts anderes sind, als Wahrscheinlichkeitsurteile, an Sachverständige wenden muß. Man ist nicht immer in der Lage, allein alle Wahrscheinlichkeiten zu beurteilen, die man braucht; man kann aber wohl handeln wie der Prinz, von dem Machiavelli sagte: „manchmal weiß er es selbst und dann wieder bedenkt er, was andere meinen, und wenn ersteres ganz ausgezeichnet ist, ist letzteres ausgezeichnet".

Ein Beispiel wie tausend andere ist der Fall, in dem ein Geologe gefragt wurde, ob Erdölbohrungen an einer bestimmten Stelle zweckmäßig wären. Wir wollen dieses Beispiel wählen, weil es von Grayson ausführlich in einem Buch[8] behandelt wurde, in dem der Leser viele interessante Aspekte gründlich studieren könnte, auf die wir hier nicht eingehen können. Jedenfalls kann der Geologe nicht endgültig zu – oder abraten: die Entscheidung wird (seitens eines Unternehmers, oder einer Direktion, oder, wie man sagt, durch den „decision maker") auf Grund der Bewertung vieler und verschiedenartiger Teilinformationen getroffen, und die des Geologen ist nur eine unter diesen. Nicht einmal er kann sich zutrauen, unfehlbar zu behaupten, ob das Erdöl da ist oder nicht (so daß er eine Vorhersage und nicht eine Erwartung aussprechen würde); er kann sich aber auch nicht darauf beschränken, eine Menge sicherer aber analytischer Informationen über die Geologie der Zone aufzuzählen und dabei zu erwarten, daß andere die synthetischen Schlüsse ziehen müßten, deren er sich enthält. Was man von seiner Kompetenz verlangt, ist gerade diese synthetische Konklusion über die

---

[7] Experimente dieser Art, deren Zweck die Prüfung ist, ob und wieweit das spontane Verhalten den Normen entspricht, die sich aus der Wahrscheinlichkeitstheorie ergeben, werden oft als „Beweise" der mehr oder weniger gegebenen Gültigkeit der Wahrscheinlichkeitstheorie betrachtet (oder einer entsprechenden Theorie der Entscheidungen unter Bedingungen von Ungewißheit). Dies wäre richtig, wenn diese Theorie als eine empirisch-psychologische des effektiven Verhaltens auszulegen wäre: dann wäre sie aber etwas ganz anderes als das, womit wir uns befassen (*normative* Theorie für die *Kohärenz* des Verhaltens).
Viele Kritiken beruhen auf dieser Verwechslung (oder auf der Weigerung anzuerkennen, daß eine subjektivistische Theorie Kohärentes und Inkohärentes unterscheiden kann, anstatt sich auf eine einfache akritische empirische Beobachtung des Verhaltens, egal welches dieses sei, zu beschränken). Erfahrungen dieser Art sind auch von unserem Gesichtspunkt aus interessant, sowie ein Mathematiker Interesse daran haben kann, über die Ursachen verschiedener Arten von Fehlern, die Laien begehen, oder Schüler, oder Mathematiker selbst, nachzudenken. Jedoch nicht, um die Mathematik durch Einschluß dieser „Fehler" zu korrigieren, als ob diese Fehler, nur weil jemand sie behauptet hat, als Teil der psychologischen Wahrheit oder einer indiskriminierten Sammlung mathematischer Aussagen, die im Laufe der Geschichte der Menschheit gemacht wurden, übernommen werden *müßten*.

[8] C. J. GRAYSON, *Decisions under uncertainty: Drilling decisions by oil and gas operators*, Harvard Business School, 1960.

voraussichtlichen Wahrscheinlichkeiten der Bohrung vom geologischen Standpunkt aus.

Und in der Tat drückt sich der Geologe positiv aus, aber vorwiegend mit Adjektiven oder Sätzen äußerst unklarer Bedeutung (diskrete, oder gute, oder günstige, oder ungewisse, oder versprechende Perspektiven, mit eventuellen Beiwörtern wie viel oder nicht viel, oder genügend, oder einigermaßen, dazu womöglich vorsichtige Zusätze wie „abgesehen von Zufällen", „vielleicht", „schwer zu beurteilen", „nach meiner bescheidenen Meinung" ..., „Gott allein weiß"). Wirklich ernst zu nehmen ist nur eine zahlenmäßige Angabe der Wahrscheinlichkeit und es gibt Firmen, die dieses System auch übernommen haben. Man mag einwenden (und dieser Einwand ist häufig), daß die Kenntnis eines Geologen zu unklar ist, um in Zahlen ausgedrückt zu werden und zweifellos würde jemand, der behaupten wollte, die Wahrscheinlichkeit für das Vorhandensein von Erdöl an dieser Stelle wäre seiner Ansicht nach 0,1307594, Übereifer und wenig Verständnis zeigen. Aber selbst wenn er 0,131 oder 0,13 oder womöglich nur 10%–15% sagen würde, wäre dies immer noch besser als jene Adjektive, die zur eigenen Unbestimmtheit der Meinung noch die hinzufügen, die sich aus der Unzulänglichkeit der Sprache ergibt, und leider auch noch jene, die dem Wunsch entspringt, sich möglichst unverbindlich zu äußern, d.h. mehrdeutig, ohne daß dies zu sehr bemerkbar ist[9].

5.4. Es bleibt ein Problem: *wie kann man das Interesse des Sachverständigen* (in unserem Falle des Geologen) *dafür gewinnen, eine aufrichtige Antwort zu geben, seine Überzeugung wirklich und genau auszudrücken*– Diesem Problem (das Grayson im Sinne des „ersten Kriteriums" prüft, ohne zu einer befriedigenden Lösung zu kommen) scheint die hier vorgeschlagene Methode (des „zweiten Kriteriums") vollkommen zu entsprechen, da sie (wie Grayson dies fordert) gerade „a system to discourage falsification" ist. Für die praktische Anwendung würde es genügen, vertraglich festzulegen, daß ein bestimmter Teil des Honorars (kein unbedeutender und kein zu großer: man könnte an 5 bis 10% denken) einbehalten wird, bis das Ergebnis des Ereignisses bekannt ist; dann wäre der Strafbetrag abzuziehen (dessen

[9] Ich weiß nicht, wer scharfsinnig erklärt hat, daß oft die Kunst richtiger Voraussagen darin liegt, sie ungenau auszudrücken (Maxim auf Seite 213 der Anthologie von Good – siehe Zitat auf Seite 229, Anmerkung 2 – und in einem meiner Rezensions-Artikel, siehe „Civiltà delle macchine", 1963, Nr. 1, Seite 71–72). Wohlbekannt ist übrigens der Grenzfall der sibyllischen Voraussagen *(„Ibis, redibis ...")*.

oberes Extremum der einbehaltene Betrag wäre). Man könnte jedoch, wenigstens in gewissen Fällen (Sachverständige, die gewöhnlich und systematisch befragt werden, oder die fest angestellt sind), in „Punkten" ausgedrückte Strafbeträge für globale Vergleiche (der „Güte" der Erwartungen zweier beliebiger Subjekte auf Grund von Fällen, die beide geprüft haben) summieren, eventuell getrennt nach „Typen" von Problemen, nach Zeit, usw. und diesen dann für allgemeine Beurteilungen, Übertragung von Aufträgen, Beförderungen usw. Rechnung tragen. Als Erfahrung diene der folgende Fall.

5.5. *Prognosen sportlicher Ereignisse.* Wir beziehen uns auf Sportergebnisse, im besonderen Fußball, weil sie sich gut für systematische Experimente dieser Art eignen. Sie wiederholen sich tatsächlich regelmäßig (z. B. jeden Sonntag) in passender Anzahl, liefern klare Ergebnisse (beim Fußball: Sieg, Unentschieden oder Niederlage), die offiziell bestätigt werden, sind allen ziemlich vertraut und erlauben jedem, die gewünschten analytischen oder synthetischen Informationen aus Zeitungen zu entnehmen. Aber, abgesehen von dem Fehlen dieser oder jener der genannten formalen Charakteristiken die für die Wahl der sportlichen Bereiche sprechen, könnte man Prognosen über Ereignisse jeglicher Art betrachten (z. B. politische, wirtschaftliche, meteorologische, solche der Chronik, Kultur, Rechtswesen, Gesundheitswesen, Persönliches, Fragen von Betrieben usw.).

Es gibt, und dies ist wohlbekannt, prognostische Bewerbe (wie in Italien Totocalcio für Fußball und Totip für Pferderennen), doch beruhen diese auf dem Begriff der „Vorhersage", weil sie demjenigen eine Prämie geben, der alle (oder fast alle) *Ergebnisse erraten* hat. Es ist sogar zu betonen, daß das Sinnvolle des Systems durch die Norm verzerrt wird, den für Prämien verfügbaren Betrag unter den Siegern zu verteilen: damit werden nämlich wirklich die prämiert, die abwegige Ergebnisse angeben, die dann durch Zufall eintreffen, während derjenige, der die Ergebnisse angibt, die er vernünftigerweise für die wahrscheinlichsten hält, selbst wenn er gewinnt, nur einen kleinen oder sogar geradezu lächerlichen Betrag erhält, weil sich dann viele den Gewinn teilen[10]. Somit wäre die „rationalste" Art zu spielen, die, jene Prognose zu stellen, für die man nicht die größte Wahrscheinlichkeit

[10] Ich erinnere mich an einen tragischen Fall: Ein Mann starb vor Freude, als er erfuhr, daß er im Toto 13 gemacht hatte. Und es war ein Glück, denn sonst wäre er sicherlich am nächsten Tag vor Enttäuschung gestorben, weil der Gewinn lächerlich war (etwa 3000 Lire), weil die Resultate ganz regelmäßig und daher von vielen vorausgesehen worden waren.

des Eintretens annimmt, sondern die Wahrscheinlichkeit mal Erwartung des reziproken Wertes der Anzahl der spielenden Personen (weniger genau aber deutlicher: die Wahrscheinlichkeit dividiert durch die annehmbare Zahl der Personen). Entsprechend dem Geist der Erwartung (als Gegensatz zur Vorhersage) ist es das System der Wetten, dessen Vorzüge und Mängel bereits besprochen wurden. Das Schema, mit dem wir uns befassen, hat das Ziel, die Vorteile zu verbessern und die Mängel zu beseitigen, so daß bei Verbreitung dieses Systems die gewünschten Ergebnisse erreicht werden: nämlich die Entwicklung des Sinnes dafür, was eine Erwartung (nicht Vorhersage) ist, Entwicklung des Sinnes für die Zahlenskala, die sie ausdrückt, Entwicklung des Gefühls für die Umstände und Anpassung der eigenen Fähigkeiten. Und all dies in Form eines freundlichen Bewerbes, mit der Möglichkeit nachzudenken und dann die eigenen und fremden Erwartungen mit den Ergebnissen zu vergleichen. Über die „*spätere Weisheit*" werden wir jedoch aufmerksam nachdenken müssen. Wir sprechen davon noch in 9 und 10 dieses Kapitels und kommen auch in der Folge mehrfach darauf zurück.

5.6. Man könnte daran denken, einen Bewerb etwa in der folgenden (bereits, wenn auch nur im kleinen Rahmen, erprobten[11]) Weise durchzuführen. Die Teilnehmer müssen jede Woche ihre Erwartungen für die auf dem Programm stehenden Spiele abgeben; für jedes Spiel sind (in %) die Wahrscheinlichkeiten der drei Resultate (in der Ordnung: Sieg, Unentschieden, Niederlage) anzugeben, z.B. 50-30-20, 82-13-05, 32-36-32 usw. Auf Grund der Ergebnisse werden dann die Strafpunkte Spiel für Spiel berechnet, die Summen pro Tag (eventuell mit einer Tagesprämie), die weiteren Summen für die Endklassierung, die das Hauptziel sein soll und wofür die höchsten Prämien (wenn solche da sind) vergeben werden, welche – um beim Sinn der Darlegung zu bleiben – Komplemente zu den Strafpunkten sein müssen, d.h. *linear* abhängig[12].

[11] Zweimal, 1960–61 und 1961–62 an der Fakultät für Handel und Wirtschaft der Universität Rom. Teilnehmer jedes Jahr einige dreißig (Studenten und Lehrpersonal); Gegenstand, die 9 Spiele der Fußballmeisterschaft Serie A, jede Woche. Bemerkungen und Kommentare in B. DE FINETTI, *Does it make sense to speak of ‚good probability appraisers'?* in dem Band *The Scientist Speculates: An Anthology of partly-baked Ideas*, I. J. Good (Heinemann, London 1962). Ab 1966 wurde das Experiment wieder aufgenommen (an der Fakultät für Wissenschaften). Experimente dieser Art wurden in letzter Zeit auch in Amerika durchgeführt.

[12] Wenn z.B. (nach irgendeiner Regel) die „Letzten" von jeder Prämie ausgeschlossen sind, so haben diejenigen, die tief eingestuft sind, nicht nur kein Interesse mehr, ihre Bewertungen sorgfältig durchzuführen, sie haben viel eher Interesse daran riskante und vermutlich andere Prognosen zu stellen, als die besser Klassifizierten. Denn nur so können sie hoffen, sie wieder einzuholen und wieder zu einer Prämie zu kommen. Noch größer wäre die Versuchung, sich so zu verhalten, für jenen, der sich am vorletzten Tag an 2. Stelle befinden würde, wenn der 1. Preis sehr hoch wäre. Jedenfalls tritt diese Verzerrung der Interessen jedesmal auf, wenn man die *Linearität* aufgibt.
durchgeführt.

Höchst lehrreich ist die Erfahrung bezüglich der Notwendigkeit, die Erwartung nicht im Geiste der Vorhersage zu beurteilen. Es ist wahr, daß der volle Erfolg, ohne jegliche Strafpunkte, dann und nur dann erzielt wird, wenn man den Ereignissen, die eintreten, die gesamte Wahrscheinlichkeit, nämlich 100% zuschreibt; und darum gibt es etliche, die, vor allem am Anfang, voll erraten wollen und Bewertungen liefern, die die Ungewißheit ablehnen (d.h. 100-00-00 oder 00-100-00, oder 00-00-100, die im Fußballtoto den „Vorhersagen" „1", „*X*", „2" gleichzusetzen sind). Diese bemerken aber dann sehr bald, daß sie weit zurückbleiben – schon an den einzelnen Tagen, aber vor allem in der Gesamtwertung – hinter denen, die die Wahrscheinlichkeiten gleichmäßig verteilen, und dann beeilen sie sich, das befolgte Kriterium zu berichtigen.

Für weitere Bemerkungen kommen wir später auf dieses Beispiel zurück.

5.7. *Antworten auf Fragebogen.* In den „Quiz", aber auch bei Prüfungen (besonders in Amerika) wird man oft aufgefordert, unter einigen vorhandenen Antworten diejenige zu wählen, die man für die richtige hält. Das System kann unterschiedlich sein: Der Befragte kann aufgefordert werden, eine und nur eine Antwort zu geben, er kann die Möglichkeit haben, sich auch der Antwort zu enthalten, oder alle Antworten anzugeben, unter denen er sich nicht entscheiden kann, dann ev. nach Präferenzordnung. In jedem Fall wird in geeigneter Weise festgelegt, welche Punkte zu geben sind, je nachdem, wie man antwortet und welche die richtige Antwort ist. Ein Problem bildet die Forderung, die Teilnehmer vom „Guessing" oder „Ziehen" abzubringen (ein Problem, das oft umgangen wird, indem man sich darauf beschränkt, den mutmaßlichen Anteil des „Guessing" in der Masse statistisch zu schätzen).

Wenn man die Methode, von der wir sprechen, auch für die Antworten in einem Fragebogen verwendet, ist das Problem vollkommen gelöst[13]. Man beachte, daß es sich hier nicht um Ereignisse handelt, die in einem irgendwie als „objektiv" zu bezeichnenden Sinn „ungewiß" wären. Es ist ganz klar, daß, wenn man fragt, ob $A$ = Antonius, $B$ = Brutus oder $C$ = Cäsar den berühmten Ausspruch „Alea iacta est" getan hat, nicht ein Zeugnis oder eine Ansicht in Bezug auf die geschichtliche Wahrheit erwartet wird. Es geht einfach darum, ob der Befragte weiß, daß sich der Ausspruch auf Cäsar und das Überschreiten des Rubicon bezieht. Und so ist es mit der Frage, ob $\log x + \log y$ $A = (\log(x+y))$ oder $B = (\log xy)$ oder $C = (\log(e^x + e^y))$ ergibt. Oder ob $\sqrt{26}$ eine $A$ = rationale, $B$ = eine algebraische oder $C$ = eine

[13] Das System der Wetten könnte dagegen nicht angewandt werden. Jeder, der Zweifel zeigen würde, würde sicherlich gegen einen Bewerber (z.B. den Prüfer) verlieren, der die genaue Antwort kennt.

transzendente Zahl ist. Oder ob Napoleon bei Waterloo $A$ = gewonnen, $B$ = verloren oder $C$ = unentschieden erreicht hat. Oder ob sich die Stadt Bahia in $A$ = Argentinien, $B$ = Brasilien oder $C$ = Chile befindet. Und so weiter ... in allen diesen Fällen sind die Wahrscheinlichkeit, der Zweifel, die zu messen sind, allein von der Unkenntnis oder unsicheren Kenntnis oder der mangelhaften Erinnerung des Befragten abzuleiten.

Dessen ungeachtet ist die Situation in allen diesen Fällen nach jedem anderen Aspekt mit der der Prognosen für den Fußball identisch. Für das Subjekt, das urteilt, für denjenigen, der sich für seine Zweifel interessiert, ist nichts verändert. Es genügt zu bedenken, daß jemand die Fußballprognosen auch Sonntag abends stellen könnte, wenn die Tatsachen bereits der Vergangenheit angehören und allgemein bekannt sind, sofern er selbst davon weder Nachricht noch Indizien erhalten hat; oder auch ein Jahr später, wenn er sich an die Ergebnisse nicht mehr genau erinnert.

5.8. Auch die Annahme des im Falle der Fragebogen vorgeschlagenen Systems würde sich als lehrreich und erzieherisch ergeben, nicht nur wegen der allgemein gültigen Motive (zu lernen, den eigenen Geisteszustand in Zahlenwerten auszudrücken), sondern auch wegen der „Lehre", daß es (wenn richtige und nicht blöde Normen gelten) *zweckmäßig* ist, auch die eigenen Zweifel und Lücken mit größter Aufrichtigkeit und Genauigkeit anzugeben. Im Gegensatz hierzu verursachen blöde Normen (sowie blöde Gesetze) Unaufrichtigkeit, Zurückhaltung und jenen Komplex unaufrichtiger und dummer Haltung, die beschönigend als „schlau" bezeichnet wird. In unserem Falle fördern sie das „Guessing".

Auch für die Prüfer wäre es äußerst nützlich, über den, der etwas „kann" (z.B., der für Antonius 00%, Brutus 00% und Caesar 100% angibt) genaue und automatisch vom „guessing" gesäuberte Informationen zu haben und noch mehr, im einzelnen anhand genauer und bezeichnender Daten die Häufigkeit, Intensität und Natur der Zweifel analysieren zu können (möglicherweise in dem Bestreben, auf die Ursachen zurückzugehen und Abhilfe für eventuelle didaktische Mängel vorzuschlagen usw.), abgesehen von der Möglichkeit einer Kontrolle, mit welcher Genauigkeit die Bewertungen durchgeführt werden (nicht z.B., daß man einfach 50% zu 50% sagt, wenn zwischen zwei Alternativen Ungewißheit besteht). Wobei es natürlich auch weniger und mehr als drei Alternativen geben kann. Wir haben hier in den Beispielen drei Alternativen betrachtet, der Kürze halber, und um die Analogie zum Fußball zu wahren, sowie die Möglichkeit, uns die Lage immer in der Darstellung der Dreiecke in Abb. 3 und 4 vorstellen zu können.

5.9. *Anwendungen in der Wirtschaft.* Auf dem Gebiet der Wirtschaft ist die Bedeutung der Wahrscheinlichkeit in gewissem Sinne größer als in jedem anderen. Nicht nur, daß dort Ungewißheit herrscht, die Entwicklung der Tatsachen selbst hängt zum großen Teil vom Verhalten der Menschen ab, das wieder durch mehr oder weniger unbewußte und verworrene probabilistische Bewertungen und Argumentationen bestimmt wird. Und daher ist es gerade die Wahrscheinlichkeitstheorie im weitesten und unverfälschten Sinn, die man hier braucht (nicht jene Fragmente von Theorie, die bei „gleichen" Kugeln oder „stabilen" Häufigkeiten stehen bleiben).

Dieser Aspekt ist von T. Haavelmo in einem berühmten und kritischen Vortrag, den er als Präsident der Econometric Society[14] gehalten hat, klar und kompetent formuliert worden, indem er sagte, daß die subjektiven Erwartungen und Wahrscheinlichkeitsbewertungen „*im Geist der Personen Realitäten sind*" und der Hoffnung Ausdruck gab, „*daß geeignete Methoden gefunden würden, um ein effektives Maß dieser Daten zu erhalten*".

Ein anderer, für die Anwendung im Operations-Research besonders bedeutender Aspekt, ist die Möglichkeit, jene Wahrscheinlichkeitsbewertungen zu verwerten, die die Meinung des für die Entscheidungen Verantwortlichen (des *Decisionmakel*) darstellen sollen. Nur er wird z.B. in der Lage sein zu sagen, welche Wahrscheinlichkeiten er den verschiedenen Arten der Reaktion der unmittelbarsten Konkurrenten seiner eventuellen Entscheidungen zuschreibt. Aber wie soll man ihn fragen? Es sind indirekte Methoden notwendig, Fragen, was er unter hypothetischen Bedingungen vorziehen würde, und die so zu stellen wären, daß eine gegenseitige Integration und Kontrolle möglich wird. Es handelt sich um Mittel, die der geringen Übung, sich in probabilistischen Begriffen auszudrücken, abhelfen sollen und die

[14] TRYGVE HAAVELMO, *The role of the econometrician in the advancement of economic theory*, Presidential Address Meeting der Econometric Society, Philadelphia, 29. Dezember 1957, siehe „Econometrica", 26 (1958), 351–57.

Schwierigkeit wäre zu überwinden, wenn diese Übung allgemein erworben würde.

Und schließlich (um sich nicht zu sehr über andere Aspekte zu verbreiten[15]) sind noch die Anwendungen mehr theoretischer Art auf dem Gebiet ökonometrischer Modelle wichtig. Wie E. Malinvaud in seiner Abhandlung über statistische Methoden der Ökonometrie sagt[16], fordert die Rechtfertigung der Einführung zufälliger Modelle in der Ökonometrie seiner Ansicht nach einen Appell an die subjektiven Wahrscheinlichkeiten, weshalb „l'établissement d'une statistique subjectiviste qui reposerait sur le principe de Bayes" wünschenswert wäre (während die Forschungen in dieser Richtung noch nicht genug fortgeschritten sind, um, seiner Ansicht nach, jetzt schon eine systematische Anwendung zu erlauben, wie sie jedoch A. Zellner versucht).

## 6.
## *Unterstützende Kriterien für die Wahrscheinlichkeitsbewertung.*

Nachdem wir Sinn und Art der Wahrscheinlichkeitsbewertungen analysiert haben, zu denen ein Subjekt veranlaßt oder gezwungen sein kann, um sich über das zu orientieren, was geschehen kann, und um die notwendigen Entscheidungen vernünftig zu treffen, sind wir in der Lage – und es ergibt sich hierzu sogar die Notwendigkeit – das Problem der Bewertung in seinem wesentlichen Aspekt noch einmal neu zu betrachten, um nämlich zu sehen, ob die Aufgabe der Übertragung von mehr oder weniger unbestimmten Eindrücken und Ansichten in Zahlen nicht durch geeignete Hilfsmittel erleichtert werden könnte. Glücklicherweise ist dies der Fall.

Der glückliche Umstand liegt im allgemeinen in der Tatsache, daß in vielen Fällen der Wahrscheinlichkeitsrechnung, gewisse, von anderen abgeleitete Wahrscheinlichkeiten sich, unter oft spontanen Restriktionen, bei Variieren der ursprünglichen Wahrscheinlichkeiten, als sehr wenig variabel erweisen; so daß, wenn diese für ein gewisses

---

[15] Umso mehr, als ich dies kürzlich (wenn auch im mathematischen Sinne mäßig) behandelt habe, in *L'incertezza nell' economia*, Teil I, B. DE FINETTI und F. EMANUELLI, *Economia delle assicurazioni*, Band XVI, des *Trattato italiano di economia* von C. Arena und G. Del Vecchio, Utet, Turin, 1967.

[16] EDMOND MALINVAUD, *Méthodes statistiques dans l' économétrie*, Dunod, Paris 1964 (italienische Übersetzung in Vorbereitung, Verlag Utet).

Individuum unbestimmt sind, jene von ihm doch mit hinreichender Genauigkeit und Sicherheit bewertet werden können. Und so kommt es vor – und hier wollen wir inter-persönliche Fragen kaum streifen – daß oft verschiedene Individuen, obgleich sie von verschiedenen Ansichten ausgehen, in einem Ereignisfeld zu praktisch übereinstimmenden Erwartungen kommen.

Diesen allgemeinen Umstand wird man nach und nach und wiederholt wahrnehmen können, sowie wir weiter fortschreiten. Vorläufig sind wir erst in der Lage, die beiden unterstützenden Kriterien, die die größte und unmittelbarste Bedeutung haben, zu illustrieren (das erste in hinreichend erschöpfender Weise, das zweite in notwendigerweise oberflächlicher Form, weil es logisch auf Dingen aufbaut, auf die wir erst später stoßen).

## 7.
## *Einteilungen mit gleich wahrscheinlichen Ereignissen.*

7.1. Jede quantitative Messung wird leichter und genauer, wenn es möglich ist, sie auf qualitative Vergleiche zurückzuführen. Es ist z. B. viel leichter zu sagen, daß Tizio $^2/_9$, d. h. circa 22,2% einer Torte gegessen hat, wenn man weiß, daß sie in 18 sichtlich gleiche Stücke geteilt war, von denen er 4 erhalten hat, als unmittelbar 22,2% als Portion ohne andere Unterteilungen zu schätzen. Ebenso ist es selbstverständlich, daß wenn ich $n$ Ereignisse einer Einteilung für gleich wahrscheinlich halte, ich jedem einzelnen nur die Wahrscheinlichkeit $p = 1/n$ zuschreiben kann (weil die Summe dieser $n$ Summanden, die gleich $p$ sind, 1 ergeben muß). Urteile dieser Art sind recht häufig; es genügt, daß wir uns bezüglich unserer Information in einem Zustand der *Symmetrie* befinden, was man häufig, aber nicht notwendigerweise, auf einen Zustand der *Symmetrie* für gewisse physische oder jedenfalls äußere Umstände zurückführt, die wir als wesentliche und beachtliche Elemente unseres Informationszustandes betrachten.

Wenn wir eine Münze aufwerfen, sind wir im allgemeinen geneigt, beiden Seiten dieselbe Wahrscheinlichkeit, nämlich $\frac{1}{2}$, zuzuschreiben und ebenso jeweils die Wahrscheinlichkeit von $^1/_6$ für alle Punkte eines Würfels. Und wenn wir eine Urne mit $n$ Kugeln haben, so geben wir einem Zug die Wahrscheinlichkeit $1/n$ für jede einzelne Kugel. Und wenn wir dann wissen, daß $m$ weiße Kugeln vorhanden sind, können wir konsequent dem Ziehen einer weißen Kugel nur die Wahrscheinlichkeit $m/n$ geben. Dieses Urteil der Gleichwahrscheinlichkeit (in Bezug auf einen Wurf oder Zug; es wäre verfrüht, sich auf kompliziertere Fälle zu beziehen) spiegelt eine Situation der Symmetrie wieder, die oft objektiv dadurch näher bestimmt wird, daß man sagt, daß die Kugeln gleich und die Münzen und Würfel einwandfrei (physisch symmetrisch) sein müssen usw. Das Kriterium bleibt jedoch grundlegend subjektiv, weil die mehr oder weniger unbestimmte Wahl mehr oder weniger objektiver Requisiten, die in diesen Begriff der „Gleichheit" einzuschließen sind oder nicht, nur die subjektive Unterscheidung jedes Einzelnen zwischen Umständen, die auf seine Meinung Einfluß nehmen oder auch nicht, wiedergeben kann. Dies wurde genauer erklärt, um den Eindruck zu vermeiden, daß es sich bei Problemen dieser Gattung um eine andere Art von Wahrscheinlichkeit handeln könnte, die nicht subjektiv sondern objektiv wäre; es steht jedoch jedenfalls fest, daß dort im allgemeinen die Meinungen übereinstimmen (wenn die Übereinstimmung auch, wie wir sehen werden, weniger fest und bedingungslos ist, als man denken würde). Unabhängig davon, werden wir uns immer auf den Fall der Gleichwahrscheinlichkeit beziehen können (und hierbei stillschweigend annehmen) und sagen, daß dies einfach bedeutet, daß Du (oder irgendein Subjekt, von dem die Rede ist) den in Frage kommenden Wahrscheinlichkeiten denselben Wert zuschreibst.

7.2. Wir kehren zu unseren Beispielen zurück. Man beachte, wie wir mit Systemen dieser Art, und sei es nur das Ziehen aus einer Urne, leicht Beispiele für Ereignisse mit irgendeiner beliebigen Wahrscheinlichkeit schaffen können (genauer: mit irgendeinem rationalen Wert $m/n$). Will man sich z.B. in dieser Weise eine Vorstellung davon schaffen, wie groß eine in 2 oder 3 Dezimalen ausgedrückte Wahrscheinlichkeit ist (z.B. in % oder ‰), wie 13%, oder 13,2% (= 132‰), so genügt es, an eine Urne mit 100 Kugeln, darunter 13 weiße (bzw. 1000, davon 130 oder 132 weiße), zu denken. Ohne von Farben zu sprechen und uns die Mühe zu machen, deren Proportion jedesmal zu verändern, genügt es auch, sich zu denken, die Kugeln seien alle fortschreitend nummeriert (von 1 bis 100 oder von 1 bis 1000), um, wenn auch weniger suggestiv, sagen zu können, daß 13% die Wahrscheinlichkeit ist, nicht mehr als 13 zu ziehen (von 100, oder 130 von 1000 usw.).

Wenn Du die „Modelle" dieser „Skala" auswertest, wirst Du nun, wenn Dir dies einfacher erscheint, die Bewertung irgendeiner Wahrscheinlichkeit auf den Vergleich von Fällen dieser Art zurückführen und sowohl auf das Schema der Wetten als auf das der Strafpunkte vergessen können. Um die nach Deiner Ansicht vorhandene Wahrscheinlichkeit, an einer bestimmten Stelle Erdöl zu finden, in Zahlen auszudrücken, brauchst Du nur zu denken, wieviele von 1000 Kugeln in einer Urne weiß sein müßten, um die gleiche Wahrscheinlichkeit für den Zug einer weißen Kugel zu erhalten. Wenn Du glaubst, es müßten 131 sein, so heißt das, daß die Wahrscheinlichkeit, Erdöl zu finden, von Dir mit 13,1% beurteilt wird.

Es ist zweckmäßig, all dies formal auszudrücken:

THEOREM *Wenn die Ereignisse einer Einteilung als gleich wahrscheinlich beurteilt werden, so ist die Wahrscheinlichkeit jedes einzelnen* $1/n$ (wobei man mit $n$ ihre Anzahl ausdrückt) *und die Wahrscheinlichkeit eines Summenereignisses von* $m$ *unter ihnen ist* $m/n$. Nach einer nunmehr klassischen Formulierung pflegt man zu sagen, *die Wahrscheinlichkeit ist durch das Verhältnis der „Zahl der günstigen Fälle" (m) zu der „Zahl der möglichen Fälle" (n) gegeben.*

7.3. *Kriterium der Gegenüberstellung* (oder „Drittes Kriterium", nach den zweien in III, 3). Wenn man das Modell einer Einteilung mit $n$ Ereignissen, die gleich wahrscheinlich beurteilt werden (z. B. eine Urne), hat, so *kann die Wahrscheinlichkeit eines beliebigen Ereignisses E durch Gegenüberstellung zu Ereignissen,* die auf dieser Einteilung *(als Summen) konstruiert wurden, mit einem Fehler, der kleiner ist als* $1/n$, *bewertet werden.* In der Tat wird eine Summe von $m$ und eine von $m+1$ unter den Ereignissen mit der Wahrscheinlichkeit $1/n$, es seien dies die $E_m$ oder $E_{m+1}$, für die man $\mathbf{P}(E_m) \leqq \mathbf{P}(E) \leqq \mathbf{P}(E_{m+1})$ beurteilt, genügen und $m/n$ wird $\leqq \mathbf{P}(E) \leqq (m+1)/n$ sein. Um die Gegenüberstellung operativ zu machen, genügt es, sie dadurch auszudrücken, daß man sagt, daß Du lieber eine Lira erhältst, wenn $E$ eintritt, als wenn $E_m$ eintritt (jedoch umgekehrt, wenn die Gegenüberstellung zu $E_{m+1}$ erfolgt): so scheint auch die subjektive Bedeutung wieder auf, die, solange man abstrakt von „Gegenüberstellung" sprach, ohne diese näher zu erklären, im Dunkel blieb.

Wir wollen viele Bemerkungen, die wir hier machen könnten, wenn sie nicht zu übertriebenen und teilweise verfrühten Abschweifungen führen würden, bei den historisch-kritischen Hinweisen (am Schluß des Anhanges) bringen.

Indem wir uns auf wenige wesentliche nähere Angaben beschränken, werden wir sagen, daß die auf Symmetrien gegründeten Bewertungen im allgemeinen als Basis für Probleme des Glückspieles, des Ziehens aus einer Urne, der Lotterie, des Würfelns usw. anerkannt werden, wobei man häufig als „gleich wahrscheinliche Fälle" nicht elementare Resultate (sowie die Augenzahl mit einem gewissen Würfel beim nächsten Versuch, oder die „gezogene Nummer" einer gegebenen Lottoziehung am nächsten Samstag) nimmt, sondern „kombinierte" Ergebnisse" (wie die $6^{10}$ Folgen der Augenzahlen mit einem Würfel und 10 aufeinanderfolgenden Würfen, oder die 90!/85! Quinten beim Lotto, oder die 90! Permutationen bei einer vollständigen Ziehung aller 90 Nummern der Tombola usw.). Man erinnere sich an die Bemerkung (IV, 10.3), auf welche diese Vorgangsweise zurückgeht.

7.4. Beachten wir anderseits, daß die „Symmetrie"-Betrachtungen nicht nur in Beispielen von Spielen sondern in jeglichem praktischen Problem als Leitfaden dienen können. Welche z. B. unsere Bewertungen für die Wahrscheinlichkeiten mehr oder weniger hoher Sommertemperaturen sind, wenn wir uns nach der Wahrscheinlichkeit fragen, welche die Höchsttemperaturen (an einem bestimmten Ort) in drei aufeinanderfolgenden Jahren ergeben haben:

– wachsender Verlauf (Type 1-2-3, wobei schematisch mit 1, 2, 3 die drei Temperaturen in wachsender Ordnung angegeben werden),

– oder fallend (3-2-1),

– oder mit einem Maximum im mittleren Jahr (Type 1-3-2 oder 2-3-1) oder schließlich mit einem Minimum in diesem (2-1-3 oder 3-1-2), unter gewissen Bedingungen wird es uns wohl natürlich erscheinen können, jedem Verlauf dieselbe Wahrscheinlichkeit ($^1/_6$) zuzuschreiben.

BEISPIELE: A. *Zu- und Abnahmen in der landwirtschaftlichen Produktion.* Hier ist ein (wahres!) Beispiel einer trügerischen Analyse, gestützt auf die Feststellung, daß (im Einklang mit den vorigen Angaben) der Vergleich der landwirtschaftlichen Produktion in sukzessiven Jahren etwa eine doppelte Anzahl von *Inversionstendenzen* gegenüber *Permanenzen* zeigte (d.h. doppelt so oft Abnahme nach Zunahme und umgekehrt im Vergleich zu Wiederholungen von Ab- und Zunahme). Ein Agrarwissenschaftler entnahm daraus ein Argument zur Stärkung der These einer alternierenden Tendenz guter und schlechter Jahre und es bedurfte eines Statistikers, um den Irrtum zu berichtigen.

B. *Verbesserung eines Rekords.* Sei es in Bezug auf Temperaturen, oder landwirtschaftliche Produktion, oder auch Ergebnisse in einem gewissen sportlichen Wettbewerb, der jährlich stattfindet, z.B. bestes Ergebnis im Diskuswerfen bei nationalen Meisterschaften (wenn immer dieselben Hypothesen gelten würden, d.h. wenn es keine Ursachen eines Fortschrittes infolge besserer Vorbereitung, genauerer Auswahl usw. geben würde), kann man Probleme stellen wie: – wie groß ist die Wahrscheinlichkeit, daß im $n$-ten Jahr (der Durchführung des Bewerbes, der Aufzeichnung der Temperatur usw.) ein neuer Rekord aufgestellt wird? (Antwort: $1/n$); – daß der Rekord das erste mal (nach dem 1. Jahr) geschlagen wird? – (Antwort $1/n(n-1)$); daß der vorhergehende Rekord seit $h$ Jahren festliegt ($h = n-1, n-2, \ldots, 3, 2, 1$)? (Antwort: $1/(n-1)$ für jedes h); welche ist die Erwartung der Anzahl der Verbesserungen innerhalb der ersten Jahre (Antwort: $\sum(1/h)(1 < h \leqq n) \cong \log n$); – und die Erwartung der Dauer bis zur nächsten Verbesserung? (Antwort: $+\infty$). Zur Übung: Antworten nachprüfen und sich andere Fragen stellen (leicht zu vervielfältigen und immer lehrreich, wenn auch nicht immer leicht zu lösen).

## 8. *Die Erwartung einer Häufigkeit.*

8.1. Wenn wir Ereignisse $E_1, E_2, \ldots, E_n$ betrachten, kann es sein, daß wir sicher wissen, welche die Anzahl der Erfolge $Y = E_1 + E_2 + \ldots + E_n$ sein muß (oder, in äquivalenter Form, die Häufigkeit $Y/n$): es sei $Y = y$, d.h. $Y/n = y/n$. Es ist klar (und siehe Kap. III, 10.3), daß die $p_i = \mathbf{P}(E_i)$ die Summe $y$ haben müssen (d.h.: als arithmetisches Mittel $y/n$); wenn man im besonderen die $E_i$ für gleich wahrscheinlich hält, $p_i = p$, so muß $p = y/n$ sein (Wahrscheinlichkeit = sichere Häufigkeit; für $y = 1$ hat man den vorigen Fall einer Einteilung). Aber die Relation besteht auch weiterhin, wenn die Häufigkeit nicht sicher ist, wenn man sie mit ihrer Erwartung ersetzt: *die Summe der Wahrscheinlichkeiten muß gleich der Erwartung der Anzahl der Erfolge sein*, d.h., indem man durch $n$ dividiert, erhält man das

THEOREM: *Das arithmetische Mittel der Wahrscheinlichkeit muß gleich der Erwartung der Häufigkeit sein*:

$$(11) \qquad (p_1 + p_2 + \ldots + p_n)/n = \mathbf{P}(Y/n) = \mathbf{P}(Y)/n.$$

Wenn man in besonderen *die $E_i$ für gleich wahrscheinlich hält*, $p_i = p$, ergibt sich $p = \mathbf{P}(Y/n) = \mathbf{P}(Y)/n$: *die (allen Ereignissen gemeinsame) Wahrscheinlichkeit ist gleich der Erwartung der Häufigkeit.*

8.2. Um dieses Theorem korrekt zu verwerten, muß man sich vollständig darüber im klaren sein, daß es eine Banalität ist; sonst besteht die Gefahr, daß man darunter wer weiß was versteht. Man beachte inzwischen, daß die $E_i$ irgendwelche, beliebig verschiedenartige Ereignisse sein können, so daß die Zahl der Erfolge im Addieren bestehen wird, z.B. Erfolg bei einer Prüfung, Erfolg der beliebtesten Mannschaft bei der Fußballmeisterschaft, „Grün" bei einer Verkehrsampel, zweimal 6 Augen mit zwei Würfeln, und was immer man sich noch an ebenso verschiedenartigen Dingen denken will. Das „Theorem" ist eine Identität: es bindet uns überhaupt nicht, abgesehen davon, daß es uns sagt, daß dasselbe, auf zweierlei Arten ausgedrückt, immer noch dasselbe ist (ungefähr wie die Summe einer Tabelle bei doppelter Buchhaltung nach Zeilen und nach Kolonnen).

Nun: *gerade das und nichts anderes muß der Wert irgendeines Theorems in der Wahrscheinlichkeitsrechnung sein: uns aufmerksam zu machen, wenn wir dieselbe Bewertung auf zwei verschiedenen Wegen durchführen und zu verschiedenen Konklusionen gelangen und uns in diesem Fall zu veranlassen, die Dinge zu überdenken und zu berichtigen, indem wir die eine oder die andere Konklusion modifizieren.*

Es gibt keine *Einbahn*: wir haben nicht auf der einen Seite das, was bereits feststeht und auf der anderen das, was „abgeleitet" wird, wir haben auf beiden Seiten Bewertungen, die übereinstimmen müssen und wenn sie nicht übereinstimmen, werden sie berichtigt. Wie? Im allgemeinen erscheint eine der Bewertungen unmittelbarer und man wird dann bemüht sein, eher die andere zu ändern, doch muß man vorurteilsfrei überlegen, weil dieser Schein trügen könnte.

8.3. Indem wir nun zu unserem Fall kommen, wirst Du feststellen können, daß die Wahrscheinlichkeiten, sowie Du sie bewertet hast, zusammengezählt – sagen wir – einen Wert betragen, der höher ist, als die Anzahl der Erfolge, die Dir als Erwartung $\mathbf{P}(Y)$ vernünftig erscheint. Dann wirst Du Dich fragen: „Habe ich also den $p_i$ im Mittel zu hohe Werte zugeschrieben, oder habe ich die Werte, die die Zahl der Erfolge $Y$ annehmen kann, nämlich die Häufigkeit $Y/n$, zu niedrig geschätzt?" Im Falle verschiedenartiger Ereignisse ist dies schwer zu sagen. Wenn die Ereignisse aber analog sind und besonders, wenn wir für andere, bereits beobachtete analoge Ereignisse schon die Häufigkeiten kennen, kommt es oft vor, daß das Vertrauen in eine Erwartung der künftigen Häufigkeit überwiegt, die unter der Voraussetzung beurteilt wurde, daß sie ähnlich der schon beobachteten ausfallen müßte.

Warum? Wir werden dies erst später sehen (Kap. XI). Tatsache ist jedenfalls, daß, auch ohne auf die Ursachen der Ursachen zurückzugehen, allen die Auffassung eher natürlich erscheint, daß die Häufigkeit, mit der Ereignisse eintreten, die man als „analog" einzuteilen pflegt, ziemlich stabil ist. Vielleicht nimmt man dies heute auch infolge zu vereinfachender und apodiktischer Formulierungen, die unter vielen Verfechtern der Statistik stark en vogue sind, zu sehr an; aber es gibt eine unverfälschte Grundlage, weil man sie auch bei unverdorbenen Laien vorfindet (die z.B. staunen, wenn gewisse Phänomene sich innerhalb einer gewissen Zeit mit ungewöhnlicher Häufigkeit wiederholen). Nehmen wir dies so hin.

Im besonderen wird es sich, wenn die Analogie zwischen betrachteten Ereignissen derart ist, daß sie als gleich wahrscheinlich beurteilt werden, ergeben, daß ihre Wahrscheinlichkeit $p$ auf Grund einer Häufigkeit $f$ bewertet werden wird, die anhand analoger Ereignisse, die in der Vergangenheit beobachtet wurden, erhoben wurde, wobei $p$ nahe bei $f$ liegen wird. Und man beachte wohl, wie daher außer der Erwartung einer Häufigkeit *auch in diesem Falle ein Urteil gleicher Wahrscheinlichkeit notwendig ist*, um zu einer Bewertung zu gelangen[17].

8.4. *Einige Beispiele.* Die Statistiken beweisen, daß unter den lebend geborenen Kindern der Prozentsatz, oder die Häufigkeit der männlichen immer bei 51,7% liegt (also etwas mehr männliche als weibliche Kinder); daß die Häufigkeit der Todesfälle im ersten Lebensjahr (bzw. entsprechend den italienischen Eintragungen von 1950–1953 und 1954–1957) bei 67,5‰ und 54,9‰ für Jungen und bei 58,8‰ und 46,7‰ für Mädchen betrug. Daß die Häufigkeit der Todesfälle infolge von Tumoren (jährlich) in Italien insgesamt 1960 1,51‰ betrug, nach Altersgruppen waren es jedoch

| Alter | 0–5 | 5–25 | 25–55 | 55–75 | über 75 |
|---|---|---|---|---|---|
| | 0,13‰ | 0,09‰ | 0,78‰ | 5,24‰ | 11,31‰ |

und, nach Gegenden (jedoch ohne Alterstrennung) unterschieden, variiert die Zahl von 2,20‰ in Ligurien, 2,10‰ in Toscana usw. bis zu 0,89‰ in Pulien und 0,73‰ in Basilicata und Calabrien. Und – um etwas anderes zu nehmen – die Ergebnisse der Fußballpartien verteilen sich mit den Häufigkeiten von etwa 50% Siegen (auf dem eigenen Platz), 30% unentschieden und 20% Niederlagen.

---

[17] Dies wird oft übersehen, denn wenn man z. B. generisch sagt: „Wahrscheinlichkeit des männlichen Geschlechtes für einen Neugeborenen", weist man nicht einmal darauf hin, daß es sich um irgendeines einer schlecht definierten Unendlichkeit von Ereignissen handelt, von denen stillschweigend angenommen wird, sie seien alle als gleich wahrscheinlich zu betrachten.

Wollen wir annehmen, daß diese Häufigkeiten so bleiben, so könnten wir sie universell als Wahrscheinlichkeiten für analoge aktuelle oder künftige Fälle annehmen, oder zumindest die Wahrscheinlichkeit der einzelnen Fälle so bewerten, daß sie dem arithmetischen Mittel entspricht. Jedoch ...

8.5. *Forderung von Realismus.* Obwohl die obigen Betrachtungen mit einer gewissen Vorsicht ausgesprochen wurden (die vielleicht übertrieben oder abwegig erscheinen mag, wenn jemand Darstellungen anderer Art gewohnt ist), ist es unerläßlich, noch und sofort einige weitere Bemerkungen und Empfehlungen hinzuzufügen, um zu dieser Vorsicht zu mahnen. Versuchen wir, da wir weiterkommen wollen, alles in drei Fragen zu konzentrieren.

8.6. *Erstens.* Ist es, in realistischen Fällen, gerechtfertigt, allen Ereignissen eines gewissen Typus dieselben Wahrscheinlichkeiten zuzuschreiben? Diese Frage ist indifferent auf beide Kriterien anzuwenden (symmetrische Teilung, Häufigkeit). Wir müssen jedoch voraussetzen, daß sie sinnlos ist, wenn man nicht bedenkt, daß die Wahrscheinlichkeit nicht das Ereignis als *äußere Tatsache* betrifft, wohl aber Deinen diesbezüglichen Informationszustand und die Erwartungen, die Du davon ableitest. Du wirst die Wahrscheinlichkeit des Erfolges bei einer gegebenen Prüfung von einem Studenten zum anderen anders bewerten, wenn Du von jedem die Eigenschaften, die früheren Erfolge und den Grad der Vorbereitung kennst, aber auch dann wirst Du, wenn Du die Studenten nur vom Sehen kennst, und nun die Wahrscheinlichkeiten nach Namen angeben sollst, alle gleich bewerten (und umgekehrt). So werden die Wahrscheinlichkeiten der verschiedenen Resultate der für einen bestimmten Tag vorgesehenen Fußballspiele anders sein, wenn Du die Stärke der Mannschaften kennst und für jedes einzelne Spiel eine Erwartung ausdrücken kannst. Wenn Du aber eine Tabelle ausfüllen solltest und wohl wüßtest, welche Spiele eingetragen sind, aber nicht wüßtest, in welcher Reihenfolge, so könntest Du nur allen gleiche Wahrscheinlichkeiten geben (Mittelwert derer der einzelnen früheren Spiele), z. B. 40-20-40, wenn etwa bei der Hälfte der Spiele die Mannschaften auf dem eigenen Platz der besseren Klasse angehören und Favoriten sind. Und wenn Du schließlich ausfüllen müßtest, und nicht einmal wüßtest, welche Spiele auf dem Programm stehen, müßtest Du mittlere Standard-Wahrscheinlichkeiten geben,

z. B. 50-30-20. Auch in dem eher abgeschwächten Fall, in dem z. B. eine von 90 gleichen Kugeln (mit den Nummern 1–90) zu ziehen wäre, würde die Gleichheit nicht bestehen, wenn man die Stellung jeder einzelnen Kugel in der Urne oder im Sack im Augenblick vor dem Zug kennen würde (Du könntest z. B. wissen oder annehmen, daß derjenige, der die Kugel zieht, die Gewohnheit hat, öfters oben, oder links usw. zu ziehen und damit könntest Du die Wahrscheinlichkeiten verschieden beurteilen).

8.7. *Zweitens.* Wenn ich eine Häufigkeit verwerten will, auf welche soll ich mich stützen? Wenn das Ereignis *E*, das Dich interessiert, gegeben ist, wirst Du tatsächlich sehr willkürlich Klassen von in verschiedenem Sinne bereits beobachteten Ereignissen, die diesem mehr oder weniger ähnlich sind, wählen, und jede ergibt eine andere Häufigkeit.

Wenn es sich z. B. darum handelt, das Leben eines bestimmten Individuums zu versichern (der Einfachheit halber: Auszahlung eines Kapitals innerhalb eines Jahres im Fall des Todes): wie sollen wir die „Prämie" festsetzen d. h. (abgesehen von der Steigerung, oder „Belastung" – für Spesen usw.) die Wahrscheinlichkeit eines Todes (innerhalb eines Jahres)? Wir können die Statistiken der Todesfälle für Personen aus derselben Gegend nachprüfen (oder der Provinz, der Gemeinde, des Stadtteils usw.), desselben Alters (oder Geschlechtes, oder des Familienstandes usw.), eines Berufes (oder Einkünfte, oder Studiengattung usw.), gleicher physischer Konstitution (Größe, Gewicht, usw.), gleichen Namens, gleichen Anfangsbuchstabens des Vornamens, Hausnummer, Geburtsmonat usw. und dann können wir in jeder möglichen Weise diese und irgendwelche anderen Charakteristiken kombinieren. Jede Eingruppierung wird eine andere Häufigkeit ergeben, und das erfordert eine umsichtige und nicht mechanische Ableitung der Bewertung, wobei *den* Klassifikationen Rechnung zu tragen ist, die rational mit dem Phänomen in Verbindung stehen (wie das Alter) und nicht anderen (wie dem Namen). Das „Rationale" wird nicht nur das *ob* und das *wieviel* des Einflusses dieses oder jenen Umstandes betreffen, sondern auch *die Art*. Wenn es z. B. (aus generischen Gründen und bestätigter und gefestigter Erfahrung) vernünftig erscheint, zu denken, daß die Sterblichkeit mit dem Alter zunehmend variiert (abgesehen von Kindersterblichkeit), so wird man sich veranlaßt sehen, diesen Verlauf bei der Bewertung der Wahrscheinlichkeit der Todesfälle auch bei einem Land, dessen neuere Statistiken in sukzessiven Jahren Schwankungen (Zick-Zack-Verlauf) gezeigt hätten, in der unmittelbaren Zukunft zu berücksichtigen. Man würde Verfahren des „*Ausgleichens*" (oder Glättens, *smoothing*) anwenden und sich dabei bemühen, im Großen die Formen beizubehalten, die man für bezeichnend hält und das zu beseitigen, was als irreführende Störung erscheint.

Man würde dann immer noch auf den früheren Aspekt der individuellen Unterschiede stoßen (für die sich die Versicherungsgesellschaften auf die Ergebnisse ärztlicher Untersuchungen stützen).

Der Umstand ist allgemein und die Beispiele kann jedermann ohne Mühe vervielfältigen. Wir wollen nur eines hinzufügen, das beweist, wie die Differenzierung der Häufigkeiten infolge geeigneter Unterteilungen auch in den Fällen bezeichnend sein kann, wo die Idee einer in Bezug auf jeden Umstand unveränderliche Wahrscheinlichkeit am besten gefestigt erscheinen würde. Es schien, daß die Wahrscheinlichkeit, daß ein Neugeborener männlichen Geschlechts sei, infolge der praktisch absoluten Unveränderlichkeit der Häufigkeit nach Zeit, Rasse und Land keinerlei Perspektiven einer Differenzierung auf Grund der Häufigkeiten irgendwie ausgewählter Statistiken bieten würde. Es haben die Forschungen von Gini (nach den Angaben von Geissler bezüglich des Landes Sachsen, 1876–1885) jedoch eine Differenzierung nach Familien ergeben: die Fälle von besonders viel männlichen oder relativ besonders viel weiblichen Kindern sind zu zahlreich, um ganz „dem Zufall" zugeschrieben werden zu können[18]. Es ist anzunehmen, daß man in jedem Fall Differenzierungen finden würde, wenn es gelingen könnte, geeignete Merkmale für die Klassifizierung zu finden. Während es umgekehrt selbstverständlich ist, daß für denjenigen, der nicht fähig ist, bezeichnende Merkmale festzustellen, jede Menge von Fällen automatisch gleichförmig erscheint (auch wenn sie es für den, der die Merkmale findet, nicht wären).

8.8. *Drittens.* Ist es gerechtfertigt, zu erwarten, daß die Häufigkeit gewahrt bleibt? Bereits die Bemerkungen zur zweiten Frage haben zum Nachdenken über die Verschiedenheit der Häufigkeit in Untergruppen

[18] C. GINI, *Il sesso dal punto di vista statistico*, Sandron, 1908, Kap. X: „Die individuelle Variabilität in der Tendenz, beide Geschlechter zu erzeugen", (Seiten 371–93). Ich weiß nicht, ob es hierüber neuere Forschungen und Bestätigungen gibt. Jedenfalls interessiert hier mehr die Schlußfolgerung als die Tatsache.

veranlaßt (z. B. Tatsachen, die Personen nach Altersgruppen, Gegenden usw. betreffen), ohne die individuellen Unterschiede zu nennen (über die in der ersten Frage diskutiert wurde). Die Stabilität aller dieser Häufigkeiten ist eine Hypothese, die mit der Variabilität der Kompositionen in Untergruppen unvereinbar ist (z. B. der Bevölkerung nach Alter, Gegend usw.). Praktisch kann man im allgemeinen annehmen, daß eine langsame Modifizierung in der Komposition vorhanden ist, weshalb die Unvereinbarkeit in nicht allzulangen Zeiträumen nicht augenscheinlich ist, aber logisch (und in anderen Fällen auch praktisch) besteht der Einwand zu vollem Recht. Anderseits kann es, abgesehen davon, auch Ursachen von Variationen durch Entwicklung der Lage geben, und dies ist gewöhnlich der Fall. Z. B., was die Sterblichkeit anbelangt, im letzten Jahrhundert die beachtlichen Fortschritte der Hygiene, der Medizin, der Lebenshaltung usw. mit daraus folgenden fortschreitenden starken Abnahmen der Sterblichkeit (das sieht man auch aus den wenigen Beispielen für die beiden nahen Zeitabschnitte wie 1950–1953 und 1954–1957). Für eine Wahrscheinlichkeitsbewertung für die Zukunft könnte also eine Extrapolation der Verbesserung vernünftiger erscheinen, als sich auf die Hypothese der Bewahrung des gegenwärtigen Niveaus zu stützen[19]. Jedenfalls ergibt sich die Gültigkeit der „Stabilität der Häufigkeit" als statistisches und probabilistisches Prinzip als völlig illusorisch und unbegründet.

Ähnliche Betrachtungen können auf jedem Gebiet angestellt werden. Stärker variabel sind natürlich die Häufigkeiten von Autounfällen und ähnlichen Tatsachen, die mit der technischen und wirtschaftlichen Entwicklung zusammenhängen. Im Falle des Fußballes können die Entwicklung der taktischen Spielsysteme und andere Tatsachen den Einfluß des „Faktors eigener Platz" abändern, und somit die Wahrscheinlichkeiten der drei Resultate. Oder die Häufigkeiten könnten, ohne irgendeine Veränderung dieser Art, dadurch anders ausfallen, daß das Gleichgewicht zwischen den Mannschaften verändert würde[20].

---

[19] Diese Fragen sind auch mit Bezug auf das Gerichtswesen besprochen worden, siehe R. D. CLARKE, *The Concept of Probability*, J. Inst. Actuaries, 1954.

[20] Wenn z. B. die Hälfte dieser Mannschaften soviel stärker wären, daß sie sicher gewinnen müßten, so hätten die Hälfte der Spiele das zugeschriebene Ergebnis. Würde man für die andere Hälfte die Häufigkeiten 50-30-20 bewahren, so würde man in der Gesamtheit die Häufigkeiten 50-15-35 erhalten (halbe Summe von 50-00-50 und 50-30-20).

## 9.
## *Häufigkeit und „späte Weisheit".*

9.1. Wir wiederholen eine Bemerkung, um einem bereits erwähnten Mißverständnis vorzubeugen, das im Falle der Erwartungen von Häufigkeiten besonders beachtlich ist.

Die *Erwartungen sind keine Vorhersagen*, und somit hat es keinen Sinn, die Erwartungen mit den Ergebnissen zu vergleichen, um zu besprechen, ob sie „bestätigt" oder „dementiert" wurden, als ob es Sinn hätte, sich mit der „späten Weisheit" zu fragen, ob sie „richtig" oder „falsch" waren. Auch bei den Häufigkeiten handelt es sich immer um Erwartungen und nicht um Vorhersagen. Es handelt sich um Erwartungen, in einem gegebenen Zustand der Information ausgesprochen, die man nicht nach der „späten Weisheit" beurteilen kann, wenn die Information eine andere ist (bezüglich der Erwartung ist sie sogar vollständig: die Ungewißheit, deren Bewertung nun diskutiert werden soll, ist ja nicht mehr vorhanden). Man könnte nur dann von „Fehlern" der Erwartung sprechen, wenn man Mängel bemerken würde, die man bereits früher hätte beseitigen können und müssen, als noch der ursprüngliche Informationsgrad gegeben war (wie Rechenfehler, Übersehen von bereits bekannten Dingen und ähnliches).

Es ist jedoch ein gewisses Widerstreben, diese, wenn auch selbstverständlichen Erklärungen anzunehmen, verständlich, weil sie scheinbar implizieren, daß die Möglichkeit, Erfahrungen für die Zukunft auszuwerten, versperrt wird. Das ist jedoch nicht so, aber es ist etwas anderes als eine „Korrektur der vorigen Bewertung". Man muß darauf bestehen, daß diese Formulierung falsch ist, auch wenn sie vielleicht oft nur eine nebulose Form darstellt, eine tatsächliche Forderung auszudrücken. Aber es handelt sich nicht um eine harmlose Ungenauigkeit, da sie die Termini der Frage entstellt und dadurch unentwirrbare Unordnung und Unklarheit schafft.

Man muß gut klarstellen, daß, wenn man auf Grund beobachteter Tatsachen und im besonderen beobachteter Häufigkeiten neue und unterschiedliche Erwartungen für künftige Ereignisse, oder jedenfalls solche, deren Ergebnis noch nicht bekannt ist, formuliert, es sich nicht um eine *Korrektur* handelt, sondern um eine neue Bewertung, die *kohärent zur vorhergehenden* – mit Hilfe der Bayes'schen Formel – die Kenntnis der neuen Ergebnisse verwertet, die den Informationsgrad bereichern, und Bewertungen ableitet, *die diesem neuen Informa-*

*tionsgrad entsprechen*. Und für den, der sie bewertet (für Dich, für mich, für einen Dritten) sind sie jetzt ebenso richtig wie es die früheren *damals* waren. Es liegt kein Widerspruch darin, daß ich sage, daß meine Uhr genau geht, weil sie jetzt auf 22.05 steht, und doch behaupte, daß sie auch vor vier Stunden richtig ging, obwohl sie damals 18.05 anzeigte.

9.2. Unterscheidungen und Erörterungen dieser Art, die, wenn sie abstrakt durchgeführt und auf einfache Sätze reduziert werden, müßig erscheinen können, erwerben nicht nur in der theoretischen und mathematischen Konstruktion der Wahrscheinlichkeitstheorie konkrete Bedeutung, sie enthalten auch Implikationen, die von allen, auch von denen, die an Problemen dieser Art kein Interesse haben, aufmerksam überdacht werden sollten.

Der Sinn in welchem jener Ausdruck von „später Weisheit" aufzufassen ist, scheint nicht eindeutig einer Haltung zu entsprechen, die mit den obigen Betrachtungen im Einklang steht oder nicht. Vielfach ist er entstellt und entgegengesetzt. Das ist der Fall, wenn dieser Ausspruch als Tadel für den gebraucht wird, der zu spät bemerkt oder zugibt, sich geirrt zu haben, als Tadel, nicht früher daran gedacht zu haben, etwa um zu sagen „*tu l'as voulu* ...". Und es ist nicht gesagt, daß es nicht Situationen gibt, in denen ein solcher Tadel begründet ist: oft macht jemand einen Fehler, weil er nicht nachgedacht hat, oder weil er zu wenig nachgedacht hat, oder weil er, nachdem er nachgedacht hat. der Versuchung, den Fehler zu machen, nicht widerstehen konnte, obwohl er wußte, daß es ein Fehler war.

Oft aber gibt es den Tadel ohne jede Schuld, außer der, kein Wahrsager zu sein. Oft scheint fast als „Realismus" ausgegeben zu werden, daß man nach den Ergebnissen urteilt, daß man meint, daß das Maß der Verdienste *durch die Erfolge* bestätigt wird, und man übergeht das *wenn* und *aber* als unwichtig. Gewiß, unwichtig in Bezug auf die Tatsachen, die kein *wenn* und *aber* auslöschen, verändern oder abändern kann. Die Tatsachen erlauben keinen Einspruch. Aber etwas anderes ist *das Urteil über die Tatsachen, die Bewertung der Verantwortung, die Wertschätzung oder Kritik für das Werk jedes einzelnen*. In dieser Hinsicht ist das Urteil der Tatsachen doch einspruchsfähig, es hat sogar überhaupt keinen Wert. Oder nur insoweit, als es dazu beiträgt, die Gesamtheit der wenn und aber besser zu erkennen, die allein ein sinnvolles Urteil über das Geleistete erlauben, *d.h. in der Handlung und in der Situation und in dem Zustand der Information in denen gehandelt wurde, Augenblick für Augenblick.*

Es wäre vielleicht übertrieben zu sagen, daß aus diesen Gründen jede Unterscheidung zwischen, z.B. Mord und versuchtem Mord abgeschafft würde. Manchmal kann das „Verfehlen" tatsächlich ein Indiz einer geringeren Absicht zu töten sein. Wenn es aber vom Wunderwerk eines Chirurgen abhängt, welches Verdienst oder welche geringere Schuld hat der Mörder? Hierauf will ich jedoch nicht näher eingehen, da die juristischen Aspekte mir entgehen.

Eher sicher zu kritisieren erscheint mir das Übel, jemand zu tadeln, den man als Sündenbock für das gewählt hat, was schief gegangen ist. Abgesehen von der Ungerechtigkeit ist dies ein System, das veranlaßt, jede Verantwortung zu scheuen, so daß alles möglichst schlecht verläuft. Wer korrekt und sinnvoll gehandelt hat, darf nicht getadelt werden, weil das Ergebnis durch Zufall kein glückliches war.
Wer (nicht böswillig) gefehlt hat, kann aufgefordert werden, diese Erfahrung auszunützen und vorsichtiger zu sein. Dagegen aber sind alle zu bestrafen, die nicht ihr Möglichstes getan haben, um die Strukturen zu organisieren und deren Funktionieren und Wirksamkeit zu kontrollieren, um somit das Risiko ungünstiger Ergebnisse, mit oder ohne Verschulden von irgendjemand, zu reduzieren.

Gegenüber diesen albernen Verirrungen ist die Praxis, die nach Pasquale Saraceno in der industriellen Gruppe, der er angehört, eingeführt wurde, als wohltuende Auswirkung einer für das Operations-Research offenen Mentalität zu begrüßen. Bei der Prüfung der Leitung der verschiedenen Fabriken und besonders der ungünstigen Ereignisse, wird die Analyse durch das bestimmt, was man anhand der vorhandenen Informationen voraussehen konnte und sollte, gegenüber dem, was außerhalb dieser Möglichkeiten lag. Eine derartige gelassene Kritik und Selbstkritik ist zweifellos das beste Mittel, um das Verantwortungsgefühl in einem Klima der Aufrichtigkeit und des gegenseitigen Vertrauens zu fördern.

9.3. Nach diesen Bemerkungen, die auch vom allgemeinen – und man könnte sagen *moralischen* – Standpunkt die Bedeutung des Loslösens vom verhängnisvollen Überbleibsel der Verwechslung von Erwartung und Voraussage unterstreichen sollten, kehre ich zu einem technischen Aspekt zurück, der dazu beitragen müßte, diese Verwechslung zu beseitigen. Und ich sage „beitragen müßte", weil ich wohl weiß, daß die Irrtümer (und dieser – anscheinend – mehr als je) schwer zu bezwingen sind, wie die tausendköpfige Hydra. Sonst hätte ich einfach sagen können, was ich denke, nämlich daß jeder einzelne Einwand entscheidend ist und allein genügen müßte.

Um die Auffassung zu widerlegen, daß der Einfluß der Tatsachen, oder besser der Informationen über die Tatsachen, auf die Erwartung wie ein Mechanismus des Gegenbeweises und der Korrektur auszulegen sei (und um die Unangemessenheit und Unzweckmäßigkeit eines Sprachgebrauches aufzuzeigen, der zu dieser Auffassung führt), war bemerkt worden, daß die „neue" Meinung, weit davon entfernt, neu zu sein, implizit in der „alten" enthalten war, welche, weit davon entfernt, widerlegt zu werden, verwertet wird, sodaß die Meinung, die bereits für diese Eventualität (sowie für jede andere mögliche) genau vorbereitet wurde, als „neue" übernommen wird.

Beachten wir nun, wie diese, bereits in der ursprünglichen „implizit enthaltene Meinung", die für diese Eventualität vorbereitet war, so sehr deren integrierender Teil ist, daß sie praktisch auch sofort verwendet werden kann, *ohne daß die gegenständlichen Ereignisse verifiziert werden.*

9.4. Die „*Methode der hypothetischen Ergebnisse*", die besonders von Good (1950) gebracht wurde, ist eine Methode für die Wahrscheinlichkeitsbewertung, die als solche hier zu erwähnen war. Die Methode erweist sich besonders für eine Schätzung sehr kleiner Wahrscheinlichkeiten geeignet, wobei die Ungenauigkeit geringer ist, als bei direkter Antwort. Ein einfaches Beispiel soll die Theorie erklären.

Eine Person bemerkt, sie könnte erraten, ob Du etwas in der rechten oder linken Hand verborgen hältst. Du glaubst es nicht. Du wirst aufgefordert zu sagen, welche Wahrscheinlichkeit $p$ Du der Tatsache zuschreibst, daß diese Person tatsächlich diese Fähigkeit hat und sagst „sehr klein"; aber ob es nun $10^{-2}$ oder $10^{-10}$ oder ein anderer Wert ist, kannst Du nicht recht schätzen. Dann ist es nach Good zweckmäßig, Dir die Frage in anderer Form zu stellen. Du stellst Dir vor, daß Du das Experiment annimmst, und daß der andere dreimal richtig rät, oder 1 mal oder 50 mal ...; nach wievielmal glaubst Du, daß Du die Wahrscheinlichkeit, daß er diese Fähigkeit hat, für gleich der halten würdest, daß er nur zufällig errät (d.h. $\frac{1}{2}$ zu $\frac{1}{2}$)?

Man erkennt unmittelbar, daß mit jedem richtigen Erraten das Verhältnis der Wahrscheinlichkeit zugunsten der Fähigkeit zu erraten sich verdoppelt (Verhältnis der Mutmaßlichkeit $1:\frac{1}{2}=2:1$). Nach $n$ Versuchen ist es $2^n$. Wenn nach $n$ Versuchen das Verhältnis der Wahrscheinlichkeit $\frac{1}{2}:\frac{1}{2}=1$ geworden ist, bedeutet dies, daß es zu Beginn $p:\tilde{p}=2^{-n}:1$ war. D.h. praktisch $p=(\frac{1}{2})^n=10^{-n\,\mathrm{Log}\,2}\simeq 10^{(0,3)n}$. Z.B. entspricht $n=10$, $p=10^{-3}=1‰$, $n=30$ entspricht $p=10^{-9}=1$ Milliardstel; $n=50$ entspricht $p=10^{-15}$.

Es ist wohl nicht zu bezweifeln, daß, wenn man sich dies vor Augen hält, der Vergleich zwischen dem, was es bedeutet, $p=10^{-3}$ oder $p=10^{-100}$ zu antworten, viel eher greifbar wird (obwohl eine gewisse Unklarheit oder mangelnde Vertrautheit, die in diesen Problemen selbst liegt, nicht ganz verschwinden kann: jedes System und jede Beobachtung ist eine *Hilfe*, kein Wundermittel, und von einem gewissen Punkt an, kann man nichts anderes tun, als sich bemühen, den Sinn für zahlenmäßige Bewertungen der Wahrscheinlichkeiten auch für die kleinsten Zahlen zu verfeinern).

Und die Konklusion bezüglich der prinzipiellen Frage dürfte (psychologisch) später durch den noch paradoxeren, ich möchte sagen, groteskeren Aspekt aufgewertet sein, den der Ausdruck der entgegengesetzten These annehmen würde. Die Formulierung könnte nämlich mehr oder weniger nur die folgende sein (und jeder Versuch, einen Reiz von Bosheit hinzuzufügen, um den Ausspruch noch parodistischer und psychiatrisch phantastischer zu gestalten, könnte nur stören):

„*Meine ursprüngliche Bewertung war* $p'=(\frac{1}{2})^n$;

„*Sie gründete sich auf die Betrachtung eines möglichen hypothetischen Falles, nämlich, daß n Versuche gemacht werden würden und daß der angebliche Hellseher ebensoviele Erfolge erzielen würde, sowie auf meine Reaktion auf dieses hypothetische Resultat, die eben in der Tatsache besteht· daß dann meine endgültige Bewertung* $p''=\frac{1}{2}$ *gewesen wäre*;

„*Nun ist tatsächlich diese als Hypothese betrachtete Tatsache eingetreten, meine Reaktion war genau die vorher bestimmte und daher* ...;

„*Die ursprüngliche Bewertung, die eine logische Folge jener (hypothetischen oder eingetretenen) Prämissen war (und auch noch ist)*, ... WAR FALSCH.

## 10.
## *Warnung vor Fallen.*

10.1. Wir müssen sofort vor zahlreichen Fallen warnen. Obwohl es verführt ist, sie zu beschreiben, ehe wir in der Lage sind, davon mit mehr Sachkenntnis zu sprechen, müssen wir ausreichende Hinweise geben, um vor Zweifeln und Verzerrungen auf der Hut zu sein, die sich innerhalb dessen, was bezüglich der Wahrscheinlichkeitsbewertung gesagt wurde, ergeben könnten und zu konfusen und widersprüchlichen Auffassungen führen könnten.

In gewissem Sinne sollten die folgenden Bemerkungen überflüssig sein. Alle Fallen sind bereits betrachtet worden, und die von Fall zu Fall gelieferten näheren Angaben müßten genügen, wenn (und hier liegt die Schwierigkeit) diese näheren Angaben im Geiste in ihrer ganzen Tragweite und so deutlich eingeprägt blieben, daß sie jedem neuerlichen Auftauchen derselben Fallen mit gleicher Wirksamkeit entgegentreten würden, egal in welcher Form die Fallen gestellt werden. Wir wollen lieber noch etwas hinzufügen, das, wenn auch überflüssig, doch zweckmäßig und vielleicht notwendig ist: Die Wiederholung dieser näheren Angaben in verschiedenen Varianten und Versionen unter Hinweis auf die vielfältigen Formen, in denen die Schwierigkeiten wieder auftreten mögen (und es sind derart viele, daß uns vielleicht sogar wichtige entgehen werden: aber die Muster von Einwänden und Gegeneinwänden werden immerhin hoffentlich genug repräsentativ sein, um es dem Leser zu ermöglichen, mühelos, der Analogie entsprechend, selbst Einwände und Gegeneinwände zu finden, die hier nicht enthalten sein mögen).

10.2. Vielleicht wird jemand sagen, daß die Art der Probleme, auf die wir uns in dieser Abhandlung beziehen, und für die wir die geeigneten Methoden der Wahrscheinlichkeitsbewertung besprochen haben, dem „wahren" Bereich der Wahrscheinlichkeitsrechnung fremd sind, oder – noch weniger – einen besonderen Bereich derselben bilden, dessen Wert zweifelhaft ist.

Die Argumente werden mehr oder weniger die üblichen sein, nur werden sie, z.B. wenn sie unter Bezugnahme auf die Physik dargestellt werden, vielleicht neu oder jedenfalls wirksamer und als schwerer zu widerlegen erscheinen.

Es gibt Fälle, in denen die Wahrscheinlichkeiten, in Problemen der Physik, durch Formeln der Kombinatorik gegeben sind, die der „klassischen" Theorie der „gleich wahrscheinlichen Fälle" entsprechen und daher den sogenannten „Statistiken" (im Jargon der Physiker) von Maxwell-Boltzmann, Bose-Einstein, Fermi-Dirac (siehe Kap. X, 3). Wer könnte je bestreiten, daß es sich um eine Wahrscheinlichkeit handelt, deren Wert durch Betrachtungen „a priori" objektiv bestimmt wird? Aber gerade dieses Beispiel zeigt (wie Feller, I Seiten 5 und 21, bemerkt) dagegen, wie trügerisch jede a priori festgelegte Konklusion wäre: niemand hätte voraussehen können, daß die Berechnung der „gleich wahrscheinlichen Fälle" nach Kriterien erfolgen mußte, die bei den Problemen, auf die man die verschiedenen „Statistiken" anwendet, vollkommen verschieden sind (und die Erklärung ergab sich erst in der Folge, durch die Unterscheidung von Partikelchen mit ganzen oder halbganzen Spin).

10.3. Dann wird wahrscheinlich allgemein angenommen werden, daß es keinen Sinn hat vorzugeben, von Phänomenen Eigenschaften abzuleiten, oder Erwartungen, die ihre Entwicklung betreffen, indem man sich auf oberflächlich vorgefaßte Meinungen stützt. Es ist die Bestätigung durch die Erfahrung notwendig, und das führt dann doch sicherlich zu einer objektiven Konklusion. Für den Physiker kann man wohl sagen, daß die Wahrscheinlichkeit sich mit der Häufigkeit identifiziert.

Und diese Behauptung ist in gewissem Sinne wahr. Doch handelt es sich um eine vom theoretischen Standpunkt aus völlig irrige Ausdrucksweise, wenn sie auch scheinbar unschädlich ist.

Trachten wir, die hauptsächlichen Argumente, die die Wahrscheinlichkeit mittels mehr oder weniger offener Verwechslungen oder Verknüpfungen dieses Begriffes mit dem der Häufigkeit, nicht subjektiv sondern objektiv machen sollen, rasch und eines nach dem anderen abzubauen.

10.4. Hier ist ein erster Einwand gegen den Begriff der *Wahrscheinlichkeit eines einzigen Falles*: dieser Fall wird eintreten oder nicht, hat daher die Wahrscheinlichkeit *Eins* oder *Null*, es hat keinen Sinn, ihm eine dazwischen liegende Wahrscheinlichkeit $p$ zuzuschreiben. Der Einwand wird voll anerkannt, sofern er sich auf eine objektive Wahrscheinlichkeit $p$ bezieht, doch bemerke ich, daß dieselbe Argumentation auch gilt, wenn der Gegner darauf vergißt, um zu sagen, daß auf $n$ „Einzelfälle" die Wahrscheinlichkeit $p$ insofern objektiv Sinn hat, als $np$ eintreten werden. Es ist nicht wahr: es können *Null*, oder *eines*, oder *zwei*, ... oder *alle* $n$ eintreten, und die objektive Wahrscheinlichkeit (wenn jemand dieses Wort als überflüssiges und irreführendes Synonym der Häufigkeit verwenden wollte) ist ein unbekannter der $n+1$ Werte $0, 1/n, 2/n, \ldots, h/n, \ldots, (n-1)/n, 1$.

Von einem $p$ zu sprechen, hat nur subjektiv einen Sinn, als arithmetisches Mittel dieser $n+1$ möglichen Werte, *wobei die subjektiven Wahrscheinlichkeiten der einzelnen Häufigkeiten (nochmals „Einzelfälle"!) als Gewichte genommen werden.*

10.5. Es wird eingewendet werden, daß in vielen Fällen (die, auf welche der Gegner sich beschränken möchte) die gesamte Wahrscheinlichkeit in der Nähe einer gewissen Häufigkeit $p$ verdichtet ist, die man als objektive Wahrscheinlichkeit definieren kann. Aber, hier, und in jedem Fall, indem man etwas „sehr wahrscheinliches" als „praktisch sicher" (oder, der Kürze halber, einfach „sicher") bezeichnet, und hierzu symmetrisch, etwas „sehr wenig wahrscheinliches" „praktisch unmöglich" (oder einfach „unmöglich"), muß man klar ein *aut-aut* setzen: mit diesen Sätzen kann man nämlich tatsächlich entweder etwas Selbstverständliches ausdrücken, womit jedermann nicht anders als einverstanden sein kann, oder die Karten auf dem Tisch vertauschen und ihre Bedeutung nach Geist und Buchstaben total fälschen. Der probabilistisch-statistische Bereich wird dann in einen Turm zu Babel verwandelt, in dem nur die letzten Oberflächlichsten selbst glauben können zu verstehen, was sie sagen und hören, weil in dieser vereitelten Sprache die grundlegende Unterscheidung zwischen dem, was sicher ist oder nicht, abgeschafft wird, so daß Sicherheit und Unmöglichkeit mit hohen oder niedrigen Graden einer subjektiven Wahrscheinlichkeit verwechselt werden, die eben durch diese Verfälschung der Sprache negiert wird.

Dagegen ist gerade die klare und reine Wahrung der Unterscheidung zwischen sicher und nicht sicher, unmöglich und nicht unmöglich, die einzige und wesentliche Prämisse für die Aufstellung (richtiger oder falscher aber) *sinnvoller* Behauptungen, während der entgegengesetzte Mangel jede Aussage unsinnig macht.

10.6. Abstrakt war auf diese Verwirrung bereits früher (2.3.) hingewiesen worden. Wir wollen uns daher beschränken, sie unter Bezugnahme auf die Physik zu illustrieren (wobei wir aufmerksam machen, daß es sich um ein Vorgreifen zum Zweck einer präventiven Therapie handelt, während wir uns mit der echten Bedeutung der „Gesetze der großen Zahlen" und ähnlicher Dinge erst viel später befassen können: Kap. VII).

Es ist wahr, daß zwei verschiedene Erklärungen desselben Phänomens, insbesondere eine deterministische und eine probabilistische, in der Praxis beide ohne Unterscheidungsmöglichkeit gültig sein können. Man denke an die Ausbreitung der Wärme oder irgendein anderes Phänomen dieser Art, wofür man eine Differentialgleichung betrachten kann, die das Phänomen beschreibt, wie es sich stetig genau in der von den bestimmenden Gesetzen vorgesehenen Weise entwickelt, oder an einen zufälligen Prozeß, in dem zwei elementare Phänomene sich in unvorhersehbarer Weise entwickeln, jedoch so, daß die Entwicklung des Phänomens auf makroskopischer Skala sich praktisch gleich der ergibt, die die obige Theorie vorsehen würde.

Aber dies bedeutet überhaupt nicht, daß die beiden Erklärungen ähnlich seien, noch weniger, daß sie identisch oder zu verwechseln seien. Statt dessen sind sie genau antithetisch, diametral entgegengesetzt, absolut unvereinbar. Die deterministische Erklärung setzt etwas voraus, das eine Abweichung vom vorbestimmten Verlauf verhindert und eine Erklärung, die sich dieser nähern würde und damit eine wenn auch weniger starre Konklusion zwingend und sicher machen würde, würde zumindest irgendeine Form der Auto-Regulierung, des „*feedback*“ erfordern. Die probabilistische Erklärung setzt im allgemeinen nichts derartiges voraus und besagt nur, daß alles möglich ist. Wenn sie etwas zu behaupten *scheint*, dann nur weil diese Behauptung, die eindeutig erscheinen kann, in Wirklichkeit einer Eigenschaft entspricht, die „fast allen“ möglichen Fällen anhaftet.

Eine probabilistische Erklärung der Ausbreitung der Wärme *muß* die Tatsache als wesentlich betrachten, daß die Wärme zufällig von einem kalten Körper zu einem wärmeren übergehen könnte, wodurch ersterer noch kälter und letzterer noch wärmer würde (Darstellung von Jeans: Wasser, das frieren anstatt kochen kann, wenn man es auf den Herd stellt). Dies ist nur darum sehr unwahrscheinlich, weil die „ungeordneten“ Formen (gleich verteilte Wärme) enorm zahlreicher sind, als die „geordneten“ (die ganze Wärme auf einer Seite), nicht weil die ersteren irgendeine Präferenz genießen.

Die Möglichkeit des Falles, der „als Ausnahme“ erscheint, auszulöschen, heißt nicht *vervollkommnen*, die probabilistische Erklärung einfacher und wissenschaftlicher gestalten, sondern sie negieren. Sie anzunehmen bedeutet, daß das, was man gewöhnlich behauptet, nicht einer Notwendigkeit zuzuschreiben ist, wohl aber einem nur approximativen und nur wahrscheinlichen Effekt des „Zufalls“. Sie anzuerkennen bedeutet, die Negation des sicheren und bestimmten Gesetzes, dem man sich nur scheinbar nähert, als wesentlich zu erachten. Sie anzuerkennen heißt, die Möglichkeit als wesentlich zu erachten, die Abweichungen vom starren Gesetz, das Fluktuieren, die Auswirkungen der Unterbrechung (granularer Effekt, d.h. *effet de grénaille*, franz., oder *shot effect*, engl.) und alles das, was eine übereilte Identifizierung mit einer anderen Auslegung erbarmungslos hinwegfegen würde, zu studieren.

10.7. Auch das eben Gesagte könnte mißverstanden werden. Es wäre ein Mißverständnis, wenn man dächte, daß die auf die „Tendenz zur Unordnung" gegründete Erklärung jede Anwendung der Wahrscheinlichkeitstheorie und nicht nur dieses besondere Beispiel betrifft. Der „Zufall" (wenn wir diese angenehme Bezeichnung verwenden können, ohne zu befürchten, daß sie zu ernst genommen wird, jedoch nur als Andeutung komplexer und ungewisser Tatsachen) hat einen sicherlich nicht minder großen Anteil in der Entwicklung biologischer (und sozialer etc.) Tatsachen, deren Ergebnis der Aufbau vorwiegend geordneter und organisierter Strukturen ist, wie Chromosome, Zellen, Lebewesen.

Dies sei zur Ausschaltung der These gesagt, die den Tod als entropisch betrachtet, die Nivellierung im Chaos der Degradierung als fatale Folge der Gültigkeit dieses oder jenes „Gesetzes" der Wahrscheinlichkeitsrechnung. Die Wahrscheinlichkeitsrechnung kann in Bezug auf die Realität absolut nichts sagen, sowie die Realität und alle Wissenschaften, die sich damit befassen, nichts über die Wahrscheinlichkeitsrechnung aussagen können. Die Wahrscheinlichkeitsrechnung hat ihre Gültigkeit, egal, welcher Gebrauch davon gemacht wird, in welcher Art und in welcher Welt. Durch sie kann man jegliche Meinung, egal, ob sie mehr oder weniger „rational" ist, aussprechen, die Folgen mögen für Dich, oder für mich, oder für irgendjemand rational oder irrational sein, je nach den Ansichten, von denen das Individuum ausgegangen ist, das sie anwandte. Sowie die Logik des Gewissen fügt auch die Logik des Wahrscheinlichen nichts eigenes hinzu: sie hilft nur bei der Erkenntnis der in bereits angenommenen Dingen impliziten Implikationen (bzw. als Annahme gewisser Tatsachen als sicher oder als Bewertung des Konfidenzgrades für ungewisse Tatsachen).

Die Physik kann von der Wahrscheinlichkeitsrechnung mehr oder weniger Gebrauch machen, das Verhältnis zwischen den beiden bleibt jedoch das zwischen einem Forschungsbereich, das dasselbe bleibt, egal welche Hilfsmittel man anzuwenden vorzieht und einem bedingungslos gültigen logischen Hilfsmittel, welches dasselbe bleibt, egal welche Anwendungen in welchem Gebiet stattfinden.

10.8. Kehren wir nochmals zur Notwendigkeit zurück, die Falle zu vermeiden, die in den Versuchen, Sicherheit mit „hoher Wahrscheinlichkeit" gleichzusetzen, versteckt liegt. Dies muß nochmals betont werden, weil die Gefahren in scheinbar verschiedener und immer gefährlicher Form auftreten. Mit einem Wort, man begeht einen derartigen Fehler und man kommt zu jeder Art von Sophismen und Widersprüchen, so oft man etwas behauptet, das kraft probabilistischer Betrachtungen eintreten muß, oder dessen Eintreten probabilistische Prämissen bestätigt oder widerlegt.

Mehr oder weniger explizit, es scheint, daß die Wahrscheinlichkeitsrechnung als eine Art Leere aufgefaßt wird, die nichts besagt, bis man mit Wahrscheinlichkeiten mittlerer Größe operiert, die man, man weiß nicht recht in welchem Sinne, verwendet, die man aber wunderbarerweise in eine Garantie absoluter Wahrheit verwandeln kann, weil, wenn die Wahrscheinlichkeit sehr groß oder sehr klein ist, der Unterschied überhaupt mißachtet werden kann, so daß man einfach sagt, daß etwas wahr oder falsch ist. Somit hätte man einen Mechanismus, den man als nutzlos betrachtet, wenn er das aussagt, was er aussagen will und kann, dem man dafür aber blind vertraut, wenn man ihn das aussagen machen möchte, was er weder sagt noch sagen kann.

10.9. Hier sind drei Beispiele dieser Verirrung.

Erstens. Gelegentlich wird die folgende Aussage als „Prinzip von Cournot" (2.3.) verkündet: „*Ein Ereignis mit geringer Wahrscheinlichkeit tritt nicht ein*"; eine Art Folgesatz oder besonderer Fall wird mit „*empirisches Gesetz des Zufalls*" bezeichnet (um damit zu sagen, daß effektiv Häufigkeit und Wahrscheinlichkeit sich in vielen Fällen entsprechend dem „Gesetz der großen Zahlen" verhalten).

Zweitens. Kohärent mit der Identifizierung von kleiner Wahrscheinlichkeit und Unmöglichkeit zeigt Neyman einen Widerspruch im Verhalten eines Individuums auf, der eine Flugreise macht und eine Versicherung abschließt. Wenn er einen Unfall für möglich hält, wie kann er abfliegen? wenn er ihn aber nicht für möglich erachtet, warum die Versicherung? – Hier betrifft das Paradoxe im besonderen die „Entscheidungstheorie", die, im begrenzten Gesichtskreis, auf den sie die

„objektivistischen" Statistiker oft reduzieren, nur betrachtet, „welche Entscheidung in Bezug auf die *angenommene Hypothese* zu treffen ist", und nicht „welche Entscheidung in einem bestimmten Zustand der Ungewißheit zu treffen ist".

Drittens. Immer weiter im Sinne dieser Art von Schlußfolgerung (der „objektivistischen Statisten"), gibt man oft vor, eine Hypothese auf Grund eines Versuches „*anzunehmen*" oder „*abzulehnen*", anstatt zu beachten, wie dessen Ergebnis die ursprünglichen Wahrscheinlichkeiten verändert (auf die man gern *verzichten* möchte!), um so die endgültigen Wahrscheinlichkeiten zu ergeben (die man daher nicht ableiten kann). Hier ist das Absurde noch enormer, weil man nicht einmal sagen kann, daß „annehmen" und „ablehnen" wenigstens bedeuten, daß die Wahrscheinlichkeit groß oder klein ist. Es handelt sich um zwei konventionelle aber sinnlose Wörter, die verwendet werden, um eine Frage scheinbar zu beantworten und dabei alles Sinnvolle zu mißachten.

Eine Analogie: Es ist dasselbe, wie wenn man zwei Gewichte vergleicht und sagt, daß jenes, auf dessen Seite sich die Waage neigt, das schwerere ist, ohne zu beachten, ja sogar indem man sich weigert, auch nur daran zu denken, daß zwischen den beiden Hebeln ein sehr großer Längenunterschied bestehen kann.

## 11.
## *Determinismus, Indeterminismus und andere „ismen"*.

11.1. Weiterhin zum selben Thema, noch eine einfache philosophische Betrachtung. Es ist eigenartig festzustellen, daß die Neigung selbst zum Vertrauen auf eine objektive Wahrscheinlichkeit häufig auf zwei ganz entgegengesetzte Arten gerechtfertigt wird.

Für manche wäre das ideale Instrument zur Verwirklichung einer objektiven Wahrscheinlichkeit mit dem Wert $p$ eine vollkommen umwandelbare, unter streng unveränderlichen Bedingungen funktionierende Einrichtung, für welche die Tendenz, Erfolge mit der Häufigkeit $p$ zu produzieren, eine „Veranlagung" wäre (so z.B. Hacking). Störungen würden zu Abweichungen vom gewünschten Ergebnis führen, d.h. von der Verwirklichung einer $p$ nahekommenden Häufigkeit.

Für andere, als strenge Deterministen, könnte ein derartiges Instrument nur immer dasselbe Ergebnis liefern, immer Erfolge oder immer Mißerfolge. Die Tatsache, daß sich sowohl Erfolge als Mißerfolge ereignen, bedeutet, daß störende Ursachen vorhanden sind. Im allgemeinen sagt man, es handelt sich um eine große Anzahl kleiner zufälliger und wenig bekannter Ursachen. Und die Tatsache, daß die Häufigkeit bei $p$ zu erwarten wäre, wäre ein Effekt der kombinierten und zufälligen Auswirkung der genannten Ursachen (so z.B. Paul Lévy).

Was die subjektivistische Theorie anbelangt, so hat sie den Vorteil und das Bestreben, derartigen Streitfragen fremd zu bleiben. Die Tatsache, die zählt, die es rechtfertigt und sogar fordert, entsprechend der Wahrscheinlichkeitslogik zu schließen, ist die Unmöglichkeit, gewisse Dinge mit Sicherheit vorauszusehen. Ob dies nun Folge der Unkenntnis deterministischer Gesetze ist oder des Nichtvorhandenseins derselben, oder der Unfähigkeit, die, wenn auch bekannten Rechnungen durchzuführen, oder der Unfähigkeit (oder Unmöglichkeit), die Daten genau zu messen, ändert (im Augenblick) nichts. Es kann nur die Aussichten auf Fortschritte für die Wissenschaft der Zukunft ändern.

Und dies in kaum angedeutetem Sinn, weil die Bezugnahme auf derartige starre und voreingenommene Positionen eher billig erscheint. Nach und nach, mit dem Wandel der wissenschaftlichen Perspektiven, kann diese oder jene geistige Haltung insofern nützlich sein, als sie die Formulierung von Theorien begünstigt, die sich momentan mehr diesem oder jenem Standpunkt anpassen. Aber nichts ist ewig, nichts ist absolut und es ist nicht sehr wichtig, welche Richtung jemand wählt, sofern er nicht in einer gegebenen Richtung übermäßig erstarrt. Wer erstarrt, ist kein Lebewesen mehr.

11.2. Dieselben Bemerkungen werden allgemeiner wiederholt, unter Bezugnahme auf alle die verschiedenen Wege, die gesucht wurden, um der Wahrscheinlichkeit etwas Objektives anzuheften (Bedeutung, Darstellung, Rechtfertigung, Definition und sonst etwas). In erster Linie steht fest, daß diese Versuche nicht gelingen und nicht gelingen können, denn wenn man sich vornimmt, Betrachtungen aus dem Bereich der Ungewißheit mit den Hilfsmitteln der Logik des Gewissen auszudrücken, kommt man von vornherein in einen Circulus Vitiosus ohne Ausweg infolge der Widersprüche. Es ist, als wollte man sich an den eigenen Schnürsenkeln hochheben! Die Logik erlaubt nur, aus dem, was bekannt ist, tautologische Folgerungen zu ziehen, eine Erwartung ist jedoch keine tautologische Folgerung, dessen, was man weiß, denn das wäre etwas implizit Bekanntes und würde daher nicht zur Ungewißheit und damit zur Erwartung führen.

Aber, selbst gegeben und nicht zugegeben, daß gewisse Rechtfertigungen von manchen als Grundlage für eine objektive Bedeutung der Wahrscheinlichkeit anerkannt würden (und im allgemeinen sind diese Rechtfertigungen verschieden und betreffen besondere und verschiedenartige Typen von Ereignissen, je nach den verschiedenen Theorien), besteht unsere These darin, daß sie jedenfalls irrelevant wären. Alle diese Theorien, alle diese „ismen“, auf die man sie zurückführen könnte, werden hier nicht anerkannt: aber *nicht* (wie man einwenden könnte) im Namen eines anderen „ismus“ (z. B. „Subjektivismus“ oder womöglich „Solipsismus“), den man behaupten und entgegenstellen wollte. Sie werden nicht anerkannt, weil, egal welche Erklärung jemand für die Ungewißheit geben wollte, indem er sie dem „Zufall“, dem „Schicksal“ oder „verborgenen Gesetzen“ oder der „Vorsehung“, „statistischer Regelmäßigkeit“ oder anderen Dingen zuschreibt (oder ... Worten (?) ...), ist die einzige konkrete Tatsache, die niemand leugnen kann, daß jemand (ich, Du, ein Dritter) das Gefühl der Ungewißheit hat und entscheiden oder eine Haltung einnehmen muß, um sich nach Erwartungen und entsprechenden Entscheidungen zu orientieren.

11.3. Diese subjektive Bedeutung ist eine objektive und undiskutable Tatsache. Alles andere ist (auch wenn man darauf verzichtet, es zu widerlegen) jedenfalls ein mehr, das maximal dazu beitragen kann, die Begriffe zu fixieren, sowie manchmal ein lebhafter aber zweifelhafter literarischer Ausdruck, der eine logische Analyse nicht verträgt, in unserem Geist etwas formen kann, das einer Idee ähnlich sein könnte.

Es ergibt sich jedoch, daß diese so deutliche und klare Anschauung einer Logik der Ungewißheit weit davon entfernt ist, allgemeine Zustimmung zu finden. Warum? Vielleicht meinen die meisten, nur die Gewißheit sei ein Zustand, der einer Abhandlung würdig ist; würdig, Teil der Wissenschaft zu sein, welche – nach den vorherrschenden Tendenzen – immer Allwissenheit zeigen oder anstreben will, obwohl jeder Fortschritt, indem er die Grenzen dessen, was etwas besser bekannt wird, erweitert, den Horizont dessen, was man als unbekannt erfaßt, nur noch unendlicher erscheinen läßt. Vielleicht ist es, daß das

Unbekannte und das Ungewisse uns beunruhigen, uns stören und so der Vogel Strauß sie beseitigen oder wenigstens dadurch verschwinden lassen möchte, daß er den Kopf zwischen die Flügel steckt. Es hat nicht viel Zweck sich, wie wir dies nun getan haben, Phantastereien und Philosophieren hinzugeben, aber sie liefern eine mögliche Erklärung des Vorhandenseins anderer Einstellungen, die zu erwähnen sind (oder zumindest einen Hinweis, wie jemand, der unseren Standpunkt für natürlich hält, versuchen könnte, sich von dem Phänomen zu überzeugen).

Diese verschiedenen anderen Einstellungen sind im Grunde genommen nichts anderes als verschiedene Varianten eines selben Versuches: des Versuches, dem Problem der Ungewißheit auszuweichen, indem man es nur scheinbar löst und die Abhandlung auf Fälle beschränkt, in denen sie so harmlos dargestellt werden kann, daß man sie für etwas anderes halten könnte.

Die klassischste Variante beschränkt sich auf Fälle des Glücksspieles (in denen die Wahrscheinlichkeit, dank der „Definition", die sich auf „gleich wahrscheinliche Fälle" stützt, eine objektive Bedeutung erhalten sollte). Nach ihren radikalsten Verfechtern wäre jede Anwendung der Wahrscheinlichkeitstheorie außerhalb dieses Gebietes nur eine zweifelhafte Übertragung anhand einer Analogie.

Die zur Zeit am meisten verbreitete Variante beschränkt sich auf Fälle einer bestimmten statistischen Art (in denen die Wahrscheinlichkeit dank der „Definition", die sich auf die „Häufigkeit" stützt, eine objektive Bedeutung erhalten sollte). Nach ihren radikalsten Verfechtern hätte der Ausdruck „Wahrscheinlichkeit" außerhalb dieses Falles zu seiner „wissenschaftlichen" Bedeutung nicht mehr Beziehung als die „Energie" eines Befehlshabers mit dem gleichlautenden Begriff der Physik[21].

Andere Varianten, die bei den Entscheidungen als Richtlinien dienen wollen, entsprechen weniger starren Theorien, sind jedoch bestrebt, Komponenten der Schlußfolgerung, die vielen nicht willkommen sind (wie die „ursprünglichen Wahrscheinlichkeiten" der Bayes'schen Induktion[22]), auszuweichen.

---

[21] Die hier zur Charakterisierung der beiden Einstellungen wiedergegebenen Ausführungen sind respektive von Castelnuovo (Transport durch „Analogie" und von Mises („Energie" und Energie)).

[22] Die Verfechter der „objektivistischen Statistik" in ihren verschiedenen Richtungen, einschließlich der Theorie von A. Wald (an die hier besonders gedacht wird, da sie der Bayes'schen am nächsten kommt).

Andere wieder nehmen eine eklektische Haltung ein, indem sie zugeben, daß man über „jene Wahrscheinlichkeiten, die wir für die Erwartungen und Entscheidungen bewerten, raisonnieren kann“ (d.h. über die, die unserer Theorie entsprechen), anderseits aber daran festhalten, daß „es auch eine andere Art der Wahrscheinlichkeit gibt, die, mit der sich die Statistik befaßt“ (oder auch „die, die für die Glücksspiele gilt“ oder auch beide)[23].

Es soll darauf hingewiesen werden, daß alle diese Divergenzen sich auf die mathematische Abhandlung überhaupt nicht (oder höchstens minimal) auswirken. Von diesem Standpunkt aus können wir versichern, daß alles, was wir im mathematischen Sinne sagen werden, von Fragen dieser Art unabhängig ist und daher von jedermann anerkannt werden kann. Es ist jedoch oft die Interpretation eine andere, oder zumindest gewisse Nuancierungen, die, wenn man genauer hinsieht, den Sinn, in dem eine Aussage (die womöglich – im ungenauen Sinn der normalen Sprache – mit denselben Worten auszudrücken ist) aufzufassen ist, völlig verändern.

Was unsere Haltung anbelangt, soll geklärt werden, daß sie nicht im Gegensatz zu der steht, die wir „eklektisch“ genannt haben, davon aber doch weitgehend abweicht.

Sie steht insofern nicht im Gegensatz dazu, als sie die Bedeutung der Probleme, Theorien und Kriterien, die Gegenstand der verschiedenen Teiltheorien sind, anerkennt, aber sie entwickelt das Studium derselben, indem sie sie in die allgemeine Theorie einrahmt: Nur unter Verzicht auf die Anmaßung der Autonomie kann der Unzulänglichkeit der Grundlagen der Teiltheorien abgeholfen werden, deren Konklusionen sonst nicht schlüssig und deren Auslegung sonst willkürlich ist.

Sie weicht insofern von ihr ab, als sie das Vorhandensein verschiedener Arten der Wahrscheinlichkeit nicht anerkennt, ebensowenig wie die autonome Gültigkeit von Theorien, die die Wahrscheinlichkeit behandeln wollen und dabei Teile der Voraussetzungen der allgemeinen Theorie – die alle und immer wesentlich sind – fortlassen wollen.

Um eine wirksame Veranschaulichung (die L.J. Savage für ein

---

[23] Der zitierte Satz ist von V. Castellano. Typische Beispiele eklektischer Einstellungen sind das von R. Carnap, der eine *logische* „probability$_1$“ und eine *statistische* „probability$_2$“ unterscheidet und das von I.J. Good, der den möglichen Vorteil einer Unterscheidung vielfacher „Kinds of probability“ (wenn auch im Zusammenhang mit einer grundlegend subjektivistischen Auffassung) anerkennt.

etwas eigenartigeres Problem anführt) zu verwenden, würde man angeben, eine probabilistische Omelette machen zu wollen, ohne probabilistische Eier zu zerbrechen. Und die Fälle sind dann zwei: Entweder ist das Ergebnis keine Omelette, oder die Eier sind heimlich oder versehentlich hineingekommen. Alle Beispiele, die wir in Bezug auf „andere Standpunkte“ bringen müssen, werden sich im Grunde genommen auf ebensoviele Beispiele der Omelette reduzieren.

Sechstes Kapitel

# Verteilungen

## 1.
## *Prämissen.*

1.1. Wir haben uns bisher mit der geboten erscheinenden Breite bei den theoretischen Aspekten der Darstellung aufgehalten und damit bei der einfachsten Art von Argumenten und Problemen, bei denen der Sinn der Dinge nicht durch den Einsatz mathematischer Hilfsmittel verdrängt (sondern nur in ein besseres Licht gebracht) wird.

Es ist nun der Augenblick gekommen, diese Selbstbeschränkung aufzuheben und somit das Studium der Wahrscheinlichkeit nach dem bereits mehrmals formlos erwähnten Bild einer „Verteilung der Masse" in irgendeinem Bereich zu konkretisieren (wobei wir sehen wollen, ob, wie und bis zu welchem Punkt dies möglich ist). Es ist übrigens wohlbekannt, daß der Begriff der Wahrscheinlichkeitsverteilung, der eben dieses Bild in mathematischer Form wiedergibt, in vielen und besonders in modernen Abhandlungen direkt als Ausgangspunkt gewählt wird. Ziel des gegenwärtigen Kapitels ist die Einführung der Begriffe und der Hilfsmittel, die diesem Zweck dienen, jedoch unter direkter Anknüpfung an die früheren Darlegungen, mit deren eventuell gebotener Änderung oder Einschränkung.

In dieser Weise können wir zwei Endziele und damit zwei Aspekte dieser Darlegung trennen: einerseits, eine Kenntnis der mathematischen Hilfsmittel zu vermitteln, die für die Fortsetzung des Studiums der Wahrscheinlichkeitsrechnung notwendig sind und anderseits die mathematischen und theoretischen genaueren Angaben zu liefern, die sich aus der bereits gegebenen Darstellung und Einstellung ergeben.

1.2. Das erste Ziel wollen wir in möglichst gedrängter Form erreichen, indem wir die Dinge, die man in jeder beliebigen Abhandlung finden kann, mit einem Minimum an Erklärungen und ohne Demonstration bringen; Dinge, die vielleicht jeder selbst demonstrieren (oder die Demonstration selbst erfassen) kann, wenn er über normale analytische Kenntnisse verfügt, und die er (wenn ihm dies genügt) bei der weiteren Lektüre beachten und anwenden kann. Eine ausführliche Abhandlung sollte in weiteren Bänden Platz finden, nicht nur aus räumlichen Gründen, sondern vor allem, um das Studium der konkreten Probleme nicht zu sehr zu verzögern, das im Rest dieses Bandes (Kap. VII–XII) in Form einer einführenden Übersicht erfolgen soll. Und in diesem Sinne werden auch die mathematischen Methoden mehr angewandt werden, um mit ihrem Sinn und mit ihrer Tragweite vertraut zu machen, als um Komplikationen oder analytischen Schwierigkeiten zu begegnen. Zunächst soll nicht viel mehr als ein geordneter Plan der grundlegenden Begriffe und Formeln geliefert werden, der zum Nachschlagen, zur Auffrischung von Kenntnissen nützlich sein soll, und um sich ein erstes zusammenfassendes Gesamtbild zu machen.

1.3. Das zweite Ziel, das kritische, wird dagegen mehr Sorgfalt und Raum erfordern, wenn es auch nicht mehr als notwendig verfolgt werden soll. Anderseits würde jedoch jegliche Unterlassung oder Unvollständigkeit in Bezug auf das unbedingt Notwendige sicherlich Unverständnis und Mißverständnisse verursachen, vor allem bei Lesern, welche, indem sie gewisse Formulierungen in der gewohnten und ihnen gewohnten Weise auslegen würden, diese mit Recht unverständlich, oder, im Falle des Mißverständnisses, falsch finden müßten. Darum empfehlen wir gerade jenen, die über die Probleme dieses Kapitels bereits genug zu wissen glauben, es nicht zu überspringen. Sie mögen sich vor allem bei den Erklärungen bezüglich der – in gewissem Sinne minimalen und doch bezeichnenden – Unterschiede zu den üblichen Auslegungen aufhalten[1].

## 2.
## *Was wir unter „Verteilung" verstehen.*

2.1. Eine allgemeine und abstrakte Erklärung würde im Moment unklar und ausdruckslos erscheinen. Es wird besser sein, sofort den einfachsten und wichtigsten besonderen Fall zu betrachten: den der Verteilungen auf der Geraden, mit seinen verschiedenen Interpretationen, die man simultan gegenwärtig haben sollte, um in jedem Falle auf die

[1] Siehe Empfehlungen in Kap. I (2.1).

geeignetste zurückgreifen zu können, bis man ihn mit dem Fall der Zufallszahlen in Zusammenhang bringt.

Indem wir in der üblichen Weise vorgehen, führen wir sofort als Ausgangspunkt und als hauptsächliches Hilfsmittel, um eine Verteilung zu definieren, eine Funktion $F(x)$ ein, die von 0 (für $x \to -\infty$) bis 1 (für $x \to +\infty$) wachsend ist[2], und die man die *Verteilungsfunktion* nennt.

2.2. Eine *erste Interpretation*, die am leichtesten erfaßbare, ist die einer *Verteilung von Massen* auf der Geraden (wobei die „totale Masse" = 1 angenommen wird). $F(x)$ ist die Masse links vom Punkte $x$ (und $1 - F(x)$ die rechts); die Masse in einem Intervall $x' \leqq x \leqq x''$ ist der Zuwachs $F(x'') - F(x')$ von $F$; wenn in einem Punkte $x_h$ eine konzentrierte Masse, $p_h$, vorhanden ist, so ist $F$ dort unterbrochen und $p_h$ ist der „Sprung", $F(x_h + 0) - F(x_h - 0)$[3]; an solchen Sprüngen gibt es höchstens eine endliche Anzahl oder eine abzählbar unendliche Anzahl und ausgenommen dort ist $F$ stetig.

Eine Verteilung mit nur konzentrierten Massen ($\sum_h p_h = 1$) nennt man *diskret*, eine ohne konzentrierte Massen stetig. Der allgemeinste Fall einer stetigen Verteilung ist der der absolut stetigen, welche eine Dichte $f(x) = F'(x)$ voraussetzen, so daß $F(x) = \int_{-\infty}^{x} f(x)\,dx$ ist. Häufig ist sogar, wenn man „stetig" sagt, dieser besondere Fall gemeint; in Wirklichkeit gibt es einen dazwischen liegenden Fall, zwischen *diskret* und *absolut stetig*, nämlich *stetig, aber nicht absolut stetig*. Wir werden in 2.3. davon eine konkrete Idee mittels eines Beispieles vermitteln (umsomehr, als dieses auch eine interessante Interpretation für ein probabilistisches Problem ermöglicht); vorläufig beschränken wir uns auf die Definition und wesentliche Eigenschaften.

---

[2] Wir verwenden „wachsend" im Sinne von „niemals fallend", während wir „streng wachsend" sagen werden, wenn auszuschließen ist, daß sie in irgendeinem Intervall konstant sei.

[3] Man muß diese beiden Werte in der Betrachtung von $F(x)$ unterscheiden, wenn in $x$ ein Sprung vorhanden ist (und je nachdem wählen, ob man diese Masse zu der links oder rechts zuzählen will). Aus verschiedenen Gründen (5.1) ziehen wir es vor, Konventionen zu vermeiden, die $F(x)$ an den Unterbrechungspunkten eindeutig machen (indem man sagt, daß es alle Werte $y$ annimmt, $F(x-0) \leqq y \leqq F(x+0)$). Im Falle der statistischen Verteilungen, wo eine Konvention notwendig ist ist jedoch $F(x) = F(x+0)$ zu verstehen (sowie dies z. B. notwendig ist, wenn man unter „Individuen mit bis zu $h$ Kindern" auch „einschließlich die mit genau $h$ Kindern" versteht).
Die Schreibweise $F(x+0)$ ist gräßlich, aber kurz und eindeutig; ich bitte, die Verwendung zu verzeihen.

2.3. Zu sagen, daß $F(x)$ stetig ist, heißt, wie jeder weiß, daß, egal wie (klein) man $\varepsilon$ festsetzt, jedes Intervall, das kleiner ist als ein opportunes $\delta$ eine Masse $<\varepsilon$ enthält. Zu sagen, daß es *absolut stetig* ist (Vitali), bedeutet etwas mehr: daß dasselbe auch für die Masse gilt, die in irgendeiner Anzahl von Intervallen mit einer Gesamtlänge kleiner als $\delta$ enthalten ist[4].

Jede Verteilung $F(x)$ kann in partielle Verteilungen der Massen der drei Typen zerlegt werden. Man setze vor allem:

$$(1)\quad F(x) = a_C F_C(x) + a_B F_B(x) + a_A F_A(x) \quad (a_C + a_B + a_A = 1)^5,$$

wo

$a_C = \sum_h p_h$ die Summe der konzentrierten Massen (vom Typus $C$) ist
$a_C F_C(x) = \sum_h p_h (x_h \leqq x)$ diese Summe für $[-\infty, x]$;

und dann betrachte man die übrige partielle Verteilung,

$$F_{AB}(x) = F(x) - a_C F_C(x),$$

nämlich das von den konzentrierten Massen bereinigte $F(x)$; aus diesem erhält man

$a_B =$ „totale Masse von Typus $B$" = oberes Extremum der Masse von $F_{AB}(x)$, einschließbar in Intervalle mit einer beliebig kleinen Gesamtlänge,
$a_B F_B(x) =$ totale Masse vom Typus $B$ in $[-\infty, x]$ (ausführliche Definition: identisch);

daher bleibt $a_A F_A(x) = F(x) - a_C F_C(x) - a_B F_B(x)$ als Residuum und das ist der absolut stetige Teil der Verteilung (da die Massen der beiden ersten Typen entfernt wurden, die der Bedingung der absoluten Stetigkeit nicht gehorchen).

Man kann leicht erkennen, daß in einer Linearkombination von Verteilungen,

$$F(x) = c_1 F_1(x) + c_2 F_2(x) \quad (c_1 + c_2 = 1)$$

---

[4] Es ist gleichgültig, ob man die Definition unter Bezugnahme auf irgendeine endliche Anzahl von Intervallen bringt oder auch auf (abzählbar: anders kann es nicht sein) unendlich viele. Wir nehmen stillschweigend $\varepsilon > 0$, $\delta > 0$ an.

[5] Selbstverständlich fällt, wenn $a_i = 0$ ist (eine der Komponenten fehlt) das entsprechende $F_i$. Die Buchstaben bedeuten: $C$ = konzentrierte, $A$ = absolut stetige, $B$ = Mittel zwischen den beiden Typen $A$ und $C$.

Verteilungen desselben Typus diesen bewahren; daher sind die Teile $F_C$, $F_B$, $F_A$ in jeglicher Linearkombination die Linearkombinationen der entsprechenden Teile in den Summanden (im besonderen: ein Typus der Masse ist in der Linearkombination dann und nur dann vorhanden, wenn er in einem der Summanden vorhanden ist). Wenn man sagt, daß man eine Verteilung vom Typus $A, B, C, AB, AC, BC, ABC$ hat und damit alle Typen angibt, die in ihr vorhanden sind, kann man die Konklusion dadurch ausdrücken, daß man sagt, daß sich in einer Linearkombination die Buchstaben, die die Typen angeben, vereinigen (z.B. aus $AC$ und $BC$ erhält man $ABC$).

*Beispiel einer Verteilung vom Typus B.* Mit dem folgenden Verfahren kann man die bekannte Cantor'sche Menge (mit Null-Maß auch im Sinne von Jordan-Peano) konstruieren, und eine Verteilung darauf (somit vom „Typus *B*").

Wir teilen das Intervall $[0, 1]$ in drei gleiche Teile. Im mittleren Abschnitt ($[^1/_3, ^2/_3]$) setzen wir $F(x) = {}^1/_2$ (womit wir dort keinerlei Masse anbringen, sondern je eine Hälfte im ersten und dritten Abschnitt). Wir wiederholen die Operation auf diesen Abschnitten, und erhalten in jedem wieder drei Abschnitte (mit der Länge ${}^1/_3{}^2 = {}^1/_9$), im mittleren setzen wir $F(x) = {}^1/_4$ (bzw. $= {}^3/_4$), indem wir dort jede Masse ausschließen, sodaß sich diese in den 4 übrigen Abschnitten von je ${}^1/_4$ sammelt.

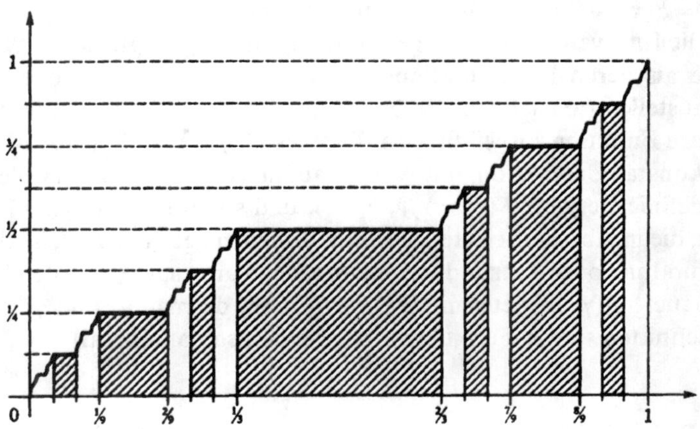


Abb. 1.
Cantor'sche Verteilung.

Wenn man so vorgeht (siehe Abb. 1), ergibt sich $F(x)$ nach $n$ Schritten (mit Werten die Vielfache von ${}^1/_2{}^n$ sind) im ganzen $[0, 1]$ definiert, ausgenommen die $2^n$ übrigen kleinen Abschnitte mit der Länge ${}^1/_3{}^n$, wo sich die ganze Masse befindet (${}^1/_2{}^n$ in jedem), am Limes ergibt sich $F(x)$ überall definiert und stetig. Jedoch nicht absolut stetig: nach $n$ Schritten ergibt es sich als in den $2^n$ kleinen Abschnitten mit je einer Länge von ${}^1/_3{}^n$ und zusammen $({}^2/_3)^n$ begrenzt, und somit kann es in eine endliche Anzahl von Intervallen mit einer Länge unter jedem im vorhinein fixierten $\varepsilon > 0$ eingeschlossen werden.

*Probabilistische Interpretation.* Die angegebene Konstruktion könnte wie eine kritische Bemerkung zur Schaffung pathologischer Beispiele ohne praktische Bedeutung erscheinen. Dagegen kann man ein einfaches praktisches Beispiel bringen, in welchem diese Verteilung einem Wahrscheinlichkeitsproblem entspricht.

Nehmen wir an, wir wollen eine reelle Zahl von $[0, 1]$ determinieren, indem wir die Dezimalzahlen sukzessive herausnehmen:

$$X = 0, X_1 X_2 X_3 \ldots X_n \ldots, \quad \text{d.h.} \quad x = \sum X_n / B^n \; (B = \text{Basis, z. B. } 10).$$

Wenn eine Kugel, die eine Ziffer darstellt, fehlt, werden alle Zahlen, die sie enthalten, unmöglich (d.h.: es werden Intervalle wie im Beispiel ausgeschlossen). Das Beispiel entspricht der Hypothese mit der Basis $B = 3$, wobei die Ziffer 1 fehlt (möglich nur die Zahlen mit 0 und 2, wie 0,22020002020022202...).

Aber noch erstaunlicher ist es, zu beobachten, daß dies auch geschieht, wenn alle Kugeln vorhanden sind (sofern sie nicht alle ganz exakt dieselbe Wahrscheinlichkeit $1/B$ haben[6]. Wenn eine Ziffer die Wahrscheinlichkeit $p < 1/B$ hat und wir $c$ als zwischen $p$ und $1/B$ liegend annehmen, und $N$ hinreichend groß, hat die Menge der Zahlen $X$, für welche diese Ziffer unter den ersten $N$ mit der Häufigkeit $\geqq c$ auftritt, jedenfalls ein Maß, das nahe bei 1 liegt und eine Masse, die jedenfalls nach bei 0 liegt[7].

2.4. Beobachten wir inzwischen, wie eine andere Interpretation von $F$ eine weitgehende Ausdehnung der Anwendbarkeit und Wirksamkeit ermöglicht: es genügt, für ein Intervall $I$ (mit Extremen $x'$ und $x''$) $F(I) = F(x'') - F(x')$ anzugeben, um $F$ als eine Funktion zu erhalten, die für die Intervalle additiv aufgefaßt wird, und es genügt, sich die Intervalle als deren Indexfunktionen $(I(x) = (x' \leqq x \leqq x'') = 1$ oder $= 0)$ vorzustellen (je nachdem, ob $x$ zu $I$ gehört oder nicht), damit $F$, als lineare Funktion aufgefaßt, sich für jedes $\gamma(x) = \sum_h y_h I_h$ (in Abschnitten konstante Funktion, mit Wert $y_h$ auf den disjunkten Intervallen $I_h$) als definiert ergibt: $F(\gamma) = \sum y_h F_h(I_h)$, und somit für jede $\gamma(x)$-Funktion, die in Abschnitten stetigen Funktionen in geeigneter Weise durch Abrundung oder Aufrundung entsprechend angenähert werden kann. Genauer: $F(\gamma)$ ist determiniert, wenn man, da man $\gamma'$ und $\gamma''$ als in Abschnitten stetige Funktionen bezeichnet, so daß überall

$$\gamma'(x) \leqq \gamma(x) \leqq \gamma''(x),$$

$\sup F(\gamma') =: \inf F(\gamma'')$ erhalten wird, so daß $F(\gamma)$ notwendigerweise diesen selben Wert hat, weil $\sup F(\gamma') \leqq F(\gamma) \leqq \inf F(\gamma'')$ sein muß.

---

[6] Die Bemerkung ist zu selbstverständlich, um neu zu sein. Ich erinnere mich jedoch nicht, sie irgendwo gesehen zu haben, noch hatte ich daran gedacht (im Konzept), dies zum üblichen Beispiel hinzuzufügen.

[7] Die Behauptung wird selbstverständlich, sobald wir zu den ersten Begriffen über die „Gesetze der großen Zahlen" kommen (VII, 5.1, Formeln (20) und (21)).

Im wesentlichen hat man nichts anderes getan, als auf direktem und fast abstrakten Wege das Integral

(2) $F(\gamma)=\int\gamma(x)\,dF(x)=\int\gamma(x)f(x)\,dx$ ($\int$ als $\int_{-\infty}^{+\infty}$ aufzufassen)

zu definieren, wo der erste (immer gültige) Ausdruck das Stieltjes-Riemann-Integral ist und der zweite (für absolut stetige Verteilungen gültige) das Riemann-Integral.

Wenn wir z. B. die beiden Funktionen

$$\gamma(x)=x=\square(x) \quad \text{und} \quad \gamma(x)=x^2=\square^2(x)$$

betrachten, ergibt sich $F(\square)$ = Abszisse des Schwerpunktes und $F(\square^2)$ = Trägheitsmoment (in Bezug auf den Ursprung) der Massenverteilung; in Form von Integralen,

$$F(\square)=\int x\,dF(x)=\int xf(x)\,dx, \quad F(\square^2)=\int x^2\,dF(x)=\int x^2f(x)\,dx.$$

Wenn man sich irgendeine Interpretation für $\gamma(x)$ = generische Funktion vorstellen will, denke man, daß es (für die Masse in $x$) das Reziproke der Dichte bedeutet, oder den Prozentsatz (nach Gewicht) einer gegebenen Komponente (z. B. eines Metalles, wenn es sich um eine Legierung mit variabler Zusammensetzung mit $x$ handelt), oder um eine (absolute) Temperatur; das Integral wird (abgesehen von Konstanten) in den drei Beispielen das Gesamtvolumen, das Gewicht der Komponente, die Wärmemenge sein.

2.5. Eine *zweite Interpretation* ist die statistische. Es ist zweckmäßig, sie hier zu erwähnen, um die Aufmerksamkeit auf die praktische Bedeutung des Verteilungsbegriffes im Bereich der Statistik zu lenken, die nicht nur zu der in der Wahrscheinlichkeit affin und mit ihr verbunden ist, sondern auch dem Bereich der Wahrscheinlichkeit Probleme und Anwendungen liefert. Ausdrücklich sprechen wir hiervon aber erst später.

Als Vorstellung ist es im Grunde genommen dieselbe wie die frühere, die einer Massenverteilung. Die Verteilung einer Population von $n$ Individuen nach irgendeinem quantitativen Merkmal, z. B. Anzahl der Kinder oder Größe, kann man sich vorstellen, indem man eine Masse $1/n$, im Punkte $x=h$ für jedes Individuum mit $h$ Kindern ($h=0,1,2,\ldots$) gesammelt, denkt, bzw. in den Punkten $x=x_i$ (alle unterschiedlich, wenn die Präzision bis auf ein Milliardstel Millimeter

Sinn hätte), wobei mit $i = 1, 2, \ldots, n$ die $N$ Individuen und mit $x_i$ die entsprechende Körpergröße angegeben werden.

Im ersten Beispiel ergeben sich Massen $p_h = n_h/n$ ($n_h$ = Zahl der Individuen mit $n$ Kindern), die in den Punkten $x = h$ konzentriert sind, und daher

$$F(x) = \sum_h (n_h/n)(h \leqq x) =$$

$$= \% \text{ der Individuen mit nicht mehr als } x \text{ Kindern.}$$

Im zweiten Beispiel (wir setzen voraus, daß die Indices $i$ den nach wachsender Körpergröße geordneten Individuen zugeteilt wurden) ergibt sich ein Sprung $1/n$ in jedem Punkt $x_i$ (und, wenn $n$ groß ist, wird man die Verteilung praktisch als stetig betrachten können, indem man eventuell eine „Angleichung" durchführt); die Verteilungsfunktion ist

$$F(x) = (1/n) \max i(x_i \leqq x) \quad (\text{d.h.: } F(x) = i/n, \text{ für } x_i \leqq x < x_{i+1}).$$

Anstatt die Individuen zu „zählen", könnte es von Interesse sein, für jedes ein gewisses „Gewicht" zu betrachten (z.B. anstatt für alle $1/n$, ein „Gewicht" proportional zum Einkommen, zum Tagesdurchschnitt von Autobusfahrten, Kaffeetassen usw., je nach Absichten). Die Population kann auch aus Gegenständen, aus Vorkommnissen usw. bestehen (und man verwendet immer die Ausdrücke „Population" und „Individuum", oder, wenn man den generischen und neutralen Sinn betonen will, „statistische Einheiten"), und auch hier kann man sie einfach zählen, oder mit entsprechenden „Gewichten".

Dies möge hier genügen, abgesehen davon, daß wir daran erinnern, daß (siehe Kap. V, Nr. 8–10) eine statistische Verteilung, – wenn sie auch auf verschiedene Arten zu einer Wahrscheinlichkeitsverteilung führen kann – *keine* Wahrscheinlichkeitsverteilung ist.

2.6. Eine *dritte Interpretation* ist hier nützlich, sei es, um einige Aspekte bereits gesehener Dinge anders zu klären, sei es, und noch mehr, um auf weitere Extensionen hinzuweisen. Eine additive Funktion (nicht negativ, Maximum $= 1$) heißt auch *Maß*; das, worauf es ankommt, ist aber sicherlich nicht, daß man ein anderes Wort verwendet, indem man anstatt Masse Maß sagt, wohl aber die Tatsache, daß ein System in Reichweite ist, dieses „Maß" – oder, genauer, das „$F$-Maß" – in seiner eigenen (Längen-)Skala zu sehen.

Man erhält diese Skala, indem man sich auf $y = F(x)$ und nicht auf $x$ bezieht (was bereits seit der Definition klar war). Es bleibt nur zu beobachten, wie nach Zeichnung des Diagramms der Verteilungsfunktion (Abb. 2) die entsprechende (Ordinate) der Punkte der $x$-Achse (der ganzen) auf die des Intervalles $[0,1]$ der $y$-Achse eingesetzt wird. Natürlich nicht notwendigerweise zwei-eindeutig entsprechend (dies ist nur der Fall, wenn $F(x)$ von $-\infty$ bis $+\infty$ streng steigend ist): einem Unterbrechungspunkt von $F(x)$ auf der $x$-Achse entspricht auf der $y$-Achse ein Intervall mit einer Länge gleich der dort konzentrierten Masse, während jedem Intervall der $x$-Achse, auf dem $F(x)$ sich konstant verhält (Fehlen von Masse), auf der $y$-Achse nur ein Punkt entspricht. Abgesehen von der Signifikanz in der mechanischen Interpretation ergibt sich dies auch geometrisch klar, wenn man beachtet, daß in beiden Fällen das Diagramm $y = F(x)$ (von dem man zweckmäßigerweise annimmt, daß es für $x =$ Unterbrechungspunkt, alle $y$ zwischen $F(x+0)$ enthält) respektive senkrechte und waagrechte Abschnitte umfaßt, die sich auf einen einzigen Punkt der dazu orthogonalen Achse projezieren.

Um die Aufmerksamkeit auf das Maß zu richten, und die Vorstellung der Betrachtungen, die darauf beruhen, besser zu veranschaulichen, ist es sogar zweckmäßig, die $x$- und $y$-Achsen auszutauschen und das Diagramm von $x = F^{-1}(y)$ (Abb. 3) zu betrachten.

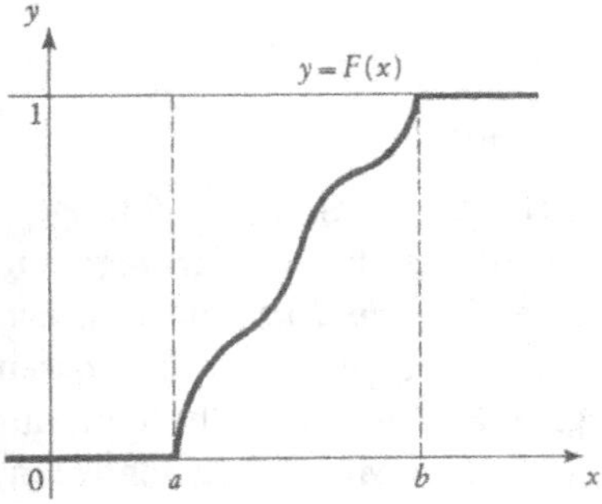


2

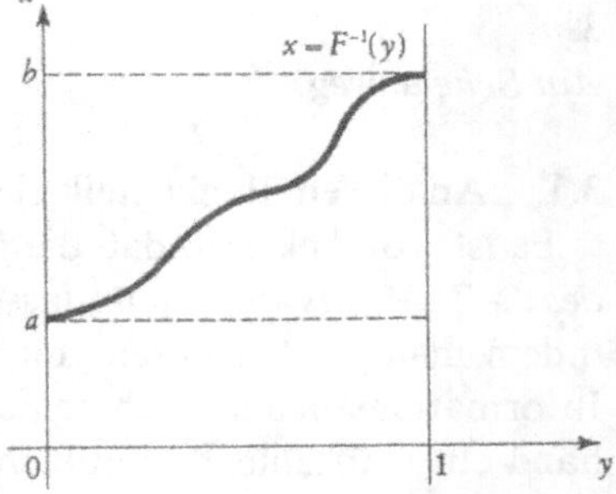


3

Abb. 2–3.
Diagramme der Verteilungsfunktion und der inversen Funktion $y = F(x)$ und $x = F^{-1}(y)$. Außer der gegenwärtigen Interpretation (Maß-Theorie) interessiert auch (und vor allem vom Gesichtspunkt der Anwendung) die statistische Bedeutung, als *Diagramm der Verteilung und der Graduation* (siehe 2.6), und die probabilistische Bedeutung (siehe Nr. 4), wo die veranschaulichte Tatsache wie folgt zu interpretieren ist: man kann immer eine Zufallszahl $X$ mit einer im voraus bestimmten Verteilung $F$ konstruieren, indem man von einem $Y$ mit uniformer Verteilung (in $[0,1]$) ausgeht (oder, umgekehrt, $Y = F(X)$ hat eine uniforme Verteilung in $[0,1]$, wenn $X$ eine Verteilung $F$ hat; um sie in den Sprüngen uniform zu erhalten, ist eine Angleichung notwendig).

Man beachte, wie der Austausch der Variablen von $x$ in $y$ z. B. jedes Stieltjes-Integral in ein gewöhnliches Integral verwandelt:

$$F(\gamma) = \int \gamma(x) dF(x) = \int \gamma(F^{-1}(y)) dy = \int \gamma(x) dy.$$

2.7. Diese Darstellungsmethode erweist sich, wie wir sehen werden, auch für die Veranschaulichung von Fragen und Situationen, welche die Wahrscheinlichkeitstheorie und Statistik betreffen (siehe z. B. Nr. 6), als nützlich. Von unmittelbarer Bedeutung ist jedoch die Verwertung der Tatsache, auf der *y-Achse das F-Maß*, *„in natürlicher Skala wiedergegeben"* *vorzufinden*, um mit wenigen Worten und ohne Formeln die Frage eventueller weiterer Extensionen darzulegen.

Mit Bezugnahme auf $y$ entspricht $F(\gamma)$ dem gewöhnlichen (Riemann-) Integral und daher hat $F(I)$ (für $I$ = Menge, aufzufassen als äquivalent zu seiner Index-Funktion $I(x) = (x \in I)$) Sinn als Jordan-Peano-Maß für die Abbild-Menge von $I$ auf $y$. Das $F$-Maß ist (abgesehen von der besagten Transformation) *das J.P.-Maß* (d. h., im Sinne von Jordan-Peano), und die *F-meßbaren Mengen* sind jene, deren Abbild auf $y$ eine *J.-P. meßbare* Menge ist.

## 3.
## *Am Scheideweg.*

3.1. An diesem Punkt stellt sich das Problem einer Entscheidung.

Es ist wohlbekannt, daß die Möglichkeit besteht, *die Verlängerung des J.-P.-Maßes* auf weit umfassendere Familien *eindeutig zu gestalten*, indem man die Verfahren von Borel und Lebesgue anwendet, deren Informationstheorie (wohlgemerkt, „grob gesagt") darin besteht, anhand einer abzählbar unendlichen Anzahl von Mengen zu schließen, als ob es eine endliche Anzahl wäre, wobei im besonderen die vollständige Additivität vorausgesetzt wird (die daher nicht nur für die Summe im gewöhnlichen Sinn, sondern auch für die Summe konvergenter Reihen gilt). Analog die Extension für den Begriff des Integrals.

Vom rein mathematischen Standpunkt aus – in dem sich das Problem, ob eine gegebene Definition den Forderungen in der Anwendung, oder solchen, die allenfalls der Mathematik fremd sind, entspricht, nicht stellt – hängt die Entscheidung nur von Fragen der Annehmlichkeit und der mathematischen Eleganz ab. Nun besteht kein Zweifel darüber, daß die Genehmigung von Grenzübergängen mit geringerer Behinderung durch Restriktionen das Schönste ist, wovon ein Mathematiker träumen kann; die großen Mathematiker des 18. Jahrhunderts hatten davon ausgiebig Gebrauch gemacht, und in ihrer Beharrlichkeit waren sie zu richtigen Ergebnissen mit divergierenden Reihen und anderen Kunststücken gekommen. Abiturienten nutzen dies oft unwissentlich aus, indem sie diese Kunststücke nachahmen und durchfallen. Nun hat man zu Beginn dieses Jahrhunderts ein weites Feld entdeckt, in dem man diese Möglichkeit ausnutzen kann, ohne Gefahr, sich in Widersprüche zu verstricken, oder durchzufallen, und somit hat die Euphorie ihren Höhepunkt erreicht. Zwei wahllos herausgegriffene Zitate mögen genügen[8]: „Die Definition ist daher *letzten Endes durch die Eleganz und den Nutzen* der sich daraus ergebenden Theorie gerechtfertigt." „Die Bedingungen über die Kontinuität (des Integrals) sind wirklich wesentlich, wenn die Operation ein nützliches Hilfsmittel der Analyse sein soll. Es würde nicht viel Analyse übrigbleiben, wenn man nicht zumindest sequentiell begrenzende Operationen durchführen könnte."

3.2. Gibt es Gründe für Einwände vom mathematischen Standpunkt aus? „Es wäre falsch, „Einwände" zu sagen, „Vorbehalte" wäre richtig. Ich würde sagen, daß es zwei Gründe für Vorbehalte gibt.

Der erste betrifft das, was *außerhalb* des privilegierten Feldes geschieht. Es ist demonstriert worden (Vitali; für allgemeinere Fälle, dann Banach, Kuratowski, Ulam), daß, wenn man sich nicht mit der einfachen Additivität begnügt, sondern die vollständige Additivität fordert, jede Verlängerung des „Maßes" *auf alle Mengen* unmöglich wird (während nichts daran hindert, auf alle Mengen eine einfach additive Funktion zu verlängern, die (wo diese vorhanden sind) mit dem *J.P.*- oder auch mit dem *L-Maß* koinzidiert).

Die vollständige Additivität kann daher nicht wie eine allgemeine Norm aufgefaßt werden, die uns sicher an der Hand *in* dieses Gebiet einführt und uns erlaubt, auch außerhalb desselben weiterzugehen, wenn auch herumbummelnd und mit unendlichen Auswahlen: sie ist

[9] Von J.F.C. KINGMAN und S.J. TAYLOR, *Introduction to measure and probability*, Cambridge University Press, 1966, Seiten 75 und 101 (Kursiv von mir).

ein Talisman, welches *innen* gilt, sich aber *außerhalb* dieses Feldes unheilbringend auswirkt und uns in ein auswegsloses Labyrinth führt[9].

Was schadet es schon, wird man sagen! Uns genügen die meßbaren Mengen. Aber von welchem Gesichtspunkt aus? Vom praktischen genügen vielleicht auch die Intervalle, aber gibt es von einem theoretischen Gesichtspunkt aus eine Rechtfertigung für eine derartige Diskriminierung im *Status*, zwischen orthodoxen Mengen, mit denen man umgehen kann, und heretischen, die zu meiden sind? Ist es eine Kühnheit, eine Analogie zu dem zu sehen, das mit den Zahlen geschah, die immer noch die Bezeichnung irrational führen, weil ihr Vorhandensein den Pythagoräern skandalös erschienen war?

3.3. Der zweite Grund für einen Vorbehalt betrifft das, was sich *innerhalb* dieses privilegierten Feldes vollzieht. Dort erlaubt uns eine restriktivere Norm einen eindeutig vorgezeichneten Weg zu verfolgen, wie eine automatische Landepiste; etwas Ausgezeichnetes. Aber ist damit wirklich gesagt, daß dem Vorteil, sich dieser Hilfe bedienen zu können, auch die Verpflichtung entspricht, keinesfalls darauf verzichten zu dürfen? Müssen wir, weil es soviele Waschmittel gibt, von denen jedes die Wäsche unendlich weißer macht, als alle anderen, die Verwendung von Seife überhaupt für absurd halten?

Glücklicherweise kann man in diesem Falle Analogien mathematischer Natur anführen, die einleuchtender sind als jene scherzhaften, die allenfalls dazu verhelfen sollten, ihren Sinn und Geist anzuzeigen.

Ein erstes Beispiel ist banal: wenn der Wert einer Funktion in einer endlichen Anzahl $n$ von Punkten (oder in einer abzählbar unendlichen Anzahl) gegeben ist, so kann ich sie auf unendlich viele Arten vervollständigen, im allgemeinen auch, indem ich zusätzliche Bedingungen

---

[9] Dieses Bild eines Labyrinthes ohne Ausgang ist die genaue Beschreibung der Situation. In der Tat, wenn man die Definition des $L$-Maßes auf nicht meßbare Mengen ausdehnen und die vollständige Additivität achten will, so ist dies immer möglich, wenn man jeweils nur einen Schritt vorgeht (und beliebig, für eine gegebene Menge nach Zufall einen Wert unter den Extremen wählt: äußeres und inneres Maß durch die bereits durchgeführten Verlängerungen gestattet). Aber am Ende einer unendlichen Sukzession von Schritten kann ein Widerspruch auftreten und früher oder später (früher, ehe man alle Mengen ausgeschöpft hat) geschieht dies zwangsläufig. (Analogie: eine divergente Reihe bleibt eine solche, wenn man die ersten Termini mit Null ersetzt, solange man fortfährt ..., nicht aber, wenn man sie alle mit Null ersetzt!).
Diese Bemerkung läßt die Unterscheidung zwischen $L$-meßbaren und nicht $L$-meßbaren Mengen noch künstlicher erscheinen (es ist nicht so, daß jede von ihnen eine Besonderheit hätte, wegen welcher das Maß sich nicht eignet).

setze (wie Kontinuität usw.). Ich weiß, daß das Problem immer nur eine und nur eine Lösung erlaubt, wenn ich die Bedingung hinzufüge, daß die Funktion ein Polynom $n-1$. Grades ist (bzw. eine oder keine, im Falle $n=\infty$, wenn man die Bedingung hinzufügt, daß die Funktion analytisch sei). Ist dies ein Grund, sich auf diese besondere Lösung zu beschränken? oder sie als „bevorzugt" zu betrachten?

Das andere Beispiel scheint mir genau geeignet. Es gibt Methoden der Summation der Reihen, z.B. die von Cesaro, die oft ein eindeutig determiniertes Resultat liefern, während man, im gebräuchlichen Sinn, für die Summen verschiedene Mindest- und Höchstgrenzen hat. Ist es darum vielleicht gerechtfertigt zu glauben, daß man unter „Summe einer Reihe" immer die von Cesaro verstehen und den Begriff der Konvergenz als „unmodern" und „überholt" ablehnen müßte? Zugegeben, die Tragweite des Verfahrens von Cesaro (auch wiederholt) ist mit der der Neuerung von Lebesgue nicht zu vergleichen. Aber angenommen, es wäre so? Wäre es dann gerechtfertigt? Und wäre es nicht möglich, daß vielleicht in einem besonderen Fall Interesse bestünde zu wissen, ob die Reihe konvergent ist oder nicht, nach der alten, soweit man will anachronistischen, aber nicht sinnleer gewordenen Definition? Und wenn man in diesem Sinne die kleinste und die größte Summe wissen wollte?

Nach meiner bescheidenen Meinung paßt das Beispiel haargenau. Im Falle von Lebesgue sowie in dem von Cesaro gibt es ein Verfahren, das (dank zusätzlicher Bedingungen) häufig eine einzige Antwort ergibt, anstatt diese auf ein Intervall der Indetermination zu beschränken; ob die eine oder die andere Antwort nützlicher ist, hängt von einer Analyse ab, die Fall für Fall zu machen wäre, auf Grund wesentlicher Motive, nicht (und ich gebe zu, daß ich diesen Eindruck habe) wegen einer vorgefaßten Präferenz für das, was eine eindeutige und elegante Antwort liefert, *auch wenn diese exakte Antwort statt dessen „irgendein Wert innerhalb dieser Grenzen" wäre.*

3.4. Diese, rein vom mathematischen Gesichtspunkt gemachten Bemerkungen können und wollen nichts beweisen, außer, daß es nicht erwiesen ist, daß, nachdem das Integral von Lebesgue entdeckt wurde, das von Riemann zum alten Eisen gehört. Es kann noch notwendig sein, und *nicht* ungeachtet seiner Indetermination, sondern *gerade* wegen derselben, die, unter gewissen Aspekten, sehr wohl eine wesentliche Bedeutung haben kann.

Im übrigen hätte ich mir, vom rein mathematischen Standpunkt aus, gewiß nicht angemaßt, auf Diskussionen über analytische Argumente einzugehen, die ich nur soweit kenne, als dies für mich notwendig war. Aber diese Fragen entsprechen im Falle der Wahrscheinlichkeitsrechnung grundlegenden Forderungen. Wir haben bereits (Kap. III) Motive allgemeiner Art gesehen, die uns hindern, die vollständige Additivität als Axiom anzunehmen und wir werden noch weitere sehen, die, indem sie an die vorherigen Bermerkungen anknüpfen, die Verwendung von Maßen und Integralen von Lebesgue in unserem Bereich als nicht gültig erscheinen lassen. (Außer wenn man natürlich, in besonderen Beispielen, ausdrücklich besondere Bedingungen einführt, um die Bedingungen zu schaffen, die diese Anwendung erlauben. Es ist jedoch derselbe Unterschied, wenn man sagt, „ich verwende diese Methode, weil jede Funktion stetig ist", oder „ich verwende diese Methode, weil die Funktion, die ich gewählt habe, stetig ist".)

Ich habe weder Ursache noch ausreichende Sachkenntnis, um zu behaupten oder zu leugnen, daß analoge Vorbehalte oder Einwände auch in Bezug auf die Anwendung auf anderen Gebieten begründet sind. Für den Fall der Masse sind alle diese Perfektionismen sinnleer (wie könnte man z. B. die Masse, die auf der Menge der Punkte der rationalen Abszisse liegt, trennen, oder sie sich nur theoretisch unterscheidbar vorstellen?). Dasselbe kann man, und sogar sicherlich in einem noch vorgeschobenerem Grad, von den statistischen Verteilungen sagen. Alles läßt darauf schließen, daß die Frage dort irrelevant ist (außer vielleicht für entferntere und indirektere Auswirkungen[10]).

Es wäre übrigens nicht sonderbar, wenn wahre und echte Einwände auf dem Gebiet der Wahrscheinlichkeit auftauchen würden. Während nämlich in der Tat auf den anderen Gebieten empirische, und daher approximative Voraussetzungen stehen, für die daher in der mathematischen Idealisierung ein gewisser freier Spielraum besteht, muß dagegen die probabilistische Interpretation mit der Logik rechnen, die ihre einzige Voraussetzung ist. Und die Logik sieht nicht vor, daß wir bis zur Genauigkeit vorstoßen (und auch nicht bis zu einer Approximation, die über das Notwendige hinausgeht), sie erlaubt uns aber auch nicht, eine Struktur zu konstruieren, oder als von anderen konstruiert

[10] Z. B. die, welche den genauen Sinn betreffen, in dem eine Differenzialgleichung, die ein physikalisches Gesetz ausdrückt, gelten müßte, oder die Art, ein Integral auf einem Profil mit Knickstellen zu definieren (ein Argument, das zu Diskussionen über das Theorem von Kutta und Joukowski führte) u. ähnliche.

zu übernehmen, die formal vollkommen wäre, aber die logischen Forderungen eines rein logischen Anwendungsgebietes mißachten würde.

## 4.
## *Die Verteilungen in der Wahrscheinlichkeitstheorie.*

4.1. Und nun kommen wir zu dem Punkt, der uns unmittelbar interessiert, und somit zur Anwendung dieser mathematischen Hilfsmittel in der Wahrscheinlichkeitsrechnung. Welcher Art diese Anwendung ist, kann man „ganz grob" in zwei Worten sagen: für irgendeine Zufallszahl $X$ kann man sich eine Wahrscheinlichkeitsverteilung auf der $x$-Achse denken, die der Verteilungsfunktion die Bedeutung $F(x) = \mathbf{P}(X \leqq x) =$ Wahrscheinlichkeits-„Masse" auf $[-\infty, x]$ gibt und daher $F(I) = \mathbf{P}(X \in I)$ und $F(\gamma) = \mathbf{P}[\gamma(X)]$, für $I$ als eine beliebige Menge und $\gamma$ beliebige Funktion, für die man diese Formulierung als anwendbar erachtet.

Diese bewußt vage und agnostische Formulierung dient dazu, die Fragen, die wir zu prüfen haben, vorurteilsfrei zu entwickeln, oder, besser gesagt, die Fragen, die wir unter besonderer Bezugnahme auf unseren Fall überprüfen sollen. Er wird sich vor allem um die Alternative handeln, bei der Riemann'schen Auslegung innezuhalten oder nach Lebesgue weiter vorzugehen, doch müssen wir auch die Möglichkeit eventuell anderer, gegebenenfalls notwendiger erscheinender Abänderungen offen halten

Es ist zweckmäßig, die beiden entgegengesetzten Stellungen sofort in kurzen Zügen zu charakterisieren. Wenn wir ihnen einen Namen geben wollen, können wir die Stellung als die *starke* bezeichnen, die, indem sie in diesem Bereich die Gültigkeit der Lebesgue'schen Verfahren annimmt, aus den Ausgangsdaten engere und weitgehendere Konklusionen zieht, und als *schwache* die, welche in dem besagten Bereich nur Konklusionen als gültig betrachtet, die sich auf eine geringere Anzahl von Prämissen stützen, die jeweils zu prüfen und dementsprechend zu werten sind.

Allein durch die Tatsache, daß sie die vollständige Additivität (als Axiom) nicht anerkennt, ist die hier vertretene Theorie die *schwache* (was übrigens als programmatische Direktive bereits seit der Einleitung gesagt wurde, siehe Kap. I, 6.2–4). Die gegenwärtige Diskussion wird jedoch, abgesehen von der näheren Erklärung der Implikationen der

Nicht-vollständigen Additivität, dieses Problem mit anderen Aspekten in Zusammenhang bringen und, wenn auch nur unter Bezugnahme auf den einfachsten Fall der Verteilungen auf der Geraden, die Konklusionen in ihrer allgemeinen Tragweite im wesentlichen zeigen.

4.2. *Starke Theorie.* Für die Wahrscheinlichkeitsverteilung einer Zufallszahl $X$ ist die Kenntnis der $F(x)$ alles. Alles das, was man mittels $F(x)$ definieren kann (auch mit der Verlängerung nach Lebesgue) hat Sinn und darüber hinaus gibt es nichts, was Sinn hätte. Die Wahrscheinlichkeit, daß $X \in I$ wird entweder durch $F(I)$ angegeben, wenn die Menge $I$ $F$-$L$-meßbar ist, oder, wenn $I$ nicht $F$-$L$-meßbar ist, hat es keinen Sinn. Und ebenso für die Erwartung von $\gamma(X)$: entweder die Funktion $(x)$ ist *F-L-integrabel*, und dann ist $\mathbf{P}[\gamma(X)] = F(\gamma)$, oder sie hat keinen Sinn. Auch die Menge der für $X$ möglichen Werte wird durch $F$ determiniert: es ist die Menge der Wachstumspunkte für $F$ (d.h.: nicht enthalten in einem Intervall, in dem $F$ stetig ist).[11]

So operiert man immer innerhalb des geschlossenen Bereiches eines im voraus festgelegten Schemas und dies ist die Art der Darstellung die wir als „Prokrustesbett“ bezeichnet hatten. In diesem Bereich ist *„alles, was nicht geboten ist, verboten“*.

4.3. *Schwache Theorie.* Für die Verteilung der Wahrscheinlichkeit einer Zufallszahl $X$ bildet die Kenntnis von $F(x)$ nur eine der vielen möglichen Arten der Teilkenntnis, wenn sie auch darunter eine der praktisch wichtigsten ist.

Die vollständige Kenntnis würde eine „vollständige Verteilung“ voraussetzen, d.h. eine (einfach additive) Extension von $F(\gamma)$ auf jede $\gamma$-Funktion (und im besonderen auf jede Menge $I$), ohne jede Restriktion (von Integrabilität oder Meßbarkeit in jeglichem Sinn), so daß immer

$$F(\gamma) = \mathbf{P}[\gamma(X)]$$

[11] Es sollte keine Schwierigkeit geben, auch innerhalb dieser Theorie etwas weniger Rigidität zu erlauben (Möglichkeit, eine Menge mit Null-Maß auszuschließen), doch erinnere ich mich nicht, dies ausdrücklich gesehen zu haben. Vielleicht verhindert dies eine psychologische Einstellung, die dazu tendiert, in den Verteilungen ebensoviele im voraus fertiggestellte theoretische Systeme zu betrachten, die den Zufallszahlen aufzuerlegen sind, anstatt etwas, das von diesen und von allen Besonderheiten abhängig ist, die sich Fall für Fall aus der effektiven Bedeutung ergeben können.

wäre (im besonderen $F(I) = \mathbf{P}(X \in I)$). Wohlgemerkt, es handelt sich um eine nie erreichbare theoretische Abstraktion, aber wir müssen von dieser ausgehen, indem wir daraus den notwendigen Bezugspunkt machen, um alle Fälle partieller Kenntnis zu betrachten, ohne irgendeinem derselben voreingenommen bevorzugte Bedingungen zuzubilligen.

Die Kenntnis der $F(x)$, die wir *repartitionelle* Kenntnis (oder auch, wie üblich, jedoch im jetzt erklärten restriktiven Sinn, Kenntnis der Verteilung) nennen wollen, kann zuviel oder zuwenig sein, sei es vom Standpunkt der Möglichkeit, sie realistisch festzusetzen, sei es in Relation zu den Forderungen jeder einzelnen Anwendung. Manchmal kann $\mathbf{P}(X)$ genügen oder $\mathbf{P}(X^2)$ usw. und man muß nicht notwendigerweise an die Verteilung als ein Element denken, von deren Vorhandensein alles andere abhängt. Dann wieder ist es zu wenig, wenn man sich von nicht immer opportunen Restriktionen befreien will, die in den allgemein für $F(x)$ angenommenen Eigenschaften implizit enthalten sind.

Im Gegensatz zur starken Theorie entwickelt sich die Schlußfolgerung in der schwachen in einem offenen Feld, ohne Zwang, den Rahmen mehr als notwendig zu vervollständigen, aber ohne Verbot, ihn soweit auszudehnen, als man dies für notwendig hält (ideal), auch bis zur vollständigen Kenntnis.

4.4. *Einführung in die Diskussion.* Um ständige nähere Angaben zur Ausschaltung von Zweideutigkeiten zu vermeiden, die selbst Verwirrung schaffen könnten, führen wir sofort eine Schreibweise ein, die systematisch nützlich sein wird, vorläufig aber zur Unterscheidung von $F$ nach den verschiedenen Extensionen, in denen wir es betrachten werden, dienen soll.

Die allgemeine Schreibweise ist folgende: $\mathfrak{G}$ ist eine gewisse Menge von $\gamma$ Funktionen ($\gamma \in \mathfrak{G}$) und $F_{\mathfrak{G}}$ ist das $F$, das man sich in $\mathfrak{G}$ definiert denkt; für jedes $\gamma$, das nicht zu $\mathfrak{G}$ gehört, wird sich für $F(\gamma)$ (eine generische Verlängerung) eine Begrenzung vom Typus $F^-_{\mathfrak{G}}(\gamma) \leqq F(\gamma) \leqq F^+_{\mathfrak{G}}(\gamma)$ ergeben (und wir gehen hier nicht auf die Bedeutung ein, die die von Kap. III, 10.1 und 7 ist, und die wir später, in 5.3 brauchen). Vorläufig verwenden wir, als besondere Fälle, die Bezeichnungen, die jeweils den Bereich unterscheiden sollen, in dem man sich $F$ definiert denkt:

$F_{\mathfrak{R}}$: wenn es sich auf den Riemann'schen Bereich bezieht;
$F_{\mathfrak{B}}$: wenn es sich auf den Lebesgue'schen Bereich bezieht[12];
$F_{\mathfrak{C}}$: wenn es sich auf den vollständigen Bereich bezieht;
und schließlich
$F$ : bei Verwendung im generischen Sinn.

Genauer: $F_{\mathfrak{B}}$ bedeutet immer ein $F(x)$ mit Ausdehnung auf die Bedeutung

$$F_{\mathfrak{B}}(\gamma) = \int \gamma(x) dF(x)$$

(im Sinne von Stieltjes-Lebesgue), wenn dies Sinn hat, andernfalls nicht definiert. Wir werden jedoch mit $F_{\mathfrak{B}}^-$ und $F_{\mathfrak{B}}^+$ das untere und obere Integral[13] bezeichnen und die Begrenzung $F_{\mathfrak{B}}^-(\gamma) \leqq F(\gamma) \leqq F_{\mathfrak{B}}^+(\gamma)$ schreiben können. $F_{\mathfrak{B}}$ ist das, was nach der *starken* Theorie *alles ist*. Für dieses $F_{\mathfrak{B}}$ hätten nicht einmal die Ausdrücke der vorigen Ungleichung Sinn; sie haben ihn in der schwachen Theorie, wenn man ein $F$ betrachtet, welches („zufällig", oder aus besonderen Ursachen, oder egal welchen anderen Gründen, aber nicht als Voraussetzung) im Lebesgue'schen Bereich vollständig additiv wäre (was erlaubt, wenn auch nicht obligat ist).

$F_{\mathfrak{C}}$ bedeutet irgendein einfach additives $F$, für alle Funktionen $\gamma$ definiert gedacht (Idealfall, der in der schwachen Theorie zur Bezugnahme in Betracht gezogen wird). Hierfür haben offenbar Grenzen der Indetermination und Verlängerungsmöglichkeiten keinen Sinn.

$F_{\mathfrak{R}}(\gamma) = \int \gamma(x) dF(x)$ (im Sinne von Stieltjes-Riemann) drückt, wenn es Sinn hat (und andernfalls betrachten wir $F_{\mathfrak{R}}^-$ und $F_{\mathfrak{R}}^+$) dagegen *alles* das aus, was $F(x)$ *ergeben kann*, d.h. die *partitionelle Einteilungs-Kenntnis* entsprechend der schwachen Theorie: $F^-(\gamma) \leqq F(\gamma) \leqq F_{\mathfrak{R}}^+(\gamma)$. Wir erklären dies noch näher, doch wird dies erst nach der Diskussion in Erscheinung treten können.

[12] Wir verwenden $\mathfrak{B}$ und nicht $\mathfrak{L}$ (weil dieses schon für „lineares System" im allgemeinen, Kap. II, verwendet wurde). Ferner wird $\mathfrak{B}$, *Borel'sch*, laufend im analogen Sinn verwendet (als Bezugnahme auf das Borel'sche Maß, von welchem sich das Lebesue'sche nur insofern unterscheidet, als er dieses ausdehnt, wo es durch die doppelte Begrenzung eindeutig determiniert ist). In unserem Falle koincidiert $\mathfrak{B}$ mit „$\mathfrak{L}$" (im Lebesgue'schen Sinn), weil diese Extension in unserer Darstellung bereits implizit enthalten ist ($F_G(\gamma)$ ist nicht nur für $\gamma \in G$ sondern für jedes $\gamma$ definiert, sodaß $F^-(\gamma) = F^+(\gamma)$ ist).

[13] Vorläufig denken wir nur an den Fall der *begrenzten* Gammafunktionen (im Bereich der Variation der $F$, d.h. für die $x$ für die $0 < F(x) < 1$ ist). Den entgegengesetzten Fall behandeln wir ausdrücklich später (5.4).

Die, um kurz zusammenzufassen, welche die entgegengesetzten Thesen sind (wir drücken uns jetzt mit den eingeführten Symbolen aus), dazu dienen soll, zwischen folgendem zu wählen:

*(stark)* für ein $X$ ist ein $F_{\mathfrak{B}}$ zu wählen und damit ist alles gesagt;

*(schwach)* für ein $X$ sollte man ein $F_{\mathfrak{C}}$ wählen, man beschränkt sich aber auf (irgendein) partielles $F_{\mathfrak{G}}$, das man verwendet; oft wählt man eine Verteilungsfunktion $F(x)$ und dann folgt daraus $F_{\mathfrak{R}}$ in $\mathfrak{R}$ und die Begrenzung von $F_{\mathfrak{R}}^-$ und $F_{\mathfrak{R}}^+$ außerhalb $\mathfrak{R}$.

4.5. Noch ein Hinweis. Wenn wir von Verteilungen oder Verteilungsfunktionen, $F$, sprechen, ist es zweckmäßig, sich diese als mathematische Entitäten zu denken (z. B. die Funktion $F(x) = {}^1\!/_2 + (1/\pi) \operatorname{arctg} x$), die verfügbar sind, um die Wahrscheinlichkeitsverteilung für jede beliebige Zufallszahl $X$ gegebenenfalls auszudrücken. Man soll sie sich also *nicht* in Assoziation mit einem gegebenen $X$ vorstellen. Die Unterscheidung ist eher psychologisch als wesentlich und darum ist die Erklärung unklar und undeutlich: der Zweck ist jedoch, vor möglichen (und häufigen) Mißverständnissen und Unverständnis zu warnen, die auf eine Art „Identifikation" eines $F(x)$ als abstrakte Entität, mit $\mathrm{P}(X \leqq x)$ zurückzuführen sind, das ihm gewiß gleich ist, aber ein Begriff ist, der an die besondere Zufallszahl $X$, die darin vorkommt, gebunden ist. Ein typisches Beispiel der Mißverständnisse, die vermieden werden sollen: die Tendenz zu einem Limes einer Folge von Verteilungen mit etwas Analogem zu verwechseln, das mit diesen in Zusammenhang zu bringende Zufallszahlen betrifft.

## 4.6. *Warum das „Prokrustesbett"?*

Ein erster Punkt, dessen Diskussion nützlich sein kann (eher zur theoretischen Orientierung als als echte Frage), liegt darin, sich zu fragen, warum manche gelegentlich (wie in der *starken* Theorie) eine feste Einrahmung vorziehen, in der man von der hypothetischen vollständigen Kenntnis von Dingen ausgeht, die äußerst komplex, empfindlich und überflüssig sind, wenn man diese nur braucht, um besondere Konklusionen zu erhalten, die durch eine direkte Bewertung viel leichter gewonnen werden. Dies alles scheint sehr akademisch und von realistischer Vernunft weit entfernt.

Vielleicht müßte man, um die Ursachen zu finden, zu der Epoche der „großen Ängste" zurückkehren, zur Epoche der Antinomie und der (auch fruchtbaren) Zweifel, die daraus erstanden sind. Nur hinter den Barrikaden starrer, doppelt gepanzerter und supergeprüfter antinombombensicherer Strukturen bestand die Hoffnung auf Heil. Und es war auch richtig!

Aber ist es vernünftig und zweckmäßig, jeden zu verurteilen, der für das Überqueren eines ruhigen Parks dieselben Schutz- und Vorsichtsmaßnahmen trifft, wie Pioniere bei der Erforschung dieses Gebietes, als es noch Urwald und vielleicht voller Giftschlangen war?

Zum besonderen Fall kommend, bemerken wir in dieser Hinsicht:

– das Verfahren der transfiniten Induktion (Kap. III, 10.7) beweist, daß es jedenfalls erlaubt ist, „offen" vorzugehen, indem man außerhalb jedes im voraus geschaffenen Schemas immer neue Zufallsereignisse und Zufallsentitäten hinzufügt;

– diese Vorgangsweise ist die einzige sinnvolle; jeden Augenblick stoßen wir auf neue Probleme, und es wäre grotesk zu denken, jemand sollte jeden Augenblick die in seinem Kopf wohl eingeteilte kolossale Boole'sche Algebra mit allen pflichtschuldig angebrachten Wahrscheinlichkeiten zerlegen, und dann wieder eine neue aufbauen, um neue Ereignisse einschließen zu können, um neuen Informationen Rechnung zu tragen, um die Wahrscheinlichkeiten wieder auf den neueren Stand zu bringen;

– auch beim Bewerten der Wahrscheinlichkeiten (oder der Wahrscheinlichkeitsverteilungen), wird man stufenweise vorgehen und sie nach und nach näher bestimmen, soweit dies der Mühe wert erscheint: nicht einmal Ovid hat das plötzliche Erscheinen einer vollständigen Boole'schen Algebra, die mit allen ihren Wahrscheinlichkeiten bewaffnet aus dem Kopf Jupiters als falsche Minerva entsprungen oder wie Venus aus dem Wasser entstiegen wäre, registriert.

Diese Beobachtungen werden in einer Form ausgedrückt, die mit der subjektivistischen Anschauung besonders im Einklang steht, die aber, wenn auch in etwas weniger deutlicher Form, auch die Forderungen jeglichen realistischen Standpunktes widerspiegelt.

4.7. *Das Fehlen von Privilegien.* In (4.3) wurde gesagt, daß keine partielle Kenntnis privilegierte Bedingungen beanspruchen könnte, nicht einmal die durch $F(x)$ vermittelte. Und es wird sonderbar erscheinen, für die Wahrscheinlichkeiten eine privilegierte Position abzulehnen, die sich (wie in diesem Falle) auf die „einfachsten möglichen" Mengen beziehen, zu denen zweifellos die Intervalle gehören (oder auf die stetigen Funktionen, im Gegensatz zu Mengen oder Funktionen „pathologischer Art"). Ist dieser Einwand gerechtfertigt? Man kann nicht antworten, ohne sich zu fragen und zu analysieren, in welchem Sinne etwas „wahr" zu sein hat, und in welchem Sinne und auf welcher Basis uns etwas sonderbar oder pathologisch erscheint.

Für unsere Untersuchung ist es wichtig, zwischen dem zu unterscheiden, was *logischen* Charakter hat und dem, was unter *anderen* Aspekten sinnvoll ist, weil nur Unterschiede logischer Natur zu eventuellen Diskriminierungen der Behandlung vom logischen Standpunkt aus Anlaß geben können. Vom logischen Standpunkt aus entspricht jedoch in dieser Darstellung jedes Ereignis einer Punktmenge, und die Eigenschaft, die allein zählt, ist die Tatsache, daß man (auf Grund des Eintretens von $X$) unterscheiden kann, ob der „wahre" Punkt dazu gehört oder nicht. In diesem Sinne gibt es nichts, das Diskriminierungen schaffen könnte. Diese Eigenschaft wird nach Definition als für alle gültig vorausgesetzt, und andere kommen nicht in Betracht. Vom logischen Standpunkt aus nicht in Betracht kommen andere Eigenschaften, wie z. B. besondere topologische oder irgendwie andersartige Strukturen, mit denen der darstellende Raum aus Ursachen, die uns nicht betreffen, ausgerüstet werden könnte.

Nur logische Unterschiede könnten eventuell in Bezug auf Wahrscheinlichkeiten verschiedene Behandlungen rechtfertigen. Da nun auf jeden Fall und insbesondere unter Mengen, die für die Bestimmung einer Zufallszahl $X$ den Aspekt von Intervallen haben und anderen Mengen jeglicher Art, die mehr oder weniger „pathologisch" sein mögen, jede Ursache zu einer Diskriminierung fehlt, wird es nicht gerechtfertigt sein anzunehmen, daß gewissen Ereignissen die Zuordnung einer Wahrscheinlichkeit zusteht und anderen nicht, oder daß für Einteilungen von Ereignissen einer bestimmten Art die vollständige Additivität gelten sollte und für andere nicht usw.

4.8. *Die Argumentation über „außerhalb $\mathfrak{B}$"*. Wir wissen, daß es im totalen Feld $\mathfrak{C}$ (aller Ereignisse $X \in I$ und Zufallszahlen $\gamma(X)$, die mittels einer Zufallszahl $X$ entsprechend allen Mengen $I$ und Funktionen $\gamma$ definiert werden können) keine vollständige Additivität geben kann. Genauer hat dies Vitali unter einer zusätzlichen Bedingung (der Invarianz des Maßes unter *überdeckbaren* Mengen), die in der Folge in den genannten Extensionen beseitigt wird, demonstriert.

Dies wäre allein eine hinreichende Ursache, *um die vollständige Additivität als mathematisch absurde Bedingung* (sofern Eigenschaft allgemeiner, axiomatischer Natur) *abzulehnen*, weil sie im Gegensatz zum Fehlen logischer Unterscheidungen steht, die geeignet wären, Diskriminierungen unter Ereignissen zu rechtfertigen[14]. Dies auch abgesehen von den unabsehbaren Motiven, die bereits angeführt wurden (Kap. III, 11 und IV, 18).

4.9. *Die Argumentation über „innerhalb $\mathfrak{B}$"*. Es kann kein Zweifel darüber bestehen, daß die vollständige Additivität im Falle der $L$-meßbaren Mengen, wo sie, wie wir wissen, vorhanden sein *kann*, ohne zu Widersprüchen zu führen, *bestehen* muß (oder aus besonderen Ursachen anzunehmen ist). Wenn wir von der Struktur der Geraden absehen (d.h., wenn wir denken, daß wir die Punkte jedenfalls wie Sandkörner irgendwie vermengen können), verschwindet jede Unterscheidung zwischen meßbaren und nicht meßbaren Mengen. Übrigens werden wir sofort Gegenbeispiele sehen (die man nur auf Grund des Vorurteils, daß sie als Gegenbeispiele zu verwerfen sind, verwerfen kann).

Hier eines: $X$ sei eine rationale Zahl zwischen 0 und 1, und wir setzen voraus, daß keine der rationalen Zahlen zwischen 0 und 1, auf Grund unserer Kenntnis, als unmöglich ausscheiden kann, noch so wahrscheinlich erscheinen kann, daß ihr eine Nicht-Null-Wahrscheinlichkeit zuzuschreiben wäre. Wir werden daher eine stetige Verteilungsfunktion $F(x)$ haben: wir können uns auch auf das besondere Beispiel beschränken, in dem sie $F(x) = x (0 \leqq x \leqq 1)$, also eine uniforme Verteilung, ist. Nach der starken Theorie würde man schließen, daß die rationale Zahl $X$ die Wahrscheinlichkeit $=1$ hat und ... der Menge der irrationalen Zahlen angehört!

Diese und ähnliche Beispiele (die uns in Kürze für andere Betrachtungen dienen werden) zeigen u.a. auch, daß dieselbe Verteilungsfunktion Zufallszahlen entsprechen kann, die unterschiedliche Mengen möglicher Werte haben. Davon in (5.2.–3).

4.10. *Die Einteilungs-Kenntnis.* Jede Teilkenntnis wird als die Kenntnis der vollständigen Verteilung $F_{\mathfrak{C}}(\gamma)$, beschränkt auf irgendeine, egal welche, Untermenge der $\gamma$-Funktionen sein (gleichgültig ob Funktionen oder Mengen oder ein Gemisch von beiden). Man wird z.B. $F(x)$ für einige Punkte (d.h. für eine gewisse Einteilung in Intervalle) und darüber hinaus (oder auch) $F(\gamma)$ für einige einfache Funktionen kennen. Es könnte, um das übliche Beispiel zu bringen, die Erwartung und die Varianz sein (als direkte Angabe, ohne von der er-

[14] Genauer: es könnte nur dann sein, wenn sich positive Wahrscheinlichkeiten mit der Summe $=1$ in einer endlichen oder abzählbar unendlichen Anzahl von Punkten konzentrieren würden (wobei für die Menge aller anderen Punkte die Wahrscheinlichkeit $=0$ bliebe). Diese Voraussetzung wäre absurd restriktiv (umsomehr, als sie sich auf jegliches Feld beziehen würde, auch auf die Betrachtung „aller möglichen Geschichten des Universums"). Und jedenfalls, abgesehen von dieser persönlichen und außerlogischen Einschätzung, könnte es die vollständige Additivität retten, aber nicht für den Fall eines stetigen Maßes (das nicht in einzelnen Punkten konzentriert wäre) wie das von Lebesgue.

klärten oder stillschweigend angenommenen Voraussetzung des Vorhandenseins der Verteilung, deren Erwartung der Schwerpunkt ist usw., wie gewöhnlich, auszugehen). Es wäre aber ebenso zulässig (wenn auch im allgemeinen uninteressant und praktisch nicht realisierbar) dagegen nur die Wahrscheinlichkeiten für einige pathologische Mengen (z. B. Zahlen, in deren Dezimalstellen niemals mehr als $n$ Nullen unter den ersten $2n$ Ziffern vorkommen), oder die Erwartungen für einige pathologische Funktionen (z. B., unter Bezugnahme auf die vorhergehende Menge, $\gamma(x)$ = oberes Extremum des Prozentsatzes der Nullen unter den ersten $n$ Dezimalstellen bei Variieren von $n$) anzugeben.

Von den Wahrscheinlichkeiten und Erwartungen, die $X$ betreffen, wird man schließlich immer voraussetzen oder fordern können, daß *alles*, oder *wenig*, oder *viel*, egal was, bekannt sei. Und man vergesse nicht (obgleich es nicht opportun ist, es zu oft zu wiederholen), daß wir, wenn wir die Wörter „bekannt" und „nicht bekannt" verwenden, wenn wir an die mathematische Formulierung denken, in Wirklichkeit, wenn man an den effektiven Sinn denkt, darunter „bewertet" oder „nicht bewertet" zu verstehen ist.

Eine partielle Kenntnis der vollständigen Verteilung wird natürlich im besonderen auch die sein können, die auf den Intervallen definiert wird, nämlich die, die durch $F(x)$ gegeben ist, wenn man es für alle $x$ kennt. Es handelt sich um die, welche wir als *repartitionelle* Kenntnis der Verteilung bezeichnet hatten, die an sich eine partielle Kenntnis wie alle anderen, aber von besonderem Interesse ist und bei der wir uns aufhalten wollen und müssen, um die Rolle von $F(x)$ (nach dieser Darstellung) zu klären.

$F(x)$ dient weiter als Standardhilfsmittel, wenn auch in der Art und für die Zwecke, die wir analysiert haben, redimensioniert. Es hat *de jure* keinerlei privilegierte Rolle, sondern nur *de facto*, nämlich wegen der Bezugnahme auf die Bedeutung von $X$ als Größe, die das ist, was praktisch interessiert, und wegen der geometrischen Darstellung auf der Geraden, die es veranschaulicht. Daher ergibt sich vom Standpunkt der Anwendung und vom psychologischen Standpunkt immer eine privilegierte Rolle, wenn dies auch vom logischen Standpunkt aus kein Anrecht auf einen privilegierten Status bedeutet.

4.11. Aber die *Redimensionierung* erschöpft sich nicht in dieser theoretischen näheren Bestimmung und auch nicht in der Tatsache, daß die in $F(x)$ gegebene Kenntnis insofern nicht vollständiger erscheint, als noch etwas mehr verlangt wird ($F(\gamma)$ außerhalb des $F$-Lebesgue Raumes), während sie bleibt, was sie war. Sie bleibt nicht, was sie war: sie wird geringer. Sie bleibt, was sie war, nur im $F$-Riemann'schen Bereich, außerhalb welchem sie (ohne Diskriminierung zwischen dem, was innerhalb oder außerhalb des $F$-Lebesgue'schen Bereiches liegt) nur die bereits gesehenen Begrenzungen

$$F_{\mathfrak{R}}^{-}(\gamma) \leqq F(\gamma) \leqq F_{\mathfrak{R}}^{+}(\gamma)$$

ergibt, welche die Extreme für jede Bewertung von $F(\gamma)$ liefern, die mit der Kenntnis von $F$ im repartitionellen Sinn vereinbar ist; offenbar handelt es sich um die Inf. und Sup. Integrale im Sinne von Riemann, und im besonderen (für Mengen) um das innere und äußere Maß nach Jordan-Peano. Diese Undetermination ist kein Mangel in Bezug auf die Stärke der Begriffe, die zu einer eindeutigen Lösung führen: im Gegenteil(wie dies später im Einzelnen zu sehen sein wird), die Undetermination ist (aufGrund unserer Auffassung) in dem Sinne wesentlich, daß effektiv alle und nur die Werte des Intervalls zulässig (und gleich zulässig) sind. Man kann irgendeines auswählen, mit einer direkten Bewertung, oder mit einer, die auf irgendeiner zusätzlichen Bedingung beruht, die dann Fall für Fall angegeben wird (und es kann nicht sic und simpliciter die vollständige Additivität sein, für die man, wenn überhaupt, willkürlich die Familie der Einteilung, für die ihre Gültigkeit gefordert wird, wählen und Fall für Fall angeben muß).

Das bis hierher über die Rolle von $F(x)$ Gesagte bildet mehr oder weniger die Übertragung und Erklärung der beiden früher abstrakt ausgedrückten „Vorbehalte" auf den konkreten Fall. Aber die Aufgabe der vollständigen Additivität impliziert eine weitere Redimensionierung der Bedeutung von $F(x)$: es ist nicht mehr wahr, daß ein Sprung in $x$ einer im Punkt $x$ konzentrierten Wahrscheinlichkeit entsprechen muß (sie kann zu diesem Punkt auch nur *adhärent* sein, der wieder nicht einmal zur Menge der möglichen Punkte gehören müßte): Es ist nicht mehr wahr, daß $F(x)$ von 0 bis 1 variieren muß (es muß nur $0 \leqq F(-\infty) \leqq F(+\infty) \leqq 1$ sein); es ist nicht mehr wahr, daß die möglichen Punkte die sind, wo $F(x)$ wachsend ist.

Es genügt die einfache Beobachtung, daß, wenn die möglichen Punkte, die wir als gleich wahrscheinlich beurteilen, eine Folge bilden (wie z. B. $x_0-1$, $x_0-\frac{1}{2}$, ..., $x_0-1/n$, ...), die von links nach einem gewissen Punkt $x_0$ tendiert, $F(x)$ einen Sprung von 1 in $x = x_0$ haben wird, wie wenn sicher $X = x_0$ wäre (die ganze Masse in $x_0$ konzentriert); es wird in der Tat $F(x) = (x \geqq x_0) = 0$ für $x < x_0$ und $= 1$ für $x \geqq x_0$ sein, weil links von einem Punkt links von $x_0$ höchstens eine endliche Anzahl der möglichen Punkte vorhanden ist, die individuell Nullwahrscheinlichkeit haben, während zur Linken von $x_0$ (und mit größerem Recht, von irgendeinem Punkt rechts von $x_0$) die möglichen Punkte alle da sind.

Das beinhaltet, daß im allgemeinen, wenn in einem Punkt $x_h$ das $F(x)$ einen Sprung $p_h$ hat, es immer möglich ist (ausgenommen den Fall, daß in einer Umgebung links und respektive rechts von $x_h$ keine möglichen Punkte existieren), daß $p_h$ irgendwie in $p_h = p_h^- + p_h^\circ + p_h^+$ zerfällt, mit $p_h^\circ$ als effektiv in $x = x_h$ konzentrierter Masse, und den anderen beiden Teilen dazu links und rechts *adhärent* (in dem im Beispiel illustrierten Sinn).

Diese Tatsache scheint bereits die Zweckmäßigkeit der Konvention (siehe Anmerkung 2 in 2.2) aufzuwerten, den Wert von $F(x)$ an den Unterbrechungspunkten als nicht determiniert zu betrachten. Doch wollen wir dies in (5.1) behandeln, weil das Argument entscheidender sein wird, wenn wir es in eine neue Ordnung von Betrachtungen einrahmen.

Das vorige Beispiel zeigt (wenn man eine Folge nimmt, die nach $-\infty$ oder nach $+\infty$ tendiert), daß man analog Wahrscheinlichkeiten haben kann, die zu $-\infty$ und zu $+\infty$ adhärent sind. Es sind dies $F(-\infty)$ und $1 - F(+\infty)$; wir werden die *eigentliche Verteilungen* nennen, für die (wie bisher immer angenommen, im Einklang mit den üblichen Darstellungen) diese Wahrscheinlichkeiten Null sind (und $F$ effektiv von 0 bis 1 variiert), und die anderen *uneigentliche* (indem wir, wenn man will, näher bestimmen: *nach unten, nach oben oder bilateral*).

Auch die Behauptung über die möglichen Punkte ist klar, in Anbetracht der Möglichkeit, einen Punkt durch eine zu ihm konvergente Folge von Punkten zu ersetzen. Aber dieses Argument wird zu gegebener Zeit entwickelt (5.2).

## 5.
## *Eine äquivalente Formulierung.*

5.1. Die Kenntnis von $F(x)$ (ausgenommen die Unterbrechungspunkte), d.h. die, welche wir die repartitionelle Kenntnis nennen, ist – im Falle eines *eigentlichen* $F$[15] – äquivalent zur Kenntnis von $F(\gamma)$ für alle stetigen und begrenzten $\gamma$-Funktionen (alle auf der $x$-Achse, von $-\infty$ bis $+\infty$). Genauer: diese und nur diese Funktionen sind $F$-integrabel, egal wie $F$ sei, und umgekehrt, wenn man $F(\gamma)$ für die stetigen $\gamma$ kennt, ist es möglich, egal wie $F$ auch sei, $F(x)$ für alle $x$, ausgenommen die Unterbrechungspunkte, zu determinieren.

Zu sagen, daß die Kenntnis von $F(x)$ äquivalent zu der von $F(\gamma)$ für alle stetigen $\gamma$ ist, heißt natürlich nicht, daß man es explizit für jede stetige $\gamma$-Funktion kennen muß: es genügt nur eine Basis, die ausreicht, um mittels Linearkombinationen jegliche andere stetige Funktion anzunähern. Diese Bemerkung wird als Grundlage für Abhandlungen eines mehr analytischen Charakters dienen (im besonderen: charakteristische Funktion); hier soll sie nur zur Beseitigung eventueller Zweifel verhelfen.

Wir setzen eine nähere Erklärung voraus, Folge der gerade hervorgehobenen Möglichkeit „adhärenter Massen". Wenn in einem Punkt $x = x_h$ das $F(x)$ einen Sprung $p_h$ macht, so könnte man sagen, daß der Beitrag dieser Masse zur Berechnung von $F(\gamma)$ gleich $p_h\gamma(x_h)$ ist, wenn man (wie bei der üblichen Hypothese vollständiger Additivität auf den Intervallen) notwendigerweise die Masse $p_h$ im Punkt $x_h$ konzentriert annehmen würde; da wir, da wir diese Hypothese nicht setzen, wissen, daß die Masse auch nur adhärent sein kann (rechts oder links), können wir nur sagen, daß dieser Beitrag zwischen dem Minimum und dem Maximum der fünf Werte $p_h\gamma(x_h)$ und $\left.\begin{matrix}\max\\ \min\end{matrix}\right\}\lim\, p_h\gamma(x)$ für $x \to x_h$, bzw. von links und von rechts, enthalten ist. In anderer Form (und einfacher): es genügt, die Unterteilungen auszuschließen, die als Teilungspunkte Unterbrechungspunkte haben (was immer möglich ist: sie sind nur in einer abzählbar unendlichen Anzahl vorhanden).

Daraus ergibt sich offensichtlich, daß ein $\gamma(x)$, das auch nur einen einzigen Unterbrechungspunkt erlaubt, nicht für alle $F$ integrabel ist, denn, wenn $F$ dort einen Sprung hat, ist der Beitrag dieser Masse zum Integral undeterminiert. Umgekehrt, wenn $F(\gamma)$ für die stetigen $\gamma$ bekannt ist, können wir $F(x_0)$ nach unten und oben abgerundet berechnen, wenn wir eine Funktion $\gamma_1(x)$ betrachten, die $=1$ von $-\infty$ bis $x_0-\varepsilon$, $=0$ von $x_0$ bis $+\infty$ ist, und stetig von 1 nach Null in dem kleinen

[15] Sonst ist überdies das Vorhandensein des (endlichen) Limes von $\gamma(x)$ für $x \to \infty$, oder $x \to -\infty$, oder beide erforderlich.

Intervall von $x_0-\varepsilon$ bis $x_0$ sinkt, und $\gamma_2(x)=\gamma_1(x-\varepsilon)=$ dasselbe $\gamma_1$, nur, daß der fallende Abschnitt zwischen $x_0$ und $x_0+\varepsilon$ liegt). Die Differenz zwischen den beiden Funktionen ist $\leqq 1$ zwischen $x_0\pm\varepsilon$ und sonst Null, daher $F(\gamma_2)-F(\gamma_1)\leqq(F(x_0+\varepsilon)-F(x_0-\varepsilon))$ usw. Alles verläuft glatt, nur bei $x=x_0$ ist eine Unterbrechung gegeben.

Und das mathematische Argument, welches mir entscheidend dafür erscheint, $F(x)$ für $x$ als Unterbrechungspunkt als nicht determiniert zu betrachten, ist gerade folgendes: an die stetigen $\gamma$ zu denken, ist eine signifikantere Tatsache, als an die Index-Funktionen von Halbgeraden oder Intervallen zu denken. Und das, was von den Intervallen ausgehend, eine ad hoc Begrenzung schien, ist statt dessen etwas Natürliches, wenn man an die stetigen Funktionen denkt, wo, wenn überhaupt, eine Konvention ad hoc notwendig wäre, um es zu beseitigen.

Dieses mathematische Argument ist übrigens eng verbunden mit dem, was ich vom wesentlichen Gesichtspunkt, dem der Anwendung, für das überzeugendste Motiv halte: die Forderung eines gewissen Realismus, um das Maß von $X$ als nicht absolut exakt möglich zu erachten. Von den Begrenzungen für die „Verifizierbarkeit" eines Ereignisses auf Grund von mangelnder Präzision soll im Anhang (Nr. 7) diskutiert werden. Es ist jedoch klar (und hier beschränken wir uns auf diese Bemerkung), daß, zu denken, daß $F(x)$ außer in den Unterbrechungspunkten determiniert ist, dasselbe ist, wie zu denken, daß man $X$, abgesehen von einem Fehler, den man so klein, wie man nur wollte, machen könnte, den man aber sicher nicht auf genau $=0$ bringen könnte, messen kann. Dies genügt, um den Fall, in dem sicher $x=x_0$ gegeben ist, von dem, in welchem die Masse zu $x_0$ *adhärent* ist, nicht mehr unterscheiden zu können (z. B. sei sicher $x=x_0-1/n$, mit $n$ irgendein positives Ganzes und mit Nullwahrscheinlichkeit, und es ist kleiner als jegliches im voraus fixierte $N$)[16].

---

[16] Abgesehen von mehr oder weniger theoretischen Rechtfertigungen (oder Versuchen der Rechtfertigung) steht fest, daß die Konventionen praktische Nachteile bedeuten, die sie an sich nicht ratsam erscheinen lassen. Die Konvention $F(x)=F(x+0)$ (oder umgekehrt, $F(x)=F(x-0)$ bedeutet, daß die Formel $F_1(x)=1-F(-x)$ (um von $X$ zu $-X$ überzugehen) an den Unterbrechungspunkten nicht gilt. $F(x)=\frac{1}{2}[F(x-0)+F(x+0)]$ vermeidet diesen Nachteil; es ist jedoch auch zweckmäßig, z. B. $F_2(x)=[F(x)]^2$ (siehe 9.6, Ende) zu betrachten, dann hat man nicht $\{\frac{1}{2}[F(x-0)+F(x+0)]\}^2=\frac{1}{2}\{[F(x-0)]^2+$ $+[F(x+0)]^2\}$; usw. Dagegen bleibt die hier vorgeschlagene Konvention sich selbst immer treu und interpretiert überdies getreu die Zweckmäßigkeit der Vervollständigung durch die senkrechten (waagrechten) Streifen des Diagramms der Abb. 1 (der Abb. 2).

5.2. *Die Verteilung und die möglichen Punkte.* Wir haben, als wir den besonderen Fall eines Unterbrechungspunktes betrachteten, bereits gesehen, daß die möglichen Punkte, welche die dem Sprung entsprechende Masse „tragen“, irgendwelche sein können und auch den Punkt des Sprunges nicht enthalten müssen, sofern sie sich nur in dessen Umgebung verdichten. Ehe wir fortfahren, müssen wir im allgemeinen die Relation zwischen der Menge $\mathfrak{Q}$ der für eine Zufallszahl $X$ möglichen Punkte betrachten, und wir werden sie als *logische Stütze* von $X$ bezeichnen, ferner die Verteilungsfunktion von $X$, d.h. $F(x)$, und, spezifischer, die Menge $\mathfrak{D}$ der Wachstumspunkte von $F(x)$, die wir mit *Stütze der Verteilung F* (oder *Verteilungs-Stütze* von $X$) bezeichnen. Formal ist es eine derartige Menge der $x$, daß sich für jedes $\varepsilon > 0$

$$F(x+\varepsilon) - F(x-\varepsilon) > 0$$

ergibt; jede Umgebung von $x$ hat positive Wahrscheinlichkeit, ist daher möglich und enthält daher mögliche Punkte. Daher: $\mathfrak{D}$ ist in der Adhärenz (oder im Einschluß) von $\mathfrak{Q}$ enthalten; ferner ist diese Bedingung hinreichend, damit, egal welche Einteilung (der Geraden in Intervalle) man betrachtet, kein Widerspruch vorkommt (jedes Intervall mit positiver Masse enthält mögliche Punkte, denen man sie zuschreiben kann).

Es ist gut, sich die verschiedenen Fälle getrennt zu vergegenwärtigen. Wir beginnen mit den Intervallen, in denen $F(x)$ konstant ist (höchstens eine abzählbare Unendlichkeit). In diesen kann es eventuell keinen möglichen Punkt geben, aber nichts hindert daran, daß es in ihnen auch mögliche Punkte gibt (es könnten auch alle Punkte mögliche sein), obwohl ihnen gemeinsam Nullwahrscheinlichkeit zugeschrieben wurde. Der andere extreme Fall ist der von Intervallen, in denen $F(x)$ streng wachsend ist. Hier ist es notwendig und hinreichend, daß die möglichen Punkte überall dicht seien (natürlich können sie auch alle möglich sein). Man denke an das Beispiel der einheitlichen Verteilung in $[0, 1]$, bei der alle oder nur die rationalen Zahlen mögliche Punkte sind. Ein isolierter Wachstumspunkt ist notwendigerweise ein Sprung (nicht umgekehrt!); diesen Fall haben wir bereits gesehen: Entweder muß der Punkt selbst möglich sein, oder es muß eine unendliche Zahl möglicher Punkte dazu adhärent sein (d.h. er muß deren Häufungspunkt bilden). Wenn schließlich ein Punkt insofern Wachstumspunkt ist, als seine Umgebung Wachstumsintervalle oder isolierte Wachstumspunkte (Sprünge) enthält, so ist er notwendigerweise schon dadurch Häufungspunkt möglicher Punkte und es ist weiter nichts zu fragen.

Von besonderem Interesse sind die Extreme dieser Mengen. Wir haben bereits (seit Kap. III) mit $\inf X$ und $\sup X$ die Extreme der logischen Stütze bezeichnet. Nun bezeichnen wir mit $\inf F$ und $\sup F$ die Extreme der Verteilungs-Stütze, die respektive der höchste Wert von $x$, für den $F(x)=0$ und der kleinste, für den $F(x)=1$ ist, sind (oder sie sind $\pm\infty$, wenn $F$ (nach unten, nach oben, bilateral) unbegrenzt oder uneigentlich ist). Durch das oben Gesagte ist notwendigerweise $\inf X \leqq \inf F \leqq \sup F \leqq \sup X$. Wichtig ist zu beachten, wie die logische Stütze die der Verteilung begrenzt, aber nicht umgekehrt.

Allgemeiner ist zu beachten, wie schwach das Band zwischen den beiden Stützen ist, oder, wenn einem dies lieber ist, zwischen der logischen Stütze und der Verteilung. Wenn die Verteilung gegeben ist, kann man nur sagen, daß ein Punkt ihrer Stütze entweder möglich oder den möglichen Punkten unendlich nahe sein muß, daß es aber auch abgesehen davon überall mögliche Punkte (mit Gesamtwahrscheinlichkeit Null) geben kann. Umgekehrt kann man, wenn die logische Stütze gegeben ist, sagen, daß die Verteilung irgendeine sein kann, sofern sie nur in den Intervallen ohne mögliche Punkte konstant bleibt. Diese Ausführungen wiederholen nur in ungenauer Gesprächsform, was bereits präzise ausgedrückt wurde. Immerhin scheinen sie aber die intuitiven Ursachen der Konklusionen besser zu erfassen: einerseits entspricht die Tatsache, daß ein Punkt oder jedenfalls nahestehende Punkte möglich sind, bzw. entweder alle Punkte eines Intervalles oder jene einer dort überall dichten Menge, der Auffassung, daß Messungen mit beliebig hoher, aber nicht absoluter Präzision möglich sind. Anderseits zählen mögliche Punkte mit Nullwahrscheinlichkeit in ihrer Gesamtheit nicht für die Verteilung, womit aber nicht gesagt ist, daß sie nicht für etwas anderes zählen (und wir werden bald sehen, daß sie sich auf die Erwartung auswirken).

5.3. Von den Konklusionen über die Mengen geht man sofort zu denen über ihre Wahrscheinlichkeiten über: man kann in der Tat sofort feststellen, wie die Wahrscheinlichkeit einer Menge $I$, d. h. $\mathbf{P}(X \in I)$ effektiv alle Werte zwischen dem internen und externen $F$-Maß im Sinne von Jordan-Peano annehmen kann.

Es sei $\mathfrak{D}$ die Menge der Wachstumspunkte von $F(x)$, und wir teilen sie in $\mathfrak{D}_1$, ihren Durchschnitt mit der Adhärenz zu $I$ (d.h.: Menge der Punkte von $\mathfrak{D}$, die in ihrer Umgebung Punkte von $I$ haben) und $\mathfrak{D}_2$ Komplement (Punkte in Intervallen, in denen keine Punkte von $I$ vorhanden sind). In der Adhärenz von $\mathfrak{D}_1$ nehmen wir nur die Punkte von $I$ als möglich an (alle, oder eine dort überall dichte Untermenge) und nur in den Intervallen ohne Punkte von $I$ verwenden wir andere Punkte, um die für $\mathfrak{D}_2$ erforderlichen „möglichen Punkte" zu erhalten. So kommt es, daß $I$ die größt-mögliche Wahrscheinlichkeit erhält, nämlich das äußere $F$-Maß (das Maß jedes Intervalles, in dem $I$ dicht ist, wird $I$ zugeschrieben). Wenn man dasselbe Kriterium auf das Komplement von $I$ anwendet, erhält man das andere Extrem (kleinste Wahrscheinlichkeit für $I$, gegeben durch das interne Maß: nur die Intervalle, die nur Punkte von $I$ enthalten, zählen). Jeder dazwischen liegende Fall wird offenbar durch eine Mischung verwirklicht (z.B., wenn man eine unmittelbare Interpretation bringen will, denke man sich, daß die Verteilung bleibt und die möglichen Punkte die der 1. Version oder die der 2. sind, je nachdem, ob ein Ereignis $E$ wahr oder falsch ist; wenn man den Wert von $p = \mathbf{P}(E)$, $0 \leqq p \leqq 1$, wählt, hat man alle möglichen Mischungen.

Auch diese Tatsache ist ein Aspekt der „Redimensionierung" der repartitionellen Kenntnis: sie besagt recht wenig über die logisch wichtigste Tatsache der in ihrer Gesamtheit gesehenen Verteilung, nämlich über die logische Stütze.

5.4. *Die Restriktion der Begrenztheit.* Hierüber wollen wir noch sprechen: es ist ein an sich wichtiger Punkt, den wir bisher kaum gestreift haben (man müßte alles zuerst sagen, aber wie sollte man?); hierbei werden wir auf einen (letzten!) Aspekt der „Redimensionierung" der Rolle der Verteilungsfunktion stoßen. Wir werden hier eine Art nicht ganz befriedigenden Auswegs wählen (und dem Leser unterbreiten) müssen, um eine notwendige Unterscheidung aufzuzeigen, ohne zu lästige Komplikationen der Schreibweise einzusetzen und ohne allzu besorgniserregende Gefahren von Mißverständnissen.

Wir wissen bereits (aus Kap. III, 12.4–5) daß, wenn man die vollständige Additivität nicht annimmt, für die Erwartung einer nach oben (oder unten) unbegrenzten Zufallszahl keine oberen (unteren) Begrenzungen bestehen. Wir hatten dies bei diskreten Zufallszahlen gesehen, aber die Frage ändert sich nicht, wenn man vom einzelnen auf den allgemeinen Fall übergeht.

Diese Tatsache ist äußerst trügerisch in Bezug auf das, was die Kenntnis der Verteilung aussagen kann: wenn man glaubt, aus der Kenntnis von $F(x)$ einen gewissen Wert, $F(\square)$ ableiten zu können, der jener von $\mathbf{P}(X)$ sein „müßte", so wird die Konklusion bestenfalls annehmbar sein, wenn nicht nur die Verteilung $F$ sondern auch die logische Stütze von $X$ (über deren Kenntnis das $F$ nichts aussagt) begrenzt ist. Versuchen wir, diese Konklusion näher zu erklären und die partiellen Kenntnisse, die in diesem Sinne abgeleitet werden können, hervorzuheben.

Vor allem ist es zweckmäßig, auf den Fall der nichtnegativen Zufallszahlen zurückzukommen ($\inf X \geqq 0$); wenn irgendein $X$ gegeben ist, kann man es natürlich in die Differenz von zwei nicht negativen Zufallszahlen zerlegen, indem man

$$X = X(X \geqq 0) + X(X \leqq 0)$$

setzt, oder, in anderer Form, aber äquivalent,

$$X = (0 \vee X) + (0 \wedge X).$$

In beiden Formeln hat der 1º Summand den Wert $X$, wenn $X \geqq 0$ und 0 im entgegengesetzten Fall, während der 2º den Wert $X$ hat, wenn $X \leqq 0$ ist und 0 im entgegengesetzten Fall (und bleibt immer nicht negativ: um explizit eine Differenz nichtnegativer Werte zu haben, genügt es, $1^0 - (-2^0)$ anstatt $1^0 + 2^0$ zu schreiben).

Für ein nicht negatives und begrenztes $X$ ist ohne weiteres $\mathbf{P}(X) = F(\square) = \int x dF(x)$. Ein nicht negatives und unbegrenztes $X$ kann dadurch zu einem begrenzten werden, daß man es „amputiert" oder abschneidet"[17] und wir verwenden die erste Methode, weil sie die einfachere ist. Wir haben $\mathbf{P}(X) \geqq \mathbf{P}[X(X \leqq K)] = F[\square(\square \leqq K) = \int_0^K x dF(x)$, und das für ein beliebiges $K$, und daher $\mathbf{P}(X) \geqq \int_0^\infty x dF(x) = F(\square)$, wobei wir vereinbaren, in diesem Falle $F(\square)$ so zu definieren. Das Integral kann konvergent oder divergent sein; in diesem letzteren Fall ist ohne weiteres $\mathbf{P}(X) = F(\square) = +\infty$, während man im vorigen nur sagen kann, daß für $\mathbf{P}(X)$ alle Werte von $F(\square)$ bis $+\infty$ (einschließlich) zulässig sind. Man beachte, daß dieser letzte Fall auch den einschließt, in dem die Verteilung begrenzt ist ($\sup F < \infty$), aber für $X$ mögliche

[17] „Amputieren": $Y = X(X \leqq K)$ setzen; „abschneiden": $Z = X \wedge K$ setzen; d.h. $Y = Z = K$ solange $X \leqq K$, dann aber $Y = 0$ und $Z = K$. Selbstverständlich ist $Y \leqq Z \leqq X$ ($Y = Z = Y$ solange $X \leqq Z$, $Y < Z < X$ (weil $0 < K < X$) wenn $X > K$).

Werte mit insgesamt Nullwahrscheinlichkeit, die über jede Grenze hinaus groß sind, angenommen werden.

5.5. Wir haben von einer *Konvention* gesprochen, als wir $F(\square) = \int x dF(x)$ auch dann definierten, wenn das Integral uneigentlich ist (bis $+\infty$ ausgedehnt wird) und als Limes nur insofern Sinn hat, als es konvergiert. Und wir wollen diese Konvention auf den allgemeinen Fall (der bilateral unbegrenzten Verteilung) mit analogem Sinn ausdehnen, d.h. indem wir $\int = \int_{-\infty}^{0} + \int_{0}^{+\infty}$ verstehen, wenn beide konvergieren. Wir müssen dringend auf die Bedeutung hinweisen, die die Festsetzung dieser Konvention für uns hat, um sie von der zu unterscheiden, die nach der gewöhnlichen Interpretation (nach der starken Theorie) gegeben ist. Dort gilt diese Konvention als *Definition der Erwartung* $\mathbf{P}(X)$ *einer Zufallszahl X mit Verteilung* $F(x)$; wenn eines der beiden Integrale divergiert, ergibt sich $\mathbf{P}(X) = +\infty$ oder $\mathbf{P}(X) = -\infty$ wenn beide divergieren hat $\mathbf{P}(X)$ keinen Sinn.

Von unserem Gesichtspunkt aus behält $\mathbf{P}(X)$ ein für allemal die definierte Bedeutung, und es hat keinen Sinn, Konventionen festzulegen, um es in diesem oder jenem besonderen Fall noch einmal zu definieren. Aus der Kenntnis von $F(x)$ werden sich eventuelle Begrenzungen für die Bewertung von $\mathbf{P}(X)$, immer auf der Basis der (schwachen!) Kohärenzbedingungen, ergeben können, wobei rigoros davon abzusehen ist, weitere Restriktionen hinzuzufügen oder, und sei es auch nur versehentlich, die annehmbaren wenn auch nur in kaum merklich strengerer Weise zu interpretieren: auch nur einen der Werte, die $\mathbf{P}(X)$ ohne Verletzung der Kohärenz zugeschrieben werden können, auszuschließen, wäre ein Fehler, verzeihlich als Folge eines banalen Versehens, unverzeihlich, wenn er Nachlässigkeit oder einem Unverständnis der Forderungen logischer Strenge zu verdanken wäre.

Unsere Konvention hat einen ganz anderen Sinn: sie definiert $F(\square)$ – und wird so analog $F(\gamma)$ für jedes beliebige $\gamma$ definieren – als Begriffe, welche die Verteilung $F$ (als mathematische Entität zu verstehen) betreffen; um Mißverständnisse zu vermeiden, sollte man eigentlich $F(\square)$ als *mittleren Wert* der Verteilung $F$ bezeichnen, und nicht als *Erwartung*. Dieser *mittlere Wert* der Verteilung ist für die Betrachtungen in Bezug auf die Erwartungen der Zufallszahlen mit $F$-Verteilung von Interesse, obwohl man fast nie sic und simpliciter sagen kann, daß sie alle gleich sein und mit dem Wert $F(\square)$ koinzidieren müssen.

Dieser konventionelle Wert hat jedoch nach drei Gesichtspunkten eine wichtige Rolle. In erster Linie liefert er die logischen Bedingungen, welche die Menge der möglichen Werte $\mathbf{P}(X)$ charakterisieren. In zweiter Linie liefert er immer eine besondere annehmbare Bewertung für $\mathbf{P}(X)$, deren Übernahme man als durch eine bezeichnende zusätzliche Hypothese gerechtfertigt erachten kann. In dritter Linie ergibt sich, daß die simultane Annahme dieser zusätzlichen Hypothese in bezug auf mehrere Zufallszahlen zu keinem Widerspruck zur Kohärenz führen kann.

Die logischen Konklusionen, von $F(x)$ zu $\mathbf{P}(X)$ sind Null in Ermangelung zusätzlicher Kenntnisse, welche glücklicherweise jedoch einen wesentlichen Umstand logischer Natur betreffen: die logische Stütze von $X$ (Menge der möglichen Werte), oder auch einfach deren Extreme, $\inf X$ und $\sup X$, oder, noch einfacher, die Tatsache, daß sie endlich oder unendlich sind. Wenn beide unendlich sind, kann man in bezug auf $\mathbf{P}(X)$ nichts aussagen: es sind alle Werte $-\infty \leqq \mathbf{P}(X) \leqq +\infty$ zulässig. Wenn beide endlich sind, ist ohne weiteres $\mathbf{P}(X) = F(\square)$. Wenn nur eines von beiden unendlich ist, so sind alle Werte zwischen diesem und $F(\square)$ einschließlich Extreme zulässig. Es ist also $-\infty \leqq \mathbf{P}(X) \leqq F(\square)$, wenn $\inf X = -\infty$, oder $F(\square) \leqq \mathbf{P}(X) \leqq +\infty$, wenn $\sup X = +\infty$ und man hat in einem einzigen neuen Fall einen eindeutig bestimmten Wert: es ist ohne weiteres $\mathbf{P}(X) = +\infty$, wenn $F(\square) = +\infty$ und $\inf X > -\infty$, und symmetrisch $\mathbf{P}(X) = -\infty$, wenn $F(\square) = -\infty$ und $\sup X < +\infty$.

Geht man zum Fall irgendwelcher Funktionen $\gamma(x)$ über, so ist im wesentlichen nichts zu ändern, außer zwei näheren Angaben.

Um im Bereich der Verteilungskenntnis zu bleiben, müssen wir uns darauf beschränken $F_{\mathfrak{R}}$ zu betrachten (Integral im Sinne von Stieltjes-Riemann usw.) und uns daher auf stetige $\gamma$ beziehen (siehe 5.1) oder die (im allgemeinen unterschiedlichen) Werte $F^-(\gamma) \leqq F^+(\gamma)$ betrachten; wir werden stillschweigend annehmen, uns immer auf sie zu beziehen und daher das $\mathfrak{R}$ weglassen. Die Extension auf den Fall von $\gamma(X)$ ohne Begrenzung erfolgt, wie früher, durch Trennung der positiven und negativen Teile, $\gamma(x) = [0 \vee \gamma(x)] + [0 \wedge \gamma(x)]$, indem man jeden amputiert (indem man z.B. $[0 \vee \gamma(x)] \cdot [\gamma(x) \leqq K]$ an Stelle von $0 \vee \gamma(x)$ betrachtet; und wir bezeichnen diese Funktion mit $\gamma_K(x)$, wovon man $F^-(\gamma_K)$ und $F^+(\gamma_K)$ nimmt und daraus $F^-(0 \vee \gamma)$ und $F^+(0 \vee \gamma)$ als Limites für $K \to \infty$ erhält; analog für $0 \wedge \gamma$, mit $K < 0$ und $\to -\infty$; indem man $F^-(\gamma) = F^-(0 \vee \gamma) + F^-(0 \wedge \gamma)$ addiert (und analog für $F^+$);

einzige (natürliche) Vereinfachung ist, daß, wenn diese Summe als $\infty - \infty$ auftritt, sie als $-\infty$ in $F^-(\gamma)$ und als $+\infty$ in $F^+(\gamma)$ aufzufassen ist[18].

Die zweite nähere Erklärung (oder besser gesagt, Bemerkung) betrifft eine Vereinfachung, die sich im Falle irgendeines $\gamma(x)$ in dem obigen einfachsten Fall $\gamma(x) = \square(x) = x$ ergeben kann. Wenn tatsächlich die Funktion $\gamma$ begrenzt ist ($|\gamma(x)| \leqq K$ für alle $x$), so ist $\gamma(X)$ bereits sicher begrenzt (und ebenso für halbbegrenzt); wenn $\gamma(x)$ nicht begrenzt ist und alle Werte $x(-\infty \leqq x \leqq +\infty)$ für $X$ möglich sind, ist in derselben Weise die Zufallszahl $\gamma(X)$ nicht begrenzt, und nur in dem Fall, in dem $\gamma(x)$ nicht begrenzt ist, und $X$ eine beschränktere Stütze hat, kann die Begrenzung von $\gamma(X)$ nur dadurch sicher festgestellt werden, daß man die Werte prüft, die $\gamma(x)$ auf der Stütze von $X$ annimmt (oft wird es jedoch genügen zu prüfen, ob es auf dem Intervall $\inf X \leqq x \leqq \sup X$ begrenzt ist und nur wenn dies nicht der Fall ist, wird man eine weitere Analyse durchführen).

5.6. Hierauf kann die frühere Konklusion für den gegenwärtigen Fall, ausgenommen selbstverständliche Varianten, in genauerer Form wiederholt werden: die *für* $\mathbf{P}(\gamma(X))$ *annehmbaren Werte sind alle und nur diejenigen, die der Ungleichung*

$$F^-(\gamma) \leqq \mathbf{P}(\gamma(X)) \leqq F^+(\gamma)$$

*entsprechen, wenn* $\gamma(X)$ *begrenzt ist (d.h. wenn* $-\infty < \inf\gamma(X)$, $\sup\gamma(X) < +\infty$;

*wenn dagegen* $\inf\gamma(X) = -\infty$, *muß man diesen Wert für* $F^-(\gamma)$ *einsetzen,*

*und wenn* $\sup\gamma(X) = +\infty$, *muß man diesen Wert für* $F^+(\gamma)$ *einsetzen*,

d.h., mit anderen Worten, in der doppelten Ungleichung wird der rechte oder der linke Teil wegfallen, oder beide, wenn man in der einen oder anderen oder in beiden Richtungen Unbegrenztheit hat.

Genauer: man erhält für $\mathbf{P}(\gamma(X))$ nur dann einen eindeutig bestimmten Wert, wenn $F(\gamma)$ vorhanden ist (d.h. $F^-(\gamma) = F^+(\gamma)$); welches

[18] Als wesentliche Rechtfertigung dieser Konvention, die keine Konvention rein zur Bequemlichkeit ist, beachte man, daß man unter diesen Bedingungen tatsächlich $\int_a^b \gamma(x)\, dF(x)$ nach $-\infty$ oder nach $+\infty$ tendieren lassen kann, im allgemeinen überhaupt zu jedem Wert, indem man entsprechend die Begrenzungen $a$ und $b$ nach $-\infty$ bzw. nach $+\infty$ tendieren läßt.

*endlich* ist, wenn $\gamma(X)$ begrenzt ist, oder *unendlich* ($+\infty$ oder $-\infty$), wenn $\gamma(X)$ halbbegrenzt ist (selbstverständlich kann es nur im entgegengesetzten Sinne begrenzt sein).

Um zu sehen, wie der frühere besondere Fall in diese Aussage paßt, genügt es zu beachten, daß sich im Falle der Divergenz beider Integrale (von $-\infty$ nach 0 und von 0 nach $+\infty$) $F^-(\square) = -\infty$ und $F^+(\square) = +\infty$ ergibt.

5.7. *Die Erwartung im asymptotischen Sinne.* Der mittlere Wert der Verteilung $F$, kann, wenn $F(x) = \mathbf{P}(X \leqq x)$, abgesehen von seiner logischen Bedeutung für die eben angegebenen Begrenzungen, vielfach als Wert von $\mathbf{P}(X)$ angenommen werden, ohne daß Bedingungen, die dies direkt fordern würden, gegeben wären.

Dies ergibt sich im Falle von (einseitig oder beiderseitig) unbegrenzten Verteilungen, wenn das Zurückgreifen auf eine derartige Verteilung vernünftigerweise als eine Idealisierung von etwas betrachtet werden kann, das im realistischeren Sinne als begrenzt zu betrachten wäre. In einfachen Worten: wir denken, daß $F(x)$ unsere Idee von der Verteilung in einem Intervall $a \leqq X \leqq b$, das praktisch die möglichen Werte einschließt, recht gut darstellt; das „Ende" bis ins Unendliche zu betrachten, ist mathematisch bequem und auch praktisch, da man nicht recht wüßte, wie weit entfernt man die Grenzen von $a$ und $b$ annehmen sollte, ist aber etwas nicht ernst zu nehmendes. Das beste „Modell" ist, zu denken, daß man den Fall der unbegrenzten Verteilung als „Grenzfall derselben betrachtet, von einem Intervall amputiert oder abgeschnitten, das begrenzt ist, aber so groß, daß ein asymptotischer Ausdruck sich dafür eignet" (nämlich für $a \to -\infty$ und $b \to +\infty$ in jeglicher Art).

Oft werden wir als $\mathbf{P}(X)$ diesen besonderen unter den logisch zulässigen Werten wählen, wenn Begründungen des beschriebenen asymptotischen Typus zu gelten scheinen werden. Und dann werden wir diesen Wert mit $\hat{\mathbf{P}}(X)$ bezeichnen, wobei der Akzent nur dazu dienen soll, die getroffene Wahl näher zu bestimmen (manchmal, um zu ersparen, dies in Worten zu sagen); nicht, weil dieses $\mathbf{P}$ besonders bezeichnet würde, weil es an sich nicht ein Wert wie alle anderen, sondern etwas besonderes wäre.

Wir haben auch gesagt, daß sich keine Widersprüche ergeben, wenn man $\hat{\mathbf{P}}$ systematisch verwendet; das bedeutet, daß $\hat{\mathbf{P}}$ der Additivität genügt.

(Man beachte, daß es bei der Wahl der Werte für $\mathbf{P}(X)$, $\mathbf{P}(Y)$, $\mathbf{P}(Z)$ nicht genügt, wenn jeder für sich zulässig ist; wenn z.B. (sicher) $Z = X + Y$ ist, muß man bei der Wahl $\mathbf{P}(Z) = \mathbf{P}(X) + \mathbf{P}(Y)$ gelten lassen).

Daß diese Bedingung für $\hat{\mathbf{P}}$ erfüllt sei, ist etwas, was sich auf die Additivität des Integrals reduziert; es handelt sich aber um ein Integral auf einer zweidimensionale Verteilung, und darum befassen wir uns damit in (9.1–2).

Wir werden sogar, um überflüssige Komplikationen zu vermeiden, vereinbaren, immer den Fall $\mathbf{P} = \hat{\mathbf{P}}$ zu betrachten, sofern wir nicht besonders auf das Gegenteil hinweisen (wenn es der Mühe wert wäre, die eine oder andere kritische Bemerkung aufzubringen). Wichtige Betrachtungen werden die in (10.3) und in VI (6.11) sein, die sich auf den Zusammenhalt mit der charakteristischen Funktion und mit dem Theorem von Chincin beziehen.

5.8. *Wahrscheinlichkeitsverteilungen und Verteilungskenntnis.* Wir können nun die Summen bilden und die Konklusionen zusammenfassen, zu denen uns die schwache Theorie, bei kohärenter Anwendung, geführt hat, und die Konventionen, die uns für Formeln und als Sprachregelung geeignet erschienen sind. Wir werden hier sogar das endgültige Gesamtbild nicht nur zusammenfassen, sondern vervollständigen, und wäre dies nur durch die Tatsache, daß wir einheitlich Bemerkungen bringen werden, die früher gelegentlich aufgetaucht sind.

Die anfänglich fast wie eine geistige Spitzfindigkeit erschienene Unterscheidung zwischen der vollständigen Verteilung, die an eine Zufallszahl gebunden ist und über diese alles aussagt, und der repartitionellen Verteilung als mathematische Entität, die teilweise dazu dient, ihre Form anzugeben, ist nun viel deutlicher geworden: wir haben in der Tat gesehen, unter wievielen Aspekten letztere unvollständig und unzureichend informativ ist, sowie wir mit ihrer „Redimensionierung" fortschritten.

Die repartitionelle Kenntnis, sowie es uns richtig erschien, sie darzustellen, um sie zu einen praktischen Hilfsmittel mit korrekt abgezeichneten Grenzen der Anwendbarkeit zu machen, ist die, welche innerhalb wohl bestimmter Grenzen des „Realismus" genügt, um das Bild einer „Verteilung von Wahrscheinlichkeitsmasse" zu beschreiben. Man könnte fragen, wieviel davon in einem Intervall vorhanden ist (ohne aber genauer angeben zu können, ob die zu den Extremen adhärente Masse innerhalb oder außerhalb liegt und ohne irgendetwas über komplizierte Mengen oder solche, die jedenfalls nicht auf Intervalle reduzierbar sind, sagen zu können), man wird nach dem mittleren Wert einer stetigen Funktion auf dieser Verteilung fragen können (aber nicht für andere, außer unter besonderen Bedingungen). Aber man kann nichts (Genaues) darüber erfahren, welche Punkte möglich sind, und ohne das kann man nicht einmal sagen, ob der mittlere Wert der Verteilung die Erwartung eines $X$, das diese Verteilungsfunktion hat, sein wird.

Kurz: die Verteilung im repartitionellen Sinn ist ein Teilschema, das näher präzisiert werden muß, um eine vollständige Kenntnis zu vermitteln, indem man daraus viele verschiedene Verteilungen erhält, die sozusagen das gemeinsam haben, was auf den ersten Blick sichtbar ist, ohne daß man die Dinge unter dem Mikroskop betrachtet.

Bei dieser Analyse wird man die Eigenschaften sehen können, die die starke Theorie aus der Verteilung dankt der Hypothese der vollständigen Additivität entnimmt, und die aber (zufällig) erfüllt sein mögen oder nicht, und die auch für nicht meßbare Mengen und Funktionen (wenn dies interessiert) beobachtet werden können, und vor allem, wird es möglich sein, die möglichen Punkte zu unterscheiden.

Um jede Möglichkeit eines Mißverständnisses oder Doppelsinnes zu vermeiden, und streng dem informatorischen Konzept der Unterscheidungen zu folgen, die wir zu klären besorgt waren, wäre es besser, den Ausdruck „*Verteilung*" der vollständigen Verteilung, $F_C$, vorzubehalten,unddiesen immer „*Ripartizione*" zu nennen, die man in abstrakter Form die „Klasse der Äquivalenz aller Verteilungen, die sich untereinander nicht unterscheiden, wenn man sich auf $F_{\mathfrak{R}}$ beschränkt" nennen sollte (wobei man sich – um eine knappe Idee intuitiv zu vermitteln – darauf beschränkt, sie „mit freiem Auge" zu betrachten), und von der man letzten Endes sagen könnte, daß sie in $F(x)$ besteht. Es wäre (vielleicht) übertrieben gewesen, dies entgegen der üblichen Formulierung, wonach man immer „Verteilung" sagt, so auszudrücken. Wir werden gelegentlich (wo es uns wesentlicher erscheinen wird, darauf zu bestehen), „im repartitionellen Sinn" sagen, oft wird dies aber stillschweigend angenommen werden, weil es sich im allgemeinen aus dem Zusammenhang ergeben wird. Wichtig ist, daß der Leser nie vergißt, daß man „im Prinzip" unterscheiden muß, was nur von $F(x)$ abhängt oder nicht.

5.9. *Eine abschließende Bemerkung.* Sie betrifft nicht direkt das besondere Argument. Wir haben uns jedoch aus verschiedenen Gründen veranlaßt gesehen, die vollständige Additivität nicht anzuerkennen und hier ist eine Überlegung über die Ursachen, warum die Tendenz, sie anzunehmen, bei so vielen so stark ist, nicht fehl am Platz.

Abgesehen von der „Bequemlichkeit“, die sie für die Analyse nach Lebesgue (die später gekommen ist) bedeutet, glaube ich, die Ursache liegt in der Gewohnheit, sich alles auf der Geraden vorstellen zu wollen (oder in Räumen mit endlichen Dimensionen) und in der Tatsache, daß die Gerade (und diese Räume) sich wenig dazu eignen, intuitiv in eine unendliche Anzahl von Teilen unterteilt zu werden, die auch wirklich solche sind.

So kommt es, daß bei den Einteilungen, die leichter durchzuführen sind, das „Ganze“ (Länge, Fläche, Masse, usw.) bis auf ein $\varepsilon$ (d.h. bis auf einen beliebig kleinen Bruchteil) in eine endliche Zahl von Stücken geteilt wird, und um dann unendlich viele Teile zu erhalten, unterteilt man diese $\varepsilon$ immer weiter. Wenn man eine Torte unter $n$ Personen verteilen soll, kann man immer dem ersten die Hälfte geben, dem zweiten ein Viertel, dem dritten ein Achtel, ..., denn beiden letzten $\frac{1}{2}^{n-1}$ und wenn es sich um eine abzählbar unendliche Zahl von Personen handelt, könnte man sie auf diese Weise alle zufriedenstellen. Aber werden sie zufrieden sein? Vermutlich wären schon bei $n = 3$ Proteste zu erwarten. Im weiteren Verlauf wären wohl die in der Mehrzahl und mit Recht erbittert, die das Verfahren eher für einen Hohn als für ein „effektives“ Kriterium einer Verteilung halten würden.

Ein in diesem Sinne „effektives“ Kriterium, um ein Intervall in eine abzählbar unendliche Anzahl von Teilen zu teilen ist das, welches Vitali für seine anerkannte Demonstration angewandt hat: die Menge $I_h$ wird durch Punkte des Typus $a + r_h$ gebildet, wobei $r_0 = 0$ ist; $r_1, r_2, \ldots, r_n, \ldots$ sind die rationalen (in der Folge geordneten) Zahlen und die $a$ sind die irrationalen, die genommen wurden, um $I_0$ zu bilden und so ausgewählt wurden, daß darunter ein und nur ein Vertreter jeder Menge irrationaler Zahlen auftritt, welche, zusammen mit irgendeinem ihrer Elemente, alle Zahlen, die davon um eine rationale Zahl abweichen, enthält. Aber dies hat bereits durch die Vermengung der Punkte einen pathologischen Geschmack, abgesehen von Bedenken bezüglich des offenbaren Zurückgreifens auf das Axiom der Auswahl.

Würden wir dagegen einen Raum mit einer abzählbar unendlichen Zahl von Dimensionen betrachten, so wäre die Sache selbstverständlich. Wenn man „ganz zufällig“ einen Punkt auf der Kugel $\sum_h x_h^2 = 1$ im Raum mit einer abzählbar unendlichen Anzahl von Koordinaten $x_h$ annimmt, wovon nicht mehr als eine endliche Anzahl Null sein können, so werden sich ebenfalls die Wahrscheinlichkeiten (Null, siehe Kap. IV und Anhang Nr. 16) ergeben, als „nächste Halbachse" irgendeine der Halbachsen $x_h$ (positiv oder negativ) zu haben. Abgesehen von der „zufälligen" Wahl ist die abzählbar unendliche Anzahl von „Stücken" der Kugel, $I_h'$ und $I_h''$, welche durch „$x$ ist die größte Koordinate (im absoluten Wert) und ist positiv ($I'$) bzw. negativ ($I''$)" definiert wird, vollständig „symmetrisch", und „intuitiv" (außer der so weit über 3 liegenden Anzahl der Dimensionen).

In anderer Form kann die Theorie dieser Bemerkung so ausgedrückt werden: durch die vollständige Additivität selbst, die im besonderen impliziert, daß die Vereinigung einer abzählbar unendlichen Anzahl von Mengen mit Nullmaß (nach Lebesgue) auch wieder das Maß Null hat, versteht man unter einer Menge mit Nullmaß eine Menge, die zu leer ist, um als Element für eine Einteilung in eine ahzählbar unendliche Anzahl von Teilen zu dienen. Was ist schon der Erfolg, daß man alle Grenzübergänge leicht durchführen kann, wenn die Definitionen selbst bereits alle notwendigen Sicherheitsmaßnahmen enthalten!

## 6.
## *Das praktische Studium der Verteilungen (Repartitionen).*

6.1. Das, was wir jetzt sagen, gilt für Verteilungen jeglicher Art; man kann an die Massenverteilungen als besonders signifikantes Bild denken, an die Wahrscheinlichkeitsverteilungen (hier, Achtung, wir erinnern daran, daß „Repartitionen" gemeint sind), welche das Argument bilden, für das wir uns besonders interessieren, doch wird es, besonders für die praktischen Aspekte gut sein, vor allem an die statistischen Verteilungen zu denken.

Für das Studium einer Verteilung können wir, grob gesagt, drei Ordnungen von Betrachtungen und Hilfsmitteln unterscheiden:
- beschreibende Eigenschaften,
- synthetische Charakteristiken,
- analytische Charakteristiken.

6.2. *Beschreibenden Eigenschaften* sind viele der bereits genannten Eigenschaften, wie die Tatsache, daß eine Verteilung begrenzt oder unbegrenzt ist, eigentlich oder uneigentlich, mit $F(\square)$ endlich oder unendlich (+ oder −) oder unbestimmt ($\infty - \infty$); daß Masse jedes der

Typen $A$, $B$, $C$ (2.3) vorhanden ist, und im besonderen, im Falle von $A$, ob mit begrenzter, stetiger oder analytischer Dichte; daß diese Dichte (oder die konzentrierten Massen, im Falle $C$ z. B. mit ganzen möglichen Werten) einen wachsenden oder fallenden Verlauf hat, oder bis zu einem Maximum wachsend und dann fallend (*unimodale* Verteilungen), oder einen verschiedenen (z. B. *bimodal* usw.), daß sie in bezug auf den Ursprung ($F(-x) + F(x) = 1$) symmetrisch ist, oder in bezug auf irgendeinen anderen Punkt $x = \xi$ ($F(\xi - x) + F(\xi + x) = 1$; wenn die Dichte vorhanden ist, $f(\xi - x) = f(\xi + x)$, im besonderen $f(-x) = f(x)$, wenn $\xi = 0$).

Und so könnte man fortfahren; es soll jedoch genügen zu sagen, daß es zweckmäßig ist, sich anhand von Abbildungen für die einzelnen Fälle über diese qualitativen Aspekte klarzuwerden, die gelegentlich für einfache Konklusionen hinreichend, jedoch häufiger als erste Kenntnisse, die dann mit quantitativen Daten zu integrieren sind, nützlich sind.

6.3. Um das, was wir in der Folge zu den verschiedenen graphischen Darstellungen sagen werden, auslegen zu können (und damit sowohl den Sinn der verschiedenen Begriffe als die Eigenschaften und Vorteile der einzelnen Darstellungsmethoden besser verstehen zu können), geben wir einige kurze Hinweise zu den wichtigsten Methoden.

Für ihre Darstellung werden wir uns sprachlich auf den Fall einer statistischen Verteilung (von $N$ „Individuen") beziehen; die Gültigkeit ist jedoch allgemein (sofern man sich nur die Fälle von stetiger Verteilung eingeschlossen vorstellt, indem man sich $N$ sehr groß denkt, oder mathematisch, indem man an einen „Limes für $N \to \infty$" denkt). Der Einfachheit halber beschränken wir uns auf Verteilungen auf der positiven Halbachse, die begrenzt sind ($F(0) = 0$, $F(K) = 1$, $K = \sup F < \infty$); damit haben wir eine Vorstellung vermittelt; es ist ferner wesentlich für einige Betrachtungen und genügt, um verständlich zu machen, wie, mutatis mutandis, dieselben Dinge sich im allgemeinen Fall wiederholen können.

Das *Verteilungsdiagramm*, $y = F(x)$, ist das aus Abbildung 2; nach der statistischen Interpretation ist es die Stufeneinteilung (am Limes *kurvenförmig*), die man als *integrale Häufigkeitskurve* bezeichnet, mit einer Stufe mit der Höhe $1/N$ in jedem Punkt $x_h$, wofür die betrachtete Größe (z. B. Alter, Körpergröße, Einkommen usw.) den dem $h$-ten unter den $N$ Individuen entsprechenden Wert hat. $F(x)$ ergibt die

*Häufigkeit*, d.h. den *Prozentsatz*[19] $n(x)/N$ der Individuen (unter den $N$), die für diese Größe (Alter, Körpergröße, Einkommen, oder was es sonst ist) einen Wert haben, der nicht größer ist, als $x$.

Wie bereits gesagt (2.5) werden die „Individuen" manchmal mit verschiedenen „Gewichten" $p_h$ (anstatt alle $= 1/N$) gezählt. Oder die Werte $x_h$ mehrerer Individuen können koinzidieren (und man wird dort eine Masse $\sum_k p_k (x_k = x_h)$ haben, oder im besonderen $n/N$, wenn die Massen gleich sind und $n$ koinzidieren). Wir wollen jedoch den einfachsten Fall besprechen, um die Aufmerksamkeit auf Aspekte zu richten, die bezeichnender sind, ohne der erfaßbaren Extension auf den allgemeineren Fall vorzugreifen.

Das Diagramm der inversen Funktion $x = F^{-1}(y)$, das bereits in (2.6) betrachtet und in Abb. 3 wiedergegeben wurde, ist nicht sehr gebräuchlich, aber sehr bezeichnend: es heißt *Diagramm der Graduation* (Galton), um an die Darstellung zu erinnern, die im Falle der Körpergröße besonders verständlich ist: es ist das Profil, das man erhält, indem man die Individuen in wachsender Größenordnung aufstellt („rechts anschließen").

Für das Einkommen stelle man sich an Stelle der Individuen eine entsprechende Geld- oder Münzenrolle vor, dieses Bild dient zur Erklärung der Theorie, die vor allem in Fällen anzuwenden ist, wo die Summe der Werte $x_h$ der verschiedenen Individuen eine unmittelbare Bedeutung hat, nämlich hier das *Gesamteinkommen* einer gewissen Gruppe von Individuen. Die Fläche unter der Kurve entspricht einem gewissen Intervall $y' \leqq y \leqq y''$ und stellt das Gesamteinkommen (genau in dieser Skala von 1 auf $1/N$ reduziert) der Individuen des Segmentes derjenigen dar, für die der Prozentsatz der „weniger reichen als sie" zwischen $y'$ und $y''$ steht. Jedenfalls, wenn man durch die Länge des Segmentes dividiert, hat man immer den mittleren Wert (arithmetisches Mittel) dieses Segmentes von Individuen, und dies hat einen gewissen Sinn auch für das Alter, die Gestalt usw., auch wenn die Summe keine direkte Bedeutung hat, es sich also um eine eher konventionelle Bedeutung handelt. In jedem Intervall (und im beson-

[19] Unter „Prozentsatz" verstehen wir das Verhältnis (nicht dieses „mal 100", wie dies oft verwendet wird). D.h. 27% = 0,27, 27,58% = 0,2758; ebenso „Promille", 275,8‰ = = 27,58% = 0,2758. Nichts ist anders (außer Erwähnung einer in der Praxis bequemen *Schreibweise* zur Vermeidung von Nullen links und einer ausdrucksvolleren *Lesart*). Das Symbol % ist daher eine konventionelle Form, um „/100" zu schreiben (dividiert durch 100), als Operator rechts für eine beliebige Zahl.

deren auch für das ganze Intervall [0, 1]) ist daher der mittlere Wert die Höhe des Rechteckes mit äquivalenter Fläche (d.h. deutlicher sichtbar, die oben und unten gleiche Flächen übrig läßt).

In den Fällen, in denen (wie beim Einkommen), die Summe eine direkte Bedeutung hat, bietet sich eine dritte Form der Darstellung als nützlich und bezeichnend an, die unter den Namen „Konzentrationskurve" bekannt ist, und welche die integrale Kurve der früheren ist (wo die Konvention zweckmäßig ist, als Einheit die gesamte Fläche, z.B. das Gesamteinkommen zu nehmen). Abb. 4 zeigt die *Konzentrationskurve* $z = G(y)$ (Lorenz) und die *der Graduation* $x = F^{-1}(y)$ auf derselben Zeichnung, wobei als Maßeinheit das Gesamteinkommen, bzw. das mittlere Einkommen angenommen werden. Nach der

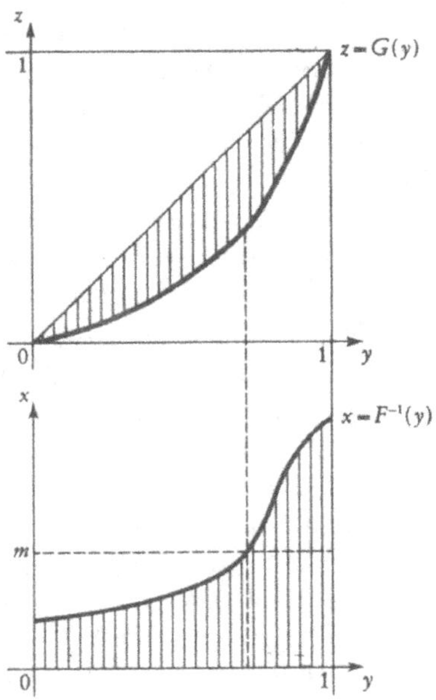


Abbildung 4.

Konzentrationskurve $z = G(y)$ nach Beispiel der Einkommen: dem Bruchteil $y$ der weniger reichen entspricht der Bruchteil $z = G(y)$ des Gesamteinkommens, das im Diagramm (Graduationskurve siehe Abb. 3 und Erklärung in 2.6) durch den Teil der gesamten Fläche links der Abszisse $y$ dargestellt wird, d.h. welches alle Einkommen $\leqq x = m.dz/dy$ umfaßt ($m$ = mittleres Einkommen). Man beachte besonders das $x$ in dem Punkte $= m$ ist, in dem die Kurve $z = G(y)$ die Neigung $= 1$ hat (Tangente parallel zur Diagonale; es ist daher der Punkt der größten Entfernung von der Diagonale). Die Diagonale $z = y$ stellt den Fall der Gleichverteilung dar; in jedem anderen Fall ist selbstverständlich immer $z < y$ mit $z$ wachsend und konkav.

Definition bedeutet $G(y)$ den Teil des Gesamteinkommens, den der Teil $y$ der weniger reichen Besitzer besitzt. Im Falle einer einheitlichen Verteilung (alle mit gleichem Einkommen) wäre die Kurve die Diagonale des Quadrates, $G(y) = y$ und die Fläche zwischen der Kurve und dieser Diagonale – genannt Konzentrationsfläche und dividiert durch $\frac{1}{2}$, welches der maximale Wert ist (das gesamte Einkommen gehört nur einem der $N$ Individuen, $N$ ist sehr groß) – nennt man *Konzentrationsverhältnis* und dieses gibt eine Idee der Ungleichung (Gini). In jedem Fall ist die Neigung von $z = G(y)$ durch $x = F^{-1}(y)$ gegeben; das Mittel entspricht dem Punkt der maximalen Entfernung von der Diagonale (wo $G'(y) = 1$: Tangente parallel zur Diagonale).

6.4. Viel verwendet wird die Darstellung mittels des *Dichtediagramms*, das man in der statistischen Darstellung *Häufigkeitskurve nennt*. An dieser Kurve sieht man die erwähnten Eigenschaften besser.

Es ist jedoch zu betonen, daß die Dichte häufig (und in der statistischen Darstellung streng genommen immer) eine Fiktion oder mathematische Idealisierung ist. Eine wirkliche statistische Verteilung (Zahl $N$ der Individuen endlich) ist immer diskret: $N$ Massen $p_h$ (gleich, $p_h = 1/N$, oder verschiedene) mit $\sum p_h = 1$, oder in geringerer Anzahl als $N$, wenn mehrere Individuen dieselben Werte haben. Auch für eine Massenverteilung bis zur atomaren Skala, würde man analoge

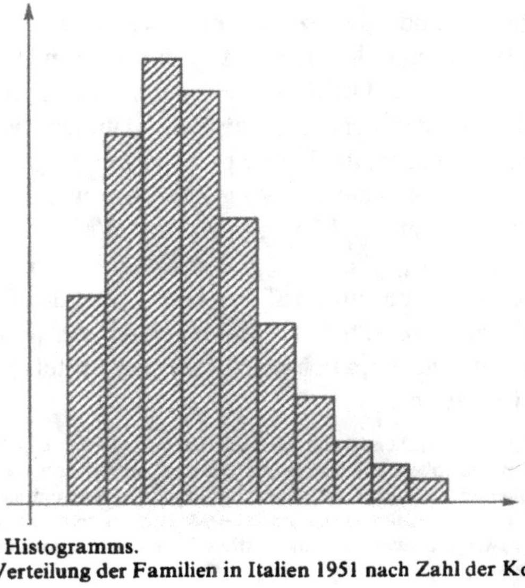

Abb. 5.
Beispiel eines Histogramms.
(Es stellt die Verteilung der Familien in Italien 1951 nach Zahl der Komponenten dar).

Unterbrechungen finden, oder Unbestimmtheit infolge thermischer Störung usw., die verhindern würden, die genaue Lage der Masse örtlich zu bestimmen.

Im übrigen wird in der Physik ausdrücklich gesagt, daß es sinnvoll ist, die Dichte in bezug auf das Verhältnis *Masse/Volumen* für die Umgebung eines Punktes zu betrachten, die nicht zu groß ist, um durch die makroskopische Nicht-Homogenität nicht beeinflußt zu werden und nicht zu klein, um durch die strukturelle Unterbrechung nicht beeinflußt zu werden. Jedenfalls, wenn die Stufeneinteilung sich in eine Verteilungskurve verwandelt, ohne dieser nicht notwendige Neigungsunregelmäßigkeiten zu geben, kann man praktisch annehmen, daß auch $f(x) = F'(x)$ hinreichend definiert sei; andererseits wird die Kurve manchmal später *ausgeglichen*, d.h. so verändert, daß sie einen einfacheren Aspekt erhält, eventuell eine bequeme analytische Form und eine mehr oder weniger standardisierte.

Es wird manchmal gesagt, daß man auf diese Weise „*zufällige* Unregelmäßigkeiten beseitigen" will. Doch ist dies keine korrekte Aussage, es sei denn vom probabilistischen Gesichtspunkt und mit gebührender Vertiefung. Wir sehen darum hier davon ab, da ein Hinweis nur oberflächliche und irreführende Auffassungen begünstigen könnte. (Wir sprechen davon in den Kapiteln XI und XII. Über die Informationstheorie wurde in Kap. V, 8.7. gesprochen).

Die elementarste und gleichzeitig korrekteste Art, die Dichte praktisch einzuführen (und ihre Kurve zu konstruieren) besteht in der Betrachtung der mittleren Dichte für die Intervalle einer passenden Unterteilung (die, aus den bereits genannten Gründen, weder zu umfassend noch zu fein sein soll). Wenn nicht gegenteilige Motive vorliegen nimmt man (wie es bequem ist) gleiche Intervalle. Die mittlere Dichte im generischen Intervall $[\xi_i, \xi_{i+1}]$ ist das Wachstumsverhältnis von $F(x)$, $[F(\xi_{i+1}) - F(\xi_i)]/(\xi_{i+1} - \xi_i)$. Das Diagramm in Abb. 5, das durch Rechtecke mit Grundlinie auf den Intervallen der Unterteilung und Höhe nach mittlerer Dichte gebildet wird, nennt man *Histogramm* (Säulendiagramm)[20]; auch hier kann man mittels Angleichung zu einer *Kurve* übergehen.

[20] Man beachte, daß es wesentlich ist, die Unterteilungen zwischen den Rechtecken anzugeben (und nicht nur das obere Profil zu geben). Es ist nämlich wesentlich, den Fall von zwei (oder mehr) folgenden Rechtecken mit gleicher Höhe von dem eines einzigen Rechteckes, das gleich ihrer Vereinigung ist, zu unterscheiden: im ersteren Falle hat man eine größere Information, weil man weiß, daß die mittlere Dichte in den verschiedenen Unter-Intervallen dieselbe ist.

6.5. *Die synthetischen Charakteristiken* sind die quantitativen Angaben, die Informationen liefern, welche oft nützlich sind, um eine Verteilung in bezug auf ein bestimmtes Problem zu kennen und die manchmal zu diesem Zweck sogar ausreichend sind. Es genügt, an die Definition von *Mittel* nach Chisini zu erinnern (Kap. II, 9) um zu verstehen, wie die Kenntnis eines „Mittels" der Verteilung dem Zweck entsprechen kann. Häufig wird es der mittlere Wert (das arithmetische Mittel), das durch $F(\square)$ gegeben ist, sein, oder ein anderes assoziatives Mittel $\gamma^{-1}(F(\gamma))$ mit $\gamma$ wachsend, das im Falle der Wahrscheinlichkeit der Erwartung $\mathbf{P}(X) = F(\square)$ oder im allgemeinen der $\gamma$-*Erwartung*

(3) $$\mathbf{P}_\gamma(X) = \gamma^{-1}[\mathbf{P}(\gamma(X))]$$ entspricht.

Manchmal verwendet man Mittel (oder Erwartungen) nicht nur von $X$ sondern auch von der *Abweichung*, $X-\xi$, oder von der *absoluten Abweichung*, $|X-\xi|$ (= Abweichung im absoluten Wert) von $X$ von einem gewissen $\xi$ (das a priori beliebig ist); manchmal ist es von besonderem Interesse, sich auf ein gegebenes $\xi$ zu beziehen, wie wir dies bereits vom Fall der absoluten Standardabweichung wissen, der quadratischen Erwartung von $|X-\xi|$ für $\xi = \mathbf{P}(X)$, weil es im Verhältnis zu diesem $\xi$ den geringsten Wert und die größte Signifikanz erhält. Wenn man von der probabilistischen Interpretation absieht, bedeutet die Betrachtung der Abweichung nur, daß man den Ursprung für die Verteilung (von 0 nach $-\xi$) verschiebt, und die Betrachtung der absoluten Abweichung bedeutet dann das Umklappen des Teiles der Verteilung auf der negativen Halbachse, indem man dadurch die auf der positiven Halbachse überdeckt.

Andere synthetische Charakteristiken gehören dann nicht einmal mehr zum Begriff des Mittels (manchmal kann man sie mit einer gewissen gewaltsamen Änderung der Bedeutung noch hineinbringen).

6.6. Was den Zweck anbelangt, kann man Indices (oder Maße) der *Lokalisation* und der *Dispersion* (oder Variabilität) unterscheiden, die einen Begriff dessen vermitteln, „in welcher Umgebung" die Verteilung sich verdichtet, und „in welchem Maße" dies erfolgt (und diese beiden Aspekte interessieren uns am meisten). Andere Charakteristiken, von denen man manchmal mittels Indices ein Maß anzugeben versucht, sind z. B. die *Asymmetrie*, die „Kurtosis" und ähnliche. Es sollen kurze Hinweise mit einigen Bemerkungen genügen[21].

---

[21] Für ausgedehntere Entwicklungen siehe M. G. Kendall *The Advanced Theory of Statistics*, Band I, Seiten 29–48.

Die Indices für die *Lokalisation* sind im allgemeinen in erster Linie die Mittel (nach der Definition von Chisini und eben wegen der Eigenschaft, die dadurch ausgedrückt wird); häufig interessieren jedoch besonders die *translativen* Lokalisations-Indices (und wir nehmen stillschweigend an, die *homogenen*: d.h. solche, daß, wenn man anstatt der Verteilung von $X$ die von $aX + b$ betrachtet, der Index ebenfalls mit $a$ multipliziert und $b$ dazu addiert wird), und die Mittel sind dies im allgemeinen nicht (z.B. ist es unter den assoziativen Mitteln nur das arithmetische Mittel)[22].

Translative und häufig betrachtete Indices der Lokalisation sind der *Zentralwert* und der *Modalwert* einer Verteilung.

Der *Modalwert* ist der Wert der maximalen Dichte; ziemlich klar erkannt und bezeichnend ist er im Falle von Verteilungen mit regelmäßig verlaufender Dichte, die unimodal (einziges Maximum) sind, besonders wenn sie mittels einfacher Funktionen definiert werden; er ist es immer weniger, sowie man sich von diesen idealen Fällen entfernt.

Der *Median* ist der Zentralwert der Verteilung, derjenige, der sie in die Hälfte teilt, d.h. der, für den $F(x) = \frac{1}{2}$ (ganz genau, $x = F^{-1}(\frac{1}{2})$). Er hat die Eigenschaft, die Erwartung der Abweichung, $\mathbf{P}(|X - \xi|)$ am geringsten ausfallen zu lassen[23].

Der Zentralwert ist ein besonderer (und der wichtigste) unter den *Positionswerten*, oder *Quantilen*, einer Verteilung: die Definition des *p-Quantils* ($0 \leqq p \leqq 1$) ist dieselbe, $x_p = F^{-1}(p)$, d.h. der Wert, der die Verteilung teilt, indem er eine Masse $p$ links (und $1-p$ rechts) läßt. Für $p = 0$ und $p = 1$ haben wir $\inf X$ und $\sup X$ (wobei wir, wie dies natürlich ist, vereinbaren, diesen Wert anzunehmen und nicht irgendeinen $< \inf$ oder $> \sup$). Diese Werte sind translativ, aber (für $p \neq \frac{1}{2}$) nicht geeignet als bezeichnende Lokalisationsindices. Sie dienen als „Meilensteine", die die Verteilung dadurch beschreiben können, daß sie intuitive Unterteilungen liefern (besonders, wenn man die *Quartile*

---

22 Die anderen sind es in der mittels der Transformation $y = \gamma(x)$ veränderten Skala.

23 Wenn man es überlegt, ist es selbstverständlich: wenn man $\xi$ nach $\xi + d\xi$ ($d\xi > 0$) verlegt, so nimmt die Abweichung um $d\xi$ für alle Massen links von $\xi$ zu und um ebensoviel für die rechts ab:, daher ist es zweckmäßig, in Richtung des Medians zu verschieben, wo die Massen links und rechts gleich sind. Diese Eigenschaft (mit zweckmäßiger Variante) erlaubt, die Indetermination zu beseitigen, die besteht, wenn $F(\xi)$ in einem ganzen Intervall $= \frac{1}{2}$ ist. Man kann den Median D. Jackson, 1921) als Limes für $\varepsilon \to 0$ von $\xi(\varepsilon)$ = Wert, wo die Erwartung der Potenz $1 + \varepsilon$ der Abweichung ($\varepsilon > 0$) am kleinsten ist, definieren.

($p = 1/4$ oder $3/4$), die *Dezile*, die *Centile* ($p$ Vielfache von $1/10$ oder $1/100$) betrachtet, oder um (wie wir sehen werden) Indices der Dispersion zu liefern.

Auch für die Indices der *Dispersion* (oder, umgekehrt gesehen, der *Konzentration*), ist es wichtig, eine Eigenschaft zu betrachten, die zu der translativen analog ist, und welche die wichtigsten besitzen: die *Homogenität* (und, wir nehmen stillschweigend an, die Invarianz für die Translation). D.h., wenn man $aX + b$ betrachtet, wird der Index mit $a$ multipliziert, (und $b$ hat keinerlei Auswirkung).

Wenn wir im besonderen eine Verteilung in eine „*reduzierte*" (oder normalisierte, oder standardisierte) verwandeln, indem wir als Ursprung den Mittelwert und als Einheit die Standardabweichung nehmen ($m = 0, \sigma = 1$), und mit $\alpha^*$ den Index für die reduzierte Verteilung bezeichnen, so bedeuten die translative und die homogene Eigenschaft respektive: $\alpha = m + \sigma\alpha^*$, $\alpha = \sigma\alpha^*$; wenn dann $\alpha = \alpha^*$ ist (d.h.: nicht variant für jede Translation oder Änderung der Skala), kann der Index als *morphologisch* bezeichnet werden, sofern er Charakteristiken der Form der Verteilung ausdrückt, d.h. des *Typus* der Verteilung (mit einer oft nützlichen Formulierung, um alle Verteilungen anzugeben, die von einander nur durch Änderung des Ursprunges und der Maßeinheit verschieden sind, d.h. die $F(ax + b)$ mit einem gegebenen $F$ und irgendeinem $a$ und $b$; manchmal restriktiver $a > 0$, und/oder $b = 0$). Man beachte, daß die Normalisierung mittels $m$ und $\sigma$, auf die wir uns bezogen haben, weil es die gebräuchlichste und unter gewissen Aspekten die günstigste ist, nicht nur nicht das Einzige, sondern nicht einmal immer möglich ist ($\sigma$ kann unendlich und $m$ kann indeterminiert sein); unter den anderen Arten erwähnen wir die, die darin besteht, den *Median* und die *interquartile Abweichung* an Stelle von $m$ und $\sigma$ zu nehmen (mit dem Vorteil, daß dies immer Sinn hat und daß die übertriebene Empfindlichkeit von $\sigma$ an den „Enden" der Verteilung vermieden wird, jedoch um den Preis einer gewissen Grobheit).

Morphologische Eigenschaften sind z.B. die *Asymetrie* und die *Kurtosis*, für die man als Indices respektive das kubische und quadratische Mittel der Abweichung $X - m$ (d.h. $[\mathbf{P}(X-m)^n]^{1/n}$ für $n = 3$ und $n = 4$) dividiert durch $\sigma$ nehmen kann[24]. Ersteres hat im Falle von Symmetrie den Wert Null (oder bei Abweichungen von der Symmetrie,

[24] Häufiger werden Potenzen verwendet: auf Proportionen von Mitteln, eindimensional in Bezug auf die Variable, zurückzugehen, scheint signifikanter und passender.

die sich global kompensieren[25]) und ist positiv oder negativ, je nachdem, ob das Ende nach links oder nach rechts ausgesprochener ist. Die *Kurtosis*, durch letzteres gemessen, ist die Eigenschaft, die darin besteht, als Dichtediagramm, das zugespitzte oder abgeflachte Maximum zu haben und dient vor allem dazu festzustellen, ob eine empirisch scheinbar *normale* Verteilung (siehe 11.3) nicht dagegen *leptokurtisch* oder *platikurtisch* ist, d.h. im Vergleich zu dieser mit einem mehr zugespitzten oder mehr abgeflachten Maximum; der besagte Index unterscheidet die drei Fälle mit dem Ergebnis $=\sqrt[4]{3}$, oder darüber, oder darunter.

Zum Fall der Dispersion zurückkehrend, erwähnen wir außer den Mitteln der Abweichungen (von $m$ oder einem anderen Wert), die Mittel der Differenzen, $\mathbf{P}(|X-Y|)$ oder $\mathbf{P}_{\gamma}(|X-Y|)$, wo $X$ und $Y$ unabhängige Zufallszahlen sind, welche die betrachtete Verteilung haben. Die *mittlere Differenz*[26], $\mathbf{P}(|X-Y|)$ ergibt sich so, daß sie (für Verteilungen auf der positiven Halbachse) mittels der Konzentrationsfläche (siehe 6.3., Abb. 4) ausgedrückt werden kann. Die *mittlere quadratische Differenz*, $\mathbf{P}_Q(X-Y)$, bringt nichts Neues, da sie offenbar $=\sigma\sqrt{2}\,(=\sqrt{\sigma^2+\sigma^2})$ ist. Andere Indices können mit den Quantilen gebildet werden: die *interquantile Anweichung* und die *interdezile Abweichung* sind respektive die Differenzen zwischen den Quantilen $x_p$ mit $p=3/4$ und $1/4$ und mit $p=9/10$ und $1/10$; am Limes ($p=0$ und 1) hat man die Fülle der Verteilung (range) sup − inf.

Einer etwas anderen Theorie entspricht die Funktion der Dispersion, $l(p)$ $(0 \leqq p \leqq 1)$, welche $l =$ „Mindestlänge eines (Wahrscheinlichkeits-)Masse enthaltenden Segmentes $= p$“ $= \inf[F^{-1}(p+\lambda)-F^{-1}(\lambda)]$ $(0 \leqq \lambda \leqq 1-p)$ ergibt. Offenbar ist $l(0) =$ die maximal in einem Punkt

[25] Man beachte, wie diese „Kompensierung“ von der besonderen Wahl des Index abhängt. Allgemeiner: Alle Indices, die im wesentlichen qualitative Eigenschaften in ein quantitatives Maß umsetzen, führen einen breiten Grad von Willkür ein, dem Rechnung getragen werden muß, sei es, indem man die Konklusionen mit Vorsicht auslegt, sei es, indem man nominalistische und abstrakte Diskussionen über die Frage, welcher von den verschiedenen Indices „vorzuziehen“ sei, vermeidet, da diese, wenn überhaupt, durch konkrete Forderungen entschieden wird.

[26] Im Falle von statistischen Verteilungen ($N$ Individuen) unterscheidet man die mittlere Differenz *mit* und *ohne Wiederholung*; der zweite Fall bedeutet, daß man ausschließt, daß $X$ und $Y$ sich auf dasselbe Individuum beziehen (womit ausgeschlossen wird, daß es zweimal gezogen werden könnte) und der Index wird dann mit $N/(N-1)$ multipliziert. Tatsächlich ist die Möglichkeit des wiederholten Zuges $1/N$. Daher „*Index mit*“ $=(1-1/N)$, „*Index ohne*“ $+(1/N).0$ (da $=0$ die Differenz $X-Y$ ist, wenn sie koinzidieren).

konzentrierte Wahrscheinlichkeit ($=0$, wenn keine konzentrierten Wahrscheinlichkeiten vorhanden sind), $l(p)$ ist wachsend und tendiert nach 1 (wenn die Verteilung eine eigentliche ist). Wenn $l'(0)=c<\infty$ ist, hat die Verteilung eine begrenzte Dichte und das Maximum ist $c$ (und umgekehrt).

## 7.
## *Grenzwerte von Verteilungen.*

7.1. Wir hatten Gelegenheit zu bemerken, wie gewisse Eigenschaften und gewisse synthetische Charakteristiken einer Verteilung (ripartizione) wenig empfindlich sind, und andere dagegen sehr empfindlich auf „kleine Veränderungen in der Form der Verteilung". Wenn man derartigen Aussagen einen präzisen Sinn geben will, muß man präzisieren, was „eine kleine Veränderung" ist, und d.h. zumindest präzisieren, was man meint, wenn man sagt, daß eine variable Verteilung, $F_n(x)$ nach einer gegebenen Verteilung $F(x)$ bei $n\to\infty$ tendiert; noch besser: eine „Distanz" zwischen zwei Verteilungen definieren, die es erlaubt, $F_n\to F$ auf dist $(F_n, F)\to 0$ zurückzuführen.

Glücklicherweise gibt es keine Zweifel über die Bedeutung, die der Konvergenz im Bereich der eigentlichen Verteilungen zuzuschreiben ist (und auf diesen Fall wollen wir uns beschränken): $F_n\to F$ wird immer Konvergenz von $F_n(x)$ zu $F(x)$ *in allen Stetigkeitspunkten von* $F$ bedeuten (oder auch Konvergenz von $F_n(\gamma)$ zu $F(\gamma)$ für jedes begrenzte und stetige $\gamma$). Eine äquivalente Form wird durch die Bedingung ausgedrückt:

*wenn ein beliebiges $\varepsilon-0$ gegeben ist, so ist der doppelten Ungleichung*

$$\text{(4)}\qquad \sqrt{F(x-\varepsilon)}-\varepsilon \leqq F_n(x) \leqq F(x+\varepsilon)+\varepsilon \quad (-\infty \leqq x \leqq +\infty)$$

*für alle n von einem gewissen N aufwärts genügt.*

Diese Bedingung zeigt deutlich, wie man als Distanz, dist $(F_n, F)$, den geringsten Wert von $\varepsilon$, für den dies gilt, definieren kann (geometrisch: die größte Entfernung zwischen den Kurven $q=F_n(x)$ und $y=F(x)$ in Richtung der Bisektion $y=-x$), die wirklich eine Entfernung ist (es gilt die Dreiecks-Ungleichung). Wir wollen uns nicht bei Demonstrationen aufhalten, jedoch bemerken, daß dies der Theorie entspricht, nicht nur in der Richtung der Ordinaten eine gewisse Ungenauigkeit zu dulden (die Massen ein wenig verändern, d.h. die Wahrscheinlichkeiten) sondern auch in Richtung der Abszisse (eine auch konzentrierte Masse ein wenig zu verschieben).

Es ergibt sich oft der Fall, daß eine Folge $F_n$ nicht zu einer Verteilung $F$ sondern nur *zum Typus* von $F$ (wie in 6.6 definiert) tendiert, d.h. daß es vorkommt, daß $F_n(a_n x + b_n)$ nach $F$ tendiert, welches an der richtigen Stelle die Folge der konstanten $a_n$ und $b_n$ annimmt. Der gewohnteste Fall ist der, indem man auf die reduzierten Verteilungen $F_n\left(\frac{x-m_n}{\sigma_n}\right)$ zurückgreift (mit $a_n = 1/\sigma_n$ und $b_n = -m_n/\sigma_n$), doch ist es nicht der einzige und auch nicht immer anwendbar, nicht einmal in dem Fall, in dem alle Varianzen (von $F_n$ und $F$) endlich sind und die Konvergenz zum Typus von $F$ (indem die Konstanten verschieden genommen werden) besteht[27].

7.2. Einige einfache Betrachtungen liegen nahe.

*Man kann jede Verteilung beliebig annähern, sei es mittels diskreter Verteilungen, sei es mittels absolut stetiger Verteilungen.*

Es genügt zu beachten, daß man dies zum Beispiel erhält, indem man

(5) $F_n(x) =$ höchstes Vielfaches von $1/n$ kleiner als $F(x) + (1/2n)$

setzt, und respektive

$$F_n(x) = \int_0^1 F(x + u/n)\, du, \tag{6}$$

und daher

$$f_n(x) = F_n'(x) = n\,[F(x + 1/n) - F(x)] \leqq n. \tag{6'}$$

Daher:

*Eine nur für die diskreten Verteilungen (oder nur für die absolut stetigen, oder die mit begrenzter Dichte) demonstrierte Eigenschaft gilt für alle Verteilungen, wenn sie stetig ist*; wobei wir eine Eigenschaft als *stetig* bezeichnen, die, wenn sie für die $F_n$ gilt, und $F_n \to F$, auch für $F$ gilt.

---

[27] Massen, die sich entfernen und (für $n \to \infty$) verschwinden, ohne auf die Grenz-Verteilung Einfluß zu haben, können z.B. die $\sigma_n$ verändern.
*Beispiel*: $F_n$ habe die Masse $1/2(-1/n)$ in $\pm 1$: Wir haben $\sigma_n \sim \sqrt{n} \to \infty$, das reduzierte $F_n$ hätte zwei Massen $\sim \frac{1}{2}$ in $\pm x_n$, $x \sim 1/\sqrt{n} \to 0$ (und zwei, die man weglassen kann) und würde zur in 0 konzentrierten Verteilung tendieren. Dagegen tendiert $F_n$ (in diesem Falle ohne jede Reduktion) nach $F$ mit den Massen $\frac{1}{2}$ in $\pm 1$.

Im allgemeinen besteht die Stetigkeit für alle Eigenschaften, die von Interesse sind und sie kann auch leicht festgestellt werden, und es ist viel weniger umständlich, die Demonstration (wenn auch dieselbe) unter Bezugnahme auf (den einen oder anderen) besonderen Fall durchzuführen, die diesem am besten entspricht.

Es ist vorteilhaft zu bedenken, daß, damit eine Folge $F_n$ *konvergent sei* (damit ein eigentliches $F$ existiert, nach dem die $F_n$ tendieren), es notwendig ist, daß auch die $F_n$ *eigentliche Verteilungen seien* (im Sinne, daß die Tendenz nach 1 von $F_n(x) - F_n(-x)$ bei $x \to \infty$ in bezug auf $n$ uniform sein muß); und daß umgekehrt, diese Bedingung hinreichend ist, um zu sichern, daß entweder die *Folge* $F_n$ oder wenigstens *eine ihrer Unterfolgen nach einer eigentlichen Grenzverteilung tendiert* (Theorem von Ascoli).

## 8.
## *Verschiedene Begriffe der Konvergenz für Zufallszahlen.*

8.1. Natürlich betrifft der Begriff der Konvergenz Folgen von Zufallszahlen; ja, obgleich wir uns der Einfachheit halber auf Folgen $X_1, X_2, \ldots, X_n, \ldots (n \to \infty)$ beziehen werden, würde sich nichts ändern, wenn es sich um $X_t, t \to t_0$ (reeller Parameter) oder analog um $X_t$, assoziert mit Elementen $t$ eines beliebigen Raumes handeln würde (wo $t \to t_0$ ein bestimmter Sinn gegeben würde). Anstatt um eine Folge wird es sich um eine Reihe handeln können. Und anstatt um Zufallszahlen wird es sich auch um Zufallspunkte handeln können (z.B. „Vektoren" oder $n$-Tupel von Zufallszahlen), sofern nur auch in diesen Räumen den dort auftretenden Begriffen ein Sinn gegeben wird.

Hier sollen nur die wesentlichen Begriffe vermittelt werden, unter besonderer Berücksichtigung der verschiedenen Punkte, in denen die schwache Theorie, die wir vertreten, zu anderen Formulierungen und Konklusionen führt, als die üblichen, die sich auf die starke Theorie stützen[28].

---

[28] Wohlgemerkt, es handelt sich nicht darum, der schwachen Konvergenz oder der starken Konvergenz den Vorzug zu geben, obgleich die Identität der Ausdrücke eine Affinität der Theorien ausdrückt). In beiden gibt es diese (und andere) Begriffe der Konvergenz, und jede wird, je nach der schwachen oder starken Theorie, verschiedene Auslegungen bringen können.

8.2. Vor allem können wir eine Konvergenz haben, die *sicher* ist, uniform oder nicht, und nach einem sicheren Limes oder nicht; *sicher* bedeutet unabhängig von den Wahrscheinlichkeitsbewertungen, d.h. auf Grund dessen, was einem als *möglich* oder *unmöglich* bekannt ist, entscheidbar.

Sicher, uniform und nach einem sicheren Limes tendierend ist die Konvergenz des Gesamtgewinnes in einer Folge von Würfen (z.B. Kopf und Adler), wenn wir als „Erfolg" jedes Auftreten von Kopf, aber auch das hundertste aufeinanderfolgende Auftreten von Adler nach dem letzten Erfolg bezeichnen, und wenn der Gewinn beim $n$-ten Erfolg $(\frac{1}{2})^n$ ist (und 0 für den Mißerfolg). Die Summe ist $= 1$, und es ist sicher, daß nach höchstens $100n$ Würfen die ersten $n$ Termini summiert sein werden.

Sicher, uniform, nach einem unsicheren (Zufalls-) Limes, ist die Konvergenz des Gewinnes in einer Folge von Würfen auf Kopf und Adler, wenn die Gewinne bei den sukzessiven Würfen $\pm\frac{1}{2}$, $\pm(\frac{1}{2})^2$, $\pm(\frac{1}{2})^3, \ldots, \pm(\frac{1}{2})^n, \ldots$ ($+$ für Kopf, $-$ für Adler) sind; der Rest nach $n$ Würfen ist (im absoluten Wert) sicher $\leqq (\frac{1}{2})^n$, der Limes kann jedoch irgendeine Zahl zwischen $-1$ und $+1$ sein.

Sicher, nicht uniform, nach einem sicheren oder unsicheren (Zufalls-) Limes, ist die Konvergenz des Gewinnes $\pm 1$ bei jedem Wurf unter den folgenden Bedingungen: Wir haben eine Urne, die eine Anzahl $2N$ Kugeln enthält, die endlich ist, für die wir aber keine obere Grenze kennen; von diesen Kugeln sind $N+X$ weiß und $N-X$ schwarz, wobei $X = x$ bekannt (sicher, z.B. $= 0$) oder nicht bekannt (z.B. irgendeine Zahl zwischen $\pm 100$) sein kann.

Wir ziehen die Kugeln ohne Zurücklegen, Gewinn $\pm 1$ ($+$ für weiß, $-$ für schwarz); am Ende, nach $2N$ Zügen wird der Gewinn $X$ sein und für immer so bleiben (wir setzen, um sprachliche Bedenken auszuschalten voraus, daß nach dem Leeren der Urne weitere fiktive Züge mit dem Gewinn 0 erfolgen). Der Limes ist $X$, bekannt oder nicht, aber seit Beginn objektiv determiniert.

Bisher haben die Wahrscheinlichkeiten damit noch nichts zu tun (und somit auch nicht die Eigenschaften, die die Wahrscheinlichkeit betreffen, wie die stochastische Unabhängigkeit). Man kann jedoch fragen, ob die Kenntnis des Limex $X$ (als sicherer Wert, $= x$), oder die Tatsache, daß man ihm eine gewisse Wahrscheinlichkeitsverteilung $F(x)$ zuschreibt (wenn er unsicher ist), die Bewertung der Wahrscheinlichkeitsverteilungen $F_n(x)$ der $X_n$ bindet (oder umgekehrt: es ist dasselbe)[29].

Im Falle der uniformen Konvergenz, ja: wenn sicher $|X_n - X| < \varepsilon_n$, müssen $F_n$ und $F$ in dem Sinne „nahe" sein, daß $F_n(x-\varepsilon_n) < F(x) < F_n(x+\varepsilon_n)$ ist (und umgekehrt: $F(x-\varepsilon_n) < F_n(x) < F(x+\varepsilon_n)$); im besonderen, wenn $X = x_0$ = sicher ist, muß $F_n(x_0-\varepsilon_n) = 0$, $F_n(x_0+\varepsilon_n) = 1$ sein.

Im Falle von nicht uniformer Konvergenz, gilt dies im allgemeinen nicht (außer man setzt vollständige Additivität voraus). Im Beispiel der Urne, wenn $2N$ eine uneigentliche Verteilung hat (z.B. gleiche – Null – Wahrscheinlichkeiten für jedes $N$), so sind die Wahrscheinlichkeiten für den Verlauf des Gewinnes auf die ersten $n$ Würfe ($n$ beliebig groß) dieselben, wie beim Spiel Kopf und Adler (die Differenz zwischen der Anzahl der weißen und der schwarzen Kugeln ist bekannt, z.B. = 0), oder begrenzt (sicher zwischen $\pm$ 100). Was immer auch geschieht, solange die Urne nicht leer ist (und wir nehmen an, wir haben bisher überhaupt keinen Anhaltspunkt dafür, daß sie leer werden könnte), kann man nichts bezüglich des Limes (wenn er nicht bekannt ist) folgern, noch ändert dessen Kenntnis (wenn er bekannt ist) die $F_n$.

8.3. Die Konvergenzbegriffe im Sinne der Wahrscheinlichkeit haben eine ganz andere Bedeutung, sei es durch die Tatsache, daß man sagt, daß (mehr oder weniger wahrscheinlich) $X_n \to X$ (im Sinne der Analysis, sofern es Zahlen sind)[30], sei es dadurch, daß man sagt, daß $F_n \to F$

[29] Allgemeiner könnte man die Wahrscheinlichkeitsverteilungen für $X_1, X_2 \ldots X_n$ gemeinsam für jedes $n$ betrachten; dies sollte nur erwähnt sein.

[30] Bezüglich der terminologischen Unterscheidung zwischen *stochastisch* und *zufällig* (Kap. I, 11.2) haben wir hier eine Bemerkung, die gleichzeitig geeignet scheint, die verschiedenen Typen von Betrachtungen über $X_n$ (bezüglich ihrer „Konvergenz" in verschiedenem Sinn) zu klären und zu erreichen, daß die Frage der Terminologie besser geschätzt wird. Die Tatsache, daß die Zahlen $X_n$, wenn sie bekannt sein werden, zu einem Limes tendieren mögen oder nicht (in dieser oder in jener Richtung: Konvergenz tout-court, oder nach Cesàro, Hölder etc.) kann, entsprechend dem gegenwärtigen Informationsstand einer Person, für diese *gewiß* (sicher wahr oder sicher falsch) oder *ungewiß* sein. Dann ist die Konvergenz *zufällig*.
Die Konvergenz im Wahrscheinlichkeitssinne (mit den Varianten, die wir betrachten werden, oder mit anderen möglichen Varianten) ist dagegen als *stochastische Konvergenz* zu bezeichnen, weil sie nicht die Werte $X_n$ betrifft, wohl aber Umstände, die sich auf Wahrscheinlichkeitsbewertungen (betreffend die $X_n$ und eventuell ein $X$, das in irgendeinem Sinn deren „Limes" sein mag oder nicht) beziehen, die jemand in seinem gegenwärtigen Informationszustand aufgestellt hat. Es ist etwas, das nicht die Tatsachen betrifft, sondern die Ansichten eines bestimmten Individuums über diese Tatsachen, entsprechend seiner Information.

(was für die Verteilungen der $X_n$ und des $X$ der Fall sein kann, ohne daß diese Zufallszahlen irgendetwas gemeinsam hätten)[31].

Wir bringen sogleich die Definition der drei wichtigsten Typen der Konvergenz.

*Quadratische Konvergenz*: Man sagt, daß $X_n$ nach $X$ quadratisch konvergiert und wir schreiben $X_n \xrightarrow{q} X$, wenn $P_Q(X_n - X) \to 0$ für $n \to \infty$ (oder äquivalent dessen Quadrat: $\mathbf{P}(X_n - X)^2 \to 0$). Es ist der elementarste Begriff mit der praktischsten Anwendungsmöglichkeit in Verbindung mit dem, was über die Erwartungen 2. Grades gesagt wurde.

*Schwache Konvergenz (oder in der Wahrscheinlichkeit)*: Man sagt, daß $X_n$ schwach nach $X$ konvergiert und wir schreiben $X_n \xrightarrow{\cdot} X$, wenn, egal wie $\varepsilon > 0$ sei,

$$\mathbf{P}(|X_n - X| > \varepsilon) \to 0 \quad \text{für } n \to \infty.$$

Ausführlicher (und dies ist zweckmäßig, um den Zusammenhang mit der Definition des folgenden Falles klarer zu machen) kann man sagen: ganz gleich wie $\varepsilon > 0$ und $\theta > 0$ gegeben sind, es ergeben sich für alle $n$ von einem zweckmäßigen $N$ an alle Wahrscheinlichkeiten $\mathbf{P}(|X_n - X| > \varepsilon)$, oder (in anderer Form, alle Wahrscheinlichkeiten $\mathbf{P}(|X_n - X| < \varepsilon)$ ergeben sich als $> 1 - \theta$.

*Starke Konvergenz* (auch „fast sichere" genannt)[32]. Man sagt, daß $X_n$ stark nach $X$ konvergiert, und wir schreiben $x_n \xrightarrow{s} X$, wenn, gleichgültig, wie $\varepsilon > 0$ und $\theta > 0$ angegeben sind, für alle $n$ von einem gewissen $N$ an, nicht nur alle Wahrscheinlichkeiten $\mathbf{P}(|X_n - X| > \varepsilon)$, daß jede *einzelne* Abweichung größer sei als $\varepsilon$, sich $< \theta$ ergeben, sondern auch die Wahrscheinlichkeit, daß auf eine beliebig große Zahl von Abweichungen von $N$ weiter $(n, n+1, n+2, \ldots, n+k, \ldots, n+K$; $n \geqq N$, $K$ beliebig) auch nur eine $> \varepsilon$ vorhanden sei. In Formeln:

$$\mathbf{P}\,[\bigvee_0^K{}_k |X_{n+k} - X| > \varepsilon] < \theta \quad (\bigvee_0^K{}_k = \max \text{ für } k = 0, 1, \ldots, K),$$

oder

$$\mathbf{P}\,[\prod_0^K{}_k (|X_{n+k} - X| < \varepsilon)] > 1 - \theta$$

$\Pi$ = Produkt (arithm. = logisch) der Ereignisse $(|X_{n+k} - X| < \varepsilon)$.

[31] Es ist zweckmäßig zu empfehlen, diese beiden Begriffe nicht zu verwechseln, nicht weil die Gefahr einer Verwechslung an sich vernünftigerweise möglich erscheint, sondern weil diese durch gewisse unglückliche Terminologien begünstigt werden kann (angefangen von der Bezeichnung „zufällige *Variable*"; siehe Kap. I, 7.2. und 11.2.).

[32] Eine in der schwachen Theorie nicht exakte Bezeichnung. Siehe folgende Bemerkung und Anmerkung 1 im obigen Absatz.

Kurz: Die Wahrscheinlichkeit, daß *keine* unter diesen Abweichungen größer als $\varepsilon$ sei, muß $< \theta$ sein, oder, die Wahrscheinlichkeit, daß sie *alle* kleiner als $\varepsilon$ sind, muß $> 1-\theta$ sein.

*Bemerkung*: In der starken Theorie vereinfacht sich die Definition als Aussage, indem man sagt, „auf *alle* Abweichungen von $N$ an", anstatt auf eine endliche Zahl ($K$) unter ihnen, die beliebig groß ist. Theoretisch wird die Sache insofern heikler, als man von unendlich vielen Ereignissen spricht. Und gewöhnlich ist diese Modifizierung nur erlaubt, wenn man vollständige Additivität voraussetzt.

8.4. *Lemmata von Borel und Cantelli.* Wenn man eine Folge von Ereignissen $E_i$ betrachtet, so werden Begrenzungen auf Grund der alleinigen Kenntnis der Wahrscheinlichkeiten $p_i = \mathbf{P}(E_i)$ für die Wahrscheinlichkeiten verlangt, mindestens einen Erfolg zu haben oder nicht zu haben, oder mindestens $h$ Erfolge zu haben (d.h., indem mit $Y$ die Zahl der Erfolge $Y=0$, $Y \geqq 1$, $Y \geqq h$ angegeben wird). Nach der *schwachen* Version wird dies nur Sinn haben, wenn man sich auf endliche Untermengen beschränkt (wobei man natürlich die asymptotischen Konklusionen betrachten kann, wenn sie die ganze Unendlichkeit durchdringen); nach der *starken Version* (nach Cantelli, Borel und allgemein) würden die asymptotischen Konklusionen als Konklusionen bezüglich der Anzahl der Erfolge in der gesamten unendlichen Anzahl von Ereignissen, die die Sukzession bilden, interpretiert.

Für eine endliche Menge von Ereignissen mit den Wahrscheinlichkeiten $p_1, p_2, \ldots, p_n$, wird, wenn man $\bar{y} = \mathbf{P}(Y) = \sum p_i =$ Erwartung der Anzahl der Erfolge setzt, (bedingungslos) eine untere Grenze für die Wahrscheinlichkeiten der Erfolge erhalten:

$$\mathbf{P}(Y \geqq 1) = \mathbf{P}\,(\text{Summen-Ereignis der } E_i) \leqq \bar{y}, \quad \mathbf{P}(Y \geqq h) \leqq \bar{y}/h.$$

(Tatsächlich: $h\mathbf{P}(Y \geqq h) = \mathbf{P}\,[h(Y \geqq h)]$ und $h(Y \geqq h)$, welches $=0$ ist, wenn $0 \leqq Y \leqq h$ und $=h$ ist, wenn $Y \geqq h$, ist immer $\leqq Y$: $\vdash h(Y \geqq h) \leqq Y$).

Daher: wenn für die Folge $E_i$ die Summe der $p_i$ konvergiert, sagen wir, $\sum p_i = a < \infty$, so ist für jede endliche Untermenge $\bar{y} \leqq a$, und die vorherigen Begrenzungen (mit $a$ an Stelle von $\bar{y}$) gelten zu größerem Recht. Man kann daher sagen, daß man, für jegliches $\varepsilon > 0$, für $h \geqq a/\varepsilon$, die Wahrscheinlichkeit $< \varepsilon$ hat, mehr als $h$ Erfolge unter den ersten $K$ Ereignissen der Sukzession zu haben (egal wie groß $K$ sei); oder auch, indem man sich auf die Begrenzung für $h=1$ stützt, von einem gewissen $n$ an, das groß genug ist, damit der Rest der Reihe $< \varepsilon$

sei ($\sum_i p_i < \varepsilon$), kann man sagen, daß die Wahrscheinlichkeit für auch nur einen Erfolg in einer beliebig großen aber endlichen Zahl $K$ von Ereignissen, von $E_n$ an immer, $< \varepsilon$ ist.

Nach der starken Version: *wenn die Reihe der Wahrscheinlichkeiten konvergiert, ist es praktisch sicher* (es besteht die Wahrscheinlichkeit $= 1$), *daß die Anzahl der Erfolge endlich ist.*

Es ist dies das Lemma von Cantelli; das von Borel behauptet global die entgegengesetzte Konklusion, jedoch unter der Bedingung der stochastischen[33] Unabhängigkeit, d.h., es besagt, nach der *starken* Version, daß, unter dieser Hypothese, die Divergenz von $\sum p_i$ impliziert, daß die Anzahl der Erfolge $Y$ unendlich sei; die *schwache* Version weicht davon in diesem Falle nicht sehr ab, weil sich jedenfalls ergibt, daß $Y$, wenn es nicht unendlich ist, jedenfalls eine total uneigentliche Zufallszahl ist (Verteilung adhärent zu $+\infty$).

Die erforderliche Begrenzung wird sofort auf Grund der elementaren Ungleichung $e^x \geqq 1 + x$ festgesetzt; die Wahrscheinlichkeit für keinen Erfolg auf $n$ *unabhängige* Ereignisse ist

$$\mathbf{P}(Y = 0) = (1 - p_1)(-p_2)\ldots(1 - p_n) \leqq e^{-p_1} e^{-p_2} \ldots e^{-p_n} = \\ = e^{-(p_1 + p_2 + \ldots + p_n)} = e^{-\bar{y}}.$$

Im Endergebnis erhalten wir

$$\mathbf{P}(Y = 0) \leqq e^{-\bar{y}}, \quad \mathbf{P}(Y \geqq 1) \geqq 1 - e^{-\bar{y}}.$$

Und allgemeiner, würde man analog finden, daß

$$\mathbf{P}(Y \leqq h) \leqq e^{-\bar{y}} [1 + (\alpha\bar{y}) + \tfrac{1}{2}(\alpha\bar{y})^2 + \ldots + (1/h!)(\alpha y)^h], \alpha = e^{\max p_i}$$

Wenn die Reihe divergiert, tendiert das $\bar{y}$, das sich auf die ersten $K$ Ereignisse bezieht, nach $+\infty$ bei Wachsen von $K$, und dies auch, wenn man statt dessen beim $n$-ten Ereignis beginnt und man schließt, daß die Wahrscheinlichkeit $\to 1$ besteht, mindestens einen Erfolg von irgendeinem $n$ an zu finden, und daher eine Anzahl, die über jedem Limes liegt. Oder dies kann unmittelbar anhand der Tatsache festgesetzt werden, daß auch für jedes $h$ $\mathbf{P}(Y \leqq h) \to 0$.

---

[33] Daß sie nicht bedingungslos gelten kann, ist selbstverständlich. Man braucht nur an den Fall zu denken, in dem die $E_i$ alle mit einem $E$ mit $\mathbf{P}(E) \geqq a > 0$ unvereinbar wären. $E$ impliziert also keinen Erfolg, d.h. $Y = 0$ (und im besonderen, $Y_n = 0$ auf den ersten $n$ der $E_i$) sodaß $\mathbf{P}(Y = 0)$ und $\mathbf{P}(Y_n = 0) \geqq a > 0$ sind (anstatt respektive $= 0$ und $\to 0$). Aber, wenn die Reihe der $p_i = \mathbf{P}(E_i)$ divergiert, können die $E_i$ nicht unabhängig sein (siehe Ungleichung für $\mathbf{P}(Y_n = 0)$, folgende Formel).

8.5. *Folgesatz für die starke Konvergenz.* Damit sie bestehe, ist es hinreichend, daß die $\mathbf{P}(|X_n - X| > \varepsilon)$ (nicht nur nach 0 tendieren, wie dies die schwache Konvergenz fordert, aber) die Termini einer konvergenten Reihe bilden[34]. Diese Bedingung ist auch notwendig, wenn die $X_n - X$ stochastisch unabhängig sind (oder auch einfach die Ereignisse $|X_n - X| > \varepsilon$); dies tritt in den interessierenden Fällen selten auf, oft kann man aber zur negativen Konklusion gelangen, indem man eine Unterfolge von Termini findet, die weit genug entfernt sind, um „praktisch unabhängig" zu sein, auf welcher die Reihe der Wahrscheinlichkeiten konvergiert. (Natürlich heißt „genug unabhängig" nur, den Typus einer Lösung leise andeuten, die Fall für Fall in rigorose Betrachtungen umzusetzen ist).

8.6. *Relationen unter den verschiedenen Arten der Konvergenz.* Die *schwache* Konvergenz wird sowohl durch die *starke* (selbstverständlich durch die Definition selbst) wie auch durch die quadratische impliziert (durch die Ungleichung von Tschebyschew, Kap. IV, 17.6). Von der quadratischen und der starken Konvergenz impliziert keine die andere.

Außer der quadratischen Konvergenz (oder der *im Mittel zweiter Ordnung*, oder auch *im Mittel* tout court) betrachtet man auch, seltener, die *im Mittel der Ordnung p* (irgendein positives $p$), die durch $\mathbf{P}(|X_n - X|^p > \varepsilon) \to 0$ definiert wird; die Bedingung ist umso restriktiver, je größer $p$ ist und impliziert immer die schwache Konvergenz.

Die sichere uniforme Konvergenz impliziert alle diese anderen.

Was die Konvergenz der Verteilungen anbelangt, so wird sie durch die schwache Konvergenz impliziert (und daher a fortiori durch alle anderen).

Es genügt zu beobachten, daß, wenn die Zufallszahlen $X$ und $Y$ „genug nahe" sind, in dem Sinne, daß $\mathbf{P}(|X - Y| > \varepsilon) < \theta$ (für gewisse $\varepsilon$ und $\theta$, die positiv sind), ihre Verteilungen $F$ und $G$ „genug nahe"[35]

---

[34] Mit noch größerem Recht ist es ausreichend, daß die Reihe $\sum \mathbf{P}(X_n - X)^2$ konvergiert.

[35] Es ist klar, wie man eine *Distanz* zwischen Zufallszahlen entsprechend dieser Auffassung ausdrücken kann, indem man (in vollkommener Analogie zu dem, was für die Verteilungen in 7.1 gesagt wurde) setzt:
dist $(X, Y)$ = „*kleinster gemeinsamer Wert, den man* $\varepsilon$ *und* $\theta$ *geben kann, wenn die genannte Bedingung erfüllt bleibt*". Der Mangel in der Dimensionalität wird auffallen ($\theta$ ist eine Wahrscheinlichkeit, reine Zahl, und $\varepsilon$ im allgemeinen eine Größe); die Sache ist jedoch (wie in vielen derartigen Fällen, und wie im Falle von 7.1 selbst, wo die Nichthomogenität dadurch verdeckt wurde, daß man $\varepsilon$ auch mit $\theta$ bezeichnete) irrelevant, weil die Veränderungen der „Distanz", die sich aus dem Ausdruck von $\varepsilon$ entsprechend verschiedenen Maßeinheiten ergeben, das, was von Interesse ist, nämlich die auf „dist $\to 0$" gegründete Topologie, nicht ändern.

sind, in dem Sinne, daß (für jedes $x$) $F(x-\varepsilon)-\theta \leqq G(x) \leqq F(x+\varepsilon)+\theta$. Und in der Tat, damit $X \leqq x-\varepsilon$ sei, muß $Y \leqq x$ oder $|X-Y| \geqq \varepsilon$ sein, in Formeln:

$$(X \leqq x-\varepsilon) \leqq (Y \leqq x) \vee (|X-Y| \leqq \varepsilon) \leqq (Y \leqq x) + (|X-Y| \geqq \varepsilon);$$

wenn man ihre Wahrscheinlichkeiten nimmt, ergibt sich $F(x-\varepsilon) \leqq$ $\leqq G(x) + \mathbf{P}(|X-Y| \geqq \varepsilon)$, und der letzte Ausdruck nach Hypothese ist $< \theta$. So ist die erste Hälfte der Ungleichung demonstriert, und die andere ist symmetrisch.

Im Falle der schwachen Konvergenz gelten, gleichviel wie man $\varepsilon$ und $\theta$ nimmt, die Ungleichungen für $X_n$ und $X$ von einem gewissen $n = N$ an und daher $F_n \to F$.

8.7. *Gegenseitige Konvergenz (oder nach Cauchy).* Was können wir sagen, wenn wir für eine Sukzession $X_n$, obwohl uns eine Zufallszahl $X$, wonach $X_n \to X_m$ (in einer der betrachteten Richtungen) nicht bekannt ist, feststellen, daß $X_n - X_m \to 0$ (immer in dieser gegebenen Richtung), für $n, m \to \infty$? Nach der starken Theorie kann man sagen, daß $X$ existiert: in allen Fällen von Konvergenz (wie P. Lévy in *Addition*, Seite 58, Th. 18, demonstriert und schließt) „*il ny a pas lieu de distinguer la convergence mutuelle et la convergence vers une limite*". Noch konkreter als wahr ergibt sich die positive Antwort in der Darstellung, in der eine Zufallszahl $X$ eine meßbare Funktion $X(\omega)$ der Punkte eines Raumes $\Omega$ ist (und in diesem Falle reduzieren sich, es sei bei dieser Gelegenheit gesagt, die verschiedenen Wahrscheinlichkeitsbegriffe und im besonderen die der Konvergenz auf die der Analyse, abgesehen von der Verwendung anderer Ausdrücke: z. B. Konvergenz nach Wahrscheinlichkeit für das *Maß* und fast sichere Konvergenz für *fast überall*).

Ohne vollständige Additivität, ohne Bezugnahme auf einen „Punkteraum" (siehe Zitat von Neumann und Ulam, Kap. II, 4.3), können wir wohl sagen, daß ein $X$, für welches z. B. $\mathbf{P}(X_n - X_m)^2 < \varepsilon^2$ für alle $X_m$ außer einer endlichen Anzahl sei, „den Limes außer $\varepsilon$ darstellt". Es besteht jedoch nicht die Möglichkeit, sich $X$ eben *durch diesen Grenzübergang* definiert denken zu können.

Um von $X$ sprechen zu können, muß dieses eine wohlbestimmte *Zahl* sein, unabhängig von der weiteren Tatsache, daß es uns bekannt sei oder nicht (und daher, in diesem Sinne dann zufällig). Man könnte verschiedene Fälle unterscheiden (die wir als Beispiele bringen wollen, nicht weil sie wesentliche Unterscheidungen aufweisen): $X$ könnte infolge von Umständen, die von den $X_n$ *logisch unabhängig* sind, eine Zufallszahl sein (und daher im Prinzip geeignet, dank geeigneter Verfahren oder Informationen gemessen oder erkannt zu werden); es könnte definierbar sein als irgendeine Funktion einer endlichen Zahl der $X_n$ (als Beispiel, nicht weil dies Sinn hätte, sondern gerade um das „irgendeine" zu unterstreichen, denken wir an

$$X = \tfrac{1}{2}(X_{1577} + X_{7814}) + \pi^{X_{62}}(e^{X_{54}} - e^{X_{737296}})$$

oder sonst irgendetwas ad libitum), die eventuell auch von anderen Zufalls-Faktoren abhängen könnte (z. B. von einer anderen Zufallszahl $Y$, die mit dem Problem etwas zu tun haben könnte, oder auch nicht; es könnte schließlich von allen $X_n$ abhängen (und ev. auch von anderem: z. B. von einem $Y$ wie oben).

Im besonderen könnte $X$ in diesem Falle z. B. sein:

$$X = \begin{cases} \lim X_n & \text{(wenn die Folge der } \textit{Werte } X_n \text{ sich konvergent ergibt)} \\ 0 & \text{(andernfalls)} \end{cases}$$

(und man könnte nun, wenn man wollte, die Konvergenz von Cesaro oder eine andere betrachten). Auch so ist $X$ in der Tat eine wohlbestimmte Zahl (wenn sie auch praktisch erst bekannt sein kann, wenn man alle anderen $X_n$ kennt).

Aber nur, wenn es sich für ein derartiges, *effektiv unabhängig von den Begleitumständen, dessen, was uns bekannt oder unbekannt sein mag, definiertes* $X$ als möglich erweisen sollte zu demonstrieren, daß unsere Wahrscheinlichkeitsbewertungen für die $X_n$ und für das $X$ *in unserer Situation der Unkenntnis, die durch diese Umstände gegeben ist*, derart ausfallen, daß sie $X_n \to X$ in irgendeinem probabilistischen Sinn (schwach, quadratisch, stark, ...) enthalten, hätte dieser Satz Sinn. Wir wissen aber, daß dies im allgemeinen nicht einmal im Falle von $X = \lim X_n$ zutrifft, und umsoweniger kann man es für ein undefinierbares $X$ als gültig annehmen, das wie ein Gespenst aus der Eigenschaft von Cauchy erscheinen und dann wunderbarerweise feste Gestalt annehmen müßte.

Aus der gegenseitigen Konvergenz (schwach, und a fortiori, wenn im restriktiveren Sinne) ergibt sich jedenfalls, wenn nicht eine Zufallszahl $X$, die Grenzverteilung $F$ als determiniert. Das im obigen Fall gesagte (Ende von 8.6) beweist in der Tat, daß die Verteilungen $F_n$ und $F_m$ von $X_n$ und $X_m$ jedenfalls untereinander „nahe" sind, und daher auch einem wohl bestimmten $F$ selbst, wenn $n$ und $m$ hinreichend groß sind. Um behaupten zu können, daß eine Grenzverteilung $F$ besteht, sodaß $F_n \to F$, genügt es z. B. zu beweisen, daß, bei Divergieren von $n$ und $m$, $\mathbf{P}(X_n - X_m)^2 \longrightarrow 0$ ist.

8.8. *Das Null-Eins-Theorem (Kolmogorov).* Wir müssen die Aufmerksamkeit erneut wenigstens auf einen Umstand lenken, auf den wir im Lemma von Borel gestoßen sind, und der eine Tatsache allgemeiner Natur darstellt, die oft auftreten wird. Der Kürze halber (da es sich um eine Einfügung handelt) drücken wir uns nach der starken Theorie aus. Die Tatsache, daß von einer unendlichen Anzahl von $E_i$, die von einander unabhängig sind, eine endliche Zahl eintritt ($Y < \infty$), hat immer die Wahrscheinlichkeit = 1 (wenn die Summe der Wahrscheinlichkeiten konvergiert) oder = 0 (wenn sie divergiert); dazwischenliegende Wahrscheinlichkeiten kann es nicht geben. Um eine Idee, wenn nicht der Demonstration, aber des konklusiven Punktes zu vermitteln, wird darauf hingewiesen, daß ein Ereignis $A$ (wie $Y < \infty$ im betrachteten Fall) von jeder Eigenschaft $A_n$ für die ersten $n$ Versuche unabhängig ist (wenn man deren Resultat ändert, kann $Y$ nicht unendlich statt endlich werden und umgekehrt), daß es jedoch am Limes durch die $A$ für $n \to \infty$ definiert wird. Durch die Unabhängigkeit wird $\mathbf{P}(A_n A) = \mathbf{P}(A_n)\mathbf{P}(A)$ sein; zum Limes übergehend, wird für $A_n \to A$ wieder

$$\mathbf{P}(AA) = \mathbf{P}(A) = \mathbf{P}(A)\mathbf{P}(A) = [\mathbf{P}(A)]^2$$

sein, aber $\mathbf{P}(A) = [\mathbf{P}(A)]^2$ erlaubt nur die einzigen Lösungen 0 und 1.

## 9.
## *Verteilungen mit zwei (oder mehr) Dimensionen.*

9.1. Das, was über eindimensionale Verteilungen gesagt wurde, läßt sich in ziemlich unmittelbarer Form auf den Fall von zwei Dimensionen übertragen (oder mehr: im allgemeinen werden wir eine Erklärung für $n = 2$ geben und die Extension auf $n = 3$ anzeigen usw.). Es ist notwendig, sofort davon zu sprechen, denn, selbst wenn man sich nur auf die Zufallszahlen bezieht, ist, sobald man davon zwei betrachtet, nur von dem Bild der Verteilung des Paares $(X, Y)$ als Zufallspunkt in der Ebene $(x, y)$ auszugehen. Doch wird dies nicht unser einziges Ziel sein.

Eine Verteilung (weiterhin im Sinne der Repartition) auf der Ebene $x, y$ wird durch eine *Repartitionsfunktion* wiedergegeben:

$F(x, y) =$ „die im Quadranten im SW des Punktes $(x, y)$ enthaltene Masse“[36];

die Masse in dem Rechteck $x' \leqq x \leqq x''$, $y' \leqq y \leqq y''$ ist dann gegeben durch:

$$F(x'', y'') - F(x'', y') - F(x', y'') + F(x', y') \tag{7}$$

(siehe Abb. 6: Rechteck = totaler Quadrant – schraffierte Quadranten + doppelt schraffierter Quadrant (weil zweimal weggenommen); die Relation ist als Operation mit der Masse zu verstehen, oder mit den Wahrscheinlichkeiten, oder, noch früher, als Linearkombination von 4 Ereignissen mit „Zugehörigkeit zu den verschiedenen betrachteten Quadranten“).

Wir können in Punkten konzentrierte Massen haben, in absolut stetiger Form verteilte Massen, aber eine größere Mannigfaltigkeit dazwischenliegender Fälle (man denke z. B. an eine Masse, die mit Kontinuität auf einer Linie verteilt ist!).

Die Dichte ist (wenn und wo sie existiert) durch

$$f(x, q) = \frac{\partial^2 F}{\partial x \, \partial y} \tag{8}$$

gegeben (Limes der obigen Wahrscheinlichkeit, mit $x'' = x' + h$ und $y'' = y' + k$, dividiert durch die Fläche $hk$ für $h$ und $k \to 0$).

Wir können $F(\gamma)$ für Funktionen von zwei Variablen, $\gamma(x, y)$, immer im Sinne von Stieltjes-Riemann definieren (und wenn $\gamma$ nicht integrabel ist, erhalten wir $F^-(\gamma) < F^+(\gamma)$(; die probabilistische Signifikanz wird die Begrenzung für $\mathbf{P}[\gamma(X, Y)]$ sein und im besonderen dessen Bewertung, wenn $F(\gamma)$ existiert (immer unter stillschweigender Voraussetzung der Bedingungen der Begrenzung für die möglichen Werte oder der Wahl von $\hat{\mathbf{P}}$ usw.).

[36] Nach der äußerst praktischen Bezeichnung der Wirtschaft nennen wir NE, NW, SW, SE den 1., 2., 3. und 4. Quadranten (Richtungen usw. entsprechend der geographischen Karte, $N$ oben). Wir werden hier stillschweigend annehmen, daß $F$ als nicht definiert betrachtet wird, wo es unterbrochen ist, und ähnliches. Wir wollen nur sagen, daß dieselben theoretischen näheren Angaben gelten, die wir ausführlich für den eindimensionalen Fall gebracht haben und daß es nur dort der Mühe wert sein wird, sie neuerlich zu besprechen, wo irgendein neuer Aspekt auftritt, wo es sich nicht um eine mehr oder weniger selbstverständliche Extension von bereits bekannten Dingen handelt.

Im besonderen: wenn $\gamma(x, q)$ eine Menge $I(\gamma = 1$ auf $I$ und $\gamma = 0$ außerhalb) darstellt, ist $F(\gamma) = \mathbf{P}(I)$.

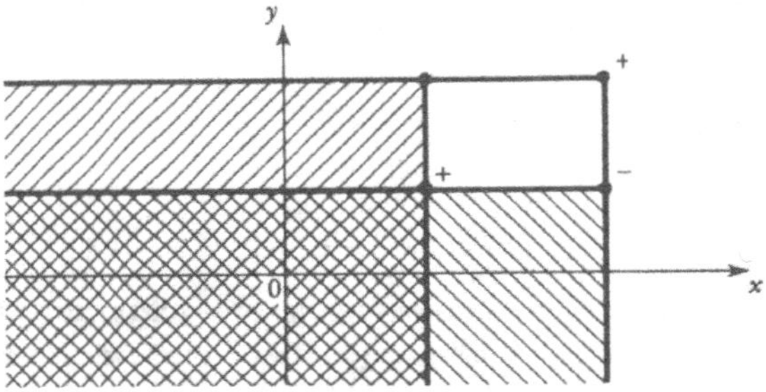


Abb. 6.
Quadranten der Ebene $(x, y)$, auf welche sich die Repartitionsfunktion in zwei Variablen $F(x,y)$ (Quadranten SW) bezieht, und Art, die Rechtecke mit ihren Liniarkombinationen anzugeben (und, somit, ihre Wahrscheinlichkeiten mittels Linearkombinationen der Werte von $F(x, y)$ an den Eckpunkten).

*Wichtige Fälle*:

Es sei $Z = X + Y$; die Verteilungsfunktion von $Z$ ist

(9) $$\mathbf{P}(Z \leqq z) = F(x + y \leqq z) = F$$
(Halbebene $SW$ von der Geraden $x + y = z$),

d. h. „die dort enthaltene Masse". Es sei $Z = XY$; es ist

(10) $$\mathbf{P}(Z \leqq z) = F(xy \leqq z) = F$$
(die durch die Hyperbel $xy = z$ begrenzte Region[37])

d. h. „die dort enthaltene Masse". Es sei $Z = Y/X$; es ist

(11) $\mathbf{P}(Z \geqq z) = F(y/x \leqq z) = F[(y \leqq zx)(x > 0) + (y \geqq zx)(x < 0)] =$
$= F$ (Winkelregionen NE und SW zwischen der y-Achse und der Geraden $y = zx$),

d. h. „die dort enthaltene Masse". Es sei $Z = \sqrt{X^2 + Y^2}$; es ist

(12) $\mathbf{P}(Z \leqq z) = F(x^2 + y^2 \leqq z^2) = F$(Zentraldiskus in $O$ und Radius $z$)

d. h. „die dort enthaltene Masse". Und man kann leicht so fortfahren.

9.2. Aber sehen wir lieber, wie man die Ergebnisse expliciter bringen kann. Die gebräuchlichste Art, die der Integration in kartesische

[37] „Innere" oder „äußere" Region, je nachdem ob $z > 0$ oder $< 0$.

Koordinaten, verlangt die nähere Bestimmung der Ungleichung in bezug auf eine Variable, es sei dies $y$; wir werden in den Beispielen haben:

*Summe* $y \leqq z - x$;
*Produkt,* $(y \leqq z/x)(x > 0) + (y \geqq z/x)(x < 0)$;
*Verhältnis,* $(y \leqq zx)(x > 0) + (y \geqq zx)(x < 0)$;
*Distanz,* $|y| \leqq \sqrt{z^2 - x^2}$.

In den vier Fällen wird das Integral (immer $\int dF$, oder $\int f(x,y)\,dxdy$ sein:

$$(9') \quad \int_{-\infty}^{\infty} dx \int_{-\infty}^{z-x} dx \ldots; \qquad (10') \quad \int_{-x}^{0} dx \int_{z/x}^{+\infty} dy \ldots + \int_{0}^{+\infty} dx \int_{-\infty}^{z/x} dy \ldots;$$

$$(11') \quad \int_{-\infty}^{0} dx \int_{zx}^{\infty} dy \ldots + \int_{0}^{\infty} dx \int_{-\infty}^{zx} dy \ldots; \qquad (12') \quad \int_{-z}^{z} dx \int_{-\sqrt{z^2-x^2}}^{+\sqrt{z^2-x^2}} dy \ldots$$

Im allgemeinen ist, wenn $Z = \gamma(X, Y)$, $\mathbf{P}(Z \leqq z) = F(\gamma(x, q) \leqq z) = F_\gamma(z)$ (angenommen), und wenn die Ungleichung bequem in bezug auf $y$ bestimmt werden kann, wobei man im einfachsten Fall $y \leqq g(x,z)$ erhält (oder $g_1(x,z) \leqq y \leqq g_2(xz)$), werden wir

$$F_\gamma(z) = \int_{-\infty}^{\infty} dx \int_{g_1(x,z)}^{g_2(x,z)} dx \ldots;$$

erhalten; natürlich kann es manchmal zweckmäßig sein, sich anderer Koordinaten (z.B. polarer) zu bedienen, wohlgemerkt, indem man mit dem Jacobischen Symbol multipliziert.

Wir beschränken uns nun darauf, nur die Art anzugeben, wie man (in Fällen, in denen alles glatt verläuft) unmittelbar zur Dichte $f_\gamma(z) = dF_\gamma(z)/dz$ kommt. Aus dem Ausdruck erhalten wir, da wir immer annehmen, daß $F(x,y)$ die Dichte $f(x,y)$ erlaubt,

$$f_\gamma(z) = \frac{d}{dz} \int_{-\infty}^{\infty} dx \int_{g_1(x,z)}^{g_2(x,z)} f(x,y)\,dy = \int_{-\infty}^{\infty} dx\, [f(x, g_2(x,z)) \frac{\partial}{\partial z} g_2(x,z) - \text{id. für } g_1];$$

d.h. in unseren vier Beispielen:

(9″) *Summe*:

$$g_1 = -\infty, g_2 = z - x; \quad f_s(z) = \int_{-\infty}^{\infty} f(x, z-x)\,dx;$$

(10'') *Produkt*:

$$\begin{array}{l} x<0: g_1 = z/x,\ g_1' = 1/x,\ g_2 = +\infty; \\ x>0: g_1 = -\infty,\ g_2 = 2/x, g_2 = 1/x; \end{array} \quad f_p(z) = \int_{-\infty}^{\infty} \frac{1}{|x|} f\left(x, \frac{2}{x}\right) dx;$$

(11'') *Verhältnis*: (wie oben, mit $x$ anstatt $1/x$):

$$f_r(z) = \int_{-\infty}^{\infty} |x| f(x, zx)\, dx;$$

(12'') *Distanz*:

$$\begin{array}{l} -g_1 = g_2 = \sqrt{z^2 - x^2} \\ -g_1' = g_2' = z/\sqrt{z^2 - x^2}; \end{array} \quad f_d(z) = \int_{-z}^{+z} \frac{2z}{\sqrt{z^2 - x^2}} f(x, \sqrt{z^2 - x^2})\, dx.$$

Man erinnere sich an die erste und einfachste, weil der Fall der Summe für den größten Teil der theoretischen Entwicklungen und Anwendungen grundlegend ist.

Und wir fügen einen letzten Fall hinzu, für den die Antwort direkt ist:
für das *Maximum*, $Z = X \vee Y$, ist die Verteilungsfunktion

(13) $$F(z) = F(z, z)$$

$$\left(\text{tatsächlich}\, (Z \leqq z) = [(X \wedge Y) \leqq z] = (X \leqq z)(Y \leqq z)\right);$$

analog für das *Minimum*, $Z = X \wedge Y$, ist die Verteilungsfunktion

(14) $$F(z) = F(z, +\infty) + F(+\infty, z) - F(z, z).$$

Mittels $F(\gamma)$ können auch hier verschiedene „synthetische Charakteristiken" für Verteilungen von zwei Variablen ausgedrückt werden; z. B. die Momente für $\gamma(x, y) = x^r y^s$, $M_{r,s} = \mathbf{P}(X^r Y^s) = \int x^r y^s dF = = \int x^r y^s f(x, y) dx dy$. Wir haben bereits die 1° und 2° Ordnung gesehen: $\mathbf{P}(X)$ und $\mathbf{P}(Y)$ Koordinaten des Schwerpunktes, $\mathbf{P}(X^2)$, $\mathbf{P}(Y^2)$ und $\mathbf{P}(XY)$ Momente in bezug auf den Ursprung (während die in bezug auf den Schwerpunkt sind:

$$\mathbf{P}(X^2) - [\mathbf{P}(X)]^2, \quad \mathbf{P}(Y^2) - [\mathbf{P}(Y)]^2 \quad \text{und} \quad \mathbf{P}(XY) - \mathbf{P}(X)\mathbf{P}(Y):$$

Varianzen und Kovarianz). Wir wissen bereits, daß diese Momente die Verteilung vom Standpunkt der Eigenschaften 2° Ordnung vollständig charakterisieren, und im besonderen, daß das Sich-Annullieren des Schwerpunktmomentes ($\mathbf{P}(XY) - \mathbf{P}(X)\mathbf{P}(Y) = 0$, d. h. $\mathbf{P}(XY = \mathbf{P}(X)\mathbf{P}Y)$), eine Eigenschaft, die man Nicht-Korrelation nennt, die notwendige Bedingung für die *stochastische Unabhängigkeit* von $X$ und $Y$ ist.

9.3. *Stochastische Unabhängigkeit von Zufallszahlen.* Es ist der Moment gekommen, sich mit dem Fall der stochastischen Unabhängigkeit im Falle der Zufallszahlen zu befassen (und im wesentlichen mit dem allgemeineren Fall, da die empfindlichen Fragen einzigartigen Charakter haben). Bisher war dieser Begriff (in Kp. IV) nur für den Fall der Ereignisse (9.1.) und der Zufallszahlen mit einer endlichen Anzahl möglicher Werte (10.1) definiert worden; die Extension auf den allgemeinen Fall war im wesentlichen begreiflich, und es war dazu auch ein Hinweis (16.2) erfolgt, wobei jedoch die Notwendigkeit näherer Angabaen und kritischer Bemerkungen angekündigt wurde.

Der Sinn war folgender: „was immer man in bezug auf $X$ erfährt, was immer man bezüglich $X$ voraussetzt, die Ansicht über $Y$ bleibt unverändert", oder, „technischer", „jedes Ereignis, das $Y$ betrifft, ist von jedem Ereignis, das $X$ betrifft, stochastisch unabhängig".

Natürlich wird man, wenn man $n$ Zufallszahlen betrachtet, diese (wie bereits die Ereignisse) *nicht* als unabhängig bezeichnen, wenn sie es *zu zweien* sind, sondern wenn jede einzelne von allem unabhängig ist, was man bezüglich *aller anderen* simultan wissen oder annehmen könnte, d.h. von jedem Ereignis, das alle diese anderen Zufallszahlen betrifft.

Und hier ergibt sich wieder einmal die Frage: *welche Ereignisse* meinen wir mit dieser Definition? Man könnte sagen „*alle*" (d.h. sich auf die $F_{\mathfrak{C}}$ beziehen: doch wissen wir, daß dies eine fast unvorstellbare Abstraktion ist); man könnte (wie die Vertreter der „starken" Theorie) sagen: alle Lebesgue-Ereignisse, oder alle Borel'schen (d.h. sich auf $F_{\mathfrak{B}}$ beziehen: doch dies steht im Gegensatz zu den Einwänden gegen die vollständige Additivität und gegen die starke Theorie); man könnte sich auf die Intervalle beschränken (und was daraus folgt: Bereich $F_{\mathfrak{R}}$). Es geht aber, wohlgemerkt, nicht darum, zu diskutieren und zu entscheiden, welche Antwort die *wahre* Definition gibt; vielleicht wäre die beste Lösung, alle drei (oder womöglich noch mehr) Definitionen zu betrachten und „vollständige Unabhängigkeit" und „starke" und „schwache" zu unterscheiden. Wir werden uns jedoch darauf beschränken, die schwache zu verwenden, weil es die einzige ist, die nicht übertrieben unrealistische Kenntnisse voraussetzt. Und außerdem ist dies die übliche, abgesehen von der Tatsache, daß demjenigen, der die eindeutige Ausdehnung auf den Lebesgue'schen Bereich und nicht die Existenz außerhalb desselben, annimmt, dieser Begriff vollständig erscheint.

Es genügt anzunehmen, daß die Ereignisse des Typus $X \leqq x$ von denen des Typus $Y \leqq y$ (für beliebige $x$ und $y$) unabhängig sind, um zu schließen, daß dann $F(x,y) = F_1(x)F_2(y)$, wobei $F_1(x) = F(x, +\infty)$ und $F_2(y) = F(+\infty, y)$ die Verteilungsfunktionen von $X$ und $Y$ sind (immer mit der gewöhnlichen Einschränkung, an den Sprungstellen keine genaue Bewertung zu geben). Man sieht dann jedoch sofort, daß man auch für die Intervalle Unabhängigkeit hat:

$$\begin{aligned}\mathbf{P}[(x' \leqq X \leqq x'')(y' \leqq Y \leqq y'') =\\ &= F_1(x'')F_2(y'') - F_1(x'')F_2(y') - F_1(x')F_2(y'') + F_1(x')F_2(y') =\\ &= [F_1(x'') - F_1(x')] \cdot [F_2(y'') - F_2(y)],\end{aligned}$$

und daher für die in Abschnitten konstanten Funktionen von nur $x$ und nur $y$, und daher für die stetigen. Man schließt daher, daß die so als

(15) $\quad F(x,y) =$ Produkt der Funktionen von nur $x$ und nur $y$,

definierte Funktion auch äquivalent ist mit der anderen: für jedes Produkt $\gamma(x,y) = \gamma_1(x)\gamma_2(y)$ stetiger Funktionen ist

(15′) $$F(\gamma) = F(\gamma_1)F(y\gamma_2),$$

d.h.

(15″) $$\mathbf{P}\{\gamma_1(X)\gamma_2(Y)\} = \mathbf{P}\{\gamma_1(X)\}\mathbf{P}\{\gamma_2(Y)\}.$$

9.4. Man beachte jedoch, wie wenig diese Definition der intuitiven Theorie der stochastischen Unabhängigkeit entspricht. Wir können immer voraussetzen, daß die möglichen Punkte die der Menge der Punkte $A_{r,s}$ (abzählbare Menge: Punkte $A_{r,s}$ abhängig von zweirationalen Zahlen $r, s$) der Koordinaten $x_{r,s} = r + s\sqrt{2}$, $y_{r,s} = r + s\sqrt{3}$, sind.

Diese Menge ist tatsächlich überall in der ganzen Ebene dicht und kann als logische Stütze für jede (repartitionelle) Verteilung dienen, insbesondere für eine mit stochastischer Unabhängigkeit zwischen $X$ und $Y$. Anderseits entspricht jedem für $X$ möglichen Wert ein einziger für $Y$ möglicher Wert und umgekehrt (weil, wenn $x$ gegeben ist, höchstens ein Paar rationaler Werte $r$ und $s$ existiert, das $x = r + x\sqrt{2}$ ergibt; wenn es $= r' + s'\sqrt{2}$ wäre, so wäre $2 = (r - r')/(s' - s)$ absurd[38]. Es kann logische (sogar bieindeutige) und gleichzeitig stochastische (repartitionelle) Unabhängigkeit vorhanden sein. Man muß bedenken, wie viel Unbefriedigendes in dieser Definition vom logischen Standpunkt aus liegt, wenn es auch schwer scheint, sie zu verbessern, ohne den Bereich der realistischen Möglichkeiten zu verlassen.

*Bemerkung*: Man beachte, wie derartige „Paradoxa" *auch im diskreten Fall auftreten können*, wenn man sich die Wahrscheinlichkeiten $p_{hk}$ nicht in den Punkten $(x_h, y_k)$

---

[38] Daraus ergibt sich auch, daß $y = f(x)$ im Bereich der Definition $f(x' + x'') = f(x') + f(x'')$ additiv ist. Es ist jedoch nicht linear (für $s = 0$ ist $f(x) = x$ und für $r = 0$ ist $f(x) = \sqrt{3/2}\,x$). Und das Diagramm einer solchen Funktion ist in der ganzen Ebene dicht (siehe z. B. B. de FINETTI, *Matematica logico-intuitiva*, Nr. 40, „Scella proprieta' distributiva", im besonderen Abb. 30, Seiten 91–92 in 3. Ausgabe, Cremonese, Rom 1959).

konzentriert sondern dazu *adhärent* denkt (was in IV, 10.1, ausgeschlossen wurde, indem gesagt wurde, daß es sich um „mögliche Werte in endlicher Anzahl" handelte; diese Feinheit könnte jedoch übersehen werden). Daher ist (nun, in 9.3) die Aufforderung wesentlich, sich einzuprägen, (den $F$) „an den Sprungstellen keinen präzisierten Wert zu geben".

Wenn ein $(x_h, y_k)$ kein möglicher Punkt ist, wohl aber (oder auch) Grenzpunkt einer Sukzession möglicher Punkte, die einzeln Nullwahrscheinlichkeit und insgesamt positive Wahrscheinlichkeit haben, so ist eine große Mannigfaltigkeit von Fällen unabhängiger Verteilungen ($p'_{hk} = p''_h p_k$) vorstellbar, jedoch nicht in anderem Sinne (und nicht, womöglich, logische Unabhängigkeit).

9.5. Anderseits ist hinzuzufügen, daß paradoxale Fragen (von *Nicht-Konglomerabilität*, siehe Kap. VI, 19.2) bezüglich „stochastischer" Unabhängigkeit auch auftreten, ohne daß man sie mit pathologischen Beispielen sucht (oder schafft, wie mancher vielleicht sagen könnte). Berühmt ist folgendes Beispiel: wenn wir auf einer Kugel „zufällig" einen Punkt wählen, haben gleiche Flächen gleiche Wahrscheinlichkeiten und wenn uns ein Maximalkreis bekannt ist, auf den der Punkt gefallen ist, werden gleiche Bögen gleiche Wahrscheinlichkeiten haben, und wenn ein System geographischer Koordinaten (Breiten- und Längengrade, wie auf der Erde und im Firmament) existiert, sind sie unabhängig.

Und in der Tat besteht die Unabhängigkeit in der Verteilung: das Element der Fläche zwischen der Breite von $\varphi$ und $\varphi + d\varphi$ und der Länge von $\lambda$ und $\lambda + d\lambda$ und daher ist (abgesehen von der Normierungskonstante) seine Wahrscheinlichkeit ist $\cos\varphi\, d\varphi d\lambda$; die Länge hat eine uniforme Verteilung $\left(\frac{1}{2\pi} \text{ zwischen } \pm\pi\right)$, die Breite hat eine Verteilung mit der Dichte $f(\varphi) = \frac{1}{2}\cos\varphi$ (zwischen $\pm\frac{1}{2}\pi$), die oberflächliche Dichte (auf der Ebene der kartesischen Koordinaten $\lambda$ und $\varphi$) ist das Produkt

$$\frac{1}{2\pi}\cdot\tfrac{1}{2}\cos\varphi = \frac{1}{4\pi}\cos\varphi.$$

Aber dann müßte, wegen der anderen Voraussetzung, auch wenn man genau die Länge kennt, d.h. den Meridian, dem der Punkt angehört, die Wahrscheinlichkeitsverteilung der Länge immer die mit der Dichte $\frac{1}{2}\cos\varphi$ sein, während sie dagegen, da es sich um einen maximalen (Halb-)Kreis handelt, uniform sein müßte (konstante Dichte $= 1/\pi$).

Das Paradoxon ist leicht zu erklären, wenn man in Termini der „Inpräzision" denkt: wenn man, anstatt zu denken, der Punkt müßte genau auf dieser Linie liegen, denkt, daß dies mit einem gewissen Tolleranzspielraum angenommen wurde, der beliebig klein sein kann, so sieht man, daß die beiden Antworten kohärent sind, wenn sie zwei verschiedene

Versionen betreffen. Wenn die Impräzision $\lambda$ betrifft, haben wir anstelle eines Meridianes (einer Linie) eine Spindel, die sich vom Äquator zu den Polen wie $\cos\varphi$ zusammenzieht; wenn wir dagegen denken, es wäre die Entfernung von einer gewissen Ebene, die durch das Erdzentrum geht (d.h. Entfernung vom größten Kreis) gemessen (und $= 0$ befunden worden), haben wir einen Streifen mit konstanter Breite.

Es ist leicht, das Paradoxon zu vermeiden, indem man vermeidet, sich auf Grenzfälle zu beziehen, sofern man sie nicht explizit als solche betrachtet (man sage nie, „Wahrscheinlichkeit von etwas, bedingt durch $X = x_0$" sondern „bedingt durch $X = x_0 \pm \varepsilon$" wenn man auch den Limes mit $\varepsilon \to 0$ angibt. Manche Autoren (angefangen, glaube ich, von Kolmogorov 1933) sagen ausdrücklich, daß das Problem nur mit dieser Begrenzung Sinn hat (auch, weil in den anderen Fällen die bedingte Wahrscheinlichkeit formal durch Ausdrücke vom Typus 0/0 angegeben würde). Nach dem hier vertretenen Gesichtspunkt scheint diese Konklusion, vom theoretischen Standpunkt, zu drastisch (obgleich der Abschwächung einiger der Schwierigkeiten das Auftreten anderer entgegenzusetzen ist). Theoretisch scheint es, man könnte einen Vergleich zwischen Nullwahrscheinlichkeiten, die bei Eintreten einer „bestimmten" Tatsache, die im allgemeinen Nullwahrscheinlichkeit hat (siehe Kap. IV, 18), zu effektiven Wahrscheinlichkeiten führen würden, nicht ablehnen; in der Praxis ist es jedoch zweckmäßig, sich an die limitative Form von Kolmogorov zu halten, indem man sie im Zusammenhalt mit dem empirischen Faktor der Ungenauigkeit betrachtet (wenn effektiv vorhanden), und nicht als Konvention oder als Dogma. Weitere Hinweise erfolgen dann (in Kap. XII. 4.3) später.

9.6. *Operationen mit stochastisch unabhängigen Zufallszahlen*; *Faltung*. Wir nehmen nun die Betrachtungen (9.2) über ein $Z = \gamma(X, Y)$, Zufallszahl als Funktion zweier anderer, wieder auf und beziehen uns auf den besonders einfachen und wichtigen Fall, in dem $X$ und $Y$ stochastisch unabhängig sind. Es wird genügen, $F(x, y) = F_1(x)F_2(y)$ zu setzen und (wenn vorhanden) $f(x, y) = f_1(x)f_2(y)$, sodaß $dF(x, y) = $ $= dF_1(x)dF_2(y) = f_1(x)f_2(y)\,dxdy$ sein wird.

Der grundlegende Fall, der ständig auftreten und Anwendung finden wird, ist der der *Summe*, $Z = X + Y$, wo $F(z)$ und $f(z) = F'(z)$ durch

$$(16)\quad F(z) = \int_{-\infty}^{+\infty} dF_1(x) \int_{-\infty}^{z-x} dF_2(y) = \int_{-\infty}^{+\infty} F_2(z-x)\,dF_1(x) = \int_{-\infty}^{+\infty} F_2(z-x)f_1(x)\,dx,$$

$$(17)\quad f(z) = \int_{-\infty}^{\infty} f_1(x)f_2(z-x)\,dx.$$

gegeben ist.

Natürlich kann man die Rollen von $F_1$ und $F_2$ vertauschen (den einfacheren Weg wählen!) und, wie immer, gelten die Ausdrücke, die die Dichte enthalten, wenn sie vorhanden ist.

Diese Operation auf den Verteilungen, welche $F$ aus $F_1$ und $F_2$ ergibt und $f$ aus $f_1$ und $f_2$, nennt man *Faltung* (oder *Produkt der Komposition*); der deutsche Ausdruck Faltung wird oft auch im Englischen und ein wenig überall verwendet). Es ist gebräuchlich, hierfür auch die Symbole $*$ und $*$, Stern und Asterix, zu verwenden, indem man schreibt: $F = F_1 * F_2, f = f_1 * f_2$.

Selbstverständlich kann man die Operation wiederholen, indem man die Summe von drei (oder irgendeiner endlichen Anzahl) unabhängiger Zufallszahlen ermittelt; in Anbetracht der Signifikanz ist es klar, daß die Faltung assoziativ, kommutativ und auch distributiv ist. Wenn im besonderen die Summanden gleich verteilt sind (die gleiche Verteilungsfunktion $F$ haben) wird die Faltung mit $F^{*n}$ (und $f^{*n}$) angegeben.

Wir weisen kurz auf die anderen Fälle hin:

(18) *Produkt*:

$$F(z) = \int_0^{+\infty} F_2(z/x)\,dF_1(x)^{(1)}, \quad f(z) = \int_{-\infty}^{+\infty} \frac{1}{|x|} f_1(x) f_2(z/x)\,dx;$$

(19) *Proportion*:

$$F(z) = \int_0^{+\infty} F_2(zx)\,dF_1(x)^{(1)}, \quad f(z) = \int_{-\infty}^{+\infty} |x| f_1(x) f_2(zx)\,dx;$$

(20) *Distanz*:

$$F(z) = \int_{-z}^{+z} [F_2(\sqrt{z^2 - x^2}) - F_2(-\sqrt{z^2 - x^2})]\,dF_1(x),$$

$$f(z) = \int_{-z}^{+z} \frac{2z}{\sqrt{z^2 - x^2}} f_1(x) f_2(\sqrt{z^2 - x^2})\,dx;$$

(21) *Maximum*:

$$F(z) = F_1(z), \quad f(z) = F_1(z) f_2(z) + F_2(z) f_1(z).$$

9.7. *Synthetische Charakteristiken für Summen unabhängiger Zufallszahlen.* Es sei $Z$ die Summe von zwei oder mehreren unabhängi-

[39] Der Kürze halber wurde der Ausdruck $\int_{-\infty}^{0}$ (antisymmetrisch) ausgelassen. Wenn $X$ nicht sicher positiv ist, muß er hinzugefügt werden.

gen Zufallszahlen; wir schreiben sowohl $Z = X + Y$ als $Z = X_1 + X_1 + \ldots + X_n = \sum_i X_i$, um die Aufmerksamkeit sowohl auf den einfachsten Fall in ausführlichster Schreibweise als auf den allgemeinen Fall zu lenken.

Betrachten wir nun einige der Dinge, die in bezug auf ihre synthetischen Charakteristiken gesagt werden können. Wir bezeichnen mit den Indices $i = 1, 2, \ldots, n$, was sich auf die Summanden bezieht und mit $\overline{n}|$, was sich auf die Summe von $n$ bezieht, während wir ohne Indices das bezeichnen wollen, was die Summanden betrifft, wenn sie gleichmäßig verteilt sind.

Für die Erwartung, $m = \mathbf{P}(X)$ gilt die Additivität (ohne jegliche Einschränkung) und für die Varianz $\sigma^2 = \mathbf{P}(X - m)^2$ gilt sie unter der Bedingung der Nichtkorrelation (und zu größerem Recht im Falle der Unabhängigkeit):

$$m_{\overline{n}|} = m_1 + m_2 + \ldots + m_n (= n.m); \tag{22}$$

$$\sigma^2_{\overline{n}|} = \sigma_1^2 + \sigma_2^1 + \ldots + \sigma_n^2 \quad (= n\sigma^2; \quad \sigma_{\overline{n}|} = \sqrt{n\sigma}). \tag{23}$$

Für das Moment dritter Ordnung,

$$\mathbf{P}(Z^3) = \mathbf{P}(X + Y)^3 = \mathbf{P}(X^3) + 3\mathbf{P}(X^2 Y) + 3\mathbf{P}(XY^2) + \mathbf{P}(Y^3),$$

hat man im Falle der Unabhängigkeit

$$\mathbf{P}(Z^3) = \mathbf{P}(X^3) + 3\mathbf{P}(X^2)\mathbf{P}(Y) + 3\mathbf{P}(X)\mathbf{P}(Y^2) + \mathbf{P}(Y^3);$$

für $Z = \sum X_i$, gleichmäßig verteilt und unabhängig, haben wir, wenn wir mit

$$M_1 = m = \mathbf{P}(X), \quad M_2 = m^2 + \sigma^2 = \mathbf{P}(X^2), \quad M_3 = \mathbf{P}(X^3)$$

die Momente (1°, 2°, und 3°) der Summanden und mit $(M_3)_{\overline{n}|}$ das der Summe angeben, analog

$$\begin{aligned}(M_3)_{\overline{n}|} &= \textstyle\sum_{ijh} \mathbf{P}(X_i X_j X_h) = \\ &= nM_3 + 3n(n-1)\, M_1 M_2 + n(n-1)(n-2)\, M_1^3.\end{aligned} \tag{24}$$

Anhand dieser Formel kann sich der Leser über den allgemeinen Fall (nicht nur $M_3$ mit nicht gleich verteilten Summanden, sondern auch Moment irgendeiner Ordnung, mit Summanden, die gleich verteilt sind oder nicht) Rechenschaft geben, wenn er den nachstehenden einfachen Angaben folgt:

– die 3ª (oder irgendeine $r^{\text{te}}$) Potenz einer Summe von $n$ Summanden ist die Summe der $n^3$ (oder $n^r$) Produkte (mit Wiederholung) der Summanden drei zu drei ($r$ zu $r$);

– die Erwartung jedes Produktes ist $(M_3)_i$, wenn es dreimal den selben Faktor $X_i$ enthält, ist $(M_2)_i(M_1)_j$, wenn $X_i X_i X_j$ ist, ist $(M_1)_i(M_1)_j(M_1)_h$, wenn $X_i X_j X_h$ ist (unterschiedliche Faktoren): für irgendein $r$ wächst die Komplikation, aber das Schema ändert sich nicht;

– im Falle der gleichen Verteilung genügt es, die Indices $i, j, h$ wegzulassen und dann die Terme der drei Typen zu zählen: $M_3$, $M_2$, $M_1$, $M_1^3$ (und es sind soviele $n$ wie $i$, soviele $3n(n-1)$ wie Arten, ein $j$ in eine der drei Positionen einzusetzen und ein $i \neq j$ in die beiden übrigen, soviele $n(n-1)(n-2)$ wie Dispositionen der $n$ Elemente drei zu drei); für jegliches $r$, weiterhin Produkte des Typus $M_1, M_2, M_3, \ldots, M_n^m$ mit $a + 2b + 3c + \ldots + mn = n$, wenn das Produkt $a$ einfache Faktoren, $b$ doppelte, $c$ dreifache, ... und $m (m = 0$ oder $m = 1)$ $n$-fache enthält.

Für die Extreme, $\inf Z$ und $\sup Z$, kann man im Falle der Unabhängigkeit ohne weiteres sagen, daß $\inf Z = \sum \inf X_i$ und $\sup Z = \sum \sup X_i$ (während man im allgemeinen offenbar nur sagen kann, daß es resp. $\geqq$ und $\leqq$ ist).

9.8. Ein selbstverständlicher Folgesatz ist, daß in der Summe von unabhängigen Zufallszahlen, d.h. in der Faltung der Verteilungen, das Variationsintervall nur wachsen kann: wenn $F = F_1 * F_2$, ist

$$\sup F - \inf F > \sup F_1 - \inf F_1;$$

(nur im banalen Fall von $F_2$ in einem einzigen Punkt konzentriert).

Dieselbe Konklusion gilt aber in einem viel allgemeineren Sinn: auch die *Dispersion* $l(p)$ (für jedes $0 < p \leqq 1$; der vorige Fall ist der extreme Fall für $p = 1$) kann nur wachsen. Wir setzen nun in der Tat voraus, daß in der Verteilung $F$ ein Intervall mit der Länge $l$ existiert, das eine Masse $\geqq p$ enthält, es sei diese $a, a + l$: wenn wir voraussetzen, daß in $F_1$ jedes Intervall mit der Länge $l$ eine Masse $< p$ enthält (siehe 6.5) haben wir ein Absurdum:

$$p \leqq F(a+l) - F(a) = \int_{-\infty}^{\infty} \{F_1(a+l-x) - F_1(a-x)\} dF_2(x) < p \int_{-\infty}^{\infty} dF_2(x) = p.$$

Als wichtiger Folgesatz ergibt sich daraus, daß in der Faltung die „Regelmäßigkeit“ nur zunehmen kann: die resultierende Verteilung genießt jede Regelmäßigkeits-Eigenschaft, die zumindest eine der komponenten Verteilungen genießt, z. B., keine konzentrierten Massen über einem gegebenen $p$ zu haben, stetig zu sein, oder absolut stetig, oder eine Dichte, die nie über einer gegebenen Grenze liegt, Existenz oder Begrenzung für sukzessive Ableitungen, Analytizität.

Man kann leicht erkennen, daß z. B. die mathematische Operation, die in (7.2) verwendet wurde, um eine stetige Verteilung zu konstruieren, die einer beliebigen „nahe" war, im wesentlichen eine Anwendung dieser Eigenschaft war: es genügt, zu irgendeiner Zufallszahl eine Zufallszahl mit uniformer Verteilung in einem Intervall $[0, \varepsilon]$ zu addieren (z. B. ein „Abrundungsfehler"), damit die Resultierende überall die Dichte $\leqq l/\varepsilon$ habe (und es genügt ein „zufälliger" Fehler – entsprechend der Normalverteilung, auf die wir bald stoßen werden – damit die Verteilung analytisch werde).

Unter den Erwartungen $F(\gamma)$ gibt es, außer dem Fall der Momente $\gamma = \square^r$, den wir bereits betrachtet haben, einen anderen, sehr wichtigen, nämlich den der Exponentialfunktionen, $\gamma = a^{\square}$. Die grundlegende Eigenschaft der Exponentialfunktionen ergibt tatsächlich für $Z = X + Y$ (oder $Z = \sum_i X_i$),

$$a^Z = a^{X+Y} = a^X a^Y, \quad a^Z = a^{\sum_i X_i} = a^{X_1}.a^{X_2}.\dots.a^{X_n},$$

daher, im Falle der Unabhängigkeit,

$$\mathbf{P}(a^Z) = \mathbf{P}(a^X).\mathbf{P}(a^Y), \quad \mathbf{P}(a^Z) = \mathbf{P}(a^{X_1})\mathbf{P}(a^{X_2})\dots\mathbf{P}(a^{X_n}). \tag{25}$$

Und wir werden gleich sehen, welche Folgen sich aus dieser Eigenschaft ergeben.

## 10.
## *Die Methode der charakteristischen Funktion.*

10.1. Die synthetischen Charakteristiken, von denen wir einige der wichtigsten betrachtet haben, liefern teilweise Informationen, die zu verschiedenen Zwecken mehr oder weniger nützlich sind. Aber, kann man fragen, kann eine genügend reiche Menge von „synthetischen Charakteristiken" ausreichen, um eine Verteilung vollständig zu charakterisieren?

Mit Bezugnahme auf $F(\gamma)$ war die Antwort (in generischer Form) bereits in (4.4) erfolgt: weil es, um $F(x)$ zu determinieren, genügt, $F(\gamma)$ für alle stetigen $\gamma$-Funktionen zu kennen, genügt auch deren Kenntnis für eine Untermenge soweit, daß es möglich ist, sie nach oben oder unten beliebig anzugleichen. Es ist bekannt, daß dies in gewissen Fällen (z. B. für die begrenzten Verteilungen) bereits mit Polynomen verwirklicht wird, und daher ist die Kenntnis (aller) Momente, $F(\square^r)$, $r=1, 2, \ldots, n, \ldots$ hinreichend (und in der Tat entwickeln sich auf diesem Wege die Forschungen von Tschebyscheff und anderen, die in der Abhandlung von Castelnuovo meisterhaft dargestellt werden). Im übrigen wird diese Methode der Momente auch auf dem Weg, den wir gehen werden, zwischendurch zu sehen sein.

Es ist der Weg, der sich auf die Eigenschaften der Exponenten, wie eben bemerkt, gründet; er besteht darin, die Erwartung für alle Exponenten bei Variieren der Basis in einer opportunen Menge zu betrachten (reelle Werte, oder, besser, Komplexe mit Modul = 1). Je nach Varianten sagt man *erzeugende Funktion* oder *charakteristische Funktion*; um Doppel der Terminologie zu vermeiden (die oft schädlich sind, weil sie die wesentliche Identität von Dingen, die in etwas anderer Form ausgedrückt werden, nicht erkennen lassen), werden wir immer die Bezeichnung charakteristische Funktion verwenden.

Diese wirkungsvolle Methode hat eine eigenartige Geschichte[40]: entdeckt, angewandt, verworfen, neu entdeckt, mit Verschiedenheiten der Auffassung und mit mehr oder weniger Glück (von De Moivre bis Lagrange, von Laplace bis Poisson) wurde sie erst in jüngster Zeit ein gebräuchliches und systematisches Hilfsmittel (vor allem nach den glänzenden Anwendungen durch P. Lévy gegen 1925).

10.2. Im einfachsten Fall, (ursprünglich von De Moivre) besteht die Methode darin, zu beobachten, daß, wenn $X$ eine *ganze* Zufallszahl ist und $t$ eine reelle (oder auch komplexe) Zahl irgendwelcher Art, $\mathbf{P}(t^X) = \sum_h p_h t^h$ ein Polynom ist, in dem der Koeffizient von $t^h$ die Wahrscheinlichkeit des Wertes $X = h$ ist ($h$ ganz, oft – aber nicht notwendigerweise – positiv), und daß – was die hervorgehobene *grundlegende Eigenschaft* ist! – wenn $X$ und $Y$ stochastisch unabhängige ganze Zufallszahlen sind, es auch $t^X$ und $t^Y$ sind, und daher

$$\mathbf{P}(t^{X+Y}) = \mathbf{P}(t^X t^Y) = \mathbf{P}(t^X)\mathbf{P}(t^Y). \tag{26}$$

[40] Klar, zusammengefaßt, im wesentlichen vollständig, die entsprechende Darlegung von H. L. SEAL *The Historical Development of the Use of Generation Functions in Probability Theory*, „Bull. Ass. Actuaires suisses", 49 (1949), Seiten 209–28.

Wenn $\mathbf{P}(t^X) = \sum_h p_h t^h$ ist und $\mathbf{P}(t^Y) = \sum_k q_k t^k$ und man das Produkt

$$\sum_{hk} p_h q_k t^h = \sum_i t^i \sum_h p_h q_{i-h} \tag{27}$$

bildet, ergibt sich so ein „mechanisches" System, um die Wahrscheinlichkeit

$$r_i = \mathbf{P}(X + Y = i) = \sum_h p_h q_{i-h}, \tag{28}$$

zu errechnen, d.h. die *Verteilung der Summe* $Z = X + Y$ zu erhalten.

Diese grundlegende Eigenschaft (der Summe $X + Y$ entspricht das Produkt $\mathbf{P}(t^X)\mathbf{P}(t^Y)$) besteht offenbar auch, wenn $X$ und $Y$ nicht Ganze sind, sofern nur $t^X$ und $t^Y$ einen Sinn beibehalten; zu diesem Zweck kann man sich auf $t$ reell und positiv beschränken, oder $t = e^z$ schreiben, wobei vorausgesetzt wird, daß man, an Stelle von $t^X = (e^z)^X$, $e^{zX}(= e^{(zX)})$ betrachtet, das immer Sinn hat[41].

Anstatt $\mathbf{P}(t^X)$ können wir daher $\mathbf{P}(e^{zX})$ betrachten (was äquivalent dazu ist, daß man sich auf $t$ reell positiv und $z$ reell beschränkt, jedoch besser, weil es erlaubt, diese Restriktion aufzugeben); wenn $X$ eine unbegrenzte Verteilung hat, kann es jedoch vorkommen, daß $\mathbf{P}(e^{zX})$ divergiert, ausgenommen jedoch in jedem Fall für ein reines immaginäres $z$ (da dann $|e^{zX}| = 1$ ist). Um die immaginäre Achse (die diesen Vorzug genießt, auf die reelle Achse zu bringen (die als übliche Stütze zur Darstellung von Funktionen reeller Variablen bequemer ist), kann man $z = iu$ setzen, daher $t = e^z = e^{iu}$, und auf diese Weise ergibt sich $\mathbf{P}(e^{iuX})$ als sicher definierte Funktion von $u$, zumindest für jedes $u$ auf der reellen Achse (wo es jedoch im allgemeinen komplexe Werte annehmen wird) und eventuell auch außerhalb derselben.

Wird es aber auch im allgemeinen Fall genügen, $\mathbf{P}(e^{iuX})$ zu kennen, um die Wahrscheinlichkeitsverteilung zu determinieren? Wir werden sehen, daß die Antwort bejahend ist: sie ist es bedingungslos für $\mathbf{P}(e^{iuX})$, wenn man dieses für jedes reelle $u$ kennt (oder für $\mathbf{P}(e^{zX})$, wenn man sie für jedes reine immaginäre $z$ kennt) und, unter geeigneten Bedingungen auch für $\mathbf{P}(t^X)$ und $\mathbf{P}(e^{zX})$ für $t > 0$ und $z$ im reellen Feld.

Dies rechtfertigt die Bezeichnung *charakteristische Funktion*, die man

$$\varphi(u) = \mathbf{P}(e^{iuX}) \tag{29}$$

---

[41] Den unendlichen Werten $z = z_0 + 2k\pi i$ mit Werten $e^z$, die im selben $t$ koinzidieren, entsprechen unterschiedliche Werte für das Nicht-Existente „$t^x$" d.h. $e^{(z_0 + 2k\pi 2)}x$.

gibt (und manchmal auch $\mathbf{P}(e^{zX})$) und die Bezeichnung *erzeugende Funktion*, die man $g(t) = \mathbf{P}(t^X)$ gibt; wir werden immer $\varphi(u) = \mathbf{P}(e^{iuX})$ verwenden, was uns ermöglicht, (im Falle von $X$ = ganz, wo dies bequem sein kann) $\varphi(u)$ = (Ausdruck in $t$) zu schreiben, wobei stillschweigend angenommen wird, daß $t \equiv e^{iu}$ (und wir werden nicht von erzeugender Funktion sprechen: einer der beiden Termini ist zuviel).

Im Fall einer diskreten Verteilung (Massen $p_h$ an den Punkten $x_h$) oder unter Voraussetzung von Dichte $f(x)$, kann die charakteristische Funktion respektive wie folgt ausgedrückt werden:

$$(30') \quad \varphi(u) = \sum_h p_h e^{iux} \qquad \text{und} \qquad (30'') \quad \varphi(u) = \int e^{iux} f(x)\,dx;$$

im allgemeinen ist jedenfalls (Stieltjes-Riemann-Integral)

$$(30) \qquad \varphi(u) = \int e^{iux}\,dF(x) = F(e^{iu\square}) \quad \left(\int = \int_{-\infty}^{+\infty}\right).$$

Natürlich genügt es, wenn man es vorzieht, das imaginäre unter dem Zeichen der Erwartung und des Integrals zu vermeiden, oder jedenfalls den realen und den imaginären Teil hervorzuheben, zu bedenken, daß $e^{ix} = \cos x + i \sin x$ ist, und zu schreiben

$$(29') \quad \varphi(u) = \mathbf{P}(\cos ux) + i\mathbf{P}(\sin ux) = \int \cos ux\,dF(x) + i \int \sin ux\,dF(x).$$

10.3. Die Übereinstimmung zwischen den beiden charakteristischen Funktionen $\varphi(u)$ und den eigentlichen Verteilungen $F(x)$ ist ein-eindeutig und stetig: die Inversion ist (im einfachsten Fall $\int_{-\infty}^{+\infty} |\mathbf{P}(u)/du < \infty$; dann ist $f(x)$ stetig und begrenzt) durch

$$(31) \qquad f(x) = \frac{1}{2\pi} \int_{-\infty}^{*+\infty} e^{-iux} \varphi(u)\,du$$ [42]

gegeben, wobei (für Anwendungen, die abzuleiten sind) die Symmetrie mit (30″) zu beachten ist, welche $\varphi(u)$ mittels $f(x)$ ergibt; die Stetigkeit ist in dem Sinne aufzufassen, daß *die Konvergenz von $\varphi_n(u) \to \varphi(u)$, uniform in jedem begrenzten Intervall, äquivalent zur Konvergenz von $F_n(x) \to F(x)$ für alle $x$ (ausgenommen die Sprünge von $F$)* ist.

Die grundlegende Eigenschaft, von der wir ausgegangen waren, sagt, daß: der *Faltung auf den Verteilungen*, $F = F_1 * F_2$ (oder auf der Dichte,

[42] Das Sternchen über dem Integralzeichen bedeutet, daß der „Hauptwert" (nach Cauchy) zu nehmen ist, d. h. lim $\int_{-a}^{a}$ für $a \to \infty$.
(31) ist das klassische *Inversions-Theorem* von Fourier.

$f = f_1 * f_2$) entspricht das Produkt $\varphi = \varphi_1 . \varphi_2$ *auf den charakteristischen Funktionen*; weiters entspricht einer Linearkombination $F = \sum_h c_h F_h$ dieselbe Linearkombination $\varphi = \sum_h c_h \varphi_h$; diese Eigenschaften entsprechen nicht nur vielen Problemen, sie erweisen sich auch als nützlich, um viele neue Verteilungen abzuleiten und sie so zu modifizieren, daß Formeln wie (31) (durch Approximationen) in den Fällen angewandt werden können, wo sie nicht unmittelbar gelten.

Einige Eigenschaften, die man sich vor Augen halten sollte (für Demonstrationen usw. die in den zweiten Band verlegt wurden, siehe z. B. Feller II, S. 472ff.): $\varphi(u)$ ist *stetig*; es ist $\varphi(0) = 1$ und $|\varphi(u)| \leqq 1$; $\varphi(u)$ hat einen *geraden* Realteil und *ungeraden* immaginären Teil, *real* wenn und nur wenn seine Verteilung *symmetrisch* ist. Wenn man $X$ in $aX$ verändert, vertauscht man $F(x)$ mit $F(x/a)$ und $\varphi(u)$ mit $\varphi(au)$.

Solange die Momente $\mathbf{P}(X^h) = M_h$ (mit $\mathbf{P} = \hat{\mathbf{P}}$!) existieren, gilt die Entwicklung

$$\varphi(u) = 1 + iuM_1 - u^2 M_2/2! - iu^3 M_3/3! + \ldots + (iu)^h M_h/h! + \ldots$$

(was formal $\mathbf{P}(e^{iuX}) = \mathbf{P}(1 + iuX - u^2 X^2/2! - \ldots)$ entspricht); wenn alle Momente vorhanden sind und die Reihe einen Konvergenz-Radius $\rho$ hat, der nicht Null ist, sind $\varphi(u)$ und daher die Verteilung durch die Folge der Momente vollständig determiniert[43].

Diese und andere Tatsachen zeigen eine Relation, die man sich in folgenden qualitativen Termini gegenwärtig halten sollte: der Verlauf von $\varphi(u)$ in der Nähe des Ursprunges ist umso regelmäßiger, je feiner die „Enden" der Verteilung im Unendlichen sind (je rascher die Tendenz von $F(x)$ nach 0 und 1); das Verhalten von $\varphi(u)$ im Unendlichen ist umso regelmäßiger, je glatter (ableitbarer usw.) die Verteilung ist.

10.4. *Graphische Darstellung der mathematischen Seite der Probleme.* Wir erinnern schließlich daran, daß die betrachteten Funktionen von $u$, von $z$, von $t$, die Transformationen der Verteilungen sind, die in der Analyse als die von Fourier, Laplace und Mellin bekannt sind. Wie

[43] Da $|1/\rho| = \text{Max Lim}\,(e/n \sqrt[n]{|M_n|}$, ist die notwendige und hinreichende Bedingung für die Analyzität, daß die Media der Ordnung $n$, $\sqrt[n]{|M_n|}$, nicht schneller wachse als $n$ (es sei immer $\leqq Kn$ mit $K$ endlich). Die notwendige und hinreichende Bedingung, damit die Verteilung durch die Momente bestimmt sei, ist etwas weniger restriktiv: Divergenz der Summe der reziproken Werte, $1/\sqrt[n]{|M_n|}$ (Carleman).

bereits gesehen (aber es ist der Mühe wert, sich aufzuhalten, um dies besonders zu beachten, weil derjenige, der diese Transformationen in getrennten Abhandlungen gesehen hätte, es übersehen haben könnte), handelt es sich im Grunde genommen immer um dieselbe Transformation, bis auf eine Änderung der Variablen. Die Abbildungen 7, 8 und 9 zeigen entsprechend schematisch die Ebenen der (komplexen)

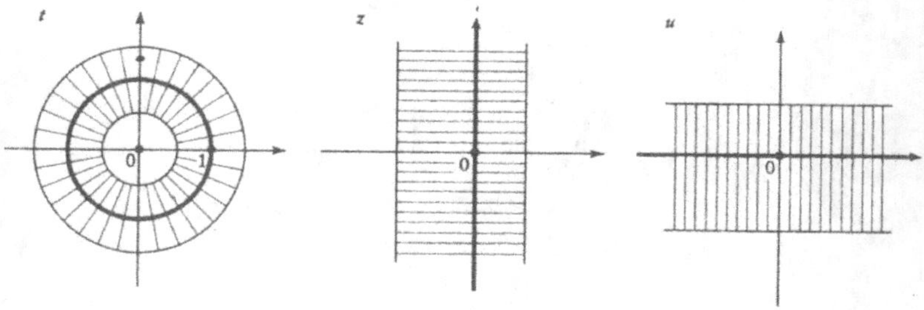


7 8 9

Abb. 7–9.
Ebenen der drei Variablen, $t, z$, und $u$, in denen die charakteristische Funktion mit der Linie oder dem Existenzfeld ausgedrückt werden kann. Gewöhnlich wird man $u$ verwenden (d.h. unter Bezugnahme auf die Transformation von Fourier); $z = iu$ und $t = e^z = e^{iu}$ können sich manchmal so ergeben, daß sie vorzuziehen sind (Bezugnahme auf die Transformationen von Laplace und Mellin).

Variablen $u, z = iu, t = e^z$, indem sie die Linie darstellen, auf der die Funktion immer definiert ist (reale Achse für $u$, immaginäre Achse für $z$, Einheits-Umkreis für $t$) und den Streifen, wo sie es im analytischen Falle ist:

$$-\alpha' \ \Im(u) = \Re(z) < \alpha,'' \quad |t'| < |t| < |t''|.$$

Die eben gesehenen sind die Darstellungen der komplexen Ebene für die drei Variablen $(t, z, u)$; um Signifikanz und Eigenschaften der charakteristischen Funktion $\varphi(u)$ (für $u$ real) in der komplexen Ebene, wo $w = \varphi(u)$ zu sehen, zeichnen wir sie (Abb. 10), indem wir den Einheitskreis $|w| = 1$ mit der Tangente im Punkt $w = 1$ (Gerade $\Re = 1$) angeben. Dieser Punkt heißt $0_x$, weil Ursprung der Koordinate $x$, sowohl gedacht als Abszisse auf diese gerade Tangente als Para-

[44] Konvergenzkreis für die Reihe von Laurent (Abb. 7); Konvergenz-Streifen für die Reihe von Dirichlet (Abb. 8, und, mit vertauschten Achsen, Abb. 9). $\Re$ und $\Im$ bezeichnen den Realteil und den Koeffizienten des imaginären Teiles.

meter (Winkel oder Länge des Bogens) auf dem Umkreis; um Mißverständnisse zu vermeiden, wird der Ursprung $w = 0$ mit $0_w$ angegeben.

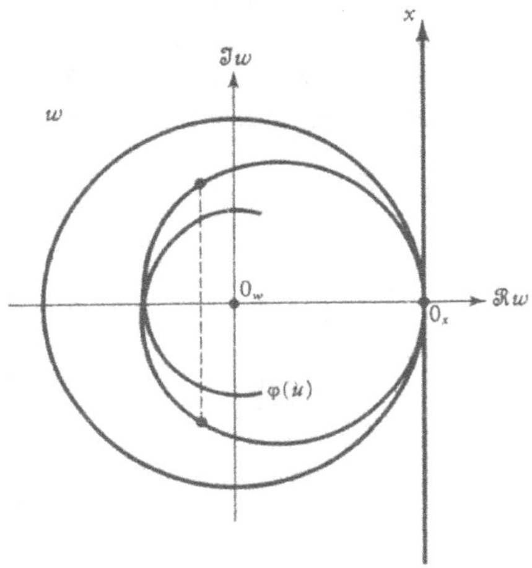


Abbildung 10.
Ebene von $w = \varphi(u)$ und Bedeutung von $\varphi(u)$ als Schwerpunkt der Verteilung, „auf dem Umkreis $|w| = 1$ aufgerollt".

Wenn wir uns die Verteilung $X$ auf der $x$-Achse gesammelt vorstellen, hat $e^{iX}$ dieselbe Verteilung „auf den Einheitskreis aufgerollt", und $\mathbf{P}(e^{iX})$ ist der entsprechende Schwerpunkt (notwendigerweise innen, außer, er ist nur ein Punkt); analog ist $uX$ dieselbe Verteilung in veränderter Skala (von eins nach $u$; wenn $u$ negativ ist, mit Umklappen), und $e^{iuX}$ hat weiterhin diese Verteilung, auf dem Einheitskreis aufgerollt. Im besonderen konzentriert sich für $u = 0$ die ganze Masse in $0_x$, d.h. in $w = 1$, sodaß $\varphi(0) = 1$ ist; jedenfalls ist dann $|\varphi(u)| \leqq 1$, da $|\varphi(u_0)| = 1$ $(u_0 \neq 0)$, d.h. $\varphi(u_0) = e^{iu_0c}$ (für ein gewisses $c$) wenn und nur wenn die ganze Masse auf diesen Punkt fällt, d.h. sich in derartigen Punkten $x$ befindet, daß $u_0c - u_0x = 2k\pi$, d.h. in den Punkten der arithmetischen Progression $c \pm 2k\pi/u_0$; ferner ist (offenbar) $|\varphi(nu_0)| =$ $= 1$ für alle Vielfachen von $u_0$ (und nur für diese, sofern man nur das letzte kleinste $u_0$ ermittelt hat). Andernfalls ist immer $|\varphi| < 1$, außer für $u = 0$ (banaler Fall, mit immer $|\varphi(u)| = 1$, der einer einzigen in $x = a$ konzentrierten Masse, da dann $\varphi(u) = e^{iua}$ ist).

Wenn man an die Kurve $w = \varphi(u)$ denkt, werden viele (genannte und andere) Eigenschaften intuitiv erfaßbar: z.B. heißt, $X$ in $-X$ verwandeln, die Verteilung (die auf der Geraden und die aufgerollte) in bezug auf die reale Achse umklappen und dasselbe ergibt sich für den Schwerpunkt, sodaß die charakteristische Funktion von $-X$ die konjugierte der $\varphi(u)$ bzgl. $X$ ist, d.h. es ist $= \varphi(-u) = \varphi^*(u)$. Wichtiger Folgesatz: aus jedem $\varphi(u)$ erhält man eine symmetrische charakteristische Funktion, sodaß $|\varphi(u)|^2 = \varphi(u)\varphi^*(u)$ ist. Die entsprechende Verteilung nennt man die *symmetrisierte* der ursprünglichen $F(x)$, man erhält sie durch Faltung von $F(x)$ mit $1 - F(-x)$, und sie hat die Signifikanz der Verteilung der Differenz $X_1 - X_2$, da $X_1$ und $X_2$ unabhängig sind, mit Verteilung $F(x)$[45].

Für ein reines immaginäres $u$ (und wir werden $u = iv$ schreiben, mit $v$ real, sodaß $v = iu = z$) ergibt sich, wenn man den Beitrag der auf der negativen und auf der positiven Halbachse verteilten Wahrscheinlichkeit separiert, und die eventuell im Ursprung konzentrierte ($p_0 = F(+0) - F(-0)$),

$$(32) \quad \varphi(-iv) = \int_{-\infty}^{\infty} e^{vx}\, dF(x) = \int_{-\infty}^{0} e^{vx}\, dF(x) + \int_{0}^{\infty} e^{vx}\, dF(x) + p_0.$$

Der Beitrag von $[-\infty, 0]$ ist offenbar endlich für $v \geqq 0$ und eventuell für die negativen $v$ zwischen 0 und $-\alpha'$ (auch alle, wenn $\alpha' = \infty$), und symmetrisch dazu der von $[0, +\infty]$ für die negativen $v$ und eventuell für die positiven zwischen 0 und $\alpha''$ (auch alle, wenn $\alpha'' = \infty$). Im Intervall $[-\alpha', \alpha'']$ der imaginären Achse, wo vorhanden, ist $\varphi$ real positiv und konkav (nach oben), sowie die $e^{vx}$, deren Mischung es ist. Die Bedeutung der Limites $-\alpha'$ und $\alpha''$ und andere Eigenschaften können ausgedrückt werden, wenn man den Begriff der *Zwillings*verteilungen[46] einführt, der als solcher in verschiedenen Anwendungen wertvoll ist.

---

[45] Eine andere symmetrische Verteilung erhält man, indem man die halbe Summe der gegebenen Verteilung, $F(x)$ und der zu ihr symmetrischen, $1 - F(-x)$ bildet: Verteilungsfunktion $\frac{1}{2}[1 + p(x) - p(-x)]$, char. Funktion $\frac{1}{2}[\varphi(u) + \varphi(-u)]$; vielleicht würde die Bezeichnung „symmetrisiert" noch besser passen (mir ist sie nicht bekannt, man könnte auch „symmetrifiziert" sagen). Es ist die Verteilung von $X$, wenn man Kopf und Adler spielt, mit oder ohne Vorzeichenwechsel (oder $|X|$ mit Vorzeichen + oder $-$).
Die symmetrisierte Verteilung wird auch in der Statistik betrachtet. Die Erwartung von $X_1 - X_2$ ist Null, aber die von $|X_1 - X_2|$ und die quadratische bilden „Indices der Variabilität" (das zweite ist offenbar lediglich $\sigma(X)$ mal $\sqrt{2}$; $\mathbf{P}(|X_1 - X_2|)$ ergibt sich als Proportion der Konzentration, mit $2\mathbf{P}(X)$ multipliziert, was der höchste für $\mathbf{P}(X)$ mögliche zugeordnete Wert ist). Siehe (6.5).

[46] Die Bezeichnung *konjugierte* Verteilungen (siehe Keilson, 1965) wird auch in anderem Sinne mehrfach verwendet (siehe z.B. Kap. XII, 4.2); daher schlage ich die des Textes vor. Feller (II, S. 410) nennt die verwendete Eigenschaft *translation principle* (es ist mir nicht bekannt, daß er eine besondere Benennung durchführt).

Wir bezeichnen als Zwillingsfunktionen von $F(x)$ (und sie sind es untereinander) die $F_\nu(X)$, durch welche

$$(33) \qquad dF_\nu(x) = Ke^{\nu x} dF(x), \quad \text{mit } 1/K = \varphi(-i\nu),$$

als Verteilungen existieren, wenn $\varphi(-i\nu)$ Sinn hat.

Bei vorhandener Dichte ist

$$(34) \qquad f_\nu(x) = Ke^{\nu x} f(x),$$

und der Sinn kann deutlicher sein (weil diese Schreibweise ausdrucksvoller oder vertrauter ist). Man erkennt sofort, daß $F_\nu(x)$ als charakteristische Funktion $\varphi_\nu(u) = K\varphi(u + i\nu)$ ($\varphi = \varphi_\nu$ char. Funkt. von $F(x)$) hat, und daraus folgt, daß $\varphi(u)$ in dem ganzen Streifen $-\alpha' < \mathfrak{J}(u) < \alpha''$ Sinn hat (d.h., daß Intervall wird nicht später durch Besonderheiten außerhalb der imaginären Achse für $u$ eingeschränkt; im besonderen, wenn $\alpha'$ und $\alpha''$ beide positiv sind, ist $\varphi(u)$ analytisch und der geringere der beiden Limites ist der Konvergenzradius).

In Worten: die Konklusion ist, daß $\varphi(i\nu)$ (und daher $\varphi(u)$ auf der ganzen Geraden $\mathfrak{J}(u) = \nu$) existiert, wenn die Zwillingsverteilung $F_\nu(x)$ existiert, und dies ist der Fall, wenn das Ende von $F(x)$ auf der positiven Halbachse (wenn $\nu$ positiv ist; sonst umgekehrt) feiner ist, als das der Exponentialverteilung $f(x) = Ke^{-\nu x}$; $\alpha'$ und $\alpha''$ sind Null, unendlich oder endlich, je nachdem, ob das Ende (links, rechts) weniger fein oder feiner ist als für jede Exponente oder einer mit einer Exponenten vergleichbaren Größe.

## 11.
## *Einige charakteristische Funktionen.*

11.1. Hier sollten die charakteristischen Funktionen einiger Verteilungen angezeigt und abgeleitet werden. Es wird sich teilweise um Fälle handeln, die durch ihre Anwendungen wichtig sind und teilweise um Beispiele, die vor allem zeigen sollen, wie man die direkte Berechnung vermeiden kann, wenn man die Eigenschaften der charakteristischen Funktionen richtig anwendet und deren Darstellung beachtet. Da wir nun die Hilfsmittel für künftige Anwendungen illustrieren müssen, wird der Sinn dieser Interpretation leider – unvermeidlich – nicht in vollem Lichte erscheinen können, doch auch ein einfacher theoretischer Hinweis auf die Art der Anwendungen sollte zur vorläufigen Orientierung genügen.

11.2. Für ein Ereignis $E$ (dessen Wahrscheinlichkeit $p = \mathbf{P}(E)$ sei), oder für eine Wette $s(E-p^*)$ auf $E$ (Gewinn $s$, wenn $E$ eintritt, Zahlung $p^*s$; gleichwertige Wette, wenn $p^* = p$) ergibt sich respektive:

$$(35) \quad \varphi(u) = \mathbf{P}(e^{iuE}) = \tilde{p}e^{iu0} + pe^{iu1} = 1 + p(e^{iu} - 1),$$

$$(36) \quad \varphi(u) = \mathbf{P}(e^{ius(E-p^*)}) = e^{-iusp^*}\,\mathbf{P}(e^{iusE}) = e^{-iusp^*}\,[1 + p(e^{ius} - 1)] = (1-p)e^{-iusp^*} + pe^{ius(1-p^*)}$$

(hier, wie in anderen Fällen, genügt es, die Eigenschaft für additive und multiplikative Konstanten anzuwenden: $\mathbf{P}(e^{iu(cX+k)}) = e^{iuk}\,\mathbf{P}(e^{icuX})$, d.h. $\varphi(u)$ in $e^{iuk}\,\varphi(cu)$ zu verwandeln).

Im besonderen ($s = 2$, $p = p^* = \frac{1}{2}$) hat man den Fall einer gleichwertigen Wette auf Kopf und Adler mit dem Gewinn $\pm 1$ und es ist

$$(37) \quad \varphi(u) = \tfrac{1}{2}(e^{iu} + e^{-iu}) = \cos u \quad \text{während} \quad (37') \quad \mathbf{P}(e^{iuE}) = \tfrac{1}{2}(1 + e^{iu});$$

für $n$ unabhängige Würfe haben der Gewinn $2Y - n$ und die Zahl der Erfolge $Y = E_1 + E_2 + \ldots + E_n$ die charakt. Funkt.

$$(38) \quad (u) = \cos^n u, \qquad \text{bzw.} \qquad (38') \quad \varphi(u) = [\tfrac{1}{2}(1 + e^{iu})]^n$$

(Summe der unabhäng. Zufallszahlen = Faltung = Prod. d. char. Funkt.; im besonderen Potenz wenn die Verteilungen identisch sind).

Analog hat für ein beliebiges $p$ die Zahl der Erfolge $Y$ (weiterhin: stochastische Unabhängigkeit) die char. Funkt.

$$(38'') \qquad \varphi(u) = [1 + p(e^{iu} - 1)]^n;$$

das ist die sogenannte Bernoulli-Verteilung; den Grenzfall, den man daraus erhält, indem man $n$ nach $\infty$ tendieren läßt und dabei die Erwartung $np = a$ konstant hält, d.h. indem man $p = a/n$ nimmt, nennt man Poisson-Verteilung; es ergibt sich $p = e^{-a}a^h/h!$ und dessen charakteristische Funktion ist daher

$$(39) \qquad \varphi(u) = \lim\,[1 + \frac{a}{n}(e^{iu} - 1)]^n = e^{a(e^{iu}-1)}.$$

In allen Fällen, in welchen, sowie in jenen, die sich auf eine „Anzahl der Erfolge" $Y$ beziehen, die möglichen Werte nichtnegative Ganze sind, ist die charakteristische Funktion ein Polynom (oder Reihe von Potenzen) in $t = e^{iu}$ mit Koeffizienten $p = \mathbf{P}(Y = h)$:

$$\varphi(u) = \textstyle\sum_h p_h t^h = \sum_h p_h e^{iuh};$$

dies hätte erlaubt, die Formeln (38′), (38″), (39) zu ermitteln, indem nur von der Kenntnis der $p_h$ ausgegangen wurde, und umgekehrt, die $p_h$ aus den charakteristischen Funktionen zu erhalten, indem diese nach den Potenzen von $e^{iu}$ entwickelt wurden.

Betrachten wir noch drei Verteilungen (d. h. mit Ganzen) folgender Arten: *uniform*, *geometrisch*, *logarithmisch*:

Für die *uniforme* Verteilung ($p_h = 1/n$; $1 \leqq h \leqq n$) erhält man

$$(40)\qquad \varphi(u) = \frac{1}{n}\sum_1^n{}_h e^{iuh} = \frac{e^{iu(n+1)} - e^{iu}}{n({}^{iu} - 1)} =$$

$$= \frac{1}{n} e^{iu\frac{1}{2}(n+1)} \frac{e^{\frac{1}{2}iun} - e^{-\frac{1}{2}iun}}{e^{\frac{1}{2}iu} - e^{-\frac{1}{2}iu}} = e^{iu\frac{1}{2}(n+1)} \frac{\sin\frac{1}{2}nu}{n\sin\frac{1}{2}u};$$

Für die *geometrische* Verteilung

$$(p_h = Kq^h,\ 0 < q < 1,\ K = 1 - q;\quad 0 \leqq h < \infty)$$

erhält man

$$(41)\qquad \varphi(u) = (1-q)\sum_0^\infty{}_h J^h e^{iuh} = K/(1 - qe^{iu}) = (1-q)/(1 - qe^{iu});$$

Für die *logarithmische* Verteilung

$$(p_h = Kq^h/h,\ 0 < q < 1,\ K = -\log(1-q);\quad 1 \leqq h < \infty)$$

erhält man

$$(42)\qquad \varphi(u) = K\sum_1^\infty{}_h J^h e^{iuh}/h = K\log(1 - qe^{iu}) = \log(1 - qe^{iu})/\log(1-q).$$

11.3. Betrachten wir nun einige stetige Verteilungen, indem wir die Dichte $f(x)$ und die charakteristische Funktion $\varphi(u)$ angeben. Wir beziehen uns immer auf die Standardform, die die bequemste ist (da man durch eine Veränderung der Konstanten, von $X$ in $cX + k$, in der besagten einfachen Form vorgehen kann).

Die *Normal*verteilung, oder „der (zufälligen) Fehler“ ist sicherlich in der Praxis allen bekannt, obgleich wir sie noch nicht eingeführt haben. Wir behandeln sie ausführlicher in Kap. VII (Nr. 6).
Die *reduzierte*, oder normierte, mit Erwartung $= 0$ und Varianz $= 1$ hat folgende Dichte und char. Funktion:

$$(43)\qquad f(x) = Ke^{-\frac{1}{2}x^2}\quad (K = 1/\sqrt{2\pi})^{47}, \qquad (44)\qquad \varphi(u) = e^{-\frac{1}{2}u^2};$$

[47] Daß der Wert der Normierungskonstante $K$ dieser ist, ist ein bekanntes Beispiel der Analyse. Jedenfalls wird die Demonstration in (VII, 6.7) zu sehen sein, wo sie an richtiger Stelle kommt und sich als signifikant erweist.

das direkte Kalkül ist unmittelbar (indem man im komplexen Feld operiert, mit der Substitution $y = x - iu$; nicht so sehr, wenn man vermeiden will zu demonstrieren, daß dies erlaubt ist, oder indem man anders vorgeht).

Eine Faltung von Normalverteilungen ergibt wieder eine Normalverteilung (d.h.: eine Summe unabhängiger Zufallszahlen mit Normalverteilung hat wieder Normalverteilung), nur mit Veränderung der Skala. Diese Tatsache wird ausgedrückt, indem man sagt, daß die Normalverteilung *stabil* ist. Tatsächlich hat man $e^{-\frac{1}{2}(au)^2} e^{-\frac{1}{2}(bu)^2} = e^{-\frac{1}{2}(cu)^2}$ d.h.

$$(45) \qquad \varphi(au)\varphi(bu) = \varphi(cu) \quad \text{mit} \quad c = \sqrt{a^2 + b^2};$$

Der Parameter mit Skala $(a, b, c)$ ist nichts anderes als die Standardabweichung, weshalb logisch war, daß die Komposition nach dem Theorem von Pythagoras stattfinden mußte (wie in jedem Fall, wenn er endlich ist). Man beachte ferner, daß

$$(46) \quad \varphi^n(u) = \varphi/\sqrt{n}.u) \qquad \text{und auch} \qquad (46') \quad \varphi^t(u) = \varphi/\sqrt{t}.u)$$

für jedes reelle und positive $t$ (nicht nur für $n$ ganz). Die Tatsache, daß $\varphi^t(u)$ immer charakteristische Funktion ist, bedeutet, daß die Verteilung *indefinit zerlegbar* ist (z.B. in $[\varphi^{1/n}(u)]^n$. Ein anderes Beispiel einer indefinit zerlegbaren Verteilung haben wir bereits gesehen (ohne es besonders herauszuheben): Die Poisson-Verteilung, deren charakteristische Funktion, (39) eine beliebige Konstante (dort mit $a$ angegeben) mit Exponenten enthält. Wir werden bald auf weitere Beispiele stoßen; die allgemeine Form der indefinit zerlegbaren Verteilungen und der Unterklasse der stabilen wird, gemeinsam mit wichtigen Eigenschaftn, in Kap. VIII besprochen.

Die *uniforme* Verteilung (wir nehmen sie in $[-1, +1]$) hat

$$(47) \quad f(x) = \tfrac{1}{2}(|x| \leqq 1), \qquad (48) \quad \varphi(u) = \frac{\sin u}{u};$$

unmittelbares Kalkül (oder auch vom diskreten Fall (40) für $n \to \infty$, indem man $nu =$ konstant hält und mit selbstverständlichen Veränderungen von Ursprung und Skala).

Die Summe von zwei Zufallszahlen dieser Verteilung hat

$$(49) \quad f(x) = \tfrac{1}{2}(1 - \tfrac{1}{2}|x|)(|x| \leqq 2), \qquad (50) \quad \varphi(u) = (\sin u)^2/u^2;$$

wird als Dreiecks-Verteilung bezeichnet, weil das Diagramm der Dichte derart ist (was man ohne Berechnungen aus der ursprünglichen Definition entnehmen kann: es ist die orthogonale Projektion auf die Diagonale eines Quadrates einer darauf uniform verteilten Masse; siehe Abb. 11).

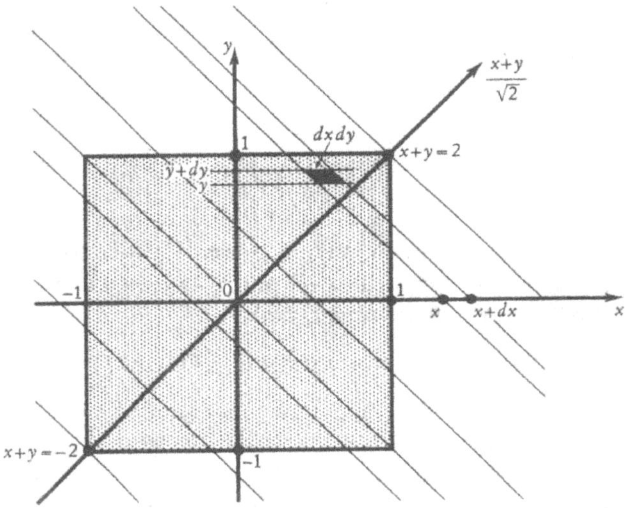


Abb. 11.
Faltung uniformer Verteilungen.

Die charakteristische Funktion ist positiv; daher kann man sofort sagen, daß umgekehrt, eine Verteilung ($-\infty \leqq x \leqq +\infty$) mit folgender Dichte und char. Funkt. gegeben ist:

$$(51) \quad \mathrm{f}(x) = \frac{1}{\pi}(\sin x)^2/x^2, \qquad (52) \quad \varphi(u) = 1 - \tfrac{1}{2}|u|)(|u| \leqq 2);$$

an sich wäre diese Verteilung uninteressant, sie ist jedoch äußerst wichtig für Konklusionen allgemeiner Ordnung, die daraus unmittelbar abzuleiten sind. Mittels Mischungen von Dreiecks-Verteilungen (mit verschiedener Weite) kann man jegliche Verteilung mit Dichte in polygonalen Diagrammen erhalten (symmetrisch in bezug auf den Ursprung, und nach beiden Seiten fallend und nach oben konkav); am Limes, auch jede Kurve mit analogem Verlauf. Durch Inversion ist jede Funktion mit derartigem Verlauf eine charakteristische Funktion; dies ist das Kriterium von Pólya. Wichtig auch die Tatsache, daß man auf diese Weise charakteristische Funktionen außerhalb eines endlichen Intervalles erhält.

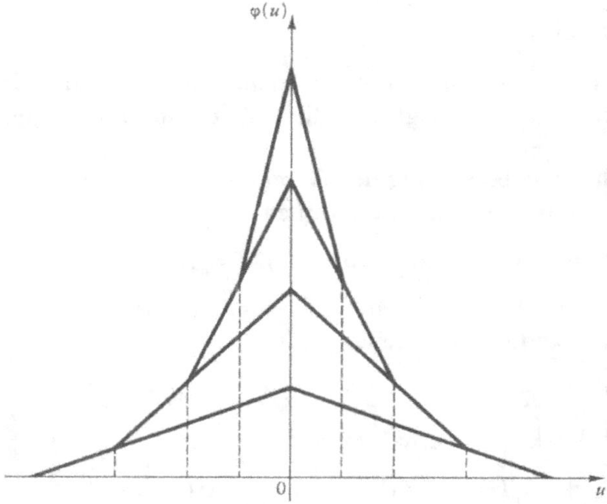


Abb. 12.
Charakteristische Funktionen auf Grund der Schlußfolgerung von Pólya konstruiert.

Analog $\varphi(u) = (\sin u)^n/u^n$, charakteristische Funktion der Summe von $n$ unabhängigen Zufallszahlen, die uniform in $[-1, +1]$ verteilt sind, entspricht der Dichte der Projektion auf die Diagonale eines $n$-dimensionalen Kubus einer dort uniform verteilten Masse, welche durch die Polynome $n-1$. Grades dargestellt wird, die in den $n$ Intervallen mit Länge 2, in welche das Intervall $[-n, +n]$ durch die Projektionen der Eckpunkte des Kubus geteilt wird, verschieden sind. Man denke an den Fall des Kubus, $n = 3$ (Flächen der zuerst dreieckigen, dann sechseckigen, dann wieder dreieckigen Sektionen). Die Inversion (wie für $n = 2$) kann man für jedes gerade $n$ machen (da man eine positive charakteristische Funktion haben muß).

Für die *Exponentialverteilung*,

(53) $f(x) = e^{-x} (x \geqq 0)$, ist die charakteristische Funktion

(54) $\varphi(u) = 1/(1 - iu)$;

es handelt sich um einen besonderen Fall ($t = 1$) der *Gammaverteilungen*, gegeben durch

(55) $f(x) = Kx^{t-1}e^{-x}(x \geqq 0)$ mit $K = 1/\Gamma(t)$,
$\Gamma(t) = \int_0^\infty x^{t-1}e^{-x}dx = (t-1)!$ ganz, $t > 0$,

(56) $\varphi(u) = 1/(1-iu)^t$.

Die Tatsache, daß $t$ als Exponent in $\varphi(u)$ auftritt (oder, genauer ausgedrückt, in $\varphi^t(u)$) besagt, daß diese Verteilungen indefinit zerlegbar sind.

Durch Symmetrisierung der Gammaverteilung erhält man Verteilungen charakteristischer Funktionen

(57) $\varphi(u) = [1/(1-iu)]\,[1/1(1-iu)^t]^* = 1/(1+u^2)^t$

(weiterhin indefinit zerlegbar); im besonderen erhält man für $t = 1$ die bilaterale Exponentialverteilung mit

(58) $f(x) = \frac{1}{2}e^{-|x|}$, (59) $\varphi(u) = 1/(1+u^2)$.

Durch Umkehrung erhält man

(60) $f(x) = 1/[\pi(1+x^2)]$, (61) $\varphi(u) = e^{-|u|}$,

und dies ist die Cauchy-Verteilung; sie ist indefinit zerlegbar (für $t > 0$ ist $(e^{-|u|})^t = e^{-|tu|}$ ist die charakt. Funktion von $f(x) = K/[1+(x/t)^2]$); weil $f(x)$ (abgesehen von Veränderung der Skala) unverändert bleibt, ist die Verteilung auch stabil (wie die Normalverteilung). Ihre Varianz ist unendlich (wie sich dies sofort ergibt), sei es direkt, weil $f(x)$ Infinitesimal in 2. Ordnung ist, wie auch infolge der Unregelmäßigkeit von $\varphi(u)$ im Ursprung.

11.4. Wenn man die charakteristischen Funktionen gewisser Verteilungen kennt, kann man daraus – mit Hilfe von Produkten, Potenzen, Paarungen, Linearkombinationen, Grenzübergängen usw. – unzählige andere ableiten, die verschiedenartigen Problemen entsprechen und Verteilungen, deren Dichte man oft nicht ausdrücklich darstellen kann.

Beachten wir z.B. einige beachtliche Fälle von Mischungen: die Summen von $N$ Zufallszahlen $X_h$, unabhängig und mit gleicher Verteilung, wenn auch ihre Anzahl $N$, zufällig ist. Wenn, bei jedem Wurf, eine Wahrscheinlichkeit $p$, aufzuhören und eine $q = 1 - p$, fortzufahren, vorhanden ist, hat $N$ eine geometrische Verteilung, nämlich

$$p_n = \mathbf{P}(N = n) = Kq^n \quad (K = (1-q)).$$

Wenn aber $N = n$ ist, hat die Summe die charakteristische Funktion $\chi^n(u)$, wenn wir mit $\chi(u)$ die charakteristische Funktion jedes $X_h$ angeben. Die charakteristische Funktion der Summe ist dann die Mischung

$$(62) \qquad \varphi(u) = \sum_{0}^{\infty}{}_n Kq^n \chi^n(u) = K/[1 - q\chi(u)] = (1-q)/[1 - q\chi(u)].$$

Formal genügt es, in (41) die charakteristische Funktion $\chi(u)$ der Summanden $X_h$ an die Stelle der charakteristischen Funktionen $e^{iu}$ der Summanden „1" zu setzen um $N$ zu erhalten. Mit derselben Regel erhält man

$$(63) \qquad \varphi(u) = \sum_n p_n \chi^n(u)$$

als allgemeiner Fall und im besonderen

$$(64) \quad \varphi(u) = [1 + p(\chi(u) - 1)]^m \qquad \text{und} \qquad (65) \quad \varphi(u) = e^{a[\chi(u)-1]}$$

als charakteristische Funktion der Summe der $X_h$, wenn die Zahl der Summanden $N$, der Bernoulli-Verteilung (38″) folgt oder respektive der Poisson-Verteilung (39). In (64) haben wir $m$ (anstatt $n$, das nun als Wert von $N$ verwendet wird) in die Exponente geschrieben: die Bedeutung (in einer möglichen Auslegung für einen Spielfall) ist folgende: jemand hat das Recht $m$ Versuche mit der Wahrscheinlichkeit eines Erfolges $p$ zu machen. Er wird $n$ Erfolge haben ($0 \leqq n \leqq m$). Dann hat er Anspruch auf einen zufälligen Preis $X_h$ für jeden Erfolg. Der Poisson-Fall kann vorläufig als Grenzfall betrachtet werden (wird jedoch einen viel interessantere Bedeutung haben, wenn man ihn sich als „zufälligen Prozeß" denkt, Kap. VIII).

Wenn nun eine charakteristische Funktion $\chi(u)$ unendlick zerlegbar ist, d.h. wenn $\chi^t(u)$ für jedes $t > 0$ (nicht nur für $t$ ganz) charakteristische Funktion ist, kann man, anstatt sich auf Mischungen ganzer Potenzen (61) zu beschränken, Summen in der Art

$$(66) \qquad \varphi(u) = \sum_n p_n \chi^{t_n}(u) \quad \text{mit beliebigen } t_n > 0,$$

oder auch

$$(67) \quad \varphi(u) = \int_0^\infty p(t)\chi^t(u)\,dt \quad (\text{mit } p(t) \geqq 0, \quad \int_0^\infty p(t)\,dt = 1)$$

betrachten.

11.5. Wenn wir zu einer Zufallszahl $X$ eine andere $\Delta$ (klein und mit gewissen Eigenschaften der Regelmäßigleit addieren), wird $X + \Delta$ sich wenig von $X$ unterscheiden (es wird, wenn man es so sagen will, $X$, mit einem kleinen absichtlichen Fehler gemessen sein) und wird die Eigenschaft der Regelmäßigkeit ebenso wie (und mehr als) $\Delta$ haben. Was sich als nützlich erweisen kann, wie wir bald sehen werden.

Wenn man z.B. $\Delta$ mit einheitlicher Verteilung zwischen $\pm\delta$ annimmt, und somit mit der Dichte $1/2\delta$, so wird $X + \Delta$ immer eine Dichte $\leqq 1/2\delta$ haben, ganz gleich, welches die Verteilung von $X$ sei (siehe 9.8). Wählt man nun für $\Delta$ eine Dreiecks-Verteilung ($f(x) = K(1 - |x|\delta) : K = 1/\delta$), so wird $X + \Delta$ überall die Dichte $\leqq 1/\delta$ haben und auch Ableitungen der Dichte $\leqq 1/\delta^2$ (im absoluten Wert); für $\Delta$ mit Normalverteilung ($m = 0, \sigma =$ klein), analoge Begrenzungen für alle Ableitungen.

Bei den charakteristischen Funktionen bedeutet dies, die $\varphi(u)$, charakter. Funktion von $X$, mit der char. Funktion von $\Delta$ multiplizieren, d.h. in den erwähnten Fällen,

$$\varphi(u)(\sin\delta u)/\delta u, \quad \varphi(u)(\sin\delta u)^2/(\delta u)^2, \quad \varphi(u)e^{-\frac{1}{2}(\delta u)^2}$$

betrachten.

Dies erlaubt es oft, das Studium von Problemen, die im allgemeinen Fall der Verteilung $F(x)$ irgendwelcher Form gestellt werden, auf den Fall zurückzuführen, in dem opportune Regelmäßigkeitsbedingungen gegeben sind.

Beachten wir im besonderen, daß, wenn man $\Delta$ in der ersten oben angegebenen Form nimmt (uniforme Verteilung zwischen $\pm\delta$), $X + \Delta$ gerade als Dichte $f_\delta(x)$ die *mittlere Dichte* von $X$ im Intervall $x + \delta$ hat, nämlich

$$f_\delta(x) = [F(x+\delta) - F(x-\delta)]/2\delta^{48}.$$

Es genügt (wenn man darauf vertrauen will) eine synthetische Schlußfolgerung: damit $X + \Delta$ in $x \pm \frac{1}{2}dx$ falle, muß $X$ innerhalb von $x \pm \delta$ fallen, und, bedingt durch diese Hypothese (oder, wenn einem dies lieber ist, jede Hypothese $X = x_0$ mit $x_0$ als beliebigem Punkt innerhalb $x \pm \delta$) ist die Dichte in $x$ für $X + \Delta$ immer dieselbe, $1/2\delta$ (und es

---

[48] Es ist die Tatsache irrelevant, daß $f_\delta(x)$ unterbrochen und an den Punkten (höchstens eine abzählbar unendliche Anzahl) in Entfernung $\delta$ (rechts oder links) von Unterbrechungspunkten für $F(x)$ (Punkte mit konzentrierten Massen für $X$) nicht definiert ist.

ist $1/2\delta\, dx$ die Wahrscheinlichkeit, daß $X+\delta$ zwischen $x\pm\frac{1}{2}dx$ falle, wenn man es lieber so ausdrücken will). Will man die Schlußfolgerung in Formeln ausdrücken (wobei man den Sinn ein wenig aus den Augen verliert, jedoch Irrtümer ausschließt) genügt es dann zu schreiben (Faltung: 9.6):

$$f_\delta(z) = \int f(x).(1/2\delta)\,(|z-x| \leqq \delta).dx =$$
$$= (1/2\delta)\int_{z-\delta}^{z+\delta} f(x)\,dx = \frac{1}{2\delta}\,[F(z+\delta)-F(z-\delta)]$$

(und offenbar konnte man auch sofort den allgemeinen Fall betrachten, und $dF(x)$ anstatt $f(x)dx$ schreiben). Will man $F(x'')-F(x')$ für ein vorher festgesetztes Intervall $(x', x'')$ erhalten, wird es genügen, $z=\frac{1}{2}(x'+x'')$ $\delta=\frac{1}{2}(x''-x')$ zu setzen. Im besonderen wird, um $F(x)-F(0)$ zu erhalten, genügen, $z=\delta=\frac{1}{2}x$ zu setzen. Daher erhält man:

$$F(x'')-F(x') = (x'')-x')f_{\frac{1}{2}(x''-x')}\left(\tfrac{1}{2}(x'+x'')\right), F(x)-F(0) = xf_{\frac{1}{2}x}(\tfrac{1}{2}x).$$

Aber die charakteristische Funktion von $f_\delta(x)$ ist $\varphi(u)\,(\sin\delta u)/\delta u$, sodaß wir die folgende Inversionsformel erhalten, um von der charakteristischen Funktion $\varphi(u)$ zur Verteilungsfunktion $F(x)$ überzugehen:

$$(68)\qquad F(x)-F(0) = \frac{x}{2\pi}\int_{-\infty}^{+\infty} e^{-\frac{1}{2}iux}\,\varphi(u)\,\frac{\sin\frac{1}{2}ux}{\frac{1}{2}ux}\,du = \int_{-\infty}^{+\infty}\varphi(u)\,\frac{e^{iux}-1}{iu}\,du.$$

Dies ist (zusammen mit anderen Varianten) die gebräuchliche Formel, die im allgemeinen auf der Basis des Dirichlet-Integrals demonstriert wird: eine mühsamere Methode und die, nach Feller (II, S. 484) „detracts from the logical structure of the theory".

11.6. Eine intuitivere und ausdrucksvollere Art, das Argument zu interpretieren und zu erklären, besteht darin, sich die charakteristische Funktion, es sei dies $\varphi(u) = \sum p_h e^{iux_h}$, um sich auf den einfachsten Fall zu beziehen, als Mischung von Schwingungen verschiedener Frequenzen $x_h$ und Intensität $p_h$ vorzustellen (während die Variable $u$ als Zeit zu interpretieren wäre). Die Formeln, um, wenn $\varphi(u)$ bekannt ist, dessen Komponenten zu determinieren (um, wenn man an das Licht denkt, dessen monochromatische Komponenten zu trennen) entsprechen Geräten für das Filtrieren von Zeilen oder Streifen. Um zu sehen, ob eine Komponente mit der Frequenz $x_0$ vorhanden ist, und um sie eventuell zu isolieren, und ihre Intensität $p_0$ zu determinieren, ist ein monochromatisches Filter notwendig; und diese Funktion erfüllt die Operation, die darin besteht, den mittleren Wert (auf einen langen Zeitraum) von $\varphi(u)$ mal $e^{-iux_0}$ zu berechnen, d.h. genauer, den

$$(69)\qquad \lim_{a\to\infty}\frac{1}{2a}\int_a^a \varphi(u)e^{-iux_0}\,du = \lim_{a\to\infty}\sum_h p_h \frac{1}{2a}\int e^{iu(x_h-x_0)}\,du.$$

Aber man erkennt sogleich, daß, wenn $x_0 \neq x_h$ ist, der mittlere Wert (für jeden Zeitraum, und somit asymptotisch für jedes Intervall $[-a, +a]$, das sehr lang ist) Null ist; nur wenn $x_0$ mit einem der $x_h$ koinzidiert, reduziert sich die zu integrierende Funktion auf $e^{iu0} \equiv 1$, der mittlere Wert auf 1 und das Resultat ist $p_0$ (d.h.: das $p_h$, für welches $x_h$ unser $x_0$ ist).

Die anderen Operationen können als Filter von Streifen interpretiert werden, um die Summe der $p_h$, die Häufigkeiten $x_h$ entspricht, die innerhalb gegebener Grenzen $[x', x'']$ enthalten sind, zu ermitteln.

## 12.
## *Hinweise bezüglich der Zerlegbarkeit von Verteilungen.*

Eine Verteilung, die durch Faltung anderer Verteilungen ermittelt wird, wird als eine in diese (Faktoren) zerlegbare bezeichnet; $G$ ist Faktor von $F$, wenn man $F = G * H$ (mit einem opportunen $H$) schreiben kann. Wenn wir uns auf die charakteristische Funktion beziehen, bedeutet dies, daß ein $\varphi(u)$, eine charakteristische Funktion, als Produkt anderer Funktionen $\varphi_h(u)$ ausgedrückt werden kann, die selbst alle wieder charakteristische Funktionen sind.

Wir haben auch den Fall von indefinit zerlegbaren Verteilungen gesehen, die man (in der einfachsten Form, aber nicht in der signifikantesten) als die definieren kann, für die für jegliches $n$, $\varphi(u) = [(u)^{1/n}]^n$ ist (d.h.: $[\varphi(u)]^{1/n}$ ist charakteristische Funktion, wie immer auch $n$ sei). Und wir werden auf verschiedene Probleme stoßen, bei denen die Zerlegbarkeit eine Rolle spielt, ohne jedoch Ursache zu haben, sie systematisch zu behandeln. Hier sollen jedoch einige Hinweise gegeben werden, mit dem einzigen Ziel, die Bildung falscher Ideen zu vermeiden, die sich vor allem ergeben könnten, weil eine Analogie mit der Zerlegbarkeit in Faktoren in Arithmetik oder Algebra gegeben ist. Wer das Argument gründlicher studieren will, möge in P. (Lévy (1937), S. 190–195 und dort zitierte Werke, oder eine neuere Übersicht (mit zeitgerechter Bibliographie) von M. Fisz, in „Ann. Math. Stat.", 1962, S. 68–84, einsehen.

Es gibt nicht zerlegbare Verteilungen. Es ist z. B. klar, daß eine Verteilung mit 4 möglichen Werten, es seien diese 0, $a$, $b$, $c$ (in wachsender Ordnung) nicht zerlegbar sein kann, wenn nicht $c = a + b$ ist (nur dann kann $Z = K + Y$ mit 0 und $a$ als möglichen Werten für $X$ und 0 und $b$ für $Y$ sein); auch wenn man dies voraussetzt, können die 4 Wahrscheinlichkeiten $p_0$, $p_a$, $p_b$, $p_c$ nicht beliebig frei gewählt werden (mit der einzigen Bedingung, daß sie als Summe = 1 ergeben), weil sie vom Typus $p_0 = (1-\alpha)(1-\beta)$, $p_a = \alpha(1-\beta)$, $p_b = (1-\alpha)$, $p_c = \alpha\beta$ sein müssen (wobei $\alpha = \mathbf{P}(X = a)$, $\beta = \mathbf{P}(Y = b)$ ist); es besteht weiterhin eine Bedingung, mit zwei Graden der freien Wahl anstatt drei.

Es gilt jedoch im allgemeinen keine Eigenschaft über den Typus der Einheitlichkeit der Zerlegung; eine Verteilung erlaubt (Theorem von Chincin) immer eine Zerlegung in eine indefinit zerlegbare Verteilung und in andere nicht zerlegbare (auch unendliche; oder es können diese fehlen, oder es fehlt die indefinit zerlegbare); im allgemeinen kann man jedoch vielfache verschiedenartige Zerlegungen erhalten, die verschiedene Faktoren enthalten, und nicht einmal die Trennung zwischen dem indefinit zerlegbaren Faktor und den übrigen muß eindeutig sein. Eine indefinit zerlegbare Verteilung kann sogar, nach Zerlegung in anderer Form, als Produkt nicht zerlegbarer Faktoren erscheinen.

Es gibt jedoch beachtliche Fälle, in denen die Zerlegung eine einzige ist und sich sogar auf die *triviale* reduziert, wie man für ein indefinit zerlegbares $\varphi(u)$ die in Faktoren $[\varphi(u)]^{t_h}$ (mit $t_h > 0, \sum_{t_h} = 1$) nennt. Dies gilt gerade für die Normalverteilung (daher: wenn $X + Y = Z$ Normalverteilung hat und daher $X$ und $Y$ unabhängig sind, haben auch $X$ und $Y$ eine Normalverteilung; Theorem von Cramèr), ebenso für die Poisson'sche Verteilung (gleicher Grundsatz: Theorem von Raikov).

Was schließlich die Zerlegbarkeit indefinit zerlegbarer Verteilungen, welche im Bereich der indefinit zerlegbaren Verteilungen bleiben, anbelangt (d. h.: auch die Faktoren sind es), sagen wir sofort, daß in diesem Falle die Antwort leicht und vollständig ist. Wir werden sie in Kap. VIII, 4 sehen (vorläufig kennen wir nicht die erforderlichen Begriffe, um mehr sagen zu können).

Es ist lehrreich noch eine etwas überraschende Tatsache zu erwähnen: wenn eine Zerlegung $\varphi(u) = \varphi_1(u)\,\varphi_2(u)$ gegeben ist, so ist nicht gesagt, daß wenn ein Faktor festgesetzt ist, der andere eindeutig determiniert bleibt (d.h., es kann sein, daß auch $\varphi(u) = \varphi_1(u)\varphi_3(u)$ ist, mit $\varphi_3 \neq \varphi_2$). Selbstverständlich kann nicht $\varphi_3(u) \neq \varphi_2(u)$ sein, außer da, wo $\varphi_1(u) = 0$ ist; wir haben jedoch gesehen, daß eine charakteristische Funktion außerhalb eines Intervalles (im Beispiel, für $|u| \geqq 2$) Null sein kann (wie die Dreiecksfunktion $1 - \frac{1}{2}|u|$, siehe 11.3). Und das von Chincin gefundene Gegenbeispiel besteht gerade darin, $\varphi_1$ als diese Dreiecksfunktion zu nehmen; für $\varphi_2$ und $\varphi_3$ kann man z.B. konkave polygonale nehmen (siehe Theorem von Polya, eben dort), die in $(-2 \leqq u \leqq 2)$ koinzidieren, und verschiedene außerhalb.

Siebtes Kapitel

# Einleitender Überblick

## 1.
## *Warum jetzt ein Überblick?*

1.1. Anhand der zur Erfassung der Darstellung der Wahrscheinlichkeitstheorie notwendigen Überlegungen haben wir bereits gesehen, wie weit ihr Anwendungsgebiet ist: das Gebiet der Ungewißheit, die sich überall einnistet. Reich ist aber auch die Skala der nach Art und Komplexität verschiedenartigen Probleme, die sich hier stellen, und dementsprechend die Ausstattung an Hilfsmitteln und Entwicklungen um sie zu erfassen und zu behandeln, welche ihrerseits die Wahrscheinlichkeitsrechnung bilden. Auch dieser Aspekt soll, aus verschiedenen Gründen, einleitend illustriert werden: diese wieder darzustellen und zu empfehlen, sie sich immer vor Augen zu halten, wird später dazu dienen, die Aufmerksamkeit auf jene Punkte zu lenken, die sie am meisten verdienen und verlangen.

Vor allem erhält vielleicht in jeder Disziplin, aber sicherlich und besonders in der Wahrscheinlichkeitstheorie jedes einzelne Problem wirklichen Wert und Bedeutung erst durch den Zusammenhang mit allem anderen. Um ein Gebiet zu erforschen, muß man, ehe man daran geht, es – wie dies später notwendig sein wird – Schritt für Schritt zu untersuchen, zunächst eine zumindest orientierende Kenntnis erwerben, um die folgenden Informationen einordnen zu können. Außerhalb der Metaphore würde man in unserem Falle eine nicht nur unvollständige, sondern eine verfälschte und später schwer zu berichtigende Idee selbst der einfachsten Probleme vermitteln, wenn diese dargestellt würden, ohne jeweils auch Aspekte zu berücksichtigen, deren systematische Behandlung erst später folgt (wenn wir z. B. die Zusammenhänge mit den „Gesetzen der großen Zahlen", mit „Zufalls-Prozessen", mit dem „induktiven Schluß" unerwähnt lassen wollten). Auch ist es (im allgemeinen und im besonderen) nicht rational zu erwarten und vorauszusetzen, daß jedes Kapitel nach allen vorhergehenden gelesen und dabei alles vorher Behandelte genau bekannt sein wird, während für ein erstes Verständnis klare aber viel weniger genaue und gründliche Vorkenntnisse der wesentlichen Begriffe genügen. Hier Schwierigkeiten zu vermeiden, ist übrigens nicht schwer: es genügt, diese Probleme und Begriffe *verstehen* zu lernen, in elementarer und knapper, aber klarer und konkreter Form, auf Grund weniger einfacher aber lehrreicher Beispiele, mit einem Mindestmaß an Kommentaren und zusätzlichen Angaben, erfassen zu lernen, worin sie bestehen.

1.2. Wir können zu diesem Zweck sagen, daß uns in dieser Einleitung das Beispiel *Kopf und Adler*, wenn auch „mit allen Salben geschmiert" als Unterlage dienen wird. Andere Varianten werden nach und nach eingeführt werden, eher zu Vergleichszwecken und der Abwechslung halber als aus Notwendigkeit. Derartige einfache Beispiele heben die hervorragenden Aspekte vieler, auch komplizierter und hochstehender Fragen hervor, wodurch spätere gründliche Untersuchungen erleichtert werden. Diese erscheinen dann tatsächlich wie Verbesserungen für die Extension von bekannten und intuitiv erfaßbaren Ergebnissen auf analoge Fälle, und gleichzeitig zeigt sich, wie unwesentlich die Komplikationen sind, die sie von den einfachen Fällen unterscheiden.

Ein anderes Motiv: die Hauptschwierigkeiten, die sich in der Wahrscheinlichkeitsrechnung für alle (mathematische Laien, Mathematiker, die mit dem Thema weniger vertraut sind, selbst für Fachleute auf dem Gebiet der Wahrscheinlichkeitsrechnung infolge geringer Unaufmerksamkeit oder Eile)[1] ergeben, liegen vielleicht in scheinbar selbstverständlichen und doch falschen Konklusionen und in anderen, die richtig und leicht nachweisbar sind, jedoch unter der Voraussetzung, daß man das Problem in der günstigsten Weise betrachtet (die man erst kennt, wenn sie entdeckt worden ist, wie das „Ei des Kolumbus"). Die elementaren Beispiele eignen sich am besten für Beobachtungen und Empfehlungen dieser Art (die nützlich, aber

[1] Feller bemerkt wiederholt, wie z. B. gewisse Ergebnisse, wenn sie sich auch nur auf das Spiel Kopf und Adler beziehen (Länge der Zeiträume, in denen ein Spieler im Vorteil ist: VIII, 7.7), erstaunlich und „paradox" erscheinen („conclusions that play havoc with our intuition", Seite 68; „few people will believe that a perfect coin will produce preposterous sequences in which no change of lead occurs for millions of trials in succession, and yet this is what a good coin will do rather regularly", S. 81). Und er bestätigt: „sampling of expert opinion has revealed that even trained statisticians feel that" (gewisse Daten überraschend sind), S. 85. (Aus W. Feller, *An Introduction to Prob. Th. and Its Applications*, 2. Ausgabe, Wiley, New York 1957; viele der in diesem Kapitel erwähnten Argumente werden von Feller im genannten Buch (besonders Kap. III) mit mehreren Originalbeiträgen entwickelt).

immer unzureichend sind, wenn sie den Leser nicht lehren, von Fall zu Fall selbst neue anzustellen). Viele der Bemerkungen verfolgen jedoch ein Ziel, das weit über das hinausgeht, Fehler und Verwirrung bei Schlußfolgerungen und Berechnungen einzelner Fälle zu vermeiden: im allgemeinen handelt es sich darum – über das Beispiel, das den Anlaß bietet hinaus – auch theoretische Aspekte zu klären und deren Bedeutung zu unterstreichen, um Mißverständnisse und Unschlüssigkeit zu vermeiden. Das heißt, es handelt sich um Dinge, die – nach Ansicht des Autors – als wesentlicher Teil der Darstellung der Grundlagen zu betrachten sind und die eine systematischere Behandlung verdient hätten, wenn diese nicht die Gefahr eingeschlossen hätte, das Unmittelbare der konkreten Folgen in den Schatten zu stellen und dem Ganzen den Beigeschmack rein philosophisch-literarischer Betrachtungen und Abschweifungen zu geben.

1.3. Auch die Tatsache, daß wir vorwiegend „klassische" Beispiele, die auf der Kombinatorik beruhen, betrachten werden, wird sich für die oben dargestellten Ziele als nützlich erweisen. Denn, abgesehen von der Notwendigkeit, auf diese Probleme jedenfalls hinzuweisen, steht fest, daß viele Eigenschaften und Fragen der Kombinatorik durch Darstellungen im Zusammenhang mit Wahrscheinlichkeitsproblemen besondere Bedeutung erhalten. Ferner ist es, wie wir sehen werden – wenn auch die Auffassung überwunden ist, daß die gesamte Wahrscheinlichkeitsrechnung, da sie zu „gleichwahrscheinlichen Fällen" zurückführt, sich im wesentlichen auf die Kombinatorik reduziert – immer noch wahr, daß viele Betrachtungen aus der Kombinatorik in der Wahrscheinlichkeitsrechnung, ganz abgesehen von den Fällen, in denen dies selbstverständlich ist, eine wichtige Rolle spielen (siehe Beispiele in V, 7.4).

Angesichts der Zielsetzung dieses „einleitenden Überblicks" wird es sich hier natürlich mehr um beschreibende Darstellungen und Erklärungen handeln als um mathematische Angaben und Demonstrationen; sofern angebracht, werden diese jedoch nicht fehlen. In erster Linie wird es sich um jene grundlegenden und einfachen Angaben und Demonstrationen handeln, die die beste Art einer „Erklärung" liefern. In zweiter Linie werden wir die Gelegenheit wahrnehmen müssen, um provisorisch (wenn auch in möglichst vereinfachter Form) Begriffe und Eigenschaften einzuführen, die wir in den nächsten Kapiteln verwenden müssen, zunächst jedoch, ohne zu einer systematischen Behandlung derselben zu kommen. Und schließlich wird es sich um das eine oder andere besondere Ergebnis handeln, das in der Folge Verwendung finden wird (das hier ganz natürlich im Zusammenhang mit einem Beispiel gebracht wird, während es dort eine lästige Abschweifung bedeuten würde).

## 2.
## *Kopf und Adler. Einleitende Betrachtungen.*

2.1. Sofern wir keinen gegenteiligen Hinweis geben, betrachten wir Ereignisse, die (durch Dich) mit der Wahrscheinlichkeit $\frac{1}{2}$ und als stochastisch unabhängig betrachtet werden; dann haben alle $2^n$ möglichen Ergebnisse für $n$ dieser Ereignisse die gleiche Wahrscheinlichkeit $(\frac{1}{2})$. Und umgekehrt: wenn man diese $2^n$ Ergebnisse als gleich wahrscheinlich beurteilt, heißt dies, daß man jedem Ereignis die Wahrscheinlichkeit $\frac{1}{2}$ zuschreibt und daß man sie alle für stochastisch unabhängig hält.

Die Ereignisse $E_1, E_2, \ldots, E_n, \ldots$ (wir können uns eine im voraus bestimmte Anzahl $n$ denken, oder eine Zufallszahl – z. B. „bis man ein gewisses Ergebnis erhält", „die Würfe, die heute erfolgen" usw. – oder potentiell unendlich) werden darin bestehen, bei einem bestimmten Wurf *Kopf* zu erhalten. Im allgemeinen denken wir an sukzessive Würfe mit demselben Geldstück (in der Ordnung $E_1, E_2 \ldots$). Aber nichts ändert sich, wenn man sich vorstellt, die Münze würde von Zeit zu Zeit oder bei jedem Wurf ersetzt, und im letzteren Fall könnte es sich um den gleichzeitigen Wurf von $n$ Münzen anstelle von $n$ sukzessiven Würfen handeln (sofern nur, wenn das Problem sich auf die Indices der $E_i$ bezieht, ein Kriterium – das sich von dem chronologischen unterscheidet – festgesetzt wird, um diesen Sinn zu geben). Es wird sich auch um verschiedene Tatsachen handeln können: z. B. „gerade Zahl" mit einem Würfel, oder Ziehen einer Spielkarte oder einer Nummer der Tombola (wohlgemerkt: immer von einem vollständigen Kartenspiel oder einem vollständigen Nummernsäckchen), „rot" bei Roulette (unter Ausschluß von Null) usw. Weitere Varianten werden bald auftreten und noch weitere werden wir später erwähnen, für Betrachtungen, die mit diesem Punkt in Zusammenhang stehen.

2.2. Um ein Ergebnis von $n$ Würfen (oder eine Folge von $n$ Ergebnissen *Kopf* oder *Adler*) anzugeben, wird man z. B. *TTCTCCCTC* oder 110100010 schreiben können ($T = 1$, $C = 0$)[2].

*A. Wie oft mal Kopf bei n Würfen?* Das ist die gebräuchlichste Frage. Wir wissen bereits, daß von den $2^n$ Ergebnissen $\binom{n}{h}$ die sind, in denen Kopf $h$-mal auftritt, weshalb die Wahrscheinlichkeit von $h$ Erfolgen auf $n$ Ereignisse, $\omega_h^{(n)}$, den Wert $\binom{n}{h}/2^n$ hat. Das Argument wird später wieder aufgenommen und entwickelt.

*B. Wieviele Gruppen aufeinanderfolgender gleicher Ergebnisse gibt es?* In der obigen Folge waren es 6: *TT/C/T/CCC/T/C*. Selbstverständlich ergibt sich, nach der anfänglichen, jedesmal eine neue Gruppe, wenn das Ergebnis ein anderes ist, als beim vorigen Wurf. Die Wahrscheinlichkeit von $h + 1$ Gruppen ist nichts anderes als die Wahrscheinlichkeit von $h$ Veränderungen. Aber dann:

*C. Wieviel Veränderungen (Würfe mit einem anderen Ergebnis als das vorige) gibt es?* Es ist gleichgültig, ob man für jeden Wurf, ausgenommen den ersten, dasselbe oder das entgegengesetzte Ergebnis setzt, entweder Kopf oder Adler. So kommt man auf ($A$) zurück und die Wahrscheinlichkeit für $h$ Veränderungen auf $n$ Würfe ist $\binom{n-1}{h}/2^{n-1}$.

*D.* Wir wissen, daß von den $n = r + s$ Würfen $r$ durch Tizio und $s$ durch Caio durchgeführt werden. Welche ist die Wahrscheinlichkeit, daß sie beide dieselbe Anzahl von Erfolgen erzielen? Wenn man systematisch schließt, kann man beobachten, daß $\binom{r}{h}\binom{s}{k}/2^n$ die Wahrscheinlichkeit ist, daß Titius $h$ und Caius $k$ Erfolge haben wird und daher $(\frac{1}{2})^n \sum_h \binom{r}{h}\binom{s}{h}$ (von Null auf das kleinere von $r$ und $s$ ausgedehnte Summe) die Wahrscheinlichkeit, daß für beide die Anzahl der Erfolge dasselbe $h$, egal welche Zahl, ist. Aber, bekanntlich und wie man auch gleich feststellt, indem man die Entwicklungen von $(1 + x)^r . (1 + x)^s = (1 + x)^{r+s}$ als Gleichung einsetzt, ist der Wert dieser Summation $\binom{n}{r}$ $(= \binom{n}{s})$, und die gesuchte Wahrscheinlichkeit ist die, bei $n$ Würfen $r$ (oder $s$) Erfolge zu erzielen.

Dieses Ergebnis konnte man ohne Berechnungen intuitiv nach demselben System wie beim vorigen Fall feststellen: das Problem

---

[2] Es ist klar, daß Schreibweisen wie *TTC* (um drei aufeinanderfolgende Ergebnisse anzugeben, z. B. 1., 2., 3. oder $n$-tes, $(n+1)$-tes, $(n+2)$-tes für Kopf-Kopf-Adler) nur ausdrucksvolle „stenographische" Konventionen sind. Die wirkliche logische Bezeichnung wäre $E_n E_{n+1} \tilde{E}_{n+2}$ (oder $T_n T_{n+1} C_{n+2}$, wenn man $T_i = E_i$ und $C_i = \tilde{E}_i$ setzt). Dies sei gesagt, damit nicht jemand versehentlich mit *TTC* als Produkt operiert (es wäre, als wollte man annehmen, daß 1967 so wie *abcd*, das Produkt der vier „Faktoren" wäre, d. h. $1 \times 9 \times 6 \times 7 = 378$).

ändert sich nicht, wenn die Erfolge für Caio darin bestehen würden, Adler und nicht Kopf zu erhalten: dann bedeutet, dieselbe Zahl der Erfolge (sagen wir $h$) zu haben, insgesamt $s$ mal Kopf und $r$ mal Adler zu haben ($s = h + (s - h)$, $r = (r - h) + h$). Ist dies nicht die konkreteste und echteste Demonstration der obigen Formel der Kombinatorik?

*E. Wie groß ist die Wahrscheinlichkeit, daß die Zahl der Erfolge ungerade sein wird?* Man könnte leicht schließen, daß es $\frac{1}{2}$ ist, indem man einfach die Binomial-Koeffizienten addiert (Summe derer mit geraden Stellen und derer mit ungeraden Stellen gleich!); wenn $n$ ungerade ist, genügt es zu beachten, daß, eine ungerade Zahl von Ergebnissen mit Kopf zu haben, äquivalent ist einer geraden Zahl von Adler-Ergebnissen usw.

Direkter und intuitiver ist folgende Schlußfolgerung: Alles hängt vom letzten Wurf ab: für ihn ist die Erfolgswahrscheinlichkeit $\frac{1}{2}$ (egal, was vorher geschehen ist) und daher ist die gefragte Wahrscheinlichkeit $\frac{1}{2}$. Diese Schlußfolgerung hat den Vorteil, ohne größere Anstrengung anzuzeigen, daß dieselbe Konklusion bei einer viel allgemeineren Hypothese gilt: es kann sich um irgendwelche $n$ Ereignisse handeln, mit irgendwelchen Wahrscheinlichkeiten und logischer oder stochastischer Unabhängigkeit, sofern nur eines mit der Wahrscheinlichkeit $\frac{1}{2}$ vorhanden ist, das von den Kombinationen der anderen (oder zumindest von der Tatsache, daß unter ihnen eine gerade oder ungerade Zahl eintritt) unabhängig ist[3]. Für eine Extension dieser Frage siehe (6.9.).

2.3. *Bemerkungen*: Die dominierende Note dieser Beispiele ist folgende: *Die wesentliche Identität scheinbar verschiedener Probleme erkennen zu können, ist, wie in der gesamten Mathematik, auch in der Wahrscheinlichkeitsrechnung von großem praktischen und theoretischen Wert.*

Im besonderen vermeidet man durch Betrachtungen dieser Art oft lange und lästige Rechnungen der Kombinatorik; sie bilden sogar *die intuitivste und authentischste Demonstration von Formeln der Kombina-*

[3] Die Unabhängigkeit zwei zu zwei (wir betonen es, um darauf hinzuweisen, wie viel schwächer diese Restriktion ist) würde überhaupt keine Konklusion erlauben. Schon bei drei Ereignissen, $A$, $B$, $C$, erhält man das Gegenbeispiel, wenn man annimmt, daß nur die folgenden 4 Fälle möglich und gleich wahrscheinlich ($p = 1/4$) wären: „nur A", „nur B", „nur C" und „alle drei" ($ABC$); dann haben nämlich $A$, $B$, $C$ die Wahrscheinlichkeit $\frac{1}{2}$ und sind zu zweien unabhängig, und doch ist sicher, daß die Zahl der Erfolge eine ungerade Zahl ist (entweder 1 oder drei, und wenn man das Gegenteil betrachtet, gerade: entweder Null oder zwei).

*torik*[4]. Noch mehr müßten sie schon von vornherein jeden Zweifel beseitigen, daß die *zur Zeit so weit verbreiteten Sophismen* begründet sein könnten, wonach es anders (im allgemeinen günstiger) sein soll, ob man immer auf Kopf oder immer auf Adler setzt (oder beim Lotto, immer auf dieselbe ... womöglich verspätete!. Nummer), wenn alle Folgen nach der Hypothese gleich wahrscheinlich sind. Es ist absolut wahr, daß die Wahrscheinlichkeit, daß Kopf bei 10 (oder 20) aufeinanderfolgenden Würfen nicht aufscheint, etwa 1‰ ist ($2^{-10} = 1/1024$; respektive etwa 1 auf eine Million: $2^{-20} = 1/1048576$), aber nicht weniger absolut wahr ist, daß die Wahrscheinlichkeit, nie richtig zu raten, wenn man 10 (oder 20) mal Kopf und Adler spielt, immer genau dieselbe ist, ob die Würfe nun aufeinanderfolgende sind oder nicht, oder ob man immer auf dieselbe Seite setzt oder regelmäßig abwechselt oder von Fall zu Fall entscheidet. Das Bestehen auf einer Seite der Münze oder auf der Folge der Würfe hat damit rein gar nichts zu tun.

2.4. *F. Wie groß ist die Wahrscheinlichkeit, daß der erste (oder im allgemeinen, der r-te) Erfolg (oder Mißerfolg) sich beim h-ten Wurf ergibt?* Die Wahrscheinlichkeit des ersten Erfolges beim $h$-ten Wurf ist natürlich $(\frac{1}{2})^h$ (das einzige Ergebnis 000...001 ist auf $2^h$ günstig); man beachte, daß diese Wahrscheinlichkeit, $(\frac{1}{2})^h$, des ersten Erfolges beim $h$-ten Wurf dieselbe ist, wie die für *keinen Erfolg* innerhalb von $h$ Würfen, d.h. des ersten Erfolges nach über $h$ Würfen[5]. Die Wahrscheinlichkeit, den $r$-ten Erfolg, beim $h$-ten Wurf zu haben, ist $(\frac{1}{2})^h \binom{h-1}{n-1}$ (weil $(\frac{1}{2})^{h-1} \binom{h-1}{n-1}$ die Wahrscheinlichkeit ist, daß man auf die ersten

[4] Meine diesbezügliche „Philosophie" besteht darin, die als *authentische Demonstration* zu betrachten, die sich auf die kombinatorische Bedeutung stützt und als mehr oder weniger *schwachen Beweis*, die, welche die algebraischen Ausdrücke manipuliert. So erscheinen mir auch auf anderen Gebieten die nachstehenden Demonstrationen als bloße „Proben": – die der vektoriellen Eigenschaften, anhand der Komponenten; – die der Eigenschaften der Determinanten, die sich auf Entwicklungen gründen (anstatt auf die Bedeutung als wechselseitiges Produkt, Volumen, oder – nach Bourbaki – mittels äußerer Potenz generierte Homöothetie); – die für jegliche Sache, die sich auch für eine synthetische, unmittelbare, instruktive Demonstration eignet, die statt dessen mittels formaler Apparate erfolgt, die für beschwerliche Entwicklungen nützlich sind, aber nicht für die Klärung des Wesens des Problems.

[5] Bei diesem Anlaß bemerken wir, daß die Wahrscheinlichkeit keines Erfolges auf $n$ Würfe bei Wachsen von $n$ nach Null tendiert; dies ist selbstverständlich, doch ist es zu betonen, um für die Entwicklung gewisser Schlußfolgerungen eine korrekte Anwendung zu ermöglichen (siehe z. B. den nächsten Punkt $G$, Bemerkung).

$h-1$ Würfe (genau) $r-1$ Erfolge erzielt, und $\frac{1}{2}$ ist die eines weiteren Erfolges beim letzten ($h$-ten) Wurf).

*G.* Ein Geldstück wird abwechselnd von Titius (der beginnt) und Caius aufgeworfen; *welche sind die Wahrscheinlichkeiten für jeden, wenn derjenige gewinnt, der zuerst Kopf wirft?* Ganz mechanisch könnte man die Wahrscheinlichkeiten $\frac{1}{2}^h$ für $h$ ungerade (Titius) oder gerade (Caius) addieren, und das wäre nicht schwer; direkter (und in weniger einfachen Fällen wesentlich vorteilhafter als hier) ist folgender Gedankengang: Wenn Tiziuso die Wahrscheinlichkeit $p$ hat, hat Caiuso die Wahrscheinlichkeit $\tilde{p} = p/2$, weil er sich in der Lage von Tiziuso befinden wird, wenn dieser beim ersten Wurf erfolglos bleibt; daher $p = {}^2/_3, \tilde{p} = {}^1/_3$.

*Bemerkung*: Wir haben stillschweigend angenommen, daß der eine oder andere letzten Endes gesiegt hätte. Streng genommen hätte man voraussetzen müssen, daß (wie in der Anmerkung zu $F$ gesehen) die Wahrscheinlichkeit, daß das Spiel innerhalb von $n$ Würfen nicht endet, bei Wachsen von $n$ nach Null tendiert; in Fällen, wo dies nicht eintritt, wäre die obige Schlußfolgerung falsch.

2.5. *H. Wie groß ist die Wahrscheinlichkeit, zumindest einmal auf n Würfe eine Reihe von h Erfolgen (d.h.* mindestens $h$ aufeinanderfolgende Erfolge) *zu erhalten?* Wir bezeichnen mit $A_n$ die Anzahl der möglichen Folgen von $n$ Ergebnissen, von denen keines die Reihe von $h$-mal Kopf enthält; aus jeder dieser Folgen erhält man, indem man einen weiteren Versuch folgen läßt, $2A_n$ Folgen, die alle $A_{n+1}$ Folgen ohne Reihen von $h$-mal Kopf auf $n+1$ Versuche enthalten, plus der Folgen die, dank dem letzten Ergebnis – notwendigerweise Kopf – zum erstenmal eine derartige Reihe bilden. Diese sind in der Anzahl $A_{n-h}$ vorhanden, weil man sie offenbar dadurch erhält, daß man ein $C$ und dann $h$ $T$ auf eine beliebige Folge von $n-h$ Versuchen ohne Reihen von $h$ Kopf folgen läßt. Daher hat man die rekursive Relation $A_{n+1} = 2A_n - A_{n-h}$; selbstverständlich ist $A_0 = 1$, $A_n = 2^n$ für $n < h$, $A_h = 2^h - 1$ usw.

Es handelt sich um eine Differenzengleichung; es ist bekannt (und ohne weiteres zu erkennen), daß $x^n$ ihr genügt, wenn $x$ die Wurzel der (charakteristischen) Gleichung $x^{h+1} - 2x^h + 1 = 0$ ist, und daß die allgemeine Lösung

$$A_n = a_0 + a_1 x_1^n + a_2 x_2^n + \ldots + a_h x_h^n$$

ist (da 1, $x_1, \ldots, x_h$ die $h+1$ Wurzeln sind). Die Konstanten werden auf Grund der ursprünglichen Bedingungen bestimmt.

Beschränken wir uns auf den Fall $h = 2$. Die rekursive Relation $A_{n+1} = 2A_n - A_{n-2}$ kann mittels Vereinfachung[6] auf die der Zahlen von Fibonacci (jede Zahl ist Summe der vorhergehenden) zurückgeführt werden; $A_{n+1} = A_n + A_{n-1}$; die direkte Darstellung ist jedoch leichter und bezeichnender. Die $A_{n+1}$ Folgen, die mit $C$ enden, sind die $A_n$, auf welche $C$ folgt. Die, welche mit $T$ enden, sind die $A_{n-1}$, auf die $CT$ folgt. Daher die Formel.

Hat man $A_0 = 1$, $A_1 = 2$, $A_2 = 3$ berücksichtigt, so kommt man auf $A_3 = 5$, $A_4 = 8$, $A_5 = 13$, $A_6 = 21$, $A_7 = 34$, $A_8 = 55$ usw. und daher ist die gefragte Wahrscheinlichkeit $1 - A_n/2^n$ und z. B. $1 - 8/16 = 1/2$ auf 4 Versuche, $1 - 55/256 = 0{,}785$ auf 8 usw. Will man den analytischen Ausdruck, so erhält man aus $x^2 - x - 1 = 0$ (und man beachte die frühere Gleichung $x^3 - 2x^2 + 1 = (x-1)\ (x^2 - x - 1) = 0$) $x_{1,2} = (1 \pm \sqrt{5})/2$,

$$A_n = [(1+\sqrt{5})^{n+1} - (1-\sqrt{5})^{n+1}]/2^{n+1}\sqrt{5}.$$

Analog kann man für den Fall eines beliebigen $h > 1$ schließen: die $A_{n+1}$ sind die $A_n C$, die $A_{n-1} CT$, die $A_{n-2} CTT, \ldots,$ die $A_{n-n+1} CTTT \ldots T$ (mit $h-1$ $T$; wir verstehen darunter: irgendeines von den $A_{n-k}$, gefolgt von einem $C$ und $kT$) sodaß $A_{n+1}$ = Summe der $h$ vorhergehenden Ausdrücke ist (offensichtliche Verallgemeinerung der Bedingung von Fibonacci).

Die Gleichung, die man erhält $(1 + x + x^2 + x^3 + \ldots + x^h = x^{h+1})$ ist die vorige, dividiert durch $x - 1$ (d. h. ohne die Wurzel $x = 1$).

*Bemerkungen*: wir sind durch Induktion vorgegangen, d. h. rekursiv; ein Verfahren, dessen man sich bei Wahrscheinlichkeitsproblemen oft bedient. Nicht vergessen!

Man beachte ferner, daß, implizit (indem wir von $A_{n-h}$ sprachen) die Wahrscheinlichkeit gefunden wurde, daß die Vervollständigung einer Reihe von $h$ Erfolgen zum erstenmal beim $(n+1)$ – ten Wurf eintritt: es ist $A_{n-h}/2^{h+1}$. Es ist immer lehrreich, über die Konklusionen nachzudenken, die sich als Nebenprodukte ergeben. Wenn sie auch scheinbar nicht direkt interessant sind, können sie neue Aspekte beleuchten, andere Probleme aufbringen oder in der Folge nützlich sein (man weiß nie!).

---

[6] Wenn man $A_{n+1} - A_n - A_{n-1} = A_n - A_{n-1} - A_{n-2}$ schreibt, sieht man, daß dieser Ausdruck von $n$ unabhängig ist. Bei $n = 2$ erhält man $A_2 - A_1 - A_0 = 3 - 2 - 1 = 0$ q. e. d.

Im übrigen ist diese Wahrscheinlichkeit (daß irgendetwas zum erstenmal beim $(n+1)$-ten Wurf eintritt) immer durch die Differenz zwischen den Wahrscheinlichkeiten, daß dies wenigstens einmal zwischen dem $(n+1)$-ten und dem $n$-ten Wurf eintritt (oder durch die entgegengesetzten Wahrscheinlichkeiten), gegeben.

Auch dies ist eine selbstverständliche aber wichtige Bemerkung: es kann sehr wohl sein, daß es in vielen Fällen nicht klar sein wird, oder einfach jemand nicht einfallen wird, daß es sich darum handelt, diese Theorie anzuwenden.

2.6. *I. Welche ist die Wahrscheinlichkeit, daß einem generischer Wurf* (sagen wir: dem $n$-ten) *h gleiche Ergebnisse vorausgehen und k gleiche folgen werden* (genau: d.h. nicht $h+1$ oder $k+1$)? Das heißt, mit anderen Worten, daß er Teil einer Folge von (genau) $h+k+1$ gleichen Ergebnissen ist (alles $T$ oder alles $C$), von denen er der $(h+1)$-*te* ist; wir werden annehmen $h \leqq n-1$[7]. Diese Wahrscheinlichkeit ist ${}^1/_2{}^{h+k+2}$: in der Tat zwingt man die $h$ vorigen Resultate und die $k$ folgenden gleich dem gegebenen zu sein, und die zwei vorher und nachher müssen entgegengesetzt sein (um die Folge zu schließen).

*J. Welche ist die Wahrscheinlichkeit, daß der n-te Wurf Teil einer Folge ist, die (genau) die Länge m hat?* Es ist das obige Problem, mit $h$ und $k$ derart, daß jedenfalls $h+k+1=m$ ist; natürlich nehmen wir $m \leqq n-1$ an. Für jeden einzelnen Fall ist die Wahrscheinlichkeit ${}^1/_2{}^{m+1}$; es gibt $m$ Fälle, da der $n$-te Wurf der 1°, 2°, ..., $m$-te der Folge sein kann (d.h., da man $h = 0, 1, 2, \ldots, m-1$ annehmen kann); die gefragte Wahrscheinlichkeit ist daher $m/2^{m+1}$.

Im besonderen ist die Wahrscheinlichkeit für ein isoliertes Ergebnis (ein $T$ zwischen zwei $C$ oder ein $C$ zwischen zwei $T$) gleich ${}^1/_4$, dasselbe für die Länge 2, für 3 ${}^3/_{16}$, für 4 ist es ${}^4/_{32} = {}^1/_8$ für fünf ist es ${}^5/_{64}$ usw.

*K. Wie groß ist d·e Wahrscheinlichkeit, daß eine „gegebene" Reihe, z.B. die n-te, (genau) die Länge m hat?* Die $n$-te Reihe beginnt mit der $(n-1)$-ten Veränderung, und wird die Länge $m$ haben, wenn die folgenden $m-1$ Resultate gleich und das $m$ – te dem ersten entgegengesetzt ist; dies hat die Wahrscheinlichkeit ${}^1/_2{}^m$. Die Wahrscheinlichkeit ist ${}^1/_2$ für die Länge 1, ${}^1/_4$ für 2, ${}^1/_8$ für 3, ${}^1/_{16}$ für 4, ${}^1/_{32}$ für 5 usw.

*Bemerkungen*: Die Fragen ($J$) und ($K$) sind scheinbar identisch: die

[7] Wir schließen den (möglichen) Fall $h=n-1$ aus, der ein anderes Ergebnis hätte (${}^1/_2{}^{h+k+1}$: warum?).

Möglichkeit der Wahrscheinlichkeitsaussage, daß eine Reihe (oder eine „zufällig ausgewählte") die Länge *m* hat. Aber das Problem ist nicht determiniert, solange man nicht eine bestimmte Reihe festsetzt. Die beiden Arten (die eine enthält ein bestimmtes Element; die andere eine bestimmte Stelle) ergeben verschiedene Resultate. Und doch könnte man beide Arten als „zufällige Wahl" bezeichnen. Wir werden oft derartige Paradoxa finden, und dieses Beispiel (mit Komplementen in *L*) hat vor allem den Zweck, die Aufmerksamkeit zu erregen.

*Achtung*: man muß alle *bedeutsamen* Umstände *genau festlegen (und oft erkennt man diese nicht auf den ersten Blick)*, um nicht verschiedenartige Probleme zu verwechseln. Und der Satz *„zufällig ausgewählt"* (oder ähnliche) *bildet nicht nur an sich eine nähere Bestimmung*, es ist eine häufige Fehlerquelle, wenn man einen eindeutigen Sinn voraussetzt, der dagegen garnicht vorhanden ist. Die Verwendung dieser Bezeichnung als synthetische Formulierung für etwas, das Fall für Fall zu bestimmen ist (z. B. kann jemand bei einer gewissen Gelegenheit festlegen, daß er „zufällig ausgewählt" für Reihen von (*J*) und keine anderen sagen wird, oder Reihen von (*K*) und keine anderen, oder keine von diesen, sondern wer weiß, welche anderen), ist annehmbar. Um sich durch diese Redewendung nicht irreführen zu lassen, möge man zu „zufällig ausgewählt" die neutralere und ehrlichere hinzufügen: „ausgewählt nach gewissen, ziemlich schematischen und natürlichen Modalitäten (die noch näher zu bestimmen sind)[8]."

2.7. *L. Welche ist die Erwartung der Länge einer Reihe (unter den Umständen von (J), bzw. (K))?* Wir beginnen bei (*K*). Man kann sich denken, daß die Zufallszahl $L =$ „Länge der Reihe" die Werte $1, 2, \ldots, m, \ldots$ mit den Wahrscheinlichkeiten $^1/_2, {}^1/_4, \ldots, {}^1/_2{}^m$ hat, und daß daher die Erwartung $\sum m/2^m$ ist. Aber nehmen wir an, wir verwenden die Reihe und betrachten die Länge als unbegrenzt (was wir bisher ausgeschlossen hatten), oder wir müssen infolge der Begrenzung Korrekturen Rechnung tragen (indem wir z.B. sagen, daß die Versuche eine Zahl *N* nicht überschreiten dürfen)? Wir werden Scilla und Charybdis ausweichen, wenn wir uns *N* endlich aber so groß vorstellen, daß wir dessen Einfluß nicht zu berücksichtigen brauchen;

[8] Siehe z.B. die Bemerkungen in (V. 10.2) über „Gleichwahrscheinlichkeit" in der Quantenphysik und die in (X. 4.5) über „Wahl auf Zufall" eines Abschnittes der Unterteilung eines Intervalles oder im Poisson-Prozeß.

mit anderen Worten, wir nehmen die Reihe in dem Sinne an, daß sie nicht zu Diskussionen Anlaß geben kann: Als asymptotischen Wert bei Wachsen von $N$. Obwohl die Reihe $\sum mx^m (= x/(1-x)^2)$ keine Schwierigkeiten bietet (und sofort $\mathbf{P}(L) = 2$ ergibt), gibt es bessere Verfahren. Durch die Additivität der Erwartung und weil die Länge $L$ die Summe von soviel Einheiten ist, als aufeinanderfolgende übereinstimmende Ergebnisse vorhanden sind (wovon das erste sicher ist und anschließend die Wahrscheinlichkeiten $^1/_2$, $^1/_4$ usw. sind, wie gesagt), ist ferner

$$\mathbf{P}(L) = 1 + {}^1/_2 + {}^1/_4 + \ldots + {}^1/_2{}^m + \ldots = 2.$$

Oder, noch synthetischer (mit einer Schlußfolgerung in der Art wie in ($G$)), muß $\mathbf{P}(L) = 1 + {}^1/_2\,\mathbf{P}(L)$ (und daher $\mathbf{P}(L) = 2$) sein, denn, wenn der zweite Wurf derselbe ist (wofür die Wahrscheinlichkeit $^1/_2$ besteht), die von diesem an beginnende Länge dieselbe Erwartung $\mathbf{P}(L)$ hat.

Im Falle ($J$) erhalten wir analog

$$\mathbf{P}(L') = \sum m(m/2^{m+1}) = \sum m^2/2^{m+1} = x(1+x)/2(1-x)^3$$
$$\text{für } (x = {}^1/_2) = 3;$$

wir können die Schlußfolgerung aber noch weiter vereinfachen, indem wir uns vorstellen, daß $L$ den Wert 1 + der Erwartung der übereinstimmenden Ergebnisse rechts (was wieder 1 ist) hatte, und hier werden wir denselben Wert 1 als analoge Erwartung links hinzufügen müssen, sodaß $1+1+1=3$ ist. Natürlich müssen wir auch $n$ groß annehmen. Es wäre leicht den Rest der Reihe zu berechnen, um, falls die Höhe von Interesse ist, den Fehler der asymptotischen Formel zu vergrößern.

Nun: je nach den beiden Arten, die Folge zu wählen, sind die Erwartungen verschieden: 2 und 3 (wie dies sein mußte, da die kleinen Werte im ersteren Fall größere Wahrscheinlichkeiten haben mußten, und umgekehrt für die anderen). Abgesehen von dem sicheren Wert 1 für den Ausdruck, von dem auszugehen ist, ist die zusätzliche Länge im zweiten Fall die doppelte (2 anstatt 1), weil die Situation an den beiden Seiten die gleiche ist (unabhängig von der Tatsache, daß im ersten Fall, die Fortsetzung nach links nicht vorhanden ist, weil nach Hypothese der Ausdruck, von dem auszugehen ist, der ursprüngliche der Folge ist: dies verändert aber die Situation auf der rechten Seite überhaupt nicht, „*die Erzeugnisse, die später kommen, wissen nichts von dieser Tatsache, oder kümmern sich nicht darum*").

*Bemerkung*: Dieser Satz, oder der äquivalente: „Das Phänomen ist gedächtnislos“ (die im Fall der stochastischen Unabhängigkeit gelten) genügt, wenn man ihn gegenwärtig hat, häufig, um Paradoxa zu vermeiden und nichts zu übersehen (sowie die verbreiteten Sophismen der Bemerkung zu Punkt $E$).

*M. Was ist bei n Würfen auf Kopf und Adler, die Erwartung der Zahl: – der Erfolge (T =* Kopf*)? – der Veränderungen (T nach C* (Kopf nach Adler)) *und umgekehrt? – der Reihen? – der Reihen der Länge m? – der Wurfzahl, mit der man den h-ten Erfolg erreicht? – der Wurfzahl, bei welcher zum erstenmal eine Reihe von zwei — oder im allgemeinen von h Erfolgen beendet sein wird?* – usw. Alle diese Fragen sind im allgemeinen viel einfacher als die, welche die Wahrscheinlichkeiten betreffen, die sich auf diese Zahlen beziehen (und, infolge der Additivität, ist dies natürlich).

Bei jedem Wurf ist die Erfolgswahrscheinlichkeit $1/2$, und daher ist die Erwartung der Anzahl der Erfolge bei $n$ Würfen $\frac{1}{2}n$. Für Veränderungen gilt dasselbe (ausgenommen der erste Wurf); daher $\frac{1}{2}(n-1)$. An Folgen gibt es eine mehr; daher $\frac{1}{2}(n+1)$.

Für die Folgen mit Länge $m$ geben wir der Einfachheit halber den asymptotischen Ausdruck für $n$ groß im Vergleich zu $m$ (siehe ($L$)); jeder Wurf (und streng genommen wäre dies für die ersten $m$ und die letzten $m$ Würfe korrekt) hat die Wahrscheinlichkeit $m/2^{m+1}$; daher sind nach Erwartung die Würfe dieses Typus auf $n$ also $nm/2^{m+1}$, und die Folgen dieses Typus (von denen jede $m$ enthält) sind $n/2^{m+1}$ (im besonderen $n/4$ isolierte Resultate, $n/8$ in Paaren usw.). Um den $h$-ten Erfolg zu erreichen, wären laut ($F$) nach Erwartung $\sum k\binom{k-1}{h-1}/2^k$ Würfe notwendig (Summe von 1 bis $\infty$: gewöhnlich denken wir sie uns als asymptotischen Ausdruck). Es genügt aber, sich auf den selbstverständlichen Fall $h = 1$ zu beschränken: der erste Erfolg (Wahrscheinlichkeit, ihn beim 1. Wurf zu haben, $1/2$; beim zweiten, $1/4$; usw.) erfordert nach Erwartung 2 Würfe ($\sum m/2^m$ und Varianten wie in den ersten Betrachtungen zu ($L$)). Daher erfordert der $h$-te nach Erwartung $2h$ Würfe (und als solches ergibt sich, ohne jede Berechnung, der Wert dieser Summation: man kann es nachprüfen).

Schließlich wird die erste Folge $TT$ beim 2°, 3°, ..., $n$-ten, ... Wurf mit der Wahrscheinlichkeit $A_{n-2-1}/2^n$ ($A$ = Zahlen von Fibonacci) vollständig und somit, nach Erwartung mit $\sum nA_{n-3}/2^n$ Würfen. Doch ist ein anderer Weg besser: da wir diese Erwartung mit $\mathbf{P}(L)$ bezeichnet haben, bemerken wir: wenn die beiden ersten Würfe $TT$ ergeben, ist

$L = 2$ (hier endet alles); wenn sie $TC$ ergeben, hat man $\mathbf{P}(L|TC) = 2 + \mathbf{P}(L)$, weil die Situation nach den beiden Würfen wieder wie am Anfang ist; wenn der erste Wurf $C$ (Adler) ergibt, analog $\mathbf{P}(L|C) = 1 + \mathbf{P}(L)$: daher (da die Wahrscheinlichkeit der drei Fälle $^1/_4$, $^1/_4$, $^1/_2$ ist)

$$\mathbf{P}(L) = (^1/_4).\,2 + (^1/_4)(\mathbf{P}(L) + 2) + (^1/_2)(\mathbf{P}(L) + 1) = {^3/_2} + (^3/_4)\mathbf{P}(L),$$
$$(^1/_4)\mathbf{P}(L) = {^3/_2}, \quad \mathbf{P}(L) = 6.$$

Analog für die erste Folge von $h$ $T$. Wir bringen kurz die Analyse für $TTT$ ($h = 3$): erste 3 Würfe $TTT$, Wahrscheinlichkeit $^1/_8$, $L = 3$; erste 3 Würfe $TTC$, Wahrscheinlichkeit $^1/_8$, $\mathbf{P}(L|TTC) = 3 + \mathbf{P}(L)$; erste zwei Würfe $TC$, Wahrscheinlichkeit $= {^1/_4}$, $\mathbf{P}(L|TC) = 2 + \mathbf{P}(L)$; erster Wurf $C$, Wahrscheinlichkeit $^1/_2$, $\mathbf{P}(L|C) = 1 + \mathbf{P}(L)$; es ergibt sich $\mathbf{P}(L) = 14$. Für $h = 4$, $\mathbf{P}(L) = 30$. Im allgemeinen, für $h$ beliebig, $P(L) = 2^{h+1} - 2$ (Probe machen).

2.8. *Bemerkungen.* Wir bringen rasch einige andere Beispiele von Varianten der Darstellung, für lehrreiches Nachdenken. Anstatt der Ergebnisse $T$ und $C$ können wir deren Übereinstimmung oder Abweichung von irgendeiner „Vergleichsreihe" betrachten, $E_1^*, E_2^*, \ldots, E_n^*, \ldots$; z. B. werden in Relation zur alternierenden Reihe $TCTCTCTC\ldots$, wenn man mit 1 die Übereinstimmung und mit 0 die Abweichung bezeichnet, die $T$ auf ungeraden Stellen und die $C$ auf geraden Stellen 1 sein, und die Probleme über die „Folgen" werden für „wechselnde Folgen" unverändert sein. Wenn die zu vergleichende Reihe die Sukzession anzeigt, in der ein Spieler auf beide Seiten „setzt" (z. B. $TTCTCCCTC$ = „er setzt auf $T$ bei den Würfen 1, 2, 4 und 8 und auf $C$ bei den Würfen 3, 5, 6, 7 und 9"), bedeuten die Ergebnisse 1 und 0 „gewinnt" oder „verliert" (und somit gelten u. a. die Ergebnisse auf „Folgen" – von $T$ oder $C$ indifferent – für Folgen von „gewinnt" oder „verliert", während die auf Folgen von nur $T$ (oder nur $C$), wie in ($H$) für Folgen von „gewinnt" (oder für Folgen von „verliert") getrennt gelten). Die zu vergleichende Reihe könnte auch aleatorisch sein: z. B. gegeben durch die Ergebnisse einer anderen Sukzession *von* Würfen auf Kopf und Adler oder eines anderen Spieles oder irgendeiner Erfahrung (zweimal sechs mit zwei Würfeln, Ablesen der Temperatur im Bereich $\leqq 20°$, Musik im Rundfunk, mindestens $^1/_3$ Blonde unter den Anwesenden), die gleichzeitig oder nicht ausgeführt werden (sofern nur das Kriterium der Zusammenstellung festgelegt wird). Auch die Ergebnisse der gegebenen Sukzession könnten maßgeblich sein (z. B.

wenn $E_n = \tilde{E}_{n-1}$, haben wir den Fall ($C$) der „Veränderungen“): einzige Bedingung ist, daß $E_h^*$ von $E_h$ (für jedes $h$) stochastisch unabhängig ist. Wenn nämlich $E_h$,bedingt durch irgendein Ergebnis durch andere $E_i (i \neq h)$, die Wahrscheinlichkeit $^1/_2$ hat, so gilt dasselbe für $(E_h^* = E_h)$, egal welches das von $E_h$ unabhängige Ereignis $E_h^*$ sei (wenn man will, ist es der besondere Fall von ($E$) für $n = 2$; aber das ist klar).

## 3.
*Kopf und Adler: der Zufallsprozeß.*

3.1. In den Beispielen der obigen Nr. 2 hatten wir uns auf kleine, episodenartige Fragen beschränkt, welche, als Ausgangspunkt für verschiedene Betrachtungen, die Berechnung einiger Wahrscheinlichkeiten und Erwartungen im Zusammenhang mit dem Thema Kopf und Adler betrafen. Indem wir dasselbe Thema in systematischerer Form wieder aufnehmen, werden wir Gelegenheit haben, anhand des einfachen Beispieles viele grundlegende Tatsachen (wie die Fruchtbarkeit einfacher Hilfsmittel – wie Erwartungen zweiter Ordnung – für beachtliche Konklusionen) zu erkennen (oder zumindest hier etwas Einblick zu gewinnen) und auf Begriffe und Hilfsmittel zu stoßen, die eine hervorragende Rolle spielen werden (einige Verteilungen, Zufallsprozesse[9], asymptotische Eigenschaften usw). Und vor allem sehen wir sofort, wie wertvoll es ist, die Probleme – auch wenn es nicht unbedingt notwendig ist – in *dynamischer* Form als *Zufallsprozesse* oder als Irrfahrten zu veranschaulichen und darzustellen.

Irgendeine Folge (sofern nicht ein gegenteiliger Hinweis erfolgt, indefinit fortsetzbar) von Ereignissen $E_1, E_2, \ldots, E_n, \ldots$ ist – wenn man will – schon an sich eine Zufallsfunktion $E_n = Y(n)$[10], wobei jedem ganzen, positiven $n$ entweder 1 oder 0 entspricht; um bezeichnendere Darstellungen zu erhalten, genügt es z.B., die *Anzahl der Erfolge*, $Y(n) = S_n = E_1 + E_2 + \ldots + E_n$, zu betrachten, oder das *Überwiegen der Erfolge* (gegenüber den Mißerfolgen),

$$Y(n) = 2S_n - n = (E_1 + E_2 + \ldots + E_n) - (\tilde{E}_1 + \tilde{E}_2 + \ldots + \tilde{E}_n),$$

was auch der *Gesamtgewinn* $Y(n) = X_1 + X_2 + \ldots + X_n$ ist, wenn der Gewinn für jedes Ereignis gleich $X_i = 2E_i - 1 = E_i - \tilde{E}_i$ ist, d.h.

---

[9] Über „zufällig“ und „stochastisch“ (siehe Kap. I, 11.2).

[10] Gewöhnlich werden wir $Y(n)$, $Y(t)$ nur schreiben, wenn die Variable, z.B. die Zeit) *stetig* ist, und einfach $Y_n$, $Y$, wenn sie *diskret* ist (außer man will, wie hier betonen, daß an einen Zufallsprozeß gedacht werden soll, und nicht an *ein* $Y_n$).

$X_i = \pm 1$ (1 erhalten oder verlieren, je nachdem, ob $E_i$ wahr oder falsch ist, oder, in anderer Form, immer 1 zu bezahlen und 2 zu erhalten, wenn das Ergebnis wahr ist, oder umgekehrt, immer 1 zu erhalten und 2 zu bezahlen, wenn es falsch ist).

Wenn es zutrifft (oder wir uns vorstellen), daß die Ereignisse $E_h$ in gleichen (und unitären) Zeitabständen eintreten, können wir auch sagen, daß $Y(t)$ die Zahl (oder das Überwiegen) der Erfolge bis zum Moment $t$ ist (d.h. $Y(t) = Y(n)$, wenn $t = n$, aber auch für $n \leqq t < n+1$); dies bietet vorläufig nur den Vorteil einer dynamischen und bezeichnenderen Ausdrucksweise („Zeit“ anstelle von „Zahl der Ereignisse“), doch dient es zur Illustrierung des Überganges von Prozessen im *diskreten Zeitablauf* zu Prozessen im *stetigen Zeitablauf* (ein Übergang, der auch hier nicht ganz fiktiv wäre, wenn sich die Ereignisse in irgendwelchen Momenten $t_1 < t_2 < \ldots < t_n < \ldots$ ergeben würden, vor allem, wenn diese zufällig wären, wie z.B. im Poisson'schen Fall (VIII, 1.3).

3.2. Die Darstellung, die wir normalerweise verwenden wollen, ist die, welche sich auf das *Überwiegen* der Erfolge stützt, $Y(n) = 2S_n - n$, die aus vielen Gründen im Falle von Kopf und Adler vorzuziehen ist und aus einigen Gründen auch im allgemeinen.

Die möglichen Punkte für $(n, Y(n))$ auf der Ebene $(t, y)$ sind die des Netzes in Abbildung 1: ganze Koordinaten und beide gerade oder ungerade ($t = n \geqq 0$; $-t \leqq y \leqq t$). Es ist jedoch oft notwendig, den Punkt anzugeben, der $h$ Erfolgen auf $n$ Ereignisse entspricht, und um die beschwerliche Schreibweise $(n, 2h-n)$ zu vermeiden, werden wir vereinbaren, ihn mit $[n, h]$ anzugeben (d.h.: $[t, z] \equiv (t, 2z-t)$, $(t, y) \equiv$ $\equiv t, \frac{1}{2}(y+t))$. Dies bedeutet, sich, (wie in Abb. 2) auf das Achsensystem $(t, z)$ zu beziehen, mit waagrechten ($t =$ konst.) und abwärts verlaufenden (zu 45°; $z =$ konst.) Geraden, wobei die Punkte des Netzes die mit ganzen Koordinaten sind (und für $t \geqq 0$, $\leqq z \leqq t$ möglich)[11].

[11] Wenn man in Abb. 2 als Achsen die beiden (im Vergleich zu den Achsen in Abb. 1) den Ausschnitt begrenzenden Geraden nimmt, und somit als Koordinaten,

$\frac{1}{2}(t+y) =$ Anzahl der Erfolge ($= z$, in Abb. 2) und
$\frac{1}{2}(t-y) =$ Anzahl der Mißerfolge ($= t - z$, in Abb. 2)

erhält man ein System, das oft verwendet wird (z.B. bei Prüfstellen: waagrechtes Strichlein für jedes „gute“ Stück, senkrechtes für jedes „schadhafte“. In diesem Fall erweist es sich als praktisch, hat jedoch den (wenn man den Zufallsprozeß studieren will, schweren) Nachteil, die unabhängige Variable (z.B. die Zeit) nicht zu verdeutlichen, die man zweckmäßigerweise auf der waagrechten Achse darstellt.

Der Verlauf des Gewinnes $Y(n)$ (und der einzelnen Ergebnisse) kann durch dessen gezeichnete Bahn veranschaulicht werden, d.h. die gebrochene Linie, die die Eckpunkte $(n, Y(n))$ (wie in Abb. 1) verbindet, wobei jeder „Schritt" aufwärts einem Erfolg und jeder Schritt

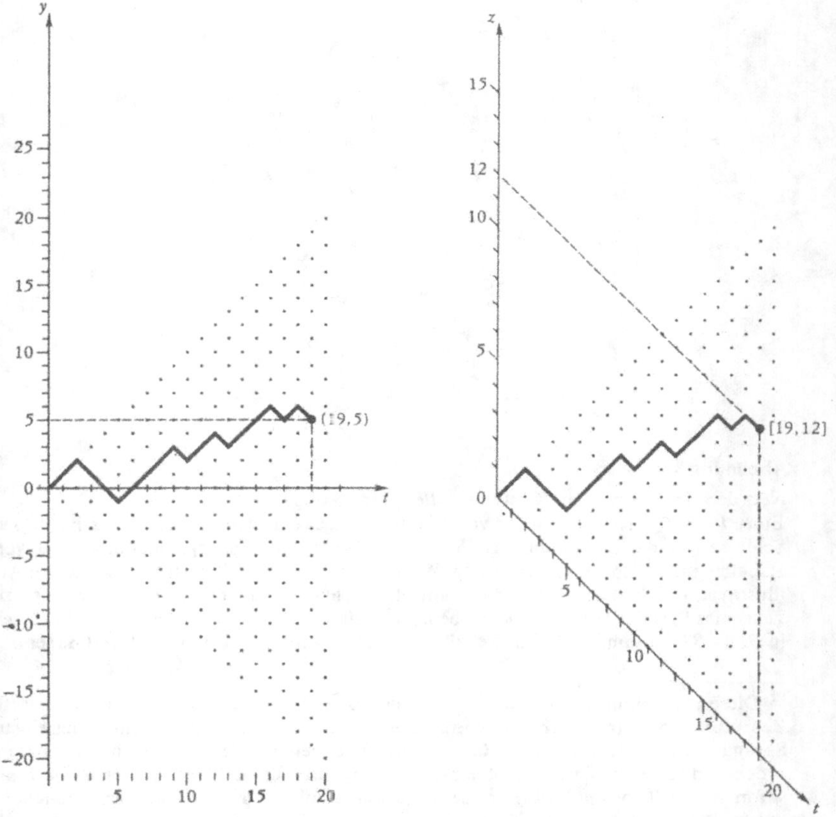


I 2

Abbildung 1–2.
Netz der möglichen Punkte im Kopf- und Adler-Prozeß.
Koordinaten: Zeit $t = n =$ Anzahl der gespielten Würfe (in beiden Abbildungen) plus:
in Abb. 1: $y =$ Gewinn $= h - (n - h) =$ Zahl der Erfolge minus Erfolge,
in Abb. 2: $z = h =$ Zahl der Erfolge $= (n + y)/2$.
Die Angaben in der Form $(t, y)$ und $[t, z]$ beziehen sich respektive auf die Systeme der Abb. 1 und 2. In den Abbildungen ist, für den Endpunkt der als Beispiel gegebenen Bahn

$$(19{,}5) \equiv [19{,}12] \quad (t = n = 19, \quad h = 12, \quad n - h = 7, \quad y = 12 - 7 = 5).$$

abwärts einem Mißerfolg[12] entspricht und jeder Weg von $n$ anfänglichen Schritten auf dem Netz in Abb. 3[13] (von 0 zu einem Eckpunkt auf der $n$-ten Senkrechten) einer der $2^n$ Folgen von Ergebnissen für die ersten $n$ Ereignisse.

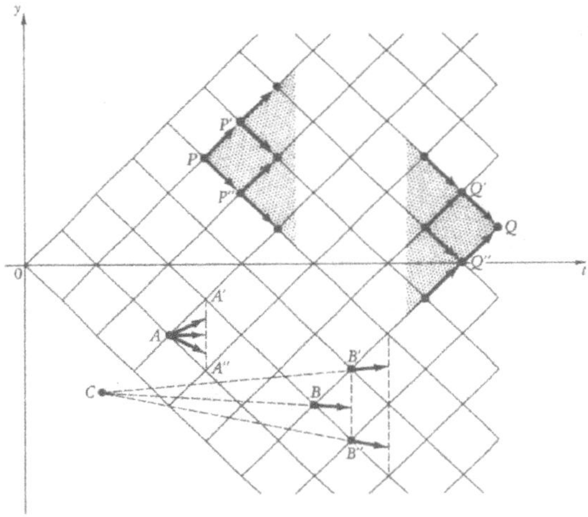


Abbildung 3.

Netz der „Irrfahrten" von Kopf und Adler (und analogen).

Einen Punkt $Q$ erreicht man nur von $Q'$ oder $Q''$ aus (eine banale Bemerkung die oft den Schlüssel für die Darstellung der Probleme bildet); daher gelangt man dahin nur von Punkten innerhalb des bezeichneten Winkels. Analog von $P$ weiter. In $A$ ist die Art illustriert, durch einen Vektor die Wahrscheinlichkeit darzustellen, nach $A'$ und $A''$ zu gehen (im Beispiel, von unten nach oben, $p = 0{,}20$, $= 0{,}50$, $= 0{,}70$). Der mit den Vektoren in $B$, $B'$, $B''$ (Zusammenlaufen in $C$) illustrierte Fall wird in (XI, 4.1) von Interesse sein.

---

[12] Diese Darstellung achtet jedoch – und dies ist zu beachten – nicht die oben erklärte Bedeutung von $Y(t)$, welches in jedem Intervall $(n, n+1)$ (nicht linear, aber) mit einem Sprung $\pm 1$ am Ende variieren müßte. Immerhin erweist sich die Verwendung der unterbrochenen Linie als günstig, nicht nur für das Auge und für die Interpretation (siehe Text, sofort anschließend) als Irrflug, sondern auch, um signifikante Umstände herauszuheben: es ist z. B. günstig zu sagen, daß man im *Vorteil* oder *Nachteil* ist, wenn das Segment sich in der positiven oder negativen Halbebene befindet (d. h.: nicht entsprechend dem Vorzeichen von $Y(n)$, das auch Null sein kann, sondern nach dem von $Y(n) + Y(n+1)$, wo die beiden Summanden entweder dasselbe Vorzeichen haben oder nur einer von Ihnen Null ist).

[13] Diese Darstellung ermöglicht auch eine ausdrucksvolle Angabe der Wahrscheinlichkeiten bei jedem Schritt, was nützlich ist, wenn sie von Punkt zu Punkt variieren (siehe im besonderen Kap. VI, 4.1, am Ende: Fall von „Vertauschbarkeit"). Es genügt, in jedem Eckpunkt einen Vektor einzuzeichnen, der von diesem ausgeht und mit den Komponenten $(1, 2p-1)$, welcher der Erwartungs-Vektor des folgenden Schrittes ist (nach unten oder nach oben, d. h. $(1,-1)$ oder $(1,1)$, mit Wahrscheinlichkeit $1-p$ und $p$).

Auf diese Weise bietet sich die Interpretation als random walk spontan an: unser Prozeß besteht darin, vom Ursprung $O$ auszugehen und längs des Netzes entlang zu gehen, wobei an jedem Eckpunkt die Entscheidung zwischen einem Schritt aufwärts oder abwärts auf Grund des Ergebnisses der sukzessiven Ereignisse zu treffen ist. Dieselbe Interpretation könnte man sogar (in wesentlicherer Form, obgleich in der Ebene weniger anschaulich) auf der $y$-Achse durchführen (Irrfahrt mit jedesmal einem Schritt aufwärts und einem abwärts). Und dies werden wir tun, indem wir uns (bei Bezugnahme auf die „Irrfahrt") $Y_n$ als Distanz des beweglichen Punktes vom Ursprung (auf der positiven oder negativen Halbachse $y$) zur Zeit $t = n$ denken, und daher $Y_n = 0$ als Durchgang durch den Ursprung usf.

Wenn man von random walk spricht, denkt man sich im allgemeinen die Zeit als Parameter des Weges (wie für Kurven in Gleichungen mit Parametern), sodaß im allgemeinen eine Achse für die Darstellung der „Zeit" $t$ nicht vorhanden ist (und wenn sie da ist, ist es eine vergeudete Dimension, wenn auch im Sinne der Veranschaulichung). D.h., normalerweise greift man auf die Ebene nur zurück, um ein Paar (linear unabhängiger) Zufallsfunktionen der Zeit als Irrflug darzustellen (und ebenso für 3 oder mehr Dimensionen). Einen Irrflug zu zwei (oder drei) Dimensionen hat man z.B., wenn man an die Bewegung eines Punktes denkt, dessen Koordinaten im Augenblick $n$ die Gewinne von zwei (oder drei) Individuen nach $n$ Würfen darstellen (wo z.B. jeder bei jedem Wurf $\pm 1$ gewinnt, wenn er nach Wahl auf Kopf oder Adler setzt).

Wir haben einige allgemein gültige Dinge zusätzlich gesagt, die für das spezifische Beispiel streng genommen (aber nicht ganz) überflüssig sind; dadurch werden wir uns aber später, bei weniger einfachen Beispielen, Wiederholungen ersparen. Es wird auch bemerkt worden sein, daß bisher, auch das spezifische Schema als Mittel einer Darstellung für egal wieviele Ereignisse vorbereitet war: ihre Wahrscheinlichkeitsverteilung, d.h. die Wahrscheinlichkeitsverteilung der Zufalls-Funktion, kann irgendeine sein.

3.3. Wenn wir uns auf die ersten $n$ Schritte (Ereignisse) beschränken, werden jedenfalls die $2^n$ (nichtnegativen) Wahrscheinlichkeiten (Summe $= 1$) der $2^n$ Trajektorien gegeben sein (d.h. der $2^n$ Produkte des Typus $E_1 \tilde{E}_2 \tilde{E}_3 E_4 \ldots E_{n-1} \tilde{E}_n$); wenn man an den Irrflug denkt, wird der $(n+1)$-te Schritt eine Wahrscheinlichkeit, aufwärts oder abwärts zu führen, haben, die proportional zu den Wahrscheinlichkeiten der beiden Trajektorien ist, die man erhalten hat, indem man $E_{n+1}$ oder $\tilde{E}_{n+1}$ der folgen ließ, die bereits durch die $n$ durchgeführten Schritte determiniert wurde.

Auch das Bild der Wahrscheinlichkeit als Masse kann nützlich sein: die unitäre Masse, ursprünglich im Ursprung $O$, verläuft am Netz, indem sie sich in der besagten Weise an jedem Eckpunkt teilt (im allgemeinen also in Abhängigkeit von dem Punkt und von dem Weg, der zurückgelegt wurde, um ihn zu erreichen). Man kann an die Unterteilung des Verkehrs an einer Anzahl von Wegkreuzungen denken, Wege, die sich bei jedem Schritt verdoppeln (wenn man nur an eine Anzahl $N$ von Fahrzeugen oder Partikelchen denkt, die groß genug ist, um die Fehler, die sich durch Halten an Vielfachen von $1/N$ ergeben, unbeachtlich zu machen). Die Masse, die irgendeinen Eckpunkt des Netzes durchläuft, sagen wir $(t, y)$, kommt von den beiden links anliegenden Eckpunkten $(t-1, y-1)$ und $(t-1, y+1)$ (wofern nicht nur einer vorhanden ist, weil er auf den Grenzgeraden $y = \pm 1$ liegt), und geht weiter, indem sie sich zwischen die beiden rechts anliegenden $(t+1, y-1)$ und $(t+1, y+1)$ teilt. Wenn man an den Weg auf der $y$-Achse denkt, sind alle Partikelchen ursprünglich im Punkt $O$ (oder in dem Abteil 0) und mit jeder Zeiteinheit verschieben sie sich in den einen oder anderen der beiden anliegenden Punkte (oder Abteile) (von dem Punkt aus, in dem sie sich befinden (von $y$ nach $y-1$ oder $y+1$): infolgedessen befindet sich (egal welche die Wahrscheinlichkeiten dieser Verschiebungen sind) die Masse alternativ ganz in den geraden oder ganz in den ungeraden Abteilen. Man erhält jedenfalls eine Art Diffusionsprozeß (und dies wird mehr als eine einfache Veranschaulichung sein). In vielen Problemen wird es z.B. vorkommen, daß der Prozeß bei determinierten Bedingungen aufhört, und das kann dem Stillstand der Masse entsprechen, wenn sie auf eine absorbierende Schranke stößt.

*Fragen in bezug auf Kopf und Adler.*

3.4. Es sind natürlich viele Fälle interessant, in denen die Wahrscheinlichkeiten sich in besonderer und einfacherer Art entwickeln, und wir werden auf einige stoßen: der einfachste Fall ist natürlich der, in dem die Ereignisse $E_n$ unabhängig sind, am einfachsten, wenn sie gleich wahrscheinlich sind, und mehr als je, wenn sie die Wahrscheinlichkeit $= \frac{1}{2}$ haben: und dies ist unser Fall von Kopf und Adler. Die Masse, die durch einen Punkt verläuft, *teilt sich immer in die Hälfte* zwischen die beiden anliegenden Punkte rechts: *so hat jedes Segment des Weges von n Schritten immer dieselbe Wahrscheinlichkeit* $(\frac{1}{2}^n)$, *und jedes Wahrscheinlichkeitsproblem für diese Art von Zufallsprozeß reduziert sich darauf, die günstigen Abschnitte zu zählen.*

Auf dieser einfachen Basis können wir das Studium des Falles Kopf und Adler als Zufallsprozeß[14] systematisch wieder aufnehmen. Und bei dieser Gelegenheit werden wir neuerlich wieder auf Begriffe und Eigenschaften der Kombinatorik stoßen, in der Form, in der deren Interpretation und Darstellung besonders signifikant und beachtlich ist.

*Erwartung und Standardabweichung.* Die Gewinne $X_i = 2E_i - 1 = \pm 1$ sind, im Falle von Kopf und Adler gleich und mit unitärer Standardabweichung:

$$\mathbf{P}(X_i) = 0, \quad \sigma(X_i) = \mathbf{P}((+1)^2) = \mathbf{P}(1) = 1;$$

der Prozeß ist gleichwertig; die Standardabweichung (d. h. also die quadratische Erwartung) des Gewinnes auf $n$ Würfe hat den Wert $\sqrt{n}$:

$$\mathbf{P}(Y_n) = 0 \qquad \sigma(Y_n) = \sqrt{n}.$$

Weil $S_n = \frac{1}{2}(n + Y_n)$, ist $\quad \mathbf{P}(S_n) = \frac{1}{2}n \quad$ und $\quad \sigma(S_n) = \sqrt{n/2}.$

*Erfolge bein Würfen.* Wir wissen (Fall ($A$), 2.2), daß die Wahrscheinlichkeit von $h$ Erfolgen auf $n$ Würfe

(1) $\qquad \omega_h^{(n)} = \binom{n}{h}/2^n \quad (h = 0, 1, 2, \ldots, n)$ ist;

das entspricht der Tatsache, daß $\binom{n}{h}$ die Zahl der Durchgänge ist, die vom Ursprung $O$ zum Punkt $[n, h]$ führen[15].

---

[14] Abbildung 4 zeigt das Ergebnis der sukzessiven Unterteilungen (1/2, 1/2) (1/4, 1/2, 1/4) (1/8, 3/8, 3/8, 1/8) usw. Abbildung 5 zeigt einen einfachen (Bittering'schen) Apparat. Es ist eine Schachtel mit zwei entgegengesetzten Systemen von Unterteilungen, die eine gegenüber der anderen verschoben. Wenn man das mittlere Fach der nach unten gehaltenen Seite füllt und die Schachtel dann nach der entgegengesetzten Seite neigt, verteilt sich der Sand zur Hälfte in den beiden gegenüberliegenden Fächern und, wenn man das Umkehren mehrmals wiederholt (wobei man gelegentlich schüttelt, um den Sand regelmäßig zu verteilen), erhält man sukzessive die Unterteilungen (wie sie für Kopf und Adler angegeben wurden, oder auch entsprechend $p \neq 1/2$ gewöhnlich Bernoulli-Verteilung, siehe 4.2, je nachdem, ob die entgegengesetzten Serien von Fächern immer im Verhältnis der Hälfte oder etwa $p : 1 - p$ stehen).

[15] Wir erinnern daran, daß wir vereinbart hatten, mit $[n, h]$ den Punkt $S_n = h$ anzugeben, d. h. den Punkt $(n, 2h - n)$, wo $Y_n = 2S_n - n - 2h - n$ ist.

Wenn wir in jedem Punkt des Netzes die Anzahl der Abschnitte ab $O$ angeben, so ist es klar, daß man ihn erhält, indem man die Zahlen der beiden links anliegenden Punkte addiert, da man nur über den einen oder über den anderen der beiden zu ihm gelangen kann. Aber dies ist die „Stiefel'sche Regel" $(\binom{n-1}{h-1} + \binom{n-1}{h} = \binom{n}{h})$, deren Anwendung eben dazu führt, die Binomialkoeffizienten zu konstruieren, indem man das „Dreieck von Tartaglia" bildet, q.e.d. Daß die Wege alle zusammen

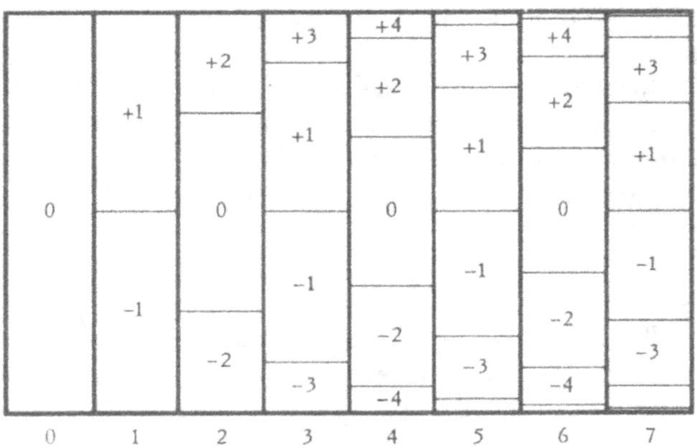


Abbildung 4.
Unterteilung der Wahrscheinlichkeit im Spiel Kopf und Adler.

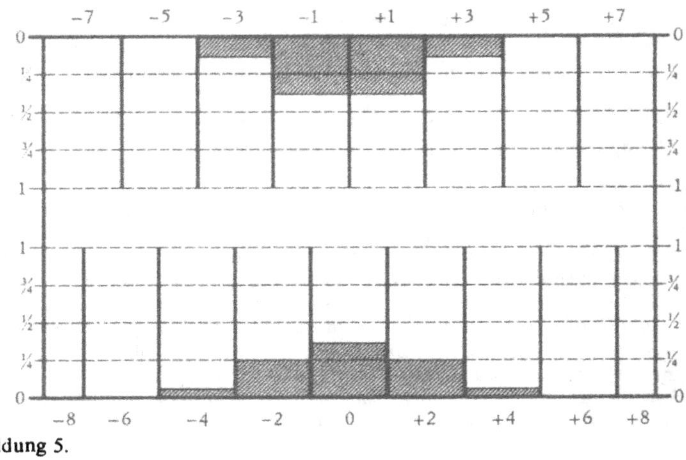


Abbildung 5.
Bittering'scher Apparat.
Wahrscheinlichkeit von Kopf und Adler; unten: nach 4 Würfen; oben: nach 3 Würfen.

$2^n$ sind, ist klar, weil jeder Weg sich bei jedem Schritt verlängert, indem er sich verdoppelt.

Die in (2.2) für das Beispiel (*D*) erwähnte Regel findet auch ihre unmittelbare Interpretation: die $\binom{N}{H}$ Teilstücke, die zu einem gegebenen Punkt $[N, H]$ führen, werden in einem Punkt $[n, h]$ die Senkrechte der Abszisse $n$ schneiden müssen (da $n$ kleiner als $N$ ist, wird $h = S_n$ notwendigerweise $H + n - N \leqq h \leqq H$ sein, weil von $n$ bis $N$ weder die Zahl der Erfolge noch die der Mißerfolge abnehmen kann). Zum Punkt $[n, h]$ kommen vom Ursprung her $\binom{n}{h}$ Abschnitte und $\binom{N-n}{H-h}$ gehen von da zum Punkt $[N, H]$; die Abschnitte, die vom Ursprung über diesen dazwischenliegenden Punkt $[n, h]$ nach $[N, H]$ führen, sind daher $\binom{n}{h}\binom{N-n}{H-h}$[16] und wenn man in bezug auf $h$ (innerhalb der besagten Grenzen) addiert, muß man $\binom{N}{H}$ erhalten, q.e.d. Das besagt auch, daß $\binom{n}{h}\binom{N-n}{H-h}/\binom{N}{H}$ die Wahrscheinlichkeit des Durchganges durch diesen dazwischenliegenden Punkt, bedingt durch dieses endgültige Ziel, ergibt (d.h. es ergibt sich $\mathbf{P}(Y_n = 2h - n \mid Y_n = 2H - N)$, oder auch $\mathbf{P}(S_n = h \backslash S_N = H))$; wir kommen noch darauf zurück.

*Der r-te Erfolg*: Das Problem (*F*) von (2.4) ist analog zu interpretieren, indem man die Schlußfolgerung auf das Schneiden schräger anstatt senkrecht Geraden stützt: Tatsächlich wird der *r-te* Erfolg durch den *r-ten* Schritt aufwärts dargestellt: d.h., durch den Schritt, welcher von der Geraden $y = 2r - 2 - t$ zu der Geraden $y = 2r - t$ führt (also von der *r-ten* zur $(r + 1)$-ten abwärts führenden Geraden des Netzes, von $y = -t$ ausgehend); es erübrigt sick zu sagen, daß man, um sich anstatt auf den $r$-ten Erfolg auf den $r$-ten Mißerfolg zu beziehen, nur die abwärts verlaufenden Geraden in aufwärts verlaufende zu verändern braucht. Es wurde bereits festgestellt, daß die Wahrscheinlichkeit des $r$-ten Erfolges beim $k$-ten Wurf gleich $\binom{k-1}{n-1}/2^k$ ist: die günstigen Wege sind die von $O$ nach $[k, r]$, mit dem letzten Schritt steigend, d.h. durch $[k-1, r-1]$, führend; in der Tat $\binom{k-1}{n-1}$.

Wenn man das Problem begrenzt auf die Wege, die an einem Punkt $[N, H]$ enden, betrachten will, sieht man gleich, daß diejenigen, bei denen der $r$-te Erfolg an $k$-ter Stelle liegt, $\binom{k-1}{n-1}\binom{N-k}{H-r}$ sind (sie müssen von $O$ nach $[k-1, r-1]$ verlaufen, von da – mit einem obligaten Schritt – nach $[k, r]$ und schließlich von hier nach $[N, H]$). Wie oben erhält man (für die zulässigen Werte von $k$, $r \leqq k \leqq N - H + r$, da man

[16] Es wird nicht immer genügend betont, wie die *erste Operation des Kombinatorikkalküls das Produkt* ist; man tue dies, indem man sich, unter vielen analogen Anwendungen, an dieses Beispiel erinnere.

$r$ Erfolge nicht vor $r$ Versuchen haben kann, noch mehr als $H-r$ Mißerfolge in den letzten $H-r$) als Summe $\binom{N}{H}$[17].

Wenn wir die Summanden durch die Gesamtsumme dividieren, erhalten wir auch hier die bedingten Wahrscheinlichkeiten (vom $r$-ten Erfolg zum $k$-ten Wurf, da wir wissen, daß auf $n$ Würfe $h$ Erfolge kommen; notwendigerweise ist $r \leqq k \leqq h \wedge h-h+r$):

$$\binom{k-1}{n-1}\binom{n-k}{h-r}/\binom{n}{h} = \mathbf{P}(S_{k-1}+1 = S_k = r \mid S_n = h) =$$
$$= \mathbf{P}(Y_{k-1}+1 = Y_k = 2r-k \mid Y_n = 2h-n);$$

auch hierauf wollen wir noch zurückkommen.

*Ruin der Spieler*. Der Fall des Schneidens waagrechter Geraden ist komplexer, da es (zum Unterschied von den früheren Fällen) mehrere Schnittpunkte geben kann (und im allgemeinen kann man sagen, über jede Grenze hinaus); er ist jedoch sehr bedutungsvoll und wichtig, da er mit dem Ruin der Spieler in Zusammenhang steht.

Wenn nämlich ein Spieler anfänglich ein Kapital $c$ besitzt, so ist er, wenn sein Gewinn das Niveau $-c$ erreicht, ruiniert. Analoges Problem, wenn das Spiel zwischen zwei Spielern stattfindet, die beide ein begrenztes Anfangskapital haben. Da wir uns vorläufig in dieser Hinsicht auf einleitende Hinweise beschränken, bemerken wir nur, wie auch für dieses Problem (und für andere analoge, die ebenfalls wichtig sind) die Schlußfolgerungen über Streckenzüge sich als nützlich erweisen werden, und besonders die Anwendung opportuner *Symmetrien* auf diese, nach dem berühmten *Reflexionsprinzip* von Desiré André. Problemen dieser Art ist jedoch das VIII. Kapitel gewidmet.

## 4.
## *Einige Verteilungen.*

4.1. Ehe wir tatsächlich mit dem Studium des Zufallsprozesses beginnen, werden wir die bisher erfolgte Einführung dazu verwenden,

---

[17] So haben wir eine signifikante Interpretation von zwei bekannten Formeln von Summationen von Produkten von Binomial-Koeffizienten:

$$\binom{N}{H} = \sum_{h = 0 \vee (H+n-N)}^{n \wedge H} \binom{n}{h}\binom{N-n}{H-h} \qquad \binom{N}{H} = \sum_{k=r}^{N-H+r} \binom{h-1}{r-1}\binom{N-h}{H-r}$$

(gültig für jedes festgesetzte $n$, mit $1 \leqq n \leqq N$), (gültig für jedes festgesetzte $r$, mit $1 \leqq r \leqq H$).

Sie drücken einfach die Anzahl der Bahnen von $O$ nach $[N, H]$ aus, die entsprechend dem Schnittpunkt einer gegebenen senkrechten (1. Formel) oder schrägen (2. Formel) Geraden unterteilt wird.

einige einfache Fragen besser zu klären und einige Verteilungen zu betrachten.

An diesen Verteilungen wollen wir sogleich (um uns nicht wiederholen zu müssen und zur größeren Wirksamkeit) sowohl die besondere Form in bezug auf Kopf und Adler betrachten, als auch die Formen, die sich auf allgemeinere Fälle beziehen. Während die Bezugnahme auf das frühere Schema als Mittel der Darstellung natürlich immer gültig und wertvoll ist, bestehen die Eigenschaft der *Gleichwertigkeit*, das *Reflexionsprinzip*, die *gleiche* Wahrscheinlichkeit der Wege nur im Falle von Kopf und Adler.

Zur Vereinfachung der Schreibweise wollen wir die jeweils betrachtete Zufallszahl immer $X$ nennen und $p_h = \mathbf{P}(X = x_h)$ die in einem generischen Punkt $x_h$ konzentrierte Wahrscheinlichkeit[18]; in den gegenwärtigen Beispielen sind die möglichen Werte $x_h$ übrigens immer ganze Zahlen (außer bei Änderung der Skala, $x_h = h$). Und wir werden mit $\omega_h^{(n)} = \mathbf{P}(S_n = h)$ immer das $p_h$ im Falle von „Anzahl der Erfolge" bezeichnen.

4.2. *Bernoulli- (oder Binomial-) Verteilung.* Es ist die von $X = S_n = E_1 + E_2 + \ldots + E_n$ (oder auch von $Y_n = 2S_n - n$, oder der Häufigkeit $S_n/n$, identisch bis auf eine unwesentliche Änderung der Skala) im Falle von *unabhängigen und gleich wahrscheinlichen* Ereignissen $E_h$, $\mathbf{P}(E_h) = p$; durch $p = \frac{1}{2}$ (wie für Kopf und Adler) erhält man die *symmetrische* Bernoulli-Verteilung. Natürlich handelt es sich um verschiedene Verteilungen für jedes $n$ und $p$; wenn $n$ gegeben ist, sind die möglichen Werte $x_h = h = 0, 1, 2, \ldots, n$ (oder $x_h = a + hb = a$, $a + b, a + 2b, \ldots, a + nb$) und deren Wahrscheinlichkeiten

$$(2) \qquad p_h = \binom{n}{h} p^h \tilde{p}^{n-h} \quad (\text{für } p = \tfrac{1}{2}, \quad p_h = \binom{n}{h}/2^n)$$

sind die $\omega_h^{(n)}$ des Prozesses.

Im Falle $p = \frac{1}{2}$ wissen wir, daß $\mathbf{P}(X) = \sqrt{n}/2$, $\sigma(X) = \sqrt{n/2}$ (siehe 3.4); auch für irgendein $p$ ergibt sich direkt $\mathbf{P}(X) = np$, $\sigma(X) = \sqrt{np\tilde{p}}$, weil für jeden Summanden $E_i$

$$\mathbf{P}(E_i) = \mathbf{P}(E_i^2) = p, \quad \sigma^2(E_i) = \mathbf{P}(E_i^2) - \mathbf{P}^2(E_i) = p - p^2 = p\tilde{p} \quad \text{ist.}$$

---

[18] Wir sagen ohne weiteres *konzentriert* anstatt *adhärent* (siehe Kap. VI) weil in diesen Problemen im allgemeinen nur die $x_h$ nach Definition mögliche Werte sind (in endlicher Anzahl und jedenfalls diskret).

So setzt man, mit den Eigenschaften zweiter Ordnung, ohne Berechnung fest, daß

$$\sigma^2(X) = \sum_0^n {}_h \binom{n}{h} p^h \tilde{p}^{n-h} (h - np)^2 = np\tilde{p} \tag{3}$$

$$\text{(außer, daß } \mathbf{P}(X) = \sum_0^n {}_h \binom{n}{h} p^h \tilde{p}^{n-h} h = np \quad \text{ist).}$$

Der Verlauf der $p_h = \omega_h^{(n)}$ im Falle $p = \frac{1}{2}$ ist der der Binomialkoeffizienten $\binom{n}{h}$, die bekanntlich in den zentralen Positionen (für $h \cong n/2$) recht groß sind und rapid fallen, sowie sie sich entfernen. Es ist jedoch schwer, sich Rechenschaft zu geben, *wie schnell* sie fallen, ohne die Relation $p_{h+1}/p_h$ zu berechnen, nämlich

$$\frac{\omega_{h+1}^{(n)}}{\omega_h^{(n)}} = \frac{n-h}{h+1} \quad \left(\text{im allgemeinen } \frac{n-h}{h+1} \cdot \frac{p}{\tilde{p}} \text{ für } \neq \tfrac{1}{2}\right), \tag{4}$$

und darüber nachzudenken[19]. Dieselben Konklusionen gelten für jegliches $p$, abgesehen davon, daß man das Maximum für ein $h \simeq np$ (und nicht $\simeq \frac{1}{2}n$) erhält.

Daß die Wahrscheinlichkeiten der Werte der Anzahl der Erfolge, die sich von der Erwartung entfernen, sehr klein sind, beweist bereits die Tschebyscheff'sche Ungleichung: Die $h$ die von $np$ um mehr als $n\varepsilon (\varepsilon > 0)$ abweichen, d. h., die den Häufigkeiten $h/n$, die nicht zwischen $p \pm \varepsilon$ enthalten sind, entsprechen, haben insgesamt eine geringere Wahrscheinlichkeit als $\sigma^2(X)/(n\varepsilon)^2 = np\tilde{p}/(n\varepsilon) = p\tilde{p}/n\varepsilon^2$ (und diese Begrenzung ist von der Wirklichkeit noch weit entfernt, wie die asymptotischen Bewertungen, auf die wir bald stoßen werden, beweisen (Formel (20) in 5.4).

*Bemerkungen:* Man kann die $p_h$ als Koeffizienten der Entwicklung $(\tilde{p} + pt)^n = \sum_0^n {}_h p_h t^h = \sum_0^n {}_h \omega_h^{(n)} t^h$ (wie man dies zweckmäßig schreibt, um bei den folgenden Betrachtungen Zweideutigkeit zu vermeiden) erhalten. Es genügt zu notieren, daß die Zufallszahl $\prod_1^n {}_i (\tilde{E}_i + tE_i)$ die Summe der Konstituenten mal $t^h$ ist, da $h$ die Zahl der affirmativen Faktoren (die zu $S_n = h$ führen) ist, und daher den Wert

[19] Wie dies ausführlich zum Zweck einer elementaren Darstellung in B. DE FINETTI – F. MINISOLA, *La matematica per le applicazioni economiche*, Kap. IV (6.3) erfolgt.

$\sum_0^n {}_h(S_n = h)t^h = t^n$ hat. Dessen Erwartung – d. h. die charakteristische Funktion $\varphi(u)$ – ist

$$(5) \qquad \mathbf{P}(t^{S_n}) = \sum \mathbf{P}(S_n = h)t^h, \text{ q.e.d.}$$

*Verallgemeinerung*: Man sieht eben, daß die Regel auch gilt, wenn die $E_i$ (immer sochastisch unabhängig) untereinander verschiedene Wahrscheinlichkeiten $p_i$ haben, in welchem Falle die $\omega_h^{(n)}$ durch

$$(6) \qquad \sum_0^n {}_h \omega_h^{(n)} t^h = \prod_1^n {}_i(\tilde{p}_i + p_i t)$$

gegeben sind.

Dies drückt übrigens nur die selbstverständliche Tatsache aus, daß $\omega_h^{(n)}$ die Summe der Produkte von $h$ Faktoren $p_i$ und $n-h$ Komplementären $\tilde{p}_i$ ist.

Im besonderen beachte man, daß $\boldsymbol{\sigma}^2(S_n) = \sum_i p_i \tilde{p}_i$ ist, und daß diese Formel (wie übrigens auch $np\tilde{p}$, dessen offensichtliche Verallgemeinerung es ist) auch gilt, wenn nur Unabhängigkeit zu zweien gegeben ist (während dies für die anderen Konklusionen über die Verteilung nicht genügt).

4.3. *Hypergeometrische Verteilung.* Es ist (wie vorher) die von $X = S_n$ (oder auch $= Y_n = 2S_n - n$, oder $= S_n/n$, die sich nur durch Veränderung der Skala unterscheiden), aber *bedingt durch die Hypothese* zu wissen, daß sich (für ein gewisses $N > n$) $S_N = H$ *ergeben wird.*

Um die Verteilung zu erhalten, die uns interessiert, genügt es, daß uns die $\binom{N}{H}$ Wege von $O$ nach $[N, H]$ gleich wahrscheinlich erscheinen. Wir können daher indifferent an den Fall von Kopf und Adler denken (wo ursprünglich alle $2^N$ Wege gleichwahrscheinlich waren und die $\binom{N}{H}$, die mit der Hypothese vereinbar sind, es bleiben) oder an Ereignisse, die (vor der Hypothese) als unabhängig und gleichwahrscheinlich, $p \neq \frac{1}{2}$ beurteilt worden waren (da ja auch in diesem Falle alle jene $\binom{N}{H}$ Wege ursprünglich die gleiche Wahrscheinlichkeit $p^H \tilde{p}^{N-H}$ hatten und gleichwahrscheinlich bleiben).

Anstelle derartiger Darstellungen (die vor allem dazu dienen, den Zusammenhang zu anderen, bereits betrachteten Problemen aufzuzeigen) sollte man andere, besser passende berücksichtigen, wie Ziehen ohne Zurücklegen (aus einer Urne mit $N$ Kugeln, davon $H$ weiße; oder $N$ Stimmen, davon $H$ zugunsten eines gegebenen Kandidaten usw.), oder Einordnung in ein bestimmtes System für $N$ Gegenstände, davon $H$ von einer bestimmten Unterordnung (Einordnung eines

Paketes von $N$ Karten, davon $H$ „Herz", Wertordnung von $N$ Bewerbern, darunter $H$ Frauen usw.), sofern man nur die $N!$ Permutationen als gleichwahrscheinlich beurteilt (oder zumindest, die $\binom{N}{H}$ Arten, in welchen die Gegenstände der beiden Arten alternieren können: sie entsprechen nämlich den $\binom{N}{H}$ Wegen, bei denen sich $H$ Schritte aufwärts mit $N-H$ Schritten abwärts abwechseln).

Unter den gegebenen Bedingungen (oder Informationen) hat jedes Ereignis $E_i (i \leqq N)$ die Wahrscheinlichkeit $\mathbf{P}(E_i) = H/N$[20] und wir werden $H/N = q$ setzen; diese Ereignisse sind nicht unabhängig (aber, wie wir sehen werden, besteht eine negative Korrelation).

Zu beachten, wie infolge besonderer Veränderungen des Informationszustandes, verschiedenartige Probleme gleich werden können, die gleiche Wahrscheinlichkeit, oder die Unabhängigkeit, aufhören kann, zu bestehen (oder in anderen Fällen einsetzen kann) usw. Das ist für den selbstverständlich, der den Geist dieser Darstellung erfaßt hat, muß aber sonderbar erscheinen und zu Betroffenheit führen, wenn jemand (in Ermangelung oder infolge Verzerrung entsprechender Erklärungen) zur Auffassung gelangt wäre, daß Eigenschaften, wie die (stochastische) Unabhängigkeit eine objektive, absolute, den Phänomenen selbst eigene Bedeutung hätten.

Die Verteilung, die uns interessiert (Anzahl der weißen Kugeln auf die ersten $n$, oder äquivalent in anderen Darstellungen) ist für jedes Tripel $n, N, H$ (oder $n, N, q$) verschieden; für $q = \frac{1}{2}$ (d.h. für $H = N - h = \frac{1}{2} N$) ist die Verteilung symmetrisch ($\mathbf{P}(S_n = h) = \mathbf{P}(S_n = n-h)$). Die möglichen Werte sind die ganzen $x_h = h$ mit $0 \vee H - (N-n) \leqq h \leqq n \wedge H$ (oder $x_h = a + hb$, z.B. $= 2h - n$ oder $h/n$). Die Wahrscheinlichkeiten sind, wie bereits in 3.4. gesehen,

$$(7^{\text{I}}), (7^{\text{II}}) \qquad p_h = \omega_h^{(n)} = \frac{\binom{n}{h}\binom{N-n}{H-h}}{\binom{N}{H}} = \frac{\binom{H}{h}\binom{N-H}{n-h}}{\binom{N}{n}} =$$

$$(7^{\text{III}}) \qquad = \binom{n}{h} \frac{H(H-1)(H-2)\dots(H-h+1)(N-H)(N-H-1)(N-H-2)\dots(N-H-(n-h)+1)}{N(N-1)(N-2)\dots(N-n+1)}$$

$$(7^{\text{IV}}) \qquad = \binom{n}{h} q^h \tilde{q}^{n-h} \frac{[(1-\frac{1}{H})(1-\frac{2}{H})\dots(1-\frac{h-1}{H})]\,.\,[(1-\frac{1}{N-H})(1-\frac{2}{N-H})\dots(1-\frac{n-h-1}{N-H})]}{(1-\frac{1}{N})(1-\frac{2}{N})\dots(1-\frac{n-1}{N})}$$

[20] Da wir annehmen, daß die Hypothese $S_N = H$ bereits zu unseren Kenntnissen gehört, meinen wir, indem wir $\mathbf{P}(E)$ schreiben, schon $\mathbf{P}(E|S_N = H)$; in dieser Situation sind die $E_i$ nicht stochastisch unabhängig und haben die Wahrscheinlichkeit $q = H/N$ (auch wenn es sich um Kopf und Adler-Würfe handelt, oder Würfeln mit einem Würfel etc., die als solche, vor der Information bezüglich der Häufigkeit auf $N$ Würfe, als unabhängig und mit der Wahrscheinlichkeit $p = 1/2$ oder $p = 1/6$ beurteilt worden waren). Im besonderen: wenn wir $p_h = \omega_h^{(n)} = \mathbf{P}(S_h = h)$ schreiben werden, wird dies für diesen Fall das bedeuten, was im vorigen durch $\mathbf{P}(S_h = h|S_N = H)$ ausgedrückt worden wäre.

Das ist die Darstellung der vier verschiedenen Formen.

*Die erste Form* zählt (wie wir wissen) die Wege.

Die *zweite* zählt, wieviele unter den $\binom{N}{n}$ $n$-Tupeln, die aus $N$ Ereignissen gezogen werden können, $h$ der $H$ und $n-h$ der $N-H$ enthalten.

Die *dritte* (die von den obigen abgeleitet werden kann) kann unmittelbar dargestellt werden, indem man beachtet, daß die Wahrscheinlichkeit, zuerst $h$ Erfolge zu haben und dann $n-h$ Mißerfolge, durch das Produkt der Prozentsätze (der weißen Kugeln und dann der schwarzen Kugeln) vor jedem Ziehen gegeben ist:

$$\frac{H}{N}\cdot\frac{H-1}{N-1}\;\frac{H-2}{N-2}\cdot\ldots\cdot\frac{H-h+1}{N-h+1}\cdot\frac{N-H}{N-h}\cdot\frac{N-H-1}{N-h-1}\cdot\frac{N-H-2}{N-h-2}\cdot\ldots\cdot\frac{N-H-(n-h)+1}{N-n+1}$$

Und dies ist auch die Wahrscheinlichkeit für jede andere der Einteilungen (die alle zusammen $\binom{n}{h}$ sind), weil, auch wenn die Prozentsätze variieren, es sich nur um Permutationen unter den Zählern der einzelnen Faktoren handelt, sodaß das Resultat sich nicht ändert.

Das beweist bereits, daß (wenn $n$ im Vergleich zu $N, H, N-H$ klein ist) alle Prozentsätze wenig von $q$ abweichen (die erfolgten Züge ändern die Zusammenstellung in der Urne nur wenig) und daß das Ergebnis nur wenig vom dem des Bernoulli'schen Falles abweichen wird (Züge aus derselben Urne mit Zurücklegen).

Die *vierte* (und letzte) Form bestimmt diese Gegenüberstellung näher, indem sie den Korrektur-Faktor verdeutlicht.

Der Verlauf der $p_h$ ist in diesem Falle analog wie im Bernoulli'schen Fall und kann auf gleiche Weise studiert werden (Proportion $p_{h+1}/p_h$): das Maximum erhält man für den letzten Ausdruck $h \leqq nq\,[1-2/(N+2)]-(H-3)/(N+2)$ (Probe machen!) und indem man sich davon nach beiden Seiten entfernt, fallen die $p_h$. Im Vergleich zum Bernoulli'schen Fall ergibt sich, daß die Termini in der Umgebung des Maximums größer sind als die entfernten kleineren; eine Idee davon vermittelt der Korrektur-Faktor der vierten Formel[21].

Die Erwartung ist natürlich $\mathbf{P}(X) = nq = nH/N$. Die Standardabweichung $\sigma(X)$ ist dagegen ein wenig unter $\sqrt{nq\tilde{q}}$ (wie dies im Falle der Unabhängigkeit wäre und genauer erhält man $\sigma^2(X) = nq\tilde{q}\,[1-(n-1)/$

$$\sigma^2(X) = nq\tilde{q}\,[1-(n-1)/(N-1)]\,.$$

Kalkuliert man praktisch den Korrelationskoeffizienten $r$ zwischen zwei Ereignissen ($r = r(E_i, E_j)$, $i \neq j$), so erhält man $r = -1/(N-1)$:

tatsächlich ist $\mathbf{P}(E_iE_j) = (H/N)((H-1)/(N-1)) = q^2(1-(/H)(1-1/N)$

und daher $r = [\mathbf{P}(E_iE_j) - \mathbf{P}(E_i)\mathbf{P}(E_j)]/\sigma(E_i)\sigma(E_j) =$
$= -q^2[N+H-1)/N(N-1)]/q\tilde{q} = -1/(N-1)$;

man kann jedoch die mühsamen, ausgelassenen Übergänge vermeiden, wenn man systematisch (nach der bereits in IV, 17.5 gesehenen Schlußfolgerung) beachtet, daß

$$\sigma^2(S_n) = nq\tilde{q} + 2\binom{n}{2}rq\tilde{q} = nq\tilde{q}\,[1+(n-1)r];$$

aber für $n = N$ ist $\sigma(S_n) = 0$, weil $(S_N = H) =$ sicher ist, daher

(8) $$1 + (N-1)r = 0, \quad r = -1/(N-1).$$

*Bemerkungen*: Zu beachten: der Vorteil, sich die Identität von äußerlich verschiedenen Problemen vor Augen zu halten; der Vorteil, verschiedene Ausdrücke für gewisse Resultate zu ermitteln, für jeden die probabilistische Interpretation zu finden, Fall für Fall die einfachste und signifikanteste erkennen und anwenden zu können; die praktische Assimilierbarkeit eines weniger einfachen Falles mit einem anderen einfacheren hervorzuheben, sei es durch heuristische Betrachtungen, als – auch – mittels genauer analytischer näherer Bestimmungen, die exakt oder auch approximativ sein mögen.

Man beachte ferner, daß in diesem Fall, durch die Bedeutung selbst, $\omega_h^{(n)} = \omega_{H-h}^{(N-n)}$ ist, d.h.: für gegebene $N$, $H$, sind die geordneten komplementären $n$ und $N-n$ gleich, außer Inversion von $h = 0, 1, \ldots, H$ in $H, \ldots, 1, 0$ (auch die Formel liefert auf den ersten Blick den Beweis). Daher wird man unter anderem bemerken, daß das, was „für $n$ klein" als gültig angegeben wurde, ebenso „für $n$ groß" gilt (d.h.: nahe bei

[21] Durch diesen Korrektur-Faktor ergibt die Variante (30) der Formel von Stirling (28), die in (6.3) angegeben wird, als angenäherten Wert (für $n \ll N$)

$$\exp\left\{-\tfrac{1}{2}\,\frac{1}{N}\left[1 + \frac{2(n-\frac{1}{2})}{\eta(1-\eta)}(\xi-\eta) - \frac{n}{\eta(1-\eta)}(\xi-\eta)^2\right]\right\},$$

wo $\eta = H/N$ und $\xi = h/n$ gesetzt wurde (d.h. respektive Prozentsatz der weißen Kugeln in der Urne und Häufigkeit von Zügen $n$). Wenn im besonderen $\eta = \frac{1}{2}$ ($H = \frac{1}{2}N$ ist: Hälfte der Kugeln weiß und Hälfte schwarz), wird der Ausdruck viel einfacher und lautet:

$$\exp\left\{-\tfrac{1}{2}\,\frac{n}{N}\left[1 - 4n(\xi - \tfrac{1}{2})^2\right]\right\}.$$

Auf dieser Basis ergibt sich (aproximativ) eine Zunahme im Vergleich zu der Bernoulli-Verteilung für $h$ zwischen $n\eta \pm \sqrt{n\eta(1-\eta)}$ (d.h. zwischen $m \pm \sigma$), mit Maximum in $n\eta$ und Abnahme außerhalb dieses Intervalles.

$N$); wo die Approximation nicht gilt, ist der zentrale Abschnitt ($n \sim \frac{1}{2} N$), und man beachte im besonderen, daß für $n$ zwischen $H$ und $N-H$ nicht alle Werte $h = 0, 1, \ldots, n$ möglich sind (da sie selbst zwischen $h$ und $n-h$ enthalten sein müssen).

4.4. *Pascal'sche Verteilung.* Es ist die von $X$ = „Anzahl der Versuche Kopf und Adler bis zum $r$-ten Erfolg", oder analog für unabhängige Ereignisse mit irgendeiner stetigen Wahrscheinlichkeit $p$; in Formeln, $X$ so, daß $S_X = r > S_{X-1}$. Natürlich können wir auch, mit Veränderung der Skala, $X' = a + bX$ betrachten; in diesem Falle betrachtet man manchmal $X' = X - r$ = „Zahl der Mißerfolge vor dem $r$-ten Erfolg" (während das Analoge der Varianten der früheren Fälle keinen Sinn hat).

Wir haben eine Neuerung: die Verteilung ist unbegrenzt, da die $x_h = h = r, r+1, r+2, \ldots$ mögliche Werte sind (bis zum Unendlichen, und zu den unendlichen ganzen Werten wird noch als möglicher Wert $+\infty$ hinzugefügt, entsprechend dem Fall, in dem auf die ganze unendliche Anzahl von Versuchen weniger als $r$ Erfolge kämen). Entsprechend dem bereits Gesagten, wollen wir kritische Fragen vermeiden, indem wir annehmen, daß der $r$-te Erfolg nicht innerhalb eines Maximums von $N$ Würfen auftreten wird (mit $N$ sehr groß im Vergleich zu den interessierenden Werten); wir werden jedenfalls $X = N$ setzen (d.h. notfalls betrachten wir $X' = X \wedge N$ anstatt $X$). Wenn wir $X' = X - r$ betrachten wollten, wären die möglichen Werte $0, 1, 2, \ldots$ (und das ist ein Grund für die Präferenz, die oft gegeben wird: wir sehen dann einen weiteren in den Bemerkungen zu Formel (15)).

Natürlich haben wir verschiedene Verteilungen für jedes $r$ und $p$; die Wahrscheinlichkeiten sind

$$(9) \qquad p_h = \binom{h-1}{r-1} p^r \tilde{p}^{h-r} \quad (\text{für } p = \tfrac{1}{2}, \quad p_h = \binom{h-1}{r-1}/2^h).$$

Tatsächlich ist es (wie in ($F$) (4.2) für den besonderen Fall $p = \frac{1}{2}$ gesehen), damit $X = h$ sei, notwendig, daß die ersten $h-1$ Versuche $r-1$ Erfolge bringen und daß der $h$-te Versuch ein Erfolg sei; auf dem Schema des Zufallsprozesses handelt es sich um die Verteilung der Wahrscheinlichkeit für das Schneiden der Geraden $y = 2r - x$ (oder, wenn man will, der Masse, die dort zum Stillstand kommt, wenn die Gerade als absorbierende Schranke wirkt).

Man beachte, daß die Reihe $\sum_h p_h$ den Wert 1 hat; in Anbetracht ihrer Bedeutung konnte sie nur mit der Summe $\leqq 1$ konvergieren. Die Tatsache, daß der Wert $= 1$ und nicht $< 1$ ist, sichert, daß bei Wachsen von $n$ die Wahrscheinlichkeit, daß $X > n$ sei, nach Null tendiert (und im besonderen ist die Wahrscheinlichkeit, daß $X = \infty$ sei, gleich Null).

Was den Verlauf anbelangt, so wachsen auch hier die $p_h$ bis zu einem Maximum für das letzte $h \leqq r/p$ (d.h. mit einer besser erfaßbaren Formulierung: solange die Erwartung der Erfolge, $\mathbf{P}(S_h) = hp$, nicht die Zahl $r$ der geforderten Erfolge übersteigt). Dann fallen sie, nach Null tendierend (asymptotisch, wie eine geometrische Progression auf Grund von $\tilde{p}$).

*Geometrische Verteilung.*

Im besonderen haben wir für $r = 1$ die *geometrische Verteilung* mit den

$$p_h = p\tilde{p}^{h-1} \tag{10}$$

in geometrischer Progression ($p_1 = p$, Grund $\tilde{p} = 1 - p$). Sie liefert z. B. die Wahrscheinlichkeit der Eliminierung am $h$-ten Wurf, wenn sie beim ersten Mißerfolg stattfindet und die Wahrscheinlichkeit des Mißerfolges bei jedem Wurf $p$ ist (Achtung: für diese besondere Darstellung tauschen wir momentan die Bedeutung der Ausdrücke „Mißerfolg“ und „Erfolg“ aus). Es ist im besonderen die Wahrscheinlichkeit, daß ein Gegenstand bei der $h$-ten Verwendung bricht, daß ein radioaktives Atom im $h$-ten Jahr ab jetzt zerfalle usw., wobei wir denken, daß jedesmal die Wahrscheinlichkeit $p$ sei (und dies würde auch für den Tod eines Individuums gelten, immer im $h$-ten Jahr ab jetzt, wenn man die Sterbe-Wahrscheinlichkeiten als stetig und nicht als mit dem Alter steigend betrachten würde).

Dieser Umstand (unverändert zu bleiben, unabhängig vom Zeitablauf und von Wiederholungen des Phänomens in der Vergangenheit) ist der geometrischen Verteilung eigen und wird *Gedächtnislosigkeit* genannt. Die Verzögerung des Herauskommens einer gegebenen Zahl im Lotto hat, nur nach den Hypothesen, geometrische Verteilung (Grund: $\tilde{p} = {}^{17}/_{18} = 94{,}44\%$ für eine Ziehung, $\tilde{p} = ({}^{17}/_{18})^{10} = 56\%$ für die gesamten 10 Ziehungen), was, wenn dies noch notwendig wäre, beweisen würde, wie absurd es ist, die Ziehung „verspäteter“ Nummern für wahrscheinlicher zu halten.

Genauer: es sind die Sophismen desjenigen absurd, der aus der Unwahrscheinlichkeit langer Verspätungen, die nach den üblichen

Hypothesen errechnet und durch die geometrische Progression ausgedrückt wird, (oder aus ihrer im Einklang damit statistisch festgestellten Seltenheit), eine Schlußfolgerung ziehen wollte, die sich auf die Unabhängigkeit gründet und damit im Widerspruch zu dieser Ausgangshypothese steht, die eben die *Gedächtnislosigkeit* ist. Wenn er dagegen alle Wahrscheinlichkeiten kohärent in verschiedener Art bewerten wollte, würden wir ihn kaum als rational beurteilen, doch wäre dies Ansichtssache.

Wir schreiben noch explizit den Ausdruck für $r = 2$ (z. B. Eliminierung wie oben, aber beim zweiten Mißerfolg): er lautet: $p_h = (h-1) p^2 \tilde{p}^{h-2}$.

*Erwartung und Standardabweichung.*

Um $\mathbf{P}(X)$ und $\sigma(X)$ zu berechnen, beschränken wir uns vorerst auf den Fall $r = 1$: wir erhalten

(11) $$\mathbf{P}(X) = p\sum_1^\infty {}_h h\tilde{p}^{h-1} = p/(1-\tilde{p})^2 = 1/p,$$

(12) $$\mathbf{P}(X^2) = p\sum_1^\infty {}_h h^2 \tilde{p}^{h-1} = p\tilde{p}\sum_1^\infty {}_h h(h-1)\tilde{p}^{h-2} + p\sum_1^\infty {}_h h\tilde{p}^{h-1} =$$

$= 2p\tilde{p}/p^3 + 1/p = (2-p)/p^2$ (nachprüfen!) und $\sigma^2(x) = \mathbf{P}(X^2) - \mathbf{P}^2(X) = (1-p)p^2$.

Für irgendein $r$ braucht man nun nur mit $r$ zu multiplizieren:

(13) $\mathbf{P}(X) = r/p,$ (14) $\sigma^2(X) = r(1-p)/p^2,$

weil (wie wir bereits für $\mathbf{P}(X)$ im Falle $p = \frac{1}{2}$ in (*M*), Nr. 2, gesehen haben) $X$ als Summe von $r$ Summanden $X_1 + X_2 + \ldots + X_r$ betrachtet werden kann, die stochastisch unabhängig vom Typus $r = 1$ sind ($X_i$ = Zahl der Versuche nach dem $(i-1)$-ten Erfolg bis zum $i$-ten).

*Bemerkungen*: Diese Darstellung wird sich auch in der Folge als nützlich erweisen. Man beachte, daß sie auch für die Variante $X' = X - r$ gilt, da dann die $r$ Summanden $X'_i = X_i - 1$ sind.

Unter Bezugnahme auf diese Variante (d. h. bei Austausch von $h$ mit $h + r$) werden die $p_h$:

(15) $$p_h = \binom{h+r-1}{r-1} p^r \tilde{p}^h = \binom{h+r-1}{h} p^r \tilde{p}^h = (-1)^h \binom{-r}{h} p^r \tilde{p}^h$$

wo man die Definition $\binom{x}{h} = x(x-1)\ldots(x-h+1/h!$ auf jedes beliebige reelle $x$ (nicht notwendigerweise ganz oder positiv) ausdehnt.

Dann hat die Verteilung aber auch für jedes reelle $r > 0$ Sinn. Diese Verallgemeinerung der Pascal'schen Verteilung (mit $r$ ganz) nennt man *negative Binomialverteilung* (einfach durch Bezugnahme auf die Schreibweise $\binom{-r}{h}$). Für $r = 0$ konzentriert sich die Verteilung im Ursprung ($p_0 = 1$; $p_h = 0$, $h \neq 0$); für $r \sim 0$ ist $p_h \doteqdot r\tilde{p}^h/h (h \neq 0)$ (logarithmische Verteilung, siehe VI, 11.2), und daher ist

$$p_0 \doteqdot 1 - r\sum_1^\infty {}_h\tilde{p}^h/ = 1 - r\log(1/p). \tag{16}$$

Wir werden später (Kap. VIII, 4.7), auch unter Verwendung dieser Bemerkung, den Sinn der Extension auf $r$ als nicht ganze Zahl sehen.

Was die Erwartung in dieser Variante anbelangt, so ist sie selbstverständlich

$$\mathbf{P}(X') = \mathbf{P}(X) - r = r\tilde{p}/p, \tag{17}$$

während die absolute Standardabweichung $\sqrt{r\tilde{p}/p}$ unverändert bleibt. Und dies gilt auch, wenn $r$ keine ganze Zahl ist.

*Eine Variante.*

Wir haben bereits (Nr. 3) gesehen, daß dasselbe Problem (Position $h$ des $r$-ten Erfolges), wenn man $S_N = H$ als bekannt annimmt (anstatt zur Pascal'schen), zur Verteilung

$$p_h = \binom{h-1}{n-1}\binom{N-h}{H-r}\binom{N}{H} \qquad \text{führt;} \tag{18}$$

daraus ergibt sich z. B. die Wahrscheinlichkeit, daß bei einer Wahl oder Abstimmung, in der ein „*Quorum*“ $r$ erreicht werden muß, wenn auf die $N$ Stimmen die (für einen Kandidaten, für eine These) günstigen $H \geqq r$ sind, die Verwirklichung des Erfolges bei Untersuchung der $h$-ten Stimme offenbar wird, oder (mit $N = 90$, $H = r = 15$) die Wahrscheinlichkeit von „Tombola“ für eine Karte beim $h$-ten Zug usw.

Von dieser Verteilung (deren allgemeines Studium wir zur Übung überlassen) wollen wir nur den ganz besonderen und banalen, und doch wichtigen Fall studieren, in dem $H = r = 1$ ist. Offenbar (auch ohne es anhand der Formel nachzuprüfen), ist $p_h = 1/N$ für $h = 1, 2, \ldots,$

$N$: wenn man bei $N$ Würfen nur einen Erfolg gehabt hat (oder wenn in der Urne nur eine günstige Stimme ist, nur eine einzige weiße Kugel, nur eine mit der Nummer „90"), besteht dieselbe Wahrscheinlichkeit, diese an erster, zweiter, ..., $N$-ter (letzter) Stelle zu finden.

4.5. *Uniforme diskrete Verteilung.* Uniform diskret nennen wir eine Verteilung eines $X$ mit einer endlichen Zahl $n$ möglicher Werte, in gleichen Abständen und gleich wahrscheinlich, z. B. $x_h = h (h = 1, 2, \ldots, n)$ (oder $= a + bh$); alle $p_h$ sind $= 1/n$. Beispiele: Würfel ($n = 6$), Roulette ($n = 37$), Tombola ($n = 90$).

Man erhält $\mathbf{P}(X) = \frac{1}{2}(n+1)$, $\mathbf{P}(X^2) = (1^2 + 2^2 + \ldots + n^2)/n = (4n^2 + 6n + 2)/12$ und daraus (durch Abziehen von $[\frac{1}{2}(n+1)]^2 = (3n^2 + 6n + 3)/12$),

$$\sigma^2(X) = (n^2+1)/12, \quad \sigma(X) = (n/\sqrt{12})\sqrt{1 + 1/n^2} \doteq n/\sqrt{12}.$$

*Ein Zufallsprozeß (Bayes-Laplace; Pólya).*

Auf der Basis dieser Verteilung können wir ein Beispiel eines Zufallsprozesses, ähnlich dem, das zur hypergeometrischen Verteilung führte, entwickeln. Wir denken in der Tat an sukzessive Züge (ohne Zurücklegen) aus einer Urne mit $N$ Kugeln, wovon die weißen $0, 1, 2, \ldots, N$ mit der gleichen Wahrscheinlichkeit $1/(N+1)$ sein können (z. B. ist die Urne unter $N+1$ aller dieser Zusammensetzungen ausgewählt worden und wir haben keine Elemente, um der Wahl der einen oder der anderen verschiedene Wahrscheinlichkeiten zuzuschreiben).

Wir nehmen daher jedenfalls $\omega_H^{(N)} = 1/(N+1)\,(H = 0, 1, 2, \ldots, N)$ an und setzen voraus, daß (wie im Falle der bekannten Zusammensetzung $H/N$) alle Permutationen gleich wahrscheinlich sind, in denen die $N$ Kugeln herauskommen können, und somit alle Zusammensetzungen von $H$ weißen und $N - H$ schwarzen (d. h. alle Wege von $O$ zu einem selben Endpunkt $[N, H]$). Jeder dieser Wege wird daher die Wahrscheinlichkeit $1/\binom{N}{H}(N+1)$ haben.

Wir zeigen, daß unter diesen Bedingungen, die Verteilung auch für jedes $S_n (n < N)$ uniform ist, wie wir es für $S_N$ angenommen haben. Nämlich $\omega_h^{(n)} = 1/n + 1)$ $(h = 0, 1, 2, \ldots, n)$. Man kann einfach feststellen, daß

$$\sum_{0}^{N}{}_{H} \binom{n}{h}\binom{N-n}{H-h} \frac{1}{\binom{N}{H}(N+1)} = \frac{1}{n+1}$$

(Wahrscheinlichkeit der Wege, die in $[N, H]$ enden, mal der Zahl derjenigen von ihnen, die durch $[n, h]$ verlaufen, und Summe in bezug auf $H$), doch ist die Demonstration durch Induktion einfacher und lehrreicher (von $N$ bis $N-1$, $N-2$ usw.) Und es genügt den Weg von $N$ nach $N-1$ zu zeigen. Die Wahrscheinlichkeit $\omega_h^{(N-1)}$, daß $S_{N-1} = h$, erhält man, indem man beachtet, daß dies nur der Fall sein kann, wenn $H = h$ und die letzte Kugel schwarz ist, oder $H = h + 1$, und die letzte Kugel weiß ist. Jede der beiden Hypothesen hat die Wahrscheinlichkeit $1/(N+1)$ und die Wahrscheinlichkeit einer schwarzen Kugel in der ersten und einer weißen Kugel in der zweiten, sind $(N-h)/N$ und $(h+1)/N$; daher:

$$\omega_h^{(N-1)} = \frac{1}{N+1}\left(\frac{N-h}{N} + \frac{h+1}{N}\right) = \frac{1}{N}, \quad \text{q.e.d.} \tag{19}$$

In Worten: Wenn alle Zusammensetzungen gleich wahrscheinlich sind, so sind es auch alle Häufigkeiten für jeden dazwischen liegenden Moment. Diese Eigenschaft ($\omega_h^{(n)} = 1/(n+1)$) wird auch für alle $n$ (ohne sie nach oben über ein zugeordnetes $N$ zu begrenzen) gelten können; es wird dies das wichtige Schema von Laplace-Bayes sein, das wir in (XI, 4.3) behandeln wollen, oder auch (mit einer anderen Darstellung) das Schema von Pólya, das wir gegenüberstellen wollen (X, 4.4).

## 5.
## *Gesetze der „großen Zahlen".*

5.1. Kehren wir nun zum Zufallsprozeß von Kopf und Adler zurück (wobei wir weniger ins Einzelne gehende Varianten einschließen), um einen ersten Aspekt dessen zu studieren, was sich durch „eine große Anzahl" von Versuchen ergibt. Dieser erste Aspekt beschränkt sich auf qualitative Tatsachen in bezug auf die Größenordnung der absoluten Abweichungen: in gewissem Sinne auf einfache aber wichtige Folgesätze der bereits gesehenen Tatsache, daß diese Größenordnung *wie die Wurzel von n* (Zahl der Versuche) *wächst*.

Im Falle von Kopf und Adler ($p = \frac{1}{2}$) ist der *Gewinn* $Y_n$ in der Erwartung Null (gleichwertiger Prozeß: $\mathbf{P}(Y_n) = 0$) und die Standardabweichung $\sigma(Y_n)$ (die in gewissem Sinne die „Größenordnung" von $|Y_n|$ mißt) hat den Wert $\sqrt{n}$. Wenn wir uns auf die Anzahl der Erfolge

(Kopf), $S_n$, beziehen, ist diese nach der Erwartung $\frac{1}{2}n$, mit der Abweichung (Größenordnung gemessen durch σ) $\frac{1}{2}\sqrt{n}$. Für die *Häufigkeit* der Erfolge $S_n/n$, sind Erwartung und Abweichung dieselben, dividiert durch $n$, d. h. $\frac{1}{2}$ und $\frac{1}{2}\sqrt{n}$; analog könnte der *mittlere Gewinn* (je Wurf), $Y_n/n$, betrachtet werden, und man würde 0 und $1/\sqrt{n}$ erhalten.

Die Tatsache, daß

$$\mathbf{P}\left[\left(\frac{S_n}{n}-\frac{1}{2}\right)^2\right]=\frac{1}{4n}\to 0$$

wird ausgedrückt, indem man sagt, *daß die Häufigkeit quadratisch nach $\frac{1}{2}$ konvergiert*, und zu größerem Recht konvergiert sie in der *Wahrscheinlichkeit* (siehe VI, 8.3). Analog: der mittlere Gewinn konvergiert (quadratisch und in der Wahrscheinlichkeit) nach 0.

Die Konvergenz in der Wahrscheinlichkeit bedeutet – wir erinnern daran – daß, wenn $\varepsilon$ und $\theta$ positiv (egal wie klein) sind, immer ab einem gewissen $n = N$

$$\mathbf{P}\left(\left|\frac{S_n}{n}-\frac{1}{2}\right|>\varepsilon\right)<\theta \quad \text{ist;}$$

Die normale Anwendung der Ungleichung von Tschebyscheff besagt, daß diese Wahrscheinlichkeit in unserem Falle $<\sigma^2/\varepsilon^2 = 1/4n\,^2$ ist.

5.2. Um dieses Resultat auszudrücken, pflegt man formlos zu sagen, daß es auf eine große Anzahl von Versuchen *praktisch sicher* ist, daß die Häufigkeit *praktisch* mit der Wahrscheinlichkeit *koinzidiert*, oder auch, „*daß die Abweichungen die Tendenz haben, sich zu kompensieren*". Man muß jedoch darauf achten, diesem Ergebnis keine übertriebenen und offenbar absurden Interpretationen zu geben (was auch vorkommt): man denke z. B. nicht, daß diese Annäherung an die Wahrscheinlichkeit insofern zu erwarten wäre, als sich, in der Zukunft, leichter Abweichungen in der zur vorliegenden entgegengesetzten Richtung ergeben müßten, um sie „zu kompensieren", noch daß diese Konklusion auf die absoluten Abweichungen anzuwenden wäre. Wenige male zu spielen (z. B. 10-mal 1000 Lire bei Kopf und Adler) ist nicht mehr, sondern weniger riskant, als dieselbe Wette viele male zu wiederholen (z. B. 1000-mal: das ist 10-mal riskanter, $10 = \sqrt{1000/10}$), während es weniger riskant wäre, tausendmal 10 Lire zu setzen. Und wenn zu einem gegebenen Moment jemand gerade, z. B. 7.200 Lire, verliert, so rechtfertigt das Gesetz der großen Zahlen keinerlei Hoffnung, daß er sich „wieder erholen" müßte[22]: nach Erwartung bleibt der Verlust ewig unverändert, 7200 Lire, aber der sukzessive (positive oder negative) Gewinn, nach Erwartung Null, wird in der Folge eine so hohe Größenordnung haben, daß dadurch dieser erfolgte, unwiederbringlich erfolgte Verlust, *unbeachtlich wird.* In diesem Sinne und nur in diesem Sinne ist es, daß der Terminus „Kompensierung" anerkannt werden kann, unter Vermeidung irreführender Anregungen, die er leider erweckt.

Man beachte wieder einmal, wie absurd es wäre, sich a priori eine Korrelation als Folge von Gesetzen und Ergebnissen vorzustellen, die von der Annahme der Unabhängigkeit abgeleitet werden.

5.3. Man beachte ferner, daß die hier demonstrierte Eigenschaft eine ist, die die Wahrscheinlichkeit einer Abweichung $> \varepsilon$ zwischen Wahrscheinlichkeit und Häufigkeit *für ein einziges n* (sei es auch irgendeines der $n \geqq N$) betrifft; dies impliziert (selbstverständlich, aber leicht zu übersehen) nicht, daß auch die Wahrscheinlichkeit klein sein müßte, daß ein „außerordentliche" Abweichung wenigstens für ein $n$ zwischen $N$ und einem $N + K$, das größer ist als $N$, auftritt.

Es ist vor allem leicht, dies zu übersehen, wenn man sich dazu verleiten läßt, Ereignisse mit kleiner Wahrscheinlichkeit als „unmöglich" zu bezeichnen (noch schlimmer, wenn ein derartiger Mangel sich den Anschein der Richtigkeit gibt, wie nach dem „Prinzip von Cournot"; siehe V, 10.9). Wenn nämlich wirklich eine „Ausnahme" in jedem einzelnen Fall von $n \geqq N$ unmöglich wäre, so wäre ohne weiteres auch unmöglich, unter den unendlich vielen Fällen von $n = N$ aufwärts eine einzige Ausnahme zu haben.

Wer hier das Wort „unmöglich" ohne derartigen Doppelsinn verwenden wollte, müßte näher bestimmen, daß es mit dem Vorbehalt verwendet wird, es nicht im Sinne von „unmöglich", sondern von ... „wenig wahrscheinlich" aufzufassen. Aber, wer behauptet, „Pferde sind Kartoffel", mit dem Vorbehalt, daß, wenn man sie auf Pferde bezieht, die Kartoffel nicht wirklich den Sinn von Kartoffeln haben

---

[22] Wie illusorisch und schädlich dieses Vertrauen in ein „sich wiedererholen" ist, ergibt sich auch aus einem volkstümlichen (ich glaube sizilianischen) Ausspruch, der beachtlich ist, weil im allgemeinen die volkstümlichen Präferenzen sich auf die falschen Thesen richten. Es handelt sich um die Antwort einer Frau an eine Freundin, die sie gefragt hatte, ob ihr Sohn wirklich beim Spiel eine große Summe verloren hätte: *„Ja, aber das ist garnichts: das Schlimme ist, daß er sich „wieder erholen" will.*

(wohl aber von „Pferden"), würde vielleicht besser daran tun, nicht überflüssige Verwirrungen durch Terminologien anzurichten, die, um sich nicht schädlich auszuwirken, mit einem Vorbehalt versehen sein müssen, der sie annulliert.

Wir nehmen unser Argument wieder auf: wenn bei Kopf und Adler die Wahrscheinlichkeit einer absoluten Abweichung $\left|\frac{Y_n}{n} - \frac{1}{2}\right|$ größer als $\varepsilon$ effektiv $1/4n\varepsilon^2$ wäre (da die Reihe $\sum 1/n$ divergent und die Summe zwischen $N$ und $N+K$ ungefähr $\log(1+K/N$ ist), so wäre nach jedem beliebigen $N$ in einem genügend weiten Intervall von $N$ nach $N+K$ die Erwartung der Zahl der „Ausnahmen" (Abweichungen $>\varepsilon$) willkürlich groß (etwa $(1/4\varepsilon^2)\log(1+K/N)$). Effektiv besteht dagegen (wie wir sehen werden) auch die gegenständliche Eigenschaft (nicht an ihr mangelt es, wohl aber an der durch die Ungleichung von Tschebyscheff gegebenen Approximation, die in bezug auf ihre Einfachheit so mächtig, für diese empfindliche Konklusion jedoch nicht ausreichend ist). In Formeln ergibt sich, für $\varepsilon$ und $\theta$ positiv und beliebig,

$$\mathbf{P}\left(\max_{N \leqq n \leqq N+K}\left|\frac{S_n}{n} - \frac{1}{2}\right| > \varepsilon\right) < \theta,$$

sofern nur $N$ ausreichend groß ist (und egal, wie groß $K$ ist)[23]. Diese Form der stochastischen Konvergenz nennt man *starke (stochastische) Konvergenz* und dieses Gesetz das „*starke Gesetz der großen Zahlen*". Im Gegensatz dazu nennt man die Konvergenz in der Wahrscheinlichkeit und das Gesetz der großen Zahlen (in der vorhergehenden Form) *schwach*.

5.4. Zur Festsetzung der Ideen haben wir uns auf Kopf und Adler bezogen. Natürlich gelten die Ergebnisse auch für $p \neq \frac{1}{2}$ (nur, daß man im allgemeinen $\sigma^2 = p\tilde{p}$, schreibt, das $< \frac{1}{4}$, außer wenn $p = \frac{1}{2}$) und auch im Falle von $p_i = \mathbf{P}(E_i)$, von Ereignis zu Ereignis variabel (sofern nur $\sum p_i \tilde{p}_i$ divergiert, was nicht der Fall sein könnte, wenn die $p_i$ sich den Extremen 0 und 1 nähern würden); natürlich könnte man in diesem Falle im allgemeinen nur sagen, daß die Abweichung zwischen

[23] Wenn es nicht um die finitistischen Bedenken ginge (siehe Kap. VI, 8.2, Bemerkung, und an anderer Stelle), könnte man (wie dies eher Gewohnheit ist) $K$ weglassen, und $\sup(n \geqq N)$ (anstatt $\max(N \leqq n \leqq N+K)$ schreiben und sagen, „fast sicher" (mit der Wahrscheinlichkeit $=1$) $\operatorname{Lim}(S_n/n) = 1/2$ (im sicheren Sinne).

der Häufigkeit $S_n/n$ auf die ersten $n$ Versuche und dem arithmetischen Mittel ihrer Wahrscheinlichkeiten $(p_1 + p_2 + \ldots + p_n)/n$ (quadratisch und nach Wahrscheinlichkeit) nach Null tendiert. Nur wenn dieses Mittel nach einem Limes $p$ tendiert (im Sinne der Analyse: d.h., sozusagen, wenn die $p_i$ eine zu $p$ konvergente Sukzession *im Sinne von Cesaro* sind), gilt der obige Lehrsatz für die Abweichung von einem festen Wert, nämlich diesem $p$.

Wir können aber auch gleich viel mehr sagen, ohne hierzu neue Demonstrationen zu brauchen. Wenn man nur die Erwartung und die Standardabweichung der Gewinne der einzelnen Wetten $(2E_i - 1)$ und deren Summen $(Y_n)$ verwertet hat, ist es leicht, sich davon zu überzeugen, daß die Konklusion (schwache Konvergenz) für ihre Gültigkeit nur verlangt, daß man Gewinne $X_i(i = 1,2\ldots)$ betrachtet, die *unabhängig sind, oder auch nur ohne Korrelation (zu zweien), mit endlicher Standardabweichung* und $\sigma$ konstant (oder auch variabel, $\sigma(X_i) = \sigma_i$, in diesem Falle, begrenzte $\sigma_i$ und $\sum\sigma_i^2$ divergent) und, zwecks Einfachheit des Lehrsatzes mit Nullwahrscheinlichkeit: dann ergibt sich

$$Y_n/n = (X_1 + X_2 + \ldots + X_n)/n \dot{\rightarrow} 0 \quad \text{(und daher} \overset{=}{\rightarrow} 0).$$

In Worten: das (schwache) Gesetz der großen Zahlen gilt für Summen von Zufallszahlen ohne Korrelation unter sehr weiten Bedingungen, in dem Sinne, daß *ihr arithmetisches Mittel $Y_n/n$ eine quadratische Erwartung* $\rightarrow 0$ *hat und die Wahrscheinlichkeit* $\rightarrow 0$, *einen absoluten Wert* $> \varepsilon$ *zu haben (welches beliebig positiv im voraus festgesetzt ist)*.

Auch das *starke Gesetz der großen Zahlen* gilt unter sehr weiten Bedingungen. Schon die Schlußfolgerung, die seine Gültigkeit sichert, wenn die Summe der Wahrscheinlichkeiten $p_h$ von „Ausnahmen“ (Abweichungen $|Y_h/h| >$ ) konvergent ist, ergibt sich als hinreichend, wenn diese Wahrscheinlichkeiten mittels der Normalverteilung bewertet werden, was genau gilt, wenn wir voraussetzen, daß die $X_h$ eine reduzierte Normalverteilung ($m = 0$, $\sigma = 1$) haben und unabhängig sind. Aber asymptotisch gilt dies auch im Falle von Kopf und Adler und in jedem anderen Falle von gleich verteilten $X_h$ mit endlicher Varianz (es sei $\sigma = 1$)[24]. Wir werden uns auf die Demonstration

[24] Daß häufig die Normalverteilung herauskommt (wenn auch verworren oder irrtümlich) ist eine auch den Laien wohlbekannte Tatsache. Der Fall, auf den wir uns hier beziehen, wird in diesem Kap. VII, Nr. 6 behandelt und wir ersparen uns hier genauere Vorgriffe.

beschränken, die sich, wie gesagt, auf die Konvergenz von $\sum p_h$ stützt, um dann auf Varianten hinzuweisen, die das Verfahren noch weit wirksamer machen.

Weil die Verteilungsfunktion der Normalverteilung (und wir beziehen uns auf die reduzierte) nicht in endlichen Termini ausgedrückt werden kann, muß man sich in diesen Problemen einer asymptotischen Formel bedienen (die, z. B. mit der Regel von de L'Hospital, leicht nachprüfbar ist):

$$(20)\quad 1-F(x)=\frac{1}{\sqrt{2\pi}}\int_x^{\infty} e^{-\frac{1}{2}z^2}dz \sim \frac{1}{\sqrt{2\pi}\,x}e^{-\frac{1}{2}x^2}\quad (\text{für } x\to+\infty).$$

Weil $Y_h$ Standardabweichung $\sqrt{h}$ hat, bedeutet $|Y_h/h|>\varepsilon$

$$|Y_h/\sqrt{h}|>\varepsilon\sqrt{h}-\varepsilon\ (=\varepsilon\sqrt{h}\times \text{reduzierte Abweichung})$$

und daher

$$p_h=1-F(\varepsilon\sqrt{h})-F(-\varepsilon\sqrt{h})=$$
$$=2[1-F(\sqrt{h})\sim\frac{2}{\sqrt{2\pi}\varepsilon\sqrt{h}}e^{-\frac{1}{2}h\varepsilon^2}=\frac{K}{\sqrt{h}}e^{-ch}.$$

Aber die geometrische Reihe $\sum e^{-ch}$ ist konvergent und zu größerem Recht $\sum p_h$ mit den durch $\sqrt{h}$ dividierten Termini; der Rest über einem opportunen $N$ liegt unter einem im voraus festgesetzten $\theta$, was bedeutet, daß die Wahrscheinlichkeit von auch nur einer „ausnahmsweisen Abweichung" $|Y_h/h|>\varepsilon$, für alle $h$ zwischen $N$ und irgendeinem $N+M$ ist (und man würde einfach sagen, „für alle $h\geqq N$", wenn man die vollständige Additivität voraussetzen würde).

Es ist leicht, die Konklusion zu verstärken, indem man beachtet, daß die Konvergenz auch weiterbesteht, wenn man das konstante $\varepsilon$ durch $\varepsilon(h)$ mit $h$ fallend ersetzt, z. B.

$$\varepsilon(h)=\sqrt{2a\log h}/\sqrt{h},\quad \text{mit } a>1;$$

dann ist $h^2=2a\log h$ und

$$p_h=\mathbf{P}(|Y_h/h|>\varepsilon(h))=((K/\sqrt{2a\log h})e^{-a\log h}=(\ldots)h^{-a}.$$

Aber der Ausdruck $(\ldots)$ tendiert nach Null, die Reihe $\sum h^{-a}(a>1)$ konvergiert und zu größerem Recht daher das $\sum p_h$. Das bedeutet, daß über ein gewisses $N$ hinaus (formlos)

„fast sicher ist, daß $Y_h$ innerhalb $\pm c\sqrt{2h\log h}$" liegen wird, wenn $c>1$.

Die folgende Schlußfolgerung ist ein Beispiel für die Methoden, die geeignet sind, die Konklusionen im nachhinein zu verbessern, und wir werden sogar sehen, wie man zu der in gewissem Sinne optimalen Konklusion gelangt („wir werden sehen" im Sinne, daß wir auf die Linie der Demonstration hinweisen werden, wenn wir sie auch nicht selbst bringen).

Wenn wir uns nur um die eventuellen Ausnahmen ($Y_h$ außerhalb des oben angegebenen Intervalls) an den Punkten $h = 2^k$, und nicht für jedes $h$, kümmern wollten, könnten wir dieselbe konvergente Reihe erhalten, indem wir

$$\varepsilon(h)\sqrt{h} = \sqrt{2a\log k} \sim \sqrt{2a\log\log h} \quad \text{anstatt} \quad \sqrt{2a\log h}$$

nehmen. Natürlich wäre eine Konklusion, die nur die Werte $h = 2^k$ betrifft, wenig interessant, doch ist es eher natürlich zu bemerken, daß eine Kontrolle über alle $h$ sicherlich übertrieben ist. Das Diagramm $y = Y/h$ wird schwer über die festgesetzten Grenzen hinausgegangen sein, wenn man kontrolliert, daß es entsprechend einer Folge genügend dichter „Versehen" reichlich innerhalb derselben geblieben ist. Nun: es wird gerade demonstriert, daß die Versehen in $h = 2^k$ (z. B.) genügend dicht sind, um zu schließen (immer formlos ausgedrückt), daß es fast sicher ist, daß alle $Y_h$ (über ein nicht festsetzbares $N$ hinaus) direkt innerhalb der viel engeren Grenzen des Typus $\pm c\sqrt{2h\log\log h}$, für $c > 1$, bleiben werden.

Die Tatsache, die diesem Ergebnis Bedeutung verleiht, ist, daß umgekehrt, wenn $c < 1$, es „praktisch sicher ist, daß die Überschreitungen der besagten Grenzen weitergehen werden, ohne je aufzuhören". Das ist das berühmte *Theorem des iterierten Logarithmus* von Chincin.

Man beachte, daß für die Demonstration der nun behaupteten inversen Eigenschaft die Divergenz der Reihe nicht genügt, wenn die Ereignisse nicht unabhängig sind (Lemma von Borel-Cantelli). Im gegenwärtigen Fall besteht keine Unabhängigkeit, man kann jedoch darauf insofern zurückkommen, als, wenn $h''$ viel größer ist als $h'$, in $Y h'' = Y(h') + [Y(h'') - Y(h')]$ der Beitrag des Zuwachses zwischen $h'$ und $h''$ (der von $Y(h')$ unabhängig ist) vorwiegt.

Alle diese Probleme erwerben einen intuitiveren Aspekt (und können dann auch nach anderen Methoden, die auf anderen Gesichtspunkten beruhen, behandelt werden), wenn man sich auf Zufallsprozesse im Kontinuum bezieht (und, was die nun erwähnten Resultate anbelangt, auf den Wiener-Lévy-Prozeß). Es handelt sich darum, das Diagramm $y = Y(t)$ einer Zufallsfunktion unter Bezugnahme auf Regionen wie $|y| \leqq y(t)$ (gegebene Funktion) zu untersuchen, indem man die gegebenen Möglichkeiten studiert, aus diesen Regionen einmal, oder mehrmals oder indefinit oft auszutreten und in sie einzutreten.

Wir nennen schließlich das Kriterium, das im allgemeinen für die Gültigkeit des starken Gesetzes angegeben wird: unabhängige $X_h$, und so, daß $\sum \sigma_h^2/h^2$ konvergent ist (Kriterium vom Kolmogorov). Die Demonstration, die sich auf eine Ungleichung von Kolmogorov stützt, die in gewissem Sinn die von Tschebyscheff verstärkt, und auf das Abschneiden der „großen Werte" für die $X_h$, gehört nicht unmittelbar zur Ideenordnung, auf die hingewiesen werden sollte.

Im grundlegenden Fall (von gleich wahrscheinlichen und stochastisch unabhängigen Ereignissen), benennt man das schwache und das starke Gesetz der großen Zahlen auch nach den Autoren, denen sie zu verdanken sind, Theorem von Bernoulli und Theorem von Cantelli.

*Bedeutung und Wert dieser „Gesetze".*

5.5. Dem Gesetz der großen Zahlen, und im allgemeinen den entsprechenden asymptotischen Ergebnissen, wird häufig – außer dem Wert und der Bedeutung die sie zweifellos an sich, sowohl vom probabilistischen wie vom mathematischen Standpunkt aus, haben – auch im Zusammenhang mit den Grundlagen der Statistik und der Wahrscheinlichkeitsrechnung eine sehr große Rolle zugeschrieben. Hier sind einige Bemerkungen angebracht, um die verschiedenen Standpunkte zu klären und vor allem den, der unseren Ansichten entspricht.

Für diejenigen, die dazu tendieren, die Wahrscheinlichkeitstheorie selbst an den Begriff der Häufigkeit zu binden, bedeuten die Resultate, die Wahrscheinlichkeit und Häufigkeit irgendwie verbinden, wie im besonderen das „Gesetz der großen Zahlen", eine Art Scharnier, um diese Annäherung und Identifizierung der Begriffe zu festigen. Logischerweise entgeht man jedoch nicht dem Dilemma, daß man dasselbe nicht zuerst nach Definition annehmen und dann als Theorem demonstrieren kann, noch dem Widerspruch einer Definition, die etwas als sicher voraussetzen würde, während das Theorem erklärt, daß es nur sehr wahrscheinlich ist. Darüber geben sich im allgemeinen auch die Verfechter der statistisch-frequentistischen Wahrscheinlichkeitstheorie Rechenschaft, die Abhilfe zu schaffen versuchen, indem sie Theorien und Modelle unterscheiden, trennen und komplizieren.

Gelegentlich wird z. B. als *experimentelle Tatsache* (mit dem Namen „empirisches Gesetz des Zufalls") eine Aussage dargestellt, die geschaffen wurde, um das *effektive Eintreffen* dessen, was das „*Gesetz der großen Zahlen*" als *sehr wahrscheinlich* darstellt, zu behaupten. Oder man übergibt diesen Auftrag dem „Prinzip von Cournot", welches diese Behauptung als ganz besonderen Fall implizit enthält, da es, wie man sich erinnern wird (Kap. V, 10.9) behauptet, daß „*sehr wenig wahrscheinliche Ereignisse effektiv nicht eintreten*". Manchmal fügt man „nie oder fast nie" hinzu, um das Absurde zu eliminieren, damit aber auch jeden Wert der Behauptung.

Damit wird der circulus vitiosus jedoch nicht durchbrochen. Es gelingt nur, ihn zu verschieben, zu tarnen, zu verstecken. Eine Sisyphusarbeit! Es handelt sich immer darum, gegen jene *unüberwindlichen* Schwierigkeiten zu kämpfen, die (die nach dem so richtigen Bild von B. O. Koopman) „*immer zurückweichen, aber nie sterben*, im Gegensatz zur Garde Napoleons".

Damit die Ergebnisse der Wahrscheinlichkeitsrechnung, die die Häufigkeiten betreffen, Sinn haben, muß auch die Wahrscheinlichkeitstheorie bereits einen Sinn, eine Definition haben und mit ihr jene Ableitungen, die in der Aussage und in der Demonstration dieser Ergebnisse auftreten. Im besonderen hat ein Ergebnis, welches gleiche Wahrscheinlichkeit und Nichtkorrelation gewisser Ereignisse fordert, keinen Sinn, wenn nicht vorher definiert wurde, was man unter der Wahrscheinlichkeit jedes einzelnen Ereignisses versteht, weil sie ja jedem einzelnen dieser Ereignisse (oder „Versuchen") zugeschrieben werden muß, wobei festzustellen ist, daß sie untereinander alle gleich sind, abgesehen von ihren Produkten zu zweien, wobei weiter festzustellen ist, daß sie untereinander alle gleich sind und genau dem Quadrat der vorherigen. Durch die Verwendung des Ausdruckes „zuschreiben" haben wir uns bereits entsprechend dem subjektivistischen Gesichtspunkt ausgedrückt. In dieser Hinsicht wäre es jedoch indifferent, ob man denkt, daß derartige Wahrscheinlichkeiten entsprechend einer „logischen" oder „necessaristischen" Auffassung „existieren". In der Tat sind z. B. die Kritiken Jeffreys zu den Häufigkeitsdarstellungen und die Ansichten, die er ihnen entgegensetzt, (mit scharfen und –

ich möchte sagen – unwiderlegbaren Argumenten)[25], in vollem Einklang mit dem oben Gesagten. Die immerhin wesentliche Divergenz, zwischen den Necessaristen und den Subjektivisten, von denen die einen das Ausreichen logischer Argumentationen zur Erkenntnis *einer objektiv* bevorzugten und „richtigen Wahrscheinlichkeitsbewertung behaupten, während die anderen sie leugnen, wird irrelevant, wenn es sich darum handelt, die Theorien gegenüberzustellen, in denen die Wahrscheinlichkeit die Wahrscheinlichkeit ist und die Häufigkeit eine der vielen Zufälle der „äußeren Realität“, mit denen sich die Wahrscheinlichkeit befassen kann, und die, in welchen die Wahrscheinlichkeit mehr oder weniger eine Ableitung, oder Idealisierung oder eine Nachahmung der Häufigkeit ist.

5.6. Nach unserer Ansicht bildet das Gesetz der großen Zahlen ein weiteres Glied in jener Kette von Eigenschaften, die es ermöglichen, eine Bezugnahme auf erwartete oder beobachtete Häufigkeiten für – immer subjektive – Wahrscheinlichkeitsbewertungen zu verwenden. Wir hatten bereits gesehen, wie man die Erwartung einer Häufigkeit mit diesem Ziele verwenden kann; das Gesetz der großen Zahlen sagt uns nun, daß, *unter gewissen Bedingungen*, jener Wert *nicht nur die Erwartung* $\mathbf{P}(X)$ einer Häufigkeit $X$ ist, sondern auch *der Wert, von dem wir fast sicher glauben, daß X sich ihm stark nähern wird* (und immer mehr, genauer, wenn man an eine sehr große Zahl von Ereignissen denkt).

Dies vervollständigt das Bild in jenem besonderen Fall; das Resultat führt nicht nur zum Problem neuer, nützlicher Elemente (die kommen für uns, wenn wir von vertauschbaren Ereignissen Kap. XI, und analogen Fällen sprechen werden), es regt uns auch an, über die Bedeutung jenes besonderen Falles (von Gleichwahrscheinlichkeit und Unabhängigkeit) nachzudenken. Man muß bedenken, daß diese Annahme (Gleichwahrscheinlichkeit und Unabhängigkeit), die scheinbar so harmlos und leicht zu übernehmen ist, unerwartete Implikationen enthält. Wenn man eine Münze als „vollkommen in bezug auf die Ergebnisse eines Wurfes“ beurteilt, so bedeutet dies,

[25] Siehe Harold Jeffreis *Scientific Inference* (Cambridge, 1. Ausgabe 1931 und 2. Ausgabe 1957) und *Theory of Probability* (Oxford, 1. Ausgabe 1938, 2. Ausgabe 1948, 3. Ausgabe 1961); besonders wesentlich im ersten Werk der Absatz 9.21, *The frequency theories of probability*, und im zweiten, 7.03–05 in Kap. VII, *Frequency definitions and direct methods*.

daß man die Wahrscheinlichkeiten der beiden Seiten in diesem (ersten) Wurf (oder in irgendeinem anderen, ohne daß einem die Ergebnisse der vorhergehenden Versuche bekannt sind) für gleich hält; etwas anderes ist es dagegen, wenn man sie „vollkommen in bezug auf den Zufallsprozeß von Kopf und Adler" beurteilt.

Das bedeutet nämlich in der Tat etwas viel verbindlicheres und gewagteres: d.h. man *verpflichtet sich*, mit $\frac{1}{2}$ die Wahrscheinlichkeit bei jedem Wurf zu beurteilen, *auch wenn alle vorhergehenden* (tausend, eine Million, eine Milliarde, $10^{1000}, \ldots$) *immer nur Kopf gebracht haben*, oder immer abwechselnd Kopf und Adler, und es bedeutet ferner (infolgedessen: aber dies geht über das hinaus, was wir durch die Intuition schon erkennen können), daß man es (auf eine hinreichend hohe Zahl von Würfen) für vorteilhafter halten wird, zu wetten, daß die Häufigkeit eher zwischen 0,49999 und 0,5001 liegen wird, als im ganzen übrigen Intervall $[0, 1]$ (und dasselbe, anschließend, für $0{,}5 \pm 10^{-1000}$, usw.). Deshalb habe ich einmal (zu L. J. Savage, der meinen Ausspruch unsterblich machte, indem er ihn in eine seiner Veröffentlichungen aufnahm) gesagt, daß *„die hauptsächliche praktische Anwendung des Gesetzes der großen Zahlen darin besteht, zu überzeugen, wie wenig realistisch und praktisch rational die strenge Annahme der Gleichwahrscheinlichkeit und stochastischen Unabhängigkeit ist"*; es ist ein teils scherzhafter, teils paradoxer Ausspruch, der mir jedoch im wesentlichen wirklich wahr erscheint.

Noch weniger realistisch und signifikant ist offenbar, trotz seines großen mathematischen Interesses, das starke Gesetz der großen Zahlen.

*Von Erklärungen, die sich auf die „Homogenität" stützen.*

5.7. Vor allem soll die Aufmerksamkeit auf die Umkehrung in der Art der Auffassung der Definition selbst von Begriffen (oder angeblichen Begriffen) wie *homogene* Ereignisse, *vollkommene* Münzen, und ähnliche, gelenkt werden. Jede objektive, physikalische oder wer weiß welche Definition entspricht nicht dem Zweck, weil sich daraus nicht die *Demonstration* einer probabilistischen Meinung als logische Wahrheit ergibt und auch nicht das Recht, sie als Glaubensdogma vorzuschreiben.

Die Bedeutung dieser (und analoger) Termini kann daher, wenn man sie verwenden will, nur als Ausdruck der Besonderheiten der probabilistischen Meinung geliefert und geklärt werden, die (indem sie diesen Termini eine metaphysische Bedeutung zuschreiben würde, die bereits vor der Bildung dieser persönlichen Meinung bestünde), als deren *Folgen* bezeichnet würden.

Ein Freund pflegte (etwa zurzeit meiner Promotion, eine alte Erinnerung, die sich mir eingeprägt hat, weil sie etwas Wahres enthält) ein wenig scherzhaft und ein wenig spöttisch, zu sagen, daß es mir nicht genügte, einen Begriff zu definieren, ich wollte ihn De-Finettisieren! Und in der Tat hatte ich die Art der Schlußfolgerungen von Autoren wie Vailati und Calderoni sehr stark in mich aufgenommen (oder besser, seit jeher meinem Wesen entsprechend gefunden): wobei Papini vom letzteren sagte, daß „es ihm daran gelegen war zu lehren, mit welcher Vorsicht und welchen Verfahren man zu Propositionen gelangen könnte, die Sinn hätten"[26]. Aber diese Art der Schlußfolgerung ist ja übrigens gerade die, welche in aufeinanderfolgenden Wellen von Galileo bis Einstein, von Heisenberg bis Born, die Physik – und gemeinsam mit ihr, die gesamte Wissenschaft und den menschlichen Geist – von den Überstrukturen grotesker mephysischer Schlacken befreit hat, die sie dazu verurteilten, über anmaßende Leerheiten zu phantasieren.

In diesem Sinne und aus den genannten Gründen ist jeder Versuch, eine Geldmünze als „vollkommen" zu definieren, weil keine objektiven Merkmale vorhanden sind, die verhindern, daß die Wahrscheinlichkeit von Kopf $p = \frac{1}{2}$ sei, oder daß verschiedene Würfe stochastisch unabhängig seien, nur ein krummes Machwerk, um die Rolle der genannten objektiven Umstände entscheidend erscheinen zu lassen. Sie fungieren dagegen rein als Lückenbüßer und der wahre Sinn tritt voll zutage, wenn man den störenden Einfluß eliminiert und einfach sagt (wobei man sogar entdeckt, daß der Sinn von „vollkommen" zumindest ein Doppelsinn sein kann): wir werden die Redewendungen *vollkommene Münze*, oder, wenn wir noch deutlicher unterscheiden wollen, vollkommene Münze im *schwachen* oder *starken* Sinn, als Abkürzung verwenden, um zu sagen, daß wir jedem der beiden Resultate bei einem Wurf ($\frac{1}{2}$) die gleiche Wahrscheinlichkeit zuschreiben, bzw. jedem der $2^n$ Ergebnisse in einer beliebigen Anzahl

---

[26] G. Papini, *Stroncature* (Nr. 14: „Mario Calderoni"); G. Vailati *Scritti* (siehe dort im besonderen die in der Anmerkung zu Kap. XI, 1.5 zitierten Schriften).

von $n$ Würfen $(\frac{1}{2})^n$). Wohlgemerkt, dies bedeutet nicht, daß es bei dieser Beurteilung nicht zweckmäßig (und noch viel weniger nicht erlaubt) sei, allen objektiven Umständen Rechnung zu tragen, von denen jemand vernünftigerweise annehmen kann, daß sie sich auf seine Wahrscheinlichkeitsbewertung auswirken können, sondern lediglich, daß diese Bewertung (oder äquivalent, das Erkennen und Einteilen der Umstände, die „vernünftigerweise" darauf Einfluß nehmen können) nicht die Theorie betrifft, sondern jedes Individuum, das sie anwendet. Und für dieses Individuum werden sich aus der Kenntnis der Theorie verschiedenartige und gültige Hilfsmittel ergeben, um die eigene subjektive Analyse Fall für Fall zu verbessern, die für Idealfälle standardisierten Muster werden Bezugspunkte liefern, die Mühe und Verantwortlichkeit für die eigenen Bewertungen fallen jedoch dem Individuum selbst zu. Es gibt keinen Schlüssel zu einem Wundergarten, in dem zwischen Zaubergräsern und Wunderbäumen die *Probabilitas realis* blüht. Diese Wunderblumen, die Meinungen ersetzen sollten, würden die Schaffung derselben durch den Verstand erübrigen und damit jene Belastung über unserem Hals, nämlich den Kopf, überflüssig machen.

5.8. Nach dem logischen Aspekt bleibt die Kritik zu den auf die *Homogenität* gestützten Erklärungen zu vertiefen; vom praktischen Standpunkt aus, vom Standpunkt des „Realismus" derartiger Begriffe und ihrer effektiven Anwendung. Und es ist eigenartig zu beobachten, wie Eigenschaften dieser Art (Gleichwahrscheinlichkeit und Unabhängigkeit) gerade in jenen Fällen weniger als je realistisch sind, die der empirisch-statistischen Darstellung entsprechen, welche die „realistischste" sein will, indem sie die „Stabilität der Häufigkeit" zu einer fast „physikalischen Eigenschaft" gewisser Phänomene erhebt, die mit „statistischer Regelmäßigkeit" versehen sind.

Kann man wirklich denken, daß eine Geldmünze – die, soweit wir dies beurteilen können, „vollkommen" ist – den Prototyp der Phänomene erzeugen wird, die mit dieser „Eigenschaft" ausgestattet sind? Man kann wohl daran zweifeln. Ist nicht eher anzunehmen, daß wir nach „verdächtigen" Ergebnissen die Wahrscheinlichkeit anders bewerten werden, indem wir irgendwie an der Vollkommenheit der Münze zweifeln oder an der Modalität der Würfe usw.?

Viel weniger Ursache zu zweifeln und alles noch einmal zu überdenken, hat man – im Gegenteil – wenn die Münze zwischendurch gelegentlich durch eine andere ersetzt wird, noch besser, wenn es sich auch um Münzen verschiedener Prägung handelt, wenn man auch die Person oder den Apparat austauscht, die den Wurf durchführt, noch besser, wenn die sukzessiven Ereignisse, die man betrachtet, ganz verschiedenartig sind (z. B. von einem Mal zum anderen Gerade oder Ungerade mit einem Würfel, mit zwei Würfeln, beim Ziehen einer Nummer der Tombola, Kennzeichen des ersten Autos, das vorbeifährt, Alter des zweitnächsten Passanten, Telefonnummer des zweitnächsten Anrufers usw. egal welche Beispiele man noch aussuchen will). Unter derartigen Umständen wird es sich kaum ergeben, daß, gleichviel bei welchem Ergebnis, ein „Verdacht" dazu führen könnte, ähnliche Besonderheiten für künftige Ereignisse zu erwarten, die mit den vorhergehenden weder Ähnlichkeit noch Zusammenhang haben[27].

Dies beweist, daß für die eventuelle Annahme der Eigenschaften der Gleichwahrscheinlichkeit und Unabhängigkeit die *Homogenität* der Ereignisse (die Tatsache, daß sie in irgendeinem Sinne „Versuche desselben Phänomens" seien, das mit besonderen statistischen Eigenschaften ausgestattet wäre) nicht nur nicht notwendig sondern schädlich ist. Wenn man in einem derartigen Falle jene Eigenschaften als gegeben annimmt, so ist es nicht, daß man sie *infolge der Homogenität* als gültig erachten kann, sondern, wenn überhaupt, *trotz der Homogenität*, und in anderen Fällen ist es vielleicht leichter, sie *dank der Heterogenität* anzunehmen[28]. Und doch wird das Gegenteil mit der lästigen Beharrlichkeit leicht zu behaltenden Geschwätzes immer wieder wiederholt.

Die „Gesetze des Zufalls" (und diese Bezeichnung ist eher irreführend) drücken dagegen gerade das aus, was bei einem Höchstmaß an Unordnung, bei Mangeln jeder nützlichen Kenntnis, zu erwarten ist. Jede größere Kenntnis der Phänomene und ihrer „Eigenschaften" könnte, wenn überhaupt, dazu beitragen, einen Teil der $2^n$ möglichen Ergebnisse gegenüber den anderen zu bevorzugen und damit zu Wahrscheinlichkeitsbewertungen führen, die (nach Meinung dessen, der dem bei seiner Beurteilung Rechnung trägt) *für diesen besonderen*

---

[27] Wir haben mit gutem Grund die Bezeichnung „Verdacht" gewählt (verdächtig, und nicht z. B. „außergewöhnlich", oder „sonderbar", oder „unwahrscheinlich). Der Moment, die Aspekte dieser Frage zu vertiefen, die Bedeutung und Beweggründe dieses Ausdruckes und seiner Wahl klären werden, kommt später (Kap. XI, 3.1).

[28] Die Diskussion wird ausführlich behandelt in: „Sulla ‚compensazione' tra rischi eterogenei", *Giorn. Ist. Ital. Attuari* (1954), Seiten 1–21.

*Fall besser* wären als jene, die bei Fehlen jeder diskriminierenden Information gegeben wären. Es gibt keine Information, Kenntnis oder Eigenschaft, die die Situation, welche einer vollkommenen Symmetrie der Unkenntnis entspricht, verstärken oder ihr einen „physikalischen" (oder philosophischen oder irgendeinen anderen) Sinn geben könnte[29].

## 6.
## *Das „Zentraltheorem"; Normalverteilung.*

6.1. Wenn man die Histogramme der Verteilung von Kopf und Adler (Bernoulli' oder Binomial- mit $p = \frac{1}{2}$) für verschiedene Werte von $n$ (Zahl der Würfe) zeichnet, hat man sogleich den Eindruck, daß die Form immer ungefähr dieselbe bleibt (abgesehen von den Unterbrechungen und dem Abschneiden der Enden: dies, Effekte des diskreten Charakters, die bei Wachsen von $n$ dazu neigen zu verschwinden). Diese Form erweckt somit auch visuell den Eindruck, daß es sich um die allen geläufige der Normalverteilung handelt (oder Gaussche Verteilung, oder der „zufälligen Fehler"; siehe Hinweise in VI, 11.2 und Abb. 7 und weitere Behandlung in 6.6 und folgend).

Abbildung 6 zeigt z. B. das Histogramm für $n = 9$ (eine recht kleine Zahl!) über der Kurve und man sieht bereits eine gute Annäherung; wenn man nun $n$ groß nehmen würde, würden die Kurve und der gezackte Rand des Histogramms bald nicht mehr zu unterscheiden sein.

Natürlich braucht man, um die Histogramme an eine einzige Kurve anzupassen, eine opportune Reduktion der Skala (es handelt sich um die Tendenz zu einem Verteilungs*typus*: siehe VI, 7.1) und hier erweist sich das gebräuchlichste Verfahren (Reduktion mit $m = 0$ und $\sigma = 1$; siehe VI, 6.6), das auch in der Abbildung angewandt wird, als günstig[30].

[29] Es sollte überflüssig sein, es noch einmal zu wiederholen: wir sprechen nicht von äußeren Symmetrien (die auch vorhanden sein können), oder von „vollkommener Ignoranz" (die nicht gegeben sein kann, sonst wüßten wir nicht einmal, wovon die Rede ist), sondern von Symmetrie im Urteil, welches das Subjekt abgibt (in Relation zum Eindruck der Indifferenz gegenüber dem Wenigen oder Vielen, das es weiß).

[30] Dies gilt für die effektive Verteilung (diskret: Masse jedes kleinen Rechteckes des Histogrammes in der Mitte konzentriert). Wenn man sie sich verlaufend vorstellt, erhält man eine kleine Veränderung (Zunahme), wie dies bald beschrieben wird (siehe 6.2, Fall von $F_n^I$).

Wollte man in der Tat die Darstellung in natürlicher Skala betrachten (Gewinn $Y_n$, oder Anzahl der Erfolge), würde sie, da sie so wie $\sqrt{n}$ breiter werden muß, indefinit flacher werden (man denke daran, wie im Apparat von Bittering, wenn man ihn immer wieder umdreht, immer weniger Sand in den einzelnen Abteilen bleibt; siehe Abb. 5, aber es wären sehr, sehr viel Abteile notwendig, um lange fortfahren zu können). Im Gegensatz dazu würde die Darstellung in relativer Skala (mittlerer Gewinn je Wurf, $Y_n/n$, oder Häufigkeit) – die sich wie $1/\sqrt{n}$ zusammenzieht – sich in der Mitte zinnenartig erheben (der Teil außerhalb von Umgebungen würde schon durch die Ungleichung von Teschebyscheff nach 0 tendieren). Die richtige Wahl liegt in der Mitte, d.h., wie gesagt, darin, $Y_n/\sqrt{n}$ zu nehmen (d.h. die reduzierte Abweichung, sei es des Gewinnes, sei es der Häufigkeit aus der Erwartung, $\frac{1}{2}$).

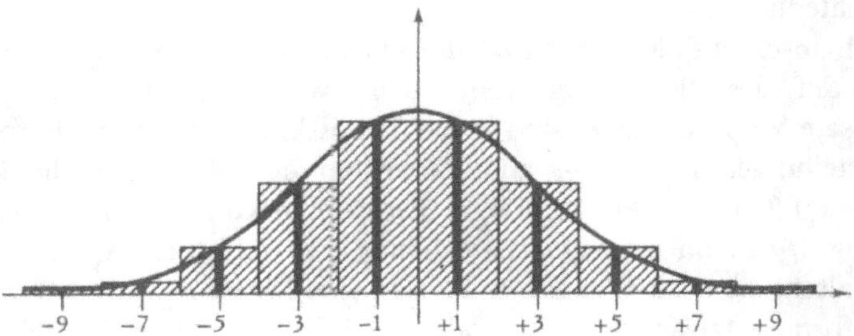


Abbildung 6.
Bernoulli-Verteilung. Fall von Kopf und Adler ($p = \frac{1}{2}$), Zahl der Würfe = 9. Mögliche Werte des Gewinnes: die 10 ungeraden Zahlen von $-9$ bis $+9$; dort konzentrierte Wahrscheinlichkeiten (Höhe der Spalten); wenn man sie uniform zwischen $\pm 1$ von jedem Punkt aus verteilt, erhält man ein ausdrucksvolleres Bild, welches die Annäherung der Bernoulli (oder Binomial-) Verteilung an die Normalverteilung, die wir als die Grenzverteilung (für $n \to \infty$) erkennen werden, erklärt.

Ein etwas tieferes Studium der Formeln von Kopf und Adler wird uns sofort zeigen, daß diese Konvergenz – die schon bildlich plausibel erschienen ist – nach der Normalverteilung effektiv besteht, aber auch hier werden die Konklusionen gewöhnlich für viel allgemeinere Fälle gelten. Sie werden z.B. nicht nur für jeden Bernoulli-Prozeß, auch mit $p \neq 0$ gelten, ungeachtet der Assymmetrie, die (in den Abweichungen in bezug auf $p$) dazu tendiert, bei Wachsen von $n$ zu verschwinden[31], sondern auch sogar für irgendwelche Summen unabhängiger Zufallszahlen, außer generischen Bedingungen, die wir gegen Ende dieses Kapitels sehen werden.

6.2. Die Grenzverteilung $F$ einer Folge von Verteilungen $F$ ist entsprechend der gegebenen Definition (Kap. VI, 7.1) aufzufassen: $F \to F$ bedeutet, daß für die Verteilungsfunktionen $F_n(x) \to (x)$, abgesehen von höchstens in einer abzählbar unendlichen Anzahl von Punkten (d.h., genauer, außer höchstens an den eventuellen Unterbrechungspunkten von $F(x)$). Dies bedeutet natürlich nicht, daß, wenn die Dichten gegeben sind, auch $f_n(x) \to f(x)$ sein muß, noch, umsoweniger, daß, wenn sie ableitbar sind, auch $f'_n(x) \to f'(x)$ ist; es trifft jedoch umgekehrt zu, daß diese Eigenschaften die Konvergenz der Verteilungen implizieren, und sogar in einem immer stärkeren Sinn (und einem intuitiv immer signifikanteren: es genügt, an das Dichtediagramm zu denken).

In unserem Falle können wir die Schlußfolgerung erleichtern, indem wir auf diese Bedingung, wenn auch etwas künstlich, zurückgehen. Unsere Verteilungen $F_n$ sind in der Tat diskret: Reduzierte Bernoulli-Verteilungen mit $p = \frac{1}{2}$, und daher mit den Wahrscheinlichkeiten $p_h = \binom{n}{h}/2^n$ in den Punkten $x_h = (2h - n)/\sqrt{n}$ konzentriert (in Entfernung $1/\sqrt{2}$ von einander, zwischen $\pm\sqrt{n}$). Um eine Verteilung zu erhalten, die Dichte zuläßt, muß man jede Masse $p_h$ verteilen, z.B. in uniformer Art auf dem Intervall $x_h \pm 1/\sqrt{n}$, oder eine Dreiecks-Verteilung auf dem Intervall $x \pm 2/\sqrt{n}$, im welchem Fall man eine stetige Dichte erhält (und mit in Abschnitten stetiger Ableitung, während, im ersten Fall, die Dichte derart war). Wir bezeichnen diese beiden Verteilungen mit $F'_n$ und $F''_n$.

Man kann auch eine direkte Interpretation über die Zufallszahlen geben: tatsächlich erhält man diese Verteilungen, wenn man nicht $Y_n/\sqrt{n}$ sondern $(Y_n + X)/\sqrt{n}$, betrachtet, wo $X$ eine von $Y_n$ stochastisch unabhängige Zufallszahl mit der gewünschten Verteilung (Dichte $f(x) = \frac{1}{2}|x| \leqq 1$), sei, oder $f(x) = \frac{1}{4}(2 - |x|)\,(|x| \leqq 2)$ in den beiden genannten Fällen, oder andere). Wir bemerken sofort, daß, weil keine

[31] Wir erwähnen ausdrücklich diesen Fall, um die Aufmerksamkeit wieder darauf zu lenken, weil es scheint, daß sonst in vielen Zweifel bestehen würden (obgleich er weitgehend unter die Bedingungen des allgemeinen Theorems fällt). Vielleicht besteht ein Rest eines irreführenden Effektes der anfänglichen nachdrücklichen Betonung des Falles von Kopf und Adler (?).

Masse sich um mehr als $1/\sqrt{n}$ (oder um $2/\sqrt{n}$) in der einen oder anderen Richtung verschiebt, alle $F'_n$ und $F''_n$ für jedes $x$ von einem gewissen $n = N$ weiterhin, zwischen $F_n(x-\varepsilon)$ und $F_n(x+\varepsilon)$ enthalten sein werden (tatsächlich genügt es, daß $\varepsilon > 2/\sqrt{n}$ sei, d.h. $n > N = 4/\varepsilon^2$), sodaß es für den Grenzübergang indifferent ist, wenn man die $F_n$ durch die Varianten ersetzt (und der Einfachheit halber unterlassen wir daher deren Unterscheidung und schreiben immer $F_n$). Auch die Veränderung der Standardabweichung ist irrelevant, und man erhält sie sogleich ohne Berechnungen aus der obigen Interpretation: $X$ hat die Standardabweichung $1/\sqrt{3}$ im Falle der uniformen Verteilung (zwischen $\pm 1$) und $\sqrt{2/3}$ in dem der dreieckigen (zwischen $\pm 2$), und darum bringt die Fortsetzung von $X$ die Standardabweichung von 1 bis $\sqrt{1 + 1/3n}$ oder $\sqrt{1 + 2/3n}$ (d.h. asymptotisch $1 + 1/6n$ und $1 + 1/3n$).

Nach diesen näheren Angaben können wir rasch vorgehen, indem wir uns auf die veränderte Verteilung beziehen, die uns passend erscheint.

Die Masse $p_h$ ergibt, wenn man sie uniform auf das Intervall $x_h \pm 1/\sqrt{n}$ verteilt, eine Dichte $f_n(x_h) = p_h/(2/\sqrt{n}) = \frac{1}{2}p_h\sqrt{n} = \frac{1}{2}{}_h\sqrt{n}\binom{n}{h}/2^n$; verteilt man sie dreieckförmig, so bleibt die Dichte in $x_h$ dieselbe, aber in jedem Intervall $(x_h, x_{h+1})$ wird sie (anstatt in der ersten und zweiten Hälfte den Wert des ersten und zweiten Extrems beizubehalten) linear variieren (Diagramm = gebrochene Linie, welche die Ordinaten in den $x_x = x_h$ verbindet), weil der Beitrag von $p_h$ von $x_h$ an linear abnimmt, bis er sich in $x_{h+1}$ annulliert, und der von $p_{h+1}$ sich symmetrisch verhält.

In diesem Intervall, $x_h < x < x_{h+1}$ wird die Ableitung der Dichte, $f'_n(x)$ darum den stetigen Wert

$$(21)\quad f'_n(x) = (p_{h+1} - p_h)\cdot\tfrac{1}{2}\sqrt{n}/(2/\sqrt{n}) = \tfrac{1}{4}n(p_{h+1} - p_h) \quad \text{haben.}$$

Wenn wir uns erinnern, daß (4.2) $p_{h+1}/p_h = (n-h)/(h+1)$ ist, und wieder an die Ausdrücke $f_n(x_h)$ und $x_h$ denken, aus denen sich $h = \frac{1}{2}(n + x_h\sqrt{n})$ (und idem für $x_{h+1}$) ergibt, können wir (und dies ist zweckmäßig) folgendes schreiben:

$$f'_n(x) = p_h \cdot \frac{n}{4}\left(\frac{n-h}{h+1} - 1\right) = p_h \cdot \tfrac{1}{4}n \cdot \frac{n-2h-1}{h+1} =$$

$$= \tfrac{1}{2}\sqrt{n}\,\frac{-x_h\sqrt{n} - 1}{\frac{1}{2}(n + x_h\sqrt{n}) + 1} f_n(x_h) = -x_h \cdot f_n(x_h) \cdot \frac{1 + 1/(x_h\sqrt{n})}{1 + (x_h/\sqrt{n}) + (2/n)},$$

und analog

$$f_n'(x) = p_{h+1} \cdot \tfrac{1}{4} n \left(1 - \frac{h+1}{n-h}\right) = -x_{n+1} \cdot f_n(x_{h+1}) \cdot \frac{1 - 1/(x_{h+1}\sqrt{n})}{1 - (x_{h+1}\sqrt{n}) + (2/n)}.$$

Das beweist, daß die logarithmische Ableitung $f_n'(x)/f_n(x)$ (die offenbar die extremen Werte rechts vom linken Extrem und links vom rechten Extrem hat), immer der Relation

$$(22) \qquad f_n'(x)/f_n(x) = \frac{d}{dx} \log f_n(x) = -x[1 + \varepsilon(x)] \quad \text{genügt,}$$

(wo $\varepsilon(x)$, bei Wachsen von $n$, in jedem endlichen Intervall, dem eine Umgebung des Ursprungs fehlt – z. B. ist es $\varepsilon(x) < \varepsilon$, für ein gegebenes $n$, in den Intervallen $2\varepsilon/\sqrt{n} < |x| < \sqrt{n}/2\varepsilon$ – uniform nach Null tendiert; aber die scheinbare Unregelmäßigkeit im Ursprung ergibt sich nur aus der Tatsache, daß dort sowohl $x$ wie $f'(x)$ nach Null gehen und der Relation ist automatisch genügt, ohne daß man die Proportion in Betracht ziehen müßte).

Die Grenzverteilung muß daher der Gleichung

$$(23) \qquad f'(x)/f(x) = -x$$

genügen, daher

$$(24) \quad \log f(x) = -\tfrac{1}{2}x^2 + \text{const}, \quad f(x) = Ke^{-\frac{1}{2}x^2} \quad (K = 1/\sqrt{2\pi});$$

d.h. wir haben folgende Konklusion: die *reduzierte Bernoulli-Verteilung* (Fall von Kopf und Adler, $p = \frac{1}{2}$) *tendiert, für $n \to \infty$, zur reduzierten Normalverteilung*. Aber dieselbe Konklusion gilt für viel allgemeinere Fälle und wird, wegen ihrer Bedeutung, *Zentraltheorem* der Wahrscheinlichkeitsrechnung genannt. Beachten wir z. B. sofort, daß die Konklusion im Bernoulli-Fall auch für $p \neq \frac{1}{2}$ besteht (ausgenommen verschiedene Koeffizienten, wodurch sich eine *reduzierte* Verteilung ergeben würde).

6.3. Es ist opportun sich zunächst auf den ganz besonderen Fall von Kopf und Adler einzustellen, weil er sich dazu eignet, in leichter und intuitiver Form viele Begriffe und Verfahren zu illustrieren, die eine viel umfassendere Tragweite haben, deren eigentliche Bedeutung aber infolge Überlagerung durch technische Komplikationen übersehen werden könnte, wenn man sofort den allgemeinen Fall betrachten wollte.

Die hier gegebene Demonstration (die einer Methode entspricht, die Karl Pearson für dieses und andere Probleme angewandt hat) ist wahrscheinlich die einfachste (und sie ist es noch mehr, wenn man sich, ohne sich bei den Ungleichungen aufzuhalten, auf die heuristische Beobachtung beschränkt, daß für ein sehr großes $n$, $f'(x)/f(x)$ praktisch $= -x$ ist).

*Bemerkung*: Die geometrische Bedeutung ist, daß das Diagramm $y = f(x)$ die *Untertangente* $-1/x$ hat, die invers proportional zur Abszisse ist; approximativ ist das Ende über $x$ hinaus eine Exponentialverteilung, Dichte $f(\xi) = Ke^{-x\xi}$, mit der Erwartung $1/x$, und als solche ergibt sich tatsächlich (asymptotisch aus (20)) die Erwartung des Überschußes von $X$ in bezug auf $x$ (angenommen, es würde dieses übersteigen).[32] Dies heißt im wesentlichen, daß, wenn ein Irrtum $X$ (mit reduzierter Normalverteilung), einen gewissen Wert $x$, der groß ist, übersteigt, es fast sicher ist, daß er sehr wenig darüber liegt (circa $1/x$). Z. B. wenn er über $10\sigma$ (oder $100\sigma$) liegt, ist anzunehmen, daß er um $\sigma/10$ (oder $\sigma/100$) größer ist.

Und das ist gerade – und es ist zu beachten – das, was sich auch für die absoluten Abweichungen bei Kopf und Adler ergibt (siehe Anmerkung 1 zu Formel (4) in 4.2), mit den Veränderungen, die sich aus der diskreten Natur des Problems ergeben. Wenn wir wissen, daß Kopf in mehr als 75% der Versuche oben war, so ist die Wahrscheinlichkeit, daß es 1, 2, 3, 4 oder mehr als 4 mal über diese Grenze hinaus, so war, circa 0,67, 0,22, 0,074, 0,025, 0,012, egal wie groß die Zahl $n$ der Würfe ist. Das bedeutet aber, daß es für $n = 100$ (mit besagten Wahrscheinlichkeiten) fast sicher ist, daß die Erfolge 76, oder 77, oder 78, oder 79 seien, während dasselbe für $n = 1000$ (oder $n = 1\,000\,000$) innerhalb viel restriktiverer Grenzen gilt, mit 751, 752, 753, 754 (bzw. mit 750001, 750002, 750003, 750004)!

Wir werden gleich weitere Demonstrationen (und Verallgemeinerungen) desselben Theorems sehen, dessen Umrahmung nach verschiedenen Gesichtspunkten lehrreich ist. Zunächst wollen wir aber einen nützlichen Folgesatz betrachten.

Aus der Tatsache, daß $f_n(x) = f(x)$ ist und unter Berücksichtigung der Relation zu $p_h$ ergibt sich

$$(25)\quad \omega_h^{(n)} = p_h \doteq (2/\sqrt{n}) f_n(x_h) \doteq (2/\sqrt{n}) f(x_h) = \sqrt{2/\pi n}\, \exp\left[-\frac{1}{2n}(2h-n)^2\right].$$

Im besonderen, für $x = 0$, haben wir den maximalen Ausdruck, den zentralen ($h = \frac{1}{2}n$, wenn $n$ = gerade, oder jedes der beiden $h = \frac{1}{2}(n \pm 1)$, wenn $n$ = ungerade), den wir immer mit einem besonderen Ausdruck, $u_n$ angeben werden, und die ermittelte Formel liefert uns den asymptotischen Ausdruck $u_n \doteq \sqrt{2/\pi n}$, in Ziffern, $u_n = 0{,}8/\sqrt{n}$; wodurch wir

---

[32] Es ist $\exp\{-\frac{1}{2}(x-\xi)^2\} = \exp(-\frac{1}{2}x^2)\exp(-x\xi)\exp(-\frac{1}{2}\xi^2)$, es verbleibt jedoch nur der zweite Faktor, weil der erste (in Bezug auf $\xi$) stetig ist und in $K$ verkörpert, und der dritte $\doteq 1$ (für $\xi$ sehr klein) ist.

die Signifikanz (wichtig, gegenwärtig zu halten) des Koeffizienten $\sqrt{2/\pi}$ erhalten. In der Tat wird die Wahrscheinlichkeit $u_n$ (größte Wahrscheinlichkeit unter den $\omega_h^{(n)}$ von Kopf und Adler) bei vielen Fragen wichtig sein (wovon wir in VIII, 7.4 eine teilweise Zusammenfassung bringen). Inzwischen geben wir einige erste Eigenschaften an.

Es ist

$$(26)\quad \begin{aligned} u_n = u_{2m} &= \mathbf{P}(Y_n = 0) = \omega_m^{(n)} && \text{für } n = 2m = \text{gerade} \\ u_n = u_{2m-1} &= \mathbf{P}(Y_n = 1) = \mathbf{P}(Y_n = -1) = \\ &= \omega_m^{(n)} = \omega_{m-1}^{(n)} = u_{2m} && \text{für } n = 2m-1 = \text{ungerade.} \end{aligned}$$

Die Gleichung der $u_n$ für sukzessive Paarwerte (jeder ungerade mit dem nächstfolgenden geraden) ist durch die Bedeutung selbstverständlich: damit der Gewinn nach $2m$ Würfen Null sei, muß ein Wurf vorher $\pm 1$ sein und der letzte Wurf muß das Ergebnis haben, das ihn auf Null bringt; diese beiden Modalitäten haben die Wahrscheinlichkeit $u_{2m-1} \cdot \frac{1}{2}$, und ihre Summe ergibt $u_{2m} = 2(\frac{1}{2} u_{m-1}) = u_{2m-1}$. Dieselbe Schlußfolgerung ist mit den Binomialkoeffizienten möglich, wenn man die Stiefel'sche Formel anwendet: der zentrale Ausdruck $\binom{2m}{m}$ für $n = 2m =$ gerade ist die Summe der beiden darüber stehenden, die gleich sind $\binom{2m-1}{m-1} = \binom{2m-1}{m}$, daher doppelt; um die Wahrscheinlichkeiten zu erhalten, muß man jedoch durch $2^{2m}$ anstatt durch $2^{2m-1}$ dividieren, und so ist $u_{2m} = u_{2m-1}$. Wir haben also

$$(27)\quad u_{2m-1} = u_{2m} = \binom{2m}{m}/2^{2m} = \frac{(2m)!}{2^{2m}(m!)^2} \doteq \sqrt{2/\pi n} \doteq 0{,}8/\sqrt{n}.$$

6.4. Man sieht, daß der Faktor $\sqrt{2/\pi}$, der bisher als Normierungsfaktor für die reduzierte Normalverteilung aufgetreten war, auch einen Zusammenhang mit der Kombinatorik hat. Dieser Zusammenhang ergibt sich aus der Formel von Stirling, die einen asymptotischen Ausdruck für die Faktorielle liefert und es ermöglicht, auf einem anderen, mühsameren Weg, der aber oft verwendet wird und den man allenfalls auch kennen sollte, zum Zentraltheorem für den Fall der Bernoulli-Verteilungen zu gelangen.

Die *Formel von Stirling* drückt $n!$ in folgender Weise aus:

$$(28)\quad n! = n^n e^{-n} \sqrt{2\pi n}(1 + \varepsilon_n) \quad (\varepsilon_n \to 0, \text{ genauer } 0 < \varepsilon_n < \frac{1}{11n}.$$ [33]

Da dies oft nützlich ist, geben wir eine rasche Demonstration. Es ist

$$(29)\quad \begin{aligned} \log n! &= \log 2 + \log 3 + \ldots + \log n \doteq \int_{3/2}^{n+1/2} \log x \, dx = \\ &= [x \log x - x)_{3/2}^{n+1/2} = \doteq (n + \tfrac{1}{2}) \log n - n + \text{konst.} \end{aligned}$$

Beachten wir vor allem, daß die Differenz zwischen der Summe und dem Integral konvergiert (man sieht dies sofort, wenn man beobachtet, daß man, wenn man $\log n$ durch $\int_{n-1/2}^{n+1/2} \log x\,dx$ ersetzt, einen Fehler der Ordnung $1/n^2$ macht); damit sieht man (wie bereits De Moivre), daß $n! \cong Kn^{n+1/2}e^{-n}$ ist; daß $K = \sqrt{2\pi}$ (wie Stirling dies 1730 fand), wollen wir hier als heuristisch durch die Tatsache bewiesen betrachten, daß, wenn man es unbestimmt läßt, die Berechnung des Limes der $f_n(x)$ zu

$$f(x) = (1/K)e^{\frac{1}{2}x^2}$$

führen würde, und wir wissen bereits, daß dort der Multiplikationsfaktor $1/\sqrt{2\pi}$ sein muß.

Wir beschränken uns darauf, auf diesem Wege $u_n$ ($n$ gerade: $n = 2m$) nochmals zu berechnen:

$$u_n = \binom{2m}{m}/2^{2m} \cong \frac{(2m)!}{2^{2m}(m!)^2} = \frac{2^{2m}m^{2m}e^{-2m}\sqrt{2\pi 2m}}{2^{2m}[m^m e^{-m}\sqrt{2\pi m}]^2} = \frac{1}{\sqrt{\pi m}} =$$
$$= \sqrt{2/\pi n} = 0{,}8/\sqrt{n}.$$

Um zu der Berechnung von

$$\omega_{m+k}^{(n)} = \frac{(2m)!}{2^{2m}(m-k)!(m+k)!} = \omega_m^{(n)} \frac{(m!)^2}{(m-k)!(m+k)!}$$

überzugehen, ist es zweckmäßiger, sich einer Variante der Formel von Stirling zu bedienen, die sich in vielen Fällen als vorteilhaft verwertbar erweisen wird. Es handelt sich darum, Produkte der Art $(1+a)(1+2a)\ldots(1+ka)$ zu berechnen, mit $k$ groß und $ka = c$ klein; im gegenwärtigen Fall, $[m!/(m-k)!]/[(m+k)!/m!]$, kann man (indem man beide Proportionen durch $m^k$ dividiert und $1/m = a$ setzt) schreiben:

$$[1.(1-a)(1-2a)\ldots(1-(k-1)a)]/[(1+a)(1+2a)\ldots(1+ka)].$$

---

[33] Man bemerke, daß, wenn man $\varepsilon_r$ nicht beachtet, die Formel von Stirling $n!$ ergibt, mit einem immer kleineren relativen aber einem immer größeren absoluten Fehler (d. h.: Tendenz nach 1 der *Proportion*, aber Tendenz nach $+\infty$ der *Differenz* zwischen $n!$ und dem aproximativen Wert). Praktisch ausgedrückt: für $n \cong 10$ haben wir $n!$ mit circa $k+1$ genauen anfänglichen Ziffern, aber $n!$ (für ein großes $k$) ist eine Zahl von etwa $k \cdot 10^k$ Stellen und der Fehler hat im Verhältnis dazu nicht viel weniger. Jedenfalls, in den Anwendungen zählt immer die relative Aproximation, und diese ist auch für kleine Werte gut.

Zu den Logarithmen übergehend haben wir

$$\log \prod_{1}^{k}{}_{h}(1+ab)=\sum_{1}^{k}{}_{h}\log(1+ah)\doteqdot\frac{1}{a}\int_{1}^{\lambda}\log x\,dx=\frac{1}{a}[(1+\lambda)\log(1+\lambda)-\lambda]$$

mit $\lambda=(k+\frac{1}{2})a$[34]. In Reihen entwickelnd erhält man

$$\log \prod_{1}^{k}{}_{h}(1+ah)=\frac{\lambda^2}{2a}\left(1-\frac{\lambda}{3}+\frac{\lambda^2}{6}-\frac{\lambda^3}{10}+\ldots\pm\frac{\lambda^n}{\frac{1}{2}(n+1)(n+2)}\mp\ldots\right)$$
$$\doteqdot\tfrac{1}{2}(k+\tfrac{1}{2})^2 a.$$

Daher

$$(30)\qquad (1+a)(1+2a)\ldots(1+ka)\doteqdot e^{\frac{1}{2}(k+\frac{1}{2})2a}\simeq e^{\frac{1}{2}ak2};$$

in unserem Falle, mit $a=\pm 1/m$, haben die beiden Produkte die Werte $e^{\pm ak^2}=e^{\pm k^2/2m}$ und ihre Proportion ergibt sich als

$$e^{-k^2/2m}/e^{k^2/2m}=e^{-k^2/m}=e^{-(h-m)^2/m}=e^{-(2h-n)^2/2n}$$

(weil $k=h-m$ und $m=\frac{1}{2}n$), wodurch man das bereits bekannte Resultat erhält.

6.5. *Zusammenhang mit dem Problem der Diffusion.* Und nun eine anregende, rein heuristische Schlußfolgerung (die wir Pólya verdanken), die auch in Anbetracht weiterer Betrachtungen und Extensionen lehrreich ist. Der Zusammenhang zwischen Zufallsprozessen der Art, wie wir eben einen anhand von Kopf und Adler als Beispiel brachten, und Diffusionsprozessen, auf die wir jetzt hinweisen, wird in der Tat zu effektiven Möglichkeiten der Interpretation, wenn nicht überhaupt der Identifikation führen. Der Wiener-Lévy-Prozeß (siehe Kap. VIII), den man sich, unter Bezugnahme auf diesen Hinweis, wie einen Kopf und Adler-Prozeß mit einer riesigen Anzahl von Gängen mit kleinstem Einsatz in jedem abschätzbaren, kleinsten Zeitraum vorstellen kann, wird auch (von Paul Lévy) Prozeß der *Brown'schen Bewegung* genannt, weil er sich (wenn auch nur für gewisse Aspekte), für die Darstellung und das Studiums dieses Phänomens eignet, welches bekanntlich ein Phänomen der Diffusion ist.

Der Kopf und Adler-Prozeß kann wie ein Diffusionsprozeß ge-

[34] Einfacher $\lambda=ka$ setzen ist im Sinne einer einzelnen Bewertung praktisch äquivalent; im Falle von Produkten oder Proportionen mehrerer Ausdrücke dieser Art kann es jedoch vorkommen (und so im Beispiel in 4.3), daß gerade die Beiträge, die von „$+1/2$" abzuleiten sind, determinierend sind, weil die hauptsächlichen sich aufheben.

dacht werden, in dem eine Masse (unitär, anfänglich $t = 0$, im Ursprung konzentriert) in der Zeit längs des Netzes von Abb. 3 wandert und sich bei jeder Wegkreuzung (auf die sie in jedem Moment $t =$ ganz stößt) in die Hälfte teilt. Die Masse (welche die Wahrscheinlichkeit darstellen würde), würde sich nach dieser Interpretation in sicherer (deterministischer) Form teilen und formal geht alles auch weiterhin gut (die Sache wird sogar noch einfacher).

Eine signifikantere, unseren Zielen naheliegendere Interpretation besteht jedoch darin, einen Zufallsprozeß statistischer Natur zu betrachten. Wir nehmen an, anfänglich wären im Ursprung eine sehr große Zahl $N$ von Partikelchen konzentriert, die sich mit gleicher und stetiger Geschwindigkeit auf dem Netz nach rechts bewegen und in jedem Moment $t =$ ganz auf eine Kreuzung stoßen, wo jedes einzelne für sich (unabhängig von den anderen) den eigenen Weg wählt. Äquivalent kann man sich denken, daß sie sich auf der $y$-Achse mit stetiger Geschwindigkeit fortbewegen, aber in einer Richtung, die in jedem Moment $t =$ ganz (d.h. jeweils bei Erreichen eines Punktes der Abszisse $y =$ ganz) zufällig gewählt wird. Oder sie ruhen, machen aber bei jedem $t =$ ganz einen Sprung $\pm 1$.

Wenn man die totale Masse $= 1$ annimmt, ist die, die durch einen gegebenen Punkt geht, nicht mehr mit Sicherheit determiniert: wenn es im deterministischen Falle $\omega$ war, wird man jetzt nur sagen können, daß es nach Erwartung $\omega$ ist, daß die Zahl der Partikelchen nach Erwartung $= N\omega$ sein wird. Sie wird aber jeglichen Wert $h$ zwischen 0 und $N$ mit Wahrscheinlichkeit $\binom{N}{h}\omega^h(1-\omega)^{N-h}$ annehmen können. Wenn man eine grobe Idee der Situation vermitteln will, kann man sagen, daß (wenn man die Erwartung $\pm$ Standardabweichung angibt) die Anzahl der Partikelchen $N\omega \pm \sqrt{N\omega(1-\omega)}\,(\doteq N\omega \pm \sqrt{N\omega}$ für ein kleines $\omega$ sein wird; Poisson'sche Approximation).

Dies ist das Bild, das interessiert, das des Erzielens einer Normalverteilung als Ergebnis eines statistischen Diffusionsprozesses.

Für die mathematische Behandlung, wie immer man sie auslegen mag, ist die Masse, die den Punkt (Wegkreuzung) $(t, y)$ ($t$ und $y$ ganz und beide gerade oder ungerade) durchkreuzt, das übliche

$$\mathbf{P}(Y_t = y) = \omega^{(t)}_{(t+y)/2} = \omega(t, y),$$

gegeben durch die Hälfte derjenigen, die $(t-1, y-1)$ oder $(t-1, y+1)$ durchwandert hat:

$$\omega(t, y) = \tfrac{1}{2}[\omega(t-1, y-1) + \omega(t-1, y+1)].$$

Die Bezeichnung $(t, y)$ ist eingeführt worden, um zu ermöglichen, sich diese Funktion (egal mit welcher Art von Interpolation) auch an den Punkten definiert denken zu können, wo sie für das effektive Problem keine Bedeutung hat, im besonderen für $t$ und $y$ ganz aber mit $t+y$ ungerade, wie $\omega(t-1, y)$. Zieht man diesen Wert bei beiden Gliedern ab, so wird die vorherige Relation:

(31) $\Delta_t\omega = \tfrac{1}{2}\Delta_y^2\omega$, und, am Limes (32) $\dfrac{\partial\omega}{\partial t} = \tfrac{1}{2}\dfrac{\partial^2\omega}{\partial y^2}$,

wenn man es (indem man sich die Einheiten von $t$ und $y$ sehr klein vorstellt) für gerechtfertigt hält, vom Diskreten zum Kontinuum überzugehen.

Wir beschränken uns darauf festzustellen, daß man auch auf diesem Wege zur richtigen Lösung kommt. Tatsächlich ist die grundlegende Lösung der *Wärmegleichung* (wie oben geschrieben)

$$\omega(t, y) = (K/\sqrt{t})\, e^{-\frac{1}{2}y^2/t}, \tag{33}$$

was wohlbekannt ist und unmittelbar nachgeprüft werden kann.

6.6. Die Form der Normalverteilung ist wohlbekannt und wird hier durch Abb. 7 (Dichtediagramm, $y = f(x)$) und durch die Tabelle illustriert, die mehrere Zahlenwerte liefert (sowohl für die Dichte als für die Verteilungsfunktion (Wahrscheinlichkeit der Zugehörigkeit zu gegebenen Halbgeraden oder Intervallen).

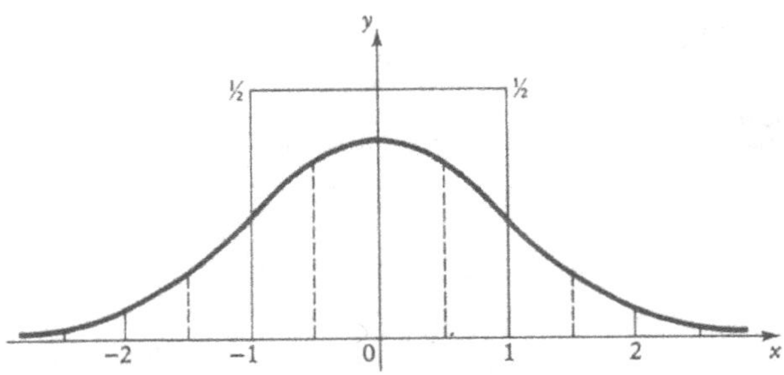


Abbildung 7.

Reduzierte Normalverteilung ($m = 0, \sigma = 1$): Kurve der Dichte. Die angegebenen Unterteilungen ($0, \pm 1, \pm 2, \pm 3$) entsprechen $\sigma$, $2\sigma$, $3\sigma$; in $\pm 1$ ergeben sich zwei Knickstellen, zwischen denen die Dichte konvex ist. Das Rechteck mit der Höhe $\frac{1}{2}$ zeigt vergleichsweise die uniforme Verteilung auf dem Abschnitt $[-1, 1]$ (den man zweckmäßigerweise als Kern der Verteilung bezeichnen könnte; Motive, siehe X, 2.4); Achtung: die senkrechte Skala ist vervierfacht, um zu vermeiden, daß die Kurve (wie sie ist) sehr abgeflacht erscheine, sodaß der Verlauf schwer erkennbar wäre.

Man beachte die folgende Tabelle, nicht nur für zahlenmäßige Anwendungen, sondern auch, um sich einige signifikante Daten einzuprägen (z.B. Ordinaten und noch mehr Flächen, die sich auf die Abszissen 1, 2 und 3, d.h. auf $\sigma$, $2\sigma$ und $3\sigma$ beziehen).

Wir beschränken uns darauf, die Aufmerksamkeit auf einige Umstände zu lenken, deren Berücksichtigung nützlich ist.

Das Dichtediagramm hat ein Maximum im Ursprung und einen (symmetrisch) fallenden Verlauf, sowie man sich davon in der einen oder anderen Richtung entfernt. Es ist konvex (nach oben) im Intervall $[-1, +1]$ und konkav in den äußeren Abschnitten, die sich asymptotisch der Achse der Abszisse für $x \to \pm\infty$ nähern; diese Annäherung ist äußerst rasch (die „Enden“ sind „sehr stark zugespitzt“), was bereits in (6.3) hervorgehoben wurde: in der Tat nimmt die Untertangente (die – im absoluten Wert – bei Wachsen von $|x|$ indefinit wächst, wenn $f(x)$ nach 0 tendiert wie eine Potenz, $|x|^{-n}$ mit $n$ beliebig groß, und konstant bleibt, wenn es exponentiell abnimmt) in unserem Falle wie $1/|x|$ ab.

Das Diagramm hat zwei Knickstellen in $\pm 1$ (offenbar durch den bereits bemerkten Übergang von der Konvexität zur Konkavität; die Ordinate dort ist etwa 0,6 der maximalen (0,60652 laut Tabelle, es wäre aber gut, runde approximative Daten zu nehmen, um auch bei handgezeichneten Skizzen oder solchen an der Tafel zu beachtliche und häufige Änderungen zu vermeiden). Die Untertangente ist $\pm 1$, d. h. mit einer solchen Neigung, daß die Tangenten die $x$-Achse an den Punkten $\pm 2$ schneiden.

Da die Enden sehr „stark zugespitzt“ sind, ist es klar, daß sich für die Realisierung von Werten über ein gewisses $x$ hinaus im Falle der Normalverteilung geringere Wahrscheinlichkeiten ergeben als für alle anderen gebräuchlichen (höchstens: Dichte mit den Potenzen oder mit Exponenten fallend), und somit viel geringere als die, welche die Ungleichung von Tschebyscheff, die unter den ungünstigsten Hypothesen gilt, ergeben.

Hier nun einige Vergleichsdaten zwischen den Wahrscheinlichkeiten, daß $|X|$ $k\sigma$ (oder einfach $k$ im reduzierten Fall, $\sigma = 1$) überschreite, wenn $k = 1, 2, 3$ und $3\frac{1}{2}$:

| absoluter Wert höher als | | $\sigma$ | $2\sigma$ | $3\sigma$ | $3\frac{1}{2}\sigma$ |
|---|---|---|---|---|---|
| Wahr-schein-lichkeit | Normalvert. | 31,74% | 4,55% | 0,27% | 0,05% |
| | Ungl. Tschebyscheff | $\leqq$ 100,–% | $\leqq$ 25,–% | $\leqq$ 11,11% | $\leqq$ 8,16% |

Man beachte (20) in (5.4) und die *Bemerkung* in (6.3) über die asymptotischen Ausdrücke derartiger Wahrscheinlichkeiten ($\doteqdot Ke^{-\frac{1}{2}x^2}/x$, $K = 1/\sqrt{2\pi} = 0{,}08$[35]) und der Größenordnung einer eventuellen Überschreitung (Erwartung $\doteqdot 1/x$).

[35] Man erhält eine genaue Begrenzung, wenn man anstatt $K$, $K(1 + \Theta/x^2)$ schreibt, mit $0 \leqq \Theta \leqq 1$ (und es ist $\Theta \sim 1 - 3/x^2$).

Tabelle der Werte der Kurve der reduzierten Normal- (oder Gauss'schen) Verteilung.

| Abszisse $x$ | Ordinaten (Dichte) $f(x) = \frac{1}{\sqrt{2\pi}} e^{-\frac{1}{2}x^2}$ | id. in % der mittleren Ordinate | Flächen ($\int f(x)dx$) in % von $x$ bis $+\infty$ | in den einzelnen angegebenen Intervallen | id. doppelt |
|---|---|---|---|---|---|
| (1) | (2) | (3) | (4) | (5) | (6) |
| 0,– | 0,398942 | 100,– | 50,– | | |
| 0,1 | 0,396952 | 99,50 | 46,0172 | | |
| 0,2 | 0,391043 | 98,01 | 42,0740 | 19,15 | 38,30 |
| 0,3 | 0,381388 | 95,60 | 38,2089 | | |
| 0,4 | 0,368270 | 92,31 | 34,4978 | | |
| 0,5 | 0,352065 | 88,25 | 30,8538 | | |
| 0,6 | 0,333225 | 83,53 | 27,4253 | | |
| 0,7 | 0,312254 | 78,27 | 24,1964 | 14,98 | 29,96 |
| 0,8 | 0,289692 | 72,61 | 21,1855 | | |
| 0,9 | 0,266085 | 66,70 | 18,4060 | | |
| 1,– | 0,241971 | 60,652 | 15,8654 | | |
| 1,1 | 0,217852 | 54,61 | 13,5666 | | |
| 1,2 | 0,194186 | 48,68 | 11,5070 | 9,19 | 18,38 |
| 1,3 | 0,171369 | 42,96 | 9,6800 | | |
| 1,4 | 0,149727 | 37,53 | 8,0756 | | |
| 1,5 | 0,129518 | 32,47 | 6,6807 | | |
| 1,6 | 0,110921 | 27,80 | 5,4799 | | |
| 1,7 | 0,094049 | 23,57 | 4,4565 | 4,405 | 8,810 |
| 1,8 | 0,078950 | 19,79 | 3,5930 | | |
| 1,9 | 0,065616 | 16,45 | 2,8717 | | |
| 2,– | 0,053991 | 13,53 | 2,2750 | | |
| 2,5 | 0,017528 | 4,39 | 0,6210 | 2,140 | 4,280 |
| 3,– | 0,004432 | 1,11 | 0,1350 | | |
| 3,5 | 0,0008727 | 0,22 | 0,02326 | 0,135 | 0,270 |
| ∞ | 0,– | 0 | 0,– | | |

Weil die Binomialverteilung (und viele andere) sich unter gegebenen Bedingungen (Wachsen von $n$, oder ähnlichen) der normalen nähern, kann die Tabelle dieser Verteilung häufig auch für andere (jeweils mit entsprechender Vorsicht[36]) verwendet werden. Oft verwendet man sie auch für empirische Verteilungen(statistische), im Vertrauen darauf, daß sie (zumindest grob gesehen) Normalverlauf haben müßten (und dieses Vertrauen kann oft zu groß werden; siehe 6.9).

6.7. Für andere lehrreiche und notwendige Betrachtungen über die Normalverteilung muß man sich auf den mehrdimensionalen Fall beziehen (entweder nur zwei, Fall Ebene, oder irgendwelche $n$, oder sogar asymptotische Fälle für $n \to \infty$).

Es wird genügen, sich auf den Fall der Kugelsymmetrie mit der Dichte

$$f(x_1, x_2, \ldots, x_r) = K\exp(-\tfrac{1}{2}\rho^2), \quad \rho^2 = x_1^2 + x_2^2 + \ldots + x_r^2;$$

zu beziehen; damit setzt man voraus, daß die $X_h$ reduziert ($m = 0$, $\sigma = 1$) und stochastisch unabhängig sind (weshalb, im Normalfall, Nicht-Korrelation genügt). Im übrigen ist der allgemeine Fall auf diesen zurückzuführen, sofern man in $S_r$ die affine Transformation durchführt, die darin besteht, als „Kugel" das Ellipsoid der Kovarianz (siehe Kap. IV, 17.5) anzunehmen, d.h. man bezieht sich nicht auf die $X_h$ sondern auf die reduzierten und nicht korrelierten $Y_k$ (deren Linearkombinationen). Mehr darüber später (Kap. $X$, 2.4).

Inzwischen können wir den (bereits angegebenen) Wert ($K = 1/\sqrt{2\pi}$) der Normalisierungskonstante der reduzierten Normalverteilung ermitteln. Durch Integration auf der ganzen Ebene[37] erhält man

$$\int\int e^{-\frac{1}{2}x^2} e^{-\frac{1}{2}y^2} dxdy = \int e^{\frac{1}{2}\rho^2} \rho d\rho \int d\theta = 2\pi, \quad \text{aber auch} = [\int e^{-\frac{1}{2}x^2} dx]^2.$$

Daher ist $K = 1/2\pi$ in der Ebene ($r = 2$), $K = (2\pi)^{-\frac{1}{2}}$ im linearen Fall ($r = 1$), und im allgemeinen $K = (2\pi)^{-\frac{1}{2}r}$ für ein beliebiges $r$[38].

---

[36] Man könnte z. B., wenn man unvorsichtig ist, schließen, daß die Wahrscheinlichkeit mehr als $n$ mal bei $n$ Würfen (!) Kopf (und ebenso Adler) zu erhalten, sehr gering, aber nicht Null ist (etwa $2{,}4 \cdot 10^{-23}$ für $n = 100$, etwa $10^{-2173}$ für $n = 10.000$).

[37] Wir stellen auch fest (weil es gebräuchlich, wenn auch fast zu offensichtlich ist), daß das Integral einer positiven Funktion bei Ausdehnung auf die Ebene nicht von der Art des Grenzüberganges abhängig ist (für Kreise $\rho < R$, oder für Quadrate $|x| \vee |y| < R$, oder sonst): es ist immer einfach das obere Extremum der Werte, die sich auf irgendwie begrenzte Felder beziehen.

Interessanter sind zwei wesentliche Fragen: die Prüfung von zwei – eng mit einander verbundenen – Bedingungen, von denen jede geeignet ist, die Normalverteilung signifikant zu charakterisieren. In beiden Fällen ist es notwendig und hinreichend, wenn man sich auf den Fall der Ebene bezieht.

Das erste Problem führt zur Demonstration, daß: die einzige ebene Verteilung mit Kreissymmetrie, in der die Abszisse $X$ und die Ordinate $Y$ (orthogonal) stochastisch unabhängig sind, sich ergibt, wenn $X$ und $Y$ Normalverteilung mit gleicher Varianz haben (und Nullerwartung, wenn die Symmetrie um den Ursprung liegen muß). Das zweite betrifft die bereits betonte *Stabilität* (Kap. XI, 11.3), die wenn man die Bedingung der *endlichen Varianz* hinzufügt, sich als *ausschließliche* Eigenschaft der Normalverteilung ergibt.

Das erste Problem besteht darin zu erkennen, welche Funktionen (Dichte) $f(x)$ dazu führen, daß $f(x)f(y)$ Funktion von $\rho = \sqrt{x^2 + y^2}$ sei[38].

Indem man $f(x)/f((0) = \psi((x^2)$ setzt (erlaubt wegen offensichtlicher Symmetrie), schreibt man die Bedingung $\psi(\rho^2) = \psi(x^2+y^2) = \psi(x^2)\cdot\psi(y^2)$, eine funktionelle Gleichung, die, indem man zu den Logarithmen übergeht, auf die der Additivität zurückzuführen ist:

$$\log\psi(x^2 + y^2) = \log\psi(x^2) + \log\psi(y^2);$$

diese impliziert, unter sehr geringen restriktiven Bedingungen, die hier reichlich erfüllt sind (z. B. genügt es, daß $\psi$ in der Umgebung eines Punktes nichtnegativ sei, und hier ist es so auf der ganzen positiven Halbachse), die Linearität: daher $\log\psi(x^2) = kx^2$, $\psi(x)^2 = e^{kx^2}$, $f(x) = f(0)\,e^{kx^2}$ (daß $k = -1/2\sigma^2$ und $f(0) = 1/\sqrt{2\pi}\sigma$ ist, ergibt sich durch Normierung). Damit ist die Eigenschaft demonstriert.

Sie genügt, in gewissen Fällen, um die Plausibilität der Normalverteilung zu beweisen. Berühmtes Beispiel: Verteilung der Geschwindigkeit der Partikelchen in der kinetischen Gas-Theorie (nach Maxwell). Wenn man voraussetzt: *a*) *Isotropie* (gleiche Verteilung für die Komponente in jeglicher Richtung), und *b*) stochastische *Unabhängigkeit* unter Komponenten auf orthogonale Richtungen, ist die Verteilung jeder Komponente normal (mit Nullerwartung und gleicher Varianz), d. h. die des Geschwindigkeitsvektors ist normal und kugelsymmetrisch (Dichte $Ke^{-\frac{1}{2}\rho^2/\sigma^2}$).

[38] Es ist nicht notwendig, das Problem für $f_1(x)f_2(y)$ zu stellen, weil es unmittelbar ist, daß notwendigerweise $f_1(x)f_2(y) = f_2(x)f_1(y)$ ist und daher im wesentlichen $f_1 = f_2$; noch ist es limitativ, Dichten zu betrachten, da konzentrierte Massen (oder solche mit unendlicher Dichte) analoge Störungen auf den Geraden verursachen würden, die zu den Achsen parallel sind, sodaß die Möglichkeit kreisförmiger Symmetrie ausgeschlossen wird. Desgleichen schließt man aus, daß $f(0) = 0$ ist.

Hat man diese Annahmen übernommen, so ist dies, mathematisch gesehen, eine Demonstration. Ob diese (oder weitere) Annahmen, die als Ausgangspunkt jedenfalls notwendig sind, als richtig oder als mehr oder weniger plausibel genommen werden sollten oder könnten, ist eine Tatsache, die ein wenig die Physik und ein wenig die Psychologie der einzelnen Autoren betrifft.

Das zweite Problem ist auf das erste zurückzuführen. Wir müssen die Restriktion der endlichen Varianz setzen (andernfalls wissen wir bereits, daß die Behauptung nicht wahr ist; siehe stabile Cauchy-Verteilung, VI, 11.3, am Ende), und ebenso gut können wir sie als unitär annehmen; es sei also $f(x)$ die Dichte einer solchen Verteilung (mit $m = 0, \sigma = 1$) und es seien $X$ und $Y$ die beiden stochastisch unabhängigen Zufallszahlen, die ihr folgen.

Wenn Stabilität vorhanden ist, hat $Z = aX + bY$ nach Definition dieselbe Verteilung, außer der Änderung der Skala, da $\sigma^2 = a^2 + b^2$. Wenn man so vorgeht, daß $a^2 + b^2 = 1$ ist, indem man $Z = X\cos\alpha + Y \sin\alpha$ nimmt, vermeidet man jede Veränderung der Skala und schließt, daß die Projektion der ebenen Verteilung, $f(x, y) = f(x)f(y)$ auf alle Richtungen gleich sein muß. Das heißt, man muß in bezug auf die Projektionen eine kreisförmige Symmetrie haben und es kann demonstriert werden, daß in diesem Sinne die kreisförmige Symmetrie für die Dichte (die für das erste Problem betrachtet wurde[39]) notwendig (außer selbstverständlich hinreichend) ist.

Die Konklusion ist daher dieselbe: die Eigenschaft ist ausschließlich die der Normalverteilung.

Dieses Ergebnis enthält bereits implizit eine Rechtfertigung (oder besser, halbe Rechtfertigung) des „Zentraltheorems". Wenn nämlich die (reduzierte: $\sigma = 1$) Verteilung des Gewinnes auf eine große Zahl von Würfen (Kopf und Adler, oder andere Fälle von Wurf für Wurf stochastisch unabhängigen Gewinnen) praktisch einer gewissen Grenzverteilung folgt, muß diese stabil sein. Es genügt zu beachten, daß, wenn $Y'$ und $Y''$ beide Gewinne auf eine große Anzahl $n'$ und $n''$ von Würfen sind, dann umsomehr $Y = Y' + Y''$, welches der Gewinn auf $n = n' + n''$ Würfe ist. Gemeinsam mit zwei unabhängigen Summanden, die dem Typus der Grenzverteilung angehören, muß auch deren Summe ihr angehören, und das bedeutet Stabilität.

Es handelt sich um eine halbe Rechtfertigung, weil diese Schluß-

---

[39] Dies ist intuitiv ziemlich „evident"; die Demonstration, die auf direktem Wege weniger naheliegend ist, ergibt sich automatisch auf der Basis der Eigenschaften der charakteristischen Funktionen in zwei Variabeln (Kap. X, 1,2).

folgerung nicht erlaubt zu sagen, ob und in welchen Fällen (nicht einmal für Kopf und Adler) die Tendenz zu einer Grenzverteilung besteht; sie erlaubt jedoch zu sagen, daß, *wenn sie existiert* (und eine endliche Standardabweichung hat und der Prozeß additiv ist und mit unabhängigen Summanden: lauter offensichtliche Dinge) *diese notwendigerweise die Normalverteilung ist.*

6.8. *Hyperräumliche Interpretation.* Es ist lehrreich, sich als heuristisches aber signifikantes Bild, eine hyperräumliche Interpretation vor Augen zu halten. Im Vergleick zu den obigen Gedankengängen stellt sie noch weniger eine „halbe Rechtfertigung" des Auftretens der Normalverteilung in den Hypothesen des Zentraltheorems (Summe unabhängiger Zufallszahlen) dar, dafür läßt sie aber erkennen, wie das Resultat oft unter ganz anderen Bedingungen dasselbe bleibt.

Beginnen wir mit der Betrachtung der uniformen Verteilung innerhalb der Kugel (Hyperkugel) mit unitärem Radius in $S_r$, und der Projektion dieser Verteilung auf den Durchmesser, $-1 \leqq x \leqq +1$. Der Abschnitt in $x$ hat den Radius $\sqrt{1-x^2}$„ „Fläche" $(\sqrt{1-x^2})^{2-1}$ und daher ist die Dichte

$$f(x) = K(1-x^2)^{(n-1)/2} \tag{34}$$

(im besonderen: $K\sqrt{1-x^2}$ für $r=2$, Projektion der Kreisfläche; $K(1-x)^2$ für $r=3$, Projektion des Volumens der Kugel usw.).

Bei Wachsen von $r$ konzentriert sich die Verteilung um den Ursprung (wie dies für die Häufigkeiten bei Kopf und Adler der Fall war); um dies zu vermeiden und zu sehen, welche, asymptotisch die „Form" der Verteilung ist, muß man sie (gerade wie in diesem Fall) in Verhältnis 1 zu $\sqrt{r}$ erweitern (d.h. indem man $x$ durch $x/\sqrt{r}$ ersetzt). Und dann haben wir

$$f(x) = K\left(1-\frac{x^2}{r}\right)^{(r-1)/2} \to Ke^{-\frac{1}{2}x^2}.$$

Am Limes hat man die Normalverteilung, ohne daß irgendeiner der im Zentraltheorem hypothetisch angenommenen Umstände besteht. Noch erstaunlicher aber ist, daß dieselbe Konklusion auch unter Umständen besteht, die den gewöhnlichen noch weniger ähnlich sind: z.B., wenn man eine hohle Kugel betrachtet (nur einen kleinen Stratus zwischen den Radien $1-\varepsilon$ und 1 ($\varepsilon > 0$ beliebig). Es genügt zu beobachten, daß die Masse in der kleineren Kugel der Bruchteil $(1-\varepsilon)^r$ der totalen Masse ist; sie tendiert nach 0 bei Wachsen von $r$ und damit wird auch ihr Beitrag für die Bestimmung der Form von $f(x)$ unbeachtlich.

Nun: auch das Zentraltheorem fällt als besonderer Fall *sozusagen* in diese Gattung, mit der Tendenz jeglicher Verteilung zu mehreren Dimensionen, als Projektion auf eine Gerade eine Normalverteilung zu haben.

Der Fall Kopf und Adler zeigt, daß man dieselbe Projektion (asymptotisch, für $n$ groß) hat, wenn man eine Verteilung gleicher Massen $(\frac{1}{1})^n$ auf $2^n$ Eckpunkte eines $n$-dimensionalen Hyperkubus projeziert (Projektion entsprechend einer Diagonale). Aber dasselbe gilt für Projektionen auch auf jegliche andere Achse (sofern sie nicht oder fast einer Fläche angehört, die im Vergleich zu $n$ wenige Dimensionen hat), und auch, wenn man sich den Würfel fest vorstellt (Masse im Innern uniform verteilt), oder mit uniformer Verteilung auf der Oberfläche usw. Mit einem Wort, diese hyperräumliche Interpretation gilt in all den Fällen, in denen das Zentraltheorem gilt (wenn sie auch nicht helfen kann, sie zu ermitteln, außer gelegentlich dank heuristischer Schlußfolgerungen durch Analogie mit bekannten Fällen).

Nützlicher und spezifischer ist die Konklusion, die man im gegenteiligen Sinn ziehen kann: die Tendenz zum Auftreten der Normalverteilung entfaltet sich in noch viel mehr Fällen als in den bereits sehr vielen, die in das Problem der Summen unabhängiger Zufallszahlen fallen, mit denen wir uns zurzeit (angefangen vom Beispiel von Kopf und Alder) befassen. Der feste Würfel fällt unter diese Interpretation (Summanden unabhängig gewählt und mit uniformer Verteilung zwischen $\pm 1$), nicht aber der Würfel mit Verteilung auf der Oberfläche (oder Kanten, oder $m$-dimensionale Oberflächen), und umso weniger die Fälle der Hyperkugel (fest, oder Oberfläche).

Eine breite Verallgemeinerung des Zentraltheorems ist die von R. von Mises[40], wonach auch die Verteilung nicht linearer „statistischer Funktionen" (unter in der Praxis wenig restriktiven Bedingungen) asmyptotisch normal ist. Beispiele nicht linearer statistischer Funktionen der beobachteten Werte $X_1, X_2, \ldots, X_n$ sind die Mittel derselben (außer dem arithmetischen) (oder ihrer Abweichungen vom

[40] R. von Mises *Selected Papers*, Providence 1964, Band II; siehe dort verschiedene Arbeiten, darunter (S. 388–94) liefern die in Rom gehaltenen Vorlesungen (Ist. Alta Matematica) eine der zeitgerechtesten Darlegungen (weitere, mehr als Beispiele, S. 246–70).

arithmetischen Mittel $\sum X_h/n$), die Momente und die Funktionen der Momente (z. Beispiel $\mu_3^2/\mu_2^3$ und $(\mu_4/\mu_2^2)-3$, wo die $\mu_h$ die Momente in bezug auf das Mittel sind, Ausdrücke, die respektive als Indices von Asymetrie und „Kurtosis" verwendet werden; siehe VI, 6.5), der Konzentrations-Koeffizient (von Gini, siehe VI, 6.3, Ende) usw. Im allgemeinen sind es die Funktionen, die man als Funktionale von $F_n(x)=(1/n)\sum(X_h \leqq x)$ (Sprung $1/n$ für $x = X_1, X_2, \ldots, X_h$) darstellen kann, d. h. der statistischen Verteilung, unter Bedingungen analog zur Differenzierbarkeit, d. h. der „Linearität im kleinen". In synthetischer Form (die effektive Formulierung ist eher kompliziert und würde schon für die Symbole lange einleitende Erklärungen erfordern), es wird verlangt, daß die erste Ableitung (im Sinne von Volterra, für „fonctions de ligne") den Bedingungen für die Gültigkeit des Zentraltheorems im linearen Fall genügt, und daß eine komplementäre Bedingung durch die zweite Ableitung erfüllt sei.

Diese, wenn auch breite Verallgemeinerung enthält jedoch nichts über die in der hyperräumlichen Interpretation betrachteten Fälle und dies beweist noch mehr, wieweit die „Tendenz", die Normalverteilung aus jeglicher Chaos-Situation hervorkommen zu lassen, alle Gebiete zu durchdringen scheint.

6.9. *Die Ordnung im Chaos.* Wir verschieben nun auf Nr. 7 das, was wir als echte Demonstration des Zentraltheorems (in seiner stärksten mathematischen Auswirkung) betrachten und halten uns kurz bei der Idee einer „aus dem Chaos hervorgehenden Ordnung" auf, die oft unter Bezugnahme auf die Normalverteilung (außer für viele andere Fälle) gebracht wird.

Die generische Bemerkung, die hier (wie übrigens mehr oder weniger an verschiedenen anderen Punkten) zu machen ist, betrifft das Phänomen, das oft in der Wahrscheinlichkeitsrechnung eintritt: d. h., daß man Konklusionen erhält, die in dem Sinne ziemlich genau und stabil sind, daß sie unverändert auch dann gelten, wenn man von weitgehend verschiedenartigen Situationen und Meinungen ausgeht. Es ist das Gegenteil von dem, was im allgemeinen in den anderen Gebieten der Mathematik und ihrer Anwendungen geschieht, wo Fehler sich anhäufen und riesengroß werden, und drohen, die Resultate ganz zu entwerten, wenn man noch soviel Genauigkeit in der Bewertung der Ausgangsdaten und der Entwicklung der Berechnungen angewandt hat. Es ist dies die Eigenschaft, die den Nachteil der Wahrscheinlichkeitsrechnung aufwiegt, der durch die subjektive und häufig unklare Art der Ausgangasdaten gegeben ist. Dieser – in gewissem Sinne wunderbaren und in gewissem Sinne zu Recht natürlichen – Eigenschaft ist es zu verdanken, wenn viele Konklusionen letzten Endes allen, unabhängig von unvermeidlichen Divergenzen der anfänglichen Bewertungen und Meinungen, annehmbar erscheinen. Es ist dies ein sehr positiver Umstand (trotz des Nachteils, der sich aus seiner zu indiskriminierten Auslegung ergibt, die dazu führt, Dinge für objektiv zu halten, die subjektive, aber nicht deutlich sichtbare derartige Wurzeln haben).

Diesbezüglich bringen wir ein banales aber lehrreiches Beispiel (weil der Mechanismus klar ist, während der des Zentraltheorems es nicht so sehr ist). Wir nehmen den Fall ($E$) in (2.2) wieder auf: Wahrscheinlichkeit einer ungeraden Anzahl von Erfolgen auf $n$ Ereignisse $E_1, E_2, \ldots, E_n$. Wenn man sie stochastisch unabhängig und mit den Wahrscheinlichkeiten $p_1, p_2, \ldots, p_n$ annimmt, ergibt sich die besagte Wahrscheinlichkeit als

$$q_n = \tfrac{1}{2} - \prod_1^n {}_h(1 - 2p_h)$$

(durch Induktion nachprüfen); bei Wachsen von $n$ nimmt die Differenz zwischen $q_n$ und $\frac{1}{2}$ ab (im absoluten Wert), d.h., wenn man daran interessiert ist, sie bei $\frac{1}{2}$ zu halten, ist es zweckmäßig, immer mehr (stochastisch unabhängige) Ereignisse hinzuzufügen, egal welche ihre Wahrscheinlichkeit $p_h$ ist, weil diese Differenz mit $2(\frac{1}{2} - p_h)$ multipliziert wird, $\leqq 1$ im absoluten Wert und umso kleiner, je näher $p_h$ bei $\frac{1}{2}$ liegt; wenn $p_h = \frac{1}{2}$ annulliert sich die Differenz (wie bereits seinerzeit gesagt wurde). Wir denken nun, wir hätten einen Würfel oder ein Parallelepiped und wollen mit größter Sorgfalt in zwei Teile teilen: wir können uns des identischen Schemas bedienen und anstatt nur einem Schnitt (parallel zu einer Oberfläche) drei Schnitte (parallel zu den drei Paaren von Oberflächen) durchführen und eine Hälfte aus den 4 Stücken bilden, die einer oder allen der drei Bedingungen genügen, „oben", „vorn", „links" zu sein (und die andere Hälfte aus 4 Stücken, die zweien oder keiner der Bedingungen genügen). Wozu diese Abschweifungen? Um zu zeigen, daß derartige Phänomene sich nicht (und man würde dann sagen: „wunderbarerweise") aus Prinzipien oder Prämissen der Wahrscheinlichkeitstheorie ergeben. Sie können als solche in jeder Art der Anwendung auftreten. Die Tatsache ist, daß die *Verwertung* und das *Studium* von Methoden, die sich auf die Unordnung stützen, in der Wahrscheinlichkeitstheorie häufiger und zweckentsprechender ist als anderswo.

Dies vermittelt eine Idee der Leichtigkeit (und in gewissem Sinne auch der Motive), wonach in komplexen Situationen, wo eine Art „Unordnung“ vorherrscht, oft etwas auftaucht, das wie „Ordnung“ anmutet.

Ein weiterer Umstand, der geeignet ist zu „rechtfertigen“, wie diese „aus dem Chaos entstandene Ordnung“ den Aspekt der Normalverteilung annehmen kann, liegt in der Tatsache, daß sie (in Parität der Varianz) ein Maximum an Entropie aufweist (d.h. Mindestmenge an Information).

Unter den diskreten Verteilungen mit den zugeordneten möglichen Werten $x_h$ und Erwartung ($\sum p_h x_h = m$), erhält man jene, welche $\sum p_h |\log p_h|$ in Parität zu $\sum p_h x_h^2$ (wenn nicht $\sum p_h x_h$ und $\sum p_h = 1$) am größten werden lassen, indem man die $\partial|\partial p_h$ von $\sum p_h \{|\log p_h| + Q(x)\}$ annulliert, mit $Q(x)$ = Polynom zweiten Grades, d.h. indem man schreibt: $-\log p_h + Q(x) = 0$, und daher $p_h = \exp(-Q(x)) = K \exp\{-\frac{1}{2}(x-m)^2\}$. Wenn wir die $x_h$ in gleicher Entfernung von einander annehmen und die Entfernung nach Null tendieren lassen, ergibt sich die Normalverteilung.

Da wir die Begriffe bezüglich der Information (in III, 8.5) kaum erwähnt und nicht vertieft haben, können wir keine bezeichnenden Erklärungen bringen. Wir wollen nur bemerken, daß die „Parität der Varianz“, wenn man an die Verteilung der Geschwindigkeit (in der kinetischen Gas-Theorie) denkt, bedeutet „wenn die kinetische Energie sich konstant hält“ (was neue Zusammenhänge mit der Konklusion von Maxwell erfassen läßt. Hier in 6.7).

So erscheint die Vielfalt der Arten, in der die Tendenz, die Normalverteilung überall auftreten zu lassen, sich zeigt, immer unerschöpflicher[41].

Bewunderung, Begeisterung und auch eine gewisse Übertreibung im Vertrauen auf eine universelle Gültigkeit dieser Verteilung sind bei jenen recht wohl verständlich, die ihr zuerst in zahlreichen statistischen Beispielen begegnet sind (z.B. verschiedenartiger Charakteristiken bei Tiergattungen usw.).

Typischer Ausdruck dieser Geisteshaltung ist der folgende Ausschnitt von Francis Galton, vom Jahre 1889, in *Natural Inheritance* (Kapitel: „Order in Apparent Chaos“), Seite 66 (wiedergegeben von E.S. Pearson in einer seiner *Studien über die Geschichte der Wahrscheinlichkeit und Statistik*, mit vielen interessanten und unerwarteten Zitaten und Mitteilungen. Siehe *Biometrika* (1965), S. 3–18).

---

[41] Eine analoge „Tendenz“, die Normalverteilung hervorsprießen zu lassen, wirkt sich in anderer Weise durch die Bereicherung der Erfahrung in den Problemen der statistischen Inferenz aus. Wir erwähnen dies hier, um das Argument zu vervollständigen, ohne dem, was wir später sagen werden, vorgreifen zu wollen (Kap. XI, 4.6–7, und Kap. XII, 6.5).

Ich könnte kaum etwas angeben, das die Einbildungskraft so sehr anregt wie die wunderbare Form der kosmischen Ordnung, die durch das „Gesetz der Häufigkeit der Fehler" ausgedrückt wird. Die Griechen hätten dieses Gesetz personifiziert und vergöttlicht, wenn sie es gekannt hätten.

Es regiert gleichmütig und in vollständiger Gleichgültigkeit unter der wildesten Unordnung. Je unermeßlicher die Menge und je größer die scheinbare Anarchie, um so vollkommener ist deren Leitung. Es ist das oberste Gesetz der Abwesenheit der Vernunft. So oft ein großes Stück chaotischer Elemente erfaßt und in eine Größenordnung gebracht wird, zeigt sich, daß eine unerwartete und schönere Form der Regelmäßigkeit dort latent war. Die Spitzen der geordneten Zeile bilden eine Kurve, die mit unveränderlichen Proportionen verläuft, und jedes Element, das auf seinen Platz kommt, findet sozusagen eine vorgesehene Nische, die genau vorbereitet ist, um es aufzunehmen. Wenn man die Maße in zwei irgendwie bestimmten Stufen der Zeile kennt, können die, die sich in allen anderen Stufen befinden, außer der Extremität zu, in der bereits erklärten Weise und recht genau geschätzt werden.

Sind derartige Ausdrücke annehmbar? Ich würde sagen: ja und nein! es hängt mehr von Nuancierungen der Auslegung ab als von den großen Linien, wenn diese Aussagen mehr oder weniger richtig erscheinen.

Die Idee, daß in der Natur alles normal verteilt sein müßte, ist sicherlich überholt: ob dies zutrifft oder nicht, ist eine empirische Tatsache[42]. Was aber für diese Kommentare (nicht nur zum oben zitierten Ausschnitt sondern zu vielen, mehr oder weniger ähnlichen Aussagen, die man sozusagen überall liest und hört) wichtig ist, ist die Einstellung gegenüber dem „Paradoxen" eines „Gesetzes", das das „Zufällige" regelt, das keine Regel hat.

Und vielleicht kann der differenzierende und erklärende Umstand unter den Einstellungen, die ich respektive „richtig" und „verkehrt" nennen möchte, in folgenden zwei Sätzen zusammengefaßt werden:

a) es gibt zufällige Phänomene, die insofern genug domestiziert sind, als sie die „Gesetze der zufälligen Phänomene" befolgen und andere, die noch mehr und ärger zufällig, unregelmäßig, unvorhersehbar sind, die „ganz zufällig" erfolgen, sodaß sie nicht einmal den „Gesetzen der zufälligen Phänomene gehorchen".

b) die zufälligen, vollständig zufälligen Phänomene, die am meisten unvorhersehbaren, unregelmäßigsten, jene die durch „grobe Zufälle" erfolgen, sind gerade die, die voraussichtlich „den Gesetzen der

---

[42] Man verfalle nicht in die (noch immer verbreitete und in der Vergangenheit häufigere) Übertreibung anzunehmen, daß alle oder fast alle statistischen Verteilungen normal seien. Gegen 1900 bemerkte Poincaré scharfsinnig, „daß alle daran glauben, die Praktiker, weil sie sie für ein mathematisches Theorem halten, die Mathematiker weil sie sie für eine experimentelle Wahrheit halten".

akzidentellen Phänomene gehorchen". Gesetze, die gerade das ausdrücken; die nämlich ausdrücken, was man in Ermangelung jedes Elementes erwarten kann, das etwas eher voraussehbar macht, das nicht zu den Fällen gehört, welche die überwiegende Mehrheit in der unermeßlichen Zahl der möglichen Situationen des Chaos bilden.

Auch so (und dies wäre schwer zu vermeiden: jedenfalls ist es mir nicht gelungen) haben die beiden Sätze einen sehr unbestimmten Sinn, genügen aber vielleicht, um das Unbestimmte des Zitates von Galton etwas zu mildern, indem sie aufzeigen, welcher grundlegende Doppelsinn zu überwinden ist.

Und hierauf bleibt mir nur zu erklären, daß ich die *erste* Auslegung (a) als *verkehrt* empfinde, und die *zweite* (b) als *richtig*.

Die Gründe sind diejenigen, die wiederholt unter Bezugnahme auf konkrete Probleme dargestellt wurden und es ist hier nicht angebracht, sie zu wiederholen oder andere Erklärungen oder generische Kommentare hinzuzufügen, von denen ich fürchte, daß sie unvermeidlich im Unklaren bleiben würden.

## 7.
## *Demonstration des Zentraltheorems.*

7.1. Und endlich kommen wir zur Demonstration. Wenn man auf die Methode der *charakteristischen Funktion* zurückgreift, ist die Demonstration des Zentraltheorems sehr schnell möglich (obgleich dies den Fehler hat, mit analytischen Entitäten zu operieren, die dem intuitiven Bild des Problems fremd sind). Es ergibt sich aber vor allem der Vorteil, daß die äußerst einfache Demonstration, die sich auf Kopf und Adler bezieht (womit noch einmal mehr bestätigt wird, was bereits auf verschiedene Arten bewiesen wurde) auf viel allgemeinere Fälle ausgedehnt werden kann.

Für den einzelnen Gewinn im Spiel Kopf und Adler, $X_i = \pm 1$ mit $p_i = \frac{1}{2}$, ist die charakteristische Funktion

$$\tfrac{1}{2}(e^{iu} + e^{-iu}) = \cos u;$$

für die Summe $Y_n$, von $n$ stochastisch unabhängigen derartigen Summanden ist sie $(\cos u)^n$; für den reduzierten Gewinn, $Y_n/\sqrt{n}$, wird sie $[\cos(u/\sqrt{n})]^n$ sein, und der Logarithmus daher $n \log \cos(u/\sqrt{n})$.

Da $\log\cos x = -\frac{1}{2}x^2\,[1+\varepsilon(x)]$ (mit $\varepsilon(x)\to 0$ für $x\to 0$), ergibt sich $n\log\cos(u/\sqrt{n}) = -\frac{1}{2}n(u/\sqrt{n})^2\,[1+\varepsilon(u/\sqrt{n}) = -\frac{1}{2}u^2(1+\varepsilon(u/\sqrt{n})]\to -\frac{1}{2}u^2$, d.h., wenn man von den Logarithmen zu den charakteristischen Funktionen zurückkehrt,

$$[\cos(u/\sqrt{n})]^n \to e^{-\frac{1}{2}u^2} \quad \text{für } n\to\infty. \tag{35}$$

Aber das ist gerade die charakteristische Funktion der reduzierten Normalverteilung, und somit ist das Theorem bewiesen.

Und nicht nur für den Fall Kopf und Adler. Was uns bei der Demonstration geholfen hat, ist nicht die Tatsache, daß die charakteristische Funktion des Einzelgewinnes gerade $\varphi(u) = \cos u$ ist, sondern nur, daß dessen qualitatives Verhalten in der Nähe des Ursprunges $\log\varphi(u) = -\frac{1}{2}u^2\,[1+\varepsilon(u)]$ ist. Und das bedeutet nur, daß die Varianz endlich sein muß (daß der Wert 1 ist, ergibt sich nur als Folge der Konvention).

Daher: *Das Zentraltheorem gilt für Summen unabhängiger Zufallszahlen mit gleicher Verteilung, wenn die Varianz endlich ist*[43].

Es ist jedoch klar, daß die Konklusion weder die Gleichheit der Verteilungen noch die der Varianzen fordert. In Anbetracht des qualitativen Charakters der Umstände, die das gewünschte asymptotische Verhalten sichern, werden qualitative Restriktionen ausreichend sein.

Es ist vielleicht zweckmäßig, Schritt für Schritt vorzugehen, um die Aufmerksamkeit auf die beiden verschiedenen Aspekte zu lenken. Und wir beginnen damit, von Versuch zu Versuch die Varianzen aber nicht die Verteilung als variabel anzunehmen (besser: nicht die Art der Verteilung und auch nicht die Erwartung, die wir der Einfachheit halber weiterhin als Null annehmen).

---

[43] Wenn die Varianz unendlich ist, kann das Zentral-Theorem nur in einem sozusagen unregelmäßigen Sinn gelten (d.h. indem man nicht $Y_n$ durch $\sqrt{n}$ dividiert, wie das der Regel für die Normalverteilung entspricht und wenn, nur mit dem anderen Verfahren der Standardisierung $(Y_n - A_n)/B_n$, mit $A$ und $B$ als zweckmäßige Funktionen von $n$. Das gilt (Lévy, *Addition*, Seite 113) für die Verteilungen, in denen die äußere Masse $a \pm x$, die man in diesen Punkten konzentriert annimmt, in Bezug auf den Ursprung ein Trägheitsmoment hat, das in Bezug auf das der Massen zwischen $\pm x$ unwesentlich ist (d.h.: das Verhältnis tendiert nach Null für $x\to\infty$). Diese Verteilungen kommen zu denen mit endlicher Varianz hinzu, um den „Abstraktionsbereich" der Normalverteilung zu bilden.
Es gibt andere stabile Verteilungen (mit unendlicher Varianz), jede mit eigenem Abstraktionsbereich (siehe Kap. VIII, 4).

D.h. wir betrachten weiterhin die $X_i$ als unabhängig, mit gleicher Verteilung und standardisiert ($\mathbf{P}(X_i) = 0, \mathbf{P}(X_i^2) = 1$), die Summanden unseres Problems seien jedoch nicht die $X_i$ selbst sondern $\sigma_i X_i$ (mit $\sigma_i > 0$, variabel mit $i$). D.h. wir betrachten die Summen

$$Y_n = \sigma_1 X_1 + \sigma_2 X_2 + \ldots + \sigma_n X_n.$$

Es sei weiterhin $\varphi(u)$ die charakteristische Funktion der $X_i$ und $\varepsilon(u)$ der Korrektur-Terminus, der durch $\log \varphi(u) = -\frac{1}{2}u^2[1 + \varepsilon(u)]$ definiert wird. Die charakteristische Funktion von $\sigma_i X_i$ ist dann $\varphi(\sigma_i u)$, mit

$$\log \varphi(\sigma_i u) = -\tfrac{1}{2}u^2\,[\sigma_i^2 + \sigma_i^2 \varepsilon(\sigma_i u)]$$

und indem man das Produkt der $\varphi$ bildet, bzw. die Summe der Logarithmen, erhält man für die Summe $Y_n$

$$\text{(36)} \qquad \log \prod_1^n {}_i \varphi(\sigma_i u) = \sum_1^n {}_i \log \varphi(\sigma_i u) = -\tfrac{1}{2}u^2\,[\sum_1^n {}_i \sigma_i^2 + \sum_1^n {}_i \sigma_i^2 \varepsilon(\sigma_i u)] = \\ = -\tfrac{1}{2}s_n^2 u^2 \quad 1 + \sum_1^n {}_i \frac{\sigma_i^2}{s_i^2}\varepsilon(\sigma_i u)$$

wobei mit $s_n^2$ die Varianz von $Y_n$, $s_n^2 = \mathbf{P}(Y_n^2) = \sum_1^n {}_i \sigma_i^2$ angegeben wurde.

Für das standardisierte $Y_n$, $Y_n/s_n$ erhält man (indem man $u$ durch $u/s_n$ ersetzt)

$$\text{(37)} \qquad -\tfrac{1}{2}u^2 \left[1 + \sum_1^n {}_i \frac{\sigma_i^2}{s_i^2}\varepsilon\left(\frac{\sigma_i u}{s_n}\right)\right],$$

und somit wird die Gültigkeit des Zentraltheorems von der Tatsache abhängen, daß der durch die Summation gegebene „Korrektur-Terminus" für $n \to \infty$ nach 0 tendiert.

Es handelt sich um ein Mittel (gewichtetes arithmetisches Mittel mit den Gewichten $\sigma_i^2$) der $\varepsilon(\sigma_i u/s_n)$. Jeder Ausdruck tendiert nach 0 bei Wachsen von $n$, wenn $s_n \to \infty$, da dann $(\sigma_i u/s_n) \to 0$ ist. Das bedeutet Divergenz der Reihe der Varianzen $\sigma_i^2$ (und das wird eine erste Bedingung sein). Aber nicht genug damit: wenn wir uns z.B. vorstellen, jedes $\sigma_i$ viel größer als die vorhergehenden anzunehmen, könnten wir die Proportionen $\sigma_n/s_n$ jedenfalls an 1 annähern und nach 1 tendieren lassen, und der Korrektur-Terminus wäre $\varepsilon(u)$, d.h. es würde sich für ihn aus der Division von $u$ durch $s_n$ keinerlei Nutzen ergeben.

Und dieser Nachteil ergibt sich, wenn alle genannten Proportionen, oder auch nur eine unendliche Anzahl derselben, größer sind, als eine gewisse positive Zahl. Daher ist es, zur Sicherung der Tendenz nach Null für den Korrektur-Terminus notwendig, daß $\sigma_n/s_n \to 0$, und dies ist auch hinreichend[44] (das wird die zweite Bedingung sein).

Als Konklusion: *Das Zentraltheorem gilt für Summen unabhängiger Zufallszahlen, die, abgesehen von der Varianz*[45], *eine gleiche Verteilung haben, wenn die gesamte Varianz divergiert* ($s_n \to \infty$) *aber die Proportion* $\sigma_n/s_n \to 0$, (d.h., wenn in gewissem Sinne, der Beitrag jedes Ausdruckes im Vergleich zum Gesamtbeitrag der vorhergehenden unwichtig wird).

7.2. Das gilt im besonderen für Wetten auf Kopf und Adler (oder für Würfeln und anderes, mit der Wahrscheinlichkeit $p \neq \frac{1}{2}$), wobei die Einsätze $S_i$ von Versuch zu Versuch variiert werden. Die einzelnen Zufallsgewinne sind $S(E_i - p)$, die Varianz ist $\sigma_i = S_i\sqrt{p\tilde{p}}$, die standardisierte Zufallszahl ist $X_i = (E_i - p)/\sqrt{p\tilde{p}}$ (für $p = \frac{1}{2}$, $\sigma_i = \frac{1}{2}S_i$, $X_i = 2(E_i - \frac{1}{2}) = 2E_i - 1$, wie dies immer für Kopf und Adler verwendet wird).

Zur Festlegung der Ideen können wir an diesem Falle die Betrachtungen von allgemeiner Gültigkeit zur Klärung des festgesetzten Ergebnisses entwickeln. Man bedenke, daß die $\sigma_i$ dasselbe sind, wie die $S_i$, abgesehen von einer Veränderung der Maßeinheit.

Wenn die Summe der $\sigma_i^2$ konvergieren würde, wäre dies, als hätten wir die Summe einer endlichen Zahl von Ausdrücken (man könnte da aufhören, wo der „Rest" für die Veränderung der erhaltenen Verteilung unbeachtlich wird). Und es fällt nicht nur die Schlußfolgerung, wonach diese Verteilung als normal nachgewiesen werden soll, sondern eine andere Schlußfolgerung erlaubt sogar, sie auszuschließen (außer in dem banalen Fall, in dem alle Summanden normal wären)[46]. Die Bedingung $s_n \to \infty$ ist also notwendig.

Was die Bedingung $\sigma_n/s_n \to 0$ anbelangt, ist zu beachten, daß sie im

[44] Dies ist an sich intuitiv verständlich, doch vielleicht ist die Demonstration zweckmäßig, da sie nicht ganz so unmittelbar ist, als sie auf den ersten Blick scheinen könnte. Wenn man ein $\varepsilon > 0$ festgesetzt hat, wird für alle $n$ ab einen gewissen $N$, $\sigma_n/S_n < \varepsilon$ sein. Jedes $\varphi_i$ wird daher $\sigma_2 < \varepsilon S_i < \varepsilon S_n$ für $n > i > N$ und $\sigma_i < S_i \leqq S_N$ für $i \leqq N$. Da $s_n \to \infty$, wird für alle $n$ über ein gewisses $M$ hinaus $p_n > S_N/\varepsilon$ sein, d.h. $s_N/s_n < \varepsilon$ und daher wird sich auch für die $i < N, \sigma_i/\sigma_n < s_i/s_n < s_N < \varepsilon$ ergeben.

[45] Man beachte in der Ausführung des Problems die Bedeutung des verkürzten Satzes.

[46] Durch die Eigenschaft (Theorem von Cramèr), die in Kap. VI, 12, beschrieben wurde.

besonderen erfüllt ist, wenn die $\sigma_n$ nach oben begrenzt sind (wenn, im Beispiel, die Einsätze $S_i$ ein gegebenes Niveau nicht überschreiten dürfen), und daß dies der einzige Fall ist, in dem die Konklusion unabhängig von der Ordnung, in der die Ausdrücke addiert werden, gilt. Wenn dies nicht so wäre, so könnte man tatsächlich die ursprüngliche Ordnung $\sigma_1, \sigma_2, \ldots, \sigma_n, \ldots$, so ändern, daß von Zeit zu Zeit (und unbestimmt weiter) (z.B.) die Proportion $\sigma_n/s_n$ größer als $\frac{1}{2}$ wäre. Eine Regel könnte folgende sein: nach 100 Ausdrücken, wenn der folgende ($\sigma_{101}$) zu klein ist, um $\sigma_{101}^2/s_{101}^2 > \frac{1}{2}$ zu ergeben, zwischen der 100. und 101. Stelle den ersten der folgenden Ausdrücke einfügen, der $> s_{101} \cdot \sqrt{2}$ ist; dann weitere 100 Ausdrücke, dann die Operation wiederholen und so fort[47].

Daher: Nur die restriktivere Bedingung der *begrenzten Varianz* (alle $\sigma_i \leqq K$) sichert das Zentraltheorem, wenn man eine abzählbar unendliche Anzahl von Summanden ohne festgesetzte Ordnung hat (die Indices sind Ganze, dienen aber nur für eine konventionelle Unterscheidung). Wenn dagegen die Ordnung eine, z.B. chronologische Bedeutung hat, ändert sich die Sache und die vorhergehende Konklusion ($\sigma_n \to \infty$, $\sigma_n/s_n \to 0$) ist wirklich gültig und weniger restriktiv[48].

Wenn man im besonderen den Fall betrachten will, in dem die Einsätze (und daher die Varianzen) wachsend sind, so führt dies dazu, daß die Bedingung bedeutet, daß die $\sigma_n$ langsamer wachsen müssen, als jegliche geometrische Progression (wohlgemerkt, „definitiv", d.h. zumindest von einem gewissen Punkte an).

Die Ursache dieser Begrenzungen ist auch klar erfaßbar: wenn praktisch eine sehr hohe Wette vorkommt, so beeinflußt sie schon allein die Form der Verteilung derart, daß sie die Auswirkung der Annäherung an die Normalverteilung zerstört, zu der eventuell die Gesamtheit der früheren Wetten geführt hätte.

---

[47] 100 zu sagen, ist unwesentlich; für das Beispiel schien es besser, die Zahl weder zu klein noch zu groß anzunehmen. Wesentlich ist nur, daß die Regel erlauben muß, daß alle Ausdrücke der ursprünglichen Folge wieder in die neugeordnete Folge eingefügt werden können (die zum Teil ausgeschlossen werden könnten, und für immer keinen Platz mehr hätten, wenn man einen Ausdruck auf Grund von Größen- oder anderen Forderungen wählen wollte).

[48] Die beiden Fälle zu unterscheiden, scheint sowohl theoretisch als praktisch wichtig. Im allgemeinen (und soweit mir bekannt, sogar immer) scheint es jedoch, daß man nur an den Fall der geordneten Folgen denkt. Man muß sich immer fragen, ob hinter den Symbolen ein reeller Sinn steckt oder nicht.

Bleibt nun zu sehen, was geschieht, wenn man den Fall betrachtet, in dem nicht nur die $\sigma_i$ variieren, sondern auch die (standardisierten) Verteilungen der $X_i$. Alle für den früheren Fall geschriebenen Formeln bleiben unverändert, nur daß an Stelle von $\varphi(\sigma_i u)$ und $\varepsilon(\sigma_i u)$ jetzt $\varphi_i(\sigma_i u)$ und $\varepsilon_i(\sigma_i u)$ zu schreiben sein wird, da die Verteilung (und daher die $\varphi$ und $\varepsilon$) sich mit $i$ verändern.

Es genügt dann, den „Korrektur-Terminus" im endgültigen Ausdruck zu betrachten: wir werden $\varepsilon_i$ an Stelle eines einzigen $\varepsilon$ haben, und, um zur selben Konklusion zu gelangen, wird die Forderung genügen, daß die $\varepsilon_i(u)$ ebenfalls für i $\to 0$ nach 0 tendieren, d.h. daß ein positives $\varepsilon(u)$ existiert, das nach 0 tendiert, für $u \to 0$ majorisierend für die $\varepsilon_i(u)$: $|\varepsilon_i(u)| < \varepsilon(u)$.

Als Signifikanz: die Bedingung fordert eine hinreichend rasche uniforme Tendenz nach Null für die entfernten Massen (für die standardisierten Summanden $X_i$); sie fordert, genauer gesagt, daß $\mathbf{P}(|X_i| \geqq x)$ kleiner sei als ein $G(x)$ – dasselbe für alle $X_i$ – das fallend ist und genügend rasch nach Null tendiert, damit $\int x^2 |dG(x)| < \infty$ sei (Lévy, *Addition*, S. 106).

Eine hinreichende Bedingung ist die von Ljapunov, historisch bedeutend als Grundlage der ersten strengen Demonstration des Zentraltheorems unter nicht zu restriktiven Hypothesen (1901). Sie fordert, daß, für wenigstens einen Exponenten $2 + \delta > 2$, für alle $X_i$ das Moment

$$\mathbf{P}(|X_i|^{2+\delta}) = a_i < \infty \tag{38}$$

vorhanden sei und daß $(a_1 + a_2 + \ldots a_n)/s_n^{2+\delta} \to 0$ für $n \to \infty$.

7.3. Nun bleibt die Frage: ist das Eintreten der drei Bedingungen ($\sigma_n \to \infty, \sigma_n/S_n \to 0, |\varepsilon_i(u)| < \varepsilon(u)$), die unseres Wissens für die Gültigkeit des Zentraltheorems hinreichend sind, auch notwendig? Die Antwort (wenig orthodox, aber der Sinn wird später besser klar werden) ist: nein, aber beinahe.

Die notwendigen und hinreichenden Bedingungen bilden das sogenannte Theorem von Lindeberg-Feller, eine Verbesserung dessen, das wir gebracht und als das von Lindeberg-Lévy bezeichnet haben. Dieser Fragenkomplex ist sehr umfassend, zeigt verschiedenartige Aspekte und ist von verschiedenen Autoren, besonders in den Jahren 1920–1940, mehr oder weniger unabhängig und in mehr oder weniger verschiedener Form entwickelt worden. Lindeberg hat in gewissem

Sinne den Weg vorgezeichnet. Lévy und Feller bringen die größte Sammlung an Beiträgen (gemeinsam mit Cramèr, Chincin und verschiedenen anderen). Die hier gebrachte Darlegung wiederholt nur einige der wichtigsten aber einfachen Auszüge aus der Theorie. Die Darlegung ist jedoch neu durch die Bestrebung, alles zu vereinfachen und zu koordinieren (Schlußfolgerungen, Wahl der Bezeichnungen und Terminologie, verschiedene Betonung des Wesentlichen und Nebensächlichen), sowie durch das Hinzufügen von Beispielen und Bemerkungen, die vielleicht neu aber allenfalls zumindest zur Klärung wahrscheinlich nützlich sind.

Diese Abschweifung sollte, abgesehen von dem angemessenen historischen Hinweis, ausdrücken, daß es unmöglich ist, das „nein, aber quasi", das die provisorische Antwort zusammenfaßte, kurz und erschöpfend zu klären. Wir müßten all das sagen, was wir weglassen wollen, plus der Erklärungen, weshalb wir es auslassen wollen. Es genüge daher die Essenz und das eine oder andere Beispiel: Die Essenz ist, daß man die Bedingungen wohl etwas abschwächen kann, aber eher durch ein „Abbröckeln" als durch ein „Zerfließen". Wir haben den banalen Fall gesehen indem $s_n \to \infty$ nicht sein kann (lauter normale Summanden); unter den notwendigen und hinreichenden Bedingungen überwiegen die notwendigen, sie beziehen sich aber auf die Summen $Y_n$ anstatt auf die Summanden (sie erlauben daher intuitiv erfaßbare Fälle der Kompensierung unter den Auswirkungen der verschiedenen Summanden, oder für einen selben Summanden, Kompensierung zwischen einem hohen Wert von $\sigma_i$ und einem sich eventuell ergebenden $\varepsilon_i(u)$, d.h. ein $X$ mit einer nahezu normalen Verteilung).

Eine Extension anderer Art ist die folgende, auf welche ein Hinweis aus verschiedenen Gründen lehrreich erscheint: *es kann auch eine Summe von $X_h$ mit unendlicher Varianz zum normalen Typus tendieren* (jedoch mit recht engem Spielraum und mit anormalen Normierungsmodalitäten). Die Bedingung ist (wenn die $X_h$ eine selbe Verteilung $F$ und Erwartung $= 0$ haben), daß $U(a) = \int_{-a}^{a} x^2 \, dF$ für $a \to \infty$ „langsam variiert" (d.h., für jedes $k > 0$ muß man

$$U(ka)/U \quad (a \to 1 \quad \text{für} \quad a \to \infty,$$

haben, wenn auch nach Hypothese $U(a) \to \infty$). Dies impliziert jedoch, daß das Moment der Ordnung $\alpha$ (d.h. dasselbe Integral mit $|x|^\alpha$) für jedes $\alpha < 2$ endlich sei und daß man die Konvergenz nicht für die

Verteilungen von $Y_n/\sqrt{n}$ hat (wohl aber durch eine andere Sukzession von Konstanten, die Fall für Fall zu determinieren sind). Dies sind die beiden angekündigten Bemerkungen; man beachte, daß die zweite die endgültige von (VI, 7.1) und die dortige Anmerkung 1, wieder aufnimmt und klärt; ein Beispiel hat man durch $f(x) = 2|x|^{-3}\log|x|$ ($|x| \geqq 1$), wo die Normierung durch $Y_n/(\sqrt{n}\log n)$ gegeben ist). Siehe Feller, II (an verschiedenen Stellen).

7.4. *Ein Komplement zum „Gesetz der großen Zahlen"*. Dieses Komplement (als solches bringen wir hier das wichtige Theorem von Chincin) findet aus Gründen der Darstellung hier Platz: weil das Verfahren, um es zu demonstrieren ungefähr dasselbe ist wie beim vorhergehenden Argument.

Wir wissen, daß man durch das arithmetische Mittel, $Y_n/n$, aus den ersten $n$ unter den Zufallszahlen $X_i$, $\mathbf{P}(X_i) = 0$, $Y_n/n \to 0$ erhält und daher $Y_n/n \xrightarrow{s} 0$ (Gesetz der großen Zahlen, bzw. das geometrische und schwache), wenn die Varianzen $\sigma_i^2$ begrenzt sind und ihre Summe divergiert; nach Chincin gilt $Y_n/n \xrightarrow{s} 0$ auch, wenn die Varianzen endlich sind, wenn die $X_i$ die gleiche Verteilung haben (oder, sonst, mit entsprechender Restriktion).

Wenn $\mathbf{P}(X_i) = 0$ ist, ist $\log\varphi(u) = u\varepsilon(u)$, mit $\varepsilon(u) \to 0$ für $u \to 0$; für $Y_n/n$ ist der Logarithmus der charakteristischen Funktion daher $n.u/n.\varepsilon(u/n) = u.\varepsilon(u/n) \to 0$ für $n \to \infty$, daher tendiert die charakteristische Funktion nach $e^\circ = 1$. die Verteilung nach $F(x) = (x > 0)$ (die ganze Masse im Ursprung konzentriert), d.h. 0 ist der Limes (im schwachen Sinne) für $Y_n/n$, d.h. $Y_n/n \xrightarrow{s} 0$, q.e.d.

Wenn die Verteilungen der $X_i$ nicht gleich sind, werden sie verschiedene $\varphi_i(u)$ haben und daher verschiedene $\varepsilon_i(u)$; dann wird der Log. der charakt. Funktion für $Y_n/n$ $(u/n)\sum\varepsilon_i(u/n) = u \times$ (einfaches) arithmetisches Mittel der $\varepsilon_i(u/n)$ sein. Auch hier wird es genügen, die $\varepsilon_i(u)$ als ebenfalls nach Null tendierend anzunehmen, d.h., daß für alle $i$, $|\varepsilon_i(u)| < \varepsilon(u)$ sei, mit $\varepsilon(u)$ positiv und nach Null tendierend für $u \to 0$. Und die Bedingung in bezug auf die Verteilungen der $X_i$ ist analog der früheren (abgesehen davon, daß sie sich auf das erste und nicht auf das zweite Moment bezieht): $\mathbf{P}(|X_i| \geqq x)$ alle majorisiert durch ein selbes $G(x)$, das fallend ist und rasch genug nach Null tendiert, damit $\int x|dG(x)| < \infty$ sei. Offenbar ist es eine viel weniger restriktive Bedingung als die vorhergehende: diese betrifft den Einfluß der entfernten Massen auf die Berechnung der *Erwartung* (während die

Varianz unendlich sein kann); jene betraf die Auswirkung auf die Berechnung der *Varianz* (die gegeben sein mußte, d.h. – besser gesagt – endlich sein mußte).

Um das Theorem von Chincin in seiner wahren Bedeutung zu erfassen, muß man auf die Tatsache zurückgehen, daß für $\mathbf{P}(X)$ *hier* (wir hatten in Kap. 5.8 vereinbart, dies immer so aufzufassen, sofern nicht ein gegenteiliger Hinweis erfolgt) der durch $\hat{\mathbf{P}}(X)$ gegebene Wert angenommen wird.

Das Theorem besagt dann, daß das arithmetische Mittel $X_n/n$ von $X_1, X_2, \ldots, X_n, \ldots$, die unabhängig sind und dieselbe Verteilung $F$ haben, *stark* nach einer Konstante $a$ dann und nur dann konvergiert, wenn der mittlere Wert $F$ vorhanden und $= a$ ist,

$$F(\dot{\square}) = \hat{\mathbf{P}}(X_i)$$

(die schwache Konvergenz kann auch ohne diese Bedingung gegeben sein)[49].

Diese Eigenschaft zeigt, daß $\hat{\mathbf{P}}$ eine interessante probabilistische Bedeutung hat, wodurch es als etwas mehr erscheint, als das Ergebnis einer einfachen Annehmlichkeits-Konvention.

---

[49] Siehe Feller (II, S. 231–34) allgemeinere Ergebnisse mit einfacheren Demonstrationen.

Achtes Kapitel

# Zufallsprozesse mit unabhängigen Zuwächsen

## 1.
*Einführende Hinweise.*

1.1. Im vorigen Kapitel VII haben wir die Betrachtungen über den Zufallsprozeß von Kopf und Adler ausgewertet, um den Sinn gewisser Probleme (Gesetze der großen Zahlen, Zentraltheorem) und die Art, dieselben zu lösen, ausdrucksvoll dazulegen. Im wesentlichen ging es darum, das Verständnis durch eine geeignete dynamische Veranschaulichung zu vertiefen.

Dieselbe dynamische Veranschaulichung eignet sich in natürlicher Weise für das Studium weiterer Fragen, nicht nur als zweckmäßige Hilfe zum Erfassen derselben, sondern auch und vor allem, um Argumente und Probleme in Zusammenhang zu bringen und oft zu vereinheitlichen, die sonst (und im allgemeinen ist dies so) getrennt erscheinen würden, sodaß sie doppelte Entwicklungen veranlassen und nicht richtig eingeschätzt werden.

Wir haben bereits gesehen, wie der Prozeß von Kopf und Adler es ermöglichte, in eleganter Weise zu Ergebnissen zu gelangen, die dann mühelos auf viel allgemeinere Fälle ausgedehnt werden konnten. Es geht nun darum, nach diesem selben Konzept in zwei mit einander zusammenhängenden aber unterschiedlichen Richtungen vorzugehen:

– den Bereich der Prozesse abzuzeichnen, mit denen wir uns als erste Extension des Falles von Kopf und Adler beschäftigen wollen, und

– Probleme, die schwierigerer Art sind, als die bereits studierten (über den Fall von Kopf und Adler, und dann in dem besagten weiteren Bereich) anzugreifen.

1.2. Die Zufallsprozesse, die wir betrachten wollen, sind die mit *unabhängigen Zuwächsen*[1], unter besonderer Berücksichtigung der

---

[1] Hier und im Folgenden verstehen wir unter *unabhängig* immer *stochastisch unabhängig*.

homogenen. Und dies für beide Fälle: für Prozesse *in der diskreten Zeit* (auf die wir uns bisher beschränkt hatten) und *in der kontinuierlichen Zeit*.

In der *diskreten Zeit* ($t$ durchläuft die ganzen Werte), handelt es sich um Prozesse des bereits betrachteten Typus: $Y(t) = X_1 + X_2 + \ldots + X_t$, Summe der unabhängigen Zufallszahlen (Zuwächse) $X_i$. Wenn man sich direkt auf die $Y$ bezieht, wird die Bedingung offenbar ausgedrückt, indem man sagt, daß die Zuwächse von $Y(t)$ auf disjunkten Zeitintervallen unabhängig sind: $Y(t_2) - Y(t_1)$ und $Y(t_4) - Y(t_3)$ für $t_1 < t_2 \leqq t_3 < t_4$; diese Zuwächse sind in der Tat $X$ oder Summen von $X$, die unterschiedlich sind, je nachdem, ob es sich um unitäre oder um größere Intervalle handelt.

Ein derartiger Prozeß wird als *homogen* bezeichnet, wenn die $X_i$ alle eine selbe Verteilung $F$ haben; allgemeiner haben dann selbstverständlich alle Zuwächse $Y(t + \tau) - Y(t)$, die sich auf Intervalle gleicher Länge $\tau$ beziehen, eine selbe Verteilung (und es ist die Faltung $F$ *).

In der kontinuierlichen Zeit (bisher nur angedeutet) bleiben die vorigen Bedingungen, wie sie mittels der Zuwächse von $Y(t)$ ausgedrückt werden, unverändert, abgesehen davon, daß sie natürlich für jegliche Momente $t$ bestehen müssen (und nicht nur für die Ganzen, wie im vorigen Fall). Durch diese Tatsache werden diese Bedingungen *sehr viel* restriktiver. Und die Folge ist, daß, während selbstverständlich in der diskreten Zeit für die $X$ alle Verteilungen zulässig waren, und für die $Y(t)$ alle Verteilungen, die in Faltung von $t$ Komponenten zerlegbar sind, in der kontinuierlichen Zeit für die $Y(t)$ und deren Zuwächse $Y(t + \tau) - Y(t)$ nur (alle und nur) die Verteilungen auftreten können, die in viel höheren Maße zerlegbar sind, d.h. Verteilungen mit *indefiniter Zerlegbarkeit* (wie in VI, 11.3 erwähnt)[2].

In einem solchen Prozeß kann man sich die Funktion $Y(t)$ in zwei Teile, $Y(t) = Y_S(t) + Y_C(t)$, zerlegt denken, wovon der erste nur *für die Sprünge* und der übrige Teil *mit Stetigkeit* variiert. Die Schlußfolgerungen, die wir auf Grund dieser Theorie entwickeln werden, sind (wenn auch vorläufig unvollständig) in bezug auf die Konklusionen im wesentlichen richtig, obgleich wir über ihre Interpretation und die der Ausgangstheorie an gegebener Stelle (3.1) kritische Bemerkungen bringen müssen.

---

[2] Diese Behauptungen gehen fehl: im 1. Falle, wenn ein $X$. eine *sichere* Zahl ist; im zweiten, wenn Sprünge in *im voraus festgesetzten* Momenten vorgesehen sind. Es sind banale Störungen, die leicht getrennt betrachtet werden können (siehe 1.4).

Die Konklusion wird sein, daß die Verteilung von $Y(t)$ (bzw. des Zuwachses $Y(t+\tau)-Y(t)$) vollständig signifikant ausgedrückt werden kann:

– um die Verteilung $Y(t)$ mittels der *Erwartung* in bezug auf das Intervall $[0, t]$ (bzw. $[t, t+\tau]$) für *die Zahl der Sprünge der verschiedenen Weiten zu charakterisieren*;

– um die Verteilung von $Y(t)$ mittels der *Erwartung und der Varianz des stetigen Teiles* zu charakterisieren (da, wie wir sehen werden, seine Verteilung notwendigerweise *normal* ist);

– gemeinsam charakterisieren diese Daten $Y(t)$.

Alle diese Erwartungen sind additive Intervall-Funktionen, und, abgesehen von dem Zuwachs für den stetigen Teil $Y_C$, im wesentlichen nichtnegativ und daher nicht fallend.

Im *homogenen* Fall hängen sie nur von der Dauer des Intervalles ab, und sind daher zu dieser proportional.

1.3. Wir illustrieren zunächst kurz die Struktur, die sich nach dem Gesagten für den allgemeinsten Zufallsprozeß mit unabhängigen Zuwächsen ergibt und stellen die wichtigsten Fälle dar. Damit soll der zu erforschende Bereich sich abzeichnen und eine Idee der Probleme, die darin auftreten, vermittelt werden.

Zunächst beschränken wir uns auf den *homogenen* Fall; wir werden dann (1.4) einfach sehen, daß, wenn man diese Restriktion aufgibt, die Extension unmittelbar möglich ist (abgesehen von kleinen Vorsichtsmaßnahmen).

Wir geben sofort die Bezeichnungen an, die wir verwenden wollen, sowie sich die Notwendigkeit ergibt, die wir aber von Anfang an in ihrer Gesamtheit vor Augen haben sollten. Sie werden sich auf den Fall unabhängiger und homogener Zuwächse beziehen. Wir werden daher für die Zuwächse $Y(t_0+t)-Y(t_0)$ eine einzige Verteilung haben, die von $t$ aber nicht von $t_0$ abhängig sein wird (und die auch die Verteilung von $Y(t)$ sein wird, wenn man, wie dies gewöhnlich zweckmäßig sein wird, die ursprüngliche Bedingung $Y(0)=(0)$ als erfüllt annehmen wird). Für diese Verteilung werden wir die Verteilungsfunktion und die (eventuelle) Dichte mit $F^t(y)$ und $f^t(y)$ angeben und die charakteristische Funktion mit $\varphi^t(u)$; $t$ ist praktisch Exponente für $\varphi(u)$, (was infolge der Homogenität und Unabhängigkeit der Zuwächse selbstverständlich ist) und wird auch für $F$ und $f$ oben angegeben, ein wenig wegen der Gleichförmigkeit und um den unteren Platz für eventuelle Indices zu reservieren, ein wenig aber auch, weil diese Schreibweise gerechtfertigt ist. $F^t$ und $f^t$ sind in der Tat Faltungspotenzen, $(F^1)^{t*}$ und $(f^1)^{t*}$ von $F^t$ und $f^t$ mit $t = 1$, sofern man sich den Begriff (soweit dies Sinn hat, sowie dies im gegenwärtigen Fall indefiniter Zerlegbarkeit für jedes $t$ zutrifft) auf den Fall der nicht ganzen Exponente $t$ entsprechend ausgedehnt vorstellt. Mit $F(x)$ und $f(x)$ (ohne oberen Index) werden wir dagegen die Verteilungsfunktion und die (eventuelle) Dichte der Sprünge angeben, deren charakteristische Funktion mit $\chi(u)$ bezeichnet wird.

Wir gehen nun zur Prüfung der einzelnen Fälle über.

Das einfachste Beispiel und Basis-Element für die Konstruktion jedes Zufallsprozesses des Typus, den wir betrachten, ist der *Poisson-Prozeß*. Es ist der Prozeß mit Sprüngen, die alle dieselbe Weite $x$ haben; und es sei vorläufig $x = 1$, sodaß $Y(t) = N(t) =$ *Anzahl der Sprünge* in $[0, t]$ ist. An solchen Sprüngen werden nach *Erwartung* für jede Zeiteinheit $\mu$ registriert (d.h.: $\mu t$ ist die Erwartung der Anzahl der Sprünge in einem Zeitintervall mit Dauer $t$). In einem sehr kleinen Intervall $dt$, ist $\mu\, dt$ die Erwartung der Sprünge und auch – abgesehen von Infinitesimalen höherer Ordnung – die Wahrscheinlichkeit, daß es dort einen Sprung gibt (da die Wahrscheinlichkeit für mehr als einen im Verhältnis unbeachtlich ist). $\mu$ wird *Intensität* genannt.

Die Verteilung von $N(t)$, Anzahl der Sprünge bis zum Moment $t$, ist die Poisson'sche Verteilung mit der Erwartung $a = \mu t$ (siehe Wahrscheinlichkeit und charakteristische Funktion in VI, 11.2, Formel (39)).

Man bedenke, daß auch die Varianz $= \mu t$ ist. Es ist jedoch besser zu sagen, daß die Erwartung $x\mu t$ ist und die Varianz $x^2\mu t$ ($x =$ Weite des Sprunges), womit man den Doppelsinn vermeidet, der sich aus der Nichtbeachtung der dimensionellen Fragen ($x$ = reine Zahl angenommen) ergibt und dann daraus, daß man den besonderen Wert $x = 1$ ($x = x^2$) nimmt.

Eine Überdeckung von mehreren Poisson'schen Prozessen mit verschiedener Weite $x_k$ und Intensität $\mu_k (k = 1, 2, \ldots, m)$ ist wieder ein Zufallsprozeß mit Sprüngen, mit unabhängigen Zuwächsen und homogen: $Y(t) = \sum x_k N_k(t)$; man kann ihn auch alternativ als einen Prozeß darstellen, in dem eine Intensität der Sprünge $\mu = \mu_1 + \mu_2 + \ldots + \mu_m$ gegeben ist, und jeder Sprung eine Zufallsweite $X$ (unabhängig von den anderen) hat, wobei $X$ den Wert $x_k$ mit der Wahrscheinlichkeit $\mu_k/\mu$ annimmt.

Anstatt einer Summe von Termini in endlicher Zahl kann man die

Summe einer Reihe betrachten, oder auch ein Integral (im allgemeinen das von Stieltjes). Wenn die gesamte Intensität $\mu$ endlich bleibt, gelten immer die beiden genannten Darstellungen (nur daß $X$ anstatt einer diskreten Verteilung irgendeine Verteilung hat). In diesem Falle ist ein *zusammengesetzter Poisson-Prozeß gegeben.* So hat man den allgemeinsten Prozeß (mit unabhängigen und homogenen Zuwächsen) *mit diskreten Sprüngen* (d.h. in endlicher Anzahl in jedem begrenzten Intervall).

Mit demselben Verfahren kann man jedoch auch die *verallgemeinerten Poisson-Prozesse* erhalten: die mit *überall dichten Sprüngen* (Unterbrechungspunkte) mit $\mu = \infty$. Man muß natürlich darauf achten, daß nicht auch der Prozeß divergiert: in diesem Sinne muß die Intensität $\mu$ von Sprüngen $X$ mit $|X| > \varepsilon (\varepsilon > 0)$ endlich bleiben und darf nur und nicht zu schnell für $\varepsilon \to 0$ divergieren.

Die zusammengesetzten und verallgemeinerten Poissonprozesse erschöpfen die möglichen Fälle für die Kompenente mit Sprüngen $Y_S(t)$.

Es bleibt noch die stetige Komponente, $Y_C(t)$ zu betrachten. In jedem Fall kann $Y(t)$ als Summe von $N$($N$ beliebig) Zuwächsen betrachtet werden, die sich auf die $N$ kleinen Intervalle mit Länge $t/N$ beziehen, in welche das Intervall $[0, t]$ unterteilt werden kann. Wenn man die Art näher bestimmt, in der sich die „großen" Zuwächse (im absoluten Wert), die den Sprüngen entsprechen, trennen, erfüllen die übrigen („kleinen") die Bedingungen für die Anwendbarkeit des Zentral-Theorems und somit ist die Verteilung notwendigerweise normal (worauf bereits hingewiesen wurde).

Wie bereits gesagt, variiert ihre Erwartung linear, $\mathbf{P}[Y_C(t)] = mt$, und ebenso die Varianz, $\mathbf{P}[\{Y_C(t) - mt\}^2] = \sigma^2 t$ (wobei mit $m$ und mit $\sigma^2$ die Erwartung und die Varianz für $t = 1$ angegeben werden[3]. Es kann opportun sein, noch die sichere lineare Funktion $mt$ und den gleichwertigen Teil (mit Nullerwartung) $Y_C(t) - mt$ zu separieren (mit unveränderter Varianz $\sigma^2 t$).

Das eben Beschriebene wird *Wiener-Levy-Prozeß genannt* (siehe Hinweis in VII, 6.5).

---

[3] Diese Formeln gelten offenbar für jedes $Y(t)$ mit unabhängigem und homogenen Zuwachs (mit $m$ und $\sigma^2$ endlich); sie werden hier mit besonderer Bezugnahme auf den besonderen Fall von $Y_C$ nur wegen der Bedeutung erwähnt, die sie hier für die Ermittlung der Verteilung haben.

1.4. Die Konklusionen für den homogenen Fall sind ohne Modifizierungen auf den allgemeinen Fall zu übertragen, sofern der Zuwachs auf einem gegebenen Intervall betroffen ist, weil sie von der Erwartung (von der Anzahl gewisser Sprünge usw.) auf dieses Intervall in seiner Gesamtheit abhängen, und nicht von der Art, in der sie sich auf ihre Unterintervalle verteilt. Im Falle von Nichthomogenität, ist nur die Tatsache neu, daß, innerhalb des Intervalles, jede Erwartung in jeglicher Form anstatt linear wachsend sein kann.

Auszuschließen (besser gesagt: wenn vorhanden, getrennt zu betrachten) sind nur Diskontinuitätspunkte für eine solche Erwartung; an diesen Punkten hätte man in der Tat Nicht-Nullwahrscheinlichkeit der Diskontinuität (eine „fixe Diskontinuität; siehe Hinweis in 1.2, Anmerkung). Das heißt, daß an diesen Punkten $Y(t)$ einen (momentanen) Zufalls-Zuwachs erhält, der insofern seiner Art nach dem „Prozeß in der kontinuierlichen Zeit" fremd ist, als er (da momentan) nicht in die Zuwächse in kleineren Sub-Intervallen zerlegt werden kann, und daher die „indefinite Zerlegbarkeit" nicht achten muß. In der Folge werden wir immer stillschweigend annehmen, daß derartige Fälle fixer Diskontinuität ausgeschlossen sind.

Man beachte, daß, wenn alle diese Erwartungen untereinander proportional bleiben, der Prozeß in bezug auf eine geänderte (dazu proportional gewordene) Zeitskala als homogen bezeichnet werden kann. Im allgemeinen wird jedoch jede Erwartung anders als die anderen variieren und dann ist nichts derartiges möglich.

1.5. Wir wollen nun einige Fragen näher besprechen, die aus verschiedenen Gründen interessant sind: wegen ihrer Bedeutung für die Wahrscheinlichkeit und der entsprechenden Anwendungen, wegen der mathematischen Aspekte verschiedener Verfahren und vor allem, wegen der unitären und intuitiv signifikanten Darstellung einer umfassenden Menge von Fragen und ihres Zusammenhanges. Wir müssen sagen, daß die Fragen, die wir erwähnen werden, nur ein kleiner Teil dieser Menge sind, und daß unsere Abhandlung nur einige wesentliche Aspekte in möglichst elementarer Form berühren wird.

Vor allem ist jene Charakterisierung des allgemeinen Prozesses mit unabhängigen Zuwächsen (und daher der allgemeinsten indefinit zerlegbaren Verteilung), die bereits in beschreibender Form gebracht wurde (mittels Intensitäten der Sprünge und der normalen Komponente) in eine effektive mathematische Form zu übertragen.

Besondere Aufmerksamkeit verdient jedoch der Grenzübergang, der die verallgemeinerten Poisson-Prozesse ergibt, sofern er wesentlich verschiedenartige Fälle bringt; es ist z.B. bei den einführenden Hinweisen nicht gesagt worden, daß die Konvergenz manchmal nur dadurch erhalten wird, daß die Sprünge durch eine sichere lineare Funktion „kompensiert" werden und daß in diesem Falle die intuitive Idee eines Verhaltens, das (ausgenommen Lappalien) zu dem des Falles mit diskreten Sprüngen analog wäre, radikal zu korrigieren ist.

Auch der Verlauf der stetigen Komponente (Wiener-Lévy-Prozeß) wird, entgegen dem Eindruck, den man auf Anhieb infolge der regelmäßigen und bekannten Form der Normalverteilung, der sie folgt, haben könnte, extrem „pathologisch" sein. Das Studium des Verlaufes der Funktion (besser: der Eigenschaften, die dieser Verlauf wahrscheinlich oder „fast sicher" hat) gehört jedoch zu einem fortgeschrittenerem Stadium der Untersuchungen. Wir sagen zunächst noch etwas über die Verteilungen.

Wie verhält sich die Verteilung von $Y(t)$ bei Wachsen von $t$? Wir wissen bereits, daß sie im Falle endlicher Varianz zum Typus der Normalverteilung tendiert, aber es gibt (unter den verallgemeinerten Poisson-Prozessen) auch Prozesse mit unendlicher Varianz. Und dies ist die Situation. Es gibt auch andere Typen stabiler Verteilungen, die alle verallgemeinerten Poisson-Prozessen entsprechen (genau, wie wir in (4.1–4) sehen werden, eine doppelte Unendlichkeit, die im wesentlichen auf eine einfache reduzierbar ist). Die Prozesse sind stabil, oder sie tendieren zu einem stabilen Typus, oder sie tendieren zu keinem Typus.

Der Schlüssel der Frage liegt im Verhalten am entgegengesetzten Extrem, bei $t \to 0$, das direkt an die Intensität der Sprünge nach ihrer Weite gebunden ist: Stabilität ist vorhanden, wenn die Intensität der Sprünge $> x$ oder $< -x$ proportional zu $x^{-\alpha}$ $(x > 0,\ 0 < \alpha < 2)$ abnimmt; es besteht eine Tendenz zu einem stabilen Typus, wenn der Prozeß, in gewissem Sinne, approximativ diese Bedingung erfüllt. Unter Bezugnahme auf einen früher angedeuteten Hinweis fügen wir hinzu, daß die „Summe der Sprünge" bei $\alpha < 1$ ohne „Kompensierung" gebildet werden kann, daß aber bei $\alpha > 1$ ($\alpha = 1$ ist ein Fall für sich) eine Kompensierung erforderlich ist; daraus folgt, daß die nur durch positive (negative) Sprünge erzeugten stabilen Verteilungen sich nur auf die positiven (negativen) Werte erstrecken, wenn $\alpha < 1$, während sie sich auf alle positiven und negativen Werte erstrecken, wenn $\alpha \geqq 1$.

Ein einfacher und beachtlicher Fall ist der der „netzartigen" Prozesse (Lattice processes), in denen $Y(t)$ nur ganze Werte annehmen kann (oder, mit unwesentlicher Variante, die Werte einer generischen arithmetischen Progression). Natürlich können dies nur zusammengesetzte Poisson-Prozesse sein, womit aber nicht gesagt ist, daß sie nicht bei Wachsen von $t$ zu einer stabilen (stetigen) Verteilung tendieren könnten. Wenn die Varianz endlich ist, tendieren sie sogar notwendigerweise zur Normalverteilung (wie dies bereits für die diskreten Prozesse gezeigt wurde, angefangen von Kopf und Adler).

1.6. Zu studieren, wie mit $t$ die Verteilung von $Y(t)$ variiert, heißt noch nicht, sich wirklich mit dem Prozeß $Y(t)$ befassen, d.h. mit der Funktion $Y(t)$. Aber gerade die Charakteristiken ihres Verlaufes sind interessant, und den Verlauf kann man nur studieren, wenn man gleichzeitig die Werte $Y(t)$ in verschiedenen (und möglicherweise vielen oder unendlichen) Momenten $t$ studiert und vergleicht.

Bezüglich dieses Worttes „unendlich" fügen wir gleich hinzu, daß der Sinn der von „in beliebig großer, aber endlicher Zahl" sein muß (wenn nicht zusätzliche Hypothesen hinzugefügt werden sollen, z.B. die Gültigkeit der vollständigen Additivität, oder genauere Angaben über deren Nicht-Gültigkeit im gegebenen Fall). Um jedoch die Darlegung nicht mit allzufeinen kritischen Unterscheidungen zu erschweren, werden wir intuitive Formulierungen (und entsprechende „praktische" Begründungen) nicht immer vermeiden.

Probleme, die (für den diskreten Fall) bereits betrachtet wurden, sowie das des asymptotischen Verhaltens von $Y(t)\,(t\to\infty)$, welches das starke Gesetz der großen Zahlen beantwortet, treten neuerlich auf und finden im allgemeinen auch in der kontinuierlichen Zeit analoge Lösungen: dort stellen sich im allgemeinen Probleme, die in gewissem Sinne reziprok sind, für $t\to 0$ („lokales" Verhalten, Typus „Kontinuität" usw. im Ursprung und daher im homogenen Fall in beliebigen Punkten). Im Wiener-Lévy-Prozeß entsprechen die beiden Probleme einander genau durch Reziprozität.

Und, solange man sich auf Betrachtungen beschränkt, die sich auf die Ungleichung von Tschebyscheff stützen, gelten die Konklusionen für jeden Prozeß mit homogenen unabhängigen Zuwächsen, sofern nur die Varianz endlich ist: ein derartiger Prozeß ist nämlich, „im großen" gesehen (in bezug auf Einheit der Zeit und große Ordinaten), so, daß die Sprünge und die eventuellen waagrechten Abschnitte nicht zu unterscheiden sind, ein Wiener-Lévy-Prozeß. So sehr, daß Lévy selbst, ihn Prozeß der Brown'schen Bewegung nennt, was nur der Wahrnehmung eines Beobachters entsprechen kann, der nicht in der Lage ist, die sehr vielen und sehr kleinen Stöße zu unterscheiden, die in jedem unmerklichen kleinsten Zeitabschnitt die Bewegung des beobachteten Partikelchens brüsk verändern.

Und wir machen sofort, allgemeiner, darauf aufmerksam, daß auch im Falle irgendwelcher Zufallsprozesse (sofern die Varianz nur endlich ist) viele Probleme eine, wenn auch im allgemeinen qualitative Antwort finden können, indem man sich allein auf die Charakteristiken zweiter Ordnung stützt (sowie im Falle von einer oder mehreren Zufallszahlen). Hier sind die zu betrachtenden Zufallszahlen die Werte $Y(t)$ und die Charakteristiken, auf die man sich stützt, sind die Erwartungen, Varianzen und Kovarianzen (oder, was dasselbe ist, $\mathbf{P}[Y(t)]$, $\mathbf{P}[Y^2(t)]$, $\mathbf{P}[\nu Y(t_1) \cdot Y(t_2)]$). In unserem Falle ist dies banal: in $t = 0$ bewertet, sind, Erwartung und Varianz von $Y(t)$, wie wir wissen, $mt$ und $\sigma^2 t$, und die Kovarianz von $Y(t_1)$ und $Y(t_2)$ ist $\sigma^2 t_1$ (wenn $t_1 \leqq t_2$) (daher ist der Korrelationskoeffizient $r(t_1 t_2) = \sigma^2 t_1 / \sigma\sqrt{t_1} . \sigma\sqrt{t_2} = \sqrt{t_1/t_2}$) (es genügt zu beobachten, daß $Y(t_2) = Y(t_1) + [Y(t_2) - Y(t_1)]$, und die beiden Summanden unabhängig sind).

Aber andere Probleme (und dieselben, wenn man quantitativ präzisere Konklusionen will, und solche, die sich spezifischer auf den besonderen, zur Prüfung vorliegenden Prozeß beziehen) verlangen, daß man allen Charakteristiken Rechnung trägt und daß man auf neue Arten der Darstellung zurückgreift. Und der Begriff, der sich für verschiedenartige Fragen als dienlich erweist, liegt in der Einführung der Schranken (Linien auf der Ebene $(t, y)$ wo wir uns den Prozeß mittels des Diagramms $y = Y(t)$ dargestellt denken), um zu beobachten, wann sie das erstemal oder sukzessive erreicht werden, oder indem wir uns vorstellen, daß sie den Prozeß modifizieren (absorbierende Schranke, wo dieser aufhört, oder reflektierende usw.).

Der klassischte und unmittelbarste Fall ist der des „Ruins eines Spielers“ (Ruin, der gegeben ist, wenn sein Gewinn das Niveau $-c$ erreicht, mit $c =$ Anfangskapital). Offensichtlich sind die Varianten, wenn man sich das Kapital variabel vorstellt (irgendwelche Schranken anstatt waagrechter Gerade $y = -c$), wenn man an zwei Spieler mit begrenztem Anfangskapital denkt (oder auch hier variables Kapital) usw.

Abgesehen von dieser und anderen praktischen Anwendungen und

Darstellungen, dienen derartige Fragen dazu, den Verlauf der Funktion $Y(t)$ unter verschiedenen Aspekten zu studieren. Im besonderen – und dies ist eine der meist studierten Fragen – um den asymptotischen Verlauf näher zu bestimmen, indem man angibt, welche Funktionen $\omega(t)$ zu schnell oder nicht zu schnell nach Null tendieren, um (mit praktischer Sicherheit) $Y(t)t$ von einem gewissen $t = T$ an zu steigern (und analoge Frage für $t \to 0$).

Reflektierende und andersartige Schranken modifizieren den Prozeß und damit kommen wir über den Bereich dieses VIII Kapitels hinaus. Sie werden jedoch in gewissem Sinne als lehrreiches und konklusives Hilfsmittel in unseren Betrachtungen auftreten, vor allem um die elegante und mächtige Schlußfolgerung von Desiré André (und andere, die auf Symmetrien beruhen) anwenden zu können.

## 2.
## *Der allgemeine Fall; der asymptotisch normale Fall.*

2.1. Wir wollen nun vor allem in analytischer Form näher bestimmen, was beschreibend über die Struktur und über die Eigenschaften des allgemeinsten Prozesses mit unabhängigen homogenen Zuwächsen gesagt wurde.

Wenn die Intensität der Sprünge, $\sigma^2$ und die Varianzen endlich sind, ist der Prozeß normal (wenn $\mu = 0$) oder asymptotisch normal (wie sich dies aus dem bereits gesehenen Zentraltheorem ergibt), d.h. es ist entweder der Wiener-Lévy-Prozeß oder er kommt diesem asymptotisch nahe. Nicht, daß die gegebenen Restriktionen notwendig seien, um dieses Verhalten zu sichern: $\mu < \infty$ hat keine direkte Relevanz und die von $\sigma^2 < \infty$ könnte ein wenig abgeschwächt werden (siehe VII, 7.3). Für und ist es aber zunächst zweckmäßiger, die Aufmerksamkeit auf den einfachsten Fall zu konzentrieren und Komplikationen zu vermeiden, die stören, ohne etwas zu bringen.

Unser unmittelbares Ziel ist – nach Einrahmung der allgemeinen analytischen Darstellung –, sehen zu lernen, wie und in welchem Fall jeder Prozeß dieser Art (asymptotisch normal) wie eine Approximation, mit entsprechender Skala eines Wiener-Lévy-Prozesses betrachtet werden kann, und umgekehrt. Auf diese Weise wird jede Konklusion, die für einen besonderen Fall, z.B. Kopf und Adler, festgelegt wurde, notwendigerweise (in der geeigneten asymptotischen Version) auch für den allgemeinen Fall gültig sein. Dies erlaubt – man beachte es besonders – unter anderem, Eigenschaften des Wiener-Lévy-Prozesses aus elementaren kombinatorischen Methoden, die an sich nur auf den Fall Kopf und Adler anwendbar sind, festzusetzen und umgekehrt, Eigenschaften, die sich nicht für die direkte Behandlung (z.B. über den asymptotischen Verlauf für Kopf und Adler und jedes andere analoge Beispiel) eignen, auf Grund von oft leichteren Darstellungen, die sich auf den Wiener-Lévy-Grenzfall beziehen (und auf der Normalverteilung beruhen), zu ermitteln. Es ist einer der vielen und einer der signifikantesten Fälle, in denen man, je nach dem Problem, Vorteile erzielen kann, indem man von der Schematisierung diskreter Art zu der der stetigen übergeht, oder umgekehrt.

2.2. Der *Wiener-Levy-Prozeß* kann als Grenzfall des Kopf- und *Adler-Prozesses* (in der diskreten Zeit) erhalten werden.

Man stelle sich in der Tat vor, die Skala zu verändern, indem man Würfe in kürzeren Zeitintervallen oder auch mit kleineren Einsätzen durchführt, sodaß die Varianz nach Zeiteinheit unverändert bleibt. Wenn man zu diesem Zweck den Einsatz $N$-mal kleiner nimmt ($a = 1/N$) muß man die Zahl der Würfe nach Zeiteinheit $= N^2$ nehmen (Intervalle $\tau = 1/N^2$): die Varianz für ein kleines Intervall $\tau$ ist tatsächlich $a^2 = (1/N^2)$, und damit sich $= 1$ für die Zeiteinheit ergebe, muß $N^2$ die Zahl der kleinen Intervalle sein, mit der multipliziert wird.

Wenn man $N$ genügend groß annimmt, kann man erreichen, daß der Zuwachs für die Zeiteinheit eine Verteilung hat, die der reduzierten Normalverteilung so nahe kommt, wie man will. Nimmt man es noch größer an, so kann man erreichen, daß die analoge Eigenschaft auch für kleinere Intervalle besteht (die Verteilung von $Y(x)\sqrt{t}$ sei, im festgesetzten Grad, nahe der reduzierten normalen für jedes $t$, das größer ist, als ein willkürlich gewähltes $t$). Dies kann man ausdrücken, indem man sagt, daß der Prozeß von Kopf und Adler (mit entsprechender Änderung der Skala) einem Prozeß in der diskreten Zeit mit Sprüngen mit Normalverteilung assimiliert werden kann und (mit einer stärkeren Änderung der Skala) dem Prozeß von Wiener-Lévy (wohlgemerkt: sofern man die Voraussetzung als sinnlos annimmt, die Gültigkeit des Schemas für die Zuwächse in grenzenlos kleinen Zeitabschnitten zu betrachten – oder zumindest beobachten zu können).

Mittels der charakteristischen Funktion reduzieren sich diese Betrachtungen im ersten Falle auf die einfache Bemerkung, daß, wenn man $\cos u$ durch $e^{-u^2}$ ersetzt, im 1. Fall $[\cos(u/\sqrt{n}]^n \to e^{-u^2}$ die Identität $[e^{-(u/\sqrt{n})^2}]^n = e^{-u^2}$ wird, während im zweiten Fall nur das in VII, 7.1 durchgeführte Verfahren wiederholt wird: im Prozeß Kopf und Adler hat $Y(t)$ die charakteristische Funktion $\varphi^t(u) = (\cos u)^t$ ($t$ = ganz); mit der angezeigten Änderung der Skala wird sie $[\cos(u/N]^{tN2}$ ($t = /N^2$); am Limes ($N \to \infty$) wird sie $e^{-tu^2}$ ($t$ beliebig).

2.3. Der Wiener-Lévy-Prozeß kann analog auch als Grenzfall des *Poisson'schen Kopf und Adler-Prozesses ermittelt* werden (zusammengesetzter Poisson-Prozeß, mit Intentsität der Sprünge $\mu = 1$, und mit Sprüngen $\pm$ 1 mit den Wahrscheinlichkeiten $\frac{1}{2}$ und $\frac{1}{2}$). Der Unterschied liegt darin, daß man an Stelle von einem Wurf je Zeiteinheit, fallweise Würfe hat, und *nach Erwartung* einen pro Zeiteinheit (Wahrscheinlichkeit $dt$ in jedem kleinen Zeitabschnitt $dt$). Alternativ kann man (wie wir bereits in 1.3 andeuteten) sagen, daß $Y(t) = Y_1(t) - Y_2(t)$ ist, wobei $Y_1$ und $Y_2$ die Zahl der Gewinne + 1 und bezw. der Verluste − 1 sind, die beide fallweise und unabhängig mit der Intensität von je $\frac{1}{2}$ registriert werden.

In diesem Prozeß ist die Verteilung von $Y(t)$ die Poisson'sche Mischung der Verteilungen von Kopf und Adler. Bezieht man sich auf die charakteristische Funktion $\varphi^t(u)$, so ist die Poisson'sche Mischung (d.h.: mit „Gewichten" die Wahrscheinlichkeiten $e^{-t} t^n/n!$ von $n$ Sprüngen in $[0, t]$ der $(\cos u)^n$ (charakteristische Funktion für die Summe von $n$ Sprüngen, d.h. für $Y(t)$ angenommen, daß die Sprünge bis zu $t$, $n$ Sprünge seien):

$$(1) \qquad \varphi^t(u) = \sum e^{-t}(t \cos u)^n/n! = e^{t(\cos u - 1)}.$$

Auch in diesem Falle führt dieselbe Änderung der Skala (Sprünge auf $1/N$ reduziert und Intensität auf $N^2$ gesteigert) zum Wiener-Lévy-Prozeß: tatsächlich tendiert für $N \to \infty$ die charakteristische Funktion $\exp\{tN^2 [\cos(u/N) - 1]\}$ nach $e^{-tu^2}$.

So hat man die erwähnte Konklusion und man sollte über ihre Bedeutung nachdenken. Die Verteilung des Gewinnes im Spiel Kopf und Adler nach hinreichend langer Zeit ist praktisch dieselbe, sowohl nach dem starren Schema (ein Wurf je Zeiteinheit) als im fallweisen (nach Poisson, mit *nach Erwartung* ein Wurf je Zeiteinheit).

2.4. Was wir sofort einführen wollten, waren die drei einfachsten Wege, um approximative Darstellungen des Wiener-Lévy-Prozesses zu erhalten und es ist gut, sie sich immer vor Augen zu halten: den Prozeß von Kopf und Adler im diskreten und im Poisson'schen Schema und den Prozeß mit Sprüngen mit Normalverteilung in diskreter Zeit. Als viertes könnte man ohne weiteres dasselbe nach Poisson'schem Schema hinzufügen: man hätte:

$$\varphi^t(u) = \sum e^{-t}(te^{-u^2})/n! = \exp[t(e^{-u^2} - 1)]. \tag{2}$$

Aber, streng genommen, wenn man von diesem psychologischen Ziel absieht, war all dies vollkommen überflüssig: wir haben lediglich einige besondere Fälle aus dem Rahmen vorweggenommen, in dem wir dasselbe mit ebenso wenig Mühe allgemein sehen können werden.

Daher beginnt jetzt das systematische Studium des allgemeinen Falles, wobei wir vom Poisson-Prozeß und dann vom zusammengesetzten Poisson-Prozeß ausgehen.

2.5. Der (einfache) *Poisson-Prozeß* ergibt die Zahl $N(t)$ der Wiederholungen eines gewissen Phänomens in der Zeit $[0, t]$, d. h. er zählt die, durchwegs unitären, *Sprünge* (wie ein Zähler, der um eins weitergeht, so oft er ein Phänomen zu registrieren hat: Beginn eines Telefongespräches, Ankunft eines Partikelchens, Eintritt eines Besuchers in ein Museum, eines Reisenden in einen Bahnhof usw.).

Die in (1.3) angegebenen Bedingungen bedeuten nur, daß es sich um einen Prozeß mit homogenen und unabhängigen Zuwächsen handeln muß, mit Sprüngen, die alle gleich 1 sind; aus ihnen ermitteln wir ex novo, weil es lehrreich ist, sie sich unter Bezugnahme auf den gegenwärtigen Fall vorzustellen, die Ableitung der Wahrscheinlichkeiten $p_h(t)$ der Poisson-Verteilung, sei es in der bereits in (VI, 11.2) gesehenen Form, sei es in zwei anderen neuen.

*Erster Weg.* Es sei $a(a = \mu t)$ die Erwartung der Zahl der Sprünge in einem gegebenen Intervall (Länge $t$, $\mu$ Intensität). Wenn wir das Intervall in $n$ gleiche Teile teilen ($n$ groß, damit $a/n$ im Vergleich zu 1 klein sei; wir sagen $a/n < \varepsilon$ da wir im voraus $\varepsilon > 0$ bestimmt hatten), ist $a/n$ die Erwartung der Zahl der Sprünge in jedem kleinen Intervall, und es ist auch $(a/n) = q_n m_n$ mit $q_n$ = Wahrscheinlichkeit, daß in einem kleinen Intervall $t/n$ *mindestens ein* Sprung vorkomme, und $m_n$ = Erwartung der Zahl der Sprünge in den kleinen Intervallen, die mindestens einen Sprung enthalten. Es muß jedoch $m_n \to 1$ $(n \to \infty)$ sein, weil sonst jeder Unterbrechungspunkt die positive Wahrscheinlichlichkeit hat, andere in seiner wenn auch engsten Umgebung zu haben, d.h. praktisch ein multipler Sprung zu sein, entgegen der Hypothese, daß alle Sprünge = 1 sind[4].

Die Wahrscheinlichkeit, daß unter den $n$ kleinen Intervallen, $h$ Unterbrechungen enthalten, und $n-h$ nicht, ist $\binom{n}{h} q_n^h (1-q_n)^{n-h}$; bei $n \to \infty$ wird die Wahrscheinlichkeit für kleine Intervalle mit mehr als einem Sprung unbeachtlich (sodaß $h$ die Anzahl der Sprünge ist). Anderseits ist auch $q_n \doteqdot a/n$, und daher

$$p_h(t) = \lim \binom{n}{h} \left(\frac{a}{n}\right)^h \left(1 - \frac{a}{n}\right)^{n-h};$$

wir kommen also auf Angaben und Verfahren, die wir bereits (VI, 11.2) für die sogenannten „seltenen Ereignisse" (die das Vorhandensein von Sprüngen in sehr kleinen Intervallen sicherlich sind) gesehen haben, zurück.

*Zweiter Weg.* Man kann sofort festlegen, daß $p_0(t)$, Wahrscheinlichkeit für keinen Sprung in der Zeit $t$, exponential sein muß, $e^{-kt}$ (weil

$$p_0(t' + t'') = p_0(t')\, p_0(t'') \text{ sein muß,}$$

weil Unabhängigkeit gegeben ist und diese Eigenschaft für die Exponentialfunktionen charakteristisch ist). Die Wahrscheinlichkeit, daß die *Wartezeit*, $T_1$, bis zum ersten Sprung, $\leqq t$ sei, ist $F(t) = 1 - p_0(t) = 1 - e^{-kt}$ (es ist dasselbe, als wenn man sagt, daß es nicht wahr ist, daß es zwischen 0 und $t$ keinen Sprung gibt). Aus der Verteilungsfunktion $F(t)$ erhält man, wenn man will, die Dichte $f(t) = ke^{-kt}$. Die charakteristische Funktion ist, wie wir wissen

$$\varphi(u) = 1/(1 - ku).$$

Wir erinnern uns (und im übrigen ergibt es sich unmittelbar aus dem eben gesagten), daß man durch Faltung die Gamma-Funktionen erhält:

---

[4] Es ist gewiß vorteilhafter, als zusätzliche Bedingung zu bringen, daß die Wahrscheinlichkeit $p^*(t) = 1 - p_0(t) - p_1(t)$ in einem Intervall mit der Länge $t$ *zwei* oder *mehr* Sprünge zu haben, ein Infinitesimal höherer Ordnung sei als 1° (und dies liest man in vielen Abhandlungen). Auf diese Weise kann jedoch der irrige Eindruck entstehen, daß es sich um eine weitere Restriktion handelt, ohne welche man andere Prozesse erhalten könnte, die mit den anfänglichen Prämissen vereinbar wären.

$$[\varphi(u)]^h = (1-ku)^{-h}, \quad f^{h*} = Kx^{h-1}e^{-kt}(x \geqq 0),$$

$$F^{h*} = 1 - e^{-kt}\left[1 + \frac{kt}{1!} + \frac{(kt)^2}{2!} + \ldots + \frac{(kt)^h}{h!}\right];$$

die erhaltene ist somit die Verteilung von $S_h$, Moment, in dem der $h$-te Sprung erfolgt, gegeben durch die Summe der ersten $h$ Wartezeiten:

$$S_h = T_1 + T_2 + \ldots + T_h$$

(unabhängig und mit Exponentialverteilung). Siehe Abb. 1.

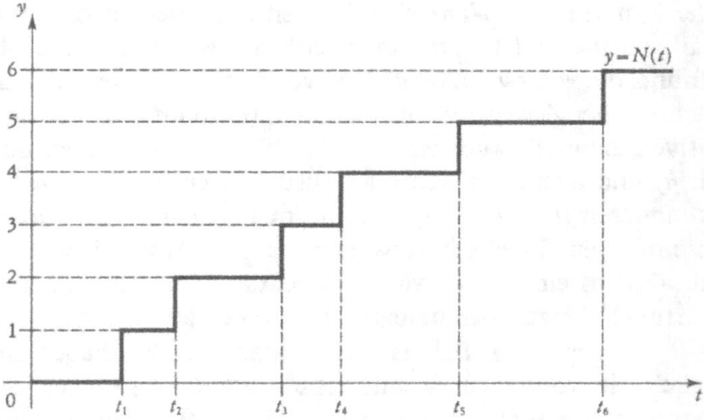


Abb. 1.
Einfacher Poissonprozeß

Diese Art, das Problem zu betrachten, ist in gewissem Sinne das Gegenteil dessen, wovon wir ausgegangen sind und wozu wir dadurch kommen können, daß wir beachten daß $N(t) \leq h$ gleichwertig mit $S_h > t$ ist („weniger als $h$ Sprünge in $[0, t]$" = „$h$-ter Sprung erfolgt nach $t$") und $N(t) = h$ gleichwertig mit

$$\{N(t) < h+1\} - \{N(t) < h\} = \{S_{h+1} > t\} - (S_h > t\}.$$

Daraus ergibt sich

$$(3) \qquad p_h(t) = \mathbf{P}\{N(t) = h\} = \mathbf{P}\{S_{h+1} > t\} - \mathbf{P}\{S_h > t\} = e^{-kt}(kt)^h/h!$$

Wir kommen wieder auf die Poisson-Verteilung und da deren Erwartung $kt$ ist, ergibt sich, daß die Konstante $k$, die als nicht determinierter Koeffizient eingeführt wurde, nichts anderes ist, als $\mu$.

Daher stelle man sich alle obigen Formeln mit $\mu$ an Stelle von $k$ vor.

*Dritter Weg*. Es ist vielleicht der intuitivste Weg (und wertvoll, weil er auf jegliches Schema von Übergängen zwischen diversen „Stati" mit Intensität $\mu_{ij}$, die konstant oder variabel sind, anwendbar ist, wo $\mu_{ij}\,dt =$ der Wahrscheinlichkeit ist, daß man, wenn man sich im Moment $t$ im Zustand „$i$" befindet, innerhalb des kleinen Zeitabschnittes $dt$ zum Zustand „$j$" gelange).

Wir bezeichnen mit $p_h(t)$ die (unbekannt angenommenen) Funktionen, die die Wahrscheinlichkeiten ausdrücken, sich zum Zeitpunkt $t$ im Zustand $h$ zu befinden (im Poisson-Prozeß, $N(t) = h, h = 0, 1, 2, \ldots$). In der Zeit $dt$ ist die Wahrscheinlichkeit des Überganges von $i$ nach $j$ im allgemeinen $p_i(t)\,\mu_{ij}\,dt$ (unbeachtlich, als Infinitesimale höherer Ordnung, die von zwei Übergängen von $i$ nach irgendeinem $h$ und von $h$ nach $j$ in der Zeit $dt$); daher variiert $p_h(t)$ von $dp_h = p_h'\,dt$ durch den positiven Zuwachs aller eintretenden Termini (von allen anderen $i$ nach $h$) und dem negativen aller austretenden Termini (von $h$ nach allen anderen $j$). Und es ergibt sich, im allgemeinen Fall (auf den zu dem einfachen Zwecke hingewiesen wurde, um unseren besonderen einzurahmen) ein System von Differentialgleichungen (das mit den opportunen Anfangsbedingungen zu vervollständigen ist).

Aber unser Fall ist viel einfacher: Wir haben nur eine Möglichkeit, von einem $h$ zum sukzessiven $h+1$, mit gleicher und konstanter Intensität $\mu$ überzugehen. Für $h = 0$ ist nur der Ausgangsterminus vorhanden, $-\mu p_0(t)\,dt$, während für $h > 0$ über diesen, $-\mu p_h(t)\,dt$ hinaus, auch der Eingangsterminus, $\mu p_{h-1}(t)\,dt$ vorhanden ist. Das (rekursive) System der Gleichungen ist daher:

$$(4) \qquad p_0'(t) = -\mu p_0(t), \qquad p_h'(t) = \mu p_{h-1}(t) - \mu p_h(t),$$

mit den anfänglichen Bedingungen $p_0(0) = 1, \quad p_h(0) = 0 \ (h \neq 0)$.

Erstere ergibt sofort $p_0(t) = e^{-\mu t}$, worauf die zweite sofort

$$p_1(t) = \mu t e^{-\mu t}$$

ergibt, usf. Die Rechnungen sind fast eliminiert, wenn man (indem man intuitiv erfaßt oder anhand der ersten Termini feststellt, daß es zweckmäßig ist, als Faktor $e^{-\mu t}$ herauszuheben) $p_h(t) = e^{-\mu t} g_h(t)$ (mit $g_0(t) \equiv 1$ und $g_h(0)$ für $h \neq 0$) setzt. Die rekursive Relation in den $g_h(t)$ reduziert sich auf die einfachste Form $g_i'(t) = \mu g_{h-1}(t)$, sodaß $g_h(t) = (\mu t)^h/h!$ ist.

2.6. Die charakteristische Funktion der Poisson-Verteilung erhält man, außer wie bereits in (VI, 11.2) gesehen, aus einer unmittelbaren Berechnung:

$$\varphi^t(u) = \sum_h e^{-\mu t}(\mu t)^h e^{iuh}/h! = \exp\{\mu t(e^{iu} - 1)\}. \tag{5}$$

Lehrreicher und signifikanter ist es, unter Bezugnahme auf den Zufallsprozeß, zu bemerken, daß bei $t \to 0$, asymptotisch

$$\varphi^t(u) = 1 + \mu t(e^{iu} - 1) = (1 - \mu t) + \mu t e^{iu}$$

(Wahrscheinlichkeit $1 - \mu t$ in 0 und $\mu t$ in 1).

Es ist dies die „infinitesimale Transformation", von der der Prozeß abgeleitet wird; man sieht es vielleicht in einfachster Form, wenn man beachtet, daß

$$\varphi^t(u) = \lim_{n \to \infty} \left[1 + \frac{1}{n}\mu t(e^{iu} - 1)\right]^n \quad \text{ist.}$$

Auch der Poisson-Prozeß (es ist selbstverständlich, da endliche Varianz vorliegt) tendiert zum normalen Typus, d.h. er nähert sich asymptotisch dem Wiener-Lévy-Prozeß; jedoch nicht mehr mit Null- sondern mit Gleichwahrscheinlichkeit, wie die Varianz, dem $\mu t$. Um Null-Erwartung zu erhalten, d.h. um einen gleichwertigen Prozeß zu haben, muß man einen linearen Ausdruck wegnehmen, indem man den Prozeß $N(t) - \mu t$ betrachtet; anstatt der Zahl der Sprünge betrachtet man den (positiven oder negativen) Überschuß dieser Zahl gegenüber der Erwartung. Der Verlauf von

$$Y(t) = N(t) - \mu t$$

ist der sägeförmige wie in Abb. 4[5]; lauter Sprünge von $+1$ und zwischen dem einen und anderen, geradlinige Züge mit der Neigung $-\mu$. Wenn man diesen Korrektur-Terminus $-\mu t$ einführt, wird die charakteristische Funktion (wenn man sie mit $e^{-iut\mu}$ multipliziert)

$$\exp\{\mu t(e^{iu} - 1 - iu)\}. \tag{6}$$

Es war selbstverständlich: es muß der lineare Ausdruck in $u$ verschwinden. Nun ist

$$e^{iu} - 1 - iu = -\tfrac{1}{2}u^2[1 + \varepsilon(u)] \qquad (\varepsilon(u) \to 0 \text{ für } u \to 0),$$

---

[5] Weiter vorn (4.3), wo es gemeinsam mit Abb. 5 zu beachten ist.

und, indem man $u/\sqrt{\mu t}$ an Stelle von $u$ einsetzt, um zur reduzierten Verteilung überzugehen, erhält man

$$\exp\{\mu t\,[-\tfrac{1}{2}(u/\sqrt{\mu t})^2]\,[1+\varepsilon(u/\sqrt{\mu t})]\to e^{-\frac{1}{2}u^2}.$$

Damit haben wir, wenn wir dies so wollen, ein fünftes einfaches Schema gefunden, um eine Approximation zum Wiener-Lévy-Prozeß zu erhalten. Wir haben uns über dieses Beispiel verbreitet, nicht weil es nicht klar wäre, sondern weil die Idee, die Sprünge (im Mittel) durch einen sicheren linearen Ausdruck zu kompensieren (d.h. die Sprünge in bezug auf eine schräge und nicht waagrechte Gerade zu betrachten) sich in Fällen als unerläßlich erweist, auf die wir bald (2.7 und 2.9) stoßen werden, um dort zu erreichen, daß gewisse Verfahren konvergieren.

2.7. Nach denselben Linien wie für den (einfachen) Poisson-Prozeß kann man den Fall der zusammengesetzten Poisson-Prozesse darstellen und dann zur Untersuchung des allgemeineren Falles übergehen, der sich aus der Verallgemeinerung der Poisson-Prozesse ergibt.

Für einen zusammengesetzten Poisson-Prozeß mit Intensität $\mu$ und Verteilung für jeden Sprung $X$ mit der Verteilungsfunktion $F(x)$ und charakteristischen Funktion $\chi(u)=\mathbf{P}(e^{iuX})$ erhält man die charakteristische Funktion $\varphi^t(u)$ genau wie im Falle des einfachen Poisson-Prozesses, indem man $\chi(u)$ an Stelle von $e^{iu}$ einsetzt (das $\chi(u)$ für den Fall ist, wo $X$ sicher $=1$ ist, d.h. die Verteilung $F(x)$ besteht aus einer einzigen im Punkte $x=1$ konzentrierten Masse).

Das ergibt sich unmittelbar, wenn man beachtet, daß die „infinitesimale Transformation“ jetzt $1+\mu t\,[\chi(u)-1]=(1-\mu t)+\mu t\,\chi(u)$ ist (Wahrscheinlichkeit $1-\mu t$ in Null und Wahrscheinlichkeit $\mu t$ nach der Verteilung eines Sprunges verteilt), daher

$$\text{(7)}\qquad \varphi^t(u)=\lim_{n\to\infty}\{1+\frac{1}{n}\mu t\,[\chi(u)-1]\}=\exp\{\mu t\,[\chi(u)-1]\},$$

oder auch wenn man beachtet, daß die charakteristische Funktion $\chi^h(u)$ ist, bedingt durch die Hypothese, daß die Sprünge $N(t)=h$ und daß daher $\varphi^t(u)$ die Mischung derselben ist, wenn man als Gewichte die Wahrscheinlichkeiten der einzelnen $h$ nimmt, d.h.

$$\text{(8)}\qquad \varphi^t(u)=\sum_0^\infty{}_h\,[e^{-ut}(\mu t)^h/h!]\,\chi^h(u)=e^{-ut}\sum_0^\infty{}_h\,[\mu t\,\chi(u)^h/h!,$$

das die Reihenentwicklung von (7) ist. Auch hier handelt es sich natürlich nur um (5) mit $\chi(u)$ an Stelle von $e^{iu}$.

Will man sie mittels der Verteilungsfunktion $F(x)$ der Sprünge ausdrücken, so ergibt sich die charakteristische Funktion als

$$(9)\qquad \varphi'(u) = \exp\{\mu t [\int e^{iux} dF(x) - 1]\} = \exp\{t \int (e^{iux} - 1) \mu dF(x)\}$$

und wir können sie auch als

$$(10)\qquad \varphi'(u) = \exp\{t \int (e^{iux} - 1)\, dM(x)\}$$

schreiben, indem wir $M(x) = \mu f(x)$ setzen, oder (wenn wir in opportunerer Form von der Beliebigkeit einer additiven Konstante Gebrauch machen),

$$(11)\qquad \begin{aligned} M(x) &= \mu F(x) && \text{für } x < 0, \\ M(x) &= \mu [F(x) - 1] = -\mu [1 - F(x)] && \text{für } x > 0, \end{aligned}$$

sodaß, um es in Worten auszudrücken,

$M(x) =$ Intensität der Sprünge mit demselben Vorzeichen wie $x$ und im absoluten Wert größer als $x$,
mit dem Vorzeichen, das zu dem von $x$ entgegengesetzt ist.

Auf diese Weise ist $M(x'') - M(x')$ immer die Intensität der Sprünge mit der zwischen $x'$ und $x''$ enthaltenen Weite, wenn sie dasselbe Vorzeichen haben und $x'' > x'$; für $x = 0$ hat $M(x)$ einen Sprung $M(+0) - M(-0) = -\mu$, da gerade $M(-0) =$ Intensität negativer Sprünge und $M(+0) =$ (mit Vorzeichen Minus) Intensität positiver Sprünge ist. Die Intensität von Sprüngen zwischen einem $x' < 0$ und einem $x'' > 0$ ist $M(x'') - M(x') + \mu$ (aber gewöhnlich ist es zweckmäßig, die Sprünge mit den beiden entgegengesetzten Vorzeichen getrennt zu betrachten).

*Bemerkung*: Man kann immer annehmen (und wir werden dies so halten, sofern wir nichts Gegenteiliges angeben), daß keine in $x = 0$ konzentrierte Wahrscheinlichkeit existiert (d. h.: daß man von $F(0)$ sprechen kann, ohne „$+0$“ und „$-0$“ zu unterscheiden, sowie man dies stillschweigend getan hat, um zu sagen, daß $M(+0) - M(-0) = -\mu[1 - F(0)] - \mu F(0) = -\mu$). In der Tat ist ein „Sprung mit der Weite $x = 0$“ oder „kein Sprung“ im Sinne des Prozesses dasselbe und vom mathematischen Standpunkt liefert ein Zuwachs von $F$ (und somit von $M$) in $x = 0$ dem Integral (9) einen Null-Beitrag, indem dort die integrierende Funktion annulliert wird. Es kann jedoch manchmal auch zweckmäßig sein, als $N(t)$ die Wiederholungen eines Phänomens zu zählen, das „fähig ist, einen Sprung zu veranlassen“, auch wenn dieser Sprung nicht erfolgt oder, wenn man es so nennen will, Null ist. Z. B. wird es bei Kraftfahrzeugversicherungen natürlich (bequemer, bezeichnender) sein, alle Unfälle (oder technischer gesagt, alle Unfallanzeigen) zu zählen, ohne zu diskriminieren und Fall für Fall diejenigen auszuscheiden, bei denen der Schaden, die Zahl der Toten, der Verletzten, der Personen, die Sachschaden erlitten haben usw. sich als Null ergibt, wenn der interessierende Prozeß $Y(t)$ der Gesamtbetrag der Entschädigungen für Unfälle bis zum Zeitpunkt $t$ ist, oder bzw. die Zahl der Toten, Verletzten, Geschädigten usw.

Formal würde man in einem solchen Fall lediglich $\mu$ (Intensität der Sprünge) durch $\mu + \mu_0$ ($\mu_0$ = Intensität des Phänomens mit „Sprung Null") ersetzen und in $M(x)$ einen Sprung $\mu_0$ in $x = 0$ einschließen und dementsprechend $F(x)$ und die char. Funktion $\chi(u)$ ändern, welche durch die Mischung $\chi(u)$ und 1 mit den Gewichten $\mu$ und $\mu_0$ ersetzt würde. Und dies wäre (wie es sein mußte) irrelevant, da das Produkt $\mu[\chi(u) - 1]$ unverändert bleibt, was das ist, worauf es ankommt.

Man erinnere sich (VI, 11.6, Formel (69)), daß es, um Ausdrücke in der normalen Form ($\mu_0 = 0$) zu erhalten, genügt, daß $(1/2a)\int_{-a}^{a}\chi(u)\,du \to 0$ (für $a \to \infty$) sei; wäre dagegen der Limes $c \neq 0$ (notwendigerweise $> 0$) würde es genügen, $\chi(u)$ herauszunehmen und es durch $[\chi(u) - c]/(1 - c)$ zu ersetzen.

Im Falle eines Prozesses, der sich aus einer endlichen Anzahl einfacher Prozesse zusammensetzt (wie der in 1.3 betrachtete; und wir verwenden dieselben Bezeichnungen):

– sind die $dM(x)$ die Massen (Intensität) $\mu_k$, die in den Werten $x_k$ konzentriert sind;

– $M(x)$ ist die Summe der $\mu_k$, die sich auf die $x_k$ zwischen $x$ und $+\infty$ beziehen, wenn $x > 0$ und auf die zwischen $-\infty$ und $x$, wenn $x < 0$ (in diesem Falle, Vorzeichenänderung);

– $F(x)$ ist dieselbe Summe, aber mit Extension, weiterhin von $-\infty$ nach $x$ normalisiert (dividiert durch $\mu = \mu_1 + \mu_2 + \ldots + \mu_n$);

– die charakteristische Funktion der Sprünge ist $\chi(u) = \sum_k e^{iux_k}\mu_k/\mu$; und die des Prozesses ist

$$\varphi^t(u) = \exp\{t\textstyle\sum_k \mu_k(e^{iux_k} - 1)\} \tag{12}$$

was, selbstverständlich, auch als Produkt der charakteristischen Funktionen, die sich auf die einfachen Prozesse, die überdeckbar sind, beziehen, erhalten werden kann, d.h. aus $\exp\{\mu_k(e^{iux_k} - 1)$.

Formel (10) hat dieselbe Bedeutung im Falle eines beliebigen zusammengesetzten Poisson-Prozesses: es beweist eine Mischung von einfachen Prozessen, aber nicht mehr notwendigerweise in endlicher Anzahl.

Man beachte schließlich, daß die Erwartung $\mathbf{P}[\bar{Y}(t)]$ und die Varianz $\sigma^2[\bar{Y}(t)]$ existieren und durch die Verteilung (respektive im strengen Sinn und in dem von $\hat{\mathbf{P}}$, siehe VI, 5.7) determiniert sind, wenn sie es für die Sprünge, $X$, sind, d.h. wenn respektive (im selben Sinne) $\mathbf{P}(X)$ und $\sigma^2(X)$ existieren. Dann ist

$$\mathbf{P}[Y(t)] = \mu t\mathbf{P}(X), \quad \sigma^2(\bar{Y}(t)] = \mu t\sigma^2(X)$$

(wobei immer $\mathbf{P}$ oder $\hat{\mathbf{P}}$ in beiden Gliedern vorausgesetzt wird).

Wenn die Erwartung Sinn hat, ist es auch sinnvoll, den von der Erwartung bereinigten Prozeß zu betrachten, d.h. nach der Veränderung, die sich nach Abzug der sicheren linearen Funktion $\mu t\mathbf{P}(X)$ in dem Sinne ergibt, daß man einen Prozeß mit Null-Erwartung erhält (d.h. einen gleichwertigen). Mit anderen Worten, man betrachtet $Y(t)-\mu t\mathbf{P}(X)$, Exzeß von $Y(t)$ in bezug auf die Erwartung, wie im einfachen Fall (6). Und man hat auch hier, analog, als charakteristische Funktion

(13) $\varphi^t(u)=\exp\{\mu t\int(e^{iux}-1-iux)dF(x)\}=\exp\{t\int(e^{iux}-1-iux)dM(x)\}.$

2.8. Wir können nun den allgemeinsten Zufallsprozeß, mit unabhängigen Zuwächsen und homogen, untersuchen, was ebensoviel heißt, wie die allgemeinste indefinit zerlegbare Verteilung (siehe VI, 11.3 und 12); in der Tat handelt es sich nach beiden Formulierungen darum, die charakteristischen Funktionen $\varphi(u)$ so zu ermitteln, daß $[\varphi(u)]^t$ eine charakteristische Funktion für jedes $t>0$ sei[6].

Wir haben eine weite Kategorie von indefinit zerlegbaren charakteristischen Funktionen vorgefunden: die $\mu(u)=\exp\{a[\chi(u)-1]\}$ mit $\chi(u)$ als char. Funktion (welche die $\varphi^t(u)$ der zusammengesetzten Poisson-Prozesse sind); eine Funktion die (im gewöhnlichen Sinne: uniforme Konvergenz in jeden begrenzten Intervall) Limes einer charakteristischen Funktion der besagten Art wäre, ist wieder eine indefinit zerlegbare charakteristische Funktion: der Limes einer charakteristischen Funktion ist eine charakteristische Funktion, und, wenn unter den $\varphi_n(u)$, $\varphi_n\to\varphi$, einige indefinit zerlegbar sind, so ist $\varphi_n^t$ eine charakteristische Funktion (für jedes $t>0$), d.h. $\varphi$ ist indefinit zerlegbar. Umgekehrt kann man demonstrieren, daß eine indefinit zerlegbare charakteristische Funktion notwendigerweise zum „Poisson'schen Typus" gehört oder zum Grenzfall, d.h. daß *die Menge der indefinit zerlegbaren charakteristischen Funktionen mit der Adhärenz der Menge der charakteristischen Funktionen des Typus*

$$\varphi(u)=\exp\{a[\chi(u)-1]\}\quad \text{mit}\quad \chi(u)=\text{char. Funkt.}$$

*koinzidiert.*

---

[6] Für ein $t<0$ ist dies unmöglich (außer im pleonastischen Fall $\varphi(u)=e^{iua}$, in welchem $|\varphi(u)|\equiv 1$ ist; andernfalls ist für manche $u$, $|\varphi(u)|<1$ und dann wäre, für $t<0$, $|\varphi(u)|>1$). Es genügt auch, die Bedingung (anstatt für alle $t$) für die $t=1/n$ (oder eine andere nach 0 tendierende Sukzession nachzuprüfen). Sie gilt in der Tat für alle Vielfachen, somit für eine Menge mit überall dichten Werten, und somit (durch Kontinuität; siehe VI, 10.3) für alle $t>0$.

Um dies zu demonstrieren, genügt es zu beachten, daß wenn $[\varphi(u)]^t$ für jedes $t = 1/n$ eine charakteristische Funktion ist, auch $\varphi_n(u) = \exp\{n[[\varphi(u)]^{1/2} - 1]\}$ eine charakteristische Funktion ist, die zum zusammengesetzten Poisson'schen Typus gehört und nach $\varphi(u)$ tendiert (daß $n(x^{1/n} - 1) \to \log x$ einer der wohl bekannten grundlegenden Limiti ist). Man erhält so die Approximation des Prozesses $\varphi^t(u)$ mittels der Prozesse $\varphi_n^t(u)$, die (womöglich scheinbar; siehe Bemerkung in 2.7) die Intensität $\mu_n = n$ und die Verteilung der Sprünge $\lambda_n(u) = (\varphi(u))^{1/n}$ haben; genauer: dies gilt „scheinbar" in den bereits bekannten Fällen (zusammengesetzte Poisson-Fälle) und *effektiv* in den neuen Grenzfällen, die wir ermitteln möchten. Tatsächlich ist in den zusammengesetzten Poisson-Fällen mit endlicher Intensität $\mu$ die Wahrscheinlichkeit

$$p_t(0) = \mathbf{P}[Y(t) = 0] = \lim(1/2a) \int_{-a}^{a} \varphi^t(u)\,du \quad (\text{für } a \to \infty)$$

(in 0 konzentrierte Masse in der Verteilung mit char. Funktion $\varphi^t(u)) \geqq e^{-\mu t}$ (nämlich die Wahrscheinlichkeit für keinen Sprung bis zur Zeit $t$[7]). In diesem Falle enthalten alle $\chi_n(u) = \varphi^{1/n}(u)$ einen konstanten Terminus, der mindestens $= e^{-\mu/n}$ ist (der Masse in 0 entspricht) und die effektive Intensität ist anstatt $\mu_n = n$, höchstens $= n(1 - e^{-\mu/n}) \sim \mu$ (und es ist leicht zu verifizieren, daß sie im Ergebnis nach $\mu$ tendiert, wie dies offensichtlich vorauszusetzen war).

Die neuen Fälle erhält man also, wenn $Y(t) = 0$ für jedes $t > 0$, so klein es auch sein mag, Nullwahrscheinlichkeit hat, d.h. wenn die Wahrscheinlichkeit, daß $Y(t)$ für einen noch so kleinen Zeitabschnitt unverändert bleibe, Null ist. Es wird eine stetige Variation gegeben sein müssen, oder eine Variation mit überall dichten Sprüngen, d.h. mit unendlicher Intensität. In der betrachteten Approximation werden die $\mu_n$ effektiv alle $= n$ sein.

Die gegenwärtigen Betrachtungen und die darauffolgende Abhandlung werden einigermaßen formlos sein. Bei kritischen Aspekten wer-

---

[7] Es ist $p_t(0) > e^{-\mu t}$ dann und nur dann, wenn für die Sprünge Werte mit Nicht-Nullwahrscheinlichkeit vorhanden sind (Massen, die in der Verteilung der charakteristischen Funktion $\chi(u)$ konzentriert sind), und die eine oder andere Summe derselben den Wert 0 hat. Z. B., im Fall von Kopf und Adler, mit Werten $\pm 1$, erhält man $1 + (-1) = 0$ (man kann in zwei Sprüngen nach Null zurückkehren); wären im selben Falle die Gewinne in $+2$ und $-3$ festgesetzt, so wäre die Rückkehr nach 0 in 5 Sprüngen möglich $(2+2+2-3-3=0)$, usw. Im allgemeinen: $p_t(0) = \sum_{2}^{\infty}{}_h \mathbf{P}\,N[(t) = h]\,\mathbf{P}(X_1 + X_2 + \ldots + X_h = 0)$ wo $\mathbf{P}N[(t) = h] = e^{-\mu t}(\mu t)^h/h!$ und $\mathbf{P}(X_1 + \ldots + X_h = 0)$ die in 0 konzentrierte Masse für die Verteilung der charakteristischen Funktion $[\chi(u)]^h$ ist.

den wir uns oft etwas später aufhalten; für mathematisch rigorosere Entwicklungen siehe andere Abhandlungen (z.B. Feller II, Kap. XVII, 2) oder eine eventuelle Folge dieses Bandes.

2.9. Um das Studium des allgemeinen Falles in Angriff nehmen zu können, beginnen wir damit, darauf die Betrachtung der Verteilung der Intensität der Sprünge, $M(x)$, wie wir sie in (2.7) für den Poisson'schen zusammengesetzten Fall definiert hatten, auszudehnen. Eine Definition, die (indem sie die vorherigen Betrachtungen näher bestimmen würde) sich als äquivalent erweisen würde, und die ohne weiteres auch auf den allgemeineren Fall anzuwenden ist, ist folgende: $M(x)$ (mit dem Vorzeichen + oder −, entgegengesetzt zu dem von $x$) ist die Erwartung der Anzahl der Zuwächse mit dem Vorzeichen von $x$ und im absoluten Wert größer als $x$, die in einem unitären Zeitintervall gegeben sind, das in eine große Zahl sehr kleiner Intervalle unterteilt ist. Einfacher und konkreter, wir werden uns darauf beschränken, die Unterteilung in $n$ gleiche Intervalle mit der Länge $1/n$, und dem Grenzübergang für $n \to \infty$ zu betrachten.

Der Zuwachs von $Y(t)$ in irgendeinem dieser kleinen Intervalle

$$Y(t + 1/n) - Y(t),$$

hat die Verteilungsfunktion $F^{1/n}(y)$ (siehe 1.3); die Wahrscheinlichkeit, daß er größer sei als ein positives $x$ ist $1 - F^{1/n}(x)$ und die Erwartung der Zahl der Zuwächse größer als $x$ ist $n\,[1 - F^t(x)]$, oder, wenn man dies vorzieht, $[1 - F^t(x)]/t$; analog sind für Zuwächse „über" einem negativen $x$ (wir sagen kurz „über" für negative und im absoluten Wert größere) Wahrscheinlichkeit und Erwartung $F^t(x)$ und $F^t(x)/t$ $(t = 1/n)$. Und wir definieren $M(x)$, als Limes (für $t = 1/n \to 0$) von $-[1 - F^t(x)]/t$ für positive $x$ und von $F^t(x)/t$ für negative $x$; setzt man – wie dies auch ist – als wahr voraus, daß dieser Limes existiert, so können wir sagen, daß in erster Approximation für $t \sim 0$, $F^t(x) = 1 + tM(x)$ (für $x > 0$) ist, und $= tM(x)$ (für $x < 0$), d.h. (einheitlich)

$$F^t(x) = F^0(x) + tM(x),$$

wobei $F^0(x)$ (Grenzfall für $t = 0$) die im Ursprung konzentrierte Verteilung darstellt ($F^0(x) = 0$ für $x < 0$ und $= 1$ für $x > 0$).

Dies stimmt intuitiv mit der Auffassung überein, daß $M(x)$ die Intensität der Sprünge, die $x$ „übersteigen" darstellt, und im besonderen, im zusammengesetzten Poisson-Fall, ist $M(x) = \mu[F(x) - F^0(x)]$; im allgemeinen Fall ist die Bedeutung dieselbe, nur daß $M(-0)$ und $M(+0)$ unendlich werden können ($M(-0) = +\infty$, oder $M(+0) = -\infty$, oder beide), wie Abb. 2 zeigt.

Das bedeutet, daß es Prozesse mit „unendlich vielen sehr kleinen Sprüngen in jedem Intervall" geben kann, obgleich die Intensität der Sprünge, die (im absoluten Wert) größer sind, als ein willkürliches positives $\varepsilon$, immer begrenzt bleiben muß.

Der Grenzübergang, der die Ermittlung der verallgemeinerten Poisson-Prozesse ermöglicht, reduziert sich daher (wir beschränken uns darauf hervorzuheben, wie dies plausibel ist, und zu informieren, daß es so ist) darauf, die $\varphi'(u)$ auf Grund der Formel (10) und (13) aus (2.7) zu konstruieren, wobei die Funktion $M(x)$ für $x \to \pm 0$ unendlich werden kann, mit den opportunen Restriktionen, damit der Ausdruck konvergiert und der Prozeß, der dargestellt werden soll, Sinn hat.

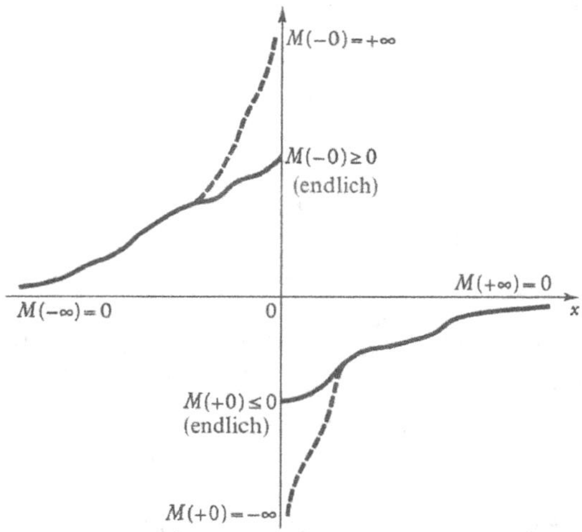


2.10. Eine neue Formel, im Mittel zwischen den beiden vorigen, sofern sie nur eine Kompensation der kleinen Sprünge vorsieht, eignet sich besser für eine unitäre Darstellung: es ist (14), die (mit viel Freiheit) so konstruiert wird, daß sie in der Nähe von $x = \pm 0$ äquivalent zu (13) ist und in der Nähe von $x = \pm\infty$ zu (10):

(14) $$\varphi^t(u) = \exp\{t \int [e^{iux} - 1 - iux.\tau(x)]\,dM(x)\},$$

wo $\tau(x)$ irgendeine begrenzte Funktion ist, die für $x \to 0$ nach 1 tendiert und für $x \to \pm\infty$ nach 0 tendiert.

Man kann z.B. nehmen:

$$\tau(x) = (|x| < 1) \quad \text{(d.h.} = 1 \text{ in } [-1, 1] \text{ und sonst} = 0) \text{ (P. Lévy)},$$

oder

$$\tau(x) = 1/(1 + x^2) \quad \text{(Chincin)},$$

oder

$$\tau(x) = \sin x/x \qquad \text{(Feller)}^8.$$

Die notwendige und hinreichende Bedingung, damit der Ausdruck (14), mit jeglicher Variante für $\tau(x)$, als charakteristische Funktion eines Zufallsprozesses Sinn habe – und auf diese Weise alle indefinit zerlegbaren Verteilungen ergebe, außer der Normalverteilung, die daraus als Grenzfall abzuleiten ist, – ist die, daß der Beitrag zur Varianz, den die „kleinen Sprünge" liefern, endlich sei: d.h. es muß $\int x^2\,dM(x) < \infty$ sein (Integral ausgedehnt, z.B. auf $[-1, 1]$; es ist indifferent, auf welches Intervall man sich bezieht, sofern es nur endlich ist und den Ursprung enthält). Man beachte, daß im regulärsten Fall, in dem die Intensität eine Dichte zuläßt, $M'(x)$, und es dafür Sinn hat von einer „Ordnung des Unendlichen" in der Tendenz nach 0 (von links, von rechts) zu sprechen, die notwendige und hinreichende Bedingung die ist, daß diese Ordnung (für beide Richtungen) $< 2$ sei: wenn $M'(x) \sim 1/x^\alpha (\alpha < 2)$ geht dies gut, wenn $M'(x) \sim 1/x^2$ nicht mehr.

Nach dieser Feststellung ist es leicht, näher zu bestimmen, wann und warum (14) durch die eine oder andere der vorher angegebenen einfacheren Formeln ersetzt werden kann, die man als Sonderfälle als in (14) enthalten betrachten kann, in denen $\tau(x)$ (anstatt den ihr auferlegten Bedingungen zu genügen) für (10) (Ausdruck in $iux$ ausgelassen) $= 0$ und für (13) (Ausdruck $iux$ immer vorhanden) $= 1$ gesetzt wird.

[8] Einige Autoren ziehen es vor, als Differential für die Integration nicht $dM(x)$, sondern Varianten wie $dK(x) = [x^2/(1 + x^2)]\,dM(x)$ (Chincin) anzunehmen, oder $dH(x) = x^2\,dM(x)$ (Feller), wegen beachtlicher formaler Vorteile, die jedoch, m. E. den Verlust der unmittelbaren Bedeutung nicht aufwiegen (siehe Feller, II, Seite 536 und P. Lévy (1965), S. 141).

[9] Siehe P. Lévy und Feller, Werke und Stellen (ungefähr) wie in Anmerkung 1.

Der Ausdruck $iux$ ist ohne Auswirkung (erzeugt nichts, außer dem Zusatz einer sicheren linearen Funktion $ct$), solange man ihn auf Sprünge anwendet, die weder groß noch klein sind (z.B. für $\varepsilon < |x| < 1/\varepsilon$ mit $\varepsilon > 0$ beliebig klein); wendet man ihn in einer Umgebung von $x = 0$ an, so ist er ohne Auswirkung oder *nützlich*; wendet man ihn in einer Umgebung von $\infty$ (z. B. für $1/|x| < \varepsilon$) an, so ist er ohne Auswirkung oder *schädlich*. Nützlich, sogar *unbedingt notwendig* ist er, wenn die *kleinen Sprünge*, wenn sie nicht „kompensiert" werden, nicht zur Konvergenz führen, und dies geschieht, wenn $\int |x| \, dM(x)$ auf $[-1, 1]$ divergiert (oder äquivalent, auf irgendeiner Umgebung von 0). Insofern schädlich, als die „Kompensierung" der *großen Sprünge* die Konvergenz zerstört, wenn sie einen zu fühlbaren Beitrag liefern, und dies geschieht gerade, wenn das vorhergehende Integral auf $|x| \geqq 1$ divergiert. Und dies, man beachte es besonders, kann auch in einem zusammengesetzten Poisson-Prozeß der Fall sein (unendlich): es genügt, daß die Verteilung der Sprünge keinen „mittleren Wert" zuläßt (wie z. B. die von Cauchy); der Prozeß selbst erleidet keinerlei Schaden, aber der Versuch eines Grenzüberganges auf „kompensierten" Sprüngen wird die Konvergenz nicht fördern sondern zerstören.

Abschließend: Die Bedingung $\int x^2 \, dM(x) < \infty$ auf $[-1, 1]$ ist notwendig und hinreichend, und (14) gilt, wenn sie erfüllt ist, immer: man kann die beiden vereinfachten Formen (10) und (13) verwenden, wenn $\int |x| \, dM(x) < \infty$ auf $[-\infty, +\infty]$ ist (und man beachte, daß diese Bedingung die allgemeine impliziert und daher an sich hinreichend ist); wenn dagegen dieses Integral divergiert, muß man unterscheiden, ob dies eine Folge der Beiträge in der Umgebung des Ursprungs oder in der von $\pm\infty$ ist, weil man im ersten Falle (10) ausschließt und im zweiten Falle (13) (und beide, wenn der Nachteil sich sowohl im Ursprung als im Unendlichen ergibt).

## 3.
## *Der Wiener-Levy-Prozeß.*

3.1. Wir betrachten nun den „stetigen Teil" eines Zufallsprozesses (homogen und mit unabhängigen Zuwächsen), der, wie bereits in 1.3. gesagt, der von Wiener-Lévy ist. Die wenigen dort erfolgten Hinweise und einige weitere einfache Bemerkungen werden hier für eine einführende Kenntnis des Prozesses ausreichen, die als Grundlage der Betrachtungen, die wir später entwickeln werden, genügt.

Wir bringen zunächst als Voraussetzung eine nähere Bestimmung des Sinnes, in dem man den Prozeß als „stetig“ bezeichnet: es bedeutet, daß, wenn man, nachdem irgendwie $\varepsilon > 0$ festgesetzt wurde und bei Betrachtung der Zuwächse von $Y(t)$ in $0 \leqq t \leqq 1$, das in $N$ gleiche Intervalle unterteilt wurde, die Wahrscheinlichkeit, daß auch nur eines derselben (im absoluten Wert) größer als $\varepsilon$ ist, $|Y(t+1/N) - Y(t)| > \varepsilon$ für ein $t = h/N < 1$, nach 0 tendiert, wenn man $N$ wachsen läßt. Es handelt sich, kurz gesagt, um „das, was dem vorhergehenden Sieb für die Auswahl der Sprünge entgeht“. Es schadet nicht, wenn man sich, als ganz einfaches Bild, denkt, daß dies äquivalent dazu ist, daß die Funktion $Y(t)$ stetig sein müßte, theoretisch würde dies jedoch eine Verzerrung bedeuten, was man aus einigen bereits geäußerten kritischen Betrachtungen entnehmen kann, und aus weiteren, die wir in systematischerer, wenn auch knapper Form bringen werden (siehe z.B. 9.12 und im besonderen den letzten Absatz).

Wir werden uns gewöhnlich auf den *reduzierten* Wiener-Lévy-Prozeß beziehen, mit Nullerwartung, $m(t) = 0$, und unitärer Varianz pro Zeiteinheit, $\sigma^2(t) = t$, mit der anfänglichen Bedingung $Y(0) = 0$.

In diesem Falle sind die Dichte $f^t(y)$ und die charakteristische Funktion $\varphi^t(u)$ (zur Zeit $t$)

(15) $\quad f^t(y) = Kt^{-\frac{1}{2}} e^{\frac{1}{2} y^2/t} \quad (K = 1/\sqrt{2\pi} \qquad$ (16) $\quad \varphi(u) = e^{-\frac{1}{2} tu^2}$.

Der allgemeine Fall ($Y(0) = y_0$, $m(t) = mt$, $\sigma^2(t) = t\sigma^2$) kann auf den vorhergehenden zurückgeführt werden, indem man ihn als $a + mt + Y(t)$ *mit* $\sigma Y(t)$ reduziert schreibt! Wenn wir ihn dagegen explizit betrachten wollen, haben wir:

$$f^t(y) = Kt^{-\frac{1}{2}} e^{-\frac{1}{2}[(y - y_0 - mt/\sigma]^2}/t \quad (K = 1/\sqrt{2\pi\sigma}),$$
$$\varphi^t(u) = e^{iuy_0} . e^{t\,(iu m \frac{1}{2} u^2 \sigma^2)}$$

(wo, zur größeren Klarheit, der Ausdruck, der vom anfänglichen Wert $y_0$ abhängt, und der, welcher vom Prozeß abhängt, daher von $t$, getrennt angegeben sind).

3.2. Für die Probleme, die gerade den Zufallsprozeß und seinen Verlauf betrachten, und nicht nur isoliert einen Wert, gilt dieselbe Darstellung. Auch die gemeinsame Verteilung der Werte von $Y(t)$ in irgendeiner Anzahl $n$ von Momenten $t_1, t_2, \ldots, t_n$ ist in der Tat eine Normalverteilung, mit Dichte[10]

$$f(y_1, y_2, \ldots, y_n) = Ke^{-\frac{1}{2}Q(y_1\ y_2\ \ldots\ y_n)}$$

mit $Q$ positiv definierte quadratische Form, determiniert durch die Kovarianzen $\mathbf{P}[Y(t_i)\ Y(t_j)] = \sigma_i \sigma_j r_{ij}$ (wenn $i = j$, $r_{ij} = 1$, Kovar. = = Varianz $= \sigma_1^2$). Wir haben bereits in (1.6) gesehen, daß (wenn $t_i \leqq t_j$) die Kovarianz $t_i^2$ ist und daher $r_{ij} = \sqrt{t_i/t_j}$, und dies vervollständigt die für jede Anwendung erforderlichen Daten.

Es ist jedoch elementarer und praktischer zu beachten, daß alle $Y(t_i)$ als Summen von sukzessiven und unabhängigen Zuwächsen $\Delta_i = Y(t_i) - Y(t_{i-1})$ ausgedrückt werden können: $Y(t_i) = \Delta_1 + \Delta_2 + \ldots + \Delta_i$; aber $\Delta_i$ ist eine zentrierte Normale mit der Varianz $(t_i - t_{i-1})$ und $Q$ ist in Funktion der Variablen $(y_i - y_{i-1})$ eine Quadratsumme

$$Q(y_1, y_2, \ldots, y_n) = \sum_i [(y_i - y_{i-1})^2/(t_i - t_{i-1})]. \tag{17}$$

Wenden wir dieses Verfahren an, um einige einfache Konklusionen zu ermitteln, die wir brauchen.

Das, was wir bisher betrachtet haben ist, genauer gesagt, der Wiener-Lévy-Prozeß auf der Halbgeraden $t \geqq 0$, gegeben durch $Y(0) = 0$. Identisch ist der Fall $t \geqq t_0$, gegeben $Y(t_0) = y_0$ (oder für $t \leqq 0$, respektive $t \leqq t_0$)[11].

Um den Fall zu betrachten, in dem mehrere Werte (in $t = t_1, t_2, \ldots$) gegeben sind, genügt es, das Problem innerhalb eines der (endlichen; für die beiden unbegrenzten gilt das obige) Intervalle zu betrachten. Wir betrachten also nun den Prozeß in einem Intervall $[t_1, t_2]$, gegeben die Werte in den Extremen: $Y(t_1) = y_1$ und $Y(t_2) = y_2$. Um den Prozeß vollständig zu charakterisieren, wird es auch hier genügen, die Erwartung (nicht mehr notwendigerweise Null-Erwartung!) und die Varianz von $Y(t)$ für jedes $t_1 \leqq t \leqq t_2$ zu bestimmen, und die Kovarianz (oder den Korrelations-Koeffizienten) zwischen $Y(t')$ und $Y(t'')$ für jedes Momente-Paar $t_1 \leqq t' \leqq t'' \leqq t_2$.

---

[10] Wir nehmen an $m = 0$, $\sigma = 1$ (reduzierter Fall). Sonst banale Veränderungen.

[11] Wenn man annimmt, daß der Prozeß auch in der Vergangenheit Sinn hat und wenn effektiv keine Kenntnis der Vergangenheit dazu führt, andere Erwartungen zu übernehmen (im allgemeinen wenig realistische Hypothesen).

Wir zerlegen $Y(t)$ in die Summe des sicheren linearen Teiles (Gerade durch die beiden gegebenen Punkte) und die Abweichung:

$$Y(t) = y_1 + [(t-t_1)/(t_2-t_1)](y_2-y_1) + Y_0(t),$$

wo $Y_0(t)$ demselben Problem mit $y_1 = y_2 = 0$ entspricht, und wir betrachten die beiden Teile, als ob die Extreme noch nicht fixiert wären, sodaß die Zuwächse $\Delta_1 = Y - Y_1$ und $\Delta_2 = Y_2 - Y$ unabhängig sind und mit Standardabweichung $\sigma_1 = \sqrt{t-t_1}$ und $\sqrt{t_2-t_1}$. Der lineare Teil ist dann die Zufallszahl

$$[1/(t_2-t_1)]\,[(t_2-t)\,Y_1 + (t-t_1)\,Y_2],$$

und $Y_0(t)$ ist, durch die Differenz,

$$Y_0(t) = [1/(t_2-t_1)]\,[(t_2-t)\,\Delta_1 - (t-t_1)\,\Delta_2];$$

daraus ergibt sich bald, daß $Y_0(t)$ (wie selbstverständlich) Nullerwartung hat und die Standardabweichung

$$\sigma(Y_0(t)) = \sqrt{(t-t_1)\,(t_2-t)/(t_2-t_1)}, \tag{18}$$

und daß es nach der linearem Seite $Y_1 + [(t-t_1)/(t_2-t_1)]$ keine Korrelation hat (und somit, durch Normalität, unabhängig ist). Tatsächlich ergibt sich:

$$\begin{aligned}\text{Kovarianz} &= K\,[(t-t_1)\,(t_2-t)\,\mathbf{P}(\Delta_1^2) - (t-t_1)^2\,\mathbf{P}(\Delta_2^2) = \\ &= K\,[(t_2-t)\sigma_1^2 - (t-t_1)\sigma_2^2 = 0.\end{aligned}$$

Man kann (als Gegenprobe, und um sich über die Differenz zu $\sqrt{t-t_1}$ Rechenschaft zu geben, die sich bei Fehlen der Bedingung im zweiten Extrem ergeben würde) beobachten, daß die absolute Standardabweichung des linearen Teiles (wenn man den Wert im ersten Extrem, $Y_1$, als fix betrachtet)

$$[(t-t_1)/(t_2-t_1)]\sqrt{\mathbf{P}(\Delta_1 + \Delta)_2^2} = \sqrt{t-t_1}.\sqrt{(t-t_1)/(t_2-t_1)} \quad \text{ist};$$

wenn man die Summe der Quadrate der Standardabweichungen der beiden Summanden bildet, erhält man, wie dies sein mußte, das Quadrat von $\sigma_1 = \sqrt{t-t_1}$. Es ist gut zu beachten, daß, wie Abbildung 3 zeigt, die Standardabweichung (18) von $Y(t)$, wenn die Werte in $t_1$ und $t_2$ gegeben sind, durch den (Halb-)Kreis über dem Segment $[t_1, t_2]$ gegeben ist (wenn in opportuner Skala: Segment $t_2 - t_1$ auf der $t$-Achse gleich der Maßeinheit auf der $y$-Achse; was übrigens irrelevant ist, außer für die Bequemlichkeit der Zeichnung und Beschreibung).

Wenn wir die Parabeln betrachten, die analog $\sigma(t)$ darstellen, wenn nur $Y_1$ gegeben ist (d.h.: $y=\sqrt{t-t_1}$) oder nur $Y_2$ (d.h.: $y=\sqrt{t_2-t}$) erkennt man, daß das Produkt dieser beiden Funktionen durch unseren Kreis dargestellt wird, der somit (an den Extremen) Krümmungskreis am Scheitelpunkt der beiden Parabeln ist, da ja dort, wo einer der beiden Faktoren sich annulliert, der andere den Wert 1 hat.

Analog bestimmen wir die Kovarianz zwischen

$$Y(t') \text{ und } Y(t''), \quad t_1 \leqq t' \leqq t'' \leqq t_2.$$

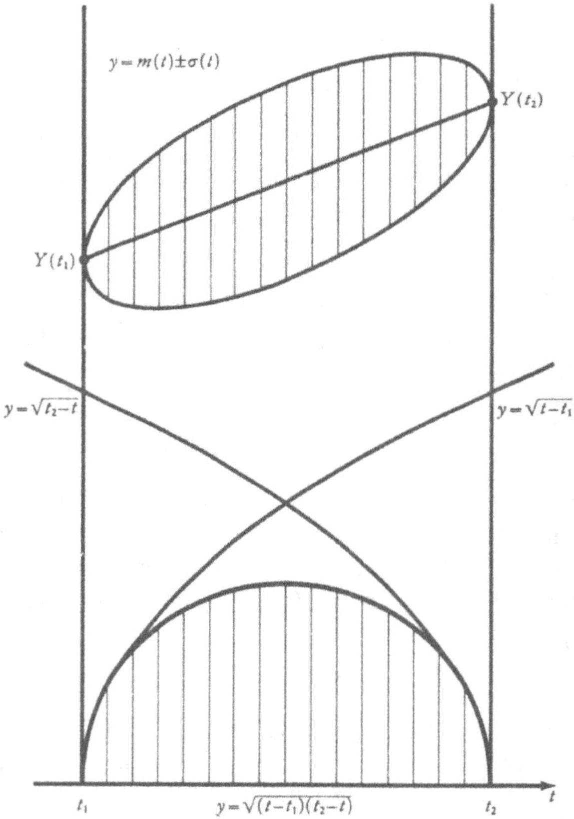


Abbildung 3.

Interpolation des Wiener-Lévy-Prozesses zwischen zwei bekannten Punkten (Gerade und Halb-Ellipsen: Diagramme der *Erwartung* und *Erwartung* ± *absolute Standardabweichung*).

Unten: Verlauf der Standardabweichung, wenn der Ursprung oder Endpunkt oder beide gegeben sind.

Wir geben die drei folgenden unabhängigen Zuwächse mit

$\Delta_1 = Y(t') - Y(t_1), \quad \Delta_2 = Y(t'') - Y(t'), \quad \Delta_3 = Y(t_2) - Y(t'')$ an;

$Y_0(t)$ wird dasselbe sein wie früher, aber, indem wir $y_2 - y_1 = = \Delta_1 + \Delta_2 + \Delta_3$, $T = t_2 - t_1$ schreiben und (zur Vereinfachung der Schreibweise) $t_1 = 0$, und $y_1 = 0$ annehmen, erhalten wir

$$\begin{aligned} Y_0(t') &= \Delta_1 \qquad\quad - t'\,(\Delta_1 + \Delta_2 + \Delta_3) = (T-t')\,\Delta_1 \qquad\qquad - t\Delta_2 \quad - t'\Delta_3 \\ Y_0(t'') &= \Delta_1 + \Delta_2 - t''(\Delta_1 + \Delta_2 + \Delta_3) = (T-t'')\Delta_1 + (T-t'')\Delta_2 - t''\Delta_3 \end{aligned}$$

und daher

$$\begin{aligned} Y_0(t')Y(t'') &= (T-t')\,(T-t'')\Delta_1^2 - t'\,(T-t'')\Delta_2^2 + t'\,t''\Delta_3^2 + \\ &+ \text{Dreieck-Ausdrücke (in } \Delta_i\Delta_j,\ i \neq j, \text{ mit Nullerwartung).} \end{aligned}$$

Nimmt man die Erwartung, so erhält man, wenn man beachtet, daß die der $\Delta_1^2$ respektive $\sigma_1^2 = t'$, $\sigma_2^2 = t'' - t'$, $\sigma_3^2 = -T - t''$ ist,

$$\begin{aligned} \operatorname{Covar}(t', t'') &= (T-t')(T-t'')\,t' - t'\,(T-t'')(t''-t') + t'\,t''(T-t'') = \\ &= t'(T-t'')\,[(T-t') - (t''-t') + t''] = t'(T-t'')\,T. \end{aligned}$$

Indem man durch $\sigma' = \sqrt{t'(T-t')/T}$ und $\sigma'' = \sqrt{t''(T-t'')/T}$ dividiert, erhält man schließlich den Korrelationskoeffizienten

$$r(t', t'') = \sqrt{\frac{t'(T-t'')}{(T-t')\,t''}} = \sqrt{\frac{(t'-t_1)(t_2-t'')}{(t_2-t')(t''-t_1)}} \tag{19}$$

wodurch man zu den ursprünglichen Formeln zurückkehrt.

3.3. Es wird gewiß nicht verwundern, daß man, bei $t_2 = \infty$, wieder auf die Resultate zurückkommt, die sich auf eine einzige Bedingung in $t_1$ beziehen. Aber diese Beobachtung ist ein besonderer Fall eines beachtlichen Umstandes, den P. Lévy hervorgehoben hat, oft nützlich, um die Konklusion zu invertieren, indem man allgemeine Fälle (mit zwei fixierten Werten) auf den besonderen Grenzfall (mit nur einem) zurückführt. Es handelt sich um die *projektive Invarianz* der Probleme, die derartige Prozesse betreffen[12], eine Eigenschaft die aus der Tat-

[12] Die Bedeutung erscheint klarer, wenn man die projektive Koordinate einführt

$$\tau = \tau(t) = (t-t')(t''-t_2)/(t''-t)(t_2-t'),$$

d. h. (wie dies auch klar ist), die, welche $t', t_2, t''$ in $0, 1\infty$ bringt: $\tau' = \tau(t') = 0$, $\tau_2 = \tau(t_2) = 1$, $\tau'' = \tau(t'')) = \infty$; dann ist $r - \sqrt{\tau_1}$, wobei $\tau_1 = \tau(t_1)$ die Abszisse des Punktes $t_1$ nach Durchführung der besagten projektiven Transformation ist.

sache abzuleiten ist, daß der Radikant im Ausdruck von $r(t', t'')$ die Bi-Proportion der vier Momente ist. Er bleibt daher immer unverändert, für jede homographische Substitution der Zeit $t$, sofern nur dadurch dem endlichen Intervall $[t_1, t_2]$ nicht das komplementäre eines endlichen Intervalles entspricht (sondern wieder ein endliches Intervall, oder eine Halbgerade; mit anderen Worten, die Ungleichungen $t_1 \leqq t' \leqq t'' \leqq t_2$ müssen alle bewahrt oder alle invertiert sein). Demzufolge bleibt die stochastische Natur der Funktion $Y(t)$ unverändert, abgesehen von der Multiplikation mit einer gewissen beliebigen Funktion; die Invarianz besteht für jede Zufalls-Funktion des Typus $Z(t) = g(t)\, Y(t)$, oder im besonderen des reduzierten Prozesses (mit immer $\sigma = 1$), den man erhalten kann, indem man

(20) $$g(t) = 1/\sigma[Y(t)] = 1/\sqrt{t} \quad \text{nimmt.}$$

Diese Vereinfachung wird unter anderem dazu dienen, das Studium des asymptotischen Verhaltens von $Y(t)$ in der Nähe des Ursprunges (für $0 < t < \varepsilon$, $\varepsilon \to 0$) auf das im Unendlichen (für $t > T$, $T \to \infty$) zurückzuführen (siehe 9.11).

Die wichtigsten Eigenschaften des Wiener-Lévy-Prozesses werden in der Folge ermittelt, an dem Punkte, an welchem sie effektiven Problemen entsprechen werden, für die wir uns interessieren müssen.

## 4.
## *Stabile Verteilungen und andere beachtliche Fälle.*

4.1. Wir sind auf zwei Fälle stabiler Verteilungen in Kap. VI (11.3) gestoßen: die normale, (die wir in VII, 6.7 als die einzige stabile Verteilung mit endlicher Varianz erkannt haben) und die von Cauchy (mit unendlicher Varianz).

Wir sind nun in der Lage, alle stabilen Verteilungen zu determinieren. Es ist klar – und wir werden es bald sehen – daß sie indefinit zerlegbar sein müssen und die Untersuchung wird daher auf den Bereich der besagten Verteilungen begrenzt, für welche wir den expliziten Ausdruck der charakteristischen Funktion kennen. So wird es leicht, sie zu erkennen.

Die Kenntnis dieser neuen stabilen Verteilungen wird dann dazu dienen, die verschiedenen Bedingungen, die notwendig sind, und

Umstände, die sich im Studium des asymptotischen Verhaltens eines Zufallsprozesses ergeben, zu klären.

Wir beginnen mit der Beobachtung, daß die Faltung von zwei verallgemeinerten Poisson-Verteilungen (und im besonderen auch von zusammengesetzten), welche durch die Verteilungen der Intensität der Sprünge, $M_1(x)$ und $M_2(x)$ dargestellt werden, durch Bildung ihrer Summe, $M(x) = M_1(x) + M_2(x)$, erhalten wird: in der Tat determiniert das $M(x)$ linear den charakteristischen Logarithmus und die Summe darauf entspricht dem Produkt über die charakteristische Funktion, d.h. der Faltung.

Damit ergibt sich umgekehrt klar die Bedingung dafür, daß eine indefinit zerlegbare Verteilung sich als Dekompositionsfaktor für eine andere (die auch indefinit zerlegbar ist) ergibt: die durch $M_1(x)$ definierte Verteilung „teilt" die durch $M(x)$ definierte dann und nur dann, wenn die Differenz

$$M_2(x) = M(x) - M_1(x),$$

eine Verteilungsfunktion der Intensität ist. Sie darf daher niemals fallend sein, um jedem Intervall eine positive Masse zu geben (oder höchstens Null), und dies bedeutet, in einfacher und intuitiver Form, daß $M_1(x)$ in jedem Intervall (der positiven oder der negativen Halbachse) einen nicht höheren Zuwachs als den von $M(x)$ haben darf. Im besonderen dürfen die konzentrierten Massen und die Dichte Punkt für Punkt (wenn vorhanden) nicht größer sein. Wenn man hier den Fall einschließen will, in dem eine normale Komponente existiert (und dann hat man die allgemeinste indefinit zerlegbare Verteilung), genügt es zu sagen, daß für sie diese Komponente im Faktor nicht größer sein darf (und als Maß kann man die Varianz nehmen).[13]

Um zu beweisen, daß die Stabilität die indefinite Zerlegbarkeit impliziert, genügt es zu beachten, daß die Summe von $n$ unabhängigen Zufallszahlen mit einer selben Verteilung dann dieselbe Verteilung hat (abgesehen von einer Veränderung der Skala); somit ist sie selbst Faltungsprodukt einer beliebigen Anzahl $n$ gleicher Faktoren, und somit indefinit zerlegbar. Wenn, für jeden Faktor, die Verteilung der

[13] Man beachte, daß das obige sich auf die Zerlegbarkeit innerhalb der Gruppe der indefinit zerlegbaren Verteilungen bezieht; es können jedoch nicht zerlegbare Faktoren indefinit zerlegbarer Verteilungen existieren (selbstverständlich auch umgekehrt), was bereits erwähnt wurde (Kap. VI, 12).

Intensität der Sprünge $M(x)$ ist, ist sie für die Faltung von $n$ Faktoren $nM(x)$.

Damit die Stabilität Gültigkeit habe, ist es notwendig und hinreichend, daß die durch $nM(x)$ definierte Verteilung demselben Typus angehöre, wie die durch $M(x)$ definierte, d.h. daß sie davon nur durch einen (positiven) Faktor der Skala $\lambda(n)$ abweiche: d.h., daß $nM(x) = M(\lambda(n)x)$ *sei.* Daraus ergibt sich ohne weiteres, daß

$$knM(x) = kM(\lambda(n)x) = M(\lambda(k)\lambda(n)x) = M(\lambda(kn)x),$$

d.h. $\lambda(k)\lambda(n) = \lambda(kn)$ für ganze $k$ und $n$; dieselbe Relation gilt auch für die rationalen, wenn man $\lambda(1/n) = 1/\lambda(n)$ setzt und daher $\lambda(m/n) = \lambda(m)/\lambda(n)$; durch Kontinuität hat man daher $\lambda(\nu)$ für alle reellen positiven $\nu$. Die funktionale Gleichung $\lambda(\nu_1)\lambda(\nu_2) = \lambda(\nu_1 \nu_2)$ ist charakteristisch für die Potenzen, wodurch sich der präzise Ausdruck für $\lambda$ ergibt:

$$\lambda(\nu) = \nu^{-1/\alpha}, \text{ im besonderen } \lambda(n) = n^{-1/\alpha}. \tag{21}$$

Wir haben den Exponenten mit $-1/\alpha$ angegeben, weil sein reziproker Wert $-\alpha$ der ist, der in dem Ausdruck mit unmittelbarerer Verwendung, den wir jetzt für $M(x)$ geben werden, als Exponent figuriert; deshalb wird $\alpha$ „charakteristischer Exponent" einer Verteilung genannt, für welche

$$nM(x) = M(n^{-1/\alpha}x) \text{ (und im allgemeinen } \nu M(x) = M(\nu^{-1/\alpha}x),\ 0 < \nu < +\infty) \text{ ist.} \tag{22}$$

Aber daraus ist der explizite Ausdruck dieses $M(x)$ sofort abzuleiten. Wenn man den obigen Ausdruck für $x = 1$, $\nu M(1) = M(\nu^{-1/\alpha})$ schreibt und dann $x = \nu^{-1/\alpha}$ setzt, ergibt sich $M(x) = -Kx^{-\alpha}$, mit $-K = M(1)$ konstant, und für alle positiven $x$ (die man erhält: in der Ordnung von 0 bis $+\infty$, bei Variieren von $\nu$ im entgegengesetzten Sinne, von $+\infty$ bis 0). Hätte man ursprünglich $x = -1$ (anstatt $= +1$) gesetzt, so hätte sich dieselbe Konklusion für negative $x$ ergeben, abgesehen von der Notwendigkeit $|x|^{-\alpha}$ anstatt $x^{-\alpha}$ zu schreiben; die Konstante $K$ konnte dann auf der positiven und auf der negativen Halbachse verschiedene Werte haben, sodaß sich endgültig folgendes ergeben muß:

$$M(x) = -K^+|x|^{-\alpha}(x > 0) + K^-|x|^{-\alpha}(x <) = K^{\pm}|x|^{-\alpha}. \tag{23}$$

$K^+$ und $K^-$ werden mit dem opportunen Vorzeichen angegeben, um positiv zu sein (damit $M(x)$ wachsend sei, entsprechend den Angaben in 2.9)). Die Schreibweise $|x|$ ist da, wo $x$ positiv ist, offenbar überflüssig, wurde aber verwendet, um die Identität der Ausdrücke für die beiden Halbgeraden zu unterstreichen; $K^{\pm}$ kann synthetisch $-K^+$ oder $K^-$ für $x \gtrless 0$ bedeuten (und man könnte schreiben : $K^+_- = K^-(x<0) - K^+(x>0)$).

Bleibt zu sehen, welche Werte für den charakteristischen Exponenten zulässig sind, und man schließt sofort, daß es die Werte $0 < \alpha \leqq 2$ sind, unter Umständen, die die Unterscheidung der vier Unterfälle fordern:

$$0 < \alpha < 1, \quad \alpha = 1, \quad 1 < \alpha < 2, \quad \alpha = 2.$$

Der Divisionsfall (etwas eigenartig) $\alpha = 1$ ist durch die Cauchy-Verteilung gegeben (die wir bereits in VI, 11.3 gesehen haben, und dies wird durch die dort für die charakt. Funktion hervorgehobene Eigenschaft demonstriert (59)).

4.2. Für $\alpha = 2$ ist das obige Verfahren nicht wirklich anwendbar (der Ausdruck für die charakteristische Funktion würde divergieren), doch kann es als Grenzfall betrachtet werden (oder es sind Angleichungen der Art wie in Anmerkung 1 zu 2.10 einzuschließen). Und dieser Grenzfall ist jener wohl bekannte der Normalverteilung, mit dem wir nunmehr vertraut sind.

Er entspricht in der Tat den charakteristischen Exponenten

$$\alpha = 2 \quad (\text{und } 1/\alpha = \tfrac{1}{2})$$

weil der skalare Faktor, der in diesem Falle die Standard-Abweichung sein kann, in der Summe $Y_n$ von $n$ Summanden gleicher Verteilung, mit $\sqrt{n}$ multipliziert wird, d.h. $n^{1/2}$ (und daher, im Mittel $Y_n/n$ mit $n^{-1/2}$).

Allgemeiner gilt, auch im Fall von Summanden mit Verteilung desselben Typus jedoch mit verschiedenen skalaren Faktoren für die Normalverteilung die bekannte Formel der absoluten Standard-Abweichung (für Summen unabhängiger Summanden):

$$\sigma = (\sigma_1^2 + \sigma_2^2 + \ldots + \sigma_n^2)^{1/2} \tag{24}$$

und diese Formel gilt für alle stabilen Verteilungen, indem man sie dem entsprechenden charakteristischen Exponenten anpaßt. Explizit, wenn

$X_1, X_2, \ldots, X_n$ Zufallszahlen mit derselben Verteilung (stabil, charakt. Expon. $= \alpha$) und $a_1, a_2, \ldots, a_n$ skalare Faktoren sind, so wird die Summe $aX = a_1 X_1 + a_2 X_2 + \ldots + a_n X_n$ wieder eine Zufallszahl mit einer Verteilung desselben Typus und dem skalaren Faktor

$$(25) \qquad a = (a_1^\alpha + a_2^\alpha + \ldots + a_n^\alpha)^{1/\alpha} \quad (\text{d.h. } a^\alpha = \textstyle\sum a_i^\alpha) \text{ sein,}$$

und im besonderen

$$(26) \qquad a = n^{1/\alpha} \quad (\text{wenn alle } a_i = 1 \text{ sind}).$$

Diese Relation ist unmittelbare Folge des Ausdruckes (23) für $M(x)$:

aus $\nu M(x) = M(\nu^{-1/\alpha} x)$, erhält man, wenn man $\nu = \nu_1 + \nu_2$ setzt, $M(\nu^{-1/\alpha} x) = M(\nu_1{}^{-1/\alpha} x) + M(\nu_2{}^{-1/\alpha} x)$.

Wir haben mit dem Fall $\alpha = 2$ nicht nur begonnen, weil er bereits bekannt und wichtig ist, sondern auch weil er sofort die angekündigte Konklusion ermöglicht, daß Werte $\alpha > 2$ unzulässig sind. Und nicht nur, weil zu größerem Recht als für $\alpha = 2$, das Integral divergieren würde, sondern aus einem elementaren oder zumindest geläufigen Motiv (wir wollen nur darauf hinweisen): wenn die Varianz endlich ist, gilt die Regel der Standardabweichungen, wo $\alpha = 2$, wenn sie unendlich ist, muß sich $\alpha \leqq 2$ ergeben, weil sie für jeden begrenzten Teil der Verteilung den Wert $\alpha = 2$ hat (d.h., z.B., wenn man die *abgeschnittenen* $X_h$ betrachtet, $-K \vee X_h \wedge K$).

Ein theoretisch und praktisch wichtiger Umstand wird im Zusammenhang mit den Ideen über die *Kompensierung* (z.B. von Maßfehlern) dank der (wunderbaren?) Tugend des arithmetischen Mittels hervorgehoben. Wohlgemerkt, es ist eine mathematische Eigenschaft, die wir auf jeden Fall hervorheben mußten, um einen beachtlichen Aspekt des Verhaltens des Mittels $Y_n/n$ von $n$ Summanden, die einer stabilen Verteilung mit einem gegebenen $\alpha$ folgen, zu kennen.

(26) besagt, daß, in Bezug auf die einzelnen Summanden, $Y_n$ den Skalarfaktor $n^{1/\alpha}$ hat; daher ist für das arithmetische Mittel $Y_n/n$ dieser Skalarfaktor $n^{(1/\alpha)-1}$.

| Z.B. für | $\alpha =$ | 2 | 3/2 | 4/3 | 1 | 3/4 | 1/2 | 1/4 |
|---|---|---|---|---|---|---|---|---|
| ergibt sich der Faktor | = | $n^{-1/2}$ | $n^{-1/3}$ | $n^{-1/4}$ | 1 | $n^{1/4}$ | $n$ | $n^3$ |
| und z.B. für $n = 2$ : | | 0,707 | 0,793 | 0,841 | 1 | 1,189 | 2 | 8 |
| und für $n = 10$: | | 0,316 | 0,464 | 0,681 | 1 | 1,779 | 10 | 1000 |

Die „Kompensierung" im gewohnten Maß, d.h. die Zunahme der Präzision in der Proportion $1 : \sqrt{n}$, wenn man das Mittel von $n$ Werten nimmt, ergibt sich nur für $\alpha = 2$; in einem nach und nach abgeschwächteren Maß ergibt sie sich für die $\alpha$ zwischen 2 und 1; für $\alpha = 1$ (Cauchy-Verteilung) ergibt sich überhaupt kein Vorteil (oder Nachteil), wenn man das Mittel mehrerer Werte anstatt nur einem nimmt; für $\alpha < 1$ invertiert sich die Situation und verschlechtert sich äußerst schnell, sowie man sich Null nähert (Grenzwert ausgeschlossen, da wäre der Wert $\infty$!). Die wenigen hier oben wiedergegebenen Werte genügen, um eine konkrete Zahlenvorstellung dessen zu vermitteln, was geschieht.

Die Konklusion ist jedoch nicht (wie jemand, der die Verwertung wiederholter Beobachtungen mit der Verwendung des Mittels identifizieren und damit Scheuklappen anlegen würde, denken könnte), daß in diesen Fällen die Vielzahl der Informationen keinerlei Vorteil bringen würde. Der Vorteil ist immer vorhanden (die Information ist größer!), um ihn aber auszuwerten, muß man das Problem korrekt und entsprechend den Fall für Fall gegebenen Umständen stellen. Dem entspricht in derartigen Fragen der mathematischen Statistik die Bayes'sche Darstellung (siehe Kap. XI und XII).

4.3. Für $\alpha < 2$ ergibt sich effektiv eine verallgemeinerte Poisson-Verteilung, mit $M(x)$ als Verteilungsfunktion für die Intensität der Sprünge. Da $M(x) = K^+.|x|^{-\alpha}$ ist, ist sogar die Dichte

(27 $$M'(x) = \alpha|K^{\pm}|\,|x|^{-(\alpha+1)}$$ vorhanden.

Es ist (außer für einen Ausnahmefall, auf den man bei $\alpha = 1$ stößt) einfacher und klarer, die durch die positiven Sprünge verursachte Verteilung (und die andere ist symmetrisch) immer getrennt zu be-

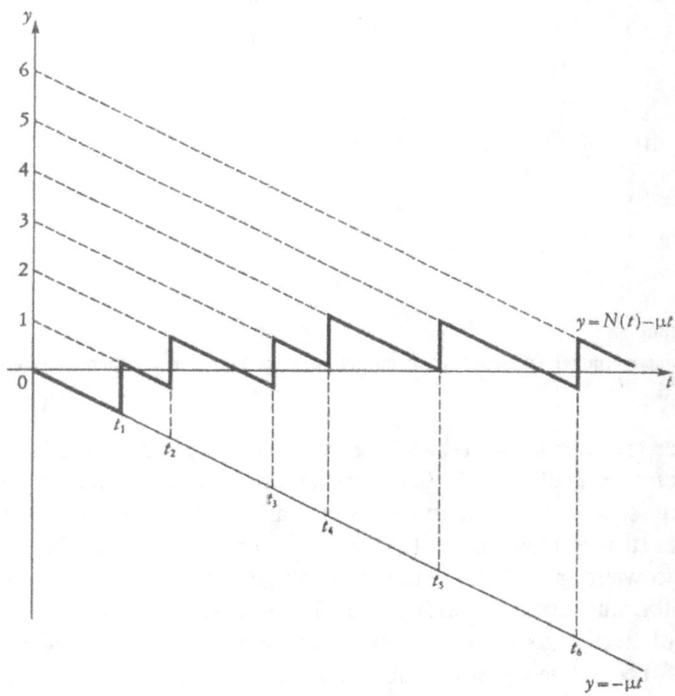


Abbildung 4.
Einfacher kompensierter Poisson-Frozeß (Erwartung = 0).

trachten. Wir haben dann (wenn wir $K^{+} = -1/\alpha$ nehmen, um di Dichte in einfachster Schreibweise zu erhalten)

$$(27') \quad M(x) = -(1/\alpha)x^{-\alpha}, \quad M'(x) = x^{-(\alpha+1)}, \quad dM(x) = ]x/x^{\alpha+1}.$$

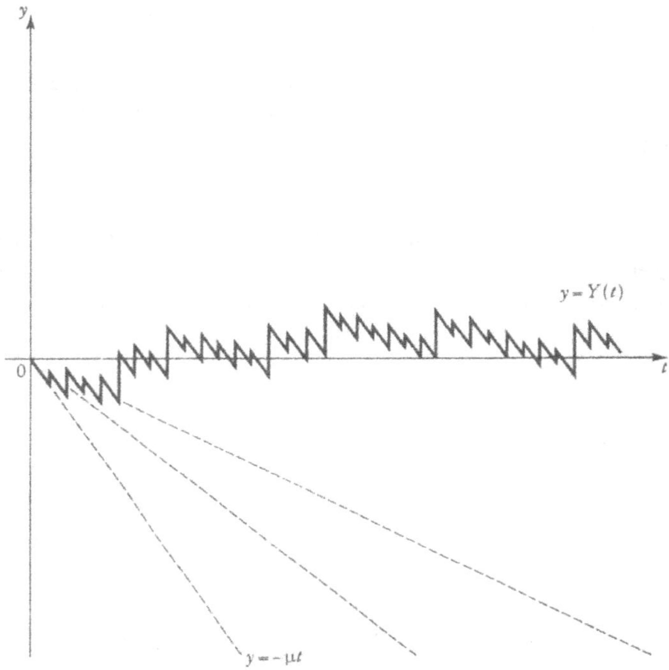


Abbildung 5.
Zusammengesetzter Poisson-Prozeß mit sukzessiven Summen kompensierter einfacher Prozesse.

Hier tritt der Umstand auf, der uns zwingt, die beiden Fälle von $\alpha$ kleiner oder größer als 1 (und wir werden dann den von $\alpha = 1$ sehen) zu unterscheiden, weil man im ersten Falle Konvergenz hat, ohne den Korrekturterminus *iux* in (13) einzusetzen, während er im zweiten Fall notwendig ist. Der Grund ist (grob gesagt), daß $e^{iux} - 1 \sim iux$ das Infinitesimale erster Ordnung in $x$ für $x \sim 0$ ist; mit $dM(x) = dx/x^{\alpha+1}$ multipliziert, ergibt es $dx/x^{\alpha}$ und das Integral konvergiert oder divergiert für $x \to 0$, je nachdem, ob $\alpha < 1$ oder $\alpha > 1$. Es handelt sich aber nicht um eine rein analytische Frage, sondern um eine wesentliche Tatsache: für $\alpha < 1$ hat der verallgemeinerte Poisson'sche Zufallsprozeß Sinn, der nur durch die positiven Sprünge der Verteilung mit Intensität $M(x) = Kx^{-\alpha}$ erzeugt wird (und daher immer wachsend), während für $\alpha > 1$ nur die *kompensierte Summe* der Sprünge Sinn hat. Unter Hinweis auf die Abbildungen 4 und 5[14] kann man eine Idee dieses Verhaltens vermitteln, indem man sagt, daß (sowie man nach und nach die sehr vielen sehr kleinen Sprünge hinzufügt) die Summe der Sprünge (je Zeiteinheit) unendlich wird, aber auch die nach unten schräge Gerade, von der man ausgeht, neigt sich unendlich nach unten. Unter diesen Bedingungen kann der Prozeß keinen monotonen Verlauf haben (in keinem, wenn auch noch so kurzem Intervall).

4.4. Ungeachtet dieser Verschiedenheiten des Verhaltens, sowohl vom mathematischen als auch vom wesentlichen Gesichtspunkt, besteht in bezug auf die Form der charakteristischen Funktion keinerlei Unterschied. Es genügen einfache qualitative Betrachtungen, um zu erkennen, daß sie die Form $\exp(C|u|^{\alpha})$ haben müssen (wobei $C$ durch $C^*$, konjugierter Komplex, zu ersetzen ist, wenn $u$ negativ ist). Die Rechnung (siehe z.B. P. Lévy (1965), 2. 163) beweist, daß der Ausdruck für positive Sprünge der folgende ist:

(28) $\varphi(u) = \exp\{-e^{\pm\frac{1}{2}i\pi\alpha}|u|^{\alpha}\}$ mit dem Vorzeichen $\pm$ entsprechend $u$,

während für negative Sprünge die Vorzeichen $\mp$ im Exponenten der Konstante vertauscht werden, und für den allgemeinen Fall genügt es, in diesen Exponenten an Stelle von $\alpha$ oder $-\alpha$ einen dazwischen liegenden Wert zu setzen, im besonderen 0 für den symmetrischen Fall.

Für $\alpha = 1$ erhält man, im symmetrischen Fall, die Verteilung von Cauchy, die man sich daher als durch einen verallgemeinerten Poissonprozeß erzeugt denken kann, in dem die Verteilung der Intensität der

---

[14] In Abb. 4 ist der einfache Poisson-Prozeß nach Bereinigung seiner Erwartung dargestellt (siehe 2.6); Abbildung 5 zeigt, was in zusammengesetzten Prozessen geschieht, die durch sukzessives Überlagern mit weiteren einfachen Prozessen mit kleineren Sprüngen auf den früheren Prozeß erhalten werden. Wenn man sich denkt, nach den ersten drei eingezeichneten einen vierten, fünften, ... Schritt zu wiederholen, mit einer indefinit wachsenden Neigung der Geraden der Erwartung, kann man sich eine Vorstellung des verallgemeinerten Poisson-Prozesses mit nur positiven Sprüngen machen.
Man beachte, daß, um die Zeichnung nicht unklar zu machen, diese angefertigt wurde, als ob jeder zusätzliche Prozeß sich in den Momenten der früheren Sprünge annullieren würde (was ganz unwahrscheinlich ist, den bildlichen Eindruck jedoch nicht verfälscht: es soll nur darauf hingewiesen werden, damit jemand, der dieses System bemerkt, nicht denkt, daß dadurch eine effektive Eigenschaft der illustrierten Prozesse wiedergegeben wird).

Sprünge $M(x) = \pm 1/x$ ist, Dichte $M'(x) = 1/x^2$. In diesem Fall sichert man jedoch die Konvergenz nur mit Hilfe der Formel (14), weil der Terminus $iux$ in der Umgebung des Ursprunges notwendig ist, im Unendlichen aber stört; auf diese Weise führt man jedoch eine *partielle* Kompensierung der Sprünge durch und damit wird eine sichere und beliebige additive Konstante eingeführt, welche die Verteilung daran hindert, stabil zu sein. (sie ist, nach Lévy, *quasistabil*: die Faltung beinhaltet nicht nur eine Änderung der Skala, sondern auch eine Translation). Im symmetrischen Fall hat man Stabilität, wenn man nach demselben Kriterium die Beiträge der Sprünge mit beiden Vorzeichen kompensiert (oder die Kompensierung erfolgt implizit durch Integration zwischen $\pm a$, dann $a \to \infty$).

Außerhalb der Fälle $\alpha = 2$ (Normalverteilung) und $\alpha = 1$ (Cauchy-Verteilung) haben die stabilen Verteilungen keine einfachen Ausdrücke für die Dichte (die jedoch existieren und regulär sind). Eine Ausnahme bildet der Fall $\alpha = \frac{1}{2}$, dem als wachsender Prozeß (positive Sprünge $x > 0$) ein

$$M(x) = -2x^{-1/2}, \quad M'(x) = x^{-3/2}, \quad dM(x) = dx\sqrt{x^3} \quad \text{entspricht,}$$

und die Dichte

$$f(x) = Kx^{-3/2}e^{-1/2x}. \tag{29}$$

Abschließend erwähnen wir noch den Fall $\alpha = 3/2$, beachtlich durch eine Interpretation von Holtsmark in Verbindung mit einem astronomischen Problem (auch durch die Tatsache, daß dies vor der Kenntnis des Problems seitens der Mathematiker liegt); eine Analogie (für eine 4-dimensionale Welt) interpretiert den Fall $\alpha = 4/3$. Siehe Feller, II, S. 170, 215.

4.5. Andere beachtliche Fälle von Poisson-Prozessen sind der *Gamma*-Prozeß (und Ableitungen) und die von *Bessel* und *Pascal*.

Die Gamma-Verteilung (Formeln (55) und (56) in VI, 11.3) hat

$$(30)\quad f^t(x) = Kx^{t-1}e^{-x}(x \geqq 0),\ K = 1/\Gamma(t), \qquad (31)\quad \varphi^t(u) = 1/(1-iu)^t;$$

für $t \to 0$ hat man $f^t(x)/t \to e^{-x}/x$ und somit ergibt sich der Gamma-Prozeß, in dem $Y(t)$ die Gamma-Verteilung mit der Exponente $t$ hat, aus Sprüngen mit einer Verteilung der Dichte

$$M(x) = \int_x^\infty (e^{-x}/x)\,dx, \quad M'(x) = e^{-x}/x. \tag{32}$$

Als Interpretation ist der Zusammenhang mit dem Poisson-Prozeß zu bemerken: $f^t(x)$, für $t = h$ ganz, ergibt die Verteilung der Zeit $T_h$ der $h$-ten Wiederholung des Phänomens. Dies ergibt sich auch bei Schlußfolgerung über die $p_h(t)$ (2.5), springt aber jetzt durch die Tatsache ins Auge, daß man für $h = 1$ die Exponential-Verteilung hat (für $T_1$, und für jede Wartezeit $T_h - T_{h-1}$, unabhängig), und für irgendein ganzes $h$ hat man die Faltung, die der Summe $T_h$ der $h$ Zeiten partiellen Wartens entspricht.

Es ist interessant, eine mögliche Interpretation dieses Gamma-Prozesses als *Inversion* des (einfachen) Poisson-Prozesses zu betrachten. Zu diesem Zwecke vertauschen wir die Buchstaben und schreiben $t = T(y)$ für diesen Prozeß als Inversion des anderen, dem wir die gewöhnlichen Buchstaben, $y = Y(t)$ vorbehalten. Die inverse Funktion $y = T^{-1}(t)$ (die natürlich keinen Prozeß mit unabhängigen Zuwächsen ergibt), ergibt, wenn man sie nur in den Punkten betrachtet, wo $y =$ ganz ist (oder indem man $Y(t) =$ ganzer Teil von $y = T^{-1}(t)$ nimmt), eben den einfachen Poisson-Prozeß (mit $\mu = 1$).

*Bemerkung*: Eine vollständige Interpretation ergibt sich, wenn man sich z. B. vorstellt, daß $y = T^{-1}(t)$ die Anzahl der Kreisrunden (und Bruchteil) eines Punktes darstellt, der sich stoßweise auf einem Umkreis bewegt; die gewöhnliche Poisson-Situation ist die desjenigen, der das Vorübergehen nur aus einer gegebenen Position einsehen kann.

Es ist jedoch nicht gesagt, daß die mathematische Möglichkeit, sich diese „Erklärung" mittels eines „verborgenen Mechanismus" vorzustellen, metaphysische Spitzfindigkeiten gestatten sollte, um deren „Existenz" zu behaupten (während man diese Möglichkeit nutzbringend verwenden kann, wenn dafür ein konkretes Motiv plausibel erscheint). Es gibt mehrere Fälle (soweit mir bekannt ist, nicht unbedingt dieser), in welchen gewisse Interpretationen dieser metaphysischen Art (oder zumindest solche, die mir so erscheinen) angenommen und diskutiert werden, weil man sie ernst nimmt.

Allgemeiner erhält man, bei Veränderung von Skala und Intensität

$$(33) \qquad f^t(x) = Kx^{\mu t - 1} e^{-\lambda x} (x > 0) \; (K = \lambda^{-\mu t}/\Gamma(\mu t),$$

$$(34) \qquad \varphi^t(u) = (1 - iu/\lambda)^{\mu t};$$

ferner kann man auch die Verteilung auf die negative Halbachse umklappen: $f^t(x)$ unverändert, aber man schreibt $|x|$ anstatt $x$ und $(x < 0)$, charakt. Funktion

$$(35) \qquad \varphi^t(u) = (1 + iu/\lambda)^{\mu t}.$$

Mittels Faltung können wir andere Prozesse konstruieren, die Summen von Gamma-Prozessen entsprechen. Der beachtlichste Fall ist der, den man daraus durch Symmetrisierung erhält (siehe Formeln

(57) und (59) in VI, 11.3), und der, für $t = 1$, die bilaterale Exponentialverteilung ergibt. Den allgemeinen Fall erhält man mit Produkten des Typus

$$\varphi^t(u) = (1 - iu/\lambda_1)^{\mu_1 t} (1 - iu/\lambda_2)^{\mu_2 t} \dots (1 - iu/\lambda_n)^{\mu_n t}$$

(wo die Vorzeichen − oder + sein können; eventuell kann man sagen, daß die $\lambda_h$ positiv oder negativ sein können werden); symmetrischer Fall, wenn die Faktoren abgesehen vom Vorzeichen zu zweien gleich sind, d. h.

$$\varphi^t(u) = (1 + u^2/\lambda_1^2)^{\mu_1 t} \dots (1 + u^2/\lambda_n^2)^{\mu_n t}.$$

4.6. Der Besselsche Prozeß wird nur so genannt, weil die Dichte mittels einer Besselschen Funktion ausgedrückt wird, $I_t(x)$ (auf $x > 0$):

$$(36) \quad f^t(x) = (e^{-x}/x) t I_t(x), \quad \text{mit} \quad I_t(x) = \sum_0^\infty {}_k \frac{1}{k!\,\Gamma(k+t+1)} \left(\frac{x}{2}\right)^{2k+t};$$

die charakteristische Funktion ist

$$(37) \qquad \varphi^t(u) = (1 - iu - \sqrt{(1-iu)^2 - 1})^t.$$

Er verdient, erwähnt zu werden, weil er dieselbe Bedeutung hat, die vorher für den einfachen Poisson-Prozeß festgestellt wurde, dagegen jedoch unter Bezugnahme auf den Poisson'schen Kopf und Adler-Prozeß (jede Wiederholung des Poisson-Prozesses besteht in einem Wurf Kopf-und-Adler mit einen Gewinn $\pm 1$). Wenn man dieselben Symbole verwendet, $t = T(y)$ und für die inverse Funktion, $y = T^{-1}(t)$, kann man sagen, daß die Punkte, wo $y =$ ganz, den Momenten entsprechen, in denen zum erstenmal der Gewinn $Y(t)$ das Niveau $y$ erreicht (oder, daß „ganzer Teil von $y = T^{-1}(t)$" das Maximum in $[0, t]$ von $Y(t)$ ist, da $Y(t)$ ein Poisson'scher Kopf-und-Adler-Prozeß ist.

4.7. Als Pascal-Prozeß bezeichnen wir jenen, in dem $Y(t)$ in $t = 1$, eine geometrische Verteilung hat, für $t =$ ganz eine Pascal-Verteilung und daher für jedes $t$ eine negative Binomialverteilung (siehe Kap. VII, 4.4). Wie bereits dort bemerkt, handelt es sich um einen zusammengesetzten Poisson-Prozeß mit *logarithmischer* Verteilung der Sprünge (VI. 11.2) (mögliche Werte: alle positiven ganzen Zahlen) und der Intensität $\mu = 1$.

Man hat eine zu den beiden obigen Fällen analoge Interpretation, mit der Variante, daß man keine Dichte, wohl aber konzentrierte Massen hat (ganze Werte). Für $t =$ ganz ist $Y(t)$ die Zahl der Mißerfolge (in einem Bernoulli-Wahrscheinlichkeitsprozeß $p$, wenn $\tilde{p}$ der Grund für die geometrische Verteilung für $t = 1$ ist), die sich vor dem $t$-ten Erfolg ergeben haben. In jedem unitären Intervall (von $t$ bis $t + 1$) hat der Zuwachs diese geometrische Verteilung. Hier stellt man sie sich als Ergebnis von Sprüngen mit logarithmischer Verteilung vor, im Mittel einer pro Intervall. Wollte man ein nicht ganzes $t$ haben, könnte man es als „Anzahl der gehabten Erfolge plus *fälliger Bruchteil* des nächsten" interpretieren, und $Y(t)$ wäre die Zahl der effektiv bis dahin gegebenen Mißerfolge.

Natürlich ist die für den Gamma-Prozeß (4.5) gemachte Bemerkung auch auf die beiden anderen (4.6 und 4.7) anzuwenden.

## 5.
## *Verhalten und asymptotisches Verhalten.*

5.1. Wir wollen nun die Wahrscheinlichkeiten von Tatsachen betrachten, die den Verlauf der Funktion $Y(t)$ betreffen; wie bereits in (1.6) angedeutet, sind dies die wichtigsten Fragen. Sie können den Verlauf, oder das Verhalten, von $Y(t)$ in der Umgebung eines Momentes $t$ (lokale Eigenschaften) betreffen, oder in einem Intervall $[t_1, t_2]$, oder in der Umgebung von $t = \infty$ (asymptotische Eigenschaften). Z.B. könnte man fragen, ob $Y(t)$ sich in einem gegebenen Intervall annulliert (oder wie oft), ob es über einem gewissen Wert $M_1$ bleibt, oder unter einem anderen Wert $M_2$ (oder anstatt Konstanten, Funktionen $M_1(t)$ und $M_2(t)$) usw.; asymptotisch wird man fragen können, ob diese oder andere Umstände von einem gewissen Moment an festzustellen sein werden, oder lokal, ob sie es in der Umgebung eines gegebenen Moments sein werden.

Aussagen dieser Art werden mit entsprechender Vorsicht zu interpretieren sein, vor allem wenn man die Annahme der vollständigen Additivität vermeiden will. Man wird Sorge tragen, sich immer unter Bezugnahme auf eine endliche Anzahl von Momenten (die nach Belieben groß sein mag) und nicht in bezug auf eine Unendlichkeit auszudrücken.

Ein typisches Beispiel für Fragen dieser Art haben wir bereits gesehen (VII, 5.3). Das starke Gesetz der großen Zahlen, das (unter Bezugnahme auf einen diskreten Prozeß) im Studium der asymptotischen Gültigkeit einer Ungleichung der Type $C_1 \leqq Y(t)/t \leqq C_2$, d.h. $C_1 t \leqq Y(t) \leqq C_2 t$ bestand. Wir werden nun sehen, wie dieses Problem und seine Verallgemeinerungen, und andere dieser Art besser verstanden, dargestellt und studiert werden können, indem man sie in den allgemeineren Bereich der Zufallsprozesse verlegt. Bei den einfachsten und am meisten studierten Prozessen dient dann gerade die Bezugnahme auf Prozesse, mit denen wir uns gerade befassen, nämlich mit unabhängigen Zuwächsen und homogen, oder überhaupt auf den Wiener-Lévy-Prozeß (unter den Bedingungen, in denen er als asymptotische Approximation Gültigkeit hat).

Es ist interessant und lehrreich zu sehen und zu lernen, wie die Symbiose der beiden Formen der Darlegung und Darstellung dazu dient, theoretische Zusammenhänge zu zeigen, die man sonst schwer erkennt und dazu führt, nach und nach die geeignetsten Schemen und Hilfsmittel zu verwenden. Im besonderen werden wir in der Folge dieses Kapitels, in dem wir uns notwendigerweise auf die einfachsten Fälle beschränken, sehen, wie das Studium des Kopf und Adler-Prozesses (direkt mit kombinatorischer Methode entwickelt) und das des Wiener-Lévy-Prozesse (den man mit verschiedenartigen Darstellungen weiterführen kann) einander gegenseitig integrieren und es Fall für Fall ermöglichen, sich auf den geeigneteren zu stützen oder beide zu verbinden.

5.2. Wir wollen uns bei zwei Gruppen von Fragen aufhalten, die untereinander im Zusammenhang stehen, und von denen jede in unitärer Form Probleme vereinigen wird, die untereinander verschiedenartige Interpretationen und Anwendungen erlauben.

In der ersten Gruppe haben wir Probleme) die durch den Austritt der Linie $y = Y(t)$ aus einer gewissen Region (Streifen $C_1 \leqq y \leqq C_2$ oder $C_1(t) \leqq y \leqq C_2(t)$, eine der Begrenzungen kann nämlich fallen: $C_1 = -\infty$ oder $C_2 = +\infty$) ausgedrückt werden, d.h. im Durchqueren einer gewissen Schranke. Bei dieser Art von Problemen ist es im allgemeinen von Interesse, ob dieser Austritt erfolgt, und wann zum erstenmal, als ob der Prozeß damit zum Stillstand käme: man hat, sozusagen, eine absorbierende Schranke. Im allgemeinen ist es jedoch nützlich, so zu schließen, als ob der Prozeß weiterginge.

Eine Analyse dieser Art wird dazu dienen, das starke Gesetz der großen Zahlen näher zu bestimmen, indem man prüft, welche Geschwindigkeit der Konvergenz zu erwarten ist (dies wird noch näher erklärt!). Bezüglich der Art der Anwendung wird es viele Interpretationen geben: Ruin eines Spielers (oder eines Versicherungsunternehmens usw.), Ende eines sequentiellen Entscheidungsprozesses infolge Erreichens hinreichender Information, oder eines Irrfluges – z.B. eines Partikelchens – infolge Erreichens einer absorbierenden Schranke usw.

In der zweiten Gruppe werden wir Probleme mit Wiederholungs-Charakter haben, die von der Wiederholung gewisser Situationen abhängen (Rückkehr zum Ausgangspunkt, Erreichen gewisser Ziele usw.); der Prozeß wird in Segmente unterteilt sein, und es mag von Interesse sein, deren Länge und andere Merkmale zu studieren. So werden weitere Aspekte beleuchtet, die in alle Probleme der genannten Typen Klarheit bringen können.

In jedem Fall wird es vor allem von Interesse sein, den Kopf- und Adler-Prozeß und den Wiener-Lévy-Prozeß mit Extension auf die asymptotisch normalen Prozesse zu betrachten; gelegentlich wird auf andere Fälle hingewiesen werden (Bernoulli-Prozeß mit $p \neq \frac{1}{2}$; stabile Prozesse mit $\alpha < 2$; Poisson-Prozeß), vor allem, um Gelegenheit zu haben, eventuelle signifikante Bemerkungen zu bringen (Erklärung von difformen Verhalten, Aufzeigen unerwarteter Tatsachen, usw.).

5.3. Es wird lehrreich sein, sich vor Augen zu halten, daß die ersten drei Fälle, die wir in Betracht ziehen – Gegenüberstellung von $|Y(t)|$ und $y = C$, $y = Ct$, $Y = C\sqrt{t}$ $(C > 0)$ – drei Beispiele sind, um dann zur Bestimmung der voraussehbaren Wachstumsordnung $Y(t)$ zu gelangen, auch wenn wir uns jeweils bei eventuellen Anwendungen mit entsprechenden collateralen Entwicklungen aufhalten werden.

Dies gilt vor allem für den ersten Fall, den der Gegenüberstellung mit einer Konstante, die dem Ruin der Spieler bei der einfachsten Hypothese eines konstanten Kapitals entspricht (d.h.: ohne Zu- und Abnahme, außer auf Grund der Spielergebnisse). Wir treten dem entsprechenden Fragenkomplex entgegen, indem wir mit den einfachsten Fragen anfangen.

Wir beobachten zunächst, daß die Wahrscheinlichkeit für $Y(t)$ zwischen $\pm C$ enthalten zu sein (auch wenn man nur ein $t$ betrachtet) zumindest soweit nach Null tendiert, wie $K/\sqrt{t}$ (wie $K/\sqrt{t}$ mit $K = 2C/$

($\sqrt{2\pi}\sigma$), wenn $Y(t)$ je Zeiteinheit die endliche Varianz $\sigma^2$ hat. Mehr als $K/\sqrt{t}$, egal, wie groß $K$ sei, wenn der Prozeß unendliche Varianz hat). Für $\sigma = 1$, ist, in Zahlenform (siehe VI, 6.3) $K = 0{,}8\,C$ (und wegen der Einfachheit der Schreibweise werden wir uns gewöhnlich auf diesen Fall beziehen: Begrenzung $0{,}8\,C/\sqrt{t}$, mit $\simeq$, wenn endliche Varianz bei $\sigma = 1$, mit $<$ wenn $\sigma = \infty$). Dasselbe gilt für jedes Intervall $[a - C, a + C]$ mit der Länge $2C$.

In der Tat: Im Falle von Kopf und Adler ist die maximale Wahrscheinlichkeit $u_n \simeq 0{,}8/\sqrt{n}$; zwischen $\pm C$ gibt es 2 ganze $C$ (mit eventueller absoluter Abweichung von $\pm 1$[15]); für $t = n$ usw. Im Normalfalle (Wiener-Lévy) ist die maximale Dichte $1/[\sqrt{2\pi}\sigma(t)]$, $\sigma(t) = \sqrt{t}$. Im allgemeinen Fall, mit $\sigma < \infty$ (und wir nehmen $\sigma = 1$) hat man asymptotisch diesen selben Prozeß.

Wenn $\sigma = \infty$, ist der Begrenzung, die irgendeinem endlichen $\sigma$ entspricht, zu größerem Recht definitiv genügt. Es sei irgendein $a > 0$, sofern nur $\mathbf{P}(|X_h| < a) = p > 0$, und wir trennen die Zuwächse $X_h = Y(h) - Y(h-1)$, je nachdem, ob sie im absoluten Wert $< a$ oder $> a$ sind; $Y(n) = \sum X_h$ enthält circa $np$ Summanden $< a$ (*abgeschnittene* Verteilungen, mit $\sigma < a$ endlich), deren Summe bereits praktisch normal ist, mit der Dichte $< 1/[\sqrt{2\pi}\sigma\sqrt{t}]$; fügt man die Summe der anderen Termini hinzu, so besteht der Umstand zu größerem Recht (Theorem von der Zunahme der Dispersion), siehe VI, 9.8.

Wichtiger als das quantitative Resultat ist nun vor allem die qualitative Konklusion: *wie groß man C auch immer festsetzt, die Wahrscheinlichkeit, daß* $|Y(t)|$ *(oder* $|Y_n|$*) C übersteige, ist um* 1 *weniger als irgendein zugeordnetes* $\varepsilon > 0$, *sofern man* $t(n)$ *nur genügend groß annimmt* (und genau: von circa $t = n = (2/\pi)\,C^2/\varepsilon^2$ aufwärts).

Umso mehr tendiert die Wahrscheinlichkeit, ($|Y(\tau) > C$ (oder $Y_h > C$) für mindestens ein $\tau \leqq t$ oder $h \leqq n = t$ zu erhalten, (rascher) nach 1. Als „Ruin der Spieler" ausgedrückt, nach 1 tendiert die Wahrscheinlichkeit, daß ein Spiel (das aus gleichen und unabhängigen Partien besteht) bei zwei Spielern mit endlichem Anfangskapital, bei Verlängerung der Dauer, mit dem Ruin eines der beiden Spieler endet. Äquivalent ist die Wahrscheinlichkeit, daß das Spiel unendlich fortgesetzt wird, Null.

5.4. Überlegungen (gegen abergläubische Auslegungen des „Gesetzes der großen Zahlen") *Es ist nicht nur wahr, daß die absoluten Abweichungen, d.h. Gewinne und Verluste* (im Gegensatz zu den relativen, d.h. mittlere Gewinne je Wurf), *nicht die Tendenz haben, sich zu kompensieren, wohl aber die, unendlich in quadratischer Erwartung zu wachsen,*

---

[15] Natürlich muß, damit diese Abweichung irrelevant sei, $C$ im Vergleich zu 1 groß sein; im allgemeinen ist es, im Falle von netzartigen Verteilungen oder solchen, die ähnlich sind, notwendig, daß $C$ genügend groß sei, um die konzentrierten Massen nach „Dichte" zu verdünnen.

*sondern es ist „praktisch sicher, daß sie für ein großes n groß sein werden“* (was, ohne diese Betrachtungen, bisher nicht sicher festgestellt war).

Es wird jedoch davor gewarnt, nicht zu übertreiben, wodurch die gegenwärtige Aussage auch dem Sinn nach nicht verfälscht oder zum Aberglauben gemacht werden sollte. Sie gilt für jeden einzelnen Augenblick $t$ (oder Anzahl der Würfe $n$), nicht für viele gleichzeitig. Es ist nämlich in der Tat nicht auszuschließen (und wir werden sogar sehen, daß dies praktisch sicher ist), daß von Zeit zu Zeit (wenn auch immer seltener, aber ohne jemals zu enden) die *Rückkehr zum Gleichgewicht* sich wiederholt (und damit Abschnitte, in denen $|Y(t)| < C$).

## 6.
## *Wahrscheinlichkeit des Ruins und Erwartung der Dauer*

6.1. Wir werden die Symbole $p_h$ und $q_h$ verwenden, Wahrscheinlichkeit des Ruins beim $h$-ten Wurf oder respektive bis zum $h$-ten ($q_n = p_1 + p_2 + \ldots + p_n$, $p_h = q_h - q_{h-1}$); im Falle von zwei Spielern, 1° und 2° werden wir mit $p'_h$ und $p''_h$, bzw. $q'_h$ und $q''_h$ die des Ruins des 1° und 2° ($p_h = p'_h + p''_h$, $q_n = q'_n + q''_n$) und mit $c'$ und $c''$ ihre Anfangskapitale bezeichnen. Die Bezeichnungen beziehen sich auf den diskreten Prozeß (vor allem Kopf und Adler), die Konklusionen gelten aber im allgemeinen auch im stetigen Fall mit $t$ an Stelle von $n$ (dies wird im allgemeinen stillschweigend angenommen werden, abgesehen von Betonung der Gültigkeit oder Ungültigkeit, sofern Zweifel auftreten mögen).

Mit $q'$ und $q''$ (oder $q'_\infty$ und $q''_\infty$) werden wir die Wahrscheinlichkeiten des Ruins in einer endlichen Zeit bezeichnen, zu verstehen als Limiti für $n \to \infty$; nach den Hypothesen von (5.3) ist $q'_n + q''_n \to 1$ und daher $q' + q'' = 1$.

Die Wahrscheinlichkeit des Ruins in einem gleichwertigen Spiel leitet sich unmittelbar aus der Bedingung der Gleichwertigkeit ab: die Gewinnerwartungen der beiden Spieler werden gleichgewichtig, $q'c'' = q''c'$, daher $q' = K/c'$, $q'' = K/c''$, $(K = c'c''/(c' + c''))$, d.h. die Wahrscheinlichkeiten des Ruins sind verkehrt proportional zu den Kapitalen. Genauer:

(38) $$q' = c''/(c' + c''), \quad q'' = c'/(c' + c'').$$

*Bemerkungen.* Unter gleichwertigem Spiel könnte man in diesem Sinne auch einen nicht homogenen Prozeß oder mit nicht unabhängigen Zuwächsen verstehen, sofern nur mit Nullerwartung, bedingt durch jeglichen Verlauf in der Vergangenheit (derartige Prozesse nennt man martingale). Man denke z. B. an das Spiel Kopf und Adler, mit Punktewertung, die in irgendeiner Weise von den vorhergehenden Resultaten abhängig gemacht wird. Unter diesen Hypothesen ist eine Teilnahme am Spiel immer gleichwertig (indem man beschließt, nach Laune aufzuhören, oder bei Eintreten irgendeines Umstandes, wie der Ruin, oder auch zu unterbrechen, die Einsätze zu ändern usw.).

Die Relation $q'c''=q''c'$ ist richtig, wenn der Ruin nur den Verlust des Anfangskapitals bedeutet, ohne mögliche ungelöste Rückstände zu belassen; sonst müßte man diesen zusätzlich Rechnung tragen. Wenn z. B. die Sprünge zum Nachteil von 1.° oder 2.° $\Delta'$ und $\Delta''$ nicht überschreiten können, so wird $c'$ durch ein gewisses $c'+\theta'\Delta'(0<\theta'\leqq 1)$ ersetzt (und ebenso $c''$); der Fehler ist unbeachtlich, wenn es die wahrscheinlichen Rückstände im Vergleich zum Kapital sind.

Die Konklusionen gelten daher genau für den Wiener-Lévy-Prozeß ($Y(t)$, das mit Stetigkeit variiert, kann $c'$ oder $c''$ nicht durch Sprünge überschreiten) und von Kopf und Adler, auch in Poisson'scher Version, wenn $c'$ und $c''$ ganz sind (mit Sprüngen $\pm 1$, unmöglich zu überspringen).

Es ist – besonders, wenn man, in anderer Form $q'=1-1/[1+(c''/c')]$ schreibt, – klar, daß die Wahrscheinlichkeit des Ruins für 1° nach 1 tendiert, wenn der Gegenspieler über ein Kapital verfügt, das immer größer als seines ist. Wenn man gegen einen Gegner mit unendlichem Kapital spielt, ist daher die Wahrscheinlichkeit des Ruins $q'=1$ (und dieser Situation setzt sich der aus, der gegen die Öffentlichkeit spielt, die sich nicht ruinieren kann). Dies ist das *Theorem des Ruins der Spieler* (für gleichwertige Spiele).

*Der Fall der nicht gleichwertigen Spiele* ist auf den obigen zurückzuführen, mit einem Trick, der auf De Moivre zurückgeht. An Stelle des Prozesses $Y(t)$ betrachten wir $Z(t)=\exp[\lambda Y(t)]$; wenn man $\lambda$ so wählt, daß die Erwartung von $Z(t)$ konstant $(=1)$ ist, ist der Prozeß $Z(t)$ gleichwertig, und der Ruin (wenn man von $Z(0)=1$, das $Y(0)=0$ entspricht, ausgeht) ergibt sich von $\bar{c}'=1-\exp(-\lambda c')$ abwärts oder von $\bar{c}''=\exp(\lambda c'')-1$ aufwärts. Die Wahrscheinlichkeiten des Ruins sind daher verkehrt proportional zu $\bar{c}'$ und $\bar{c}''$. Bleibt zu sagen, wie man $\lambda$ determiniert: man beachte, daß $\exp[\lambda Y(t)]=\varphi'(-i\lambda)$; auf der imaginären Achse ist $\varphi$ (wenn es existiert; siehe VI, 10.4) reell und konkav und nimmt den Wert 1 (außer im Ursprung) nur in einem Punkt $u=-i\lambda$ mit $\lambda$ positiv, an, wenn das Spiel ungünstig ist ($\mathbf{P}[Y(t)]<0$).

*Beispiel*: Kopf und Adler verzerrt (d.h.: mit $p\neq\frac{1}{2}$), weiterhin Gewinne $\pm 1$. Es ist $\exp[\lambda Y(1)]=pe^{\lambda}+\tilde{p}e^{-\lambda}=1$, d.h. (angenommen $x=e^{\lambda}$) $px^2-x+(1-p)=0$ für $x=1$ und $x=\tilde{p}/p$; $x=e^{\lambda}=1$ würde $\lambda=0$ (unbeachtlich) ergeben, daher nehmen wir $e^{\lambda}=\tilde{p}/p$, $e^{-\lambda c'}=(\tilde{p}/p)^{-c'}$, $e^{\lambda c''}=(\tilde{p}/p)^{c''}$, daher:

$$q'=\frac{(\tilde{p}/p)^{c''}-1}{(\tilde{p}/p)^{c''}-(p/p)^{-c'}},\quad q''=\frac{1-(\tilde{p}/p)^{-c'}}{(\tilde{p}/p)^{c''}-(\tilde{p}/p)^{-c'}}. \tag{39}$$

Wenn man gegen einen unendlich reichen Gegner spielt, liefert der Grenzübergang für $c''\to\infty$ zwei verschiedene Resultate, je nachdem, ob das Spiel günstig ist, $(\tilde{p}/p)<1$, oder ungünstig, $(\tilde{p}/p)>1$; im letzteren Fall ist $q'=1$ (d.h., wie dies a fortiori klar war, der Ruin ist wie im gleichwertigen Fall praktisch sicher); wenn dagegen das Spiel günstig ist, ist die Wahrscheinlichkeit des Ruins $q'=(\tilde{p}/p)^{c'}$ und $1-q'=1-(\tilde{p}/p)^{c'}$ ist die Wahrscheinlichkeit, daß das Spiel indifinit fortdauert.

6.2. Auch die Erwartung $\mathbf{P}(T)$ der Dauer $T$ des Spiels bis zum Ruin wird elementar durch das Spiel Kopf und Adler (auch verzerrt) determiniert und auf den Wiener-Lévy-Prozeß übertragen.

Anstatt nur $\mathbf{P}(T)$ (angefangen von $Y(0) = 0$), ist es zweckmäßig, die Erwartung der künftigen Dauer für jeden möglichen Anfangswert $y$ zu determinieren ($-c' \leqq y \leqq c''$), indem man sich einer rekursiven Schlußfolgerung bedient; wir nennen sie $\mathbf{P}_y(T)$. Offenbar ist in den Extremen $\mathbf{P}_y(T) = 0$) ($y = -c'$, $y = c''$), weil dort der Ruin bereits erreicht ist; für $y$ zwischen diesen Extremen haben wir dagegen die Relation $\mathbf{P}_y(T) = 1 + \frac{1}{2}[\mathbf{P}_{y-1}(T) + \mathbf{P}_{y+1}(T)]$ (weil ein erster Wurf immer möglich ist und man die Erwartung der Dauer des nächsten erhält, indem man sich vorstellt, daß sie mit Wahrscheinlichkeiten $\frac{1}{2}$ und $\frac{1}{2}$ von $x \pm 1$ ausgehen wird). Der Verlauf ist der einer Parabel (Differenz nach Konstante!), mit Nullen in den Extremen, und genauer

(40) $\mathbf{P}_y(T) = -(y + c')(y - c'')$, daher $\mathbf{P}(T) = \mathbf{P}_0(t)c'c''$.

Bei Wachsen von $c''$, tendiert $\mathbf{P}(T)$ nach $\infty$, egal wie $c' > 0$ sei: daraus folgt, daß in einem Spiel gegen einen unendlich reichen Gegner $\mathbf{P}(T) = \infty$ ist; obwohl der Ruin praktisch sicher ist ($q' = 1$), ist die erwartete Dauer unendlich.

Auch für $c'$ und $c''$ endlich ist die erwartete Dauer, obgleich endlich, viel länger, als wir auf Anhieb annehmen würden. Z. B. Erwartete Dauer $c^2$ Würfe im symmetrischen Fall ($c' = c'' = c$): 100 Würfe, beginnend mit 10 und 10 Lire; 40.000, beginnend mit 200 und 200 Lire; 25 Millionen bei Beginn mit 5000 und 5000; erwartete Dauer $c$ im asymmetrischsten Fall ($c' = 1$, $c'' = c$): 1000 Würfe bei Beginn mit einer Lira gegen 1000, eine Million bei Beginn mit einer Lira gegen eine Million. Es ist jedoch in diesem asymmetrischen Fall zu beachten, daß wer mit einer Lira beginnt, immer dieselbe und hohe Wahrscheinlichkeit hat, sich sofort zu ruinieren (z. B. 75% Wahrscheinlichkeit für den Ruin nach 10 Würfen, 92% für innerhalb 100; im allgemeinen $1 - u_n \doteq 1 - 0,8/\sqrt{n}$), egal welches das Anfangskapital des Gegners sei, unendlich oder endlich, sofern es nur ausreicht, um seinen Ruin innerhalb weniger Würfe auszuschließen; (in den Beispielen: mindestens 10 Lire, mindestens 100). Aber auch der Gegner hat eine, wenn auch kleine Wahrscheinlichkeit, vor dem Ruin zu stehen (etwa $1/c$: ein Tausendstel, wenn $c = 1000$), und damit dies geschieht, muß derjenige, der mit einer Lira anfängt, in die gleiche Situation kommen, ehe sein Ruin erfolgt (circa 500 gegen 500), worauf nach Erwartung $500^2 = 25.000$ Würfe für den Ruin des einen sowie des anderen, mit gleichen Wahrscheinlichkeiten, notwendig sein werden. Es besteht daher eine Wahrscheinlichkeit von 2 Tausendstel, in die Situation der Gleichheit zu gelangen, in diesem Fall ist aber die weitere Dauer fast sicher sehr lange. Wie immer: bedenken wir, daß Erwartung nicht Voraussage ist.

Für den Wiener-Lévy-Prozeß, als Grenzfall von Kopf und Adler gedacht, besteht, wie man sofort sieht, die Konklusion unverändert. Es genügt zu beachten, daß die Veränderung der Skala ($1/N$ für die Punkte, $1/N^2$ für die Intervalle zwischen den Würfen) die Zeit unverändert beläßt: Kapitale $Nc'$ und $Nc''$, Dauer $N^2c'c''$ nach Einheit $1/N^2$. Allgemeiner kann man sagen, daß die Konklusion, approximativ, für alle Prozesse mit endlicher Varianz gilt ($\sigma = 1$ je Zeiteinheit;

sonst $\mathbf{P}(T) = c'c''/\sigma^2$), sofern $c'$ und $c''$ nur groß genug sind, um einen Ruin nach wenigen großen Sprüngen wenig wahrscheinlich zu machen.

Im Falle von nicht gleichwertigen Spielen kann man dieselbe Schlußfolgerung anwenden, aber mit einem anderen Resultat. Für Kopf und Adler verzerrt (mit $p \neq \frac{1}{2}$) geht die Relation

$$\mathbf{P}_y(T) = 1 + (1-p)\,\mathbf{P}_{y-1}(T) + p\mathbf{P}_{y+1}(T)$$

auf die charakteristische Gleichung $py^2 - y + (1-p) = 0$ mit Wurzeln 1 und $(1-p)/p$ zurück, die $A + B(\tilde{p}/p)^y$ als Lösung der homogenen Gleichung ergibt; eine besondere Lösung der vollständigen ist $y/(1-2p)$ (oder $y/(\tilde{p}-p)$); hat man $\mathbf{P}_y(T) = 0$ für $y = -c'$ und $y = c''$ berücksichtigt, so ergibt sich

$$\mathbf{P}_y(T) = \frac{1}{1-2p}\left[(y+c') - (c'+c'')\,\frac{1-(\tilde{p}/p)^{y+c'}}{1-(\tilde{p}/p)^{c'+c''}}\right]. \tag{41}$$

Für die Extension auf den Wiener-Lévy-Fall (und approximativ, im besagten Sinne, auf die Fälle, die sich asymptotisch nähern) genügt es zu beachten, daß im betrachteten Fall $m = 2p-1$, $\sigma^2 = 1 - m^2$, daher $p = \frac{1}{2} + \frac{1}{2}m/\sqrt{m^2+\sigma^2}$. Wenn $m$ und $\sigma$ für einen Wiener-Lévy-Prozeß (oder einen allgemeinen) gegeben sind, genügt es, $p$ in der angegebenen Weise zu berechnen.

Wenn man gegen einen unendlich reichen Gegner spielt ($c'' = \infty$), so ist $\mathbf{P}(T) = \infty$, wenn das Spiel günstig ist ($p > \frac{1}{2}$), da es, mit Nullwahrscheinlichkeit, indefinit andauern kann. Wenn es ungünstig ist ($p < \frac{1}{2}$), bleibt nur der 1° Terminus:

$$\mathbf{P}(T) = c'/(1-2p). \tag{42}$$

6.3. *Die Wahrscheinlichkeiten des Ruins innerhalb eines bestimmten Termins* (innerhalb einer Zeit $t$ oder einer Anzahl von Würfen $n = t$) liefern die detailierteste Antwort für das Problem. Wir betrachten zunächst den Fall mit einseitiger Begrenzung ($c' = c$), $c'' = \infty$) und beginnen mit dem Spiel von Kopf und Adler, indem wir uns bemühen die Wahrscheinlichkeit $q_n$ des Ruins innerhalb von $n$ Würfen zu bestimmen, d.h. die Wahrscheinlichkeit, für mindestens ein $h \leqq n$, $Y_h = -c$ zu haben.

Die Antwort gibt die berühmte und elegante *Schlußfolgerung von Desiré André,* die arithmetisch für Kopf und Adler dadurch ausgedrückt wird, daß man, wie folgend, zählt, wieviele der $2^n$ Trajektorien (zwischen 0 und $n$) das Niveau $y = -c$ erreichen: vor allem sind es alle jene, die am Ende über diesem Niveau liegen: $Y(n) < -c$; die von $Y(n) > -c$ sind ebensoviele, da man jede in einer und nur dieser Weise aus den vorherigen erhält, indem man den Abschnitt (in bezug auf die Gerade $y = -c$) vom Moment $t = k$, wo das Niveau $y = -c$ erstmals erreicht wird, bis zum Ende zurückklappt, bzw. mit der Umklappung

$$Y^*(t) = -c - (Y(t) + c) \quad (\text{in } k \leqq t \leqq n);$$

und schließlich gibt es (nur wenn $n-c$ gerade ist) Trajektorien mit $Y(n) = -c$. Als Wahrscheinlichkeit ausgedrückt (Zahl der Trajektorien / $2^n$), ergeben die ersten offenbar $\mathbf{P}(Y_n < -c)$, die zweiten (dank der durch Désiré André aufgezeigten Symmetrie) ebenso, die letzten $\mathbf{P}(Y_n = -c)$; daher (vielleicht ist die äquivalente Schreibweise mit $c$ anstatt $-c$ vorteilhafter)

$$(43) \qquad q_n = 2\mathbf{P}(Y_n > c) + \mathbf{P}(Y_n = c) = \mathbf{P}(|Y_n| > c) + \tfrac{1}{2}\mathbf{P}(|Y_n| = c).$$

Die informative Idee ist in der Abbildung deutlich illustriert, in der man sieht, wie eine Trajektorie, die, nachdem sie das Niveau $y = -c$ erreicht hat, letztlich nach $t = n$ darüber

Abbildung 6.

Schlußfolgerung von Desiré André im Falle einer Schranke.

Die Trajektorien, die, nachdem sie das Nieveau $c$ erreicht haben, am Ende des interessierenden Intervalles (Punkt $A$) unter diesem liegen, entsprechen durch Symmetrie eindeutig denen, die in $A'$ enden (symmetrisch in Bezug auf die Schranke $y = c$). Von hier aus (in einem symmetrischen Prozeß) die Gleichwahrscheinlichkeit, in $A'$ oder in $A$ zu enden, nachdem das Niveau $c$ berührt wurde, und auch auf einem Niveau $> c$ zu enden, oder auch auf einem niedrigerem Niveau, jedoch nach Berühren des Niveaus $c$.

Der Punkt $2c$ auf der $y$-Achse ist als „kalte Quelle" nach der Methode von Lord Kelvin (6.7) angegeben.

führt, durch Symmetrie einer anderen entspricht, die unten endet (und wenn die erste in $-c+d$ endet, endet die zweite in $-c-d$: man interpretiere auch das). Im wesentlichen kann man auch sagen, daß die Umklappung darin besteht, die Bedeutung von Kopf und Adler (vom Augenblick des Ruins an) auszutauschen, mit Hilfe des bereits verwendeten Verfahrens (Beispiel (*D*) in VII, 2.2).

Wir erwähnen dann noch ein anderes, zu dem von Desiré André analoges Prinzip, das Feller (I, S. 70) unter der Bezeichnung Dualitätsprinzip eingeführt hat (wir ziehen es vor, es durch *Inversionsprinzip* zu ersetzen, weil das andere nicht bestehende Annäherungen andeutet). Es besteht in der Umkehrung der Zeitrichtung, d.h. der Ordnung der Ereignisse $E_1 \ldots E_n$ in $E_n \ldots E_1$, indem man $E_i = E_{n-i+1}$ setzt; der umgekehrte Gewinn ist

$$Y^*(h) = Y(n) - Y(n-h);$$

die Trajektorie wird umgekehrt (d.h.: um 180° gedreht) um den zentralen Punkt $(\frac{1}{2}n, \frac{1}{2}Y(n))$.

Die Schlußfolgerung und das Ergebnis haben eine viel allgemeinere Gültigkeit. Tatsächlich benützt man nur die Symmetrie für die Verteilung der Zuwächse ($Y(t_0+t) - Y(t_0)$ hat die gleiche Wahrscheinlichkeit, $>a$ oder $<-a$ zu sein, im besonderen $\gtrless 0$), und die Tatsache, daß das Niveau $y=-c$ ein obligater Weg ist (man kann es nicht „überspringen"). Dies gilt für Kopf und Adler, wenn $c=$ ganz ist[16], und für den Wiener-Lévy-Prozeß (da er stetig ist) für jegliches $c$. In anderen Fällen kann man approximative oder asymptotische Gültigkeit haben, wie für (6.1, *Bemerkung*) wenn die Sprünge in der Richtung, in der das festgesetzte Niveau zu erreichen ist, klein sind, oder zumindest die großen genug selten sind (hier genüge dieser Hinweis, nähere Angaben sind zurzeit nicht angebracht).

Wir verwenden auch allgemeinere Beschreibungen und Zeichen, die geeignet sind, Probleme und Ergebnisse auszudrücken. Wir bezeichnen mit $\vee Y_n$ (als Abkürzung für $Y_1 \vee Y_2 \vee \ldots \vee Y_n$[17] in der diskreten Zeit und mit $\vee Y(t)$ in der stetigen Zeit, das *Maximum* von $Y(\tau)$ in $0<\tau \leqq t$[18],

---

[16] Sie ergeben obligate Übergänge: entweder alle $c$ (positive, negative, oder beides), wenn $Y(t)$ nur mit Kontinuität variiert (im Wachsen, im Fallen, in beiden Richtungen); oder alle Vielfachen eines $k$ (positive, negative oder beides), wenn die positiven Sprünge $=k$ sind und die negativen Vielfache von $k$ (oder umgekehrt, oder wenn sie alle $=\pm k$ sind); oder (sonst) keiner.

[17] Das Weglassen von $Y_0$ ist irrelevant, außer soweit es dazu dient, zwei Fälle zu unterscheiden, die sonst beide $\vee Y = 0$ (alle $Y_n \leqq 0$) ergeben würden; mit der übernommenen Konvention erhält man dagegen $\vee Y_n = -1$, wenn $Y_1$ gleich $-1$ ist und alle sukzessiven $\leqq -1$ (oder im allgemeinen, außerhalb des Falles Kopf und Adler, kann $\vee Y_n$ irgendein negativer Wert sein).

[18] Wir sagen $0<\tau$ wegen der Kohärenz mit dem diskreten Fall (obwohl die Unterscheidung im Kontinuum an Signifikanz verliert); dagegen ist es wichtig zu betonen, daß $\tau = t$ einzuschließen ist, ja sogar näher zu erklären, daß man unter $Y(t)$, $Y(t+0)$ verstehen muß (d.h. indem man dem eventuellen Sprung genau in $t$ Rechnung trägt).

und analog mit $\wedge Y_n$ und $\wedge Y(t)$ das *Minimum*; $|\wedge Y(t)| = -\wedge Y(t) = \vee(-Y(t))$ ist das Minimum nach absolutem Wert, und wir werden es |Minimum| nennen.

Mit diesen Bezeichnungen bestimmen die $q_n$ (oder, in vollendeterer Form, $q_n(c)$) aus (43) die Wahrscheinlichkeitsverteilung von $\vee Y_n$ (und von $|\wedge Y_n|$: es ist durch Symmetrie dieselbe):

$$q_n(c) = \mathbf{P}(\wedge Y_n \leqq -c) = \mathbf{P}(\vee Y_n \geqq c);$$

durch die Differenz erhält man die Wahrscheinlichkeiten

$$(43') \qquad \mathbf{P}(|\wedge Y_n| = c) = \mathbf{P}(\vee Y_n = c) = q_n(c) - q_n(c-1) = \\ = \mathbf{P}(Y_n = c) + \mathbf{P}(Y_n = c+1)$$

(von den beiden Summanden bleibt immer nur einer: der 1° oder der 2°, je nachdem, ob $n$ und $c$ eine gerade oder ungerade Summe ergeben); letzten Endes ist

$$\omega_h^{(n)} = \binom{n}{h} 2^{-n} \quad \text{mit} \quad 2h - n = c \quad \text{oder} \quad = c+1.$$

Zu beachten sind im besonderen die Fälle $\wedge Y_n = 0$ und $\wedge Y_n = -1$. Sie fallen nicht unter den allgemeinen Fall (der sich auf die Hypothese $c > 0$ stützt), sind aber leicht darauf zurückzuführen. Für $c = 1$ ergibt sich $\mathbf{P}(\vee Y_n < 1) = u_n$ (d.h. $\mathbf{P}(Y_n = 0)$ oder $\frac{1}{2}\mathbf{P}(|Y_n| = 1)$, je nachdem, ob $n$ gerade oder ungerade ist) und die beiden Fälle $\vee Y_n = 0$ und $\vee Y_n = -1$ sind gleich wahrscheinlich, wenn $n$ gerade ist (und wenig anders, wenn es ungerade ist). Genauer, $\mathbf{P}(\vee Y_n = -1) = \frac{1}{2}u_{n-1}$ (erster Schritt $-1$, dann nicht steigen für $+1$) und als Differenz, $\mathbf{P}(\vee Y_n = 0) = u_n - \frac{1}{2}u_{n-1}$ ($u_n = u_{n-1}$, wenn $n$ gerade ist, sonst $u_{n-1} = u^n n/n - 1$) . In Worten (für $n$ gerade); $u^n$ ist auch die Wahrscheinlichkeit, daß $Y_h$ in $0 < \imath \leqq n$ *nichtnegativ* bleibe (und analog für *nichtpositiv*).

Beachten wir auch die (interessante) Signifikanz von (43'):

Es besteht dieselbe Möglichkeit $y = c(c > 0$ als maximales Niveau $t \leqq n$ zu berühren und das Niveau $c$ selbst (oder $c + 1$, je nachdem, ob gerade oder ungerade) in $t = n$ (im allgemeinen nicht als maximales Niveau) zu berühren; anders ausgedrückt:

Die Wahrscheinlichkeit $2k\omega_h^{(n)}$, daß $|Y_n|$ den Wert $c = 2h - n(h > n/2)$ annehme, ist für $\vee Y_n$ durch die Hälfte zu dividieren: eine Hälfte bleibt in $c$ und die andere in $c - 1$. Wenn diese partielle Verlegung einer Einheit für ein gegebenes Problem (und jedenfalls asymptotisch) unbeachtlich ist, kann man sagen, daß die Verteilung des absoluten Wertes $|Y_n|$, des Maximums, $\vee Y_n$ und des |Minimums|, $|\wedge Y_n|$, gleich sind. Es ist klar, daß das Maximum und das |Minimum| niemals fallende Funktionen sind und wir können daher die Inversion definieren. Wir bezeichnen mit $T(y)$ $(y \geqq 0)$ die Inversion von $\vee Y(t)$ und mit $T(-y)$ die Inversion von $\vee(-Y(t))$ (sie haben auch als Prozesse dieselbe Wahrscheinlichkeitsverteilung; jedoch ist $T(y)$ für $y \gtrless 0$ nicht als einziger Prozeß für $-\infty < y < +\infty$ aufzufassen, wohl aber als vereinheitlichte Schreibweise für zwei symmetrische aber unterschiedliche Prozesse):

$T(y)$ = Minimum der $t$ für welche

$$\vee Y(t) \geqq y (y >) \quad \text{ist, oder} \quad \vee(-Y(t)) \geqq -y (y < 0),$$

sodaß

$$(T(y) \leqq t) = (\vee Y(t) \geqq y)(y > 0) \vee (\vee(-Y(t)) \geqq -y)(y < 0) \quad \text{ist.}$$

Für jedes $y$ ist $T(y)$ die Zufallszahl, die den Moment (oder äquivalent, die Wartezeit) bis zum Ruin ausdrückt, oder beim ersten Übergang zum Niveau (oder Punkt) $y$, oder bei Absorbieren eines Partikelchens durch eine eventuelle absorbierende Schranke in $y$ usw. usw.

Mit diesen Begriffen und Bezeichnungen können wir in ausdrucksvoller Weise die Wahrscheinlichkeiten des Ruins (oder des Absorbiertwerdens usw). angeben, wie sie in Formel (43) nach Desiré André ermittelt wurden:

$$\begin{aligned}(44) \qquad \mathbf{P}(\vee Y(t) \geqq y) &= \mathbf{P}(\wedge Y(t) \leqq -y) = \mathbf{P}(T(y) \leqq t) = \\ &= \mathbf{P}(T(-y) \leqq t) = 2\mathbf{P}(Y(t) > c) + \mathbf{P}(Y(t) = c) = \mathbf{P}(Y(t)| > c) + \\ &\quad + \tfrac{1}{2}\mathbf{P}(|Y(t)| = c).\end{aligned}$$

Wir werden den Ausdruck bezüglich $Y(t) = c$ weglassen, der nur für genaue Formeln im Falle von Kopf und Adler notwendig ist, aber Null oder unbeachtlich für allgemeine Formeln (genaue, für den Wiener-Lévy-Prozeß, asymtptotische für Kopf und Adler und andere Fälle). Bezeichnet man mit $F^t(y)$ und $f^t(y)$ die Verteilungsfunktion und (wenn vorhanden) die Dichte von $Y(t)$[19], so sind die Verteilungsfunktion und die Dichte von $|Y(t)|$ und daher (genau oder approximativ) von $\vee Y(t)$ und $\vee(-Y(t))$

[19] Dies würde auch für nicht homogene Prozesse und mit nicht unabhängigen Zuwächsen gelten (mit den für die Schlußfolgerung von Desiré André genannten Bedingungen), wo die Bezeichnungen $F^t$ und $f^t$ weniger gerechtfertigt sind. Wir werden uns jedoch praktisch mit derartigen Fällen nicht befassen.

(45) $2F'(y) - 1 \,(\text{in } 0 \leqq y < \infty), \quad 2f'(y)\,(\text{in } 0 \leqq y < \infty).$

6.4. Setzt man in den Formeln (44) oder (45) die genauen Ausdrücke für Kopf und Adler ein, so erhält man

$$(46) \qquad q_n = \tfrac{1}{2})^{n-1} \textstyle\sum_h \binom{n}{h} [0 \leqq h < \tfrac{1}{2}(n-c)] + (\tfrac{1}{2})^n \binom{n}{(n-c)/2}$$
(wenn $n - c$ = gerade).

Interessanter ist der approximierte Ausdruck, der durch die Normalverteilung gegeben ist, der für den Wiener-Lévy-Prozeß genau sein wird und für den Fall Kopf und Adler und jeden anderen mit endlicher Varianz (und wir werden sie immer je Zeiteinheit unitär annehmen) asymptotisch gilt. Wir erhalten ($y > 0$)

$$(47) \qquad q_y(t) = p_t(y) = \mathbf{P}(\vee Y(t) \geqq y) = \mathbf{P}(T(y) \leqq t) =$$
$$= 2\mathbf{P}(Y(t) \geqq y) = \sqrt{2/\pi} \int_{y/\sqrt{t}}^{\infty} e^{-\frac{1}{2}x^2}\, dx^{20}.$$

Wie man sieht, liefert (47), indem man sie als Funktion von $y$ interpretiert (mit $t$ Parameter) oder, umgekehrt, als Funktion von $t$ (mit $y$ Parameter) die Verteilungsfunktion von $|Y(t)|$ und $\vee Y(t)$) und die von $T(y)$ und $T(-y)$. Wir haben die beiden Bezeichnungen $q$ und $p$ eingeführt, weil es oft nützlich ist, den einen oder anderen Parameter darunter verstehen zu können, und damit werden wir $P(\vee Y(t) \geqq y)$ in jedem Falle (auch Kopf und Adler usw.) angeben.

Die Verteilung des Maximums (oder des |Minimums| $\vee Y(t)$ (oder $\wedge Y(t)$) und von $|Y(t)|$ ist offenbar die *halb-normale* Verteilung (Normalverteilung, die sich auf die positive Halbachse beschränkt), mit der Dichte

$$(48) \qquad f(x) = Kt^{-\frac{1}{2}} e^{-\frac{1}{2}x^2/t} (x \geqq 0), \quad K = \sqrt{2/\pi} \doteqdot 0{,}8.$$

Es handelt sich um die Hälfte der Normalverteilung mit $\bar{m} = 0$ und $\bar{\sigma}^2 = t$; für diese ist $m = \sqrt{2/\pi}\bar{\sigma}^{21}$ und $\sigma = \sqrt{1 - 2/\pi}\bar{\sigma}$; zahlenmäßig $m \doteqdot 0{,}8\bar{\sigma}$ und $\sigma \doteqdot 0{,}6\bar{\sigma}$ (nicht verwechseln!).

---

[20] Für ein großes $y$ (im Vergleich zu $\sqrt{t}$) kann man die Approximation von Formel (20) in Kap. VII, 54. verwenden, welche

$$(47') \qquad q_y(t) = p_t(y) \doteqdot K(\sqrt{t}/y) e^{-y^2/2t}, \quad K = \sqrt{2/\pi} \doteqdot 0{,}8$$

ergeben würde.

[21] $m = \bar{\sigma}(2/\sqrt{2\pi}) \int_0^\infty x \exp(-\frac{\Gamma}{2}x)^2)\, dx$, $\int = 1$, was )eicht festzusetzen und zu berechnen ist.

Die Verteilung von $T(y)$ (oder $T(-y)$) ergibt dagegen die Dichte

(49) $$f(t) = Kyt^{-3/2} e^{-\frac{1}{2}y^2/t} (t \geqq 0), \quad K = 1\sqrt{2\pi} \doteqdot 0{,}4.$$

Es handelt sich um die stabile Verteilung mit charakteristischem Exponenten $\alpha = \frac{1}{2}$ (erwähnt in 4.4), d.h. mit Sprüngen $x$, deren Intensitätsdichte $x^{-3/2}$ ist. Sie hat (weil $\alpha < 1$) unendliche Erwartung (entsprechend dem unmittelbar in 6.2. festgesetzten).
Man hätte unmittelbar auch auf die Tatsache schließen können, daß $T(y)$ der stabilen Verteilung mit $\alpha = \frac{1}{2}$ folgen muß, weil

$$T(y_1 + y_2) = T(y_1) + [T(y_1 + y_2) - T(y_1)] = T(y_1) + T(y_2).$$

Die erforderliche Zeit, um das Niveau $y_1 + y_2$ zu erreichen, ist in der Tat die, welche erforderlich ist, um $y_1$ zu erreichen, plus der, um von dort nach $y_1 + y_2$ zu gelangen; da aber infolge der Kontinuität des Wiener-Lévy-Prozesses das Niveau $y_1$ in $T(y_1)$ erreicht wird und nicht mit einem Sprung übersprungen wird, handelt es sich darum, von $y_2$ unter denselben Bedingungen aufzusteigen, als am Anfang. Ferner konnte aus Gründen der Homogenität die Verteilung nur von $y^2/t$ abhängen (und die Dichte in Bezug auf $t$ ergibt sich daher, wie sie ist, eine Funktion von $y^2/t$ dividiert durch $t$).

Wir werden auf die exakten Ausdrücke bezüglich Kopf und Adler (in 7.9) zurückkommen, nachdem wir auf ein Argument (Probleme der Stimmenzählung; 7.1 ff.) gestoßen sind, das in einfacher und signifikanter Form dazu führt.

6.5. Im *Falle von zwei Spielern* (Anfangskapitale $c'$ und $c''$; und wir setzen $c' + c'' = c^*$) kann man auch die Schlußfolgerung von Desiré André anwenden, aber, natürlich, in komplizierterer Form. Wenn wir mit $A$ und $B$ einen Durchgang durch das Niveau $c'$ und $c''$ bezeichnen, so beinhaltet eine Trajektorie, deren sukzessive Durchgänge $ABABAB\ldots$ wären (erst $A$, dann $B$ und $A$ egal wie oft, und es ist egal, ob am Ende ein $A$ oder $B$ steht; sukzessive Durchgänge durch dasselbe Niveau werden nicht gezählt: z.B. $ABBAAABAABB = ABABAB$), den Ruin des ersten Spielers, und ebenso für den zweiten Spieler, wenn das Siegel mit $B$ beginnt. Die Schlußfolgerung von Desiré André (wie sie im einseitigen Fall angewandt wird) erlaubt es nicht direkt, die Trajektorien $\{A\}$ zu zählen, die den Ruin des 1. Spielers bedeuten, $\{B\}$, die den Ruin des 2. Spielers bedeuten, $\{0\}$ die keinen Ruin bedeuten (immer unter den $2^n$ des Intervalls $[0, n]$). Sie erlaubt jedoch, die des „Typus $(A)$", „Typus $(B)$", „Typus $(AB)$", „Typus $(BA)$", „Typus $(ABA)$" usw. zu zählen, wobei jene gemeint sind, in deren Siegel die angegebene Buchstabengruppe enthalten ist, der eventuell egal wieviele Buchstaben vorangehen oder folgen.

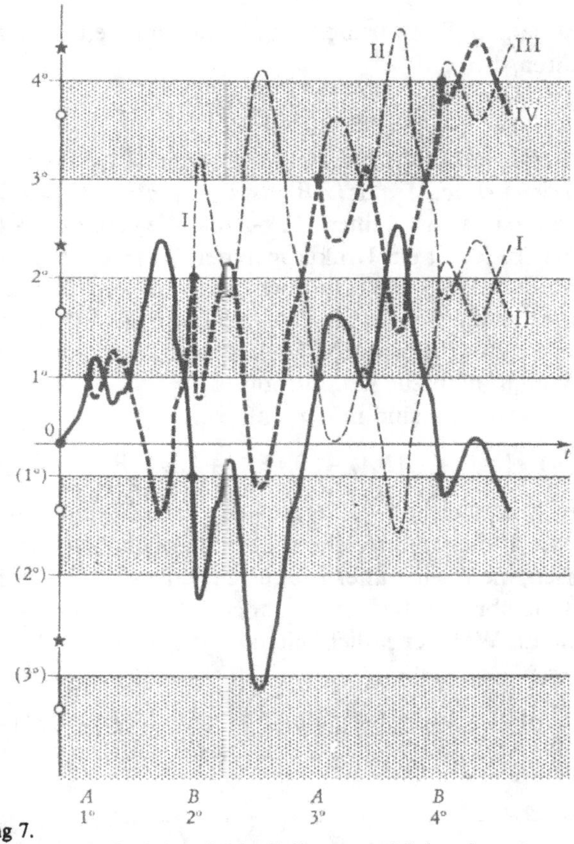


Abbildung 7.
Schlußfolgerung von Desiré André im Falle von zwei Schranken.
Die Schranken sind die Geraden, die den weißen Streifen begrenzen, der den Ursprung 0 enthält. Die anderen Streifen sind dessen gerade (weiße) oder verkehrte (gepunktete) Abbilder, mit den entsprechenden warmen (schwarzen) und kalten (weißen) Quellen (nach der Methode von Lord Kelvin, 6.7).
Die effektive Trajektorie ist voll schwarz gezeichnet; es sind ihre vier sukzessiven Durchquerungen von *A*(1.), *B*(2.), *A*(3.) und *B*(4.) angegeben (wiederholte, aufeinanderfolgende Durchquerungen von *A* und *B* zählen nicht).
Das definitive Bild der Trajektorie (Ergebnis der wiederholten Anwendung der Umklappung nach Desiré André) ist stark gestrichelt gezeichnet; es ist der Verlauf der Trajektorie selbst bis *A*(1.), dann der der Umklappung (I) derselben in Bezug auf das Niveau 1., dann durch *B*(2.), Ergebnis der Umklappung (II) von (I) in Bezug auf das Niveau 2. und so fort. Der Verlauf der umgeklappten Trajektorien (nach dem Abschnitt, in dem sie das endgültige Bild darstellen) ist gestrichelt gezeichnet.
Die Abbild-Trajektorien, die das Niveau 1., 2., 3., usw. erreichen, entsprechen den Trajektorien der Type *A*, *AB*, *ABA*, usw. (Moment für Moment), dasselbe umgekehrt (Niveaus 1., 2., 3., usw. in der netativen Halbebene) für die Trajektorien der Type *B*, *BA*, *BAB* usw.

All das ist dann auf den früheren Fall, den eines einzigen Spielers, zurückzuführen, d.h. auf

$$p_t(y) = p(y) = \mathbf{P}[\vee Y_n > y].$$

Die Wahrscheinlichkeit der Trajektorien vom „Typus ($A$)" ist in der Tat $p(c')$, die jener vom „Typus ($AB$)" ist $p(c' + c^*)$ (weil das Erreichen von $-c'$ und daher von $c$" einen Zick-Zack-Weg längs $c' + (c' + c'')$ impliziert; das bedeutet ein Umklappen der Trajektorie in bezug auf $y = -c'$, von da an, wo dieses erreicht wird bis zum Erreichen von $y = c$"), und so ist die für den „Typus ($ABA$) $p(c' + 2c^*)$ usw; analog für die „Typen" ($B$), ($BA$), ($BAB$), ..., $p(c''), p(c'' + c^*), p(c'' + 2c), \ldots$; und damit kommt man zur Konklusion.

Die Trajektorien $\{A\}$ sind in der Tat

$$(A) - (BA) + (ABA) - (BABA) + (ABABA) - \ldots$$

(d.h., diejenigen, welche $-c'$ erreichen, jedoch unter Ausschluß derjenigen, die früher $c''$ erreichen, aber damit haben wir auch die ausgeschlossen, die noch früher $-c'$ erreichen usw.). Idem für $\{B\}$; die $\{0\}$ sind die übrigen, (weder $\{A\}$ noch $\{B\}$).

Damit sind die Wahrscheinlichkeiten für den Ruin von 1° innerhalb von $n$ Würfen:

(50) $$q'_n = p(c') - p(c'' + c^*) + p(c' + 2c^*) - p(c'' + 3c^*) + \ldots,$$

oder (mittels $c''$)

(50′) $$p(c^* - c'') - p(c^* + c'') + p(3c^* - c'') - p(3c^* + c'') + \ldots$$

Die Ausdrücke sind in endlicher Zahl, weil $p(y) = 0$ ist, wenn $y > n$ ist.

Die Wahrscheinlichkeiten $q''_n$ (Ruin des 2. Spielers) werden offenbar durch dieselben Formeln ausgedrückt, nur ist $c'$ durch $c''$ zu ersetzen.

Im besonderen ist im symmetrischen Falle, $c' = c'' = c$

(51) $$q'_n = p''_n = p(c) - p(3c) + p(5c) - p(7c) + \ldots$$ (51)

6.6. Für den Wiener-Lévy-Prozeß (und asymptotisch für Kopf und Adler und für die asymptotisch normalen Prozesse) beschränken wir uns, rein wegen der Vereinfachung der Schreibweise und Kürze der Darlegung, auf den symmetrischen Fall, den uns die Verteilung von $\vee |Y(t)|$, Maximum des absoluten Wertes von $Y$ in $[0, t]$ liefert: der

Ruin eines der beiden Spieler innerhalb der Zeit $t$ bedeutet in der Tat, daß $Y$ dort $\pm t$ erreicht, d.h. daß $|Y|$ $t$ erreicht.

Im Falle von Kopf und Adler ist

$$(52)\qquad \mathbf{P}(\vee|Y(t)|\geqq y)=q'_n+q''_n=2\sum_h(-1)^h p\,[(2h+1)y]$$

(Ausdrücke, die wirklich in endlicher Zahl gegeben sind, siehe oben). Im Falle von Wiener-Lévy wird $p(y)$ durch (47) in (6.4) gegeben, und daher

$$(53)\qquad \mathbf{P}(\vee|Y(t)|\geqq y)=2\sqrt{2/\pi}\sum_{0}^{\infty}{}_h(-1)^h\int_{(2h+1)y/\sqrt{t}}^{\infty}e^{-\frac{1}{2}x^2}\,dx.$$

Indem wir in bezug auf $y$ ableiten erhalten wir die Dichte

$$(54)\qquad f(y)=K\sum_{0}^{\infty}{}_h(-1)^h(2h+1)e^{-\frac{1}{2}[(2h+1)y]^2/t}=$$
$$=K(e^{-y^2/2t}-e^{-(3y)^2/2t}+e^{-(5y)^2/2t}-e^{-(7y)^2/2t}+\ldots),\quad K=2\sqrt{2/\pi t}.$$

6.7. Es ist lehrreich und anregend die obigen Betrachtungen, die sich auf die Schlußfolgerung von Desiré André stützen, mit den – im wesentlichen identischen – der *Methode des Abbildes* von Lord Kelvin, die man auf die Diffusionsprobleme anwendet, zu vergleichen. Wir haben bereits (in Kap. VII, 6.5) gesehen, wie der Kopf und Adler-Prozeß heuristisch einem Diffusions-Prozeß genähert werden kann, und wie die Analogie durch jenen Grenzübergang, der den Kopf- und Adler-Prozeß in einen Wiener-Lévy-Prozeß verwandelt, in Identität übergeht.

Um das Problem des Ruins eines Spielers nach dieser Methode darzustellen (Ruin bei Erreichen des Niveaus $y=c$) genügt es, die Lösung der Diffusions-Gleichung ((32) in VII, 6.5) in $y\leqq c$ (wir nehmen $c>0$ an) zu finden, immer mit der anfänglichen Bedingung der Konzentration im Ursprung und mit der Bedingung des Annulierens auf $y=c$. Aus offensichtlichen Gründen der Symmetrie (physikalisches Äquivalent zu denen von Désiré André) genügt es, ursprünglich im Punkte $y=2c$ eine Masse zu konzentrieren, die der im Ursprung gleich und entgegengesetzt ist („kalte Quelle“), was einen mit dem anderen identischen Prozeß verursacht, jedoch mit entgegengesetzten Vorzeichen und symmetrisch in der Umgebung der Geraden $y=2c$ und nicht in der $y=0$; in dieser Weise heben sich die beiden Funktionen auf der mittleren Geraden $y=c$ auf und ihre Summe ergibt die gewünschte Lösung. Man kann die Wahrscheinlichkeit des Ruins Augenblick für Augenblick mit dem Austreten einer warmen und dem Eintreten einer kalten Strömung in die Schranke usw. interpretieren.

Im Falle von zwei Spielern, Schranke in $y = \pm c$, anfängliche Position der Masse in $y = 0$ (oder in $y = a$, $|a| < c$)[22], erfordert derselbe Trick die Einführung *unendlich vieler*, alternativ kalter und warmer Quellen (wie die unendlich vielen Alternativen von Gesichtern und Hinterköpfen in einem Friseurladen mit Spiegeln an den entgegengesetzten Seiten). Wir erhalten unendlich viele Abbilder der Spiegel (Gerade $y = (2k+1)c$, $k$ = Ganze von $-\infty$ bis $+\infty$), darunter unendlich viele Streifen (gerade und umgekehrte Bilder des Ladens) und in jedem das („warme" oder „kalte") Bild der Quelle. Wenn die Quelle im Zentrum ist ($y = 0$), sind die anderen in $y = 2kc$ (warm, wenn $k$ gerade ist, kalt, wenn es ungerade ist); andernfalls (wenn sie in $y = a$ ist), verschieben sich die warmen in $2kc + a$ und die kalten in $2kc - a$ (wobei weiterhin die warmen für $k$ gerade und die kalten durch $k$ ungerade gegeben sind).

Mit den Methoden dieser Theorie (Green'sche Funktion usw.) kann man auch kompliziertere Probleme dieser Art erfolgreich studieren (z.B. mit kurvenförmigen Schranken), wo eine intuitive Interpretation dieser Art dazu führen würde, an etwas wie eine stetige Verteilung warmer und kalter Quellen zu denken.

## 7.
## *Probleme der Stimmenzählung*; *Nullen, Schleifen*

7.1. Wir kommen nun zur zweiten Gruppe von Fragen (5.2), wo das Studium eines Zufallsprozesses auf die Prüfung von Segmenten zurückgeführt wird, in die es günstig sein kann, ihn zu unterteilen. Genauer gesagt, werden wir die Zerlegung in *Schleifen* betrachten, d.h. in die Segmente zwischen sukzessiven Rückkehren zum Gleichgewicht, d.h. *Nullen* von $Y(t)$.

Abgesehen von dem Interesse, das für diese Fragen an sich besteht, erleichtern sie oft Darstellung, Verständnis und Lösung anderer Probleme dank des *rekursiven* Merkmals, das gewöhnlich hervorgeho-

[22] Dies zu sagen ist dasselbe (jedoch bequemer), als von 0 auszugehen, aber die Schranke in $c - a$ und $-c - a$ zu nehmen.

ben wird: d.h. der Tatsache, daß nach jeder Wiederholung eines gewissen Phänomens (wie hier, Rückkehr zur Null), der Prozeß wieder wie unter den anfänglichen Bedingungen beginnt (oder mit Modifikationen, denen leicht Rechnung zu tragen ist).

Das elementarste Schema, auf welches der rekursive Begriff anzuwenden ist, ist das von Ereignissen $E_h$, die eine *rekursive Folge*[23] bilden – wie, in unserem Beispiel, $E_h = (Y_h = 0)$ –, für welche (wenn man das Ergebnis der vorherigen kennt) die Wahrscheinlichkeit von der Anzahl der Ereignisse nach dem letzten Erfolg abhängt. Mit anderen Worten, der Index (oder „Zeit") $T^{(k)}$ des $k$-ten Erfolges ist Summe der $k$ *unabhängigen* Wartezeiten $T_1, T_2, \ldots, T_k$; die $T$ sind hier Ganze, doch ist dies eine Besonderheit dieses einfachen Schemas.

Wir weisen kurz auf die lehrreichsten Tatsachen dieser Theorie hin (siehe Feller I, Kap. XIII). Wir bezeichnen mit $f_h$ die Wahrscheinlichkeit, daß der erste Erfolg $E_h$ sei (oder, jedenfalls, an $h$-ter Stelle nach dem letzten erzielten Erfolg); nämlich $f_h = \mathbf{P}(T = h)$, $T =$ Wartezeit, mit dem Hinweis, daß $f = \sum f_h = 1$ oder auch $< 1$ sein kann (wenn die Wahrscheinlichkeit für einen Erfolg nicht zur Gewißheit tendiert, sowie man die Anzahl der Versuche auch wachsen läßt). Konventionell kann man sagen, daß die Differenz $1 - f, f_\infty$ ist (Wahrscheinlichkeit einer unendlichen Wartezeit).

Durch Faltung haben wir die Wahrscheinlichkeiten $f_h^{(2)}$ des zweiten Erfolges in $E_h$, und dann $f_h^{(3)}$ usw. Im allgemeinen:

$$f_h^{(r)} = f_1 f_{h-1}^{(r-1)} + f_2 f_{h-2}^{(r-1)} + \ldots + f_{h-1} f_1^{(r-1)}. \tag{55}$$

Addiert man in bezug auf $r$, so hat man die Wahrscheinlichkeit $u_h$ eines Erfolges (egal ob erster, zweiter, ... Erfolg) mit $E_h$ (oder jedenfalls an $h$-ter Stelle nach einem Erfolg, von dem man Kenntnis hat, unter der Voraussetzung, daß man nichts über das Ergebnis der darauf folgenden Ereignisse weiß)[24]:

$$u_h = f_h + f_h^{(2)} + f_h^{(3)} + \ldots + f_h^{(h)} \quad (\text{natürlich } f_h^{(r)} = 0 \text{ für } r > h). \tag{56}$$

---

[23] Gewöhnlich „rekursive Ereignisse"; eine Redewendung, die der hier angewandten Terminologie (oder, in gewissem Sinne, Auffassung) nicht entspricht.

[24] Ich würde es für vorteilhafter halten, wie immer $\mathbf{P}(E_h) = p_h$ (und nicht $u_h$) zu schreiben, um nicht den Eindruck zu erwecken, daß es sich um einen Sonderfall handelt, und um Irrtümer bezüglich $u_h$ im üblichen Sinn (der maximalen Wahrscheinlichkeit im Fall Kopf und Adler) zu vermeiden. Als Erleichterung für den Leser, der im Buche von Feller das hier kaum angedeutete Argument studieren wollte, habe ich $u_h$ übernommen, habe es jedoch nur gerade hier verwendet, sodaß weder Verwechslungen noch Zweifel entstehen sollten.

Die Summe der $f_h^{(r)}$ ist $f^r$ (= 1 oder < 1 zusammen mit $f$) und ergibt die Wahrscheinlichkeit, daß eine $r$-te Wiederholung stattfinden wird; die Summe $f+f^2+f^3+\ldots+f^r+\ldots$ ergibt daher die Erwartung der Gesamtzahl der Erfolge (endlich oder unendlich, je nachdem, ob $f<1$ oder $f=1$ ist); dieselbe Erwartung wird aber, in anderer Form, durch die Summe der $u_h$ ausgedrückt, sodaß wir

$$(57)\quad u=u_1+u_2+\ldots+u_h+\ldots=f/(1-f), \qquad (57')\quad f=u/(u+1)$$

erhalten.

Die Ereignisse $E_h$ werden im Falle $f=1$, $u=\infty$, *persistent* genannt, im umgekehrten Fall, $f<1$, $u<\infty$ *transient*. Im Falle von persistenten[25] Ereignissen ist, wenn man mit $\tau$ die Erwartung der Wartezeit bezeichnet,

$$(58)\quad \tau=f_1+2f_2+3f_3+\ldots+hf_h+\ldots \quad \text{(das } \infty \text{ sein kann)},$$

bei Wachsen von $h$ (d.h. nach einer langen Zeit, in der man über das Ergebnis der Ereignisse nichts erfährt) tendiert die Erfolgswahrscheinlichkeit $u_h$ zum Limes,

$$(59)\quad \bar{u}=1/\tau \qquad \text{(im besonderen } u_h\to\bar{u}=0, \text{ wenn } \tau=\infty).$$

Nach Beendigung dieser Abschweifung wollen wir erklären, wie das Argument der „Probleme der Stimmenzählung" nun hier in den Zusammenhang eintritt: es handelt sich um die traditionelle Bezeichnung und Interpretation von analogen Fragen, wie die eben behandelten, die den Ruin der Spieler betreffen, sich aber auf Fälle von Ziehen ohne Zurücklegen beziehen, wie eben bei der Stimmenzählung. Andere Anwendungen kommen in der Statistik als Basis gewisser Kriterien (Kolmogorov, Smirnov) für die Beurteilung der Abweichung einer empirischen Verteilung von einer hypothetischen theoretischen Verteilung vor. Wir werden jedenfalls, wenn wir auch die Bezugnahme auf das Problem der Stimmenzählung als wertvolle Anregung verwenden, an den neuen Fall herantreten, als handle es sich weiterhin um eine Frage, die den Kopf-und-Adler-Prozeß betrifft.

[25] Die Komplikation der „periodischen Ereignisse" ($E_h$ die nur für $h$ als Vielfaches einer „Periode" $\lambda$ möglich sind) ist ein eliminierbarer Umstand (und wir nehmen ihn als eliminiert an), wenn man sich darauf beschränkt, die Folge $E_{h\lambda}$ zu betrachten. Wohlgemerkt, dies könnte sich in der Praxis nicht immer als günstig erweisen (wenn eine Folge von $E_n$, die von einer anderen $A_n$ ausgehend definiert wird, periodisch ist, während $A_n$ es nicht ist = z.B. die Rückkehr zu Null in Kopf und Adler als nur für „$n$ = gerade" möglich).

Darauf kommt man nämlich tatsächlich zurück, – es ist uns bekannt, weil wir in dieser Weise geschlossen haben, um die hypergeometrische Verteilung (Kap. VII, 4.3) festzusetzen – wenn man Probleme von Kopf und Adler, bedingt durch die Kenntnis der Anzahl $H$ der Erfolge auf die $N$ Versuche, mit denen man sich befaßt, studiert. Damit bleibt u.a. klar, daß das graphische Darstellungsschema für dieses Problem nichts andres ist, als das rechteckige Stück des Netzes von Kopf und Adler mit den Eckpunkten im Ursprung (Ausgangspunkt) und $[N, H] = (N, 2H - N)$ (Endpunkt).

Die möglichen Trajektorien, die diese beiden Punkte, den Anfangs- und den Endpunkt (siehe Abb. 8) verbinden, sind in der Anzahl $\binom{N}{H}$ vorhanden; um uns eine Vorstellung zu machen, werden wir annehmen, daß

$$Y_N = 2H - N \geqq 0, \quad \text{d.h. } H \geqq N - H.$$

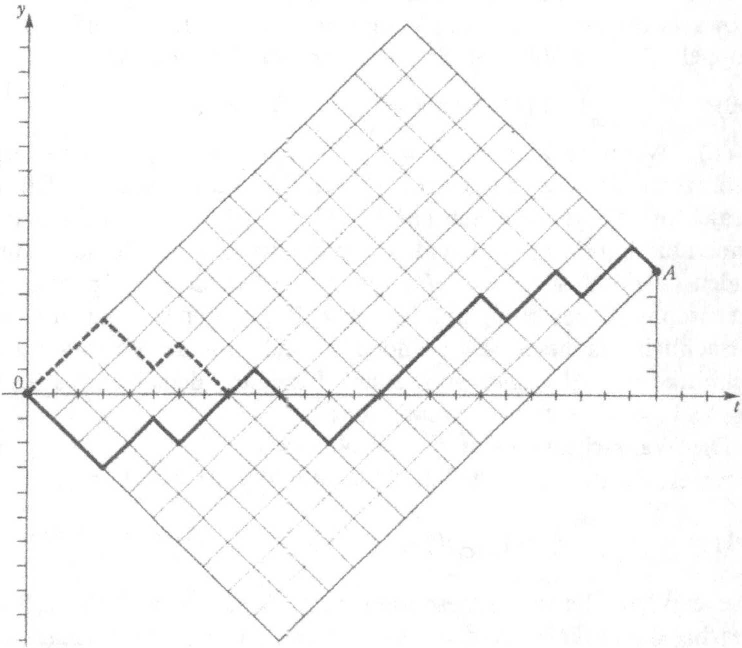


Abbildung 8.
Schlußfolgerung von Désiré André: Problem der Stimmenzählung (d.h.: hypergeometrische Verteilung).
Die Trajektorien von $O$ nach $A$, mit dem ersten Schritt abwärts, entsprechen zwei-eindeutig (durch Symmetrie des Abschnittes bis zum ersten Erreichen der Achse $t$) denen mit dem ersten Schritt aufwärts, die jedoch die $t$-Achse berühren.

Alle Trajektorien durchkreuzen oder berühren jede Schranke $y =$ konstant, wenn $0 < y < Y_N$; für das Niveau $y = 0$ (und $y = Y_N$) bleibt zu sehen, wieviele es auch nach $Y_0 = 0$ berühren (indem sie es durchkreuzen oder nicht) (bzw. auch vor $Y_N = N$); dieselbe Frage (ohne den besagten Vorbehalt) wird für die Niveaus $y = Y_N + c (c > 0)$ zu stellen sein (oder äquivalent[26] $y = -c$).

($A$) Der Fall $y = 0$, der der Stimmenzählung, ist der einfachere (wir beschränken uns hier auf den Fall $Y_N > 0$, und verweisen für den Fall $Y_N = 0$ auf 7.3). Alle Trajektorien mit dem ersten Schritt abwärts müssen $y = 0$ noch einmal durchqueren und wenn man den anfänglichen Abschnitt bis zur ersten Durchkreuzung umklappt, erhält man (eineindeutig entsprechend) alle anderen, die $y - 0$ berühren, auch wenn sie den ersten Schritt aufwärts haben. Der erste Schritt hat aber (wie jeder andere) die Wahrscheinlichkeit $(N-H)/N$, einer der ersten Abwärtsschritte zu sein; die Wahrscheinlichkeit des Annullierens ist doppelt, $2(N-H)/N$, und die des *Nichtannullierens* daher

(60) $$1 - 2(N-H)/N = (2H-N)/N = Y_N/N.$$

($B$) Wenn wir zum Fall $y = Y_N + c$ (oder $y = -c$) $(c > 0)$ übergehen, zeigt das Reflexionsprinzip (Désiré André) sofort, daß die Trajektorien, die diese Schranke berühren (für $0 \leqq t \leqq N$, mit oder ohne Durchqueren) $\binom{N}{H+c}$ sind, sowie die, welche im Ordinatenpunkt enden $(2H-N) + 2c (= 2(H+c) - N)$, der zu dem Endpunkt symmetrisch ist, der in bezug auf die Schranke gegeben ist: man erhält sie tatsächlich aus diesen (zwei-eindeutig), indem man in bezug auf die Schranke den Abschnitt vom ersten Erreichen derselben (es sei für $t = h$: $Y_h = Y_N + c$) weiter, umklappt.

Die Wahrscheinlichkeit $s_C$, das Niveau $y = Y_N + c$ (oder $y = -c$) zu erreichen (und eventuell zu überschreiten), ist daher

(61) $$s_C = \binom{N}{H+C} \Big/ \binom{N}{H} = \frac{(N-H)}{(H+1)} \frac{(N-H-1)}{(H+2)} \frac{(N-H-2)}{(H+3)} \cdots \frac{(N-H-c+1)}{(H+c)}$$

Die explizite Form ist besonders für $c$ klein vorteilhaft (z.B. zu beachten, daß für $c = 1$, $s_1 = (N-H)/(H+1)$ *ist*), und lehrreich, weil sie zeigt, wie die sukzessiven Proportionen $(N-H-c+1)/(H+c)$ die Wahrscheinlichkeit, das angegebene Niveau $(Y_N + c)$ zu erreichen,

[26] Es ist dies eine der selbstverständlichen Anwendungen des „Umkehrungsprinzips" (siehe 5.7).

anzeigen, so bald man weiß, daß das unmittelbar darunter liegende $(Y_N + c - 1)$ erreicht wird; die entgegengesetzte Wahrscheinlichkeit ist

$$(2H - N + 2c - 1)/(H + c),$$

und daher genügt es, in der Formel, die $s_C$ ergibt, den letzten Faktor

$$(N - H - c + 1) \quad \text{durch} \quad (2H - N + 2c - 1)$$

zu ersetzen, um die Wahrscheinlichkeit $r_{C-1}$ zu erhalten, daß das *maximale* erreichte Niveau $Y_N + c - 1$ sei (oder das *minimalste* $-(c-1)$); übrigens ist es dasselbe, wie die Differenz $r_{C-1} = s_{C-1} - s_C$ zu bilden). Man beachte, daß $s_C = 0$, für $c \geqq N - H + 1$ (warum?).

(*C*) *Fall von zwei Schranken.* Im Falle von zwei Schranken, am Niveau $y = -c'$ und am Niveau $y = Y_N + c''$ ($c'$ und $c''$ positiv) erhält man, indem man sukzessive Reflexionen wie im obigen Fall durchführt, die Trajektorien, die an den Abbild-Punkten des Endpunktes enden, der durch $(Y_N = 2H - N)$ in bezug auf die beiden Schranken gegeben ist (man denke an parallele Spiegel: die Abbilder sind unendlich viele, aber nur die der Ordinaten zwischen $\pm N$ sind erreichbar): hat man $c^* = Y_N + c' + c''$ (Entfernung zwischen den Schranken wie in 5.9) gesetzt, so sind die Ordinaten der Abbilder

$$(2k + 1)c^* - c' \pm c''.$$

(Man beachte: bei $k = 0$ haben wir $c^* - c' - c'' = Y = 2H - N$, gegebener Punkt, und

$$c^* - c' + c'' = Y_N + 2c'' = 2(H + c'') - N,$$

einziges Abbild, als wir nur die Schranke $y = Y_N + c''$ hatten; damals schrieben wir $c$ anstatt $c''$).

Daher ist die Wahrscheinlichkeit, als erste die untere Schranke zu erreichen (Schlußfolgerung wie in 5.9):

$$\text{(62)} \qquad q'_N = 1/\binom{N}{H}) \left[\binom{N}{H+c'} - \binom{N}{H+c^*} + \binom{N}{H+2c^*+c'} - \binom{N}{H+3c} + \ldots\right];$$

analog für $q''_N$ (mit $c''$ an Stelle von $c'$); die Summe $q_N = q'_N + q''_N$ ergibt die Wahrscheinlichkeit des Erreichens einer Schranke (egal welche, und egal welche zuerst) und $1 - q_N$ die des Nichterreichens.

7.2. Um einen Zufallsprozeß zu studieren, ist es oft lehrreich, ihn in sukzessive *Schleifen* unterteilt zu betrachten, wobei man so die Teile bezeichnet, in denen er dasselbe Vorzeichen behält, d.h. in unserem

Falle[27], die Teile, die durch sukzessive Nullen getrennt sind, $Y_t = 0$, und notwendigerweise mit gerader Länge (weil $Y_t$ sich nur bei $t$ gerade annullieren kann). Wir werden positive und negative Schleifen haben (Trajektorien in der positiven oder negativen Halbebene, d.h. $Y_t > 0$ oder $< 0$, mit genauerer Bestimmung siehe VII, 3.2, Seite 365, Anmerkung 1). Zwischen zwei Schleifen hat die Trajektorie eine Null, in welcher sie die $t$-Achse *berührt* oder *durchquert*, je nachdem, ob die beiden Schleifen gleiche oder andere Vorzeichen haben.

Wenn man an die Gewinne denkt, an einen Überschuß von Erfolgen, ist die Null eine *Rückkehr zum Gleichgewicht* (Parität zwischen Erfolgen und Mißerfolgen, Gewinn Null), und die Schleife ist eine Periode strengen Verbleibens im Vorteil für den Spieler (oder für den Gegner), während wir („streng" auslassend) von Verbleiben im Vorteil sprechen werden, wenn auch Nullen dabei sind (d.h. Vereinigung von mehreren folgenden Schleifen desselben Vorzeichens). Es kann auch von Interesse sein zu wissen, wie lange innerhalb einer gewissen Zeitspanne $t = N$ der eine oder andere Spieler im Vorteil war. Wenn man an einen Irrflug denkt, ist die Null eine *Rückkehr zum Ursprung*, die Schleife der Teil des Fluges zwischen zweimaliger Rückkehr.

Die Betrachtungen und Resultate, die wir gesehen haben, führen uns direkt zum Eintritt in Betrachtungen dieser Ordnung, natürlich unter Bezugnahme auf den besonderen Fall von Kopf und Adler oder auf den der Stimmenzählung (der wieder darauf zurückgeht, wenn man sich $Y_N = 2H - N$ bekannt denkt).

7.3. *Problem der Stimmenzählung im Falle von Parität*: $Y_N = 0$, *d.h. günstige und ungünstige Stimmen* $H = N - H = N/2$; *welche ist die Wahrscheinlichkeit, daß einer der beiden Kandidaten immer im Vorteil war*? Das heißt (in der neuen Sprache), daß es nur eine Schleife gegeben hat, d.h. keine Null (wenn man sich dann auf eine einem der beiden Kandidaten *zugeordnete* bezieht, wird die Schleife das gegebene Vorzeichen haben müssen und die Wahrscheinlichkeit wird die Hälfte sein).

Damit kommen wir extrem leicht auf den Fall ($A$) aus (7.1) zurück; für denjenigen, der im vorletzten Moment führt, ist notwendigerweise

[27] Eines Prozesses mit Sprüngen $\pm 1$, d.h. mit Trajektorie auf dem üblichen Netz und (für immer vereinbart) mit Anfang im Ursprung: $Y_0 = 0$; im anderen Fall könnte man eine Vorzeichenänderung ohne Durchgang durch Null haben (und in der stetigen Zeit, für einen nicht stetigen Prozeß $Y(t)$, könnten wir auch Intervalle haben, in denen in der Umgebung jedes Punktes $Y(t)$ positive oder negative Werte annimmt).

$Y_{N-1} = 1$ (weil man weiß, daß mit dem letzten Wurf der Vorteil auf $Y_N = 0$ fällt), und in diesem Fall ist die gesuchte Wahrscheinlichkeit, die der Nicht-Annullierung,

$$Y_{N-1}/(N-1) = 1/(N-1).$$

Das ist die Wahrscheinlichkeit, daß einer (egal welcher) der beiden Kandidaten immer streng im Vorteil bleibt; daß es ein vorgesehener sei ist $1/2(N-1)$.

7.4. *Welche ist die Wahrscheinlichkeit, daß im Prozeß Kopf und Adler (oder, allgemeiner, in irgendeinem Bernoulli-Prozeß) die erste Null (Rückkehr zum Gleichgewicht, Durchgang durch den Ursprung) im Moment $t = n$ auftritt* (natürlich mit $n$ gerade)? Damit dies eintrifft, muß vor allem $Y_n = 0$ sein; hat man dies eingesetzt, so ist das Problem das in (7.3) und damit ist die Wahrscheinlichkeit, daß, wenn man eine Null hat, diese die erste sei, $1/(n-1)$. Die Wahrscheinlichkeit in $t = n$ die erste Null zu haben ist daher $\mathbf{P}(Y_n = 0)/(n-1)$. Mit anderen Worten, es ist dies die Wahrscheinlichkeit, daß die erste *Schleife* (und daher irgendeine, da der Prozeß nach jeder Null wieder gleich beginnt) die *Länge* $= n$ habe.

(*A*) Im Falle von Kopf und Adler ist $\mathbf{P}(Y_n = 0) = u_n$, und daher ist die Wahrscheinlichkeit der ersten Null in $t = n$ gleich $u_n/(n-1) \fallingdotseq$ $\fallingdotseq (0{,}8/\sqrt{n})/n = 0{,}8n^{-3/2}$. Die Wahrscheinlichkeit, daß die Schleife die Länge $n$ habe und ein gegebenes Vorzeichen habe (zugunsten eines gegebenen Spielers) ist die Hälfte.

Genau ist (wenn man $n = 2m$ setzt)

$$\frac{u_n}{n-1} = \binom{2m}{m}/2^{2m}(2m-1) \quad \text{und auch} \quad \frac{u_n}{n-1} = \frac{u_{n-2}}{n} = u_{n-2} - u_n;$$

man kann tatsächlich sofort nachprüfen, daß $u_n = u_{n-2}(n-1)/n$, weil:

$$u_n . 2^n = \binom{2m}{m} = \frac{(2m)!}{m!m!} = \frac{2m(2m-1)(2m-2)!}{m.m.(m-1)!(m-1)!} = \frac{4(n-1)}{n}\binom{2m-2}{m-1} = \frac{4(n-1)}{n} u_{n-2} . 2^{n-2}$$

Damit sind einige wichtige Konklusionen nachgewiesen:

*a*) $u_n$ ist auch die Wahrscheinlichkeit von keiner Null bis $t = n$ einschließlich (wahr für $u_2 = 1/2$, und daher durch Induktion, da $u_{n-2} - u_n$ die Wahrscheinlichkeit der ersten Null in $t = n$ ist)[28],

[28] Damit ist $u_n/2$ die Wahrscheinlichkeit, daß $Y_t (0 < t \leqq n)$ *immer positiv sei* (oder: *immer negativ*). Will man dagegen nur, daß (*a'*) *nichtnegativ* sei (oder *nicht positiv*), so verdoppelt sich die Wahrscheinlichkeit, d. h. sie hat noch den Wert $u_n$ (wie in 6.3 gesehen, besondere Fälle der (43') für $c = 0$ und $c = -1$).

a') [analoge, bereits gesehene Eigenschaft (siehe vorherige Notiz)]

*b*) daher: da $u_n \to 0$, tendiert die Wahrscheinlichkeit nach 1, daß (bei Verlängerung des Prozesses) mindestens eine Rückkehr zum Gleichgewicht vorkommt (und daher auch zwei, drei, oder irgendeine Zahl $k$),

*c*) Die Form $u_{n-2}/n$ besagt, daß $1/n$ die Wahrscheinlichkeit ist, daß die Schleife (da $Y_n = 0$ wird) in $t = n$ endet, wenn sie nicht schon vorher geendet hat (da $u_{n-2}$ die Wahrscheinlichkeit ist, daß $Y_t \neq 0$ für $t = 1, 2 \ldots, n-2$ ist, und notwendigerweise auch für $t = n-1 =$ ungerade),

*d*) daraus kann man für $u_n$ den nachstehenden Ausdruck ableiten

$$(63) \qquad u_n = \left(1-\frac{1}{2}\right)\left(1-\frac{1}{4}\right)\left(1-\frac{1}{6}\right)\left(1-\frac{1}{8}\right)\cdots\left(1-\frac{1}{n}\right)$$

d.h.

$$u_{n+2} = u_n\left(1-\frac{1}{n+2}\right) = \left(u_n\frac{n+1}{n+2}\right)$$

(als Produkt der entgegengesetzten Wahrscheinlichkeiten; demographische Analogie: Wahrscheinlichkeit, das Alter $n$ zu überleben, als Produkt der Wahrscheinlichkeit, in keinem früheren Alter zu sterben),

*e*) ein anderer bedeutsamer Ausdruck für $u_n$:

$$(64) \qquad u_n = \sum_k \frac{u_k}{k-1} u_{n-k} \quad \text{(Summe ausgedehnt auf die } k \text{ gerade} \leqq n\text{)};$$

man beachte, wie jeder Summand tatsächlich die Wahrscheinlichkeit ausdrückt, daß die erste Null in $t = k$ vorkomme und daß sich sukzessive eine andere in $t = n$ ergibt (d.h. nach einem Zeitraum $n-k$); für $k = n$ (letzter Summand) muß man $u_0 = 1$ annehmen, und daher $u_n/(n-1)$, ein Ausdruck, der mit dem ersten Glied explizit $u_n = ((n-1)/n-2))\sum'$ ergibt ($\sum'$ = selbe Summe ohne den Ausdruck in $k = n$);

– andere Eigenschaften und Bedeutungen von $u_n$ und $u_n/(n-1)$ werden wir später sehen.

(*B*) Im allgemeinen Fall (nach Bernoulli, aber mit $p \neq 1/2$) ist dagegen

$$\mathbf{P}(Y_n = ) = \binom{2m}{m}(p\tilde{p})^m = u_n(4p\tilde{p})^m = u_n(2\sqrt{p\tilde{p}})^n, \quad 2\sqrt{p\tilde{p}} < 1;$$

die Wahrscheinlichkeit der ersten Null in $t = n$ ist daher

$$(65) \qquad [u_n/(n-1)](2\sqrt{p\tilde{p}})^n < u_n/(n-1), \quad (n \text{ gerade})$$

und die Summe dieser Wahrscheinlichkeiten ist daher $< 1$.

Wir wollen uns jetzt nicht bei diesem Fall aufhalten. Es war zweckmäßig, ihn zu erwähnen, um so festzustellen, daß die Eigenschaft (*b*) nur im Falle von Kopf und Adler besteht (d.h. wenn *p genau* 1/2 ist). Andernfalls ist es durchaus nicht asymptotisch sicher, daß eine Rückkehr zum Gleichgewicht stattfindet (und weniger als je, daß sich dies viele male wiederholt), vielmehr ist es asymptotisch sicher, daß der *begünstigte* Spieler ($p > 1/2$) von einem gewissen Moment an weiterhin indefinit im Vorteil bleibt.

*Bemerkung*: Wir haben die Ausdrucksweise *asymptotisch sicher* eingeführt, um damit zu sagen, daß eine gewisse Tatsache (z.B., im gegenständlichen Fall, die Verifikation einer Rückkehr zum Gleichgewicht, oder einer *k*-maligen Rückkehr zum Gleichgewicht) die nach 1 tendierende Wahrscheinlichkeit hat, in einem Zufallsprozeß einzutreten, wenn man seine Dauer indefinit wachsen läßt (d.h., wenn *p* die Wahrscheinlichkeit ist, daß die Tatsache innerhalb der Zeit $t = N$ eintritt, was bedeutet, daß $p_N \to 1$ für $N \to \infty$).

Man beachte, daß, wenn eine Tatsache asymptotisch sicher ist, es auch asymptotisch sicher ist, daß sie *k*-mal verifiziert werden wird (*k* irgendeine Zahl), wenn (wie in unserem Fall) jedesmal, wenn sie verifiziert wird, wieder dieselben Anfangsbedingungen gegeben sind[29]; ohne diese Bedingung (die dort der Kürze halber als selbstverständlich nicht erwähnt wurde) wäre die Konklusion („und daher ...") im Punkt (*b*) nicht notwendigerweise wahr.

Ferner beachte man, daß „asymptotisch sicher" durchaus nicht (logisch) „sicher" für ewige Zeiten bedeutet (selbst wenn man hypothetisch voraussetzt, den Prozeß als total abgeschlossen prüfen zu können, indem man sich jenseits des Endes der Zeiten versetzt); noch mehr beachte man, wie, durch die Tatsache, daß es asymptotisch sicher ist, daß die Tatsache *k*-mal eintreten wird (mit *k* beliebig groß), *man nicht sagen kann*, daß es für ewige Zeiten sicher (notwendig) ist, daß sie *unendlich-mal* eintreten wird, und nicht einmal, daß die Wahrscheinlichkeit dafür $= 1$ ist, nicht einmal, daß dies wahrscheinlich oder auch nur möglich wäre: man kann nur sagen, daß diese Anzahl der Wieder-

[29] D.h. es handelt sich um Ereignisse, die eine rekursive Folge bilden (siehe 7.1).

holungen $N$ (vorausgesetzt, daß es Sinn hat, davon zu sprechen) eine Zufallszahl (ganz oder $+\infty$) ist, welche die Wahrscheinlichkeit $=0$ hat, jeden einzelnen endlichen Wert anzunehmen und somit jeder zugeordneten endlichen Untermenge von Ganzen anzugehören, wie die, welche kleiner sind, als ein gegebenes Ganzes $k$, das nach Belieben im voraus festgesetzt wurde; sie könnte jedoch auch sicher endlich sein, wie ein „zufällig ausgewähltes Ganzes" (siehe Kap. IV, 18.3).

7.5. *Welche ist die Erwartung der Länge L einer Schleife, d.h. der Dauer $t = L$ bis zur ersten Null?* Im Fall von Kopf und Adler sieht man sogleich, daß $\mathbf{P}(L)$ unendlich ist: tatsächlich tendiert $n(u_{n-2}/n) = u_{n-2}$, der Beitrag zur Erwartung für $L = n$, kaum wie $n^{-1/2}$ nach Null und die Summe divergiert.

Im Falle $p \neq 1/2$ ist dies nicht mehr so (dank dem Faktor des Grundes in geometrischer Progression, $2\sqrt{p\tilde{p}} < 1$): die (endlichen) Schleifen haben, nach Erwartung eine endliche Länge. Sie wird jedoch natürlich unendlich (wenn man die beiden Spieler unterscheidet, aber nur zugunsten des Favoriten: des 1° wenn $p > 1/2$), wenn man der Tatsache Rechnung trägt, daß jede Schleife die endgültige, mit *unendlicher* Länge sein kann[30].

*Bemerkung*: Der Fall, der uns interessiert (Fall Kopf und Adler) wird am besten in der folgenden Form ausgedrückt, auch um diese Gelegenheit für eine Bemerkung allgemeiner Natur wahrzunehmen. Jede Schleife setzt sich, nach Erwartung, aus 1/2 Schleife mit der Länge 2, 1/8 Schleife mit der Länge 4, ... aus dem Bruchteil $u_n/(n-1)$ einer Schleife mit Länge $n$ ... zusammen; nach Erwartung der Länge setzt sie sich dagegen zusammen: für eine Länge $2/2 = 1$ aus Schleifen der Länge 2, für eine Länge $4/8 = 1/2$ aus Schleifen mit der Länge 4, ... für eine Länge $n(u_{n-2}/n)$ aus Schleifen mit der Länge $n$ ... ; im besonderen beachte man, daß, in einer Schleife, die Erwartung langer Schleifen unbeachtlich ist (d.h.: die Erwartung von Schleifen $> n$ ist kleiner als ein irgendwie im voraus festgesetztes $\varepsilon > 0$, sofern nur $n$ genügend groß genommen wird), während im Gegenteil, in der Erwartung der Länge (die unendlich ist) die Erwartung der Länge der kurzen Schleifen unbeachtlich ist, d.h. kleiner als ein beliebig großes

[30] Es scheint unzweckmäßig, hier diese Ausdrücke zu komplizieren, um sie kritischen Betrachtungen anzupassen, die zu denen, auf die in der obigen „Bemerkung" hingewiesen wurde, analog sind (zu ($B$)).

zugeordnetes $n$ (das endlich ist). Es ist indifferent, dasselbe zu sagen, indem man mit 1000 (oder einer Million usw.) multipliziert: „von 1000 Schleifen haben nach Erwartung 500 die Länge 2 und ihre Gesamtlänge ist nach Erwartung 1000“ usw.; gewöhnlich sagt man „im Mittel“: wir werden die Nachteile sehen (in 8.4).

7.6. *Welche ist, beim Problem der Stimmenzählung im Falle von Parität, die Wahrscheinlichkeit, daß einer der beiden Kandidaten immer im Vorteil oder gleich stand*? Es ist dieselbe Frage wie in (7.3), nur, daß man etwas weniger nimmt: im Verlauf der Zählung gibt man zu, daß der Vorteil auch Null erreichen könnte; es genügt, daß er nicht negativ wird, d.h. daß er nicht das Niveau $y = -1$ berührt. Wie dort muß man $Y_{N-1} = 1$ voraussetzen; dann haben wir den Fall ($B$) von (7.1) und wenden $s_c$ für $c = 1$ an, das bereits explizitit als

$$s_c = (N - H)/(H + 1)$$

angegeben wurde, wo wir $N - 1$ an Stelle von $N$ und $N/2$ an Stelle von $H$ einsetzen müssen (da $Y_{N-1} = 2H - (N-1) = 1$); es ergibt sich also $(N-2)/(N+2) = 1 - 4/(N+2)$ für die Wahrscheinlichkeit, daß das Niveau $y = -1$ erreicht wird und $4/(N+2)$ für die gesuchte Wahrscheinlichkeit. Bezieht man sich auf einen im voraus bestimmten der beiden Kandidaten, so ist die Wahrscheinlichkeit, daß die Tatsache zu seinen Gunsten eintrete die Hälfte, d.h. $2/(N+2)$.

Weil die Wahrscheinlichkeit des immer positiven Vorteils (Fall ($A$) in 7.1) den Wert $1/2(N-1)$ hat, erhält man durch die Differenz die Wahrscheinlichkeit, daß der Vorteil immer nicht-negativ aber manchmal Null sei, d.h. die obige Formel multipliziert mit

$$3(N-2)/(N+2);$$

in anderer Form, angenommen, der Vorteil ist immer nicht negativ, so ist die Wahrscheinlichkeit, für immer positiv $(N+2)/4(N-1)$ und die für das Annullieren des Vorteils $3(N-2)/4(N-1)$ (d.h., für ein großes $N$, praktisch 1/4 und 3/4).

*Bemerkung*: Wir haben gesehen, daß die Wahrscheinlichkeit, daß ein gegebener Kandidat (auch nicht streng) *immer* oder *nie* im Vorteil gewesen sei (d.h. in $N$ oder in 0 Schritten: die ganze Trajektorie in der positiven Halbebene oder in der negativen), den Wert $2/(N+2)$ hat. Die möglichen Werte für die Anzahl der Schritte im Vorteil (Abschnitte in der positiven Halbebene) sind $0, 2, 4, \ldots, N-2, N$, und daher in der

Anzahl von $(N+2)/2$; ihre Wahrscheinlichkeiten müssen daher im Mittel den Wert $2/(N+2)$ haben. Aber dies ist die Wahrscheinlichkeit in den beiden gesehenen extremen Fällen und außerdem sind durch selbstverständliche Symmetrie die Wahrscheinlichkeiten für $h$ und $N-h$ gleich: daraus folgt, daß sie entweder alle gleich sind, oder einen unerklärlich gekrümmten Verlauf nehmen müßten (mit mindestens drei zwischen Maxima und Minima). Effektiv sind sie gleich, d.h. *wir haben, für das Verbleiben im Vorteil, eine diskrete uniforme Verteilung*; die Demonstration ist ein bißchen weniger einfach als die Aussage und wird hier unterlassen[31], um die Abhandlung nicht zu belasten und zu unterbrechen, umsomehr als die vorhergehenden Betrachtungen die Konklusion bereits sehr plausibel erscheinen lassen.

7.7. *Welche ist die Wahrscheinlichkeit, daß im Kopf- und Adler-Prozeß (oder allgemeiner, in irgendeinem Bernoulli-Prozeß), das erste Durchqueren von $y=0$ (d.h. die erste Null, in der die* Trajektorie sich nicht darauf beschränkt, die Achse $y=0$ zu berühren), *im Augenblick $t=n$ verifiziert wird* (natürlich $n$ gerade)? In anderen Worten: gefragt ist die Wahrscheinlichkeit, daß $n$ die Dauer des anfänglichen Zeitabschnittes ist, in der ein selber Spieler *im Vorteil verbleibt*, d.h. nach der Summe der Länge der aufeinanderfolgenden anfänglichen Schleifen, die dasselbe Vorzeichen wie die vorige haben. Damit dies der Fall sei, muß vor allem $Y_n = 0$ sein und für $t < n$ dürfen keine Durchquerungen erfolgt sein, und schließlich muß der erste Wurf nach $t = n$ (d.h. der $(n+1)$-te) ein Vorzeichen haben, das zum anfänglichen Wurf (und somit zu den bereits erhaltenen Schleifen) entgegengesetzt ist. Die gesuchte Wahrscheinlichkeit ist somit $\mathbf{P}(Y_n = 0)$. $[4/(n+2)].2p\tilde{p}$, da $4/(n+2)$ die in 7.6 determinierte Wahrscheinlichkeit des Nichtdurchkreuzens ist und $2p\tilde{p}$ die Wahrscheinlichkeit, daß der erste und der $(n+1)$-te Wurf entgegengesetzte Ergebnisse haben. Im Falle von Kopf und Adler, $p=\tilde{p}=1/2$, reduziert sich dies auf $2u_n/(n+2)$ ($u_n/(n+2)$, wenn man näher angibt, wer von den beiden anfänglich im Vorteil sein soll). Im allgemeinen Fall ($p \neq 1/2$) sind die Wahrscheinlichkeiten (für jedes endliche $n$) kleiner, aber man hat die übrige Wahrscheinlichkeit für ein indefinites Verbleiben im Vorteil (nur zugunsten des Favo-

[31] Wir sagen nur, daß es sich um eine Ableitung aus (64) in (7.4*e*) handelt, und daß die Schlußfolgerungen ähnlich sind wie die, welche in (7.10) für die Arcus-Sinus-Verteilung kommentiert wurden.

riten der beiden Spieler, wie für die Schleifen). Abgesehen von dieser Bemerkung zum Zwecke einer Gegenüberstellung werden wir uns auf den Fall Kopf und Adler beschränken.

Wenn wir die Ergebnisse vergleichen, die durch die Länge $L$ einer Schleife und durch ein Verbleiben im Vorteil, das wir $V$ nennen wollen, erzielt wurden,

$$\mathbf{P}(L=n)=u_{n-2}/n, \quad \mathbf{P}(V=n)=2u_n/(n+2),$$

so fällt uns sofort auf, daß

$\mathbf{P}(V=n)=2\mathbf{P}(L=n+2)$ ist und daher $\mathbf{P}(V \geqq n)=2\mathbf{P}(L \geqq n+2)=u_{n+2}$.

Es ist lehrreich zu prüfen, was dies einerseits für die ersten Werte (kleine: kurze Permanenzen) und anderseits asymptotisch (für große Werte: lange Permanenzen), bedeutet:

| Entsprechend den ersten möglichen (geraden) Werten: | $n=$ | 2 | 4 | 6 | 8 | 10 | ... |
|---|---|---|---|---|---|---|---|
| haben wir | $u_n=$ | 1/2 | 3/8 | 5/16 | 35/128 | 63/256 | ... |
| und daher | $\mathbf{P}(L=n)=u_n/(n-1)$ $=$ | 1/2 | 1/8 | 1/16 | 5/128 | 7/256 | ... |
| und | $\mathbf{P}(V=n)=2u_n/(n+2)=$ | 1/4 | 1/8 | 5/64 | 7/128 | 21/512 | ... |

Die Werte der letzten Zeile sind (wie wir dies aus der früheren Bemerkung wußten) die der vorletzten, verdoppelt und nach links verschoben (es fällt der erste, nämlich 1/2; indem man die anderen, mit der Summe = 1/2 verdoppelt, erhält man wieder die Gesamtwahrscheinlichkeit = 1). Der unmittelbare Vergleich zeigt, daß für $n=2$ die Wahrscheinlichkeit für $L$ größer ist (selbstverständlich: damit $V=2$ sei, muß $L=2$ die Länge der Schleife sein und außerdem muß die folgende Schleife das entgegengesetzte Vorzeichen haben), für $n=4$ sind sie gleich, dann sind die für $V$ größer: ($1/16=4/64<5/64$; $5/128<7/128$; $7/256=14/512<21/512;\ldots$); übrigens genügte es (zu diesem Zweck), direkt anzugeben, daß die Proportion $2(n-1)/(n+2)$ den Wert $2-6/(n+2)$ hat.

Für große Werte hat diese Proportion (asymptotisch) den Wert 2, und jedenfalls gilt $\mathbf{P}(V \geqq n) \cong 2\mathbf{P}(L \geqq n)=2(0{,}8/\sqrt{n})=0{,}8/\sqrt{n/4}$; dies kann formuliert werden, indem man sagt, daß, in gewissem Sinne, die langen Permanenzen im Vorteil viermal länger sind als die langen Schleifen (genauer: in dem Sinne, daß $V$ dieselbe Wahrscheinlichkeit hat, eine (große) Länge $n$ zu erreichen, wie $L$, die von $n/4$ zu erreichen).

7.8. *Welche ist, im Problem der Stimmenzählung im Falle von Parität, die Wahrscheinlichkeitsverteilung des höchsten erreichten Vorteils während des Verlaufes, für einen der Kandidaten oder in absolutem Wert?* Und wie wird sie, bedingt durch die Hypothese, daß ein Kandidat immer im Vorteil war, oder immer knapp im Vorteil? Offenbar handelt es sich, abgesehen von der Interpretation, die die Stimmenzählung betrifft, um die viel allgemeinere Frage der Wahrscheinlichkeitsverteilung für $\vee Y_N$, oder für $\vee|Y_N|$, für Kopf und Adler oder irgendeinen Bernoulli-Prozeß, unter der Voraussetzung von $Y_N = 0$ und eventuell zusätzlich $Y_t \geqq 0$, oder direkt $Y_t > 0$, für $0 < t < N$. Die letzte Hypothese ist die restriktivste und bedeutet, daß man die Wahrscheinlichkeitsverteilung für das Maximum *in einer Schleife* sucht; in der mittleren kann es sich um einen Abschnitt handeln, der von *einer oder mehr Schleifen gleichen Vorzeichens* gebildet wird, während man im allgemeinen Fall einen Abschnitt betrachtet, der von einer oder mehreren Schleifen irgendwelcher Art gebildet wird; nur, daß in diesem letzten Fall das Problem für $\vee Y_N$ von dem für $\vee|Y_N|$ verschieden ist.

Es handelt sich nur um Varianten der Probleme ($A$) und ($B$) in 7.1. Wir betrachten sie nun getrennt.

a) Einzige Hypothese $Y_N = 0$; Verteilung des Maximums von $Y_t$: für ($B$) (7.1), mit $H = N/2$, ergibt sich $s_0 = 1$, für $c \geqq 1$,

$$(66) \qquad s_c = \mathbf{P}(\vee Y_N \geqq c) = \frac{N(N-2)(N-4)\ldots(N-2c+2)}{(N+2)(N+4)(N+6)\ldots(N+2c)}$$

$$(s_c = 0 \quad \text{für} \quad c \geqq (N+2)/2),$$

$$(67) \qquad r_c = \mathbf{P}(\vee Y_N = c) = s_c - s_{c+1} = \frac{4c+2}{N+2c+c}\, s_c$$

(im besonderen, $r_0 = 2/(N+2)$, wie bekannt). Wenn man die Variante (30) der Stirling'schen Formel (VII, 6.4) anwendet, kann man approximativ (für $c$ groß aber $2c/N$ klein, d.h. $N$ noch viel größer) schreiben: $s_c \doteqdot e^{-2c^2/N}$, $r_c \doteqdot (4c/N)e^{-2c^2/N}$.

*b*) Wieder einzige Hypothese $Y_N = 0$; Verteilung des Maximums von $|Y_t|$: wenn man, wie in ($C$) (7.1) schließt, aber der Symmetrie Rechnung trägt ($N = 2H$, d.h. $Y_N = 0$; $c' = c'' = c(c^* = 2c)$), findet man, daß die Wahrscheinlichkeit $\bar{s}_c$, $\pm c$ zu erreichen oder zu überschreiten (dort angegeben mit $q_N = q'_N + q''_N$, hier $q'_N = q''_N$) folgende ist:

$$\bar{s}_c = (2/\tbinom{2H}{H})\left[\tbinom{2H}{H+c} - \tbinom{2H}{H+2c} + \tbinom{2H}{H+3c} - \tbinom{2H}{H+4c} + \ldots\right] \tag{68}$$

d.h., einfacher, mittels der $s_c$ des vorigen Falles *a*),

$$\bar{s}_c = s_c - s_{3c} + s_{5c} - s_{7c} + \ldots, \text{ und analog } \bar{r}_c = r_c - r_{3c} + r_{5c} - r_{7c} + \ldots \tag{68'}$$

Asymptotisch erhält man somit aus dem obigen

$$\bar{s}_c = 2\sum_1^\infty {}_k(-1)^{k+1} e^{-2k^2c^2/N}, \quad \bar{r}_c = (8c/N)\sum_1^\infty {}_k(-1)^{k+1} k e^{-2k^2c^2/N} \tag{68''}$$

*c*) Zur Hypothese $Y_N = 0$ fügen wir die hinzu, daß $Y_t$ sein Vorzeichen bei $0 \leqq t \leqq N$ nicht verändert habe, und um uns eine Vorstellung zu machen, nehmen wir es als nicht negativ an. Es ist indifferent, ob man vom Maximum von $|Y_t|$ oder von $|Y_t|$ spricht (oder, bei entgegengesetzter Hypothese, von $-Y_t$). Wir müssen wieder schließen wie in (*C*) (7.1), aber mit $c' = 1$, $c'' = c$, um die Wahrscheinlichkeit zu finden, daß immer $-1 < Y_t < c$; wenn man sie durch $2/(N + x)$ dividiert (Wahrscheinlichkeit, daß $0 \leqq Y_t$, d.h. $-1 < Y_t$) erhält man die Wahrscheinlichkeit, daß $\vee Y_t < c$, bedingt durch die besagte Hypothese, nämlich $1 - \bar{s}_c$ für diesen Fall. Daher ist, wenn man weiterhin die im Falle *a*) so bezeichnete Wahrscheinlichkeit mit $s_c$ angibt,

$$\bar{s}_c = 1 - \frac{N+2}{2} \tag{69}$$
$$(s_1 + s_c - s_{c+2} - s_{2c+1} + s_{2c+3} + s_{3c+2} - s_{3c+4} - s_{4c+3} + \ldots,),$$

*d*) Analog: man kann auf den vorhergehenden Fall zurückkommen, indem man als Basis die Achse $y = 1$ auf dem Intervall von $t = 1$ bis $t = N$ ($Y_1 = Y_{N-1} = 1$) nimmt; für $N$ groß ist die Differenz minimal.

7.9. *Analoge Fragen für irgendein Segment des Kopf- und Adler-Prozesses* (d.h. für ein Segment $0 \leqq t \leqq n$, ohne für $Y_n$ anzunehmen, daß es 0 sei, wie in den vorigen Beispielen). Es wird aus keiner, oder einer oder mehreren vollständigen Schleifen bestehen, mit am Ende im allgemeinen einer unvollständigen Schleife. Wir bringen Fragen und Ergebnisse in knapper Form, um die Aufmerksamkeit auf verschiedene Umstände und Aspekte zu lenken, die Überlegungen verdienen.

*a*) *Für die Permanenz im Vorteil* (siehe (7.6) und Bemerkung) wissen wir (aus 6.3), daß $u_n$ die Wahrscheinlichkeit ist, daß $Y_t$ (in $0 \leqq t \leqq n$)

immer nichtnegativ sei, d.h. daß die Permanenz im Vorteil für $n$ Schritte von $n$ erhalten bleibe (und dasselbe offenbar für 0 von $n$). Wenn man $n$ gerade annimmt, kann die Anzahl der Schritte im Vorteil $0, 2, 4, \ldots, n-2, n$ sein; wir haben also $(n+2)/2$ mögliche Werte, im Mittel mit der Wahrscheinlichkeit $2/(n+2)$. Aber die extremen Fälle haben die Wahrscheinlichkeit $u_n > 2/(n+2)$[32], und daher ist, nach derselben Schlußfolgerung, die uns in (7.6 Bemerkung) dazu führte zu denken, daß in diesem Fall (Segment vollständiger Schleifen) die Wahrscheinlichkeiten gleich wären, anzunehmen, daß im allgemeinen Fall die Wahrscheinlichkeit für eine Teilung des Verbleibens im Vorteil in ungefähr gleiche Teile am geringsten ist und daß sie für ungleichgewichtige Teilungen immer größer ist. Dies ist auch auf Grund einer anderen Betrachtung plausibel: wir wissen bereits, daß für das Segment bis zur letzten Null die Wahrscheinlichkeiten für alle Unterteilungen gleich sind, und von der letzten Null weiter ist der gesamte Vorteil in einer Richtung. Jedenfalls steht fest, daß dies wahr ist, und es ist gerade $p_h = u_h u_{n-h}$ ($h$ und $n$ gerade) die Wahrscheinlichkeit von $h$ Schritten im Vorteil auf $n$: die Demonstration ist weniger einfach, als man auf Grund der Einfachheit der Formel hoffen könnte und wird daher unterlassen[33], sodaß wir uns nur auf die Diskussion des Verlaufes beschränken.

Unter Berücksichtigung, daß $u_{h+2}/u_h = (h+1)/(h+2)$ ist, ergibt sich, daß die Proportion

$$p_{h+2}/p_h = (h+1)(n-h)/(h+2)(n-h-1) \quad <, =, > \text{ als } 1 \text{ ist,}$$

je nachdem, ob $h+1$ es in bezug auf $n/2$ ist; wenn man den asymptotischen Ausdruck von $u_n$ nimmt, erhält man $p_h = u_h u_{n-h} = (2/\pi)\sqrt{h(n-h)}$. Am Limes kann man sagen, daß der Bruchteil der Zeit, in dem im Laufe einer langen Spielperiode ein Spieler im Vorteil bleibt, eine Zufallszahl $X$ mit der Wahrscheinlichkeitsverteilung der Dichte $f(x)\ 1/(\pi\sqrt{x(1-x)}$ ist: und das ist die sogenannte Arcus-Sinus-Verteilung, weil die Verteilungs-Funktion $F(x) = f(x)dx$ gleich $(2/\pi)$ arc sin $\sqrt{x}$ ist, oder besser, $(1/\pi$ arc cos $(2x-1)$. Wir kommen noch öfters darauf zurück.

---

32 Da die maximale zwischen den $n+1$ Wahrscheinlichkeiten $\omega_h^{(n)}$ $(h = 0, 1, \ldots, n)$ ist, ist $u_n$ sicher $> 1/(n+1)$; doch ist es dies mehr und immer mehr für ein großes $n$: asymptotisch: $u_n \cong (2/(n+2)) \cdot 0{,}4\sqrt{n}$.

33 Siehe Hinweise in 7.10).

*b*) Für die *Wahrscheinlichkeitsverteilung von* $Y_n$ wissen wir, daß es die *Bernoulli-Verteilung* ist (oder Binomialverteilung, $p_h = \omega_h^{(n)}$, $h = 0,1 \ldots n$), wenn man nur weiß, daß $Y_0 = 0$ ist (und analog, wenn Werte bekannt sind, wovon der letzte $J_k = J$ mit $k < n$ ist: dann $p_{y+h} - \omega_h^{n-k}$). Es ist die hypergeometrische Verteilung, wenn man nicht nur $Y_0$ sondern auch ein $Y_N (N > n)$ kennt (und analog, wenn man irgendwie zwei Werte kennt, einen vorher und einen nachher, $Y_{t'}$, und $Y_{t''}$, $t' < n < t''$).

Im allgemeinen kann man sagen, daß sie sich ständig mit dem Informationszustand ändert. Im besonderen, wenn wir, außer der Kenntnis des Anfangswertes $Y_0 = 0$ (und eventuell eines anderen sukzessiven Wertes, oder irgendwelcher zwei Werte, einer vorher und einer nachher) wissen, daß $Y_t$ immer nichtnegativ geblieben ist $(0 \leqq t < n)$ (oder überall in $0 \leqq t \leqq N$, im allgemeinen $t' \leqq t \leqq t''$ im Falle der Kenntnis von Punkten an den beiden Seiten, oder auch in diesem Falle nur für $t' \leqq t < n$ oder nur für $n < t \leqq t''$ oder in irgendeiner anderen Weise, oder negativ, oder unter oder über einem gegebenen Niveau, oder zwischen zweien enthalten usw., usw.), haben wir ebensoviele verschiedene Resultate, was klar ist, worauf man aber doch hinweisen kann, um anzuregen, daß darüber nachgedacht wird.

*c*) *Die Wahrscheinlichkeit, daß das Niveau* $y = c$ *in* $t = n$ *das erstemal erreicht wird* ($Y_n = c, \wedge Y_{n-1} < c$, $c > 0$; symmetrisch, wenn $c < 0$), und auch (durch das Inversionsprinzip ändert sich das Problem nicht) *die Wahrscheinlichkeit, daß* $Y_n = c$ *sei, ohne daß es vorher Nullen gegeben hätte* (d.h. alle $Y_t$, $0 < t < n$ mit demselben Vorzeichen wie $c = Y_n$) ist gegeben durch $\mathbf{P}(Y_n = c)$, multipliziert mit $c/n$, wobei $c/n$ *die Wahrscheinlichkeit ist, daß*, wenn der Wert $c$ von $Y_t$ in $t = n$ bekannt ist, *dieses Niveau c dort zum erstenmal erreicht wurde*, und auch die, daß das Ausgangsniveau ($y = 0$) nicht mehr berührt worden sei, d.h., daß $Y_t$ *immer ebenso wie c positiv (oder negativ) war.*

Wenn wir mit $H$ die eine oder die andere der beiden genannten Hypothesen bezeichnen, wissen wir, daß $\mathbf{P}(H) = u_{n-1}/2$ (6.3) und daß $\mathbf{P}(H | Y_n = c) = c/n$ ist (Problem der Stimmenzählung; Fall (*A*) in 7.1); die gesuchte Wahrscheinlichkeit, die man auch unmittelbar als Wahrscheinlichkeit des Ruins genau beim $n$-ten Wurf erhalten kann, $p_n(c) = q_n(c) - q_{n-1}$, siehe 6.1, 6.3), hat daher den behaupteten Wert

$$(70) \quad \mathbf{P}[(Y_n = c).H] = (c/n)\mathbf{P}(Y_n = c) = (c/n)\omega_h^{(n)} (c = 2h - n, c > 0).$$

Die Wahrscheinlichkeitsverteilung von $Y_n$, bedingt durch die Hypothese $H$ (entweder die eine oder die andere) ist daher proportional zu $c\omega_h^{(n)}$, und genau

(71) $\mathbf{P}(Y_n = c|H) = \mathbf{P}[(Y_n = c).H]/\mathbf{P}(H) = (2/nu_{n-1})c\omega_h^{(n)}(c = 2h - n > 0)$.

In Worten: die Wahrscheinlichkeiten der positiven Werte $c$ für $Y_n$ verändern sich proportional zu $c$ (die für die $c \leqq 0$ gehen offenbar nach Null), und $K$ ist der Normalisierungsfaktor, für den auch gelegentlich der Ausdruck gefunden wurde). Dasselbe Resultat (und dieselbe Demonstration) gilt für die umgekehrte Hypothese: Wahrscheinlichkeit, daß $Y_n = c$, wenn man weiß, daß $Y_n$ größer ist, als alle vorher erreichten Werte (für $0 = t < n$, sind alle $Y_t < Y_n$; natürlich, ohne in diesem Fall auszuschließen, daß sie auch negativ sein könnten). Asymptotisch: Verteilung des Typus $f(x) = Kxe^{-x^2/2}$ $(x \geqq 0)$.

*d*) Beschränken wir uns auf einen besonderen Fall mit Kenntnis eines Wertes vorher und nachher, $Y_0 = 0$ und $Y_N = 0$, und mit der Bedingung $Y_t > 0$ innerhalb dieses Intervalles; die Verteilung von $Y_n$ (für ein internes $n$, $0 < n < N$) erhält man in analoger Weise, indem man beachtet, daß die Wahrscheinlichkeit, daß sich $Y_n = c$ $(c = 2h - n > 0)$ ergibt und daß die besagten Bedingungen weiterbestehen (wenn man $N = 2H$ setzt) die folgende ist:

(72) $$[\tbinom{H}{h}\tbinom{H}{n-h}/\tbinom{2H}{n}].(c/n).(c/(N-n))$$

(Produkt von $\mathbf{P}(Y_n = c)$, hypergeometrischer Fall, für die Wahrscheinlichkeit des Nicht-Annullierens beim Übergang von 0 nach $c$ mit den ersten $n$ Schritten und mit den sukzessiven $N - n$); sie ist aber auch das Produkt des $p_h$, gesucht für die Wahrscheinlichkeit der Hypothese, daß in $t = N$ die erste Null vorkomme und daß vorher das Vorzeichen positiv sei, eine Wahrscheinlichkeit, die $u_n/2$ ist; daher ist

(73) $$p_h = (2/u_n n(N-n)\tbinom{N}{h})c^2\tbinom{H}{h}\tbinom{H}{n-h} = K.c^2.\bar{\omega}_h^{(n)}$$

(wo wir $\omega$ überstrichen haben, um zu notieren, daß es sich um das des hypergeometrischen Prozesses handelt und nicht wie oben, um das des Bernoulli-Prozesses). Jedenfalls wird die signifikante Analogie hervorzuheben sein (jede Bedingung der Positivität links und rechts beinhaltet eine zu $c$ proportionale Veränderung). Asymptotisch: Verteilung des Typus $f(x) = Kx^2 e^{-x^2/2}(x > 0)$.

7.10 *Bemerkung.* Es ist lehrreich, einige Bemerkungen über die Probleme, die (asymptotisch) zur Arcus-Sinus-Verteilung führen (und über damit zusammenhängende Probleme; siehe 7.6, Bemerkung und 7.9a), hinzuzufügen. Wir haben die Demonstrationen unterlassen, aber das Erscheinen der 3. Ausgabe des Bandes I von Feller (1968) legt die Empfehlung nahe, sie dort nachzulesen und hierbei die sukzessiven Vereinfachungen der Darstellung von einer Ausgabe zur anderen zu vergleichen, die einem immer klareren Durchdringen der Probleme und ihrer Zusammenhänge entspricht, sowie ... rein zufälligen Tatsachen. Siehe dort in (III, 4: *Last visit and long leads*) und im besonderen die historischen Hinweise in den Anmerkungen und auf den Seiten 78 und 82.

Paul Lévy hat (1939) die Arcus-Sinus-Verteilung zum Wiener-Lévy-Prozeß (siehe hier 9.12) gebracht[34]. Die Anwendungen auf Kopf und Adler und andere Fälle (die im asymptotischen Sinn selbstverständlich sind) erschienen als Erklärung „mysteriös", bis (mit Sparre Andersen, 1953) deren kombinatorischer Charakter beleuchtet wurde. Die Methoden waren sehr kompliziert und waren es auch noch in der ersten Ausgabe von Feller (die wir Chung und Feller verdanken). Die Neuheit zwischen der 2. und 3. Ausgabe liegt in der Prämisse eines einfacheren Theorems, das qualitativ bereits die Präferenz für sehr ungleiche Unterteilungen der Dauer des Verharrens im Vorteil begründet.

Wir können es in wenigen Worten beweisen. *Die Wahrscheinlichkeit, daß auf 2m Würfe Kopf und Adler die letzte Rückkehr zu Null, $Y_t = 0$, bei $t = 2k$ eintritt, ist durch $u_{2k}u_{2m-2k}$ gegeben* (welches die Arcus-Sinus-Verteilung in diskreter Version ist). Und tatsächlich: die Wahrscheinlichkeit, $Y_{2k} = 0$ zu erhalten, ist $u_{2k}$, und die Wahrscheinlichkeit für keine Null in den $2m-2k$ sukzessiven Würfen ist $u_{2m-2k}$ (siehe 7.4a). Das Ei des Kolumbus! und doch ist das Theorem neu (nach Aussage von Feller selbst, äußerst informativ) und, darüber hinaus, es ist causal und experimentell auf Grund statistischer Ergebnisse entdeckt worden, die eine Berechnungsmaschine lieferte und von tüchtigen mathematischen Statistikern übernommen worden, die sich darauf beschränkten, zu bemerken und dann zu demonstrieren, daß die Verteilung symmetrisch war (ohne zu erkennen, daß es sich um den Arcus-Sinus handelt).

Dies beweist gewiß nicht Mängel von Autoren, die sehr beachtliche Beiträge bringen, sondern in der Masse der Probleme das Vorhandensein von kleinen Winkeln, wo immer noch Dinge verborgen sein können, die später selbstverständlich erscheinen.

Wer weiß, ob nicht eine kleine Berechnung neu ist (und interessant sein könnte), die ich aus persönlicher Neugier durchführte, als ich bemerkte, daß es unrichtig ist, den Spieler als „den glücklicheren" zu bezeichnen, der länger in Führung war (und ich sagte dies bereits in Anmerkung 1 in 8.2): er konnte es sehr wohl bei Ende des Spieles nicht mehr sein („wer zuletzt lacht, lacht am längsten!"). Diese Tatsache hat die Wahrscheinlichkeit

$$1/\sqrt{3}\pi = 0{,}184 = \int_{1/2}^{1} (2\pi t\sqrt{t(1-t)})^{-1}\, dt. \tag{74}$$

Es sei $t$ der Moment der letzten Null ($[0,1]$ als das gesamte Intervall angenommen). Wenn $t < \frac{1}{2}$ ist, ist der Erste am Ende auch der Erste nach Dauer. Wenn $t > \frac{1}{2}$, muß er vorher zumindest in einer Zeit $t - \frac{1}{2}$ geführt haben, was (infolge der Gleichförmigkeit der Verteilung der Längen in einem Intervall zwischen zwei Nullen) (wenn $t$ gegeben ist) die Wahrscheinlichkeit $(t-\frac{1}{2})/t = 1 - 1/2t$ ist. Zugunsten des Zweiten verbleibt die Wahrscheinlichkeit $1/2t$, bedingt durch die $t > \frac{1}{2}$ mit der Arcus-Sinus-Verteilung, daher (74).

---

[34] Ich erinnere mich (dunkel), daß ursprünglich ein selbstverständlicher Effekt der Arcus-Sinus-Verteilung (maximale Dichte an den Extremen) auch in dem ganz natürlichen Fall der Beobachtungen periodischer Phänomene paradox erschien (z. B. bleibt bei Hochwasser von Flüssen ein Niveau in der Umgebung des Maximums länger erhalten als an mittleren Höhen, die sowohl steigend als fallend schneller durchflossen werden). Siehe die Abbildungen 9-10-11. Natürlich, wenn der periodische Charakter grob ist (z. B. Verlauf der Temperatur in einer Jahreszeit, mit verschiedenen Höchst- und Mindesttemperaturen von Jahr zu Jahr) ergeben sich abgestumpfte Spitzen oder Reihen von Spitzen.

## 8.
## *Erklärungen angeblicher Paradoxa*

8.1. Es ist uns bereits mehrmals passiert (und es wird auch hier passieren), daß wir uns in Konklusionen verstrickt haben, die paradox erscheinen oder geeignet sind, leicht mißverstanden zu werden (oder zumindest, in einem Sinne „verstanden" zu werden, der nicht haltbar erscheint, wenn man ihn einer kritischen Analyse, der dieser Darlegung entspricht, unterzieht). Dann haben wir uns die Mühe gegeben, sie zu illustrieren und zu erklären: so z. B. für das Gesetz der großen Zahlen und für die lange Zeitdauer bis zum Ruin. Auch die letzten Argumente, die wir behandelt haben, sind reich an Anregungen für Diskussionen dieser Art und es wäre sogar schwer zu sagen, ob sie durch die Kenntnisse, die sie vermitteln und durch die Ausblicke, die sie für viele, für die Theorie und ihre Anwendungen wichtige Fragen eröffnen, wertvoller sind, oder durch die Gelegenheit, die sie bieten, den Geist von dem Nebel von Unverständnis und Verwechslungen zu befreien, die den Blick trüben und den Eintritt in den Bereich der Wahrscheinlichkeit hemmen.

Bei den jetzt studierten Aspekten des Prozesses Kopf und Adler mag sonderbar und unerklärlich erschienen sein, wieso eine gewisse „Stationärität" oder Regelmäßigkeit nicht besteht und wieso im besonderen keine Tendenz vorliegt, die Zeitabschnitte des Verbleibens im Vorteil in den beiden entgegengesetzten Richtungen gleich zu verteilen; und dies umsomehr, nachdem man gesehen hat, daß der Prozeß als eine indefinite Folge von mehr oder weniger langen *Schleifen* betrachtet werden kann, an deren Ende der Prozeß jeweils wieder unter den identischen Bedingungen neu beginnt.

Im besonderen, da das Abwechseln von Schleifen in den beiden Richtungen (d. h. in der positiven und in der negativen Halbebene) selbst ein Kopf- und Adler-Prozeß ist, wenn man die Schleifen als „Würfe" betrachtet, wird es scheinen, daß der Ausgleich der Vorteile in Analogie und Folge des Ausgleiches der Häufigkeiten von Kopf und Adler gelten müßte.

Und effektiv ist diese Konklusion für die *Zahl* der Schleifen richtig, die den Vorteil der einen oder anderen Richtung anbieten, aber *nicht* für die respektiven Gesamt-*Zeiträume*. Wir haben in der Tat gesehen (siehe 7.6, Bemerkung), daß in einem aus vollständigen Schleifen gebildeten Intervall (d. h. einem, das mit einer Null endet) alle Zeiträume gleich wahrscheinlich sind, anstatt daß die zentralen (Verteilung in circa gleiche Zeiträume) es vorwiegend wären, und daß im allgemeinen Fall (letzte Schleife eventuell unvollständig, d.h., nicht notwendigerweise mit Null endendes Intervall; 7.9, Bem.) die Situation sogar entgegengesetzt ist, da die ungleichgewichtigeren Verteilungen bevorzugt sind.

Sowohl der Ausdruck der Dichte $f(x) = K/\sqrt{x(1-x)}$ *wie* der der Verteilungsfunktion $F(x) = K\arccos\,(2x-1)$ zeigen klar, wie die extrem asymmetrischen Werte (wenn auch gerecht, d.h. symmetrisch in der einen und anderen Richtung) bevorzugt sind; die beste Art, das Resultat zu veranschaulichen, besteht darin zu beachten (wie dies fast evident ist), daß die Teilung der Gesamtdauer eines langen Spieles in die Bruchteile $x$ und $1-x$ des Zeitraumes, in welchem der eine oder andere Spieler im Vorteil bleibt, als dadurch durchgeführt betrachtet werden kann, daß man „nach Zufall" (d.h. mit stetiger Dichte) einen Punkt auf dem halben Umkreis wählt, der auf dem Segment $[0,1]$ als Diameter konstruiert wurde, und daß man daraus $x$ durch Projektion auf diesen Diameter erhält. Mit anderen Worten: wenn man den halben Umkreis in irgendeine Anzahl gleicher Bogen teilt, so haben deren Projektionen auf den Durchmesser (offenbar um so kleiner, je mehr sie nach den Extremen verschoben sind) die gleiche Wahrscheinlichkeit (den Punkt zu enthalten, der die beiden Teile $x$ und $1-x$ trennt).

Man beachte die Abbildungen 11, 10 und 9 (in dieser Ordnung, von unten nach oben), mit den weiteren Erklärungen in den entsprechenden Beschriftungen.

In Feller (I, Kap. III) findet man zahlenmäßige Angaben, die diesen Stand der Dinge erstaunlich gut ausdrücken und näher bestimmen. Man stelle sich vor, daß man ein Jahr lang ständig spielt (ein Wurf pro Stunde, oder Minute, oder Sekunde; das ist gleichgültig); nun: es besteht kaum eine Wahrscheinlichkeit von 30% daß beide mehr als 100 Tage im Vorteil sind (etwa 28% der Gesamtzeit) während eine Wahrscheinlichkeit von 50% besteht, daß einer der beiden weniger als 54 Tage (15% der Zeit) im Vorteil sei, 20% für weniger als 9 Tage im Vorteil (2,4% der Zeit), 10% für weniger als $2\frac{1}{4}$ Tage (d.h. weniger als 0,6% der Zeit und der Gegner mehr als 99,4%[35]). In Feller sieht man auch den Verlauf eines experimentellen Falles.

[35] Manchmal sagt man „der weniger Glückliche"; es ist jedoch unrichtig, weil es möglich ist (wenn es auch weniger wahrscheinlich ist), daß am Schluß derjenige verliert, der länger oder womöglich fast immer geführt hat. Siehe 7.10).

Die Beschriftungen sind in umgekehrter Reihenfolge zu lesen (d. h. Abbildungen 11-10-9).

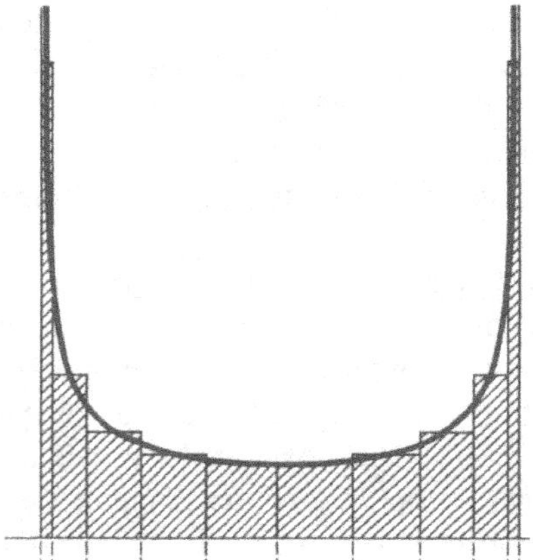

Abbildung 9.

Dichte der Arcus-Sinus-Verteilung.
Das Histogramm zeigt die mittlere Dichte in jedem Intervall zwischen den Zehnteln an.
Die Kurve ist das Dichtediagramm. Die Gleichung (wenn das Basis-Intervall als [0, 1] angenommen wird) ist

$$f(x) = K/\sqrt{x(1-x)}.$$

Die Dichte ist in den Extremen unendlich.

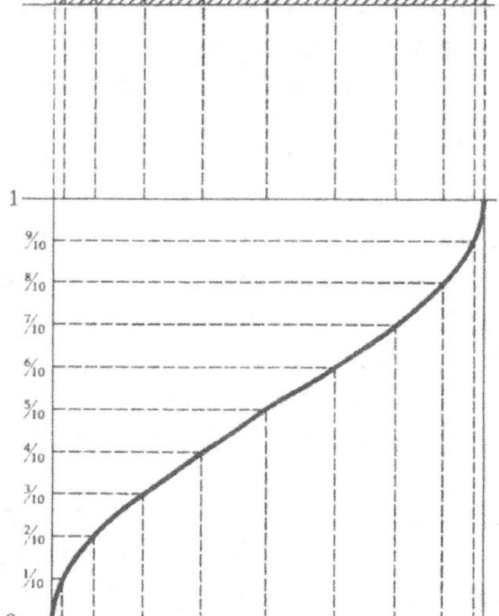


Abbildung 10.

Verteilungsfunktion der Arcus-Sinus-Verteilung (erhältlich nach dem Modell in Abb. 11).
Die bezeichneten Abszissen sind die der „Zehntel“ (siehe VI, 6.6), wie sich dies aus den entsprechenden Ordinaten ergibt.
Die zehn Intervalle zwischen den Zehnteln sind gleich wahrscheinlich (Prob. = 1/10); zu beachten, wie sehr sich die Wahrscheinlichkeit nach den Extremen zu verdichtet.

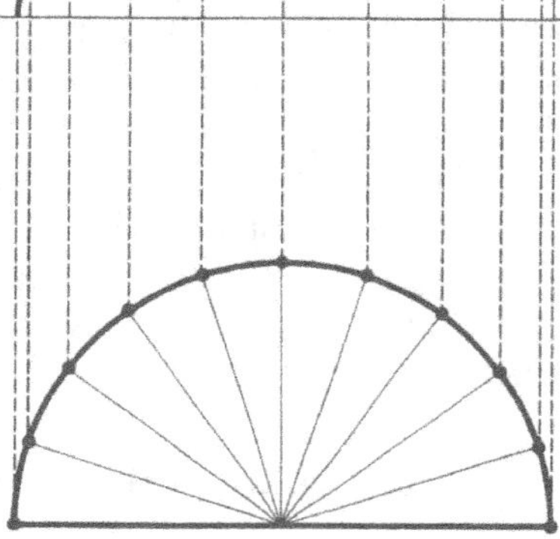

Abbildung 11.

Man betrachte die Wahrscheinlichkeitsverteilung der Projektion (auf den Durchmesser) eines „zufällig gewählten“ Punktes (stetige Dichte) auf einem Halben Umkreis (oder Umkreis).
Diese Verteilung tritt daher z. B. auf, wenn man in einem „zufälligen“ Moment die Position (oder Geschwindigkeit) eines Punktes mißt, der harmonische Schwingungen durchführt.
Die Teilung des Halbkreises in 10 gleiche Teile (18°) ergibt die Zehntel.

8.2. Daß diese Zahlen über das hinausgehen, was intuitiv vorausgesetzt werden kann, darf uns nicht überraschen: die Intuition kann gewiß nicht erraten – manchmal nicht einmal entfernt – was die Analyse verzwickter Situationen ergibt. Gerade deshalb ist die Mathematik nützlich, und im besonderen ihre Verwendung in der Wahrscheinlichkeitstheorie.

Man muß sich jedoch fragen, ob die illustrierten Konklusionen auch qualitativ paradox sind und wieso sie uns so vorkommen, und aus welchen Gründen dieser eventuelle Eindruck berichtigt und umgekehrt werden kann, indem man zeigt, daß es natürlich ist, daß die Dinge so sind, wie wir gesehen haben, daß sie sind. Diese Betrachtungen werden wertvoll sein, denn obwohl der Fall, der sie veranlaßt, besonders eindrucksvoll ist, liefert er uns an sich keine Besonderheit, aber eine beispielhafte Anregung zu Gedankengängen und näheren Angaben, die für viel allgemeinere Fälle und Fragen mehr oder weniger einschneidend sind. Auch ist es nicht so sehr das Einzelergebnis, das Beachtung und Erklärung verdient, als die Natur der Zufallsprozesse, die – wie der ganz einfache von Kopf und Adler – auf dem ganz einfachen Begriff der stochastischen Unabhängigkeit beruhen (wenn man es so ausdrücken will, auf der Gedächtnislosigkeit): eine äußerst einfache Bedingung, deren Wesen jedoch schwer genügend erfaßt wird, um gewisse Folgen nicht paradox zu finden. Wir haben dies bei den erwähnten Gelegenheiten (Gesetz der großen Zahlen, lange Zeit bis zum Ruin) und anderswo betont; und es sind dies, sowie der gegenwärtige und andere, auf die wir bald stoßen werden, und noch weitere, verschiedene Aspekte und damit zusammenhängende einer selben Ordnung von Fragen.

Die Ursachen, die die erwähnten Tatsachen paradox erscheinen lassen, gehen alle auf verschiedene Formen der Umwandlung der Zusammenhänge zwischen Wahrscheinlichkeit und Häufigkeit zurück: – darauf, daß man an sie denkt, ohne sich die restriktiven Bedingungen zu vergegenwärtigen, unter denen sie gelten; – daß man denkt, daß sie sozusagen eine Vorhersage und nicht eine Erwartung erlauben; – daß sie systematisch in bekannte Modalitäten statistischer „Regelmäßigkeiten" zu übersetzen sind; – daß man so sehr an diese Regelmäßigkeiten glaubt, daß man daraus ein selbständiges Prinzip macht, das unversehens dazu führt, „Kompensierungen" zu erwarten, nach strengerer und vorsorglicherer Art als die, die sich zu Recht auf probabilistische Prämissen stützen. Alle diese Täuschungen werden durch die Kenntnis statistischer Begriffe eher verstärkt als beseitigt, die ohne gebührende Vorsicht dargestellt werden und an sich in abergläubischer Form leicht mißverstanden werden. Auch die Verwendung gewisser Redewendungen – z. B., wenn man sagt, daß etwas *durchschnittlich* so und so oft je Zeiteinheit (anstatt *nach Erwartung*) festzustellen ist – kann dazu führen, daß man glaubt, derartige „Regelmäßigkeiten" müßten sicher und nicht nur wahrscheinlich sein, wie Vorhersagen anstatt Erwartungen.

Wenn man die „Regelmäßigkeit" als „Credo" annimmt (eine statistische Arbeit dieser Richtung hat den Titel „Gleichförmigkeit der Welt"), fragt man sich, warum denn Phänomene, wie die Rückwege zum Gleichgewicht und die Verteilung des Verbleibens im Vorteil sich erlauben könnten, sie nicht zu befolgen und sich den höchsten Gesetzen der Weltordnung zu widersetzen? Wenn man die Rückkehr zum Gleichgewicht (als praktische Gewißheit) als Tendenz oder Forderung dieser „Regelmäßigkeit" auffaßt, würde man sich von einem Partikelchen – das durch seinen Irrflug weit über den Ursprung hinaus geführt worden ist – erwarten, daß es bald kehrt macht, um in den Stall zurückzukehren, anstatt zu bedenken, daß es weder Erinnerungsvermögen noch Stall kennt, daß es indifferent doppelt so weit gehen kann, ehe es zurückkehrt, oder umgekehrt, und daß, wenn es sicher letzten Endes wieder zum Ausgangspunkt kommt, dies nur so ist, weil es, wenn es, wenn es einen Irrflug durchmacht, früher oder später durch alle Punkte kommen wird, ohne Wunsch oder Möglichkeit, den zu erkennen, den wir „Ursprung" genannt haben[36]. Mit einem größeren Anschein der Rechtfertigung (und sogar in wirklich berechtigter Art, wenn man nicht vergessen hätte, zu betonen, daß die vorgesehene Dauer unendlich ist, oder dieser Tatsache Rechnung zu tragen) könnte man denken, daß das Phänomen sich „regelmäßig" wiederholen müßte, weil bei jeder Rückkehr zum Ursprung eine neue Schleife unter denselben Bedingungen wieder beginnt.

Wenn wir herausfinden und klären wollen, welche untergründigen Ursachen dazu führen, daß man von „Paradoxa" spricht, bieten sich sofort die Antworten an. Der Zusammenhang Wahrscheinlichkeit-

[36] Ich will absolut nicht sagen, daß irrige Ideen dieser Art Teil statistischer Lehren, und sei es auch nur solcher, die eine andere Richtung als die hier verfolgte haben, sind; die Atmosphäre, die durch Formen der Darlegung, empirische Erklärungen usw. geschaffen wurde, erscheint jedoch nicht antiseptisch genug, um im Unterbewußten das Wuchern von Keimen derartiger schädlicher Verzerrungen zu verhindern.

Häufigkeit im Sinne des Gesetzes der großen Zahlen hat keine Begründung, wenn die Unabhängigkeit zwischen den sukzessiven $Y_n$ nicht gegeben ist: sie hängen von einem „Häufungseffekt" ab, der die Tendenz hat zu beharren und nur langsam werden sich Verschiebungen und selten Rückwege zum Gleichgewicht und Veränderungen der Vorzeichen (des „Vorteils") ergeben. Die Idee einer Art Kraft, die auf die Rückkehr zum Gleichgewicht wirkt, wurde bereits oben beantwortet. Aber nur der letzte Punkt ist lehrreich, weil er eine feine und wichtige Unterscheidung illustriert (während die anderen nur verlangen, sich vor der Gefahr banaler und absurder Mißverständnisse in Acht zu nehmen).

Die Tatsache selbst, daß die Wahrscheinlichkeit der Rückkehr zum Ursprung im Moment $t = n$ ($u_n$, $n$ gerade; $u_n \cong 0{,}8/\sqrt{n}$) *nach Null tendiert*, genügt, um jene „Regelmäßigkeit" oder „Stationärheit" des Verhaltens auszuschließen, die mehr oder weniger die implizite und unbewußte Voraussetzung jedes „Entsetzens" angesichts von „Paradoxa" ist, die nur als solche erscheinen, weil sie nicht in ein bestimmtes Modell passen: des Modells, das die psychologischen Einstellungen nach eigenem Ebenbild geschaffen hat, deren instiktives Auftauchen (in Ermangelung einer korrigierenden Umerziehung) allgemein und unterscheidungslos wird. Einige Betrachtungen mögen zu einer besseren Einschätzung dessen dienen, wie „sensationell" in ihren Folgen die (wenn man sie ohne weitere Überlegungen anerkennt, so einfache) Tatsache ist, daß diese Wahrscheinlichkeit nach Null tendiert. Die Wahrscheinlichkeit, daß bei $k$ (z. B. hunderttausend) aufeinanderfolgenden Würfen von einem gewissen $n$ an immer Kopf kommt, ist sehr, sehr klein, aber endlich (und ebenso die Wahrscheinlichkeit, daß ab $n$ die Sukzession 11001 ... von 1 = Kopf und 0 = Adler im binären Kodex die ersten hunderttausend Stellen von $\pi$ oder den Text der Göttlichen Komödie ergibt, oder eine Reproduktion des anfänglichen Segmentes, das mit den ersten $k$ Versuchen ermittelt wurde, oder irgendein anderes Segment, das vorher festgesetzt wurde und eine bestimmte Länge hat). Eine derartige Tatsache wird im allgemeinen nach Erwartung einmal innerhalb von $2^k$ Würfen verifiziert und es ist praktisch sicher, daß sie wenigstens einmal innerhalb jedes Abschnittes mit einer Länge $N$ eintreten wird, die genügend länger ist als $2^k$ (und auch, daß sie mindestens 10-mal mindestens 1000-mal usw. eintritt, wenn man den Abschnitt nur noch länger nimmt: weitere selbstverständliche Einzelheiten anzugeben, ist hier uninteressant). Dagegen ist die erwartete Anzahl von Rückkehren zum Gleichgewicht innerhalb einer gegebenen Anzahl $N$ aufeinanderfolgender Momente ab $t = n$

$$\doteqdot (0{,}8/\sqrt{n}).N/2 = 0{,}4N\sqrt{n} \to 0,$$

und die Wahrscheinlichkeit, mindestens einen zu haben, ist noch geringer. Das bedeutet, daß im weiteren Verlauf, ein Intervall, das lange genug ist, um eine nicht lächerliche Wahrscheinlichkeit (z.B. 1% oder 10%) zu haben, eine Rückkehr zum Gleichgewicht zu enthalten, so groß anzunehmen sein wird, daß es fast sicher (z.B. mit einer Wahrscheinlichkeit von 90% bis 99%) mindestens einmal die Divina Commedia enthalten wird, und im weiteren Verlauf fast sicher 10-mal, mindestens eine Million mal und so weiter, in einem Wachstum ohne Ende.

8.3. Wenn wir nun dazu übergehen, die Werte von $Y_t$ zu betrachten (nicht nur die Momente, in denen $Y_t = 0$ ist), ein Argument, mit dem wir uns bald befassen werden, wollen wir eine einfache unmittelbare Konklusion bezüglich der großen Länge, die die Schleifen in vom Anfangsmoment $t = n$ weit entfernten Zeiten fast sicher haben werden, ermitteln. Wir wissen, daß $|Y_n|$ die Wahrscheinlichkeit $\doteqdot 0{,}8\,M/\sqrt{n}$ hat, kleiner auszufallen, als ein im voraus festgesetztes $M$; für ein ziemlich großes $n$ ist es also fast sicher, daß $|Y_n| > M$ ist, in welchem Falle die Schleife, die $t = n$ enthält, *notwendigerweise* die Länge $> 2M$ hat. So wäre dies tatsächlich, wenn man annimmt, daß der Anstieg von der vorhergehenden Null nach $Y_n$ und der Abstieg von dort zur nächsten Null durch eine ununterbrochene Reihe von $M$ Erfolgen, bzw. $M$ Mißerfolgen gegeben wäre; aus den Betrachtungen über den Ruin wissen wir dagegen, wie wahrscheinlich es ist, daß Aufstieg und Abstieg viel länger ausfallen.

Die obigen Betrachtungen haben jedoch nur einen illustrativen, vorbereitenden Wert; sie helfen zu erkennen, was geschieht, berühren aber nicht die Ursachen und helfen nicht der Unschlüssigkeit ab, indem sie auf diese Ursache zurückgehen. Die Frage wird höchstens verschoben: anstatt zu fragen, *wie ist es nur möglich, daß die Dauer der Schleifen immer länger wird*, obwohl sie bei Null beginnen und immer unter denselben Bedingungen, kann man fragen, *wieso werden nur* (unter denselben Prämissen) *die Ordinaten $Y_n$* (im absoluten Wert) immer größer, d.h., *wieso lösen sich die Schleifen in immer größeren*

*Entfernungen von der Achse* $y = 0$ (und es ist klar, daß die beiden Dinge, wenn sie nicht identisch sind, doch im engen Zusammenhang stehen).

Studieren wir daher ein wenig die Geschichte der einzelnen Schleife, wobei wir gleich mit der ersten, mit dem Anfang $t = 0$ beginnen können. Die Wahrscheinlichkeit, daß sie die Länge $n = 2m$ habe, d.h. beim $n$-ten Wurf endet (mit einer Rückkehr zum Gleichgewicht) ist $u_n/(n-1) = u_{n-2}/n$; aber $u_{n-2}$ ist die Wahrscheinlichkeit, daß vorher keine Null vorgekommen ist und daher ist $1/n$ die Wahrscheinlichkeit für das Ende der Schleife im Moment $n$, *vorausgesetzt*, *daß sie nicht früher geendet habe* (für $n$ gerade, sonst Nullwahrscheinlichkeit). Daher hat eine Schleife die Wahrscheinlichkeit 1/2, beim zweiten Wurf zu enden, 1/4, beim 4. Wurf zu enden (wenn sie den zweiten überschritten hat), 1/6, beim 6. Wurf zu enden (wenn sie den 4. überschritten hat) usw.: demographisch ausgedrückt ist also eine Schleife ein Individuum, dessen Wahrscheinlichkeit zu sterben mit seinem Alter abnimmt (wie dies für Neugeborene der Fall ist: ihre Wahrscheinlichkeit zu überleben verbessert sich mit jedem überstandenen Tag: der Unterschied ist, daß sie dann älter werden und die Bedingungen sich verschlechtern, während sie sich für die Schleifen ununterbrochen verbessern). So erklärt man, wieso „die Schleife, die den Moment $t$ umfaßt", weniger Wahrscheinlihckeit hat, lang auszufallen, wenn $t$ klein ist, als wenn $t$ groß ist: im ersten Fall ist sie notwendigerweise jung (höchstens im Alter $t$) und das begrenzt die bereits zurückgelegte Dauer (das erreichte Alter) und liefert weniger günstige Aussichten für die Zukunft (da die Kräftigung sich mit dem Alter verbessert): sie hat die Wahrscheinlichkeit von mindestens $1/(t+2)$, beim nächsten geraden Wurf zu enden usw.

Und welche Wahrscheinlichkeit haben die verschiedenen für $Y_n$ möglichen Werte? Nicht mehr die der vorhergehenden Bernoulli-Verteilung: jetzt ist der *Informationszustand* verändert, weil wir von einer Schleife sprechen, d.h. weil wir wissen (oder voraussetzen), daß sich $Y_t$ in der Zwischenzeit nie annulliert hat und die Wahrscheinlichkeit, die wir suchen, ist die durch die Hypothese $H$ in der bereits gesehenen Form (7.9 *c*) bedingte. Das bedeutet, daß das Wissen, daß keine weiteren Nullen vorhanden sind, die Verteilung ändert, indem die größeren Werte (natürlich) begünstigt werden, und genauer, daß die Wahrscheinlichkeit sich proportional zu ihrer Größe ändert.

Bei jeder Veränderung des Informationsstandes ändert sich alles: wenn ich z.B. in jedem Moment den gegenwärtigen Wert $Y_n$ kenne, so ist die Wahrscheinlichkeit für das Ende der Schleife beim nächsten Wurf (es sei $n$ ungerade) nicht mehr $1/(n+1)$ sondern $1/2$, wenn $Y_n = \pm 1$ ist und in jedem anderen Falle Null. Und noch anders ist die Situation, wenn ich einige vergangene Werte kenne: wenn ich $Y_t$ für *einige* Momente $t = n_1, n_2, \ldots, n_k$ kenne, werden die Wahrscheinlichkeiten durch die Kenntnis des letzten Wertes bedingt sein, d.h. durch die Hypothese $H = (Y_{n_k} = c)$, aber ... (Achtung!) dies ist nur wahr, wenn ich nicht einmal implizit Kenntnisse oder Anhaltspunkte für die Resultate, die auf das letzte bekannte folgen, habe. Wenn ich zum Beispiel jedesmal unterrichtet werde, wenn $Y_t = 0$ ist, so kenne ich nicht nur die Position dieser letzten Null, sondern ich weiß auch, daß es die letzte Null ist, das heißt, daß die folgenden Werte alle $\neq 0$ sind (und ich habe die obige Verteilung, während ich sonst die Bernoulli-Verteilung für das gegenwärtige $Y_n$ hätte). Aber wieder anders wäre es, wenn ich wüßte, daß es wahrscheinlicher ist, daß mir jemand die Information liefert, wenn es sich um Durchgänge durch den Ursprung handelt, oder um das Erreichen sehr großer Werte oder anderes: das *Fehlen von Informationen* ist in diesem Fall selbst *informativ*, weil es dadurch wahrscheinlicher ist, daß Umstände, die wahrscheinlich mitgeteilt worden wären, nicht eingetreten sind.

Viele Unzulänglichkeiten des Verständnisses für die probabilistische Interpretation von Problemen und Phänomenen ergeben sich gerade daraus, daß eine grundlegende Tatsache mißachtet, übersehen oder nicht entsprechend berücksichtigt wird: die, daß alles auf dem effektiven Informationszustand basiert und von diesem abhängt, mit der ganzen Dehnbarkeit, die diesem Begriff notwendigerweise zusteht, wenn man ihn realistisch betrachtet. Auch bei der Interpretation deterministischer Gesetze müssen derartige Umstände beachtet werden: z.B. zeigt die Behandlung von „erblichen" Phänomenen (Hysteron-Typus) mittels Integral- oder Integro-Differentialgleichungen, wenn man die Erklärung übernimmt, daß die Kenntnis der Vergangenheit nicht an sich eine Rolle spielt, sondern durch die Veränderungen der Struktur, die sie bewirkt und durch die sie den gegenwärtigen, nicht direkt beobachtbaren Zustand bestimmt hat, wie gewisse Informationen (hier „die Vergangenheit") in bezug auf die interessierenden Ziele (hier *deterministische* Erwartung, d.h. „Vorhersage" anstatt Erwartung der „Zukunft") „informativ" sein können oder nicht, je nachdem, ob man über andere Informationen verfügt oder weniger verfügt (hier, vollständige Information über die Struktur des „gegenwärtigen Zustandes"); wenn die einen fehlen, dienen die anderen als Ersatz. Es kann sich um totalen oder teilweisen Ersatz handeln, je nachdem, ob man die Kenntnis des äußeren Phänomens in der Vergangenheit für geeignet hält, vollständig und mit Sicherheit die gegenwärtige Situation, die man nicht beobachten kann, zu bestimmen; im zweiten Fall ist man bereits im wesentlichen im Bereich einer probabilistischen Darstellung, wenn dies auch noch durch die Tatsache verdeckt wird, daß die Abhandlung sich auf den makroskopischen Verlauf beschränkt und der hier unbeachtliche Zufalls-Aspekt übersehen wird.

Aber im Bereich der Wahrscheinlichkeit ist die Information immer unvollständig, als Ergebnis der nie zu klaren Trennung dessen, was man weiß oder zu wissen glaubt oder woran man sich mit Sicherheit zu erinnern glaubt, von dem, was man nicht weiß; es ist immer etwas vorhanden, das in gewissem Sinne ein Komplement der Information bildet und ein Ergebnis der Ursachen des Mangels an Information ist, und es spielt eine grundlegende Rolle (wie gerade im Beispiel vom Kopf- und Adler-Prozeß, was man ständig Gelegenheit haben wird, zu bemerken, und manchmal mit besonders lehrreichen, weil auf den ersten Blick verwirrenden Beispielen[37]). Als Beispiele auf einem gewohnteren Gebiet denke man, daß die Kenntnis des Alters für die Bewertung der Wahrscheinlichkeit des Todes eines Individuums ein wenig ein Ersatz für die ärztliche Untersuchung ist, und daß für einen Versicherten, das Alter und das Ergebnis der ursprünglichen ärztlichen Untersuchung ein Ersatz für eine Untersuchung im gegenwärtigen Augenblick sind und daß ebenso die Tatsache, direkte Nachrichten zu haben oder nicht, oder gesehen zu haben, daß die Zeitungen sie bringen oder nicht, in bezug auf die Situation oder Aktivität von Individuen, Firmen oder Institutionen jene mehr oder weniger befriedigende Information bilden, die man über derartige Dinge haben kann. Die immer noch häufige Voraussetzung, die Wahrscheinlichkeitstheorie auf die Unterscheidung von Dingen, deren man *vollkommen sicher* ist und anderen, von denen man *keinerlei Kenntnis hat*, zu gründen, hat auch (abgesehen von prinzipiellen Einwänden) den Fehler, aus diesen Ursachen das Verständnis der bedeutendsten Aspekte der Fragen, die die Verwendung der Wahrscheinlichkeit implizieren, zu behindern.

Wenn wir nun zur Diskussion unserer Fragen über den Prozeß von

---

[37] Z.B. die Äquivalenz des Schemas von Bayes-Laplace mit einem Fall von „übertragbaren Wahrscheinlichkeiten" nach Pólya (siehe Kap. VI, 4.4).

Kopf und Adler und zu den in dieser Hinsicht ausgedrückten Zweifeln („wieso ... ?") zurückkehren, so liegt die Antwort darauf, entsprechend dem Gesagten, in der Klarstellung, daß die Situation (z. B. die Wahrscheinlichkeit der Rückkehr zum Gleichgewicht in einem gegebenen Moment) sich nicht ändert, weil Zeit vergeht, weil die Zeit etwas ändert, wohl aber weil unser Informationszustand sich verändert, der (nach den anfänglichen Angaben, d.h. nicht bedingt durch die Kenntnis sukzessiver Informationen) nur darin besteht, daß wir „wissen, daß $Y_0 = 0$ ist", daß dies aber im Moment $t = n$ eine *variable* Information bedeutet: nämlich die zu wissen, daß *vor nunmehr n Momenten* ein Durchgang durch Null erfolgt ist (ohne daß man weiß, ob es das letztemal war oder nicht oder daß man annehmen könnte, daß nicht dasselbe für alle $2^n$ Trajektorien, die inzwischen möglich sind, gelten müßte).

8.4. Dessen ungeachtet könnte Zweifel mit Recht auf dem Gebiet der Information neuerlich auftreten: wieso kann das Variieren dieser Information auch dann noch nachwirken, wenn sie sich indefinit entfernt. Der entgegengesetzte Fall (der sogenannte *ergodische*, wir geben dazu kurze Hinweise in Kap. IX, 1, wenn wir von den „Markov'schen Ketten" sprechen) ist der, in dem die Kenntnis des anfänglichen Zustandes, wenn sehr weit zurückliegend, jede Bedeutung verliert: diese Tatsache ergibt sich unter gewissen Bedingungen (und zwar oft, weil häufig Probleme betrachtet werden, die dem entsprechen, aber nicht weil irgendein Prinzip gilt, das uns berechtigt, uns bedingungslos auf diese Hilfslinie zu verlassen).

Auch hier, wie bei dem Glauben an ausgleichende Tendenzen, kommt es vor, daß ein besonderer Umstand als eine Art selbständiges „Prinzip" betrachtet wird, anstatt einer einfachen und selbstverständlichen Folge von Bedingungen, die in gewissen Fällen eintreten können und in anderen nicht. So kommt es, daß man – ein wenig unversehens und ein wenig infolge der üblichen Bemühungen, die Wahrscheinlichkeitstheorie durch etwas zu ersetzen, was ihr ähnlich ist, aber wieder in den Rahmen der gewöhnlichen Logik des Gewissen eingefügt werden kann – Theoreme (wie das Gesetz der großen Zahlen und das ergodische Theorem) die einnehmend wirken, zu Prinzipien erhebt und daß man es dann paradox findet, daß ihre Anwendung da, wo das Theorem, dem sie entsprechen, nicht gültig ist, Widersprüche ergibt. Um eine Analogie zu bringen, es ist, wie wenn man, anstatt des

Prinzips der Erhaltung der Energie als „Prinzip" annehmen wollte, daß ein Kräftefeld konservativ sein müßte, wobei man die „paradoxen" Fälle (wie die magnetischen Felder) rechtfertigen müßte, wo das „Prinzip" versagt.

Z.B. wird oft, besonders durch Philosophen, behauptet, daß die Wahrscheinlichkeitsrechnung die Unvermeidlichkeit des ergodischen Todes des Universums *demonstrieren würde*. Aber die Wahrscheinlichkeitsrechnung kann als Logik des Ungewissen, ebenso wie die Logik des Gewissen in bezug auf Fakten und Verhaltensweisen der Natur oder jeder anderen „Realität", nur neutral sein. Es ist absurd zu denken, daß sie irgendeine Erwartung verbieten sollte, daß sie verbieten sollte, an den „ergodischen Tod" oder an sonst etwas zu glauben oder nicht zu glauben; sie verbietet nur „inkohärente Erwartungen", weil das keine Erwartungen sind, sowie die Logik verbietet zu behaupten, daß ein Pferd 3 Vorderfüße und 4 Hinterfüße hat und zusammen fünf (nicht, daß es $3 + 4 = 7$ sind, oder $3 + 2 = 5$ oder $1 + 4 = 5$), weil dies ein Widerspruch ist (nicht, weil es pathologischen Möglichkeiten, die nach Ansicht der Zoologen annehmbar sind, mehr oder weniger entspricht). Der ergodische Tod ist wahrscheinlich, wenn man als exklusives oder (angeblich vorwiegendes) Modell für die physikalischen Phänomene das destruktive einer anfänglichen Ordnung (wie die Mischung von Gas: kinetische Theorie) nimmt; aber die Wahrscheinlichkeitsrechnung verbietet keine Phänomene (sondern sie greift sogar mit ihren Hilfsmitteln ein, um sie zu studieren), die eine neue Ordnung schaffen (sowie die biologischen, im besonderen die Reproduktionsmechanismen DNS, und damit von Zellen, von Individuen; und – wer weiß? – von neuen Sternen oder Galaxien)[38].

Wenn wir nun zu unserem Fall zurückkehren, *versagt* das „ergodische Prinzip" (wenn man es so ausdrücken will, anstatt zu sagen: „das ergodische Theorem ist nicht anzuwenden, wenn die Prämissen nicht vorliegen"), weil, zum Zeitpunkt $t = n$ zu wissen, daß $Y_0 = 0$ ist,

[38] Um in kurzen Synthesen zu sehen, wie der „Zufall" ständig in tausend komplizierten Arten (die doch, nach den heutigen Kenntnissen, natürlich sind) eingegriffen haben muß, um die Evolution zu erzeugen, genügt es, die beiden Absätze *Lo sviluppo della vita* und *Un avvenimento fortuito* („Die Entwicklung des Lebens" und „Ein glückliches Ereignis", d. Übersetzer) V. F. Weisskopf, *Conoscenza e meraviglia* („Wissen und Wunder", d. Übersetzer), Zanichelli, Bologna, 1966, Seiten 176–196 zu lesen. Was die „stetige Erzeugung der Materie" und die Formation der Galaxien anbelangt, siehe dort *Cosa accadde all' origine?**, Seiten 165–67, oder, genauer, D. W. Sciama, *L'unità dell'universo*, Einaudi, Torino 1965, im besonderen den Abschnitt *Il modello di stato stabile*, Seiten 159–62.

bedeutet, vorläufig (um nicht von dem Mehr zu sprechen, das die Wahrscheinlichkeitsverteilung betrifft), daß sicher $|Y_n| \leqq n$ ist, und diese Information schon sehr signifikant ist, aber von einer Signifikanz, die bei Variieren von $n$ sehr variabel ist. Der entgegengesetzte (der ergodische) Fall ist dagegen gegeben, wenn wir an denselben Irrflug auf einem $m$-seitigen Polygon denken ($m$ ungerade; ein Schritt in Richtung des Uhrzeigers oder entgegengesetzt, je nach Ergebnis eines Kopf- und Adler-Wurfes): es ist klar, daß die Kenntnis des Ausgangspunktes praktisch für die Wahrscheinlichkeitsbewertung der $m$ Positionen nach $n$ Schritten (für $n$ groß), die sich praktisch alle gleich ($= 1/m$) ergeben, irrelevant ist.

Aber gerade eine Sache, die wir kürzlich gesehen haben, könnte die behauptete (und selbstverständliche) Wiederaufnahme des Prozesses unter den identischen Anfangsbedingungen nach jeder Rückkehr zu Null scheinbar widerlegen; wieso sind nämlich dann die ersten Nullen voraussichtlich sehr nahe und dann nach und nach entfernter, in einer durch die eingesetzten Wiederholungen von Göttlichen Komödien erschreckenden Art? Es liegt kein Widerspruch vor: effektiv ist, jedesmal, wenn eine Null vorkommt, vorauszusehen, daß mehrere in der Nähe sein werden, gerade wie am Anfang; zum Ausgleich dafür sind diese Gruppen offenbar untereinander noch weiter entfernt, als es die einzelnen Punkte wären, wenn diese (bei gleichbleibender Anzahl) ungefähr in gleicher Entfernung stünden. Für irgendeine Null (z.B. die $k$-te: nicht in *informativer* Form bezüglich der Länge der anliegenden Schleifen ermittelt, wie, wenn man sagt, „die erste nach dem $n$-ten Wurf, weil es wahrscheinlich ist, daß der $n$-te Wurf in eine lange Schleife fällt) besteht immer die Wahrscheinlichkeit 1/4, daß die beiden anliegenden Nullen sich in der geringsten Entfernung befinden ($= 2$; nämlich, daß die beiden anliegenden Schleifen die geringstmögliche Länge, d.h. $= 2$, haben) und die Wahrscheinlichkeit $(5/8)^2 \doteqdot 0{,}39$, daß beide nicht weiter entfernt sind als $4, (193/256)^2 \doteqdot 0{,}75$ für Entfernungen nicht über 10 usw. usw. (im allgemeinen $(1-u_n)^2 \cong 1-2u_n \doteqdot$ $\doteqdot 1-0{,}16/\sqrt{n}$, daß beide Schleifen nicht länger als $n$ sind). Kurz, die kleinen Schleifen sind überall zahlreich, abgesehen davon, daß von Zeit zu Zeit lange Schleifen und äußerst lange kommen; und ihre Proportion in Relation zur Länge ist so, daß, wenn man nicht die Zahl der Schleifen, sondern die Schritte, die sie enthalten, zählt, das Ungleichgewicht invertiert. Es ist das, was wir gesehen haben, als wir (in 7.6, Bemerkung) die Wahrscheinlichkeiten $u_{n-2}/n$ und die Erwartungen der Länge $n(u_{n-2}/n) = u_{n-2}$ verglichen; auf Grund der gegenwärtigen theoretischen näheren Angaben ist hier nur (wie angekündigt) die abschließende Beobachtung wieder aufzunehmen, wonach die Formulierung „im Mittel", die auf die statistische Theorie zurückgeht, nachteilig ist.

Es handelt sich nämlich um einen weiteren Versuch, die authentische und universell gültige Wahrscheinlichkeitstheorie durch eine Nachbildung zu ersetzen, die nur ganz grob und nicht immer (z.B. nicht hier) gilt. Die probabilistische Bedeutung wird (wenn dies auch etwas herb klingt), vollständig dadurch ausgedrückt, daß man sagt, daß *eine* Schleife die *Erwartung einer unendlichen Länge hat*, die aus Teilen besteht, welche die Erwartung einer Länge von 1, 3/8, 5/16, 35/128,... haben, welche respektive den Hypothesen von Schleifen mit der Länge 2, 4, 6, 8,... entspricht; es ist irrelevant, ob man etwa (wie man sagt, daß Zinsen auf 1000 Lire 45 Lire betragen, anstatt 0,045) sagt, daß man auf 1000 Schleifen, nach Erwartung eine Länge 100) von Schleifen mit der Länge *zwei* hat, 375 für die Länge *vier*, 312,50 für die Länge *sechs*, 273,44 für die Länge *acht* usw. Bisher also, alles in Ordnung (es kann sogar ausdrucksvoller sein, an eine erwartete Länge von 312,50 Schritten auf 1000 Schleifen zu denken, die einer erwarteten Anzahl von 52,087 Schleifen mit der Länge sechs entspricht); das Unheil liegt darin, die Aussage in einem nicht probabilistischen Sinn interpretieren zu wollen, als ob man behaupten könnte, daß dies für 1000 Schleifen *so sein wird* (in einem nicht präzisierbaren Sinn: man kann nicht zu der Behauptung gelangen, daß dies im logischen Sinne sicher, notwendig, wäre; man verschweigt jedoch, daß dies höchstens „sehr wahrscheinlich" ist, als könnte man sich eine Entscheidung ersparen, indem man an irgendeinem amphybischen Sinn „praktischer Sicherheit" appelliert). Dieser grundlegende und universelle Einwand verbietet jedenfalls die Aufstellung derartiger Behauptungen, ohne hinzuzufügen, daß sie nur „*quasi sicher*" sind und daß die „*Quasi-Sicherheit*" (wegen der einfachen Tatsache, daß sie nicht die *Gewißheit* ist), nichts anderes ist, als ein sehr hoher Grad der Wahrscheinlichkeit (einer Wahrscheinlichkeit, die immer subjektiv ist).

Aber es genügt nicht, diese theoretisch und formal unhaltbare Formulierung zu korrigieren: auch die Aussage, daß bei einer großen Anzahl von Versuchen (hier: von Schleifen) die effektiven Resultate mit großer Wahrscheinlichkeit „approximativ" den Erwartungen entsprechen werden, ist nur unter geeigneten Einschränkungen haltbar.

Vor allem, etwas wie die Unabhängigkeit, und die besteht hier: sowohl was die Länge, als auch was das Vorzeichen anbelangt, sind die Schleifen stochastisch unabhängig; aus diesem Grunde kann man schließen, daß wir bezüglich der Proportion zwischen positiven und negativen Schleifen effektiv fast sicher sein können, jeweils halb und halb vorzufinden, weil die Aufeinanderfolge von Schleifen der beiden Arten gerade ein Kopf- und Adler-Prozeß ist. Und doch können wir nicht sagen, daß dasselbe für die Anzahl der Schritte in den beiden Halbebenen gilt: ungeachtet der Unabhängigkeit gilt die Konklusion nicht, infolge der Tatsache, daß die erwartete Länge einer Schleife unendlich ist. Umsomehr gilt, aus demselben Grunde, eine Behauptung der Quasi-Gewißheit nicht für die statistische Einteilung der Schleifen nach Länge (und der Schritte entsprechend der Länge der Schleife, der sie angehören); diese Behauptung wäre auch kaum formulierbar (selbst wenn die erwartete Länge endlich wäre und sie somit im wesentlichen gelten würde), allein wegen der Tatsache, daß die zu unterscheidenden Fälle (Längen) in unendlicher Anzahl vorhanden wären.

Auf diese Weise haben wir gesehen, wie auch ganz einfache Fälle, sowie der von Kopf und Adler, wenn man sich bei ihnen nur ein wenig aufhält, eine große Menge unerwarteter und an sich interessanter Aspekte bringen und wie das Interesse auch theoretisch wird, wenn man über Motive von Konklusionen nachdenkt, die unerwartet und paradox ausfallen können.

## 9.
## *Eigenschaften des Wiener-Levy-Prozesses.*

9.1. Wir haben (Nr. 3) die Eigenschaften des Wiener-Lévyprozesses gesehen, die unmittelbar festgesetzt werden konnten und sofort dazu dienten, um in der Folge der Abhandlung auf diesen Fall hinweisen zu können. Wir kommen nun darauf zurück, um die Kenntnis zu vertiefen und zu zeigen, wie die asymptotischen Eigenschaften, die in vielen Fällen asymptotisch normaler Prozesse gelten, an Einfachheit und Klarheit gewinnen, wenn man beobachtet, wie sie im Wiener-Lévy-Fall exakte Eigenschaften bilden.

Es ist der Fall, der sich paradoxerweise gleichzeitig als der einfachste und als der pathologischste, den man sich vorstellen könnte, erweist.

Die verführerisch einfachen Aspekte sind die bereits gesehenen: alle betrachteten Größen, einzeln, paarweise oder in $n$-Tupeln und unter allen untersuchten Bedingungen, folgen der Normalverteilung (zu eins-, zwei oder $n$ Dimensionen); was könnte man sich besseres wünschen?

Es gab jedoch im Grunde genommen ein Anzeichen, das vielleicht Besorgnis erregen oder das Aufkommen von Schwierigkeiten vermuten lassen konnte: es handelt sich um jene projektive Invarianz, welche, wie gesagt wurde, gestattet, das Studium des asymptotischen Verhaltens in der Nähe des Ursprungs auf das im Unendlichen zurückzuführen. Wir hatten jedoch keine Besorgnis erregen wollen und darum nicht aufmerksam gemacht, welche Dinge in der Nähe des Unendlichen vorkommen, da man erschauern könnte, wenn man sich vorstellt, sie in die Nähe des Ursprunges zu drängen. Noch schlimmer: was in einer Umgebung des Ursprunges gilt, gilt auch in der Umgebung jedes Punktes der Kurve $y = Y(t)$; der Prozeß ist homogen, mit unabhängigen Zuwäschen

9.2. Erinnern wir vor allem daran, wie der Prozeß von Kopf und Adler (und so viele andere), bei opportuner Reduktion der Skala, ein geeignetes Abbild des Wiener-Lévy-Prozesses in einem beliebig gewünschten Grad der Approximation ergeben kann.

Wir betrachten den reduzierten Wiener-Lévy-Prozeß ($m = 0, \sigma = 1$); ein Kopf- und Adler-Prozeß, der diese Merkmale behalten sollte, und der, um an einen stetigen Prozeß angenähert zu werden, aus vielen kleinen Sprüngen bestehen würde (z.B. sehr häufige Wetten mit einem sehr kleinen Betrag), wird, anstatt aus einem einzigen Sprung $\pm 1$ je Zeiteinheit, aus $N$ Sprüngen mit der Weite $\pm 1/N$ je Zeiteinheit bestehen müssen. Dann wird in der Tat die Standardabweichung je Zeiteinheit $\sigma\sqrt{n} = (1/n).\sqrt{N^2} = 1$ sein, wie man dies wollte.

Wenn $N$ in dem Sinne groß ist, daß die Zeitintervalle $\tau = 1/N^2$ und die Beträge $s = 1/N$ im Vergleich zur Präzision, mit der es interessant oder möglich ist, Zeitabschnitte und Beträge zu messen, klein sind, so ergibt sich, daß dieser Prozeß praktisch von dem von Wiener-Lévy nicht mehr zu unterscheiden ist. Wenn nämlich wirklich jedes Zeitintervall, für das man sich interessieren will oder kann, viele ganz kleine Zeiteinheiten $\tau$ enthält, hat $Y(t)$ dort einen Zuwachs mit nahezu normaler Verteilung, weil Summe vieler unabhängiger Zuwäsche.

Wenn man an die graphische Darstellung denkt, kann man sagen, daß, wenn das Diagramm einer Partie Kopf und Adler (das in Abb. 1, VII, 3.2) verkleinert wird, indem man die Ordinaten auf $1/N$ reduziert und die Abszissen auf $1/N^2$, mit $N$ so groß, daß die Zacken der gebrochenen Linie, die den einzelnen Würfen entsprechen, unmerklich werden, so hat man das genaueste mögliche Bild eines Wiener-Lévy-Prozesses. In gewissem Sinne ist es dasselbe gewohnte Phänomen der Approximation und Idealisierung, durch welches die Entwicklung einer Population (Zahl von Einwohnern) wie eine stetige Linie gedacht und gesehen wird, wenn die Skala so ist, daß – wenn man sie auch als eingezeichnet voraussetzt – die Sprünge, die die einzelnen Geburten und Todesfälle darstellen, von denen in Wirklichkeit die Bewegung abhängt, unmerklich werden.

9.3. Natürlich konnte man, wie angedeutet, indifferent, anstatt vom Kopf und Adler Prozeß in der diskreten Zeit, von dem in der kontinuierlichen Zeit ausgehen (nach Poisson, Sprünge $\pm 1/N$, *im Mittel* $N^2$ je Zeiteinheit), oder mit anderen Verteilungen der Sprünge (z.B. normale, immer absolute Standardabweichung $1/N$ usw.).

Umgekehrt kann der Wiener-Lévy-Prozeß dazu dienen, analog als vollkommene Approximation (in gewisser Skala), Phänomene darzustellen, deren „mikroskopischer" Verlauf in verschiedener Weise anders ist. Unter anderem kann er als gute Darstellung der *Brown'schen Bewegung* eines Partikelchens gelten (oder, besser gesagt, wenn man sich auf eine Dimension beschränkt, einer der Abszissen). Die Skala muß, wohlgemerkt, so sein, daß es nicht mehr sinnvoll ist, den wahren Mechanismus des Phänomens mit seinen freien Bahnen und Stößen usw. zu verfolgen. Dies war auch zu sagen, weil Paul Lévy oft als „Prozeß der Brown'schen Bewegung" den Wiener-Lévy-Prozeß bezeichnet (wie dieser allgemein zu Ehren zweier unter den Autoren genannt wird, die dessen Studium den größten Beitrag lieferten; es sollte jedoch zumindest noch Bachelier genannt werden, der vorher, wenn auch in weniger strenger Form, viele Eigenschaften und Ergebnisse entdeckte).

9.4. Hier wollen wir uns darauf beschränken, in Form einer Art Übersicht einige interessante Informationen zu bringen, ohne deren Demonstration anzuschließen. Im allgemeinen werden es Dinge sein, die durch Ergebnisse von Kopf und Adler bereits implizit bewiesen oder plausibel gemacht wurden.

Das Studium der Probleme, die sich auf den Wiener-Lévy-Prozeß beziehen, kann auf verschiedenartige Weise entwickelt werden: in gewissem Sinne, nach den bereits erwähnten Möglichkeiten der Einführung der Normalverteilung (von der der Wiener-Lévy-Prozeß sozusagen eine besondere Extension auf den Fall der unendlichen Dimensionen darstellt). Zur Orientierung ist es jedoch gut, etwas über die wichtigsten Verfahren zu sagen.

Die Verfahren, die auf den Kopf und Adler-Prozeß oder ähnliche Prozesse zurückzuführen sind, haben im wesentlichen ihren Ausgangspunkt in der Kombinatorik, wenn auch entsprechend den Anforderungen des einzelnen Falles. In diese Gruppe gehören die Mehrzahl der Entwicklungen in den Kapiteln VII und VIII, und die Art, sie bei der Interpretation des Wiener-Lévy-Prozesses zu verwenden, ist bereits oft angegeben worden und dies wird auch demnächst wieder der Fall sein.

Die Verfahren, die wir als direkt bezeichnen könnten, stützen sich auf die Eigenschaften der Normalverteilung, durch die dann der Prozeß bestimmt werden kann, die Kenntnis der Charakteristiken zweiter Ordnung (Varianzen und Kovarianzen) und die Anwendung der verschiedenen Hilfsmittel, um mit der Verteilung zu arbeiten. Beispiele hierfür haben wir vor allem bei der Darlegung der ersten Eigenschaften des Wiener-Lévy-Prozesses gegeben.

Ein weniger länger müssen wir uns bei der dritten Art von Verfahren aufhalten, die auf das Studium des Problems der Diffusion (Wärmegleichung usw.) zurückzuführen sind. Wir haben sie kaum (VII, 6.5 und VIII, 6.7) angedeutet, und auch hier wollen wir uns auf sehr wenig beschränken. Es ist schade, weil es sich um elegante und wirksame Methoden handelt, ausdrucksvoll durch das physikalische Bild einer Wahrscheinlichkeit als Masse, die sich verteilt. Da wir aber offenbar manches opfern müssen, scheint es gerechtfertigt, eher diese Darlegung auszulassen, die theoretisch mehr in einer Analogie als in einer echten Interpretation der Probleme besteht, und nicht die anderen, die der Bedeutung der Wahrscheinlichkeit entsprechen und alle ihre Aspekte zu beleuchten erlauben.

Jedenfalls beschränken wir uns hier darauf, vom Gesichtspunkt der Diffusion aus einige der Probleme zu illustrieren, die wir schon in anderer Version kennen.

Der Wiener-Lévy-Prozeß ist gerade der grundlegende Fall der Diffusion, die von einem einzigem Ursprung ausgeht; die Betrachtungen und „dynamischen" Konklusionen, in denen $t$ als Zeitvariable berücksichtigt wird (anstatt als einfache Konstante betrachtet zu werden), betreffen gerade diesen Prozeß (und nicht die einfache Verteilung in jedem einzelnen Moment).

Das Problem des Ruins eines Spielers (nach der Version des Prozesses von Wiener-Lévy) führt zur Einführung einer absorbierenden Schranke: der Geraden $y = -c$, $c =$ Anfangskapital). Das Problem wird, in der Theorie der Berechnung, nach der *Methode der Abbilder* (von Lord Kelvin) gelöst: indem man eine (kalte) Gegenströmung in den Punkt $t = 0$, $y = -2c$ (Spiegelbild des Ursprungs, warme Strömung in bezug auf die Schranke) verlegt, ergibt der daraus folgende Prozeß, der aus Symmetriegründen offenbar an der Schranke die Dichte Null hat, die Dichte für jeden Moment $t$ der Verteilung des Gewinnes. Das, was fehlt (das Integral der Dichte ist $< 1$), ist die durch die Schranke absorbierte Masse, d.h. die Wahrscheinlichkeit des Ruins vor dem betrachteten Moment; man sieht ohne zu rechnen, daß dies das Doppelte des „Endes" ist, das über die Schranke hinausgehen würde (fehlt dieses Ende so ist das negative Ende aus der kalten Strömung vorhanden). Nun: dies entspricht genau der Schlußfolgerung von Desiré André.

Analog führt, im Fall des bilateralen Problems, die Methode der Abbilder dazu, unendlich viele warme und kalte Strömungen einzuführen (Abbilder der echten mit gerader oder ungerader oder ungerader Zahl von Reflexionen auf die absorbierenden Schranken): das ist die „physikalische" Interpretation der Formeln in (6.6).

9.5. Die Übersicht der Resultate, die den Wiener-Lévy-Prozeß betreffen, müßte natürlich mit denen beginnen, die in Nr. 3 und hier und dort später gebracht wurden und die wir nicht wiederholen wollen, sofern dies nicht für eine abschließende Übersicht erforderlich ist.

Beginnen wir mit den Problemen im Zusammenhang mit dem Ruin (oder der absorbierenden Schranke).

Im Falle einer einseitigen Schranke (diese sei $y = c$) ist die Wahrscheinlichkeit des Ruins innerhalb einer Zeit $t, F(c, t)$[39], d.h. die Verteilungsfunktion der Dauer $T$ des Prozesses bis zum Ruin, $F(c, t) =$

[39] Angegeben mit $q(t)$ und $p(c)$ (oder $q_c(t)$ und $p_t(c)$), als es zweckmäßig war, eine der Variablen fix anzunehmen (oder sie als „Parameter" erscheinen zu lassen); siehe (6.4–5).

$= \mathbf{P}(T \leqq t)$ (im eigentlichen Sinne, weil mit der Wahrscheinlichkeit $= 1$ $T < \infty$ ist),

(47) $$F(c,t) = \mathbf{P}(|Y(t)| > |c|) = 2\mathbf{P}(Y(t) > |c|) =$$

$$= \frac{2}{\sqrt{2\pi t}} \int_{|c|}^{\infty} e^{-y^2/2t}\, dy = \frac{2}{\sqrt{2\pi}} \int_{|c|}^{\infty} e^{-x^2/2}\, dx.$$

Die Dichte ist

(49) $$\frac{\partial F}{\partial t} = f_c(t) = \frac{|c|}{\sqrt{2\pi}} t^{-3/2} e^{-c^2/2t} = \frac{|c|}{Nt} \cdot \frac{N}{\sqrt{2\pi t}} e^{-c^2/2t}.$$

Wir erinnern daran, daß es sich um die stabile Verteilung mit dem Index $\alpha = \frac{1}{2}$ handelt. Die zweite Formel hebt die Relation zum Fall Kopf und Adler mit $N^2$ Würfen je Zeiteinheit, jeder mit dem Gewinn $\pm 1/N$ heraus. Der zweite Faktor drückt (asymptotisch) die Wahrscheinlichkeit eines Gewinnes $|c| = (N/c)(1/N)$ in $N^2 t$ Würfen aus: der erste, die Wahrscheinlichkeit, daß es sich um den ersten Durchgang durch das Niveau $y = |c|$ handelt (siehe 7.9c).

Als Funktion von $|c|$ betrachtet (und jetzt werden wir $y$ anstatt $|c|$ schreiben), ist die Verteilung die halbnormale, mit der Dichte

(48) $$f_t(y) = \sqrt{2/\pi}\, e^{-y^2/2t} (y \geqq 0) \quad \text{(d.h. Null für } y < 0);$$

sie gilt, daran wollen wir erinnern, außer

für den absoluten Wert von $Y(t)$ auch
" " " " " $\vee Y(t)$ (Maximum von $Y(\tau)$ in $0 \leqq \tau \leqq t$)
" " " " " $\wedge Y(t)$ (Minimum " " " ),
" " " " " $\vee Y(t) - Y(t)$ (Differenz vom Maximum),
" " " " " $\wedge Y(t) - Y(t)$ ( " " Minimum).

Hier sind also die Wahrscheinlichkeitsverteilungen für $Y(t)$ bedingt durch drei Hypothesen in bezug auf das Maximum von $Y(\tau)$ in $[0, t]$: daß, im Vergleich zu einem gegebenen $c > 0$, $\vee Y(t) \geqq c$ sei (75), oder $\vee Y(t) \leqq c$ (76), oder daß $Y(t) = Y(t)$ sei (77). In den beiden ersten Fällen hat man:

(75) $f(y) = K \exp\{-(c + |y - c|)^2/2t\}, \qquad 1/K = F(c,t)$

(76) $f(y) = K[\exp\{-y^2/2t\} - \exp\{-(2c-y)^2/2t\}](y \leqq c),$
$1/K = 1 - F(c,t)$

Die erste ist direkt vom Reflexionsprinzip abgeleitet, man beachte, daß $c + |y-c|$ den Wert $y$ (für $y \geqq c$) und $2c-y$ (für $y \leqq c$) hat; die Verteilung ist also die Normalverteilung ohne den mittleren Teil (zwischen $\pm c$) und durch Annähern der beiden Enden wieder zusammengefügt. Für die zweite genügt es zu beobachten, daß, wenn man sie und die erste mit den respektiven Wahrscheinlichkeiten $1-F(c,t)$ und $F(c,t)$ multipliziert (d.h. dort die $K$ wegläßt) und addiert, wieder $K\exp(-y^2/2t)$ das Ergebnis sein muß.

Wenn wir schließlich annehmen zu wissen, daß der Wert $Y(t)$ größer ist als alle vorher erreichten, d.h., daß $Y(t) = \vee Y(t)$ ist (ohne darüber hinaus irgendetwas über diesen Wert zu wissen), oder zu wissen, daß $\wedge Y(t) = 0$ ist, d.h. daß das Minimum die Null am Ausgangspunkt ist, $Y(0) = 0$ (auf Grund des Umkehrungsprinzips sind die beiden Fälle äquivalent), so ist die Verteilung für $Y(t)$ durch (49) selbst, $\partial F/\partial t$, gegeben, nur daß als Variable $y = |c|$ anstatt $t$ genommen wird, und als Folge $K$:

(77) $f(y) = \frac{y}{t} e^{-y^2/2t} (y \geqq 0).$ Und es ist

(78) $F(y) = [1 - e^{-y^2/2t}] (y \geqq 0)$

die Verteilungsfunktion. Dasselbe, bei invertierter Richtung, wenn $Y(t)$ anstatt gleich dem Maximum gleich dem Minimum ist (oder wenn $Y(0) = 0$ das Maximum ist).

Zur Rechtfertigung kann man wieder (nicht gerade direkt) auf die Signifikanz wie $\partial F/\partial t$ zurückkommen; sonst genügt es, an (71) in (7.9) im Fall von Kopf und Adler zu denken.

Im Falle der bilateralen Begrenzung (Ruin für zwei Spieler), ist die Verteilung von $Y(t)$, wenn man weiß, daß keiner der beiden Spieler innerhalb $[0, t]$ zum Ruin gekommen ist, d.h. bedingt durch

$$-c' \leqq \wedge Y(t) \leqq \vee Y(t) < c'' \quad (c' \text{ und } c'' > 0, \text{wir setzen } c^* = c' + c''),$$

durch

(79) $f(y) = K \sum_{h=-\infty}^{+\infty} \exp\{-(y-2hc^*)^2/2t\} - \exp\{-(y+2c'+2hc^*)/2t\}$
$(-c' \leqq y \leqq c'')$ gegeben.

Im symmetrischen Fall ($c' = c'' = c, \quad c = 2c$) ist im besonderen

(80) $f(y) = K \sum_{h=-\infty}^{\infty} (-1)^h \exp\{-(y-2hc)^2/2t\} \quad (-c \leqq y \leqq c).$

Offenbar ist $1/K$ (das durch das Integral von zwischen $\pm c$ oder im allgemeinen zwischen $-c'$ und $+c''$ gegeben ist) die Wahrscheinlichkeit $1-q(t)$ des nicht Durchkreuzens der Schranke bis zum Moment $t$; in wenig anderer Form war dieses $q(t)$ in (53) gebracht worden (siehe 6.5). Man beachte, daß ohne $K$, (79) $f(y)\,dy =$ Wahrscheinlichkeit wäre, daß $Y(t)$ in $[y, y+dy]$ sei *und* früher nie aus $[-c', c'']$ herausgetreten wäre; „*und*" und nicht „*angenommen, daß*"! Eine analoge Beobachtung wäre in allen analogen Fällen möglich.

Das wenige, das über die „Methode der Abbilder" von Lord Kelvin (in 6.7) gesagt wurde, erklärt das Resultat vollständig. Notfalls kann man es auch nachprüfen, indem man feststellt, daß die Diffusionsgleichung erfüllt ist (Formel (32) in VII, 6.5) und die Bedingung am äußeren Rand $f(y)=0$ auf den Halbgeraden $y=-c'$ und $y=c''$ für $0<t<\infty$.

9.6. Im Falle des Prozesses von Wiener-Lévy sind die Fragen, welche das asymptotische Verhalten von $Y(t)$ für $t\to\infty$ betreffen, vollständig gelöst. Im Prinzip sind sie es durch ein fundamentales Ergebnis, das wir Petrowsky und Kolmogorov verdanken; „praktisch" (d.h. in weniger vollständiger aber ausdrucksvoller Form) auch durch ein anderes berühmtes Resultat, das wir Chincin verdanken und das als „Theorem des iterierten Logarithmus" (siehe Hinweis in VII, 54) bekannt ist.

Es handelt sich darum, $Y(t)$ einer Funktion $\omega(t)$ gegenüberzustellen (von der wir annehmen, daß sie stetig, wachsend und nach $+\infty$ tendierend ist) und sich dabei zu fragen, welches die Wahrscheinlichkeit wäre, daß der Ungleichung $Y(t) \leqq \omega(t)$ *endgültig* genügt sei (d.h. daß es von einem gewissen Moment $t$ – egal welchem – an, so sei). Genauer: es handelt sich um den Limes für $t'\to\infty$, der Wahrscheinlichkeit, daß die Ungleichung von $t'$ an gelte; noch genauer[40]: auch die letzte Wahrscheinlichkeit wäre nur als Limes für $t''\to\infty$ der Wahrscheinlichkeit der Gültigkeit in $(t-, t'')$ zu verstehen. Das uns interessierende $p$ wäre daher

$$p = \lim_{t'\to\infty}\,[\lim_{t''\to\infty} p(t', t'')],$$

[40] Diese zweite nähere Erklärung ist für den, der die vollständige Additivität voraussetzt, überflüssig. Siehe ähnliche nähere Angaben für das Gesetz der großen Zahlen (VII, 5.3) und analoge Fälle. Zur Vereinfachung der Ausdrucksweise bringen wir dies hier in formloser Art.

ein Limes, der sicher vorhanden ist, weil $p(t', t'')$ bei Wachsen von $t''$ wächst und bei Fallen von $t'$ fällt.

Wir können jedoch sofort viel mehr sagen: Für das Null-Eins-Theorem sind nur zwei Werte möglich: $p = 0$ oder $p = 1$; es sind nur die beiden Fälle möglich, oder es ist praktisch sicher, daß $Y(t)$ endgültig unterhalb von $\omega(t)$ bleibt, oder es ist praktisch sicher, daß dies nicht geschieht, d.h. daß man nie aufhören wird, Abschnitte festzustellen, in denen $Y(t)$ größer ist als $\omega(t)$. Die $\omega(t)$ Funktionen werden daher einfach in zwei Klassen unterteilt: diejenigen, die wir als die mehr (oder bzw. weniger) rapid wachsenden der „großen Werte“ von $Y(t)$" bezeichnen können. Die allgemein gültige Unterscheidung (Petrowsky-Kolmogorov) sagt, daß $\omega(t)$ der oberen oder unteren Klasse angehört, je nachdem ob das uneigentliche Integral (von einem willkürlichen positiven $t_0$ bis $+\infty$) konvergent oder divergent zu

(81) $$\psi(t).t^{-1}\exp\{-\tfrac{1}{2}\psi^2(t)\}\,dt, \quad \text{wo} \quad \psi(t) = \omega(t)/\sqrt{t}, \quad \text{ist.}$$

Mittels $\psi(t)$ kann die Bedingung $Y(t) < \omega(t)$ wie $Y(t)/\sqrt{t} < \psi(t)$ geschrieben werden, d.h. man bezieht sich auf die reduzierte Funktion (für welche man $\sigma$ = konstant = 1 hätte).

Die ausdrucksvolle Bedingung (Chincin) beschränkt sich auf die Betrachtung der Funktionen

(82) $$\omega(t) = k\sqrt{2t\log\log t} \quad (\text{d.h. } \psi(t) = k\sqrt{2\log\log t})$$

und behauptet, daß sie der unteren Klasse angehören, wenn man $k \leqq 1$ nimmt und der oberen, wenn man $k > 1$ nimmt. Die Konklusion kann bestärkt werden, wenn man die folgenden Funktionen betrachtet:

(83) $$\omega(t) = \sqrt{2t(\log\log t + k\log\log\log t)};$$

sie gehören der unteren Klasse an, indem man $k \leqq 3/2$ annimmt und der oberen, wenn $k > 3/2$ (Verallgemeinerung demonstriert durch P. Lévy zuerst mit direkter Methode, ohne Auflösung des Falles $1/2 \leqq k \leqq 3/2$, welche Lücke dann dank dem Kriterium von Petrowsky und Kolmogorov behoben wurde).

Die Demonstration des allgemeinen Kriteriums stützt sich auf die Diffusions-Theorie (Wärme); für das Theorem des iterierten Logarithmus kann man auf die entsprechenden Hinweise im Fall Kopf und Adler aufmerksam machen.

9.7. Das Verhalten im Kleinen ergibt sich als außerordentlich kompliziert und unregelmäßig, nicht nur, weil auf jeder Skala wieder alle Besonderheiten auftreten, die im Großen gelten ($N^2$ mal in der Abszisse verkleinert, wenn sie es $N$ mal in der Ordinate sind), sondern, weil, wenn man das Verhalten in der Umgebung eines Punktes studiert, und wir wollen sagen im Ursprung, sich dort invertiert alle asymptotischen Eigenschaften, die sich auf $t \to \infty$ beziehen, wiederspiegeln. Dies sieht man in einfachster Form, wenn man beachtet, daß wenn $Y(t)$ durch einen Wiener-Lévy-Prozeß gegeben ist, dasselbe für die Funktion

$$Z(t) = tY(1/t)$$

gilt, welche $m_1 = 0$, $\sigma_1 = t\sqrt{1/t} = \sqrt{t}$ hat, Normalverteilung, und den Korrelationskoeffizient zwischen $Z(t_1)$ und $Z(t_2)$ gleich wie zwischen $Y(1/t_1)$ und $Y(1/t_2)$, d.h. (wenn $t_2 > t_1$ und daher $1/t_1 > 1/t_2$) mit dem Wert $\sqrt{1/t_1)(1/t_2)} = \sqrt{t_2/t_1}$; und das genügt.

Daher ist es praktisch sicher, daß sich in jeder Umgebung von $0\,(Y(0) = 0)$ das $Y(t)$ *unendlich oft* annulliert (wie im Tendieren von $t$ nach $+\infty$) und jede Kurve $y = \omega(t) = k\sqrt{2t \log\log(1/t)}$ mit $k \leqq 1$ unendlich oft berührt, und nicht die analogen mit $k > 1$ (die *lokal* den fastsicheren „Modul der Kontinuität" ergeben: $|Y(t_0 + t) - Y(t_0)| < \omega(t)$ in einer Umgebung von $t_0\,(0 < t < \varepsilon)$; wenn es jedoch für alle $t$ eines gewissen Intervalles simultan sicher sein sollte (außer immer für alle $t$ zwischen 0 und $\varepsilon$), so müßte man

$$\omega(t) = k\sqrt{2t \log(1/t)}, \quad k > 1, \tag{84}$$

(einfacher anstatt iterierter Logarithmus) nehmen.

Der Kürze halber wurde die Formulierung der Resultate, die sich auf diese Fälle beziehen, nicht rigoros ausgedrückt. Es soll jedoch beachtet werden (auf Grund dessen, was wir bald sehen werden), wie gefährlich es wäre, hier nicht mit ausreichender Vorsicht Schlußfolgerungen zu ziehen. Für jeden Punkt $t_0$, in dem $Y(t_0) = 0$ ist, ist es praktisch sicher (Wahrscheinlichkeit $= 1$), daß (unendlich viele) andere Wurzeln in jeder Umgebung, sowohl links als auch rechts vorhanden sind (und dasselbe gilt in jedem anderen Punkt für die Durchgänge durch die horizontale Gerade $y = Y(t_0)$); und doch gibt es zwischen zwei Wurzeln immer ein Intervall, oder mehrere (und fast sicher eine abzählbar unendliche Anzahl) in denen $Y(t)$ positiv oder negativ ist, und daher rechts oder links isolierte Wurzeln (die Enden dieser Intervalle); da sich dies für alle Horizontalen $y =$ stetig (eine *stetige* Unendlichkeit) wiederholen kann, bilden die Punkte $y = Y(t)$, die zumindest auf einer Seite von Punkten der Kurve auf demselben

Niveau $y$ isoliert sind, in jedem Intervall eine stetige Unendlichkeit und unter ihnen gibt es immer unendlich viele bilateral isolierte (zumindest die Maxima und Minima).

Unter diesen Voraussetzungen ist die Länge des Abschnittes ohne Nullen vom Ursprung an (wo man $Y(0) = 0$ annimmt, oder von irgendeinem $t'$ an, von dem man weiß, daß darin eine Null enthalten ist, $Y(t') = 0$), eine Zufallszahl $X$ mit der Wahrscheinlichkeit $= 1$, genau Null zu sein (wenn 0, oder im allgemeinen $t'$ eine Null ist, die auch links zur Menge der Nullen adhärent ist); diese Zufallszahl $X(t')$ kann man sogar (ohne irgendetwas am Problem zu ändern) für irgendein $t'$, ohne daß $y' = Y(t')$ Null sei, als die Länge des Intervalles links von $t'$ ohne Punkte $t$, in denen $Y(t)$ wieder den Wert $y'$ annimmt, betrachten. Dessen ungeachtet wissen wir, daß in einer stetigen Unendlichkeit von Punkten jedes, auch ganz kleine Intervall $X(t') > 0$ sein muß und es kann demonstriert werden, daß, wenn man voraussetzt, daß diese Länge $X$ größer ist, als ein gegebenen $x_0 > 0$, die Wahrscheinlichkeit, daß es größer ist als $x \geqq x_0$ gleich $\sqrt{x/x_0}$ ist. Mit anderen Worten, man kann sagen, daß die Verteilung von $X$ die Verteilungsfunktion und Dichte

(85) $F(x) = 1 - K\sqrt{x},$ (86) $f(x) = \frac{1}{2}K/\sqrt{x},$ hat.

mit $K = 1\sqrt{x_0}$ (sodaß $F(x_0) = 0$), bedingt durch die Hypothese, daß $X \geqq x_0$ $(x_0 > 0)$; für $x_0 \to 0$ auch $K \to 0$[41].

[41] Das bedeutet nicht nur, daß die Wahrscheinlichkeit $= 1$ besteht, daß $X = 0$ sei (d. h. im Punkt $x = 0$ konzentriert), wenn keine entgegengesetzte Hypothese besteht (Fall unendlich vieler Nullen links adhärent), sondern daß, auch bedingt allein durch die Hypothese $x > 0$, die gesamte Wahrscheinlichkeit $= 1$ zu Null *adhärent* ist (d. h. gleichviel, wie $x_0 > 0$ gewählt wurde, die Wahrscheinlichkeit, daß $X \geqq x_0$ sei, ist Null: was auch offenbar ist, weil in jedem, egal wie großen, endlichen Intervall, nur eine endliche Anzahl von Intervallen ohne Wurzeln und mehr als $x_0$ lang vorhanden sein können, während es an „kleinen" Intervallen ohne Nullen in jeder Umgebung fast aller Nullen eine Unendlichkeit gibt, d. h. ausgenommen die isolierten).
Man muß natürlich beachten, daß das Problem ein anderes wäre, wenn man von dem gewählten Intervall ohne Nullen sprechen und dort einen Punkt angeben wollte: wie gewöhnlich wären („Folgen" von Kopf und Adler, „Anzahl" und „Dauer" der Schleifen usw.) bei dieser Methode in der Wahl die längeren Intervalle begünstigt (siehe die Angaben hier in der weiteren Folge). Die Wahl erfolgt z. B. dadurch, daß man sagt, „$t'$ = Anfangsmoment des 3. Intervalles der Länge $\geqq x_0$ (eventuell, indem man komplizieren will, weil die Beschränkung auf einfache Beispiele nicht obligatorisch erscheinen soll) nach Erreichen des Niveaus $Y(t) = c$". Für den Fall $x_0 \to 0$ (Hypothese $X > 0$) gibt es ein derartiges Kriterium der Wahl nicht, man kann jedoch auf den vorhergehenden zurückkommen, und denken, daß $t'$ in dieser Weise durch eine andere Person bestimmt worden ist, mit einem uns unbekannten $x_0$, das jedoch durch $x_0 = 1/N$ mit „$N$ ganz, zufällig ausgewählt") gegeben ist (im Sinne von Kap. III, 11 und Kap. IV, 18).

Das Ergebnis des Falles von Kopf und Adler (wo $X \geqq n$ die Wahrscheinlichkeit $u_n \doteq 0{,}8/\sqrt{n}$[42] hat), entspricht dem Fall $K \neq 0$ (weil offenbar in der diskreten Zeit die „Absonderlichkeiten im kleinen" keine Existenzmöglichkeit haben).

9.8. Wenn wir dagegen damit beginnen, daß wir einen Moment $t_0$ festsetzen, wenn wir nur wissen, daß $Y(0) = 0$, die Länge $X = T'' - T'$ des Intervalles ohne Wurzeln, die $t_0$ enthalten (d.h. $T'$ = letzte Wurzel von $Y(t) = 0$ mit $t \leqq t_0$ und $T''$ = erste Wurzel von $Y(t) = 0$ mit $t \geqq t_0$[43]), so ergibt sich die folgende Wahrscheinlichkeitsverteilung.

(87) für $T'$ : $f(t) = K/\sqrt{t(t_0 - t)}$, $F(t) = K \arcsin \sqrt{t/t_0}$, $(0 \leqq t \leqq t_0)$,

(88) für $T''$: $f(t) = K/\sqrt{t(t - t_0)}$, $F(t) = K \arccos \sqrt{t_0/t}$, $(t \geqq t_0)$,

(89) für $X$ : $f(x) = K \int_\alpha^{t_0} dt/\sqrt{t(t_0 - t)(t + x)(t + x - t_0)}$, $(x \geqq 0)$,

$$\alpha = 0 \wedge (t_0 - x).$$

Analog ist das folgende Resultat: wenn $t'$ und $t''$ gegeben sind $(t' < t'')$, so ist die Wahrscheinlichkeit, daß sich im Intervall $(t', t'')$ mindestens eine Null von $X(t)$ befinde, $K \arccos \sqrt{t'/t''}$.

Und dieselben Resultate gelten (für die üblichen Transformationen), wenn man z.B. denkt, daß $T'$ (anstatt der letzten Null) die Abszisse des Maximums (oder des Minimums), immer von $X(t)$ zwischen 0 und $t_0$, anzeigt, und entsprechend, $(T', T'')$ das Intervall ist, in dem das Maximum (oder das Minimum) stetig bleibt (d.h.: $T''$ ist der letzte Moment, bis zu welchem $X(t)$ nicht den höchsten, in $(0, t_0)$ erreichten Wert übersteigt, und analog für den kleinsten), usw. Es ist interessant zu beachten, (auch in Relation zu dem, was bereits teilweise in Nr. 8 als *scheinbar „paradox"* hervorgehoben wurde), wie diese Punkte (Maximum, Minimum, letzte Null) die Wahrscheinlichkeit haben, sich eher in der Nähe der Extreme des betrachteten Intervalls $(0, t_0)$ zu befinden, als gegen die Mitte zu; genauer, als ausdrucksvolle Interpretation, erinnere man sich daran, daß $T'$ die Abszisse eines „zufällig ausge-

[42] Oder auch $u_n/2 \cong 0{,}4\sqrt{n}$: das $X$ des stetigen Falles kann man indifferent als Verallgemeinerung, sei es der Länge einer Schleife als eines Verharrens im Vorteil betrachten (d.h. von $L$ oder $V$ in Nr. 9).

[43] Wenn es so wäre (was die Wahrscheinlichkeit = Null hat), daß $Y(t_0) = 0$, wäre $T' = T'' = t_0$ und $X = 0$.

wählten Punktes“ (d.h.: mit konstanter Wahrscheinlichkeitsdichte) auf einem Halbkreis ist, der auf dem als Durchmesser angenommenen Segment $(0, t_0)$ konstruiert wurde (siehe Abb. 11).

Natürlich gilt (und im Wiener-Lévy-Prozeß sogar in exakter Form) immer die Eigenschaft, die asymptotisch im Falle von Kopf und Adler galt und die uns zuerst zur Arcussinus-Verteilung geführt hat: in jeglichem Intervall $(0, t_0)$ (mit $Y(0) = 0$, oder $(t', t'')$ mit $Y(t') = 0$) hat der Bruchteil der Zeit, in welchem $Y(t)$ positiv ist, die besagte Verteilung.

9.9. Der pathologische Charakter des Verlaufes „im kleinen“ könnte in bezug auf die Möglichkeit, den Prozeß konstruktiv zu interpretieren, Unschlüssigkeit verursachen. Zu diesem Zwecke verweist Lévy auf ein Verfahren der Definition durch sukzessive Approximation, das darin besteht, das betrachtete Intervall (sagen wir, $0 \leqq t \leqq 1$) in $2, 4, 8, \ldots, 2^k, \ldots$ gleiche Teile zu teilen, das $Y(t)$ an den Teilungspunkten zu determinieren und als $k$-te Approximation das $Y_k(t)$ zu nehmen, das mit $Y(t)$ für die $t$ Vielfachen von $1/2^k$ koinzidiert und zwischen dem einen und dem anderen linear ist. Wenn $Y(0) = 0$ gegeben und $Y(1)$ als Zufallszahl mit reduzierter Normalverteilung ($m = 0$, $\sigma = 1$) determiniert ist, so werden die dazwischenliegenden Punkte sukzessive mittels der Betrachtungen in (3.2) determiniert, wenn $t'$ und $t''$ zwei sukzessive Vielfache von $1/2^k$ sind und $t = (t' + t'')/2$ der Punkt ist, in dem wir $Y_{k+1}(t) = Y(t)$ determinieren müssen, so wissen wir, daß es genügt, zu der durch $Y_k(t)$ gegebenen Erwartung $(= [Y_k(t') + Y_k(t'')]/2 = [Y(t') + Y(t'')]/2)$, eine Zufallszahl mit zentrierter Normalverteilung ($m = 0$) und der Standardabweichung

$$\sigma = \sqrt{(t - t')(t'' - t')/t'' - t')} = 1/2^{(k+2)/2}$$

hinzuzufügen (siehe Abb. 3); wenn man auf die Wahrscheinlichkeiten großer Werte für diese sukzessiven Korrektur-Termini Vergrößerungen anwendet, so schließt man (mit Lévy), daß die $Y_k(t)$ fast sicher nach einem stetigen $Y(t)$ konvergieren.

Natürlich impliziert dies die Zuhilfenahme der vollständigen Additivität. Wollte man davon absehen, so könnte man geradezu alle Schwierigkeiten des Verhaltens im Kleinen eliminieren, indem man z.B. denkt, daß der Prozeß sich nur scheinbar in der stetigen Zeit entwickelt, in Wirklichkeit jedoch in der diskreten Zeit mit Zeitintervallen $1/N$ (wo jedoch $N$ unbekannt ist und die Wahrscheinlichkeit $= 0$ hat, kleiner zu sein, als irgendeine gegebene Zahl)[44].

---

[44] Man beachte, wie man dieselbe Angleichung auch umgekehrt anwenden kann, um einen beliebigen unterbrochenen Prozeß stetig zu machen, z. B. den einfachen nach Poisson. Es genügt zu denken, daß der „Sprung" $+1$ in einem Moment $t$ effektiv ein stetiger Aufstieg in einem ganz kurzen Intervall sei, von $t$ bis $t + 1/N$ ($N$ wie oben), z. B. in $0 \leqq \tau \leqq 1/N$, Zuwachs $N\tau$ oder $\sin^2 (\frac{1}{2}\pi N\tau)$ (oder auch ein Verlauf des Typus $1 - e^{-N}\tau$, oder $1 - e^{-N}\tau \cos N\tau$, usw. in $0 \leqq \tau \leqq \infty$).
Ohne vollständige Additivität gibt es keine eindeutige Antwort auf zu verfeinerte Fragen; und die vollständige Additivität gibt eine eindeutige Antwort, jedoch keine Motivierung, um sie (irgendwie) „begründet" erscheinen zu lassen.

Neuntes Kapitel

# Hinweise zu anderen Fällen stochastischer Prozesse

## 1.
## *Markow'sche Prozesse*

1.1. Die Fälle, bei denen wir uns ein wenig aufgehalten haben (sofern sie besonders geeignet waren, verschiedenartige Ideen und lehrreiche Begriffe, die oft verwendbar sind, einzuführen), bilden jedoch, wie gesagt, nur eine der einfachsten und besonderen Arten von Zufalls-Prozessen; die linearen, oder genauer, die homogenen mit unabhängigen Zuwächsen. Wenn auch, in Anbetracht der Grenzen dieser Abhandlung, nur flüchtig, müssen doch einige Informationen über andere Fälle erfolgen.

Man nennt *Markov'sche Prozesse* diejenigen, in welchen „die Zukunft in Anbetracht der Gegenwart von der Vergangenheit unabhängig ist" d.h. „die Zukunft hängt nur mittels der Gegenwart von der Vergangenheit ab". Dies trifft z.B. offenbar im früheren Fall der unabhängigen Zuwächse zu (die nicht einmal von der Gegenwart abhängig sind, und der Prozeß hängt daher nur insofern davon ab, als der zukünftige Zuwachs, $Y(t)-Y(t_0)$ zum gegenwärtigen Wert $Y(t_0)$ addiert wird). Aber diese Bedingung ist viel weniger restriktiv.

Die Benennung beruht auf der Tatsache, daß Markov diese Bedingung im diskreten Fall untersucht hat (Ketten-Wahrscheinlichkeiten oder *Markov'sche Ketten*). Um inzwischen den einfachsten Fall anzuzeigen, denke man an eine Funktion $Y_n$, die eine endliche Anzahl von Werten, die wir $1, 2, \ldots, r$ nennen wollen, annehmen kann. In der ausdrucksvolleren physikalischen Interpretation, werden wir von einem „System" sprechen können, daß sich in $r$ „Zuständen", $S_1, S_2, \ldots, S_r$ befinden und bei jedem Schritt vom einen zum anderen übergehen kann (ohne auszuschließen, daß ein „Schritt" darin bestehen könnte, im selben Zustand zu verbleiben; siehe jedoch das in VIII, 2.5 bezüglich $\mu_{ii} \neq 0$ gesagte).

Unter diesen Umständen hat man eine Markov'sche Kette, wenn, wenn man weiß, daß das System sich im Augenblick $n$ im Status $i$ befindet, die Wahrscheinlichkeit, daß es zum Status $j$ im Augenblick $n+1$ übergehen wird, einen Wert $p_{ij}(n)$ hat, unabhängig von allem, was man bezüglich der Vergangenheit weiß.

Der einfachste Fall ist der der *stetigen* Ketten, in denen die Wahrscheinlichkeiten $p_{ij}$ – *Wahrscheinlichkeiten des Überganges* – nicht einmal vom Augenblick $n$ abhängen. Sie bilden eine Matrix, $\|p_{ij}\| = P$, deren Quadrat (Zeilen mal Kolonnen), und dann Würfel usw. die analoge Matrix für die Wahrscheinlichkeit des Überganges von $i$ nach $j$ in 2 Schritten, $p_{ij}^{(2)}$, in 3 Schritten, $p_{ij}^{(3)}$, usw. ergeben. In der Tat ist

(1) $$p_{ij}^{(2)} = \sum_h p_{ih} p_{hj}$$

(Summe der Wahrscheinlichkeiten, in zwei Schritten von $i$ nach $j$ zu kommen, mit dem ersten in $h$) und im allgemeinen

(2) $$p_{ij}^{(m+1)} = \sum_h p_{ih}^{(m)} p_{hj}.$$

Natürlich müssen die $p_{ij}$ nichtnegativ sein, und für jedes $i$ muß die Summe $\sum_j p_{ij} = 1$ ergeben.

Wenn die $p_{ij}$ alle $\neq 0$ sind, oder auch wenn dies für die $p_{ij}^{(m)}$ für ein gewisses $m$ zutrifft, haben wir den ergodischen Fall: bei Wachsen von $m$ tendieren die $p_{ij}^{(m)}$ zu den von $i$ unabhängigen Grenzwahrscheinlichkeiten $p_j$, d.h. $\mathbf{P}(Y_n = j)$ – für $n$ groß – hat den Wert $p_j$, unabhängig von der Kenntnis der anfänglichen Position $i$; weiters tendiert (bei Wachsen von $n$) die Häufigkeit der Beharrungszeiten im Zustand $j$ während der ersten $n$ Schritte stochastisch nach $p_j$ (und $1/p_j$ ist die Erwartung der Zeit der Rückkehr, d.h. der Zeit zwischen zwei sukzessiven Durchgängen durch $j$).

Wenn wir anfänglich die Ausgangssituation $Y_0$ nicht kennen, und wenn die Wahrscheinlichkeiten, die wir infolge unseres Zustandes der Ungewißheit den Hypothesen $Y_0 = j$ zuschreiben, eben diese $p_j$ sind, so wiederholt sich diese Situation immer wieder und wir haben einen *stationären* Prozeß. Tatsächlich ist der Vektor der Komponenten $p$ durch die Eigenschaft charakterisiert, ein vereinigtes Element (d.h.: Eigenvektor mit Eigenwert $= 1$) der Transformation $P$ zu sein (und unter den besagten Bedingungen sogar der einzige zulässige, d.h. für nichtnegative Elemente). Die ergodische Eigenschaft sichert unter den besagten Bedingungen die asymptotische Annäherung an diesen Zustand der Stationarität. Vielfach wird das Schema auf statistische Probleme angewandt (z.B., betreffend eine große Anzahl von Partikelchen oder Individuen usw.), und dann nimmt die Konklusion der

Ergodizität einen konkreteren Charakter an, indem sie als Tendenz zur Stationarität der statistischen Verteilung auftritt. Siehe die Diskussionen in Kap. VIII, 8.4 betreffend gewisse unbegründete Interpretationen des ergodischen Prinzips außerhalb der Hypothesen, die es zu einem gültigen Theorem machen.

Ein analoges Schema in der kontinuierlichen Zeit erhält man, wenn man annimmt, daß die Wahrscheinlichkeiten des Überganges von $S_i$ nach $S_j$ zwischen $t$ und $t+dt$ (wenn man sich zur Zeit $t$ in $S_i$ befindet) $\mu_{ij}\,dt$ seien ($\mu_{ij}$ Konstanten, oder auch Funktionen von $t$); dieser Fall ist schon behandelt worden (VIII, 2.5), um den Poisson-Prozeß einzurahmen, und dieser Hinweis möge genügen. Wie bereits dort gesagt, kann man immer (und, außer unter besonderen Umständen, ist es zweckmäßig) für $i=j$ $\mu_{ij}=0$ annehmen.

1.2. Probleme und Umstände dieser Art treten bei Markov'schen Prozessen im allgemeinen auf und werden dort studiert, außerhalb des ganz einfachen Falles, in dem wir auf einige der wichtigsten hingewiesen haben. Ohne auf Einzelheiten einzugehen, nehmen wir einige wenige Punkte zwecks opportuner Bemerkungen wieder auf.

Typisch für den Markov'schen Fall (auch in der kontinuierlichen Zeit und für stetige Variablen) ist die Relation, die in der einfachen Form $p_{ij}^{(2)}=\sum_h p_{ih}p_{hj}$ aufgetreten ist; die Wahrscheinlichkeit sich, zum Zeitpunkt $t_0$ von einem Punkt $P_0$ ausgehend, zur Zeit $t_1$ in einer Umgebung des Punktes $P_1$ zu befinden, genügt, wenn man irgendeinen dazwischen liegenden Moment $t\,(t_0<t<t_1)$ nimmt, der Bedingung, die Summe (oder Reihe, oder Integral, je nach dem besonderen Fall) der Wahrscheinlichkeiten zu sein, dahin zu gelangen, indem $t$ durch die verschiedenen möglichen $P$ durchquert wird, die als Produkt der Wahrscheinlichkeiten der beiden Durchgänge (in $[t_0, t]$ von $P_0$ nach (einer Umgebung von) $P$ und in $[t, t_1]$ von $P$ nach (einer Umgebung von) $P_1$, letzteres nicht von $P_0$ abhängig) errechnet werden. Es ist dies das „Prinzip von Huyghens" in probabilistischer Version: wie im Fall von deterministischen Gesetzen kann die Evolution eines Systems zwischen $t_0$ und $t_1$ ermittelt werden, indem man sie erst von $t_0$ bis $t$ und dann von $t$ bis $t_1$ untersucht, indem man von der in $t$ erreichten Situation ausgeht, ohne sich an die Vergangenheit erinnern zu müssen, was hier nicht durch die Evolution des Systems, sondern durch die der Wahrscheinlichkeitsverteilung, auf Grund deren wir sie voraussehen, geschieht.

Dieser Umstand (Huyghen'sche Eigenschaft, oder, hier, genauer, Markov'sche) bezeichnet man als *Nichterblichkeit*, im Gegensatz zu den *erblichen* Phänomenen, auf deren Evolution auch die Vergangenheit Einfluß nimmt. Man denke z. B. an die Hysteron-Phänomene, an den Fall der Integral-Gleichungen von Volterra usw. Es ist jedoch nützlich zu beachten, daß die Unterscheidung zwischen „gegenwärtig" und „vergangen" in diesem Sinne einigermaßen konventionell ist: häufig denkt man, daß die (deterministische) Voraussage und die (probabilistische) Erwartung durch die Gegenwart determiniert würden, wenn man irgendwelche nicht beobachtbaren Daten oder Größen kennen würde, deren Fehlen man dadurch ersetzt, daß man auf die beobachtbaren Daten der Vergangenheit zurückgreift (z. B. im Hysteron-Fall, leitet man, weil man den magnetischen Zustand eines Körpers nicht Punkt für Punkt erforschen kann, aus der Geschichte des Feldes, dem er in der Vergangenheit ausgesetzt war, die Charakteristiken der gegenwärtigen Situation ab, die dadurch gegeben sein müssen). Und, noch einfacher, es genügt, unter „gegenwärtiger Situation" bei gegebenen Problemen die Position eines Punktes (oder Körpers usw.) zu verstehen, während bei anderen die Geschwindigkeit (oder der Bewegungsakt) hinzugefügt wird. Dies gilt auch im Falle der Wahrscheinlichkeit: man spricht z. B. noch von Markov'scher Kette (aber *doppelt*, anstatt einfach), wenn die Wahrscheinlichkeiten von $Y(n+1)$ außer von dem Wert von $Y(n)$ auch von dem von $Y(n-1)$ abhängen (und nicht darüber hinaus; man kann sie aber auch analog als irgendeiner Ordnung zugehörig betrachten). Formal kommt man in der Tat sogleich auf den Fall der einfachen Ketten zurück, wenn man als „gegenwärtige Situation" im Augenblick $n$ das Paar

$$(Y(n-1),\ Y(n))$$

betrachtet, d.h. als „Zustände" die $s^2$ Paare $(i,j)$ (mit der selbstverständlichen Begrenzung, daß man von einem Zustand $(i,j)$ mit einem Schritt nur zu den $s$ Zuständen $(j,h)$ übergehen kann).

1.3. Wenn sie auch „natürlich ist", ist nicht gesagt, daß die Markovsche Eigenschaft für alle „nichtpathologischen" Prozesse gilt, und nicht einmal für alle einfacheren und gewohnteren. Einfache und praktisch interessante Prozesse, die unmittelbar an Poisson-Prozesse anknüpfen können, können als Gegenbeispiel dienen. Es sei z. B. $Y(t)$ die Zahl der Gespräche, die im Augenblick $t$ auf einem Telefonnetz laufen und wir nehmen an, daß die Zahl der Gespräche, die zwischen 0 und $t$ begonnen haben, $N(t)$, durch einen Poisson-Prozeß gegeben sei, und die Dauer jedes Gespräches sei eine Zufallszahl mit einer eigenen und von den anderen stochastisch unabhängigen Verteilung. Wenn diese Verteilung eine Exponentialverteilung ist, ist es ein Markov'scher Prozeß (weil dann jedes laufende Gespräch die Wahrscheinlichkeit $\lambda dt$ hat, innerhalb eines ganz kleinen Zeitabschnittes $dt$ zu enden, egal seit wann gesprochen wird), aber in jedem anderen Fall wird die Kenntnis der bisherigen Dauer des Gespräches die Erwartung modifizieren. In vielen anderen Beispielen, wie in diesem, spielt das „Alter" eine Rolle, oder etwas Ähnliches. Ähnlich ist auch der Einfluß von „Häufungseffekten", wo die Erwartung in $t$ nicht nur von $Y(t_0)$ abhängt, sondern von der Summe (oder im stetigen Fall, dem Integral) der Werte von $Y(t)$ von 0 bis $t_0$. Wenn man natürlich unter „Daten der Gegenwart" (und diese wären zu beobachten oder jedenfalls verfügbar) das Alter oder die kumulativen Werte einschließen wollte, wäre der Prozeß (erweitert, um diese anderen Variablen einzuschließen) ein Markov'scher.

## 2.
## *Stationäre Prozesse.*

2.1. Wir haben auch einen Fall eines stationären *Prozesses* erwähnt; es handelte sich um einen Markov'schen Prozeß, aber ein stationärer muß kein solcher sein: es genügt daß die Eigenschaften in Bezug auf eine Translation der Zeit nicht variant sind. Es genügt z.B. daß die Wahrscheinlichkeit, daß $Y(t)$, $Y(t+t_1), \ldots, Y(t+t_k)$ den Begrenzungen $y'_i \leqq Y(t+t_i) \leqq y''_i$ genügen, von $t$ unabhängig sei. Das vorige Beispiel der Telefongespräche (und analoge) ergeben einen stationären Prozeß, wenn man voraussetzt, daß er seit unendlicher Zeit andauert (oder zumindest viel länger als die Dauer der Gespräche), oder daß man das $Y$ nicht kennt und daß man den Werten, die es gegenwärtig haben kann, dieselben Wahrscheinlichkeiten zuschreibt, die der Hypothese eines unendlich entfernten Anfanges entsprechen. Und man beachte, daß wir Markov'sche Bedingungen haben oder nicht, je nachdem, ob die Dauer der Gespräche eine Exponentialverteilung hat, oder nicht.

Im Falle eines stationären Prozesses $Y(t)$, ergibt sich im besonderen, durch die Definition, daß die Wahrscheinlichkeitsverteilung $Y(t)$ konstant ist (nicht mit $t$ variiert) und daher auch die Erwartung (wenn vorhanden) $\mathbf{P}(Y(t)) = m$, (die wir, wie dies zweckmäßig und immer möglich ist, $= 0$ annehmen), die Varianz $\mathbf{P}(|Y(t)|^2) = \sigma^2$ (und wir nehmen ebenfalls $\sigma = 1$ an), und jegliches andere Moment oder Parameter der Verteilung. Wenn man dann zwei Momente $t'$ und $t''$ betrachtet, hat das Paar der Werte $Y(t')$, $Y(t'')$, die dort angenommen wurden, eine Verteilung, die nur von der Differenz $t'' - t' = u$[1] abhängig ist, und im besonderen hängen nur von $u$ alle Größen ab, die in Relation zu dieser Verteilung definierbar sind, darunter vor allem die *Korrelation*

(3) $$\varphi(u) = \mathbf{r}(Y(t'), Y(t'')) = \mathbf{P}(Y(t')\, Y^*(t''))^2.$$

Diese Funktion der Korrelation – oder *Autokorrelation* – charakterisiert den Prozeß, was Eigenschaften zweiter Ordnung anbelangt (in dem Sinne, daß es genügt $\mathbf{P}(X)$ für jedes $X = \sum a_{ij} Y_i Y_j^*$ Funktion zweiten Grades der Werte $Y_i = Y(t_i)$ von $Y(t)$ in egal wievielen und welchen Momenten $t_i$ zu determinieren). Auch wenn $m \neq 0$ und $\sigma \neq 1$ wäre, könnte man, offenbar, vom reduzierten $Y(t)$ zum ursprünglichen, daß $m + \sigma Y(t)$ wäre, zurückgehen. Analoge Konklusionen gelten auch im nicht stationären Fall, wenn man

(4) $$\mathbf{P}(Y(t')\, Y^*(t'')) = \Gamma(t', t'')$$

setzt, und, wenn nicht $= 0$, $\mathbf{P}(Y(t))$, nur daß $\Gamma$ (das auch *Kovarianz* genannt wird, wenn die Erwartung Null ist) Funktion von zwei Variablen ist; für $t' = t''$ hat man den zweiten Moment, und, wenn dieser begrenzt bleibt, so gilt dasselbe immer für $\Gamma$ (und man nennt den Prozeß einen Prozeß „zweiter Ordnung").

2.2. Bei der Behandlung dieses Argumentes ist es zweckmäßig, den Fall eines $Y(t)$ zu betrachten, das auch *komplex* sein könnte (wegen der üblichen Erleichterung, die harmonischen Schwingungen mittels $e^{it}$ anstatt mit Sinus und Cosinus anzugeben); daher wird das Produkt

---

[1] Die Wahl des Buchstaben $u$ beruht auf der Analogie, welche die Verwendung der selben Bezeichnung, $\varphi(u)$ für die Funktion der Eigenkorrelation wie für die charakteristische Funktion (siehe nächste Nr.) zweckmäßig erscheinen läßt.

[2] Der Asterix bedeutet „konjugierter Komplex". Vorläufig wirkt sich dies nicht aus, weil wir nur reale Funktionen betrachten, in Kürze wird jedoch die Extension auf das komplexe Feld verwendet werden

$Y(t')\,Y(t'')$ durch das Hermit'sche ersetzt (wie dies schon in der Definition von $\varphi$ und $\Gamma$ geschehen ist), d.h. $Y(t')\,Y^*(t'')$, wo das Sternchen das Paar bedeutet; daher $\Gamma(t'', t') = \Gamma^*(t', t'')$, und im besonderen, das Wichtigste, weil es den stationären Fall betrifft, auf den wir uns bei diesen Hinweisen beschränken, $\varphi(-u) = \varphi^*(u)$. Ferner ist der reelle Teil von $\varphi(u)$ stetig, wenn (und nur wenn) der Prozeß „quadratisch stetig" ist, d.h. ein *Chincin-Prozeß* (wie man einen stationären Prozeß, der diese Eigenschaften hat, nennt). Eine Eigenschaft, die (mit den Bezeichnungen von VI, 8.3) bedeutet, daß $Y(t) \to Y(t_0)$ für $t \to t_0$, daß aber – man beachte dies wohl – dies mit der Stetigkeit der Funktion $Y(t)$ nichts zu tun hat. Es tendiert die Erwartung von $[Y(t) - Y(t_0)]^2$ nach Null, was sich z.B. bei einem Poisson-Prozeß oder bei einem auch verallgemeinerten Prozeß vom Typus Poisson ergibt (der nur durch Unterbrechungen variiert, und in diesem letzten Fall mit überall dichten Unterbrechungen), sofern nur die Standardabweichung endlich ist (denn dann ist tatsächlich $\mathbf{P}(Y(t) - Y(t_0))^2 = K|t - t_0| \to 0$).

Unter diesen Bedingungen wird demonstriert, daß die Klasse der möglichen Korrelationsfunktionen mit der der charakteristischen Funktionen zu identifizieren ist (und natürlich, im Falle eines reellen $Y(t)$ mit den geraden und daher reellen,

$$\varphi(u) = \varphi^*(u) = \varphi(u),$$

welche, sofern charakteristische Funktionen, symmetrischen Verteilungen entsprechen, $F(-x) = 1 - F(x)$). Und auf jeden Fall hat diese Verteilung $F$ eine beachtliche Bedeutung in Bezug auf den Prozeß (nicht nur mathematisch, sondern auch konkret bei allen Anwendungen und im besonderen in der Physik, wo sich eine energetische Interpretation ergibt): sie ergibt die *spektrale Funktion* des Prozesses, d.h. $F(\omega_2) - F(\omega_1)$ ist die Erwartung der Energie, die den Häufigkeiten des Intervalles $\omega_1 \leqq \omega \leqq \omega_2$ entspricht. Die effektive Bedeutung in Bezug auf die durch den Prozeß gegebene Zufallsfunktion $Y(t)$ ist (wenn wir uns heuristisch ausdrücken) folgende: es sei $U(\omega)$ die (im allgemeinen komplexe) Funktion, die $Y(t)$ als Mischung harmonischer Schwingungen ausdrückt (d.h. als Transformation von Fourier-Stieltjes)

$$Y(t) = \int_{-\infty}^{\infty} e^{i\omega t}\, dU(\omega); \tag{5}$$

Die Erwartung der Energie, die einem Intervall $d\omega$ entspricht, ist

$$dF(\omega) = \mathbf{P}(|dU(\omega)|^2); \tag{6}$$

mittels $F$ erhalten wir die Korrelationsfunktion

(7) $$\varphi(u) = \int_{-\infty}^{\infty} e^{i\omega u} dF(\omega),$$

welches die charakteristische Funktion der Verteilung der Energie ist. Das Spektrum $F$ wird konzentrierte Massen (Sprünge von $F$)

$$U_k = F(\omega_k + 0) - F(\omega_k - 0)$$

enthalten können, entsprechend „Zeilen" $\omega_k$, und diffuse Massen (Abschnitte mit $F$ stetig, wachsend); zur größeren Klarheit wiederholen und ergänzen wir die vorigen Angaben unter Bezugnahme auf den elementaren Fall nur konzentrierter Massen, $U_k$, entsprechend besonderen Häufigkeiten $\omega_k$; $Y(t)$ wird in diesem Fall

(5′) $$Y(t) = \sum_k U_k e^{i\omega_k t},$$

sein, und man kann daraus ableiten, daß

(8) $$U_k = \lim_{a\to\infty} \frac{1}{2a} \int_{-a}^{a} e^{-i\omega_k t} \sum_h U_h e^{i\omega\, t} dt = \lim_{a\to\infty} \frac{1}{2a} \int_{-a}^{a} e^{-i\omega_k t}\, Y(t) dt;$$

die $U_k$ sind somit Zufallszahlen, die vom gesamten Verlauf von $Y(t)$ abhängig sind, und umgekehrt bleibt $Y(t)$ wie angegeben, determiniert, wenn man diese kennt. Die Wahrscheinlichkeitsverteilung für alle $U_k$ gemeinsam anzugeben, wäre eine indirekte Art, alle Wahrscheinlichkeiten des Prozesses anzugeben, von dem $Y(t)$ abhängt; für die hier interessierenden Konklusionen genügt jedoch viel weniger. Vom Standpunkt der Energie kann man sagen, daß die Energie für die Häufigkeit $\omega_k$ gleich $|U_k|^2$ ist, mit der Erwartung $\mathbf{P}(|U_k|^2)$; unter den $U_k$ besteht keine Korrelation (oder sie sind „orthogonal") in dem Sinne, daß $\mathbf{P}(U_k U_k^*) = 0 (h \neq k)$, und die totale Energie für Häufigkeiten bis $\omega$ ist

(6′) $$F(\omega) = \sum_k \mathbf{P}(|U_k|^2)$$

(auf alle $k$, für die $\omega_k \leqq \omega$, ausgedehnte Summe).

Für die Normierung ($\sigma = 1$) ist die totale Energie $= 1$; die Korrelationsfunktion ist

(9) $$\varphi(u) = \sum_k \mathbf{P}(|U_k|^2) e^{i\omega_k u}.$$

Daß im betrachteten Fall (diskretes Spektrum) für die $U_k$, und im allgemeinen Fall (von stationären Prozessen zweiter Ordnung, oder Chincin-Prozessen) für die $dU(\omega)$ Orthogonalität besteht,

$\mathbf{P}(d_1 U . d_2 U^*) = 0$ für disjunkte Intervalle $d_1 \omega$ und $d_2 \omega$, und daß man umgekehrt auf diese Weise alle Prozesse der besagten Art erhält, ist von Cramèr und von Loève bewiesen worden.

2.3. Diese Methoden und Theorien finden nicht nur bei physikalischen Fragen Anwendung (von denen wir die besonders ausdrucksvolle Terminologie entliehen haben), sondern auch auf anderen Gebieten, wie in der Statistik (Analyse der „historischen Reihen" usw.). Vor allem aber war es der Mühe wert, schon jetzt auf dieses Argument hinzuweisen, wegen des Vorteils, der sich daraus ergibt, alle Fragen auf den Transformationen von Fourier „sehen" zu können und deren mathematische Eigenschaften und sie konkret nach beiden gesehenen Anwendungen, die untereinander in gewissem Sinne invertiert sind, interpretieren zu können: die der charakteristischen Funktion, wo die konkrete, oder zumindest die unmittelbarste Angabe die Verteilung ist und die Transformation vorwiegend als deren opportunes „Abbild" fungiert und die nun behandelte, in welcher die Funktion $Y(t)$ und Korrelationsfunktion unmittelbarer konkret sind, während die entsprechenden Verteilungen $U$ und $F$ „Abbilder" nach einer gewissen Wellen-Interpretation bilden.

Zehntes Kapitel

# Mehrdimensionale Probleme

## 1.
## *Allgemeines.*

1.1. Man kann sagen, daß es kein Problem gibt, das eine Übertragung in einen mehrdimensionalen Raum nicht gestattet, wenn es dies auch nicht fordert. Und dies wurde, von Anfang an, gesehen und häufig beachtet. Daher treten wir hier nicht einem wirklich neuen Argument entgegen. Es wird sich nur darum handeln, auf einige Aspekte und Probleme hinzuweisen, die direkt vom mehrdimensionalen Charakter gewisser Verteilungen abhängen.

Über die Art, eine Verteilung in einem kartesischen Raum mit $r$ Dimensionen mittels der Verteilungsfunktion darzustellen,

$$(1)\quad F(x_1, x_2, \ldots, x_r) = \mathbf{P}\,[(X_1 \leqq x_1)(X_2 \leqq x_2)\ldots(X_r \leqq x_r) = \mathbf{P}\,[\Pi_i(X_i \leqq x_i)]$$

oder, wenn vorhanden, mittels der Dichte,

$$(2)\qquad f(x_1, x_2, \ldots, x_r) = \partial^r F/\partial x_1\, \partial x_2 \ldots \partial x_r,$$

ist in Kapitel VI (9.1) das Wesentliche gesagt worden. Wir fügen hinzu, daß die notwendige und hinreichende Bedingung, damit eine Funktion $F(x_1, x_2, \ldots, x_r)$ eine Verteilungsfunktion sei, gerade die ist, daß $f$ nie negativ sei, oder, wenn es nicht vorhanden ist, der Ausdruck, dessen Limes es ist: die Wahrscheinlichkeit des rechteckigen Prismas $(x_i' \leqq X_i \leqq x_i'')$ $(i = 1, 2, \ldots, r)$, gegeben durch

$$(3)\qquad \mathbf{P}\,[\Pi_i(x_i' < X_i < x_i'')] = \sum \pm F(x_1, x_2, \ldots, x_r),$$

die auf alle $2^r$ Eckpunkte ausgedehnte Summe, dadurch erhalten, daß $x_i = x_i'$ oder $x_i = x_i''$ in allen möglichen Arten gesetzt wird, und mit dem Vorzeichen + oder −, je nachdem, ob die $x'$ in gerader oder ungerader Anzahl vorhanden sind (für $r = 2$, siehe intuitive Erklärung und Abb. 6 in Kap. VI, 9.1).

Um den Sinn dieser Bedingung (welche das Wachstum des eindimensionalen $F$ verallgemeinert) zu sehen, denke man an eine Masse $c$, die, in einen gewissen Punkt $P_0 = (x_1^0, x_2^0, \ldots, x_r^0)$ gebracht, in dem ganzen in Bezug auf $P_0$ positiven Ortanten eine „Stufe“ mit der Höhe $c$ schafft, d.h. in dem Ortanten[1] der Punkte mit Koordinaten $x_i$, die alle größer sind als die entsprechenden $x_i^0$ (in der Ebene: der Quadrant $NE$); $F$ ist immer durch das Übereinandersetzen dieser Stufen gegeben (oder Grenzfall).

$F$ hat den Mangel, an das Koordinatensystem gebunden zu sein (oft ist es aber das Problem selbst, das gewisse $r$ Zufallszahlen $X_i$ bringt); ein weniger willkürliches aber weniger verwendbares System würde darin bestehen, die Wahrscheinlichkeit für jede Halbebene zu geben (d.h., $F(y)$ für jede lineare Koordinate $Y = \sum_i a_i X_i$). Dies ergibt sich in einfacher aber indirekter Form aus der Tatsache, daß auf diese Weise die charakteristische Funktion sich als determiniert ergibt, welche die Verteilung charakterisiert.

1.2. Die charakteristische Funktion für eine $r$-dimensionale Verteilung von $X_1, X_2, \ldots, X_r$, ist eine Funktion von $r$ Variablen $u_1, u_2, \ldots, u_r$, die in einer Form definiert wird, die zu der im eindimensionalen Fall ganz analog ist:

$$\varphi(u_1, u_2, \ldots, u_r) = \mathbf{P}(e^{i(u_1 X_1 + u_2 X_2 + \ldots + u_r X_r)}) = \mathbf{P}(e^{i\mathbf{u} \times \mathbf{X}}). \tag{4}$$

Die Bedeutung ist noch klarer, wenn man in vektorieller Form (wie oben) schreibt: $\mathbf{X}$ = Vektor mit Komponenten $X_i$, $\mathbf{u}$ = Vektor mit Komponenten $u_i$ ($\mathbf{u}\times$ ist, wenn man es so sagen will, ein Vektor des dualen Raumes).

Im Falle von $r = 2$ und $r = 3$ ist es zweckmäßig, die Indices zu vermeiden, indem man (übliche Bezeichnungen für die Plücker'schen Koordinaten) schreibt: $uX + vX$, $uX + vY + wZ$.

Die Eigenschaften der $\varphi(u_1, u_2, \ldots, u_r) = \varphi(\mathbf{u})$ sind (fast selbstverständlich) dieselben, wie im eindimensionalen Fall. Auch die Inversionsformel ist dieselbe und wir bringen hier die der Dichte (wenn vorhanden und begrenzt) für $r = 2$:

$$f(x, y) = \frac{1}{(2\pi)^2} \int_{-\infty}^{+\infty}\!\!\int e^{-i(ux+vy)} \varphi(u, v)\, du dv. \tag{5}$$

Es ist dann klar, daß, wenn die $X_h$ unabhängig sind,

$$F(x_1, x_2, \ldots, x_r) = F_1(x_1) F_2(x_3) \ldots F_r(x_r), \tag{6}$$

[1] Ortant = analog in $r$ Dimensionen der Halbgeraden ($r = 1$), Quadrant ($r = 2$), Oktant ($r = 3$).

(7) $$\varphi(u_1, u_2, \ldots, u_r) = \varphi_1(u_1)\varphi_2(u_2)\ldots\varphi_r(u_r),$$

und umgekehrt (die Faktorisierung impliziert die stochastische Unabhängigkeit).

1.3. Viele mehrdimensionale Probleme werden auch formal in der identischen Form behandelt wie im eindimensionalen Fall, wenn man sich auf die vektoriell-matriziale Schreibweise stützt. So gelten z.B. für die Summen der Zufallsvektoren dieselben Eigenschaften wie im Falle der Zufallszahlen. Im besonderen, wenn die Summanden-Vektoren (mit Null-Erwartung) alle dieselbe Verteilung haben, und endliche Varianzen, so hat der Summen-Vektor von $n$ derselben, dividiert durch $\sqrt{n}$, asymptotisch eine Normalverteilung mit denselben Varianzen und Kovarianzen.

Eine allgemeine und anregende Interpretation ist die einer „Zufallsbahn" oder einer „Irrfahrt" in einem $r$-dimensionalen Raum (und wir werden vor allem, um die Idee gut erfaßbar zu machen, an den Fall der Ebene $r = 2$ oder des gewöhnlichen Raumes, $r = 3$ denken), die als Zufallsprozeß in der diskreten Zeit zurückgelegt wird: ein Schritt je Zeiteinheit, jeder Schritt ein Zufallsvektor (immer dieselbe Verteilung; stochastische Unabhängigkeit). Das einfachste Beispiel hat man, wenn man sich vorstellt, gleichzeitig den Gewinn von zwei (oder drei) Spielern zu verfolgen, die unabhängig Kopf und Adler spielen (Gewinn $\pm 1$ mit Wahrscheinlichkeit $\frac{1}{2}$ und $\frac{1}{2}$ bei jedem Wurf): es ergibt sich eine Zick-Zack-Linie (in der Ebene ist jeder Schritt von $(x_n y_n)$ nach $(x_{n+1}, y_{n+1})$ die Diagonale eines Quadrates des Netzes der Ganzen: im Raum idem, mit den Diagonalen der Kubi). Die Konklusion ist, daß der Zufallspunkt $(X_n, Y_n)$, „die nach $n$ Würfen erreichte Position", bei Wachsen von $n$ (asymptotisch) Normalverteilung mit kreisförmiger Symmetrie mit absoluter Standardabweichung $n$ nach allen Richtungen hat (und dasselbe im Raum, für $(X_n, Y_n, Z_n)$).

1.4. Ein Beispiel für einfache und lehrreiche Schlußfolgerungen für diesen Fall: die Wahrscheinlichkeit der Rückkehr zum Ursprung nach $n$ Würfen (d.h. $X_n = Y_n = 0$, oder $X_n = Y_n = Z_n = 0$), die den Wert $u_n \cong 0{,}8\sqrt{n}$ (für $n$ gerade, Null wenn $n$ ungerade ist) für den eindimensionalen Fall hat, hat selbstverständlich (durch die vorausgesetzte Unabhängigkeit) im Fall der Ebene den Wert $u_n^2 \cong 0{,}64/n$, im Raum den Wert $u_n^3 = 0{,}51/\sqrt{n^3}$, und im allgemeinen (für irgendein $r$)

den Wert $u_n^r = K/n^{r/2}$. Und man kann sofort bemerken, daß z.B. nach Erwartung die Anzahl der Rückwege zum Ursprung in der Ebene noch unendlich ist ($\sum n^{-1}$ divergiert), im Raum aber endlich ist ($\sum n^{-r/2}$ konvergiert, wenn $r = 3$ oder größer ist); daher ist die Rückkehr zum Ursprung fast sicher ($p = 1$) für $r = 1$ und $r = 2$, aber nicht für $r \geqq 3$ (dort ist $p = a/(1+a)$, mit $a = \sum n^{-r/2}$, z.B. für $r = 3$, $a \cong 0{,}53$, $p \cong 0{,}35$[2]).

Die Konklusion bezüglich der Grenzverteilung (normal, Rotationssymmetrie, Dimensionen wie $\sqrt{n}$ wachsend) gilt auch im allgemeinen, sofern nur die Verteilung jedes einzelnen Schrittes in jeder Richtung die gleiche Varianz hat (d.h.: gleiche Varianz und Nicht-Korrelation für zwei orthogonale Richtungen); ohne diese Bedingungen hätte man Niveau-Ellipsen anstatt -Kreisen (und man könnte jedenfalls auf diesen Fall zurückkommen, indem man die Skala längs der Achse einer Ellipse verändert).

## 2.
## *Charakteristiken zweiter Ordnung und Normalverteilung.*

2.1. Als Beispiel der Anwendung des Tensor-Algorithmus zeigen wir wie durch dessen Zuhilfenahme bereits gesehene Formeln auf die Normalverteilung in mehreren Dimensionen übertragen werden und wie einige weitere Eigenschaften ausgedrückt werden, die wir bei dieser Gelegenheit aufzeigen wollen.

Wir werden die Vektoren fettgedruckt angeben: z.B. $\mathbf{x}$ ($\mathbf{X}$ wenn zufällig). Wenn (in $S_r$) $r$ linear unabhängige Vektoren $\mathbf{u}_1, \mathbf{u}_2, \ldots, \mathbf{u}_r$ gegeben sind, so kann jedes $\mathbf{x}$ (in einer und in nur einer Weise) als deren Linearkombination $\mathbf{x} = \sum x_h \mathbf{u}_h$ geschrieben werden; man kann auch schreiben: $\mathbf{x} = (x_1, x_2, \ldots, x_r)$ aber (unserer Ansicht nach, entgegen der algebraischen Auffassung) nur nach Konvention und indem man stillschweigend annimmt (aber niemals vergißt), daß die Komponenten keinerlei Relation zur eigenen Bedeutung des Vektors haben, sondern diese nur im Zusammenhang mit einem gewissen willkürlichen Bezugssystem erwerben, das man je nach den augenblicklichen Gegeben-

---

[2] Wir weisen auf die Schlußfolgerung hin. Wenn $p$ die Wahrscheinlichkeit für (mindestens eine) Rückkehr zum Ursprung ist, so ist $(1-p)p^h$ die Wahrscheinlichkeit für genau $h$ Rückwege zum Ursprung, und die Erwartung ihrer Anzahl ist

$$a = \sum h p^h (1-p) = p/(1-p).$$

heiten immer einführen und verändern kann. Für ein Zufalls-**X** schreiben wir natürlich immer $\mathbf{x} = \sum X_h \mathbf{u}_h = (X_1, X_2, \ldots, X_r)$. Die (numerischen) linearen Operatoren auf den Vektoren eines Systems $S_r$ bilden wieder ein $r$-dimensionales System, dazu *dual*, das wir mit $S_r^*$ bezeichnen.

2.2. Wenn in $S_r$ eine *Metrik* eingeführt ist (d.h. ein *skalares Produkt*, d.h. eine Operation, die zu zwei Vektoren **x** und **y** ein Skalar $\mathbf{x} \times \mathbf{y} = \mathbf{y} \times \mathbf{x}$ assoziiert, Linearfunktion jedes der Vektoren und derart, daß für jegliches **x**, $\mathbf{x} \times \mathbf{x} > 0$ sei, außer für den Null-Vektor), so wird jeder duale Vektor als Vektor (des ursprünglichen Systems), gefolgt vom Zeichen des skalaren Produktes, ausgedrückt: wenn $f(\mathbf{x})$ ein Skalar ist, das unmittelbar von **x** abhängt, so gibt es einen Vektor **a**, sodaß $f(\mathbf{x}) = \mathbf{a} \times \mathbf{x}$ (d.h. $f(.) = a \times$). Wenn in $S_r$ eine Metrik festgesetzt ist, hat es Sinn vom Modul eines Vektors, $|\mathbf{x}| = \sqrt{\mathbf{x} \times \mathbf{x}}$, und von der Orthogonalität zweier Vektoren, $\mathbf{x} \times \mathbf{y} = 0$ zu sprechen. Es ist dann, wenn man eine Bezugnahme wählen will, zweckmäßig, die $\mathbf{u}_h$ unitär und orthogonal zu nehmen, und in diesen Falle gibt man sie mit $\mathbf{i}_h$ an:

($\mathbf{i}_h \times \mathbf{i}_k = (h = k)$, d.h. 1 oder 0, je nachdem, ob $h = k$ ist oder nicht);

das skalare Produkt wird dann mittels der Komponenten in der einfachsten Form ausgedrückt: $\mathbf{x} \times \mathbf{y} = \sum x_h y_h$ (und $|\mathbf{x}| = \sqrt{\sum x_h^2}$). Anstatt $\mathbf{a} \times$ werden wir $\mathbf{a}^*$ schreiben, eine Bezeichnung, die sich besser eignet, um auch als „dual von $a$" interpretiert zu werden (und andere schreiben $\mathbf{a}^T$, $T =$ „transportiert", oder $\mathbf{a}_{-1}$ usw.). Diese anderen Bezeichnungen beziehen sich auf die Interpretation der Vektoren der beiden Arten, wie „Spalten-Vektor" und „Zeilen-Vektor" (d.h. besonderer Fall von Matrizen mit 1 Spalte und $r$ Zeilen oder 1 Zeile und $r$ Spalten).

Die Matrizen werden, vom algebraisch-formalen Gesichtspunkt, auch als Zahlenvierecke (in $r$ Zeilen und $s$ Spalten) betrachtet; vom geometrisch-funktionellen Gesichtspunkt handelt es sich um lineare Operatoren zwischen Vektoren eines $S_r$ und eines $S_s$. Uns interessieren nur die Operatoren, die Vektoren eines $S_r$ in Vektoren desselben $S_r$ verwandeln, und daher nur die quadratischen Matrizen.

Es sei $A$ eine Matrix (nach unserer Auffassung und in der Terminologie der Schule von Peano, besser gesagt, eine *vektorielle Homographie*): sie ergibt

(8) $\mathbf{y} = A\mathbf{x}$ mit $A(\mathbf{x}_1 + \mathbf{x}_2) = A\mathbf{x}_1 + A\mathbf{x}_2$, $A(c\mathbf{x}) = cA\mathbf{x}$.

Mittels der Komponenten, ist, wenn $\mathbf{x}=\sum x_h \mathbf{i}_h$, $A\mathbf{x}=\sum x_h A\mathbf{i}_h$, und wenn wir

(8′) $$A\mathbf{i}_h = a_{h1}\mathbf{i}_1 + a_{h2}\mathbf{i}_2 + \ldots + a_{hr}\mathbf{i}_r,$$
setzen, $A\mathbf{x}=\sum_h x_h \sum_k a_{hk}\mathbf{i}_k = \sum_k (\sum_k a_{hk} x_h)\mathbf{i}_k$,

d.h. die Komponenten von $\mathbf{y}=A\mathbf{x}$ sind $y_k=\sum_h a_{hk} x_h$. Aus diesem Grunde kann $A$ (unter der gegebenen Bezugnahme) mit den $r^2$ Koeffizienten $a_{hk}$ dargestellt werden (wobei man $a_{hk}$ in der $h$-ten Zeile und in der $k$-ten Spalte unterbringt).

Im besonderen interessieren die Homographien (oder Matrizen) die, in der betrachteten Metrik, symmetrisch und positiv sind (d.h. „als positiv definierten quadratischen Formen“ entsprechen):

$$A\mathbf{x} \times \mathbf{y} = A\mathbf{y} \times \mathbf{x}, \quad A\mathbf{x} \times \mathbf{x} > 0, \quad \text{außer für } \mathbf{x}=0.$$

Wir bezeichnen mit $Q$ eine derartige Homographie (Operator), und auch die Matrix und die quadratische Form, d.h. wir vereinbaren, dasselbe $Q$ in allen Schreibweisen (die verschiedenen Systemen von Symbolen entsprechen) zu verwenden:

(9) $$Q\{\mathbf{x}\} = Q\mathbf{x} \times \mathbf{x} = Q\mathbf{x}^*\mathbf{x} = \mathbf{x}^* Q\mathbf{x} = \mathbf{x}^T Q x = \sum_{hk} q_{hk} x_h x_k \quad (q_{kh} = q_{hk}).$$

Sehr schön, ... nur daß man im Einklang mit den gebräuchlichen Konventionen des Matrizenkalküls in invertierter Ordnung $\mathbf{x}A$ an Stelle von $A\mathbf{x}$, $\mathbf{y}\mathbf{x}^T$ an Stelle von $\mathbf{x}^T\mathbf{y}$ (entsprechend $\mathbf{x}^*\mathbf{y}$ oder $\mathbf{x} \times \mathbf{y}$) schreiben müßte, und somit $\mathbf{x}\mathbf{Q}\mathbf{x}^T$ anstatt $Q\mathbf{x}^*\mathbf{x}$. Alle Vektoren sind als Zeilenvektoren zu verstehen, außer, wenn sie mit dem $T$ versehen sind, das sie in Spaltenvektoren verwandelt (duale, d.h. Typus $\mathbf{a}\times$, aber als Operatoren rechts). Man beachte daher: $\mathbf{x}\mathbf{y}^T$ bedeutet $\mathbf{y} \times \mathbf{x}$, aber $\mathbf{y}^T\mathbf{x}$ bedeutet $\mathbf{x}.\mathbf{y}\times$, d.h., die Homographie („Diade“) $A$, die jeden Vektor $\mathbf{z}$ in $A\mathbf{z}=\mathbf{x}.(\mathbf{y}\times\mathbf{z})$ verwandelt (Homographie $r$−1-mal degeneriert, die alle Vektoren von $S_r$ in Vektoren verwandelt, die zu einem selben Vektor parallel sind, in unserem Falle $\mathbf{x}$); als Matrix hat die Diade als Elemente $a_{hk}=x_k y_h$.[3] Man beachte im besonderen, wie die Diade $\mathbf{x}.\mathbf{x}\times$ oder $\mathbf{x}^T\mathbf{x}$ (sodaß $A\mathbf{z}=\mathbf{x}.(\mathbf{x}\times\mathbf{z})$) den Projektionsvektor von $\mathbf{z}$ in Richtung von $\mathbf{x}$ (wenn $\mathbf{x}$ unitär ist, und andernfalls) multipliziert mit $\mathbf{x}^2$ darstellt (wie man für $|\mathbf{x}|^2$ schreiben kann, d.h. $\mathbf{x}\times\mathbf{x}$).

---

[3] Dies ergibt sich als notwendig (auch wenn man von der geometrischen Bedeutung der $x_k$ und $y_h$ absieht), durch die Tatsache, daß die Matrix die Charakteristik $=1$ haben muß (Zeilen und Spalten proportional).

2.4. Die Kovarianz-Matrix (für $r$ Zufallszahlen $X_h$, in (IV, 17.5) indem $\sigma_{hk} = \mathbf{P}(X_h X_k)$ gesetzt wurde, immer für $\mathbf{P}(X_h) = 0$), kann in dieser Ideenordnung als Var($\mathbf{X}$) oder kurz $V(\mathbf{X})$ definiert werden, mit

$$\mathbf{X} = (X_1, X_2, \ldots, X_r), \text{ wobei man } V(\mathbf{X}) = \mathbf{P}(\mathbf{X}.\mathbf{X}\times)\ (= \mathbf{P}(\mathbf{X}^T\mathbf{X}))$$

setzt, d.h. als die Homographie, die für jeden Vektor $\mathbf{u}$

$$V(\mathbf{X})\mathbf{u} = \mathbf{P}(\mathbf{X}.(\mathbf{X}\times\mathbf{u})) \tag{10}$$

ergibt, weil

$$V(\mathbf{X})\mathbf{u}\times\mathbf{v} = \mathbf{P}((\mathbf{X}\times u)(\mathbf{X}\times\mathbf{v})) = V(\mathbf{X})\mathbf{v}\times\mathbf{u},$$

ist die Homographie symmetrisch (Dilatation) und gestattet daher ein $r$-Tupel geeinter orthogonaler Richtungen (Eigenvektoren $\mathbf{v}_h$ und Eigenwerte $\lambda_h$, sodaß $V(\mathbf{X})\mathbf{v}_h = \lambda_h\mathbf{v}_h$; sie ist auch symmetrisch ($V(\mathbf{X})\mathbf{u}\times\mathbf{u} = \mathbf{P}(\mathbf{X}\times\mathbf{u})^2$), daher $\lambda_h > 0$.

Wenn man sich, ohne Gefahr eines Doppelsinnes, auf ein gegebenes $\mathbf{X}$ bezieht, kann man einfach $V$ anstatt $V(\mathbf{X})$ schreiben und dies in allen in (8) angegebenen Formeln für $Q$ verwenden.

Wir haben bereits (IV, 17.5 und VII, 6.7) gesehen, wie eine Normalverteilung mit irgendeiner Anzahl von Dimensionen durch ihre Kovarianz-Matrix charakterisiert wird, und wie jeder solchen Matrix (positiv definite quadratische Form) eine einzige Normalvetteilung entspricht (wir nehmen immer stillschweigend an: zentriert). Die Dichte ist, im Punkte $O + \mathbf{x}$,

$$f(x) = f(x_1, x_2, \ldots, x_r) = Ke^{-\frac{1}{2}Q\{x\}}, \quad K = 1/\sqrt{(2\pi)^r \det Q}, \tag{11}$$

und die Relation von $Q$ zu $V$ wird leicht ausgedrückt: nämlich $V = Q^{-1}$ (und daher umgekehrt $Q = V^{-1}$), entsprechend der Tatsache, daß die Eigenwerte die Varianzen, $\sigma_h^2$, für $V$ sind, während es die reziproken, $\sigma_h^{-2}$, für $Q$ sind.

So knüpft man an die Betrachtungen über das *Ellipsoid der Kovarianz* (oder *der Trägheit*) und das *Ellipsoid der Abbildungsmatrix* (Kap. IV, 17.6) an; es ist der Moment gekommen, sie wieder aufzunehmen und zu vervollständigen. Weiterhin gilt, was dann (in Kap. VII, 6.7) bezüglich der affinen Eigenschaften hinzugefügt wurde (für welche es genügt, den Fall von Kugel-Symmetrie zu betrachten); die Betrachtung der genannten Ellipsoide hat dagegen nur Sinn und Zweck, wenn, wann und inwieweit es notwendig oder zweckmäßig ist, sich auf eine im voraus bestimmte Metrik zu stützen (z. B., wenn es sich um Probleme im effektiven physikalischen Raum handelt, oder wenn man simultan mehrere Probleme betrachtet, für die jeweils eine andere Metrik erforderlich wäre).

Wir verlieren jedoch nichts an Allgemeingültigkeit und gewinnen viel an Einfachheit und Signifikanz, wenn wir, um das Problem zu studieren, als Bezugnahme die hauptsächlichen Trägheitsachsen nehmen, d.h. als unitäre Vektoren $\mathbf{i}_h$ die Eigenvektoren von $Q$ und $V$ (die automatisch orthogonal[4] sind), deren respektive Eigenwerte die Varianzen $\sigma_h^2$ für $V$ und das reziproke („Gewicht") $\sigma_h^{-2}$ für $Q$ sind.

Somit erhalten wir:

(12) $$Q\mathbf{i}_h = \sigma_h^{-2}\mathbf{i}_h, \quad Q\mathbf{x} = \sum_h x_h \sigma_h^{-2}\mathbf{i}_h,$$

(13) $$Q\{\mathbf{x}\} = Q\mathbf{x} \times \mathbf{x} = \sum_h (\sigma_h^{-2} x_h) x_h = \sum_h \sigma_h^{-2} x_h^2 = \sum_h (x_h/\sigma_h)^2;$$

(14) $$V\mathbf{i}_h = \sigma_h^2 \mathbf{i}_h, \quad V\mathbf{u} = \sum_h u_h \sigma_h^2 \mathbf{i}_h,$$

(15) $$V\{\mathbf{u}\} = V\mathbf{u} \times \mathbf{u} = \sum_h (\sigma_h^2 u_h) u_h = \sum_h \sigma_h^2 u_h^2 = \sum_h (\sigma_h u_h)^2.$$

Wie wir wissen, dient $Q\{\mathbf{x}\}$ dazu, die Dichte mittels (10) auszudrücken, was hier (dank des Fehlens rechteckiger Ausdrücke) die folgende Formel erhält:

(16) $$f(\mathbf{x}) = Ke^{-\frac{1}{2}Q\{x\}} = K\exp[-\tfrac{1}{2}\sum_h (x_h/\sigma_h)^2] = K\Pi_h \exp[-\tfrac{1}{2}(x_h/\sigma_h)^2]$$

dies zeigt (und dies war selbstverständlich), daß die Komponenten $X_h$ von $\mathbf{X}$ in dieser Bezugnahme stochastisch unabhängig sind (Dichte Produkt der Faktoren der Funktionen, jeweils von nur einem $x_h$). Dann wird aber dieselbe Faktorisierung auch für die charakteristische Funktion gelten:

(17) $$\varphi(\mathbf{u}) = \Pi_h \exp[-\tfrac{1}{2}(\sigma_h u_h)^2] = \exp[-\tfrac{1}{2}\sum_h (\sigma_h u_h)^2] = e^{-\frac{1}{2}V\{u\}},$$

und man sieht so, daß $V = Q^{-1}$ die komplementäre Rolle hat, die charakteristische Funktion zu ergeben.

Die beiden Ellipsoide sind gegeben durch

$V\{\mathbf{u}\} = 1$ (der *Kovarianz*, oder *Trägheit*; Halbachse $1/\sigma_h$) und durch

$Q\{\mathbf{x}\} = 1$ (der *Abbildungsmatrix* oder der *Konzentration*; Halbachsen $\sigma_h$).

Die Wahl von zwei verschiedenen Bezeichnungen ($\mathbf{u}$ und $\mathbf{x}$) für die Variablen in $V$ und $Q$ war beabsichtigt; dies zu erklären, erleichtert den

[4] Außer unschädlicher Zweideutigkeit im Falle vielfacher Eigenwerte.

Vergleich zwischen den beiden Ellipsoiden. Die **x**, auf welche $Q$ operiert, sind in der Tat die Vektoren des Raumes, in welchem sich die Verteilung befindet (Bereich $\mathfrak{A}$, z.B. physikalischer Raum), während die **u**, auf welche $V$ operiert, im wesentlichen duale Vektoren sind (auch wenn, dank der Einführung der Metrik, die beiden Räume übereinander liegen). Dies steht im Einklang mit der Auffassung, daß das Ellipsoid der Abbildungsmatrix das unmittelbar signifikantere ist; zum Teil haben es die in (IV, 7.6) gemachten Feststellungen bestätigt, und wir müssen nun jene stärkere Bestätigung finden, die dort angekündigt wurde und die sich auf die Darstellung mittels der geeigneten Normalverteilung stützt: nämlich die, welche Erwartungen und Kovarianzen bewahrt (d.h. mechanisch ausgedrückt, Schwerpunkt und Trägheitskern) und die gewohnteste und stabilste Form annimmt.

Wie bereits gesehen sind die Ellipsoide $Q =$ konstant die Niveau-Verschiedenheiten für die Dichte, $f =$ konstant; das $Q = 1$ (wo, somit, $f = Ke^{-\frac{1}{2}} = 0{,}606$ in Bezug auf das Maximum im Ursprung ist) weist eine Eigenschaft auf, wonach es ausdrucksvoll und gerechtfertigt ist, als *Kern* der Verteilung die in $Q \leqq 1$ enthaltene zu unterscheiden (während für den Teil $Q \geqq 1$ eine etwas geeignetere Bezeichnung passen würde, als *Ende*, *Krone*, *Hof*, *Atmosphäre*, *Wolke*, die es aber vielleicht nicht gibt). Die Bedeutung ist bei einer Dimension klar: der Kern ist der Teil zwischen den Bogen (siehe Abb. 7 in Kap. VII,6.6) mit konvexer Dichte und das Ende wird durch die beiden äußeren Teile gebildet, mit konkaver Dichte, was eine Tendenz zur Zuspitzung bedeutet. Aber dieselbe Signifikanz gilt immer: *innerhalb* $Q \leqq 1$ ist die Dichte konvex (gleiche Richtung: für jeden Punkt $\lambda A + (1-\lambda)B$ des Segmentes zwischen $A$ und $B$ $(0 < \lambda < 1)$ hat die Dichte $f$ dort einen höheren Wert als den, der durch eine lineare Interpolation gegeben ist, d.h. $\lambda f(A) + (1-\lambda) f(B)$); *außerhalb* (in $Q \geqq 1$) dagegen ist der Verlauf konkav in Richtung des aus dem Ursprung kommenden Radius (wir kommen auf den eindimensionalen Fall zurück) und konvex in allen Richtungen die dazu in Bezug auf $Q$ konjugiert sind.

## 3.
## *Einige Verteilungen; diskreter Fall.*

3.1. Wir prüfen nun einige spezifische Probleme und beginnen bei denen, welche die Verteilung im Diskreten betreffen.

Es ist selbstverständlich, für die Ereignisse betrachtete Probleme auf Pluralereignisse auszudehnen. Anstatt einer Münze mit zwei Seiten kann man einen Würfel mit 6 Flächen betrachten, und anstatt einer Urne mit weißen und schwarzen Kugeln kann man sich vorstellen, daß sie Kugeln in $r$ Farben enthält, anstatt Spielen mit den einzigen Alternativen von Sieg und Niederlage kann man an jene denken, wo es eine dritte Alternative (unentschieden) gibt, oder man unterscheidet überhaupt die einzelnen Ergebnisse (z. B. beim Fußballspiel oder ähnlichen, 3-1, 2-2, 0-1, ...) usw. In allen derartigen Fällen und unter verschiedenen Hypothesen, können wir verschiedene Probleme betrachten und uns im besonderen bemühen, die Wahrscheinlichkeit dafür zu finden, daß die $r$ Resultate $1, 2, \ldots, k, \ldots, r$ respektive $n_1, n_2, \ldots, n_k, \ldots, n_r$ mal auftreten. Dieselbe Frage kann nach verschiedenen anderen Interpretationen formuliert werden, die selbstverständlich äquivalent aber auf den ersten Blick verschieden sind. So wird man z. B. fragen können, wieviele Gegenstände jedem von $r$ Individuen mittels einer gegebenen Auswahlmethode zugewiesen werden (d. h. wenn man jedesmal, wenn das Ergebnis $k$ eintritt, dem Individuum $k$ einen Gegenstand übergibt); wenn die „Gegenstände" „Partikelchen" sind und wir anstelle von Individuen etwa einen „physikalischen Status" oder „Zellen" annehmen, die ihnen entsprechen, werden die verschiedenen Verteilungen verschiedene „makroskopische Status" sein.

3.2. Die folgenden Beispiele betreffen derartige Probleme, die, zum leichteren Verständnis hauptsächlich unter Bezugnahme auf vertraute Interpretationen gebracht werden sollen, die aber den grundlegenden „Statistiken" (im besonderen Sinn dem die Physiker diesem Ausdruck geben) von Maxwell-Boltzmann (Fall *a*), Fermi-Dirac (Fall *b*) und Bose-Einstein (Fall *c*) entsprechen.

In allen drei Fällen können wir an eine Urne mit

$$g = g_1 + g_2 + \cdots + g_r$$

Kugeln in $r$ verschiedenen Farben denken: und dann suchen wir die Wahrscheinlichkeit dafür, daß sich, bei $n$ Zügen nach den gegebenen Modalitäten, $n_1, n_2, \ldots, n_r$ mal die verschiedenen Farben ergeben. Bedenken wir jedoch, daß auch andere Interpretationen gelten: z. B., wieviele, von $n$ Gegenständen Individuen mit der *Farbe* $1, 2, \ldots, r$ (d. h.: die irgendwie zu den Kugeln mit diesen Farben gehören) übergeben werden (oder in Zellen zusammengefaßt werden) sollen. Und in der

Praxis könnte es sich um Merkmale irgendwelcher anderer Art wie Nationalität, Geschlecht, Familienstand, Schulzugehörigkeit usw. für Individuen handeln, oder um das energetische Niveau von Zellen usw. Indem man von Farben spricht, hat man nur den Vorteil zu zeigen, daß für die Betrachtungen, die wir entwickeln wollen, die Art des Merkmales irrelevant ist (während dies natürlich nicht mehr so ist, wenn man im Studium besonderer Aspekte einzelner Anwendungen weiter fortschreitet).

3.3. Betrachten wir nun die drei angekündigten Fälle, die sich dadurch unterscheiden, daß sie, in einer Form, die wir noch näher angeben, *a*) Zurücklegen, *b*) kein Zurücklegen, und *c*) doppeltes Zurücklegen vorsehen. In allen Fällen wird Gleichwahrscheinlichkeit angenommen.

*a*) *Zurücklegen*. Wir ziehen $n$ mal mit Zurücklegen, d.h., indem wir an die andere Interpretation denken, wir verlosen nach und nach $n$ Gegenstände, weiterhin unter allen $g$ Individuen (oder Zellen), unabhängig von der Tatsache, ob sie bereits etwas erhalten haben oder nicht. Es handelt sich um die offensichtliche Extension des Falles der Binomial-Verteilung auf mehrere Dimensionen, und wir erhalten die *Multinomial-Verteilung*: bei jedem Zug (unabhängig von den vorhergehenden Ereignissen) sind die Wahrscheinlichkeiten der verschiedenen Farben $p_k = g_k/g$ (Ziehen einer Kugel dieser Farbe, oder Los zugunsten eines Individuums, oder einer Zelle dieser Farbe). Somit ist die Wahrscheinlichkeit von $n_1, \ldots, n_r$ Wiederholungen der verschiedenen Farben durch

$$(18)\qquad \omega^{(n)}_{n_1, n_2, \ldots, n_r} = \frac{n!}{n_1!n_2!\ldots n_r!} p_1^{n_1} p_2^{n_2} \ldots p_r^{n_r} = \frac{n!}{g^n} \Pi_k \frac{g_k^{n_k}}{n_k!} = K\Pi_k \frac{g_k^{n_k}}{n_k!}$$

gegeben.

*Sonderfall*. Wenn alle $g_k = 1$ sind (wenn jede Kugel oder jedes Individuum oder Zelle eine andere Farbe hat, d.h. wenn, wir uns, ohne von Farben zu sprechen, mit der Einteilung unter den $g$ Kugeln oder Individuen oder Zellen befassen), erhalten wir für dieselben Wahrscheinlichkeiten

$$(19)\qquad \frac{n!}{n_1!n_2!\ldots n_r!} \left(\frac{1}{g}\right)^n = \frac{n!}{g^n} \Pi_k \frac{1}{n_k!}$$

3.4. *b) Ohne Zurücklegen.* Wir führen $n$ Züge ohne Zurücklegen durch, d.h. wenn wir an die andere Interpretation denken, wir verlosen nach und nach $n$ Gegenstände unter denjenigen unter den $g$ Individuen, die noch nichts erhalten haben. Damit bleibt ausgeschlossen, daß ein Individuum (oder eine Zelle) mehr als einen Gegenstand erhalten kann (weshalb notwendigerweise $n \leqq g$ angenommen werden muß, und sich $n_k \leqq g_k$, $k = 1, 2, \ldots, r$ ergeben muß). Es handelt sich um die selbstverständliche Extension des Falles der hypergeometrischen Verteilung auf mehrere Dimensionen, und wir erhalten

$$(20) \qquad \omega^{(n)}_{n_1, n_2, \ldots n_r} = \binom{g_1}{n_1}\binom{g_2}{n_2}\cdots\binom{g_r}{n_r} \bigg/ \binom{g}{n} =$$
$$= K\Pi_k \binom{g_k}{n_k} = K\Pi_k \frac{g_k(g_k-1)\ldots(g_k-n_k+1)}{n_k!};$$

tatsächlich ist $\binom{g}{n}$ die Anzahl der Arten, in welcher $n$ Individuen unter $g$ ausgewählt werden können (bzw. auf diese $n$ Gegenstände verteilt werden können, ohne daß je mehr als ein Stück zugeteilt wird), analog ist die Bedeutung von $\binom{g_k}{n_k}$ für die Farbe $k$, und das Produkt ergibt die Anzahl der Arten, in welcher eine Unterteilung des angegebenen Typus durchgeführt werden kann.

*Besonderer Fall* (wie oben $g_k = 1$). Die möglichen Unterteilungen entsprechen den Unterklassen von $n$ unter $g$ Kugeln (oder Individuen, oder Zellen) und sind $\binom{g}{n}$. Sie haben alle die gleiche Wahrscheinlichkeit, $1/\binom{g}{n}$, weil $\binom{g_k}{n_k} = 1$, ist, da entweder $\binom{1}{1}$ oder $\binom{1}{0}$.

3.5. *c) Doppeltes Zurücklegen.* Wir führen $n$ Züge durch, und wir legen jedesmal, außer der gezogenen Kugel noch eine in derselben Farbe zurück (sodaß, nach $m = m_1 + m_2 + \ldots + m_r$ Zügen der verschiedenen Farben in der Urne $g + m$ vorhanden sein werden, davon $g_k + m_k$ in der Farbe $k$). Denkt man an die andere Interpretation, so kann das Verlosungssystem ausgedrückt werden, indem man sagt, daß jedes Individuum bei jedem Zug an der Ziehung, abgesehen von seinem individuellen Bon, mit ebensovielen Bons zusätzlich teilnimmt, als ihm bereits Gegenstände zugeteilt wurden[5].

[5] Etwas ausdrucksvoller: die $r$ anfänglichen Individuen bilden ebensoviele Gesellschaften, mit Zuweisung neuer Individuen als Mitglieder mittels Verlosung unter allen bereits untergebrachten Individuen (und daher mit größerer Wahrscheinlichkeit für die im Moment zahlreicheren Gesellschaften).

In diesem Falle haben wir

$$(21)\quad \omega^{(n)}_{n_1, n_2, \dots n_r} = \frac{n!}{n_1!n_2!\dots n_r!} \frac{\Pi_k g_k(g_k+1)(g_k+2)\dots(g_k+n_k-1)}{g(g+1)(g+2)\dots(g+n-1)} = \frac{1}{\binom{g+n-1}{n}} \prod_k \binom{g_k+n_k-1}{n_k}.$$

Für die Demonstration beachte man, daß der Bruch je nach Faktor im ersten Ausdruck unmittelbar die Wahrscheinlichkeit ausdrückt, die gewünschte Verteilung in einer determinierten Ordnung zu erhalten. Wenn wir nämlich z. B.

$$(22)\quad \frac{g_1}{g} \cdot \frac{g_3}{g+1} \cdot \frac{g_3+1}{g+2} \cdot \frac{g_2}{g+3} \cdot \frac{g_2+1}{g+4} \cdot \frac{g_3+2}{g+5} \cdot \frac{g_1+1}{g+6} \cdot \frac{g_2+2}{g+7} \cdot \frac{g_2+3}{g+8}$$

schreiben, drücken wir als Produkt (zusammengesetzte Wahrscheinlichkeit) die Wahrscheinlichkeit aus, auf $n=8$ Züge zweimal die Farbe 1, viermal die Farbe 2, dreimal die Farbe 3, in der Ordnung 1-3-3-2-2-3-1-2-2 zu erhalten; für eine andere Anordnung genügt es, die Zähler zu permutieren und die Nenner zu belassen, sodaß sich das Ergebnis nicht verändert. Wenn man von der Ordnung absieht, ist die Wahrscheinlichkeit dieselbe mal der Zahl der Permutationen (wobei die Ordnung zwischen $g_k$, $g_k+1$ usw. bewahrt wird), wie im Beispiel, $9!/2!4!3!$, und im allgemeinen $n!/n_1!\dots n_r!$ wie in der Formel.

*Schema von Pólya (von „übertragbaren Wahrscheinlichkeiten“).* Der nun betrachtete Prozeß der Züge mit doppeltem Zurücklegen wird (besonders im Falle $r=2$, weiße und schwarze Kugeln) als Schema von Polya bezeichnet, weil er von diesem Autor als einfaches Modell „übertragbarer Wahrscheinlichkeiten“ dargestellt wurde (in dem Sinne, daß, je öfter eine Farbe auftritt, umso wahrscheinlicher wird, daß sie wieder auftritt). Man beachte, daß, ungeachtet dessen, im Gegensatz zu dem, was man auf Anhieb annehmen könnte, Ergebnisse, die nur der Ordnung nach anders sind (Permutationen!) dieselbe Wahrscheinlichkeit haben (was sich bei den Überlegungen zu (22) gezeigt hat). Dies gilt übrigens auch im Falle des Nicht-Zurücklegens und in analogen Varianten: man legt nach jedem Zug in die Urne $c$ Kugeln von der gezogenen Farbe und $d$ von den anderen. Wenn $d>0$, hat man nicht mehr einen immer „übertragbaren“ Fall; wenn man für $c$ und $d$ auch negative Werte voraussetzt, bestehen viele Konklusionen weiterhin, aber der Prozeß kann, und muß manchmal, nach einer endlichen Anzahl von Zügen enden (es genügt zu denken, daß für $c=-1$ und $d=0$, der Fall des Nichtzurücklegens gegeben ist). Man kann auch das Modell der Kugeln aufgeben und $c$ und $d$ nicht ganz annehmen, wie Parameter für die Veränderung der sukzessiven Wahrscheinlichkeiten.

*Besonderer Fall* (wie oben, $g_k = 1$). In diesem Falle ist $g_k + n_k - 1 = n_k$, das Produkt der letzten Formel hat den Wert 1 (alle Faktoren sind $\binom{n_k}{n_k} = 1$), und daher haben alle möglichen Verteilungen (mit jeglichen gegebenen $g$ und $n$) dieselbe Wahrscheinlichkeit,

$$1/\binom{g+n-1}{h}. \tag{23}$$

Man bedenke, daß $\binom{g+n-1}{n}$ die Zahl der Kombinationen mit Wiederholungen von $g$ Elementen von $n$ zu $n$ ist[6], d.h. der Verteilungen von $n$ Gegenständen unter $g$ Individuen, wobei sie nur dann als verschieden betrachtet werden, wenn sie sich durch die *Anzahl* der Gegenstände, die dem einzelnen zugeteilt werden, unterscheiden (und nicht je nachdem, *welche* Gegenstände es sind). Manchmal sagt man: „verschiedene Verteilungen, *bei denen man die Gegenstände als nicht unterscheidbar betrachtet*"; auch in der physikalischen Interpretation der Fälle, auf die sich diese Formel (experimentell) als anwendbar erweist, pflegt man dies der Tatsache zuzuschreiben, daß die Partikelchen, mit denen man es zu tun hat, „nicht unterscheidbar" sind. Dieselbe Interpretation gilt auch im allgemeinen Fall (mit irgendeinem $g_k$): auch die Erklärung bleibt praktisch dieselbe.

Man kann jedoch auch an die vielleicht befriedigendere Interpretation nach dem Schema von Bayes-Laplace denken, die wir in (XI, 4.3) sehen werden.

3.6. *Bemerkung.* In den erwähnten physikalischen Anwendungen ergibt sich der Fall $b$ (kein Zurücklegen) als gültig, wenn das Ausschlußprinzip von Pauli Gültigkeit hat („Statistik" von Fermi-Dirac, der Elektronen, Protonen, Neutrone folgen: Partikelchen mit halbganzen Spin), und der Fall $c$ (doppeltes Zurücklegen) sonst („Statistik" von Bose-Einstein, der Photone, Mesone usw. folgen; Partikelchen mit ganzen Spin).

Der Fall $a$ (Zurücklegen, d.h. Bernoulli-Schema) entspricht der

[6] Siehe *Bemerkung* in (4.1).

klassischen mechanischen Statistik („Statistik“ von Maxwell-Boltzmann); nach der modernen theoretischen Physik gilt er nie, liefert jedoch asymptotisch einen approximativen Ausdruck für beide Fälle *b* und *c*, wenn die $g_k$ größer sind als die entsprechenden $n_k$.

Es wäre wichtig, von diesen einführenden Begriffen auf deren Anwendung überzugehen, vor allem für die Bestimmung des statistischen Gleichgewichtes, doch geht dies über die hier verfolgten Ziele hinaus.

## 4.
## *Einige Verteilungen; stetiger Fall.*

Wir gehen nun zum stetigen Fall über, um uns bei wenigen der vielen Probleme aufzuhalten, die interessant wären. Es wird sich um Beispiele handeln, die den einen oder anderen lehrreichen Typus einer Schlußfolgerung oder Betrachtung beleuchten, oder in einfacher Form Verteilungen, die in der Praxis häufig verwendet werden, darstellen sollen.

4.1. *Unterteilungen eines Intervalles.* Wir können dasselbe frühere Problem auch für den stetigen Fall wieder aufnehmen, nur wird es sich nicht darum handeln, eine gewisse Anzahl $n$ von Gegenständen in $r$ Gruppen zu unterteilen, wohl aber ein Intervall (oder eine andere Quantität; der Einfachheit halber nehmen wir sie jedenfalls unitär an) in $r$ Teile. Wir erhalten daher $r$ nichtnegative Zufallszahlen $X_1, X_2, \dots, X_r$ mit der Summe $= 1$.

Man kann sich verschiedenartige Arten, die Unterteilung vorzunehmen, ausdenken; wir werden eine der einfachsten und „symmetrischen“ betrachten, die wir (wie gebräuchlich) als „Unterteilung nach Zufall“ bezeichnen werden; dies kann sich als praktisch erweisen, sofern man nicht denkt, daß die Formulierung wer weiß welche Bedeutung beinhaltet und nicht von einem besonderen Unterteilungssystem etwas Besonderes erwartet, während es rein nach Vereinbarung gewählt wurde.

*Unterteilung nach Zufall* wird genau die genannt werden, die man im Falle eines Intervalles erhält, wenn man darauf $r-1$ Teilungspunkte wählt, jeden mit uniformer Verteilung und unabhängig. Ohne weiteres könnte man ebenso sagen, daß nach der Durchführung der Unterteilung in $k$ Teile, der $k$-te Teilungspunkt eingesetzt werden kann, indem man zuerst den zu teilenden Teil mit einer zur Länge proportionalen Wahrscheinlichkeit wählt und ihn dann mit uniformer Verteilung teilt; diese Formulierung ist im Falle des Intervalles weniger „natürlich", hat aber den Vorteil, nicht nur in diesem Fall Sinn zu haben, sondern bei der Unterteilung jeglicher Größe (einer Masse, einer Fläche, eines Kapitals, einer Energie usw.). Wenn wir an die Verteilung denken, so ist unser Fall dadurch charakterisiert, daß sie homogen ist (konstante Dichte im Feld der möglichen Werte, welches der Simplex zu $r-1$ Dimensionen ist, der durch $x_k \geqq 0$ $(k=1, 2, \ldots, r)$ und $x_1 + x_2 + \ldots + x_r = 1$ gegeben ist); z. B. das gleichseitige Dreieck (siehe Abb. 1 und 2) für $= 3$.

*Bemerkung.* Es ist lehrreich zu beachten, daß es sich um den Grenzfall (für Übergang vom Diskreten zum Kontinuum) der Statistik von Bose-Einstein, die wir eben betrachtet haben, handelt. Dort entsprechen nämlich die Verteilungen der $n$ „nicht unterscheidbaren" Gegenstände unter $g$ Zellen den $\binom{g+n-1}{n}$ Arten, in welchen $n$ Punkte (die die Gegenstände darstellen) und $g-1$ Teilungsstriche, die (zusammen mit einem weiteren Anfangs- und Endstrich) die Unterteilung in Zellen bedeuten, nach einer Anordnung disponiert werden können. (Z. B. die Verteilung, in welcher die Zellen $1^a, 2^a, \ldots, 5^a$ in der Anordnung 0, 2, 0, 3, 1 Gegenstände enthalten, würde man durch //../|.../././ darstellen). Wenn die Zahl $n$ der Punkte im Vergleich zu der der Zellen hoch ist, teilen die Striche praktisch ein Intervall in der eben erklärten Weise. Und, wenn man an die Verteilung denkt, so ist diese im vorher angegebenen Simplex insofern uniform, als die möglichen Punkte uniform verteilt sind (alle $x_h$ Vielfache von $1/n$), alle mit derselben Wahrscheinlichkeit ($1/N$, $N = \binom{g+n-1}{n}$ = ihrer Anzahl). Man beachte, daß die beiden Fälle auch in den Symbolen übereinstimmen (im „besonderen Fall" ist $g=r$, auch wenn die Annäherung an den allgemeinen Fall es vorziehen ließ, $g$ anstatt $r$ zu schreiben).

4.2. Fragen über die zufällige Unterteilung treten oft spontan auf und können als geeignete Beispiele für viele Fälle verwendet werden. Um die Verteilung zu veranschaulichen, wird es oft zweckmäßig sein, im besonderen an die Fälle mit kleinem $r$ zu denken, wo sich der Simplex auf ein Segment $(r=2)$ reduziert, auf ein gleichseitiges Dreieck $(r=3)$, auf einen rechtwinkeligen Tetraeder $(r=4)$: man findet – zu anderem Zweck aber aus denselben Ursachen – dieselben Figuren, die bereits in Kap. V (siehe besonders Nr. 4) verwendet wurden: Wahrscheinlichkeit $p_h$ mit der Summe $=1$.

Hier hat die Summe der Teile $x_h$ den Wert 1; im Falle $r=3$ entspricht jede Unterteilung in 3 Teile einem Punkt des rechtwinkeligen Dreieckes $A_1A_2A_3$ (Punkt der Schwerpunkt-Koordinaten $x_1, x_2, x_3$, $x_1+x_2+x_3=1$, Entfernung von den Seiten bei Höhe $=1$). Zwei einfache Beispiele zeigen, wie ausdrucksvoll diese Darstellung ist, da sie Konklusionen unmittelbar erbringt, die analytisch schwere Berechnungen erfordern.

In Abb. 1 sind mittels unterschiedlicher Schraffierungen die Zonen angegeben, in welchen $X_1 \leqq x_1$, $X_2 \leqq x_2$, $X_3 \leqq x_3$ ist ($x_1, x_2, x_3$ gegeben); das restliche weiße Dreieck (Seite $=1-x$ mit $x=x_1+x_2+x_3$; damit es vorhanden sei, muß offenbar $x \leqq 1$ sein) stellt die Unterteilungen dar, in denen $X_1 \geqq x$, $X_2 \geqq x_2$, $X_3 \geqq x_3$ ist; die Wahrscheinlichkeit dieser Unterteilungen (Fläche des kleinen Dreieckes relativ zum totalen Dreieck) ist daher $(1-x)^2$ (und infolge desselben einfachen Motivs der Homogenität kann man ohne weiteres sagen, daß für jegliches $r$ die Wahrscheinlichkeit gleich $(1-x)^{r-1}$ ist).

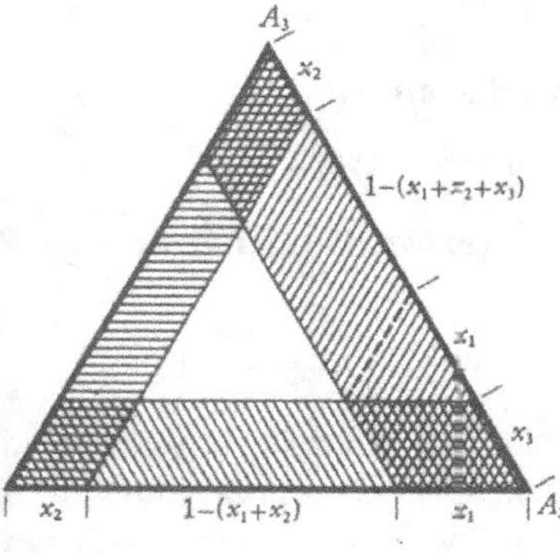


Abbildung 1.
Wahrscheinlichkeit, daß
$X_1 \geqq x_1$, $X_2 \geqq x_2$, $X_3 > x_3$.

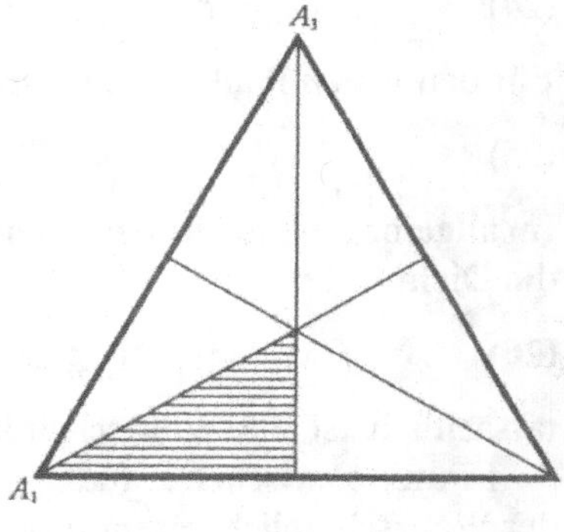


Abbildung 2.
Wahrscheinlichkeit, daß
$X_1 > X_2 > X_3$.

Abbildung 2 ($X_1 = X_2 = X_3$) illustriert folgendes Problem: Es seien $Z_1, Z_2, \ldots, Z_{r-1}$ die Abszissen der $r-1$ Teilungspunkte, *in wachsender Ordnung* betrachtet; welche sind deren Wahrscheinlichkeitsverteilungen? Wir erinnern daran, daß diese Punkte unabhängig und mit uniformer Verteilung auf dem gegebenen Intervall ausgewählt wurden;

wenn wir sie jedoch mittels einer Ordnung angeben, können Unabhängigkeit und gleichförmige Verteilung nicht weiter bestehen. Es ist selbstverständlich (doch fällt es einem nicht immer spontan ein), daß sich alles mit dem Informationszustand ändert (der sich oft in der Art, etwas *zu benennen*, verbergen kann); z. B. „der erste erhaltene Teilungspunkt" (in chronologischer Ordnung) kann sehr wohl derselbe sein, wie „der 7. Teilungspunkt in wachsender Ordnung" (in einem sukzessiven Moment, z. B. nach 20); die Tatsache zu wissen, daß diese Koinzidenz besteht, verändert jedoch den Informationszustand und damit die Verteilung der Wahrscheinlichkeit; genauer, die Wahrscheinlichkeitsverteilung des ersten Teilungspunktes (in chronologischer Ordnung) variiert nach Erhalt jedes weiteren Teilungspunktes, wenn wir von der Tatsache unterrichtet werden, ob er links oder rechts vom ersten liegt.

Bestimmen wir vor allem die Verteilung des *letzten* Punktes, $Z_{r-1}$: zu sagen, daß $Z_{r-1} \leqq x$ ist, heißt, daß alle $r-1$ Teilungspunkte $\leqq x$ sind, was die Wahrscheinlichkeit $x^{r-1}$ hat. Für die gesuchte Verteilung hat man daher:

(24) $$F(x) = x^{r-1}, \quad f(x) = (r-1)x^{r-2}, \quad (0 \leqq x \leqq 1):$$

Für den *ersten* Punkt, $Z_1$, entsprechend symmetrisch,

(25) $$F(x) = 1-(1-x)^{r-1}, \quad f(x) = (r-1)(1-x)^{r-2}.$$

Im allgemeinen, ist für den $k$-ten Punkt (in wachsender Ordnung), $Z_k$, die Dichte

(26) $$f(x) = (r-1)\binom{r-2}{k-1}x^{k-1}(1-x)^{r-k-1} \quad (0 \leqq x \leqq 1):$$

tatsächlich ist die Wahrscheinlichkeit, daß einer (egal welcher) der $r-1$ Punkte zwischen $x$ und $x+dx$ falle, gleich $(r-1)\,dx$, und wird mit der Wahrscheinlichkeit multipliziert, daß von den übrigen $r-2$ Punkten $k-1$ nach links fallen (Wahrscheinlichkeit $= x$) und $r-k-1$ nach rechts (Wahrscheinlichkeit $= 1-x$).

4.3. *Beta-Verteilung*. Wir nehmen die Gelegenheit wahr um anzugeben, daß die bisher gesehenen Verteilungen der Familie der Beta-Verteilungen angehören, die für wichtige Probleme und Anwendungen häufig verwendet werden. Die allgemeine Formel für die Dichte ist

(27) $$f(x) = Kx^{\alpha-1}(1-x)^{\beta-1} \quad (K = \Gamma(\alpha+\beta)/\Gamma(\alpha)\,\Gamma(\beta); \;\; \Gamma(n) = (n-1)!)$$

mit $\alpha$ und $\beta$ reell und positiv (und nicht nur Ganze, wie im vorigen Ausdruck). Wenn $\alpha$ (oder/und $\beta$) $<1$ ist, wird die Dichte in $x=0$ unendlich (oder/und in $x=1$); wir haben einen derartigen Fall bereits gesehen: bei $\alpha=\beta=1/2$ ergibt sich tatsächlich die Arcus-Sinus-Verteilung. In dem am häufigsten betrachteten Fall ($\alpha$ und $\beta$ größer als 1) ergibt sich ein Maximum in $x=(\alpha-1)/(\alpha+\beta-2)$, worauf die Kurve aus beiden Teilen für $x=0$ und $x=1$ nach 0 geht. Erwartung und absolute Standardabweichung sind in jedem Fall $\alpha/(\alpha+\beta)$ und $\sqrt{\alpha\beta/(\alpha+\beta+1)}/(\alpha+\beta)$; man beachte wie, während die Erwartung bleibt (d.h. die Proportion zwischen $\alpha$ und $\beta$), die Standardabweichung wie $1/\sqrt{\alpha+\beta+1}$ bei Fallen von $\alpha$ und $\beta$ fällt, und sich daher die Verteilung um die Erwartung verdichtet (und auch in der Umgebung des Maximums, das von dieser wenig abweicht und asymptotisch zu ihr tendiert).

4.4. *Extension des vorherigen Ergebnisses.* Bei Anwendung derselben Schlußfolgerung auf den Fall der Teilungspunkte ergibt sich unmittelbar die Extension auf den Fall von $n$ unabhängigen Zufallszahlen mit einer selben Verteilung $F$, egal wie diese sei[7].

Die Verteilung des Maximums zwischen $X_1, X_2, \ldots, X_n$ ist durch

(28) $$F_{(n)}(x)=F^n(x), \quad f_{(n)}(x)=nF^{n-1}(x)f(x)$$

gegeben; die des $k$-ten (in wachsender Ordnung) hat (wenn vorhanden) die Dichte

(29) $$f_{(h)}(x)=n\binom{n-1}{k-1}F^{k-1}(x)\,(1-F(x))^{n-k}f(x).$$

Analoge Ausdrücke gelten auch unter allgemeinen Hypothesen.

Wenn wir uns, der Einfachheit halber, auf das Maximum beschränken, so ist im allgemeinen Fall

(30) $$F_{(n)}(x)=F(x, x, \ldots, x)$$
($F=$ Verteilungsfunktion mit $n$ Variablen),

während sich, bei Unabhängigkeit (aber die Verteilungen $F_k(x)$ der $X_k$ sind verschiedene)

(31) $$F_{(n)}(x)=F_1(x)F_2(x)\ldots F_n(x) \quad \text{ergibt.}$$

[7] Man beachte, daß $n$ der „Anzahl der Teilungspunkte" im vorhergehenden Fall entspricht, angegeben mit $r-1$, weil $r$ die Anzahl der Stücke in der Unterteilung war.

4.5. *Unterteilung „nach Zufall“ und Poisson-Prozeß.* Wenn wir in einem Poisson-Prozeß wissen oder voraussetzen, daß in einem gegebenen Intervall die Wiederholungen des betrachteten Phänomens $n$ sind, so teilen wir es „nach Zufall“ in der besagten Weise. Umgekehrt, wenn wir an eine derartige Unterteilung eines Segmentes mit der Länge $n+1$ mittels $n$ Punkten denken (sodaß jeder der $n+1$ Teile die vorgesehene Länge $=1$ hat), nähert man sich bei Wachsen von $n$ dem Poisson-Fall (mit der Intensität $\mu=1$). Die Beta-Verteilungen (durch die Position des 1°, 2°, …, $k$°, … Punktes) sind auf die Gammaverteilungen zurückzuführen.

In beiden Fällen hat, wie gesagt, jeder Teil die vorgesehene Länge $=1$; man muß jedoch achthaben, wie ein solcher „Teil“ zu ermitteln ist. Wenn wir sagen, „der dritte ab Null“, oder „der erste, der nach $x=x_0$ beginnt“ usw., so ist die Sache wahr; dagegen ist sie es offenbar nicht, wenn man den Teil als „den kleinsten“, oder „den größten“ bezeichnet (womit man zum Problem des vorigen Absatzes zurückkehren würde, mit Unabhängigkeit im Poisson-Fall, und nicht in dem der zufälligen Unterteilung); weniger offensichtlich ist aber vielleicht die Tatsache, daß die Aussage auch aufhört, wahr zu sein, wenn man den Teil ermittelt, „der einen gegebenen Punkt enthält“. Und doch ist es klar, daß diese Methode der Auswahl die längeren Teile begünstigt; effektiv ergibt sich die Länge eines Teiles, der in dieser Weise gewählt wurde, im Poisson-Fall als *doppelt* und im Falle der zufälligen Unterteilung als nicht viel weniger als doppelt. Im ersten Fall ist in der Tat von einem gegebenen Punkt aus (sei es nun ein Teilungspunkt oder nicht) die erwartete Entfernung vom ersten Teilungspunkt, sei es nach links, sei es nach rechts, $=1$. Im zweiten Fall fungiert der Bezugspunkt als weiterer „zufällig gewählter Punkt“,[8] sodaß das gegebene Intervall, mit der Länge $n+1$, in $n+2$ Teile geteilt wird, wovon jeder die erwartete Länge $(n+1)//(n+2)$ hat; zwei dieser Teile bildeten den Teil, in welchen der neue Teilungspunkt gefallen ist, und daher ist seine erwartete Länge $2(n+1)/(n+2)=2-2/(n+2)$.

[8] Dies gilt genau nur dann, wenn man weiß, daß der Punkt „zufällig ausgesucht“ wurde, man seine Position jedoch nicht kennt. Andernfalls ist das Ergebnis praktisch ebenfalls gültig, nur daß der Punkt dann nicht sehr nahe bei den Enden ist (weil dann selbstverständlich einer der beiden Teile notwendigerweise klein ist). Dies regt noch mehr an, darüber nachzudenken, welche Bedeutung die Information hat und wie man sie verstohlen andeuten kann, indem man Formulierungen gebraucht, die dem, der weder gewarnt noch argwöhnisch ist, nicht auffallen.

## 5.
## *Der Fall der Kugelsymmetrie.*

5.1. *Beispiele mit Kugelsymmetrie.* Auf weitere Kenntnisse und nützliche Beobachtungen trifft man, wenn man in der Ebene, im Raum, in irgendeiner Anzahl $r$ von Dimensionen, Verteilungen betrachtet, die Kugelsymmetrie haben, und im besonderen normale. Dies bedeutet (wenn wir uns hier auf den dreidimensionalen Fall beziehen wollen) daß, wenn die Dichte vorhanden ist, $f(x, y, z)$ Funktion der Entfernung allein, $\rho$, ist, d. h. von $x^2+y^2+z^2=\rho^2: f(x,y,z)=g(\rho)$.

5.2. *Die Distanz vom Zentrum,* $(X^2+Y^2+Z^2)$, hat eine Wahrscheinlichkeitsverteilung mit der Dichte $f(\rho)=Kg(\rho)\,\rho^{r-1}$; im besonderen ist für die uniforme Verteilung innerhalb der Hyperkugel (Radius $=1$) $f(\rho)=K\rho^{r-1}$: d.h., dieselbe wie für die Abszisse des letzten von $r$ Punkten, die nach Zufall auf $[0,1]$ gewählt wurden. Und man sollte beachten, wie, für ein großes $n$, das Volumen ganz an der Oberfläche verdichtet ist (d.h.: der Stratus zwischen $1-\varepsilon$ und 1, für jedes gegebene $\varepsilon>0$, umfaßt das ganze Volumen, außer einem Bruchteil $\theta$, der bei Wachsen von $r$ nach Null tendiert; genauer, die Distanz von der Oberfläche tendiert bei Wachsen von $r$ asymptotisch dazu, eine Exponential-Verteilung mit Erwartung $1/r$ zu haben.

Im Falle der Normalverteilung ist die Distanz mit der Dichte

$$f(\rho)=K\rho^{r-1}e^{-\rho^2/2} \quad \text{verteilt.} \tag{32}$$

Es wird im besonderen bemerkt, daß man für $r=3$ die *Maxwell'sche Formel* für die Geschwindigkeitsverteilung (in Modul) in einem Gas mit kugelförmig normal verteilten Geschwindigkeiten (Vektoren) hat: $f(v)=Kv^2e^{-v^2/2}$ (wobei man $=3$ die Erwartung des Quadrates der Geschwindigkeit annimmt, also $=1$ für jede Komponente).

Die Verteilung (22) wird weitgehend in vielen Problemen verwendet, im besonderen in der Statistik, wo das Quadrat der Abweichung von einer „exakten" Position, das mit $\lambda^2$ („*Chi-Quadrat*") angegeben wird, als Basis für verschiedene Vergleiche gilt. Wenn man als Variable $x=\rho^2$ an Stelle von $\rho$ nimmt, so ist die erhaltene Verteilung auf eine Gamma-Verteilung zurückzuführen,

$$f(x)=Kx^{(r-2)2}e^{-x/2}.$$

Tatsächlich ist (wenn wir momentan $f_1(x)$ schreiben, um Verwechslungen mit $f(\rho)$ zu vermeiden)

$$f_1(x)dx = f(\rho)d\rho^1 = Kf(\sqrt{x})d\sqrt{x} = K.x^{(r-1)/2}e^{-x/2}x^{-1/2}dx.$$

(Konstante 1/2 durch $K$ absorbiert).

5.3. *Die Distanz von einer Hyperebene* (für das Zentrum), oder, besser, die Abszisse oder Projektion auf irgendeine Achse (Ursprung im Zentrum)[10] hat als Verteilung die Projektion der Raum-Verteilung, und ist offenbar immer dieselbe. D.h. das $f(x)$, welches die Dichte der Verteilung von $X$ ergibt, ergibt auch die von $Y$, von $Z$, oder jeglicher anderen Koordinate $aX+bY+cZ$ mit $a^2+b^2+c^2=1$ (d.h.: bei Wahrung der Maßeinheit). Wenn $g(\rho)$ gegeben ist, leitet man

(33) $$f(x) = K\int_0^\infty g(\sqrt{x^2+\lambda^2})\lambda^2 d\lambda, \quad K=4\pi, \quad \text{ab}$$

oder im allgemeinen ($r$ beliebig)

(34) $$f(x) = K\int_0^\infty g(\sqrt{x^2+\lambda^2})\lambda^{r-1} d\lambda, \quad K=c_{r-1}.$$

Wir wissen bereits, daß im Falle der Normalverteilung (aber nur dort) $g$ und $f$ koinzidieren (außer der Normalisierungskonstante). Wir haben auch gesehen, daß man, für eine uniforme Kugelverteilung ($g(\rho)=K>0$ für $\rho \leqq 1$, $g(\rho)=0$ für $\rho>1$) $f(x)=K(1-x^2)^{(r-1)/2}$ erhält (siehe Nr. 7): wir bemerken, daß es sich um eine Beta-Verteilung handelt (nur daß das Intervall der Definition $[-1,1]$ ist, anstatt $[0,1]$: $f(x) = K(1+x)^{(r-1)/2}(1-x)^{(r-1/2)}$). Wir betrachten noch den Fall einer Verteilung auf der Oberfläche der unitären Kugel, und genauer auf einem Kugel-Stratus (Punkte in Entfernung von $1-\varepsilon$ und 1 vom Ursprung) dessen Stärke $\varepsilon>0$ wir nach Null tendieren lassen. Wir erhalten

---

[9] Wir wollen bei dieser Gelegenheit die Aufmerksamkeit im allgemeinen auf die Art lenken, in der die Dichte sich in eine Veränderung der Variablen verwandelt (obwohl dies selbstverständlich ist: Ableitung der Funktion einer Funktion!) Natürlich gilt dies für wachsende Transformationen (im Falle nicht eindeutigen Entsprechens müßte man die verschiedenen Beiträge addieren). Als praktische Regel ist es zweckmäßig (wie wir dies getan haben), $f(y)dy$ in $f_1(x)dx$ zu verwandeln (anstatt zu schreiben $f_1(x)=f(y)\cdot dy/dx$). Analog würde man für Verteilungen in mehr Dimensionen vorgehen, wobei man natürlich mit dem jacobischen Symbol $\partial(y_1,\ldots,y_r)/\partial(x_1,\ldots,x_r)$ anstatt mit $dy/dx$ multiplizieren würde.

[10] Der Unterschied ist nur, daß man, wenn man von *Entfernung* spricht, den *absoluten Wert* der Abszisse nehmen würde; in Anbetracht der Symmetrie wäre die Dichte anstatt $f(x)$ $(-\infty<x<+\infty)$ dann $2f(x)$ für $x \geqq 0$ und Null für $x \leqq 0$.

(35) $$f(x) = K[(1-x^2)^{(r-1)/2} - ([1-\varepsilon]^2 - x^2)^{(r-1)/2}] \cong \\ \cong K[2(r-1)\varepsilon(1-x^2)^{(r-1)/2-1}] = K(1-x^2)^{(r-3)/2}.$$

Wir haben also dieselbe Verteilung, mit $r$ um 2 kleiner. Im besonderen haben wir für $r=2$, $f(x) = K/\sqrt{1-x^2}$, d.h., wie dies geometrisch klar war, die bereits bekannte *Arcus-Sinus*-Verteilung; für $r=3$ haben wir die uniforme Verteilung (im Einklang mit der notorischen Eigenschaft der Äquivalenz der Fläche zwischen Kugel und Zylinder). In beiden letzteren Fällen (wie in vielen anderen dieser Art) tendiert bei Wachsen von $r$ die Projektion der Verteilung zum normalen Typus.

Auch die Entfernung von einer Geraden (oder Ebene, oder euklidischer Raum mit beliebiger Anzahl der Dimensionen $d<r$), die durch das Zentrum führt, führt analog zu einer Gamma-Verteilung (Parameter $\alpha = d$ und $\beta = r-d$)[11].

5.4. Schließlich betrachten wir die *zentrale Projektion* einer Verteilung mit Kugelsymmetrie (zu $r$ Dimensionen) auf irgendeine Hyperebene (zu $r-1$ Dimensionen): auf einer Geraden, wenn $r=2$ ist, auf einer Ebene, wenn $r=3$ ist usw. Es ist offenbar dieselbe, ganz gleich, welcher Art die Hyperebene ist (außer Veränderungen der Skala, die übrigens vermeidbar sind, wenn man vereinbart, diese in unitärer Entfernung von Zentrum anzunehmen), und auch *egal welche die Ausgangsverteilung sein mag* (d. h. das $g(\rho)$: es ist nämlich gleichgültig, wie sich die Masse längs der Projektionsstrahlen verschiebt); man kann also ebenso annehmen, daß die Masse uniform auf der Oberfläche der Hypersphäre mit unitärem Radius (mit Zentrum im Ursprung) verteilt ist.

Wir haben aber gerade gesehen, daß die Projektion dieser Verteilung auf eine Achse, $x = \cos\varphi$ (siehe Abb. 3), die Dichte $K(1-x^2)^{(r-3)/2}$ hat; es genügt daher eine einfache Veränderung der Variablen um die Verteilung zu erhalten, die mit Bezugnahme auf den Winkel $\varphi$, oder auf $y = tg\,\varphi$ oder auf $z = 1/y = \operatorname{cotg}\varphi$ ausgedrückt wird[12].

Aus $x = \cos\varphi$ folgt

$$(1-x^2) = \sin\varphi, \quad dx = \sin\varphi\, d\varphi,$$
$$K(1-x^2)^{(r-3)/2}dx = K\sin^{r-3}\varphi \,.\, \sin\varphi\, d\varphi = K\sin^{r-2}\varphi\, d\varphi:$$

---

[11] Dieses Problem taucht in Fragen der theoretischen Physik auf. Siehe J. von Neumann, Zeitschr. Phys., 57 (1929); A. Loinger, Rend. S.I.F., 1961.

[12] Wir verwenden hier aus Bequemlichkeit provisorisch die Buchstaben $y$ und $z$ mit der angegebenen Bedeutung, ohne Bezugnahme auf die normale als Koordinaten.

die Verteilung in $\varphi$ hat eine Dichte, die zu $\sin^{r-2}\varphi$ proportional ist (d.h. es ist dies, so wie es aus der Geometrie bekannt und vorauszusehen war, die Fläche des Ringes, der auf der Hypersphäre durch die Kegel mit der Halböffnung $\varphi$ und $\varphi + d\varphi$ ausgeschnitten wurde).

Aus $y = tg\varphi$, d.h. $\varphi = \operatorname{arctg} y$ folgt

$$\sin\varphi = y(1+y^2)^{-1/2}, \quad d\varphi = (1+y^2)^{-1}dy,$$
$$K\sin^{r-2}\varphi\, d\varphi = Ky^{r-2}(1+y^2)^{-r/2}dy;$$

und schließlich aus $z + 1/y$, d.h. $y = z^{-1}$, folgt

$$dy = -z^{-2}dz \text{ und } Ky^{r-2}(1+y^2)^{-r/2}dy = Kz^{-(r-2)}(1+z^{-2})^{-r/2}z^{-2}dz =$$
$$= Kz^{-r}(1+z^{-2})^{-r/2}dz = K(1+z^2)^{-r/2}dz.$$

Wenn wir mit $X_1, X_2, \ldots, X_r$ Zufallszahlen mit Verteilung mit Kugelsymmetrie bezeichnen, und $X = X_1$ angeben, $R$ = Entfernung vom Punkt $(X_1, \ldots, X_n)$ von $0(R^2 = X_1^2 + X_2^2 + \ldots + X_n^2)$, $D = \sqrt{R^2 - X^2} =$

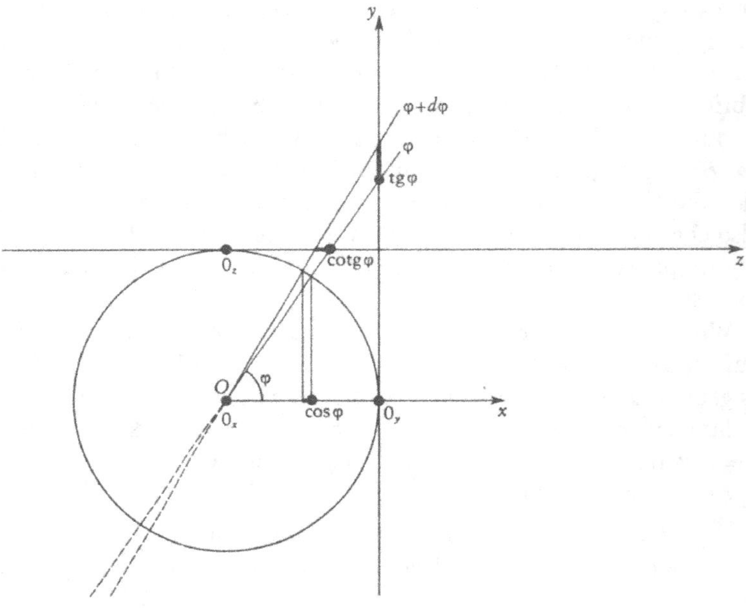


Abbildung 3.

Zentrale Projektion (Zentrum $O$) einer Verteilung mit Kugelsymmetrie.
Man sieht, wie in den verschiedenen betrachteten Problemen die Funktionen $\varphi$, $\cos\varphi$, $tg\varphi$, $\operatorname{cotg}\varphi$, auftreten und ihre Differentiale; zu den Verteilungen siehe (29), (26), (27), (28).

Distanz desselben Punktes von der $x$-Achse, so entsprechen die oben mit $x, y, z$, bezeichneten Variablen geordnet den Zufallszahlen $X/R$, $D/X$, $X/D$, $\operatorname{arctg}(D/X)$; sie haben daher die Verteilung mit folgender Dichte (wobei wir nun die Variablen immer wie gewöhnlich mit $x$ bezeichnen):

(36) $X/R$ $(\cos\varphi): f(x) = K(1-x^2)^{(r-3)/2} \quad (-1 \leqq x \leqq 1)$

(37) $D/X$ $(\operatorname{tg}\varphi): f(x) = Kx^{r-2}(1+x^2)^{-r/2}$

(38) $X/D$ $(\cot\varphi): f(x) = K(1+x^2)^{-r/2}$

(39) $\operatorname{arctg}(D/X)$ $(\varphi): f(x) = K\sin^{r-2}x \quad (-\pi/2 \leqq x \leqq \pi/2)$;

Zu beachten, daß man für $D/X$ und $r$ ungerade das Zeichen des absoluten Wertes setzen müßte, oder denken müßte, daß $K$ mit $x$ das Vorzeichen wechselt; in allen Fällen entspricht dieselbe Verteilung (indem man $K$ verdoppelt und es auf $x \geqq 0$ begrenzt) denselben Zufallszahlen im absoluten Wert ($|X|/R$ usw.).

Die für $D/|X|$ ergibt die Verteilung der Distanz durch die auf die Hyperebene projezierte Verteilung; wenn man durch $x^{(r-1)-1}$ dividiert, hat man die Dichte ($(r-1)$-dimensional) als Funktion von $x$, das dort die Distanz $\rho$ ist: wir können somit $g(\rho) = K(1+\rho^2)^{-r/2}$ schreiben (d.h.: form. derselbe Ausdruck wie das sukzessive ($|X|/D$); andere Signifikanz und $K$, weil es eine Dichte in $r-1$ Dimensionen anstatt in einer ist. Zu beachten, daß der Exponent $-(r+1)/2$ zu schreiben wäre, wenn man mit $r$ die Anzahl der Dimensionen des Raumes, auf den man sich bezieht, bezeichnen wollte und nicht die des Raumes, von welchem aus projeziert wird). Im einfachsten Fall der Projektion einer ebenen Verteilung mit kreisförmiger Symmetrie auf eine Gerade ($r=2$; Verteilung von $Y/X$; man leite zur Übung dieses Ergebnis unmittelbar von der Betrachtung der Abbildung ab) erhält man die *Cauchy-Verteilung*:

(40) $f(x) = K/(1+x^2) \quad (K = 1/\pi), \quad F(x) = \frac{1}{2} + (1/\pi)\operatorname{arctg} x.$

Es ist dies die unmittelbarste Charakterisierung der Cauchy-Verteilung (gewöhnlich unter Bezugnahme auf den besonderen Fall von $Y/X$ gebracht, mit $X$ und $Y$ unabhängig und mit zentrierter Normalverteilung, $m=0$). Wie wir wissen, ist dies eine stabile Verteilung mit unendlicher Varianz.

Beachten wir, daß sich für $D/X$ unendliche Varianz für jegliches $r$ ergibt, während für $X/D, f(x) \sim x^{-r}$ ist und die Momente der Ordnung $\geqq r-1$ wegfallen (unendlich werden). Auch diese letzte Verteilung (von $X/D$, mit irgendeinem $r$) ist sehr wichtig und wird weitgehend in der Statistik verwendet, wo sie als *Student-Verteilung* (nach dem Pseudonym von W. S. Gosset, der sie einführte; siehe Kap. XII, 3.6) bekannt ist.

Elftes Kapitel

# Induktiver Schluß; statistische Inferenz

## 1.
## *Vom induktiven Schluß.*

1.1. Die im Bereich der Logik des Gewissen, d.h. der eigentlichen Logik gültige Form des Schlusses ist die des deduktiven Schlusses. Man kann durch Schlüsse nicht zu sicheren Konklusionen gelangen, wenn man nicht beweist, daß sie in bereits bekannten Dingen enthalten sind, d.h., indem man das Besondere vom Allgemeinen ableitet. Es ist aber auch klar, daß man auf diese Weise nie den Bereich unserer Kenntnisse erweitern kann (außer in dem Sinne, daß ein implizit erworbenes aber uns unbewußt gebliebenes Wissen explizit wird).

Das, was, ausgehend von dem, was man weiß, oder wovon man sich überzeugt hat, dazu führt, auf etwas darüber Hinausgehendes zu schließen, ist allein die induktive Schlußfolgerung. Und wir sagen die „sogenannte" induktive Schlußfolgerung, weil wir kaum diskutieren werden, ob und in welchem Sinne man zu Recht von „Schlußfolgerung" spricht (siehe 1.3–4).

Der Bereich der Induktion erstreckt sich auf jedes Gebiet und jedes Niveau: vom Abwägen der Argumente für und wider die Zuverlässigkeit verschiedener wissenschaftlicher Theorien oder Schuld dieses oder jenes als Verbrecher Angeklagten bis zu den Methoden, um auf Grund von Beobachtungen die Bedingungen für bestimmte Arten von Versicherungen festzusetzen, oder zu denen zur Ermittlung entsprechend klarer Bewertungen einer Größe mittels unvermeidlich ungenauer Maße.

Besonders lehrreich ist es, an das Verfahren zu denken, durch welches neue wissenschaftliche Theorien auf Grund von Intuitionen formuliert werden, die das Ergebnis beobachteter Umstände sind und die dann oft unter verschiedenartigen Umständen anhand neuer Ermittlungen diskutiert werden, die nach und nach durch diese oder jene Theorie besser zu erklären sind. Im wesentlichen handelt es sich immer um eine Analyse der Situation der Kenntnisse auf Grund des Bayesschen Theorems, nur daß es in so weiten und unklaren Situationen unmöglich wäre, sich eine mehr als rein qualitative Anwendung vorzustellen. Der interessanteste Aspekt ist vielleicht der breite Spielraum für persönliche Faktoren der verschiedenen Gelehrten, im besonderen für den Misoneismus der Konservativen: ein beunruhigendes Indiz des Festhaltens an dem abergläubischen Vertrauen in die „wissenschaftlichen Wahrheiten" des Augenblicks.

Besonders sind zwei häufige und leichte Irrtümer zu beachten. Der eine besteht darin anzunehmen, man habe eine Theorie widerlegt, weil man eine ihrer besonderen Erklärungen, Folgen oder Anwendungen widerlegt hat; es kann sehr wohl sein, daß eine einzelne Erklärung unwesentlich ist, oder daß eine einzelne Anwendung durch Begleitumstände gestört ist[1]. Es ist immer schädlich, neue Ideen übereilt abzulehnen, weil sie, auch wenn sie nicht wahr sind, doch immer (oder fast immer) Trägerinnen fruchtbarer Fermente sind. Ein noch größerer in diesem Sinne ist der Fehler, der darin liegt, die Betrachtung eines Teiles ihrer Daten oder der beobachteten Tatsachen zu unterlassen. Das ist in der Logik des Gewissen gerechtfertigt: wenn man von nur einem Teil der (sicheren) Daten ausgeht, so wird die *Deduktion* zu einer beschränkteren Menge von Konklusionen führen, die jedoch *sicher* sein werden. In der Wahrscheinlichkeitslogik nicht (was selbstverständlich ist, auch ohne an die *Mutmaßlichkeit* (IV, 6.1) zu denken, wenn man beachtet, wie unkorrekt es wäre, alle Indizien zu ungunsten einer gegebenen Thesis zu vernachlässigen). Man beachte, daß man diese Norm auch unversehens überschreiten kann!

Eine gründliche Analyse, unter allen Aspekten, über die Art, in der sich der wissenschaftliche Gedankengang entwickelt, würde ein äußerst interessantes aber auch äußerst schwieriges Werk darstellen. Und in der Tat glaube ich nicht, daß es ein solches Werk gibt, noch daß dessen Schaffung versucht wurde. Es wäre die Geschichte einer ununterbrochenen Reihe von Umwälzungen von Auffassungen, gereift oder intuitiv erfaßt mit Hilfe von Überlegungen über unerwartete Forschungsergebnisse einsamer Geister, im

[1] Zwei Beispiele. Die Theorie von Wegener (über die „Entstehung der Kontinente") ist abgelehnt worden, weil der von ihm erdachte Mechanismus ihrer Erklärung ungeeignet war. Dies schließt jedoch nicht aus, daß (bei einer Korrektur dieser hypothetischen erklärenden Details) die Realität der Tatsache bestehen könnte. Die Hypothesen von Velikovsky (über das planetare System) sind als absurd erklärt worden, unter anderem, weil sie für die Temperatur der Venus absurd hohe Werte implizierten ... die dann durch Mariner II und andere Beobachtungen bestätigt wurden. Dies genügt nicht, um zu beweisen, daß die (zumindest nach den geltenden Ansichten sehr gewagte) Theorie richtig sei, wohl aber als Beweis für die Anmaßung jener Wissenschaftler, die sich berechtigt glauben, leichtfertig zu urteilen, ohne sich auch nur herabzulassen, über zahlreiche und verschiedenartige Argumentationen nachzudenken, die genau ausgearbeitet vorgebracht werden.

allgemeinen mit Feindseligkeit, Unverständnis und Mißtrauen aufgenommen, bis sie sich schließlich nach Anhäufung der günstigen Beweise und Vervollkommnung der theoretischen Formulierungen durchsetzen.

Rein als Beispiel könnte man einige Schriften zitieren, die eine Idee dessen vermitteln können, wie einige der hauptsächlichen Aspekte dargelegt werden, bis eine Synthese die gesamte Signifikanz aufzeigt. Das (bereits in VIII, 8.4, Anmerkung) zitierte Buch von Weisskopf, das ein umfassendes Bild der modernen wissenschaftlichen Theorien entwirft, ortet und beleuchtet an richtiger Stelle das entscheidende Eingreifen revolutionärer Umwälzungen der Ideen auf jedem Gebiet. Intuition und Reifen einer Idee mittels Erforschung von Beweisen, die sie aufwerten können, wird in J. WATSON, *La doppia elica* (Garzanti, Mailand 1968) lebhaft beschrieben, einer autobiographischen Schilderung der Entdeckung der Struktur der DNS (woher der genetische Codex usw.). Eine kritische Analyse des Verhaltens der akademischen Welt in Bezug auf „störende" Fortschritte findet man im Artikel *The Scientific Reception System* von Alfred de Grazia in dem (von ihm herausgegebenen) Band *The Velikovsky Affair: The Warfare of Science and Scientism* (University Books, New York 1966); weitgehend mit diesem Buch in Zusammenhang stehende Betrachtungen sind in einem meiner Artikel, *Remore e freni sul cammino della scienza* in „Civiltá delle macchine", 1964 enthalten. Wir alle wissen, welches unermeßliche Material über den schweren Kampf aller erneuernden Theorien existiert, von der Relativität zur Quantenphysik, von der Evolution zur Mendel'schen Genetik und es wäre lehrreich dieses Material kritisch zu ordnen, um festzustellen, ob und in welchem Ausmaß die Situation (mutatis mutandis) sich seit den Zeiten von Galileo gebessert hat.

Ein anderer Aspekt, enger verbunden mit dem Thema dieses Werkes und im besonderen dieses Kapitels, wäre die Bewertung dieser Prozesse der Entdeckung und Anerkennung im Lichte der probabilistischen Grundlagen des induktiven Schlusses. Wie gesagt, befinden wir uns in unklaren Situationen so daß eine Schätzung der auf dem Spiele stehenden Wahrscheinlichkeiten nur von Fachleuten versucht werden könnte, die trachten würden, sich in die Lage und Kenntnisse der Wissenschaftler der zu studierenden Epoche zu versetzen. Etwas Lehrreiches müßte zu ermitteln sein[2]. Über derartige Fragen gibt es eine blühende Literatur (wir nennen nur zwei der wichtigsten Exponenten: R. Carnap und K. Popper), die jedoch m. E. durch Formulierungen bestimmt ist, die zu abstrakt und formalistisch sind[3]. Wunderschön, durchdringend (und ... geistreich) sind dagegen die kritischen Betrachtungen von H. Jeffreys über *Logic and Scientific inference* (Kap. I von *Scientific Inference*, zitiert in VII, 5.5, Anmerkung 1), die in einem glänzenden Dialog zwischen einem Logiker und einem Botaniker den unweigerlich unsicheren und hypothetischen Charakter aller wissenschaftlichen „Wahrheiten" und „Gesetze" beweisen sollen, sowie die Notwendigkeit, darum jede Schlußfolgerung auf die probabilistische Logik zu gründen[4]. Aber die Ausführungen erschöpfen sich mit der Beschreibung und Vertiefung dieser These, ohne die Möglichkeit aufzuzeigen, sie auf die großen Probleme der Synthese anzuwenden, auf die Probleme der Wahl zwischen entgegengesetzten Theorien.

---

[2] Eine Untersuchung von K. Pearson und G. M. Morant, in der alle Elemente eingeteilt und erwogen werden, die man anführen kann, um die Echtheit eines angeblichen Schädels von Cromwell zu diskutieren (und man schließt mit der praktischen Sicherheit), könnte in gewissem Sinne als Beispiel für eventuelle Anwendungen auf Argumente weit größeren Interesses dienen. Siehe Zitate und Kommentare in B. DE FINETTI und L. J. SAVAGE, „*Sul modo di scegliere le probabilita iniziali*", in „Bibl. del Metron", C. I. Band, Rom 1962, Seite 130–31 und 153.

[3] Eine vergleichende und kritische Darstellung der verschiedenen Gesichtspunkte in diesem Bereich befindet sich in einer Monographie, auf die ich hinweisen möchte: IMRE LAKATOS, *Changes in the problem of Induktive Logic*, in *The problem of Inductive-Logic*, North-Holland Publ. Co, Amsterdam 1968.

[4] Siehe im Anhang (besonders Nr. 13) entsprechende Überlegungen.

1.2. Der Bereich, in welchem der induktive Schluß sich besonders für die Anwendung in der Wahrscheinlichkeitsrechnung in Form technischer Entwicklungen eignet, ist der bescheidenere, welcher besondere Probleme im Rahmen einer bereits anerkannten Darstellung betrifft. Und auf diese Art von Problemen wollen wir uns beschränken (und sogar nur auf die einfachsten und grundlegendsten Fälle). Zunächst können wir damit beginnen, daß wir, grob gesagt, 3 Bedeutungen oder Stufen unterscheiden: dann kommen wir zu den gebräuchlicheren Anwendungen.

Erste Stufe. Diese führt zu (mehr oder weniger streng) *deterministischen* Konklusionen. Durch die Feststellung, daß in einer gewissen Anzahl von mehr oder weniger analogen Fällen eine gewisse Tatsache sich immer in einer gewissen Art entwickelt hat, werden wir häufig dazu veranlaßt anzunehmen, daß dasselbe auch in Zukunft geschehen wird, oder wir glauben sogar, daß dies notwendigerweise infolge eines „Gesetzes" geschehen muß. Das ist der extremste Fall.

Zweite Stufe. Durch die Feststellung, daß eine gewisse Tatsache sich *fast immer* in einer bestimmten Art entwickelt hat, oder *mit einer gewissen Häufigkeit* (z. B. 37,2%), sind wir oft dazu geneigt zu erwarten, daß dies auch in Zukunft fast immer oder mit dieser gewissen Häufigkeit geschehen wird. Das ist der typischste Fall der *statistischen Inferenz* im gebräuchlichsten Sinne.

Dritte Stufe. Durch die Kenntnis des Verlaufes einer gewissen Tatsache in einer Gruppe oder Folge von untereinander mehr oder weniger analogen Fällen in der Vergangenheit sind wir häufig geneigt, irgendeine Art Erwartung für die Zukunft aufzustellen: z. B. daß eine scheinbare Tendenz der Häufigkeit zur Abnahme anhalte, oder ein periodisches Schwanken, oder eine Tendenz der Erfolge sich in mehr oder weniger langen Sequenzen zu gruppieren, oder dagegen das Alternieren mit Mißerfolgen usw. Und das ist der allgemeinere Fall.

Man kann nicht sagen, daß eine klare Unterscheidung zwischen den drei Fällen (insbesondere zwischen den beiden letzteren) besteht, noch hat die Unterscheidung zwischen Vergangenheit und Zukunft an sich irgendeine Bedeutung: der induktive Schluß kann mit gleichem Recht auf Vermutungen über den Verlauf von Tatsachen in einem früheren Zeitraum oder zur Zeit der Beobachtungen angewandt werden. Die näheren Angaben sind einfach als vorteilhafte Verfahren zur Klarstellung der Auffassung gewisser Aspekte und als Anregung zur Überlegung über die aufgeworfenen Fragen zu verstehen.

Eine andere Klassifizierung, interessant vom Standpunkt des mehr oder weniger tiefen und komplexen Eingreifens der Unbestimmtheit (in *marginaler* oder *statischer* Form, mit oder ohne Experimentierung, oder in *dynamischer* mit Untersuchung stochastischer Modelle) ist die von J. Neyman[5] vorgeschlagene. Wir können uns hier jedoch nicht in diese Probleme vertiefen.

1.3. Wenn wir unter „Schlußfolgerung" etwas verstehen, das sich auf die Logik gründet (auf die Logik des Gewissen, auf die allgemeine Logik), so ist es klar, daß der „induktive Schluß" kein „Schluß" ist. Auch in der ersten Stufe, wo die Konklusion (sei sie nun gültig oder nicht) die logische Bedeutung einer Aussage hat, ist es klar, daß die Logik dafür keinerlei Beweis gibt. Nichts schließt aus, daß eine bisher niemals eingetroffene Tatsache in Zukunft eintritt (selbst wenn man, um nicht weniger wesentliche Einwände hinzuzufügen, annimmt, daß eine nie beobachtete Tatsache wirklich eine noch nie eingetretene sei). Für die anderen Stufen besteht immer der Einwand, daß man aus der Kenntnis der Vergangenheit (oder jedenfalls des bereits Beobachteten oder Bekannten) logischerweise nichts für die Zukunft ableiten kann (oder jedenfalls, in Bezug auf das noch nicht Beobachtete oder Bekannte, womit alles Vorstellbare und Unvorstellbare gemeint sein kann); und überdies haben die „Konklusionen" selbst nicht die logische Eigenschaft genauer Aussagen (immer vorausgesetzt, daß sie wahr sein mögen oder auch nicht)[6].

In welchem Bereich der „Logik" wird man also anerkennen können, daß der „induktive Schluß" ein „Schluß" sei? von dem hier verfolgten Gesichtspunkt aus ist die Antwort leicht: er ist es im Bereich der Wahrscheinlichkeitslogik, d.h. der (subjektiven) Wahrscheinlichkeitstheorie, die für uns die einzige andere Form der Logik außerhalb der Logik des Gewissen ist. Und in der Tat werden wir in der Folge (in diesem und im folgenden letzten Kapitel) alle Fragen illustrieren, die den induktiven Schluß betreffen, indem wir sie entsprechend der probabilistisch-subjektivistischen Interpretation darstellen, in welcher das Bayes'sche

---

[5] JERZY NEYMAN, *Inderterminism in Science ecc.*, in „Journ. Amer. Math. Ass.", 1960; siehe Hinweise in B. DE FINETTI – F. EMANUELLI, *op. cit.* in V, 5.9., Anmerkung 2, Seiten 17–19.

[6] In der „dritten Stufe" könnte man auch Aussagen in deterministischer Form haben, die z.B. eine Tendenz zum Fallen, oder Fluktuieren nach einem bestimmten „Gesetz" (exponential, sinusoidal, usw.) ausdrücken, welches durch Extrapolation angeregt wird. In diesem Falle fällt der zweite Einwand (Ungenauigkeit), doch tritt dafür ein dritter auf (oder zumindest verschärft sich der erste), der sich durch die weite Willkürlichkeit ergibt, die im allgemeinen in der Wahl einer Extrapolationsformel liegt.

Theorem den wesentlichen Schlüssel und die aufklärende Theorie jeder konstruktiven Tätigkeit des Geistes bildet.

1.4. Anders ist die Situation derjenigen (und leider sind es zur Zeit die meisten), die diesen Gesichtspunkt nicht annehmen und damit in eine Sackgasse geraten. Während, wenn man ihn voll in seiner subjektivistischen Interpretation anerkennt, die Wahrscheinlichkeitstheorie die Logik der Ungewißheit bildet und sich vollständig mit der Logik des Gewissen integriert, um das unitäre und totale Instrument für jede Schlußfolgerung zu bilden, bleibt derjenige, der dieses Bild ablehnt ohne jede kohärente Basis. Zwischen der Wahrscheinlichkeitstheorie, die auf ein Fragment reduziert wird, das man angeblich in objektivistischer Version verkleiden kann, und der Logik des Gewissen bleibt eine Leere, die nur durch zusammenhanglose Bemühungen, die in ebenso gekünstelte wie leere Fragen übersetzt werden, zu füllen ist. Umsonst versucht man, die Rolle der Wahrscheinlichkeitsrechnung (und jener unter ihren Anwendungen, die in der modernen Terminologie angelsächsichen Ursprungs unter dem Namen Statistik laufen) zu erweitern und zu verstärken, in einer in Bezug auf die sogenannten Objektivisten ungerechtfertigten Form und doch weit entfernt von der notwendigen Vollständigkeit, die nur die subjektivistische Interpretation bietet. Wie die unaufhörliche Neuschaffung besonderer ad hoc-Methoden für besondere Fälle und Unterfälle (Adhocereien!) und die heftigen Kritiken, die diese gerade unter den Autoren der objektivistischen Theorien selbst verursachen, beweisen, sind alle Bestrebungen dieser Art weit davon entfernt, zum Erfolg zu führen, sie sind weder befriedigend noch hinreichend. Es bleibt nur ein Gähnen!

Da man „Konklusionen" liefern will, aber ohne sagen zu können, daß sie *sicher* sind, da sie ja zweifellos nicht sicher sind, und da man nicht sagen will, daß sie *wahrscheinlich* sind, weil es sich dann zweifellos um subjektive Wahrscheinlichkeit handeln würde, klammert man sich an das Suchen nach Wörtern, die etwa zu sagen scheinen, um sich dann damit abzumühen, näher zu bestimmen, daß sie nichts bedeuten, sich dann aber endgültig zu bemühen, zu verstehen zu geben, daß es jedenfalls weise ist, sich so zu verhalten, als ob doch irgendwo irgendwie ein Sinn vorhanden wäre.

*Wörter* dieser Art sind „*anerkennen*" und „*ablehnen*" einer „*Hypothese*" oder die „*Schätzung*" einer nicht genau bekannten Größe.

Es würde sich nicht um ein *Wort*, sondern um eine *Theorie* handeln, wenn man unter „Schätzung“ einen bestimmten Wert in Bezug auf die Wahrscheinlichkeitsverteilung, die man dieser Größe zuschreibt, verstehen würde, z. B. die Erwartung, Mediane usw., besonders wenn für eine besondere Entscheidung entsprechend ausgewählt. Wenn man aber nicht von Wahrscheinlichkeit und Wahrscheinlichkeitsverteilungen sprechen will, so ist „Schätzung“ ein eitles Wort.

Und es würde sich nicht um *Worte*, sondern um *Theorien* handeln, wenn man unter „annehmen“ und „ablehnen“ das Zustandekommen einer Wahrscheinlichkeitsbewertung verstehen würde, die für eine gegebene „Hypothese“ so hoch, oder so nieder, wäre, daß man sich, für gewisse Zwecke, verhalten könnte, als ob sie wahr oder als ob sie falsch wäre.

Und hier wäre sogar ein weiterer Vorbehalt bezüglich der Bedeutung der „Hypothese“ hinzuzufügen, weil das Besagte Sinn hätte, wenn man von „Hypothesen“ sprechen würde, die unmittelbar als wahr oder falsch verifiziert werden könnten (z. B. die „Hypothese“, daß an einem gegebenen Punkt einer gegebenen Tiefe und nicht darüber hinaus, Erdöl zu finden wäre). Wenn dagegen die „Hypothese“ eine einigermaßen abstrakte, interpretative Aussage ist, die geeignet ist, gewisse Aspekte zusammenzufassen und gewisse Daten zu koordinieren, ohne daß diese ausreichen, um sie zu fordern oder auszuschließen, so wäre die Aussage illusorisch, oder entsprechend verdächtig (sowie, wenn man fragt, ob „die Natur des Lichtes korpuskular“ oder „wellenartig“ ist, oder ob „ein gegebenes Individuum intelligent ist“): streng genommen müßte man diese Aussage durch eine präzise Aufzählung der verifizierbaren tatsächlichen Umstände ersetzen, durch welche man glaubt, sie ersetzen zu können. Noch schlimmer, wenn die „Hypothese“ (explizit oder auch implizit) Wertschätzungen über Wahrscheinlichkeiten enthält (z. B., „diese Münze ist in dem Sinne vollkommen, daß $p = \frac{1}{2}$“, „die Sonnenflecken haben (im Sinne einer porbabilistischen Korrelation) einen Einfluß auf die wirtschaftliche Entwicklung“; „die Tatsache, bereits Unfälle verursacht zu haben, verschärft bei einem Autofahrer die Gefahr, daß er weitere verursachen wird“): es wäre notwendig, wenn sie vorhanden sind, Formulierungen zu suchen, die als (subjektive) Wahrscheinlichkeiten ausgedrückt werden können, die sich ausschließlich auf direkt feststellbare Tatsachen und Umstände rein objektiver, konkreter und begrenzter Natur beschränken.

1.5. Diese letzte Bemerkung bekräftigt die Behauptung, deren Bedeutung mehrfach zu betonen ist. Die objektivistischen Auffassungen der Wahrscheinlichkeit und der Statistik bekräftigen nicht die Bedeutung des Merkmals der Objektivität, sondern sie zerstören es durch planlose Ausdehnung, in ihrer Illusion, alles objektiv machen zu wollen (vor allem das, was gar nicht objektiv sein kann). In derselben Weise würde, wer das Merkmal der „Rigidität" verherrlichen wollte, indem er den Begriff „starre Körper" auf alle festen Körper (auch auf extrem elastische oder plastische) ausdehnt, die Unterscheidung, für die eben der Begriff „starr" eingeführt wurde, völlig leer und unanwendbar machen, während er vor Verzerrungen, Mißverständnissen und Mißbrauch geschützt werden sollte.

Im Bereich der Philosophie haben die Fragen über den induktiven Schluß, über dessen Auslegung, Verwendung und Rechtfertigung zu endlosen und zusammenhanglosen Untersuchungen geführt, die in Ermangelung geeigneter Strukturen und probabilistischer Kenntnisse unvermeidlich im Dunkel und Unklaren blieben. Im richtigen Sinne scheinen jedenfalls Hume (wenn ich seine Ansichten, die andere anders auslegen, richtig auslege) und die Pragmatiker (in besonderer Art schätze und bewundere ich Giovanni Vailati[7]) sie dargestellt zu haben. Aber die Reaktionen gegen jede intelligente Klärung sind immer schnell vorhanden und voll heiligen Eifers, zur Verteidigung des heiligen Stumpfsinnes: da plagt sich der arme Kant, um das von Hume geöffnete Leck zu stopfen und das gestörte traditionelle Machwerk zusammenzuflicken, wonach der induktive Schluß unbedingt wie der deduktive in die beengende Struktur der Logik des Gewissen eingefügt werden soll.

Was wir sagen werden, soll diese Wahnvorstellungen zerstreuen, indem sowohl unter dem philosophischen als unter dem mathematisch-statistischen Aspekt, gezeigt wird, wie leicht es ist, Dinge, die an sich vollkommen klar und einfach sind, klar und einfach darzustellen,

[7] Siehe G. VALIATI, *Schriften*, Verlag Seeber, Florenz 1911. Giovanni Vailati, Mathematiker der Schule von Peano, war originell und gründlich und ein überzeugter Verfechter des Pragmatismus in Italien (auch mit Unterscheidungen – denen ich auch beistimme – im Vergleich zum amerikanischen von Peirce, James usw.). Der Anfang eines Werkes von Vailati über den Pragmatismus (in Zusammenarbeit mit Mario Calderoni, unvollendet durch den Tod des V.) wurde in zwei Artikeln (CCX und CCXI) im oben genannten Buch veröffentlicht (Seiten 920–32 und 933–41): *Le origini e l'idea fondamentale del pragmatismo* und *Il pragmatismo e i vari modi di non dir niente.* Siehe auch (dort, CLIX, 689–94), *Pragmatismo e logica matematica.*

sofern man sich damit abfinden kann, darauf zu verzichten, daraus anmaßende und irreführende Ungeheuer zu machen.

## 2.
## *Einleitende Ansätze und Erklärungen.*

2.1. Es ist so sehr wahr, daß, nach unserer Darstellung, das Problem des induktiven Schlusses kein Problem mehr ist, daß wir im wesentlichen bereits geantwortet haben, ohne es zu bemerken. Es reduziert sich alles auf den Begriff der bedingten Wahrscheinlichkeit (eingeführt in Kap. IV) und auf die dort in knapper Form entwickelten Betrachtungen (im besonderen, dort, in Nr. 14) über die „stochastische Abhängigkeit durch Bereicherung der Information".

Wir werden jetzt im wesentlichen nichts anderes zu tun haben, als diese Ausführungen in einer systematischeren und ausdrücklich in Bezug auf die hier interessierenden Fragen orientierten Form, wieder aufzunehmen. Fragen, die vom allgemeinen Fall (der „Auswirkung einer Bereicherung der Information") nicht abweichen, ausgenommen die an sich unwesentliche oder fast unwesentliche Tatsache, daß diese Bereicherung absichtlich mittels Beobachtungen oder sogar mittels Versuchen infolge einer mehr oder weniger geeigneten Vorbereitung erworben wurde.

2.2. Was können wir also in Bezug auf eine künftige Tatsache $E$ (oder in Bezug auf eine Menge künftiger Fälle; und anstatt künftig, würde es genügen „noch nicht bekannt" zu sagen) auf Grund der Tatsache sagen, daß wir beobachtet haben (oder die Information erhalten haben), daß ein gewisser Komplex von Ergebnissen $A$ verifiziert worden ist? Nichts. Nichts „Gewisses", weil nichts uns berechtigt, über eine zukünftige Tatsache $E$ eine *Vorhersage* zu machen, außer es gelten „Gesetze", die als unbeirrbar angenommen werden (wie die für eine Sonnenfinsternis: aber streng genommen müßte man auch in diesem Fall sagen „abgesehen von planetaren Kataklismen, die keine bisher beobachtete Tatsache erwarten läßt" und jedenfalls „sofern die angenommenen Gesetze nicht dementiert werden"). Und nichts (keinerlei Begrenzung) im objektiven Sinn, bezüglich der Wahrscheinlichkeit als *Erwartung*. Jede Erwartung, jede Wahrscheinlichkeitsbewertung, bleibt immer frei und vollkommen dem subjektiven Kriterium des Einzelnen überlassen.

Und nur *innerhalb* dieses objektiven Kriteriums erwächst eine Art Verpflichtung, eine reine Verpflichtung der Kohärenz, von der alles das abgeleitet werden kann, was über den „induktiven Schluß" zu sagen ist, und das sich im wesentlichen auf das Theorem der zusammengesetzten Wahrscheinlichkeiten reduziert (oder, wenn man die ausdrucksvollste Variante, den ausdrucksvollsten Folgesatz anführen will, das Bayes'sche Theorem).

Wir nennen $\mathbf{P}(E)$ die in unserer angenommenen Situation bewerteten Wahrscheinlichkeiten, d.h. auf Grund der Kenntnis (mit den entsprechenden Beobachtungen) des Ergebnis-Komplexes $A$. Wenn wir mit $H_0$ die Menge der vorherigen Informationen bezeichnen (siehe Kap. IV, Nr. 1), und mit $\mathbf{P}^0(E) = \mathbf{P}(E|H_0)$ die dieser anfänglichen Situation entsprechenden Wahrscheinlichkeiten, so wären die $\mathbf{P}(E)$, vollständig ausgeschrieben, $\mathbf{P}(E) = \mathbf{P}(E|H_0A)$: die der anfänglichen Information $H_0$ entsprechenden Wahrscheinlichkeiten, integriert mit der neuen Information $A$. Und das Theorem der zusammengesetzten Wahrscheinlichkeiten (und dann die Version von Bayes) besagt, daß

$$(1) \qquad \mathbf{P}(E) = \mathbf{P}^0(EA)/\mathbf{P}^0(A) = \mathbf{P}^0(E)\mathbf{P}^0(A|E)/\mathbf{P}^0(A)$$

sein muß.

*Bemerkung.* Es gibt einen heiklen Umstand, auf den aufmerksam zu machen ist. Zufällig wurde sofort gesagt (in der Definition der bedingten Wahrscheinlichkeit: siehe XI, 1), daß in $\mathbf{P}(E|H)$, $H$ bedeutet, „zu erfahren, daß $H$ wahr ist *und weiter nichts*". Daher ist es falsch (zumindest ohne derartige nähere Angaben stillschweigend anzunehmen), einfach zu sagen, daß $\mathbf{P}(E|H)$ die Wahrscheinlichkeit von $E$ ist, nachdem $H$ bekannt wurde. In dem Augenblick, in dem wir erfahren werden, daß $H$ eingetreten ist, werden wir im allgemeinen auch andere Umstände erfahren haben, die unser Urteil beeinflussen können, und jedenfalls wird auch die Information über das Eintreten von $H$ fast immer unvermeidlich mehr oder weniger explizit weitere Einzelheiten und Umstände enthalten, die die endgültige Information und damit mutmaßlich das Wahrscheinlichkeitsurteil in dieser Situation verändern.

Wir werden im Anhang (Nr. 16) hierzu kritische Betrachtungen bringen, doch ist hierüber (auch wenn wir dies nicht immer wiederholen wollen) bei jeder Frage und Anwendung, die den induktiven Schluß betrifft, nachzudenken.

2.3. Hierin liegt der ganze „Induktivschluß". Man pflegt zu sagen, daß er anzeigt, wie man „aus der Erfahrung lernt", und dies ist gut gesagt, wenn dabei wohl klar bleibt, daß die Erfahrung nicht lehrt, aus nichts eine Meinung zu bilden, sondern nur, eine vorher bestehende Meinung der neuen Situation anzupassen. $A$ (die Erfahrung) bestimmt nichts aus sich allein, und gibt auch keinerlei Begrenzung; nur im

Zusammenhang mit $\mathbf{P}^0$ (der „anfänglichen", vorher vorhandenen Meinung) ergibt sich eine Konklusion, d.h. es bildet sich die neue („endgültige") Meinung **P** Was nicht bedeutet, daß die durch *A* ausgedrückte Erfahrung $\mathbf{P}^0$ dementiert hätte und dazu gezwungen hätte, es zu ändern oder zu korrigieren, um **P** zu übernehmen; im Gegenteil, **P** auf Grund des neuen Informationsstandes anzuerkennen, ist gerade die echte und einzige Art, mit der anfänglichen Meinung auf Grund der anfänglichen Information genau im Einklang zu sein[8]. Was aber die Bezeichnungen „anfänglich" und „endgültig" anbelangt, so bedeuten sie einfach „vor" und „nach" der gegenständlichen Information *A*, Fall für Fall; es ist gut, dies zu betonen, um den möglichen Eindruck zu vermeiden, „anfänglich" müßte irgendeine altertümliche Situation „vor jeder Erfahrung", der „absoluten Unwissenheit", „vollkommener Gleichgültigkeit" oder ähnliches bedeuten, oder es könnte geradezu bedeuten, daß es sich um verschiedene Arten von Wahrscheinlichkeiten handelt (wie dies besonders in der alten Terminologie war, wo man von Wahrscheinlichkeiten *a priori* und *a posteriori* sprach).

Noch besser: wenn man bedenkt, daß keine Relation nur eine Richtung hat, können wir sagen, daß (1) nur die Möglichkeit von zwei verschiedenen Wegen, um die $\mathbf{P}(E)$ *zu* bewerten, aufzeigt: direkte Bewertung (indem man sich die endgültige Information, die $H_0$ und *A* umfaßt, vor Augen hält), oder die $\mathbf{P}^0(E)$ und $\mathbf{P}^0(AE)$ nur auf Grund der anfänglichen Information $H_0$ bewertet zu haben (oder sie zu bewerten, indem man sich in den damaligen Geisteszustand versetzt). Durch die Kohärenz muß das Ergebnis dasselbe sein, und, wenn jemand den Versuch macht, beide Wege zu verfolgen und Unstimmigkeiten findet, wird er die Bewertungen überdenken müssen, die Verläßlichkeit, die er den eigenen Bewertungen nach beiden Methoden zuschreibt überprüfen und auf dieser Grundlage Änderungen vornehmen müssen, bis sie übereinstimmen. Es handelt sich weniger um eine Deduktion (wenn auch im Bereich der subjektiven Wahrscheinlichkeitsbewertungen) als um eine Aufforderung zur Überlegung, um die eigenen Meinungen mit den Forderungen der Kohärenz in Einklang zu bringen. Daran wird umsomehr erinnert, als wir uns (aus offensichtlichen Forderungen der Einfachheit der Darstellung) ausdrücken werden, als ginge es ohne

---

[8] Man erinnere sich und vergleiche die diesbezüglichen Betrachtungen in IV, 5.3. und V, 9, zu denen weitere hinzukommen werden (3.1. usw.).

weiteres darum, zuerst $\mathbf{P}^0$ festzusetzen, dann $A$ zu beobachten und somit auf **P** zu schließen[9].

2.4. Es ist zu betonen, daß die gegebene Erklärung die einzige ist, ohne irgendeine Unterscheidung für jede induktive Schlußfolgerung gültig. Wer den Geist der subjektivistischen Wahrscheinlichkeitstheorie erfaßt hat, wird dies selbstverständlich finden. Es ist nur beachtlich und zu betonen, weil es andere Auffassungen gibt, die im Gegensatz dazu, die *statistische Induktion* oder die *statistische Inferenz* als einen Fall für sich betrachten, ja sogar für den einzigen Fall, der im Rahmen der Wahrscheinlichkeitstheorie zu erörtern ist.

Nach diesem Gesichtspunkt würde es sich um die besondere Situation handeln, in der man sich befinden würde, wenn man über große Mengen homogener Daten verfügt, z. B. die Häufigkeit einer großen Anzahl von Versuchen eines bestimmten Phänomens kennt, Prozentsätze von Individuen mit bestimmten Eigenschaften in einer Population usw. Die Konklusionen scheinen dann wie etwas, das man global als Effekt der beobachteten Daten ableitet, ein Effekt der gegeben und gültig ist, wenn die Daten genug umfangreich sind, und andernfalls nicht.

Um an ein klassisches Argument anzuknüpfen, es würde sich um eine Eigenschaft handeln, die an das Vorhandensein einer Anhäufung gebunden ist: solange nur wenige Objekte da sind, bilden sie keine Anhäufung und so könnte man keinerlei Schlüsse ziehen, wenn aber viele da sind, gibt es die Anhäufung und dann und nur dann funktioniert die Schlußfolgerung. Wenn man sich vorstellt, Objekte einzeln hinzuzufügen, so wird man nichts sagen können, bis genug da sind, um eine Anhäufung zu bilden und die Konklusion kommt dann

---

[9] Die vorige Bemerkung schwächt ein wenig die Kraft eines eher spontanen Einwandes ab: wenn man von **P** auf $\mathbf{P}^0$ zurückgehen muß, muß man auch von $\mathbf{P}^0$ auf ein $\mathbf{P}^{00}$ zurückgehen, und soll dies unendlich weitergehen? Und woher kommt dann die anfängliche Bewertung, die des Anfangs der Anfänge, die prä-initiale Bewertung (wie wir sie nennen könnten)? Die Frage ist äußerst sophistisch, weil das Verfahren jeden Griff verliert, wenn man es in Situationen überträgt, die zu weit von der Praxis entfernt sind. Anderseits ist es (wie wir sehen werden) bekannt, daß oft sehr unklare anfängliche Bewertungen genügen, um praktisch genaue Konklusionen zu ergeben (und wenn man von einem „Anfang" zum anderen zurückgeht, gilt dies umso mehr). Und wäre an einem gewissen Punkt eine Erklärung nicht angebracht, die auf dem „Instinkt" beruht, auf der durch Erbgut gewonnenen Erfahrung oder Ähnliches (was ich kaum andeute ohne mehr zu sagen oder in Fragen Stellung zu nehmen, die außerhalb meiner besonderen Kompetenz liegen)? Genauer, siehe in B. de Finetti und L. J. Savage (1962).

(plötzlich? beim Übergang von 99 zu 100, oder von 999 zu 1000? ...!), wenn sich endlich die Nichtanhäufung in eine Anhäufung verwandelt. Nein, wird man sagen! Diese Version ist lächerlich! sie ist nicht klar, sie ist verschwommen. Die Nichtanhäufung wird von einer Phase von vielleicht-vielleicht-auch-nicht-Anhäufung über eine Vielleicht-Nicht und eine Vielleicht-Doch-Phase laufen und dann erst nach und nach eine echte Anhäufung werden. Aber damit ist der eigentliche Grundfehler nicht beseitigt, nämlich die theoretisch grundlegende Unterscheidung zwischen „Masseneffekt" und „Effekt einzelner Elemente"; das Zugeben, daß eine klare Trennung nicht vorhanden sein kann, wird vielleicht scheinbar einen paradoxen Umstand beseitigen, aber nicht die Wurzel entfernen und somit wird die Schwäche und Widersprüchlichkeit der Ausgangsidee bestätigt.

Man kann schließlich nur eine derartige Unterscheidung leugnen. Die Konklusion, zu der man auf Grund einer Masse von Daten gelangt, ist nicht global, als Masseneffekt bestimmt, wohl aber als Resultierende, als kumulativer Effekt des Beitrages jeder einzelnen Angabe. Die Kenntnis des Ausganges einer gewissen Anzahl von Versuchen, möge sie nun groß oder klein sein, führt von der anfänglichen Meinung genau in derselben Weise zur endgültigen, wie wenn man das Ergebnis der einzelnen Versuche jeweils erfahren und die Meinung jedesmal entsprechend dem (im allgemeinen kleinen) Einfluß der einzelnen Information abändern würde. Das ist die wesentliche Idee, die man sich vor Augen halten muß, die man immer wieder beachten muß, um sich vor Mißverständnissen zu schützen. Dies erklärt die Ursachen einer Betonung, die übertrieben erscheinen mag und es auch wäre, wenn der Keim zu derartigen Mißverständnissen nicht in der Luft liegen würde, die wir atmen.

2.5. In unserer Abhandlung werden die Probleme „statistischer Art" die notwendige Beachtung finden, weil sie zweifellos vom theoretischen Standpunkt aus interessant und für Anwendungen auf allen praktischen Gebieten wichtig sind. Sie werden jedoch nur einen besonderen Fall, sogar eine nicht einmal gut abgegrenzte Menge besonderer Fälle bilden, die das folgende eher generische Merkmal gemeinsam haben: die Erfahrung besteht aus einer gewissen Anzahl (und häufiger interessiert der Fall einer großen Anzahl) von Beobachtungen „mehr oder weniger analoger" Tatsachen. Natürlich ist die Analogie an sich ein irrelevanter äußerer Umstand; sie führt jedoch im allgemeinen dazu, in den Wahrscheinlichkeitsbewertungen gewisse Merkmale einer mehr oder weniger vollständigen Symmetrie einzuführen, und dies ist der Umstand, der effektiv zählt (auch wenn es, vom beschreibenden Gesichtspunkt aus, wirksamer ist, jene Analogie zu nennen, die eigentlich nur Anlaß ist).

Eine ausdrucksvollere Angabe, wie eine derartige Analogie für die probabilistische Abhandlung in einen relevanten Umstand umgesetzt wird, liegt darin, zu sagen, daß sie dazu veranlaßt, die Konklusionen nur (oder zumindest vorwiegend) davon abhängig zu machen, *wieviele* (und nicht *welche*) unter einer gewissen Anzahl von „analogen" Ereignissen eintreten werden. Dies ist jedoch im dehnbaren Sinn zu verstehen, ohne zu behaupten, daß es ganz streng genommen wahr sei.

In diesem Zusammenhang findet das Problem (siehe V, 8.9 und VI, 5.5–6 – mehrfach erwähnt, aber bisher notwendigerweise auf einleitende Aspekte beschränkt) der Wahrscheinlichkeitsbewertung auf Grund der Beobachtung von Häufigkeiten, seinen Platz.

Wir werden jedoch sofort sehen, wie auch dieser Fall, der der einfachste ist, weit davon entfernt ist, eine einfache einzige Antwort zuzulassen, indem er die Wahl irgendeiner unter den möglichen anfänglichen Ansichten erlaubt, die allen möglichen von 0 bis 1 wachsenden Funktionen im Intervall [0, 1] entsprechen. Und wir werden auch sehen, wie, wenn man von der Prüfung einer selben Reihe von Ergebnissen ausgeht, spontan Ansichten auftreten können, die die Darstellung durch Verallgemeinerung modifizieren, obgleich (wenn auch in teilweiser oder abgeschwächter Form) der qualitative Umstand, der als Merkmal der Probleme statistischer Art angeführt wurde, weiter feststeht.

2.6. Zur konkreten Darlegung der Vielfalt der möglichen Verhaltensweisen bei der Prüfung dessen, das zur Voraussicht der Kenntnis einer gegebenen Menge von Resultaten führen kann, beziehen wir uns auf ein besonderes Beispiel. Wir nehmen an, die beobachteten Ereignisse seien 50 gewesen – und wir nennen sie $E_1, E_2, \dots, E_{50}$ und nehmen ferner an, die Ergebnisse wären die folgenden gewesen (wobei die Erfolge mit 1 und die Mißerfolge mit 0 angegeben sind):

1111001111 0111000111 1100001110 0000111011 1000000010.

Was kann man nun sagen? Welche Wahrscheinlichkeit könnten wir einem weiteren Ereignis $E_{51}$, oder $E_{312}$ zuschreiben, oder der Tatsache, daß auf 100 weitere (vorher bestimmte, oder solche, die man in gewissem Sinne „zufällig" betrachten wird), $k$ Erfolge kommen ($k = 0, 1, 2, \ldots, 100$), oder andere Dinge dieser Art?

Es hat keinen Sinn, diese Fragen abstrakt zu stellen; man muß wissen, um welche Ereignisse es sich handelt, was wir davon wissen oder uns vorstellen, sei dies auch wenig oder viel. Man kann nicht einfach sagen „man weiß nichts"; wörtlich würde dies bedeuten, daß wir nicht einmal wissen, um welche Ereignisse es sich handelt (außer daß sie mit $E_i$, $i = 1, 2, \ldots, 50$ bezeichnet sind) und dann haben wir weder Möglichkeit noch Interesse, uns um ihre Wahrscheinlichkeit zu kümmern. Aber selbst in diesem Falle würde der Leser, indem er versucht sich vorzustellen, mit welchem Ziel der Autor ein Beispiel erfunden hat, irgendwie einen Anhaltspunkt finden, um seine Meinung zu bilden, und das allein würde zählen (nicht das sogenannte „nichts wissen").

2.7. In praktischen Fällen wird man bestimmte Ideen von Merkmalen oder Begleitumständen haben können, wonach es möglich erscheinen wird, die Erfolgswahrscheinlichkeiten (in besser, schlechter oder in irgendeinem Sinne) in dem Sinne zu unterscheiden, daß man sich geneigt fühlt, Abweichungen von der Häufigkeit für Ereignisse, die diese Merkmale haben oder mit diesen Begleitumständen in Zusammenhang stehen, als signifikant zu betrachten und ihnen für die Zukunft Rechnung zu tragen. Wenn sich z.B. unter den Personen, die von einer Epidemie befallen wurden, eine andere Sterblichkeitshäufigkeit bei hohem und niederem Blutdruck ergibt, oder für Personen, die zu anderen Jahreszeiten geboren wurden, oder für solche mit Geburtstag an verschiedenen Wochentagen, so wäre die Bereitschaft, diese Abweichungen für signifikant zu halten im ersten Falle vermutlich hoch, im zweiten schwach und im dritten Null.

Andere Arten von Umständen, die signifikant erscheinen mögen oder nicht, sind die, die von der Ordnung abhängen. In unserem Beispiel hatten wir die Ereignisse als von 1 bis 50 nummeriert angenommen, in vielen Fällen gibt es jedoch total unbedeutende konventionelle Nummerierungen (Matrikel-Nummer, Reisepaß-Nr. usw.), in anderen Fällen mögen sie z.B. einer chronologischen Ordnung entsprechen und dann wohl signifikant erscheinen; in manchen Fällen in dem Sinne, daß sie eine gewisse Tendenz eines Wachsens oder Fallens oder Schwankens der Häufigkeit der Erfolge zeigen, und in anderen (wo das

„Folgen" zweiter Versuche einen Sinn hat) eine Differenzierung der Häufigkeiten der Versuche, die auf einen Erfolg oder auf einen Mißerfolg folgen (und sicherlich könnte man leicht noch mehr Varianten bringen).

In jedem konkreten Fall könnte man unzählige Unterscheidungsfaktoren dieser Art bringen, von denen die meisten sicherlich unbedeutend wären, während andere, in verschiedenartigen Kombinationen, dagegen mehr oder weniger mutmaßlich signifikant erscheinen könnten. Und diese Erklärungen in Worten, deren Sinn rein eine Orientierung ist, finden ihren einzigen präzisen Ausdruck in der Bewertung der Wahrscheinlichkeiten für alle konstruktiven Konstituenten der zu untersuchenden Ereignisse, oder, wenn man es lieber so sagen will (aber es ist äquivalent), den Wahrscheinlichkeiten, bedingt durch jede mögliche Kombination von Resultaten bei einer Gruppe beobachteter Ereignisse, für jede Kombination mit anderen Ereignissen. In dieser Formulierung findet alles seinen vollständigen Ausdruck, für alle erdenklichen Fälle.

2.8. Es ist klar, daß es unmöglich wäre und Verwirrung schaffen würde, gleichzeitig allen möglichen Faktoren Rechnung zu tragen. Daher beschränkt sich eine theoretische Studie zweckmäßigerweise auf mehr oder weniger einfache Fälle, in denen man wenigen oder nur einem Faktor Rechnung trägt. Es ist nur wichtig, in den praktischen Fällen im Auge zu behalten, daß jede derartige Schematisierung wahrscheinlich immer partiell und unzureichend ist.

Es ist auch gut zu beachten, daß, wenn man für diese verschiedenen Fälle besondere Bezeichnungen einführt, d.h. wenn man also von verschiedenen „*Schemata*" (von Bernoulli, Poisson, Markov, von austauschbaren oder teilweise austauschbaren Ereignissen, von Übertragung usw.) spricht, es irreführend wäre, wenn man diese Schemata wie eine Reihe starrer Modelle betrachten wollte, in die die wirklichen Fälle eingefügt werden müßten. Und noch weniger als Erfindungen von Mathematikern, die gemacht worden wären, um Komplikationen einzuführen, die für die Anwendungen uninteressant sind. Es sind vielmehr vereinfachte Schemata des einzigen realistischen „Schemas", welches alle denkbaren Unterscheidungen in allen möglichen Weisen kombiniert umfaßt. Modelle, die auch in der Praxis als Vereinfachung von Dingen, die nicht unbedingt vereinfacht werden können, nützlich sind.

## 3. *Der Fall der Unabhängigkeit und die Fälle der gegenseitigen Abhängigkeit.*

3.1. *Unabhängigkeit.* Vor allem kann es sein, daß jeder Einfluß der bei den sukzessiven Bewertungen beobachteten Resultate ausgeschlossen wird: dann befinden wir uns in dem bereits wohlbekannten Fall der Unabhängigkeit, *in dem das Problem der Inferenz nicht besteht.* Wir würden uns hierbei nicht einmal aufhalten, wenn es dafür nicht zwei Gründe geben würde: der erste ist technischer Art: die praktischste Art, ein Problem zu lösen, in dem wechselseitige Abhängigkeit vorhanden ist, besteht darin, es auf opportune Kombinationen von Schemen, in denen Unabhängigkeit vorhanden ist, zurückzuführen (wie wir dies in 3.5. und dann bei vielen anderen Gelegenheiten sehen werden). Der zweite Grund ist kritischer Art: die Behauptung, daß im Fall der Unabhängigkeit das Problem der Inferenz nicht besteht, führt, obwohl es selbstverständlich ist, oft zu Mißverständnissen, oder, besser, sie wird infolge mangelnden Verständnisses dessen, was sie wirklich besagt, oft unversehens mißachtet. Nämlich, daß jede Möglichkeit des „Lernens auf Grund der Erfahrung" *ausgeschlossen* ist, „weil darin ein Widerspruch liegt", wenn die anfängliche Meinung sich auf die Unabhängigkeit stützt, die eben darin besteht, zu behaupten, daß die durch irgendwelche Beobachtungen von Resultaten bedingte Meinung, von diesen nicht abhängen wird, immer die gleiche bleiben wird.

Wir können als Beispiel das Spiel von Kopf und Adler betrachten, wenn wir, entsprechend der üblichen Formel, die beiden Wahrscheinlichkeiten ($\frac{1}{2}$ und $\frac{1}{2}$) als gleich und die Versuche als unabhängig beurteilen. Dann bleiben die Wahrscheinlichkeitsbewertungen für die sukzessiven Versuche auch nach Beobachtung einer gewissen Anzahl von Resultaten, wie die oben für 50 Versuche angegeben, oder irgendwelche anderen, unverändert.

Dasselbe könnte man auch in Bezug auf Versuche mit einem Würfel sagen, wenn man z.B. als Erfolg die Augenzahl „1" und als Mißerfolg eine „0" annimmt, mit Unabhängigkeit und $p = 1/6$ anstatt $p = 1/2$. Im Falle der Unabhängigkeit (d.h.: wenn die anfängliche Meinung die ist, die sich auf die Unabhängigkeit stützt) ist jedes „Lernen aus Erfahrung" ausgeschlossen (weil „der Widerspruch es nicht erlaubt": es würde Inkohärenz mit der anfänglichen Meinung bedeuten).

Wie! – wird jemand vielleicht einwenden wollen (und wir setzen voraus, daß er sich auf die Folge des Beispiels bezieht) – Wenn mir der Würfel 26mal von 50 „1" zeigen würde (anstatt etwa 8mal), würde ich denken, daß er gefälscht ist (daß er die Augenzahl „1" begünstigt, daß vielleicht auf der Gegenseite ein Gewicht angebracht ist ...); und wenn ich dann sehen würde, daß bei 18 Würfen von 26 auf „1" wieder „1" folgt, und bei 16 Würfen von 23 „0" auf „0" folgt, würde ich mir denken, daß die Art des Wurfes die Permanenz fördert, und das würde die Hypothese der Unabhängigkeit dementieren, sodaß ich sie aufgeben würde; und ferner, wenn ich bemerken würde, daß die Augenzahl „1“ in 5mal 10 von 8 auf 6, 5, 5, 2 abnimmt, würde ich denken, daß das Gewicht, das anfänglich „1“ begünstigte so abgebröckelt ist, daß der Würfel vollkommen sein wird; ... und wer weiß, was ich noch herausfinden könnte!

Derartige Einwände mögen an sich annehmbar sein (es ist Ansichtssache), sie müssen aber in korrekter Form ohne Möglichkeit von Mißverständnissen vorgebracht werden. Wenn sie der vorhergehende Behauptung bezüglich der Widersprüchlichkeit jedes Überdenkens im Falle der Unabhängigkeit zu widersprechen scheinen, so heißt dies, daß die Art, in der sie formuliert werden, oder die Art, in der sie verstanden werden, durch ein Mißverständnis verfälscht ist.

Es ist in der Tat ein Mißverständnis, wenn man von der stochastischen Unabhängigkeit wie von einer „Hypothese“ spricht, die die Tatsachen „dementieren“ können, sodaß wir unsere Meinung ändern dürfen oder ändern müssen; um die Meinung „ändern“ zu können, mußten wir als anfängliche Meinung eine haben, die dieser Möglichkeit einer Revision entspricht, und allerhöchstens wäre es möglich, daß sie mit der eines Falles von Unabhängigkeit als „erste Approximation“ verwechselt würde, daß sie sich z. B. als eine Mischung von Bewertungen ergeben könnte, die vorwiegend dem Fall der Unabhängigkeit (mit einem gegebenen $p$) nahe wären, während jedoch, wenn auch mit geringem Gewicht, auch andere vorhanden wären, die *Alternativen*, wie sie im Beispiel angedeutet wurden, entsprechen würden.

Nur das Vorhandensein derartiger Alternativen führt zur „Revision“; und sogar nicht ihr bloßes Vorhandensein als abstrakte Möglichkeit, sondern das effektive Vorhandensein der Alternativen in der anfänglichen Meinung, die *infolge dieser Tatsache das Erfordernis der Unabhängigkeit nicht mehr erfüllen kann.* Die (uneigentlich so genannte) Revision, d. h. der Übergang von der anfänglichen Meinung zu einer beachtlich verschiedenen endgültigen Meinung, entsteht in der Tat bei Verifizierung von Fällen, die einer derartigen Alternative eine starke Mutmaßlichkeit verleihen, d. h., in Gesprächsform, wenn wir den Verdacht haben, daß das Eintreten dieses Falles einer alternativen Entfaltung zuzuschreiben ist, die ihm eine größere Wahrscheinlichkeit verleiht.

Unter Bezugnahme auf dieses Argument war (in VII, 5.8, Anmerkung 1) unterstrichen worden, daß man von der Verifizierung von *verdächtigen* Fällen sprechen sollte, nicht von außergewöhnlichen oder nicht mutmaßlichen, wie man sie manchmal nennt. Der Grund ist der eben dargestellte, und er muß weiter illustriert werden, um den Gegensatz zwischen unserer Art der Formulierung und der, die wir ablehnen, zu klären (nicht nur, weil sie ungeeignet ist, sondern weil sie zur Schaffung und Anwendung von Methoden, die jeder Grundlage entbehren, Anlaß gibt). Und man beachte, daß diese Betrachtungen theoretisch Allgemeingültigkeit haben, auch wenn wir uns, wenn es sich darum handelt, Einzelheiten anzuführen, zur Festlegung der Ideen auf den besonderen Fall des Bernoulli-Schemas oder direkt auf den ganz besonderen Fall von Kopf und Adler beziehen.

Wer von der „Revision" (oder sogar vom „Dementi" der anfänglichen Meinung spricht (ohne an Alternativen zu denken oder sich darauf zu beziehen), würde nicht sagen, daß die vollzogene Tatsache „verdächtig" ist (ein Wort, das keinen Sinn hat, wenn es sich nicht auf alternative Entfaltungen bezieht), sondern, daß sie „sonderbar", „unwahrscheinlich", „außerordentlich", „äußerst wenig wahrscheinlich", oder „sehr weit entfernt von den Erwartungen" (die sich auf die anfängliche Meinung gründeten) ist.

Konkret wären die Umstände, welche die Fälle kennzeichnen würden, die geeignet wären, die anfängliche Meinung zu „dementieren" (und wir beziehen uns auf die einfachsten Fälle), folgende:

– entweder die *Distanz* von der Erwartung; dies drückt sich durch den Einsatz von *Tests* aus, z. B. Nicht-Zugehörigkeit zu einem „Vertrauensintervall" (mit gegebener Wahrscheinlichkeit = „tail area"), oder zu $m \pm 3\sigma$, oder ähnliches (siehe XII, 6.4),

– oder die *kleine Wahrscheinlichkeit* des dort verifizierten Falles;

– oder irgendwelche *Besonderheiten* („sonderbar": z. B. zuerst alle Nullen und dann alle 1, oder alternierend, oder – wenn dies jemand bemerkt! – solche, die in Binärzahlen ein historisches Datum ausdrücken.

Es handelt sich um Umstände, die praktisch gültig sein können, aber nicht an sich, sondern nur wenn und soweit sie gewohnte Arten von „Verdachtsmomenten" aufwerten können (Tricks, Disfunktionen usw.). Bezüglich der „kleinen Wahrscheinlichkeit" ist dann hinzuzufügen, daß der Sinn sehr zweideutig ist (Wahrscheinlichkeit dieser einzelnen Folge von 50 Ziffern 0 und 1, oder jener Häufigkeit, aller der mit 26 Einsern?)[10].

---

[10] Ohne zu sagen, daß in weniger schematischen Fällen, oder, wenn man auch Begleitumstände betrachtet, „das beobachtete Ergebnis" (egal, welches es sei) immer eine beliebig kleine Wahrscheinlichkeit hat (sofern man es nur genügend genau beschreibt).

Wenn man von objektiven Umständen anstelle von Verdacht in Bezug auf andere Alternativen spricht (und Kriterien verwendet, die sich auf diese objektiven Umstände stützen), so heißt dies gewöhnlich, daß man Konklusionen ableiten will, indem man sich an eine einzige Angabe hält und die notwendigen Vergleichsangaben ignoriert.

Jeder kann sich, was die anfängliche Meinung anbelangt, entscheiden, wie er will. Aber er kann sich nur einmal entscheiden. Und wenn er anfänglich die Meinung wählt, die sich auf die Unabhängigkeit stützt, so bedeutet dies, daß er ein für allemal ausschließt, irgendwelche Umstände, die man als „Besonderheiten" bezeichnen könnte, als signifikant zu beurteilen und somit als geeignet, die eigene Meinung zu modifizieren. Wenn ihr Auftreten Ursache eines Verdachts eines „Tricks" oder von sonst irgendetwas ist, so mußte ich von Anfang an erklären, daß meine Meinung nicht unabhängig sein wollte, sondern die Abhängigkeit, die sich aus einem solchen Verdacht ergeben konnte, zugab, der, wenn auch am Anfang nicht merklich, unter bestimmten Umständen Gestalt annehmen konnte. Nach bester Hypothese hätte ich mich, wenn ich dies verschwieg, approximativ ausgedrückt, und dies ist verzeihlich, wenn ich bewußt gehandelt hatte.

Dagegen wäre es unverzeihlich, die Erklärung einer Veränderung zu verfälschen, indem man sie der Tatsache zuschreiben würde, daß die Erfahrung die anfängliche Meinung dementiert hätte und sich somit der Zwang ergeben hätte, sie durch eine andere zu ersetzen. Hierzu kann ich in keinem Fall und in keiner Form gezwungen und nicht einmal berechtigt werden: vom logischen Standpunkt aus (und man könnte sagen, vom „moralischen"), würde es sich um denselben Widerspruch (oder unehrlichen Betrug) handeln, wie wenn jemand sich von dem Versprechen, einem Freund, bei Eintreten einer gewissen Eventualität zu helfen, entbunden fühlen würde, weil diese Eventualität nun wirklich eingetreten ist.

Um berechtigt zu sein, sich durch die Erfahrung beeinflussen zu lassen, wird es daher notwendig sein, eine von der der Unabhängigkeit verschiedene anfängliche Meinung gewählt zu haben.

3.2. *Vertauschbarkeit.* Der einfachste Fall ist jener, in welchem wir, obwohl wir die Unabhängigkeit aufgeben, die Ordnung weiterhin als irrelevant beurteilen. Das bedeutet, daß, wenn $n$ Ereignisse gegeben sind, die Wahrscheinlichkeiten $\omega_h^{(n)}$, daß davon $h$ ($h=0, 1, 2, \ldots, n$) eintreten, irgendwelche sein können[11] nicht notwendigerweise die der Binomialverteilung wie im Falle der Unabhängigkeit), daß aber jedoch die $\binom{n}{h}$ Dispositionen von $h$ „1" und $n-h$ „0" alle dieselbe Wahrscheinlichkeit $\omega_h^{(n)}/\binom{n}{h}$ haben. Und es ist äquivalent, nur zu sagen, daß alle Produkte von $n$ Ereignissen eine selbe Wahrscheinlichkeit, $\omega_h^{(n)}$ haben[12].

[11] Wenn jedoch die Ereignisse anstatt in endlicher Anzahl $n$ potentiell wenigstens in unendlicher Anzahl vorhanden sind, treten Begrenzungen auf (siehe Nr. 4).

[12] Es genügt tatsächlich zu beobachten, daß man durch die Formel (11) von (III, 8.4)

$$\omega_h^{(n)} = \binom{n}{h} \sum_{0}^{n-1}{}_r (-1)^r \binom{n-h}{r} \omega_{h+r}^{(h+r)} = \binom{n}{h} \Delta^{n-h} \omega_h^{(h)}.$$

erhält.

In diesem Falle nennt man die Ereignisse *vertauschbar*, aus Gründen, die man bereits anhand des Gesagten erkennt; wir kommen bald darauf zurück (Nr. 4). Die Kenntnis von $n$ Ergebnissen wird dann nur in Abhängigkeit von $n$ und von der Häufigkeit (also von $n$ und $h$) Einfluß haben können, während jeder Einfluß der Ordnung ausgeschlossen bleibt.

Es ist wohl natürlich, daß die Züge aus einer Urne (mit den üblichen Modalitäten des Zurücklegens usw.) unabhängig sind, wenn man deren Zusammensetzung nicht kennt (Anzahl der weißen und schwarzen Kugeln), die Würfe auf Kopf und Adler mit einer Münze, die vielleicht asymetrisch ist, und im allgemeinen alle Fälle die man gewöhnlich als „wiederholte Versuche mit konstanter aber unbekannter Wahrscheinlichkeit" bezeichnet[13]. Weniger offensichtlich, aber nicht weniger wahr, ist, wie wir sehen werden, daß man auch im Falle von Zügen ohne Zurücklegen oder mit doppeltem Zurücklegen („übertragbarer" Fall, siehe Kap. X, 3.5) Vertauschbarkeit hat.

In dem Beispiel, auf das wir uns beziehen, ist nur die Tatsache bedeutungsvoll, daß auf $n=50$ Würfe $h=26$ Erfolge gegeben waren. Dies wird auch ausgedrückt, indem man sagt, daß die beiden Zahlen $n=50$ und $h=26$ eine „*ausschöpfende Zusammenfassung*" der Erfahrung bilden. Die ganze Folge ausführlich anzugeben oder nur zu sagen, daß $n=50$ und $h=26$ ist, ist für unsere Zwecke dasselbe, wenn die Hypothese der Vertauschbarkeit gegeben ist.

3.3. *Teilweise Vertauschbarkeit.* Eine etwas weniger restriktive (aber einigermaßen kompliziertere) Bedingung ergibt sich, wenn man sich denkt, daß die betrachteten Ereignisse in mehrere Klassen unterteilt sind (sagen wir, in zwei) und daß die Vertauschbarkeit innerhalb der einzelnen Klassen gilt). D.h.: die Wahrscheinlichkeit, daß von $n=n'+n''$ Ereignissen ($n'$ der ersten Klasse und $n''$ der zweiten) $h=h'+h''$ (wie oben) eintreten, ist dieselbe, egal wie man die $n'$ und $n''$ auswählt, und unter ihnen die $h'$ und $h''$; es wird $\omega^{(n',\,n'')}_{h',\,h''}$ die Wahrscheinlichkeit von $h'$ und $h''$ Erfolgen sein, und dieselbe dividiert durch $\binom{n'}{h'}\binom{n''}{h''}$ die Wahrscheinlichkeit, sie an vorher bestimmten Stellen zu haben. Selbstverständliche banale Fälle, der der Vertauschbarkeit (in dem $\omega$ von $n'+n''$ und $h'$ und $h''$ abhängt) und der der

[13] Diese Formulierung ist uneigentlich (siehe IV, 8.3.4), aber anscheinend ausdrucksvoll (und die Bedeutung, an die wir zu denken veranlaßt werden, ist im wesentlichen die richtige).

Unabhängigkeit unter den Klassen (wobei es innerhalb jeder derselben Vertauschbarkeit gibt: $\omega$ ist das Produkt der $\bar{\omega}_{h'}^{(n')}$ und $\bar{\bar{\omega}}_{h''}^{(n'')}$ der beiden Fälle). Die Fälle, die effektiv unter die teilweise Vertauschbarkeit fallen, sind die dazwischen liegenden: es gibt (um eine unklare, aber dem Sinn entsprechende Formulierung zu verwenden) eine wechselseitige Abhängigkeit unter allen Ereignissen, jedoch eine strengere unter Ereignissen derselben Klasse. Beispiel: Versuche über die Wirksamkeit eines Medikamentes bei Patienten beider Geschlechter.

Im besonderen kann für Ereignisse in chronologischer Reihenfolge die Einteilung in Klassen vom Ergebnis des vorhergehenden Versuches abhängen; dann ist teilweise Vertauschbarkeit vom Markovschen Typus gegeben.

Wenn man den Verdacht hatte, daß das frühere Ergebnis einen Einfluß haben würde, so hätte man eine Folge von Ergebnissen anfänglich nicht als gleich wahrscheinlich wie alle anderen, mit gleicher Anzahl von Erfolgen und Mißerfolgen betrachtet (im Beispiel 26 „1" und 24 „0"), sondern nur gleich wahrscheinlich wie die mit derselben Anzahl (18) von „1" und (8) von „0" bei Versuchen nach einem Ergebnis „1" und (7) von „1" und (16) von „0" nach einer „0". Man kann eine Annäherung an den Fall einer Markov'schen Kette mit Wahrscheinlichkeit $18/(18+8)=70\%$ ungefähr für einen Erfolg bei den einem Erfolg folgenden Versuchen erwarten, und circa $30\%=7/(7+16)$ bei den Versuchen, die nach einem Mißerfolg kommen ... (jedoch mit analogen Vorbehalten wie im vorigen Fall, und mit immer gravierenderen, je komplexer der Fall ist). Jedenfalls müßte man unter dieser Hypothese, um eine erschöpfende Zusammenfassung zu erhalten, $n'$, $n''$, $h'$, $h''$ angeben (und nicht nur $n$ und $h$).

3.4. *Andere Fälle.* Im letzten der genannten Fälle (in (2.7)), in welchem man (von Beginn an: wir erinnern immer daran, daß keine Vermutung, kein Verdacht, später entstehen kann, wenn er anfänglich ausgeschlossen wurde) eine progressive Steigerung der einen der beiden Wahrscheinlichkeiten im Vergleich zur anderen vermutete, würden analoge Konklusionen gelten. Man könnte sich z.B. vorstellen, daß jede weiße Kugel zwischen einem Zug und dem nächsten, sich in eine schwarze verwandelt, wenn ein gewisses Phänomen eintritt (um sich eine Vorstellung machen zu können, denke man, daß man nach jedem Zug für jede weiße Kugel entscheidet, ob man sie durch eine schwarze austauscht oder nicht, je nachdem, ob beim Ziehen aus einer zweiten Urne mit unbekannter Zusammensetzung, mit Zurücklegen, eine schwarze oder weiße Kugel gezogen wird). Der Verlauf der Ergebnisse liefert durch die mehr oder weniger fühlbare Tendenz zu einer Abnahme der Häufigkeit von weiß im Verlauf der Zeit (das einzig Greifbare) Indizien für die Bewertung der Zusammensetzung der zweiten Urne und so kann man Vermutungen über die Vergangenheit und somit auch für die Zukunft des (ohne Beobachtungsmöglichkeit erfolgenden) Prozesses der progressiven Verwandlungen der Kugeln von weißen in schwarze in der Haupturne anstellen.

Wie in den als Beispiel angeführten Fällen wird das Problem im Falle der allgemeinsten Hypothese, d.h. irgendeiner beliebigen (anfänglichen) Wahrscheinlichkeitsverteilung $\mathbf{P}^0$, die jedem $A = E_1' E_2' \dots E_n'$ (wo $E'$ gleich $E_i$ oder $\tilde{E}_i$ sei; $n$ beliebig) $\mathbf{P}^0(A)$ zuschreibt, sich immer einfach dadurch lösen, daß man sagt, daß die Wahrscheinlichkeiten nach Bekanntwerden von $A$ (oder kurz, die endgültigen Wahrscheinlichkeiten) durch die Verteilung $\mathbf{P}$ mit

$$\mathbf{P}(E) = \mathbf{P}^0(EA)/\mathbf{P}^0(A)$$

gegeben sind. Der extremen Einfachheit dieser schematischen Formulierung entspricht jedoch im allgemeinen nicht die gleiche Einfachheit in der Verwendung, wenn es notwendig ist, direkt die $\mathbf{P}^0(A)$ für alle $A$ unter Umständen anzugeben, die nicht mittels einfacher Formeln auszudrücken sind.

3.5. *Mischungen unabhängiger Verteilungen.* Der (früher erwähnte) banale Fall der Unabhängigkeit ist an sich uninteressant, weil man einfach $\mathbf{P}^0(EA) = \mathbf{P}^0(E)\mathbf{P}^0(A)$ erhält und daher $\mathbf{P}(E) = \mathbf{P}^0(E)$ (wohlgemerkt, für $E$, die von „künftigen" Versuchen, oder jedenfalls solchen, die in der Beobachtung $A$ nicht enthalten sind, abhängen). Seine Betrachtung wird aber (wie bereits in 3.1. erwähnt) wegen der Möglichkeit, die sich in vielen Fällen ergibt, ein $\mathbf{P}^0$ als *Mischung* von Verteilungen $\mathbf{P}_i$ dieses Typus, die dank der Unabhängigkeit nicht variant sind, auszudrücken, äußerst wertvoll. Eine Mischung ist eine Linearkombination

$$\mathbf{P}^0 = c_1^0 \mathbf{P}_1 + c_2^0 \mathbf{P}_2 + \dots + c_m^0 \mathbf{P}_m = \sum_{i=1}^{m} c_i^0 \mathbf{P}_i$$

mit den nichtnegativen Koeffizienten $c_i^0$ mit der Summe $= 1$, oder ein Grenzfall. Dieser ist analog als Reihe oder als Integral auszudrücken;

es genügt jedenfalls, ihn wie ein $\mathbf{P}^*$ zu definieren, für welches, egal wie die $\varepsilon > 0$ seien, $\mathbf{P}$ des früheren Typus in Entfernung $< \varepsilon$ vorhanden sind, wobei man als Entfernung $\sup_E |\mathbf{P}^*(E) - \mathbf{P}(E)|$ bezeichnet.

Wenn $\mathbf{P}^0$ eine derartige Mischung ist, so gilt in der Tat dasselbe für das daraus abzuleitende $\mathbf{P}$ bei einem gegebenen $A$. Nur verändern sich die Koeffizienten bei Variieren von $A$, d.h. bei Veränderung der Erfahrung. Es ist in der Tat

$$(3) \quad \mathbf{P}(E) = \frac{\mathbf{P}^0(EA)}{\mathbf{P}^0(A)} = \frac{c_1^0 \mathbf{P}_1(A)\mathbf{P}_1(E) + \ldots + c_m \mathbf{P}_m^0(A)\mathbf{P}_m(E)}{c_1^0 \mathbf{P}_1(A) + \quad \ldots \quad + c_m^0 \mathbf{P}_m(A)} =$$

$$= c_1 \mathbf{P}_1(E) + \ldots + c_m \mathbf{P}_m(E)$$

mit $c_i = K c_i^0 \mathbf{P}_i(E)$ ($K$ = Normierungsfaktor $= 1/\sum c_i^0 \mathbf{P}_i(E)$).

Der Ausdruck mittels einer Mischung kann einer effektiven Interpretation entsprechen, wenn derartige $H_1, H_2, \ldots, H_m$ (unvereinbar und ausschöpfend) vorhanden sind, daß die $\mathbf{P}_i$ die durch $H_i$ bedingten Wahrscheinlichkeitsverteilungen sind: $\mathbf{P}_i(E) = \mathbf{P}(E|H_i)$; andernfalls kann es immerhin nützlich sein, sich vorzustellen, daß, formell, alles verläuft, *als ob* sie vorhanden wären.

3.6. Im Falle der Vertauschbarkeit sind, wenn wir an das Beispiel des Ziehens aus einer Urne mit unbekannter Zusammensetzung denken, die $H_i$ die Ereignisse (oder „Hypothesen"), daß der Prozentsatz der weißen Kugeln $\theta_i$ sei (und unter dieser Hypothese betrachten wir die Züge als unabhängig und die stetige Wahrscheinlichkeit $p_i = \theta_i$). Wenn wir an eine deformierte Münze, oder an das Schema von Pólya denken, so gibt es keine objektiven Umstände dieser Art (die im allgemeinen beobachtet werden können, wenn es uns auch nicht möglich ist, sie zu beobachten); wenn wir jedoch beweisen können (siehe 4.2), daß im Falle der Vertauschbarkeit $\mathbf{P}^0$ immer eine Mischung wie im vorhergehenden Beispiel ist, so können wir immer Schlußfolgerungen ziehen, als ob die Koeffizienten $c_i^0$ und $c_i$ die Wahrscheinlichkeiten der Ereignisse $H_1$ wären, bedingt durch welche wir Unabhängigkeit und Wahrscheinlichkeiten $= p_i$ hätten.

3.7. Im *Markov*'schen Falle (Abhängigkeit vom vorhergehenden Ergebnis) kann man auch $\mathbf{P}_i$, bei welchen die Versuche unabhängig wären und mit den Wahrscheinlichkeiten $p_i'$ oder $p_i''$ je nach Ergebnis des unmittelbar vorhergehenden Versuches, auf analoge Mischungen von unveränderlichen Verteilungen zurückführen.

Im dritten Beispiel (der abnehmenden Wahrscheinlichkeiten) ist es möglich oder auch nicht, auf eine Mischung zurückzugehen, je nachdem, wie man die anfängliche Meinung präzisiert. Die früher angezeigte Art eignet sich nicht; dagegen hat man eine Mischung invarianter Verteilungen, wenn man diese vom folgenden Typus

$$\mathbf{P}_i(E_h) = f_i(h), \quad E_h \text{ unabhängig entsprechend den } \mathbf{P}_i,$$

nimmt, irgendwelche Funktionen $f_i(h)$ (z. B., wenn man sie abnehmend haben will, $e^{-\lambda_i h}$).

## 4.
## *Die Vertauschbarkeit.*

4.1. Wir wollen nun auf den Fall der vertauschbaren Ereignisse eingehen, wobei wir auch Hinweise auf die vertauschbaren Zufallszahlen und auf die Vertauschbarkeit im allgemeinen bringen. Es ist dies in der Tat der grundlegendste und gebräuchlichste Fall der statistischen Induktion.

Wir haben die Definition der Vertauschbarkeit für Ereignisse bereits gesehen und wir können sie so ausdrücken, daß wir auch den Fall der vertauschbaren Zufallszahlen einschließen: für irgendein $n$ ist die Verteilungsfunktion von $X_{h_1}, X_{h_2}, \ldots, X_{h_n}$, $F(.,.,\ldots,.)$ dieselbe, egal wie man die $X_{h_i}$ wählt (und daher symmetrisch, da auch die Möglichkeit der Permutation besteht); allgemeiner, jede Restriktion, welche $n$ der $X_h$ betrifft hat die gleiche Wahrscheinlichkeit, egal wie diese ausgewählt und permutiert werden.

Vertauschbare (und teilweise vertauschbare) Zufallszahlen werden in Problemen vorkommen, mit denen wir uns im Kap. XII befassen wollen. Vorläufig demonstrieren wir nur eine Eigenschaft, die uns im besonderen Fall nützen wird, auf den wir bald zurückkommen, den der vertauschbaren Ereignisse.

Wir betrachten vertauschbare $X_h$ mit *endlicher Varianz* und nehmen davon zwei zahlreiche Gruppen: wir wollen, im Wesentlichen, demonstrieren, daß ihre (arithmetischen) Mittel $Y'/n'$ und $Y''/n''$ ($Y'$ Summe der $n'$ Termini der 1. Gruppe usw.) fast sicher fast gleich sind. Genau: das Quadrat der Differenz tendiert nach Erwartung nach 0, sodaß

$n'$ und $n''$ wachsen, und daher erhält man quadratische Konvergenz nach Cauchy, und zu größerem Recht schwache Konvergenz, und umsomehr hat man eine Grenzverteilung $F$ für die Mittel $Y_n/n$ einer großen Zahl $n$ von Termini: $F_n \to F$, wo $F_n(x) = \mathbf{P}(Y_n/n < x)$.

Und nun die Demonstration, unter viel weniger restriktiven Bedingungen der Vertauschbarkeit (immer: mit endlicher Varianz): Die $X_h$ hätten dieselbe Erwartung und Varianz, $m$ und $\sigma^2$, und denselben Korrelationskoeffizienten zu zweien, $r$[14].

Wenn man das Quadrat von $n''Y' - n'Y''$ entwickelt, erhält man $n'n''(n'+n'')$ Ausdrücke $X_h X_k$ mit $h=k$ und ebensoviele (mit entgegengesetztem Vorzeichen) mit $h \neq k$[15]; diese haben respektive die Erwartung $m^2+\sigma^2$ und $-(m^2+r\sigma^2)$, und daher ist

$$\text{(4)} \qquad \mathbf{P}\left(\frac{Y'}{n'} - \frac{Y''}{n''}\right)^2 = \frac{n'+y''}{n'n''}\left[(m^2+\sigma^2)-(m^2+r\sigma^2)\right] = $$

$$= \left(\frac{1}{n'} + \frac{1}{n''}\right)\sigma^2(1-r).$$

Man konnte von Anfang an $m=0$ setzen ($m$ hebt sich schon in der Angabe auf), doch ist es manchmal günstig, die Formel mit $m \neq 0$ zu verwenden; dies ergibt sich gerade im Falle der vertauschbaren Ereignisse, weil wir wissen, daß $\mathbf{P}(E_h^2) = \mathbf{P}(E_h) = \omega_1$ ist und $\mathbf{P}(E_h E_k) = \omega_2 \, (h \neq k)$, und daher

$$\text{(4')} \qquad \mathbf{P}\left(\frac{Y''}{n'} - \frac{Y''}{n''}\right) = \left(\frac{1}{n'} + \frac{1}{n''}\right)(\omega_1 - \omega_2).$$

Wenn wir nun zum Fall der vertauschbaren Ereignisse zurückkehren, und sie uns in einer Folge vorstellen (obwohl diese Ordnung willkürlich und irrelevant ist), so können wir sie als stochastischen Prozeß nach dem gewöhnlichen, für Kopf und Adler verwendeten Schema dargestellt, charakterisieren, indem wir sagen, daß alle Trajektorien, die vom Ursprung zu einem gegebenen Eckpunkt verlaufen, gleich wahrscheinlich sind. Wir werden in einem solchen Fall sagen, daß wir einen *vertauschbaren Prozeß* haben.

---

[14] Wir erinnern daran, daß, wenn die $X_h$ in (zumindest potentiell) unendlicher Anzahl sind, $r \geqq 0$ (siehe IV, 17.5). Für unsere Betrachtungen müssen die $X_h$ unendlich viele oder zumindest sehr, sehr viele sein, daher werden wir immer ein positives $r$ haben, oder höchstens negativ und sehr, sehr klein (und $1-r$ wird $\leqq 1$ oder sehr wenig darüber sein).

[15] Die „Anzahl der Termini" ist im algebraischen Sinn aufzufassen (als $-1$ gezählt, wenn sie ein dem angegeben entgegengesetztes Vorzeichen haben).
Man beachte, daß die beiden Gruppen als disjunkt angenommen werden: wenn sie dagegen $c$ gemeinsame Termini hätten, wird sich die Begrenzung (wie vorauszusehen) verbessern: der Faktor $n'+n''$ wird $n'+n''-2c$ (d. h. von $(1/n')+(1/n'')$ wird $2c/n'n''$ abgezogen).

Man kann bemerken, daß es zu diesem Zweck genügt, daß die Wahrscheinlichkeiten $p_h^{(n)}$ und $\tilde{p}_h^{(n)}$ eines Schrittes +1 oder −1, von einem gegebenen Eckpunkt $[n, h]$[16] ausgehend, von dem Eckpunkt abhängen, aber nicht von dem Weg, der vorher zurückgelegt wurde, um den Eckpunkt zu erreichen, und daß die Wahrscheinlichkeiten von zwei sukzessiven Schritten +1 und −1 unverändert bleiben, wenn man sie vertauscht, d.h. $p_h^{(n)}\tilde{p}_h^{(n+1)} = \tilde{p}_h^{(n)}p_h^{(n+1)}$. Diese Eigenschaft ermöglicht eine elegante geometrische Interpretation. Wenn wir in jedem Eckpunkt die Wahrscheinlichkeiten des sukzessiven Schrittes durch den Vektor der Komponenten 1, $p-\tilde{p}$) (wo $p = p_h^{(n)}$) angeben, der zum Schwerpunkt (oder zur Erwartung) der Zielpunkte führt, so ist die Bedingung, daß, wenn man irgendeinen Eckpunkt $[n, h]$ und die beiden sukzessiven $[n+1, h]$ und $[n+1, h+1]$ nimmt, die drei entsprechenden Vektoren *in einem Punkte zusammenlaufen* (siehe Abb. 3 in VII, 3.3). Offenbar genügt (nach Induktion) diese Bedingung allein um die Vertauschbarkeit zu sichern, wenn sie in allen Eckpunkten des Netzes gilt.

In Funktion der ω ist:

$$p_h^{(n)} = \frac{h+1}{n+1}\,(\omega_{h+1}^{(n+1)}/\omega_h^{(n)}). \tag{5}$$

In der Tat hat jede Trajektorie vom Ursprung nach $[n+1, h+1]$ die Wahrscheinlichkeit $\omega_{h+1}^{(n+1)}/\binom{n+1}{h+1}$, aber, die von $[n, h]$ dahin gelangen, haben die Wahrscheinlichkeit $[\omega_h^{(n)}/\binom{n}{h}]\cdot p_h^{(n)}$, und es genügt, die beiden Ausdrücke auszugleichen.

4.2. Wir haben Prozesse, die notwendigerweise nach einer endlichen Anzahl von Schritten enden (sowie bei Ziehen ohne Zurücklegen aus einer Urne mit $N$ Kugeln, von denen $H(0 < H < N)$ weiß sind, weshalb $\omega_H^{(N)} = 1$ ist und man mit den $\omega_h^{(n)}$ für $n > N$ nicht fortfahren kann), und andere, von denen man sich denken kann, daß sie indefinit weiterlaufen. Alle vertauschbaren Prozesse, die mindestens $N$ Schritte dauern, sind Mischungen des beschriebenen (*hypergeometrischen*) Prozesses: die Mischung, in welcher die Fälle $H = 0, 1, \ldots, N$ mit der Wahrscheinlichkeit $c_0, c_1, \ldots, c_N$ vorkommen (z.B. wenn $H$, unbekannt, durch ein opportunes System gezogen wurde), koinzidiert (innerhalb der $N$ Schritte) mit jedem Prozeß, der für $t = N$ diese Verteilung für $Y_N$ hat, d.h. $\mathbf{P}(Y_N = 2h - N) = \mathbf{P}(S_N = h) = \omega_h^{(N)} = c_h$ $(h = 0, 1, \ldots, N)$. Die Theorie ist klar: indem man (durch Dosierung des Systems des Verlosens) die Wahrscheinlichkeiten, die durch die verschiedenen Eckpunkte führen, auf der Senkrechten $t = N$ koinzidieren läßt, koinzidieren, für zwei Prozesse, alle Wahrscheinlichkeiten für Tatsachen vor $t$ (in der Abbildung links), die, wegen der gleichen Wahrscheinlichkeit der Trajektorien, die am selben Punkt enden, sich alle als wohlbestimmt ergeben.

Der wichtigste Fall ist jedoch der von indefinit fortsetzbaren vertauschbaren Prozessen, und es ist klar, daß alle die solche sind, welche

[16] Siehe Abbildungen 1 und 2 in (VII, 3.2).

mit Mischungen von Bernoulli-Prozessen versehen sind, d.h. des Typus

(6) $$\omega_h^{(n)} = \int_0^1 \binom{n}{h} \theta^h (1-\theta)^{n-h} dF\theta;$$

im besonderen, im diskreten Fall und in dem mit Dichte,

(6′) $$\omega_h^{(n)} = \sum_1^m {}_i c_i \binom{n}{h} \theta_i^h (1-\theta_i)^{n-h} \quad \text{und}$$

(6″) $$\omega_h^{(n)} = \int_0^1 \binom{n}{h} \theta^h (1-\theta)^{n-h} f(\theta) d\theta.$$

Es ist aber auch umgekehrt wahr, daß jeder indefinit fortsetzbare vertauschbare Prozeß eine derartige Mischung ist. Und, um es zu demonstrieren, genügt es, sich auf den vorigen Fall zu beziehen. Wir können für jedes $N$ als Mischung hypergeometrischer Prozesse zu $N$ Schritten, den Prozeß konstruieren, der mit dem betrachteten (in $0 \leqq t \leqq N$) koinzidiert: es wird genügen, daß die Urne mit der Zusammensetzung $H/N$ ($H$ weiße Kugeln auf $N$) mit derselben Wahrscheinlichkeit gewählt wird, welche die Häufigkeit $H/N$ ($= S_N/N$) in unserem Prozeß hat. Wenn wir mit $F_N(\theta) = \mathbf{P}(S_N/N \leqq \theta)$ die Verteilungsfunktion der Häufigkeit auf $N$ Versuche bezeichnen und (symbolisch[17]) mit $\mathrm{hyp}(N, \theta)$ und $\mathrm{ber}(\theta)$ die Prozesse des Ziehens (hypergeometrisch und Bernoulli'), respektive *ohne* und *mit* Zurücklegen aus einer Urne mit $N$ Kugeln, von denen $H = N\theta$ weiß sind, so ist unser Prozeß daher die Mischung

(7) $$\int_0^1 \mathrm{hyp}(N, \theta) dF_N(\theta).$$

Wir wissen aber, daß, wenn $N \to \infty$, $\mathrm{hyp}(N, \theta) \infty \mathrm{ber}(\theta)$, und (siehe 4.1) $F_N \to F$, so daß (7) am Limes (6) wird. Es wäre leicht, effektive und präzise Entwicklungen wiederzugeben, doch schien es uns lehrreicher, die Aufmerksamkeit auf die Information als solche zu lenken, welche die allgemeine Gültigkeit des Ausdruckes als Mischung erkennen läßt (und dann deren entsprechenden Beweis ermöglicht)[18].

[17] Es handelt sich nicht um eine Abstraktion, sondern um eine konventionelle Schreibweise, die besagt, daß man an Stelle von $hyp(N, \theta)$ ein $\omega_h^{(n)}$ oder irgendeine andere Wahrscheinlichkeit (oder Erwartung) setzen kann, von der (7) den Wert in unserem Prozeß als Mischung angeben wird.

[18] Wer einer Reihe von Sylogismen oder kleinen Übergängchen (wie Federigo Enriques zu sagen pflegte) folgt, kann dazu geführt werden *widerwillig* eine Wahrheit anzuerkennen, ohne das *warum* zu sehen. Aber gerade das warum zu sehen, ist dagegen meiner Ansicht nach das Wesentliche, sowie ich dies bereits mehrfach erklärt habe, während es zu lang wäre, um hier nochmals wiederholt zu werden. Siehe z.B. B. DE FINETTI, *Sulla divisione casuale di un intervallo: spunti per riflessioni*, in „Rend. Sem. Mat e Fis.", XXXVII, Mailand 1967 (besonders Nr. 1, 2, 5, 6).

Diese Darstellung als Mischung gestattet jedenfalls in der angegebenen Form die Ableitung der Verteilung, mit der Veränderung, die sich bei ihr ergibt, sobald das Ergebnis einer gewissen Anzahl von Versuchen, sagen wir $r$ günstigen und $s$ ungünstigen, bekannt ist: $F(\xi)$ wird durch $\bar{F}(\xi)$ ersetzt, das durch

(8) $$d\bar{F}(\xi) = K\xi^r(1-\xi)^s dF(\xi) \quad \text{definiert wird:}$$

wir haben weiterhin einen Prozeß mit vertauschbaren Ereignissen, aber die Wahrscheinlichkeitsverteilung ist proportional zur Likelihood, $\xi^r(1-\xi)^s$, verändert, d.h. proportional zu $\xi$ durch Auswirkung jedes Erfolges und zu $1-\xi$ durch Auswirkung jedes Mißerfolges.

Im besonderen wird die Wahrscheinlichkeit jedes Versuches, die anfänglich $\omega_1^{(1)} = \int \xi dF(\xi)$ ist, d.h. gegeben durch die Abszisse des Schwerpunktes der Verteilung $F$, analog, nach $r$ Erfolgen und $s$ Mißerfolgen, der Schwerpunkt von $\bar{F}$ sein, d.h.,

(9) $$p_r^{(r+s)} = \int \xi . \xi^r(1-\xi)^s dF(\xi).$$

4.3. Wir wollen uns nun bei einem sehr einfachen Fall aufhalten: dem, bei welchem die anfängliche Verteilung uniform ist ($f(\xi) = 1 (0 \leqq \xi \leqq 1)$, $F(\xi) = \xi$). Es ist der klassische Fall von Bayes-Laplace, entsprechend dem Vorurteil, daß „das *Nichts-Wissen* über die Wahrscheinlichkeit" dazu zwingen müßte, die Verteilung wegen „der Wahrscheinlichkeit der unbekannten Wahrscheinlichkeit" als uniform anzunehmen. Ohne der uniformen Verteilung eine Vorzugsstellung einzuräumen (und noch viel weniger für derartige Formulierungen, die für uns geradezu metaphysisch sinnlos sind), können wir jedoch die Vorzüge ihrer Einfachheit als Beispiel schätzen und die Gelegenheit, die sie für lehrreiche Interpretationen bietet. Es handelt sich um den bereits in (*X*, 3.5 und 4.1) erwähnten Fall mit den beiden Interpretationen in bezug auf die Unterteilung eines Intervalles und auf die übertragbaren Wahrscheinlichkeiten von Pólya.

Bei der Unterteilung des Intervalles $[0, 1]$ hat der anfänglich gewählte Teilungspunkt $P_0$ wie alle anderen eine uniforme Verteilung; wenn man seine Abszisse mit $\xi$ bezeichnen würde und diese bekannt wäre, so wäre für alle anderen Punkte $P_1, P_2, \ldots, P_n, \ldots$, die Tatsache, daß sie links von $P_0$ fallen, ein Ereignis mit der Wahrscheinlichkeit $\xi$, unabhängig von den anderen. Wäre $\xi$ nicht bekannt, so wäre die Wahrscheinlichkeit, daß von $n$ weiteren Punkten $h$ links von $P_0$ fallen,

$1/(n+1)$ für jedes $h$ (d.h. alle Häufigkeiten sind gleich wahrscheinlich), aus dem einfachen Grund, daß von den $n+1$ „zufälligen" Punkten, $P_0$ mit gleicher Wahrscheinlichkeit der erste, oder der zweite ... oder der letzte sein kann; nimmt man nun an zu wissen, daß die Punkte links $r$ von $n$ sind, so ist die Wahrscheinlichkeit des Erfolges beim nächsten Wurf (d.h. daß $P_{n+1}$ links von $P_0$ fällt) $(r+1)/(n+2)$, aus dem einfachen Grund, daß die $n+1$ Punkte das Segment in $n+2$ Stücke teilen, wovon $r+1$ links von $P_0$ (und alle haben die gleiche Wahrscheinlichkeit, daß der nächste Punkt auf sie fällt – solange man nichts Neues über Länge oder sonst etwas erfährt). Die anfänglich uniforme Wahrscheinlichkeitsverteilung von $P_0$ ist nicht mehr uniform, sobald man erfahren hat, daß von weiteren „zufälligen" $n$ Punkten $r$ links von $P_0$ gefallen sind, wohl aber ist es eine Betaverteilung $f(\xi) = K\xi^r(1-\xi)^{n-r}$, durch die einfache Tatsache, daß $P_0$ dann der $(r+1)$-te Punkt links von $n+1$ „zufälligen" Punkten ist.

In dieser synthetischen Weise haben wir den Mutmaßlichkeitsfaktor wiedergefunden, die gleiche Wahrscheinlichkeit der Häufigkeiten und auch den Wert der Wahrscheinlichkeit nach Beobachtung von $r$ Erfolgen bei $n$ Versuchen, d.h. die Position des Schwerpunktes der Betaverteilung, ohne das Integral zu berechnen, was jedenfalls dasselbe Ergebnis bringen würde:

$$(10) \quad K\int_0^1 \xi . \xi^r (1-\xi)^{n+r} d\xi = (r+1)/(n+2) \quad (K = [\int_0^1 {}^T(1-\xi)^{n-r} d\xi]^{-1}).$$

Dieses Ergebnis wird opportun ausgedrückt, indem man sagt, daß die Wahrscheinlichkeit für die künftigen Versuche (im Falle von Bayes-Laplace) durch die beobachtete Häufigkeit gegeben ist, die korrigiert wird, indem man sich vorstellt, zwei fiktive Beobachtungen, eine mit günstigem und eine mit ungünstigem Ausgang, hinzuzufügen; dies ist die Laplace'sche „Regel der Folge".

4.4. Aber gerade diese Regel beweist anderseits die Identität des Schemas von Bayes-Laplace mit dem der übertragbaren Wahrscheinlichkeiten von Pólya. Hier werden nämlich in der Tat zu den beiden anfänglichen Kugeln, einer weißen und einer schwarzen, dank dem doppelten Zurücklegen soviel weiße und schwarze hinzugefügt, als Züge stattgefunden haben; nach $n$ Zügen, wovon $r$ eine weiße Kugel ergeben haben, werden wir daher in der Urne $n+2$ Kugeln haben, davon $r+1$ weiße, und die Wahrscheinlichkeit bei jedem Zug wird wieder $(r+1)/(n+2)$ sein.

Dies genügt, damit alle Wahrscheinlichkeiten dieselben sind wie im vorherigen Fall, und im besonderen dafür, daß alle Züge vertauschbare Ereignisse seien, daß alle Häufigkeiten (auf eine gegebene Anzahl von Zügen) sich als gleich wahrscheinlich ergeben usw. Daher wird z.B. $7/10$ $(=(6+1)/(8+2))$ nicht nur die Wahrscheinlichkeit sein, beim 9. Zug nach 8 Zügen, von denen 6 eine weiße Kugel ergeben haben (der Fall, in dem wir wissen, daß es in diesem Moment in der Urne 10 Kugeln gibt, von denen 7 weiß sind), eine weiße Kugel zu ziehen, sondern auch die für eine weiße Kugel bei irgendeinem Versuch, dessen Ausgang wir nicht kennen, nachdem wir z. B. erfahren haben, daß 6 der 8 beobachteten Züge eine weiße Kugel ergeben haben (es seien dies der 3., 8., 19., 52., 100.), und zwei schwarze Kugeln (dies seien der 1. und der 92). Und dies wird für den 2. Zug zutreffen (obwohl sicher ist, daß in diesem Moment in der Urne 3 Kugeln waren, davon 1 weiße), für den 4. (obwohl dann die Kugeln 5 sind, davon 2 oder 3 weiße), für den 20. oder 50. oder 200. oder 1000. und jeglichen anderen (obwohl die Informationen immer weniger helfen, die Proportion der weißen und schwarzen Kugeln zu bestimmen). Beim zweiten Zug würde ich, wenn ich nur das Ergebnis des 1. (schwarz) kennen würde, einer weißen Kugel 1/3 Wahrscheinlichkeit zuschreiben, da sicher 1 weiße Kugel und 2 schwarze da sind; obwohl dieser Umstand unzweifelhaft bleibt, wird die Kenntnis der anderen sukzessiven Ergebnisse doch zur Bewertung von 7/10 für die Wahrscheinlichkeit einer weißen Kugel in diesem selben Zug führen, weil das Vorwiegen weißer Kugeln zur Annahme führt, daß ihr Prozentsatz inzwischen durch vielfaches Ziehen weißer Kugeln angewachsen ist, und – vielleicht – auch beim 2. Zug.

Jede auf Anhieb paradoxe Feststellung ist lehrreich, weil sie zum Nachdenken über die Irrlichter führt, deren Opfer man werden kann; hierdurch soll auch die Aufmerksamkeit auf mögliche Doppelsinnigkeit gelenkt werden (deren Ursache auch das Komplizierte einer veralteten Ausdrucksweise ist), die weiterhin gegeben sein könnte, auch ohne daß wir uns dessen bewußt sind und obwohl wir glauben, das bisher Gesagte verstanden zu haben und uns dem Gesichtspunkt und der Sprache angepaßt zu haben. Es ist gesagt und wiederholt worden, daß die Wahrscheinlichkeit immer so aufzufassen ist, wie sie von jemand auf Grund der Informationen, die ihm zu einem gegebenen Moment zur Verfügung stehen, bewertet wird; das Schema von Bayes-Laplace und das von Pólya sind insofern identisch, als derjenige, der die anfänglichen Wahrscheinlichkeiten anerkennt und dieselben Informationen (über die Ergebnisse einiger Ereignisse des Schemas) hat, die Wahrscheinlichkeiten gleich bewertet. Oft gerät man jedoch (vielleicht) in Versuchung zu denken, daß diese unsere Wahrscheinlichkeiten provisorischer oder weniger wahr sind als andere Dinge, die man mit größerem Recht „echte" Wahrscheinlichkeiten nennen könnte (z. B. die effektive und unveränderliche Zusammensetzung der Urne, die im ersten Schema als Modell dient, oder die momentane der veränderlichen Urne von Pólya). Diese Auffassungen sind jedoch nebensächlich oder direkt illusorisch. Die Zusammensetzung der Urne (im Sinne von Bayes-Laplace) ist sinnvoll, wenn es sich wirklich um Ziehen aus einer Urne handelt, und hat auch den Sinn der durch die Kenntnis dieser Zusammensetzung (und keiner anderen Information) bedingten Wahrscheinlichkeit. Und doch ist es ein nebensächlicher Begriff, weil angenommen wird, daß uns die Zusammensetzung der Urne nicht mitgeteilt wird. Er kann jedoch nützlich sein, um dem Ausdruck der Verteilung als Mischung einen konkreteren Sinn zu geben.

*Sich aber eine nichtexistente Urne vorzustellen, um angeblich diesem Ausdruck und den Symbolen, die dort an die Stelle der Wahrscheinlichkeit treten, einen konkreten Sinn zu geben* und zu glauben, daß dies die „echte, für uns unbekannte" Wahrscheinlichkeit wäre, ist eine Verirrung, die in auswegloses Dunkel führt. Ebenso illusorisch und irrig wäre es zu denken, daß hinter jeder Menge vertauschbarer Ereignisse mit einer als uniform beurteilten anfänglichen Verteilung eine Urne von Pólya stehen müßte, deren Wahrscheinlichkeit, Zug um Zug, als eine Zusammenstellung zu interpretieren wäre, die man dann dank doppelten Zurücklegens erhalten hätte. Wir haben gesehen, daß es genügt, die Ordnung zu ändern, damit – selbst wenn dieses Schema wirklich in Funktion wäre – sich alles ändert.

*Das einzig Wahre und Echte* (sei es auch subjektiv, für jeden von uns nach seiner Bewertung und sogar gerade deshalb) ist die *Wahrscheinlichkeit*, wie sie jemand in der Situation, in der er sich effektiv befindet, bewertet hat (und in den folgenden Situationen, die sich aus hypothetischem determinierten Erwerb weiterer und konkret beobachtbarer

– wenn auch zufällig vorbehaltlicher – Information ergibt). Verläßt man diesen Bereich, so findet man nicht nur nichts mehr Konkretes, man verfällt in das Reich eitler platonischer Schatten und illusorischer metaphysischer Machwerke.

4.5. Ernsthaftes Nachdenken über diese Argumente ist nicht nur für eine korrekte theoretische Darstellung empfehlenswert, sondern auch für eine klare praktische Einsicht, wie und warum, unter Umständen wie die, welche die vertauschbaren Ereignisse chrakterisieren, die Wahrscheinlichkeitsbewertung auf Grund von Häufigkeiten, die an in gewissem Sinne „analogen" Ereignissen beobachtet wurden, gerechtfertigt erscheint. Der sicherste und konkreteste Weg liegt wie immer darin, nur an die konkreten Ereignisse zu denken, die von Interesse sind, in der geringsten Anzahl, auf die man sich noch beschränken kann, indem man vermeidet, sich davon unendliche Folgen vorzustellen oder Schemen, die Spitzfindigkeiten enthalten. Z.B. ist die Wahrscheinlichkeit eines Versuches nach Kenntnis des günstigen Ausganges von $r$ und des ungünstigen Ausganges von $n-r$ Versuchen (im Falle der Vertauschbarkeit)

$$(11)\quad p_r^{(n)} = \left[\frac{\omega_{r+1}^{(n+1)}}{\binom{n+1}{r+1}}\right] \Bigg/ \left[\frac{\omega_r^{(n)}}{\binom{n}{r}}\right] = \frac{r+1}{n+2} \Bigg/ \left[1 + \left(1 - \frac{r+1}{n+2}\right)\left(\frac{\omega_r^{(n+1)}}{\omega_{r+1}^{(n+1)}} - 1\right)\right]$$

(wie man mittels banaler Übergänge feststellen kann): das beweist, daß sie wenig von der Häufigkeit (oder von der nach dem Schema von Bayes-Laplace korriegierten Häufigkeit) abweicht, wenn ursprünglich die Wahrscheinlichkeiten der beiden Häufigkeiten $r/(n+1)$ und $(r+1)/(n+1)$ auf $n+1$ Versuche sich untereinander nicht unterscheiden.

4.6. Wenn man die Eigenschaften der Mischung und die Mutmaßlichkeit ausnützt, erhält man eine vollständigere, wenn auch etwas weniger unmittelbare Konklusion. Der Verlauf der Funktion $\xi^r(1-\xi)^{n-r}$, die die Mutmaßlichkeit darstellt (und im Falle von Bayes-Laplace auch die Dichte) ist nach $n$ Versuchen, davon $r$ Erfolge, von 0 nach $\bar{\xi} = r/n$, wo sie das Maximum erreicht, wachsend, und fällt dann bis auf 1; an den Extremen 0 und 1 annulliert sie sich (sofern natürlich $0 < r < n$ ist); wenn $r$ und $n-r$ groß sind, ist es praktisch überall Null, außer in der Nähe des Maximums. Man sieht dies besonders deutlich, wenn man beobachtet, daß wenn $n$ wächst, und $r/n = \bar{\xi}$ fix bleibt, man am Limes die Funktion erhält, welche die Dichte der *Normal*verteilung darstellt, mit Zentrum in $\bar{\xi}$ = Häufigkeit = $r/n$

und absoluter Standardabweichung $\sqrt{\bar{\xi}(1-\bar{\xi})n}$: dasselbe, wie für die absolute Abweichung zwischen Häufigkeit und Wahrscheinlichkeit bei $n$ unabhängigen Ereignissen mit der stetigen Wahrscheinlichkeit $\bar{\xi}$.

Man erhält nämlich, asymptotisch, wenn man $x = (\xi - \bar{\xi})/\sqrt{\bar{\xi}(1-\bar{\xi})/n}$ setzt,

(12) $$K\xi^h(1-\xi)^{n-h} = K[^{T\bar{\xi}}(1-\xi)^{1-\bar{\xi}}]^n =$$
$$= K\left(1+\frac{x}{\bar{\xi}}\sqrt{\bar{\xi}(1-\bar{\xi})/n}\right)^{n\bar{\xi}}\left(1-\frac{x}{1-\bar{\xi}}\sqrt{\bar{\xi}(1-\bar{\xi})/n}\right)^{n(1-\bar{\xi})} \to Ke^{-x^2}/2;$$

für die Demonstration genügt es, den Logarithmus des vorletzten Ausdruckes[19] zu nehmen, um (ohne sich um $K$ zu kümmern)

$$n\bar{\xi}\log\left(1+\frac{x}{\bar{\xi}}\sqrt{\bar{\xi}(1-\bar{\xi})/n}\right) + n(1-\bar{\xi})\log\left(1-\frac{x}{1-\bar{\xi}}\sqrt{\bar{\xi}(1-\bar{\xi})/n}\right) =$$
$$= n\bar{\xi}\left[\frac{x}{T}\sqrt{\bar{\xi}(1-\bar{\xi})/n} - \frac{1}{2}\frac{x^2}{\bar{\xi}^2}\bar{\xi}(1-\bar{\xi})/n + O(n^{-3/2})\right] +$$
$$+ n(1-\bar{\xi})\left[\frac{-x}{1-\bar{\xi}}\sqrt{\bar{\xi}(1-\bar{\xi})/n} - \frac{1}{2}\frac{x^2}{(1-\bar{\xi})^2}\bar{\xi}(1-\bar{\xi})/n + O(n^{-3/2})\right] =$$
$$= \tfrac{1}{2}x^2[(1-\bar{\xi})+\bar{\xi}] + O(n^{-1/2}) \to -\tfrac{1}{2}x^2.$$

Dies beweist unmittelbar, daß im Falle von Bayes-Laplace, die endgültige Verteilung (Beta, mit beobachteter Häufigkeit $\bar{\xi}$ und $n$ sehr groß) asymptotisch normal ist. Im allgemeinen Fall ist es klar, daß die Konklusion weiter besteht, abgesehen von qualitativen Bedingungen für die Grenzverteilung $F(x)$. Es genügt genau, daß in der Umgebung von $\xi = \bar{\xi}$ die Dichte $f(\xi)$ vorhanden sei und genügend stetig sei, und daß sie nicht im Verhältnis zu entfernten Massen zu klein sei, die, wenn sie sehr groß wären, dem Produkt einen nennenswerten Beitrag liefern könnten, obwohl sie mit dem Mutmaßlichkeitsfaktor da, wo er bereits sehr klein ist, multipliziert werden. Diese Bedingung (die wir lieber in dieser nicht ganz genauen Form ausdrücken wollen, weil wir daran interessiert sind, eine diskrete Approximation für ein ziemlich großes $n$ zu garantieren und weniger am asymptotischen Verhalten für $n \to \infty$) kann (mit einem von L. J. Savage vorgeschlagenen Terminus) ausgedrückt werden, indem man sagt, daß die Verteilung $F$ (um den interessierenden Punkt) *diffus* sein muß.

---

[19] Wobei man sich nicht wundern sollte, daß der Faktor zwischen [ ] ausgelassen ist: da er nicht von $x$, der einzigen Variablen, die interessiert, abhängt, hat man ihn weggelassen, und ihn sich in $K$ enthalten gedacht.

4.7. Dieselbe oben entwickelte Schlußfolgerung ist auch in viel umfassenderen Fällen anzuwenden (Probleme, die sich auf vertauschbare Zufallszahlen beziehen anstatt auf Ereignisse usw.) und beweist, daß die Normalverteilung spontan unter wenig restriktiven Bedingungen auch unter diesem von den früheren vollständig verschiedenen Profil auftritt. Genauer, es handelt sich in diesem Fall um die endgültige Verteilung nach Erwerb einer großen Anzahl unabhängiger Informationen, während es sich früher um die Verteilung einer Größe handelte, die in Funktion zahlreicher anderer unabhängiger Informationen definiert war (als Summe, aber auch in anderen Fällen).

Theoretisch ergibt sich die Ursache dieses neuen Falles des Auftretens der Normalverteilung (in großen Linien) ohne weiteres klar, wenn man an die Genesis der Beta-Funktion des entwickelten Beispieles denkt. Sie war dort durch das Produkt der Termini $\xi$ und $1-x$, gegeben, wovon jeder der Likelihoods-Faktor ist, der sich aus dem Ergebnis einer Beobachtung (über ein Ereignis) ergibt. Auch im Falle von Beobachtungen über Zufallszahlen (z. B. Durchführung von mit Fehlern behafteten Messungen der Größe, die interessiert, oder anderer, deren Funktion sie ist) wird unter analogen Bedingungen der Likehoods-Faktor für die Gesamtheit der Beobachtungen das Produkt derjenigen sein, die sich auf jede einzelne Beobachtung beziehen:

$$v(\xi) = v_1(\xi)\, v_2(\xi) \dots v_n(\xi).$$

Es sei nun $\bar{\xi}$ der Punkt der „größten Mutmaßlichkeit" (Maximum Likelihood), d.h. der, wo $v(\xi)$ das absolute Maximum erreicht (und wir nehmen an, es sei ein einziger, und sogar daß $v(\xi)$ überall viel kleiner sei als $v(\bar{\xi})$, außer in einer Umgebung von $\bar{\xi}$, die für die interessierenden Zwecke genügend klein ist). Wenn wir in der Nähe von $\bar{\xi}$, $v_i(\xi)$ durch die lineare Approximation

$$v_i(\bar{\xi}) + v_i'(\bar{\xi})(\xi - \bar{\xi}) = K[1 + a_i(\xi - \bar{\xi})]$$

ersetzen (und es wird $\sum_i a_i = 0$ sein, damit $v'(\xi) = 0$ sei), wird das Produkt $v(\xi)$ durch ein Polynom ersetzt, für welches man im wesentlichen die für Beta gemachte Schlußfolgerung wiederholen kann[20].

[20] Um den genauen Wert von $v''(\bar{\xi})$ zu erhalten, muß man auch die $v''(\xi)$ berücksichtigen und

$$v_i(\xi) \cong K[1 + a_1(\xi - \bar{\xi}) + \tfrac{1}{2} b_1 (\xi - \bar{\xi})^2] \quad \text{schreiben;}$$

man erhält in der Tat in zweiter Aproximation

$$v(\xi) = K[1 - \tfrac{1}{2}(\xi - \bar{\xi})^2 \textstyle\sum_i (a_i^2 - b_i)].$$

(Beachten, daß $\sum_{i \neq j} a_i a_j = \sum_j a_i \sum_j a_j - \sum a_i^2$).

Wenn wir dann zu $v_i(\xi)$ den Faktor $f(\xi)$ = anfängliche Dichte hinzufügen, ist das Produkt die endgültige Dichte und die Konklusionen sind darauf anzuwenden. Wenn der Beitrag dieses Faktors im Vergleich zur Gesamtheit der anderen irrelevant ist, ergibt $v(\xi)$ allein schon approximativ die endgültige Dichte. Und sowohl diese wie die Mutmaßlichkeit haben, asymptotisch, den Verlauf der Gauss'schen Funktion (Dichte der Normalverteilung).

4.8. Analoge Betrachtungen sind in Fällen möglich, wo weniger restriktive Bedingungen als die Vertauschbarkeit gelten (wie in einigen als Beispiel genannten in Nr. 15). Die Ergebnisse werden in vielen Fällen mehr oder weniger analog und in anderen verschieden sein können, einzig und einfach ist jedoch immer der Ausgangspunkt und die Informationstheorie. Es handelt sich lediglich darum, auf die verschiedenen Fälle das Theorem der zusammengesetzten Wahrscheinlichkeiten anzuwenden, oder, in ausdrucksvollerer Form, das Bayes'sche Theorem in der Form:

endgültige Wahrscheinlichkeit =
= $K$ anfängliche Wahrscheinlichkeit × Mutmaßlichkeit.

Es ist zweckmäßig, hier zu sagen, daß viele in der Statistik zu analogen Zwecken gebräuchliche Methoden insofern nicht dieser Darlegung entsprechen, als sie von ganz anderen Gesichtspunkten ausgehen. Wir verwenden sie nicht und empfehlen sie nicht; wir sprechen darüber nur im Kap. XII, das den eigentlichen statistischen Anwendungen gewidmet ist, wo es selbstverständlich notwendig sein wird, auch andere Gesichtspunkte und dadurch inspirierte Methoden zu prüfen und zu besprechen, besonders, wenn sie in der Praxis weitgehend Verwendung finden. Vor allem wird es wichtig sein, zu besprechen und festzulegen, ob und bis zu welchem Punkt Methoden, auch wenn sie gewöhnlich mittels Rechtfertigungen die nach der hier vertretenen (Bayes'schen) Auffassung ohne Gültigkeit sind, vorgebracht werden, doch irgendwie Anerkennung finden können, wenn ihre Voraussetzungen entsprechend neu interpretiert werden.

Zwölftes Kapitel

# Mathematische Statistik

## 1.
## *Ziel und Grenzen der Abhandlung.*

1.1. Ein Hinweis auf die mathematische Statistik im letzten Kapitel dieses Bandes kann nur eine begrenzte Aufgabe haben, entspricht aber immerhin einem bestimmten Zweck.

Es ist bereits im Kapitel VI geklärt worden, welche Probleme unter den Begriff mathematische Statistik fallen: es sind die Anwendungen des induktiven Schlusses, die sich auf Daten statistischer Art gründen, d.h. die (möglicherweise sehr viele) Beobachtungen betreffen, die in gewissem Sinne untereinander analog sind. Es ist auch gesagt worden, welches der Sinn der Darlegung dieser Probleme nach Bayes'scher Sicht sei (ein integrierender Teil der subjektivistischen Auffassung) und wie dagegen, wenn man anderen Auffassungen folgt, die Einheitlichkeit der Darlegung verloren geht und im Gegensatz dazu eine Vielfalt mehr oder weniger empirischer „ad hoc" Methoden auftaucht.

Hier wird es sich nun im wesentlichen darum handeln, eine konkretere Idee, sowohl der Art der Probleme, mit denen sich die mathematische Statistik befaßt, zu vermitteln, als auch der Implikationen, die die Übernahme dieses oder jenes der entgegengesetzten Gesichtspunkte für ihre Darlegung und Diskussion mit sich bringt.

1.2. Außer dem streng probabilistischen Aspekt, auf den sich die vorhergehenden Betrachtungen beziehen, wird es jedoch erforderlich sein, auch anderen Aspekten, die die Entscheidungstheorie betreffen, Aufmerksamkeit zu widmen. Und dies aus zwei Gründen, die innerhalb derselben Problematik zwei unterschiedliche Fragen bilden.

Der erste betrifft jede derartige Anwendung, sofern deren Ziel und Zweck immer mehr oder weniger ausdrücklich eine Entscheidung ist. Eine Prüfung oder Qualitätskontrolle an einem Muster dient zur Entscheidung darüber, was mit einer Warenmenge zu geschehen hat (annehmen oder nicht), oder wie die Produktion weiterzuführen ist (ob eine Maschine reguliert werden muß oder nicht) usw. Wenn es auch wahr ist, daß man nicht immer ein so unbedingt und genau operatives Ziel vor Augen hat, so handelt es sich doch immer darum, sich für gewisse, auch praktische Zwecke irgendwie zu orientieren.

Der zweite Grund mag vorhanden sein, je nach dem Einzelfall, d.h. je nachdem, ob die Beobachtungen programmiert werden können oder nicht. Wenn man sie programmieren kann, d.h. wenn man mehr oder weniger nach eigenem Urteil die Modalitäten festlegen kann, in denen sie sich verwirklichen, so gewinnt das Problem einen zusätzlichen Aspekt, denn auch diese Wahl ist eine Entscheidung und wird selbst in der zweckmäßigsten Weise getroffen. Und auch in diesem Falle hängt die Zweckmäßigkeit natürlich von der endgültigen Entscheidung ab, die wieder durch das Ergebnis des Experiments bedingt ist. Genauer, es wird sich darum handeln, die größte Zweckmäßigkeit im Bereich der zusammengesetzten Entscheidungen zu studieren, die die Entscheidung über das durchzuführende Experiment und über die endgültige Entscheidung, die in Abhängigkeit vom Ergebnis des Experimentes zu treffen ist, umfaßt.

1.3. Um in möglichst einfacher Art und auf möglichst kurzem Wege zur Vermittlung einer möglichst wirksamen Idee der erwähnten Fragen zu kommen, werden wir die Hinweise allgemeiner Natur einschränken und uns etwas mehr bei Beispielen aufhalten, die übrigens mit der Absicht ausgewählt wurden, einige wichtige und gebräuchliche Fälle einzuführen und durch diese ein gewisses Allgemeinbild zu schaffen.

## 2. *Einige einleitende Betrachtungen.*

2.1. Die Fälle, die man im allgemeinen in der mathematischen Statistik zu betrachten pflegt, sind – um es kurz zu fassen, und mit der günstigsten Bezugnahme auf die Abhandlung im vorigen Kapitel, die gegenwärtig zu halten sein wird – diejenigen, die man in mehr oder weniger vagem Sinn und auf verschiedene Arten auf Verallgemeinerungen des für die Ereignisse studierten Falles der Vertauschbarkeit reduzieren kann. Im laufenden Sprachgebrauch der mathematischen Statistik spricht man jedoch nie von Vertauschbarkeit und, um nicht beachtliche Schwierigkeiten für einen Vergleich mit anderen Abhandlungen zu schaffen, werden wir uns an die übliche Formulierung halten, abgesehen von einer entsprechenden Erklärung.

Wir haben (Kap. VI, Nr. 3 und 4) gesehen, daß der Begriff der Vertauschbarkeit (und auch der der partiellen Vertauschbarkeit) auf den der bedingten Erwartung zurückgeführt werden kann (wenn auch manchmal in rein formalem Sinn). Im besonderen haben wir gesehen, daß die Wahrscheinlichkeitsverteilung in derartigen Fällen immer eine Mischung (d.h. eine konvexe Linearkombination) von Verteilungen ist, die sich auf Fälle mit Unabhängigkeit beziehen; dies führt zu einer effektiven, signifikanten Darstellung, wenn jeder Fall mit Unabhängigkeit einer objektiv definierten „Hypothese" entspricht (wie z.B. der Prozentsatz der weißen Kugeln in einer Urne mit unbekannter Zusammensetzung), während die Darstellung nur formal ist, wenn dies nicht der Fall ist (wie z.B. bei einer deformierten Münze). Es ist jedoch (außer theoretisch) nichts dagegen einzuwenden, daß man diese „Hypothesen" immer behandelt, als wären sie objektiv signifikant (indem man zum Beispiel die sinnlose Redewendung gebraucht, „Hypothese, daß die unbekannte Wahrscheinlichkeit von Kopf und Adler mit dieser deformierten Münze" irgendein Wert $p$ sei); im übrigen kann diese Pseudo-Interpretation immer als asymptotischer Ausdruck einer Eigenschaft ausgelegt werden, die in finiter Form exakt ausgedrückt werden könnte, indem man anstatt „unbekannte Wahrscheinlichkeit", Häufigkeit für eine gegebene Menge zahlreicher „Versuche" sagt[1].

Daher besteht die übliche Formulierung, an die wir uns, wie gesagt, in der Folge halten werden, darin, von „Hypothesen" zu sprechen (ohne zu unterscheiden, ob sie objektiv gültig oder nur formal gültig

[1] Man beachte, wie die gegenwärtige Formulierung, obwohl auf Anhieb sehr ähnlich (oder scheinbar äquivalent) der, die sich auf die „Grenz-Häufigkeit" stützt, von dieser doch radikal verschieden ist. Hier setzt man nämlich nicht das Vorhandensein von irgendetwas voraus, wonach die Häufigkeit $Y_n/n$ tendieren müßte (weder sicher, noch in irgendeinem probabilistischen Sinne als schwache, quadratische oder starke Konvergenz), noch bezieht man sich auf probabilistische Konvergenzen nach Cauchy (Kap. VI, 8.7), die jedoch (Kap. XI, 4.2) unter der gegebenen Hypothese der Vertauschbarkeit bestehen (aber eine „Grenz-Zufallszahl" nicht definieren und jedenfalls verlangen, daß man an unendlich viele „Versuche" denke). Man stützt sich nur auf die Häufigkeit $Y_n/n$ der Erfolge in den $n$ effektiv betrachteten Versuchen, welcher Art und wieviele sie sind, und auf die Tatsache, daß die relative Verteilung $F_n$ (Wahrscheinlichkeitsverteilung von $Y_n/n$ entsprechend der Bewertung, die ursprünglich zu Beginn der $n$ Versuche gemacht wurde) eine (umso bessere, je größer $n$ ist) Approximation der Grenz-Verteilung $F$ liefert, deren Vorhandensein somit bewiesen wird (und nur das ist für uns wichtig; sonst nichts!).

sind und, wenn überhaupt, mittels des besagten asymptotischen künstlichen Hilfsmittels interpretierbar sind); die Bayes'sche Darstellung besteht aus dieser Perspektive darin, eine anfängliche Wahrscheinlichkeitsverteilung unter diesen Hypothesen zu betrachten, die dann angepaßt wird, so wie neue Informationen auftreten.

2.2. Was die Mannigfaltigkeit der Fälle anbelangt, so erscheint sie vielleicht viel größer, wenn man an die Verschiedenheiten der vielen Typen der Anwendung denkt, und nicht nur auf die wesentlichen Systeme der Darstellung zurückgeht. Abgesehen davon, daß man nach der Bayes'schen Theorie sagen kann, daß es nur ein Problem gibt, das allein und immer nur in der Anwendung des Bayes'schen Theorems besteht, kann vielleicht auch die Charakteristik der Fälle aus dem Bereich der mathematischen Statistik auf die beiden bereits erwähnten, nämlich der Vertauschbarkeit und teilweisen Vertauschbarkeit zurückgeführt werden. Der Unterschied zwischen diesen beiden Fällen ist signifikant (und im zweiten erlaubt die Distanz vom Fall der Vertauschbarkeit viele Abstufungen). Innerhalb jedes Falles kann es Probleme mit anderem Aspekt und anderer Komplexität geben, je nach dem Feld der Zufalls-Entitäten, das zu betrachten ist, ohne daß dies theoretisch relevante Verschiedenheiten beinhalte.

Anstatt sich auf Ereignisse zu beziehen, werden Vertauschbarkeit und teilweise Vertauschbarkeit auch (wie bereits in Kap. VI erwähnt) in Problemen über Pluralereignisse, Zufallszahlen (ganze, oder irgendwelche), Vektoren ($r$-fache von Zufallszahlen), Funktionen ... Zufalls-Elemente irgendeines Raumes, auftauchen können.

Mehr als die Art dieser Entitäten oder des Raumes, dem sie angehören, zählt jedoch die Mannigfaltigkeit der als möglich betrachteten „Hypothesen", d.h. der entsprechenden Verteilungen. In dieser Hinsicht kann die relevante Unterscheidung auf die der drei folgenden Typen reduziert werden: *diskret* (mit einer endlichen Anzahl, oder womöglich einer abzählbar unendlichen Anzahl von Hypothesen); *parametrisch* (mit einer Menge von Hypothesen, die mittels eines oder mehrerer – aber nicht zuvieler – Parameter ermittelt werden können, d.h. mittels eines Vektors in einem Raum von Parametern mit nicht zu vielen Dimensionen); *nicht-parametrisch* (wo eine endliche Anzahl von Parametern nicht genügt, oder zumindest so viele da sind, daß man sie praktisch nicht verwenden kann).

Eine analoge Unterscheidung kann in bezug auf die Modalitäten, die als Basis der *partiellen* Vertauschbarkeit fungieren, getroffen werden (in einem Sinn, den wir bald näher erklären).

2.3. Für die Illustration mittels Formeln werden wir uns normalerweise auf Probleme im Bereich der Zufallszahlen beziehen, Probleme vom parametrischen Typus, mit nur einem Parameter, weil dies der einfachste und signifikanteste und somit der zweckentsprechendste Fall ist. Wir werden jedoch sofort bemerken, wie diese Formeln und Betrachtungen, mit opportunen Interpretationen, alle Fälle einschließen.

Es wird sich (nach der Terminologie, die wir vorziehen würden) um vertauschbare Zufallszahlen $X_h$ handeln (siehe Kap. XI, 3 und 4); für sie gilt dieselbe Konklusion, die für die vertauschbaren Ereignisse vorgebracht wurde, d.h. man kann sie (zumindest formal) als „bedingt durch eine gewisse Menge von Hypothesen, unabhängig" betrachten. Genauer: jede „Hypothese" entspricht einer Verteilung und besteht in der Annahme, daß „alle $X_h$ dieser selben Verteilung folgen und untereinander stochastisch unabhängig sind".

Infolge dieser Tatsache, ist ihre Wahrscheinlichkeitsverteilung eine Mischung von Produkt-Verteilungen (die dem Fall der Unabhängigkeit entsprechen). Wie vereinbart, werden wir diese Eigenschaft hier direkt als Ausgangstheorie annehmen, und die behauptete Interpretation der Vertauschbarkeit wird nur eine akzidentelle Klärung sein.

Wir beziehen uns auf Dichte der Wahrscheinlichkeit (wie dies in der mathematischen Statistik üblich ist (und es ist auch gerechtfertigt, wie wir dies in folgenden Beobachtungen sehen werden: 4.3). In Formeln sind dann unsere Voraussetzungen:

– es gibt eine Menge von „Hypothesen"; wir bezeichnen im allgemeinen mit $\theta$ irgendeine davon (einen Punkt im Raum der Hypothesen); im besonderen betrachten wir zuerst den Fall, in welchem man erreichen kann, daß sie einem einzigen Zahlen-Parameter $\theta$ entsprechen.

– bedingt durch jede Hypothese $\theta$ (im besonderen Fall, jeden Wert von $\theta$) haben alle $X_h$ eine gleiche Verteilung, d.h. eine selbe Dichte $f(x|\theta)$ und sind stochastisch unabhängig, sodaß die Dichte $p^m(x^1, \ldots, x^m|\theta)$[2] für $m$ der $X_h$ (die irgendwie ausgewählt und permutiert werden)

[2] Die Ursache für die Verwendung von Indices oben wird sich bald zeigen (2.5). Man beachte, daß $f$ der besondere Fall von $p^n$ für $m = 1$ ist ($f = p^1$, und daher in der Folge $f_n = p_n^1$ usw.); es wäre jedoch nicht zweckmäßig, immer denselben Buchstaben $p$ zu verwenden, anstatt durch das Einsetzen von $f$ den Fall $m = 1$ zu verdeutlichen und damit überdies die Verwendung des Index zu vermeiden.

durch das Produkt der Dichte,

$$p^m(x^1, x^2, \ldots, x^m|\theta) = f(x^1|\theta) f(x^2|\theta) \ldots f(x^m|\theta);$$

gegeben ist;

– im Bereich der Hypothesen ergibt sich eine anfängliche Wahrscheinlichkeitsverteilung mit der Dichte $\pi_0(\theta)$; im besonderen Fall eine Funktion einer Variablen $\theta$, nichtnegativ und mit $\int_{-\infty}^{\infty} \pi_0(\theta) d\theta = 1$.

Man beachte, daß diese letzte Annahme für die Bayes'sche Darlegung typisch ist; in den anderen will man davon absehen können. Wir werden jedenfalls die Abhandlung im Bayes'schen Sinn weiterführen und nur nebenbei auf die Hilfsmittel hinweisen, deren sich diejenigen bedienen, die glauben, die „anfänglichen Wahrscheinlichkeiten" entbehren zu können.

Aus den vorhergehenden Voraussetzungen sind sofort die folgenden Ausdrücke für die (anfänglichen) Verteilungen für irgendeines (oder für irgendwelche $m$) der $X_h$ abzuleiten, immer mit der Dichte:

$$f_0(x) = \int f(x|\theta) \pi_0(\theta) d\theta, \tag{1}$$

$$\begin{aligned} p_0^m(x^1 x^2, \ldots, x^m) &= \int p^m(x^1, x^2, \ldots, x^m|\theta) \pi_0(\theta) d\theta = \\ &= \int f(x^1|\theta) f(x^2|\theta) \ldots f(x^m|\theta) \pi_0(\theta) d\theta. \end{aligned} \tag{2}$$

Hier und in den analogen Fällen wird stillschweigend angenommen, daß das Integral auf den ganzen Bereich der Verteilung ausgedehnt wird (und ebenso kann man es sich immer zwischen $\pm\infty$ ausgedehnt denken, da der Teil, wo die Dichte gleich Null ist, keinen Beitrag liefert). Man beachte, wie der Ausdruck, bei entsprechender Interpretation auch in jeglichem abstrakten Gebiet gültig ist (im besonderen im Falle mehrerer Parameter, d. h. mit $\theta$ Vektor).

Was die Signifikanz anbelangt, wird man bemerken, wie $f_0$ und $p_0^m$ die Erwartung der $f$ und $p^m$ ausdrücken, die als Funktionen der Zufallszahl $\theta$ aufgefaßt werden. Auch $p_0^m$ ist wie $p^m$ symmetrische Funktion in den $x^h$ (entsprechend der behaupteten Vertauschbarkeit).

2.4. Ebenso einfach ist es, die analogen Ausdrücke für die Bewertungen zu ermitteln, welche durch die Kenntnis des Wertes irgendeines der $X_h$, oder irgendwelcher $n$ dieser $X_h$ bedingt sind; wir werden sie mit $X_1$, oder $X_1, X_2, \ldots, X_n$ bezeichnen, zur Vereinfachung der Schreibweise und um die Ideen auf den Fall zu konzentrieren, in welchem sie in chronologischer Ordnung zu betrachten wären, was nützlich sein kann, wenn auch erinnert werden muß, daß dies gänzlich irrelevant ist. Ebenso irrelevant ist die Wahl des weiteren (oder der weiteren) $X_h$, mit deren Wahrscheinlichkeitsverteilung man sich befaßt; aus denselben Motiven (und mit derselben Empfehlung) werden wir sie mit $X_{n+1}, X_{n+2}, \ldots, X_{n+m}$ angeben.

Wir werden dann gerade sehen, daß die Bewertungen nach Kenntnis der Werte von $n$ der $X_h$, die wir analog als $f_n$ und $p_n^m$ bezeichnen, im wesentlichen in derselben Weise ausgedrückt werden, wie die bereits gesehenen $f_0$ und $p_0^m$, besonderer Fall für $n=0$ (d.h.: anfängliche Bewertung, vor jeder Kenntnis der $X_h$). In der Tat genügt es, die Verteilung $\pi_n(\theta|x_1, x_2, \ldots, x_n)$[3] für den Parameter $\theta$ nach Beobachtung der Werte $X_1 = x_1, X_2 = x_2, \ldots, X_n = x_n$, zu determinieren und sie für $\pi_0(\theta)$ in den Ausdrücken von $f_0$ und $p_0^m$ einzusetzen. Wir beginnen mit dem Fall $n=1$.

Nach Beobachtung eines Wertes irgendeines der $X_h$, und es sei dies $X_1 = x_1$, d.h., und besser[4], „bedingt durch die Hypothese, daß $X_1 = x_1$", wird die Wahrscheinlichkeitsverteilung des Parameters

$$\pi_1(\theta|x_1) = K\pi_0(\theta)f(x_1|\theta) \qquad (1/K = \int f(x_1|\theta)\pi_0(\theta)\,d\theta = f_0(x_1)) \tag{3}$$

es handelt sich lediglich um eine Anwendung des Bayes'schen Theorems, oder, wenn einem dies lieber ist, es genügt zu beobachten, daß die Dichte für das Zufallszahlenpaar $(\theta, X_1)$ sowohl durch $\pi_0(\theta)f(x_1|\theta)$ wie durch $f_0(x_1)\pi_1(\theta|x_1)$ gegeben ist.

Und es ergibt sich klar

$$f_1(x|x_1) = \int f(x|\theta)\pi_1(\theta|x_1)\,d\theta \tag{4}$$

$$p_1^m(x^2, x^3, \ldots, x^{m+1}|x_1) = \int p^m(x^2, x^3, \ldots, x^{m+1}|\theta)\pi_1(\theta|x_1)\,d\theta. \tag{5}$$

2.5. Vor anderen, wesentlicheren, eine Bemerkung bezüglich der Zeichen: Die Verwendung von Indices oben für die $x$ ($x^h$ an Stelle von $x_h$) ist notwendig, um hier die Werte $x^h$ von $X_h$ als „Namen von Koordinaten" für die Verteilung von $X_h$, das noch nicht bekannt oder als bekannt betrachtet wird, von den Werten $x_h$ als beobachteter und als solcher angenommener Wert zu unterscheiden. Praktisch ergibt sich das in den Formeln aus der Tatsache, daß die Variablen vor dem senkrechten Strich Indices oben und die späteren sie unten haben, außer wenn die Rollen invertiert werden (um das Bayes'sche Theorem anzuwenden, wie z. B. in (11) und (11')). Im Falle von $f_1(x|x_1)$ ist es klar, daß es überflüssig wäre, $f_1(x^2|x_1)$ zu schreiben, weil die Indices oben nur dazu dienen, die $x^h$ zu

[3] Der Kürze halber werden wir manchmal $\pi_n(\theta)$ schreiben und die Angabe der $x_1, \ldots, x_n$ weglassen, die offenbar stillschweigend anzunehmen ist. Niemals zu vergessen!

[4] Bezüglich der kritischen Bemerkungen in (XI, 2.2) und in Anhang (Nr. 6).

unterscheiden, wenn mehr als eines vorhanden ist; um nur ein (generisches) anzugeben, genügt $x$.

2.6. Die Ausdrücke für $f_1$ und $p_1^m$ (und wir erinnern daran, daß der erstere ein besonderer Fall des zweiten ist: $f_1 = p_1^1$) können in anderer Form geschrieben werden, indem man signifikante Umstände hervorhebt:

$$(6) \quad f_1(x|x_1) = K \int f(x|\theta)\,[f(x_1|\theta)\,\pi_0(\theta)\,d\theta] \quad (1/K = \int [\ldots] = f_0(x_1))$$

$$(7) \quad \begin{aligned} &p_1^m(x^2, x^3, \ldots, x^{m+1}|x_1) = \\ &\quad = K \int p^m(x^2, x^3, \ldots, x^{m+1})\,[f(x_1|\theta)\,\pi_0(\theta)\,d\theta] = \\ &\quad = K \int \prod_{2}^{m+1}{}_i\, f(x^i|\theta)\,[f(x_1|\theta)\,\pi_0(\theta)\,d\theta] \end{aligned}$$

(so wird klargestellt, wie $f_1$ und $p_1^m$ Mischungen von $f$ und $p^m$ mit den „Gewichten" zwischen [...] sind); ferner, wenn man die Trennung zwischen den Faktoren in $x_1$ und in $x^i$ ($i = 2, 3, \ldots, m+1$) beseitigt, erhält man

$$(8) \quad \begin{aligned} f_1(x|x_1) &= K \int \{f(x|\theta)\,f(x_1|\theta)\}\,\pi_0(\theta)\,d\theta = \\ &= K p_0^2(x_1, x) = \frac{p^2(x_1, x)}{f_0(x_1)} \end{aligned}$$

und auch

$$(9) \quad f_1(x|x_1) = f_0(x)\,\frac{f_1(x_1|x)}{f_0(x_1)}$$

womit die Bedeutung im Zusammenhang mit dem Theorem der zusammengesetzten Wahrscheinlichkeiten und dem Bayes'schen Theorem direkt verdeutlicht wird.

In derselben Weise erhält man allgemeiner

$$(10) \quad p_1^m(x^2, x^3, \ldots, x^{m+1}|x_1) = \frac{p_0^{m+1}(x_1, x^2, x^3, \ldots, x^{m+1})}{f_0(x_1)}$$

jedoch fordert die analoge Formel zu (9), welche

$$(11) \quad \begin{aligned} &p_1^m(x^2, x^3, \ldots, x^{m+1}|x_1) = \\ &= p_0^m(x^2, x^3, \ldots, x^{m+1})\,f_m(x_1|x^2, x^3, \ldots, x^{m+1})/f_0(x_1), \end{aligned}$$

ist, die Einführung der $f_m$ für $m > 1$, was übrigens unmittelbar klar ist.

2.7. Es wäre vielleicht direkt einfacher gewesen und jedenfalls mehr im Einklang mit den gebräuchlichen Ansichten der Statistik, sofort die Verteilungen zu betrachten, die durch die Kenntnis einer beliebigen Anzahl $n$ von Werten $X_1 = x_1$, $X_2 = x_2$, ..., $X_n = x_n$, und nicht nur durch einen bedingt sind. Es erscheint nützlich, mit dem Fall $n = 1$ zu beginnen, vor allem, um zu unterstreichen, daß der Effekt von $n$ Beobachtungen der Häufungseffekt ist, der sich aus jeder einzelnen für sich ergibt, und nicht irgendetwas Zauberhaftes, das aus deren Komplex hervorgeht, wenn dieser für eine „statistische" Relevanz groß genug ist.

Die Wahrscheinlichkeitsverteilung des Parameters $\theta$ wird nach Beobachtung der Werte $x_1, x_2, \ldots, x_n$

$$(3') \qquad \pi_n(\theta|x_1, x_2, \ldots, x_n) = K\pi_0(\theta)\, p^n(x_1, x_2, \ldots, x_n|\theta) = \\ = K\pi_0(\theta) f(x_1|\theta) f(x_2|\theta) \ldots f(x_n|\theta)$$

mit

$$1/K = \int p^n(x_1, x_2, \ldots, x_n)\, \pi_0(\theta)\, d\theta = p_0^n(x_1, x_2, \ldots, x_n).$$

Wie gesagt, genügt es $\pi_0$ durch $\pi_n$ zu ersetzen, um die Verteilungen für eines oder $m$ der weiteren $X_h$ zu erhalten:

$$(4') \quad f_n(x|x_1, x_2, \ldots, x_n) = \int f(x|\theta)\, \pi_n(\theta|x_1, x_2, \ldots, x_n)\, d\theta =$$

$$(6') \qquad = K \int f(x|\theta) \left( \prod_1^n {}_h f(x_h|\theta) \cdot \pi_0(\theta)\, d\theta \right) =$$

$$(8') \qquad = p_0^{n+1}(x_1, x_2, \ldots, x_n, x) / p_0^n(x_1, x_2, \ldots, x_n) =$$

$$(9') \qquad = f_0(x) \cdot p_1^n(x_1, x_2, \ldots, x_n|x) / p_0^n(x_1, x_2, \ldots, x_n);$$

$$(5') \quad p_n^m(x^{n+1}, x^{n+2}, \ldots, x^{n+m}|x_1, x_2, \ldots, x_n) =$$

$$= \int p^m(x^{n+1}, \ldots, x^{n-m}|\theta)\, \pi_n(x_1, \ldots, x_n)\, d\theta =$$

$$(7') \qquad = K \int \prod_{n+1}^{n+m} {}_i f(x^i|\theta) \cdot \prod_1^n {}_h f(x_h|\theta)\, \pi_0(\theta)\, d\theta =$$

$$(10') \qquad = p_0^{n+m}(x_1, \ldots, x_n, x^{n+1}, \ldots, x^{n+m}) / p_0^n(x_1, \ldots, x_n) =$$

$$(11') \qquad = p_0^m(x^{n+1}, \ldots, x^{n+m})\, p_m^n(x_1, \ldots, x_n|x^{n+1}, \ldots, x^{n+m}) / p_0^n(x_1, \ldots, x_n)$$

Die letzten vier Formeln enthalten als besondere Fälle alle vorhergehenden, genauer enthalten sie folgendes:

| | |
|---|---|
| (5′), (7′), (10′), (11′) | ergeben für irgendein $n$ und $m$ das, was |
| (5), (7), (10), (11) | für $n=1$ ($m$ beliebig) ergeben und |
| (4′), (6′), (8′), (9′) | ergeben für $m=1$ ($n$ beliebig) und |
| (4), (6), (8), (9) | ergeben für $n=m=1$ das Resultat. |

Die Bedeutung ist immer dieselbe, die anhand des einfachsten Falles, d.h. des letzten ($n=m=1$) erklärt wurde. Hierüber sollte man unter Bezugnahme auf die Extensionen auf schwierigere Fälle (zumindest was die Schreibweise anbelangt) nachdenken.

Die durch $x_1, x_2, \ldots, x_n$ gegebene Mutmaßlichkeit (Likelihood)

| | | | | |
|---|---|---|---|---|
| *a*) | für $\theta$: | ist | $\Pi_h f(x_h \mid \theta)$ | (als Funktion von $\theta$), |
| *b*) | für $x$: | ist | $\int f(x \mid \theta)\, \Pi_h f(x_h \mid \theta)\, \pi_0(\theta)\, d\theta$ | (als Funktion von $x$). |

In jedem Falle kann man indifferent jede Funktion, die durch einen nicht von $\theta$ abhängigen Faktor (im ersten Fall) oder respektive von $x$ (im zweiten Fall) abweicht, Mutmaßlichkeit nennen.

2.8. Über den Fall, der der „teilweisen Vertauschbarkeit" entspricht, sollen noch kürzere Hinweise genügen, während nähere Erklärungen anhand der Beispiele erfolgen sollen.

Entsprechend dem Typus der Darstellung, für die wir uns entschlossen haben, weicht der neue Fall von dem früheren insofern ab als, bedingt durch jede der durch $\theta$ charakterisierten Hypothesen, die $X_h$ noch stochastisch unabhängig sind, aber mit verschiedener Verteilung, d.h. mit einer, die nicht nur vom unbekannten Parameter $\theta$ sondern auch von einer beobachtbaren Qualität $y_h$, die sich auf jedes $X_h$ bezieht, abhängt. Auch $y$ wird wie $\theta$ (aber unabhängig[5]) eine Zahl, ein Vektor, oder irgendeine andere Entität sein können. Wir beziehen uns, der Einfachheit halber, auf den Fall $y$ (reelle) Zahl; theoretisch ändert sich nichts, wenn man an den allgemeinen Fall denkt.

Formal ist der Unterschied, daß, als Ausgangspunkt, an Stelle eines $f(x \mid \theta)$ ein $f(x \mid \theta, y)$ stehen wird; nichts ändert sich bezüglich der anfänglichen Verteilung, die $\pi_0(\theta)$ sein wird; die Verteilung $p_0^m(x^1, x^2, \ldots, x^m)$ (aus deren Kenntnis sich alles andere ergibt) wird jedoch auch von den Werten der Qualität $y$ für $X_1, X_2, \ldots, X_m$ abhängen und wird

$$(12)\quad p_0^m(x^1, x^2, \ldots, x^m) = \int f(x^1 \mid \theta, y_1) f(x^2 \mid \theta, y_2) \ldots f(x^m \mid \theta, y_m)\, \pi_0(\theta)\, d\theta$$

---

[5] „Unabhängig" in dem einfachen Sinne daß eines z.B. ein Vektor und das andere eine Zahl oder irgendeine andere Entität sein kann.

sein, wo $y_h$ die Qualität von $X_h$ ist. Will man dies nicht stillschweigend annehmen, so muß man explizit das erste Glied

$$p_0^m(x^1, \ldots, x^m | y_1, \ldots, y_m)$$

schreiben, indem man die $y$ angibt; natürlich würde die systematische Verwendung dieser näheren Angabe eine beachtliche Belastung, vor allem bei bereits komplizierten Formeln, bedeuten.

Als Beispiele der Qualität $y_h$, die beobachtet werden[6] und auf die Verteilung von $X_h$ Einfluß nehmen können, denke man an die Temperatur (in dem Augenblick, in dem ein Experiment, das $X_h$ ergibt, stattfindet), an das Alter (eines Individuums, für welches $X_h$ die Reaktion auf ein Medikament mißt), an die Präzision (des Instrumentes, mit dem die Messung von $X_h$ durchgeführt wurde) usw. Das letzte genannte Beispiel wird das sein, welches wir in Kürze wieder als erstes sehen werden.

## 3.
## *Beispiele über die Normalverteilung.*

3.1. Angesichts des weiten Gebrauches (und manchmal Mißbrauches) der Normalverteilung in der Statistik ist es natürlich, daß die bekanntesten Probleme der Inferenz jene seien, welche diese Verteilung betreffen. Sie enthält zwei Parameter, Erwartung $m$ und Varianz $\sigma^2$; man bezeichnet mit $N(m, \sigma^2)$ die daraus abgeleitete Normalverteilung, deren Dichte (bekanntlich)

$$f(x) = \frac{1}{\sqrt{2\pi}\sigma} \exp\{-\tfrac{1}{2}(x-m)^2/\sigma^2\} \quad \text{ist.}$$

Der bei weitem wichtigste und häufigste Fall ist der, in welchem der unbekannte Parameter, $\theta$, $m$ ist (während $\sigma^2$ bekannt ist); wir werden jedoch auch den entgegengesetzten Fall erwähnen ($\theta = 1/\sigma^2$, $m$ = bekannt) und den, in dem beide Parameter unbekannt sind ($\theta$ ist der „Vektor" $(\theta_1 \theta_2, \theta_1 = m, \theta_2 = 1/\sigma^2)$.[7] Aus diesen Beispielen, alle mit tota-

---

[6] Vergleiche hierzu die Anmerkung am Ende von 3.3.

[7] Nach der in der Fehlertheorie üblichen Terminologie nennt man *Präzision* den reziproken Wert $(1/\sigma)$ der *absoluten Standardabweichung* $\sigma$ und *Gewicht* den reziproken Wert $(1/\sigma^2)$ der *Varianz* $\sigma^2$ (manchmal mit anderer Einheit, z. B. Präzision $= 1\sqrt{2}\sigma$ und Gewicht $= \sigma_0^2/\sigma^2$ mit $\sigma_0$ dem Problem angepaßt). Vier Bezeichnungen sind eher ein Luxus, aber kein ganz überflüssiger.
Wir nehmen als Parameter $\theta$ das *Gewicht*$^{-2}$ an Stelle der Varianz $\sigma^2$ (was gebräuchlicher ist), weil die Formeln dadurch einfacher werden.

ler Vertauschbarkeit, erhält man Varianten mit partieller Vertauschbarkeit; die einfachsten Beispiele erhält man, wenn man „$\sigma^2$ = bekannt" (oder „$m$ = bekannt") durch „ = $y$, bekannt für jedes $X_h$, aber mit $h$ variabel" ersetzt.

3.2. *m* unbekannt. Es ist – vor allem – der Fall der Fehlertheorie (zufällige, solche der Beobachtung), wie sie für die Messungen in der Astronomie, Geodäsie, Physik usw. verwendet wird: es ist der *wahre* Wert der Größe, die man messen will, $\theta = m$, unbekannt; bekannt ist die Präzision des Meßinstrumentes, nämlich $\sigma^2$; man setzt voraus, daß die Verteilung $N(m, \sigma^2)$ sei, nämlich normal, auf den *wahren* Wert zentriert und mit der besagten Präzision.

Wir haben daher

$$f(x|\theta) = K \exp\{-\tfrac{1}{2}(x-\theta)^2/\sigma\}\,; \tag{13}$$

dies ist (und man kann $K$ weglassen) die Mutmaßlichkeit für $\theta$, gegeben durch eine Beobachtung $x$, und daher ist die durch $n$ Beobachtungen $x_1, x_2, \ldots, x_n$ gegebene

$$\Pi_h f(x_h|\theta) = \exp\{-\frac{1}{2\sigma^2}\textstyle\sum_h (x_h-\theta)^2\}.$$

Weil

$$\begin{aligned}\textstyle\sum_h (x_h-\theta)^2 &= \textstyle\sum_h (x_h^2 - 2x_h\theta + \theta^2) = \text{const.} - 2\theta \sum_h x_h + n\theta^2 = \\ &= n(\text{const.} - 2\theta \frac{1}{n}\textstyle\sum_h x_h + \theta^2) = \\ &= n[\text{const.} + (\bar{x}-\theta)^2] \quad \text{mit} \quad \bar{x} = \frac{1}{n}\textstyle\sum_h x_h = \text{Mittel der } x_h,\end{aligned}$$

ist die Mutmaßlichkeit

$$\exp\{-\frac{n}{2\sigma^2}(\bar{x}-\theta)^2\}, \tag{14}$$

nämlich dieselbe Mutmaßlichkeit wie bei einer einzigen Beobachtung die als Ergebnis das Mittel $\bar{x}$ ergeben würde und die absolute *Standardabweichung* $\sigma/\sqrt{n}$ hätte (d.h. reduziert in der Proportion von 1 auf $1/\sqrt{n}$, d.h. verbesserte Präzision in der Proportion von 1 zu $1/n$ und größeres Gewicht in der Proportion von 1 zu $n$).

Die endgültige Verteilung für $\theta$ ist somit

$$\pi_n(\theta) = \pi_0(\theta) \exp\{-\frac{n}{2\sigma^2}(\bar{x}-\theta)^2\}\,; \tag{15}$$

weil die Mutmaßlichkeit für $\theta = \bar{x}$ am größten ist und bei Entfernung davon abnimmt (und umso schneller, je größer $n$ ist), verdichtet sich die endgültige Verteilung in der Umgebung von $\bar{x}$. Im besonderen ist, wenn auch die anfängliche Verteilung als normal, $N(m_0\sigma_0^2)$, angenommen wird, auch die endgültige Verteilung normal, genau ist sie $N(m_f, \sigma_f^2)$ mit

$$(16) \qquad m_f = \frac{m_0\sigma_0^{-2} + n\bar{x}\sigma^{-2}}{\sigma_0^{-2} + n\sigma^{-2}}; \qquad \sigma_f^{-2} = \sigma_0^{-2} + n\sigma^{-2}.$$

In Worten: das endgültige *Gewicht* (1/*Varianz*) ist die Summe der Gewichte; der mittlere Wert ist das gewichtete Mittel der Werte ($m_0$, und $n$ mal $\bar{x}$, nämlich $m_0$ und $x_1, x_2, \ldots, x_n$) mit *den Gewichten* als Gewichten (was beweist, wie geeignet die Bezeichnung ist.

3.3. Die Extension auf den Fall von „Beobachtungen mit verschiedener Präzision“ ist unmittelbar gegeben. Nehmen wir z. B. an, wir wissen, daß die $n$ Beobachtungen mit verschiedenen Meßinstrumenten durchgeführt werden, so daß sich im Mittel ein quadratischer Fehler $\sigma_1, \sigma_2, \ldots, \sigma_n$ ergibt: es ist klar, daß sie (auf Grund derselben Schlußfolgerung) einer einzigen Beobachtung mit einem dem gewichteten Mittel der $x_h$ (mit Gewichten $\sigma_h^{-2}$) gleichen Wert und Summengewicht der Gewichte selbst äquivalent sind. Wenn dann die anfängliche Verteilung noch $N(m_0, \sigma_0^2)$ ist, ist die endgültige $N(m_f, \sigma_f^2)$, mit $m_f$ und $\sigma_f^2$ in derselben Weise determiniert, jedoch $m_0$ mit dem Gewicht $\sigma_0^{-2}$ einschließend.

Es ist dies ein Beispiel der „teilweisen Vertauschbarkeit“, mit $y_h = \sigma_h^2$ (oder $= \sigma_h^{-2}$).

$$f(x|\theta, y) = K \exp\{-\tfrac{1}{2}(x-\theta)^2/y\}.$$

Man beachte die Tatsache, daß der Parameter $y_h$ sich effektiv als bekannt ergeben und für jedes $X_h$, das man betrachtet, beobachtet werden muß. D. h. in unserem Beispiel, man muß wissen, mit welcher Präzision jede Messung durchgeführt wurde. Man denke nicht, daß es genügt zu wissen, daß jede Messung mit Instrumenten verschiedener Präzision durchgeführt worden ist (indem man z. B. jedesmal wahllos unter einer gegebenen Sammlung eines herausgreift, ohne jedoch zu beachten, welche bereits und wie oft verwendet wurden). Unter dieser Hypothese wäre ein Fall der Vertauschbarkeit mit

$$f(x|\theta) = \textstyle\sum_k c_k f_k(x|\theta), \quad f_k(x\,\theta) = K \exp\{-\tfrac{1}{2}(x-\theta)^2/y_k\}, \quad c_k \leqq 0, \quad \textstyle\sum_k c_k = 1$$

gegeben (d. h.: eine nicht mehr normale Mischung von Normalverteilungen). So ist es in den anderen Beispielen notwendig, daß die Temperatur, das Alter usw. für jeden einzelnen Fall effektiv geprüft werden.

3.4. *Bemerkungen.* Die Wahl der Normalverteilung als anfängliche Verteilung in dem eben gesehenen Fall ist ein Vorteil, weil man dadurch immer im Bereich derselben Verteilung bleibt. Wir werden auch in anderen Fällen Verteilungen mit analogem Verhalten sehen.

Dieser Vorteil rechtfertigt nicht jedenfalls eine Wahl, die nicht der anfänglichen Meinung entspricht. Noch darf man anderseits denken, daß a prioristische Gründe existieren, die diese Verteilung als bevorzugt vorschreiben. Die vernünftige Haltung besteht darin, eine „bequeme" Verteilung zu übernehmen, wenn sie sich dem gewünschten Verlauf genügend nähert (besonders bei Problemen, wo diese Auswahl sich auf das Ergebnis wenig einschneidend auswirkt).

Wenn die Auswirkung noch geringer ist, kann man den Faktor $\pi_0\theta$ sogar ganz „weglassen", oder, besser gesagt, den Grenzfall mit „stetiger Dichte" betrachten. Diese uneigentliche Verteilung kann man z. B. als Limes der Normalverteilung $N(0,\sigma^2)$ für $\sigma^2 \to \infty$ auffassen, oder der uniformen Verteilung $\pi(\theta) = \frac{1}{2}a(-a \leqq \theta \leqq a)$, für $a \to \infty$. Wie wir sehen werden, ergeben sich auch andere Typen uneigentlicher Verteilungen bei gewissen Problemen als anfängliche Verteilung als günstig.

Manchmal wird die Übernahme der uneigentlichen uniformen Verteilung als anfängliche Verteilung als „dem Nichts-Wissen" entsprechend interpretiert. Das ist absurd: jede Verteilung spiegelt eine Meinung wieder; es gibt keine bevorzugten Meinungen, auch nicht im negativen Sinne als „Nicht-Meinungen"; im übrigen ändert sich die Form der Verteilung bei Änderung des Parameters (z. B. $\theta$ in $\log\theta$, oder $e^\theta$ usw.). Viele weitere lehrreiche Bemerkungen dieser Art findet man bei Lindley, Band II; über den letzten Punkt siehe z. B. S. 145).

*Bemerkung.* Die obigen Umstände und Betrachtungen hängen von einem mathematischen Faktum ab, das man sich sehr klar merken sollte, weil dadurch alle besonderen praktischen Folgen offensichtlich werden.

Eine Dichte ist, streng genommen, *niemals eine Punkt-Funktion*, wohl aber *des Punktes und des Maßes*, die im betrachteten Raum übernommen wurden; es ist z. B. wohlbekannt, daß im Falle von Maßen, welche mittels Koordinatensystemen definiert werden, eine Veränderung des Systems die Dichte mittels der Multiplikation mit dem Jacobischen Symbol ändert (und dasselbe gilt im allgemeinen). Daher kann man z. B. immer sagen, daß die Dichte stetig ist (es genügt, als Maß die Verteilung zu nehmen, die der Dichte entspricht).

Die *Mutmaßlichkeit* ist dagegen effektiv eine Punkt-Funktion; daher ist die „Gleichung" zwischen ihr und einer Dichte ein fiktiver Begriff, immer zu verwirklichen, wenn man das Maß geeignet auswählt, theoretisch niemals signifikant, praktisch bequem zu Berechnungszwecken, wenn in der bequemsten Form vorhanden (oder in einer genügend bequemen).

Es ist jedoch (und wir werden einige Fälle davon sehen) häufig günstig, als anfängliche Verteilung eine mit einer Dichte „gleich" einer Mutmaßlichkeit auszuwählen; sie bilden (nach Schlaifer und Raiffa) die zum Problem *konjugierte* Familie. Es ist jedoch gut zu bemerken, daß der Begriff an sich keine Signifikanz hat, wenn er auch im Hinblick auf eine gegebene gewohnte Bezugnahme nützlich ist.

3.5. $\sigma^2$ unbekannt. Wir betrachten weiterhin die Normalverteilung $N(m,\sigma^2)$, mit der Varianz $\sigma^2$ unbekannt, und es ist besser $\theta = 1/\sigma^2 =$ „Gewicht" und $m$ bekannt zu setzen. Es ist der Fall, in dem man z. B. einen neuen Apparat austarieren will (d. h. die Präzision determinieren, indem man $\theta = 1/\sigma^2$ gibt), indem man wiederholte Messungen einer selben bekannten Größe $m$ durchführt.

In diesem Fall haben wir

$$(17) \qquad f(x|\theta) = K\theta^{\frac{1}{2}} \exp\{-\tfrac{1}{2}\theta(x-m)^2\};$$

als Funktion von $\theta$ und (abgesehen von Faktoren, die nicht von $\theta$ abhängen) ist dies die Mutmaßlichkeit für $\theta$, die durch eine Beobachtung $x$ gegeben ist.

Aus $n$ Beobachtungen, $x_1, x_2, \ldots, x_n$ ist die Mutmaßlichkeit für $\theta$

$$(18) \qquad \Pi_h f(x_h|\theta) = \theta^{\frac{1}{2}n} \exp\{-\tfrac{1}{2}\theta \textstyle\sum_h (x_h - m)^2\} = \theta^{\frac{1}{2}n} e^{-\frac{1}{2}\theta S^2},$$

wo $S^2 = \sum_h (x_h - m)^2$ (die Konstante $K^n$ wurde weggelassen).

Weil der ermittelte Ausdruck derselbe der Dichte einer Gammaverteilung ist, erhält man weiterhin Gammaverteilungen, wenn die anfängliche eine ist (es gelten, ohne daß wir uns wiederholen, die Kommentare in 3.4). Wenn man

$$\pi_0(\theta) = K\theta^{\alpha-1} e^{-\lambda\theta}, \quad \text{nimmt,}$$

ergibt sich

$$(19) \qquad \pi_n(\theta) = K\theta^{\alpha-1+\frac{1}{2}n} e^{-(\lambda+\frac{1}{2}S^2)\theta}.$$

3.6. $m$ und $\sigma^2$ unbekannt. Es ist der Fall von Beobachtungsfehlern (wie in 3.2), wenn jedoch die Präzision des verwendeten Instrumentes unbekannt ist. Es ist auch der häufigste Fall in der Statistik, wenn eine Population (von Individuen, Gegenständen, Experimenten usw.) gegeben ist, in der eine gewisse Größe ($X_h$ für das $h$-te Individuum) als normal verteilt bekannt oder angenommen wird, während man von dieser Verteilung weder den mittleren (und zentralen) Wert noch die Varianz kennt.

Wir haben hier ein Beispiel mit zwei Parametern, nämlich denen jeder der beiden vorhergehenden Fälle. Wir setzen $\theta_1 = m$, $\theta_2 = 1/\sigma^2$ und daher ist

$$(20) \qquad f(x|\theta_1, \theta_2) = K\theta_2^{n/2} \exp\{-\tfrac{1}{2}\theta_2(x-\theta_1)^2\}.$$

Die Mutmaßlichkeit für $\theta_1$ und $\theta_2$ nach Beobachtung von $x_1, x_2, \ldots, x_n$ ergibt

$$(21) \quad \theta_2^{n/2}\exp\{-\tfrac{1}{2}\theta_2\textstyle\sum_h(x_h-\theta_1)^2\} = \theta_2^{n/2}\exp\{-\tfrac{1}{2}\theta_2\,[\nu s^2 + n(\bar{x}-\theta_1)^2\,]\}$$

hier ist $\qquad \nu = n-1, \quad s^2 = \sum_h (x_h - \bar{x})^2/\nu, \quad \bar{x} = \sum_h x_h/n.$

Die Übergänge sind dieselben, die in 3.2. entwickelt wurden, nur daß die Konstante $\nu s^2$ nicht mehr weggelassen werden kann, weil sie jetzt mit dem Parameter $\theta_2$ zu multiplizieren ist).

Die Standard-Annahme für die anfängliche Verteilung ist in diesem Falle die uneigentliche, uniforme für $\theta_1$ und für $\log\theta_2$, d. h. „mit einer (Null-)Dichte proportional zu $1/\theta_2$“ (in der Halbebene $-\infty < \theta_1 < +\infty$, $0 < \theta_2 < +\infty$). Wenn man es genau nimmt, wird diese Annahme explizit nur durch die Anhänger von Bayes vertreten (und im besonderen von jenen, die keine Bedenken gegen uneigentliche Verteilungen haben); man kann sie jedoch eine Standardverteilung nennen, weil sie diejenige ist, die zu denselben Konklusionen führt, zu denen die Statistiker, die nicht nach Bayes vorgehen, auf anderem Wege gelangen.

Unter der gegebenen Voraussetzung, wonach wir

$$(22) \qquad \pi_0(\theta_1, \theta_2) = K/\theta_2$$

schreiben können, ergibt sich

$$(23) \qquad \pi_n(\theta_1, \theta_2) = K\theta_2^{(n-2)/2}\exp\{-\tfrac{1}{2}\theta_2\,[\nu s^2 + n(\bar{x}-\theta_1)^2\,]\}$$

Die Verteilungen für $\theta_1$ allein und für $\theta_2$ allein (die man erhält, indem man in Bezug auf die zu eliminierende Variable integriert), sind[8]

[8] Für die Berechnungen siehe z. B. Lindley, 5.3 und 5.4, wobei jedoch zu beachten ist, daß dort $\sigma^2$ mit $\theta_2$ bezeichnet wird (während, wenn man $\theta = 1/\sigma^2$ setzt, dies Schreibweise und Berechnung einigermaßen vereinfacht).

(24) $$\pi_2^{(1)}(\theta_1) = K\{1 + n(\bar{x} - \theta_1)^2/\nu s^2\}^{-\frac{1}{2}n} = K\left(1 + \frac{t^2}{\nu}\right)^{-\frac{1}{2}(\nu+1)}$$
$$\left(t = \sqrt{n}\,\frac{\bar{x} - \theta_1}{s}\right),$$

(25) $$\pi_n^{(2)}(\theta_2) = K\theta_2^{(n-2)/2} \exp\{-\tfrac{1}{2}\nu s^2 \theta_2\}.$$

Für $\theta_2$ ergibt sich noch eine Gamma-Verteilung wie im Falle von $m$ = bekannt (3.5). Für $\theta_1$ hat man dagegen jetzt die Student'sche Verteilung (siehe Kap. X, letzte Zeilen) anstatt der Normalverteilung (wie dies in $\sigma^2$ = bekannt, 3.2, der Fall war). Der Einfluß der fehlenden Kenntnis von $m$ oder von $\sigma^2$ auf das Ergebnis wird dadurch wiedergegeben, daß man sie mit $\bar{x}$ und $s^2$ ersetzt, welche „vernünftige Schätzungen" bilden und (im zweiten Fall) in der Übernahme der Studentschen Verteilung, deren „Enden" extrem weniger fein sind als die der Normalverteilung (die jedoch für $n \to \infty$ nach der Normalverteilung tendiert). So ist, wenn $n$ groß ist, der Unterschied praktisch irrelevant.

## 4.
## *Prinzip der Likelihood und ausschöpfende Zusammenfassungen.*

4.1. Da wir von Anfang an die Bayes'sche Formel übernommen und kohärent beibehalten haben, erscheint uns das „Prinzip der Mutmaßlichkeit" (Likelihood Principle) pleonastisch, selbstverständlich und überflüssig. Es besagt nämlich praktisch, daß die durch irgendeine Menge von Beobachtungen vermittelte Information durch die entsprechende Likelihoods-Funktion vollständig ausgedrückt wird. Sie ist in der Tat der Faktor, der die anfängliche Meinung in die endgültige verwandelt und dies ist alles und nur das, was man verlangen kann.

Wendet man mehr oder weniger empirische Methoden ad hoc an, so kann es vorkommen, daß dieses „Prinzip" nicht geachtet wird; daher gibt es unter den Statistikern, die nicht zu den Anhängern von Bayes gehören, Diskussionen für und wider die Gültigkeit dieses Prinzips (mit gewissen eventuellen Nuancierungen), alternativ zur Ablehnung der Methoden, die dahin übergreifen (oder zu dem Zugeständnis, daß sie, nur als Approximationen, gelten könnten).

Vom Bayes'schen Gesichtspunkt aus mag es aus zwei Gründen zweckmäßig sein, dieses Prinzip zu erwähnen: für einige nähere Angaben (gegen mögliche unvorsichtig übertriebene Interpretationen) und als Einleitung zu den Ausführungen über „ausschöpfende Zusammenfassungen".

Die näheren Angaben (selbstverständlich, aber wieviel Irrtümer ergeben sich gerade dadurch, daß etwas Selbstverständliches momentan übersehen wird) sollen vor einer zu extensiven Interpretation der folgenden Formulierung warnen:

*Die Ergebnisse einer Menge von Beobachtungen werden durch die Likelihoods-Funktion vollständig zusammengefaßt. Es würde genügen, diese bekannt zu geben und nichts anderes. Sie kann mit anderen analogen Ergebnissen kombiniert werden usw. usw.*

Alles schön und gut, sofern man nicht folgenden Vorbehalt vergißt: „*solange die Angabe unverändert bleibt*". Wenn man z.B. anfänglich annimmt, daß gewisse Fehler „der Normalverteilung folgen" und man dann zu zweifeln beginnt und denkt, es könnte auch eine anderer Art sein, hören die als „Likelihoods-Funktion" ausgedrückten Daten auf, ausschöpfend zu sein.

Die Darlegungen über „*ausschöpfende Zusammenfassungen*" können gerade eingeleitet werden, indem man beobachtet, daß auch die Likelihoods-Funktion es (im besagten Sinne) ist und somit auch der Parameter oder die Gruppe der Parameter, die sie charakterisieren. Z.B. bildet in den gesehenen Fällen eine ausschöpfende Zusammenfassung[9]:

(Fall 3.2: $m$ unbekannt, $\sigma^2 =$ bekannt, konst.) das Paar $n, \bar{x}$;
(Fall 3.3: $m$ unbekannt, $\sigma^2 =$ bekannt, var.) das Paar $\sum y_h, \sum y_h x_h$
(Fall 3.5: $\sigma^2$ unbekannt, $m =$ bekannt, konst.) das Paar $n, S^2$;
(Fall 3.6: $m$ und $\sigma^2$ unbekannt) die Terne $n, \bar{x}, s^2$.

4.2. Es ist zweckmäßig, wenn auch notwendigerweise einfach zur Information, einige Begriffe, die die ausschöpfenden Zusammenfassungen betreffen, zu bringen.

Für die folgenden Betrachtungen wird es zweckmäßig sein, einfach $x, \theta, t$, zu schreiben, um die *Daten* (im allgemeinen in der Anzahl $n$: $x_h$, $h = 1, 2, \ldots, n$), die *Parameter* (einer, $\theta$, oder mehrere; $\theta_i$, $i = 1$,

[9] Die französische Bezeichnung „résumé exhaustif" dürfte der englischen „sufficient statistic" vorzuziehen sein, sei es, weil das Adjektiv „ausschöpfend" geeigneter ist als „ausreichend", sei es, weil auch das Hauptwort ausdrucksvoll ist. Ferner wird auch im Englischen „statistic" leicht mit „statistics" verwechselt, und im Italienischen ist es noch schlimmer, wenn man es als „statistica" italianisiert; läßt man jedoch die englische Schreibweise und Aussprache unverändert, so ist das Wort auch schwer zu verwenden.

$2, \ldots, s$) die *ausschöpfende Zusammenfassung* (die aus einer einzigen (reellen) Funktion der Daten, $t = t(x)$, oder aus mehreren: $t_j = t_j(x)$, $j = 1, 2, \ldots, r$) besteht) anzugeben; so wird $p(x|\theta)$ irgendein $p^n$ sein $(x_1, x_2, \ldots, x_n|\theta)$; usw. Theoretisch braucht die Schlußfolgerung infolge der Tatsache, daß $x, \theta, t, \ldots$ einzelne Zahlen oder Vektoren sein mögen, keine Änderung.

Um die Erklärung der ausschöpfenden Zusammenfassung in eine Definition umzuwandeln, kann man sagen, daß $t(x)$ eine solche ist, wenn $p(x|t(x), \theta) = p(x|t(x))$, was bedeutet, daß die Kenntnis von $t(x)$ die von $\theta$ zum Zwecke der Determinierung der Dichte für $x$ überflüssig macht. Äquivalent ist die folgende Formulierung, die auch „Prinzip der Ausschöpfbarkeit" (Sufficiency principle) genannt wird: $t(x)$ ist ausschöpfende Zusammenfassung für die Familie $p(x|\theta)$ dann und nur dann, wenn, egal welche die anfängliche Verteilung $\pi_0(\theta)$ ist, die endgültige Verteilung, bedingt durch $x$ und $t(x)$ dieselbe ist: $\pi(\theta|x) = \pi(\theta|t(x))$.

Notwendige und hinreichende Bedingung, damit $t(x)$ ausschöpfende Zusammenfassung für $p(x|\theta)$ sei, ist, daß es die Form

(26) $$p(x|\theta) = f(t(x), \theta) \, . \, g(x)$$

habe (mit $f$ und $g$ beliebige Funktionen). Daß die Bedingung hinreichend ist, ist klar, weil sich aus der gegebenen Definition ergibt, daß $p(x|\theta)$, das immer

$$= p(t(x)|\theta) p(x|t(x), \theta) \quad \text{ist, dann} \quad = p(t(x)|\theta) p(x|t(x)) \quad \text{ist,}$$

nach der angegebenen Form ($1^0$ und $2^0$ Faktor wie $f$ und $g$); daß es hinreichend sei, ist das *Faktorisierungstheorem* von Neyman.

Das obige gilt im allgemeinen (nicht notwendigerweise $x$, bestehend aus Ergebnissen $x_h$ von „unabhängigen Versuchen mit gleicher Verteilung"). Zu diesem Fall (Vertauschbarkeit; nicht nur teilweise) zurückkehrend, stellen sich andere Fragen. In diesem Fall interessiert es z. B. zu wissen, ob, bei Variieren von $n$ immer eine ausschöpfende Zusammenfassung von nicht mehr als einer festen Zahl $r$ von Komponenten vorhanden sein wird: $t = (t_1(x), t_2(x), \ldots, t_r(x))$.

Die Bedingung, damit dies eintrete, ist (unter Weglassung einiger näherer Angaben), daß die Familie der Verteilungen $f(x|\theta)$ eine *Exponentialfamilie* ist, d. h. in der Form

(27) $$f(x|\theta) = F(x) G(\theta) \, . \exp\{\sum_{i}^{r}{}_j u_j(x) \Phi_j(\theta)\}$$

(mit $F$, $G$, $u_j$, $\Phi_j$, als irgendwelche Funktionen). In einem solchen Fall ist eine ausschöpfende Zusammenfassung für das $n$-Tupel von Resultaten $x=(x_1, x_2, \ldots, x_n)$ durch die $r$ Funktionen

$$(28) \qquad t_j(x)=\sum_1^n {}_i\, u_j(x_i) \quad (j=1,2,\ldots,r),$$

gegeben und durch die Zahl $n$ (sofern $n$ nicht stillschweigend angenommen wird).

Die Mutmaßlichkeitsfunktion (für $\theta$, mit den gegebenen $x$) ist in diesem Fall

$$(29) \qquad p(x|\theta)=K.G(\theta)^n \exp\{\sum_1^r {}_j\, t_j(x)\Phi_j(\theta)\};$$

wenn die anfängliche Verteilung $\pi_0(\theta)$ eine der Form $G(\theta)^a.\exp\{\sum_1^r {}_j\, b_j\Phi_j(\theta)\}$ ist, sind die Verteilungen, die davon abzuleiten sind, immer solche derselben Form:

$$(30) \qquad \pi(\theta|x)=K\pi_0(\theta)p(x|\theta)=KG(\theta)^{a+n}.\exp\{\sum_1^n {}_j\, b_j\Phi_j(\theta)\}.$$

Auf diese Weise ist es möglich, für die Exponentialfamilien die *konjugierten Familien* der Verteilungen zu definieren, mit den Vorteilen, die anhand der gesehenen besonderen Fälle beobachtet wurden (Normalverteilung, Gammaverteilung).

Man beachte jedoch, daß dieser Begriff immer im wesentlichen fiktiv ist, wie dies in 3.4 (letzter Absatz) erklärt wurde.

4.3. Es ist nun der Moment (wie in 2.3 in Aussicht gestellt) zu sagen, warum wir uns auf die Fälle beschränkt haben, in denen eine Wahrscheinlichkeitsdichte besteht.

Es ist ziemlich natürlich, daß man sich in der Praxis auf Fälle beschränkt, die handlicher und signifikant sind: die besagten, wo eine Dichte vorhanden ist und die diskreten Fälle[10].

---

[10] Oder auch gemischte: eine Dichteverteilung plus einer oder mehreren „konzentrierten Massen" in bevorzugten Werten. Zum Beispiel der Prozentsatz eines gewissen Bestandteils einer Legierung, wenn der Wert Null – Nichtvorhandensein – mit Wahrscheinlichkeit nicht Null möglich ist.
Typisches Beispiel: das Problem der Krone des Königs Heron auf den sich die Episode des Eureka! des Archimedes bezieht). War das Gold mit Silber legiert? (siehe L.J. SAVAGE Kursus CIME, Varenna 1959). Ein anderes Beispiel: Die Korrelation zwischen zwei Geni (genau = 0 wenn sie verschiedenen Chromosomen angehören).

Es scheint jedoch notwendig, ein viel wesentlicheres Motiv hervorzuheben (wovon ich glaube, nie Gelegenheit gehabt zu haben, zu hören, noch habe ich selbst bisher davon gesprochen): Damit die Inferenz unabhängig von Unbestimmtheiten infolge von „durch Ereignisse mit Nullwahrscheinlichkeit bedingten Wahrscheinlichkeiten" und damit zusammenhängenden Fragen der „Nicht-Konglomerabilität" (Kap. IV, 18 und 19 und Kap. VI) gültig sei, muß man sich auf Probleme beschränken, wo es genügt, Wahrscheinlichkeiten zu verwenden, die durch Hypothesen mit Nicht-Nullwahrscheinlichkeit bedingt sind. Und dies ergibt sich banal im Falle von „konzentrierter Masse" und indirekt im Falle des Vorhandenseins der Dichte, wenn man voraussetzt, daß (wie dies empirisch „glücklicherweise unvermeidlich" erscheint) die Kenntnis der beobachteten Werte $x_h$ nicht „exakt" ist, sondern höchstens „Zugehörigkeit zu einer Umgebung von $(x_1, x_2, \ldots, x_n)$" bedeutet, die genügend klein ist, um über die Dichte Schlußfolgerungen ziehen zu können, aber nicht punktförmig.

## 5.
## *Von „Schätzungen" und „Tests": Bayes'sche Interpretation.*

5.1. Die natürliche Antwort auf jedes Problem statistischer Inferenz wird durch eine Wahrscheinlichkeit oder durch eine Wahrscheinlichkeitsverteilung ausgedrückt. In den besprochenen Fällen handelt es sich um die endgültige Verteilung nach Berücksichtigung der beobachteten Daten. Eine derartige Antwort ist aber leider für die meisten nicht in dem Sinne „natürlich", daß sie ihnen vertraut ist, und es ist wohl auch der Wunsch erklärlich, sie durch etwas Gröberes aber unmittelbarer Greifbares zu ersetzen.

Um dieser Anforderung zu entsprechen, ist es das Einfachste und auch das Gebräuchlichste, die Verteilung der Zufallszahlen $X$, die von Interesse ist, grob zu synthetisieren, indem man einen einzigen Wert $x$ angibt, in dessen Umgebung sie sich verdichtet, oder ein Intervall $[x', x'']$, welches einen guten Teil derselben einschließt. Diese Aussagen sind sehr vage und werden nach verschiedenen Arten präzisiert, die man Methoden der *Schätzung* nennt; genauer: im ersten Falle sagt man, $x$ ist eine *Punktschätzung* (point estimation), im zweiten Falle spricht man von einer Intervallschätzung $[x', x'']$ (interval estimation).

Analog für mehrere Dimensionen (wo das „Intervall" jegliche Form annehmen kann).

In anderen Fällen werden formal analoge Antworten für anders gestellte Fragen gefordert; es kann ein gewisser Wert $x_*$ vorhanden sein, oder ein gewisses Intervall $[x'_*, x''_*]$, für welche es von Interesse ist zu wissen, ob $X$ (genau oder auch approximativ) gleich $x_*$ ist, oder nicht, oder ob es zwischen $x'_*$ und $x''_*$ enthalten ist oder nicht. In diesem Fall spricht man von „*Hypothesentest*"[11], weil die Antwort JA oder NEIN auf die sogenannte „*Nullhypothese*" lautet ($X = x_*$ oder $x'_* \leqq X \leqq x''_*$); die entgegengesetzte Hypothese, oder verschiedene Hypothesen, in welche diese unterteilt wird, nennt man „*Alternativ-Hypothesen*".

5.2. Die traditionellen und noch immer beliebtesten Methoden für diese Art von Problemen sind ad hoc Methoden, die wir im Gegensatz zu den Bayes'schen, die sich auf ein systematisches und kohärentes Bild stützen, als empirisch bezeichnen können. Wir kommen später darauf zurück.

Vorläufig werden wir sehen, auf welche Weise sie im Rahmen der Bayes'schen Formel angepaßt werden können, wobei wir sie also nicht als autonome und verschiedenartige Methoden auffassen, die zu verschiedenen Ergebnissen führen, unter denen man ad libitum wählen kann, sondern einzig und einfach als knappe Angaben, die in gewissem Sinne geeignet sind, die echte und vollständige Angabe zu ersetzen, die in der Beschreibung der endgültigen Verteilung bestehen würde.

Es ist klar, daß die Antwort in gewissem Sinne durch irgendeinen mit der (endgültigen) Verteilung zusammenhängenden Wert gegeben werden wird, wie z.B. durch die Erwartung (bei einer gleichwertigen Wette) oder durch ein anderes Mittel, oder durch die Mediane, oder anderes. Dieser Wert kann wohl als (Punkt-)Schätzung in diesem bestimmten Sinne bezeichnet werden und somit als geeignetes *Mittel* im Sinne von Chisini.

In vielen Fällen ist es auch klar, daß die Angabe eines Intervalles, in dem die interessierende Zahl aller Voraussicht nach enthalten sein wird, eine ausdrucksvollere Information ist, als eine andere, besser

---

[11] Ich halte es für zweckmäßig, international verwendete Ausdrücke zu gebrauchen (wie *test*, *sport*, *goal*, etc.), wobei ich sie jedoch im Plural als unverändert betrachte (d.h. die *Test*, nicht die *Tests*, oder – noch schlimmer! – *i testi*). (Gilt nur für den italienischen Text, d. Übersetzer).

perfektionierte. Nach Bayes'scher Auffassung wird es ein Intervall mit einer gewissen (hohen: z. B. 95%, 99%, im allgemeinen 100β%) Wahrscheinlichkeit, $X$ zu enthalten, sein. Und in diesem Sinne werden wir nach Lindley sagen, daß ein gewisses $[x', x'']$ ein (*Bayes'sches*) *Konfidenzintervall* für $X$ in der Höhe von 100β% ist. Die „Bayes'sche" Eigenschaft wird stillschweigend angenommen werden, wir bemerken jedoch, daß, wie wir noch sehen werden, die Bedeutung von „Konfidenzintervall von 100β%" im nicht Bayes'schen Sinne eine ganz andere ist und daß man sich hüten muß, die Dinge zu verwechseln.

An Intervallen mit diesen Eigenschaften gibt es unendlich viele und im allgemeinen wählt man das kürzeste (das in gewissem Sinne die signifikanteste Information liefert). In vielen Fällen (z. B. immer, wenn die Dichte ein einziges Maximum hat und nachläßt, so wie sie sich in der einen oder anderen Richtung entfernt) ist dieses Intervall durch die Tatsache charakterisiert, daß die Dichte an jedem Punkt innerhalb desselben größer ist, als an jedem Punkte außerhalb. Es ist jedoch (damit dieses Kriterium nicht „natürlicher" erscheint, als es wirklich ist) zu beachten, daß sowohl die Länge wie die Dichte sich verändern, wenn man $X$ in eine Funktion verwandelt: z.B., wenn $[x', x'']$ für $X$ Konfidenzintervall zu 95% ist, so ist es auch $[e^{x'}, e^{x''}]$ für $e^X$, wenn jedoch das eine minimal ist, ist es das andere im allgemeinen nicht[12].

## 6.
## *Von „Schätzungen" und „Tests": verschiedene Interpretationen.*

6.1. Diejenigen, die den Bayes'schen Standpunkt nicht anerkennen, könnten – selbst wenn sie es wollten – nicht von der endgültigen Verteilung ausgehen, weil diese einfach für sie keinen Sinn hat. Daher die Notwendigkeit, auf ad hoc-Kriterien zurückzugreifen und da, wenn man der Willkür die Tore öffnet, alles einfach wird, haben wir auch gleich die Erklärung der überstarken Vermehrung derartiger Methoden. Wir müssen darauf hinweisen, zur Information und zu kritischen Vergleichen, jedoch unter Beschränkung auf das Wichtigste und Bekannteste.

Das Hauptmotiv, weshalb diejenigen, die der Bayes'schen Auffassung nicht folgen, nicht von endgültiger Verteilung sprechen können,

[12] Selbstverständliche Folge dessen, was im allgemeinen in 3.4, *Bemerkungen*, beobachtet wurde.

liegt in der Tatsache, daß sie die Betrachtung einer anfänglichen Verteilung ablehnen[13]. Sie können sich daher bestenfalls auf die Likelihoodsfunktion stützen. Andernfalls beschränken sie sich gelegentlich auf die Konstruktion mehr oder weniger billiger Formeln.

Die Situation kann wie folgt zusammengefaßt werden:

Eine Methode zur Ermittlung einer Punktschätzung $x$ aus den Daten $x_h (h = 1, 2, \ldots, n)$ (und dasselbe denke man sich für die Extreme $x'$ und $x''$ einer Zonenschätzung gesagt) reduziert sich letzten Endes immer auf eine Formel, die $\hat{x}$ in Funktion der $x_h : \hat{x} = \varphi_n(x_1, x_2, \ldots, x_n)$ ergibt. Wenn wir uns in die anfängliche Lage versetzen, besteht die Wahl des Kriteriums in der Definition einer Zufallszahl

$$\hat{X} = \varphi_n(X_1, X_2, \ldots, X_n)$$

als Funktion der $X_h$, deren Wert $\hat{X} = \hat{x}$ als Schätzung angenommen werden wird.

Der Sinn, den das Problem haben muß (grob ausgedrückt, um für alle ziemlich annehmbar zu sein), ist immer dieser: die $X_h$ sind approximative Maße eines „wahren Wertes" $x_0$, den man kennen möchte, oder die $X_h$ sind die Werte einer gewissen Größe, die an einem Muster beobachtet wurden, und der Wert $x_0$, den man kennen möchte, ist ein gewisser typischer Wert (Mittel, Mediane, Modi ...) der Verteilung der besagten Größe in der Population. Mit $x$ wollen wir eine „Schätzung" dieses $x_0$ liefern.

6.2. Im wesentlichen können wir drei Grade der Vollständigkeit in der Auffassung und Darstellung dieses Problems unterscheiden.

Die mangelhafteste Darstellung ist die, welche die probabilistische Natur der Frage total ignoriert, oder sich jedenfalls nicht darauf stützt. Auf diesem Niveau können nur die formalen Requisiten, die eine Funktion $\varphi$ genießt oder nicht, betrachtet werden, indem man sie für empirische Motive als mehr oder weniger zweckmäßig erachtet. Eine so extreme Position findet man selten systematisch verfolgt (es hat jedoch Versuche einer abstrakten Theorie der „Methoden des Maßes"

[13] Der Widerlegung dieser Thesen und der Klärung verschiedener damit zusammenhängender Fragen sind die mehrfach zitierte Schrift von B. De Finetti und L. J. Savage, *Sul modo di scegliere le probabilita iniziali* (siehe XI, 1.1, Anmerkung) und ein Bericht (Salzburg 1968) von B. De Finetti, *Initial probabilities: A Prerequisite for any valid Induction*, veröffentlicht in „Synthese", XX, 1 (1969) zusammen mit anderen Berichten und Mitteilungen bei diesem Kongreß, gewidmet. Siehe auch Vetter, Hintikka, von Kutschera, Frey; insbesondere siehe I. . Good, *Discussion of Bruno de Finetti's Paper*, mit anderen Nuancierungen der Auffassung im Bereich der subjektivistischen Theorie.

in diesem Sinne gegeben); weniger selten stößt man auf gelegentliche Betrachtungen dieser Art.

Ins mittlere Niveau fallen die Darstellungen der sogenannten objektivistischen Statistik, wo die probabilistische Darstellung soweit anerkannt wird, wie das betroffen ist, was bedingt durch gewisse „Hypothesen" geschieht, aber nicht um von der Wahrscheinlichkeitsverteilung für diese Hypothesen zu sprechen. Bei Bezugnahme auf die vorhergehende Abhandlung sind die „Hypothesen" die Werte des Parameters $\theta$ und die Betrachtung von $\pi_0(\theta)$, den anfänglichen Wahrscheinlichkeiten, wird abgelehnt und daher auch die der endgültigen $\pi(\theta|x)$[14]. Dagegen wird anerkannt, daß, bedingt durch jeden Wert von $\theta$, näher bestimmt wird, daß die $X_h$ stochastisch unabhängig sind und derselben Verteilung $f(x|\theta)$ unterliegen[15].

Die Folge für die Probleme der Schätzung (und analog für die von „Tests von Hypothesen") ist, daß die Funktion $\varphi$ nur von den $f(x|\theta)$ abhängig gemacht werden kann, während es nach der vollständigen, Bayes'schen Darstellung notwendig erscheint, auch $\pi(\theta)$ einzubeziehen.

6.3. Eine Art, das Hindernis zu umgehen, besteht darin (bewußt oder unbewußt) nach Bayes vorzugehen, wobei man im allgemeinen $\pi(\theta)$ ausläßt, d.h. implizit die uniforme anfängliche Meinung, $\pi(0^2)$ = stetig (eventuell uneigentlich) übernimmt. In diesem Falle sind die Deduktionen offenbar korrekt. Es ist jedoch zu bemerken, daß die blind übernommene anfängliche Meinung nicht der entsprechen könnte, die der Interessierte oder die Allgemeinheit für rational hält. Das Schlimmste ist jedoch, daß effektive Widersprüche entstehen, wenn man dieses Kriterium unabhängig bei mit einander in Verbindung stehenden Problemen anwendet (als banales Beispiel: wenn man dasselbe Problem auf zwei Arten beantwortet, wobei man zuerst die Verteilung von $\theta$ als uniform annimmt und dann die von $1/\theta$).

Eine Art, sich vom Hindernis blockieren zu lassen und dabei vorzutäuschen, daß man dennoch zu einer Konklusion gelangt, besteht darin, daß man annimmt, man könnte über die Wahrscheinlichkeit, daß auf Grund der bekannten Daten, die Aussage, die wir machen

---

[14] Diesen Vorbehalt setzt man nicht bei Problemen, in denen die anfänglichen Wahrscheinlichkeiten einen von den Objektivisten als objektiv beurteilten Sinn haben. In diesen Fällen besteht kein Unterschied zur Baes'schen Auffassung.

[15] Es ist nutzlos diese Hinweise zu komplizieren, indem man sie auf die Betrachtung allgemeinerer Fälle ausdehnt, wie z.B. mit $f(x\ \theta, y)$ usw.

(z. B., daß $x_0$ „nahe bei $\hat{x}$" liegt, oder in $[x', x'']$ enthalten ist), wahr sei, nichts sagen kann. Da man die Situation nicht durch Verwendung der anfänglichen Wahrscheinlichkeiten sanieren will, genügt es ... zu tun, als ob die erforderliche Antwort eine andere wäre, d.h. daß sie die Wahrscheinlichkeit dieser Aussage, bedingt durch die (falsche!) Hypothese, daß $x_0$ bekannt sei, betrifft. Genauer: die Aussage selbst wäre nur scheinbar unverändert: man würde sich des Doppelsinnes bedienen, wonach man in beiden Versionen sagen kann, „daß auf jeden Fall fast sich ist, daß $x_0$ und $\hat{x}$, der wahre und der geschätzte Wert, einander nahe sind", als ob „auf jeden Fall" einen absoluten, einzigen Sinn hätte, der bedeutet, „welcher auch immer der wahre Wert ist", oder „welcher auch immer der geschätzte Wert ist".

Die Hinfälligkeit dieses Irrtums zeigt sich klar. Tatsächlich ist es, unter den gewöhnlichen Hypothesen fast sicher, daß das Mittel der Messungen bei $n$ Beobachtungen nahe bei dem wahren Wert liegen wird, egal welcher dieser sein mag. Tatsächlich nimmt man an, daß die Verteilung der Fehler dieselbe ist, egal welcher der wahre Wert ist. Das heißt aber durchaus nicht daß man, wenn das Mittel der beobachteten Werte bekannt ist, berechtigt wäre, es für fast sicher zu halten, daß der wahre Wert nahe bei diesem Mittel liegt: wenn diese Konklusion wenig glaublich erscheint, können wir wohl für plausibler halten, daß in einem, wenn auch a priori sehr unwahrscheinlichen Fall die Beobachtungen stark fehlerhaft gewesen sein mögen, und vorwiegend in gegebener Richtung[16].

[16] Wenn man mit $X$ den wahren Wert bezeichnet, mit $Y$ den geschätzten Wert und mit $Z = Y - X$ den Fehler, so ist die Verteilung von $Z$ etwas anderes, wenn $X = x_0$ bekannt ist oder wenn $Y = y_0$ bekannt ist. Wenn $f(x, y)$ die Dichte der Verteilung von $(X, Y)$ ist, so ist die Verteilung von $Z$ in den beiden Fällen respektive $Kf(x_0, x_0 + z)$ und $Kf(y_0 - z, y_0)$ und sie können nur koinzidieren, wenn $X$ und $Y$ eine uneigentliche uniforme Verteilung haben und $Z$ unabhängig ist (d. h.: $f(x, y) = Kg(y - x)$ mit $K = 0$, im üblichen Sinn). Im Falle von 3.2) ($X$ und $Z$ unabhängig und mit Normalverteilung) ist $f(z \mid x)$ nach Hypothese von $x$ unabhängig (normal, $N(0, 5\sqrt{n})$), aber $f(z \mid y)$ ist, wie (16) beweist, noch normal, mit derselben Varianz aber mit Null-Erwartung:

$$\mathbf{P}(Z\ Y = y_0) = m_j - y_0 = (m_0 - y_0)/[1 + n\sigma^{-2}/\sigma_0^{-2}]$$

($y_0$ ist das, was in (16) mit $n\bar{x}$ angegeben wurde). Der Ausdruck $m_j - y_0$ verschwindet nur, wenn man $\sigma_0 = \infty$ voraussetzt, d.h. uneigentliche Verteilung, uniform zwischen $\pm\infty$.

Die Objektivisten würden wahrscheinlich sagen, daß man in der Regel nicht viele große Fehler feststellt, und daß in diesem Fall dies bemerkt und daher das Maß nicht angewandt wird. Es ist jedoch die Ablehnung einer vollständigen und kohärenten Darstellung unter dem Vorwand, daß, wenn etwas nicht gut zu gehen scheint, man immer ausweichen kann, indem man auf Hilfsmittel zurückkommt, die weder in der verstümmelten noch in der vollständigen Darstellung gerechtfertigt sind, schwer zu vertreten.

6.4. Manchmal versuchen Kritiker, diese Schlußfolgerung lächerlich zu machen, indem sie den Eindruck erwecken, daß dadurch behauptet werden sollte, daß die Differenz zwischen $\hat{x}$ und $x_0$ klein ist, daß aber die zwischen $x_0$ und $\hat{x}$ nicht klein sein kann;[17] wie bereits oben betont, ist die Differenz nicht diese (die nicht existiert), sondern sie liegt zwischen den Hypothesen „welches $x_0$ sei" und „welches $\hat{x}$ sei". Geht man auf das Bayes'sche Theorem zurück, so ist der Fehler der, daß, wer es wegen gewisser Bedenken nicht in der korrekten Weise anwenden will, dagegen keine Bedenken hat, es in einer offensichtlich unkorrekten Form zu verwenden, d. h. indem er einen der Faktoren (die anfängliche Wahrscheinlichkeit) ignoriert und anhand des anderen (der Mutmaßlichkeit) schließt, als hätte dieser einen anderen als seinen wirklichen Sinn. Es ist derselbe Fehler wie, wenn jemand, der Hemmungen hat, die Arme einer Waage zu messen (weil er über kein hohes Präzisionsinstrument sondern nur über ein Metermaß verfügt), dann sagt, daß die Waage sich immer nach der Seite des größeren Gewichtes neigen wird (womit er implizit, ohne es zuzugeben, voraussetzt, daß die beiden Arme gleich lang sind).

Im wesentlichen gelten diese Bemerkungen für den Fall von Tests und für jeden anderen und wir brauchen uns nicht zu wiederholen, da sie den gesamten Aufbau der „objektivistischen" Statistik in den Grundfesten angreifen. Eine besonders wichtige Folge dieser Unzulänglichkeit ist, daß die Methoden, die sich auf Tests im objektivistischen Sinne stützen, nicht dem Likelihood-Prinzip gehorchen. Es handelt sich vor allem um jene Tests, in denen man z. B. die Null-Hypothese $\theta = \theta_0$ ablehnt, weil eine gewisse Funktion $t(x)$ der beobachteten Daten (Statistiken) einen „zu hohen Wert" hat (außerhalb eines gewissen Konfidenzintervalls, in den „Enden" der Verteilung

---

[17] Es handelt sich um einen doppelsinnigen und polyvalenten Einwand. Nur Laien (wenigstens in Bezug auf das Thema) können ihn wörtlich als Beweis eines Irrtums annehmen. Daß es sich um zwei verschiedene Dinge handelt (entsprechend der folgenden Erklärung), ist nicht nur den Anhängern von Bayes klar sondern auch für die Objektivisten der Schule Neyman-Pearson, mit dem Unterschied, daß die einen sich bewußt auf Betrachtungen der Art „egal, welches $x_0$ sei" stützen, um die der Bayes'schen Art zu umgehen (wobei sie annehmen, daß die darauf gestützten Schlußfolgerungen gültig sind, wenn sie auch nicht die Bedeutung der Bayes'schen haben, und sich sogar rühmen, diese seien „moderner" und die anderen „überholt"). Dagegen versuchte R. A. Fisher die beiden Dinge zu vereinen, indem er – ich möchte sagen – sein Gefühl für die Notwendigkeit der Konklusion in Bayes'scher Form zeigte (mit der Illusion, sie mit einer undefinierbaren „fiducial probability" ausdrücken zu können) und das Problem in einer Bayes entgegengesetzten Form darstellen wollte (im wesentlichen wie Neyman).

für $t$). Und das ist logisch, denn für die Objektivisten ist das Konfidenzintervall jenes, in welches mit 100β% Wahrscheinlichkeit $t(x)$ fallen muß, wenn $\theta_0$ gegeben ist (nicht umgekehrt!). Siehe Beispiel in Lindley, II Seiten 68–69.

Die obigen Kritiken bedeuten jedoch nicht, daß die Konklusionen nicht bei dem größeren Teil der Anwendungen praktisch zufriedenstellend ausfallen könnten. Wenn wir uns auf unser Beispiel beziehen, wird es in der Tat selten vorkommen, daß $\hat{x}$ weit entfernt von $x_0$ ausfällt, aber warum sollte man bewußt diese Tatsache ignorieren und auch in den verdächtigen Fällen die Gültigkeit der Standard-Konklusion behaupten, als ob nichts geschehen wäre, obwohl dann (wie dies im allgemeinen vorkommt) Indizien vorhanden sind, die, wenn man die Augen nicht verschließen will, zu Zweifeln führen müßten.

Jedenfalls kann eine Analyse vom Bayes'schen Gesichtspunkt aus anzeigen, innerhalb welcher Grenzen und unter welchen Bedingungen jede Methode approximativ gültig ist und wie man (z. B. nach Lindley) diese in eine korrekte und genaue Methode umwandeln kann.

6.5. Die Methode der Maximum Likelihood, die auch früher angewandt wurde, ist durch Ronald A. Fisher besonders entwickelt und bekannt gemacht worden.

In einfachster Form ist es eine Methode der Punkt-Schätzung: sie besteht darin, als Schätzung $\hat{\theta}$ des Parameters $\theta$ den Wert (oder Vektor ...) anzunehmen, bei dem die Likelihood auf Grund der Beobachtungen $x$ das (absolute) Maximum erreicht. Als Bayes'sche Erklärung kann man sagen, daß es dasselbe ist, wie wenn man die anfängliche Verteilung als uniform annimmt und als Schätzung von $\theta$ die *Modi* der endgültigen Verteilung annimmt (Punkt, wo deren Dichte die größte ist, welche auf Grund der gestellten Hypothese mit der Likelihood *koinzidiert*)[18].

In ihrer bedeutungsvollsten Form liefert die Methode eine *normale* Approximation der endgültigen Verteilung (was, wenn man will, zu einer Zonenschätzung führen kann).

Wenn wir den gewohnten Fall der Vertauschbarkeit betrachten, d. h. den wiederholter Beobachtungen mit gleicher Dichte $f(x|\theta)$, so ist die

[18] Man beachte immer, daß es falsch ist, „koinzidiert" zu sagen: die Likelihood ist eine Punkt-Funktion, während die Dichte vom Punkt *und vom Maß* abhängt. (Siehe hierzu letzte Bemerkung von 3.4.)

Likelihood die mehrfach angezeigte und deren Logarithmus ist

$$(31)\qquad L_n(x|\theta) = L(x|\theta) = \log p(x|\theta) = \sum_{1}^{n}{}_h \log f(x_h|\theta).$$

Der Einfachheit halber zieht man die Verwendung des Logarithmus vor. Die Funktion $L$ (Standard-Begriff) nennt man englisch log-likelihood (und man könnte das mit „Log-Mutmaßlichkeit" übersetzen). Der Index $n$ wird gewöhnlich weggelassen.

Wie man dies seit dem Studium dieses Falles in 2.5 (im besonderen Formel (3′) und noch mehr bei den Beispielen (siehe (15) in 3.2 usw.) sehen und herausstreichen konnte, ist zu erwarten, daß der Einfluß der anfänglichen Verteilung $\pi_0$ auf die endgültige Verteilung $\pi_n$ bei Wachsen von $n$ nach und nach abnimmt und schließlich wegfällt (weil gegenüber einem immer einzigen Faktor $\pi_0(\theta)$ die Faktoren des Typus $f(x_h|\theta)$ $n$ sind). D.h., je häufiger die Beobachtungen, desto vorherrschender ihr Beitrag zur Bestimmung der endgültigen Meinung, während der der anfänglichen Meinung zurücktritt (was ja auch intuitiv plausibel ist).

Dieser lange bekannte (z.B. durch Poincaré wirksam illustrierte) Umstand entkräftet vom praktischen Standpunkt einigermaßen die Schwierigkeiten bezüglich der Bewertung der anfänglichen Wahrscheinlichkeiten, vorausgesetzt jedoch, daß man das Problem nicht leugnet sondern in möglichst geeigneter Form behandelt, sodaß Bedingungen und Grenzen festgesetzt werden, innerhalb welcher man z.B. ohne Schaden eine gegebene anfängliche Verteilung durch eine uniforme ersetzen kann.

Im allgemeinen (wie im erwähnten Fall der Normalverteilung; es genügen jedoch sehr wenig restriktive Bedingungen) hat die Likelihood (bei $n$ groß) ein sehr zugespitztes Maximum, sodaß die Schätzung $\hat{\theta}$ der größten Likelihood schon an sich eine ziemlich ausdrucksvolle Angabe ist. Eine Punktschätzung allein ist jedoch immer unbefriedigend und die Methode der größten Likelihood erlaubt es glücklicherweise, sie zu interpretieren, indem sie die Varianz – wenn auch nicht direkt der Verteilung $\pi_n\theta$ – der Normalverteilung liefert, die zu einer Approximation in der Umgebung von $\hat{\theta}$ führt. Tatsächlich ist sie durch

$$(32)\qquad \sigma_n^{-2} = -\frac{\partial^2}{\partial\theta^2} L_n(x|\hat{\theta})^{19} \quad \text{gegeben;}$$

[19] Hier (und in (34)) ist die Ableitung von $L_n(x_n\theta)$ vom Punkte $\theta = \hat{\theta}$ gemeint.

die Ursache ist (grob gesagt, folgende:[20] Wenn man $L_n(\theta) = L(x|\theta)$ in $\theta \cong \hat{\theta}$ entwickelt, erhält man $L_n(\hat{\theta}) + (\theta - \hat{\theta}) L_n'(\hat{\theta}) + \frac{1}{2}(\theta - \hat{\theta})^2 L_n''(\hat{\theta}) + \ldots$ und die Dichte (immer in einer Umgebung von $(\hat{\theta})$ ist

$$(33) \qquad p^n(x|\theta) = K\pi_0(\theta)\, e^{L_n(x|\theta)} = K \,.\, e^{-\frac{1}{2}(\theta-\hat{\theta})^2 L_n''(\hat{\theta})} \quad ,$$

weil: $\pi_0(\theta)$ (in der kleinen Umgebung von $\hat{\theta}$, worin $L_n(\theta)$ sehr groß ist) praktisch stetig ist ($= \pi_0(\hat{\theta})$); $L_n(\hat{\theta})$ stetig läßt man weg, da es in $K$ eingefügt werden kann; $L_n'(\hat{\theta}) = 0$, weil in $\hat{\theta}$ das $L_n$ am größten ist: die Ausdrücke außerhalb des 2? Ergebnisses sind unwichtig.

$L''(\hat{\theta})$ wird „Information" genannt (nicht zu verwechseln mit demselben Ausdruck in der Informationstheorie; siehe III, 8.5). Ein analoges Ergebnis gilt, wenn $\theta$ ein Vektor ist, $\theta = (\theta_1, \theta_2, \ldots, \theta_s)$; die Verteilung ist normal und die Matrix der Varianzen-Kovarianzen ist die inverse der *Informations-Matrix*, die durch natürliche Verallgemeinerung der (32) definiert wird:

$$(34) \qquad I_{ij} = -\frac{\partial^2}{\partial\theta_i \partial\theta_j} L(x|\hat{\theta}_1, \hat{\theta}_2, \ldots, \hat{\theta}_s);$$

mit anderen Worten, dies sind die Koeffizienten von $(\theta_i - \hat{\theta}_i)(\theta_j - \hat{\theta}_j)$ in quadratischer Form $-Q$, welches die Dichte $K \,.\, e^{-\frac{1}{2}Q}$ ergibt.

6.6. Obwohl auf das Kürzeste reduziert, sollten die hier entwickelten Betrachtungen eine Idee der hervorstechenden Charakteristiken der mathematischen Statistik nach Bayes und im objektivistischen Sinne, sowie über die Ursachen der Verschiedenheit der Meinungen vermittelt haben.

Es wird auffallen, daß sich praktisch eine andere Situation ergibt, wenn $n$ groß ist (oder, wie man sagt, in der Theorie der *großen* Muster), wo grob gesagt, alle Methoden anwendbar sein müßten, und wenn $n$ klein ist (Theorie der *kleinen* Muster), wo die Divergenzen im allgemeinen beachtlich sind. Die Bayes'sche Darstellung folgt einer einheitlichen und kohärenten Auffassung, die jede theoretische Unklarheit ausschaltet. Es bleibt jedoch im Falle der kleinen Muster die starke Abhängigkeit von den Konklusionen der anfänglichen Meinung, in deren Bewertung verschiedene Individuen weit auseinandergehen mögen. Doch ist dies eine praktische Tatsache, die man nicht einem Mangel der Bayes'schen Theorie zur Last legen kann. Es wäre ein Mangel, wenn dadurch nicht vorhandene Komplikationen eingeführt würden; wenn aber die Komplikationen effektiv vorhanden sind, ist es

[20] Im wesentlichen dieselbe wie in Kap. XI, 4.7.

im Gegenteil ein Mangel und ein Fehler, sie zu übergehen und illusorische Antworten zu geben, die davon absehen (wie dies die Objektivisten tun).

Jedenfalls möchte ich abschließend Lindley zitieren (II, Preface, S. VII):

„Der überwiegende Teil der modernen Statistik (gemeint: die objektivistische, Bemerkung des Übersetzers de Finetti) ist in der Praxis vollkommen normal; ihre Grundlagen sind jedoch falsch. Die Intuition hat den Statistiker jedoch vor Fehlern bewahrt. Meine These ist, daß die Bayes'sche Methode das rechtfertigt, was er immer getan hat (indem immer neu interpretiert und korrigiert wurde; Zusatz des Übersetzers de Finetti) und daß er neue Methoden entwickelt, die bei „orthodoxer" Einstellung fehlen" (Anführungsstriche des Übersetzers de Finetti).

## 7.
## *Zusammenhang mit der Entscheidungstheorie.*

7.1. Wir beabsichtigen nicht (noch wäre dies möglich) diese Argumentation in eiligen abschließenden Betrachtungen zu behandeln. Wäre dies in unserer Absicht gelegen, so wäre es angebracht gewesen, das ganze Kapitel auf dieses grundlegende Thema abzustellen. Dagegen wollen wir einige aktuelle Fragen entwickeln, indem wir die Bayes'sche Darstellung der Probleme der mathematischen Statistik mit der zur Zeit noch beliebteren „objektivistischen" vergleichen. Hierbei sind nur noch einige Aspekte zu klären, bei welchen die Entscheidungstheorie signifikante Anhaltspunkte für Bemerkungen liefert.

Von der Entscheidungstheorie wurde bereits zu Ende des III. Kapitels etwas gesagt (hinzu kommen einige weitere Hinweise); das Kriterium, das sie (durch Kohärenz) fordert, ist die Maximalisierung des (erhofften) Nutzens.

Sie lehrt, im wesentlichen, bei den Entscheidungen den Nutzenszuwächsen, die durch die verschiedenen Entscheidungen erhältlich sind, Rechnung zu tragen, jedoch gewichtet durch die entsprechenden Wahrscheinlichkeiten. Daher kann eine zu treffende Entscheidung sich nur auf die Wahrscheinlichkeiten stützen; auf die endgültigen Wahrscheinlichkeiten, wie sie auf Grund der besessenen Informationen bewertet wurden. Und dies ist die erste Bemerkung: es wird eine statistische Theorie gefordert, die, wie die Bayes'sche es tut und die anderen sich zu tun weigern, immer die Konklusionen als endgültige Wahrscheinlichkeiten ausdrückt.

Dagegen sucht die objektivistische Statistik, als Antwort auf probabilistische Fragen, nicht probabilistische Konklusionen zu liefern, sondern solche in JA-NEIN-Ausdrücken, wie in der Logik des Gewissen; genauer: man spricht davon, eine Hypothese auf Grund irgendwelcher Tests „anzunehmen" oder „abzulehnen". Und manchmal sagt man (obwohl hier manche oft zögern), daß, eine „Hypothese anzunehmen", heißt, „anzunehmen, sich zu verhalten, als ob sie wahr, sicher, wäre". Das ist ein Absurdum: man kann und man muß sich dann und nur dann so verhalten, „wie wenn eine Hypothese sicher wäre" wenn sie effektiv sicher ist; wenn sie es nicht ist, so kann man erst sagen, wie man sich verhalten sollte, wenn man ihr eine gewisse Wahrscheinlichkeit $p$ zugeschrieben hat, und dann wird das Verhalten das sein, welches, indem man mit diesem $p$ rechnet, den maximalen erhofften Nutzen bringt.

7.2. Einige Autoren (z.B. R.A. Fisher) kritisieren die Anwendung dieser Theorien bei wissenschaftlichen Problemen, weil ihnen diese Betrachtungen rein kommerziell, ideellen Fragen fremd, erscheinen. Man könnte einwenden, daß es auch im Bereich der Wissenschaft nicht an günstigen und ungünstigen Folgen fehlt, die abzuwägen wären, entscheidender ist jedoch die Bemerkung, daß diese „kommerziellen" Schlußfolgerungen über die Forderung der Kohärenz der Meinungen aufklären, und im besonderen über die Notwendigkeit, von den anfänglichen Bewertungen zu den endgültigen im Einklang mit der Bayesschen Darstellung überzugehen, sei es nun, weil man später über diese Konklusionen Wetten eingeht, oder über Unternehmungen entschieden wird, oder daß man weiter nichts tut, als die erzielte Konklusion in der Wissenschaft zu verwenden.

Es gibt nicht zwei entgegengesetzte Arten, richtig zu schließen, die eine, um geschäftstüchtig zu sein, die andere, um in der Forschung gut zu arbeiten, sowie es auch nicht falsch ist, sich dazu herabzulassen, auf wissenschaftlichem Gebiet dieselben arithmetischen Operationen mit denselben Geräten durchzuführen, die auch für kommerzielle Zwecke gut sind. Die Theorie ist nur eine: es ist dieselbe, ob man sie zu utilitären oder wissenschaftlichen Zwecken verwendet oder sie einfach studiert, um sie zu kennen und zu verstehen.

7.3. Es ist symptomatisch, daß die Evolution in Richtung des Standpunktes der Entscheidungstheorie sich auch im Bereich der objektivistischen Auffassungen entwickelt hat, vor allem durch das Werk von Abraham Wald. Er führte die Idee ein, einen Verlust (Loss) jeweils mit einer falschen Entscheidung in Zusammenhang zu bringen, wobei er diese als Anerkennung einer Hypothese $i$ betrachtet, während die richtige, eine andere, $j$, ist (Verlust $= L_{ij}$, Null, wenn $i = j$). Hier verbleibt die unbefriedigende Idee, daß die Entscheidung mit der „Anerkennung einer Hypothese" identifiziert wird, während der notwendige Schritt darin besteht, die zu entscheidenden „Handlungen" zu unterscheiden (dies auf Grund der Wahrscheinlichkeit und nicht der Anerkennung der verschiedenen Hypothesen). Die Entscheidungskriterien werden auch oft wegen der Analogie mit anderen Situationen anstatt auf Grund einer direkten Prüfung des Problems übernommen (so betrachtet man z.B. das Kriterium des Minimax als annehmbar, welches verschiedenen Situationen bei Unsicherheit des Bewerbes entspricht: Theorie der Glücksspiele) etc. Es haben jedoch bereits die Darstellungen von Wald die Wiedereinführung (wenn auch nur formell und ohne subjektivistische Interpretation) der anfänglichen Wahrscheinlichkeiten und der Bayes'schen Systeme notwendig gemacht.

Andere Betrachtungen, die sich aus internen Kritiken im Bereich der Objektivisten ergeben, haben Paradoxa und Unvollkommenheiten beleuchtet, welche, um berichtigt zu werden, in diesem oder jenem Falle die Beseitigung von Mängeln forderten, die eben nur durch Einführung der Bayes'schen Darstellung zu beseitigen sind. In dieser Hinsicht sind vor allem die Beiträge von I. J. Good, D. V. Lindley und L. J. Savage zu erwähnen.

Ein allgemeines Verschmelzen ergab sich mit dem Faden der Forschungen über die Ökonomie der Ungewißheit, die, dank dem Werk von Neumanns und Morgensterns über die Theorie der Glücksspiele, der Theorie des Nutzens neues Leben und Impulse verlieh, nachdem sie trotz verschiedenartiger früherer lange vernachlässigt worden war (zu nennen Daniel Bernoulli unter den älteren und F. P. Ramsey unter den modernen Autoren); die verschiedenen Fäden liefen zusammen und erhielten ihre vollständige Form dank dem Werk von L. J. Savage: *The Foundations of Statistics*, 1954 (zumindest für den darstellenden Teil; die Neubearbeitung der statistischen Methoden nach Bayes'scher Version ist rezenter und noch im Gange).

7.4. Schließlich ist eine Art von Fragen, zu denen die Entscheidungstheorie einen einschneidenden Beitrag liefert, die des Projezierens der Experimente zu statistischen Zwecken: d.h. zum Zwecke der Verbesserung der Information auf Grund deren dann die zu unternehmende Handlung beschlossen werden soll.

Einerseits haben wir den technischen Aspekt dieses Experimentierens, der studiert wird, um ein optimales Ergebnis zu erzielen, d.h. zum geringst möglichen Preis, die gültigsten und wertvollsten Konklusionen zu erhalten. Es würde viel Zeit brauchen, auch nur auf die wichtigsten unter den verschiedenen Problemen und Methoden, an denen die statistische Literatur reich ist, hinzuweisen. Wir wollen nur betonen, daß es sich um einen Komplex von Forschungen handelt, deren praktischer, konkreter Wert für den modernen technologischen Fortschritt, wo ihre Anwendung immer ausgedehnter und grundlegender wird, kaum entsprechend geschätzt werden kann, wenn nicht eine umfassende Darstellung mit Beispielen geliefert wird.

Wesentlicher für die Ziele unserer Abhandlung ist der grundlegende Aspekt und — wir können sagen — die *Identität* der Ursachen, die die richtige Art, Schlußfolgerungen zu ziehen, klar machen, sei es um zu günstigen praktischen Entscheidungen zu gelangen, sei es um theoretisch gültige Konklusionen zu erzielen.

Tatsache ist, daß das „neue" Problem, „*welche Information soll man sich beschaffen, ehe man die Handlung beschließt*", ohne weiteres in die obige Darstellung eingefügt werden kann, womit deren allgemeiner, all-umfassender Charakter bestätigt wird. Es genügt, unter „Handlung" nicht nur diejenige zu verstehen, die in der ursprünglichen Formulierung als solche betrachtet wird (d.h. die, die Gegenstand der „endgültigen Entscheidung" ist), sondern auch die frühere, die in der Wahl des Versuchsverfahrens und der Methode der Darstellung zu diesem Zwecke liegt. Der Wert jeder Information (für ein gegebenes Entscheidungsproblem) ist der Zuwachs des erhofften Nutzens (oder, wenn man sich auf die einfachste Approximation beschränken kann, der Zuwachs des erhofften Gewinnes); dieser Wert ist immer positiv (oder höchstens gleich Null: d.h. man kann schlimmstenfalls immer entscheiden, ohne der zusätzlichen Information Rechnung zu tragen), aber ihm steht immer ein Preis gegenüber (Ausgabe, Mühe, Verzögerung usw.); die Vorteilhaftigkeit einer Information (oder besser, der

Entscheidung, diese zu verlangen) ist die Differenz zwischen Wert und Kosten. Die optimale Entscheidung (in Bezug auf die Wahl der anzufordernden Information) ist die, durch welche die Differenz zwischen Wert und Kosten am größten ist. Und man beachte, daß es sich im allgemeinen um eine komplexere Strategie der Informationsbeschaffung handeln kann (in mehreren Stadien, Reihen, ..., d.h. mit weiteren Informationsforderungen je nach den vorhergehenden Antworten); theoretisch ist die vorausgesagte Darstellung immer ohne Veränderungen gültig.

Und in dieser Ordnung der Betrachtungen zeigt sich auch im praktischen Sinne deutlich die Forderung, die Kohärenz nicht nur innerhalb des Bereiches jeder einzelnen Entscheidungsmethode zu achten, sondern auch in einer vergleichenden Prüfung, die sie alle gleichzeitig umfaßt. Es ist dies eine mehr als selbstverständliche Forderung, wenn alle Probleme in der natürlichen probabilistischen Interpretation ernsthaft ausgearbeitet werden, und doch scheint man sie zu übersehen, wenn man sich die Gewohnheit aneignet, sich mit fragmentären Ausblicken zu begnügen.

Ein typisches Beispiel für derartige Mißverständnisse ist die Behauptung, daß die Methode des „Minimax" (in der Entscheidungstheorie) kohärent ist. Effektiv ist sie in jeder einzelnen Anwendung kohärent, weil die Methode eine *Bayes'sche* ist und nur durch ihre Art, die anfängliche Verteilung zu wählen, charakterisiert wird (und die Wahl ist frei). Das Kriterium besteht in der *ungünstigsten* Wahl, als wären die unbekannten Modalitäten durch einen Gegner, mit den unseren genau entgegengesetzten Interessen, gewählt worden. Häufig pflegt man die Analogie mit der Situation in der Theorie der Spiele zu unterstreichen (genauer: der Spiele zwischen zwei Personen „mit Summe Null" d.h. wo einer gewinnt, was der andere verliert), wobei man sagt, daß eine statistische Entscheidung ein „Spiel wider die Natur" ist; doch gilt diese Analogie nur, wenn man die Hypothese setzt, daß „die Natur bösartig sei".

Abgesehen von jedem Vorbehalt über das Sinnvolle dieser Hypothese[21], erkennt man sofort, daß sie nicht immer gültig sein kann:

---

[21] Mancher rechtfertigt sie als „Vorsichtsnorm" dessen, der „zur Vermeidung von Risiken die schlimmsten Hypothesen setzen möchte". Dafür müßte man aber, wenn überhaupt, eine sehr konvexe Nutzen-Kurve wählen; eine Abänderung der Wahrscheinlichkeiten in Bezug auf die wahre Meinung ist immer und jedenfalls nichts anderes als eine Verschlechterung der Entscheidung zum eigenen Nachteil.

wenn wir gleichzeitig verschiedene, von denselben Ereignissen abhängige Entscheidungen betrachten, so führt dieses Prinzip tatsächlich notwendigerweise zu Widersprüchen, weil im allgemeinen die in Bezug auf die verschiedenen Entscheidungen ungünstigste Verteilung nicht immer dieselbe sein wird. Die Natur (wie jeglicher andere Gegner) kann die eigene Bösartigkeit nicht soweit treiben, daß sie gleichzeitig die Verteilungen (oder „*Strategien*", um hier den Ausdruck aus der Theorie der Spiele zu gebrauchen) wählt und übernimmt, die notwendig sind, um uns in Bezug *auf jede einzelne* der zu treffenden Entscheidungen in die ungünstigste Lage zu versetzen[22]. Sowie, um einen offensichtlichen Vergleich zu ziehen, niemand in eine Richtung fliehen kann, die der mehrerer Verfolger, die aus verschiedenen Richtungen kommen, entgegengesetzt ist.

7.5. Es mag scheinen, daß diese abschließenden Betrachtungen den Abschluß einer langen und mühsamen Reise bilden, die erforderlich ist, um sie zu erreichen und zu verstehen. In Wirklichkeit ist es jedoch nicht so. Hält man sich an die von Anfang an verfolgte Darstellung, so ist all dies – und es soll hier wiederholt werden – selbstverständlich. Der lange und beschwerliche Weg wird dann und nur soweit zurückgelegt, wie man sich in den Bereich der objektivistischen Konstruktionen begeben will. Was notwendig sein kann, nicht an sich, sondern zur Beseitigung des Verdachtes, daß sie eine annehmbare Alternative der Darstellung bilden könnten. Dagegen gelangt man auch durch sie, wenn auch mit vieler vermeidlicher Mühe, indem man sich von Paradoxa und Widersprüchen befreit, schließlich an das rettende Ufer.

Was wir beweisen wollten.

---

[22] Wer ernstlich die Hypothese, daß die Natur ihm gegenüber bösartig sei, übernehmen wollte, müßte als anfängliche Verteilung die annehmen, die für ihn für den *Komplex aller Entscheidungen*, die ihn betreffen und die von jener Menge von Umständen, die wir betrachten, abhängen, die ungünstigste ist. So könnte er das Kriterium Minimax auf das geeinte Problem anwenden (Wahl des Komplexes der Entscheidungen als einzige Entscheidung betrachtet) oder (wenn keine wechselseitige Abhängigkeit der Effekte vorliegt) jedes einzelne Entscheidungsproblem immer unter Bezugnahme auf die „Strategie der bösartigen Natur" in Relation zum Komplex der Entscheidungen lösen (was vom Minimax Fall für Fall ganz verschieden ist). Es ist derselbe Unterschied, wie wenn man genau das Minimum einer Summe von Funktionen berechnet, $f(x) = \sum_h f_h(x)$, d. h. $f(\xi)$ für den Wert $x = \xi$, wo die Summe das Minimum erreicht, und voraussetzt, man könnte dies erreichen, indem man die Summe der Minima $\sum_h f_h(\xi_h)$ errechnet, als ob $x$ gleichzeitig, wenn auch nur aus Bösartigkeit, alle verschiedenen Werte $x = \xi_h$ annehmen könnte.

# Anhang

## 1.
*Verschiedene Aspekte der Verschiedenheiten der Darstellung.*

Auf jedem Gebiet und besonders auf dem der Wahrscheinlichkeitsrechnung kann und wird es axiomatische Darstellungen geben, die untereinander nach verschiedenen Gesichtspunkten wenig oder sehr verschieden sind. Es wäre nicht zweckmäßig, eine davon zu wählen und nur diese – wenn auch ausschöpfend – zu besprechen; und auch nicht, eine mehr oder weniger reiche unzusammenhängende Sammlung vorzuführen, aus der jeder nach Laune wählen kann. Der beste Weg – und jedenfalls der, den wir einschlagen wollen – dürfte darin bestehen, sich immer an die bevorzugte Darstellung als Grundlage zu halten, dabei jedoch sowohl die Varianten, die in diesem Rahmen selbst zulässig oder notwendig erscheinen, wie auch die Darstellungen, die auf anderen Anschauungen beruhen, die mit unseren nicht im Einklang stehen, zu illustrieren um die notwendigen theoretischen und formalen Vergleiche zu ziehen.

Vom theoretischen Gesichtspunkt aus, ist die Wahl jene, die wir bereits in den Kapiteln III, IV und folgend deutlich getroffen und ziemlich ausführlich erklärt haben. Bereits damals hatten wir sozusagen eine axiomatische Darstellung geliefert; zwischen damals und heute besteht jedoch ein Unterschied der Haltung, der (zusammenfassend, sowie dies in einem Satz möglich sein kann) ausgedrückt werden könnte, indem wir sagen, daß wir von einer axiomatischen Darstellung der *Wahrscheinlichkeitstheorie* zu einer axiomatischen Darstellung der *Wahrscheinlichkeitsrechnung* übergehen müssen. Nicht, daß eine Unterscheidung oder Trennung zwischen den beiden Begriffen vorhanden ist oder, daß deren Einführung zweckmäßig wäre: wir wollen nur auf die unterschiedliche Perspektive anspielen, aus der dasselbe Gebiet betrachtet werden kann, indem man entweder die wesentliche Bedeutung oder den formalen Aspekt stärker beachtet.

Es ist derselbe Unterschied der Perspektive, der sich auch in der Art ergibt, in der dieselbe Theorie vom Physiker oder vom Mathematiker betrachtet wird, die ihre Aufmerksamkeit respektive auf den Übergang zwischen den „Tatsachen“ und deren mathematischer Darstellung oder auf die in diesem Bereich zu leistende Arbeit richten. Und dies zeigt sich in dem Unterschied zwischen der Axiomatisierung einer Theorie, die in ihrer Signifikanz betrachtet wird, und der Axiomatisierung einer Theorie, die auf ihren *formalen und abstrakten Aspekt* reduziert wird. Im ersten Falle (wir beziehen uns auf das Beispiel einer physikalischen Theorie) werden die *Axiome* alle Eigenschaften experimenteller Natur, die festgestellt wurden (oder die, womöglich hypothetisch, als solche angenommen werden), kondensieren, welche genügen, um Begriffe und Größen signifikant (d. h. operational) zu definieren, und eine mathematische Theorie festzulegen, der sie gehorchen. Im zweiten Falle dagegen wird das Ergebnis dieser ganzen Arbeit einfach als Ausgangspunkt übernommen: die *Axiome* drücken lediglich die mathematische Natur gewisser Entitäten und die Form der Relationen, die sie verbinden, aus, unabhängig von der Signifikanz und Gültigkeit der physikalischen Interpretation, von der ausgegangen wurde. So kann der Mathematiker damit arbeiten, ohne sich um die Aspekte zu bekümmern, die ihn als solche nicht betreffen. Wie in jedem Fall bringt die Arbeitsteilung Vorteile aber auch Nachteile. Ein Blinder mit besonders feinem Gehör und ein Gehörloser mit besonders scharfer Sicht können gemeinsam mehr sehen und hören als ein normales Individuum, werden aber doch häufig weniger „verstehen“ als dieser, selbst wenn sie sich zusammenschließen, weil die Interkommunikation mangelhaft ist. Wir sprechen noch davon.

Wenn wir zu unserem Fall zurückkehren, so ist die angegebene Unterscheidung genau dieselbe. Unter axiomatischer Darstellung der *Wahrscheinlichkeitstheorie* verstehen wir die Axiomatisierung vom Gesichtspunkt der Signifikanz aus: was für uns in der Analyse der Kohärenzbedingung für Wetten und derartige Operationen über Dinge, die „Ereignisse“ genannt werden, bestand (und für andere mag es in Behauptungen über Symmetrien bestehen, oder über Häufigkeiten, über Dinge, die ebenfalls „Ereignisse genannt werden, unter denen man aber vielleicht „Folgen von Ereignissen“ oder wer weiß was anderes versteht). Und man gelangt dazu, gewissen Wörtern (Größen usw.) einen Sinn zu geben und Beziehungen festzulegen, die zwischen ihnen bestehen müssen. Unter axiomatischer Darstellung der *Wahrscheinlichkeitsrechnung* verstehen wir die Axiomatisierung vom *formalen und abstrakten* Gesichtspunkt aus: wir werden Regeln finden, und mit Symbolen operieren, ohne daß wir wissen müssen, welchen Sinn ihre effektive Interpretation hat.

Natürlich ist eine derartige Gegenüberstellung zu scharf, um mehr als eine Ausgangsidee zu vermitteln. Wehe, wenn man Nuancierungen übergeht, die vielleicht auf den ersten Blick nicht erkennbar und doch wesentlich sind. Auch in der Wahl der mathematischen Axiomatisierung bleibt der Auswahl ein breiter Spielraum offen, sei es unter Formeln, die formal äquivalent sind, die aber auf Axiomen basieren, welche für denjenigen, der den anfänglichen Sinn im Auge behält, mehr oder weniger ausdrucksvoll sind, sei es wegen scheinbarer „Begleit"-Umstände, die als solche scheinbar aus einfachen Gründen der mathematischen Annehmlichkeit nach Belieben gewählt werden können.

Der Weg, den wir einschlagen werden, ist streng durch die *Ablehnung* jedes Zugeständnisses an diesen Mißbrauch bestimmt. Genau: die *Axiome der Wahrscheinlichkeitsrechnung werden nicht mehr und nicht weniger sein als die Übertragung der Konklusionen, die sich streng aus den in den einleitenden Diskussionen über die Wahrscheinlichkeitstheorie beleuchteten Forderungen ergeben, in eine abstrakte Form.* Es soll sofort summarisch und einleitend geklärt werden, wieso diese an sich selbstverständliche Feststellung im Gegensatz zu allen Formulierungen steht, die, während sie demselben Kriterium *etwas weniger streng* folgen, (meiner Ansicht nach) damit enden, ihm überhaupt nicht zu folgen. Diese Erklärungen werden gewiß nicht genügen, um einen ausreichenden Rahmen der vielfachen Aspekte, die in Betracht zu ziehen sind und ihrer Tragweite zu liefern, aber demjenigen, der sie im Auge behält, mögen sie genügen, um den Geist so vieler Betrachtungen zu erfassen, die dann auch weiter entwickelt werden sollen, ohne diese allgemeinen Motive zu oft und zu mühsam zu wiederholen.

Wir wissen, daß es sich jedenfalls darum handeln wird, gewisse Funktionen **P** im Bereich von Entitäten $E$, die man „Ereignisse" nennt, zu charakterisieren (und dann heißt **P** „Wahrscheinlichkeit"), oder auch im ausgedehnteren Bereich von Entitäten $X$, die man „Zufallszahlen" nennt (und dann heißt **P** „Erwartung"). In Verfolg unserer Aufgabe werden wir uns bemühen, die formalen Fragen, die die Ereignisse betreffen, so zu stellen, daß die Umstände, die praktisch für die Ereignisse auftreten können, möglichst getreu wiedergegeben werden (auch mit mehr oder weniger wichtigen Varianten, um sich besonderen Anforderungen anzupassen). Dasselbe sei für Zufallszahlen gesagt. Und um die als **P** annehmbaren Funktionen zu definieren, werden wir nur die in abstrakter Form ausgedrückten Kohärenzbedingungen verwenden.

Worin besteht nun der Unterschied zu den gegenwärtig gebräuchlichsten Darstellungen? Vor allem ist die im allgemeinen vorgezogene Form die geschlossene und monolytische: man definiert nicht die Ereignisse im allgemeinen und dann die Funktionen **P** als (im Prinzip) auf alle gedachten und in Zukunft denkbaren Ereignisse ausgedehnt, sondern man konstruiert jeweils ein gewisses wohl begrenztes Ereignisfeld (auch wenn dieses übermäßig weit ist) mit einer gewissen Funktion **P**, die ihm ein- für allemal zugeteilt wird. Nach der gebräuchlichsten Vorstellung, in der die Ereignisse als Menge eines abstrakten Raumes aufgefaßt werden, bedeutet dies, daß alles zusammen (oder das „Wahrscheinlichkeitsfeld") *ein abgemessener Raum* ist (d.h. in dem ein Maß festgesetzt ist); dagegen, getrennt zuerst den Raum (ohne Maße oder andere Strukturen) zu betrachten und erst dann alle möglichen *Maße*, entspricht nicht nur (vor allem) der Forderung der subjektivistischen Theorie, wonach möglicherweise für jedes Individuum *i* verschiedene **P** vorhanden sind („tot capita, tot sententiae"), sondern auch anderen „neutraleren" Forderungen (durch verschiedene Hypothesen, oder verschiedene Grade der Information, oder „gemischte" Elemente bedingte Ereignisse, usw.).

Dieses Zusammenfügen von Raum und Maß schafft, abgesehen von den Einwänden in Bezug auf das Fixieren einer besonderen Funktion $\mathbf{P}_i$, unnatürliche Bedingungen zwischen den beiden Begriffen Ereignis und Wahrscheinlichkeit. Die Versuchung, die Wahrscheinlichkeitsrechnung auf eine Modetheorie zu reduzieren, auf die Theorie des Maßes (vollständig additiv oder σ-additiv, wie in der Theorie von Lebesgue), außer Veränderungen der Terminologie (Menge-Ereignis; Maß-Wahrscheinlichkeit; Funktion-Zufallszahl; Integral-Erwartung), impliziert in der Tat daß:

– die Wahrscheinlichkeit gezwungen würde, nicht nur additiv zu sein (wie dies notwendig ist), sondern (ohne plausiblen Grund) σ-additiv;

– die Ereignisse nur eine Untermenge (technisch, ein σ-Ring mit weiteren Restriktionen) der Menge aller Mengen des Raumes sein dürften (um die σ-Additivität möglich zu machen, aber ohne jeden inhaltlichen Grund, um die Möglichkeit zu rechtfertigen, zu einer Menge zu sagen „Du bist ein Ereignis" und zu einer anderen nicht);

– man daran denken würde, die Menge der Ereignisse in fiktiver Art auszuweiten (d.h. nicht entsprechend signifikanten Interpretationen), um die σ-Additivität auch dann als bestehend erscheinen zu lassen, wenn sie (sinngemäß) nicht besteht, ehe man sie aufgibt.

Daraus entwickelt sich u. a. in Sachen Grenzübergang und Definition stochastischer Grenzen, die Übernahme von Formeln, die man nicht ohne Korrekturen oder Vorbehalte annehmen kann, wenn nicht die σ-Additivität (um den Preis so vieler Nachteile) als universell unbestreitbares Postulat vorgeschrieben wird.

Natürlich werden alle diese Einwände in der Folge untersucht und gerechtfertigt werden müssen, umsomehr als sie demjenigen, der sich an die übliche Darstellung gewöhnt hat, übertrieben erscheinen werden. Bei dieser werden nämlich in der Tat die Punkte, die einer kritischen Prüfung nicht standhalten dürften, als selbstverständlich hingestellt oder einfach stillschweigend so angenommen, oder man beseitigt die Versuchung zur Widerspenstigkeit durch überzeugende Phrasen.

Weitere negative Aspekte dieses Zusammenfügens von Raum und Maß (zwischen dem Feld der Ereignisse und der Wahrscheinlichkeit) hängen nicht von der angeblichen σ-Additivität ab: so z.B. daß man die *Null-Wahrscheinlichkeit* als eine Eigenschaft der Ereignisse betrachtet (was u.a. manchmal dazu führt, zwei Ereignisse als „äquivalent" zu definieren, deren symmetrische Differenz, d.h. $A\bar{B}+B\bar{A}$, bzw. $A+B-2AB$, bzw. $A \neq B$, Nullwahrscheinlichkeit hat); noch gefährlicher ist es, die stochastische Unabhängigkeit, $(\mathbf{P}(AB)=\mathbf{P}(A)\mathbf{P}(B))$, als Eigenschaft der Ereignisse zu betrachten, usw. Wehe, wenn man nicht bedenkt oder nicht genügend unterstreicht, daß es sich um Eigenschaften der Funktion **P** (in Relation zu den Ereignissen $A$ und $B$) handelt, und nicht um die Ereignisse als solche (aber die wichtige Unterscheidung wird geradezu sinnlos, wenn man das **P** als gegeben erachtet!).

Bereits in Kap. II hatten wir, um jede verfrühte Vermengung, welche als solche zu Mißverständnissen führen konnte, zu vermeiden, getrennt zuerst dargestellt, was man über die Ereignisse vom logischen Gesichtspunkt (dem der Logik des Gewissen) aus sagen kann und was die Ereignisse selbst betrifft, und nach Kap. III das verschoben, was dann von der Einführung der durch sie definierten Funktionen **P** abhängt (ohne bezüglich des Begriffes Ereignis oder der Bedeutung einzelner Ereignisse irgendetwas hinzuzufügen oder zu ändern).

Wir werden hier demselben Kriterium folgen, und natürlich sogar in einer tieferen, systematischeren, genaueren Form. Unterscheidungen, die in anderen Darstellungen Sinn haben, verlieren ihn hier: z. B. die von *atomaren* Ereignissen (solche, die kein Ereignis enthalten, welches nicht dieses selbst oder leer sei, sowie für die Punktmengen diejenigen, die aus nur einem Punkt bestehen), oder von Ereignissen, *die zu endlichen Mengen von Ereignissen gehören*, und andere ähnliche. Bei Bezugnahme auf eine Zufallszahl $X$, deren mögliche Werte z. B. alle reellen Zahlen zwischen 0 und 1 wären (wie für $X=$ „Prozentsatz der Zeit, innerhalb welcher ein bestimmter Telefonapparat morgen zwischen 9 und 17 Uhr besetzt sein wird"), kann das Ereignis $E=(X=0{,}4166666\ldots)$, welches darin besteht, genau einen gewissen im voraus bestimmten Wert zu erhalten, als ein Fall bezeichnet werden, der einer unendlichen Menge angehört (d. h.: von den Ereignissen $E_x=(X=x)$, $0 \leqq x \leqq 1$), und als ein „atomares Ereignis" (weil ein genauer Wert, wie $x_0 = 41^2/_3\%$ keine größere Präzision erlaubt). Es gehört jedoch auch zu dem Ereignisfeld, welches durch die beiden alleinigen Ereignisse $E=(X=x_0)$ und $\tilde{E}=(X \neq x_0)$ gebildet wird (außer den Ereignissen 0 und 1), und kann in $E=EA+E\tilde{A}$ zerlegt werden, wobei $A$ irgendein Ereignis, das $X$ nicht betrifft, sein kann (z. B. $A=$ „morgen wird es regenen", $A=$ „die gegenwärtige Regierung wird bis Ende der Legislaturperiode im Amt bleiben", $A=$ „die Azalea im Schaufenster des Blumenhändlers wird innerhalb des heutigen Tages verkauft"), oder auch in unendlich viele Unterfälle, in denen andere Zufallszahlen $Y, Z, \ldots$ betrachtet werden (und daher, indem man als „provisorisch-atomar" die Punkte $(x, y)$, oder $(x, y, z)$, oder $(x, y, z \ldots)$ von $S_2, S_3, \ldots, S_n \ldots$ betrachtet. Die Betrachtungen, die sich auf derartige fiktive Unterscheidungen stützen, haben jedoch keine Grundlage (z. B. die Behauptung, daß ein Ereignis $E$, das nicht unmöglich ist, nur dann die Nullwahrscheinlichkeit, $\mathbf{P}(E)=0$ haben kann, wenn es „einer unendlichen Menge von Ereignissen angehört").

Dagegen gibt es effektive Probleme, die auftreten und einem auferlegt werden, die verschiedenartig mit dem – häufig vagen und exklusiven – Begriff der „Verifizierbarkeit" eines Ereignisses in Zusammenhang stehen. Diese Ausdrucksweise selbst müßte, streng genommen, verurteilt werden, weil die Verifizierbarkeit die wesentliche Charakteristik der Definition eines Ereignisses ist: „nicht verifizierbares Ereignis" heißt soviel wie „Kahlkopf mit langen Haaren". Es ist jedoch notwendig, das Vorhandensein verschiedener Bedeutungen und

Grade des Begriffes der Verifizierbarkeit anzuerkennen, von denen einige mehr oder weniger dehnbar sind (sowie: Verifizierbarkeit mit geringerer oder größerer *Genauigkeit* und innerhalb eines mehr oder weniger langen *Zeitabschnittes*, oder mit mehr oder weniger tragbaren *Kosten*, oder mit einer mehr oder weniger großen *Anzahl* teilweiser Verifikationen usw.); andere wieder sind fester (sowie die vorgenannten, wenn man anstatt „mehr oder weniger" groß „unendlich oder nicht" sagt). Aber der feste ste und wichtigste Grad ist der, welcher in der theoretischen Physik (im Zusammenhang mit *Beobachtbarkeit* und *Komplementarität*) auftritt: es scheint sonderbar, daß eine Frage von so atemberaubendem theoretischen und praktischen Interesse und die die unerwartetste und gründlichste Form des Eingreifens der Wahrscheinlichkeit in die Naturwissenschaften betrifft, fast nur von Physikern und Philosophen behandelt wird, während sie in Abhandlungen über die Wahrscheinlichkeitsrechnung nahezu ignoriert wird. Es ist etwas Neues, das den bestehenden Rahmen stört und ihn zwitterhaft erscheinen läßt. Dies ist aber keine Rechtfertigung dafür, sie mit fiktiven Ornamenten zu überdecken, anstatt sie durch anregende, wenn auch umwälzende Beiträge zu bereichern.

In diesem Anhang soll daher versucht werden, ein ziemlich organisches Allgemeinbild dieser die Ereignisse betreffenden Fragen zu vermitteln. Es muß von einem einfachen „Versuch" gesprochen werden, vor allem, was den Fall der theoretischen Physik anbelangt: wir werden wenig mehr als einen Vergleich zwischen einigen Stellungnahmen verschiedener Autoren bringen und die angeben, die m. E. Kritiken am besten verträgt (abgesehen davon, daß sie am besten geeignet ist, mit den anderen Problemen über die Verifizierbarkeit der Ereignisse in Verbindung gebracht zu werden).

Andere Fragen (die bereits mehrfach flüchtig erwähnt wurden) betreffen den Begriff der „Möglichkeit", mit einigen heimtückischen Aspekten in jenen Fällen, in denen jemand (infolge Unmöglichkeit, oder begrenzter Fähigkeit, oder Eile, Versehen oder anderem) aus den ihm zur Verfügung stehenden Informationen nicht entnommen hat, was sie logisch enthalten[1], sodaß die Menge der Ereignisse, die er als

[1] Bei einem Spiel mit Übereinstimmung (mit $n$ Gegenständen) kann es z. B. sein, daß jemand nicht bemerkt, daß der Fall von $n-1$ Übereinstimmungen unmöglich ist (siehe Kap. III, 8.4), sei es, weil er zur Schlußfolgerung, die zu dieser Konklusion führt, mit Hilfe der ihm zur Verfügung stehenden Daten nicht fähig ist, sei es, weil er nie daran gedacht hat, zu bezweifeln, daß alle Werte zwischen 0 und $n$ möglich sind, oder auch, weil

„sicher" betrachtet, in Bezug auf die Logik des Gewissen nicht *abgeschlossen* ist.

Schließlich werden wir von den einleitenden Fragen, welche die Ereignisse und daher die Logik des Gewissen, bzw. das, was für uns einfach der Hintergrund ist, betreffen, zur Einführung der Wahrscheinlichkeit übergehen, welche für uns das echte Argument, nämlich den Hauptdarsteller, bedeutet.

Das sicherste System, um im Übergang von den Betrachtungen, die uns zur wesentlichen Darstellung in Kap. III geführt hatten, zu den *Axiomen*, in die wir diese nun in abstrakter Form übertragen müssen, auch unwillkürliche Veränderungen zu vermeiden, liegt darin, diese Betrachtungen in abstrakter Form auszudrücken, ohne sie überhaupt zu ändern. Es wird genügen, die Additivität und die Nichtnegativität zu bewahren, die vom wesentlichen Gesichtspunkt aus verbieten, einer Operation (oder Wette) einen positiven Preis (eine positive Erwartung) zuzuschreiben, die sicher ein negatives Ergebnis liefern wird und die vom abstrakten Gesichtspunkt von **P** fordern, derart zu sein, daß man niemals

$$c_1\mathbf{P}(X_1)+c_2\mathbf{P}(X_2)+\ldots+c_n\mathbf{P}(X_n)>0$$

erhält, wenn

$$X=c_1X_1 \quad +c_2X_2 \quad +\ldots+c_nX_n \text{ sicher } <0 \text{ ist.}$$

Diese Ungleichungen (die für jede endliche Linearkombination gefordert werden) genügen, um (als Durchschnitt von Halbräumen) die konvexe Menge $\mathfrak{P}$ der zulässigen Funktionen **P** abzugrenzen (und es werden nur einige Einzelheiten zu diskutieren sein, z. B. die Möglichkeit, in den Ungleichungen $>$ durch $\geqq$ zu ersetzen usw.).

Es ist jedoch zu beachten, daß wir, um diese Bedingungen auszudrücken, nicht die Ereignisse sondern die Zufallszahlen in Anspruch genommen oder uns zumindest auf sie bezogen haben. Im Ergebnis hätte man, indem man $E_1 \ldots E_n$ und nicht $X_1 \ldots X_n$ geschrieben hätte, praktisch dieselbe Bedingung gehabt[2], es wären jedoch die $X_h$ (die ein lineares System bilden) als Linearkombination von Ereignissen (die kein lineares System bilden), verstohlen eingeführt worden. Direkt von

er wohl das Ergebnis kannte, es aber vergessen hatte, oder, ohne es vergessen zu haben, im gegebenen Moment nicht daran gedacht hat.

[2] Begrenzt auf die $X_h$ mit einer endlichen Anzahl möglicher Werte; wovon man zum allgemeinen Fall (mit begrenzten $X_h$) mittels Aproximation nach oben oder unten übergehen konnte.

den $X_h$, die ein lineares System bilden, auszugehen (ohne den Ereignissen, die jedenfalls Teil davon sind, besondere Beachtung zu widmen), heißt nicht nur, die gesamte Situation mit einem Schlag beherrschen, sondern auch ihre Adhärenz zur wesentlichen Interpretation akzentuieren.

Geht man so vor, so charakterisieren die Axiome **P** unmittelbar im gesamten Anwendungsbereich: d.h. sowohl in dem Bereich der Ereignisse, wo es den besonderen Namen *Wahrscheinlichkeit* verdient, als auch in dem der Zufallszahlen, wo es im allgemeinen *Erwartung* heißt (oder im praktischen Sinne Preis).

Der große Vorteil ist nicht nur ein formaler, oder einer von vereinfachender Eleganz. Man vermeidet nicht nur eine zweifache lästige Komplikation, sondern eine ganze Folge von Schwierigkeiten, die sich aus der Tatsache ergeben, daß diese Komplikationen nicht nur lästig sondern auch irreführend sind. Die erste lästige Komplikation ergibt sich, wenn man die Axiome so formulieren will, daß sie nur auf die Ereignisse anzuwenden sind und die Zufallszahlen ausschließen, um nur die Wahrscheinlichkeit und nicht die Erwartungen zu definieren. Und die zweite kommt, wenn man dann diesem Ausschluß abhelfen und die Erwartung unter Berücksichtigung dessen definieren muß, daß sie im besonderen Fall der Ereignisse, wo sie Wahrscheinlichkeit heißt, bereits definiert wurde.

Der einzige mögliche und offensichtliche Weg, um dem Ausschluß abzuhelfen, würde in dessen Beseitigung liegen, sei es auch verstohlen, über einen Umweg, der wieder zur Hauptstraße zurückführt. Dagegen scheint aber der erste wenig glückliche Schritt zu fordern, daß man darauf besteht und ihn für den zweiten verwendet. Wenn man als *Definition* der Erwartung eine Relation betrachten will, die diese an die Wahrscheinlichkeit bindet, so kommt man zu einer äußerst unnatürlichen Situation: vorzutäuschen, daß der elementare Begriff der Erwartung die Kenntnis von etwas komplexerem und empfindlicheren voraussetzt, wie es die genaue *Verteilung* der Wahrscheinlichkeit ist. Und, da diese Situation unnatürlich ist, ist sie auch in dem Sinne gefährlich, daß sie zu der Annahme führt, daß die auf diese Weise ex novo zu findende Definition einen gewissen beliebigen Spielraum offen läßt, sodaß sie eine Auswahl von Konventionen fordert oder erlaubt, die durch Gründe der Annehmlichkeit bestimmt sein kann.

Abstrakt mathematisch ausgedrückt reduziert sich all dies auf den Ausdruck des Vorzuges für den ersten der beiden Wege (den wir hier anzeigen, indem wir die ersten Sätze einer ausführlicheren Beschreibung in Bodiou[3], Seite 5, wiedergeben) und auf dessen Übernahme:

1) Priorität für die linearen Funktionale (Riesz, Bourbaki, L. Schwartz),
2) Priorität für das Maß (Borel, Lebesgue, Carathéodory, Fréchet, Kolmogorov).

Aber natürlich ist das Wesentliche nicht die Konklusion, d.h. diese Wahl an sich, sondern die *Motivation* der Wahl. Es handelt sich nicht darum zu sagen, welche mathematische Darstellung, mathematisch gesprochen, die größeren Vorzüge hat, sondern welche unmittelbarer das ausdrückt, was direkt am bedeutungsvollsten, am unmittelbarsten wichtig und vor allem, am unmittelbarsten *beobachtbar* (im theoretischen Sinne) ist.

Dieser Gesichtspunkt betreffend die Differenz zwischen den beiden Arten, zur Definition von $\mathbf{P}(X)$ (Erwartung von $X$, gewöhnlich $\mathbf{M}(X)$ = mathematische Erwartung von $X$ genannt) zu gelangen, kann durch eine Analogie geklärt werden (die praktisch eine Identität ist, abgesehen von der Verwendung anderer Termini). Wenn ein Körper $C$ gegeben ist kann man ohne weiteres den „Schwerpunkt" von $C$, sagen wir $B(C)$ definieren (und lehren, ihn operativ ohne Formeln zu bestimmen); normalerweise wird man die Verteilung der Masse in $C$ nicht einmal kennen (und dies wird auch unwichtig sein; im besonderen ist der Begriff der „Dichte" an einem Punkt, der durch einen Limes definiert wird, welcher, in Anbetracht der Struktur der Materie – Moleküle, Atome, Partikelchen – streng genommen gar keinen Sinn haben kann, etwas sehr Konventionelles). Immerhin kann man sagen, daß, wenn wir nach Hypothese die Dichte $\rho$ als Funktion des Punktes $P$, kennen, wir sagen können, daß die Masse $m(C)$ und der Schwerpunkt $B(C)$ des Körpers $C$ gleich

$$m(C)=\int_C \rho(P)\,dS, \qquad B(C)=\frac{1}{m(C)}\int_C P.\rho(P)\,dS$$

sein müssen.

Nun: der Unterschied liegt darin, ob man als Definitionen die nimmt, die unmittelbar und selbstverständlich sind, oder diese Formeln (die einen Grenzübergang brauchen, um die Dichte zu definieren, mit der Integration ad absurdum geführt werden, um dann schließlich an den Ausgangspunkt zurückzukehren; und bei denen die Gefahr der

[3] GEORGES BODION, *Théorie dialectique des probabilités englobant leur calcul classique et quantique*, Gauthier-Villars, Paris 1964.

Einführung eines Fehlers besteht, wenn man in der Wahl des anzuwendenden Integrals irgendeinen Spielraum läßt).

Ich finde diesen Mißstand, die einfachen Dinge zu komplizieren, gegenwärtig sehr verbreitet (man sucht geradezu nach Schwierigkeiten und schafft sie häufig); ich sage dies nicht, weil ich es für meine Aufgabe halte, mich damit außerhalb meines eigenen Gebietes zu beschäftigen, sondern um zu betonen, daß wenn ich darauf im Bereich der Wahrscheinlichkeitstheorie hinweise und versuche, das Übel mit der Wurzel zu entfernen, dies nicht geschieht, weil ich denken könnte, daß es nur auf diesem Gebiet auftritt sondern mehr oder weniger überall.

## 2.
## *Die Ereignisse (Wahr, Falsch, und ...)*

Ein Ereignis kann nach Definition nur *wahr* oder *falsch* sein (siehe III, 3.4); *ungewiß* kann es (vorläufig, für uns) nur dann und insofern sein, als wir nicht im Besitz der Information sind, die bestätigt, daß es wahr oder falsch ist. Dasselbe gilt für jede beliebige Zufalls-Entität, im besonderen für die Zufallszahl. Eine (Zufalls-)Zahl $X$ ist eine Zahl, die einen wohl bestimmten Wert $x$ hat, über den wir jedoch nicht informiert sein mögen (und infolge dieses Fehlens an Information ist sie, für uns, vorläufig, ungewiß und zufällig). Wir können jedenfalls die Schlußfolgerung auf den Fall der Ereignisse beschränken, weil jede Information über $X$ nichts anderes ist, als eine Information über ein Ereignis der Type $X \in I$ ($I$ irgendeine Menge).

Aber was heißt, daß es wahr oder falsch sein muß? Die beiden extremen Interpretationen würden in der Bezugnahme auf eine „objektive Wahrheit" oder in der „unmittelbaren Verifizierbarkeit" bestehen. Letztere verursacht keine Einwände, ist jedoch sehr restriktiv; sie gilt nur in Fällen wie in jenen eines Quiz, wobei man die Antwort notfalls einfach durch Umblättern erhält. Aber wieviele Hypothesen sind nicht selbst in diesem Fall stillschweigend anzunehmen! Man muß Motive der Unschlüssigkeit und der Verwirrung ausschließen, die es z. B. geben würde, wenn jemand, wenn er wiederholt nach der Antwort sucht und sie betrachtet, jedesmal etwas anderes sieht als, das, was er sich erinnert, früher gesehen zu haben, wenn die Antwort für ihn eine andere ist, wenn er mit dem rechten oder mit dem linken Auge hinsieht, usw. Wir sind uns alle darüber einig, daß diese Annahmen lächerlich sind: sie sind jedoch nicht aus irgendeinem logischen Motiv absurd, sondern nur, weil sie jenen „Regelmäßigkeiten" widersprechen, an die uns die „objektive Realität" gewöhnt hat (oder dual, in solipsistischer Perspektive, weil sie uns dazu geführt haben, uns eine Idee der „objektiven Realität" nach dem Ebenbild dessen zu schaffen, was uns in unserem „Vielleicht-Leben-Vielleicht-Traum"-Dasein gegeben scheint).

Müssen wir uns also von der objektivistischen Interpretation leiten lassen, von der ersten der beiden oben genannten? Bis zu einem gewissen Punkt ist dies unvermeidlich (sonst bleiben wir immer Opfer „lächerlicher" Zweifel wie im obigen Beispiel). Wir müssen jedoch immer auf der Hut und kritisch eingestellt sein und bedenken, wieviele Aussagen, die einem „naiven" Objektivismus zweifelsfrei sinnvoll erschienen, geändert und mittels „operationaler" Definitionen neu erarbeitet werden mußten, um erst Sinn zu haben[4].

Aber wann ist ein „Objektivismus" nicht „naiv"? Leider ist die Antwort alles eher als beruhigend: „er ist es, solange nicht irgendwoher die unerwartete Feststellung von Widersprüchen oder Schwierigkeiten kommt"[5]. Dann rennt man zu den Schutzwällen, die darin bestehen, nach Möglichkeit ins andere Extrem überzugehen: nicht an die „objektive" Tatsache zu denken, daß etwas wahr ist oder nicht, sondern an die Tatsache, in den Besitz jener Information zu gelangen, die für uns dazu führt, das Ereignis als wahr oder nicht zu erklären,

[4] An diesem Punkte ist eine Erklärung notwendig, um Irrtümer und Mißverständnisse über das Verhältnis zwischen Subjektivismus im Bereich der Wahrscheinlichkeit und Subjektivismus in Bezug auf jede Kenntnis zu vermeiden.
Manche sagen gelegentlich, daß, „ja, auch die Wahrscheinlichkeit natürlich subjektivi ist, weil *alles* subjektiv ist". Diese Art die Dinge darzustellen, steht aber nicht im Einklang mit, sondern im Gegensatz zur subjektivistischen Wahrscheinlichkeitstheorie. Was für diese Theorie grundlegend ist, ist, daß der Begriff der Wahrscheinlichkeit nicht in den Bereich der Eigenschaften gehört, die die „äußere Welt" betreffen (egal, ob jemand sie als „objektive Realität" oder als eigene „geistige Darstellung" betrachtet). Ein Solipsist, der die gesamte sogenannte „Realität" als „subjektiv" betrachten wollte, müßte, um kohärent zu bleiben und die subjektivistische Wahrscheinlichkeitstheorie korrekt zu interpretieren, vielleicht – als Gegensatz, zur Gegenüberstellung – sagen, daß die Wahrscheinlichkeit dagegen *objektiv* ist. Sie ist in dem Sinne objektiv, daß sie ein autonomes Urteil ausdrückt, nicht etwas, das an äußere Umstände gebunden wäre, das im Sinne von „als ob" zu interpretieren ist („als ob" von Veihinger).

[5] Es ist ein wenig, wie wenn man sagen wollte, ein Individuum müßte für unsterblich gehalten werden, bis es eventuell stirbt.

oder wenigstens zu irgendeiner „Möglichkeit" (im mehr oder weniger genauem Sinn), zu dieser Information zu gelangen.

Wenn es die Möglichkeit einer klaren Trennung geben würde (oder man immerhin diese mit irgendwelchen vereinfachenden passenden Hypothesen voraussetzen würde), zwischen Ereignissen, die verdienen, als solche beibehalten zu werden (sofern es effektiv Sinn hat zu fragen, ob sie wahr oder falsch sind) und Ereignissen, die man wegläßt (weil sie fiktiv sind und nur scheinbar aber nicht wirklich Ereignisse), gäbe es keine Schwierigkeit. Alles würde beim Alten bleiben (einschließlich der Definition des Ereignisses), mit dem Vorbehalt zu achten, daß es sich wirklich um Ereignisse handelt (d.h. um solche, die Sinn haben, die verifizierbar sind).

Es scheint jedoch unerläßtlich, die Sache flüssiger zu belassen. Es wird (wenn diese Anregung auch wie ein unglückliches Zurückziehen erscheinen mag) gerade zweckmäßig sein, den Ausdruck „Ereignis" irgendwie vorurteilsfrei zu verwenden, ohne a priori eine Auswahl oder einen Ausschluß durchzuführen; dadurch kann die Auswahl sukzessive Fall für Fall erfolgen und den (manchmal klaren, manchmal eher vagen) Forderungen in Bezug auf „Verifizierbarkeit" Rechnung tragen und diese entsprechend passenden, aber bis zu einem gewissen Punkt frei zu wählende Schematisierungen interpretieren.

Man könnte sagen, daß auf diese Weise die Frage eher umgangen als beantwortet wird, sofern der Ausschluß dessen, was ausgeschlossen werden *muß*, weil es nicht sinnvoll besteht, mit dem Ausschluß dessen verwechselt wird, was in Ermangelung eines Interesses unsererseits ausgeschlossen werden *kann*. Es ist jedoch eine Tatsache, daß unsere Analyse (sei sie nun befriedigend oder mangelhaft) uns den Fall der absoluten Nicht-Verifizierbarkeit als einen Grenzfall von etwas stufenartigem und in gewissem Sinne „wirtschaftlichen" erscheinen läßt: mit einem geringeren oder größeren Grad der Schwierigkeit (unter verschiedenen Aspekten) zu verifizieren, ob ein Ereignis wahr oder falsch ist, einem Grad, den wir durchaus auch vergleichend mit Bedeutung und Wichtigkeit dieser Feststellung für praktische Zwecke bewerten können.

Ein beachtlicher (ich möchte sagen unerläßlicher) Vorteil dieser Vorgangsweise liegt in der Tatsache, daß das Ausgangsschema immer unverändert bleibt und alle die umfaßt, die wir Ereignis genannt hätten, ehe wir kritische Bedenken kannten, sodaß mit diesen alle Operationen möglich sind. Will man dann irgendeine Restriktion (die – nach einer gewissen Idealisierung – bestimmten Motiven entsprechen würde) einführen, so wird es genügen anzugeben, welche Unterklasse von Ereignissen man in Betracht ziehen will (solche die Sinn haben, oder verifizierbar sind, oder was man sonst will), und welche man übersehen will (als fiktive Entitäten, Nicht-Ereignisse, oder Ereignisse zweifel hafter Bedeutung oder geringen Interesses oder sonst etwas). Je nach den Einzelfällen kann es vorkommen, daß bestimmte Operationen von verifizierbaren Ereignissen zu verifizierbaren Ereignissen führen müssen oder nicht usw.: dies wird eine einfache Feststellung sein und nicht eine abstrakt zu stellende theoretische Frage des Begriffes der Verifizierbarkeit.

Bisher haben wir gesprochen, als handelte es sich nur darum, Ereignisse zu unterscheiden, die wahre (verifizierbare) Ereignisse sind, für die es die alleinigen beiden Möglichkeiten Wahr und Falsch geben würde, und fiktive Ereignisse, die keine Ereignisse sind, oder die „sinnleer" oder in sich „undeterminiert" sind. Es gibt jedoch auch Fälle (wie dies vor allem für Fragen der Komplementarität und somit der Indetermination in der Quantenmechanik bekannt ist), in denen es sich um Ereignisse handelt, für die es drei Möglichkeiten geben würde: Wahr, Falsch oder auch Unbestimmt (oder Sinnlos). Was zu einer dreiwertigen Logik führen würde (z.B. in Reichenbach, 1942).

Eine logische Entität mit drei möglichen Werten hatten wir gefunden, als wir (in Kap. IV) die *bedingten Ereignisse* vom Typus $E|H$ betrachteten, mit den drei Werten Wahr ($1=1|1$); d.h. $H$ wahr und $E$ wahr), Falsch ($0=0|1$); d.h. $H$ wahr und $F$ falsch), und Leer ($\emptyset=1|0=0|0$: d.h. $H$ falsch und $E$, gleichgültig, ob wahr oder falsch). Und gerade nach diesem Schema formieren sich die „drei Wahrheitswerte" in der oben angeführten dreiwertigen Logik (mit $H=$ „eine *Beobachtung*, um zu verifizieren, daß $E$ stattfindet", worauf es erst Sinn hat zu fragen, ob $E$ wahr oder falsch ist). Und es scheint gerade, daß das Zurückführen der Frage auf die einfachen und üblichen Begriffe der bedingten Ereignisse eine hinreichende und sogar die am meisten zufriedenstellende Interpretation liefert, ohne Zuhilfenahme von Formulierungen, bei denen man immer das Gefühl hat, daß sich Spuren einer metaphysischen Infektion einschleichen.

All dies tritt zurück, wenn man sich nur vor Augen hält, daß in dem bedingten Ereignis $E|H$ die zusammensetzenden Elemente, die Signifikanz haben, nicht $H$ oder $E$ sind, wohl aber $H$ und $EH$ (siehe Kap. IV, 4.1); man kann indifferent ein Ereignis $E$ in $E|H$, oder (mindestens)

$EH$, oder (höchstens) $EH+\tilde{H}$, oder irgendein dazwischen liegendes Ereignis, $E=EH+A$ mit $A\subset\tilde{H}$ nehmen. Sich zu fragen, ob $E$ Sinn hat und gegebenenfalls wahr oder falsch ist, wenn man $H$ als falsch annimmt, ist sinnlos mit Rücksicht auf $E|H$, weil es ja nur besagt, ob der eventuelle übrige Teil der Aussage Sinn hat, oder wahr oder falsch ist, der, wenn er Sinn hat, den unwesentlichen Rest $A$ darstellt, der dem Interessenfeld fremd ist. Daneben zu prüfen, ob *aus anderen Motiven*, das $E$ in der verwendeten Formulierung (d.h. der übrige Teil $A$, der für $E|H$ irrelevant ist), als sinnvoll zu betrachten ist und ob es außerhalb der Hypothese $H$ von Interesse ist, ist ein Problem an sich, welches das Ereignis $A$ als solches anbelangt und mit dem bedingten Ereignis $E|H$ nichts zu tun hat, in welches $A$ nebenbei (wie $b$ in $5a-0b+2c$) mit seinen drei logischen Werten eintritt (wovon dem $\tilde{H}$, und somit $A$ und $\tilde{H}-A$, egal wie $A$ ist, immer und nur der Wert $\emptyset=$ Leer entspricht).

Wir wollen nun das Ereignisfeld in mathematischer Form mit verschiedenen Varianten betrachten, die im Zusammenhang mit verschiedenen Situationen und Forderungen zweckmäßig erscheinen können. Wir werden auch zu gegebener Zeit auf andere Varianten hinweisen, die unserer Auffassung nicht entsprechen. Die Motive dieser Divergenzen werden illustriert werden; die Betrachtungen (in den Kapiteln I–XII) sollten in Bezug auf einzelne detaillierte Argumente nur wenige knappe Hinweise erforderlich machen. Es wird auch versucht werden, eine korrekte Idee der Darstellungen zu vermitteln, die im Rahmen dieser Abhandlung als nicht annehmbar erscheinen; es sollen ihre Vorzüge aufgezeigt und die Möglichkeit der Anwendung unter besonderen Umständen oder in Einzelfällen angezeigt werden.

## 3.
## *Die Ereignisse in einem Feld ohne Restriktionen.*

Das grundlegende Schema, von dem wir ausgehen werden, ist jenes, welches bereits in Kapitel II summarisch beschrieben wurde und an welches wir uns seither immer gehalten haben (abgesehen von gelegentlichen vorbehaltlichen Hinweisen). Es dient nicht nur als solches für den Fall, den wir, bei zweckmäßiger genauerer Formulierung und Interpretation, als den allgemeinsten und (zumindest scheinbar) einfachsten, als ersten betrachten wollen; es soll auch später, nach Einführung geeigneter Restriktionen, als Grundlage für Schemen für die anderen uns interessierenden Fälle dienen (die vielleicht unter gewissen Umständen einfacher erscheinen mögen).

Die Einfachheit dieses ersten Falles wird gerade darin liegen, daß bezüglich der Art der Formation der Ereignisse keinerlei Restriktionen auferlegt werden, sodaß man sie sich immer als *irgendwelche Untermengen* einer Menge „möglicher elementarer Fälle" vorstellen kann, in einer indefinit fortsetzbaren Einteilung. Formal ausgedrückt, würde dies genau bedeuten, daß „in jedem Augenblick", das Ereignisfeld $\mathfrak{E}$ der Ereignisse $E$, mit dem man sich befaßt, der Gesamtheit der Untermengen (oder Teilen) der Menge *(oder Einteilung)* $\mathfrak{Q}$ der „möglichen elementaren Fälle" $Q$, die man „in diesem Augenblick" unterscheiden will, entspricht. Die Einteilung $Q$ wird als frei von jeder Struktur betrachtet, und darüber hinaus (dies sollte durch den Hinweis auf einen „Augenblick" angezeigt werden) als „provisorisch, „nie abgeschlossen", sodaß nur die Begriffe und Eigenschaften Sinn haben, die in Bezug auf jede „Affination" von $\mathfrak{Q}$ invariant sind, die darin bestehen würde, es durch ein $\mathfrak{Q}'$ zu ersetzen, in welchem jede Menge von $\mathfrak{Q}$, die einen einzigen „Punkt" $Q$ enthält, durch eine Menge ersetzt wird, die mehrere (und im allgemeinen sogar unendlich viele) „Punkte" $Q'$ enthält. Kurz: wir können provisorisch die Ereignisse $E$ von $\mathfrak{E}$ mit den Teilen $\mathfrak{P}(\mathfrak{Q})$ von $\mathfrak{Q}$ identifizieren, aber auch mit den entsprechenden Teilen $\mathfrak{P}(\mathfrak{Q}')$ von $\mathfrak{Q}$, und daher, ohne die provisorische Interpretation der $Q \in \mathfrak{Q}$ als „Punkte" ernst zu nehmen.

Um zur unmittelbaren Erklärung ein Beispiel zu liefern, sei $E$ das Ereignis $X^2 + Y^2 \leqq a^2$ ($X + Y$ Zufallszahlen); wenn $\mathfrak{Q}$ die Ebene $x, y$ ist, entspricht das Ereignis $E$ der Scheibe der „Punkte" $(x, y)$ mit $x^2 + y^2 \leqq a^2$, während, wenn $\mathfrak{Q}'$ der dreidimensionale Raum $x, y, z$ (oder der vierdimensionale, $x, y, z, t$: usw.) ist, das Ereignis $E$ dem Zylinder der Punkte $(x, y, z)$ (oder $(x, y, z, t)$ usw.) entspricht, weiterhin mit $x^2 + y^2 \leqq a^2$. Durch die Tatsache, daß außer $X$ und $Y$ auch andere Zufallszahlen wie $Z$, $T$, usw. betrachtet werden, ändert sich das Feld $\mathfrak{Q}$ auf diese Weise und auch der Begriff Punkt (jedem Punkt $(x_0, y_0)$ entsprechen die unendlich vielen Punkte der Geraden $(x_0, y_0, z)$ oder der Ebene $(x_0, y_0, z, t)$ usw.); mit diesem Begriff ändert sich die Menge, der $E$ entspricht (oder, konventionell, womit man es als identisch betrachten kann), doch ist dies ein irrelevanter Umstand, der auf der Form der Darstellung beruht, während $E$ weiterhin unverändert die

Bedeutung der Proposition beibehält, die zusammenfassend durch die Ungleichung $X^2 + Y^2 \leqq a^2$ ausgedrückt wird.

All dies hätte man in besserer Form ausdrücken können, wenn man den Begriff des Punktes ganz eliminiert hätte; ihn zu betrachten und anzufechten erscheint jedoch lehrreicher, um einerseits den Vergleich mit den gebräuchlichen Darstellungen zu unterstreichen und anderseits die Ablehnung jedes (sonst unvermeidlichen) „Abschlusses"[6].

Anderseits ergibt es sich auch als nützlich, die „Punkte" als Angabe des Limes zu übernehmen, über welchen man (zu einem gegebenen „Moment", d.h. für die Probleme, die zur Zeit interessieren) nicht hinauszugehen braucht; einzige Bedingung: immer zu bedenken, daß dies nur dazu dient, die Ideen momentan „zu fixieren", während man sich in einem Irrgarten von Mißverständnissen verlaufen würde, wenn man dem einen absoluten Wert beimessen wollte[7].

---

[6] Eine Theorie darzustellen, indem man von der Betrachtung eines im vorhinein streng festgesetzten und „geschlossenen" Schemas ausgeht, ist eine Prozedur, die mir durchaus lästig und umständlich erscheint. (Es ist wahr, daß sie gegen Antinomien und Risiken dieser Art garantiert, doch sollte man deshalb nicht immer auf sie zurückgreifen, sowie man es im allgemeinen nicht für notwendig hält, in einem Panzerwagen durch ein friedliches und befreundetes Land spazieren zu fahren).
Bezüglich der Verwendung von „Punkten" und ihrer Abschaffung in geometrischen Darstellungen siehe Kap. II, 4.3 (vor allem die Zitate aus von Neumann und Ulam).
Betrachtungen, die streng unserem Argument entsprechen und die (in dieser Hinsicht) die identische Stellungnahme ausdrücken, findet man in (Bodiou, 1964, S. 3): wenn man vom Punktraum absieht und die Ereignisse direkt als Elemente einer Boole'schen Algebra oder eines Boole'schen Gitters ausdrückt, erhält man „außer der so verwirklichten formalen Vereinfachung eine neue Axiomatik, die unmittelbarer in Termini der Prädikatenlogik interpretierbar ist. Wenn man annimmt, daß jedes Element der Boole'schen Algebra eine Vereinigung von „Atomen" ist, demonstriert man die Äquivalenz zur Axiomatik von Kolmogorov, aber *der Akzent liegt unmittelbarer auf dem Wesentlichen, nämlich auf dem globalen Gitter und nicht der Menge seiner Atome*". (Obwohl hier unwesentlich, sei gesagt, daß Bodiou immerhin die übliche Restriktion beibehält, die die σ-Additivität erlaubt).

[7] Die schwerwiegendste Folge derartiger Mißverständnisse besteht wahrscheinlich in der Idee einer bevorzugten Situation eines bedingten Ereignisses, $E|H$, wenn $H$ „atomar" ist; d.h., wenn $H$ einem „Punkt" in irgendeiner Darstellung entspricht, obwohl diese selbstverständlich unvollständig ist, weil sowohl $EH$ wie $\tilde{E}H$ Sinn haben müssen, so daß $H = EH + \tilde{E}H$. Auf diese Weise glaubt man dann, daß $\mathbf{P}(E|H)$, Wahrscheinlichkeit von $E$, wenn man „alle Umstände kennt, die auf $E$ Einfluß haben können, – und man wird vielleicht sagen, die bis zu diesem Moment determiniert sind – wie sie durch $H$ ausgedrückt werden", eine absolute, objektive Bedeutung hat, die durch keinerlei weitere Information, die man zu der durch $H$ ausgedrückten hinzufügen könnte, verändert werden kann.

Ein derartiger Hinweis ist im Hinblick auf das Anfangsstadium dieses Versuches einer Systematisierung verfrüht, vielleicht aber doch angebracht als Ankündigung von Motiven, mit denen wir uns von jetzt ab in dieser Abhandlung befassen werden, wenn wir auch erst in der späteren Entwicklung auf sie stoßen werden.

Das Feld $\mathfrak{Q}$ – oder, allgemeiner, ein Feld $\mathfrak{S}$, von dem $\mathfrak{Q}$ ein Teil ist – erhält man häufig (wie im obigen Beispiel, wo man von $X$ und $Y$ und eventuell von $Z, T, \ldots$ ausging), indem man von einer gewissen Menge – die wir *Basis* $\mathfrak{B}$ nennen – von Ereignissen $E_h$ ausgeht, oder allgemeiner von Zufallszahlen $X_h$. Das Feld $\mathfrak{Q}$ – und daher das Feld $\mathfrak{E} = \mathfrak{P}(\mathfrak{Q})$ – als von einer Basis $\mathfrak{B}$ ausgehend erzeugt zu betrachten, ist etwas ganz Irrelevantes, doch ist es immerhin zweckmäßig, sich auf diesen Fall zu beziehen, um die theoretische Diskussion wieder aufzunehmen und in ausdrucksvoller Form auszudehnen.

Wir haben bereits (schon seit Kap. II, und auch hier oben als Beispiel) gesehen wie, wenn $n$ Zufallszahlen $X_h$ gegeben sind, die gesamte Situation in der Betrachtung eines einzigen „Zufallspunktes" $Q$ des kartesischen Raumes $\mathfrak{S} = S_n$ (System mit Koordinaten $x_h$) synthetisiert werden konnte, da $Q$ der durch $x_h = X_h (h = 1, 2, \ldots, n)$ definierte Punkt war. Nicht alle Punkte von $\mathfrak{S}$ sind im allgemeinen *möglich*, sondern nur jene einer Untermenge $\mathfrak{Q}$ (die man erhält, indem man die Fälle $\mathfrak{S} - \mathfrak{Q}$, eliminiert, die sich auf Grund der Daten des Problems als unmöglich ergeben). Im besonderen kann man, wenn die $X_h$ Ereignisse sind, $X_h = E_h$, da man nur $x_h = 0$ oder $x_h = 1$ erhalten kann, $\mathfrak{S}$ auf die Menge der $2^n$ Eckpunkte des Hyperkubus (mit Koordinaten 0 und 1) reduzieren und $\mathfrak{Q}$ ist die Untermenge der möglichen Eckpunkte, nämlich der Konstituenten (II, 6.1). Im wesentlichen ist nun nichts zu ändern, nur daß die $E_h$ oder $X_h$ im allgemeinen unendlich sein werden; der Index $h$ wird irgendeine endliche Menge $H$ (die nicht notwendigerweise abzählbar ist) durchlaufen, und auch wenn wir in der gebräuchlicheren Form $h = 1,2,3,\ldots,$ schreiben, oder einfach „alle $E_h$(oder $X_h$)" sagen, wird immer $h \in H$ zu verstehen sein.

So wird die vorherige (kartesische) Darstellung unverändert bleiben, nur daß die Anzahl der Dimensionen (der Achsen, der Koordinaten) unendlich ist[8], und $\mathfrak{S}$ nun $S_H$ sein wird (kartesischer Raum mit unendlichen Koordinaten $x_h$, mit $h \in H$). Im Fall der Ereignisse (d.h., wenn alle $X_h$ sich auf Ereignisse $E_h$ reduzieren) werden die Eckpunkte des Hyperkubus (mit unendlichen Dimensionen) durch die Angabe charakterisiert, für welche $h$ nun $E_h = x_h = 1$ ist (für die anderen ist $E_h = x_h = 0$), d.h. ob sie den Teilen von $\mathfrak{B}$ ($\mathfrak{S} = \mathfrak{P}(\mathfrak{B})$ entsprechen),

[8] Man beachte (obwohl es hier nicht wichtig ist), daß der Begriff der Anzahl der Dimensionen (wenn unendlich) auch anders aufgefaßt werden könnte (und in sich sogar signifikanter), nämlich als Zahl der linear unabhängigen Nicht-Null-Elemente; dieser Begriff koinzidiert nicht mehr (wie bei $n$ = endlich) mit dem der „Anzahl der Koordinaten".

oder, äquivalent, den Funktionen $f(.)$, Elementen von $\mathfrak{S} = 2^{\mathfrak{B}}$, durch die einem Teil der $\mathfrak{B}$ der Wert 1 entspricht und den anderen der Wert 0. Hier kann man leicht die Identität mit dem Verfahren erkennen, das zu den Konstituenten für $n$ endlich führte: es handelt sich darum, auszusagen, daß, von den Ereignissen der Basis $\mathfrak{B}$ ein gegebener Teil wahr ist und alle anderen falsch; natürlich wird ein Teil dieser Produkte (im allgemeinen) unmöglich sein, d.h. auf Grund der Daten als falsch nachweisbar, und man wird $\mathfrak{S}$ davon reinigen müssen, um $\mathfrak{Q}$ zu erhalten. Man kann, wenn man will, den Fall der Zufallszahlen auch auf den der Ereignisse zurückführen: es genügt, jedes $X_h$ durch die Ereignisse $E_{h,x} = (X_h = x)$ zu ersetzen (für alle Werte $x$, die für $X_h$ möglich sind). Wenn man als Basis $\mathfrak{B}'$ die bezeichnet, die sich durch diesen Ersatz für alle $X_h$ ergibt, kann man $\mathfrak{S} = \mathfrak{P}(\mathfrak{B}')$ schreiben, oder $\mathfrak{S} = 2^{\mathfrak{B}'}$.

Wenn wir, nachdem wir $\mathfrak{S}$ in dieser Weise (nach der einen oder anderen Variante) konstruiert haben, noch (auch implizit, über die $x_h$) bedenken, wie es, von der Basis $\mathfrak{B}$ ausgehend, generiert wurde, so verbleibt als dessen Spur in $\mathfrak{S}$ (und somit in $\mathfrak{Q}$) die Struktur eines linearen Raumes (oder seiner Untermenge). Übrigens könnte es sich wirklich um ein Problem geometrischer Wahrscheinlichkeit handeln (auch um ein geometrisches im Sinne des physikalischen Raumes). Wenn wir uns z.B. $\mathfrak{S} = \mathfrak{Q} =$ Erdoberfläche denken, $Q =$ der Punkt, wo sich momentan ein verlorener (oder gestohlener) Gegenstand, oder ähnliches, befindet, so haben wir offenbar diesen Fall und dann haben wir unvermeidlich die geometrische Struktur. Kein Unglück. Wenn man sagt, $\mathfrak{Q}$ ist als strukturfrei zu betrachten, wird damit nicht behauptet, daß nicht *nach anderen Gesichtspunkten* eine Struktur vorhanden sein könnte (ja, es soll nicht einmal ausgeschlossen werden, daß wir dem für unsere Zwecke Rechnung tragen könnten, wenn und wann uns dies in der Folge opportun erscheinen mag), es soll nur erklärt werden, daß *vorläufig* und *für unsere Zwecke* die Struktur zu ignorieren ist.

Wenn wir nicht (bewußt) die Art der Ableitung von $\mathfrak{S}$ von der Basis $\mathfrak{B}$ ignorieren würden, könnten wir unter Ereignissen unterscheiden, die nach gewissen Umständen *bevorzugt* wären, z.B. solche, die zur Basis gehören, oder die logisch mittels einer endlichen Anzahl derselben auszudrücken sind, oder mittels einer abzählbar unendlichen Anzahl. Analoge Unterscheidungen könnten wir unter den Zufallszahlen einführen: solche, die zur Basis gehören, oder Funktionen (lineare, oder stetige usw. usw. oder irgendwelche) einer derselben (oder von 2, oder 3, einer zugeordneten endlichen Anzahl, oder irgendwelche ...) usw. usw. In dieser Weise gelingt es nämlich auf der Geraden, indem man von den Intervallen (als Basis) ausgeht, Unterscheidungen zwischen Mengen zu bewahren, die z.B. Summen einer endlichen Anzahl (oder einer abzählbar unendlichen Anzahl) von Intervallen sind oder nicht, oder aus Intervallen mit einer abzählbar unendlichen Anzahl logischer Operationen erhalten werden können usw. usw. Wir erwähnen diese übliche Prozedur allein zu dem Zweck, die Aufmerksamkeit darauf zu lenken, wie die Verwendung derartiger Theorien und die Betrachtung derartiger Unterscheidungen nicht zulässig und sogar ausdrücklich auszuschließen sind, da wir (zumindest vorläufig) $\Omega$ als frei von jeder Struktur betrachten wollen.

Eine einzige, für uns parasitäre Unterscheidung hätte an dieser Stelle noch Sinn, wenn auch $\Omega$ als strukturfrei betrachtet wird: die, welche sich auf die Anzahl der Elemente („Punkte") des gegebenen $E$ und seines Komplementes $\hat{E}$ stützt. Genauer: wenn die Kardinalzahl (oder „Potenz")[9] der gesamten Menge $\Omega = E \cup \tilde{E}$, $M$ (unendlich) ist, haben $E$ und $\hat{E}$ beide die Kardinalzahl $M$, oder es ist für eines $M$ und für das andere weniger (oder $0, 1, 2, \ldots, n, \ldots$, oder (abzählbar unendlich, wenn $M > \mathfrak{n}$), oder andere Kardinalzahlen $N (\mathfrak{n} < N < M)$. Um auch diese strukturelle Unterscheidung ignorieren zu können, haben wir die Vereinbarung eingeführt, die Unterteilung als „nie vollzogen" zu betrachten, was man, indem man von *Basis* spricht, ausdrücken kann, indem man sagt, daß anzunehmen ist, daß nach Belieben andere Ereignisse (oder Zufallszahlen) hinzugefügt werden können. Mit diesem Vorbehalt verliert auch die Unterscheidung Sinn, die sich auf die *Anzahl* der „Punkte" stützt (die im besonderen unter „atomaren" Ereignissen einem einzigen Punkt entsprechen oder nicht), sodaß nur die einzige strukturelle Unterscheidung bleibt, die wir natürlich als sinnvoll bewahren müssen, nämlich die zwischen dem *unmöglichen*

---

[9] Wir werden mit $\mathfrak{n}$ und $\mathfrak{c}$ ($n$ und $c$ gotisch), die Kardinalzahl der *Ganzen* (Potenz des abzählbaren; die kleinste der unendlichen Kardinalzahlen) und respektive der *reellen* Zahlen (Potenz des Kontinuums) bezeichnen. Wenn $A$ und $B$ (disjunkte) Mengen mit der respektiven Potenz $M$ und $N$ sind, so bezeichnet man mit $M + N$, $MN$, $M^N$ respektive die Potenz von $A \cup B$ (Vereinigung), von $A \times B$ (kartesisches Produkt: Paare $(a, b)$), von $A^B$ (eindeutiges Entsprechen von $B$ in $A$). Wenn $M$ und $N$ unendlich sind, und $M > N$, so ist $M + N = MN = M^N = M$ (und auch $M + M = MM = M$). Dagegen $2^M > M$ (und umsomehr $N^M > M$); im besonderen $2^{\mathfrak{n}} = \mathfrak{c} > \mathfrak{n}$ (die Mengen von Ganzen sind soviele wie Punkte auf der Geraden).
Diese Eigenschaften verwenden wir sofort im Text, darum wird an sie erinnert.

Ereignis ($E \equiv 0$), das der Leermenge entspricht), dem *sicheren* ($E \equiv 1$, das dem Komplement d.h. der Gesamtmenge entspricht), und allen anderen *möglichen*, die strukturell von einander nicht zu unterscheiden sind.

Wenn man tatsächlich nach dieser Linie vorgehen will, indem man neue Elemente in die Basis einführt, oder – wenn man es lieber so sagt – von $\mathfrak{Q}$ zu $\mathfrak{Q}' = \mathfrak{Q} \times \mathfrak{Q}^*$ (kartesianisches Produkt mit irgendeinem opportunen $\mathfrak{Q}^*$) übergeht, bis jeder „elementare Fall" $Q$ von $\mathfrak{Q}$ in $M$ Elemente unterteilt ist, so werden alle $E$ (als Untermengen von $\mathfrak{Q}'$ gedacht) die Kardinalzahl $M$ haben (weil $\geqq M$ und $\leqq M.M = M$), ausgenommen die Leermenge. So kann man von den anderen nur noch die Leermenge und ihr Komplement unterscheiden. Es wäre jedoch umständlich, systematisch auf ein solches $\mathfrak{Q}'$ zurückzuführen; wir werden uns daher damit zufrieden geben, auf die Möglichkeit dieser Vereinheitlichung der Kardinalzahl für alle interessierenden Ereignisse hingewiesen zu haben, ohne näher darauf zu dringen oder dem weiterhin Rechnung zu tragen. Es genügt zu sagen, daß wir die Unterscheidung nach Kardinalzahl als unwesentlich ignorieren und dies sei einfür allemal gesagt. Im übrigen konnte man all dies (ohne zu sehr auf Einzelheiten einzugehen) auch ohne weiteres als implizit in der Behauptung enthalten betrachten, daß zwischen Teilen einer Einteilung $\mathfrak{Q}$ und (entsprechenden) Teilen einer feineren Einteilung $\mathfrak{Q}'$ kein Unterschied gemacht werden sollte.

Wir müssen dagegen auf das Problem jener Strukturen zurückkommen welche, nach ihrer parasitären Einführung infolge des Vorhandenseins der Basis $\mathfrak{B}$ von uns *ignoriert* werden sollten: anstatt sie zu ignorieren, können wir sie *verwenden*, indem wir auf andere Weise den Nachteil wegnehmen, der darin lag, daß sie gewissen Ereignissen oder Zufallszahlen im Vergleich zu anderen eine bevorzugte Situation einräumen. Anstatt vorzuschreiben, die Basis zu ignorieren (sei es zur Zeit eine Basis von Ereignissen $E_h \in \mathfrak{B}$ d.h. $h \in H$), können wir unser Ziel verfolgen, indem wir die Basis selbst mittels Einschluß aller $E \in \mathfrak{E}$ erweitern: auf diese Weise verliert die Zugehörigkeit zur ursprünglichen Basis $\mathfrak{B}$ jede Relevanz[10]. Im Falle einer Basis von Zufallszahlen ($X_h \in \mathfrak{B}$, d.h. $h \in H$) führt die integrale Anwendung desselben Verfahrens sehr viel weiter. Es wird sich eben darum handeln, zu den $X_h$

[10] Es wäre, als wollte man allen Bürgern ab Geburt den Titel Exzellenz verleihen, um das zu erreichen, das mit der Verfügung der Abschaffung des Titels nicht erreicht wurde.

der Basis $\mathfrak{B}$ alle Zufallszahlen hinzuzufügen, die als *irgendwelche* ihrer Funktionen ausgedrückt werden können, d.h. jedes $X_k$ Funktion der Punkte $Q \in \mathfrak{Q}(X_k \equiv f_k(A))$, wo die $f_k(.)$, $k \in K$, bewirken, daß jedem Punkt $Q$ von $\mathfrak{Q}$ eine reelle Zahl entspricht. (Überflüssig zu sagen, daß wir keinerlei Restriktion nach Kontinuität oder sonst setzen, da wir gesagt und wiederholt haben, daß wir $\mathfrak{Q}$ als strukturfrei betrachten, sodaß diese Restriktionen nicht einmal Sinn hätten[11]. Das Feld $\mathfrak{S}$ wird dann der kartesianische Raum sein – wir geben ihn mit $S_K$ an – mit unendlichen Koordinaten $x_k (k \in K)$, wo $K$ die Menge der Indices $k$ ist, welche die Funktion $f_k(.)$ ermitteln, die das Feld $\mathfrak{S} = \mathfrak{c}^{\mathfrak{Q}}$ bilden: im wesentlichen ist $K$ dasselbe $\mathfrak{S}$ (und nur für die Annehmlichkeit der Schreibweise führt man einen Index $k$, $k \in K$ ein, um die Funktionen $f_k$ zu unterscheiden, während man ebenso von den Funktionen $f$, $f \in \mathfrak{S}$ sprechen könnte). Wir können beobachten, daß $K$ (d.h. äquivalent $\mathfrak{S}$) die Kardinalzahl $\mathfrak{c}^M$ hat, wobei $M$ die Kardinalzahl von $\mathfrak{Q}$ ist, und daß $K$ $H$, $H \subset K$ einschließt, da unter allen $X_k = f_k(Q)$ im besonderen die $X_h$ vorhanden sind, die bereits in der Basis $\mathfrak{B}$ betrachtet wurden.

Die „Vergeudung“ an Dimensionen (im Übergang von $H$ zu $K$) ist offenbar enorm und mag absurd erscheinen. Es ist jedoch einerseits praktisch indifferent, ob das enorme Ausmaß dieser Vergeudung mehr oder weniger katastrophal ausfällt, da es niemals notwendig und nicht einmal möglich ist, sich einzeln mit den unendlichen Dimensionen zu befassen. Anderseits bringt diese Ampliation eine sehr vorteilhafte Folge mit sich (zunächst formal und dann wesentlich, wenn es sich darum handeln wird, in diesen Bereich die Begriffe Wahrscheinlichkeit und Erwartung einzuführen). Der Vorteil ist folgender: daß wir *vorläufig* die auf diese Weise in $\mathfrak{S}$ eingeführte *lineare Struktur*, die daraus einen linearen Bereich $\mathfrak{A}$ macht, auch *bewahren und als gültig betrachten können*, weil, sie (nach dem Prinzip „todos caballeros“, oder alles Exzellenzen) *unter den verschiedenen Zufallszahlen und im besonderen unter den verschiedenen Ereignissen keinerlei Diskriminierung schafft*[12].

Die für $\mathfrak{S}$ durchgeführte Ampliation modifiziert die Menge oder das Feld $\mathfrak{Q}$ der möglichen Punkte $Q$ an sich nicht; diejenigen, welche

---

[11] Unterscheidungen, die Sinn haben, sind offenbar jene, welche die „möglichen Werte“ für $X_h$ betreffen (d.h. den „gemeinsamen Bereich“ von $f_k(Q)$); besonders wichtig (wie dies bereits mehrfach an anderer Stelle gesehen wurde), der Fall von *begrenzten* $X_k$. Hier interessiert uns die Sache nicht unmittelbar, da nicht abhängig von den Fragen, die das Feld $\mathfrak{Q}$ betreffen (und damit im Zusammenhang stehende Begriffe).

(provisorisch) als „mögliche elementare Fälle" betrachtet werden, sind weiterhin dieselben, aber die Punkte, die sie darstellen, sind viel weiter verstreut und in dem amplierten Feld $\mathfrak{S}$ ausgesät. Um sich ein erstes intuitives Bild zu schaffen, erinnere man sich an das Beispiel in (II, 8.7: Parabel $y = x^2$), welches jedoch nur einen ersten Schritt im Falle einer einzigen Zufallszahl betrifft. Im allgemeinen Fall, und auch im Fall des besagten Beispieles, wird sich, wenn alle $Y = f(X)$ betrachtet werden (und selbst wenn man sich auf die $Y = X^n$ beschränkt) ergeben, daß alle Punkte $Q$ (im amplierten Feld $\mathfrak{S}$ mit linearem Bereich $\mathfrak{A}$) untereinander *linear unabhängig* sind. D.h., wenn $Q_1, Q_2, \ldots, Q_n$ die *möglichen* Punkte sind (d.h. zu $\mathfrak{Q}$ gehörig), so gibt es in dem gesamten $S_{n-1}$, das sie bestimmen, keinen anderen möglichen Punkt (d.h.: der Durchschnitt von $\mathfrak{Q}$ mit diesem $S_{n-1}$ reduziert sich auf diese $n$ Punkte, und besteht im allgemeinen aus höchstens $n$ Punkten).

Wir wollen, um darüber klar zu werden, diese Tatsache zunächst am einfachsten nun angegebenen Beispiel feststellen. Das Feld $\mathfrak{S}$ ist der kartesianische Raum mit einer abzählbar unendlichen Anzahl von Koordinaten, $x_h (h = 1, 2, 3, \ldots)$, worauf die Werte der Zufallszahlen $X_h = T^h$ angegeben werden (wo wir, zur größeren Klarheit, mit $T$ die anfängliche Zufallszahl $X_1$, die auf der Achse $x_1$ dargestellt wird, bezeichnen). Das Feld $\mathfrak{Q}$ ist die „Linie"[13] der parametralen Gleichungen $x_1 = t, x_2 = t^2, x_3 = t^3, \ldots, x_h = t^h, \ldots$, wenn die Zufallszahl $T$ als mögliche Werte alle reellen Zahlen (von $-\infty$ bis $+\infty$) zuläßt, und andernfalls die Untermenge der Punkte der „Linie", die den Werten $t \in I$ des Parameters $t$ entspricht, die der Menge $I$ der möglichen Werte für $T$ angehören (immer mit dem Beispiel in II, 8.7 zu vergleichen).

---

[12] Auch über diese Frage finden wir übereinstimmende Betrachtungen in (Bodiou, 1964, bereits zitiert), die umso interessanter sind, als sie nicht auf abstrakte theoretische Probleme wie die hier entwickelten zurückgehen, sondern auf Fragen der Quantenphysik. Unter Hinweis auf die Zweckmäßigkeit einer Bezugnahme auf ein „dialektisches Gitter" (wie er es vorschlägt) und nicht auf eine besondere Form des Raumes nach Hilbert, kommentiert er wie folgt (S. 103): „Der unberechtigte Vorzug, den diese Detaillierung den „Koordinaten eines Corpusculum" erteilt, verbirgt die Allgemeinheit der Begriffe und weckt Pseudo-Probleme der Interpretation (...). Die Koordinaten sind bloß Zufallszahlen wie alle anderen, so wichtig sie auch erscheinen mögen".

[13] Wir sagen einfach „Linie", sofern es sich um eine Punkt-Menge handelt, die von $t$ abhängt ($-\infty < t < +\infty$). Für uns ist es gleichgültig, wenn der Ausdruck unter anderen Aspekten mehr oder weniger geeignet erscheint. (Man bezieht sich z.B. auf die „Besonderheit", daß, auf den Abschnitten mit $|t| > 1$ die Punkte der „Linie", nach gewöhnlicher Metrik, alle von einander unendlich weit entfernt sind. Es würde jedoch genügen, die modifizierte Linie zu betrachten, $x_h = t^h/h!$, oder, äquivalent, die Metrik $[\sum_h /x_h/h!)^2]^{1|2}$ zu benützen, um zu verdeutlichen. Dies sei jedoch rein Interesse halber gesagt.

Was jedoch die lineare Unabhängigkeit zwischen den Punkten von $\mathfrak{Q}$ anbelangt, so genügt es, um sie zu beweisen, sich z.B. daran zu erinnern, daß die Vandermondesche Determinante sich nicht annulliert: nimmt man eine Anzahl $n$ von irgendwelchen Punkten von $\mathfrak{Q}$ – es seien dies die Punkte $Q_1, Q_2, \ldots, Q_n$, die $t = t_1, t_2, \ldots, t_n$ entsprechen – und sind diese linear abhängig (d.h. sie gehören zu einem $S_m$, $m < n-1$), so sind es umsomehr ihre Projektionen auf einen linearen Unterraum zu $n-1$ Dimensionen, z.B. der, den man erhält, wenn man nur die $n-1$ ersten Koordinaten $x_1, x_2, \ldots, x_{n-1}$ betrachtet (und $x_h = 0$, $h \geqq n$ setzt). Dies würde bedeuten, daß die Vandermondesche Determinante sich annulliert ($a_{rs} = t_r^{s-1}$; $r, s = 1, 2, \ldots, n$), was für Werte, die sich von $t$ unterscheiden, unmöglich ist. Es ist zu beachten, daß derselbe Beweis auch für alle anderen unendlichen Projektionen möglich ist (für die Konklusion genügt jedoch nur einer).

Die Demonstration der linearen Unabhängigkeit im allgemeinen Fall eines beliebigen linearen Bereiches $\mathfrak{A}$ ist noch einfacher; der Nutzen der vorhergehenden bestand nur darin, einen in gewissem Sinne insofern ausdrucksvolleren Fall zu zeigen, als sich keine „Unterbrechungen" infolge der Betrachtung von Ereignissen mit den einzigen möglichen Werten 0 und 1 ergaben. Es seien weiterhin $Q_1, Q_2, \ldots, Q_n$, Punkte von $\mathfrak{Q}$ und $Q$ sei ein von ihnen linear abhängiger Punkt: $Q_0 = a_1 Q_1 + a_2 Q_2 + \ldots + a_n Q_n$ mit $\sum a_h = 1$[14]; wir teilen die $n$ Punkte $Q_h$ in zwei Gruppen und bezeichnen sie näher mit ein oder zwei Strichlein (d.h. wir schreiben $Q'_h$ oder $Q''_h$ um $Q_h$ anzugeben, je nachdem, ob wir es in die erste oder in die zweite Gruppe bringen); einzige Bedingung: daß die Summen $a'$ und $a''$ der Gewichte $a'_h$ und $a''_h$ weder 0 noch 1 sind (was man immer tun kann, außer in dem offensichtlich auszuschließenden Fall, in dem ein einziges $a_h$ den Wert 1 hat und alle anderen Null sind, d.h., in dem $Q$ mit einem durch $Q_h$ gegebenen Punkte koinzidiert). Wir nennen $E'$ und $E''$ die logische Summe der $Q'$ und der $Q''$ und E sei irgendein Ereignis $E' \subset E \subset E''$ (kurz gesagt, wir verlegen die $Q'$| nach $E$, die $Q''$ nach $\tilde{E}$, und verteilen irgendwie zwischen $E$ und $\tilde{E}$ alle anderen Punkte von $\mathfrak{Q}$); für jedes derartige Ereignis $E$ können wir sagen, daß es auf allen Punkten $Q'$ den Wert 1 hat und auf

[14] Die Bezeichnung bedeutet an sich, daß $Q_0$ der Schwerpunkt der $Q_h$ mit Massen $a_h$ ist, d.h. der Punkt der Schwerpunkt-Koordinaten $a_h$ in Bezug auf die Basis Punkte $Q_h$; in kartesianischen Koordinaten bedeutet es, daß, wenn man irgendeine Koordinate $x$ genommen hat, diese für die Werte $x^{(i)}$ gilt, die die analoge Relation $x^{(0)} = a_1 x^{(1)} + a_2 x^{(2)} + \ldots + a_n x^{(n)}$ in $Q_i (i = 0, 1, 2, \ldots, n)$ annimmt.

allen Punkten $Q''$ den Wert 0, und infolgedessen $a'$ auf $Q_0$ (und daß $0 \neq a' \neq 1$ ist). Somit ist $Q_0$ nicht ein Punkt von $\mathfrak{Q}$ (nämlich „möglich"), da es $E$ nicht einen der möglichen Werte 0 oder 1 zuordnet.

Es mag absurd erscheinen (nicht ohne etwas Mühe), ein Feld $\mathfrak{S}$ oder einen linearen Bereich $\mathfrak{A}$ zu „erfinden", der fast ausschließlich aus Punkten besteht, die absurden Bedingungen entsprechen müßten, wie wenn man einem Ereignis, das nur den Wert Null oder 1 haben kann, einen Wert log 2 oder $\pi$ annehmen läßt, oder $X$ den Wert 1 und $X^2$ den Wert 2 oder Null. In der Wahrscheinlichkeit und Erwartung kann dies aber sehr wohl Sinn haben (es kann wirklich $\mathbf{P}(E) = \log 2$, $\mathbf{P}(X) = 1$ und $\mathbf{P}(X^2) = 2$ sein, z.B. wenn $X = 0$ oder 2 ist, mit Wahrscheinlichkeit $\frac{1}{2}$ und $\frac{1}{2}$), oder eine Linearkombination von Erwartungen (siehe III, 7.2, Anmerkung 1). Wir wollen diesen Vorgriff ausnützen dürfen, um die geschaffene Konstruktion ein wenig zu vereinfachen: wenn wir (insofern ein wenig zu Unrecht, als in Bezug auf die Entwicklung der axiomatischen Abhandlung verfrüht) annehmen, daß Punkte, die linear entgegengesetzten Bedingungen genügen, nie zu verwerten sein werden,

$$\text{(z.B.}\quad 2X - Y = 3,\quad X + 4Y = 1,\quad 3X - 6Y = 4,\quad \text{während}$$

$$3X - 6Y = 2(2X - Y) - (X + 4Y) = 2.3 - 1 = 6 - 1 = 5 \quad \text{ist),}$$

so können wir den linearen Bereich $\mathfrak{A}$ auf jenen Teil (der reichlichen Konstruktion) begrenzen, wo die linearen Relationen geachtet werden.

Anstatt den überflüssigen Teil a posteriori auszuschließen, konnte man auch vermeiden, ihn zu konstruieren. Wenn man daran denkt, in der Konstruktion in transfiniter Form vorzugehen, indem man die Funktionen $X_k = f_k(Q)$ nach einander einführt, so genügt es zu unterlassen, eine neue Achse $x_k$ einzuführen, so oft sich ergibt, daß $X_k$ eine Linearkombination (einer endlichen Zahl) anderer, bereits früher betrachteter ist. Wir wollen vereinbaren, sofort als erstes Element die (fiktive) Zufallszahl $X_0 \equiv 1$ zu nehmen (mit denselben Motiven und Absichten wie in II, 8.3) und wir werden (weiterhin wie dort, ohne uns zu wiederholen) den linearen Raum $\mathfrak{L}$ der $X$ erhalten, dual zum linearen Bereich $\mathfrak{A}$.

Um die Situation etwas greifbarer zu illustrieren, ist es zweckmäßig, uns auf die erwähnte Konstruktion zu beziehen, wonach ein Teil der $X_k$ (wir nennen sie $X_k^*$) eine neue Koordinate $x_k$ erhält, während diejenigen, die mittels einer endlichen Anzahl der vorhergehenden linear ausgedrückt werden können, bereits eine ihnen entsprechende Koordinate vorfinden: $x = u_0 x_0 + u_{k_1} x_{k_1} + \ldots + u_{k_n} x_{k_n}$; diese Darstellung ist eindeutig[15] und gilt auch für den obigen Fall (für $X_k^*: x_k = u_k x_k, u_k = 1$), der überhaupt nicht in bevorzugter Form zu betrachten ist. Jeder Punkt $Q$ und ebenso jeder Punkt $A$ von $\mathfrak{A}$, auch wenn er nicht möglich ist, wird durch die Werte $x_k(Q)$, respektive $x_k(A)$ seiner Koordinaten auf den Achsen der $X_k^*$ charakterisiert; für jedes andere $X$ wird der Wert durch die vorhergehende endliche Linearkombination (der Koordinaten $x_k$, in $Q$ oder respektive in $A$ berechnet) gegeben sein. Diesen Wert kann man (gerade wie in II, 8.3) $A(X)$ oder $X(A)$ schreiben und als Produkt der Vektoren (von $\mathfrak{L}$ und von $\mathfrak{A}$) interpretieren, mit dem einzigen Unterschied, daß es sich anstatt um Linearkombinationen unter einer endlichen Anzahl $(n+1)$ von Elementen um eine endliche (beliebig große) Anzahl von Linearkombinationen unter unendlichen Elementen handeln wird.

Wir beenden hier die Beschreibung des formalen Schemas, weil die Betrachtung dieser letzten Argumente, wenn auch für die Vervollständigung der Darstellung des Schemas selbst notwendig, schon zu tief innerhalb der Wahrscheinlichkeitsbedeutung liegt, um darüber erfolgreich mehr sagen zu können, ohne auf das Thema einzugehen.

## 4.
## *Fragen bezüglich der „Möglichkeit“.*

Die klarste Unterscheidung in der gesamten Darlegung ist die zwischen möglichen und unmöglichen Ereignissen (oder sicheren, was nichts anderes ist, als die Unmöglichkeit des Gegenteils). Aber ist diese Unterscheidung so scharf?

Es scheint, daß man daran nicht zweifeln könnte. In der Tat sagt der, der sagt, „ich weiß nicht, ob es möglich ist oder nicht“, schon, „für mich ist es möglich“, (insofern, als er es nicht ausschließen kann) und darin liegt bereits alles), sowie, wenn man sagt, daß „man nicht weiß, ob das Geschlecht eines Staatsbürgers bekannt ist oder nicht“ bereits erklärt, daß es „unbekannt“ ist. Dies ist wahr, absolut wahr, was die

[15] Wäre dies nicht so, so würde eine lineare Beziehung zwischen einer endlichen Anzahl von Elementen $X_k^*$ bestehen und dann würde man das letzte davon irrtümlich als ein $X^*$ annehmen.

terminologische Klärung anbelangt. Es wird aber schon viel weniger absolut wahr, wenn wir, für die praktische Anwendung des Prinzips, beginnen, die Starre der Grenze zwischen dem, was man *weiß* oder nicht *weiß*, zu bewerten. Die Schwierigkeiten, die dann auftauchen, sind verschiedener Art.

Die ernsteste ist die Schwierigkeit, die sich gerade in jenem Getriebe der Logik einnistet, das sie auflösen sollte. Wir wissen, daß jede Folge einer sicheren Sache auch sicher ist, daß also alles, was implizit in dem enthalten ist, wovon wir eine explizite Information haben, in dieser Information eingeschlossen ist, daß daher das Feld dessen, was für jemand sicher ist, bzw. wovon er informiert ist, in Bezug auf Deduktion *geschlossen* sein muß und nichts Erreichbares außerhalb dieses Feldes bleiben darf. Wie erreichbar? Indem man das Getriebe der Logik funktionieren läßt, was, wie Galileo an berühmter Stelle sagt, „Übergänge erfordert, die unser Intellekt mit Zeit und Bewegung, Schritt für Schritt zurücklegt"; wenn alles so leicht getan wie gesagt wäre, müßten wir mit göttlicher Eingebung im Licht dieser Übergänge wandeln.

Der extreme Fall im entgegengesetzten Sinne ist der, in welchem gewisse Konklusionen für jemand gänzlich unerreichbar sind, infolge ungenügenden Wissens oder mangelnder Denkfähigkeit. Wenn $N$ die Zahl von quadratischen Platten ist, die einen rechteckigen Bodenbelag bilden (von dem wir annehmen, daß er ihn gesehen hat, sich aber nur unklar an die Dimensionen sowohl des Bodens als der Platten erinnert) so werden die für ihn möglichen Werte von $N$ zumindest die Primzahlen ausschließen müssen; wenn er jedoch diesen Begriff nicht kennt (oder dieser bei ihm an einer Stelle des Unterbewußtseins liegt, an welcher Schulkenntnisse angesichts von Problemen nicht aufleben), wird ihm nicht einmal einfallen können, diesen Ausschluß zu machen. Dieser extreme Fall ist immerhin der einfachste, weil die Menge der „sicheren" Dinge doch in Bezug auf diese Deduktionsfähigkeiten immer geschlossen bleibt (wenn auch in einer inkohärenten Form, die mit den logischen Möglichkeiten nicht koinzidiert).

Schwieriger wird die Situation, wenn das „Geschlossensein" wegfällt und durch eine Schranke, die nachgeben kann, ersetzt wird: es fällt die klare Unterscheidung zwischen erreichbaren Gewißheiten und dem Gegenteil für eine bestimmte Person, aber es gibt solche die mehr oder weniger schwer und langsam erreichbar sind. Im obigen Beispiel wäre derjenige, der wüßte, daß er die Primzahlen ausschließen müßte, jedesmal in dieser Situation, wenn er nicht leicht sehen kann, ob es Primzahlen sind oder nicht. „Ist es der Mühe wert", alle erforderlichen Versuche zu machen, um darüber Klarheit zu erhalten? oder in einer Tabelle von Primzahlen nachzusehen (die man heraussuchen oder sich erst beschaffen müßte)? Vielleicht wäre es nicht der Mühe wert, wenn der Zweck nur der ist, irgendeine seltene Zahl unter den „möglichen" auszuschließen; aber mit weiteren Angaben könnte man auch $N$ eindeutig als einzigen möglichen Wert determinieren (wenn man z.B. weiß, daß die Diagonale des Rechteckes ein Vielfaches der Seite der Platten ist, daher $N = XY$ mit $X$ und $Y$ als pythagoräische Zahlen, wenn es eine hinreichende Begrenzung der Seiten, $x' \leqq X \leqq x''$, $y' \leqq Y \leqq y''$ gibt, oder eine andere Information dieser Art, werden sich $X, Y, N$ eindeutig determiniert ergeben). Und ist es dann „der Mühe wert"?

Um diese Frage zu beantworten, muß man natürlich wissen, welche Alternativen gegeben sind und wie groß das Interesse ist, abgesehen von der Schätzung der Mühe und Schwierigkeit der Nachforschungen. Wenn es die Alternative gibt, sich überhaupt nicht um das Problem zu kümmern, wenn es uns ganz gleichgültig ist (wir nicht einmal aus Neugier interessiert sind), so ist das eines; wenn uns eine grobe Schätzung genügt (z. B., um $n$ Platten zu kaufen, da wir fast sicher sind, daß sie für einen solchen Belag genügen und daß nicht mehr als 10% zuviel sein werden; sagen wir, $\mathbf{P}(N > n) \leqq 1\%$, $\mathbf{P}(N < 0{,}9\,n) \leqq 5\%$), ist es etwas anderes; wenn jedoch die Alternative die ist, eine genaue und echte Wahrscheinlichkeitsverteilung, $p_h = \mathbf{P}(N = h)$ zu finden, von der große Verpflichtungen abhängen, so wird es notwendig sein, die Kosten und Risiken und Vorteile der beiden Fälle zu vergleichen.

Der Aspekt, der hier für uns in Betracht kommt, ist der der Schwierigkeit nachzuprüfen, was implizit in den Ausgangsdaten enthalten ist: manchmal ist die Schwierigkeit ohne weiteres prohibitiv (Berechnung der Milliardsten Stelle von $\pi$ Nachprüfung der Goldbach'schen Vermutung bis auf $10^{100}$, usw.; noch schlimmer, derartige Dinge mit einer unendlichen Anzahl von Stellen oder Zahlen), manchmal nur mühsam und kostspielig. Es sind dies Aspekte die wir auch in Bezug auf die Verifizierbarkeit von Ereignissen vorfinden und vertiefen werden, und hier sei nur bemerkt, daß vom praktischen Standpunkt aus im Grunde genommen kein Unterschied besteht, ob man Versuche oder Nachforschungen durchführt, um Informationen über eine unbekannte Tatsache zu erwerben, oder Deduktionen versucht, um uns dessen zu vergewissern, was wir auf der Basis der besessenen Informationen theoretisch bereits „wissen" müßten. Der Unterschied ist nur, daß, wenn wir wegen mehr oder minder unüberwindlichen Schwierigkeiten auf diese Deduktionen verzichten, das Feld dessen, was wir „effektiv wissen" insofern inkohärent ist, als es logisch nicht geschlossen ist.

Ein „Maximum an Geschmeidigkeit" ergibt sich, wenn es leicht ist, das Feld der Fälle einzuschränken, die „auf den ersten Blick möglich" sind, die Arbeit zur Ausschöpfung der Bewertung jedoch langwierig ist. (Um ein einfaches, wenn auch dummes Beispiel zu liefern: alle *n* von 1 bis 10000, ausgenommen die, bei denen unter den ersten sechs signifikanten Stellen des reziproken Wertes mindestens zwei 5 vorkommen.) Es ist schwer, bis zum Ende zu kommen, aber auch, irgendeinmal aufzuhören und daher von irgendeiner Unterscheidung auszugehen, die man sich zwischen möglichen und unmöglichen Fällen starr denkt.

Noch labiler wird diese Unterscheidung, wenn wir die bequeme Hypothese aufgeben, daß die Kenntnis, von der man ausgeht, in den „Angaben des Problems" genau beschrieben ist. Wenn wir auf die effektive empirische Quelle der Kenntnis zurückgehen, können wir dann wirklich eine vernünftige Grenze zwischen möglich und unmöglich ziehen? Wenn jemand diesen Bodenbelag aus Platten gesehen hat, kann er wohl (wirklich?) „sicher" sagen, daß er (wenn die Schätzung etwa $4 \times 7$ m wäre) nicht kleiner sein konnte als $1 \times 2$ und nicht größer als $100 \times 1000$; kann aber ... eine so absolute logische Unterscheidung in einem Fall als gültig erklärt werden, ohne daß man weiß, wann sie es nicht mehr ist? ist eine Länge von 3 *m* noch zu klein, um möglich zu sein? Ja? und 4 *m*? Nein? und ist dann die Grenze 3,42 *m*? oder 3,423 *m*? kann man es nicht genauer angeben?

Vielleicht sollte man nie etwas „absolut sicher" nennen, wenn nicht (wer weiß ...) bei tautologischen Dingen. Wenn wir dieser Norm folgen, können wir in unserem Falle nur sagen, daß die Seiten eine Länge zwischen 0 und $\infty$ haben können. Nichts wird uns hindern, der Annehmlichkeit halber, als Vereinbarung, die Betrachtung des Problems auf ein restriktiveres und „vernünftigeres" Feld von Werten zu beschränken (wie die oben angegebenen, $1 \times 2$ und $100 \times 1000$, oder noch weniger) es wäre jedoch vorsichtiger und verantwortungsvoller, nicht zu sagen „es ist sicher, daß ...", sondern „wir nehmen an, daß ... (das Risiko, daß ich mich täuschen könnte, erscheint mir ganz unbedeutend)". Analoge (und praktisch wichtigere) Beispiele: kann man eine Altersgrenze angeben, über die hinaus es *sicher* ist, daß eine bestimmte Person nicht leben kann (oder irgendeine gegenwärtige lebende

Person)? oder kann man von unüberschreitbaren Geschwindigkeitsgrenzen sprechen (z. B. bei 1000 m-Lauf oder -Schwimmen, Stunden/km per Fahrrad, Auto, Flugzeug, usw.)? Ich würde es nie für ratsam halten, ein diesbezügliches allgemeines Urteil als „Sicherheit“ auszudrücken (selbst wenn ich dieses Urteil im wesentlichen, wenn auch mit weniger verbindlicher Überzeugung, teilen könnte).

Die Konklusion? Wir wiederholen den anfänglichen Aphorismus, wonach etwas, wovon wir nicht wissen, ob es möglich oder unmöglich ist, nach Definition möglich ist, wir halten uns aber vor Augen, daß alles sich auf Unterscheidungen gründet, die an sich unsicher und vage sind und die wir nur infolge der Forderungen der logischen Darstellung konventionell in Begriffe der Gewißheit übertragen. Im übrigen kann es auch im Falle der Staatsbürger, von denen „man nicht weiß, ob das Geschlecht unbekannt ist“, sehr wohl sein, daß der Zweifel nicht ohne weiteres dadurch gelöst wird, daß man sagt: also „unbekannt“; gewiß, dies ist wahr, wenn wir aber über die Möglichkeit weiterer Untersuchungen nachdenken, die – gewiß oder vielleicht – erlauben, die fehlende Angabe zu vervollständigen, hat die Sache einen anderen Aspekt.

Es ist unerläßlich, sich bei der mathematischen Darstellung jeder Frage auf geeignete Schematisierungen und Vereinfachungen zu gründen, aber dies ist ein Nachteil, ein Faktor der Verzerrung und Störung, den wir immer mißtrauisch zu begrenzen und zu zügeln versuchen sollten. Leider tritt oft das Gegenteil ein, man liebt es, die Idealisierung bis zur vollständigen Entartung zu treiben und der Wirklichkeit zur Last zu legen, sich nicht anzupassen.

In unserem Falle ist es wohl unerläßlich, sich in der anfänglichen Angabe auf die Unterscheidung zwischen möglich und unmöglich zu stützen und sie dabei als so klar zu betrachten, wie sie angenehmerweise wäre: ... und doch müssen wir bereit und aufmerksam sein, um nicht Opfer dieser künstlichen Starre der absoluten Gewißheit zu werden, wenn sie, statt uns zu nützen, uns in eine unzureichende und verzerrte Vorstellung verstrickt. Wir werden diese Fragen wieder aufnehmen und entwickeln, sei es unter Bezugnahme auf die Unmöglichkeit (wie hier), sei es in Bezug auf Nullwahrscheinlichkeiten (neu) und insbesondere in Bezug auf den Erwerb von Informationen zu Zwecken der Wahrscheinlichkeitsbewertung. Erst dann wird eine genauere Idee der Fragen vermittelt werden, die wir hier nur einseitig beleuchtet haben.

## 5.
## *Die Verifizierbarkeit und der Faktor Zeit.*

Wir können auch unabhängig von jeder Möglichkeit für uns, dies zu erfahren, annehmen, daß ein Ereignis *E*, das entsprechend beschrieben wurde, objektiv Sinn hat, d.h. wahr oder falsch ist; dies nach allgemeiner Thesis zu behaupten oder zu leugnen, würde bedeuten, in Metaphysik zu machen, jedoch zu sagen, daß es häufig bequem und nahezu unvermeidlich ist (wenn auch mit Vorsicht) so zu denken, steht außer Zweifel.

Für uns wichtig ist jedoch nicht die Tatsache, ob *E* objektiv wahr oder falsch ist (wenn man in dieser Hinsicht von „Tatsache" sprechen kann), wichtig ist für uns, zu der Feststellung zu gelangen, zu der Information, zu dem Beweis, daß *E* wahr ist oder daß *E* falsch ist. Man denke an den Fall einer Wette auf *E*, den geringsten Fall, aber den bezeichnendsten, um zu zeigen, daß nur die Kenntnis des Ergebnisses zählt. Der Fall der Wette dient als typisches Modell der allgemeinen Situation, in der die Wahrscheinlichkeiten als Richtlinie für Entscheidungen unter Bedingungen der Ungewißheit und zur Anwendung in dieser Ideenordnung dienen.

Kommen wir nun auf die Prüfung des Feldes der Möglichkeiten zurück, wie sie in Nr. 3 studiert wurden (ohne Restriktionen; und lassen wir zur Zeit auch die Vorbehalte von Nr. 4 beiseite); denken wir, in diesem Feld sei jedes Ereignis – im „objektiven" Sinne – wahr oder falsch (und jede Zufallszahl *X* hätte einen genau bestimmten Wert *x*), d.h. daß man sich darin den Punkt *Q* von $\mathfrak{Q}$ eindeutig ermittelt denken kann, der in sich die Wahrheit oder Falschheit aller Ereignisse $\mathfrak{E}$ und die genauen Werte aller Zufallszahlen von $\mathfrak{L}$ zusammenfaßt.

Man mag denken, eine derartige Schematisierung sei übertrieben theoretisch und anmaßend, selbst als Darstellung der Situation in Bezug auf eine theoretische Auffassung wie die der „objektiven" Realität (die von Begrenzungen absieht, die sich aus unserer Unvollkommenheit und der unserer Beobachtungsmittel ergeben); man wird (von der Gegenseite) sagen können, daß sie nicht einmal Sinn hat, da alles erst mittels und nach Beobachtung und Messung Sinn erwirbt; wie dem auch sei, es scheint viel weniger anfechtbar, von dieser „übertriebenen" Schematisierung, die eine „objektive Realität" (die man ernst nehmen mag oder nicht) betrifft, auszugehen, solange dies nur der Ausgangspunkt ist, um mit Ruhe jede Abschwächung im Übergang von metaphysischen Begriff der „objektiven Wahrheit" zu dem effektiven der „Verifizierbarkeit" einzuführen.

Wie bereits in Nr. 1–2 angedeutet, werden diese Abschwächungen und Vorbehalte nach verschiedenen Gesichtspunkten in Relation zu verschiedenen Umständen und verschiedenen Faktoren eingeführt werden. Zunächst betrachten wir nun den Faktor *Zeit*. Und, um die Frage zu vereinfachen und von den anderen abzusondern, die fast immer damit zusammenhängen, beschränken wir uns auf den Fall, in dem von einem gewissen Augenblick $t$ an, das Resultat bekannt oder allen zugänglich ist, ohne daß diese irgendetwas tun müßten, um es zu veranlassen oder zu erfahren. Man denke z.B. an all das, was die Zeitungen bringen, der Rundfunk, das Fernsehen (politische Nachrichten, Chronik, meteorologische, sportliche, wirtschaftliche, wissenschaftliche, künstlerische Nachrichten usw.).

Für jedes Ereignis $E$ können verschiedene Fälle auftreten, je nach dem Moment, in dem das Ergebnis bekannt sein wird. Ein Ereignis kann insofern ein mehr oder weniger genaues Datum haben, als a priori der Moment bekannt ist, in dem man wissen wird, ob es wahr oder falsch ist (oder, wenn es sich um eine Zufallszahl handelt, wenn man deren Wert kennen wird). Die Höchsttemperatur in Rom im August des kommenden Jahres (und die Tatsache, daß sie höher sein wird, als die des Vorjahres oder nicht) wird sofort nach Ende dieses Monats bekannt sein. Die gegenwärtige Bevölkerung Italiens bei der nächsten Volkszählung (Jahr gesetzlich bestimmt, Tag zu bestimmen), oder die Tatsache, daß die Bevölkerungszahl im Norden oder im Süden mehr gestiegen ist, wird kurz nach der angegebenen Zeitspanne bekannt sein; man kann leicht weitere Beispiele finden.

In anderen Fällen gibt es eine (starre oder nicht starre) höchste Zeitgrenze, um die Antwort zu kennen, diese erwartete Kenntnis kann jedoch nur die positive (oder negative) Antwort betreffen, oder beide. Wenn man sagt, daß jemand leben wird, oder ununterbrochen den gegenwärtigen Beruf ausüben oder niemals Krankheiten oder Autounfälle usw. haben wird, bis ein gewisser Zeitraum abgeschlossen oder ein bestimmtes Alter erreicht ist, so ist dies eine Behauptung, die eventuell erst zu dieser letzten gegebenen Zeit als wahr erwiesen sein wird, während, wenn sie falsch sein sollte, dies auch in jedem früheren Augenblick eintreten oder bekannt werden könnte. Für das Gegenbeispiel genügt es, die Negation zu nehmen. Wenn man den im voraus festgesetzten Termin beseitigt und einfach sagt „bis zum Tode", so bleibt die Konklusion[16] dieselbe, nur daß man nicht mehr mit Sicherheit einen obersten Termin angeben kann (obwohl praktisch das Datum, zu dem das Alter 100 Jahre erreichen würde, als entsprechend erachtet werden könnte). Die Asymetrie zwischen bejahender und verneinender Antwort verschwindet in Fällen wie denen, in denen, immer unter Bezugnahme auf die Lebensdauer eines Individuums, gefragt ist, ob er durch einen Unfall oder andere Ursache sterben wird, oder vor oder nach einer anderen Person, im In- oder Ausland (will man in diesen Beispielen im voraus einen obersten Termin setzen, so muß man bestimmen, welches Ergebnis als gültig erachtet wird, wenn es eintritt: wenn z.B. das Individuum bis zu diesem Termin für eine der beiden Eventualitäten versichert wäre, würde das Erreichen des Termins der Verifizierung der anderen entsprechen).

Es gibt jedoch Fälle, in denen eine Behauptung bis an das Ende der Zeiten weder verifiziert noch dementiert werden kann (oder sie kann nur verifiziert, oder nur dementiert werden, oder eines von beiden, aber man weiß nicht, ob und wann). Selbstverständliche Beispiele für Behauptungen, die niemals (weder im einen noch im anderen Sinn) innerhalb einer endlichen Zeitspanne verifiziert werden können, erhält man leicht, wenn man sich auf eine nach Zeit unbegrenzte Sukzession von Ereignissen jeglicher Art bezieht: Kopf- und Adler-Würfe, rot oder schwarz, regnerische und regenfreie Tage (an einem bestimmten Ort), oder normale Tage oder solche, an denen die Menschen zu Rhinozerossen werden[17], oder männliche und weibliche Geburten (in einer bestimmten Gemeinde, in chronologischer Ordnung), Durchgänge von Personen durch eine Sperre in der einen oder anderen Richtung usw.; es genügt z.B. zu sagen (wir sprechen der Kürze halber von Kopf und Adler): „es wird nie aufhören, daß entweder Kopf oder Adler kommt“, „die Häufigkeit von Kopf wird nach $\frac{1}{2}$ tendieren“, oder „sie wird nach einem Limes (egal welchem) tendieren“, oder „sie wird indefinit sowohl 0,01 wie 0,99 überschreiten“, „von einem gegebenen Moment an werden Kopf und Adler regelmäßig alternativ kommen: *TCTCTC* ...“, „es werden Folgen von Kopf und Folgen von Adler in einer jeden Limes übersteigenden Länge kommen, „die Folge *TCCTT* ..., welche die Göttliche Kommödie im binären Codex dar-

[16] Ausgenommen das erste Beispiel, das sinnleer wird.

[17] Bisher waren alle Tage (trotz Ionescu) „normal“ und ich nehme an, es wird so bleiben. Es war jedoch ein derartiges Beispiel notwendig, um zu beweisen, daß es sich, was die effektive Verifizierbarkeit anbelangt, von den anderen überhaupt nicht unterscheidet.

stellt, wird sich unendlich oft wiederholen", und man könnte leicht so fortfahren. Wenn man dagegen sagt „die Häufigkeit wird wenigstens einmal (nach den ersten 1000 Versuchen) unter 0,01 fallen", oder „es wird mindestens einmal (nach den ersten 1000 Versuchen) eine Folge von Kopf geben, die so lange ist, wie der vorhergehende Abschnitt (d.h.: beginnend beim $n+1$-Wurf, mindestens bis zum $2n$-ten)", usw. so sind dies Beispiele von Behauptungen, die, wenn sie wahr sind, sicherlich innerhalb einer endlichen Zeitspanne (deren Länge unbekannt ist) festgestellt werden können. Für die entgegengesetzten Behauptungen gilt das Gegenteil. Wenn man zu den obigen Behauptungen z.B. hinzufügt „... oder die Häufigkeit tendiert nach $\frac{1}{2}$", so sind dies Behauptungen, die, wenn sie wahr sind, innerhalb einer endlichen Zeit verifizierbar sein werden, oder auch nicht. Ein Beispiel für eine Behauptung, die innerhalb einer endlichen Zeitspanne verifizierbar sein kann oder auch nicht, gleichviel ob sie wahr oder falsch ist, erhält man, wenn man sagt: „wenn man wenigstens einmal (nach den ersten 1000 Versuchen) eine Folge gleicher Ergebnisse (immer Kopf oder immer Adler) von $n+1$ bis $2n$ haben wird, wird dies das erstemal für die Ergebnisse „Kopf"[1] eintreten, und wenn dies nie eintritt, wird die Häufigkeit von Kopf die Mindestgrenze $\geqq \frac{1}{2}$ haben".

Alle betrachteten Beispiele, welche Behauptungen über gewisse Folgen von „Versuchen" darstellen, die nach Zeit unbegrenzt andauern, oder Phänomene (wie Tod einer Person), die zu verschiedenen Zeitpunkten stattfinden können, können, wenn man nicht nur ihren Wahrheitswert (Wahr oder Falsch), sondern auch den (endlichen oder unendlichen) Zeitraum feststellen will, nachdem sie erwiesen sein werden, mehr oder weniger vollendet mittels des Paares $(E, T)$ beschrieben werden (Ereignis $E$, mit den Werten 1 oder 0 und Zufallszeit $T$, $0 \leqq T < \infty$ oder $T = \infty$). Um sich nur auf eine Zufallszahl zu beschränken, kann man vereinbaren, $T$ mit dem Vorzeichen + oder − anzunehmen, je nachdem, ob $E$ wahr oder falsch ist, d.h. $T^* = T.(E - \tilde{E}) = T.(2E-1)$ zu setzen (was eben $+T$ ergibt, wenn die Zeit $T$ und $E = 1 =$ wahr ist, $2E-1=1$, während es $-T$ ergibt, wenn die Zeit $T$ und $E = 0 =$ falsch, $2E-1=-1$ ist). Wir können die verschiedenen Fälle zusammenfassen, indem wir sie mit dieser Zufallszahl $T^*$ ausdrücken: sowohl im Feld der positiven Werte wie in dem der negativen Werte (und unabhängig von dem, was im anderen Feld geschieht), können die möglichen Werte für $T$ sich entweder auf den einzigen Wert $\infty$ reduzieren, oder auf $\infty$ plus endliche Werte, oder auf nur unendliche Werte, und in diesem Falle auf unbegrenzte oder begrenzte (eventuell, wenig orthodox ausgedrückt, auf „praktisch begrenzte").

Was geschieht, wenn man logische Operationen auf Ereignisse (mit verzögerter, eventuell „auf immer" hinausgeschobener Verifikation) betrachtet? Bei Übergang zur Negation ist es klar, daß $T^*$ das Vorzeichen verändert: wenn $E_2 = \tilde{E}_1$ ist, so ist $T_2^* = -T_1^*$. Wenn wir das (logische) Produkt $E = E_1 E_2$ betrachten, so wird $E$ „wahr" sein, wenn und nur wenn dies sowohl für $E_1$ (zur Zeit $T_1$) als auch für $E_2$ (zur Zeit $T_2$) eingetroffen ist, d.h. zum Zeitpunkt $T_1 \vee T_2$ (dem späteren der beiden); im entgegengesetzten Fall wird sich $E$ als falsch ergeben, sobald $E_1$ oder $E_2$ es sein wird, d.h. zur Zeit $T_1$, oder $T_2$ oder zum früheren Zeitpunkt von den beiden, wenn beide Ereignisse sich als falsch ergeben haben. All dies kann in der folgenden Konvention kondensiert werden: für $E = E_1 E_2$ ist $T^* = T_1^* \vee T_2^*$, wenn man vereinbart, die Bedeutung des Zeichens wie folgt zu ändern: „man nimmt den höheren der negativen Werte (den niedrigeren im absoluten Wert) und, wenn sie alle (beide) positiv sind, den größeren von den beiden". Man kann leicht erkennen, daß die Regel auch einschließlich der Werte $+\infty$ und $-\infty$ gilt, daß sie sich auf das Produkt jeglicher Anzahl von Ereignissen erstreckt (es genügt, das „beide" wegzulassen, das bereits deshalb in Klammern gesetzt wurde) und daß man mit dieser Regel die Menge der für $T^*$ möglichen Werte konstruieren kann, indem man von denen ausgeht, die $T_1^*$ und $T_2^*$ entsprechen (und ev. anderen), *sofern sie nur logisch unabhängig sind*[18]. Da nun ferner die logische Summe die Negation des Produktes der Negationen ist, ist es durch das Gesagte unmittelbar klar, daß für $E = E_1 \vee E_2$ (oder auch mehr Ereignisse) $T^* = T_1^* \wedge T_2^*$ ist, nach der zur vorherigen dualen Konvention: „das Minimum der positiven Werte zu nehmen, und, wenn sie alle negativ sind, wieder das Minimum (d.h. das Maximum im absoluten Wert)". Diese Regeln sind übrigens selbstverständlich, wenn man die Bedeutung der Probleme selbst bedenkt[19].

[18] Die Bedeutung ist dieselbe wie immer; es mag jedoch gut sein, sie in Bezug auf den gegenwärtigen Fall auszudrücken: $T_1$ und $T_2$ sind logisch unabhängig wenn es, weil $t_1'$ ein möglicher Augenblick dafür ist, daß $E_1$ sich als wahr ergibt und $t_1''$ dafür, daß es sich als falsch ergibt, und so für $t_2'$ und $t_2''$ in Bezug auf $E_2$, auch möglich ist, daß $E_1$ sich in $t_1'$ als wahr und daß $E_2$ sich in $t_2''$ als falsch ergibt (und analog, wenn man wahr und falsch für $t_1''$ und $t_2'$, für $t_1'$ und $t_2'$ und für $t_1''$ und $t_2''$ austauscht). Wohlgemerkt, wenn die logische Unabhängigkeit nicht gegeben wäre, wäre die Menge der für $T^*$ möglichen Werte entweder noch die so determinierte oder ein Teil derselben.

Es ist unter anderem klar (und es ergibt sich auch formal aus dem Gesagten), daß man, wenn man sicher verifizierbare Ereignisse innerhalb endlicher Zeiten logisch kombiniert, Ereignisse erhält, die (im allgemeinen) innerhalb der entferntesten dieser Zeiten sicher verifizierbar sind. Wenn wir im besonderen unendlich viele Ereignisse mit einem endlichen aber nicht begrenzten Zeitraum der Verifizierbarkeit betrachten, haben wir die sichere Verifizierbarkeit nicht mehr.

Kommt man zur Prüfung der Überlegungen, die die hier analysierten Umstände in Bezug auf den Begriff Ereignis anregen (und im besonderen in Bezug auf die Möglichkeit der Verwirklichung einer Wette, die für uns der „Prüfstein" ist), so scheint es wohl natürlich zu schließen, daß jeder Aufschub, und jeder asymetrische Aspekt, der sich daraus ergeben kann (zwischen Feststellung der Wahrheit des einen oder anderen Ergebnisses), die für ein Ereignis geforderten Merkmale beeinträchtigt, bis, wenn der Aufschub übertrieben oder sogar ewig ist, diese Merkmale überhaupt verschwinden.

Obwohl wir die wesentlichsten Bemerkungen bis zur Einführung der Wahrscheinlichkeit verschieben müssen, erscheint es wohl bereits jetzt ganz klar, wie sonderbar es wäre, über die Wahrheit einer Aussage zu diskutieren oder zu wetten (oder auch zu behaupten, daß sie Sinn hat), wenn sie nichts behauptet, was irgendetwas, was wir, selbst wenn wir ewig leben wollten, sehen könnten, irgendwie betrifft, selbst nicht, wenn wir unsere Aufgabe künftigen Generationen überlassen wollten und diese nie erlöschen würden. Und wie dumm es – außer sonderbar – noch wäre, auf eine Aussage zu wetten, die so erdacht ist, daß ich zwar sofort verlieren, aber erst am Ende aller Zeiten gewinnen könnte (selbst wenn das Risiko das geringste wäre, wie die Behauptung, „daß es nie einen Tag geben wird, an dem sich die Menschen in Rhinozerosse verwandeln").

## 6.
## *Die Verifizierbarkeit und der operationale Faktor.*

Wir hatten, um (in Nr. 5) den Faktor *Zeit* zu isolieren, gesagt, daß wir ein Resultat als „allen bekannt oder zugänglich, ohne Notwendigkeit,

[19] Es wäre sicher zur Vermeidung von Verwechslungen zweckmäßig, anstatt $\vee$ und $\wedge$ abgeänderte Siegel einzuführen, wenn man diese effektiv verwenden wollte. Da wir vorsehen, sie nur hier und momentan für diese Erklärung einzusetzen, ist es nicht der Mühe wert, die Dinge zu komplizieren.

irgendetwas zu unternehmen, um es auszulösen oder zu erfahren" betrachteten. Diese Hypothese konnte nur ein idealisierter Grenzfall sein, weil selbst Radiohören oder Zeitunglesen ein Akt ist, der, wenn auch in sehr geringem Maße, etwas Zeit, Mühe, Aufmerksamkeit und Kosten erfordert. Im allgemeinen ist es jedoch, um sich zu vergewissern, ob ein Ereignis, eine Behauptung, wahr oder falsch ist, notwendig, eine Aktivität in viel beachtlicherem Maße zu entfalten. Häufig ist es sogar notwendig, Experimente zu veranlassen, um die in Frage kommenden Phänomene zu beobachten, zu messen, oder womöglich auszulösen, aber selbst das einfache Ermitteln vorhandener Daten oder die Beschaffung von Informationen über bereits ermittelte Daten sind empfindliche, mit einer Leistung verbundene Operationen.

Als operationalen Faktor bezeichnen wir den, der Begrenzungen in der Verifizierbarkeit der Ereignisse in Abhängigkeit von der Art dieser Operationen determinieren kann; ein Aspekt desselben ist der Faktor *Kosten* (im weiten Sinne) auf den wir gleichzeitig hinweisen wollen. Auch die „Präzision" und die „Unbestimmtheit" sind Faktoren, die mit dem operationalen Faktor in engem Zusammenhang stehen, die aber, wegen ihrer Bedeutung für unsere Ziele besonders behandelt werden sollen, indem wir ihnen die Nr. 7 und 8 vorbehalten.

Vor allem gibt es einen analogen Aspekt im Vergleich zum Faktor Zeit, der von der Schwierigkeit oder Unmöglichkeit abhängt, eine zu große, oder unendliche „Anzahl" von Operationen durchzuführen (wir sagen „Anzahl", wenn die Verwendung dieses Ausdruckes auch nur in gewissen Fällen genügend sinnvoll ist). Wollten wir z. B. sicher feststellen, daß in einem gewissen Zeitintervall, $t_1 \leqq t \leqq t_2$, eine gewisse Größe $y = f(t)$ niemals ein gewisses Niveau $y = y_0$ überschritten hat, und zu diesem Zwecke $y$ in *jedem* der unendlich vielen Momente des Intervalles (oder auch nur in einer Untermenge von Momenten, die dort überall dicht ist, und somit unendlich, auch wenn nur abzählbar unendlich) messen (oder, wie dies genügen würde, feststellen, daß $y \leqq y_0$ ist), so würde dieses Unternehmen undurchführbar erscheinen. Natürlich ist dies keine apodyktische Behauptung, die sich auf metaphysische Vorurteile gründet: es ist nur eine empirische Feststellung, die schwerlich in einem praktischen Fall als ungültig erwiesen werden könnte (und andernfalls wäre es darzulegen). Man kann jedoch nicht hieraus auf die Unmöglichkeit schließen, das interessierende Ereignis auf anderem Wege operational zu verifizieren: man müßte nur für den in Frage stehenden Fall ein Gerät in der Art des „Maximal (oder

Minimal)-Thermometers“ erfinden und anwenden, oder etwas in der Art einer Sicherung nach Stromstärke.

Man beachte jedenfalls an dem betrachteten Beispiel zwei Umstände. Erstens: die Begrenzungen, die sich aus der Irrealität ergeben, gleichzeitig eine unendliche Anzahl von „Versuchen“ zu betrachten, können formal dieselben sein, wie im vorherigen Nr. 5, die Bedeutung ist aber eine vollständig andere: hier kommt es nicht auf den „*Aufschub*“ sine die der Feststellung an, sondern auf ihre *Undurchführbarkeit* (da, wenn sie durchführbar wäre, eine Verzögerung nicht eintreten würde). Zweitens: Die Nicht-Verifizierbarkeit einer Behauptung mittels eines gewissen Verfahrens (hier: das Messen in unendlichen Momenten) schließt die Verifizierbarkeit auf anderem Wege nicht aus. Die Nicht-Verifizierbarkeit im absoluten Sinne kann nicht auf Grund der Undurchführbarkeit von einem oder mehreren erdachten operativen Schemata behauptet werden: sie ist nur auf Grund einer genügend allgemeinen Hypothese (die mehr oder weniger begründet sein mag) möglich, welche die Durchführbarkeit *jeglichen* Schemas ausschließt.

Eine Formulierung, die in gewissen Fällen (wenn auch in sehr schematisierter und idealisierter Form) den Sinne dieser Begrenzungen ganz gut ausdrücken könnte, könnte darin bestehen ein Ereignis (oder besser, eine Einteilung von Ereignissen) dann als verifizierbar zu erachten, wenn die Verifikation mittels einer endlichen Anzahl elementarer, durchführbarer Operationen möglich ist. Es ist zu beachten, daß, wenn die Ergebnisse dieser Operationen als Basis-Ereignisse genommen werden, ihnen damit eine gewisse bevorzugte Rolle gegeben wird; und wir hatten uns so sehr bemüht, diese auszuschalten! Es liegt kein Widerspruch darin: hier ist inzwischen genauer angegeben worden, nach welchem Kriterium die Basis-Unterteilungen, wenn überhaupt, gewählt werden, um ihnen eine bevorzugte Stellung zu geben, und an zweiter Stelle wäre dies nur gerechtfertigt, wenn in irgendeinem Fall effektiv eine Formulierung wie die jetzt als rein hypothetisches Beispiel vorgewiesene gültig (oder zumindest ungefähr gültig) wäre.

Eine realistische Begrenzung (und nicht nur auf praktischem Gebiet) wäre eine analoge, die jedoch darin besteht, daß man sich nicht nur mit einer wohl endlichen, aber beliebig großen Anzahl Operationen begnügen muß, sondern mit einer endlichen Zahl, die nicht über einen gewissen endlichen oberen Limes hinausgeht. Z. B. im Falle der Messungen von $y=f(t)$ in $(t_1, t_2)$, wird man es nicht nur als unmöglich betrachten müssen, innerhalb dieses Zeitintervalles unendlich viele

Beobachtungen zu machen, sondern mehr als eine endliche Anzahl von Beobachtungen (die mehr oder weniger genau angegeben werden kann). In Wirklichkeit wird sogar diese obere Grenze im allgemeinen alles eher als genau sein, sofern man nicht den Faktor *Kosten* einführt: im allgemeinen trifft man keinen klaren Trennungspunkt an, bis zu dem man ohne Schwierigkeiten gelangt und über den man unmöglich hinausgehen kann. Tatsache ist vielmehr, daß man fortschreitend auf immer größere und immer rascher wachsende Schwierigkeiten stößt. Wir nennen das Maß dieser Schwierigkeiten *Kosten*; es handelt sich, wie bereits gesagt, um „Kosten im erweiterten Sinn", d.h. solche, die nicht nur aus dem ausgelegten Geld bestehen, sondern vor allem aus erforderlichen Bemühungen und Zeitaufwand und deren Auswirkungen auf alternative Verwendungen, denen diese Bemühungen und diese Zeit sonst zugewandt werden konnten.

Die *Kosten* werden jedoch immer in Geld ausgedrückt werden können; wir sagen es nicht, um die diesbezüglichen Ansichten der Wirtschaftsfachleute wiederzugeben, sondern nur um hinzuzufügen, daß daher das Problem der Begrenzung in der folgenden Form gestellt werden kanng

Erste Version: wenn die erträglichen Gesamtkosten (für einen gewissen Zeitraum) gegeben sind, kann man erkennen, ob ein gewisser Komplex von Operationen realisierbar ist oder nicht. Man muß dann den wirksamsten unter den realisierbaren auswählen (den, der insgesamt die besten Ergebnisse liefert).

Zweite Version: es ist eine Vervollkommnung der vorigen und setzt, ihr entsprechend den besten Komplex von mit gegebenen Kosten durchführbaren Operationen voraus, der jedoch nicht mehr als gegeben und fest betrachtet wird, sondern variabel innerhalb eines gewissen Wertintervalls. Auch die Kosten können so nach Wahl festgelegt werden. Und man wird sie so wählen, daß man den Punkt des Gleichgewichtes erreicht, in dessen Nähe eine Kostensteigerung eine äquivalente Steigerung der Wirksamkeit verursacht (Randprinzip).

Die einfachste Hypothese in Bezug auf Kosten ist die der Additivität (ein Preis für jede einzelne Operation); im allgemeinen darf man sich jedoch nicht darauf beschränken.

Ein weiterer Schritt zum Realismus (der letzte: es scheint, daß wir mit diesem für eine idealisierte Schematisierung das Ausreichen finden können) besteht darin, daß man zumindest einer besonderen Art der Ungewißheit Rechnung trägt, von der im allgemeinen auch die

„Operationen" betroffen sein werden, die wir zur Feststellung der Ereignisse verwenden. Bisher hatten wir ohne weiteres angenommen, daß eine derartige Operation uns immer eine genaue Antwort vermitteln müßte, entweder JA oder NEIN auf die entsprechende Frage; wir setzen nun voraus, daß die Antwort auch JEIN sein könnte, d.h. das Experiment könnte nicht gelingen oder kein genügend klares und deutliches Ergebnis bringen, um uns zu erlauben, JA oder NEIN als unbedingt erwiesen zu betrachten.

Daß dies in jeglichem Experiment oder Verfahren (sowie Prüfung von Zeugenaussagen usw.) so sein kann, ist wohl natürlich. Wenn überhaupt, könnte man begründet einwenden, daß diese Voraussetzung noch unzureichend ist, daß man ein klares und endgültiges JA oder NEIN in keinem Experiment jemals erhalten kann ... und daß es sich nur um eine mehr oder weniger hohe Wahrscheinlichkeit handelt. Ich brauche nicht zu sagen, wie sehr ich dem zustimme. Um jedoch nicht in einen Circulus vitiosus einzutreten, scheint mir das Beste (oder das am wenigsten Schlechte), was man tun könnte, bis zur vorgeschlagenen Annäherung vorzugehen. Dies führt in signifikanter Form die Ungewißheit als Möglichkeit der Antwort JEIN ein, schließt aber die Konstruktion eines Schemas, das die Einführung des Wahrscheinlichkeitsbegriffes einleiten soll, nicht aus. Dagegen würde man diesen Ausschluß schaffen, wenn man auch den Antworten JA und NEIN den Wurm der Ungewißheit beigeben wollte. Im übrigen wird eine Studie, die sich auf eine ganz durch Ungewißheit durchdrungene, d.h. probabilistische Darstellung, stützt nach der Konstruktion der Wahrscheinlichkeitstheorie erfolgen können. Z.B. in der Theorie der zufälligen Fehler – in der ein Fehler auch beliebig groß sein kann, wenn er nur eine äußerst geringe Wahrscheinlichkeit hat (die durch die Normal- oder Gauß'sche Verteilung gegeben ist) – wird gerade dieser Auffassung gefolgt.

Eine Operation wird uns daher in Bezug auf ein Ereignis $E$ entweder die Antwort JA (und daher NEIN für $\tilde{E}$), oder die Antwort NEIN (und daher JA für $\tilde{E}$), oder JEIN (sowohl für $E$ als für $\tilde{E}$) liefern. Es wird aber wohl sein können – und dies ist der Fall, auf den wir uns beziehen – daß die Operation analoge Antworten für weitere Ereignisse liefert und letztlich für eine Einteilung $C_1, C_2, \ldots, C_s$: in diesem Falle werden die Antworten entweder JA für eine der Konstituenten $C_k$ (und daher NEIN für alle anderen: vollständige Antwort) sein, oder kein JA und mehr als ein JEIN mit oder ohne irgendwelchen NEIN (teilweise

Antwort, wenn mindestens ein NEIN vorhanden ist: absolute Null-Antwort, d.h. eine die uns in derselben Unwissenheit beläßt, wie zuvor, wenn sie lauter JEIN ergibt). Bezüglich des *E*, das uns interessiert, wird die Antwort JA sein, wenn *E* die Konstituente enthält, welche die Antwort JA erhält, oder (wenn das JA fehlte) wenn es lauter Konstituenten mit Antwort JEIN enthält. Die Antwort wird NEIN sein, wenn *E* symmetrisch in der Vereinigung der Konstituenten mit der Antwort NEIN enthalten ist; sie ist andernfalls JEIN (d.h. wenn sowohl *E* wie $\tilde{E}$ sowohl mit der Vereinigung der NEIN wie mit der der JEIN, ersetzt durch die Konstituente JA, wenn diese existiert, vereinbar sind).

Die Berücksichtigung der Teilantworten in dieser detaillierteren Form unter Bezugnahme auf die Einteilung in Konstituenten, steigert die Wirksamkeit des Verfahrens beachtlich, weil es dadurch möglich ist, aus dem Ergebnis jeder Operation ein Maximum an Information zu erhalten. Um den selbstverständlichen Mechanismus intuitiv zu illustrieren, denke man sich, daß, um den Schuldigen unter *n* Individuen (die sicher die einzig möglichen Schuldigen sind) zu ermitteln, $n-1$ Operationen genügen, die nur den minimalen Effekt haben, einen mit der Antwort NEIN auszuschließen und allen anderen ein JEIN zuzuordnen; wenn jede Beobachtung ein anderes Individuum ausschließt, bleibt nur der Schuldige übrig. Wenn man dagegen nur an einen Schuldigen (z.B. sofern einer besonders verdächtig wäre) gedacht und dabei zur Kenntnis genommen hätte, ob jeder einzelne Versuch hinreichend wäre oder nicht, so hätte man mit JEIN abschließen müssen, weil man ja immer die Antwort JEIN erhalten hätte.

In Bezug auf die Anwendungen auf die Verifizierbarkeit steigert diese Bereicherung der Möglichkeiten ein wenig die Komplikationen, beseitigt aber dafür andere, die sich aus der Starre des früheren Schemas ergeben. Wir werden dies besonders sehen, wenn wir uns mit den Verfahren des Maßes (im nächsten, Nr. 7) befassen).

Übrigens könnte man alles unmittelbarer und einfacher ausdrücken, indem man sich einfach auf das Feld $\Omega$ der elementaren Fälle *Q* bezieht (anstatt sich – wie dies in gewissem Sinne lehrreicher ist – auf die durch die Operation auf den Plan gebrachte Einteilung festzulegen). Wenn man an $\Omega$ denkt, hat eine „Operation" das erhoffte Ziel, eine Information zu erhalten, was darauf zurückgeht, das Feld $\Omega$ einzuschränken, indem man die *Q* als unmögliche Ereignisse (NEIN) beseitigt und die anderen (JEIN) beibehält; JA würde nur im Fall einer vollständigen Information dienen, um den einzigen nicht ausgeschlossenen

„Punkt" zu bezeichnen (oder überhaupt nie, wenn man sich peinlich an die Bemerkung halten will, daß keine Unterteilung – selbst wenn man Ausdrücke wie Punkt oder Atom gebraucht – jemals als extrem und endgültig betrachtet werden kann).

Bezüglich der obigen Betrachtungen über die Zweckmäßigkeit, die sich aus Wirksamkeit und Kosten ergibt, liegt der Unterschied nur in der Tatsache, daß der Faktor Ungewißheit eingeführt wird. Wenn man sich für eine gewisse Vorgangsweise entscheidet, so ist a priori nicht mehr bekannt, ob und wieviele Operationen zur gewünschten Konklusion führen werden. Das Urteil über die Zweckmäßigkeit erfordert somit die Anwendung der Entscheidungstheorie unter Bedingungen der Ungewißheit, d.h. die Maximalisierung des erhofften Nutzens, die einem ungewissen Kostenbetrag und einer ungewissen Wirksamkeit entspricht.

Wer Experimente durchführt, wird synthetisch nach Augenmaß den Weg abschätzen, der ihm nach allen Überlegungen als der günstigste erscheint. Will er die Wahrscheinlichkeitsrechnung anwenden, um so besser (vorausgesetzt, daß es der Mühe wert ist, d.h. daß die zusätzlichen Kosten dieser Berechnung nicht die erhoffte Zuwachssteigerung durch Wahl des besten Verfahrens übersteigen). Jedenfalls bildet diese Tatsache hier nicht jenen Circulus vitiosus, von dem wir oben sagten, wir wollen ihn vermeiden. Die eventuelle Anwendung der Wahrscheinlichkeitstheorie auf diesen Aspekt des Problems ist Sache dessen, der experimentiert, und dem die Wahrscheinlichkeitsrechnung bekannt sein mag oder auch nicht, unabhängig von der Stelle der gegenwärtigen Abhandlung, an der wir Gelegenheit haben, von ihm zu sprechen. Ob er im übrigen seine Berechnungen mehr oder weniger gut macht, ob er mehr oder weniger geeignete Verfahren auswählt, ist eine Sache, die uns weder betrifft noch interessiert. Die Verfahren interessieren uns hier nur abstrakt, im Prinzip, als verwendbare Hilfsmittel, die gewisse Arten von Antworten liefern. Sie mehr oder weniger gut zu gebrauchen, ist eine andere Frage.

## 7.
## *Die Verifizierbarkeit und der Präzisionsfaktor*

Wir haben bereits (in Nr. 6) von Messungen gesprochen. Um die Aufmerksamkeit jedoch nicht von den Argumenten abzulenken, auf die wir uns dort beschränken wollten, haben wir stillschweigend vorausgesetzt, daß es sich um genaue Messungen handeln müßte. Es ist aber wohl bekannt, daß die Genauigkeit unerreichbar ist (außer beim Zählen, wenn es einem gelingt, keine Fehler zu machen); bei Messungen kann man nur eine geringere oder größere *Präzision* voraussetzen[20], und auch hier (wie vor kurzem bei analogen Fragen) impliziert eine Verbesserung der Präzision im allgemeinen eine Kostensteigerung. Von diesem Gesichtspunkt aus ändert sich nichts und ist somit auch nichts hinzuzufügen.

Der wichtigste Aspekt, der zu untersuchen ist (das, weshalb dieser Aspekt so wichtig ist) liegt in den Folgen, die sich durch diese unvollkommene Präzision in den Maßen für die Identifizierbarkeit der einzelnen Punkte $Q$ von $\mathfrak{Q}$ (oder von $\mathfrak{S}$) ergeben; das führt zur Diskussion, ob und in welchem Ausmaße es zweckmäßig ist, in das Feld $\mathfrak{Q}$ (oder $\mathfrak{S}$) eine topologische Struktur einzuführen. Wir hatten uns ja bemüht, auch von derartigen Strukturen jede Spur zu verwischen. Doch liegt auch hierin kein Widerspruch! Es wird nicht darum gehen, unechte Strukturen, oder solche, die durch Pseudomotive analytischer Annehmlichkeit veranlaßt werden, anzunehmen, wohl aber darum, eventuell und nach strenger Prüfung diejenigen anzunehmen, die wesentlichen und bedeutungsvollen Forderungen entsprechen.

Wir betrachten zunächst den Fall einer einzigen Zufallszahl $X$, für die alle reellen Zahlen mögliche Werte sind. Bisher haben wir, bei Einführung der Diskussionen über die „Verifizierbarkeit" immer nur von Ereignissen gesprochen und nie von Zufallsgrößen, doch ist es pleonastisch, daß, „verifizieren" welches der Wert $x$ von $X$ sei (im exakten Sinne) bedeutet, zu verifizieren, welches unter den Ereignissen $E_x = (X = x)$ das *wahre* ist, während es sich, im partiellen Sinn darum handeln würde, Ereignisse des Typus $E_I = (X \in I)$ zu verifizieren, mit einer a priori willkürlichen Menge $I$.

Über die Art, in der man vorgehen kann, kann man im allgemeinen nichts sagen: es handelt sich nicht um ein mathematisches Problem, wohl aber um Besonderheiten die in der Natur jedes einzelnen Falles liegen. Das Problem existiert nicht, wenn $X$ fix und fertig in arabischen Ziffern auftritt (sowie auf der Nummer der Tombola oder auf den

[20] In der Wahrscheinlichkeitstheorie (und insbesondere in der, welche die „zufälligen Fehler" betrifft), nennt man „Präzision" den reziproken Wert der absoluten Standardabweichung, nämlich $1/\sigma$. Hier verwenden wir den Terminus jedoch immer gesprächsweise, ohne irgendeine Beziehung zur „technischen" Bedeutung (siehe XII, 3.2).

Roulette-Sektoren) oder mit Augen (wie bei Würfeln) angegeben wird, oder uns von anderen garantiert geliefert wird (sowie die Daten der Volkszählung oder der Statistik im allgemeinen usw. usw.). In diesen Fällen handelt es sich um ganze Zufallszahlen und die Situation ist natürlich einfacher; immerhin findet man aber in dieser Weise auch soweit wie möglich genaue Indikationen von kontinuierlichen Größen vor (physikalische Konstanten, geographische Koordinaten geodätischer Punkte, Höhen von Gebäuden, Gewichte von Gegenständen oder Individuen usw. usw.). Wenn es uns dagegen obliegt, (genau oder teilweise, im besonderen approximativ), den Wert $x$ von $X$ zu ermitteln, werden wir Fall für Fall prüfen müssen, welche Ereignisse $E_I$ für uns mehr oder weniger erreichbar sind und welche uns über $X$ interessantere oder wertvollere Informationen liefern, und dann, eben wie im bereits (Nr. 6) gesehenen Fall, den Komplex von Operationen wählen, der in Bezug auf die Zweckmäßigkeit, d.h. bei gemeinsamer Betrachtung von Wirksamkeit und Kosten, der beste ist.

Wie wird es möglich sein, etwas und was in Bezug auf eine Zufallszahl $X$ zu erfahren? So formuliert, hat die Frage keinen Sinn, weil die Antwort nicht von der Tatsache abhängt, daß $X$ eine Zufallszahl ist, sondern Fall für Fall von der konkreten besonderen Bedeutung, die jedes gegebene $X$ aufgrund seiner Definition hat. Der Fall, an den fast ausschließlich zu denken ist, ist der einer physikalischen Größe, von der man mehr oder weniger genaue Maße erhalten kann, und dies ist auch der Aspekt der uns hier hauptsächlich interessiert. Es ist jedoch zu beachten, daß außerhalb dieses ganz besonderen Falles im allgemeinen keine Ursache besteht zu denken, daß das Problem immer nach derselben Theorie entwickelt werden könnte. Ein $X$, das als eine praktisch nicht genug stetige Funktion[21] einer anderen Zufallszahl, die eine physikalische Bedeutung hat, definiert wurde, eignet sich offenbar nicht dazu, unter Verwendung dieser Definition gemessen zu werden, es kann sich jedoch dazu eignen oder nicht, je nachdem ob es selbst (oder eine andere Zufallszahl, die eine opportune Funktion davon ist) eine physikalische Bedeutung hat, durch die es direkt gemessen werden kann. Dagegen kann es, besonders wenn die Definition von $X$ an mathematische Begriffe gebunden ist, sein, daß die Frage bezüglich der Zugehörigkeit von $X$ zu weniger einfachen (und im allgemeinen weni-

[21] Z. B. im Lipschitz'schen Sinne ($|f(\xi_2) - f(\xi_1) \subset K|\xi_2 - \xi_1|$) mit einem nicht zu großen $K$ (zumindest in dem Bereich, der praktisch interessiert).

ger bestimmbaren) Mengen $I$ als die Intervalle, sich als leicht oder jedenfalls lösbar ergibt; z. B., die Antwort ob $X$ rational, oder algebraisch ist oder nicht usw.

Ein geeignetes Beispiel ist das der Zufallszahl $X = \pi$. Das Beispiel mag sonderbar erscheinen, weil – wie man sagen wird, – $\pi$ *keine* Zufallszahl ist: es ist eine wohl bestimmte Zahl, die bereits Archimedes mit (für seine Zeiten) sehr beachtlicher Präzision determiniert hat, von der man dann explizite Ausdrücke wie Reihen usw. gefunden hat und die man jetzt „genauer kennt, als jede andere".[22] Einverstanden! aber $\pi$ ist immerhin, was die Folge seiner Dezimalzahlen betrifft, nicht bekannt (und in diesem Sinne aleatorisch: noch erkennen wir eine andere limitativere Bedeutung an), sowie es dies auch für lange Zeit in Bezug auf seine Zugehörigkeit zur Menge der rationalen oder der algebraischen Zahlen war. Diese Fragen sind bekanntlich (im negativen Sinn) gelöst worden: es ist klar, daß dies nicht mittels der immer genaueren Bestimmung des zahlenmäßigen Wertes von $\pi$ möglich gewesen wäre, selbst wenn man die Berechnung der sukzessiven Dezimalstellen bis ins Unendliche fortgesetzt hätte, um eventuelle Periodizität zu entdecken (wenn es sich um eine rationale Zahl gehandelt hätte) usw.; statt dessen gab es einen anderen Weg (sowie im vorigen Beispiel in Bezug auf das Maximum einer Funktion innerhalb eines Intervalles).

Ein anderes (einfacheres, aber künstliches) Beispiel ist folgendes: Wir definieren $X = (N+1)\,(N<\infty) - 1 + E'/4 + E''/\pi$, wo wir $\pi$ nicht mehr unter dem Aspekt einer Zufallszahl betrachten und $E'$ und $E''$ irgendwelche Ereignisse sind (z. B. ein sportliches Ergebnis oder eine meteorologische Tatsache), und $N$ ist die Anzahl der (eventuellen) Ausnahmen zur Theorie von Goldbach[23]. Die ersten beiden Summanden in der Formel von $X$ geben einfach $N$ an, das mit $-1$ zu ersetzen ist, wenn es unendlich est; es ist somit ein Ganzes, wenn die letzten beiden Summanden fehlen ($E'$ und $E''$ falsch sind: $E' = E'' = 0$), es ist rational und nicht ganz, wenn $E'$ wahr und $E''$ falsch ist ($E' = 1$, $E'' = 0$; man fügt 1/4 hinzu), es ist irrational (sogar transzendent), wenn $E''$ wahr ist ($E'' = 1$, es ist gleichgültig, ob $E' = 0$ oder $= 1$ ist; man fügt $1/\pi$

[22] Mit 100.000 Dezimalstellen; siehe Daten von D. Shanks und J. W. Wrench in *Math. of Computation* (1962).

[23] Wonach jede gerade Zahl Summe von zwei früheren Zahlen ist. Der Beweis (soweit er durchgeführt wurde) hat keine Ausnahmen ergeben; doch hat man keine Demonstration gefunden, sodaß es sehr wohl im weiteren (auch unendliche) Ausnahmen geben könnte.

oder $1/\pi + 1/4$ hinzu). In diesem Beispiel genügt es also, das Ergebnis von $E'$ und $E''$ zu kennen, um festzusetzen, ob $X$ ganz, rational und nicht ganz oder transzendent ist, während man wissen müßte, daß die Goldbach'sche Vermutung wahr ist, um zu wissen, daß $0 \leqq X < 1$, oder daß unendlich viele Ausnahmen vorausgesetzt werden, um zu wissen, daß $X$ negativ ist ($-1 \leqq X < 0$), oder eine endliche Anzahl ($N$) davon, um zu wissen, daß $X \geqq 1$ (und genau $N \leqq X < N+1$).

Nach Voraussetzung dieser Betrachtungen und dieser Beispiele können wir nun daran gehen, allein den Fall eines $X$ zu betrachten, das nur eine physikalische (oder analoge) Bedeutung hat: genauer: ein $X$, dessen Wert wir nur mittels (mehr oder weniger präziser) Meßoperationen erfahren oder ungefähr erfahren können. Illustrative Schematisierungen werden diese intuitive Erklärung besser verdeutlichen, die im übrigen zu nichts anderem dienen wird, als dieselben Dinge, welche die üblichen Ansätze bilden, mit größerer Sorgfalt zu prüfen. Hier sollte der eine oder andere Aspekt vertieft werden, noch mehr aber lag und liegt uns daran, davor zu warnen, mit der üblichen Leichtigkeit anzunehmen, daß diese Prämissen ohne Unterscheidung für „alle" Zufallszahlen gültig sein könnten oder sein müßten. Die vorherigen Betrachtungen und Beispiele verfolgten vor allem dieses Ziel.

Um technisch in das Argument einzutreten, müssen wir vor allem definieren, was wir unter „Operation einer Messung" verstehen: wir meinen damit eine Operation, die, wenn sie auf $X$ angewandt werden kann (was, wir wiederholen es, eine „experimentelle" und nicht eine mathematische Frage ist), keine andere Auswirkung haben kann, als die, die dafür möglichen Werte von einem Feld $\mathfrak{Q}$ auf ein Intervall zu begrenzen[24].

Diese allgemeine Charakterisierung dient jedoch nur als Ausgangspunkt; viel wichtiger für unsere Analyse wird das Innehalten bei einigen der hauptsächlichsten unter den vielen möglichen Varianten sein. Es interessiert uns, bezüglich der *Präzision*, die drei Fälle der *begrenz-*

---

[24] Über diesen Fall (der *bilateralen* Begrenzung) müssen wir uns klar werden; es ist jedoch gut, nicht die Grenzfälle auszuschließen, in denen sich das Intervall in eine Halbgerade (*unilaterale* Begrenzung), oder in eine Gerade (*keinerlei* Begrenzung, gescheiterte Operation) verwandelt, oder dagegen, indem man zum anderen Extrem übergeht, in einen Punkt (genaues Maß). Es versteht sich dann von selbst, daß, wenn $\mathfrak{Q}$ nicht anfänglich die ganze Gerade ist, es sich auf den Durchschnitt von $\mathfrak{Q}$ mit dem besagten Intervall reduziert (und man kann keinerlei Auswirkung haben, auch wenn man effektive Begrenzungen erhält, wenn sie weniger streng sind, als die bereits durch $\mathfrak{Q}$ erfüllten).

*ten, unbegrenzten* und *perfektionierbaren* Präzision zu unterscheiden und ferner die der *eventuell vollkommenen* und der *sicher vollkommenen* Präzision. Bzgl. der *Einteilungen* werden wir die drei Fälle der *obligaten, freien* oder *beweglichen* Einteilung unterscheiden. Es wäre überflüssig und langweilig, alle diese Varianten mit unzähligen Untervarianten, um nicht noch andere Fälle zu erwähnen, bis in Einzelheiten zu prüfen; für uns interessiert das Beispiel (wobei wir betonen, daß der Überblick so nicht vollständig, aber ausreichend ist), um Aspekte abzuzeichnen, auf die es ankommt.

Wir beginnen mit einem typischen Beispiel für eine Meßoperation mit begrenzter Präzision und beweglicher Einteilung, dem, in welchen man weiß, daß man einen Wert erhalten wird, der von $X$ nicht mehr als ein gewisser Maximalfehler, sagen wir $\delta$ abweicht (man könnte asymetrisch einen anderen Limes für negative und positive Fehler betrachten, $-\delta'$ und $+\delta'$, oder sich $\delta$ (oder auch $\delta'$ und $\delta''$) als Funktionen von $x(X=x)$ denken, oder, mit größeren Komplikationen, auch von anderen Zufallszahlen usw. Man verliert jedoch theoretisch nichts Wesentliches und gewinnt an Klarheit, wenn man sich auf den einfachsten Fall beschränkt). Hat man durch die Messung einen gewissen Wert $x$ erhalten, so besagt uns dieser, daß $X$ sicher dem Intervall $(x-\delta,\ x+\delta)$ angehört. Die Präzision ist in dem Sinne *begrenzt*, daß wir $X$ minus dieses $\delta$ kennen, welches eben ist, was es ist. Wenn wir jedoch Operationen dieser Art zu unserer Verfügung haben, mit einem jedenfalls kleinen $\delta$, so ist die Operation, die darin besteht, davon eine mit einem den gewünschten Präzidisonsforderungen entsprechenden $\delta$ auszuwählen und auf Grund derselben die Messung durchzuführen, eine Operation mit *unbegrenzter* Präzision (es bleibt immer ein im voraus bestimmter Fehlerspielraum, $\delta$, den wir jedoch beliebig klein auswählen konnten, ehe wir die Messung durchführten).

Auch mit einem festgesetzen $\delta$ konnte man Messungen mit *eventuell unbegrenzter* Präzision durchführen (in dem Sinne, daß der Spielraum gleich $\delta$ bleiben, aber auch fallweise immerhin kleiner werden konnte). Es genügt anzunehmen (und man beachte, daß alle „Annahmen" dieser Art immer, auch wenn dies nicht explizit gesagt wird, eine experimentelle Bedeutung haben: daß keine physikalischen Behinderungen auftreten, durch Kosten, Verwaltungsverbote usw.), es genügt also anzunehmen, sagten wir, daß man die vorhergehende Operation „wiederholen" könnte (besser, eine andere, mit den identischen Charakteristiken durchführen). Wenn man zwei verschiedene Werte,

$x_1 / \mp x_2$ (zur Klarheit, $x_1 < x_2$) erhält, reduzieren sich die beiden Begrenzungen auf die einzige Begrenzung

$$x_2 - \delta < X < x_1 + \delta,$$

d.h. $X$ gehört dem Intervall

$$x \pm \delta^* \quad \text{mit} \quad x = \tfrac{1}{2}(x_1 + x_2) \quad \text{und} \quad \delta^* = \delta - \tfrac{1}{2}(x_2 - x_1) \quad \text{an.}$$

Man beachte, daß dieselbe Konklusion (mit immer größeren Möglichkeiten, für $\delta^*$ kleine Werte zu erhalten) in dem Fall gilt, in dem man „dieselbe" Operation, so oft man will, wiederholen kann und wiederholt; es genügt, unter $x_1$ das Minimum und unter $x_2$ das Maximum der erhaltenen Maße zu verstehen. In Worten: wenn man als Wert die Halbsumme des kleinsten und größten Ergebnisses nimmt, erhält man einen Fehlerspielraum, welcher gleich dem der einzelnen Beobachtung ($\delta$) minus halbe Differenz zwischen größtem und kleinstem Resultat ist. Wenn man voraussetzt, daß eine *Unendlichkeit* von Wiederholungen durchführbar sind und auch durchgeführt werden, ist auch die Präzision *eventuell perfektionierbar* (es genügt zu sagen, daß $x_1$ und $x_2$ unterstes und oberstes Supremum anstatt Minimum und Maximum sind), weil es möglich ist, daß die Differenz $x_2 - x_1$ nach $2\delta$ tendiert, und daß daher $\delta^*$ nach Null tendiert[25].

Würde man schließlich zu „Wiederholungen" von Operationen mit variabler Präzision übergehen, so würde die Konklusion weder im endlichen Fall, noch (formal) im unendlichen variieren: die Begrenzung könnte immer

$$x' - \delta' < X < x'' + \delta''$$

[25] Dies könnte sich auch bei einer endlichen Anzahl von Wiederholungen ergeben und auch bei nur zweien, wenn man voraussetzen würde, daß die Intervalle $x \pm \delta$ als geschlossen betrachtet werden müssen (d.h., daß der Fehler das obere Extremum $\delta$ erreichen kann). Die Frage ist an sich byzantinisch (weil bereits die Fixierung einer präzisen Trennung in $\delta$ eine willkürliche Schematisierung bedeutet). Aber gerade darum erscheint es harmlos, hier dem (im allgemeinen verwerflichen) Kriterium der „mathematischen Annehmlichkeit" zu folgen. Von diesem Gesichtspunkt aus wäre es vorzuziehen, die Intervalle als offen zu betrachten (und darum hatten wir es, ohne Erklärungen, vorgezogen, $x - \delta < X < x + \delta$ mit „$<$" und nicht mit „$\leqq$" zu schreiben usw.), womit vermieden wird, daß die konventionelle Angabe einer präzisen Trennung (wenn auch nur ausnahmsweise) zu der Möglichkeit führen könnte, zu einem genauen Maß zu führen. Wenn die Intervalle offen sind, ist jeder Durchschnitt derselben in endlicher Anzahl immer ein offenes Intervall und daher nie ein Punkt. (Noch kann er leer sein, da man nicht $x_2 - x_1 > 2\delta$ haben kann.)

geschrieben werden, mit $x'' + \delta''$ gleich dem Minimum (oder unterem Extremum) der $x_i + \delta_i$ (und umgekehrt für $x' - \delta'$), wobei jedoch zu beachten ist, daß, weil auch $\delta_i$ variabel ist, das Minimum (und Maximum) allgemeiner nicht für die $i$ gegeben sein werden, die respektive $x_i$ am kleinsten und am größten werden lassen. Das Intervall $x \pm \delta^*$ wird seinen Mittelpunkt in

$$x = \tfrac{1}{2}(x' + x'') + \tfrac{1}{2}(\delta'' - \delta')$$

haben, und die halbe Länge

$$\delta^* = \tfrac{1}{2}(\delta' + \delta'') - \tfrac{1}{2}(x'' - x').$$

Ausdrucksvoller ist die Beobachtung, daß jedenfalls $\delta^*$ höchstens gleich dem Minimum (oder unterem Extremum) der $\delta_i$ ist, da das Intervall $x \pm \delta^*$ (wie deren Durchschnitt) in allen Intervallen $x_i \pm \delta_i$ enthalten ist. Wenn wir daher Operationen mit einem jedenfalls kleinen $\delta$ zur Verfügung haben und davon nicht nur eine (wie in den beiden obigen Fällen) auswählen können, sondern eine Folge davon mit $\delta \to 0$ (oder jedenfalls mit dem unteren Extremum Null) anwenden können, haben wir einen Fall von *perfektionierbarer Präzision*, wenn wir denken, eine jedenfalls große aber endliche Anzahl von Operationen durchführen zu können (oder berücksichtigen, daß diese Anzahl jedenfalls in jedem nicht unendlich entfernten Moment endlich sein wird), und wir haben einen Fall von sicher *vollkommener Präzision*, wenn wir uns an das Ende der Zeiten versetzen oder uns vorstellen, daß eine unendliche Anzahl von Operationen in einer endlichen Zeit durchführbar sein wird.

Wir haben von der Präzision nach ihren verschiedenen Modalitäten gesprochen und nicht von den Unterscheidungen bezüglich der Einteilung. Wir haben nur gesagt, daß in dem betrachteten (und verschieden entwickelten) Beispiel eine *bewegliche* Einteilung vorhanden war: dies insofern, als das als Limitierung erhältliche Intervall als Extreme beliebige Punkte haben konnte (ohne Begrenzungen, die sich aus der Natur der betrachteten Operationen ergeben würden). Der entgegengesetzte Fall, der der *obligaten* Einteilung, wird am besten durch den Fall erklärt, in dem $X$ eine Zahl ist, von der (wie im Beispiel von $X = \pi$) die Dezimalstellen sukzessive bestimmt werden können (oder man kann sie auf immer dichteren Tafeln ablesen usw.). Eine *freie* Einteilung ist eine, die man unter mehreren (im allgemeinen endlich vielen) anderen wählen kann, die aber nach der Wahl obligat wird: man denke an Messungen mit einer Skala, deren Ursprung und Maßeinheit man frei wählen kann (z.B., anstatt von $X$, die sukzessiven Dezimalstellen von $\sqrt{2} + \pi X$ messen oder berechnen; Winkelmaß durch Rotieren des Quadranten des Instrumentes; im weiteren Sinne, nicht lineare Funktionen in dieser Weise behandeln, z.B. die Dezimalen von $\log X$ suchen, oder der Tangente des Winkels usw.). Ein anderes Beispiel ist das von Operationen, in dem präventiv das Intervall festzusetzen ist, auf das sich die Frage bezieht: ist es wahr oder nicht, daß $X$ im Intervall $(x', x'')$ liegt? Wenn wir eine (sicher) vollkommene Präzision voraussetzen, so ist weiter nichts zu sagen; im allgemeinen wird dies jedoch nicht der Fall sein (und auf jeden Fall ist es nicht der Fall, der uns hier am meisten interessiert). Wir können uns z.B. denken, die Antwort sei zweifelhaft (ginge über die Möglichkeit der Apparate hinaus), wenn $X$ in der Nähe der Extreme (innen oder außen) liegt und in diesem Fall kann man sich vorstellen, daß die Antwort (zufällig) JA oder NEIN sein wird, oder JEIN. Wenn wir annehmen, $\delta$ sei der Fehlerspielraum (dieselben Vorbehalte wie früher bezüglich der Tatsache, daß wir verschiedene $\delta$ haben können ...) so bedeutet im Falle nur der beiden Antworten JA oder NEIN:

JA bedeutet $x' - \delta < X < x'' + \delta$ und
NEIN bedeutet $(X < x' + \delta) \vee (X > x'' - \delta)$ (im besonderen *Null*, wenn $x'' - x' < 2\delta$ ist);

Im Falle der drei Antworten, JA, NEIN, JEIN, bedeuten diese respektive:

$$\text{JA}: x' + \delta < X < x'' - \delta,$$

$$\text{NEIN}: (X < x' - \delta) \vee (X > x'' + \delta),$$

$$\text{JEIN}: (x' - \delta \leqq X \leqq x' + \delta) \vee (x'' - \delta \leqq X \leqq x'' + \delta).$$

Vielleicht ist es interessanter, den einfachsten Fall mit einem einzigen Wert $x$ zur Gegenüberstellung zu betrachten, indem man fragt, ob $X < x$ (umsomehr als der Fall des Intervalls sich auf zwei Fragen dieser Art mit $x = x'$ und $x = x''$ reduziert). In diesem Falle lauten, bei nur zwei Antworten, JA oder NEIN, die Antworten:

$$\text{JA}: (X < x + \delta), \qquad \text{NEIN}: (X > x - \delta)$$

(d.h.: egal, welche die Antwort ist, die Möglichkeit, daß $X$ irgendeinen Wert zwischen $x \pm \delta$ annehmen könnte, ist nicht auszuschließen), während bei drei Antworten das JEIN deutlich diese Eventualität anzeigt:

$$\text{JA}: X < x - \delta \quad (\text{und a fortiori, sicher } X < x),$$

$$\text{NEIN}: X > x + \delta \quad (\text{und a fortiori, sicher } X > x),$$

$$\text{JEIN}: x - \delta \leqq X \leqq x + \delta.$$

In beiden Fällen konnte man jedoch voraussetzen, daß die Antwort NEIN keinerlei Information bringen würde. Dies wäre z.B. der Fall, wenn sie davon abhängen könnte, daß $X$ in der Nähe der Extreme des untersuchten Intervalles liegt, oder von einer zufälligen Disfunktion des Apparates. Wir bemerken dies nicht so sehr, um die Sammlung der Varianten zu bereichern, als um wieder zu betonen, daß jede Frage an causale Umstände gebunden ist. Die logischen Strukturen können näher bestimmt werden, indem man sich auf bestimmte Umstände bezieht, nicht auf Grund von Konventionen, die a priori mit dem Gedanken festgelegt werden, daß man von ihnen absehen kann[26].

Wir kommen nun zu den Konklusionen, für die wir diese Betrachtungen entwickelt haben. Angenommen $X$ ist eine Zufallszahl, welche mittels derartiger Verfahren ermittelt werden kann; für welche Mengen $I$ werden wir sagen können, daß das Ereignis $X \in I$ verifizierbar ist? d.h., wann hat es praktisch Sinn, sich zu fragen, ob $X$ zu $I$ gehört?

Wenn wir uns an die Norm halten, uns bei der Einführung jedes Begriffes auf eine realistische Analyse der Voraussetzungen zu beziehen (wie wir dies bereits zu tun versucht haben), dabei aber bedenken, daß es wenig realistisch wäre, auch diese realistischen Betrachtungen allzu ernst zu nehmen, womit wir sie zu metaphysischen Fetischen erheben würden, scheint es gerechtfertigt, nur drei Arten von Antworten in Betracht zu ziehen. Wir werden sie unterscheiden können, indem wir auch hier von *begrenzter*, von *unbegrenzter* oder von *vollkommener* Präzision sprechen (ohne andere Wörter einzuführen, obwohl die gegenwärtige Dreiteilung bewußt, und aus den erwähnten Motiven, viele feinere Unterteilungen übergeht).

Wenn wir uns vorläufig weiterhin auf den Fall der Zufallszahl beziehen (d.h. geometrisch, auf eine Gerade: reale Achse), können wir die drei Fälle (beim letzten beginnend) wie folgt beschreiben:

---

[26] Der Nachdruck, mit dem auf diese Forderungen hingewiesen wird (und ich hoffe, er wird mir verziehen), erklärt sich durch den Eindruck, daß ihnen im allgemeinen (und manchmals wirklich) nicht genügend Rechnung getragen wird.

*Vollkommene Präzision*: Es ist jener Fall, in dem man glaubt, den in dieser Nr. 7 dargestellten praktischen Schwierigkeiten garnicht Rechnung tragen zu müssen und den Wert von $X$ und damit seine eventuelle Zugehörigkeit zu irgendeiner Menge $I$ als vollkommen bestimmbar betrachten zu können. Es ist ein sehr theoretischer Standpunkt, doch besteht keine Ursache, ihn allein deshalb abzulehnen. Vorbehalte in dieser Hinsicht scheinen sogar absolut nicht gerechtfertigt (auch nicht Darstellungen, die einen derartigen Vorbehalt implizieren), außer um dem nicht realistischen Charakter dieser vollkommenen Präzision Rechnung zu tragen und aus diesem Grunde diesen ersten Fall durch einen der beiden folgenden zu ersetzen.

*Unbegrenzte Präzision*. Es ist der Fall, in welchem man, indem man die praktische Situation, die unter günstigsten Bedingungen verwirklicht werden könnte, in eine notwendigerweise idealisierte Form überträgt, glaubt, bezüglich der Zugehörigkeit von $X$ zu jeder beliebigen Menge $I$ nur für die Grenzpunkte eine zweideutige Antwort erhalten zu können. D. h.: die Frage „ist es wahr, daß $X$ der Menge $I$ angehört?" ist in dem Sinne teilweise entscheidbar, als wir eine Antwort erhalten können, die JA oder NEIN lauten wird, sicher JA, wenn $X$ innerhalb $I$ liegt, sicher NEIN, wenn es außerhalb liegt, während sie indifferent JA oder NEIN lauten kann, wenn $X$ der Grenze von $I$, $\mathfrak{F}(I)$ angehört, d. h. wenn jedes (wenn auch noch so kleine Intervall) welches (in seinem Innern) den Punkt $X$ enthält, sowohl Punkte von $I$ als solche des Komplements $I$ enthält. In anderer Form: wenn man ein Maß $\hat{x}$ von $X$ erhalten hat, wird es erlaubt sein zu schließen, daß $X \varepsilon I$ ist, wenn $\hat{x}$ in der Umgebung von $I$ liegt usw.

*Begrenzte Präzision*. Dies ist eine Abschwächung des vorhergehenden Falles, in dem man die Grenze $\mathfrak{F}(I)$ von $I$ durch einen „Grenzstreifen der Breite δ" ersetzt, $\mathfrak{F}_\delta(I)$, der durch die Punkte $x$ gebildet wird, für welche die Umgebung $x \pm \delta$ Punkte enthält, die zu $I$ gehören und solche, die nicht zu $I$ gehören. Wenn wir als δ-interne Punkte (bzw. δ-externe) diejenigen bezeichnen, die $I$ (bzw. $\tilde{I}$) angehören, aber nicht $\mathfrak{F}_\delta(I)$, so reduziert sich der Unterschied zum vorigen Fall auf die Voraussetzung „δ-" (eventuell, indem man auch „δ-Grenze" sagt). Mit einer irrelevanten Modifikation kann man den vorherigen Fall auch in den gegenwärtigen einschließen, indem man $\delta = 0$ setzt; es genügt, $\mathfrak{F}_\delta(I)$ zu definieren, indem man anstatt „Umgebung $x \pm \delta$", „jede Umgebung $x \pm \delta'$, mit $\delta' > \delta$" sagt.

In allen Fällen ist dies als mögliches Endergebnis aufzufassen (nicht als mögliches Ergebnis einer Maß-Operation, die durch Verbindung mit anderen verbessert werden kann).

*Begrenzte Präzision: allgemeinere, fixe und optionale Varianten.* Es ist nicht schwer, dieses Schema nach zwei verschiedenen Richtungen weniger starr zu gestalten, und damit erhält man etwas, das den Forderungen des Realismus (wohlgemerkt: idealisiert) weit mehr entspricht.

Anstatt der Umgebungen $x \pm \delta$ mit $\delta$ als fixe Zahl, können wir unmittelbar $\delta(x)$ als eine Umgebung von $x$ definieren, die in irgendeiner Weise (meist asymetrisch und mit variabler Länge) mit $x$ assoziiert ist, ausgenommen die zweckmäßige Restriktion der Reziprozität: $x' \in \delta(x'') \leftrightarrow x'' \in \delta(x')$. Beispiel: Umgebungen, die durch $f^{-1}(f(x) \pm \delta)$ $f$ wachsend, $\delta$ konstant, definiert werden. Das befreit von der Skala.

Eine echtere und unerläßliche Freiheit besteht jedoch darin anzunehmen, daß man ein Maß ermitteln könnte, dessen Präzision durch verschiedene Gesetze $\delta(x)$ definiert wird, unter denen man frei wählen könnte (wenn auch – aber darum bekümmern wir uns zur Zeit nicht – mit verschiedenen Kosten). Man könnte die Wahl haben, mit einem Fehler $\leqq \delta$ eine der beiden Größen $X$ oder $e^X$ zu messen, oder eine von dreien … von unendlich vielen, oder $X$ mit einem mehr oder weniger kleinen Fehler $\delta$ (der nicht notwendigerweise jedenfalls klein sein müßte). In diesem Falle werden wir von Messungen mit *optional begrenzter Präzision* sprechen.

Für jedes Gesetz $\delta(x)$ wird die Definition von $\mathfrak{F}_\delta(I)$: Vereinigung aller $\delta(x)$ für $x \in \mathfrak{F}(I)$.

In dieser Form ist es klar, wie die Begriffe, die sich auf die vorhergehenden Schemen beziehen, ohne weiteres vom eindimensionalen Fall (nur ein $X$ in Betracht gezogen) auf den allgemeinen Fall übertragen werden könnten, sofern nur eine Topologie gegeben ist. Es handelt sich jedoch darum, kritisch – aber vom wesentlichen Gesichtspunkt aus, nicht abstrakt – zu prüfen, ob und wie wesentliche Betrachtungen über die Beobachtbarkeit, analog zu denen, die wir nun für ein $X$ entwickelt haben, im allgemeineren Fall die Einführung einer Topologie rechtfertigen können, nachdem wir uns soviel Mühe gemacht haben, um jede Spur derjenigen zu beseitigen, die spontan, aber vielleicht (wir hatten diesen Verdacht) verstohlen auftreten konnten.

## 8.
*Fortsetzung: Fall von mehr (oder unendlich vielen) Dimensionen.*

Im Fall einer endlichen Anzahl von Dimensionen bringt die Extension der vorigen Betrachtungen nicht zuviel neue Aspekte, ... aber wann ist die Zahl der Dimensionen endlich?

Nachdem man alle Punkte neu vermengt hat, um die Topologie zu beseitigen, ist das $S_r$ von $r$ Zufallszahlen $X_1 \dots X_r$ nur eine unendliche Anzahl von Punkten mit der Potenz des Kontinuums, die mit einer einzigen Zahl $X$ ermittelt werden können. (Man braucht nicht einmal auf die Kurve von Peano zurückzugreifen, um Kontinuität zu erhalten, da wir davon absehen.) Es ist gewiß keine Entdeckung, daß man, wenn man die Topologie beseitigt, auch der Dimensionalität ihren Sinn nimmt, es ist aber eine Bemerkung, die notwendig ist, um das Problem, wie es sich in unserem Falle darstellt, zu umrahmen.

Eine Bemerkung im gegenteiligen Sinn, um zu zeigen, daß das $S_r$ (unter der Voraussetzung, daß es angenommen wird, um bezüglich der $X_1 \dots X_r$ eine stetige Darstellung zu haben) nicht genügen könnte. Wäre es von Interesse, auch den Wert einer anderen Zufallszahl, $X$, Funktion der vorhergehenden, $X = f(X_1, X_2, \dots, X_r)$ zu betrachten, so besteht – im logischen Sinne – keinerlei Notwendigkeit einer neuen Dimension, um sie darzustellen. Wenn jedoch die Funktion $f$ sehr irregulär ist, z. B. überall unterbrochen, so genügt die Kenntnis der $X_h$ im Sinne der „unbegrenzten Präzision" nicht, um den Wert von $X$ zu determinieren. Im Falle der begrenzten Präzision zeigt sich derselbe Nachteil, auch wenn $X$ rasch, wenn auch in stetiger Form, variiert (z. B. $X = \sum_h \sin \lambda X_h$, mit $1/\lambda$ klein im Verhältnis zu den Ungenauigkeiten im Maße der $X_h$)[27]. In diesen Fällen wird man, wenn auch $X$ interessiert (und es einen direkteren und verläßlicheren Modus gibt, es zu messen, als die Berechnung durch eine Formel; sonst handelt es

---

[27] Ein Fall, der sich als einfaches Beispiel eignet, ist folgender: Wir hätten ein Phänomen mit Verlauf in Funktion der Zeit $t$, $f(t) = A(t) + B(t) \sin \lambda t$, wo $\sin \lambda t$ ein tägliches oder jahreszeitbedingtes Oszillieren darstellt (Zeitraum 1 Tag oder 1 Jahr), während $A(t)$ und $B(t)$ eine langsamere Variation haben (nur in viel längeren Zeitabschnitten fühlbar), welche die für Jahrhunderte in Frage kommende Tendenz („trend") des mittleren Wertes von $f(t)$ und der Fälle seiner Oszillation darstellt. Es ist sicher ausdrucksvoller, $f(t)$, um sich über dessen Verlauf Rechenschaft zu geben, als Funktion von 2 Variablen zu betrachten und darzustellen, nämlich $t$ und $\tau = t - 2k\pi/\lambda$ ($k$ = ganzes max. wodurch $2k\pi/\lambda \leqq t$) : $f(t, \tau) = A(t) + B(t) \sin\!\alpha\, \tau$ ist. Und ein Tag der Zeit $\tau$ auf den Ordinaten wird größer erscheinen können, als ein Jahr oder ein Jahrhundert der Zeit $t$ auf den Abszissen.

sich nämlich nicht um ein Interesse, sondern um einen frommen Wunsch), für $X$ eine weitere Dimension einführen müssen, indem man so von $S_r$ zu einem $S_{r+1}$ übergeht (und weiter, wenn wir mehrere dieser Funktionen zu betrachten hätten).

Und noch eine weitere Bemerkung praktischer Art, durch welche, unter anderen Hypothesen, die Zahl der zu unterscheidenden Dimensionen herabgesetzt wird. Nehmen wir an, man betrachtet in der ursprünglichen Angabe eine große Anzahl von Größen $X_1, X_2, \ldots, X_r$, wie z.B. Koordinaten und Komponenten der Geschwindigkeit von $N$ Molekülen (dann ist $r = 6N$), und daß, vom praktischen Standpunkt aus, nicht die einzelnen $X_h$ von Interesse sind oder gemessen werden können (die für den theoretischen Teil der Entwicklungen und der Berechnungen doch gültig sind), sondern nur wenige makroskopische, davon abgeleitete Größen (oder jedenfalls eine Zahl $r'$ die weit unter $r$ liegt). Für das Studium dieses Aspektes der Probleme wird man sich nicht auf $S_r$ beziehen müssen (mit der durch den theoretischen Ansatz geforderten Anzahl der Dimensionen), wohl aber auf $S_{r'}$ (der $r'$ Größen $X'_k$, $k = 1, 2, \ldots, r'$, Funktionen der ursprünglichen $X_h$, $h = 1, 2, \ldots, r$, praktisch nicht beobachtbar oder irrelevant: $X'_k = f_k(X_1, X_2, \ldots, X_r)$).

Auch die Anzahl der Dimensionen erscheint uns daher als ein weder absoluter noch willkürlicher Begriff: sie entspricht der Anzahl der Größen, die unabhängig gemessen werden müssen, um alle Größen, die uns interessieren, mit der als zufriedenstellend erachteten Präzision zu kennen. Natürlich kann „zufriedenstellend" nicht „so gut, wie man es wünschen würde" bedeuten, wenn dieser Grad der Präzision nicht realisierbar ist. Der Terminus ist in dem Sinne zu verstehen, „daß man sich damit begnügen kann, da andere (z.B. unmittelbare) Methoden des Maßes sie nicht soweit steigern würden, daß es der Mühe (oder der Kosten) wert wäre, sie anzuwenden". All dies hängt, wohlgemerkt, vom Typus der erreichbaren Präzision ab.

Diese „Definition" der Anzahl der Dimensionen (oder, besser gesagt, diese „Anregung für die Art, sie zu wählen") entspricht wohl dem Geist der notwendigen Ausdehnung auf diesen Fall der topologischen oder fast topologischen Begriffe. Wenn man unter „kleiner Umgebung eines Punktes" (man erlaube uns diesen Ausdruck) praktisch eine „Menge von Punkten, die von ihm nicht zu unterscheiden sind", „zu nahe in Bezug auf den Ungenauigkeitsspielraum der Maße", versteht, so muß diese Nicht-Unterscheidbarkeit sich wohl auf die praktisch entsprechend den besagten Forderungen durchzuführenden Maße beziehen (auch wenn diese in Bezug auf das starre Schema einer präventiven formalistischen Angabe mehr als ausreichend sind).

Hat man dies allgemein festgesetzt, so bleibt für den Fall der unbegrenzten Präzision nichts hinzuzufügen (jede Art der Definition der Umgebungen eines Punktes geht: z.B. $|X_h - x_h| < \lambda (h = 1, 2, \ldots, r)$, oder $\sum (X_h - x_h)^2 < \delta^2$); für den Fall der begrenzten Präzision ist es dagegen notwendig, etwas mehr zu sagen, vor allem unter Bezugnahme auf den optionalen Fall, der zu einer größeren Vielfalt der Umstände Anlaß geben kann.

Im Fall der fixen begrenzten Präzision werden wir noch ein Gesetz $\delta$ haben, das jedem Punkt $Q \equiv (x_1, x_2, \ldots, x_r)$[28] seine gegebene Umgebung $\delta(Q)$ hinzufügt (mit der Bedingung $Q' \in \delta(Q'') \leftrightarrow Q'' \in \delta(Q')$). Wenn die Messungen auf den verschiedenen $X$ (im erklärten Sinne der Deduktion) „unabhängig" sind, so wird die Umgebung $\delta(Q)$ das kartesische Produkt der Umgebung $\delta(x_h)$ sein; wenn die Messungen nicht unabhängig sind oder auf Kombinationen der $X_h$ oder auf andere Weise durchgeführt werden, wird die Form der $\delta(Q)$ irgendeine beliebige sein können.

Diese Tatsache, die praktisch ohne jede Bedeutung ist, wenn $\delta$ fix ist, wird im optionalen Fall wichtig, in dem man das $\delta$, welches man vorzieht, unter mehreren Gesetzen $\delta_1, \delta_2, \ldots, \delta_s$, wählen kann, oder sogar in einer unendlichen Menge von Gesetzen, $\delta \in \Delta$. Die Möglichkeit der Wahl kann viele verschiedenartige und wichtige Auswirkungen haben, wenn es sich um einen Fall von mehreren Dimensionen handelt, und es wäre überflüssig, hier allgemeine Beispiele zu bringen. Es genügt hier, auf einen Fall hinzuweisen, der eine Situation von besonderem Interesse beeinflussen kann, auf den wir von einem anderen Gesichtspunkt aus zurückkommen werden. Wenn $X_1$ und $X_2$ „komplementäre" Größen (im Sinne der Quantentheorie) sind, so besteht eine probabilistische Relation zwischen der Präzision, mit der sie gleichzeitig gemessen werden können; überträgt man diese (um sie in den Rahmen der gegenwärtigen Betrachtungen einzufügen) in eine limitative Relation, so kann man sagen, daß die Fehlerspielräume $\delta_1$ und $\delta_2$ im Maß von $X_1$ und $X_2$ mit der Restriktion $\delta_1 \delta <$ const. frei gewählt werden können; als Umgebung $\delta(Q)$ (auf der Ebene $x_1, x_2$) haben wir optional irgendein Rechteck mit konstanter Fläche (d.h. mit den Eckpunkten

[28] Wir bezeichnen mit $r$ die Anzahl der „gewählten" Dimensionen, sei dies nun das $r$ des anfänglichen theoretischen Schemas oder irgendein anderes.

auf der gleichseitigen Hyperbel). Für die Betrachtungen der Zahl der Dimensionen beleuchtet dieser Umstand mögliche Ursachen von Unsicherheit und Komplikationen, die über die bereits angezeigten hinausgehen. Wenn wir in der Tat die Kenntnis von $X_1$ und $X_2$ mit der gemeinsam erreichbaren Präzision für ausreichend halten, werden wir annehmen, 2 Größen messen zu können; wenn uns dagegen diese Präzision nicht genügt, so können wir nur eine Messung erhalten, die für eine der beiden Größen annehmbar ist. Wir können wählen welche, aber es wird eine sein und nicht zwei. Müssen wir darum die andere aus der Zahl der Größen, denen eine Dimension entspricht, streichen? Die Frage ist (wahrscheinlich) rein rethorisch, da diese Dimension, wenn man sie beibehält, nicht hinderlich sein dürfte; ferner kann sie ausgeschlossen oder vorgezogen werden, und daher kann man sie als „potentiell beobachtbar" bezeichnen; jedenfalls zeigen auch diese Hinweise, die wir offen lassen (frei nach Shakespeare), wieviel mehr Probleme auftauchen, wenn man sich mit den „realistischen" Aspekten befaßt, und nicht nur mit denen, die im voraus ausgearbeitete Schemen bringen.

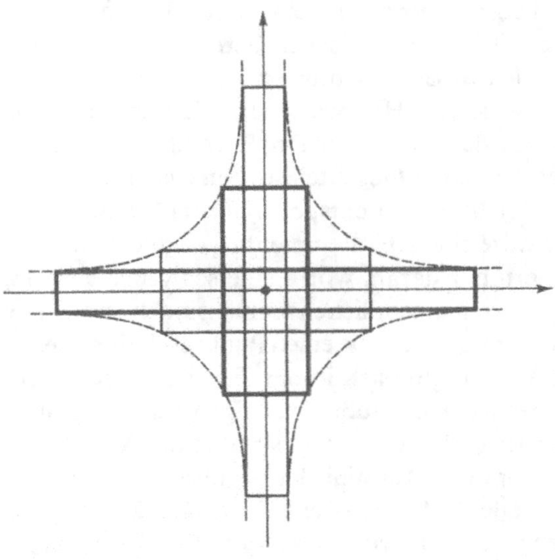

**Abbildung 1.**
**Rechtecke mit gleicher Fläche (konzentrisch und gleich angelegt): gleichseitige Hyperbeln, Ort der Eckpunkte.**

Wenn wir nun zum Fall der *unendlichen* Dimensionen übergehen wollen, müssen wir uns neuerdings fragen, was dies bedeutet. Und es scheint, daß die Antwort nicht eindeutig sein muß: wir können sie nämlich im *schwachen* Sinne interpretieren, indem wir denken, daß es von Interesse ist, eine unendliche Anzahl von Größen anzuzeigen und sich vorzubehalten, eine beliebig große aber endliche Zahl derselben (oder ihrer Kombinationen) zu messen, oder im *starken* Sinne, d.h. indem wir denken, etwas sagen zu können, das von der Unendlichkeit der Größen in ihrer Gesamtheit abhängt (z.B. das obere Extremum, der maximale Limes usw.).

Diese zweite Annahme scheint theoretischer, auch unter Bezugnahme auf die in den Nr. 5 und 6 entwickelten Betrachtungen. Man erinnere sich z.B. an die bezüglich des Maximums einer Funktion (als nicht determinierbar erachtet, wenn unendliche Maße aller angenommenen Werte notwendig waren, determinierbar, wenn ein direkter Weg möglich ist).

Die schwache Interpretation scheint die zu sein, die den Forderungen einer theoretischen Schematisierung im Einklang mit den in praktischen Anwendung realistisch erfaßbaren Bedeutungen entspricht, und wir wollen uns normalerweise daran halten. Bei Fragen, deren Verbindung mit jeder empirischen Betrachtung so schwach ist, ist es schwer, Urteile und Entscheidungen auf präzise Motive und nicht auf Eindrücke zu basieren. Hier wurde die Wahl vielleicht durch die Auffassung diktiert, daß die schwächere Formulierung immer die gültigere ist ... bis auf Beweis des Gegenteils und in einem solchen Fall wird man immer noch Zeit haben, sie entsprechend der Erkenntnis zu verstärken. Schwieriger wäre eine Abhilfe im entgegengesetzten Falle.

Wir erinnern nur daran, worin eine schwache Topologie in einem linearen Raum mit unendlichen Dimensionen besteht: es genügt zu sagen, daß die Halbräume, die einen Punkt enthalten, dessen Umgebungen sind. Daraus ergibt sich in der Tat, daß deren Durchschnitte in endlicher Anzahl es sind (außer, was eigentlich zu sagen überflüssig ist, Mengen, die sie enthalten), und damit ist die Aufzählung der Umgebungen erschöpft. In Termini der Konvergenz ausgedrückt, ist dies äquivalent mit der Definition der (schwachen) Konvergenz einer Folge von Punkten $Q_n$ nach einem Punkte $Q$ mittels der Bedingung, daß jede lineare Koordinate von $Q_n$ zu der von $Q$ tendiert: $x(Q_n) \to x(Q)$.

Die Umgebungen von $\delta(Q)$ werden im Falle der begrenzten Präzision ebenfalls die besagte Form haben, und man beachte im besonderen, daß sie notwendigerweise nicht begrenzt sind. Sie haben tatsächlich eine zylindrische Struktur: wenn $\delta(Q)$ der Durchschnitt von $n$ Halbräumen ist (was wir, auf Grund des Gesagten, immer voraussetzen können) und $s$ irgendeine Gerade ist, die im Durchschnitt der $n$ Hyperebenen enthalten ist, welche die $n$ Halbräume abgrenzen (ein Durchschnitt, der immer ein Raum mit endlichen Dimensionen ist: man könnte sagen „aller außer $n$"), so sind gemeinsam mit einem in $\delta(Q)$ enthaltenen Punkt $P$ alle Geraden für $P$, die zu einer Geraden $s$ parallel sind, enthalten. Um diese Tatsache besser sehen zu können, genügt es zu denken, daß zwei Ebenen in $S_3$ nicht alle Geraden schneiden können (genauer, sie schneiden nicht die, welche parallel zu deren Durchschnittsgeraden sind), und dasselbe tritt ein, wenn man drei Hyperebenen in $S_4$ betrachtet, vier Hyperebenen in $S_5, \ldots, r$ Hyperebenen in $S_{r+1}$; und umsomehr ergibt sich dies für $r$ Hyperebenen in $S_{r+2}$, in $S_{r+3}$, usw. (wo sogar die nicht geschnittenen Geraden unendlich viele verschiedene Richtungen haben werden $\infty^1$, $\infty^2$, usw.), und schließlich jedenfalls, wenn ein Raum durch Hyperebenen in einer Anzahl, die unter der seiner Dimensionen liegt, geschnitten wird. Noch schlimmer, wenn die Hyperebenen in endlicher Anzahl vorhanden sind und die Dimensionen in unendlicher Anzahl.

## 9.
## *Die Verifizierbarkeit und die „Unbestimmtheit".*

Der Begriff der *Unbestimmtheit* und der damit zusammenhängende der *Komplementarität* sind bereits im Zusammenhang mit wohl bekannten „Anomalien" aufgetreten, die sich beim Studium physikalischer Phänomene gezeigt haben und insbesondere dort, wo für gewisse Aspekte die Korpuskelinterpretation gilt, für andere die Wellen-Interpretation, ohne daß eine davon sich als universelle Interpretation behaupten könnte, noch daß man die beiden gegenüberstellen könnte, ohne „Widersprüche" zu verursachen.

Die Frage war und ist immer noch Gegenstand von Diskussionen, welche verschiedenartigste Aspekte betreffen und die besondere Kompetenz in verschiedenen Bereichen voraussetzen; die Diskussionen verzweigen sich in sehr viele Richtungen, wodurch es ebenso schwer wird, sie alle (wenn auch nur auf das Wesentliche beschränkt) zu erfassen, als eine von ihnen, oder eine beschränkte Gruppe, auf die die Aufmerksamkeit konzentriert werden soll, abzusondern.

Der Aspekt, der hier uns betrifft, ist der logisch-probabilistische (zunächst sogar nur der logische, aber im Hinblick auf den probabilistischen, den er stützen soll). Die Prüfung kann jedoch nicht erfolgen, ohne andere Fragen zu berühren, die andere Aspekte betreffen und ohne die Stellungnahme ihnen gegenüber anzugeben, die ihrerseits den Motiven der Auswahl entspricht, die auf logischem Gebiet vorgeschlagen werden soll.

Es ist zweckmäßig, sofort die Werke anzugeben, auf die ständig Bezug genommen werden wird: einerseits das von von Neumann und im besonderen die Darstellung und Entwicklung, die Bodiou von seinen Beschreibungen gebracht hat; anderseits das Werk Reichenbachs, das mir die Fragen vom logischen und philosophischen Gesichtspunkt klar darzulegen scheint[29]. Die Antwort, die ich entwickeln werde, ist eine andere, kann jedoch in gewissem Sinne als eine vereinfachende Variante der durch diese Autoren ausgearbeiteten betrachtet werden[30].

Die verschiedenen Antworten oder Interpretationen bezüglich des Punktes, den wir hier spezifisch klären müssen, betreffen die Systematisierung im Bereich der Logik für jene Art von Aussagen, die durch ihren Zusammenhang mit „Anomalien" des erwähnten Typus zu Unklarheiten führen. Um sie einzuordnen wird im allgemeinen das

---

[29] JOHN VON NEUMANN: *Mathematische Grundlagen der Quantenmechanik*, Springer, Berlin 1932; J. V. NEUMANN ind G. BIRKHOFF, *The Logic of Quantum Mechanica* („Annals of Math." 1937); G. BIRKHOFF, *Théorie dialectique des probabilités* (etc.), Gauthiers-Villars, Paris 1964; HANS REICHENBACH, *Philosophische Grundlagen der Quantenmechanik*, Verlag Birkhäuser Basel, 1949; die Zitate aus diesen Werken werden in diesem Abschnitt einfach durch die Initialen und Seitenzahl angegeben werden (z.B. R, S. 115 für Reichenbach).

[30] Meine Einstellung bestand immer darin, ad-hoc-Interpretationen abzulehnen, die an die Quantenphysik gebunden waren, um im wesentlichen alles auf vertraute Situationen (von insofern „komplementären" Tatsachen, als diese durch unvereinbare Experimente bedingt sind) zurückzuführen (wie das Verhalten eines gegebenen Gegenstandes, wenn er zwei verschiedenen Zerstörungsproben ausgesetzt wird, oder der Sieg eines Tennisspielers in zwei Turnieren, die gleichzeitig in zwei verschiedenen Ländern stattfinden). Ein Hinweis ist vielleicht nur im Corso CIME, Varenna 1959 zu finden. Diese Antwort scheint mir mit der in B. O. KOOPMAN, *Quantumtheory and the Fundations of Probability*, 1957, zu koinzidieren.
Die folgenden Überlegungen (die sich auf Schrifttum gründen, wovon das wichtigste in der obigen Anmerkung erwähnt wird) haben diesen meinen Eindruck eher verschärft als modifiziert. Natürlich handelt es sich allenfalls nur um einen Versuch einer Erklärung (wie dies bereits zu Anfang des Kapitels gesagt wurde), in Anbetracht der vielen mit einbezogenen Aspekte, von denen viele mir entgangen sein mögen.

Zurückgreifen auf logische Strukturen, die von den gebräuchlichen abweichen, vorgeschlagen: mehrwertige Logik, Logik mit geänderten Operationen oder Regeln (im besonderen „nicht-modularen").

Es sind jedoch auch die Ausgangspunkte, auf welche die Analyse dieser Probleme aufgebaut wird, sehr verschieden, vor allem je nachdem, ob man sie streng als eigene Fragen der Quantenphysik betrachtet und sie unmittelbar mit deren Technik in Zusammenhang bringt, oder ob man sie als allgemeine gedankliche Probleme sieht. Entsprechend dieser Sicht mögen sie als mehr oder weniger an die Quantenphysik gebunden erscheinen, jedoch nur aus durch die Umstände gegebenen Motiven: d.h., sofern sie Forderungen entsprechen, die als gegebene Tatsachen (manche sagen „ausschließlich", manche sagen „vorwiegend") in dieser Theorie auftreten.

Streng der Quantenphysik entsprechend ist die Darstellung von von Neumann (vN, Seiten 130–34), welche von den Betrachtungen des Hilbert'schen Raumes (der Funktionen $\psi$) ausgeht, worin die (Hermitschen linearen) Operatoren Größen entsprechen. Ein *Ereignis* ist eine Größe, welche nur die beiden Werte 0 und 1 annehmen kann[31] und wird daher durch einen *Projektions-Operator E* ausgedrückt (weil idempotent: $E^2 = E$, d.h. mit den möglichen (Eigen-)Werten $E = 0$ oder $E = 1$), d.h. durch eine „geschlossene lineare Mannigfaltigkeit" $\mathfrak{M}$ (diejenige, auf welche $E$ orthogonal projeziert). Das Ereignis $E$ ist sicher oder unmöglich, wenn $\psi$ zu $\mathfrak{M}$ gehört oder dazu orthogonal ist (andernfalls hat $E$ die Wahrscheinlichkeit = (Projektion von $\psi$ auf $\mathfrak{M})^2$); zwei Ereignisse sind unverträglich, wenn sie orthogonal sind; sie sind simultan verifizierbar (und „komplementär"), wenn sie permutierbar sind (und dann haben die logische Summe und das Produkt Sinn) usw. „Wie man sieht, ermöglicht die Beziehung zwischen den Eigenschaften eines physikalischen Systems einerseits und den Projektionsoperatoren anderseits eine Art Logikkalkül mit diesem" (von Neumann, S. 134).

Das Studium dieser Art des Logikalküls (weiterhin unter Bezugnahme auf die Projektionen) hat (vN-B) dazu geführt, die *Nicht-*

[31] Interesse halber: es ist dieselbe Konvention welche (in einer Notiz von 1964 und hier) mit viel Zögern übernommen wurde, weil sie für neu und vielleicht hart gehalten wurde. Dann sah ich aber, daß sie bereits (mit allen Entwicklungen) seit 1932 betrachtet worden war. Ich weiß jedoch nicht, ob die Tatsache, daß sie nicht weiter verfolgt wurde, den Verdacht bestätigt, daß sie hart sein könnte.

*Modularität*[32] als charakteristische Eigenschaft zu bezeichnen, die das Gitter dieser Logik von dem der allgemeinen Logik (von Boole) unterscheidet.

Eine Evolution, die auf die Tendenz zurückgeht, die Logik (und die Wahrscheinlichkeit) in autonomerer oder total autonomer Weise nach einem solchen Gitter (oder ähnlichen, analogen auch unter Bezugnahme auf die mehrwertige Logik) zu studieren, findet man in Bodiou. Seine Absichten sind von ihm selbst in diesem Abschnitt (B. Seite 7) klar zusammengefaßt: „Die erste Motivation unserer Arbeit, das Quanten-Faktum, mag zufällig, sonderbar und womöglich verschwindend erscheinen, wenn die Quantentheorie zufällig in eine klassische Theorie eingeordnet würde, die ihre „Anomalien" auslöschen würde. Und dies ist, was die zeitgenössischen Probabilisten zu denken und zu erwarten scheinen. Wir werden versuchen zu demonstrieren, daß sie sich irren und daß die Quantenrechnung nur eine durch die Notwendigkeit geforderte besondere Realisierung einer allgemeinen Wahrscheinlichkeitsrechnung ist, die wir dialektisch nennen, die, weit davon, ein irriger Auswuchs der klassischen Rechnung zu sein, diese einschließt".

Die Diskussionen darüber, welche Behauptungen und Interpretationen „Sinn haben oder nicht" findet man in Reichenbach weit unmittelbarer behandelt und genauer vertieft, in einer Form, die sich spezifisch auf die Quantenmechanik bezieht (und in diesem Bereich vergleicht er Ansichten verschiedener Autoren), die aber theoretisch jeglichem Fall angepaßt werden kann. Dies ist der Grund, weshalb wir unsere Analyse nach einem Leitfaden entwickeln werden, der hauptsächlich aus Bemerkungen zu seinen Bemerkungen besteht. Gegenstand der Analyse wird jedenfalls das Argument sein, in welchen Strömungen von Ideen, die aus verschiedenen Quellen kommen, zusammengelaufen sind und somit die logischen Konstruktionen, die sich als geeignet erweisen sollten, die Schwierigkeiten zu lösen, mit denen man kämpft. Dieses Ziel erscheint nicht erreicht, noch scheinen die Bemühungen, um es zu erreichen, vielversprechende Wege aufzuzeigen. Meine Vermutung und meine Thesis sind, daß (wie in den einleitenden Hinweisen in Nr. 6 gesagt) der rechte Weg einfach und leicht ist, aber gerade durch

[32] Siehe z.B. L. LOMBARDO-RADICE., *Istituzioni di algebra astratta*, Feltrinelli, Mailand 1965, S. 332 u. ff.

Vorurteile über das, was man für die für jede Logik erforderlichen Requisiten halten würde, verlegt wird[33].

Dies scheint auch in Richtung eines natürlichen Verlaufes eines natürlichen Prozesses zu liegen: dem der Entdramatisierung der anfänglichen Desorientierungen, die durch das Auftauchen von Neuem verursacht wurden, das im Gegensatz zu erworbenen Ansichten stand. Dies galt für das kopernikanische System und die nicht-euklidische Geometrie, für die logischen Paradoxa und die „Anomalien" der Quantenphysik. Es schien, als stünde *die Logik* auf dem Spiel, als wäre sie zertrümmert. Aber Reichenbach erklärt in folgender Form, daß die Logik, einschließlich der probabilistischen Logik, außer Gefahr ist: „Die Regeln der Logik können durch physikalische Erfahrungen nicht beeinflußt werden. Wenn ein Widerspruch in physikalischen Beziehungen auftritt, dann werden wir das nie als eine Folge der formalen Logik, sondern als eine Folge falscher physikalischer Interpretationen ansehen" (R. S. 116).

Noch ausschlaggebender ist es, wenn man die „Anomalien" nicht der *Struktur der physikalischen Welt* zuschreibt, wohl aber der „Struktur der Sprachen, in welchen diese Welt beschrieben werden kann; eine solche Analyse drückt die Struktur der Welt zwar indirekt, aber genauer aus" (R. S. 194). Es sind die Sprachen, welche, mittels Definitionen nicht beobachtbare „Interphänomene" in der Welt der beobachtbaren Phänomene interpolieren: Beispiele derartiger „Definitionen" sind die, welche dem „beobachteten Wert" die Signifikanz anheften, der Wert der Größe *vorher und nachher*, oder nur *nachher* zu sein usw.; Beispiele dieser Sprachen: die Korpuskelsprache, die Wellensprache und eine neutrale Sprache. Die beiden ersteren „sind insofern unzulänglich, als sie Aussagen über kausale Anomalien enthalten, ... die für jedes physikalische Phänomen dadurch wegtransformiert werden können, daß man die passende der beiden Sprachen wählt. Die neutrale Sprache ist weder eine Korpuskelsprache noch eine Wellensprache und enthält also keine Aussagen, die kausale Anomalien aus-

[33] Hier ist ein Hinweis zweckmäßig. Die Einmütigkeit oder Unterschiedlichkeit der Meinungen bei Vergleichen unter den verschiedenen Autoren, betreffen die einzelnen Punkte, die berührt werden mußten, um die Schlußfolgerung zu entwickeln und sind nicht Anzeichen einer allgemeinen Einstellung für oder wider. Es gibt immer in jedem Werk unzählige Punkte, denen der Leser stark oder beschränkt zustimmt oder nicht, oder er hat Zweifel, ist indifferent oder hat nicht verstanden. Dies gilt auch für Werke, die so hoch geschätzt werden, daß sie als Basis der Diskussion für den anregenden Beitrag, den ich ihnen entnommen habe, dienen.

drücken. Die Unzulänglichkeit kommt jedoch hier wieder dadurch zum Vorschein, daß die neutrale Sprache dreiwertig ist; Aussagen über Interphänomene erhalten den Wahrheitswert *unbestimmt*" (R. S. 194). Dieselbe Situation wird von Bodiou als Existenz von mehreren „kohärenten formalen Systemen" beschrieben, wie die Punktmechanik und die wellenartige Lichttheorie; zwei „Attribute" verschiedener Systeme, wie ein Ausspruch in korpuskolarer und einer in ondulatorischer Form, „inkohärent sein können, ohne einander zu widersprechen" (B. S. 11).

Das Aufscheinen des Ausdruckes „unbestimmt", oder der Unterscheidung zwischen „Inkohärenz" und „Widerspruch" zeigt die Ankunft in der Welt der neuen Arten der Logik, durch Erforschung der dem Zweck entsprechenden an. Im Prinzip besteht kein Unterschied zwischen den Vorgangsweisen der beiden Autoren: der erste führt sofort einen dritten „logischen Wert" ein und benennt ihn und geht dazu über, die logischen Operationen mittels „Wahrheitstafeln" zu definieren, der andere definiert die Operationen axiomatisch und könnte (so scheint es mir, und mir scheint, er täte wohl daran, doch tut er es nicht) die „Wahrheitswerte" auf Grund derselben definieren.

Reichenbach unterscheidet zwei Varianten, wonach eine weder *wahre* noch *falsche* Aussage als *unbestimmt* oder auch als *sinnlos* bezeichnet wird. Dem veränderten Namen entspricht keinerlei Folge in Bezug auf die Bedeutung der Einteilung in drei Fälle: sie bezieht sich auf den Fall, in dem „man eine Beobachtung $H$ durchführen muß, um zu wissen, ob $E$ wahr oder falsch ist" und es wird festgesetzt zu sagen:

$E$ ist *wahr*, wenn die Beobachtung $H$ das Ergebnis $E$ hatte,
$E$ ist *falsch*, wenn die Beobachtung $H$ das Ergebnis Nicht-$E$ hatte,
$E$ ist $\left\{\begin{array}{l}\textit{ohne Sinn}\\ \text{oder } \textit{unbestimmt}\end{array}\right\}$ wenn keine Beobachtung $H$ erfolgt ist.

Verwendet man die für die bedingten Ereignisse eingeführte Schreibweise, so ist dies genau das, was man zu sagen festgelegt hatte, indem man $E|H$ anstatt $E$ schrieb und $E|H=1$ (wahr) oder $=0$ (falsch), oder $\emptyset$ setzte (und wir sind auch bereit, dafür „sinnlos" oder „unbestimmt" anstatt „leer" zu sagen).

Der Sinn der Dreiteilung hängt nicht von den Worten ab: allein wesentlich ist die Art der Durchführung. Man kann jedoch anerkennen, daß „ohne Sinn" anstatt „unbestimmt" zu sagen, einige Unterschied impliziert. Es besteht ein Unterschied der philosophischen Einstellung: eine Anlehnung an die Interpretation von Bohr und Heisenberg. Und es bestehen formale Folgen, wenn man bedenkt, daß eine Behauptung ohne Sinn nicht einmal ausgesprochen werden kann, während es, wenn man sie *unbestimmt* nennt (und diesen Ausdruck als (R., S. 159) „*einen mittleren Wahrheitswert*" zwischen wahr und falsch betrachtet), gerechtfertigt ist, darüber zu sprechen und *damit zu operieren.*

Dies ist in der Tat das Requisit, das als notwendig erachtet wird, damit irgendetwas sich die Bezeichnung mathematische Struktur oder im besonderen logische Struktur beimessen kann. Eine derartige Struktur zu konstruieren, ist sehr einfach: wenn man die Tabelle links betrachtet, so gibt es $2^9$ (=19683) verschiedene Arten, die Sternchen mit einem der Buchstaben *W*, *F*, *U* (Wahr, Falsch, Unbestimmt) zu ersetzen und man kann einige davon auswählen, um ihnen den Namen Operation und ein Symbol (z.B. +) zu geben, das das ° zwischen *A* und *B* in der Ecke links oben ersetzt.

| $A \circ B$ | | *B*: *W* | *F* | *U* |
|---|---|---|---|---|
| *A* | *W* | * | * | * |
| | *F* | * | * | * |
| | *U* | * | * | * |

| $A + B$ | | *B*: *W* | *F* | *U* |
|---|---|---|---|---|
| *A* | *W* | *W* | *W* | *W* |
| | *F* | *W* | *F* | *U* |
| | *U* | *W* | *U* | *U* |

Dann wird $A+B$ z.B. den Buchstaben *W* oder *F* oder *U* in der Tabelle unter $A+B$ in der $1^a$, $2^a$ oder $3^a$ Zeile bedeuten können, je nachdem ob *A* wahr, falsch oder unbestimmt ist, und in der Spalte $1^a$ oder $2^a$ oder $3^a$, je nachdem, ob *B* es ist (z.B. entsprechend den Angaben in der Tabelle rechts). In (R, S. 165/7) sind gut 7 derartiger binärer Operationen eingeführt (teilweise aus Post entnommen): Disjunktion und Konjunktion (Extension von log. Summe und logischem Produkt), 3 Formen der Implikation (Standardimplikation, Alternative Implikation, Quasi-Implikation) und zwei der Äquivalenz (Standardäquivalenz und alternative Äquivalenz) und gut 3 unitäre Negations-Operationen (zyklische Negation, diametrale Negation, vollständige Negation); 4 dieser Operationen sind Schöpfungen von R, der dagegen „einige andere Implikationen", die durch Post definiert wurden, ausläßt; Varianten anderer Autoren werden zitiert.

Wir sehen von einer spezifischeren Diskussion (die zu wesentlicheren Einwänden führen würde) ab und bemerken, daß all dies im Rahmen der zweiwertigen Logik ausgedrückt werden könnte, wenn wir an ein

„dreiwertiges Ereignis“ denken (für uns ein „bedingtes Ereignis“, wenn man es aber lieber anders nennen – oder es sich anders denken – will, ändert sich nichts), sagen wir $E$, ausgedrückt in der Form $E'|E''$ oder in der der Einteilung in drei Fälle, in denen es wahr, falsch oder leer ist:

$$E^W = (E=1) = E - E'', \quad E^F = (E=0) = \hat{E}' E'', \quad E^U = (E=\emptyset) = \hat{E}''.$$

Ein $E$, dessen logischer Wert von dem zweier anderer „dreiwertiger Ereignisse“ $A$ und $B$ abhängt, erhält man, indem man $B^W$, $B^F$, $B^U$ als logische Funktionen von $A^W$, $A^F$, $A^U$ definiert, beliebig $E'$ und $E''$, oder $E^W$, $E^F$, $E^U$ (die sich als unvereinbar und ausschöpfend ergeben), und indem man $E = E'|E''$ oder $E = E^W|(E^W + E^F)$ setzt[34]. So vermeidet man die Vervielfältigung der Zeichen und Namen von Operationen und der daraus folgenden Regeln (die man schwer in Erinnerung behält, unterscheidet und ohne Verwechslung anwendet) und vor allem den lästigen und unbegründeten Eindruck, daß es sich um mysteriöse Theorien handelt, die über die allgemeine Logik hinausgehen.

In Bodiou (wie natürlich auch bei den vielen früheren Autoren, deren Art der Darstellung und Bezeichnung er verwendet) stützt man sich nicht auf die drei Wahrheitswerte (obwohl mir, in seinen Bezeichnungen, die drei Eventualitäten für eine Proposition, $a$ durch $a$, $CA$, $C(a \vee Ca)$ wiedergegeben erscheinen; $C$ = Negation); für den „dritten Wert“ ist nicht einmal ein Symbol vorgesehen (während unser 1 und 0 durch $u$ (wahr) und $\emptyset$ (falsch) ersetzt werden). Damit entfernt man sich noch mehr vom unmittelbaren Verständnis der Bedeutung. Es gibt auch (B, Seiten 30 und ff.) einen der polyvalenten Logik gewidmeten Teil, in welchem die „Wahrheitswerte“ in der Anzahl $M$ vorhanden sind und mit den Zahlen $k/(M-1)$, $k = 0, 1, 2, \ldots, m\ M-1$, angegeben werden können. Auch hier gibt es keinen dem „Unbestimmt“ entsprechenden Wert; es handelt sich um einen Versuch in einer ganz anderen Richtung, in welcher der Wert $W(a)$ einer Proposition etwas der „Wahrscheinlichkeit“ „ähnliches“ bedeuten sollte (jedoch mit „Regeln“ sui generis: $W(a \vee b) = W(a) \vee W(b)$; idem für $\wedge$; glücklicherweise $W(Ca) = 1 - W(a)$)[35].

---

[34] Man beachte, daß $E''$ dasselbe ist, wie $E^W + E^F$, während es indifferent ist, ob man für $E'$ ein $E^W$ oder $E^W + E^U$ nimmt, oder irgendeinen dazwischenliegendes Ereignis ($E' = E^W + D$, mit $D$ in $E^U$ enthalten).

[35] Diese von anderen Autoren vorgeschlagenen Regeln werden jedoch dann durch B. in einer zur Wahrscheinlichkeitstheorie adhärenten Form ersetzt (dann hat man aber natürlich *nicht mehr Operationen mit logischen Werten*).

Damit sind wir (und aus zwei Motiven, die formal koinzidieren, sich aber auf Interpretationen beziehen, die unter einander keinerlei Beziehungen haben) zu dem Moment gekommen, in dem die Fragen in ihrer effektiven Bedeutung zu prüfen sind, nicht mehr für eine oberflächlich formale sondern für eine grundlegende Kritik. Und hier wird zu dem Begriff der Unbestimmtheit in dieser Prüfung der der *Komplementarität* hinzutreten.

## 10.
## *Die Verifizierbarkeit und die „Komplementarität“.*

Das wesentliche Problem, der grundlegende Zweifel, der in der vorhergehenden Analyse aufgetreten war, kann formal wie folgt ausgedrückt werden: Kann es, wenn man zwei oder mehr „dreiwertige Ereignisse“ hat (für uns sind dies bedingte Ereignisse, das Problem bleibt jedoch dasselbe) und diese $E_1 = E_1'|E_1''$, $E_2 = E_2'|E_2''$ …, $E_s = E_s'|E_s''$ sind, signifikant von Interesse sein, ein weiteres, ein $E = E'|E''$ zu definieren, dessen Bedeutung in Relation zur Bedeutung der anderen steht? und wird in diesem Falle sein „Wahrheitswert“ Funktion des Wahrheitswertes der anderen sein?

Wenn man an den allgemeinen Fall denkt (z. B. an $s$ bedingte Wetten), so werden wahrscheinlich einige (einfache: zweiwertige) Ereignisse wie $E_1^W E_2^W \dots E_s^W$, $E_1^W + E_2^W + \dots E_s^W$, interessieren, und die analogen mit den $E_h^F$ oder den $E_h^U$ (mit einfachen Ereignissen auszudrücken) und die ausdrücken, daß alle Wetten, oder zumindest eine, gewonnen, verloren oder annulliert sind (weil die Hypothese nicht eingetreten ist).

Wenn man jedoch an die effektiv interessierenden Fälle denkt, so scheint es, daß die ganze Art, das Problem aufzufassen, insofern erneut zu prüfen ist, als $E$ auftreten können, die *signifikant* mit den $E_h$ verbunden sind, aber nicht notwendigerweise mit deren „logischen Werten“. Als banales, aber gerade darum lehrreiches Beispiel betrachten wir zuerst (zweiwertige) Ereignisse $E_h'$, und konstruieren für jedes davon das (zweiwertige) Ereignis $E_h''$ = „ich weiß (in diesem Moment), ob $E_h'$ wahr oder falsch ist“. Auf diese Weise haben wir unser Ereignisfeld in ein Feld mit drei Ereignissen verwandelt, in dem der dritte Wert für „unbekannt“ steht, während Wahr oder Falsch für „als wahr bekannt“ (oder „als falsch bekannt“) steht. Man betont oft und mit

Recht, daß „Unbestimmt" nicht mit „Unbekannt" zu verwechseln ist (z.B. in R, S. 159); man kann dasselbe besser erklären, indem man sagt, daß die beiden Begriffe nur in diesem besonderen Beispiel koinzidieren. Dieses Beispiel entspricht (sozusagen) dem Zustand, in dem man sich das *s*, „was man in diesem Moment weiß" kristallisiert denkt (das, was mir jetzt unbekannt ist, kann ich nicht mehr erfahren, oder ich habe überhaupt kein Interesse mehr daran, es bleibt für mich ewig unbestimmt, oder sogar „sinnlos").

In diesem Beispiel wird es natürlich sein, als logische Summe zweier bedingter Ereignisse $E_1$ und $E_2$, $E = E_1 \vee E_2$ zu bezeichnen, das bedingte Ereignis, das der logischen Summe $|E_1' \vee E_2'|$ der entsprechenden Ereignisse $E_1'$ und $E_2'$ entspricht, sodaß $E = E'|E'' = (E_1' \vee E_2')|E''$ sein wird, wobei jedoch $E''$ = „ich weiß (in diesem Moment) ob $E_1' \vee E_2'$ wahr oder falsch ist" (d.h.: ob wenigstens eines von $E_1'$ und $E_2'$ wahr ist), nicht mit $E_1'' \vee E_2''$ koinzidiert (obwohl es dieses notwendigerweise enthält), weil ich z.B. wohl wissen kann, daß „jemand „gestern oder heute angekommen ist", aber nicht ob gestern oder heute. Daher ist das so definierte Ereignis $E = E_1 \vee E_2$ *nicht* logische Funktion von $E_1$ und $E_2$ im bisher gesehenen Sinne (Funktion der logischen Werte): $E$ ist sicher wahr, wenn wenigstens eines der $E_h$ (als) wahr (bekannt) ist, sicher falsch, wenn alle als falsch bekannt sind, wenn sie aber beide unbestimmt (unbekannt) sind, kann es sein, daß es sowohl unbestimmt als auch (als) wahr (bekannt) ist. (Und wenn die $E_h$ mehr als zwei sind, so ist dieser letzte Fall gegeben, wenn zumindest zwei unbestimmt und die anderen falsch sind).

Dieses Beispiel ist, wie gesagt, banal: jedoch sind die Fälle, in welchen derartige Betrachtungen effektiv eine wichtige Anwendung finden, gerade (und ich würde wagen zu sagen, ausschließlich) die, welche nach diesem Schema modelliert sind, nur daß man für „ich weiß ...", „es ist verifiziert worden, daß ..." oder „es wird verifiziert werden, daß ..." setzt (z.B., innerhalb eines bestimmten Zeitraumes), und ähnliches.

Der Fall, in dem alles klarer ist, ist offenbar der quantenmechanische. Wenn $E_1$ und $E_2$ zwei Ereignisse angeben und indifferent die respektiven Projektions-Operatoren, so ist eine Beobachtung mit dem Operator $E_1 \vee E_2 = E_1 + E_2 - E_1 E_2$ eine Operation für das Summenereignis, aber nicht einzeln für eines. Analog kann man eine Beobachtung über $X + Y$ oder $XY$ usw. machen, ohne Beobachtungen über die beiden Zufallszahlen $X$ und $Y$ zu machen; der Begriff ist analog, aber um nicht über den Hinweis für die Projektions-Operatoren allein, die Ereignisse darstellen, hinauszugehen, kann man sich vorstellen, daß man sich darauf beschränkt, Ereignisse zu betrachten, die in der Zugehörigkeit oder Nichtzugehörigkeit von $X$ (oder $Y$, oder $X+Y$, oder $XY$ usw.) zu einem gegebenen Intervall $E=(a \leqq X \leqq b)$ bestehen, d.h. $E=1$, wenn $X$ zwischen $a$ und $b$ ist und sonst ist $E=0$.

Aber auch im Falle der „Verifizierbarkeit" (wie in den vorhergehenden Nummern betrachtet) ist die Situation analog: abgesehen von näheren Einzelheiten und Feinheiten (deren Wiederholung hier nicht am Platz ist: wir haben vielleicht schon zu sehr darauf gedrungen), genügt es, sich auf das obige „banale Beispiel" zu beziehen und dabei unter „unbestimmt" das zu verstehen, was „(nicht jetzt, aber) nach einer gewissen Zeit, oder nach gewissen Feststellungen, oder nach Erhalt gewisser Informationen usw. unbekannt sein wird". Auch hier ist, „$E$ ist unbestimmt" die Aussage einer objektiven Tatsache: das Fehlen geeigneter Informationen, um nach bestimmten Termini oder Modalitäten zu entscheiden, ob $E$ wahr oder falsch ist. Der Unterschied liegt darin, daß die Zuordnung des Wertes „unbestimmt" (und so von „wahr" und von „falsch") in diesem Sinne nicht unmittelbar ist (wie im banalen Beispiel; sie ist jedoch auch nicht ausgeschlossen, wie in der zweiwertigen Logik (wo „unbekannt" immer als transienter Zustand in Erwartung der Kenntnis der Wahrheit gilt, auch wenn dieses Warten eitel und ewig wäre).

Es scheint, daß man in diesem Zusammenhang die Frage der Komplementarität in ihrem wahren Sinn erkennen und besprechen könnte. Beachten wir vor allem, daß im letzteren Sinn die Bezeichnung „unbestimmt" vielleicht einem Ereignis *schon ab jetzt* gegeben werden könnte, nämlich dann, wenn wir auf Grund dessen, was wir bereits über die Ereignisse wissen und was wir über die möglichen und zulässigen Informationsmittel wissen, in der Lage sind auszuschließen, daß wir erfahren werden, ob $E$ nach den festgesetzten Termini und Modalitäten wahr oder falsch ist. Offensichtlich werden nur ein Teil (im Ausnahmefall alle: das wäre wieder das banale Beispiel) der „unbekannten" (oder, wie wir sagten, *möglichen*) Ereignisse „ab jetzt unbestimmt" sein können; genauer könnte man sagen, daß die Teilung der Ereignisse (in einem gegebenen Moment) in sichere, unmögliche und mögliche (d.h. mit einem schon jetzt als wahr oder falsch bekannten Wert, oder unbekanntem Wert) fortgesetzt werden kann, indem man die möglichen Ereignisse (mit unbekanntem Wert) in Bezug auf die als „endgültig" betrachtete Situation in 5 Unterarten teilt. Genauer: wir werden die Ereignisse unterscheiden können, die sicher unbestimmt sein werden (wie gesagt, Fall *U*), oder für welche der Zweifel zwischen den Ereignissen *W-U* (wahr-unbestimmt) besteht, *U-F* (unbestimmt-falsch), *W-F* (wahr-falsch), *W-U-F* (wahr-unbestimmt-falsch).

Von diesen Konklusionen, die einzelne Ereignisse betreffen, werden wir auch hier zu Eigenschaften übergehen können, die zwei oder mehr mögliche Ereignisse betreffen, sowie man (als man sich noch auf Wahr und Falsch beschränkte) sagen konnte, ob zwei (oder mehr) Ereignisse unverträglich oder ausschöpfend waren. Dies bedeutete, daß, obwohl jedes von ihnen eintreten konnte, nicht mehr als eines eintreten konnte (und umgekehrt: obwohl jedes einzelne nicht eintreten konnte, mußte mindestens eines nicht eintreten). In derselben Weise wird es möglich sein, daß man in Bezug auf die Unbestimmtheit ähnliche Ausschlüsse machen kann: es wird schon ab jetzt sicher sein können, daß, zwischen zwei oder mehreren Ereignissen, von denen jedes sich im Endergebnis als unbestimmt oder nicht ergeben kann (d.h., alle Ereignisse sind von der Art *W-U*, *U-F*, *W-U-F*; ausgeschlossen *U* und *W-F*), mindestens eines unbestimmt bleiben wird, oder höchstens alle, ausgenommen eines, usw. usw.

Der praktisch interessante Fall ist der von zwei Ereignissen, von denen zumindest eines sicher unbestimmt bleibt (ohne, daß man weiß, welches, sonst wäre es pleonastisch, es mit einem anderen zu paaren): unter diesen Umständen nennt man zwei Ereignisse *komplementär* (und analog für Größen, wie wir dies bald näher ausführen werden). Der obige Hinweis auf allgemeinere Fälle sollte nur zeigen, wie der Begriff einer natürlichen Prüfung der auftretenden Wahrscheinlichkeiten dadurch entspricht, daß er die Klassifizierung durch die Einführung des „unbestimmt" als dritten logischen Wert erweitert.

Komplementäre Ereignisse sind z.B. die, welche darin bestehen, festzusetzen: – ob ein Tennisspieler gewinnen wird oder nicht, wenn er an einem von zwei Turnieren teilnimmt, die gleichzeitig in verschiedenen Ländern stattfinden; – ob eine Münze Kopf oder Adler zeigen wird, wenn sie das nächstemal aufgeworfen wird, wobei respektive anzunehmen ist, daß Tizio oder Caio den nächsten Wurf durchführen; – welche, nach Erinnerung, die Kennzeichen-Nummer oder die Gesichtszüge eines vorbeieilenden verdächtigen Autofahrers sind (wobei man höchstens das eine oder andere beobachten kann); – wie sich derselbe Gegenstand verhalten wird, wenn man ihn zwei Zerstörungsproben unterzieht; – ob ein Gebäude (z.B. der Turm von Pisa) bis zu einer festgesetzten Epoche erhalten bleiben wird, unter der Hypothese, daß gewisse Erhaltungsarbeiten durchgeführt werden oder nicht (oder bei Betrachtung alternativer Projekte); usw. Anstatt von Ereignissen wird man auch von *komplementären Größen* sprechen können: wenn wir uns auf das obige Beispiel beziehen wollen, wäre dies die weitere Erhaltung des Turms von Pisa, bedingt durch die beiden oder mehrere betrachtete Hypothesen (wovon nur eine beobachtet werden kann: die, welche durch die gewählte Entscheidung bedingt ist). Nach ihrer Definition sind $X$ und $Y$ nicht komplementär (d.h.: gleichzeitig meßbar) im strengen Sinn, wenn dies für alle Ereignisse $X \leqq x$, $Y \leqq y$, für irgendwelche $x, y$ gilt (und im quantenmechanischen Fall führt uns dies zur spektralen Zerlegung der entsprechenden Operatoren zurück; vN, Kap. II und, für die Nicht-Komplementarität, S. 134). Ein scherzhaftes Beispiel, das den Sinn gut wiedergibt, ist die Komplementarität von zwei Maßen, die ein Schneider gleichzeitig nehmen sollte, während das eine verlangt, daß der Kunde den Arm nach unten gestreckt halte und das andere, daß er den Arm hebe und abwinkle, mit dem Ellenbogen im rechten Winkel.

Der bekannteste Fall ist zweifellos der der Komplementarität in der Quantenmechanik, und es besteht auch kein Zweifel, daß es der wichtigste ist, durch die Tiefe der Implikationen in Bezug auf die Art, die Natur der Phänomene und die Kenntnis, die wir davon haben mögen, aufzufassen. Auch die Bedingung der Komplementarität der Ereignisse wird in diesem Fall „technischer" und präziser ausgedrückt. Wie bereits angedeutet, sind $E_1$ und $E_2$ nicht-komplementäre Ereignisse, wenn sie – als Projektions-Operatoren – permutierbar sind. Ist dies (gemeinsam mit anderen Zusammenhängen) ein ausreichendes Motiv, um die Auffassung zu rechtfertigen, daß zwischen der Komplementarität im Bereich der gewöhnlichen Tatsachen und in dem der Quantenphysik eine *Unterscheidung logischer Art* zu treffen ist? Man möchte meinen, nein. Warum sollten wir sonst sagen, daß auch die Unverträglichkeit, da sie hier der Orthogonalität entspricht, im Quantenbereich als etwas ganz anderes betrachtet wird, obwohl sie eigentlich dasselbe ist? Gewiß genügt nicht dieser Satz, um die Kontroverse zu definieren, und auch nicht die viel wesentlichere Tatsache, den Begriff der Komplementarität bisher entwickelt zu haben, ohne Notwendigkeiten von Unterscheidungen aufzuzeigen. Wir werden einerseits einen genaueren (wenn auch summarischen) Hinweis auf die physikalische Bedeutung der betrachteten Probleme geben müssen, um dann kritisch die Argumente zu betrachten, die auf dieser Basis zur Verteidigung der entgegengesetzten Thesis vorgebracht werden.

Inzwischen wollen wir die einfache *Beschreibung* dessen entwickeln, was wir zu unseren Zwecke gegenwärtig haben müssen, damit es als Stütze zum Verständnis der logischen Situation auch für jene dienen möge, die die physikalische und mathematische Bedeutung der Schemen nicht kennen, anhand deren wir unsere Betrachtungen entwickeln. Wir wollen von den bereits (in Nr. 9) gegebenen Hinweisen ausgehen, die sich auf die Interpretation der Ereignisse als Projektions-Operatoren beziehen, und wir wollen diese auch zum Vorteil des Lesers wiederholen, um diese Interpretation zu integrieren und auszudehnen, indem wir den Fall der Größen mit einschließen. Dies wird genügen, und obwohl es unvermeidlich ist, viele Dinge zu überfliegen, sollte das sich ergebende Bild entsprechend den verfolgten Zielen doch genügend klar und exakt sein.

## 11.
## *Einige für die Prüfung des quantenmechanischen Falles erforderliche Begriffe.*

Als Grundbegriff müssen wir einen Raum $\mathfrak{H}$ betrachten, der geeignet ist, mittels eines seiner Punkte, oder besser Vektoren, jeden „Status" darzustellen, in dem sich ein gegebenes physikalisches „System" $S$ befinden kann. Es ist dies ein Raum wie der gewöhnliche, mit allen affinen und auch metrischen Eigenschaften, die aus der analytischen Geometrie bekannt sind, er hat jedoch unendliche Dimensionen *(Hilbert'scher Raum)*. Seine Punkte, oder Vektoren, stellen Funktionen dar (Funktionen, die im Raum der möglichen Gestaltungen des Systems definiert sind, z. B. der 3 Koordinaten $x$, $y$, $z$ im Falle eines Systems, das durch ein einziges, freies Partikelchen gebildet wird und von $3N$ im Falle von $N$ unterschiedlichen Partikelchen). Der „Status" des Systems in einem gegebenen Augenblick wird durch eine dieser Funktionen charakterisiert, durch dessen *Funktion* $\psi$ (oder Punkt $\psi$, oder Vektor $\psi$, wie wir der Kürze halber den Punkt oder den Vektor bezeichnen wollen, der sie im Raum $\mathfrak{H}$ darstellt); $\psi$ ist derart, daß der Vektor $\psi$ den Modul $||\psi|| = 1$ hat.

Die Art der Entwicklung des Systems in der Zeit wird durch das Variieren von $\psi$ in Funktion der Zeit beschrieben (deterministisch geregelt durch Gleichungen, die zu denen der klassischen Mechanik analog sind). Der Unterschied liegt darin, daß diese Gleichungen nicht mehr besagen, wie die Gestaltung des Systems $S$ variiert, wie dieses ist und wie man es sieht, sondern nur, wie die Wahrscheinlichkeiten, es in dieser oder jener Gestaltung zu finden, variieren, wenn man es in irgendeinem künftigen Augenblick $t$ einer Beobachtung unterzieht[36].

Wir können den Vektor $\psi$, eine mathematische Abstraktion in einem Raum, der eine geistige Fiktion ist, nicht „sehen"; wir können ihn jedoch (theoretisch), wenn wir die Gesetze seiner Evolution kennen, determinieren, indem wir von den Ergebnissen der letzten Beobachtungen ausgehen (und annehmen, daß das System $S$ inzwischen keine von außen herrührenden Störungen erlitten hat). Jedenfalls, auch wenn wir voraussetzen, daß wir den Vektor $\psi$ kennen, so würden wir wenig oder nichts in Bezug auf die effektive Gestaltung des physikalischen Systems $S$, das uns interessiert und über dessen Evolution, wissen.

---

[36] Wir erwähnen als Beispiele einige der unterlassenen näheren Bestimmungen. Die Funktionen $\psi$ (und im allgemeinen alle die, die man betrachtet) sind komplex (grob gesagt, aus demselben Motiv, aus dem es bequem ist, die Schwingungen mittels $e^{i\omega t}$ anstatt mittels $\cos \omega t$ auszudrücken) und derart daß sie, als Vektoren betrachtet, einen begrenzten Modul haben ($\|f\|^2 = \int |f|^2 \, dS < \infty$). Ihr Raum ist der *Hilbert'sche Raum*, mit der Metrik von Hermite ($f \times g = \int f . g^* \, dS$; $a^*$ gibt den konjugierten Komplex von $a$ an. Es ist immer $f \times g = (g \times f)^*$, und $|f \times g| \leqq \|f\| . \|g\|$). Man kann einen linearen und metrischen *Hilbert'schen Raum* mit unendlichen Dimensionen direkt charakterisieren, indem man die Eigenschaften der Vollständigkeit und der Separabilität hinzufügt. In einem kartesischen (orthogonalen usw.) Bezugssystem ist es der Raum der Punkte, die durch eine Sukzession von Koordinaten $x_h (h = 1, 2, \ldots, n, \ldots)$ definiert werden, sodaß $\sum_h |x_h|^2 < \infty$ (dieser Ausdruck ergibt den Modul des Vektors der Komponenten $x_h$; das interne (Hermitesche) Produkt von zwei Vektoren ist $\sum_h x_h y_h^*$). Auch die linearen Operatoren, auf die wir treffen werden, sind Hermitesche (oder autoadjunkte: $A^* = A$, wo $A^*$, Adjunkt zu $A$, durch $A^* f \times g = f \times Ag$) definiert ist; die Operatoren können durch Matrizen (orthogonale kartesische Bezugnahme) mit Elementen $A_{rs}$ dargestellt werden (und dann ist $(A^*)_{rs} = (A_{sr})^*$; $A$ ist Hermitesch, wenn $A_{rs} = (A_{rs})^*$ ist). Siehe vN, besonders die Seiten 18–23, und für unmittelbarere Erklärungen und Interpretationen, E. PERSICO *I fondamenti della meccanica atomica*, Zanichelli, Bologna 1936.

Dies soll durch Analogie eine Idee vielfacher näherer Erklärungen vermitteln, die, wie diese, im Text selbst schädlich wären, wenn der Leser dadurch den Eindruck hätte, er müßte sich Begriffe aneignen, die ihm fremd sind, verblaßte Erinnerungen auffrischen oder über gewisse Einzelheiten nachdenken, um die wenigen Dinge verstehen zu können, auf die die Aufmerksamkeit eigentlich zu richten wäre. Und es sei auch als Warnung für den gedacht, der versucht wäre, die gegenwärtigen Formulierungen genau dem Buchstaben nach anzunehmen oder sich über deren Unvollständigkeit zu entsetzen.

Genauer – um zu erklären, was $\psi$ besagen kann oder nicht, betrachten wir ein Ereignis $E$, d.h. irgendeine Behauptung, die das System $S$ in einem gegebenen Moment $t$ betrifft (dies wird immer stillschweigend angenommen, wenn es auch nicht gesagt wird: zwei Ereignisse oder zwei Größen derselben Art, die sich aber auf verschiedene Momente beziehen, sind zwei verschiedene Ereignisse oder Größen). In Bezug auf $E$ ist das, was wir sagen können, daß es ohne weiteres *wahr* ist, wenn der Vektor $\psi$ einem gewissen linearen Raum $\mathfrak{M}$ (der mit $E$ assoziiert ist) angehört, und sicher *falsch*, wenn es dem linearen Raum $\mathfrak{H}-\mathfrak{M}$ aller zu $\mathfrak{M}$ orthogonalen Vektoren angehört; in diesen beiden Fällen ist es überflüssig, eine Beobachtung zu machen, weil die Antwort sicher die vorausgesagte wäre, und es hätte auch keine Auswirkung, weil dies das System durchaus nicht stören würde. Wenn dagegen der Vektor $\psi$ weder im Raum $\mathfrak{M}$ enthalten noch dazu orthogonal ist, ergibt eine eventuelle Beobachtung in Bezug auf $E$ ein unvorhersehbares Resultat: die Kenntnis des Status, die im Vektor $\psi$ vollständig[37] enthalten ist, predeterminiert dieses Ergebnis nicht, ist aber nicht wertlos, da sie darüber alles liefert, was geliefert werden kann, nämlich die *Wahrscheinlichkeit*. Und, genauer gesagt, auf folgende Weise: durch Zerlegung des Vektors $\psi$ in die beiden Komponenten, die zu $\mathfrak{M}$ parallel oder orthogonal sind – d.h. in $\psi = E\psi + \hat{E}\psi$ (wobei so die Projektion $E$ auf $\mathfrak{M}$ und die orthogonale $\hat{E} = 1 - E$ auf $\mathfrak{H}-\mathfrak{M}$ angegeben werden) werden die Wahrscheinlichkeiten der Resultate $E$ und $\hat{E}$ durch die Quadrate der respektiven Projektionen geliefert:

$$\mathbf{P}(E) = ||E\psi||^2, \qquad \mathbf{P}(\hat{E}) = ||\hat{E}\psi||^2.$$

Man beachte, daß man anstatt $||E\psi||^2 = E\psi \times E\psi$ (1ª Form) auch (2ª Form) $E\psi \times \psi$ schreiben kann (das den Wert $E\psi \times (E\psi + \hat{E}\psi)$ hat, aber $E\psi \times \hat{E}\psi = 0$), was auch gilt, wenn $E$ nicht Projektions-Operator ist und in diesem Falle eine (wie man sehen wird) analoge Bedeutung hat[38]. Im Falle von $E$ Projektionsoperator ist sofort zu verifizieren,

[37] Siehe weiter vorn den Hinweis auf die Diskussionen über die Möglichkeit von Erklärungen durch Einführung „verborgener Parameter".

[38] Die Äquivalenz zwischen den beiden Formen besteht im allgemeinen Fall nicht. In der Tat (siehe Anmerkung auf S. 694) hat man $A\psi \times A\psi = A^*A\psi \times \psi$, und in den interessierenden (Hermiteschen) Fällen $= A^2\psi \times \psi$; damit auch $= A\psi \times \psi$ gelte, muß $A$ idempotent sein, d.h. $A$ = Projektionsoperator (mit lauter idempotenten Eigenwerten, $\lambda^2 = \lambda$, d.h. $= 0$ oder $= 1$).

daß sich, wie dies sein sollte, $\mathbf{P}(E)+\mathbf{P}(\hat{E})=1$ ergibt; in der Tat ist (durch die Orthogonalität der beiden Komponenten und daher durch das Theorem von Pythagoras):

$$\mathbf{P}(E)+\mathbf{P}(\hat{E})=||E\psi||^2+||\hat{E}\psi||^2=||\psi||^2=1.$$

Aber die Bedeutung von $E$ als Projektions-Operator ergibt sich noch deutlicher im folgenden: Die wichtigste Tatsache ist, daß der Vektor $\psi$ sich nicht darauf beschränkt, passiv die Wahrscheinlichkeit des durch die Beobachtung geforderten Ergebnisses anzugeben; er selbst muß sich entscheiden, ob er sich in den Raum $\mathfrak{M}$, der $E$ entspricht, oder in den orthogonalen Raum $\mathfrak{H}-\mathfrak{M}$, der $\hat{E}$ entspricht, erstrecken will (was er mit den angezeigten Wahrscheinlichkeiten tut). Und das Ergebnis ist nur die Information über diese seine Entscheidung. Aus der Position, die er nach dem Sprung, zu dem wir ihn gezwungen haben, eingenommen hat, entwickelt er sich wieder entsprechend den früheren Gesetzen, bis er wieder neuerlich gestört wird.

Dieses (anthropomorphe: aber vielleicht hilft dies in Ermangelung größerer technischer Erklärungen, die Idee zu erfassen) Gestaltung enthält in den Ansätzen alles, was erforderlich ist, um sie vollständig zu machen; im wesentlichen wird es genügen, an simultane Fragen über viele anstatt nur ein Ereignis zu denken (so sind auch die Größenmaße) und die Fälle zu unterscheiden, die die zu besprechenden Umstände veranlassen.

Anstatt an eine Einteilung in zwei entgegengesetzte Ereignisse ($E$ und $\hat{E}$), können wir an eine „feinere", immer noch „vollständige" in irgendeine Anzahl $n$ unverträglicher Ereignisse $E_1, E_2, \ldots, E_n$, denken, oder auch in eine abzählbar unendliche Anzahl; jedes $E_h$ wird durch den entsprechenden (abgeschlossenen) linearen Raum $\mathfrak{M}_h$ definiert werden; alle diese Räume werden untereinander orthogonal und so zu nehmen sein, daß sie gemeinsam das ganze $\mathfrak{H}$ determinieren (d.h.: es darf in $\mathfrak{H}$ keinen Vektor geben, der zu allen $\mathfrak{M}_h$ orthogonal ist und dann wird es auch nicht einmal solche geben, die nicht linear von den Vektoren der $\mathfrak{M}_h$ abhängig sind). Die Gesamtzahl der Dimensionen, mit der von $\mathfrak{H}$ koinzidierend, ist abzählbar; daher muß im Falle endlicher Einteilungen mindestens eines der $\mathfrak{M}_h$ endliche Dimensionen haben (man beachte im besonderen: für $E$ und $\hat{E}$ oder eines oder beide); im Falle abzählbarer Einteilungen fällt diese Restriktion weg und wir können auch den extremen Fall mit lauter eindimensionalen Räumen $\mathfrak{M}_h$ betrachten.

Dies ist der grundlegende Fall, in welchen man die Diskussion aller anderen einrahmt. Mit anderen Worten, es ist der Fall, in welchem wir ein System orthogonaler kartesischer Achsen haben, die einer unendlichen Anzahl von Ereignissen $E_h$ $(h = 1, 2, \ldots, n, \ldots)$ entsprechen, die z.B. wie die (unterschiedlichen) Werte $\lambda_h$ zu interpretieren sind, die eine Größe $Z$: $E_h = (Z = \lambda_h)$ annehmen kann. Übrigens ist offenbar $Z = \sum_h \lambda_h E_h$ (als Zufallszahl), weil eines und nur eines der $E_h$ eintreten wird (und den Wert 1 haben wird; die anderen 0) und die Summe wird sich auf das entsprechende $\lambda_h$ reduzieren. Wenn man in derselben Weise $Z$ als Operator (assoziiert mit der Größe gleichen Namens) definiert, so ergibt sich aus der Schreibweise allein, daß es sich um den Operator handelt, der mit den $\lambda_h$ (Eigenwerten) die Vektoren (Funktionen) der $E_h$-Achse (Eigenvektoren oder Eigenfunktionen) multipliziert; dieser liefert dann die Erwartung der Größe $Z$ (oder mathematische Hoffnung) mittels derselben Formel, die für $E$ (2. Form) verwendet wurde:

$$Z\psi \times \psi = (\textstyle\sum_h \lambda_h E_h)\psi \times \psi = \sum_h \lambda_h (E_h \psi \times \psi) = \sum_h \lambda_h \mathbf{P}(E_h) = \mathbf{P}(Z).$$

Desgleichen erhält man unmittelbar die Verteilungsfunktion von $Z$: indem man $E_z(\lambda) = \sum E_h(\lambda_h \geqq \lambda)$ setzt, hat man das Ereignis $E_z(\lambda) = (Z \leqq \lambda)$ oder den relativen Projektions-Operator; daher ist $E_z(\lambda)\psi \times \psi = \mathbf{P}(E_z(\lambda)) = \mathbf{P}(Z \leqq \lambda) = F_z(\lambda)$, wobei mit $F_z$ die Verteilungsfunktion von $Z$ bezeichnet wird.

Die Schar der Projektionsoperatoren $E_z(\lambda)$ (oder die ihrer linearen Räume, wovon jeder, im Sinne der wachsenden $\lambda$ vorgehend, alle vorherigen enthält) definiert das Spektrum von $Z$: in diesem Falle, diskretes Spektrum (Werte $\lambda_h$ abzählbar).

Zum physikalischen Problem zurückkehrend, können wir wiederholen, was für den Fall eines Ereignisses gesagt wurde. Wenn $\psi$ einer der Achsen angehört, und nur dann, wird das entsprechende Ereignis $E_h$ sicher wahr sein, d.h., wenn man an die Größe $Z$ denkt, daß ihr Wert sicher $\lambda_h$ sein wird; überflüssig (aber unschädlich) Beobachtungen durchzuführen. In jedem anderen Fall wird der Vektor $\psi$ (wenn wir eine Beobachtung über alle $E_h$ zusammen, d.h. über $Z$ machen) gezwungen zu wählen, entlang welcher der Achsen er verlaufen will, und das Ergebnis ($E_h$ oder $\lambda_h$) wird seine Entscheidung anzeigen. Nach dem Sprung, wieder normale Evolution.

Es besteht ein, und ein sehr wichtiger Unterschied in Bezug auf den vorhergehenden Fall: wir wissen nun genau[39], nach der Beobachtung, welche Position ψ gewählt hat, während wir vorher nur wußten, daß es zu 𝔐 gehörte, oder zu 𝔋 − 𝔐. Dies geschieht ausschließlich in dem jetzt betrachteten Fall einer Einteilung, die zu lauter eindimensionalen Räumen führt; in dem Fall, in dem man darauf eine Größe $Z$ definiert, müssen die Werte (Eigenwerte) $\lambda_h$ alle unterschiedlich (einfach) sein; andernfalls würde man teilweise die Feinheit der erzielten Unterteilung zerstören (man hätte den Fall der „Degeneration"). In dem Fall, von dem wir sprechen (nicht von Degeneration), sagt man (aus einem offensichtlichen Grund), daß man eine „Maximal-Beobachtung" gemacht hat.

Und hier sind wir beim Problem der Komplementarität der Beobachtungen angelangt.

Werden wir sumultan, d.h. in einer selben Beobachtung, die Verifikation von zwei oder mehr Ereignissen oder das Maß von zwei oder mehr Größen fordern können? (und wir bemerken, daß „simultan" nur „in derselben Beobachtung" heißen kann: eine andere, sofort darauf erfolgte Beobachtung würde bereits ein durch Auswirkung der ersten verändertes ψ vorfinden).

Die Antwort ist selbstverständlich, wenn wir an zwei „Maximal-Operationen" wie das Maß von zwei Größen $Z'$ und $Z''$ denken, die gleichzeitig durchzuführen wären; damit würden wir ψ zwingen, sich längs einer der Achsen des ersten Systems zu erstrecken, aber auch längs einer Achse des zweiten. Nun nimmt ψ jede Anordnung an, nur kann dies nicht geschehen, wenn die Anordnungen widersprechend sind und dies ist der Fall, wenn die beiden Achsensysteme nicht koinzidieren; in diesem Falle können $Z'$ und $Z''$ nicht simultan gemessen werden, d.h. sie sind komplementär[40]. Wenn die Achsen koinzidieren, so ist die Antwort banal, weil $Z'$ und $Z''$ Funktionen von einander sind (wenn $Z'$ den Wert $\lambda'_h$ annimmt, heißt dies, die vorgewählte Achse ist die $h$-te und daher, daß $Z''$ den Wert $\lambda''_h$ annimmt). Das Koinzidieren des Achsensystems bedeutet Permutabilität (als Operatoren, die Bedingung $Z'Z'' = Z''Z'$) und dasselbe gilt auch für den Fall von Ereignissen $E'E'' = E''E'$ oder von Maximalgrößen

[39] Das ψ ist sogar eindeutig determiniert, weil eine multiplikative Konstante (reell oder komplex) unwesentlich ist.

[40] Man denke an das Beispiel des Schneiders: Maße sind komplementär, wenn sie, um gleichzeitig genommen zu werden, verlangen würden, daß der Klient gleichzeitig verschiedene, unvereinbare Stellungen einnimmt.

$XY = YX$. Nicht maximale Größen $X$, $Y$ eines selben Achsensystems (sagen wir von $Z$) erhält man, indem man Eigenwerte $\mu_h$ und $\nu_h$ nimmt, die von einander nicht ganz zu unterscheiden sind (womit $X$ und $Y$ Funktionale von $Z$ sind, $X = f(Z)$ und $Y = g(Z)$, nicht invertierbar). Und umgekehrt, wenn $X$ und $Y$ nicht komplementär sind und ihre möglichen Werte $\mu_i$ respektive $\nu_i$ sind, so kann man ein (einer Maximalbeobachtung entsprechendes ) $Z$ konstruieren, dessen Funktionen $X$ und $Y$ sind und unterschiedliche Werte $\lambda_h$ haben, die allen vereinbaren Paaren $(\mu_i, \nu_i)$ entsprechen. Im besonderen bedeutet im Falle der Ereignisse die Nicht-Komplementarität $E'E'' = E''E'$, daß die entsprechenden Räume $\mathfrak{M}'$ und $\mathfrak{M}''$ untereinander orthogonal sind (d.h.: wenn man den Durchschnitt $\mathfrak{M}$ nennt, $\mathfrak{M} = \mathfrak{M}'\mathfrak{M}''$, so sind zwei Vektoren von $\mathfrak{M}' - \mathfrak{M}$ und $\mathfrak{M}'' - \mathfrak{M}$ d.h. von $\mathfrak{M}'$ oder von $\mathfrak{M}''$ und zu $\mathfrak{M}$ orthogonal, immer untereinander orthogonal; effektiv dann und nur dann ist das Produkt der beiden Projektionen die Projektion auf den Durchschnitt $\mathfrak{M}$ und von der Anordnung nicht abhängig). Im besonderen hat man den Fall der Inklusion (wenn $\mathfrak{M}' - \mathfrak{M} = \{0\}$ so ist $\mathfrak{M}' \subset \mathfrak{M}''$, $E' \subset E''$) und den der Unverträglichkeit ($\mathfrak{M} = \{0\}$, $E'E'' = 0 =$ unmöglich).

Die Nicht-Komplementarität von $X$ und $Y$ kann in derselben Weise interpretiert werden, sofern sie der Nicht-Komplementarität jedes der Ereignisse (Projektions-Operatoren) $E_x(\mu)$ und $E_y(\nu)$ entspricht, d.h.

$$E_x(\mu)E(\nu) - E_y(\nu)E_x(\mu) = 0$$

für irgendwelche $\mu$ und $\nu$, d.h. geometrisch, Orthogonalität der Räume $\mathfrak{M}'_\mu$ und $\mathfrak{M}''_\nu$ (d.h. zwischen Vektoren von $\mathfrak{M}'_\mu - \mathfrak{M}'_\mu \mathfrak{M}'_\nu$ und von $\mathfrak{M}''_\nu - \mathfrak{M}'_\mu \mathfrak{M}''_\nu$). Man könnte dasselbe in schwächerer Version betrachten (indem man sich darauf beschränkt, die Gültigkeit für gewisse Werte von $\mu$ und $\nu$ anstatt für alle zu behaupten); wir wollen davon jedoch im Falle des Streckenspektrums sprechen, wo es von größerem Interesse ist.

Der Fall des „Spectrum continuum“ ist der einer Größe, die jeglichen Wert (von $-\infty$ bis $+\infty$, oder eines Intervalles, usw.) annehmen kann und nicht nur eine endliche oder abzählbar unendliche Zahl, wie wir dies früher gesehen haben. In der Quantenphysik handelt es sich um ungequantelte Größen (wie die Koordinaten) im Gegensatz zu den gequantelten (wie die Energie).

Auch in diesem Falle wird, wenn man die Größen $X$, $Y$, ..., betrachtet, alles durch $E_x(\mu)$, $E_y(\nu)$ ... ausgedrückt werden können, nur daß ein $E_x(\mu)$ effektiv bei jedem Wachstum von $\mu$ (und nicht nur beim Durchgang durch gewisse Werte von $\mu$, den Eigenwerten $\mu = \mu_i$) variieren wird, und die Verteilungsfunktion

$$F_x(\mu) = \mathbf{P}(X \leqq \mu) = E_x(\mu)\psi \times \psi$$

wird sich im allgemeinen stetig ergeben[41]. Eine Zerlegung in eine endliche Zahl oder ein abzählbar unendliche Zahl von unverträglichen Ereignissen kann man erhalten, indem man die Achse der $\mu$ in Intervalle $\mu_i < \mu < \mu_{i+1}$ teilt ($i = 0, \pm 1, \pm 2, \ldots$, um sie in wachsender Ordnung anzugeben, wobei sie im allgemeinen in beiden Richtungen unbegrenzt sein können). Nur so kann man eine Einteilung

$$E_i = (\mu_i < X \leqq \mu_{i+1})$$

erhalten, die in der früher angezeigten Form ein „approximatives Maß" $\hat{X}$ von $X$ liefert, das wir definieren können, indem wir die Unterteilung $\mu_i$ wählen, und in jedem Intervall einen mittleren Wert $\hat{x}_i$ und daher $\hat{X} = \sum_i \hat{x}_i E_i$ setzen. D.h.: $\hat{X}$ ist die Funktion von $X$, definiert durch die Stufenfunktion

$$f(X) = \sum_i \hat{x}_i (\mu_i < X \leqq \mu_{i+1}).$$

Unter diesem Gesichtspunkt kann $X$ nicht mit absoluter Präzision gemessen werden, aber immerhin mit recht großer Präzision, wenn man es durch ein $\hat{X}$ ersetzt, das durch eine Stufenfunktion mit willkürlich kleinen Stufen definiert wird. Eine Beobachtung über $\hat{X}$ zwingt $\psi$, sich längs einem der Räume $\mathfrak{M}_i$ zu erstrecken (die $E_i = E_x(\mu_{i+1}) - E_x(\mu_i)$ entsprechen), und es ist nie eine maximale, weil die Unterteilung immer noch feiner gestaltet werden kann.

Wenn wir nun $X$ und $Y$ (beide mit Streckenspektrum) betrachten, so ist die Bedingung der Nicht-Komplementarität immer noch die Permutabilität von $X$ und $Y$ als Operatoren, $XY - YX = 0$, d.h. die zwischen den $E_x(\mu)$ und den $E_y(\nu)$. Wenn die Bedingung besteht, gilt das Gesagte im Falle des diskreten Spektrums, außer selbstverständlichen Komplikationen: z.B. ist es auch in diesem Falle wahr, daß man ein $Z$ konstruieren kann, von dem $X$ und $Y$ Funktionen sind, man kann es (offenbar) aber nur durch Verfahren erhalten, die sich auf die Kurve von Peano oder ähnliches stützen (siehe vN., S. 93).

---

[41] Wir übergehen den gemischten Fall von teilweise konzentrierten und teilweise stetigen Wahrscheinlichkeiten usw. (siehe Kap. VI, 2, 2–3).

Wenn man sich jedoch mit approximativen Messungen $\hat{X}$ und $\hat{Y}$ zufriedengibt, genügt für die Nicht-Komplementarität die Orthogonalität der $E_x(\mu_i)$ und $E_y(\nu_j)$, die sich auf die Teilungspunkte beziehen, die für die $\mu$ und $\nu$ gewählt wurden, und diese schwächere Bedingung kann auch bestehen, wenn $X$ und $Y$ komplementär sind. D.h. die Komplementarität schließt nicht notwendigerweise die Möglichkeit einer simultanen approximativen Messung aus, nämlich die von zwei opportun gewählten $\hat{X}$ und $\hat{Y}$.

Und hier kommt man zum spezifischen Fall der Quantenmechanik, wo die Komplementarität oft unter der Form der Nicht-Permutabilität auftritt, die durch

$$XY - YX = h/2\pi i \qquad (h = \text{Konstante von Planck})$$

ausgedrückt wird; dies gilt für $X$ und $Y$, Koordinate und Impuls konjugiert, oder allgemeiner für „kanonisch konjugierte Größen" im Sinne der klassischen Mechanik.

Aus dieser Relation der Nicht-Permutabilität und daher der Komplementarität von $X$ und $Y$ kann man eine Begründung der Unbestimmtheitsrelation von Heisenberg ableiten, die anzeigt, in welcher Art die Präzision der Messungen von $X$ und von $Y$, die beliebig groß sein kann, wenn man sie getrennt durchführt, sich in einer simultanen Beobachtung reziprok bedingt ergibt[42].

Um nur ein wenig auf den entscheidenden Punkt hinzuweisen, aus $XY - YX = a$ ergibt sich

$$(XY - YX)\psi \times \psi = a\psi \times \psi = a\,||\psi||^2 = a \quad (\text{wenn } ||\psi|| = 1 \text{ ist}),$$

aber

$$XY\psi \times \psi = Y\psi \times X\psi \leqq ||Y\psi||\,.\,||X\psi||;$$

dasselbe gilt für $YX$, daher (Dreiecks-Ungleichung!) gilt für die Differenz die Begrenzung

$$(XY - YX)\psi \times \psi \leqq 2\,.\,||Y\psi||\,.\,||X\psi||,$$

das heißt

$$||Y\psi||\,.\,||X\psi|| \geqq \tfrac{1}{2}|a| = h/4\pi.$$

---

42 Das Verfahren, das kurz angedeutet wird, ist aus vN, S. 121ff., und hier wird (in Anm. 131, S. 251) dieses auf Betrachtungen von Bohr und Werke von Kennard und von Robertson zurückgeführt.

Die Ungleichung gilt, egal wie man den Ursprung für $X$ und $Y$ annimmt, im besonderen im mittleren Wert und dann nehmen die beiden Module die Bedeutung von Standard-Abweichungen an; dann wird sie als Unbestimmtheitsprinzip in der üblichen Form ausgedrückt: $\sigma_x \sigma_y = h/4\pi$.

Dies bedeutet, daß es unmöglich ist, $X$ und $Y$ durch $\hat{X}$ und $\hat{Y}$ anzunähern, indem man für beide willkürliche kleine „Stufen" wählt: ihre Größenordnung muß derart sein, daß das Produkt nicht (als Größenordnung) unter $h$ liegt. Geometrisch: die Unterteilung in Rechtecke in der Ebene $(X, Y)$ als Folge der Unterteilungen mittels der $\mu_i$ und $\nu_i$ respektive auf den Achsen $x$ und $y$, kann nicht so fein sein, daß sie Rechtecke ergibt, die eine Fläche einer Größenordnung unter $h$ hätten (während die Wahl der Proportionen von Höhe und Breite frei bleibt). Diese Rechtecke sind die Regionen, durch welche „verifizierbar" ist, ob das Paar der Maße hineinfällt oder nicht: $(\hat{X} = \hat{x}_i)(\hat{Y} = \hat{y}_j)$ ist in der Tat äquivalent zu $(\mu_i < X \leqq \mu_{i+1})$ $(\nu_j < Y \leqq \nu_{j+1})$; man wird bemerken, daß dies gerade eine der Bedingungen der „begrenzten Präzision" ist, die in Nr. 8 (siehe Abb. 1) betrachtet wurden.

Auf der Basis dieser Abschweifung, die wir nun abschließen, werden wir nunmehr die Diskussion über die logischen Aspekte der Unbestimmtheit wieder aufnehmen können. Zuerst ergreifen wir jedoch die Gelegenheit, die sich anhand der Aspekte, welche die Präzision eines Maßes im Quantenbereich betreffen, anbietet, um sie im Zusammenhang mit den über das Problem im allgemeinen (in Nr. 7 und 8) entwickelten Argumenten zu untersuchen. Wir haben eben die Analogie zwischen der Relation von Unbestimmtheit und begrenzter Präzision auf der Basis einer Fläche hervorgehoben, aber grundlegender ist die zwischen dem Fall von „unbegrenzter Präzision" (in Nr. 7 betrachtet) und der (nach von Neumann) dargestellten Situation für die Maße ungequantelter Größen (mit Spectrum continuum). Diese (v. Neumann, S. 117) „können nur mit beliebig großer (aber nie mit absoluter) Genauigkeit beobachtet werden", im Gegensatz zu dem, was man durch die „Einführung ‚uneigentlicher' oder nicht zum Hilbertschen Raume gehöriger Eigenfunktionen" erhält, ein Verfahren, das „gerade hier die Wirklichkeit schlechter wiedergibt als unser Verfahren. Denn sie täuscht die Existenz solcher Zustände vor, in denen Größen mit Streckenspektrum gewisse Werte genau annehmen, obwohl gerade dies nie vorkommt". Dieser kritische Hinweis bezieht sich auf die Verfahren, welche die Funktion von Dirac verwenden (und wird mehrmals wiederholt). Diesbezüglich halte ich es für opportun, auf den Zusammenhalt mit dem hier verfolgten Gesichtspunkt hinzuweisen, sei es, um Mißverständnisse zu vermeiden, sei es zur besseren Erklärung. Ich sympathisiere mit der Einstellung von Neumann's, nicht wenn sie durch streng mathematische Bedenken gegen nicht unfehlbare Definitionen angeregt scheint (weil man im allgemeinen die formalen Unvollkommenheiten immer beheben kann), sondern wenn er sich besorgt zeigt, einer Größe nicht ohne besonders stichhaltige Gründe absolute Sicherheit und Präzision zuzuschreiben. Noch mehr stimme ich der Bemerkung (Anm. 126, S. 251) zu, daß nicht einmal die Zuordnung von *X* zu einem der Intervalle der Unterteilung als sicher betrachtet werden kann, außer als Idealisierung: „Jedoch" – schließt er in wundervoll antidoktrinärer Form – „scheint unsere Beschreibungsweise, wenigstens vorläufig, die mathematisch brauchbarste zu sein". „Ich sympathisiere" auch in dem Sinne, daß ich mich freuen würde, wenn die Quantenphysik dieses elegante Beispiel der Gegenüberstellung gequantelter und ungequantelter Größen liefern würde, die respektive genau meßbar sind und es nicht sind. Es kann sich jedoch nicht um „Geschmacksache" handeln, sei es nun mathematisch oder philosophisch gesehen, und wenn jemand nach eingehender Untersuchung den Eindruck hätte, daß die entgegengesetzte Darstellung einer signifikanten physikalischen Interpretation besser entspricht, so sollte er sie ohne Vorurteile willkommen heißen.

## 12.
## *Relationen zu „dreiwertiger Logik".*

Wir kehren nun zur dreiwertigen Logik und zu den theoretischen Fragen zurück, welche in der Quantenmechanik in Bezug auf damit zusammenhängende Aspekte auftauchen.

Bezüglich der Natur der „dreiwertigen Logik", sind wir zu dem Schluß gekommen, daß die „drei Werte" den Anforderungen jeder quantenmechanischen oder anderen Anwendung gut entsprechen, aber zu keinem „Logikkalkül" führen, weil die signifikantesten Betrachtungen nicht in Zusammenhang mit den Operationen stehen, die mit diesen „Werten" durchführbar sind. Wenn wir die effektiven Situationen unmittelbar betrachten, erscheint die vorgefaßte Wahl eines Mechanismus formaler Operationen, wie die der Logik es sind, als einziger Weg zum Aufbau einer Darstellung, die sie ersetzen soll, nicht recht geeignet.

Den besten Beweis liefert die bereits zitierte mehrwertige Logik, die „der Wahrscheinlichkeitsrechnung ähnlich ist" und bereits erwähnt und von Bodiou wieder aufgenommen wurde: um die Befriedigung zu haben, eine echte Relation (in der Wahrscheinlichkeitsrechnung) zu finden, muß er zwei falsche Definitionen (in der Wahrscheinlichkeitsrechnung) addieren, die übrigens nicht modifizierbar sind, wenn sie durch „logische Funktionen" ausgedrückt werden sollen (wobei er sich schließlich tröstet, indem er bemerkt, daß dies wohl geht, wenn es nur die Wahrscheinlichkeiten 0 oder 1 gibt, also im Fall, in dem im wesentlichen die formale (zweiwertige) Logik, ohne Wahrscheinlichkeit, genügt)[43].

Der wichtigste Punkt, der zu betrachten ist, ist die Frage des Unterschiedes der Einstellung (wie bereits in Nr. 10 hervorgehoben) jener, die aus der „Unbestimmtheit" eine spezifische und exklusive Theorie der Quantenphysik machen, und jener welche überhaupt keinen Unterschied *logischer Art* zwischen diesem Fall und denen des gewöhnlichen Lebens finden (obwohl niemand die sehr beachtlichen und signifikanten Unterschiede leugnet, die sich aus der physikalischen und mathematischen Struktur, die den Quanten-Schemen eigen sind, ergeben).

Von Neumann sagt über die „Art des Logikkalküls", zu dem die Projektions-Operatoren führen, daß dieser „gegenüber demjenigen der gewöhnlichen Logik, durch die *für die Quantenmechanik charakteri-*

[43] Vielleicht könnte diese „mehrwertige Logik" in anderen Fällen und in anderem Sinne ohne Bezugnahme auf Wahrscheinlichkeiten dienen: z. B. indem man einer Proposition $a$ einen gewissen Wert $V(a) = k$ gibt, wenn in einem System mit einer gewissen Anzahl von der Ordnung nach unabhängigen Axiomen $A1, A2, \ldots, An$ die Proposition $a$ (als wahr oder falsch) beurteilbar wäre, wenn man $A1, A2, \ldots, Ak$ verwendet, aber nicht nur $A1, A2, \ldots, A(k-1)$ verwendet. Nicht einmal so funktioniert das Schema ohne weiteres, aber in gewissem Sinne gibt es eine Annäherung.
Was die Nicht-Modularität anbelangt, so kann bemerkt werden, daß die Modularität in unserem Schema $(E|H)$ und in analogen nicht bestehen würde, wenn der „Wahrheitswert" $\emptyset$ (Leer oder Indeterminiert) als größer als 0 (Falsch) und kleiner als 1 (Wahr) betrachtet würde und zwischen diesen beiden Werten eine Skala von mittleren Werten (z. B. Wahrscheinlichkeiten in verschiedenem Sinne) eingefügt würden, die mit $\emptyset$ nicht vergleichbar wären. Die natürlichste Konvention wäre die, als Wert $\mathbf{P}(E|H)$ zu nehmen und $\mathbf{P}(E|H) = \emptyset$ zu setzen, wenn $H = \emptyset$ ist, wobei man eventuell die Fälle von sicher Falsch und Wahr mit $0^*$ und $1^*$ bezeichnen könnte (sodaß man die teilweise geordnete Wertemenge $0^* < 0 \leqq p \leqq 1 < 1^*$, $0^* < \emptyset < 1^*$, erhalten würde, $\emptyset$ mit den Werten $0 \leqq p \leqq 1$ nicht vergleichbar). Es ist mir nicht klar, ob dies einen Zusammenhang mit der Darstellung der Non-Modularität auf ganz verschiedenen Wegen und mit verschiedenen Antworten in den Abhandlungen von Neumann und Birkhoff und Bodiou hätte.

*stische* Begriffsbildung der „*gleichzeitigen Entscheidbarkeit*" bereichert ist" (v. N., S. 134).

Es ist wahr, daß derartige Sätze ohne praktische Folgen und damit ohne effektiven Inhalt sein können. Es ist auch möglich, daß von Neumann nie an Beispiele anderer Art gedacht hat. Nicht aber Reichenbach (wie wir sehen werden) und man könnte denken, er wäre immer unter dem Eindruck von Dilemmen gestanden (wie Korpuskel-Wellen, Werte vorher und nachher usw.). Derartige Dilemmen wurden jedoch durch von Neumann klar überwunden, was sich z. B. aus der folgenden Bemerkung ergibt (Anmerkung 148, vN, S. 254): „Demgegenüber ist zu betonen, daß die Quantenmechanik beide „Naturen" aus einer einzigen, einheitlichen Theorie der Elementarerscheinungen herleitet. Das Paradoxon der früheren Quantentheorie bestand daraus, daß man zur Erklärung der Erfahrung abwechselnd zwei einander widersprechende Theorien (elektromagnetische Lichttheorie von Maxwell-Hertz, Lichtquantentheorie von Einstein) heranziehen mußte". Auch die Einstellung von Bodiou (siehe obiges Zitat, aus B. S. 7) in Nr. 9 – scheint auf die Überwindung dieser Unterscheidung zurückzugehen; und überdies erscheint es progressiv und fatal, nach und nach verständnisvollere Ansichten zu erwerben, die das, was auf Anhieb abnorm erschien, aus seiner Isolierung befreien.

Welcher Unterschied besteht nun vom logischen Standpunkt aus, zwischen der Komplementarität oder Nicht-Komplementarität von Messungen im physikalischen Fall und in dem des Schneiders (der oben als banales Beispiel gebracht wurde)? Und unter den oben erwähnten Beispielen, wie das der Geldmünze, die beim nächsten Wurf von Tizio oder Caio aufgeworfen werden könnte, und einem quantenmechanischen Beispiel? Gerade anhand dieses Beispieles hat Reichenbach (R. S. 160ff.) seine Argumentation entwickelt, indem er sich auf eine absolut starre Gegenüberstellung zwischen Unbestimmtheit quantistischer Natur und Determinismus der makroskopischen Welt stützte. Dieser Determinismus wäre so vollkommen, daß wir für das Ergebnis, *das der Wurf von Caio* (der nicht stattgefunden hat) *gehabt hätte*, „da Würfeln eine makrokosmische Angelegenheit ist, im Prinzip andere Mittel haben, die Aussage zu prüfen", indem wir genau den Zustand der Muskel von Caio, vor oder nach dem durch Tizio durchgeführten Wurf prüfen, und viele andere Dinge. „Oder sagen wir lieber, da wir es nicht können, Laplaces Dämon könnte es. Für uns wird der Wahrheitswert von Peters Aussage immer *unbekannt* bleiben; aber er ist nicht *unbestimmt*, da es im Prinzip möglich ist, ihn zu bestimmen und wir nur aus Mangel an technischen Mitteln daran verhindert sind".

Hierauf eingehend, könnte man einwenden, daß der „Determinismus" des Makrokosmos (auf den sich R ausdrücklich bezieht) rein statistischen Charakter hat, wodurch eine Tatsache, für die unzählige mikroskopische Umstände entscheidend sein können, vollständig unvorhersehbar wird (ohne zu sagen, daß auch das Ergebnis eines einzigen Zusammenstoßes unter Partikelchen, der auf einer Skala registriert wird, makroskopische Tatsachen verursachen kann, wie Denkschriften, Konferenzen, Kongresse und mittelbare Folgen ohne Ende dieser besagten Folgen selbst). Im übrigen hat meines Wissens nicht einmal Laplace gedacht, daß sein „Übermensch" alles voraussagen könnte, was geschehen wird, sondern auch alles, was geschehen würde, wenn ... etwas geschehen würde, das nicht geschehen wird. Wie könnte je der Zustand der Muskel usw. uns über das Ergebnis des nicht durchgeführten Wurfes informieren (und weil nicht, über den Text eines nicht gehaltenen Kolloquiums, die Einzelheiten einer nicht gemachten Reise usw.), anstatt uns direkt zu informieren, daß es im voraus bestimmt ist, daß der Wurf, das Colloquium oder die Reise nicht stattfinden werden (oder nicht stattgefunden haben)? Es ist mir nicht einmal bekannt, daß man je in theologischen Diskussionen die Anmaßung gehabt hätte, festzusetzen, daß die göttliche Allwissenheit die Kenntnis dessen umfaßt, was genau in der Welt bedingt durch jede denkbare verschiedene Hypothese über die Form der Nase der Cleopatra geschehen wäre (oder durch irgendeine andere, wichtige oder irrelevante Tatsache der Weltgeschichte).

Meines Erachtens war jedoch garnicht der Fall gegeben, auf derartige Fragen einzugehen, seien sie nun physikalisch oder metaphysisch, weil die Logik in Bezug auf jede Situation im Zusammenhang mit wissenschaftlichen Kenntnissen oder Hypothesen, welche die Welt der Phänomene betreffen, nur *neutral und voraussetzend* sein kann[44]. Sie muß auf das breiteste Feld des Vorstellbaren angewandt werden, und der unvermeidliche Umstand, daß das Vorstellungsvermögen dieses Feld in Bezug auf das bereits festgestellte oder verwirk-

[44] Wie dies übrigens an anderer Stelle gerade von Reichenbach vollkommen gesagt wird (siehe Zitat in Nr. 9, aus Reichenbach, S. 177).

lichte so wenig auszuweiten vermag, ist schon zu limitativ. Selbst der Zukunftsroman greift der Wirklichkeit selten mehr als um einige Jahrzehnte vor. Es kann richtig sein, sich neuer Ideen oder Entdeckungen zu bedienen, um logische Ansichten neu anzupassen und dabei in ihren Bereich neue Gebiete des Vorstellbaren, die vorher unbekannt waren, einzuschließen (und das versuchen wir zu tun). Es wäre verkehrt, wollte man logische Theorien einschränken und ihnen dauernden Wert nehmen, indem man sie zu einem Abbild der momentanen modernen wissenschaftlichen Ansichten machen wollte.

Ehe wir zu einem anderen Argument übergehen, ist eine Klarstellung bzgl. der Ansichten über Determinismus angebracht, wegen des Zusammenhanges mit Diskussionen über die gegenwärtigen Theorien und weil bereits darauf hingewiesen wurde (sei es auch nur, um ihn als ausschlaggebend zu beurteilen). Meines Erachtens ist das Festhalten am Determinismus *als einer Denknotwendigkeit* nunmehr unverständlich. Das einfache Vorhandensein, als kohärente und von vielen als annehmbar beurteilter Theorien, von Erklärungen von scheinbar deterministischen Phänomenen vom Typus, sei es der klassischen statistischen Mechanik (oder der Mendel'schen Vererbungslehre), sei es der Quantenphysik, würde genügen, den Dogmatismus dieser Anschauung für immer zu dementieren. Ich möchte sagen, es würde die Tatsache genügen, daß diese Theorien existieren und denkbar sind, egal ob sie falsch oder sogar gelungene, als science-fiction erklärte Ausarbeitungen wären.

Etwas anderes ist es, wenn man sich analoge Fragen von einem nicht dogmatischen, sondern, wir könnten sagen, psychologisch-ästhetischen Standpunkt stellt. Jeder wird je nach eigenem Geschmack und nach eigenen Gepflogenheiten Gesetze oder Theorien mehr oder weniger einfach und überzeugend finden können, die in deterministischer oder unbestimmter Form ausgedrückt werden und wird im besonderen (a priori, d.h. vor einer mehr oder weniger gründlichen Unterrichtung oder Prüfung der spezifischen Gründe für und wider) die Ideen mehr oder weniger günstig beurteilen können, die dazu tendieren, die quantenmechanischen Theorien probabilistischer Art als partielle, unbefriedigende und provisorische Erklärungen zu betrachten, die in mehr oder weniger entfernten Abschnitten durch etwas Deterministisches ersetzt werden müssen.

Persönlich bin ich der Meinung, daß nichts jemals apodiktisch auszuschließen ist: die Auffassungen von morgen werden für uns fast ebenso unfaßbar sein, wie unsere Auffassungen für Menschen des 19. Jahrhunderts oder für den Neanderthaler gewesen wären. Dies jedoch als ferne Perspektive. Solange die Grundlagen der Physik die heutigen bleiben (ich nehme an, für mehrere Jahrzehnte, vielleicht Jahrhunderte), halte ich es für wenig wahrscheinlich, daß sie nach deterministischen Versionen interpretiert oder angepaßt werden könnten, sowie jene, von denen manche phantasieren, indem sie sich auf das mögliche Vorhandensein „verborgener Parameter" oder ähnliches berufen. Und dies nicht nur, weil mir die Argumente von Neumann's gegen diese Ideen überzeugend scheinen (vN, S. 167–173), sondern weil ich auch keinerlei Ursache finden kann, damit zu liebäugeln oder sie zu schätzen, abgesehen von einem anachronistischen und nostalgischen Vorurteil zugunsten der wissenschaftlichen Mode im Sinne des 19. Jahrhunderts. Wenn überhaupt, werde ich davon abgestoßen, und ich bleibe etwas unschlüssig anzunehmen, daß die Evolution des Systems (d.h. der Funktion $\psi$) deterministisch sei (und nicht z.B. ein Zufallsprozeß), sodaß die Indetermination nur als Effekt der Beobachtung auftritt, anstatt die Szene vollständig zu beherrschen. Dies kann effektiv dazu führen, einen Sinn zu suchen, der die Funktion objektivieren könnte, obwohl sie wohl der Begriff ist, der am wenigsten geeignet ist, eine derartige Metamorphose durchzumachen.

Jedenfalls, was uns anbelangt, als menschliche Wesen, die daran interessiert sind, die Zukunft auf Grund der eigenen spärlichen, ungenauen und unsicheren Kenntnisse der Gegenwart und der Vergangenheit mit einiger Zuverlässigkeit vorauszusehen, ist jede Diskussion über Determinismus rein akademisch und nicht bedeutungsvoller als etwa die über das Geschlecht der Engel. Wie immer sich die Weltgeschichte entwickeln mag, niemand kann die Ansicht dementieren, das alles in der Vergangenheit durch eiserne Gesetze vorausbestimmt ist (wenn man auch nichts oder sehr wenig voraussehen kann, weil wir sowohl von der Vergangenheit als von diesen Gesetzen zu wenig wissen), oder daß alles „durch Zufall" geschieht (womit man nicht ausschließt, daß „zufällig" die Dinge in der von irgendeinem „Gesetz" gewollten Art geschehen könnten). Letzten Endes scheint es sehr wenig nützlich und trostreich, irgendwie Stellung zu nehmen, indem man entscheidet, ob die Hypothese, daß ein Übermensch von Laplace die gesamte Zukunft berechnen könnte, wenn ihm *die gesamte Gegenwart genau bekannt wäre*, mehr oder weniger plausibel zu beurteilen ist. Eine derartige Feststellung, im nun geprüften Sinne, ist tatsächlich weder als wahr noch als falsch, wohl aber als unbestimmt zu betrachten, da die Hypothese zweifellos ein Hirngespinst und daher falsch ist.

## 13.
*Verifizierbarkeit und Störungsfaktoren.*

Um die Übersicht über die verschiedenen Faktoren, die für die Determination und Verifikation des Ergebnisses eines Ereignisses von Bedeutung sind, abzuschließen, müssen wir uns noch bei den schwierigsten aufhalten. Es sind jene, welche das Ergebnis verändern, auf die Verifizierbarkeit eines Ereignisses Einfluß nehmen oder Zweifel über derartige Störungsmöglichkeiten verursachen können, aus Motiven, welche die darin verwickelten Individuen und deren Interessen betreffen.

Viele Fälle sind wohl bekannt, und wir werden Beispiele bringen, ohne dazu viel sagen zu können. Die gründlichere (und wahrscheinlich neue) Betrachtung wird jedoch jene sein, die die Ereignisse der dreiwertigen Logik, die in Nr. 10–12 besprochen wurden, betrifft, die man anscheinend nicht vollständig definieren kann, ohne auf derartige Motive möglicher Störung zu stoßen. Beginnen wir jedoch bei den bekannteren und selbstverständlicheren Fällen.

Es gibt Ereignisse, auf welche der Wille von Individuen Einfluß nimmt und an sich besteht gar kein Unterschied zwischen diesem Fall und dem von Ereignissen, die von Tieren oder natürlichen Tatsachen abhängen. Ein Unterschied, ein Störungsfaktor tritt auf, wenn dieser Wille durch Tatsachen beeinflußt werden kann, die Gegenstand unserer Studie sind und in dieser Weise den Gegenstand dieser Studie selbst verändern. Dies tritt ein, wenn die Bewertung einer Wahrscheinlichkeit, die Kenntnis einer derartigen Bewertung, das Zustandekommen von Verträgen auf Grund einer derartigen Bewertung, die Umstände modifizieren, auf die sich die Bewertung selbst gründete.

Gewiß: auch hier sprechen wir von Wahrscheinlichkeit und nicht von Zeit. Aber ihrer müssen wir uns bedienen, um die Situationen darzustellen, während der Gegenstand der Betrachtung die Schwierigkeit ist, den Nachteil durch nähere Angaben in der Beschreibung eines Ereignisses zu vermeiden.

Die Bewertung der Wahrscheinlichkeit eines Ereignisses kann auf dessen Verifikation Einfluß nehmen. Wenn jemand in einem gegebenen

Moment, auch ohne Ursache, oder auf Grund oberflächlicher Eindrücke glaubt, daß die Gefahr eines Verkehrsunfalles gewachsen ist, wird er bemüht sein, vorsichtiger zu sein und das Risiko wird abnehmen. Handelt es sich dagegen um ein erwünschtes Ereignis, wie Erfolg bei einem Unternehmen, einer Prüfung, einem Bewerb, so kann ein Gefühl größeren Vertrauens bessere Bedingungen für den Erfolg schaffen.

Die Kenntnis der Wahrscheinlichkeitsbewertung anderer kann sehr starke Auswirkungen haben. Wenn die Erwartungen in einem für gut informiert geltenden Kreis pessimistisch (oder optimistisch) sind und eine immer größere Anzahl von Personen, die von dieser Meinung unterrichtet ist, sich verhält, als ob sie wahr wären, mögen die Erwartungen schließlich durch die Wirklichkeit bestätigt werden, selbst wenn sie ursprünglich unbegründet gewesen wären.

Der direktere Fall ist jedoch der des Einflusses der Bildung von Interessen bei Ausgang der Ereignisse. Im Falle der Versicherungen kann man zu simulierten oder beabsichtigten Unfällen kommen, aber dies ist wieder eine andere Art von Fällen, die man, bis zu einem gewissen Punkt als erkennbar betrachten kann. Schlimmer (vom logischen Standpunkt, weil garnicht erfaßbar) ist die Auswirkung geringerer Vorsicht, die ein Individuum, womöglich unbewußt, anwendet, weil er sich versichert weiß. Analoge Einflüsse gibt es, wenn das Ereignis mit einer Prämie zusammenhängt (z. B. ein Preis für den Spieler, der ein Tor schießt, oder einer, der unter alle Spieler zu verteilen ist), oder wenn Bewunderung oder Tadel damit zusammenhängen.

Noch mehr als auf das Ergebnis, und noch leichter, kann es einen Einfluß auf die Verifizierbarkeit geben: wer daran interessiert ist zu beweisen, daß ein Ereignis verifiziert wurde, wird darauf achten, davon informiert zu werden und die erforderliche Dokumentation zu erhalten und sie an die zuständige Stelle weiterzugeben, während derjenige, der daran interessiert ist, diese Nachricht zu verheimlichen, mehr oder weniger nachlässig sein wird, wenn er auch nicht versuchen wird, ihre Verbreitung zu behindern oder die Beweise verschwinden zu lassen.

Um all dies zu vermeiden, müßte man die Beschreibung des Ereignisses den Umständen nach so bis ins Kleinste durchführen, daß jede Möglichkeit einer Veränderung ausgeschlossen wird: und in der Tat enthalten die Klauseln der Versicherungsverträge reichlichste Einzelheiten über die Verpflichtungen des Versicherten, Risikoausschluß usw. aber selbstverständlich ist es nicht möglich, die Aufzählung über die leicht anzugebenden und zu erfassenden Fälle hinaus auszudehnen[45].

Eine noch verwirrtere Situation ist die der Theorie der Glücksspiele. Im einfachsten Fall hat man zwei Spieler, von denen jeder eine Entscheidung zu treffen hat (ohne die des anderen zu kennen) und das Ergebnis (Gewinn des einen und Verlust des anderen) hängt von den beiden Entscheidungen ab. Für jeden wäre es günstig, die Entscheidung des anderen zu kennen, um seine eigene entsprechend einzustellen; da er sie nicht kennt, wird er die Wahrscheinlichkeiten der verschiedenen Entscheidungen des anderen bewerten können, und zu diesem Zweck wird er an die analoge Schlußfolgerung denken, indem er sich in die Lage des anderen versetzt.

Diese und viele andere, viel kompliziertere Situationen sind Gegenstand von Studien in der Spieletheorie. Wir wollten jedoch alle bisher erwähnten Aspekte über Störungsfaktoren nur angeben, damit man vor ihnen auf der Hut sei und um vor den mehr oder weniger ernsten aber fast unvermeidlichen Nachteilen zu warnen, auf die man in den Fällen stößt, in denen sie auftreten.

Diese Fälle dienten uns vor allem zur Einführung, um nicht (zu Unrecht) den Fall als Einzelfall erscheinen zu lassen, der auftritt, wenn man die „dreiwertigen Ereignisse" gründlicher studiert. Besser gesagt, es gibt einen Einzelfall, der neu ist, aber er kommt später; er betrifft nicht den Störungsfaktor, der aus Entscheidungen abzuleiten ist, welche die Verifizierbarkeit beeinflussen können, obgleich dies der erste Aspekt ist, der zu untersuchen ist.

Ein bedingtes Ereignis $E|H$ bringt kein Problem dieser Art, wenn $E$ und $H$ sich innerhalb der festgesetzten Zeitspanne und in der festgesetzten Art und Weise sicher als wahr oder falsch bekannt ergeben. Wenn man sich z. B. vorstellt, es wäre eine Wette abgeschlossen worden – und dies ist unser Prüfstein – so werden wir dann ohne jede Möglichkeit eines Zweifels wissen, daß sie annulliert ist, wenn $H$ sich als falsch ergeben hat, daß sie gewonnen ist, wenn $H$ und auch $E$ sich als wahr ergeben haben, daß sie verloren ist, wenn $H$ sich als wahr ergeben hat, aber nicht $E$. Wenn aber $H$ oder $E$ oder beide nicht verifizierbar wären (in irgendeiner im voraus bestimmten Weise, z. B. inner-

[45] Anregende diesbezügliche Betrachtungen und Beispiele findet man in H. M. SARASON *Come impostare, interpretare e applicare le statistiche assicurative*, „Giorn. Ist. Ital. Attuari", I, 1965, S. 1–25.

halb einer Zeitspanne, in der die Wette entschieden sein soll)? Wir müssen vor allem vereinbaren, was in diesen Fällen aus der hypothetischen Wette werden sollte. Es scheint natürlich (und jedenfalls tun wir dies), folgendes zu vereinbaren: die Wette ist immer nur gewonnen oder verloren, wenn $H$ und $E$ wahr sind, bzw. $H$ und nicht $E$; sie wird annulliert, wie wenn $H$ sich als falsch ergibt, auch wenn $H$ sich als unbestimmt ergibt, oder wenn, obwohl $H$ sich als wahr erwiesen hat, $E$ sich als unbestimmt ergibt. Formal ausgedrückt, wenn man $E$ und $H$ als dreiwertige Ereignisse betrachtet, $E = E'|E''$, $H = H'|H''$, würde das bedingte Ereignis $E|H = (E'|E'')(H'|H'')$ (nach der Terminologie von Reichenbach der durch ihn eingeführten) „*Quasi-Implikation*" mit folgender „Wahrheitstafel" entsprechen:

| $E\|$ | | H: $W$ | $U$ | $F$ |
|---|---|---|---|---|
| $E$ | $W$ | $W$ | $U$ | $U$ |
| | $U$ | $U$ | $U$ | $U$ |
| | $F$ | $F$ | $U$ | $U$ |

(nach der Schreibweise von R. entspricht $E|H\ H \ni E$)

Mittels der vier einfachen (zweiwertigen) Ereignisse $E'$, $E''$, $H'$, $H''$ kann man folgendes ausdrücken:

$$E|H = (E'|E'')|(H'|H'') = \begin{cases} 1\ (W)\ \text{wenn}\ E'\,E''\,H'\,H'' \\ \emptyset\ (U)\ \text{wenn}\ \sim(E''\,H'\,H'') \\ 0\ (F)\ \text{wenn}\ \tilde{E}'\,E''\,H'\,H'' \end{cases}$$

d.h.

$$E|H = (E'|E'')|(H'|H'') = E'|(E''\,H'\,H'').$$

Das Auftreten von Störungsfaktoren ergibt sich, sobald man sich auch hier vorstellt, daß jemand auf das Ergebnis oder auf die Kenntnis des Ergebnisses von $E|H$ Einfluß nehmen könnte und der besondere Fall von größtem besonderen Interesse ist der, in welchem $H$ die Durchführung des Experimentes – oder häufiger, eines der Experimente bedeutet – aus welcher eine Information bezüglich des Ergebnisses von $E$ (sicher) abzuleiten ist (oder abgeleitet werden kann). Dies ist der Fall der Messungen und Experimente in der klassischen wie auch in der Quantenphysik und aller Forschungen und Eröffnungen, die geeignet sind, irgendeine Behauptung im praktischen Leben als sicher festzustellen. Man befindet sich eindeutig in dieser Situation, wenn $E$ gerade in dem Ergebnis eines Experimentes besteht, das ausdrücklich durchzuführen ist (z.B. $H$ = Aufwurf einer Münze, oder Start eines Satelliten und $E$ = Kopf, bzw. Eintreten in die Bahn). In einem solchen Fall hätte es überhaupt keinen Sinn mehr, ohne die notwendige Prämisse $H$ zu fragen, ob $E$ wahr oder falsch ist; aber der Fall, in dem man sich $E$ unabhängig von einem Experiment $H$, welches es beweist, als wahr oder falsch denkt, erscheint nicht mehr als ein anderer, wenn man sich effektiv um den Nachweis von $E$ bekümmert. Wir können wohl annehmen, daß $E$ = Titius ist von einer gewissen Krankheit befallen, oder $E$ = diese Restsubstanz enthält Gifte, an sich wahre Behauptungen sind, unabhängig von der Tatsache ob wir wissen oder nicht wissen, daß sie wahr oder falsch sind. Für uns, d.h. für jeden, der wissen will, ob $E$ wahr oder falsch *ist* (und nicht nur sagen möchte, daß es wahr oder falsch ist), wird $E$ in Wirklichkeit durch $E|H$ zu ersetzen sein, wobei $H$ die Durchführung einer Vergewisserung bedeutet. Wir können z.B. sagen $H$ = Titius wird Untersuchungen unterzogen, um sicher festzustellen, ob er von einer gewissen Krankheit befallen ist, oder ein Restbestand einer Substanz wird analysiert, um sicher festzustellen, ob er Gifte enthält, und $E$ = die positive Konklusion. Aber welche Untersuchungen und welche Analysen?

Wir schließen den Verdacht aus, daß ein Experiment $H$ (z.B. Untersuchungen oder Analysen in den oben genannten Beispielen) eine falsche Antwort erbringen könnte. Dies wäre in der Tat nicht absurd, weil Experimente mit Ereignissen, die mit dem festzustellenden in Korrelation stehen, nur bewirken können, daß die Wahrscheinlichkeit, die wir ihnen zuschreiben, größer oder kleiner wird: es liegt alles daran, zu vereinbaren, daß wir eine Antwort nur dann als gegeben erachten, wenn sie sicher ist und daß wir $E$ unbestimmt nennen, wenn die erfolgten Vergewisserungen nicht ausreichen, um den Zweifel auszuschließen. Ebenso wie es im Falle „mangelhafter Beweise" unzulässig wäre, einen Angeklagten für schuldig oder unschuldig zu erklären.

Der Fall, in welchem man bei Durchführung eines Experimentes $H$ sicher eine Antwort erhält, ist jedoch selten; der normalere Fall (zumindest dann, wenn die Fälle genug komplex sind, um die Anwendung derartiger Betrachtungen der Mühe wert zu machen) ist der, in dem $H$ eine Antwort geben kann (und dann ist die Antwort exakt), oder auch garkeine geben kann (und dann bleibt $E$ unbestimmt). Streng genommen, müßte $H$ nicht die einfache Durchführung eines gewissen Experimentes bedeuten, sondern die erfolgreiche Durchführung (in dem Sinne, daß die Antwort in Bezug auf $E$ JA oder NEIN und nicht JEIN lauten müßte), oder, wenn man noch genauer sein wollte, könnte man $H = K'/K$ setzen, wobei $K$ die Durchführung eines gewissen Experimentes (das man jetzt mit $K$ bezeichnen würde) bedeutet), $K'$ die Tatsache, daß $K$ erfolgreich war und $H$ die Durchführung und den Erfolg von $K$, d.h. die Hypothese, welche die Feststellung der Wahrheit oder Falschheit von $E$ sichert)[46].

Im allgemeinen wird jedoch das Experiment $K$, das wir durchführen können (oder auch nicht), um $E$ festzustellen, nicht einmal ein einziges sein: es wird verschiedene mögliche Experimente $K_1, K_2, K_3, \ldots$ geben (und auch, wenn es nach der „Art" des Experimentes nur eines geben würde, könnten wir immer den Moment wählen, oder das Hilfsmittel, oder denjenigen, der das Experiment durchführt) und sie werden vereinbar sein können oder nicht (eventuell auch im Sinne von wiederholbar im Falle des Mißerfolges) und aus verschiedenen Motiven, von der physikalischen Unvereinbarkeit zu entsprechenden Begrenzungen (z.B. Zeitmangel, Mangel an Hilfsmitteln oder verfügbarem Personal, verfügbaren Fonds, der zu analysierenden Substanz usw., usw.). Um die Schreibweise nicht weiter zu komplizieren, können wir uns vorstellen, daß die Aufzählung $K_i$ nicht nur die einzelnen Experimente umfaßt (z.B. $K_1, K_2, \ldots, K_{38}$ würden die Durchführung nur eines der verschiedenen möglichen Experimente anzeigen, von denen wir 38 annehmen), sondern alle möglichen Kombinationen und Strategien (z.B. die, welche darin besteht, zuerst die Experimente $K_5, K_{19}$ und $K_{22}$, durchzuführen, dann, wenn diese alle erfolglos waren, $K_7$, und wenn dies noch nicht genügt, $K_9$ und $K_{31}$ simultan, worauf man auf jeden Fall aufhört; und dies wäre eine Strategie, die mit einer Zahl bezeichnet wird, die höher ist, als 38, z.B. $K_{728}$). Für jedes $K_i$ wird $K'_i$ bedeuten, daß $K_i$ Erfolg hatte, d.h. daß festgestellt werden konnte, ob $E$ wahr oder falsch ist; im Falle eines einzelnen Experimentes, sagen wir $K_2$, wird $K'_2$ den Erfolg dieses Experimentes bedeuten; im allgemeinen Fall, z.B. $K_{728}$, wird $K'_{728}$ bedeuten, daß eines der in dieser Strategie vorgesehenen Experimente Erfolg gehabt hat (worauf die folgenden – wenn man sich in einer „Folge-Strategie" wie im Beispiel $K_{728}$ befindet –

---

[46] Nur auf diese Weise vermeidet man, $E$ an sich (abgesehen von $E|H$, das nach den jetzigen Symbolen $E|K$ wird) als dreiwertiges Ereignis zu betrachten (indeterminiert, ungeachtet der – erfolglosen – Durchführung des Experimentes). Da wir im Zweifel sind, ob es effektiv zweckmäßig ist, diese Bezeichnungen nicht nur hier für ein für allemal notwendige erklärende nähere Bestimmungen zu verwenden, vermeiden wir es, darauf zu dringen oder zu dem Vorzug Stellung zu nehmen, den man mehr oder weniger logisch vollkommenen Formen der Angabe geben sollte.

garnicht mehr durchgeführt werden). Bei Spezifizierung weiterer Einzelheiten (wie Zeitspannen und Modalitäten der Durchführung der Experimente, deren eventuelle Wiederholungen usw.) würden die zu unterscheidenden Strategien im umgekehrten Verhältnis wachsen, im Sinne unserer Angaben würde es sich jedoch lediglich darum handeln, die Liste der $K_i$ zu verlängern.

In dieser Weise ist das Problem der sicheren Feststellung von $E$ praktisch das der Feststellung eines der bedingten Ereignisse $E|K_i$, je nachdem, wie wir $K_i$ willkürlich innerhalb des durch die eventuellen Begrenzungen (von Zeit, Mitteln usw.) zugestandenen Bereiches wählen. Und nun ergibt sich, daß die Freiheit dieser Wahl bewirkt, daß die Verifizierbarkeit von $E$ dadurch beeinflußt wird. Als extreme Fälle wird es Experimente in nur einer Richtung geben können, d.h. solche, die beweisen, daß $E$ wahr ist, oder garnichts beweisen (oder umgekehrt). Wenn ein Experiment besagen kann, daß eine Flüssigkeit reines Wasser ist oder nicht und ein anderes, ob darin Strychnin enthalten ist oder nicht, und die Frage ist, ob die Flüssigkeit giftig ist oder nicht, so kann das erstere nur eine negative Antwort liefern und das letztere nur eine positive, weil das Wissen, daß es sich um kein reines Wasser handelt und daß darin kein Strychnin enthalten ist, nicht genügt, um die Giftigkeit auszuschließen oder zu beweisen. Und auch wenn man von diesen extremen Fällen absieht, wird jede Methode (durch ihre Art selbst und in Anbetracht der früheren Erfahrungen, je nach Bewertung der einzelnen) verschiedene Charakteristiken im Funktionieren und verschiedene Wahrscheinlichkeiten des Mißerfolges haben, je nachdem, ob $E$ wahr oder falsch ist.

Bisher handelt es sich um einen Fall des Vorhandenseins von Störungsfaktoren wie jeder andere (wenn er auch besondere Beachtung verdient, weil sie vielleicht verborgener sind als in der Mehrzahl der anderen Beispiele). Die schwerwiegendste und eigenste Tatsache in diesem Fall ist eine andere, welche – wie anfänglich angedeutet – „nach" der bereits durchgeführten Analyse der Experimente $K_i$, deren Erfolg $K_i'$ und der daraus folgenden Verwirklichung der entsprechenden Hypothesen $H_i$ „kommt".

Das neue Faktum ist, daß man, um realistisch zu sein, auch $E$ durch $E_i$ ersetzen müßte. Und wir wollen sofort erklären, was wir meinen. Wenn wir das Experiment $K_i$ durchführen, liefert uns der Erfolg, $K_i'$, nicht unmittelbar die Antwort „$E$ ist wahr" oder „$E$ ist falsch"; jene Tatsache, die wir mit dieser Aussage behaupten oder leugnen wollen, wird für uns nicht direkt sichtbar. Und auch wenn es sich allgemeiner darum handelt, eine Größe zu messen, wird uns dadurch nicht ermöglicht, ihren Wert festzustellen, indem die Größe für uns sichtbar oder greifbar wird. Die Antwort reduziert sich auf ein Signal (eine Bewegung, ein Licht, ein Ton, eine Färbung usw.; für Größen, die Stellung eines Zeigers, die Angabe eines Zählers, die Höhe einer Quecksilbersäule); für ein Ereignis werden wir zwei Signale haben, $E_i$ und $\tilde{E}_i$, als mögliche Antworten auf das Experiment $K_i$ (außer der Nicht-Antwort, oder, wenn man will, Antwort $\emptyset$ oder Antwort $\tilde{K}'_i$), von Experiment zu Experiment verschieden; *aber* – wird man sagen – *dies ist insofern irrelevant, als wir wissen, daß sie dem Wahr- oder Falschsein von E entsprechen*[47].

Einverstanden ..., aber was heißt dies genau? Der obige Satz, so einfach, klar und aufrichtig, eignet sich bestens bei einer ebenso einfachen und klaren Hypothese, und daher, wenn wir annehmen, daß eines unter den vielen Experimenten als *Definition* von $E$ angenommen wurde (z. B. das gewählte ist $K_{13}$, $E$ bedeutet $E_{13}$, oder besser $E_{13}|K_{13}$), und daß dieses Experiment immer möglich ist und immer Erfolg hat. Dann kann die Behauptung, daß $E$ wahr ist, weil ein anderes Experiment, $K_4$, als Antwort das Signal $E_4$ ergeben hat, durch den Vorbehalt aufgewertet werden: „daher ist es sicher, daß, wenn man das Experiment $K_{13}$ durchführt, die Antwort $E_{13}$ lautet, d.h. $E$: es ist überflüssig, es durchzuführen, weil es mühsam, teuer, usw. ist, wenn Du aber so nicht glaubst, so versuche es und Du wirst sehen!" So gebe ich z. B. die Höhe eines Turmes auf Entfernung mit trigonometrischen Mitteln an, oder indem ich beobachte, in welcher Zeit die Steine, die jemand zum Vergnügen von der Spitze fallen läßt, den Boden erreichen und ich kann zu jemand, der mir nicht glaubt, sagen: „Geh hin und miß selbst". Und man kann voraussetzen, daß dieses Argument im allgemeinen auch gültig bleibt, wenn die Aufforderung immer weniger realistisch wird (Entfernung vom Erdinneren, Entfernung zweier Punkte auf dem Mond, zwischen zwei Sternen oder Galaxien); aber, wenn jemand nicht glauben wollte?

Worauf können wir, in Ermangelung eines Kriteriums, welches, wie im obigen hypothetischen Fall geeignet wäre, wegen seiner Signifikanz und der (zumindest theoretisch) immer möglichen Anwendung mit sicherem Erfolg und vor allem für Behauptungen, die nicht unmittelbar

---

[47] Siehe die Betrachtungen von H. Jeffreys, bereits zitiert in XI, I, 1, Ende).

erfaßbar und mit verwirrenden Eigenschaften ausgestattet sind (wie „Wellen" und „Korpuskel"), als Definition übernommen zu werden, zurückgreifen? Wir können alle Experimente $K_i$ (und es genügen die einfachen, nicht die Strategien) mit den entsprechenden Antwortsignalen angeben und beobachten, daß, gleichviel welche und wieviele $K_i$ vorhanden sind und angewandt werden, sie in allen Erfolgsfällen übereinstimmende Antworten liefern: entweder immer $E_i$ oder immer $\bar{E}_i$. Dies sichert praktisch die Signifikanz des an $E$ gebundenen Begriffes (oder sonst, einer Größe) und dessen Einheitlichkeit, sofern nur die Koinzidenz der Antwort bei zwei beliebigen Methoden $K_i$ und $K_j$ experimentell verifiziert werden kann, indem man die eine und die andere auf denselben Fall anwendet, oder zumindest indirekt durch eine Kette von Äquivalenzen, deren jedes einzelne Glied so verifizierbar ist.

Wie aber, wenn es sich um Fälle handelt, in denen verschiedene Experimente über denselben Fall nicht möglich sind? Jede Bemerkung der Art: „nach Beobachtung der Antwort $E_i$ auf das Experiment $K_i$ wissen wir, daß wir, *wenn* wir das Experiment $K_j$ *gemacht hätten*, wir die Antwort $E_j$ *erhalten hätten*", ist vollständig inhaltslos, weil die Prämisse falsch ist. Es handelt sich um die Situation, die bereits, wenn auch scherzhaft, in Kap. IV, Nr. 1, durch die Frage angedeutet wurde: „Ist es wahr oder falsch, daß ich, wenn ich zur napoleonischen Zeit gelebt und an der Schlacht bei Austerlitz teilgenommen hätte, eine Wunde am Arm erhalten hatte??"

Es mag das Vertrauen in eine Verallgemeinerung vorherrschen, die in ihrer Art weiter geht, als jene, die von der unmittelbaren Verifizierbarkeit indirekter Längenmasse nach „menschlicher" Skala dazu führte, diese für unerreichbare Entfernungen anzuerkennen; es ist eine Verallgemeinerung notwendig, welche die Kohärenz und Gültigkeit (gerechtfertigt durch viele indirekte Versuche) der gesamten Menge von Theorien, Schlußfolgerungen und Rechnungen anerkennt, welche das wissenschaftliche Weltbild bildet.

Es steht jedoch fest, daß der gewöhnliche „Mann auf der Straße" nur an diese Dinge glaubt, weil er nicht versteht, daß sie viel schwieriger und empfindlicher sind, als er sich je vorstellen könnte. Die logische Situation ist für ihn, im schlimmsten hypothetischen Fall, die folgende: Es wird ihm erklärt, daß das Wahrsein von $E$ (sagen wir, ein Ereignis, auf das er wetten möchte) nach einer und nur einer unter den vielen Modalitäten, aus deren Durchführung das Experiment $K_i$ besteht und durch das sich daraus ergebende Antwortsignal verifiziert werden kann (die Auswahl trifft derjenige, der das Experiment durchführt: sie bringt *die Information über die Tatsache selbst*). Aber diese wesentliche Behauptung sagt dem Mann auf der Straße überhaupt nichts, weil er nicht weiß, um welche Tatsache es sich handelt (auch für den Wissenschaftler ist es eine sehr geistige Überzeugung; aber der interessiert uns hier nicht). Der Mann auf der Straße weiß effektiv nur, daß er auf das Ergebnis eines Experimentes wetten kann, das der andere auswählt; er wird (wohlgemerkt im logischen Sinn: nicht in der Praxis, wo der Verdacht zu tadeln ist), daher denken können, daß die Wahl zu seinem Nachteil getroffen wird, z. B. indem man versucht, für ihn eine weiße Kugel aus einer Urne zu ziehen, die nur schwarze Kugeln enthält, und die zu der Kollektion von Urnen gehört, unter denen eine auszuwählen ist.

Abgesehen von den mehr oder weniger bilderreichen Erklärungen scheint es, daß die (negative und besorgniserregende) Konklusion nur folgende sein kann: *es gelingt nicht, einer Aussage E (oder einer Größe X) mittels einer Kollektion von Aussagen* $E_i|H_i$ *mit operativer Bedeutung eine operative Bedeutung zu geben, ohne auf die Aussage (ohne operative Bedeutung, weil die Hypothesen* $H_i$ *unvereinbar sind) der notwendigen Übereinstimmung aller erhältlichen Ergebnisse* $E_i$ *zurückzugreifen.*

## 14.
## *Von der „Möglichkeit" zur „Wahrscheinlichkeit".*

Die Logik des Gewissen unterscheidet nur Ereignisse, die wahr oder falsch sind und die (für uns, in unserer mehr oder weniger momentanen Unkenntnis) nur *möglich* (ungewiß) anstatt sicher oder unmöglich sein können[48]. Wir haben innerhalb dieses Bereiches kritische Fragen geprüft, als einleitende Erforschung des Bereiches, in welchem man die Logik des Wahrscheinlichen einführen und anwenden muß.

Es ist nun der Augenblick gekommen, die hauptsächlichsten kritischen Fragen der Reihe nach zu überprüfen, die in besonderer Art dem

[48] Wir befassen uns nicht mit der Eventualität der „Indetermination", wovon in Nr. 9–12, da wir annehmen, daß der Fall mittels der bedingten Ereignisse in den Bereich der zweiwertigen Logik zurückzuführen ist.

Argument angehören, das uns direkt interessiert: der Wahrscheinlichkeitstheorie.

Es ist hier nicht angebracht, sich zu wiederholen und zu tun, als müßte man wieder bei Null anfangen: viele Fragen sind aufgetreten und viele Bemerkungen notwendig erschienen, sowie die Abhandlung im Text fortschritt und es wird zweckmäßig sein, sich ihrer zu erinnern, um sie zu koordinieren, zu vervollständigen und zu vertiefen, um als Synthese und Konklusion, ein hoffentlich genügend organisches Bild zu vermitteln.

Wir wollen sogar sogleich mit der Schaffung eines Rahmens beginnen, der sowohl die Argumente betrifft, für welche wir uns darauf beschränken werden, an bereits gesagte Dinge zu erinnern oder hier Ergänzungen hinzuzufügen, als auch jene, die wir dann wieder aufnehmen werden, weil sie weitere Entwicklungen und Vertiefungen verdienen.

Als Axiome werden wir ohne weiteres die annehmen, die bereits auf Grund unserer subjektivistischen Darstellung festgesetzt wurden. Dies wird die technisch neutrale Möglichkeit von Vergleichen durchaus nicht beeinträchtigen, die sogar erleichtert sein wird, weil dieser Ausgangspunkt den kleinsten Kern der Bedingungen bildet, die in allen Theorien anerkannt werden. Die subjektivistische ist, wie bereits mehrfach gesagt (bewußt), insofern die *schwächere* Theorie, als sie nur die Kohärenz verlangt, ohne sich anzumaßen, in die Freiheit der Bewertungen eines Individuums einzugreifen, der diese nach anderen Aspekten beurteilt.

Über diese Begriffe wird man einen Vergleich verschiedener Ansichten unter vielfachen Aspekten einführen können: Interpretationen des Begriffes der Wahrscheinlichkeit, mathematische Besonderheiten, qualitative Formulierungen.

Die Interpretationen des Wahrscheinlichkeitsbegriffes im (angeblich) objektiven Sinne, die sich auf die Symmetrie (gleich wahrscheinliche Fälle: klassische Theorie) oder auf die Häufigkeit (wiederholte Versuche eines Phänomens: statistische Theorie) gründen, liefern Kriterien, die auch von den Subjektivisten angenommen und angewandt werden (wie dies in diesem Buch weitgehend geschehen ist). Es handelt sich nicht darum, sie abzulehnen oder gering zu achten; der Unterschied liegt darin, herauszuheben, wie sie immer in ein subjektives Urteil zu integrieren sind und sich in besonderen Situationen (mehr oder weniger direkt) als anwendbar ergeben, sodaß man, wenn man dies oder jenes davon in die Axiome einführen wollte, eine verformte, einseitige, zwitterhafte Konstruktion erhalten würde.

Die mathematischen Besonderheiten sind immer dieselben, die wir bereits wiederholt vorgefunden und behandelt haben, und die sich aus der Einstellung zu Nullwahrscheinlichkeiten, vollständiger Additivität und Bedeutung der asymptotischen Gesetze ergeben. Diesbezüglich werden wir uns bei mehreren weiteren Entwicklungen aufhalten, die in den Kapiteln III, IV und VI ausgelassen wurden, um die Darstellung nicht zu sehr (und verfrüht) zu beschweren und wir werden Hinweise über manche neuen Aspekte hinzufügen. Diese Betrachtungen werden (zusammen mit manchen anderen) ermöglichen, die Unterschiede zwischen der hier verfolgten axiomatischen Darstellung und der von Kolmogorow (1933) gelieferten, der im allgemeinen die Abhandlungen der letzten Jahrzehnte entsprechen, zu erkennen und kurz zu kommentieren.

Schließlich wird unter „qualitativen Formulierungen" auf zwei unterschiedliche Argumente hinzuweisen sein. Das erste betrifft die Möglichkeit, von rein qualitativen Axiomen auszugehen, d.h. solchen, die Vergleiche zwischen Wahrscheinlichkeiten von Ereignissen (dieses ist mehr oder weniger wahrscheinlich als jenes) betreffen, ohne zahlenmäßige Wahrscheinlichkeiten einzuführen, wobei man jedoch letztlich mittels derartiger Vergleiche zu solchen gelangt. Das zweite betrifft dagegen die (kürzlich von verschiedenen Autoren vertretene) Thesis einer eigenen Unbestimmtheit der Wahrscheinlichkeiten, durch welche man, anstatt eines eindeutig bestimmten Wertes $p$ nur Begrenzungen (zwischen einem Minimum und einem Maximum, $p'$ und $p''$) angeben könnte. Daß uns eine Wahrscheinlichkeitsbewertung oft mehr oder weniger vage erscheint, ist nicht zu leugnen; noch vager (ohne effektiven Sinn) scheint es jedoch, dieser Unklarheit Grenzen zu setzen.

## 15.
## *Die Axiome 1°. und 2°.*

Die gesamte entwickelte Abhandlung war von wenigen Eigenschaften abzuleiten, die an gegebener Stelle als Kohärenzbedingungen gerechtfertigt wurden. Um sie nun von einem abstrakten Gesichtspunkt aus aufzubauen, wird es genügen, diese Eigenschaften als Axiome anzunehmen.

Es wird sich um zwei Axiome (1° und 2°) handeln, welche die Erwartungen betreffen und um ein 3°, bezüglich der bedingten Erwartungen. Von diesem letzteren (notwendig, um die Gültigkeit der beiden ersteren in einem besonderen Fall auszudehnen) werden wir später (in Nr. 16) sprechen. Hier sind die beiden ersten:

Axiom 1: *Nichtnegativität*:

wenn *sicher* $X \geqq 0$ ist, muß auch $\mathbf{P}(X) \geqq 0$ sein;

Axiom 2: *Additivität* (einfache):

$$\mathbf{P}(X+Y) = \mathbf{P}(X) + \mathbf{P}(Y).$$

Daraus folgt auch:

$$\mathbf{P}(aX) = a\mathbf{P}(X), \ \inf X \leqq \mathbf{P}(X) \leqq \sup X,$$

und die folgende Bedingung (Konvexität), welche die Axiome 1 und 2 zusammenfaßt:

*C: Jede lineare Gleichung (oder Ungleichung) zwischen Zufallszahlen $X_i$ muß für die entsprechenden Erwartungen $\mathbf{P}(X_i)$ geachtet werden*, nämlich

wenn *sicher* $c_1 X_1 + c_2 X_2 + \ldots + c_n X_n = c$ (oder $\geqq c$)
ist, ist
*notwendigerweise* $c_1 \mathbf{P}(X_1) + c_2 \mathbf{P}(X_2) + \ldots + c_n \mathbf{P}(X_n) = c$ (oder $\geqq c$).

In anderer Form kann man ($C$) auch schreiben (indem man die Differenz bildet):

*($C'$) Keine Linearkombination der (gleichwertigen!) Zufallszahlen $X_h - \mathbf{P}(X_h)$ kann uniform positiv sein*, d.h. die $\mathbf{P}(X_h)$ müssen so gewählt werden, daß es, welche auch immer die $c_1, c_2, \ldots, c_n$ sind, *kein $c > 0$ gibt, sodaß sicher*

$$c_1(X_1 - \mathbf{P}(X_1)) + c_2(X_2 - \mathbf{P}(X_2)) + \ldots + c_n(X_n - \mathbf{P}(X_n)) \geqq c.$$

Wir könnten als weiteres (mögliches) Axiom das angeben, welches darin besteht, das Hinzufügen anderer Axiome auszuschließen, d.h. als Erwartungsfunktionen $\mathbf{P}$ alle die als zulässig zu betrachten, die den

Axiomen 1 und 2 genügen, d.h. der Bedingung $C$.[49] Dies ist übrigens implizit, wenn man nichts Gegenteiliges sagt. Jedenfalls wollen wir der Kürze halber jede Funktion **P**, die den Axiomen 1 und 2 genügt, als *kohärent* bezeichnen.

Wie gesagt (III, 10.7) kann eine kohärente Funktion **P**, die in einer gewissen Menge $\mathfrak{X}$ von Zufallszahlen (egal wie groß, im allgemeinen unendlich) definiert wurde, immer unter Beibehaltung der Kohärenz auf irgendeine andere Zufallszahl, sagen wir $X_0$ ausgedehnt werden. Jede Ungleichung vom Typus ($C'$) ergibt, wenn man sie in Bezug auf einen der Summanden löst (und es sei der, welcher sich auf $X_0$ bezieht, und wir setzen $c_0 \pm 1$ voraus: wenn dies nicht so wäre, würde es genügen, alles durch $|c_0|$ zu dividieren) ergibt für $\mathbf{P}(X_0)$ eine Ungleichung vom Typus

$$\mathbf{P}(X_0) \leqq \inf\{X_0 + \sum_{1}^{n}{}_h c_h(X_h - \mathbf{P}(X_h)) - c\} \quad (\text{oder} \geqq \sup\{\ldots\}).$$

Im Endergebnis erhalten wir $x' \leqq \mathbf{P}(X_0) \leqq x''$, wobei mit $x'$ das obere Extremum aller Begrenzungen durch Abrundung nach unten und mit $x''$ das untere Extremum der durch Abrundung nach oben angegeben wird. Wenn $x' = x''$ ist, wird sich die Verlängerung eindeutig ergeben:

$$\mathbf{P}(X_0) = x' = x'',$$

d.h. $\mathbf{P}(X_0)$ wird durch die in $\mathfrak{X}$ gegebenen Werte bestimmt sein; wenn $x' < x''$ ist, werden die für $\mathbf{P}(X_0)$ zulässigen Werte alle die eines geschlossenen Intervalles sein (was durch die Konvexität klar ist). Die Verlängerung wäre unmöglich, wenn $x' > x''$ wäre, doch schließt man dies aus, indem man beobachtet, daß dann eine Linearkombination $X_0 + \sum_i c_i(X_i - \mathbf{P}(X_i))$, immer $> x'$ und eine andere, $X_0 + \sum_j c_j(X_j - \mathbf{P}(X_j))$, immer $< x''$ existieren müßte; deren Differenz

[49] Man beachte, daß es sich nicht um die grundlegende Frage handelt, ob unter gegebenen Umständen alle kohärenten Bewertungen **P** (subjektive Auffassung) annehmbar sind, oder ob nur eine der Wirklichkeit entspricht (objektive Auffassungen); es handelt sich darum zu wissen, welche **P** formell auch für einen Objektivisten annehmbar sind (z.B. die **P**, die er übernehmen kann, wenn er Informationen erhält, die zur Zeit noch fehlen, über die Zusammensetzung von Urnen, Häufigkeiten statistischer Phänomene usw.), oder direkt, die er in Bezug auf das abstrakte Schema als möglich beurteilt, ohne zu wissen, welche konkreten Ereignisse die Symbole $E_1$, $E_2$ usw. darstellen. Dies ist übrigens die Einstellung der Vertreter jeder Tendenz, wenn sie sich mit dem Begriff des (abstrakten) „Wahrscheinlichkeitsfeldes" befassen.

($\sum_i - \sum_j$ : $X_0$ hebt sich auf) wäre dann $> x' - x'' > 0$, d.h. es bestünde ein Widerspruch zu ($C'$), schon in Präzedenz (in $\mathfrak{X}$), gegenüber der Hypothese.

Unter diesen Voraussetzungen ergibt sich unmittelbar, daß man ein $\mathbf{P}(X)$ für alle $X$ für jegliche Menge von Zufallszahlen (im besonderen ein $\mathbf{P}(E)$ für alle Ereignisse jeglicher Art, z.B. die, welche allen Mengen eines Raumes entsprechen) definieren kann, auch wenn man $\mathbf{P}(X)$ in einem gewissen Feld vorausbestimmt annimmt und dieses verlängert. Es genügt, wie dies jetzt geschehen ist, jeweils die Extension zu einem neuen $X$ mittels *transfiniter Induktion* vorzunehmen (wobei, wohlgemerkt, das Prinzip von Zermelo angenommen wird, um die $X_h$ in eine wohlgeordnete Menge zu bringen; die Indices – $h$, usw. – werden natürlich transfinite Ordinalzahlen sein). Man muß nur achten, daß sich bei den $X_k$ keine Schwierigkeiten ergeben, da sie keinen Vorläufer haben (wie $X_\omega$, wo $\omega$ im allgemeinen die erste Ordinalzahl nach allen natürlichen Zahlen bedeutet[50]); in unserem Falle wäre der Widerspruch jedoch aus der Gegenüberstellung zwischen zwei *endlichen* Linearkombinationen abzuleiten und hätte mit dem letzten der den $X_h$, die darin vorkommen, entsprechenden Schritte auftreten müssen (und die unendliche Anzahl der Schritte zwischen diesem $X_h$ und unserem $X_k$ hat mit der Schlußfolgerung nichts zu tun).

Kehren wir nun zum Problem der Verlängerung zurück, um uns bei der Prüfung aufzuhalten, wann diese sich als eindeutig ergibt. Ein selbstverständlicher Fall ist der der Verlängerung auf eine Zufallszahl $X_0$, die linear von denen des Ausgangsfeldes $\mathfrak{X}$ abhängig ist, d.h. dem linearen System $\mathfrak{L}$ angehört, das durch die $\mathfrak{X}$ erzeugt wird; in diesem Falle besteht die Eindeutigkeit für jegliches $\mathbf{P}$.

Die Bedingung ($C$) zeigt jedoch, welche die Situation in Bezug auf ein besonderes $\mathbf{P}$ ist: anstatt linearer Relationen haben wir im allgemeinen lineare Ungleichungen $\sum_i c_i X_i \geqq c$, welche, wenn man sie in Bezug auf $X_0$ gelöst hat (wie dies für $X_0 - \mathbf{P}(X_0)$ kürzlich geschehen war), Zufallszahlen $X'$ und $X''$ ergeben, Linearkombinationen von Zufallszahlen des Feldes $\mathfrak{X}$, und somit zu $\mathfrak{L}$ gehörig, minorisierend und

[50] Auch das Maß von Lebesgue kann unter Wahrung der vollständigen Additivität auf irgendeine nicht meßbare Menge ausgedehnt werden, und somit auf beliebig viele, nach einander; jedoch kann sich in diesem Fall eine unendliche Anzahl von Schritten als widersprüchlich ergeben, ohne daß auch nur ein einzelner Schritt es ist (sowie es wahr ist, daß man eine Reihe von Divergenzen als solche erhält, wenn man den 1. Ausdruck durch 0 ersetzt, dann den 2., den 3. usw. indem man beliebig viele ... aber nicht unendlich viele mit 0 ersetzt).

majorisierend für $X: X' \leqq X$, bzw. $X \leqq X''$. Man beachte, wie dieses Problem dasselbe ist, das bereits in Kap. III, 2.4 an einem besonderen Fall gezeigt wurde; auch wenn man, wie hier, zum allgemeinen und abstrakten Fall übergeht, bleiben die Konklusionen im wesentlichen dieselben. Bei Variieren von $\mathbf{P}$ (definiert in $\mathfrak{X}$ und daher auf $\mathfrak{L}$, und im besonderen für die $X'$ und $X''$) wird das $X'$, für welches $\mathbf{P}(X')$ am größten ist, verschieden sein, $\mathbf{P}(X') = x'$ (oder, wenn $x'$ ein nicht maximales oberes Extremum ist, das $X'$, das zu wählen ist, um $\mathbf{P}(X')$ so nahe wie gewünscht bei $x'$ zu haben) (und ebenso für die $X''$). Nach Wahl der $X'$ und $X''$ in dieser Art erhält man $X' \leqq X \leqq X''$ mit $\mathbf{P}(X''-X') = x''-x'$ (oder $x''-x'+\varepsilon$, mit $\varepsilon > 0$ nach Belieben, falls es sich nicht um Maximum und Minimum handelt). Den Fall der Bestimmung der Verlängerung hat man also im allgemeinen, wenn eine Majorisierung und eine Minorisierung von $X$ vorhanden sind, sodaß deren Differenz $\Delta = X''-X' \geqq 0$ (sicher), $\mathbf{P}(\Delta) = 0$ oder $\mathbf{P}(\Delta) < \varepsilon$ bedeutet (allenfalls $\varepsilon > 0$ vorausbestimmt wäre).

Um herauszubringen, was sich aus der Bewertung der Wahrscheinlichkeit (und Erwartung) in einem gewissen linearen System $\mathfrak{L}$ mittels einer Erwartungs-Funktion $\mathbf{P}$ für die Wahrscheinlichkeiten (und Erwartungen) außerhalb dieses Feldes (für eine Zufallszahl $X$, oder im besonderen für ein Ereignis $E$, das nicht zu $\mathfrak{L}$ gehört) ergibt, ist es zweckmäßig (mutatis mutandis), die Formeln wie in (Kap. IV, 4.4) zu verwenden, und mit

$$\mathbf{P}^-_{\mathfrak{L}}(X) = x', \qquad \mathbf{P}^+_{\mathfrak{L}}(X) = x'', \qquad \mathbf{P}^+_{\mathfrak{L}}(X) = x,$$

das Minimum und das Maximum (im Text bereits mit $x'$ und $x''$ angegeben) der Werte $\mathbf{P}(X)$ anzugeben, die mit der Kenntnis von $\mathbf{P}$ in $\mathfrak{L}$ vereinbar sind, und bzw. ihren gemeinsamen Wert (wenn sie koinzidieren).

Wir werden davon noch – aus anderen Gründen – in (19.4) sprechen.

## 16.
## *Das dritte Axiom.*

Eine bedingte Wahrscheinlichkeit, $\mathbf{P}(E|H)$, oder bedingte Erwartung, $\mathbf{P}(X|H)$, wird, im Falle, daß $H$ nicht Nullwahrscheinlichkeit hat, mittels der nicht bedingten Wahrscheinlichkeiten und Erwartungen durch die folgende Formel ausgedrückt, die man, in einer abstrakten axiomatischen Abhandlung, als Definition annehmen kann:

$$\mathbf{P}(E|H) = \mathbf{P}(EH)/\mathbf{P}(H), \quad \mathbf{P}(X|H) = \mathbf{P}(XH)/\mathbf{P}(H).$$

In diesem Falle gibt es nichts wesentliches zu sagen, außer der Bemerkung, daß auch in diesem Falle eine Verlängerung (im Sinne von $\mathbf{P}\mathfrak{L}$) ein Intervall der Unbestimmtheit verursacht:

$$\mathbf{P}_{\mathfrak{L}}^{-}(X|H) \leqq \mathbf{P}(X|H) \leqq P_{\mathfrak{L}}^{+}(X|H).$$

Es seien nun in der Tat $\mathbf{P}_1$ und $\mathbf{P}_2$ zwei Verlängerungen von $\mathbf{P}$, wie in $\mathfrak{L}$ gegeben; diese werden $XH$ und $H$ folgende Werte geben:

$$\mathbf{P}_1(XH) = x_1, \quad \mathbf{P}_2(XH) = x_2, \quad \mathbf{P}_1(H) = h_1, \quad \mathbf{P}_2(H) = h_2.$$

Zusammen mit $\mathbf{P}_1$ und $\mathbf{P}_2$ werden auch deren konvexe Kombinationen, $\mathbf{P}_\lambda = \lambda\mathbf{P}_1 + (1-\lambda)\mathbf{P}_2 = \mathbf{P}_2 + \lambda(\mathbf{P}_1 - \mathbf{P}_2)$ $(0 \leqq \lambda \leqq 1)$ Verlängerungen von $\mathbf{P}$ sein und

$$\mathbf{P}_\lambda(X|H) = \mathbf{P}_\lambda(XH)/\mathbf{P}_\lambda(H) = \frac{x_2 + \lambda(x_1 - x_2)}{h_2 + \lambda(h_1 - h_2)} \text{ ergeben.}$$

Weil der Nenner sich nicht annulliert (in $0 \leqq \lambda \leqq 1$; oder höchstens in einem der Extreme, wenn eines der $h$ gleich Null ist, welchen Fall wir jedoch vorläufig nicht betrachten), steigt und fällt die Hyperbel monoton zwischen den extremen Werten

$$\mathbf{P}_1(X|H) = x_1/h_1 \quad \text{und} \quad \mathbf{P}_2(X|H) = x_2/h_2.$$

Die Menge der für $\mathbf{P}(X|H)$ in der Verlängerung möglichen Werte ist daher, wie behauptet, ein Intervall.

Der neue Fall ergibt sich, wenn $\mathbf{P}(H) = 0$ ist. Hat es Sinn und Zweck sich damit zu befassen? Wenn man als effektive und einzige Definition der bedingten Wahrscheinlichkeit und Erwartung die Formel mit $\mathbf{P}(H)$ als Nenner nehmen wollte, würde der Begriff, im besagten Falle, seinen Sinn verlieren. Wenn der Sinn direkt anderweitig gegeben ist, z.B. (wie dies in Kap. IV im Einklang mit dem subjektivistischen Standpunkt geschehen ist) durch bedingte Wetten, bleibt der Sinn gewahrt.

Es kommt dann nur das Theorem zu Fall, welches die Kohärenz (Theorem der zusammengesetzten Wahrscheinlichkeiten) in Verbindung mit einem nicht bedingten $\mathbf{P}$ ausdrückt, und auch das Kriterium der Kohärenz, wenn dessen Formulierung (IV, 2) von dem Vorhandensein einer „*sicher* geringeren" Strafe sprechen soll. Für die Extension der Begriffe und Regeln der Wahrscheinlichkeitsrechnung auf den neuen Fall, muß die Kohärenzbedingung dadurch *verstärkt* werden, daß man sagt, *daß die durch H bedingten Bewertungen bedingt durch H kohärent sein müssen* (d.h. unter der Hypothese, daß $H$ sich als wahr ergibt). Dies ergibt sich automatisch, wenn jemand $\mathbf{P}(H) \neq 0$ bewertet, in welchem Falle man auf die Sicherheit der Strafe im Falle der Inkohärenz zurückkommt: die Strafe für $\tilde{H}$ (IV, 3) ist in der Tat die Summe der Quadrate von $\mathbf{P}(H)$ und von $\mathbf{P}(EH)$, wenn aber $\mathbf{P}(H)$ und daher $\mathbf{P}(EH)$ gleich Null sind, so ergibt sich diese Strafe im Falle von $\tilde{H}$ ebenfalls als Null ($\tilde{H}$ mit Wahrscheinlichkeit $=1$ und jedenfalls möglich).

Auf die Selbstverständlichkeit dieser Verstärkung der Kohärenzbedingung ist jedoch nicht ganz zu vertrauen; es gibt verschiedene andere Arten der Verstärkung, die häufig als „selbstverständlich" angenommen werden und die doch zu Folgen führen, wonach wir sie als unzulässig beurteilen. Schwierigkeiten dieser Art scheinen sich in diesem Falle nicht zu ergeben, und auch die „Art" der Verstärkung scheint auf wesentlicheren Motivationen (d.h. weniger konventionellen oder formalen, oder solchen der „mathematical convenience") im Vergleich zu anderen zu beruhen, die bereits erwähnt wurden und die noch diskutiert werden sollen. Jedenfalls schlagen wir vor und setzen fest, die besagte Extension des Kohärenzbegriffes anzunehmen und darauf die Theorie der bedingten Wahrscheinlichkeiten aufzubauen, ohne den Fall, in welchem jemand $\mathbf{P}(H) = 0$ bewertet, auszuschließen oder zu unterscheiden.

Wollte man sich auf die Formulierung eines neuen Axioms stützen, so könnte dieses wie folgt ausgedrückt werden:

Axiom 3: *Den Kohärenzbedingungen (Axiom 1 und 2) wird auch durch die durch ein mögliches H bedingten* $\mathbf{P}_H$ *genügt*, wenn

$$\mathbf{P}_H(E) = \mathbf{P}(E|H), \qquad \mathbf{P}_H(E|A) = \mathbf{P}(E|AH)$$

angenommen wird.

Als Interpretation: $\mathbf{P}_H$ ist die Erwartungs-Funktion, die wir für den Fall voraussetzen können, in dem $H$ sich als wahr ergeben sollte, und das Axiom zwingt uns, diese eventuelle Bewertung so zu treffen, daß sie, wenn sie Effekt haben sollte, sich als kohärent ergeben müßte. Dies liegt implizit in der vorherigen Definition, sofern man $\mathbf{P}(H) \neq 0$

bewertet; Axiom 3 gebietet nur, in derselben Weise vorzugehen, allein durch die Tatsache, daß *H* möglich ist, daß wir uns effektiv entsprechend der Wahl von $\mathbf{P}_H$ verhalten könnten, auch wenn in dem Fall, in dem wir die Möglichkeit der Hypothese *H* als Null bewerten, die Sanktion der Strafe außerhalb des Falles *H* nicht funktioniert.

Axiom 3 erlaubt es, die Proportion der Wahrscheinlichkeiten irgendwelcher zwei Ereignisse *A* und *B*, auch mit Nullwahrscheinlichkeit, in der bereits in (IV, 18.2) eingeführten Art zu bewerten. Auf das Thema der Nullwahrscheinlichkeiten, das zum Teil bereits in Kap. IV (18.3–4) behandelt wurde, kommen wir ausdrücklich in (18.2) zurück.

## 17.
## *Zusammenhänge mit interpretativen Aspekten.*

Die Axiome einer abstrakten Theorie sind als solche frei und unabhängig von jeder Interpretation (welche, auf diesem Niveau, nicht einmal existiert, oder, um etwas weniger drastisch zu sein, unbekannt ist).

Ihre Auswahl ist jedoch natürlich durch die Bedeutung beeinflußt, die sie erhalten werden, wenn die Theorie in jenem Gebiet angewandt werden wird, für welches sie in Wirklichkeit aufgebaut wurde und in dem sie sich als passend modelliert erweisen soll[51].

Im Falle der Wahrscheinlichkeitstheorie hängt das Urteil über die Angebrachtheit der Axiome von der Auffassung der Wahrscheinlichkeit ab, und neben der subjektivistischen, an die wir uns gehalten haben, werden wir auch noch die „klassische" und die „statistische" zu betrachten haben.

Vom subjektivistischen Gesichtspunkt aus sind die Axiome insofern gültig, als sie die für die Kohärenz notwendigen und hinreichenden Bedingungen ausdrücken (von denen wir in den Kap. III und IV ausgegangen waren); und daher kann kein weiteres Axiom (das weitere Restriktionen schaffen würde) übernommen werden.

Es ist jedoch notwendig, auf eine subjektivistische Darstellung in rein psychologischen Sinn hinzuweisen, in der kein Axiom angenommen werden könnte: die, in welcher man an Wahrscheinlichkeitsbe-

[51] Wie (Fréchet schreibt den Ausspruch Destouches zu) recht glücklich gesagt wurde, würde ein Buch, das mit den Axiomen beginnt ein anderes voraussetzen, das erklärt, wie und warum und zu welchem Zweck diese Axiome ausgewählt wurden.

wertungen (im allgemeine inkohärente) denken würde, die irgendein Individuum ausspricht. Es ist klar, daß ohne entsprechende Vorbereitung und Überlegung jedermann auf jedem Gebiet inkohärente Antworten geben wird (z. B. indem er in unvereinbarer Weise Entfernungen oder Flächen oder Geschwindigkeiten usw. usw. schätzt), was aber nicht bedeutet, daß (wenn auch nur für ihn, in seinem Geist) eine andere Theorie (z.B. eine nicht euklidische Geometrie) existiert, die Gegenstand einer Studie sein könnte; Gegenstand einer Studie kann nur seine geringere oder größere intuitive Unfähigkeit für das Verständnis der Kohärenzbedingungen und das Vermeiden ihrer Überschreitung sein. Sonst müßte man sagen, daß er es bei einem Wettsystem vorziehen würde, sich so zu verhalten, daß er verliert.

Vom klassischen Standpunkt aus – Wahrscheinlichkeit, „definiert" als Verhältnis zwischen Zahl der günstigen und der möglichen Fälle, die aus Gründen der Symmetrie als „objektiv" gleich wahrscheinlich erachtet werden – sind die Axiome aus einfach arithmetischen Gründen wahr (Summe der Brüche: abgesehen von streng genommen notwendigen Nebenbetrachtungen). Das annehmbare **P** ist jedoch (in jedem angewandten Fall) nur eines. Die Betrachtung von Einteilungen in unendlich viele gleich wahrscheinliche Fälle (aus Symmetriegründen) müßte gültig erscheinen.

Als Extension dieses Gesichtspunktes kann man die „nezessaristischen" Konzessionen betrachten, die – aus *logischen* Gründen – die Wahrscheinlichkeit vieler Ereignisse auch außerhalb des „klassischen" Falles für eindeutig definiert erachten. Ein typisches Beispiel (und eines das die Anerkennung einer „abzählbar unendlichen Anzahl gleich wahrscheinlicher Fälle" bejaht) ist die Annahme einer uneigentlichen anfänglichen Verteilung (z.B. in $X$ uniform, oder in log $X$, usw.) seitens Jeffreys. Analog scheint der Gesichtspunkt von Carnap zu sein[52].

Vom statistischen Standpunkt – Wahrscheinlichkeit, als „Idealisierung der Häufigkeit" aufgefaßt – [53] trifft es immer zu, daß die Addi-

[52] Es ist immer schwer zu beurteilen, bis zu welchem Punkt Analogien wesentlich oder scheinbar sind (vor allem bei Autoren, die nach Vorbereitung und Umgebung verschieden sind).

[53] Es ist ein Satz der eigentlich nichts besagt, aber es ist die einzige Art, in der man viele konfuse Erklärungen der Verfechter dieser Auffassung erwähnen kann, und es mag sein, daß effektiv in ihnen überhaupt nichts Konsistentes zu „verstehen" vorhanden ist (andernfalls fehlt es mir an den erforderlichen Voraussetzungen um dieses schwierige Unterfangen zu bewältigen).

tivität aus arithmetischen Gründen besteht (wie in der klassischen Theorie). Das annehmbare **P** müßte ebenfalls einzig sein (weiterhin wie in der klassischen Theorie). Es ist jedoch schwer, Hypothesen über die Interpretation heiklerer Fälle zu riskieren (z.B. Nullwahrscheinlichkeiten).

Ein Versuch, die statistische Auffassung näher zu bestimmen, besteht in der Definition der Wahrscheinlichkeit, nicht als „Idealisierung", wohl aber als Limes der Häufigkeit (wenn die Anzahl $n$ der „Versuche" nach $\infty$ tendiert). Die Grenzhäufigkeit von „gerader Augenzahl" bei indefinit fortgesetztem Würfeln ist zweifellos die Summe der Grenzhäufigkeiten von „2", „4", „6", wenn diese Limiti existieren (und dies wird im betrachteten Schema vorausgesetzt). Ebenso klar scheint, daß diese Additivität bei unendlichen Einteilungen nicht (notwendigerweise) weiterbesteht: ein „Würfel mit einer (wir nehmen an abzählbar) unendlichen Anzahl von Flächen" könnte wohl jede Fläche mit Grenzhäufigkeit Null bringen[54] (er *müßte* es sogar, wenn man in irgendeiner Form weiterhin die Gleichwahrscheinlichkeit aller Flächen voraussetzen würde). Dies scheint jedoch unbekannt zu sein (siehe Kap. III, 11.6, Fall C8 = N8).

Wenn wir auch über unser Vorhaben einer kritischen Analyse einzelner Versuche der Axiomatisierung hinausgehen, scheint es doch notwendig, einige Überlegungen zu dem gegenwärtigen Fall zu bringen (wobei wir uns auf die Version von Mises beziehen, welche die am besten ausgearbeitete ist und eine Zeit der Gunst genossen hat).

Einerseits würde scheinen, daß die hypothetischen Sukzessionen mit determinierten Grenzhäufigkeiten „Idealisierungen" von Problemen (indefinit) „wiederholter Versuche" darstellen. Dies scheint sowohl durch Beschreibungen der Darstellung, die sich auf Ideen vom Typus „empirisches Gesetz des Zufalls" beziehen, als auch durch eine weitere Re-

---

[54] Ein „ziemlich rationales" Beispiel könnte darin bestehen, zu sagen, daß jede Oberfläche die Wahrscheinlichkeit $p_h = e^{-1}/h!$ hätte (bei den unendlich vielen Versuchen) $h$-mal aufzutreten, oder, wenn man dies vorzieht, daß bei 10000 „zufällig" im voraus festgesetzten Flächen „nach Erwartung" (oder, weniger gut, „im Mittel") folgendes Ergebnis zustandekommt:

| $10000p =$ | 3679 | 3679 | 1839 | 613 | 153 | 31 | 5 | 1 |
|---|---|---|---|---|---|---|---|---|
| mit $h =$ | 0 | 1 | 2 | 3 | 4 | 5 | 6 | 7 |

(d.h., daß sie 0, 1, 2, ..., 7 mal bei den unendlich vielen Versuchen auftreten werden, und nicht einmal eine – im Mittel circa 0,10 – mit 8 oder mehr Wiederholungen).
Es handelt sich um die Poisson-Verteilung mit $m = 1$, die asymptotisch im Spiel der Übereinstimmungen mit $n$ Gegenständen ($n \to \infty$) gilt, oder bei $n$ Zügen mit $n$ Kugeln (z.B. 90 Züge mit Zurücklegen der 90 Nummern der Tombola), immer für $n \to \infty$. Wir sagten, dies wäre „ziemlich rational" als Beispiel, aber nicht mehr als das, weil die Wahl dieses Schemas unter unendlich vielen anderen willkürlich ist: man denke z.B. an ein Variieren des obigen Schemas, indem man annimmt, daß bei Wachsen der Zahl $n$ = Anzahl der Kugeln die Zahl der Züge nicht $n$, sondern $2n$, oder $n^2$, oder $\sqrt{n}$ usw. sei.

striktion (das „Regellosigkeitsaxiom") aufgewertet, durch welches die scheinbaren Auswirkungen der Unabhängigkeit unter sukzessiven Versuchen in beschreibenden, objektiven Termini beschrieben werden sollten. Wird man Periodizität ausschließen müssen? das Gruppieren der Resultate in Blöcken (z.B., jede „Farbe" mindestens 3mal hintereinander)? die Sukzessionen, die durch Regeln zu definieren sind, die mittels einfacher mathematischer Formeln oder in Sätzen von nicht mehr als 100 Worten ausgedrückt werden können? Wahrscheinlich würde man jedesmal mit ja antworten. In Wirklichkeit besteht aber niemals Ursache, innezuhalten, ehe man alle Möglichkeiten ausgeschlossen hat, noch, umgekehrt, eine Rechtfertigung für den absoluten Ausschluß auch nur eines einzigen Falles.

Anderseits darf man, wenn man den effektiven Fall einer Sukzession behandeln will (einer indefiniten; für den Anfang nehmen wir sie als auf eine endliche Anzahl $n$ von Versuchen beschränkt an), die, nach den Theorien, die sich aus dieser Darstellung ergeben, gleiche Wahrscheinlichkeiten und Unabhängigkeit aufweist, nicht an die Sukzessionen im obigen Modell denken. Man muß an $n$ parallele Sukzessionen von $n$-Tupeln denken, die (sozusagen) eine fiktive Unendlichkeit von „Wiedergaben" der effektiven Sukzession zu $n$ „Versuchen" darstellen (für $n = \infty$, eine fiktive Unendlichkeit von Widergaben der gesamten effektiven Sukzession). Nur in diesem gehirnartigen Supermodell erwerben die einfachen und unmittelbaren Begriffe von Gleichwahrscheinlichkeit und Unabhängigkeit Sinn und man kann (korrekt) schließen, daß in den effektiven (Bernoulli-)Sukzessionen stochastische (schwache, quadratische, starke) Konvergenz vorhanden ist, aber keine sichere Konvergenz (wie im primitiven Schema postuliert).

Dieses erste Schema ist daher ein Phantasma, sogar ein Metaphantasma, dem man, um es den Unglücklichen, die die Täuschung nicht bemerken, genehm zu machen, Eigenschaften zuordnet, die trügerische und unvereinbare Karikaturen von wahrscheinlichen Eigenschaften effektiver Sukzessionen „wiederholter Versuche" sind. Indem man in mysteriöser Weise eine Unendlichkeit derartiger Metaphantasmen aufreiht und manipuliert, gelingt es, schließlich das zu sagen, was direkt zu sagen war (daß die Versuche gleich wahrscheinlich und unabhängig sind), aber mit dem Vorteil, die (subjektive) Bedeutung der Termini nicht zu verstehen und sich die Illusion zu verschaffen, daß der Hexensabbat arglistiger Akrobatien dazu geführt hätte, irgendein „objektives" Etwas zu demonstrieren oder zu definieren.

Zum Abschluß der Hinweise zu den verschiedenen Interpretationen erinnern wir daran, daß die subjektivistische Theorie zu keiner derselben im Gegensatz steht, sondern sie sogar alle anwendet. Es handelt sich nur darum, Berufungen auf Exklusivität abzulehnen, die zu verstümmelten und einseitigen Auffassungen führen; Entstellungen zu korrigieren, durch die sie objektivistisch erscheinen sollten; sie als Methoden zu betrachten, die sich in verschiedenen Situationen mehr oder weniger für den immer identischen Zweck eignen, die Überlegungen jedes einzelnen für die (immer subjektive) Bewertung der Wahrscheinlichkeit für jedes Ereignis, das von Interesse ist, zu fördern.

## 18.
## *Mathematische Aspekte betreffende Fragen.*

18.1. Die Aspekte, die wir nun untersuchen werden, sind die formaler, rein mathematischer Natur. In gewissem Sinne Eigenschaften der Funktion **P** und Bedeutung ihrer Folgen: Bedeutung im formalen Bereich, ohne Bezugnahme – wenn nicht gelegentlich zum Zwecke von Klärungen – auf die Unterschiede der Interpretation und Voraussetzungen für die Festsetzung der Axiome (wovon in Nr. 17 gesprochen wurde).

Zur allgemeinen Orientierung wird es zweckmäßig sein, die verschiedenen Fragen (einschließlich der bereits behandelten) in einem Vergleich zur axiomatischen Darstellung von Kolmogorov[55], die allen wohlbekannt und vertraut ist, aufzurollen.

Hier die grundlegenden Unstimmigkeiten:

1) NEIN zu den „atomaren Ereignissen" und daher zur systematischen Interpretation der Ereignisse als Mengen; NEIN zur Schaffung im voraus eines geschlossenen Ereignisfeldes (Prokrustesbett!), in das man sich einschließen muß. NEIN zu jeder anderen Restriktion (daß z. B. die Ereignisse, die man in einem gegebenen Moment oder in einem gegebenen Problem betrachtet, einen Körper bilden müssen).

2) NEIN zur Betrachtung eines einzigen **P** das unlösbar dem betrachteten Ereignisfeld anhaftet; dagegen, *alle* annehmbaren **P** (Menge $\mathfrak{P}$) charakterisieren; $\mathfrak{P}$ ergibt sich als geschlossen (III, 13) (ein **P**, das zu $\mathfrak{P}$ adhärent ist, gehört dazu; eine in der Axiomatik von Kolmogorov nicht gültige Eigenschaft).

3) Darstellungen direkt auf *Zufallszahlen* und *linearen* Operationen auf diesen Zufallszahlen basiert (im besonderen, einschließlich der *Ereignisse*), unter Vermeidung der Komplikationen einer weniger geeigneten Bezugnahme auf Boole'sche Operationen.

4) NEIN zur vollständigen Additivität (oder $\sigma$-Additivität[56]).

5) NEIN zur Umwandlung des Theorems der zusammengesetzten Wahrscheinlichkeiten in eine Definition der bedingten Wahrscheinlichkeiten, NEIN zu der daraus folgenden Bedingtheit derselben durch

---

[55] A. KOLMOGOROW, *Grundbegriffe der Wahrscheinlichkeitsrechnung*, Springer, Berlin 1933. Eine erste systematische Diskussion auf Grund eines Vergleiches mit dieser Theorie wurde von mir entwickelt in „*Sull'impostazione assiomatica del calcolo delle probabilita*, „Annali Triestini", XIX, Universität Triest, 1949.

die Hypothese $\mathbf{P}(H) \neq 0$; Aufbau –. dank der gegenwärtigen und vorhergehenden (4 und 5) Ablehnung – einer vollständigen Theorie der Nullwahrscheinlichkeiten.

6) Ich habe (in der Gedenkschrift, die in der früheren Anmerkung erwähnt wurde) Kritik an der Demonstration von Kolmogorow über die Vereinbarkeit seiner Postulate geübt (doch kann in dieser Sache Abhilfe geschaffen werden und es ergeben sich keine wesentlichen Auswirkungen).

Alle diese Fragen sind bereits mehr oder weniger ausführlich in diesem Buch und im Anhang besprochen worden; wir nehmen nur die wieder auf, die noch weiter zu entwickeln und dabei zu erklären sind.

18.2. *Nullwahrscheinlichkeiten.* Wir nehmen vor allem die zu diesem Argument (zu Ende des 16. Abschnittes) abgebrochenen Ausführungen wieder auf und wiederholen auf Grund des Axioms 2., die bereits gegebenen Demonstrationen und Definitionen (aus IV, 18.2).

Das dritte Axiom gestattet die Definition des Verhältnisses der Wahrscheinlichkeiten von zwei beliebigen Ereignissen, $A$ und $B$, wobei beobachtet wird, daß für alle $H$, die $A$ und $B$ enthalten (d. h. $H \supset A \vee B$), das Verhältnis $\mathbf{P}(A|H)/\mathbf{P}(B|H)$ sich nicht ändert (außer es erscheint eventuell als unbestimmt, 0/0). Es seien nun tatsächlich $H'$ und $H''$ Ereignisse, die $A \vee B$ enthalten und die nicht den Fall 0/0 ergeben, und es sei $H = H' - H''$ deren Produkt, welches es ebenfalls enthalten wird (oder man setzt $H = A \vee B$). Da sowohl $\mathbf{P}_{H'}$ als auch $\mathbf{P}_{H''}$ kohärent sein müssen, werden wir schreiben können:

$$\mathbf{P}_{H'}(A) = \mathbf{P}_{H'}(AH) = \mathbf{P}_{H'}(H) \,.\, \mathbf{P}_{H'}(A|H);$$

aber $\mathbf{P}_{H'}(A|H) = \mathbf{P}(A|HH') = \mathbf{P}(A|H)$, weil $H \subset H'$, $HH' = H$; schließlich im Endergebnis $\mathbf{P}_{H'}(A) = \mathbf{P}_{H'}(H) \,.\, \mathbf{P}(A|H)$, und daher $\mathbf{P}_{H'}(B) = \mathbf{P}_{H'}(H) \,.\, \mathbf{P}(B|H)$ und daher

$$\frac{\mathbf{P}_{H'}(A)}{\mathbf{P}_{H'}(B)} = \frac{\mathbf{P}_{H'}(H)}{\mathbf{P}_{H'}(H)} \cdot \frac{\mathbf{P}(A|H)}{\mathbf{P}(B|H)} = \frac{\mathbf{P}(A|H)}{\mathbf{P}(B|H)}.$$

[56] Wir erwähnen bei diesem Anlaß, daß, um sich auf den Weg der wegen „mathematical convenience" gemachten Annahmen zu begeben, nicht einmal die vollständige Additivität genügend restriktiv erscheint. Kolmogorov selbst und andere haben kürzlich Axiome („vollkommen" Additivität oder ähnliche) vorgeschlagen, welche die Prinzipien der probabilistischen Schlußfolgerung, die jeder Sterbliche braucht, einem äußerst spitzfindigem Wirrwarr der vorgeschobensten Mengentheorie geradezu unterordnen sollten. Siehe z. B. D. BLACKWELL *On a class of probability spaces*, in *Proc.* **3** *rd Berkeley Symp.*, Band II, S. 1–6 (1956) und dort zitierte Werke.

Dasselbe gilt für jedes $H''$ und im Endergebnis genügt es, um das Verhältnis zu erhalten, einfach $H = A \vee B = A + B - AB$ zu nehmen, da in diesem Falle sicher $\mathbf{P}_{H}(A) + \mathbf{P}_{H}(B) \geqq 1$ ist, und sich nicht das Resultat 0/0 ergeben kann.

Auf diese Weise hat die Schreibweise $\mathbf{P}(E|H) = \mathbf{P}(EH)/\mathbf{P}(H)$ *immer Sinn und Gültigkeit*, und ebenso jede Anwendung des Theorems der zusammengesetzten Wahrscheinlichkeiten, und im allgemeinen jede Operation mit Wahrscheinlichkeitsverhältnissen, solange diese Sinn haben (d.h., solange man nicht fiktiv unbestimmte Ausdrücke, $0/0$, $0.\infty$, $\infty/\infty$, einführt, die mit dem Verfahren zur Definition des Verhältnisses auf jeden Fall vermieden werden).

Die Nullwahrscheinlichkeiten bilden daher (wie bereits in VI, 18.3) gesehen, verschiedene Ordnungen oder Schichten; es wurde bereits (dort) bemerkt, wie man sehr reiche und komplexe Strukturen von Schichten schaffen kann, und wir werden in der Folge (18.3) sehen, was notwendigerweise diesbezüglich geschehen würde, wenn man das Axiom der vollständigen Additivität annehmen würde (oder, jedenfalls, wenn man voraussetzen würde, daß dieser Bedingung in einem in irgendeinem Beispiel betrachteten Feld genügt ist). Aber kehren wir zum allgemeinen Fall zurück.

Das Theorem der totalen Wahrscheinlichkeiten wird im erweiterten Sinn (einschließlich des Falles der Nullwahrscheinlichkeiten) aufzufassen sein: wenn $n$ unvereinbare Ereignisse, $E_1, E_2, \ldots, E_n$, gegeben sind, ist die Wahrscheinlichkeit des Summenereignisses $E$ die Summe der Nicht-Null-Wahrscheinlichkeiten (wenn solche vorhanden sind) und andernfalls *die Summe der Nullwahrscheinlichkeiten höchster Ordnung*. Wenn z.B. $E_3$ höchster Ordnung ist (d.h.: $\mathbf{P}(E_h)/\mathbf{P}(E_3) < \infty$, $h = 1, 2, \ldots, n$), so hat das Summenereignis die Wahrscheinlichkeit $\mathbf{P}(E) = \mathbf{P}(E_3)$, wenn für alle $h \neq 3$ das vorgenannte Verhältnis nicht nur $< \infty$ sondern $= 0$ ist, und im allgemeinen ist $\mathbf{P}(E) = \mathbf{P}(E_3)\sum_{1}^{n}{}_h\, c_h$, mit $c_h = \mathbf{P}(E_h)/\mathbf{P}(E_3)$ (wo $c_3 = 1$, andere $c_h$ können nicht Null, kleiner oder größer als 1 sein und die, die Null sind, zählen nicht).

Die Einführung der bedingten Wahrscheinlichkeiten ohne die Restriktion, daß die „Hypothese“ nicht Nullwahrscheinlichkeit habe, und die daraus folgende Möglichkeit, Null-Wahrscheinlichkeiten unter einander zu vergleichen, ist von theoretischer und praktischer Bedeutung: nicht nur, weil vorauszusehen ist, daß sich interessante Anwendungsmöglichkeiten ergeben, als vielmehr weil sie eine Warnung davor enthält, gewisse Fragen nach unvollkommenen Systemen darzustellen (oder zumindest auszudrücken); Systeme, die in Ermangelung einer präzisen Signifikanz, auf die man sich beziehen kann, zu Unschlüssigkeit oder Unbesonnenheit bei der Auswahl des einzuschlagenden Weges und der Interpretation führen.

Zweifellos wird mancher Ausführungen dieser Art, die zu unendlicher Haarspalterei führen, für künstlich und akademisch halten; vielleicht hat er nicht Unrecht und vielleicht wird er gut daran tun, die Probleme so zu setzen, daß sie vermieden werden, aber auch dazu muß er sie kennen, um eben zu wissen, wie er sie vermeiden kann, ohne in Naivität oder in Widersprüche zu verfallen. Jedenfalls, weil es in dieser Hinsicht verschiedene Ansichten gibt und die, welche ich für richtig halte (und daher vertrete), von jener abweicht, die einen integrierenden Teil der gegenwärtig angesehensten Theorie ist, kann eine Vertiefung hier nicht unterlassen werden.

Aber warum soll man sich mit Ereignissen mit Nullwahrscheinlichkeit befassen? Sind sie nicht, rein als solche, unbeachtlich?

Von Zeit zu Zeit glaubt jemand, einen Weg gefunden zu haben, um das Problem überhaupt zu beseitigen, indem *festgelegt* wird, daß die Werte 0 und 1 der Wahrscheinlichkeit des unmöglichen und des sicheren Ereignisses vorbehalten bleiben; jedes mögliche Ereignis wird eine positive Wahrscheinlichkeit (und kleiner als 1) haben. Es ist leicht, sich vorzustellen (und wir werden es sofort sehen), daß dies auch in unserem Falle zu denselben Absurditäten führen würde, auf die man stoßen müßte, wenn man ein „Maß" erfinden wollte, daß nur für die Leermenge Null wäre. Nur in den elementarsten Problemen (d.h. die, in welchen man nur endliche oder abzählbar unendliche Einteilungen vorfinden kann), kann es sich *zufällig* ergeben, daß man manchmal nicht auf mögliche Ereignisse mit Nullwahrscheinlichkeit stößt, oder daß, wenn unendliche Einteilungen vorhanden sind, ihre Vereinigung weiterhin Nullwahrscheinlichkeit hat (der Fall, in dem, unter einem gewissen Aspekt, ihr Vorhandensein als unbeachtlich bezeichnet werden könnte). Wenn wir dagegen eine nicht abzählbare Einteilung betrachten, weil eine abzählbar unendliche höchstens positive Wahrscheinlichkeiten haben kann (sonst wäre die Summe unendlich $= \sum p_h = \infty$), müßte man schließen, daß es unmöglich ist, eine nicht abzählbare Einteilung in *mögliche* Fälle zu betrachten. Eine Behauptung, die schon in der Logik des Gewissen absurd ist.

Andernfalls tritt das auf, was die hauptsächliche Unterscheidung des Verhaltens zwischen Ereignissen mit Nullwahrscheinlichkeit und unmöglichen Ereignissen darstellt: wenn man eine unendliche Anzahl davon vereinigt, kann man ein Ereignis erhalten, das nicht mehr Nullwahrscheinlichkeit hat, womöglich sogar das sichere Ereignis (während, wenn man unmögliche Ereignisse vereinigt, sich nie etwas anderes ergibt, als ein unmögliches Ereignis).

In dieser Ideenordnung stößt man auf die kontroverseste Frage: die der vollständigen „Additivität", die, wenn wir uns darauf beschränken, ihren Sinn in Bezug auf die Ereignisse mit Nullwahrscheinlichkeit auszudrücken, besagt, daß, um aus diesen ein Ereignis mit positiver Wahrscheinlichkeit (oder im besonderen das sichere Ereignis) zu erhalten, es nicht genügt, eine abzählbar unendliche Anzahl der selben zu vereinigen. Genauer: es handelt sich darum zu prüfen, ob es möglich und angebracht ist, für die Wahrscheinlichkeit diese Eigenschaft zu fordern, die, bekanntlich, für das Maß von Lebesgue dank seiner Definition, die die Fälle ausschließt, in der sie nicht gelten würde, gilt[57]. Die überwiegende Meinung ist bejahend, aber dies ist m. E. auf äußere Motive zurückzuführen, bei denen im allgemeinen nicht nachgeprüft wird, ob sie dem Wesen der Probleme entsprechen oder nicht.

Ein zweiter Aspekt, der dazu zwingt, sich mit Problemen zu befassen, die vom Vorhandensein von Ereignissen mit Nullwahrscheinlichkeit abhängen, betrifft die bedingten Ereignisse. Wenn ein Ereignis (unabhängig von der Wahrscheinlichkeit, die ihm zugeschrieben wird, auch wenn sie Null wäre) möglich ist, kann man immer dadurch bedingte Ereignisse (und entsprechende Wetten) betrachten. So erhält man (mittels der oben erwähnten Formeln, und mit denen wir uns jetzt nicht befassen wollen) die Möglichkeit, alle Nullwahrscheinlichkeiten untereinander zu vergleichen: sie können derselben Ordnung angehören (mit endlicher Proportion) oder einer anderen Ordnung (Proportion gleich Null, oder, in anderer Richtung, unendlich). Um eine Analogie zu bringen, wir erhalten eine ähnliche Situation wie die der geometrischen Mengen, die, wenn sie das Volumen Null haben, immerhin untereinander durch die Proportion der Flächen, oder der Längen, verglichen werden können, wenn sie beide oberflächlich oder linear

[57] Wie im Beispiel von Vitali, zitiert in VI, 5.9, siehe G. VITALI und G. SANSONE, *Moderna teoria delle funzioni di variabile reale*, Zanichelli, Bologna 1935, Teil I, S. 56ff.

sind, oder indem man sagt, daß eine geringerer Ordnung ist, wenn sie ein Segment ist, während die andere ein Stück einer Ebene ist[58].

Es ist nicht angebracht, beim Vergleich darauf zu dringen, daß der geometrische Fall besondere Eigenheiten aufweist; gemeinsam ist der Begriff von Maßen verschiedener Ordnung (wenn man will von nicht archimedischen Größen), das Beispiel ist jedoch rein illustrativ gedacht, wobei von Begriffen wie Dimension, Entfernung, Volumen, Limes, Potenz usw. abzusehen ist.

Bemerken wir nur, daß die Möglichkeit, die Wahrscheinlichkeit als eine nicht archimedische Größe zu betrachten es erlaubt, eventuell zu sagen, daß die „Nullwahrscheinlichkeiten" eigentlich „unendlich klein" (praktisch Infinitesimale) sind, und daß nur die des unmöglichen Ereignisses *Null* ist. Eine Änderung der Terminologie bedeutet aber keine Änderung; manchmal dient dies jedoch dazu, Voreingenommenheiten abzuschwächen. Und es ist gelegentlich gesagt worden, daß es absurd ist anzunehmen, daß $0+0+0+\ldots+0+\ldots=1$ ist, während dies, wenn überhaupt, wahr sein könnte, wenn man die „Nullen" durch „praktisch Infinitesimi" ersetzt. Nichts hindert daran, dies so zu sagen (nur ist es eine überflüssige Komplikation der Sprache und erinnert an altes Unverständnis bezüglich „les infiniment petits").

Es wird auch der Verdacht verbleiben, daß alle diese Dinge jedenfalls irrelevante Spitzfindigkeiten sind. Und in gewissem Sinne möchte ich mit JA antworten; jedoch ist es, paradoxerweise, auch und vor allem, wenn man sich davon befreien will, notwendig, ihnen gegenüberzutreten, sich darin zu vertiefen und aufmerksam die korrekteste und geeignetste Weise zu studieren, um sie Fall für Fall zu beseitigen. Auch und vor allem in den Fällen, in welchen die annähernden Antworten den exakten vorzuziehen sind (weil die Exaktheit illusorisch ist), muß man mit doppelter Genauigkeit schließen, um zu wissen, was

[58] Eine systematischere Vergleichsmethode (der Einfachheit halber, immer unter Bezugnahme auf den gewöhnlichen Raum) würde man erhalten, wenn man für jede Menge $I$ die Menge $I_\varrho$ der Punkte mit einer Entfernung von $I$ kleiner als $\varrho$ und die Funktion $V(\varrho) = \mathrm{Vol}(I_\varrho)$ (Volumen von $I_\varrho$) betrachten würde. Man kann dann als *Verhältnis zwischen den Maßen von zwei Mengen*, $I'$ und $I''$ den Limes für $\varrho \to 0$ des Verhältnisses $V_I^{\mathrm{i}}(\rho)/V_I^{\mathrm{ii}}(\rho)$ (wenn vorhanden) definieren. Es existiert nicht immer, aber in den „regelmäßigeren" Fällen ist $V(\varrho) = k\varrho^{3-d}(1+(\varrho))$, d. h. $V(\varrho)$ kann mit einer Potenz $\varrho^\alpha$ $(0 \leqq \alpha \leqq 3)$ verglichen werden, und im besonderen sind die Volumina, Flächen, Längen, Zahl der isolierten Punkte durch den Koeffizienten $k$ in den Fällen gegeben, in denen $\alpha$ sich als 0, 1, 2, 3 ergibt (d. h. $d = 3-\alpha$ ist die Zahl der Dimensionen, $d = 3, 2, 1, 0$) (abgesehen von einer Konstante: für eine Menge von $n$ Punkten ist $V(\varrho) = n\,.\,(4\varrho/3)\varrho^3 = k\varrho^3$, daher $n = (3/4\pi)k$); analog ist für $d=1$ die Länge $= k/\pi$, für $d=2$ ist es Fläche $= k/2$.

man als gültig beibehält und was zu korrigieren ist, wobei man den Motiven und dem Grad dieser Illusorität der Genauigkeit genau Rechnung tragen muß.

Zu diesem Zwecke werden wir uns dann unter anderem der Betrachtungen bedienen, die über den Faktor „Präzision" entwickelt wurden und wir werden zu Konklusionen gelangen, die (wie ich wünsche und hoffe) vernünftig, sinnvoll, vielleicht selbstverständlich, erscheinen werden. Diese Empfindung ist jedoch erst gerechtfertigt, wenn man durch eine genaue Abschätzung alternativer Vorschläge dazu gelangt ist, durch welche geklärt wird, was wirklich bedeutungsvoll und begründet ist oder nicht.

18.3. *Die vollständige Additivität.* Hiervon wurde ausführlich in (III, 11) gesprochen und später bei mehreren Gelegenheiten. Wir wollen erinnern, worum es sich handelt, um dann weitere kritische Beobachtungen zu entwickeln.

Die als Axiom angenommene Eigenschaft der Additivität besagt, daß in einer endlichen Einteilung die Summe der Wahrscheinlichkeiten $=1$ sein muß, d.h. wenn $E_1, E_2, \ldots, E_n$ unvereinbar und ausschöpfend sind, müssen die ihnen zugeschriebenen Wahrscheinlichkeiten $p_1, p_2, \ldots, p_n$ nichtnegative Zahlen mit der Summe $=1$ sein. Diese ist sogar die nicht nur notwendige sondern hinreichende Bedingung, damit die Bewertung kohärent, annehmbar sei.

Im Falle einer unendlichen Einteilung in Ereignisse $E_h$ ($h \in H$, $H$ beliebig, z.B. abzählbar oder kontinuierlich) können wir auf Grund der vorhergehenden Axiome nur sagen, daß jede Summe einer endlichen Anzahl der $p_h \leqq 1$ sein muß, d.h. daß nur einer endlichen Anzahl oder höchstens einer abzählbar unendlichen Anzahl derselben ein positiver Wert ($\neq 0$) zugeschrieben werden kann, und daß die Summe dieser Werte[59] $\sum p_h \leqq 1$ sein muß. Wenn wir im besonderen die $p_h$ so nehmen,

[59] Auch wenn sie unendlich sind, kann man von „Summe" im Sinne des „oberen Extremums" einer Summe einer endlichen Anzahl von Ausdrücken" sprechen (wenn man an die „Summe der Reihe denkt", wäre keine Konklusion erlaubt). Wenn man unter $\sum$ das obere Extremum (eventuell $+\infty$) der Summe einer endlichen Anzahl von Ausdrücken versteht, kann man so die Summe jeglicher unendlichen Anzahl nichtnegativer Zahlen ausdrücken, und insbesondere von Ereignissen. $\sum E_h (h \in K)$ wird z.B. die Anzahl der Erfolge unter den $E_h$ sein, für welche $h \in K$ (und man beachte, daß die übliche Konvention – siehe Kap. I, Nr. 8 – wonach $(h \in K) = 1$ oder $(h \in K) = 0$, je nachdem, ob $h$ zu $K$ gehört oder nicht, es erlaubt, $(h \in K)$ als Faktor in der Zeile zu schreiben, anstatt als Indikation unter dem $\sum$; siehe in Kürze die Anwendung mit $(p_h = 0)$ wie $(h \in K)$, wobei $K =$ „Menge der Indices, für die $p_h = 0$" ist). Wenn die $E_h$ dann unverträglich sind, ist die Summe immer notwendigerweise 0 oder 1.

daß ihre Summe den Wert 1 hat, haben die $E_h$ mit Nullwahrscheinlichkeit auch insgesamt Nullwahrscheinlichkeit, d.h. auch ihrer Vereinigung $E = \sum E_h (p_h = 0)$ wird im Ergebnis eine Wahrscheinlichkeit $\mathbf{P}(E) = 0$ zugeschrieben. Wenn dagegen $\sum p_h = P < 1$ ist, d.h. wenn sich eine Wahrscheinlichkeit $1 - P$ innerhalb der Teilung *gestreut* ergibt, wird dies notwendigerweise die Wahrscheinlichkeit von $E$ = Vereinigung der Ereignisse mit Nullwahrscheinlichkeit sein, wenn die mit Nicht-Nullwahrscheinlichkeit in endlicher Zahl vorhanden sind. Andernfalls wird sie $E$ oder $\hat{E}$ = Vereinigung der Ereignisse mit positiver Wahrscheinlichkeit in irgendeiner Form zugeschrieben werden können:

$$\mathbf{P}(E) = P', \ \mathbf{P}(\hat{E}) = P + P'', \ P' + P'' = 1 - P.$$

Schließlich: wenn die Wahrscheinlichkeiten $p_h$ für die Ereignisse einer Einteilung $E_h$ gegeben sind, und deren Summe $= 1$ ist, so sind die Wahrscheinlichkeiten aller von ihr abhängenden Ereignisse (Summe von Ereignissen der Einteilung in endlicher oder unendlicher Anzahl) eindeutig determiniert; in diesem Falle sagen wir, daß die Wahrscheinlichkeit $\mathbf{P}(E)$ auf der Einteilung $\{E_h\}$ vollständig additiv ist. Andernfalls trifft dies nur für die Summenereignisse einer endlichen Anzahl von $E_h$ oder deren Komplementare zu, während für jedes andere ein Spielraum der Unbestimmtheit von $1 - P = 1 - \sum p_h$ bleibt:

$$p' = \sum p_h (E_h \subset E) \leqq \mathbf{P}(E) \leqq 1 - \sum p_h (E_h \subset \hat{E}) = p'' = p' + (1 - P).$$

Wohlgemerkt: die „Unbestimmtheit" bedeutet nur, daß die Verlängerung im allgemeinen nicht eindeutig ist: es gibt nur eine Begrenzung. Es gibt keinerlei „Unbestimmtheit" im spezifischen Sinne, sowie eine „Behinderung", $\mathbf{P}(E)$ einen wohldeterminierten Wert zuzuschreiben; nur daß $E$ nicht eines der wenigen Ereignisse ist, für die wir die Wahrscheinlichkeit schon implizit mit der der $E_h$ bewertet haben, sondern eines wie alle anderen, für die wir im Urteil noch mehr oder weniger frei sind. Im besonderen sind wir vollständig frei ($\mathbf{P}(E)$ irgendeinen Wert zwischen 0 und 1 einschließlich zu geben), in dem Fall, in dem man allen Ereignissen der Einteilung Nullwahrscheinlichkeit zugeschrieben hätte (und $E$ nicht Summe einer endlichen Anzahl von $E_h$ oder komplementär ist): dies ist der Fall einer stetigen (linearen) Verteilung (oder in der Ebene, im Raum, ...) von der nur festgesetzt wurde, daß sie „ohne konzentrierte Massen" ist, oder einer abzählbar unendlichen Anzahl von (erschöpfenden) unvereinbaren Ereignissen mit Nullwahrscheinlichkeit.

Konklusionen dieser Art mögen sich als unerwünscht erweisen oder vielleicht paradox erscheinen: diesen Eindruck erweckt jedenfalls die Tatsache, daß viele Autoren dem zu entgehen suchen, indem sie neue Axiome einführen (oder, was dasselbe ist, indem sie die früheren „verstärken"). Restriktionen dieser Art sind die, welche darin bestehen, zu leugnen, daß man möglichen Ereignissen Nullwahrscheinlichkeit zuschreiben dürfte (*Z*), oder daß eine Vereinigung von Ereignissen mit Nullwahrscheinlichkeit Nicht-Nullwahrscheinlichkeit haben könnte (*Za*), oder dasselbe, aber nur für abzählbare Unendlichkeiten (*Zb*), oder die vollständige Additivität für beliebige Einteilungen zu behaupten (*Ka*) oder nur für abzählbare Einteilungen (*Kb*).

Wir haben die Siegel *Z*, *Za*, *Zb*, *Ka*, *Kb* eingeführt, um in der Folge leicht auf diese „Axiome" Bezug nehmen zu können, die wir, wohlgemerkt, ablehnen.

Das erste und letzte sind tatsächlich vorgeschlagen worden; *Za* und *Zb* sind immer abgeschwächtere Versionen von *Z*, wenn nicht von besonderen Fällen respektive von *Ka* und von *Kb*; der Einschluß dazwischen liegender Versionen hat nur den Zweck, auf diese Zusammenhänge hinzuweisen.

Wir verweisen vor allem auf das Fehlen wahrer und echter Gründe, die die Verfechter dieser Restriktion erbracht hätten: im allgemeinen wird sie wie eine „natürliche" Extension des Theorems der totalen Wahrscheinlichkeiten für $n \to \infty$ (wie z.B. Cramèr es tut) dargestellt, oder als eine „natürliche" Eigenschaft durch Analogie zum Lebesgueschen Maß (und dies ist die allgemeinere Auffassung), oder für Extensionen durch Kontinuität in der Art von Baire (wie z.B. Feller es tut); d.h., es handelt sich um mathematische Motive und nicht um solche der Wahrscheinlichkeitstheorie.

Eine mathematische Folge ist jedoch die Unmöglichkeit, sich eine $\mathbf{P}(E)$ als für alle Ereignisse, die von einer nicht abzählbaren Einteilung abhängen, definiert zu denken, z.B. für alle Teile einer Menge mit der Potenz des Kontinuums (z.B. die Ergebnisse von Vitali, Lebesgue, Banach, Kuratowski, Ulam, über Nichtvorhandensein von $\sigma$-additiven Maßen, außer dem banalen Fall von auf einer endlichen Anzahl oder einer abzählbar unendlichen Anzahl von Punkten, auf den Teilen einer nicht abzählbaren Menge „konzentrierten Massen")[60]. Die $\sigma$-Additi-

[60] Für unsere Betrachtungen genügt es, daß dies für gewisse Mengen demonstriert worden sei: daher wurde vorgezogen, dan Text nicht durch die nähere Angabe zu beschweren, daß das Ergebnis demonstriert ist (Ulam), sofern die Kardinalzahl der Menge nicht „unerreichbar" ist.

vität widerspricht daher der grundlegenden Auffassung, daß man jedem ungewissen Ereignis ohne jede, logisch unerklärliche Diskriminierung zwischen Ereignissen und Ereignissen, eine Wahrscheinlichkeit zuschreiben kann. Gewiß, diese „grundlegende Auffassung" konnte auch zu Konflikten mit anderen Forderungen führen: wenn man z. B. gefunden hätte, daß die Verlängerung eines einfach additiven **P** nicht immer besteht, hätten wir neuerlich prüfen müssen, ob und wie eine mathematische Wahrscheinlichkeitstheorie mit ich weiß nicht welchen Abschwächungen der Axiome[61], noch möglich gewesen wäre. Die Tatsache, daß dieses Unheil sich nicht durch die einfache Additivität ergibt, sondern dann, wenn man versucht, sie durch die σ-Additivität zu ersetzen, beweist deutlich, daß dieser Ersatz völlig ungeeignet ist.

Wenn man die subjektive Wahrscheinlichkeitstheorie annimmt, wird die Konklusion noch unmittelbarer.

Um zu dieser Konklusion zu gelangen, war es tatsächlich nicht einmal notwendig, damit diesen Widerspruch zu streifen, d. h. die Unmöglichkeit, irgendein **P** zu finden; es genügt auch nur, die Wahl in einer Form zu begrenzen, die als präklusiv für die freie Bewertung, die jedem Individuum offen steht, erscheinen würde. Und dies stellt man auch im Falle der abzählbaren Einteilung fest. Nehmen wir an, die „möglichen Fälle" bilden eine abzählbare Unendlichkeit, und um Beeinflussungen zu vermeiden, die sich daraus ergeben können, daß man auf der Geraden an scheinbar „bevorzugte" Punkte oder Mengen denkt, nehmen wir an, es handelt sich um Punkte auf einer kreisförmigen Linie, die von einander durch rationale Vielfache des Kreiswinkels entfernt wären (d. h., wenn man den Ursprung in irgendeinem dieser Punkte

[61] Ein „geringeres" Übel mag als Beispiel dienen. Ein Paradox von Hausdorf besagt, daß eine Kugeloberfläche in drei Mengen $A, B, C$ derart geteilt werden kann, daß jede derselben sowohl über die eine, als über die andere, als auch über die Vereinigung der beiden anderen gesetzt werden kann; daher würde sich jedes, auch einfach additive, für starre Bewegungen nicht variante Maß für diese Mengen sowohl als $= 1/3$, als $= 1/2$ (und $= 2/3$ usf. ergeben; vom Absurden kann man bekanntlich logisch jede gewünschte Konklusion ableiten). Es ist daher nicht möglich, ein (einfach additives) Maß für alle Mengen zu definieren, das für starre Bewegungen nicht variant ist (und daher auch nicht eine derartige Wahrscheinlichkeit); dies widerspricht der geometrischen Intuition, aber nicht der Idee der Wahrscheinlichkeit (noch dem „Axiom der Wahl"); wie Paul Lévy sagte, um diese Interpretation zu widerlegen, ist die Tatsache einfach, *„daß das mehrdimensionale Kontinuum noch komplizierter ist, als man es sich vorstellt"*. (Siehe E. BOREL, *Les paradoxes de l'infiini*, Gallimard, Paris 1946; PAUL LEVY, *Les paradoxes de l'infini et le calcul des probabilités*, und kürzlich von Borel, „Bull. Sci. Math.", 1948, Seiten 184–192.

annimmt, die mit $\theta = 2k\pi$ mit $k$ rational, $0 \leqq k \leqq 1$). Daß ein Axiom mich daran hindert, eine höhere Wahrscheinlichkeit als 1 zu geben, oder eine negative, ist etwas, das ohne weiteres, als Kohärenzbedingung selbstverständlich ist, und nicht als Restriktion der Meinungsfreiheit. Daß mir aber ein Axiom verbieten sollte (wie *Zb* oder wie *Kb*), allen diesen Ereignissen dieselbe Wahrscheinlichkeit, $p = 0$, zuzuschreiben, oder mich sogar (wie *Kb*) zwingt, davon eine endliche Anzahl zu wählen, der eine Gesamtwahrscheinlichkeit von mindestens 99% zuzuschreiben ist (sodaß für alle anderen unendlich vielen eine Gesamtwahrscheinlichkeit von weniger als 1% bleibt; und dabei konnte ich auch sagen 99,999%, und 0,001% und schlimmeres), wenn dies nicht meine Meinung ist und auch keinerlei Ursache für mich vorliegt, die dies rechtfertigt, so lehne ich dies ab: es handelt sich nicht mehr um Kohärenz, sondern um einen Eingriff in meine grundsätzliche Urteilsfreiheit[62].

Zuzugeben, daß man allen Ereignissen (einer abzählbaren Einteilung) Nullwahrscheinlichkeiten zuschreiben kann ist übrigens viel weniger restriktiv, als sie im endlichen Falle als „gleich wahrscheinlich" zu betrachten ($\mathbf{P}(E_h) = 1/n$, $h = 1, 2, \ldots, n$); äquivalent dazu wäre, die $\mathbf{P}(E_h)$ für untereinander gleich zu erachten, nicht in dem Sinne, daß $\mathbf{P}(E_h) = \mathbf{P}(E_k) = 0$ als reelle Zahl, gilt, sondern daß $\mathbf{P}(E_h)/\mathbf{P}(E_k) = 1$ (als Proportion von Nullwahrscheinlichkeiten, oder „unendlichen kleinen"). Damit die erste Bedingung ($p_h = 0$) gelte, genügt viel weniger; als Proportion ausgedrückt: es genügt, daß keine Wahrscheinlichkeiten höchster Ordnung vorhanden sind (z. B., daß für jedes $h$, $\mathbf{P}(E_{h+1})/\mathbf{P}(E_h) = \infty$ sei), oder, daß, wenn sie vorhanden sind, ihre Summe (als Einheit genommen) unendlich sei (und es genügt auch – aber dies kann nicht aus den Proportionen allein abgeleitet werden – daß in der besagten Skala, die Wahrscheinlichkeit aller Fälle, unendlich sei; und es könnte vorkommen, daß dies für die Vereinigung der Fälle von Wahrscheinlichkeit niedriger Ordnung zutrifft, ohne daß es für die höchster Ordnung zutrifft).

Wenn man (entsprechend „Axiom 3") voraussetzt, daß die Axiome *Zb* oder *Kb*, wenn man sie anerkennt, auch für die Wahrscheinlichkeiten gelten müßten, die durch irgendein mögliches Ereignis $H$ be-

---

[62] Es ist sonderbar, daß dieses Verbot der Meinung der Gleichwahrscheinlichkeit in diesem Fall gegen den gerichtet würde, der sie wählen würde, „weil er nichts weiß", und (im allgemeinen) gerade durch diejenigen, die ihn im endlichen Falle sehr leicht dazu treiben würden, diese Meinung und gerade aus diesem Motiv zu übernehmen.

dingt sind, so würden sie noch restriktivere Bedingungen für die Wahrscheinlichkeiten der einzelnen „möglichen Fälle“ implizieren, um zu vermeiden, daß man, indem man davon eine abzählbare Unendlichkeit entnimmt, einen Fall von lauter Nullwahrscheinlichkeiten erhält. Die derselben Ordnung können höchstens eine abzählbare Unendlichkeit bilden, sodaß eine kontinuierliche Unendlichkeit von „möglichen Fällen“ eine kontinuierliche Unendlichkeit verschiedener „Ordnungen“ von Wahrscheinlichkeiten ergeben müßte[63].

Es bleibt hinzuzufügen, daß Probleme, die explizit oder verborgen im Gegensatz zur vollständigen Additivität stehen, von Zeit zu Zeit auch von Autoren betrachtet werden, die sie als Axiom anerkennen. Gelegentlich wird der Fall „eines zufällig gewählten Ganzen“ (mit Wahrscheinlichkeit = Grenz-Dichte, z.B. (Wahrscheinlichkeit, ein Vielfaches von $k$ zu sein) = lim [(Zahl der Vielfachen von $k$ zwischen 1 und $n)/n] = 1/k$), als etwas „Sinnvolles“ aber „außer der Regel stehendes“ betrachtet. Bei anderen Gelegenheiten (z.B. Rényi, siehe III, 18.5) werden bedingte Wahrscheinlichkeiten betrachtet, z.B. eine Verteilung innerhalb eines Kreises, der dann wächst, und die Wahrscheinlichkeiten jeder endlichen Region tendieren nach Null; die vollständige Additivität wird für die bedingten Wahrscheinlichkeiten vorgeschrieben (d.h.: innerhalb eines Kreises) und es wird nicht hervorgehoben, daß sie für die Grenz-Verteilung nicht mehr gilt (die nicht ausdrücklich als solche betrachtet wird: der Grenzübergang ist ein vereinfachendes Verfahren ad hoc).

Dieses Verhalten scheint nachträglich den ursprünglich gewonnen Eindruck des Fehlens effektiver probabilistischer Motivationen zugunsten der vollständigen Additivität zu bestätigen, und nämlich, daß sie eher als eine mathematische Verschönerung als eine notwendige Eigenschaft der Wahrscheinlichkeit betrachtet wird. Auch andere Anomalien und Besonderheiten (oder direkt Widersprüche, wenn nicht im formalen so im psychologischen Sinn) bestärken denselben Eindruck: die Tatsache, daß die „Gleichwahrscheinlichkeit“ im diskreten und im Fall des Kontinuums (Punkte eines Intervalles) bevorzugt wird, im abzählbaren Fall aber verpönt ist, ist nur durch die Gewohnheit zu erklären, in jedem besonderen Fall die gewohntesten

---

[63] Noch mehr: die derselben Ordnung müssen eine konvergente Summe ergeben; die verschiedenen „Ordnungen“ müssen, in wachsender Ordnung, eine „wohlgeordnete“ Sukzession ergeben, sodaß immer eine „höchste Ordnung“ besteht.

Hilfsmittel anzuwenden (abzählbares Feld: Summe der Reihen!), anstatt die Grundsätze der Kohärenz zu wahren; die Tatsache selbst, den endlichen oder abzählbaren Fall anders zu behandeln, als den Fall der nicht abzählbaren Unendlichkeit (Axiome *Zb* und *Kb*) zeigt die Vorherrschaft des mathematischen Hilfsmittels über das logische an, durch welches, wenn überhaupt, sinnvoll erscheinen mußte zu fragen, ob es zwischen endlich und unendlich (irgend-)eine Unterscheidung gibt.

Wenn man dies beachtet, scheint die hier verfolgte Linie – unabhängig von den angeführten und wie ich hoffe, überzeugenden Gründen – auch die natürlichste Art darzustellen, Einstellungen untereinander in Zusammenhang zu bringen, die zumindest teilweise auf fragmentäre und schlecht vereinbare Ansichten zurückgehen.

Schließlich soll eine Theorie und ein Ergebnis erwähnt werden, welche als Rechtfertigung für die systematische Verwendung der σ-Additivität gelten: die Möglichkeit, die Interpretation so zu erweitern, daß neuen fiktiven Entitäten die in der Einteilung „verstreute" Wahrscheinlichkeit zugeordnet wird, sodaß die Rechnung aufgeht. In manchen Fällen wird sogar behauptet, daß diese Entitäten garnicht fiktiv sein müßten sondern daß sie reell sind, wegen der Notwendigkeit, die vollständige Additivität zu wahren. So erinnere ich mich (wenn ich mich nicht irre, bei Kingman) gelesen zu haben, daß eine Wahrscheinlichkeitsverteilung für unterbrochene Prozesse, die sich um einen Grenzfall verdichtet, in welchem der Prozeß kontinuierlich würde, anzeigt, daß es notwendig ist, unter die möglichen Fälle die stetigen Grenzfälle einzuschließen, um sie mit den in der Summe fehlenden Wahrscheinlichkeiten belegen zu können.

So denkend, könnte man analog sagen, daß, wenn die möglichen Fälle die rationalen Zahlen sind, und jeder Nullwahrscheinlichkeit zugeschrieben wird, demonstriert ist, daß auch die reellen Zahlen *existieren* und möglich sein müssen, weil sie als unerläßliche Stütze für die gesamte Wahrscheinlichkeit $(=1)$ zu fungieren haben.

Die Betrachtungen allgemeinerer Art, auf die Bezug genommen wurde, sind jedoch abstrakter, obgleich sie im Grunde mehr oder weniger derselben Art von Schlußfolgerung entsprechen, die im Hinzufügen fiktiver Entitäten besteht. In der Mathematik ist diese Denkungsart und dieses Verfahren notorisch fruchtbar (sowie das Hinzufügen neuer Punkte, um einen Raum zu verdichten); Ereignisse müssen aber Ereignisse bleiben und nicht Abstraktionen, wenn die Theorie einen konkreten Sinn bewahren soll, was ebensoviel bedeutet, wie „irgendeinen Sinn". Und dies ist in den erwähnten Konstruktionen nicht der Fall.

Tatsächlich ist es notwendig, sich auf die „Ultrafilter" zu beziehen, was nur eine theoretische Möglichkeit liefert, das gewünschte Ergebnis zu erzielen. Jedenfalls würde es in einem Feld gelten, welches im Vergleich zum ursprünglichen, das allein interessiert, abgeändert ist. Ich habe nicht eine Anwendung auf das Studium effektiver Fälle gesehen (und es scheint unmöglich, daß es eine Vereinfachung sein könnte und nicht eine überflüssige Komplikation, geschaffen zu dem Zweck, eine weitere überflüssige Komplikation, die $\sigma$-Additivität einzuführen); der einzige Nutzen dieses Ergebnisses war, wie mir scheint, der, noch mehr anzuregen, nur die Fälle zu betrachten, wo die Additivität unmittelbar gilt und die anderen zu vernachlässigen, weil sie theoretisch derart verändert werden können, daß sie fiktiv darauf zurückgeführt werden können, diese Eigenschaft zu genießen, die effektiv in dem Feld, das betrachtet werden soll, nicht besteht.

Die Betrachtung von Ultrafiltern ist auch praktisch zu anderen Zwecken nützlich: für die Betrachtung der *„agglutinierten Wahrscheinlichkeiten"*, die in den Verteilungen[64] auftreten können, d.h. Wahrscheinlichkeiten, die man nicht unterteilen kann. Es genügt an den (schon erwähnten) Fall von Verteilungen auf einem Ultrafilter zu denken; ein Ultrafilter ist eine Familie von Ereignissen (oder Mengen), denen immer ein und nur ein Element einer Einteilung angehört, und wir ordnen eben den Ereignissen, die ihm angehören, die Wahrscheinlichkeit $= 1$ zu (und selbstverständlich daher den anderen die Wahrscheinlichkeit $= 0$).

Auch die Betrachtung der Filter kann wertvoll sein, wenn man die Möglichkeit der Verteilung der *verstreuten* Wahrscheinlichkeit besser analysieren will. Im allgemeinen genügt es, wenn eine Einteilung in Ereignisse $E_h$, mit $\sum p_h < 1$, gegeben ist, ein anderes Ereignis $B$ (oder eine Einteilung, $B_1, B_2, \ldots, B_n$) zu betrachten und die Einteilung $BE_h$ (oder die Einteilungen $B_1 E_h$, $B_2 E_h, \ldots, B_n E_h$) von $B$ (oder von $B_1$, von $B_2, \ldots$, von $B_n$) zu bilden. Die *gestreute* Wahrscheinlichkeit, $1 - \sum p_h$ kann dann in die durch $B$ oder durch $\tilde{B}$ generierten Filter geteilt werden (oder durch die $B_1, B_2, \ldots, B_n$). Im besonderen denken

[64] Siehe B. DE FINETTI, *La struttura delle distribuzioni in un insieme astratto qualisasi*, „Giorn. Ist. Ital. Attuari", XVIII (1955) S. 1–14.

wir an die zu einem Punkt adhärente Masse (in einer Verteilung auf der Geraden).

Die links (oder rechts) adhärente Wahrscheinlichkeit wird bei Betrachtung von *Filtern* weiter unterteilt werden können, z. B. die Sukzession von Mengen $I_n$ der rationalen Zahlen zwischen $x-1/n$ und $x$, wobei man die links zu den rationalen und zu den irrationalen adhärente Wahrscheinlichkeit erhält usw. Wohlgemerkt, sowie $F(x)$ nicht genügt, um die eventuellen adhärenten Massen von der konzentrierten zu trennen, so genügt es umso weniger für diese Unterteilungen, die mit weiteren Auswahlen festzusetzen wären.

18.4. *Vom mehr oder weniger „Rationalen"*. Wollte man hierüber eine Diskussion zwischen Verfechtern entgegengesetzter Tendenzen beginnen, so wäre es schwer, sie je zu beenden und auch schwer, daraus Nutzen zu ziehen, weil wahrscheinlich jeder trachten würde, die „Rationalität" der Ansichten des anderen anzufechten, indem er sie als zu „theoretisch", ohne konkreten Wert und durch die Voraussetzung eines absolut nicht realistischen Präzisionsgrades bedingt beurteilen würde.

In diesem Punkt hätte jeder leichtes Spiel, die Darstellung anderer zu kritisieren, zweifellos vor allen derjenige, der diese Kritiken gegen die hier vertretene Darstellung erheben würde. Nur, daß die dort betrachteten Komplikationen ohne jede Folge sind, außer man wollte gerade in gewissem Sinne „pathologische" Fälle studieren. Bei den „praktisch sinnvollen" Problemen vermeidet man nicht nur diese Komplikationen, sondern auch die, welche sich jeweils durch die Annahme der $\sigma$-Additivität nachteilig ergeben und die schädlich erscheinen, weil sie sich in den einfachen Fällen als übertrieben und in den schwierigen als präklusiv ergeben.

Die Kritik der vollständigen Additivität, sofern sie die Zuordnung von Wahrscheinlichkeiten für alle Ereignisse (z. B. die Verlängerung des Jordan-Peano-Maßes auf alle Mengen des Intervalles $[0, 1]$) ausschließt, bedeutet durchaus nicht, daß die Extension auf die meßbaren Mengen nach Lebesgue als unzureichend erachtet wird und daß man voraussetzt, erfolgreich darüber hinausgehen zu können. Im Gegenteil, sie bedeutet die Annahme, daß es gewöhnlich mehr als ausreichend ist, sich auf das Jordan-Peano-Maß zu beschränken, daß aber, wenn man darüber hinausgehen will, die Verlängerung in keiner Weise obligat oder ausgeschlossen ist. Das heißt: Das Maß von Lebesgue ist eine der unendlichen Verlängerungen auf ausgedehntere Familien von Ereignissen, unter denen man, wenn man eine Extension vornehmen will, frei wählen kann; wenn die vollständige Additivität für jemand ein Motiv der Präferenz ist, ist nichts einzuwenden (sowie, wenn jemand in einem praktischen Fall eine Verteilung mit stetiger Dichte einer weniger „reguläreren" vorzieht, ohne sich hierzu durch Grundsätze der Wahrscheinlichkeitstheorie gezwungen zu sehen); jede weitere Extension (auf alle Mengen) ist ebenso erlaubt (im Prinzip: was jedoch den Nutzen anbelangt, so bestehen schon Zweifel, daß er für die Extension im Sinne von Lebesgue gegeben ist, sobald festgesetzt ist, daß die Konsequenzen, die man daraus zieht, nicht Konsequenzen der anfänglichen Bewertung dank des „Prinzips" der vollständigen Additivität sind, sondern Folgen der beliebigen und immerhin späteren Wahl einer möglichen Verlängerung der besagten Bewertung).

Eine ähnliche Kritik gilt übrigens auf einem viel einfacheren und grundlegenden Niveau. In vielen Arten von Abhandlungen wird a priori festgesetzt, daß die Wahrscheinlichkeit $\mathbf{P}(E)$ durch Punkte für alle Ereignisse $E$ einer gewissen Familie, unter gegebenen Bedingungen angezeigt sein müßten, z.B. daß sie einen Körper (im vorigen Fall: einen Borel'schen Körper) bilden müßten, und daß diese Familie als ein für allemal festgesetzt zu betrachten ist. Man kann dann alle und nur die Probleme betrachten, die zu diesem Feld gehören (das als monolytischer und geschlossener Block betrachtet wird; oft nennt man dies „Wahrscheinlichkeitsfeld"). Dann könnte man die Wahrscheinlichkeiten von zwei Ereignissen $A$ und $B$ nicht als gegeben erachten, oder bewerten, ohne dasselbe für das Produkt $AB$ zu tun; und doch ist es möglich, daß man gelegentlich (sei es auch nur momentan) von der Kenntnis oder Bewertung von $\mathbf{P}(AB)$ absehen muß oder möchte, oder allenfalls, daß die ursprünglich betrachtete Familie von Ereignissen („irgendeine") nicht alle Produkte enthält. Die Konklusionen gelten für die Ereignisse und Zufallszahlen, die linear von den Ausgangs-Ereignissen abhängig sind. Wir könnten sogar von Zufallszahlen $X$ ausgehen, deren Erwartung man mit $\mathbf{P}(X)$ bewertet; daß im besonderen unter ihnen alle oder einige oder keines Ereignisse sein mögen, ist an sich irrelevant: der Fall der Ereignisse erscheint nur einfacher und spontaner, weil er schematischer und vertrauter ist und auf verschiedene Arten dargestellt werden kann (z.B. mengenmäßig). Für jedes Problem (ohne Limitierung der Sorte) wird man dann prüfen können, welche Implikationen die bereits als getroffen angenommenen

Bewertungen beinhalten, und man wird sie mit weiteren Bewertungen ergänzen können, die notwendig sind, um die Antworten auf die interessierenden Fragen zu erhalten.

Auch die durch Ereignisse mit Nullwahrscheinlichkeiten bedingten Ereignisse (und die Vergleiche zwischen Nullwahrscheinlichkeiten als nicht archimedische Größen) braucht man weder zu erwähnen noch zu verwenden, außer wenn dies dazu dienen kann, heikle Situationen zu erfassen, in denen man sonst leicht voreilig urteilen könnte.

Wie an unseren Beispielen, welche die allgemeine Lage darstellen, gezeigt wurde, besteht der vorgeschlagene und angeregte Weg darin, die Abhandlung am einfachsten und sichersten Niveau zu halten, die der praktischen Bedeutung entspricht, von Annahmen abzusehen, die nicht durch unbestreitbar überzeugende Motive aufgewertet sind (wie der Ersatz der Additivität durch die σ-Additivität), sich vor monolytischen Kristallisationen in in sich geschlossene Konstruktionen zu hüten, um dagegen immer in offener Form zu ermöglichen, das Feld der zu studierenden Probleme nach Bedarf und nach Wunsch zu erweitern.

In diesem Sinne verwirklicht man das Maximum an Vereinfachung; und doch gibt es Aspekte, in welchen effektiv Komplikationen geschaffen werden. Dies tritt ein, wenn die Annahme der σ-Additivität einfache Konklusionen gestattet (und solche, die aus der Maß-Theorie bekannt sind) und die dann, wenn man sie aufgibt, nicht mehr wahr sind oder umsichtigere und weniger „selbstverständliche" Formulierungen fordern. Was kann man dem antworten, der diese Komplikationen tadelt?

Wir antworten, daß sie in der Tatsache liegen, daß wir uns, wenn wir von Wahrscheinlichkeit (oder Erwartung sprechen) auf Funktionen **P** beziehen, die einfach additiv sein können (anstatt a priori und dank einem Axiom vorauszusetzen, daß sie im betrachteten Feld σ-additiv seien, oder, was dasselbe ist, daß man sich darauf beschränken muß, als „Ereignisse" die eines in der Form so beschränkten Feldes zu bezeichnen, daß **P** darin σ-additiv sei).

Daher gibt es zwei Fälle: Entweder man entscheidet sich für die Grundsätze, die unter dem Axiom der σ-Additivität gelten, und man kann dies einfach erklären, indem man hinzufügt, daß **P** nach Hypothese σ-additiv ist (in einem gegebenen Feld, oder oft auch nur in einer besonderen Einteilung). Dann gibt es keine Komplikation, außer der, daß man diese Hypothese angibt, was die Aufgabe des Axioms vorteilhaft ersetzt, weil dessen Gültigkeit im kleinsten Bereich, wo es erforderlich ist, verlangt wird. Es ist, wie wenn man verlangt zu sagen, daß eine Eigenschaft für stetige Funktionen gilt, oder für solche, die in einem gegebenen Intervall stetig sind oder in einem gegebenen Punkt, weil jemand gewohnt wäre zu sagen, daß sie für alle Funktionen gilt (unter der stillschweigenden Annahme, daß nur von überall stetigen Funktionen die Rede ist).

Oder man entscheidet sich für die Grundsätze, die ohne die restriktive Hypothese gelten, wonach das wahr ist, was bei $\sigma$-Additivität gilt, und dann ist die größere Komplikation notwendig (wenn man nicht, der Einfachheit halber, falsche Grundsätze vorzieht). Kurz, es besteht immer die Möglichkeit der Wahl: entweder man bleibt bei der Hypothese (nicht mehr bei dem Axiom) der $\sigma$-Additivität, indem man darauf hinweist, oder man sagt das Erforderliche, damit die Dinge sich unabhängig von dieser Hypothese als wahr ergeben.

Es sollte genügen, über die verschiedenen, bereits eingehend geprüften und diskutierten Fälle nachzudenken, an die zu erinnern, wir uns beschränken wollen (und notfalls empfehlen wir nachzulesen): die Möglichkeit von zu einem Punkt adhärenten Massen (anstatt darauf konzentrierten) und im besonderen im Unendlichen (uneigentliche Verteilungen); die Unbestimmtheit von $\mathbf{P}(X)$ in Bezug auf die Kenntnis der Verteilung im Falle unbegrenzter Verteilungen; die finite Formulierung für das „starke Gesetz der großen Zahlen" und analoge Fälle.

Einfaches Nachfeilen dieser Art genügt in vielen Fällen, um eine Darlegung unabhängig vom Axiom der vollständigen Additivität gültig erscheinen zu lassen und dient überdies (aber dies ist Geschmacksache) dazu, ihr einen konkreteren Beigeschmack infolge des „finiten" Charakters zu geben.

Alle bisher vorausgegangenen Betrachtungen können als Variationen über ein einziges grundlegendes Motiv betrachtet werden: die Zweckmäßigkeit, sich auf die mathematisch schwächeren (d.h. weniger restriktiven) Axiome zu stützen, weil sie die logisch stärksten (d.h. am wenigsten anfechtbaren) sind und zu den stärksten Resultaten und Darlegungen führen (d.h. wiederum die am wenigsten anfechtbaren).

Man denke nochmals über die Einführung von $\hat{\mathbf{P}}(X)$ (Kap. VI, 5.7) nach: die mathematische Definition ist einwandfrei, und dies genügt nach den üblichen Anschauungen, um $\hat{\mathbf{P}}(X)$ *nach Definition* als Wert von $\mathbf{P}(X)$ anzuerkennen. Wir haben dagegen Betrachtungen hinzugefügt, um das Vorhandensein möglicher Ursachen zu beweisen, um diese Wahl auch als „rational" zu beurteilen (was in gewissem Sinne noch wichtiger ist). Und doch haben wir uns wohl gehütet, $\mathbf{P}(X)$ mit $\hat{\mathbf{P}}(X)$ zu identifizieren. Und in der Tat ist $\hat{\mathbf{P}}(X)$ immer nur *einer* der für die Verlängerung von $\mathbf{P}$ außerhalb des Feldes, in dem es eindeutig durch $F$ definiert wird, möglichen Werte (wenn auch in gewissem Sinne der „rationalste").

Auch dieses Beispiel und die Betrachtungen, zu denen es uns geführt hat, liefern eine Illustration des Standpunktes, der sich aus der Wahl einer „theoretischen" und nicht „formalen" Darlegung im bereits betonten Sinne ergibt: alle Begriffe und Eigenschaften werden von der in den Axiomen ausgedrückten *Bedeutung* und nicht von mathematischen Konventionen abgeleitet. Entgegen der Tendenz, die Verlängerungen gewisser Begriffe mittels besonderer Verfahren von Grenzübergängen eindeutig zu machen, liegt unser Bemühen darin, auch nicht unwillkürlich, irgendeine Restriktion anzuerkennen, die nicht durch einfache finite Ungleichungen gefordert wird, die – sozusagen – über die Begriffe des „Systems der Ausschöpfung" hinausgeht.

Es handelt sich nicht darum, aprioristische Präferenzen für mathematische Methoden dieser oder jener Art gegenüberzustellen, sondern im Gegenteil, die Forderung zu unterstreichen, in jeder Anwendung die Mittel zu wählen, die dem Sinn und der Natur der Probleme entsprechen, außerhalb jeder Anregung, deren Sinn zu vergewaltigen oder zu verkleiden, um mehr oder weniger elegante, mehr oder weniger erhabene, mehr oder weniger „moderne" Hilfsmittel einzuführen.

18.5. *Die vollständige Additivität als Kontinuität.* Wir müssen die Betrachtungen über die vollständige Additivität wieder aufnehmen und vervollständigen, um eine andere (äquivalente und ausdrucksvolle) Interpretation zu illustrieren und einige weitere Fragen, die mit diesem Argument zusammenhängen, zu prüfen.

Die Bedingung der vollständigen Additivität für die Ereignisse (wie bisher betrachtet) kann noch bezeichnender als Bedingung der „Kontinuität" ausgedrückt werden; diese Bedingung ist es, die unter den Axiomen von Kolmogorov (und anderer Autoren) in der folgenden Form, die wir „Axiom" $Kb'$ nennen werden, auftritt:

*wenn $E_1, E_2, \ldots, E_n \ldots$ eine Folge von Ereignissen ist, von denen jedes im vorigen enthalten ist und deren Produkt Null ist (wenn also kein „elementarer" Fall, der allen $E_n$ gemeinsam ist, vorhanden ist) so tendiert $\mathbf{P}(E_n) \to 0$ für $n \to \infty$.*

Daß diese Bedingung zur vollständigen Additivität äquivalent ist, sieht man sofort. Wir schreiben $E_1 = (E_1 - E_2) + (E_2 - E_3) + \ldots + (E_{n-1} - E_n) + E_n$; alle Ausdrücke in Klammern sind Ereignisse durch die Hypothese der Inklusion; die Wahrscheinlichkeit von $E_1$ ist die Summe der Wahrscheinlichkeiten der $(E_h - E_{h+1})$ bis zu einem gewissen Ausdruck, plus dem Rest; wenn dieser nach Null tendiert, wie dies das Axiom *Kb'* verlangt, ist es die Summe der Reihe, d.h. es gilt die vollständige Additivität. Die Schlußfolgerung ist ohne weiteres invertierbar: wenn man von einer Folge unvereinbarer Ereignisse $C_1, C_2, \ldots, C_n, \ldots$ ausgeht und $E_n = C_n + C_{n+1} + \ldots$ setzt, kommt man auf den vorigen Fall (mit $C_n = (E_n - E_{n+1})$ zurück), und um die Konvergenz der Reihe der $\mathbf{P}(C_n)$ zu haben, muß der Rest nach Null tendieren, d.h. $\mathbf{P}(E_n)$.

Man sieht sofort, daß aus *Kb'* allgemeiner eine andere, noch signifikantere Eigenschaft abzuleiten ist, eine die geeignet ist, den Ausdruck „Kontinuität" als noch passender hervortreten zu lassen. Wir bemerken, daß es für eine Folge von Ereignissen oder Zufallszahlen ohne weiteres möglich ist, den *untersten Limes* und den *obersten Limes* (wenn nicht, sofern sie koinzidieren, *den Limes*, ihr gemeinsamer Wert), wie bereits in dieser Analyse definiert, zu betrachten. Die Tatsache, daß die Werte der Folge unbekannt sein mögen oder nicht (also aleatorisch) ist irrelevant. Im besonderen sind im Falle der Ereignisse $E' = \min\lim E_n$ und $E'' = \max\lim E_n$ die Ereignisse, die in der Tatsache bestehen, daß es unter den $E_n$ unendlich viele *falsche* und respektive unendlich viele *wahre* gibt (d.h. unendlich viele 0 und respektive unendlich viele 1); zu sagen, daß $E_n \to E$ (d.h., daß $E'$ und $E''$ *koinzidieren*), oder das der Limes $E$ der Folge $E_n$ existiert, heißt behaupten, daß *notwendigerweise* im betrachteten Fall von einem gewissen $N$ an die Ereignisse $E_n$ alle wahr oder alle falsch sind (d.h., daß es unmöglich ist, daß es sowohl von den wahren als von den falschen unendlich viele gibt).

Nun: Im Falle der vollständigen Additivität ergibt sich

$$\mathbf{P}(E') = \mathbf{P}(\min\lim E_n) \leqq \min\lim \mathbf{P}(E_n) \leqq \\ \leqq \max\lim \mathbf{P}(E_n) \leqq \mathbf{P}(\max\lim E_n) = \mathbf{P}(E'');$$

im besonderen, wenn der Limes $E$ vorhanden ist,
$\lim \mathbf{P}(E_n) = \mathbf{P}(\lim E_n) = \mathbf{P}(E)$.

Es bleibt zu untersuchen, ob dieselben Bedingungen allgemeiner gelten, wenn man sich auf den Fall einer Folge von Zufallszahlen $X_n$ anstatt auf Ereignisse bezieht.

Die Eigenschaft

$$\mathbf{P}(X_n) \to 0, \quad \text{wenn} \quad X_n \to 0,$$

ist (unter Voraussetzung der vollständigen Additivität) gültig, *wenn die Zufallszahlen X uniform begrenzt sind.* Wenn man in der Tat voraussetzt, daß für alle $n$, $|X_n| < K$ sei und jedenfalls ein (kleines) $\varepsilon > 0$ nimmt, erhält man

$$|\mathbf{P}(X_n)| \leqq \mathbf{P}(|X_n|) < \varepsilon + K \, . \, \mathbf{P}(|X_n| > \varepsilon)$$

(weil $|X_n| < \varepsilon + K \, . \, (|X_n| > \varepsilon) = \varepsilon$ (wenn $|X_n| < \varepsilon$) oder sonst $\varepsilon + K$); wenn aber $X_n \to 0$, so tendiert auch $(|X_n| > \varepsilon) \to 0$, (dies bedeutet – wie man sich erinnern sollte – daß es unmöglich unendlich viele $|X_n| > \varepsilon$ gibt) und daher ($Kb'$ vorausgesetzt) $\mathbf{P}(|X_n| > \varepsilon) \to 0$; daraus folgt, daß $\lim |\mathbf{P}(X_n)| < \varepsilon$ und, da $\varepsilon$ beliebig genommen werden kann,

$$\lim \mathbf{P}(X_n) = \lim |\mathbf{P}(X_n)| = 0.$$

Weil die Ereignisse uniform begrenzt sind ($|E_n| \leqq 1$), ist die nun festgesetzte Eigenschaft äquivalent zu $Kb'$ (d.h. zur vollständigen Additivität). Wenn man die Restriktion der uniformen Begrenztheit wegnimmt, so kann die Eigenschaft auch nicht gelten (wenn auch die vollständige Additivität geachtet wird). Wenn wir in der Tat von einer abzählbaren Einteilung in Ereignisse $E_n$ ausgehen, denen wir Wahrscheinlichkeiten $p_n$ zuschreiben, die nicht Null sind und die Summe $= 1$ haben, und die Folge von (nicht uniform begrenzten) Zufallszahlen $X_n = E_n/p_n$ betrachten, haben wir $\mathbf{P}(X_n) = p_n/p_n = 1 \to 1 \neq 0$, obgleich $X_n \to 0$ (alle $X_n$, außer einem, sind in der Tat $= 0$). Wenn wir das Beispiel abändern, indem wir z.B. $X_n = E_n/p_n^\alpha$ setzen, ergibt sich $\mathbf{P}(X_n) = p_n^{1-\alpha}$, und man sieht, daß die Eigenschaft $\mathbf{P}(X_n) \to 0$ gilt, wenn $\alpha > 1$, während, wenn $\alpha < 1$, wir sogar $\mathbf{P}(X_n) \to \infty$ haben (obgleich aus demselben Motiv immer $X_n \to 0$).

Die Extension der Eigenschaften auf die Limiti ist analog. Wenn man $Kb$ voraussetzt, so ist

$$\mathbf{P}(X') = \mathbf{P}(\min \lim X_n) \leqq \min \lim \mathbf{P}(X_n) \leqq$$
$$\leqq \max \lim \mathbf{P}(X_n) \leqq \mathbf{P}(\max \lim X_n) = \mathbf{P}(X''),$$

wenn die $X_n$ uniform begrenzt sind. Wir bringen die Demonstration, die den Fall der Ereignisse (für den sie noch nicht erfolgt war) einschließt, indem wir uns auf den Fall des höchsten Limes beziehen (der andere ist selbstverständlich symmetrisch).

$$\text{Wir setzen } X_n'' = \sup X_n (\text{für } h \geqq n), \quad x'' = \max\lim X_n = \inf X_n'';$$

es ist $X_n'' = X_n + (X_n'' - X_n) = X'' + (X_n'' - X'')$, wo $(X_n'' - X_n)$ und $(X_n'' - X'')$ nicht negativ sind. Wir erhalten daher in jedem Fall $\mathbf{P}(X_n) \leqq \mathbf{P}(X'') + \mathbf{P}(X_n'' - X'')$, und es wird $\max\lim \mathbf{P}(X_n) \leqq \mathbf{P}(X'')$ sein, wenn $\mathbf{P}(X_n'' - X'') \to 0$; aber $X'' - X'' \to 0$ nach Definition, und, wenn wir die $X_n$ uniform begrenzt annehmen (und dann sind es umsomehr die $X_n'' - X''$) und die vollständige Additivität voraussetzen, ist die Bedingung erfüllt.

Im besonderen werden wir, wenn die Sukzession $X_n$ (sicher) zu einem Limes (im allgemeinen einem zufälligen) konvergiert, $X = \lim X_n$, also behaupten können, daß $\mathbf{P}(X) = \lim \mathbf{P}(X_n)$, wenn wir die vollständige Additivität voraussetzen und die $X_n$ überdies uniform begrenzt sind. Der Fall einer Reihe, $\sum X_h$, kann auf den vorhergehenden zurückgeführt werden, wenn man die reduzierten $Y_n = \sum X_h (h \leqq n)$ betrachtet; wenn wir die geringste und die höchste Summe mit $Y'$ und $Y''$ bezeichnen, erhalten wir

$$\mathbf{P}(Y') \leqq \min \sum \mathbf{P}(X_h) \leqq \max \sum \mathbf{P}\ (X_h) \leqq \mathbf{P}(Y''),$$

und im besonderen $\mathbf{P}(Y) = \mathbf{P}(\sum X_h) = \sum \mathbf{P}(X_h)$, wenn $Y' = Y'' = Y$, d.h. wenn die Reihe sicher konvergent ist, unter der Bedingung, daß die Reste uniform begrenzt sind (und immer, wohlgemerkt, unter Voraussetzung der vollständigen Additivität)[65].

Wir hatten gesagt, daß wir die vollständige Additivität nicht als ein

---

[65] Es genügt die Konvergenzbedingung der Reihe $\sum \mathbf{P}(|X_h|)$, um (wenn die vollständige Additivität vorausgesetzt wird), festzusetzen, daß $\sum X_h$ die Wahrscheinlichkeit $= 1$ hat, konvergent zu sein und daß (wenn man daher indifferent $Y = Y'$ oder $Y = Y''$, oder $Y = Y' = Y''$ setzt, wenn sie koinzidieren, und sonst $Y = 0$ usw.) man $\hat{\mathbf{P}}(Y) = \sum \mathbf{P}(X_h)$ erhält (man beachte: $\hat{\mathbf{P}}$, nicht $\mathbf{P}$). Unter diesen Hypothesen existiert in der Tat, wenn die $\varepsilon$ und $\lambda$ jedenfalls positiv gewählt wurden, ein solches $N$, daß sich, egal wie $q$ auch sei, $\sum \mathbf{P}(|X_h|)\ (N \leqq h \leqq N + q) < \lambda\varepsilon$ ergibt, d.h. $\mathbf{P}\{\sum(\ X_h\ )\ (N \leqq h \leqq N + q)\} < \lambda\varepsilon$ und noch vielmehr (wenn man kurz die vorherige Summation $\mathbf{P}(\sum_{N'q} > \lambda) < \varepsilon$ kurz $\{\sum_{N'q}\}$ schreibt (weil, wenn $X$ sicher positiv ist, $(X > \lambda) \leqq X/\lambda$ ist). Wenn, wie angenommen, daß Axiom der Kontinuität gilt, hat auch das Grenz-Ereignis $(\sum_N > \lambda) = \lim (\sum_N > \lambda)$ (für $q \to \infty$) die Wahrscheinlichkeit $\leqq \varepsilon$ und umsomehr hat es die Wahrscheinlichkeit $\leqq \varepsilon$, und daher (da $\varepsilon$ willkürlich zu wählen ist) *Null* die Tatsache, daß die Reihe divergiert (in welchem Fall der Rest $\sum_N \infty$ wäre).

Axiom betrachten wollen; dann ist sie eine Eigenschaft, die jedoch mehr oder weniger interessant erscheinen kann und die für gewisse Einteilungen gelten wird und nicht für andere. Wenn wir die Bedingung als eine Bedingung der Kontinuität interpretieren, können wir diese Tatsache auch signifikanter ausdrücken, indem wir sagen, daß sie für gewisse lineare Systeme gelten wird und nicht für andere.

Diese Formulierung hat den Vorzug, den wahren Sinn des Problems zu beleuchten, nämlich die Tatsache, daß die Eigenschaft der vollständigen oder nicht vollständigen Additivität, d.h. der Kontinuität oder Nicht-Kontinuität, das Verhalten der Funktion **P** in einem linearen System $\mathfrak{L}$ betrifft; das Verhalten von **P** in Bezug auf die Kontinuität vollständig studieren, heißt daher, zu unterscheiden, welche linearen Systeme $\mathfrak{L}$ zu dem Komplex $\Delta p$ der linearen Systeme gehören, in denen **P** kontinuierlich ist, und welche nicht.

Genau werden wir, im Einklang mit dem Gesagten und unter Berücksichtigung der Kohärenzbedingung sagen, daß **P** auf $\mathfrak{L}$ *kohärent und stetig* ist, wenn sich keine der Zufallszahlen $X$ der Form

$$X = k_1(X - \mathbf{P}(X_1)) + k_2(X_2 - \mathbf{P}(X_2)) + \ldots + k_n(X_n - \mathbf{P}(X_n)) + \ldots$$

als uniform positiv ergibt (wo die $k_h$ irgendwelche reellen Zahlen sind und die $X_h$ zu $\mathfrak{L}$ gehören), nicht nur für Summen einer endlichen Anzahl von Ausdrücken (wie dies allenfalls für die Kohärenz notwendig ist), sondern auch im Falle einer Reihe (einer konvergenten, und mit uniform begrenzten Resten).

Es ist klar, daß wenn $\mathfrak{L}$ zu $\Lambda_P$ gehört, jedes darin enthaltene lineare System dazu gehört, und auch dessen Einschluß $\mathfrak{L}$, gebildet durch alle Zufallszahlen, die aus $\mathfrak{L}$ mittels Grenzübergang im besagten Sinn erhältlich sind

$$(X_n \to X, |X_n - X| < K).$$

Gemeinsam mit $\mathfrak{L}_1$ und $\mathfrak{L}_2$ gehört $\mathfrak{L}_1 + \mathfrak{L}_2$ dazu (lineares System der Summen $X_1 + X_2$, $X_1 \in \mathfrak{L}_1$ und $X_2 \in \mathfrak{L}_2$); dies gilt, wenn wir eine endliche Zahl von Systemen $\mathfrak{L}_h$ vereinigen, aber *nicht für eine Unendlichkeit*[66]. Dies zeigt, daß das nicht wahr ist, was als die „natürlichste"

[66] Wir betrachten eine abzählbare Einteilung in Ereignisse $E_{hk}$ ($h, k = 1, 2, \ldots, n, \ldots$); wir bezeichnen mit $E_h = \sum_k E_{hk}$ die Summe der Ereignisse mit dem ersten Index $h$, und schreiben die Werte $p_{hk} = \mathbf{P}(E_{hk})$ und $p_h = \mathbf{P}(E_h)$ derart zu, daß $\sum_k p_{hk} = p_h$ (für jedes $h$), aber $\sum_h p_h < 1$ (d.h. $\sum_{hk} p_{hk} < 1$). Auf den linearen Systemen $\mathfrak{L}_h$, die durch die $E_{hk}$ und $E_h$ definiert sind, ist **P** stetig und daher ist es auch sein lineares System $\mathfrak{L}$ welches durch eine endliche Anzahl von $\mathfrak{L}_h$ definiert wird; d.h. es besteht jedoch nicht mehr, wenn man das System $\mathfrak{L}$ als durch die unendlichen $\mathfrak{L}_h$ determiniert betrachtet.

Hypothese erscheinen konnte, und jedenfalls die, welche den üblichen Ansichten am meisten entsprochen hätte, welche dazu führen, Ereignisse und Zufallszahlen zu unterscheiden, die einem gewissen System „wahrscheinlichkeitsfähiger" Entitäten angehören oder nicht: d.h. die Hypothese, daß der Komplex $\Lambda_p$ aus allen und nur aus den linearen Systemen gebildet wird, die einem gewissen linearen System $\mathfrak{L}^*$ angehören, welches in diesem Fall die Bedeutung eines „totalen Kontinuitätsfeldes" angenommen hätte.

## 19.
*Fragen qualitativer Formulierungen.*

19.1. Von Wahrscheinlichkeit in qualitativer Form zu sprechen, kann viele, untereinander sehr verschiedene Dinge bedeuten. Ein Versuch, sie aufzuzählen und näher anzugeben, wäre mühsam und nicht konkludent, es muß aber doch etwas gesagt werden, um sich über die Notwendigkeit Rechenschaft zu geben, verschiedenartige Dinge nicht zu verwechseln und sich nicht über scheinbare Widersprüche zu wundern. Z.B. sich Betrachtungen zu erwarten, die im Unklaren bleiben und sich in Spitzfindigkeiten hineingezogen zu sehen, die dazu zwingen, überall die Vergleichsmethoden anzuwenden, die für die Nullwahrscheinlichkeiten eingeführt wurden.

Der Fall, in welchem man immer im Unklaren bleibt, ist der des praktischen Lebens, wo man sich höchstens darauf beschränkt, wenige Abstufungen zu unterscheiden, die in Worten ausgedrückt werden (ziemlich wahrscheinlich, oder sehr, sehr, sehr, oder wenig, oder ganz wenig, ...) oder anzeigende Brüche (50%, 75%, 90%, 99%, ...) und wo auch bei den Vergleichen zwischen zwei Ereignissen die Wahrscheinlichkeiten als „circa gleich" bezeichnet werden, wenn nicht das Vorwiegen der einen oder anderen sich deutlich zeigt. Auf diesem Niveau hat man jedoch nicht einmal Gelegenheit, in mathematischen Ausdrücken Schlußfolgerungen zu ziehen.

Manchmal denkt man an eine Unklarheit im Sinne von „Unbestimmtheit" (z.B. zwischen genauen numerischen Limites, was bereits erwähnt wurde und wir werden noch davon zu sprechen haben. Manchmal wieder glaubt man (wir nehmen an exakt, um uns nicht in zuviele Unterfälle zu verlieren), die Wahrscheinlichkeiten gewisser Ereignisse untereinander aber nicht nach zahlenmäßigen Wahrscheinlichkeiten vergleichen zu können; ein Arzt kann vielleicht im relativen Sinn eine ziemlich genaue Meinung von der Wahrscheinlichkeit verschiedener Kranker, die gegenwärtige Krankheit zu überwinden, haben, ohne jedoch, falls er dazu aufgefordert wird, in der Lage zu sein, sich in dem Sinne zu orientieren, daß er sie mit der Wahrscheinlichkeit vergleichen kann, beim Würfeln eine andere Zahl als „6" zu erhalten (oder, auf Anfrage explizit sagen zu können, ob es mehr als 5/6 der Patienten sind, d.h. 83,3%). Manchmal wird diese Unmöglichkeit der Gegenüberstellung in Zahlen (anstatt damit zusammenhängenden Motiven, wie mangelnde Gewohnheit) wesentlichen Besonderheiten der in Frage stehenden Ereignisse zugeschrieben (siehe z.B. den Rezensionsartikel von Borel für die Abhandlung von Keynes[67]), oder auch der Tatsache, daß man nicht über Geräte, wie Würfel, Urnen oder ähnliches verfügt (oder nicht darüber verfügen will). In diesem Falle ist es, wenn man die Vergleichbarkeit als exakt annimmt, wie die bei dem Vergleich von Segmenten, die dazu führen würde, daß ein geschlossenes Segment (mit Extremen) größer ist als ein gleich langes offenes (ohne Extreme), klar, daß sich eine nicht-archimedische Skala ergibt (und dies ist der Widersinn, auf den anfangs hingewiesen wurde).

Andere Aspekte ergeben sich, wenn die Unbestimmtheit einen präzisen Sinn hat; auf Grund der Daten kann man nur festlegen, daß eine Wahrscheinlichkeit $p$ einem Intervall $p' \leqq p \leqq p''$ angehört; daß es sich nicht um eine wesentliche Unbestimmtheit handelt, ist gesagt und wiederholt worden. Es wird aber etwas zur Verifizierbarkeit der Ereignisse und Meßbarkeit von Größen zu sagen sein und einige Betrachtungen werden an die Diskussionen (Nr. 5–7) anknüpfen.

19.2. *Axiomatische Darstellungen in qualitativer Form.* In allen bisher verfolgten Versuchen haben wir immer sofort die zahlenmäßigen Werte für die Wahrscheinlichkeit eingeführt, sei es intuitiv als Preise, sei es als Parameter für die Optimalisierung einer Entscheidung, sei es unter (wenn auch indirekter) Bezugnahme auf Prozentsätze weißer Kugeln oder Erfolge. Es ist dies gewiß die unmittelbarste Art zu erreichen, die eigenen Ansichten ausdrücken zu können und die mathe-

[67] Artikel, wieder veröffentlicht im *Traité* von Borel (wie Anmerkung 2 in Band III von IV); englische Übersetzung in H. E. KYBURG & H. E. SMOKLER, *Studies in subjective probability*, Wiley, New York 1964.

matischen Bedingungen zu formulieren, denen sie anzupassen sind und mittels welcher sie bei der probabilistischen Schlußfolgerung manipuliert werden können.

Manchmal scheint es dagegen günstiger, von einer rein ordinalen, d.h. qualitativen Relation auszugehen, die entweder den quantitativen Begriff ersetzt (wenn man diesen für ohne Sinn erachtet, oder ihn irgendwie vermeiden will), oder als erster Schritt für dessen Definition verwendet wird. So kann man zwischen zwei Gütern (oder wirtschaftlichen Situationen) $A$ und $B$ fragen, welches von den beiden vorzuziehen ist (oder ob sie indifferent sind), ehe man den Nutzen definiert (oder auch indem man den Begriff des meßbaren Nutzens zurückweist), und dasselbe sei für die Temperatur, die Höhe eines Tones, die Länge von Segmenten usw. gesagt.

Man könnte auch für die Wahrscheinlichkeit so vorgehen, und sogar (wenn man die subjektive Theorie anerkennt) gerade den Begriff der für den Nutzen erwähnten Bevorzugung anwenden; anstatt zwei Gütern $A$ und $B$ würde man in derselben Weise einen selben Gewinn vergleichen (sagen wir von 1 Lira), der durch das Eintreten des Ereignisses $A$ oder des Ereignisses $B$ bedingt ist: der Vorzug wird (abgesehen von Vorbehalten bezüglich „Störungsfaktoren", siehe vorhergehende Nr. 13) dem als wahrscheinlicher erachteten Ereignis gegeben werden (oder die Auswahl wird indifferent erscheinen, wenn die beiden Ereignisse als identisch wahrscheinlich beurteilt werden).

Dieser Weg ist auch eingeschlagen worden, und, wenn man nicht das Haar in der Suppe sucht, führt er schnell und natürlich zu denselben Konklusionen (wenn auch in einer auf den allgemeinen Fall nicht so unmittelbar anwendbaren Form). Auch die Eigenschaften, die als Axiome dienen können, sind einfach und natürlich (die üblichen Eigenschaften der Ordnung plus dem qualitativen Äquivalent der Additivität: $E \vee E'$ ist mehr oder weniger identisch wahrscheinlich wie $E \vee E''$ (wenn $E'$ und $E''$ als mit $E$ unvereinbar angenommen werden), je nachdem, ob $E'$ es in Bezug auf $E''$ ist; d.h., die logische Summe bewahrt die Ordnung)[68]; der „qualitative" Vergleich ergibt sich jedoch unvermeidlich als viel weiter vorgeschoben (sogar viel zu sophistisch vorgeschoben) in Bezug auf die Präzision, von einem theoretischen

[68] Siehe B. DE FINETTI, *Sul significato soggettivo della probabilità*, „Fundamenta Mathematicae", Band 17, Warschau 1931; eine Verbesserung in der Deduktion in Bezug auf die Vorlesungstexte meines Vortrages von C.d.Prob., Un.Padua, 1937–1938, wurde durch Prof. A. Gennaro erbracht, der mir in diesem Auftrag folgte.

Standpunkt aus, als dies den Forderungen der quantitativen (zahlenmäßigen) Bewertung entsprechen würde, und jedenfalls als ungeeignet für eine Übertragung in diese Bewertung (sofern man nicht die Möglichkeit postuliert, besondere Einteilungen für den Vergleich zu konstruieren).

Die Komplikation liegt in der Tatsache, daß, im qualitativen Sinn, ein mögliches Ereignis (egal, welche zahlenmäßige Wahrscheinlichkeit $p$ man ihm zuschreibt, auch $p=0$) selbstverständlich „wahrscheinlicher" ist als ein unmögliches Ereignis; und analog, wenn man zu einem Ereignis $E$ ein mögliches, mit ihm unvereinbares Ereignis $A$, auch wenn es Nullwahrscheinlichkeit hat, addiert, erhält man ein Ereignis $E+A$, das „wahrscheinlicher" ist als $E$. Daraus folgt, daß, wenn man weitere Ereignisse $E'$ mit einer zu der von $E$ (zahlenmäßig) gleichen Wahrscheinlichkeit hat, $\mathbf{P}(E')=\mathbf{P}(E)$, der qualitative Vergleich für jedes festsetzen müßte, ob es identisch wahrscheinlich ist wie $E$, oder wie $E+A$, oder mehr als ersteres oder weniger als letzteres, oder mehr als beide, oder weniger als beide. Noch schlimmer: wenn man irgendeine Sukzession von Ereignissen $A_1, A_2, \ldots, A_h, \ldots$, betrachten würde, die alle Nullwahrscheinlichkeit haben und untereinander und mit $E$ unvereinbar sind und eine andere $B_1, B_2, \ldots, B_h, \ldots$, mit Nullwahrscheinlichkeit, untereinander unvereinbar, und in $E$ enthalten, indem wir

$$E_0=E,\ E_h=E+A_1+A_2+\ldots+A_h,\ E_{-h}=E-B_1-B_2-\ldots-B_h,\ (h>0)$$

setzen, so erhalten wir eine wachsende ($E_h \subset E_k$ für $h<k$) und doppelt unbegrenzte Sukzession von Ereignissen $E\,(h=0, \pm 1, \pm 2, \ldots, \pm n, \ldots)$, alle mit der Wahrscheinlichkeit $\mathbf{P}(E_h)=\mathbf{P}(E)$. Der Vergleich irgendeines $E'$, das auch die Wahrscheinlichkeit $\mathbf{P}(E')=\mathbf{P}(E)$ hätte, mit den $E_h$ müßte präzisieren, welches von den $E_h$ (eventuell) identisch wahrscheinlich ist, wie $E'$, oder sonst, in welchem Intervall $E_h$, $E_{h+1}$ es liegt, oder ob es allen $E_h$ für $h$ zwischen $\pm\infty$ vorausgeht oder ihnen folgt.

Wegen der nun erklärten Notwendigkeit eines soviel feineren Vergleiches haben wir zwei Ereignisse, die, der Ordnung nach, derselben „Äquivalenzklasse" angehören, als „*identisch* wahrscheinlich" bezeichnet (und nicht als „gleich" wahrscheinlich, wie, als wir uns auf die Gleichheit ihrer zahlenmäßigen Wahrscheinlichkeiten bezogen).

Die Situation ist die, die sich (in weniger ernster Form) bei einem Vergleich von Segmenten ergeben würde, wo man Segmente gleicher Länge nur dann als „gleich lang" bezeichnen würde, wenn sie beide

0 oder 1 oder 2 der Extrema enthalten würden (während man sonst für das, welches mehr derselben enthält, „länger“ sagen würde). Eine größere Analogie ergibt sich, wenn man das Beispiel auf die Vereinigungsmengen einer endlichen Anzahl von Intervallen ausdehnt, und das als „länger“ (bei Gleichheit der Summe der Länge) bezeichnen würde, für welches der Überschuß der Anzahl der geschlossenen Intervalle im Vergleich zu den offenen größer wäre (die, die nur ein Extrem enthalten, fallen nicht darunter; eventuelle isolierte Punkte zählen als geschlossene Intervalle; diese Konventionen sind notwendig, um, wie im Fall der Wahrscheinlichkeit, die additive Eigenschaft zu haben).

Wenn wir diese Einteilungen in Intervalle als ein Bild für unsere probabilistischen Einteilungen verwenden wollen, so sehen wir z. B., daß, wenn man sich das sichere Ereignis durch ein geschlossenes Intervall mit der Länge 1 denkt, es unmöglich ist, es in zwei (oder, allgemeiner, in $n$) identisch wahrscheinliche Intervalle zu teilen (die extremen Punkte sind $n+1$ und es ist einer übrig). Die Schwierigkeit wird auch nicht überwunden, wenn man auf Einteilungen in Summen von Intervallen zurückgreift: es handelt sich immer darum, die Länge 1 (in Segmenten mit einem Extrem) plus einem Punkt zu teilen; verlegt man die Zuordnung eines extremen Punktes zwischen die beiden an ihn anstoßenden Intervalle, so schafft man zwischen ihnen eine Ungleichheit, aber in der Gesamtheit bleibt der Überschuß eines Punktes.

Umgekehrt, wenn man nicht postuliert, Ereignisse zu besitzen (und in das Feld der Ereignisse einzuschließen, in dem man die Vergleiche durchführt), die geeignet sind, eine Vergleichsskala zu liefern (z. B. Ziehen von Kugeln, die von 1 bis $n$ nummeriert sind, die als gleich wahrscheinlich beurteilt werden, mit $n$ beliebig groß[69]), kann das System der Ungleichungen Angaben liefern, die bezüglich des zahlenmäßigen Wertes der Wahrscheinlichkeit total unzureichend sind. Wenn z. B. eine Einteilung in drei (unverträgliche) Ereignisse $A$, $B$, $C$ gegeben ist und wir sie in fallender Wahrscheinlichkeitsordnung annehmen, so bleibt nur ein weiterer Vergleich zwischen $A$ und $B+C$, der uns besagt, ob die Wahrscheinlichkeit von $A$ größer oder kleiner

[69] Die Unzweckmäßigkeit, das Vorhandensein von Einteilungen in identisch wahrscheinliche Ereignisse voraussetzen zu müssen, ist von L. J. SAVAGE in *The Foundations of Probability* (Kap. III,3: *Quantitative Personal Probability*) dadurch überwunden worden, daß er eine schwächere Annahme setzt: wie groß auch immer $N$ sei, es können Einteilungen in $N$ Teile derart konstruiert werden, daß keine Vereinigung von $n$ Teilen wahrscheinlicher ist als eine von $n+1$ (für jegliches $n < N$).

ist als $^1/_2$; im ersteren Falle wissen wir nur, daß $\mathbf{P}(A)$ zwischen $^1/_2$ und 1 liegt, $\mathbf{P}(B)$ zwischen 0 und $^1/_2$, $\mathbf{P}(C)$ zwischen 0 und $^1/_4$; im zweiten Fall, daß $\mathbf{P}(A)$ zwischen $^1/_3$ und $^1/_2$ liegt, $\mathbf{P}(B)$ zwischen $^1/_4$ und $^1/_2$, $\mathbf{P}(C)$ zwischen 0 und $^1/_3$ (siehe Abb. 2). Es ist nicht gesagt, daß es notwendigerweise besser wird, wenn man anstatt 3 mehrere Ereignisse betrachtet: wenn z.B. das wahrscheinlichste von ihnen wahrscheinlicher ist als die Vereinigung der anderen, so kann man nur sagen, daß es die Wahrscheinlichkeit zwischen $^1/_2$ und 1 hat, daher können sie gemeinsam eine Wahrscheinlichkeit nahe bei $^1/_2$ haben oder, so nahe bei Null, wie man will, oder auch Null[70].

Wir könnten derartige Komplikationen vermeiden, wenn wir dem Vergleich „$A$ ist wahrscheinlicher als $B$" eine Bedeutung geben, die zu $\mathbf{P}(A) > \mathbf{P}(B)$ äquivalent ist, und im besonderen, indem wir sagen, „gleich wahrscheinlich wie das unmögliche Ereignis", wenn es sich um ein mögliches Ereignis mit Nullwahrscheinlichkeit handelt. Um dies zu tun, müßte man die archimedische Eigenschaft einführen, nämlich die Ereignisse, die „wahrscheinlicher als das unmögliche Ereignis" sind, mit Hilfe einer Bedingung des nachstehenden Typus als die mit zahlenmäßig positiver Wahrscheinlichkeit charakterisieren: „es gibt ein endliches $N$, das so ist, daß in jeder Einteilung in $N$ Ereignisse mindestens eines weniger wahrscheinlich ist, als das gegebene Ereignis" (dessen Wahrscheinlichkeit dann $\geqq 1/N$ ist). Aber warum soll man auf diese Entstellung einer arithmetischen Bedingung zurückgreifen, anstatt den geraden Weg zu gehen, wenn das, was man erreichen will, nur der arithmetische Begriff ist?

Andererseits entspricht das „sophistische", nichtarchimedische Kriterium voll der rein logischen Bedeutung, die man dem Vergleich von Wahrscheinlichkeiten in dem einzigen Sinne geben wollte, in dem er mit einer objektiven Bedingung in Zusammenhang steht: nämlich der Implikation. Wenn es wahr ist (d.h. sogar, wenn es sicher ist, wenn wir wissen, daß $A \subset B$ (objektive Bedingung), so zwingt uns die Kohärenz, $\mathbf{P}(A) \leqq \mathbf{P}(B)$ zu bewerten (subjektive Bewertung). Wenn

---

[70] Im Falle von $n$ 3 Teilen (und in Ermangelung einer „Vergleichsskala") wird es auch kompliziert, die Verträglichkeit eines Ungleichungssystems (unter Summen von Ereignissen der Einteilung) festzusetzen. Für $n = 4$ ergibt sich eine einfache Bedingung als ausreichend (wie dies in der Note, *La logica del plausibile secondo la concezione di Polya*, „Atti Riun.S.I.-P.S.1949" (1951) von mir verifiziert wurde; dies jedoch gilt (entgegen meiner früheren Annahme) nicht mehr für $n > 4$, was in CH. KRAFT, J. PRATT und A. SEIDENBERG, *Intuitive probabilities on finite sets*, „Annals of mathematical statistics", XXX (1959) bewiesen wurde.

und nur wenn $A \subset B$ können wir sagen, daß $A$ „im objektiven Sinne weniger wahrscheinlich" (oder „weniger möglich") ist, als $B$, sofern $B$ sicher eintritt, wenn $A$ eintritt und darüber hinaus auch möglich ist, daß $B$ eintritt, ohne daß $A$ eintritt. Von diesem Gesichtspunkt ist die Tatsache, ob jemand dem Ereignis $B - A$, je nach den verschiedenen Bewertungen, Nullwahrscheinlichkeit zuschreibt, während andere ihm Nicht-Nullwahrscheinlichkeit geben, ein irrelevanter Umstand: Grundlegend ist, daß $B - A$ unmöglich ist. Um auch hier eine geometrische Analogie zu bringen, kann man sagen (daß im analogen Sinn)

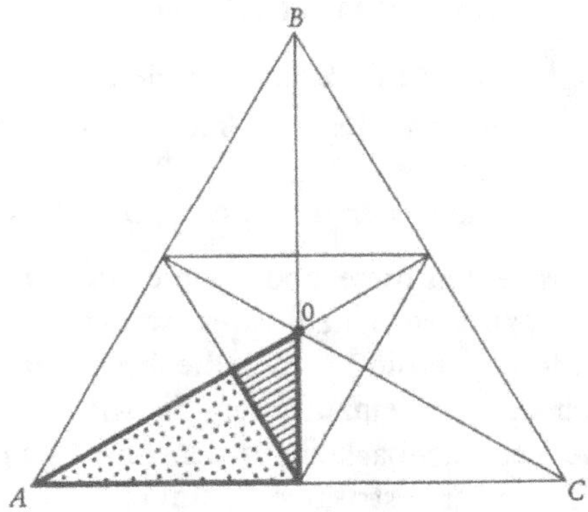


Abbildung 2.
Unterscheidung von Zonen mittels Vergleich der Wahrscheinlichkeiten von $n$ Ereignissen einer Einteilung und ihrer Summen. Fall $n = 3$.

Gepunktete Zone: $A > B > C$, $A > B + C$;
Schraffierte Zone: $A > B > C$, $A < B + C$.

Für $n = 4$ (Tetraeder) und $n > 4$ (Simplex in mehr als 3-dimensionalen Räumen) ist die Art der Unterteilung analog.

ein Vergleich zwischen zwei Mengen, ehe man irgendwelche Kenntnis der Metrik erhalten hat, nur besagen kann, daß $A$ kleiner als $B$ ist, wenn es in $B$ eigentlich enthalten ist. In diesem und nur in diesem Fall ist es wahr, daß $m(A) \leqq m(B)$ sein wird, ganz gleich, welches Maß $m$ später eingeführt werden mag (da das Zeichen $<$ oder $=$ ist, je nachdem, ob dieses Maß $B - A$ einen positiven oder Nullwert zuordnen wird).

Wenn man nun die Rationalität (für die es, wenn überhaupt, schon zuviel ist, bei einem Vergleich der Wahrscheinlichkeiten verschiedenartiger Ereignisse $E'$ und $E''$ festzusetzen, ob ganz genau $\mathbf{P}(E') = \mathbf{P}(E'')$

ist, ohne eine Differenz plus oder minus $10^{-6}$, oder $10^{-1000}$ usw. anzunehmen) und die nun erwähnten logischen Bedenken vereinbaren will (es scheint selbstverständlich, daß man bei Parität des Preises lieber eine Gewinnmöglichkeit mehr hat, wenn auch eine mit Nullwahrscheinlichkeit), kann man vielleicht eine Relation in einer dazwischen liegenden Ordnung ins Auge fassen. Es könnte sich (z. B.) darum handeln die Wahrscheinlichkeiten wie folgt zu definieren:

$A < B$: „$A$ ist weniger wahrscheinlich als $B$"
wenn $\mathbf{P}(A) < \mathbf{P}(B)$
oder $\mathbf{P}(A) = \mathbf{P}(B)$ und $A \subset B$

$A \sim B$: „$A$ ist mit $B$ nicht vergleichbar"
wenn weder $A < B$ noch $B < A$ ist,
d.h. wenn $\mathbf{P}(A) = \mathbf{P}(B)$
und weder $A \subset B$ noch $B \subset A$ ist.

Anstatt im Abstrakten diese und andere Varianten, die man sich ausdenken könnte, zu vergleichen, ist es zweckmäßig, sich zu fragen, ob effektive Forderungen die Formel, die ihnen entspricht, anzeigen, sodaß es nützlich wäre, sie einzuführen. Sie wird der obigen ziemlich ähnlich sein, die Vergleichbarkeit für den Fall $\mathbf{P}(A) = \mathbf{P}(B)$ wird jedoch durch eine weniger restriktive Bedingung als $A \subset B$ oder $B \subset A$ (nämlich $A - AB = 0$, $\mathbf{P}(B - AB) = 0$ oder umgekehrt) gegeben sein und zwar durch $\mathbf{P}(A - AB) = \mathbf{P}(B - AB) = 0$, plus der Vergleichbarkeit dieser beiden Nullwahrscheinlichkeiten in dem in Kapitel IV eingeführten und in (18.2) wieder aufgenommenen Sinn.

Es handelt sich darum, die bedingten Wahrscheinlichkeiten

$$\mathbf{P}(A - AB \mid A + B - AB) \quad \text{und} \quad \mathbf{P}(B - AB \mid A + B - AB)$$

(mit der Summe = 1) zu vergleichen. Und man wird sagen, daß $A$ mehr oder weniger wahrscheinlich als $B$ ist, je nachdem ob der erste Ausdruck größer oder kleiner ist als der zweite. Man beachte, daß man in dieser Weise alles in eine einzige Formulierung für jeden Fall bringt, sei es, wenn bereits $\mathbf{P}(A)$ und $\mathbf{P}(B)$ verschieden sind, sei es wenn sie gleich sind und man zum Vergleich der beiden Reste, wenn mit Nullwahrscheinlichkeit, übergehen muß. Im Endergebnis: $A$ und $B$ sind nicht vergleichbar, wenn $\mathbf{P}(A) = \mathbf{P}(B)$ ist und die Reste $A - AB$ und $B - AB$ gleiche Wahrscheinlichkeiten haben (was sich automatisch ergibt, wenn sie nicht Null sind).

Man beachte, daß es ein Irrtum wäre zu sagen, daß nicht vergleichbare Ereignisse identisch wahrscheinlich sind: wenn $A$ wahrscheinlicher ist als $B$ und dies dank einer Differenz $A-AB$ mit Nullwahrscheinlichkeit, die größer ist als für $B-AB$, und $C$ ein Ereignis mit $\mathbf{P}(C)=\mathbf{P}(A)=\mathbf{P}(B)$ aber $\mathbf{P}(AC)<\mathbf{P}(C)$ ist, so ergeben sich sowohl $A$ als auch $B$ als mit $C$ nicht vergleichbar. Wenn man aber sagen würde „identisch vergleichbar mit $C$", so wären sie es auch untereinander, was nach Hypothese falsch ist[71].

19.3. Gibt es *„nicht präzise Wahrscheinlichkeiten"*? Die Frage ist sehr mehrdeutig und muß näher bestimmt werden. Es besteht praktisch kein Zweifel, daß man nicht jede Größe mit der absoluten Genauigkeit der mathematischen Abstraktionen messen oder sich als wirklich definiert vorstellen kann (nicht nur, um zu fragen, ob die Zahl, die sie ausdrückt, algebraisch oder transzendent ist, sondern nicht einmal, um Millionen oder auch nur Zehner signifikanter Stellen zu verlangen). Eine subjektive Bewertung, wie die, welche in der Wahrscheinlichkeit ausgedrückt wird, ist dem selbstverständlich in noch weit höherem Maße ausgesetzt (aber ohne daß es sich deshalb um etwas anderes, Wesentliches, im Begriff selbst gelegenes handeln würde). Die Situation in Bezug auf die „objektiven Wahrscheinlichkeiten" ist im übrigen dieselbe: wer daran glaubt, befindet sich in keiner anderen Situation, es sei denn, durch die Tatsache, daß er sich auf die Fälle beschränkt, in denen jeder (er selbst oder ein Subjektivist) über Kriterien und Daten verfügt, die das Urteil erleichtern.

In diesem Sinne würde es genügen zu sagen, daß alle Wahrscheinlichkeiten, wie alle Größen, in der Praxis nicht präzise sind und daß man in jedem Problem, in dem die Wahrscheinlichkeiten auftreten, immer, wie bei den anderen Größen, bestrebt sein muß, Bewertungen zu liefern, die hinsichtlich der Bedeutung der Folgen der interessierenden Ergebnisse ausreichend präzise sind, und daß man jedenfalls einem unvermeidlichen Spielraum Rechnung tragen muß (z. B. Wiederholung der Berechnungen mit ein wenig modifizierten Werten).

---

[71] Der einzige Fall, in dem man zwei Ereignisse $E'$ und $E''$ als „identisch wahrscheinlich" bezeichnen könnte, ist der, in welchem sie Summen von $m'$ auf $n'$ und respektive von $m''$ auf $n''$ Ereignisse von zwei Einteilungen in Ereignisse wären, welche untereinander als identisch wahrscheinlich gegeben sind und $m'/n' = m''/n''$ angenommen wird. Die Bemerkung erfolgt natürlich nicht in der Absicht, diese futilen und absurden Komplikationen ernst genommen haben zu wollen, vielmehr im Gegenteil, damit sie vermieden werden, wobei man jedoch wissen sollte, was man korrekt sagen oder nicht sagen könnte.

Die ursprüngliche Frage bezieht sich aber auf eine von verschiedenen Autoren anders gestellte Frage (und wie mir scheint, auch mit von einem zum anderen verschiedenen Nuancierungen): das Vorhandensein von Fällen, in denen man nicht von einem Wert $p$ für eine gewisse Wahrscheinlichkeit sprechen könnte, wohl aber von zwei Werten $p'$ und $p''$, die ein Intervall der Indetermination, $p' \leqq p \leqq p''$ begrenzen, das irgendeine wesentliche Bedeutung hat.

Man kann die Idee vielleicht auf Keynes zurückführen (siehe Erwähnung im obigen Absatz durch die Bemerkungen von Borel), sie wurde von B. O. Koopman und I. J. Good wieder aufgenommen, von Cedric A. B. Smith[72] ausführlich entwickelt und kürzlich von noch weiteren Autoren wie Ellsberg und Dempster.

Es gibt verschiedene Situationen, die dazu führen können, sich in Termini einer nicht präzisen Bewertung auszudrücken.

Die erste ergibt sich, wenn jemand sich vornimmt, verschiedene Hypothesen zu unterscheiden und sagt, daß die Wahrscheinlichkeit von $E$ verschiedene Werte, $\mathbf{P}(E|H_i)$ hat, je nach den verschiedenen Hypothesen $H_i$; im besonderen kann man, wenn sie nicht bekannt sind, nur schließen, daß sie zwischen der höchsten und niedrigsten liegt. Hierauf wurde bereits geantwortet (Kap. IV, Nr. 8, besonders 8.3 und 8.5). Die Wahrscheinlichkeit ist das, was sie auf Grund der Informationen, über die jemand verfügt, ist. Es ist selbstverständlich, daß die Wahrscheinlichkeit nach weiteren Informationen alle vorstellbaren Werte annehmen kann, bis sie für immer gleich 1 oder gleich 0 sein wird, wenn wir wissen werden, ob das Ereignis eingetreten ist oder nicht. Wenn es sich um Hypothesen $H_i$ handelt, über welche jemand eine baldige Information voraussieht, kann es für ihn vernünftig sein, zu warten und sich eine provisorische Bewertung zu ersparen, d.h. deren gewichtetes Mittel der Wahrscheinlichkeiten zu bilden, die er inzwischen den $H_i$ gibt. Er handelt jedoch naiv, wenn er behauptet, $\mathbf{P}(E)$ würde im Mittel zwischen den $\mathbf{P}(E|H_i)$ liegen; an hypothetischen Einteilungen gibt es unendlich viele, die Information, die kommt, kann irgendeine sein (z.B. zwischen den $H_i$, $H_j'$, $H_l''$ haben sich die mit

[72] In der Nr. 26 und 27 der vielfach zitierten Denkschrift von B. de Finetti und L. J. Savage werden die gegenständlichen Fragen unter besondere Bezugnahme auf die Denkschrift von C.A.B. Smith (damals ganz neu) und auf die interessante Diskussion geprüft, welche bei der Royal Society unter Beteiligung von Barnard, Cox, Good, Lindley, Finney, Armitage, Pike, Kerridge, Bartlett und (schriftlich) Anscombe stattfand. Der Leser wird dort viele andere Betrachtungen finden, die hier zuviel Platz einnehmen würden.

$i = 3, j = 1, l = 7$ als bestätigt ergeben) und $\mathbf{P}(E|H_3 H_7' H_7'')$ wird auch zwischen 0 und 1 variieren können, wenn die $\mathbf{P}(E|H_i)$ sehr, sehr nahe beieinander liegen (auch wenn sie gleich wären; der Fall interessiert nur darum nicht, weil dann niemand die Frage aufgeworfen hätte).

Die zweite ergibt sich, wenn jemand nicht genug nachgedacht und nur eine unklare Idee von der Bewertung hat, die er geben wird. Ein besonderer Fall ist der, in welchem er die Bewertung in Formeln festgelegt hat (z.B. $p = e^{-a} a^n/n!$ mit $a = 5{,}813$ und $n = 12$), die zahlenmäßige Berechnung jedoch nicht durchgeführt hat und deren Größenordnung nur grob schätzen kann. Im Grunde ändert sich die Sache jedoch nicht: er wird die Rechnung ausführen müssen, oder als Wahrscheinlichkeit die Erwartung des Ergebnisses nach der eigenen augenscheinlichen Schätzung annehmen müssen, so unsinnig sie auch sein mag. Es gibt keine bessere Abhilfe.

Die Idee, die mangelnde Präzision in Begrenzungen $p' \leqq p \leqq p''$ umzusetzen, auch im abgeschwächten Sinne von Good (der $p'$ und $p''$ nicht als absurde strenge Limites versteht, welche die „Inpräzision präzisieren" könnten, sondern nur als maximale Anzeigen) ist ferner für diesen Zweck nicht geeignet, wenn man diesen innerhalb der Grenzen und in dem Sinne annehmen will, in welchem er dazu dient, eine Idee der Inpräzision zu vermitteln, mit der man eine Größe kennt, oder diese Sinn hat. Man müßte an die Inpräzision in der Wahl der Funktion $\mathbf{P}$ (ausgedehnt, z.B. auf eine gewisse Umgebung $\mathfrak{P}^*$ eines gewissen $\mathbf{P}_0$ im Raume $\mathfrak{P}$ denken); die Inpräzisionen für die einzelnen Ereignisse und Zufallszahlen würden dann demzufolge determiniert, nicht als isolierte Angaben, wohl aber mit den sicheren oder unsicheren gegenseitigen Abhängigkeiten, die sich aus logischer und probabilistischer Abhängigkeit ergeben.

19.5. *Die effektiven Aspekte.* Man kann ähnliche Betrachtungen bezüglicher effektiver Aspekte anstellen, vielmehr jedoch zu dem Zweck zu klären, daß ihre Bedeutung eine ganz andere ist und daß sie nicht zu Schwierigkeiten und Unschlüssigkeit führen.

Die (theoretische) Möglichkeit, allen Ereignissen eine *präzise Wahrscheinlichkeit* zuzuschreiben erscheint als unabdingliche Forderung, wenn man die Wahrscheinlichkeit als einen Begriff betrachtet, der auf ein Ereignis als solches angewandt wird, unabhängig (Nr. 3) von der eventuellen Existenz und Natur von (z.B. topologischen) Eigenschaften der Felder, auf die sich die Definition gewisser Ereignisse beziehen kann. Das bedeutet übrigens nicht, daß diese Wahrscheinlichkeiten als eindeutige Verlängerung der Bewertungen, die in einem teilweisen Feld gemacht wurden, determiniert seien (die Verlängerung kann restriktivere Begrenzungen ergeben oder auch nicht, und manchmal im besonderen eindeutige), noch bedeutet es einen Zwang, die Bewertung zu vervollständigen oder sich darum zu bekümmern. Man kann auch früher (früher als üblich) innehalten, wenn kein weiteres Interesse besteht, und noch mehr, wenn die Hypothesen, die man verwenden würde, um weiterzukommen, konventionell und realistisch nicht sinnvoll erscheinen würden.

Wenn wir in der Streitfrage oben (19.3) denken, daß es sich anstatt um eine gewisse Untermenge $\mathfrak{P}^*$ von Erwartungs-Funktionen $\mathbf{P} \in \mathfrak{P}^*$, zwischen denen eine Unschlüssigkeit in der Wahl besteht, dagegen um die Menge aller $\mathfrak{P}$ handelt, die ein gegebenes $\mathbf{P}$ in $\mathfrak{L}$ verlängern, so würden sich daraus die angezeigten Begrenzungen der Unbestimmtheit (Ende Nr. 15) ergeben. Es handelt sich aber nicht um Inpräzision: die Tatsache, daß man in dem Fall, auf den wir uns beziehen, von einem $\mathbf{P}(E)$ nur sagen kann, daß es zwischen $\mathbf{P}^-(E)$ und $\mathbf{P}^+(E)$ enthalten ist, bedeutet nicht, daß Ereignisse wie $E$ keine determinierte Wahrscheinlichkeit hätten, sondern nur, daß diese nicht von den Ausgangsdaten abhängt, die betrachtet werden. So wie es ein nonsense wäre zu sagen, daß „ein Rechteck mit einem Umfang von 12 Metern eine nicht determinierte Diagonale hat", anstatt zu sagen, daß sie in dem Sinne „determiniert" ist, als sie ist, was sie ist, daß man sie aber abmessen muß, oder eine Seite abmessen muß, oder sonst etwas, um hinreichende Daten zu haben, um sie zu „determinieren", in dem Sinne, daß man durch Berechnung den wohl bestimmten Wert erhält, den sie ungeachtet dessen besitzt, daß die Kenntnis des Umfanges allein nicht genügt.

Man könnte von Unbestimmtheit sprechen, aber in einem präzisen technischen Sinn: sie würde effektiv für eine Person bestehen, die die Bewertungen eines anderen Individuums innerhalb $\mathfrak{L}$ kennen würde und festsetzen wollte, was *dieser* außerhalb tun müßte, um kohärent zu bleiben. Aber gerade diese nähere Bestimmung klärt, daß die Unbestimmtheit nicht in den Ereignissen selbst liegt, wohl aber in der Tatsache, daß für deren Beseitigung nicht ein Außenseiter genügt, der nicht für die noch nicht präjudizierten Bewertungen an die Stelle des Interessierten treten kann.

Ein anderer Aspekt hängt mit den Betrachtungen (aus Nr. 5–11) über die „Verifizierbarkeit" eines Ereignisses (oder „Durchführbarkeit" einer Messung) zusammen.

Wenn in einem gegebenen Problem und in einer gegebenen Situation ein Ereignis nicht praktisch verifizierbar ist, ist jede Diskussion über seine Wahrscheinlichkeit leeres Gerede. Aus diesem Grunde, und abgesehen von der Tatsache, ob man die vollständige Additivität als notwendiges Axiom anerkennen oder ablehnen will, scheint es, daß der Gegenstand der Streitfrage fiktiv ist, wenn man über die Wahrscheinlichkeit diskutiert, daß $X \in I$, mit einem im Sinne von Jordan-Peano meßbaren $I$. Wenn es ein Intervall gibt, in welchem sowohl $I$ wie dessen Komplement $\tilde{I}$ überall dicht sind, so kann kein Maß, nicht einmal unter der Hypothese der „unbegrenzten Präzision" (Nr. 7) sagen, ob, wenn man als Resultat ein $x$ dieses Intervalls erhält, der exakte Wert zu $I$ gehört oder nicht. Unter weniger vorgeschobenen Hypothesen wird derselbe Zweifel bestehen, z.B. ob es sowohl Punkte von $I$ als von $\tilde{I}$ in einer Entfernung von $x$ gibt, die geringer ist, als der Fehlerspielraum für dieses Maß.

Und auch in anderen Feldern scheint für realistische Anwendungen jedes Hilfsmittel besser angebracht, welches zu starr präzise Voraussetzungen vermeidet. So scheint es z.B. überall da, wo man von „Konvergenz" spricht, besser, die Aufmerksamkeit auf das zu lenken, was man, als asymptotisches Resultat an Gültigem für eine große aber endliche Anzahl von Fällen sagen kann (ohne die Idee, eine unendliche Anzahl derselben zu betrachten, ernst zu nehmen).

## 20.
## *Konklusion (?)*

Ist es, am Ende angekommen, möglich zu versuchen, eine Konklusion zu ziehen?

Ich beziehe mich, wohlgemerkt, nur auf die kritischen Fragen, die in diesem Anhang entwickelt wurden (die teilweise aber bereits im Text angeschnitten wurden, in dem Maße, in dem das Argument dies erforderte). Und das heißt, auf vorwiegend technische Fragen, wenn dieser Ausdruck den Unterschied zu jenen charakterisieren kann, welche die Bedeutung und Darstellung der Theorie in ihrer Gesamtheit, im subjektivistischen und Bayes'schen Sinne betreffen, die das Hauptmotiv des Textes (Kap. I–XII) darstellen.

Ich glaube, die Antwort kann in wenigen Worten zusammengefaßt werden, im Sinne einer Abhilfe gegen Möglichkeiten der Desorientierung, oder Kopfzerbrechens. Eine Möglichkeit, die erklärlich ist durch den scheinbaren Gegensatz zwischen einer Tendenz, die Dinge zu vereinfachen, unter Weigerung, über das praktische und angewandte Niveau hinauszugehen, und einer anderen entgegengesetzten, sich in Feinheiten und Komplikationen zu verfangen, die nicht nur fern von jeder vorhersehbaren Verwendung sondern geradezu außerhalb der Grenzen des Sinnvollen liegen.

Warum, wird mancher fragen, bleibt man dagegen nicht im „richtigen Mittel" entsprechend der gegenwärtigen Gewohnheit, die darin besteht, nur soweit vorzustoßen, als die vollständige Additivität alles wundervoll funktionieren läßt, und innezuhalten, wo das Wunder aufhört?

Weil – dies ist meine Antwort – es sich meines Erachtens nicht um ein „richtiges Mittel", sondern um eine „doppelte Verzerrung" handelt. Nach meiner Ansicht ist all das, was innerhalb dieser Darstellung behauptet wird, über das hinaus, wofür das Nieveau Jordan-Peano-Riemann ausreicht, praktisch irrelevant und auf theoretischem Gebiet ungerechtfertigt.

Die beiden, scheinbar im Gegensatz zu einander stehenden Typen von Betrachtungen sollen, indem sie aus entgegengesetzten Richtungen konvergieren, folgende selbe These beweisen: *Man kann Komplikationen vermeiden* (und das ist vielleicht das weiseste), *wenn man sie aber haben will, dann allen Ernstes, in konstruktiver, wenn auch unbequemer Weise.*

Vielleicht habe ich unrecht. Aber die Kritiken werden nicht umsonst gewesen sein, wenn, um sie zu widerlegen, jemand in sinnvoller und signifikanter Weise das erklären und rechtfertigen wird, was bisher nichts anderes war als „Adhockeries for mathematical convenience".

## Analytischer Index

Der vorliegende analytische Index enthält drei Aufzählungen:

Autoren und Namen in alphabetischer Ordnung (Vorname nur in Fällen von möglicher Verwechslung oder weil üblich; es wird eine gekürzte Angabe des Argumentes geliefert).

Argumente und Termini in alphabetischer Ordnung (Initialen jeweils nach den Eigennamen); es scheinen nur die Wörter auf, die Ideen in Erinnerung bringen sollen und weniger in das allgemeine Inhaltsverzeichnis gehören;

Symbole und Zeichen, am Ende nach Affinität des Arguments geordnet; es wird an die Stelle verwiesen, wo sie eingeführt werden, oder wo sich entsprechende beachtliche Bemerkungen befinden.

Die im Text zitierten Werke findet man unter dem Namen des Autors mit dem Zeichen *(...) (in Klammern das Jahr der Veröffentlichung, oder, manchmal, der abgekürzte Titel).

Als Bibliogarphie genügen diese Angaben nur zum Teil. Es ist ratsam, die Bibliographie in den zitierten Werken zuhilfe zu nehmen, und besonders in den Abhandlungen von FELLER und von LINDLEY, sowie in der Sammlung von KYBURG und SMOKLER (letztere besonders für die Wahrscheinlichkeit nach subjektivistischer Theorie).

**Symbole**

# Register

www.ingramcontent.com/pod-product-compliance
Lightning Source LLC
La Vergne TN
LVHW010535300926
849162LV00002B/149
* 9 7 8 3 4 8 6 4 4 7 0 1 9 *